Tabellenbuch

Metalltechnik

Autoren:
Markus Bongers
Hans-Dieter Döringer
Dr. Uwe Kirschberg
Stephan Klute
Wolfgang Rund

unter Mitarbeit der
Verlagsredaktion

Cornelsen

Impressum

Tabellenbuch Metalltechnik

Autoren: Markus Bongers, Hans-Dieter Döringer, Dr. Uwe Kirschberg, Stephan Klute, Wolfgang Rund

Verlagsredaktion: Lutz Mannigel, Rebecca Syme, Martin Unger

Außenredaktion: Wolfgang Rund

Bildredaktion: Gertha Maly, Christina Scheuerer

Grafik: deckermedia GbR, Rostock

Umschlaggestaltung: SOFAROBOTNIK GbR, Augsburg & München

Layout und technische Umsetzung: deckermedia GbR, Rostock

www.cornelsen.de
www.cornelsen.de/berufliche-bildung

Alle Normenauszüge werden mit Erlaubnis des DIN Deutsches Institut für Normung e.V. wiedergegeben. Die DIN-Normen, VDI-Richtlinien und sonstige Bestimmungen entsprechen den bei Manuskriptabgabe vorliegenden neuste Fassungen. Maßgebend für das Anwenden der Normen ist deren Fassung mit dem neuesten Ausgabedatum, die bei der Beuth Verlag GmbH, Burggrafenstraße 6, 10787 Berlin, erhältlich ist.

1. Auflage, 1. Druck

Alle Drucke dieser Auflage sind inhaltlich unverändert und können im Unterricht nebeneinander verwendet werden.

Druck und Bindung: Kösel, Krugzell

ISBN 978-3-06-451188-0 (Fachbuch)
ISBN 978-3-06-451190-3 (APP)

Vorwort

Das Tabellenbuch Metalltechnik von Cornelsen gibt es in der Print-Variante und als **interaktives Tabellenbuch Metalltechnik (ISBN 978-3-06-451190-3)** in Form einer Tabellenbuch-App.

Die Tabellenbuch-App verfügt neben den Inhalten des Print-Tabellenbuches über eine Vielzahl von Zusatzfunktionen wie umfangreichere Normenauszüge, zahlreichen fachlichen Kontext zu den dargestellten Normen und Technologien, interaktive Rechner mit Übungsaufgaben für mathematisch-technische Grundlagen, Animationen und Videos sowie Notiz-, Druck- und Suchfunktionen. Das Print-Tabellenbuch kann als hilfreicher Begleiter in den IHK- und HWK-Prüfungen eingesetzt werden. Bei der Tabellenbuch-App ist dies wegen der zusätzlichen Funktionen und interaktiven Inhalte nicht möglich.

Das innovative Nachschlagewerk unterstützt in beiden Erscheinungsformen im metallgewerblichen Bereich Auszubildende, Lehrer, Ausbilder, Studenten, Facharbeiter, Techniker und Meister, die damit lehren, lernen, sich für Prüfungen vorbereiten oder täglich in ihren Unternehmen arbeiten. Es wird regelmäßig auf den neuesten Stand bei Normen und Technologien aktualisiert.

Das Tabellenbuch ermöglicht einen vernetzten Lernfeldunterricht sowie die Nutzung digitaler Medien in der Unterrichtsgestaltung. Im Bereich der Erstausbildung ist es auf die Entwicklung beruflicher Handlungskompetenzen und somit auf die Verwendung in unterschiedlichen Handlungsfeldern ausgerichtet. Normen und mathematische Zusammenhänge werden im Tabellenbuch durch Beispiele untersetzt, was einen sicheren Umgang mit den verschiedenen technischen Zusammenhängen erleichtert.

Neben dem Übersichts-Inhaltsverzeichnis am Anfang des Tabellenbuches gibt es vor jedem der 8 Hauptkapitel ein separates Kapitel-Inhaltsverzeichnis, das der besseren Orientierung dienen soll. Am Ende des Tabellenbuches befindet sich ein Normenverzeichnis mit allen im Buch verwendeten Normen und ein deutsch-englisches Sachwortverzeichnis.

Das Layout des Tabellenbuchs Metalltechnik ist speziell für eine parallele Nutzung des Print-Tabellenbuches und der Tabellenbuch-App entwickelt worden. Somit ist sichergestellt, dass beide Varianten problemlos nebeneinander genutzt werden können, z. B. das Print-Tabellenbuch in der Prüfungssituation und die Tabellenbuch-App auf Grund ihres erheblichen Mehrwertes im Ausbildungs- und Arbeitsprozess.

Arbeits- und Umweltschutz

1

Arbeitsplatzgrenzwerte (AGW)

TRGS 900: 2018-01

Arbeitsplatzgrenzwerte: Konzentration von Gefahrstoffen in der Luft am Arbeitsplatz in Bezug auf einen gegebenen Referenzzeitraum. Bei Einhaltung der Werte sind akute oder chronische Schädigungen der Gesundheit im Allgemeinen nicht zu erwarten.

Es sind Schichtmittelwerte bei in der Regel täglich achtstündiger Einwirkung an 5 Tagen pro Woche während der Lebensarbeitszeit. Für kurzzeitige Einwirkungen gibt es nach Höhe und Dauer Spitzenbegrenzungen.

Gefahrstoff	Kategorie				Arbeitsplatzgrenzwert			
	K	M	R_E	R_F	mg/m³	ml/m³	Spitzenbegrenzung	Bemerkung
	1	2	3	4	5	6	7	8
Acrylaldehyd					0,2	0,09	2 (I)	H
Allgemeiner Staubgrenzwert[1)]					3E 10A		2 (II)	
Allylalkohol					4,8	2	2,5 (I)	H
Ammoniak					14	20	2 (I)	Y
Anilin	2	2			7,7	2	2 (II)	H, S, Y
Baumwollstaub					1,5E		1 (I)	Y
Benzol	1	2			3,25	1		H
Blei			1	2	0,15E			
Borsäure			1	1	0,5		2 (I)	Y
Brom					0,7	0,1	1 (I)	
Butan					2400	1000	4 (II)	
Cadmium	1	2	2	2				
Chlor					1,5	0,5	1 (I)	Y
Chlorethan					110	40	2 (II)	H, Y
Chlorierte Biphenyle (42 % Cl)	3		2	2	1,1	0,1	8 (II)	H, Z
Chlormethan	3				100	50	2 (II)	H, Z
Dichlormethan	3				260	75	4 (II)	
Essigsäure					25	10	2 (I)	Y
Ethanol					960	500	2 (II)	Y
Fluor					1,6	1	2 (I)	
Kohlenstoffdioxid					9100	5000	2 (II)	
Kohlenstoffmonoxid				1	35	30	1 (II)	Z
Methanol					270	200	4 (II)	H, Y
Nikotin					0,5 E		2 (II)	H
Nitrobenzol	3			3	1	0,2	2 (II)	H
Phenol		2			8	2	2 (II)	H
Phosgen					0,41	0,1	2 (I)	Y
Phosphorsäure	3			3	2E		2 (I)	Y
Polychlorierte Biphenyle (PCB)	3		2	2	1,1	0,1	2 (II)	H
Propan					1800	1000	4 (II)	
Quecksilber			2		0,02		8 (II)	H, S
Salzsäure					3	2	2 (I)	Y
Toluol					190	50	4 (II)	H, Y
Trichlorethan	3				55	10	2 (II)	H
Trichlormethan	3	3	3		2,5	0,5	2 (II)	H
Vinylacetat	2				18	5	2 (I)	

[1)] gültig u. a. für: Al, Al-Hydroxid, Al-Oxid, Bariumsulfat, Grafit, Kohlestaub, Kunststoffstäube (z. B. PVC, Bakelit, PET), Magnesiumoxid, Siliciumcarbid, Talk, Tantal, Titandioxid

1 K: Krebserzeugende Stoffe

1: erzeugen bekanntermaßen beim Menschen Krebs
2: sollten beim Menschen als krebserzeugend angesehen werden
3: geben wegen möglicher krebserzeugender Wirkung Anlass zur Besorgnis

2 M: Erbgutverändernde Stoffe

1: wirken beim Menschen erbgutverändernd
2: sollten beim Menschen als erbgutverändernd angesehen werden
3: geben wegen möglicher erbgutverändernder Wirkung Anlass zur Besorgnis

3 R_E: Fruchtschädigende Stoffe

1: wirken beim Menschen fruchtschädigend
2: sollten als fruchtschädigend angesehen werden
3: sollten wegen möglicher fruchtschädigender Wirkung Anlass zur Besorgnis geben

4 R_F: Fortpflanzungsgefährdende Stoffe

1: beeinträchtigen beim Menschen die Fortpflanzungsfähigkeit
2: sollten als beeinträchtigend für die Fortpflanzungsfähigkeit angesehen werden
3: sollten wegen möglicher Beeinträchtigung der Fortpflanzungsfähigkeit Anlass zur Besorgnis geben

5 Feststoffe: Massenanteil in mg/m³

A: alveolengängiger Anteil, der sich in den Lungenbläschen (Alveolen) absetzt
E: einatembarer Anteil

6 Gase: Volumenanteil in ml/m³

7 Spitzenbegrenzung

1 … 8: Überschreitungsfaktor Kurzzeitwirkung
I: für Stoffe, bei denen die lokale Wirkung grenzwertbestimmend ist, oder für atemwegssensibilisierende Stoffe
II: für resorptiv wirkende Stoffe (Stoffe, die in das Blut- und Lymphgefäßsystem aufgenommen werden können)

8 Bemerkung

H: hautresorptive Stoffe (Stoffe, die durch die Haut in den Körper gelangen können)
S: sensibilisierende Stoffe (Stoffe, die Haut und/oder Atemwege sensibilisieren)
Y: Stoffe, bei denen bei Einhaltung des AGW Fruchtschädigung (Schwangerschaft) nicht zu befürchten ist
Z: Stoffe, bei denen bei Einhaltung des AGW Fruchtschädigung (Schwangerschaft) nicht auszuschließen ist

Einstufung und Kennzeichnung von Chemikalien

Kennzeichnungssysteme für Chemikalien

Kennzeichnungssystem	Rechtsgrundlage und Geltungsbereich	Fristen	Bedeutung
GHS (**G**lobally **H**armonised **S**ystem of Classification and Labelling of Chemical Products)	GHS-Verordnung der Vereinten Nationen (UN) International	ab 20.01.2009 in der EU als CLP-Verordnung eingeführt	weltweit gültiges System für Einstufung und Kennzeichnung chemischer Produkte
CLP (**C**lassification, **L**abelling and **P**ackaging of Chemical Products); (Ersatz für Gefahrstoffverordnung)	Verordnung EG 1272/2008 (abgeleitet aus GHS) alle EU-Länder	**Stoffe:** zwingend ab 01.12.2010 (für Lagerbestände mit alter Kennzeichnung ab 01.12.2012) **Gemische:** zwingend ab 01.06.2015 (für Lagerbestände mit alter Kennzeichnung ab 01.06.2017)	Regeln für Einstufung, Kennzeichnung und Verpackung von Stoffen (Substanzen) und Gemischen (Mischung aus Stoffen) in der EU
Gefahrstoffverordnung (als Kennzeichnungssystem ersetzt durch CLP-Verordnung)	GefStoffV 2010-11 Bundesrepublik Deutschland	**Stoffe:** zulässig bis 1.12.2010 **Gemische:** zulässig bis 01.06.2015 (für Lagerbestände mit alter Kennzeichnung zulässig bis 01.06.2017)	Sicherheit im Umgang mit gefährlichen Chemikalien; dient der Umsetzung von EG-Richtlinien

Erforderliche Maßnahmen durch den Übergang von GefStoffV nach CLP-Verordnung:
- Änderung von Gefahrstoffetiketten unter Beachtung neuer
  - Gefahrenpiktogramme,
  - Gefahren- und Sicherheitshinweise (H- und P-Sätze),
  - Signalwörter (Gefahr/Achtung),
- Änderung von Sicherheitsdatenblättern,
- Meldung von Stoffen und Gemischen an das Europäische Einstufungs- und Kennzeichnungsverzeichnis.

Gefahrenpiktogramme nach CLP-Verordnung

Gefahrenart	Piktogramm	Code; Signalwort	Bezeichnung	Beispiele für Gefahren- und Sicherheitshinweise
physikalische/ chemische Gefahren		GHS01; Gefahr Achtung	explodierende Bombe	instabile explosive Stoffe, Gemische, Erzeugnisse mit Explosivstoffen und selbstzersetzliche Stoffe und Gemische
		GHS02; Gefahr	Flamme	extrem entzündbare Gase, Aerosole, Flüssigkeiten, Dämpfe und Feststoffe
		GHS03; Gefahr	Flamme über Kreis	entzündend oder oxidierend wirkende Gase, Flüssigkeiten und Feststoffe
		GHS04; Achtung	Gasflasche	unter Druck stehende, verdichtete, verflüssigte, tiefgekühlt verflüssigte, gelöste Gase
		GHS05; Gefahr	Ätzwirkung	korrosiv wirkend auf Metalle; hautätzend; schwere Augenschädigungen
Gesundheitsgefahren		GHS06; Gefahr	Totenkopf mit gekreuzten Knochen	akute Toxizität bei Verschlucken, Einatmen, Hautkontakt oder intravenöser Aufnahme
		GHS07; Achtung	dickes Ausrufezeichen	alleinige oder zusätzliche Kennzeichnung unterschiedlicher Gefahrenklassen
		GHS08; Gefahr	Gesundheitsgefahr	leichte bis schwere Gesundheitsschädigungen; krebserzeugend oder -auslösend; fruchtschädigend
Umweltgefahren		GHS09; Achtung	Umwelt	kurz- bis langfristige Umweltschädigungen; Schädigung von Gewässern, Bodenorganismen, Kleinlebewesen

Einstufung und Kennzeichnung von Chemikalien

Kennzeichnungsetiketten nach CLP-Verordnung[1)]

Gestaltung der Etiketten (Beispiel)

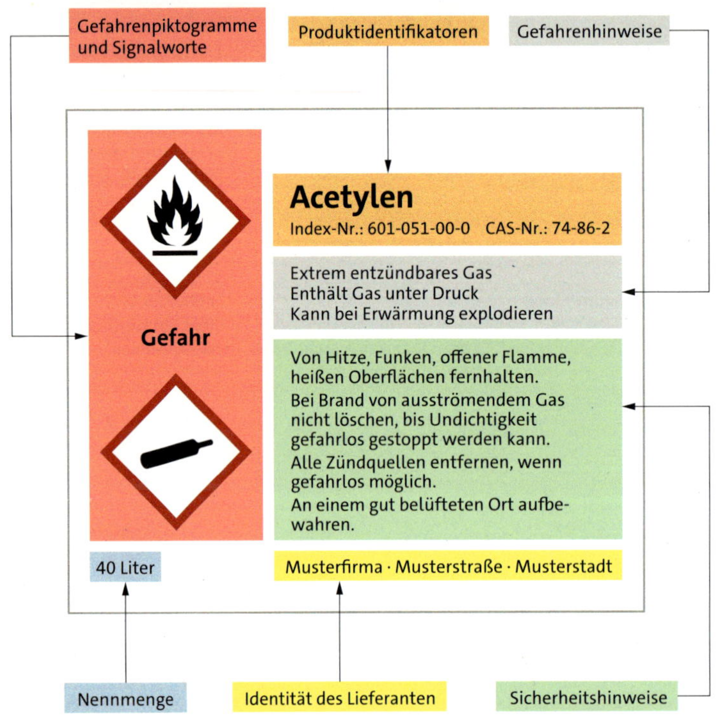

Inhalte

- GHS-Gefahrenpiktogramme
  - GHS01 – GHS09
- Signalworte
  - Achtung: geringe Gefahren oder Risiken
  - Gefahr: erhebliche Gefährdungen
- Produktidentifikatoren
  - EG-Index-Nr. gemäß CLP-Verordnung oder
  - EG-Ordnungs-Nr. gemäß EU-Chemikalienverordnung oder
  - CAS-Nr. (iInternationaler Bezeichnungsstandard)
- Gefahrenhinweise
  - 86 H-Sätze (hazard statements)
- Sicherheitshinweise
  - 136 P-Sätze (precautionary statements)
- Identität des Lieferanten
- Nennmenge in der Verpackung

1) CLP: Classification, Labelling and Packaging of Chemical Products

Gefahrenhinweise (H-Sätze/Hazard statements) nach CLP-Verordnung (Auswahl)

Code	Bedeutung	Code	Bedeutung
Gruppe 2: Physikalische Gefahren		H310	Lebensgefahr bei Hautkontakt.
H200	Instabil, explosiv.	H311	Giftig bei Hautkontakt.
H201	Explosiv, Gefahr der Massenexplosion.	H312	Gesundheitsschädlich bei Hautkontakt.
H203	Explosiv, Gefahr durch Feuer, Luftdruck oder Splitter, Spreng- und Wurfstücke.	H315	Verursacht Hautreizungen.
		H317	Kann allergische Reaktionen verursachen.
H204	Gefahr durch Feuer oder Splitter, Spreng- und Wurfstücke.	H318	Verursacht schwere Augenschäden.
		H319	Verursacht schwere Augenreizungen.
H205	Gefahr der Massenexplosion bei Feuer.	H330	Lebensgefahr bei Einatmen.
H220	Extrem entzündbares Gas.	Gruppe 4: Umweltgefahren	
H221	Entzündbares Gas.	H400	Sehr giftig für Wasserorganismen.
H222	Extrem entzündbares Aerosol.	H410	Sehr giftig für Wasserorganismen, mit langfristiger Wirkung.
H223	Entzündbares Aerosol.		
H224	Flüssigkeit und Dampf extrem entzündbar.	H411	Giftig für Wasserorganismen, mit langfristiger Wirkung.
H225	Flüssigkeit und Dampf leicht entzündbar.		
Gruppe 3: Gesundheitsgefahren		H412	Schädlich für Wasserorganismen, mit langfristiger Wirkung.
H300	Lebensgefahr bei Verschlucken.		
H301	Giftig bei Verschlucken.	H413	Kann für Wasserorganismen schädlich sein, mit langfristiger Wirkung.
H302	Gesundheitsschädlich bei Verschlucken.		
H304	Kann bei Verschlucken oder Eindringen in die Atemwege tödlich sein.		

Sicherheitshinweise (P-Sätze/Precautionary statements) nach CLP-Verordnung (Auswahl)

Code	Bedeutung
Gruppe 1: Allgemeines	
P101	Ist ärztlicher Rat erforderlich, Verpackung oder Kennzeichnungsetikett bereithalten.
P102	Darf nicht in die Hände von Kindern gelangen.
P103	Vor Gebrauch Kennzeichnungsetikett lesen.
Gruppe 2: Prävention	
P201	Vor Gebrauch besondere Anweisungen einholen.
P202	Vor Gebrauch alle Sicherheitshinweise lesen und verstehen.
P222	Kontakt mit Luft nicht zulassen.
P231	Unter inertem Gas handhaben.
P232	Vor Feuchtigkeit schützen.
P233	Behälter dicht verschlossen halten.
P240	Behälter und zu füllende Anlage erden.
P241	Explosionsgeschützte elektrische Betriebsmittel, Lüftungsanlagen, Beleuchtung ... verwenden.
P244	Druckminderer frei von Fett und Öl halten.
P264	Nach Gebrauch gründlich waschen.
P281	Vorgeschriebene persönliche Schutzausrüstung verwenden.
P231+ P232	Unter inertem Gas handhaben und vor Feuchtigkeit schützen.
P235+ P410	Kühl halten und vor Sonnenbestrahlung schützen.
Gruppe 3: Reaktion	
P301	Bei Verschlucken: ...
P302	Bei Berührung mit der Haut: ...
P303	Bei Berührung mit der Haut oder dem Haar: ...
P304	Bei Einatmen: ...
P305	Bei Kontakt mit den Augen: ...
312	Bei Unwohlsein Giftinformationszentrum oder Arzt anrufen.
P330	Mund ausspülen.
P338	Evtl. vorhandene Kontaktlinsen nach Möglichkeit entfernen, weiter ausspülen.
P350	Behutsam mit viel Wasser und Seife waschen.
P362	Kontaminierte Kleidung ausziehen und vor erneutem Tragen waschen.
P370	Bei Brand: ...
P373	Keine Brandbekämpfung, wenn das Feuer explosive Stoffe erreicht.
P381	Alle Zündquellen entfernen, wenn gefahrlos möglich.
P301+ P312	Bei Verschlucken: Bei Unwohlsein Giftinformationszentrum oder Arzt anrufen.
P304+ P340	Bei Einatmen: Die betroffene Person an die frische Luft bringen und in einer Position ruhigstellen, die das Atmen erleichtert.
Gruppe 4: Aufbewahrung	
P401	... aufbewahren.
P402	An einem trockenen Ort aufbewahren.
P403	An einem gut belüfteten Ort aufbewahren.
P404	In geschlossenem Behälter aufbewahren.
P405	Unter Verschluss aufbewahren.
P412	Bei Temperaturen von nicht mehr als 50 °C/122 °F aufbewahren.
P420	Von anderen Materialien entfernt aufbewahren.
Gruppe 5: Entsorgung	
P501	Inhalt/Behälter ... zuführen.
P502	Informationen zur Wiederverwendung/-verwertung beim Hersteller/Lieferanten erfragen.

Gliederung der Codes für Gefahren- und Sicherheitshinweise (H- und P-Sätze)

Codes für Gefahrenhinweise

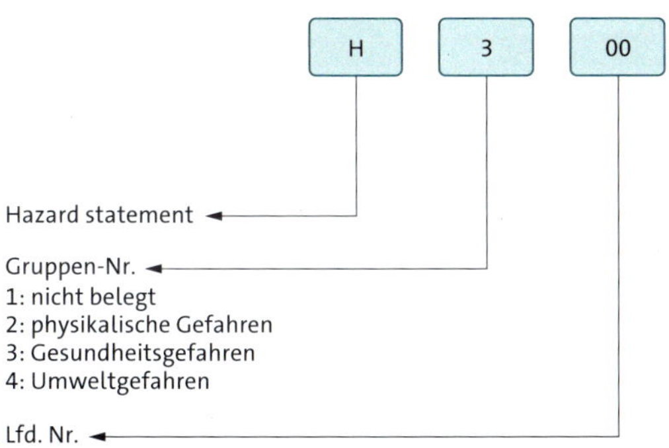

Codes für Sicherheitshinweise

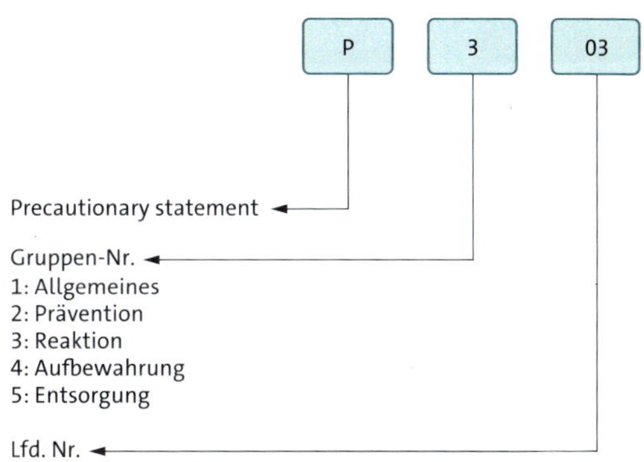

Gestaltungsmerkmale von Sicherheitszeichen					DIN ISO 3864-1: 2012-06
Kategorie	E Rettungszeichen (Safe condition sign)	F Brandschutzzeichen (Fire safety sign)	M Gebotszeichen (Mandatory action sign)	P Verbotszeichen (Prohibition sign)	W Warnzeichen (Warning sign)
Geometrische Form	Quadrat oder Rechteck 	Quadrat oder Rechteck 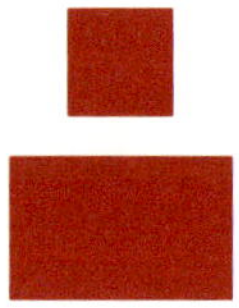	Kreis 	Kreis mit Diagonalbalken 	Gleichseitiges Dreieck 
Sicherheits-Farbe	Grün (RAL 6032)	Rot (RAL 3001)	Blau (RAL 5005)	Rot (RAL 3001)	Gelb (RAL 1003)
Kontrastfarbe	Weiß (RAL 9003)	Weiß (RAL 9003)	Weiß (RAL 9003)	Weiß (RAL 9003)	Schwarz (RAL 9004)
Symbolfarbe	Weiß (RAL 9003)	Weiß (RAL 9003)	Weiß (RAL 9003)	Schwarz (RAL 9004)	Schwarz (RAL 9004)
Beispiel	Notausgang	Feuerlöscher	Kopfschutz benutzen	Rauchen verboten	Warnung vor giftigen Stoffen

Sicherheitszeichen					DIN EN ISO 7010-1: 2012-10
Kategorie Rettungszeichen (E)					
Notausgang (links)  ISO 7010-E001	Zusatzzeichen Notausgang (links) 	Notausgang (rechts)  ISO 7010-E002	Zusatzzeichen Notausgang (rechts) 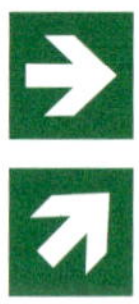	Erste Hilfe  ISO 7010-E003	Notruftelefon  ISO 7010-E004
Sammelstelle  ISO 7010-E007	Arzt  ISO 7010-E009	Augenspül-einrichtung  ISO 7010-E011	Krankentrage  ISO 7010-E013	Notausstieg mit Fluchtleiter  ISO 7010-E016	Rettungsausstieg  ISO 7010-E017
Kategorie Brandschutzzeichen (F)					
Feuerlöscher  ISO 7010-F001	Löschschlauch  ISO 7010-F002	Feuerleiter  ISO 7010-F003	Mittel und Geräte zur Brandbekämpfung  ISO 7010-F004	Brandmelder  ISO 7010-F005	Brandmelde-telefon  ISO 7010-F006

Sicherheitszeichen

DIN EN ISO 7010-1: 2012-10

Kategorie Gebotszeichen (M)

Allgemeines[1] Gebotszeichen	Anleitung beachten	Gehörschutz benutzen	Augenschutz benutzen	Fußschutz benutzen	Handschutz benutzen

ISO 7010-M001	ISO 7010-M002	ISO 7010-M003	ISO 7010-M004	ISO 7010-M008	ISO 7010-M019
[1] Das Zeichen darf nur mit einem Zusatzzeichen benutzt werden, das das Gebot näher beschreibt.	Hände waschen	Gesichtsschutz benutzen	Kopfschutz benutzen	Warnweste benutzen	Schweißmaske benutzen

	ISO 7010-M011	ISO 7010-M013	ISO 7010-M014	ISO 7010-M016	ISO 7010-M019

Kategorie Verbotszeichen (P)

Allgemeines[1] Verbotszeichen	Rauchen verboten	Feuer, offenes Licht, Rauchen verboten	Für Fußgänger verboten	Kein Trinkwasser	Für Flurförderzeuge verboten

ISO 7010-P001	ISO 7010-P002	ISO 7010-P003	ISO 7010-P004	ISO 7010-P005	ISO 7010-P006
[1] Das Zeichen darf nur mit einem Zusatzzeichen benutzt werden, das das Verbot näher beschreibt.	Berühren verboten	Eingeschaltete Mobiltelefone verboten	Hineinfassen verboten	Aufzug im Brandfall nicht benutzen	Fotografieren verboten

	ISO 7010-P010	ISO 7010-P013	ISO 7010-P015	ISO 7010-P020	ISO 7010-P029

Kategorie Warnzeichen (W)

Allgemeines[1] Warnzeichen	Warnung vor explosionsgefährlichen Stoffen	Warnung vor radioaktiven Stoffen	Warnung vor Laserstrahl	Warnung vor schwebender Last	Warnung vor giftigen Stoffen

ISO 7010-W001	ISO 7010-W002	ISO 7010-W003	ISO 7010-W004	ISO 7010-W015	ISO 7010-W016
[1] Das Zeichen darf nur mit einem Zusatzzeichen benutzt werden, das die Warnung näher beschreibt.	Warnung vor feuergefährlichen Stoffen	Warnung vor ätzenden Stoffen	Warnung vor Handverletzungen	Warnung vor optischer Strahlung	Warnung vor Gasflaschen

	ISO 7010-W021	ISO 7010-W023	ISO 7010-W024	ISO 7010-W027	ISO 7010-W029

Gefährdungen durch elektrischen Strom

DIN VDE 0140-479-1: 2007-05

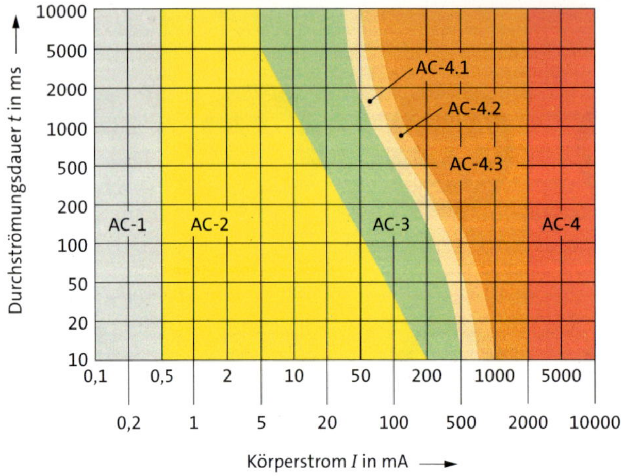

Bereich	Physiologische Wirkung
AC-1	im Normalfall keine Wirkung
AC-2	im Normalfall keine gefährlichen körperlichen Auswirkungen
AC-3	meistens kein organischer Schaden; Muskelverkrampfung und Atemschwierigkeiten möglich
AC-4.1	bis 5 %ige Wahrscheinlichkeit von Herzkammerflimmern
AC-4.2	bis 50 %ige Wahrscheinlichkeit von Herzkammerflimmern
AC-4.3	über 50 %ige Wahrscheinlichkeit von Herzkammerflimmern
AC-4	Herzkammerflimmern, Herzstillstand, Atemstillstand, schwere Verbrennungen

Die Gefährdungsbereiche gelten für Wechselstrom (15 Hz ... 100 Hz) für Erwachsene bei dem Stromweg ‚von der linken Hand zu beiden Füßen'.

Die Folgen eines Stromunfalls sind abhängig von der Stromstärke, der Stromart, dem Stromweg durch den Körper und der Einwirkdauer.

Sicherheitszeichen

teilweise nicht mehr genormt

Verbotszeichen		Warnzeichen		Gebotszeichen	
Schalten verboten	Berühren verboten; Gehäuse unter Spannung	Warnung vor gefährlicher elektrischer Spannung	Warnung vor Gefahren durch Batterien	Vor Arbeiten freischalten	Vor Öffnen Netzstecker ziehen

Zusatzzeichen

Es wird gearbeitet!
Ort: Datum:
Entfernen des Schildes nur durch:

Hochspannung Lebensgefahr

Kombinationszeichen

Hinweiszeichen

Fünf Sicherheitsregeln
Vor Beginn der Arbeiten:
- Freischalten
- Gegen Wiedereinschalten sichern
- Spannungsfreiheit feststellen
- Erden und kurzschließen
- Benachbarte, unter Spannung stehende Teile abdecken oder abschranken

Teil kann im Fehlerfall unter Spannung stehen

Vor Berühren:
- Entladen
- Erden
- Kurzschließen

Hier liegen die Unfallverhütungsvorschriften aus

Prüfzeichen für elektrische Betriebsmittel

Zeichen	Erklärung	Zeichen	Erklärung	Zeichen	Erklärung
D V E	VDE-Zeichen (VDE: Verband der Elektrotechnik)	GS geprüfte Sicherheit	Geprüfte Sicherheit	D V E GS geprüfte Sicherheit	Geprüfte Sicherheit Prüfstelle: VDE
CE	Kennzeichen des Herstellers für Übereinstimmung mit EU-Richtlinien	VDE EMV	Prüfsiegel elektromagnetische Verträglichkeit Prüfstelle: VDE	BZT A999 999N	Bundesamt für Zulassungen in der Telekommunikation

Kennzeichnung von Rohrleitungen nach dem Durchflussstoff — DIN 2403: 2018-10

Die Durchflussstoffe nichterdverlegter Rohrleitungen werden durch Anstrich, Beschriftung, Bänder oder Schilder in 10 unterschiedlichen Gruppen gekennzeichnet.

Durchflussstoff	Gruppe	Gruppenfarbe	Zusatzfarbe	Schriftfarbe
Wasser	1	Signalgrün		Signalweiß
Wasserdampf	2	Signalrot		Signalweiß
Luft	3	Signalgrau		Signalschwarz
Brennbare Gase	4	Signalgelb	Signalrot	Signalschwarz
Nicht brennbare Gase	5	Signalgelb	Signalschwarz	Signalschwarz
Säuren	6	Signalorange		Signalschwarz
Laugen	7	Signalviolett		Signalweiß
Brennbare Flüssigkeiten und Feststoffe	8	Signalbraun	Signalrot	Signalweiß
Nicht brennbare Flüssigkeiten und Feststoffe	9	Signalbraun	Signalschwarz	Signalweiß
Sauerstoff	0	Signalblau		Signalweiß

Kennzeichnungsmerkmale

Kennzeichnung besonderer Rohrleitungen

Feuerlöschleitungen

Grundsymbol

Mittel/Geräte zur Brandbekämpfung

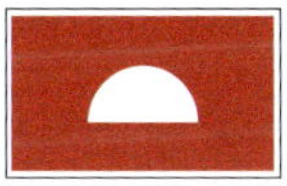

Löschmittel Wasser

Löschmittel nicht brennbares Gas

Löschmittel Wasserdampf

Löschmittel sonstige

Rohrleitungen in Wasserversorgungsanlagen (Trinkwasserleitungen)

Grundsymbol

Trinkwasserleitung

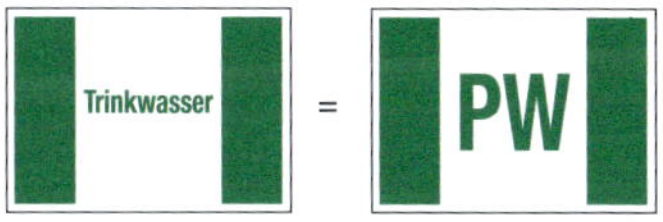

Trinkwasserleitung kalt

Trinkwasserleitung warm

Trinkwasserleitung Zirkulation

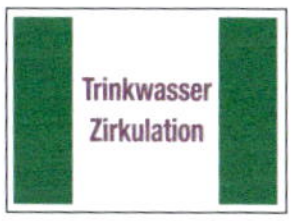

Rohrleitungen in Wasserversorgungsanlagen (Nichttrinkwasserleitungen)

Grundsymbol

Nichttrinkwasserleitung

Nichttrinkwasserleitung (Regenwasser)

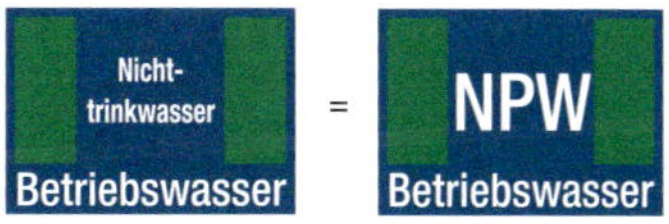

W: water (Wasser)
P: potable (trinkbar)
NP: not potable (nicht trinkbar)

Heben, Halten und Tragen

ArbSchG: 2009-02; LasthandhabV: 2006-10

1. Zeitwichtung (Es ist nur 1 zutreffende Spalte auszuwählen.)

Hebe- oder Umsetzvorgänge (< 5 s)		Halten (> 5 s)		Tragen (> 5 m)	
Anzahl pro Arbeitstag	Zeitwichtung ZW	Gesamtdauer pro Arbeitstag	Zeitwichtung ZW	Gesamtweg pro Arbeitstag	Zeitwichtung ZW
< 10	1	< 5 min	1	< 300 m	1
10 ... < 40	2	5 min ... < 15 min	2	300 m ... < 1 km	2
40 ... < 200	3	15 min ... < 1 h	3	1 km ... < 4 km	3
200 ... < 500	4	1 h ... < 2 h	4	4 km ... < 8 km	4
500 ... < 1000	5	2 h ... < 4 h	5	8 km ... < 16 km	5
≥ 1000	6	≥ 4 h	6	≥ 16 km	6

2. Lastwichtung

Wirksame Last für Männer	Wirksame Last für Frauen	Lastwichtung LW
< 10 kg	< 5 kg	1
10 kg ... < 20 kg	5 kg ... < 10 kg	2
20 kg ... < 30 kg	10 kg ... < 15 kg	4
30 kg ... < 40 kg	15 kg ... < 25 kg	7
≥ 40 kg	≥ 25 kg	25

3. Ausführungswichtung

Ausführungsbedingungen	Ausführungswichtung AW
gute ergonomische Bedingungen (Platz und Beleuchtung ausreichend; ebener Boden)	0
ungünstige ergonomische Bedingungen (Bewegungsfreiheit eingeschränkt; geringe Arbeitsfläche und -höhe; eingeschränkte Standsicherheit durch unebenen Boden)	1
Bewegungsfreiheit stark eingeschränkt	2

4. Haltungswichtung / 5. Bewertung

Körperhaltung und Lastposition		Haltungswichtung HW	Beschreibung	Punkt-Wert PW
	▪ Oberkörper aufrecht ohne Verdrehung ▪ Last am Körper	1	geringe Belastung; Gesundheitsgefährdung durch körperliche Überbeanspruchung unwahrscheinlich	< 10
	▪ Oberkörper gering vorgeneigt oder verdreht ▪ Last am Körper bzw. körpernah	2	erhöhte Belastung; körperliche Überbeanspruchung vermindert belastbarer Personen möglich; Gestaltungsmaßnahmen sinnvoll	10 ... < 25
	▪ Oberkörper gering vorgeneigt und verdreht ▪ tief gebeugt und weit vorgeneigt ▪ Last körperfern oder über Schulterhöhe	4	wesentlich erhöhte Belastung; körperliche Überbeanspruchung normal belastbarer Personen möglich; Gestaltungsmaßnahmen empfohlen	25 ... < 50
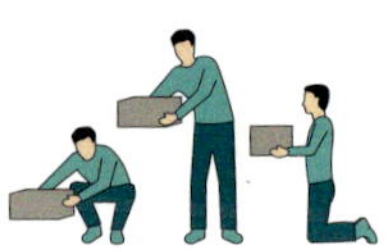	▪ Oberkörper weit vorgeneigt und verdreht ▪ Last körperfern ▪ Haltungsstabilität eingeschränkt ▪ hocken oder knien	8	hohe Belastung; körperliche Überbeanspruchung wahrscheinlich; Gestaltungsmaßnahmen erforderlich	≥ 50

Punktwert PW = Zeitwichtung ZW · (Lastwichtung LW + Ausführungswichtung AW + Haltungswichtung HW)

Gestaltungsmaßnahmen zur Entlastung des Muskel-Skelett-Systems

- Lastgewicht reduzieren
- schwere Lasten mit Hilfsmitteln bewegen
- Hebe- und Tragehilfen einsetzen
- schwere Lasten zu zweit bewegen
- Oberkörper beim Tragen von Lasten nicht verdrehen
- Lasten körpernah heben; dabei Rücken strecken und in die Hocke gehen
- Lasten körpernah tragen; dabei möglichst gleichmäßig verteilen
- Arbeitsplatzgestaltung verbessern bezüglich Bewegungsfreiheit, Beleuchtung, Bodenbeschaffenheit, Standsicherheit, Arbeitsfläche u. a.

Begriffe zum Lärmschutz

TRLV Lärm: 2017-08

Begriff	Erklärung
Lärm	Hörschall im Frequenzbereich von 16 Hz ... 16 kHz, der zu einer Beeinträchtigung des Hörvermögens oder zu einer sonstigen unmittelbaren oder mittelbaren Gefährdung von Gesundheit und Sicherheit von Beschäftigten führen kann
maximal zulässige Expositionswerte	Auf das Gehör von Beschäftigten einwirkende Tages-Lärmexpositionspegel oder Spitzenschalldruckpegel, die nicht überschritten werden dürfen
Tages-Lärmexpositionspegel $L_{EX,8h}$ in dB(A)	Auf eine Person bezogener Dauerschallpegel für einen Achtstunden-Arbeitstag, der alle am Arbeitsplatz auftretenden Schallereignisse erfasst
Spitzenschalldruckpegel $L_{pC,peak}$ in dB(C)	Maximalwert des Schalldruckpegels für das lauteste Schallereignis innerhalb einer Arbeitsschicht
Lärmbereich	Arbeitsbereich, in dem der Tages-Lärmexpositionspegel oder der Spitzenschalldruckpegel einen der oberen Auslösewerte erreicht oder überschreitet

Maßnahmen in Abhängigkeit von Tages-Lärmexpositionspegel oder Spitzenschalldruckpegel

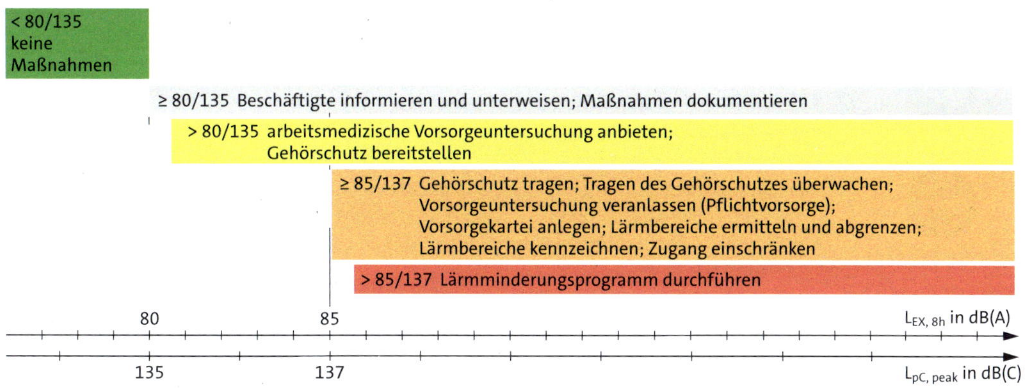

Auslösewerte für Präventionsmaßnahmen

Unterer Auslösewert		Oberer Auslösewert	
Tages-Lärmexpositionspegel $L_{EX,8h}$ in dB(A)	Spitzenschalldruckpegel $L_{pC,peak}$ in dB(C)	Tages-Lärmexpositionspegel $L_{EX,8h}$ in dB(A)	Spitzenschalldruckpegel $L_{pC,peak}$ in dB(C)
80	135	85	137

Maßnahmen zur Lärmminderung

Lärmminderung

an der Quelle

- Einsatz geräuscharmer Maschinen und Verfahren
- Vermeidung/Minderung von Turbulenzen
- Vermeidung/Minderung von Druckschwankungen
- Strukturversteifungen im Kraftfluss

auf dem Ausbreitungsweg

- Minderung der Körperschall- und Luftschallübertragung
- Aufstellung von Maschinen auf Schwingungsdämpfern
- Abschirmung durch Schallschutzwände
- Kapselung von Maschinen

bei der Arbeitsorganisation

- Verlegung lärmintensiver Arbeiten oder Maschinen in gesonderte Räume
- Verlegung lauter Arbeitsprozesse in personalarme Schichten
- Koordination lärmintensiver und lärmarmer zeitweiliger Arbeiten
- Lärmpausen

1

Betriebsanweisung (Beispiel)

Firma: ____________________

Bearbeitung: ____________________

Betriebsanweisung

für Arbeiten an konventionellen Bohrmaschinen

Nummer: ____________________

1. ANWENDUNGSBEREICH

Offene Bauweise – Manuelle Steuerung – Kein automatischer Werkzeugwechsel – Mit und ohne Kühlmittel

2. GEFAHREN FÜR MENSCH UND UMWELT

- Einzugsgefahr durch rotierende Spindel und Werkzeuge,
- Schnittverletzungen durch scharfkantige Werkstücke und durch Späne,
- Augenverletzungen durch Späne und Kühlschmiermittel,
- Fußverletzungen durch herabfallende Werkstücke,
- Gefährdung der Haut durch Kühlschmiermittel.

3. SCHUTZMAẞNAHMEN UND VERHALTENSREGELN

- Betriebsanleitung des Herstellers beachten,
- bei langen Haaren Haarnetz oder Schutzkappe benutzen,
- bei laufender Maschine Schutzbrille benutzen,
- weder Handschuhe noch Schmuck tragen,
- Werkstück sicher spannen,
- bei laufender Maschine keine Markierungs-, Mess- oder Tuschierarbeiten durchführen,
- während der Benutzung von Kühlschmiermitteln nicht essen oder trinken.

4. VERHALTEN BEI STÖRUNGEN

- Maschine abschalten; NOT-HALT betätigen,
- Vorgesetzten verständigen.

5. ERSTE HILFE

- Unfallstelle absichern und Verletzte betreuen,
- Ersthelfer heranziehen und Vorgesetzten benachrichtigen,
- Erste-Hilfe-Maßnahmen durchführen und Unfall melden.

Ersthelfer: ____________________

Notruf: **112**

6. INSTANDHALTUNG

- Wartung, Instandhaltung und Reparatur nur von beauftragten Mitarbeitern durchführen lassen,
- bei Instandhaltung Betriebsanleitungen des Herstellers beachten,
- nach Instandhaltung Schutzeinrichtungen überprüfen,
- Kühlschmierstoff regelmäßig nach Plan kontrollieren/wechseln.

Beauftragter: ____________________

Datum: ______________ Unterschrift: ____________________ Nächster Überprüfungstermin: ____________________

Die **Betriebsanweisung**

- wird vom Arbeitgeber in allgemein verständlicher Sprache und Form erstellt. Für ausländische Mitarbeiter sind gegebenenfalls Übersetzungen erforderlich.
- ist für alle Beschäftigten verbindlich und muss befolgt werden,
- darf keine gegen Sicherheit oder Gesundheit gerichteten Vorschriften enthalten,
- muss nach Änderung oder Neufassung gesetzlicher Vorschriften aktualisiert werden,

Bei Instandhaltung Betriebsanleitungen des Herstellers beachten.
Nach Instandhaltung Schutzeinrichtungen überprüfen.

Persönliche Schutzausrüstung (PSA)

Pflichten des Arbeitnehmers:

Die Persönliche Schutzausrüstung muss bei allen Tätigkeiten verwendet werden, für die eine Betriebsanweisung das vorschreibt. Dadurch sollen Gesundheits- und Unfallgefahren verhindert/gemindert werden, die durch andere organisatorische oder betriebstechnische Maßnahmen nicht verhindert/gemindert werden können.

Nichtbenutzung der PSA durch Beschäftigte kann zum Verlust der Lohnfortzahlung nach einem Unfall, zu einem Bußgeldbescheid durch die Unfallversicherung und zu einer Abmahnung/Kündigung durch den Arbeitgeber führen.

Maßnahmen des Arbeitgebers, um Sicherheit und Gesundheit der Beschäftigten zu gewährleisten:

- mögliche Gefahren/Gefährdungen am Arbeitsplatz feststellen,
- mögliche Auswirkungen der Gefahren/Gefährdungen auf die Beschäftigten untersuchen,
- für Funktionsfähigkeit und hygienisch einwandfreien Zustand der PSA sorgen.
- Gefahren/Gefährdungen möglichst ausschließen durch:
  - Einsatz weniger gefährlicher Stoffe,
  - Einsatz weniger gefährlicher Fertigungsverfahren,
  - Einsatz von Schutzeinrichtungen,
  - Bereitstellung persönlicher Schutzausrüstungen, die den Bedingungen am Arbeitsplatz und den ergonomischen und gesundheitlichen Erfordernissen entsprechen.

1

Komponenten von Hebezeugen

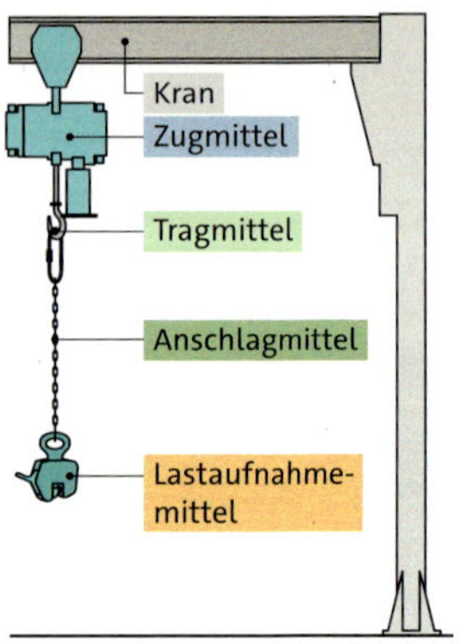

Beispiel	Komponente	Bauarten			
	Kran	Säulendrehkran	Wandschwenk-kran	Portalkran	Deckenkran
	Zugmittel	Elektroseilzug	Elektroketten-zug	Flaschenzug	Seilrolle
	Lastaufnahmeeinrichtung: Tragmittel	Kranhaken	Kranhaken mit Sicherungs-klappe	Kranhaken mit Sicherungshaken	Traverse
	Lastaufnahmeeinrichtung: Anschlag-mittel	Ketten	Seile	Hebebänder	Rundschlingen
	Lastaufnahmeeinrichtung: Lastauf-nahme-mittel	Greifer	Zangen, Hebeklemmen	Traversen	Lasthebe-magnet, Vakuumheber

Anschlagmittel für Lastaufnahmeeinrichtungen

Anschlagmittel	Drahtseile	Ketten	Hebebänder	Rundschlingen
	 1-Strang 2-Strang	 3-Strang 4-Strang	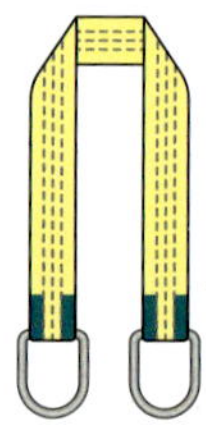	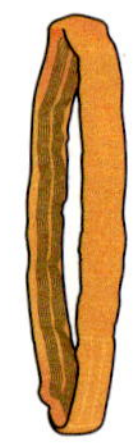
Verwendung	glatte, ölige, rutschige Oberflächen	scharfkantige, nicht rutschige Oberflächen; heißes Material	glatte, empfindliche, lackierte Oberflächen; feinbearbeitete Fertigteile	
Kennzeichnung	Drahtseilanhänger	Kettenanhänger	Farbcode	

Kennzeichnung von Anschlagmitteln

Drahtseile

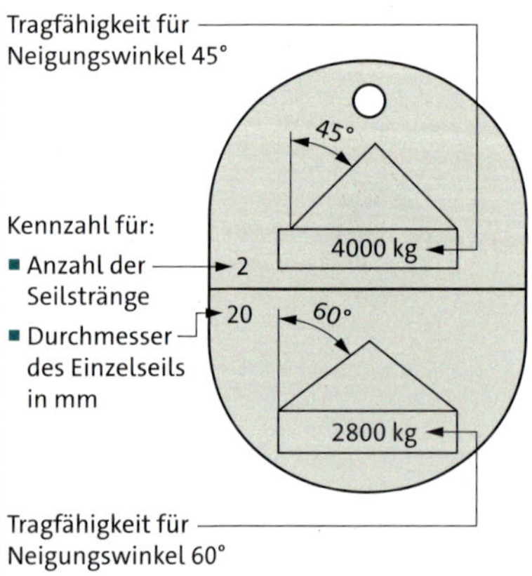

Anhänger für Drahtseile:
aus unlackiertem Blech erstellt

Ketten

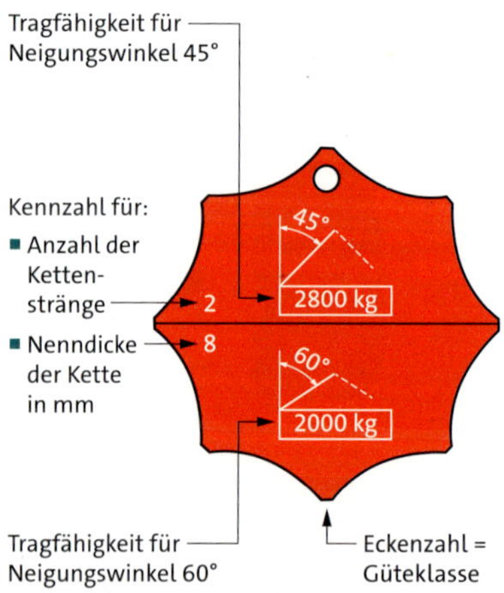

Anhänger für Güteklasse 3 ... 7: aus grau lackiertem Blech erstellt
Anhänger für Güteklasse 8: aus rot lackiertem Blech erstellt

Hebebänder; Rundschlingen

Tragfähigkeit	Farbcode
bis 500 kg	rosa
bis 1000 kg	lila
bis 1500 kg	dunkelgrün
bis 2000 kg	hellgrün
bis 3000 kg	gelb
bis 4000 kg	grau
bis 5000 kg	rot
bis 6000 kg	braun
bis 8000 kg	blau
bis 10 t	orange
über 10 t	orange

Belastungstabelle für Stahldrahtseile

Seil-Nenndurchmesser in mm	Tragfähigkeit in kg bei gleichmäßiger Lastverteilung				
	Einzelstrang	Doppelstrang		Drei- und Vierstrang	
		0° ... 45°	über 45° ... 60°	0° ... 45°	über 45° ... 60°
		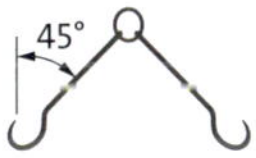	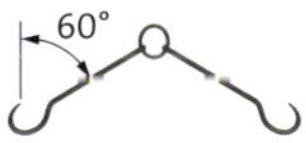	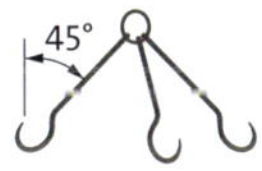	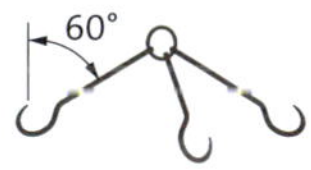
8	700	950	700	1500	1050
10	1000	1400	1000	2100	1500
12	1500	2100	1500	3200	2300
14	2000	2800	2000	4200	3000
16	2700	3800	2700	5650	4000
18	3150	4400	3150	6600	4700
20	4000	5600	4000	8400	6000
22	5000	7000	5000	10500	7500
24	6300	8800	6300	13200	9400
26	7000	9800	7000	14700	10500
28	8000	11200	8000	16800	12000
32	11000	15000	11000	23000	16500
36	14000	19000	14000	29000	21000
40	17000	23500	17000	36000	26000

Die Werte gelten für Stahldrahtseile in Normalausführung nach DIN EN 13414-1: 2009-02 bei einer Drahtnennfestigkeit von 1770 N/mm². Beim Anschlagen mit mehreren Strängen dürfen nur zwei Stränge als tragend berechnet werden. Das gilt nicht, wenn sicher ist, dass sich die Last auch auf die weiteren Stränge gleichmäßig verteilt. Ist die Lastverteilung ungleichmäßig, darf die zulässige Belastung der Einzelstränge nicht überschritten werden.

Belastungstabelle für Rundstahlketten (Güteklasse 8)

Ketten-Nenndicke in mm	Tragfähigkeit in kg bei gleichmäßiger Lastverteilung				
	Einzelstrang	Doppelstrang		Drei- und Vierstrang	
		0° ... 45°	über 45° ... 60°	0° ... 45°	über 45° ... 60°
		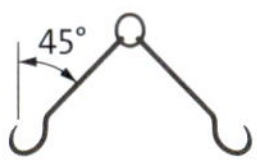	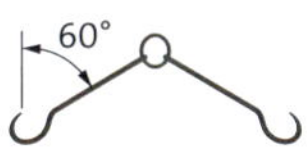	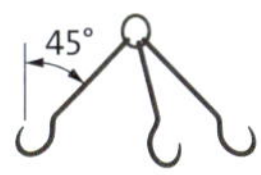	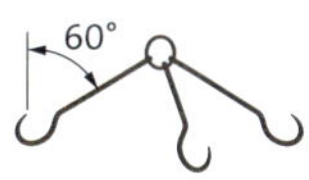
4	500	700	500	1050	750
6	1000	1400	1000	2100	1500
8	2000	2800	2000	4250	3000
10	3200	4500	3200	6700	4750
13	5000	7000	5000	10000	7500
16	8000	11200	8000	17000	11800
18	10000	14000	10000	21200	15000
20	12500	18000	12500	26500	18000
22	15000	21200	15000	32000	22400
26	20000	28000	20000	40000	30000
28	25000	35500	25000	50000	37500
32	32000	45000	32000	63000	47500
36	40000	56000	40000	80000	60000
40	50000	71000	50000	100000	75000

Die Werte gelten für Anschlagketten nach DIN EN 818-4: 2008-12. Beim Anschlagen mit mehreren Strängen dürfen nur zwei Stränge als tragend berechnet werden. Das gilt nicht, wenn sicher ist, dass sich die Last auch auf die weiteren Stränge gleichmäßig verteilt. Ist die Lastverteilung ungleichmäßig, darf die zulässige Belastung der Einzelstränge nicht überschritten werden. Bei Temperaturen von 200°C bis 300°C verringert sich die Tragfähigkeit auf 90 %; von 300°C bis 400°C auf 75%. Bei einer Verlängerung der ganzen Kette oder eines Einzelglieds um 5 % oder mehr oder bei Abnahme der Ketten-Nenndicke an einer beliebigen Stelle um mehr als 10 % darf die Kette nicht mehr verwendet werden.

1

Recycling-Codes

Verpackungsverordnung: 1998-08

Stoffgruppe	Werkstoff	Recycling-Nr.	Kurzzeichen	Recycling-Möglichkeiten (Beispiele)
Kunststoffe	Polyethylenterephtalat	01	PET	Werkstoffbasiertes Recycling: ▪ sortenrein sortieren ▪ granulieren ▪ extrudieren ▪ herstellen neuer Produkte Rohstoffbasiertes Recycling: ▪ in die Ausgangsprodukte (Öle) zerlegen und für neue Produkte verwenden
	Polyethylen hoher Dichte (high-density)	02	HDPE	
	Polyvinylchlorid	03	PVC	
	Polyethylen niedriger Dichte (low-density)	04	LDPE	
	Polypropylen	05	PP	
	Polystyrol	06	PS	
	Andere Kunststoffe (z. B. Acrylglas, Polycarbonat, Nylon, ABS, Fiberglas)	07	O (OTHER)	
Papier/Pappe	Wellpappe	20	PAP	Verpackungen
	Sonstige Pappe	21	PAP	
	Papier	22	PAP	Zeitungen, Zeitschriften, Haushaltstücher, Hygienepapier
Metall	Stahl	40	FE	sortenrein sortieren, einschmelzen, herstellen neuer Produkte
	Aluminium	41	ALU	
Holz	Holz	50	FOR	
	Kork	51	FOR	‚neue' Korken
Textilien	Baumwolle	60	TEX	als Naturfasern biologisch abbaubar
	Jute	61	TEX	
Glas	farbloses Glas	70	GL	‚neues' Glas
	grünes Glas	71	GL	
	braunes Glas	72	GL	
Verbundstoffe: Papier/Pappe + ...	Papier/Pappe + verschiedene Metalle	80	C/+ ...[1]	falls sortenreine Sortierung möglich: siehe oben
	Papier/Pappe + Kunststoffe	81	C/+ ...[1]	
	Papier/Pappe + Aluminium	82	C/+ ...[1]	
	Papier/Pappe + Weißblech	83	C/+ ...[1]	
	Papier/Pappe + Kunststoff, Aluminium	84	C/+ ...[1]	
	Papier/Pappe + Kunststoff, Aluminium, Weißblech	85	C/+ ...[1]	
Verbundstoffe: Kunststoff + ...	Kunststoff + Aluminium	90	C/+ ...[1]	
	Kunststoff + Weißblech	91	C/+ ...[1]	
	Kunststoff + verschiedene Metalle	92	C/+ ...[1]	
Verbundstoffe: Glas + ...	Glas + Kunststoff	95	C/+ ...[1]	
	Glas + Aluminium	96	C/+ ...[1]	
	Glas + Weißblech	97	C/+ ...[1]	
	Glas + verschiedene Metalle	98	C/+ ...[1]	

Bestandteile des Recycling-Codes:
- Symbol mit drei (oft grünen) Pfeilen
- Recycling-Nummer des Werkstoffs (obligatorisch)
- Kurzzeichen (nicht obligatorisch)

[1] C: composite (Verbundstoff)
+ Abkürzung für den Hauptbestandteil

Bezeichnung und Einstufung von Abfällen

Abfallentsorgung

Europäisches Abfallverzeichnis EAV

1 CPB: Chemisch-physikalische Behandlung

2 HMV: Hausmüllverbrennungsanlage

3 SAV: Sondermüllverbrennungsanlage

4 SAD: Sonderabfalldeponie

5 UTD: Untertagedeponie

6 RV: Recycling/Verwertung

Aufbereitungs-, Behandlungs- und Recyclingverfahren für wertschöpfende stoffliche oder energetische Abfallnutzung durch:
Demontieren, Reinigen, Rückgeben, Sortierung, Entgasen, Entfernen von FCKW, Verbrennen, Kompostieren u. a.

Abfall-schlüssel[1]	Abfallbezeichnung	Beispiel für die Herkunft des Abfalls (Auswahl)	Entsorgungsmöglichkeiten[2]					
			1	2	3	4	5	6
03 01 04*	Sägemehl, Späne, Abschnitte, Holz, Spanplatten und Furniere, die gefährliche Stoffe enthalten	Abfälle aus der Holzbearbeitung und der Herstellung von Möbeln und Platten			2			1
03 02 01*	halogenfreie organische Holzkonservierungsmittel	Abfälle aus der Holzkonservierung			1			
03 02 02*	chlororganische Holzkonservierungsmittel	Abfälle aus der Holzkonservierung			1			
06 01 02*	Salzsäure	Abfälle aus anorganisch-chemischen Prozessen	2					1
06 02 03*	Ammoniumhydroxid (Ammoniaklösung, -wasser, -lauge)	Beizen, Reinigungszwecke, Haarfärbe- und Blondierungsmittel	2					1
06 03 11*	feste Salze und Lösungen, die Cyanid enthalten	Wärmebehandlung von Metallen				2		1
06 03 13*	feste Salze und Lösungen, die Schwermetalle enthalten	Eisenchlorid, Eisensulfat				2		1
06 05 02*	Schlämme aus der betriebseigenen Abwasserbehandlung, die gefährliche Stoffe enthalten	cyanid- und chromhaltiger Schlamm, stark alkalische Spülbäder			1	2		
06 07 04*	Lösungen und Säuren	Kontaktsäure	2		3			1
08 03 17*	Tonerabfälle, die gefährliche Stoffe enthalten	Reste von Tonerpulver, Tonerkartuschen						1
10 09 07*	gefährliche Stoffe enthaltende Gieß-formen und -sande nach dem Gießen von Eisen und Stahl	Form- und Kernsande, aushärtende und mineralische Formstoffe				2		1
11 01 08	Phosphatierschlämme	aus der Al- und Zn-Phosphatierung	1					1
12 01 01	Eisenfeil- und -drehspäne			2				1
12 01 03	NE-Metallfeil- und -drehspäne	Al-, Pb-, Cu-, Zn-Späne		2				1
12 01 06*	halogenhaltige Bearbeitungsöle auf Mineralölbasis (außer Emulsionen und Lösungen)	CKW-haltige Kühlschmierstoffe und Honöle			1			
12 01 07*	halogenfreie Bearbeitungsöle auf Mineralölbasis (außer Emulsionen und Lösungen)	siehe 12 01 06*, jedoch CKW-frei		2				1
12 01 14*	Bearbeitungsschlämme, die gefährliche Stoffe enthalten	Erodier-, Galvanikschlämme			2	2		1
13 01 01*	Hydrauliköle, die PCB enthalten				1			
13 02 06*	synthetische Maschinen-, Getriebe- und Schmieröle				2			1

[1] Abfallschlüssel-Nr. mit Sternchen *: Gefährliche Stoffe

[2] 1: Regelfall der Entsorgung
2; 3: Entsorgungsmöglichkeit kann unter bestimmten Voraussetzungen infrage kommen.
Gleiche Zahlen: Gleichrangige Entsorgungsmöglichkeiten

1

Verhalten bei Notfällen

- **Wo** ist etwas geschehen?
- **Was** ist geschehen?
- **Wie** viele Verletzte gibt es?
- **Wer** ruft an?
- **Warten** auf Rückfragen!

Einheitlicher Europäischer Notruf

- in allen EU-Ländern
- aus allen Fest- und Mobilfunknetzen
- von öffentlichen Telefonen
- gebührenfrei

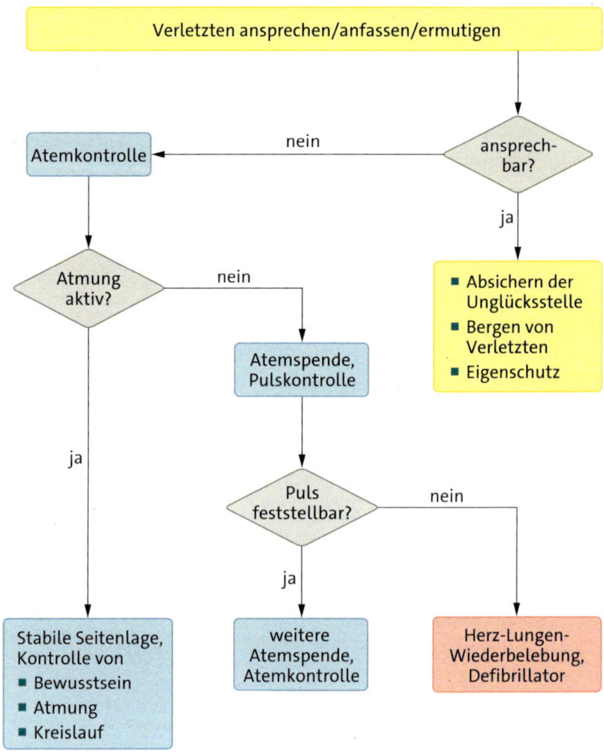

	Blutungen	Schock, Kreislaufversagen	Atemstillstand; Versagen der Atmung	Herzversagen
Merkmale	▪ Nasenblutungen ▪ Verletzung der Schlagader – pulsierender Blutaustritt – hellrote Blutfarbe	▪ schwacher, erhöhter Puls ▪ Angst, Unruhe ▪ blasse, kalte, feuchte Haut	▪ flache, unregelmäßige Atmung ▪ bläuliche Verfärbung der Lippen ▪ Atembewegung oder Atemgeräusche nicht feststellbar ▪ Bewusstlosigkeit	▪ Bewusstlosigkeit ▪ fehlender Puls ▪ weißliche oder bläuliche Verfärbung der Haut ▪ Erweiterung der Pupillen
Maßnahmen	▪ Kopf vorwärts neigen ▪ Kinn mit Hand abstützen ▪ kalten Umschlag in den Nacken legen ▪ mit steriler Auflage Druckverband anlegen ▪ verletzte Schlagader abbinden oder abdrücken	▪ Oberkörper flach, Beine schräg nach oben legen (nicht bei Bein- oder Wirbelsäulenverletzung) ▪ Atmung und Puls beobachten ▪ ansprechen, beruhigen, trösten, ermutigen ▪ vor Wärmeverlust schützen	▪ stabile Seitenlage herstellen ▪ Mund und Rachenraum säubern ▪ Atemspende bei Atemstillstand ▪ Weiteratmen kontrollieren	▪ unverzüglich mit Herzdruckmassage anfangen ▪ für unverzüglichen Transport zum Krankenhaus sorgen

Technische Kommunikation

2

2

Grafische Darstellung im Koordinatensystem

DIN 461: 1973-03

Rechtwinkliges kartesisches Koordinatensystem

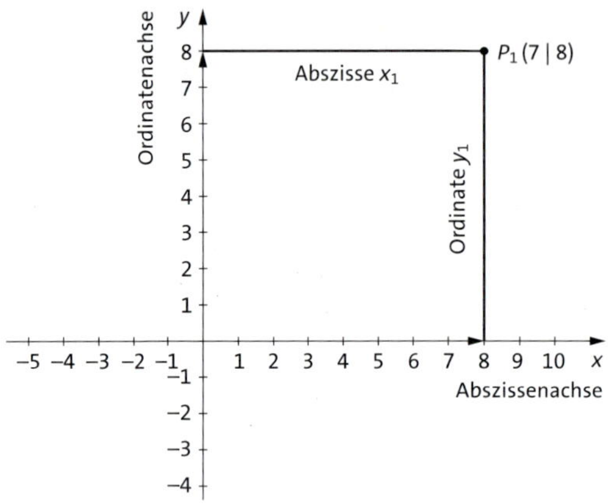

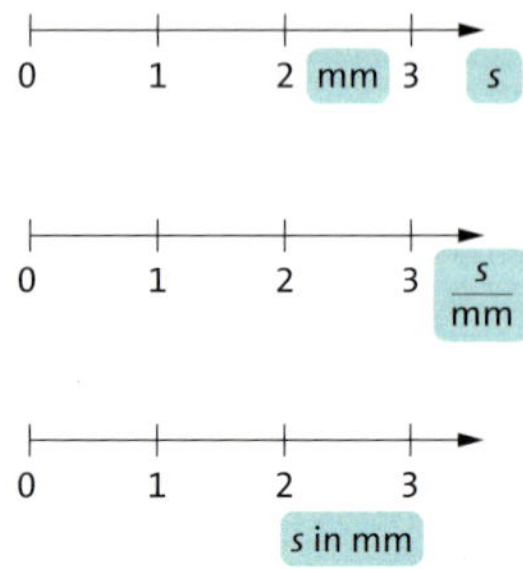

Im rechtwinkligen kartesischen Koordinatensystem wird die Lage eines Punktes P_1 durch die Abszisse x_1 und die Ordinate y_1 bestimmt. Positiv zunehmende Werte werden vom Schnittpunkt der Achsen (Nullpunkt) aus nach rechts und nach oben eingetragen, negative nach links und nach unten.

Die Formelzeichen der Größen stehen unter der waagerechten bzw. links neben der senkrechten Achse. Die Formelzeichen werden kursiv geschrieben und sollen ohne Drehen des Bildes lesbar sein.

Die Einheiten der Größen stehen am Ende der Achsen zwischen den letzten beiden Zahlen. Formelzeichen und Einheit können auch als Bruch geschrieben werden. Ferner kann die Einheit mit dem Wort „in“ angehängt werden.

Die Einheit darf nicht in Klammern gesetzt werden.

Räumliches Koordinatensystem

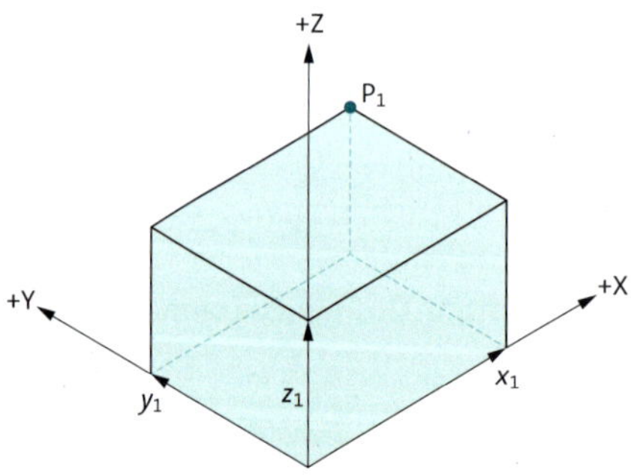

Räumliche Koordinatensysteme (dreidimensional) werden nach DIN ISO 5456-3 in axonometrischer Projektion gezeichnet.

Zur Bestimmung der Bewegungen an Werkzeugmaschinen ist das Koordinatensystem in DIN 66217 festgelegt.

Polarkoordinatensystem

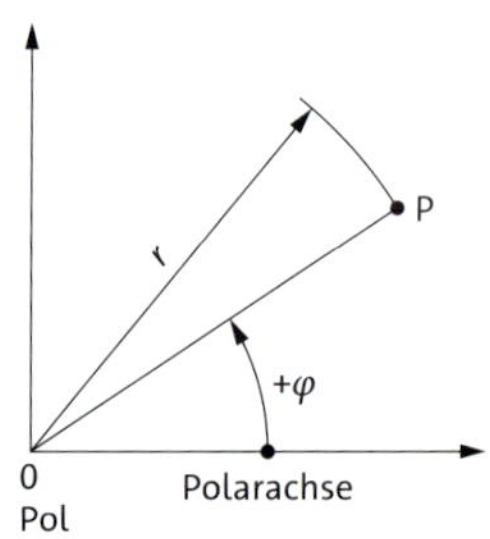

Das Polarkoordinatensystem ist definiert durch den Pol (Nullpunkt) und die Polarachse (waagerechte Achse).

Die Lage eines Punktes P wird durch den Winkel φ und den Radius r bestimmt.

Positive Winkel werden gegen den Uhrzeigersinn, negative Winkel im Uhrzeigersinn angetragen.

Linienbreite nach ISO 128-24

Netz	0,18	0,25
Achsen	0,35	0,5
Kurven	0,7	1,0
Schraffuren Hilfslinien	0,18	0,25

Zeichentechnische Hinweise

- Linienbreiten für die Diagramme nach DIN ISO 128-24
- Beschriftung nach DIN EN ISO 3098-1

Innerhalb der Diagrammfläche ist jede nicht zum Verständnis notwendige Beschriftung zu vermeiden.

Grafische Darstellung im Koordinatensystem DIN 461: 1973-03

Teilung im Koordinatensystem

Lineare Teilung

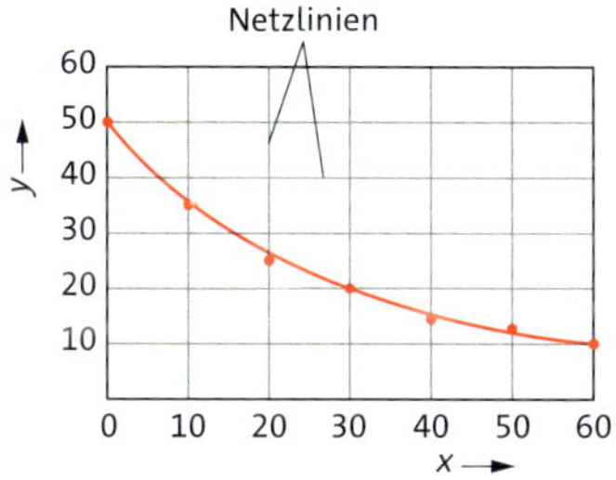

Halblogarithmische Teilung

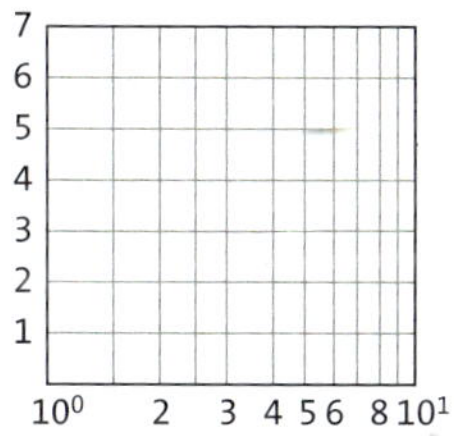

Logarithmische Teilung

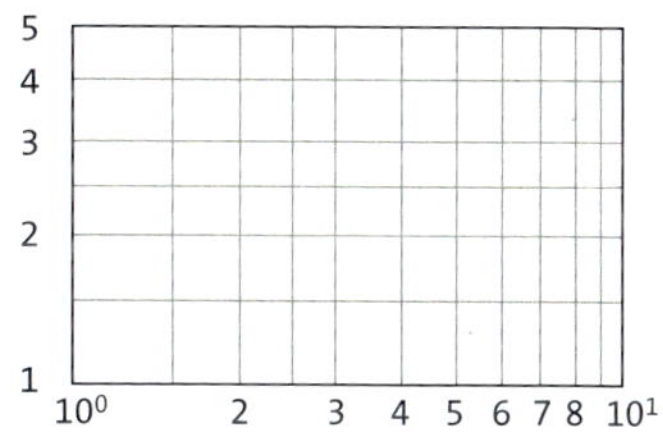

Die Teilung im Koordinatensystem kann zu einem **Koordinatennetz** ergänzt werden. Zahlen werden an den unteren und linken Rand außerhalb des Netzes gesetzt. Die Angabe der Größen erfolgt an der Wurzel der außen liegenden Pfeile.

Die Verwendung eines Koordinatennetzes erleichtert die Übernahme von z. B. Messwerten in ein Diagramm.

Nomogramme

Leitertafel

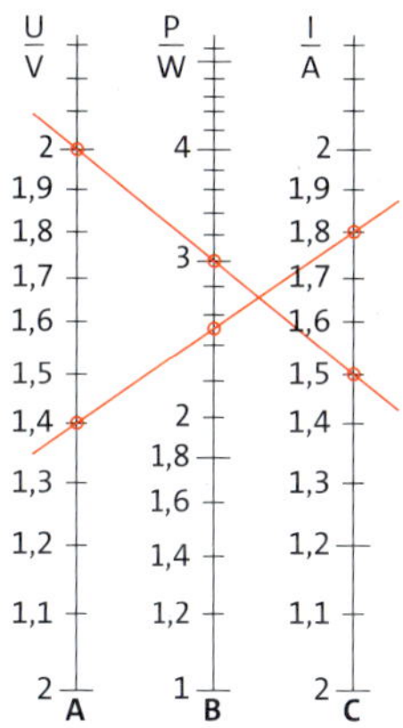

Mithilfe einer **Leitertafel** lassen sich aus zwei Größen weitere zeichnerisch bestimmen.

Netztafel

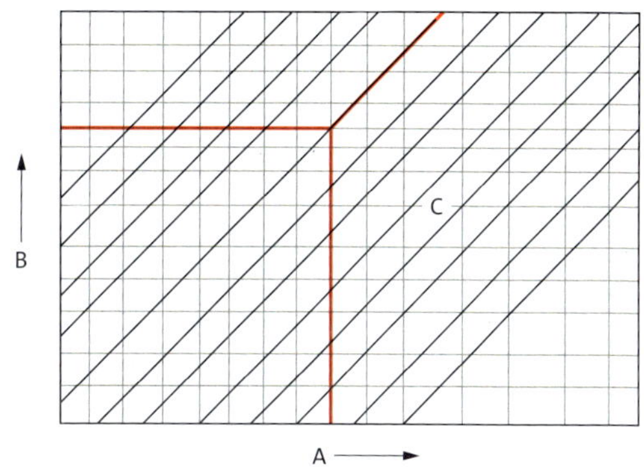

In einer **Netztafel** lässt sich aus zwei Größen eine dritte bestimmen.

Ein Nomogramm dient zur Darstellung des Zusammenhangs von Größen, die zahlenmäßig abgelesen werden können.

Flächendiagramme

Säulendiagramm

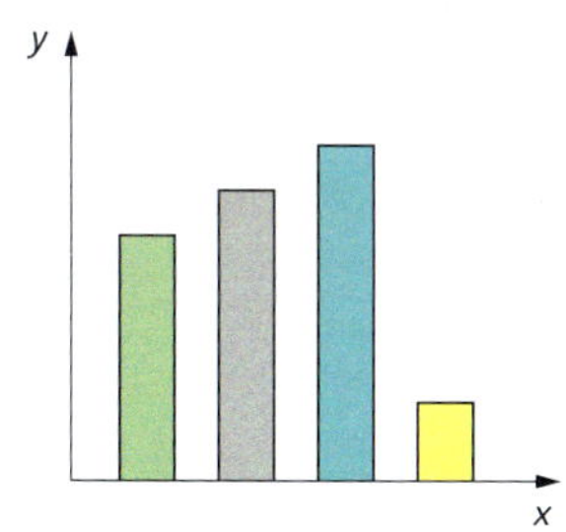

Sankey-Diagramm

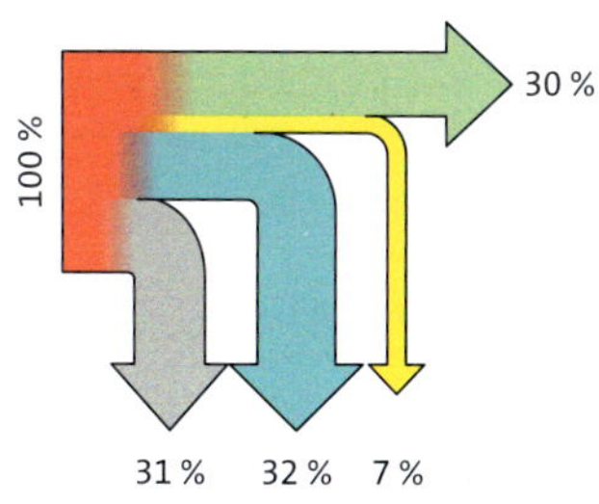

Kreisdiagramm

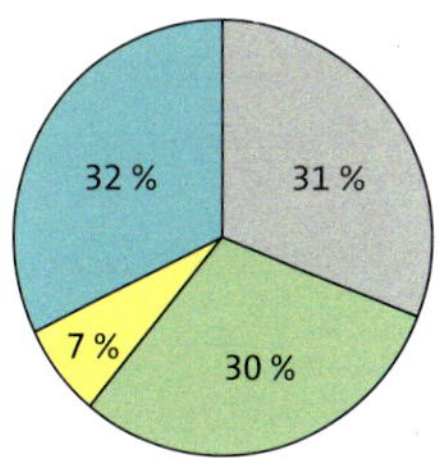

Die Verteilung einer Variablen, z. B. Mengen, oder prozentuale Anteile können in Flächendiagrammen dargestellt werden.

2

Begriffe für technische Zeichnungen und verwandte Dokumentationen	DIN EN ISO 10209: 2012-11
Ansichtszeichnung	Zeichnung der Ansicht eines Gegenstandes auf einer senkrechten Bildebene
Axonometrie	Parallelprojektion eines Gegenstandes auf eine einzige Projektionsebene
Baugruppenzeichnung	Darstellung aller Gruppen und Teile eines vollständigen Produktes
CAD-Zeichnung	durch ein Programm erzeugte Darstellung einer Zeichnung auf einem Bildschirm oder auf Papier
Diagramm	Informationen in Form einer Tabelle, einer grafischen Darstellung (z. B. Koordinatensystem) oder eines Schemas
Dokumentensatz	Sammlung von Dokumenten, die als Einheit für einen bestimmten Zweck verwaltet werden
Explosionsdarstellung	Darstellung von Einzelteilen im selben Maßstab und in genauer räumlicher Zuordnung zueinander; Einzelteile sind in ihrer Reihenfolge entlang der gemeinsamen Achsen voneinander getrennt dargestellt
Einzelteil-Zeichnung	Darstellung eines einzelnen Teils mit allen für dessen Beschreibung notwendigen Informationen
Fertigungszeichnung	Zeichnung eines Gegenstandes mit allen notwendigen Angaben für die Fertigung
Fließschema	zeichnerische Darstellung des Ablaufs, Aufbaus und der Funktion einer verfahrenstechnischen Anlage
Funktionsdiagramm, -plan, -schema	Diagramm zur Darstellung des funktionellen Verhaltens eines Systems
Geräteliste	Auflisten von Informationen zu den Komponenten eines Systems
Herstellungszeichnung	Teilezeichnung einer Baugruppe aus vollständig dargestellten Elementen, die miteinander verbunden sind
Liste der Koordinatendaten	Informationen zu bestimmten Stellen an einem Teil, dargestellt in einem kartesischen Koordinatensystem
Norm	Dokument, das für die allgemeine und wiederkehrende Anwendung Regeln, Leitlinien oder Merkmale für Tätigkeiten oder deren Ergebnisse festlegt
Originalzeichnung	Zeichnung von als verbindlich erklärten Informationen und Daten mit Angabe der letzten Änderung
Prüfplan	Dokument, das Pläne für eine Prüfmaßnahme sowie Ressourcen für die Umsetzung beschreibt
Schema	technisches Dokument zur Veranschaulichung von Funktionen eines Systems durch grafische Symbole
Schnittstellenzeichnung	Zeichnung, die Angaben zum Zusammenbau und zur Passung von zwei Teilen liefert, beispielsweise hinsichtlich ihrer Maße und Prüfanforderungen
Skizze	freihändig oder in einem CAD-System erstellte Zeichnung, die nicht unbedingt maßstäblich sein muss
Stückliste	Auflistung der Bestandteile innerhalb einer Produktstruktur
Technische Zeichnung	technische Informationen, die meist maßstäblich und nach Normen grafisch auf einem Informationsträger (z. B. Papier, Bildschirm) dargestellt sind
Teil-Zusammenbauzeichnung	Zusammenbauzeichnung, die eine begrenzte Anzahl von Gruppen oder Teilen darstellt
Teilezeichnung	Zeichnung, die ein Einzelteil abbildet (das nicht weiter demontiert werden kann) und die alle zur Definition des Teils erforderlichen Angaben enthält
Zusammenbau-Anweisung	Dokument, das aufzeigt, wie und in welcher Reihenfolge Teile zusammengebaut werden müssen
Zusammenbauzeichnung	Darstellung einer Gruppe zusammengesetzter Teile

Maßstäbe und Formate

Maßstäbe

DIN ISO 5455: 1979-12

Natürlicher Maßstab	Vergrößerungsmaßstab			Verkleinerungsmaßstab			
1:1	2:1	5:1	10:1	1:2	1:5	1:10	1:20
	20:1	50:1		1:50	1:100	1:200	1:500
				1:1000	1:2000	1:5000	1:10000

Der gewählte Maßstab hängt von der Komplexität des darzustellenden Objektes und vom Zweck der Darstellung ab.
Der verwendete Hauptmaßstab ist auf der Zeichenfläche eingetragen. Sind zur Darstellung von Einzelheiten andere Maßstäbe notwendig, sind diese in der Nähe der Positionsnummer der Einzelheit angegeben.

Die Bemaßung entspricht immer den natürlichen Maßen des dargestellten Objektes.

Durch den Maßstab und die Größe des Objektes wird das zu wählende Zeichnungsformat bestimmt.

Papier-Endformate

DIN EN ISO 216: 2007-12

Das Ausgangsformat A0 hat eine Fläche von 1 m^2.

Die Seitenlängen betragen
$x = 0{,}841$ m und
$y = 1{,}189$ m.

Das nächst kleinere Format erhält man, wenn man das vorhandene Format parallel zur kleinen Seite in zwei Hälften teilt.

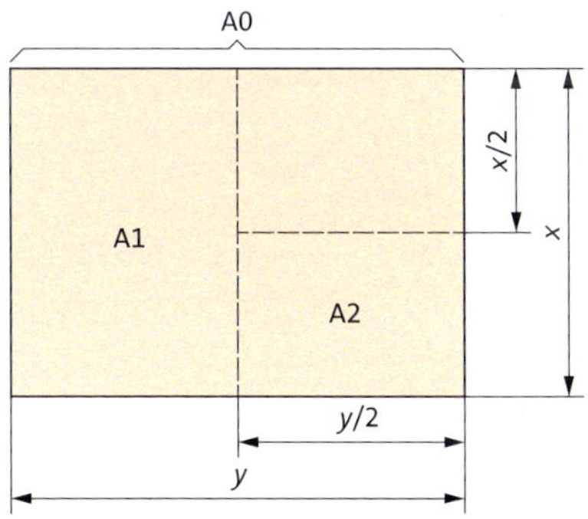

ISO-A-Reihe

Benennung	Abmessungen in mm
A0	841 x 1189
A1	594 x 841
A2	420 x 594
A3	297 x 420
A4	210 x 297
A5	148 x 210
A6	105 x 148

Zeichnungsvordrucke

DIN EN ISO 5457: 2017-10

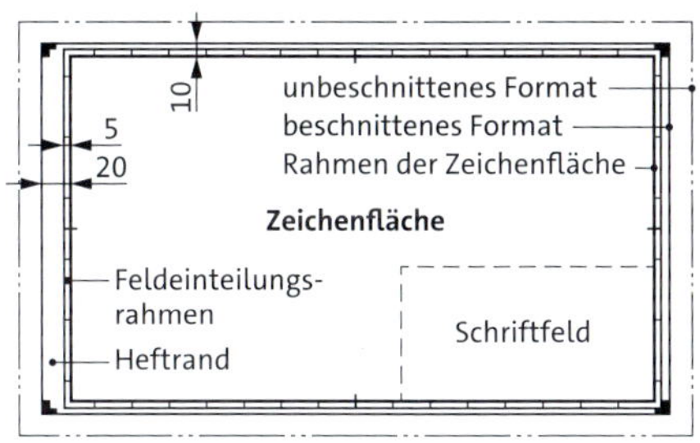

Die Formate A0 bis A3 werden nur im Querformat, A4 im Quer- und Hochformat ausgeführt. Das Schriftfeld ist jeweils in der rechten unteren Ecke, bei A4 hoch ist das Schriftfeld im unteren Teil der Zeichenfläche angeordnet.

Die Leserichtung der Zeichnung ist gleich der im Schriftfeld.

Bezeichnung eines Vordrucks:
Zeichnungsvordruck ISO 5457- A2T-TP112,5-R-TBL
Zeichnungsbogen nach DIN EN ISO 5457, Format A2, beschnitten (T), Hochtransparentpapier (TP) mit einem Flächengewicht von 112,5 g/m^2, bedruckte Rückseite (R) und ein Schriftfeld nach Vereinbarung (TBL).

Faltung auf Ablageformat

DIN 824: 1981-05

A2
420 x 594

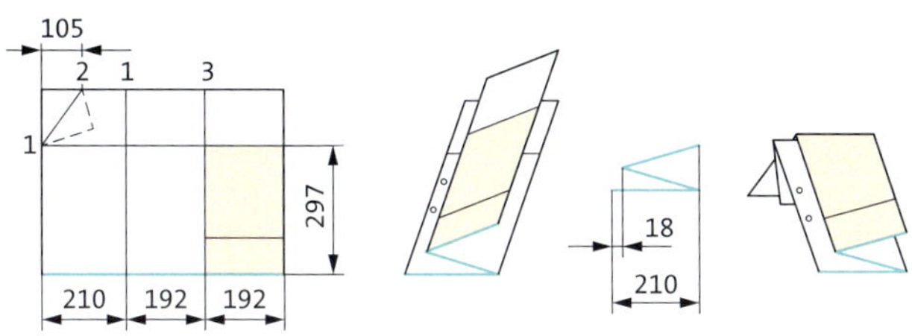

A3
297 x 420

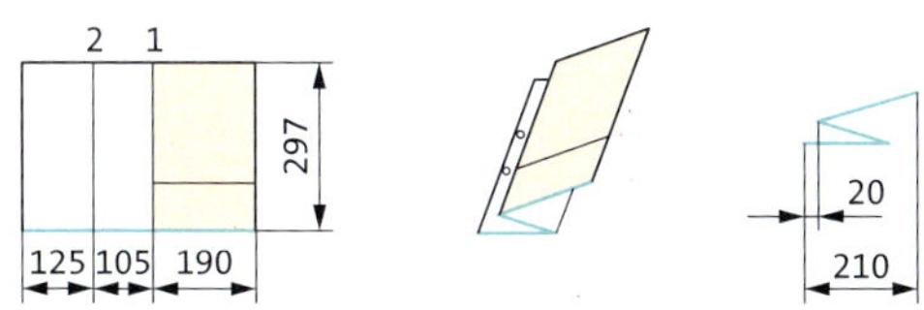

Faltarten

Faltung A:
für Ablage mit Heftung und ausgefaltetem Heftrand

Faltung B:
für Ablage mit Heftung und zusätzlich angebrachtem Heftrand

Faltung C:
für Faltung ohne Heftrand

Das Schriftfeld muss auf der Deckseite in Leserichtung in der unteren rechten Ecke liegen.

2

Linien

DIN ISO 128-24: 1999-12

Linienarten

Nr.	Benennung Darstellung	Anwendung	
01.1	Volllinie, schmal	.1 Lichtkanten bei Durchdringungen .2 Maßlinien .3 Maßhilfslinien .4 Hinweis- und Bezugslinien .5 Schraffuren .6 Umrisse eingeklappter Schnitte .7 kurze Mittellinien .8 Gewindegrund .9 Maßlinienbegrenzungen .10 Diagonalkreuze zur Kennzeichnung ebener Flächen	.11 Biegelinien an Roh- und bearbeiteten Teilen .12 Umrahmungen von Einzelheiten .13 Kennzeichnung sich wiederholender Einzelheiten .14 Zuordnungslinien an konischen Formelementen .15 Lagerichtung von Schichtungen .16 Projektionslinien .17 Rasterlinien
	Freihandlinie, schmal	.18 vorzugsweise manuell dargestellte Begrenzung von Teil- oder unterbrochenen Ansichten und Schnitten, wenn die Begrenzung keine Symmetrie- oder Mittellinie ist	
	Zickzacklinie, schmal	.19 vorzugsweise mit Zeichenautomaten dargestellte Begrenzung von Teil- oder unterbrochenen Ansichten und Schnitten, wenn die Begrenzung keine Symmetrie- oder Mittellinie ist	
01.2	Volllinie, breit	.1 sichtbare Kanten .2 sichtbare Umrisse .3 Gewindespitzen .4 Grenze der nutzbaren Gewindelänge .5 Hauptdarstellungen in Diagrammen, Karten, Fließbildern	.6 Systemlinien (Metallbau-Konstruktionen) .7 Formteilungslinien in Ansichten .8 Schnittpfeillinien
02.1	Strichlinie, schmal	.1 verdeckte Kanten .2 unsichtbare Umrisse	
02.2	Strichlinie, breit	.1 Kennzeichnung zulässiger Oberflächenbehandlung	
04.1	Strich-Punktlinie, schmal	.1 Mittellinien .2 Symmetrielinien .3 Teilkreise von Verzahnungen .4 Teilkreise von Löchern	
04.2	Strich-Punktlinie, breit	.1 Kennzeichnung begrenzter Bereiche, z. B. der Wärmebehandlung .2 Kennzeichnung von Schnittebenen .3 Formteilungslinien in Schnitten	
05.1	Strich-Zweipunkt-linie, schmal	.1 Umrisse benachbarter Teile .2 Endstellung beweglicher Teile .3 Schwerpunktlinien .4 Umrisse vor der Formgebung .5 Teile vor der Schnittebene	.6 Umrisse alternativer Ausführungen .7 Umrisse von Fertigteilen in Rohteilen .8 Umrahmung besonderer Bereiche oder Felder .9 projizierte Toleranzzone

Liniengruppen

Liniengruppe	Linienbreiten in mm für		
	breite Linien	schmale Linien	Maß- und Textangaben Sinnbilder
0,25	0,25	0,13	0,18
0,35	0,35	0,18	0,25
0,5	0,5	0,25	0,35
0,7	0,7	0,35	0,5
1,0	1,0	0,5	0,7

In technischen Zeichnungen werden in der Regel zwei Linienbreiten angewendet. Das Verhältnis zwischen den Linienbreiten soll 1:2 betragen (z. B. 0,5–0,25).

Schriftfelder

DIN EN ISO 7200: 2004-05

Verantwortl. Abt. TB (10)	Technische Referenz F. Meyer (20)	Erstellt durch A. Müller (20)	Genehmigt von G. Lehmann (20)	(Klassifikation/ Schlüsselwörter) (–)
Gesetzlicher Eigentümer (–)		Dokumentenart Teil-Zusammenbauzeichnung (30)	Dokumentenstatus freigegeben (20)	
		Titel, Zusätzlicher Titel Halter mit Buchse (25/25)	XY 123-98 (16)	
			Änd. A (2) · Ausgabedatum 18.09.2018 (10)	Spr. dt (4) · Blatt 2/6 (4)

Die Gesamtbreite des Schriftfeldes beträgt 180 mm, sodass auf einer A4-Seite ein Rand links von 20 mm und rechts von 10 mm bleiben. Die Höhe ist nicht festgelegt. Das Schriftfeld wird für alle Papierformate verwendet.

Angaben wie Maßstab, Projektionssymbol, Toleranzen und Oberflächenangaben werden außerhalb des Schriftfeldes angegeben.

Zahlen in den Datenfeldern: maximale Anzahl der Zeichen im Datenfeld
rot: Datenfelder sind verbindlich auszufüllen
grün: Datenfelder können ausgefüllt werden

Für die Datenfelder ohne Zahlenangaben ist die Anzahl der Zeichen nicht festgelegt.

Beschriftung

DIN EN ISO 3098-1: 2015-06; DIN EN ISO 3098-2: 2000-11

Schriftform B, vertikal, lateinisches Alphabet

ABCDEFGHIJKLMNOPQRSTUVWXYZ ÄÖÜ

abcdefghijklmnopqrstuvwxyz äöüß±□

[(!?:;"–=+×·:√%&)]ϕ 1234567890 IVX

Die Schriftform B darf vertikal oder um 75° nach rechts gegenüber der Horizontalen geneigt sein.

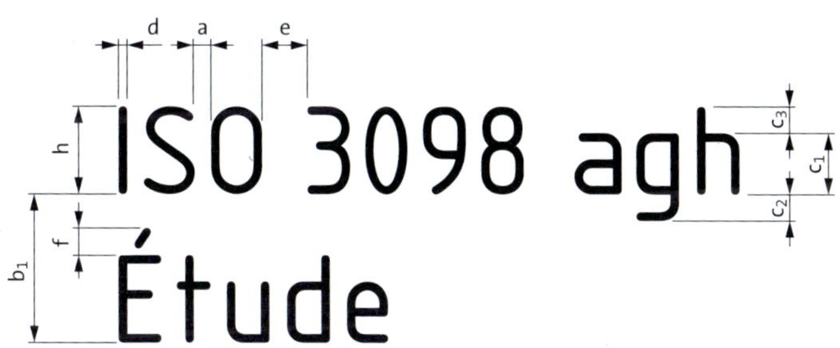

Diakritische Zeichen sind Zusätze (z. B.: ´), die über oder unter einem Buchstaben gesetzt werden, um dessen Aussprache oder Betonung näher zu bezeichnen.

Bezeichnungsbeispiel: **Schrift ISO 3098-BVL-5**

Schrift nach DIN EN ISO 3098, Schriftform B, vertikal, lateinisches Alphabet, Schrifthöhe 5 mm

Merkmal	Schriftform A $d = \frac{h}{14}$	Schriftform B $d = \frac{h}{10}$
Schrifthöhe h	(14/14) h	(10/10) h
Linienbreite d	(1/14) h	(1/10) h
Höhe c_1	(10/14) h	(7/10) h
Unterlängen c_2	(4/14) h	(3/10) h
Oberlängen c_3	(4/14) h	(3/10) h
Bereich f	(5/14) h	(4/10) h
Abstand a	(2/14) h	(2/10) h
Abstand b_1 [1]	(25/14) h	(19/10) h
Abstand b_2 [2]	(21/14) h	(15/10) h
Abstand b_3 [3]	(17/14) h	(13/10) h
Abstand e	(6/14) h	(6/10) h

[1] b_1 bei Groß- und Kleinbuchstaben mit diakritischen Zeichen
[2] b_2 bei Groß- und Kleinbuchstaben ohne diakritische Zeichen
[3] b_3 bei nur Großbuchstaben

Normzahlen, Radien, Positionsnummern

2

Normzahlen und Normzahlreihen – Hauptwerte der Grundreihen (R) DIN 323-1: 1974-08

R 5	1,00	1,60	2,50	4,00	6,30	10,00						
R 10	1,00	1,25	1,60	2,00	2,50	3,15	4,00	5,00	6,30	8,00	10,00	
R 20	1,00	1,12	1,25	1,40	1,60	1,80	2,00	2,24	2,50	2,80	3,15	3,55
	4,00	4,50	5,00	5,60	6,30	7,10	8,00	9,00	10,00			
R 40	1,00	1,06	1,12	1,18	1,25	1,32	1,40	1,50	1,60	1,70	1,80	1,90
	2,00	2,12	2,24	2,36	2,50	2,65	2,80	3,00	3,15	3,35	3,55	3,75
	4,00	4,25	4,50	4,75	5,00	5,30	5,60	6,00	6,30	6,70	7,10	7,50
	8,00	8,50	9,00	9,50	10,00							

Zahlenwerte können durch 10, 100, 1000 usw. dividiert oder mit 10, 100, 1000 usw. multipliziert werden.

Normzahlen sind gerundete Glieder geometrischer Reihen. Die Stufensprünge q sind:

R 5: $q_5 = \sqrt[5]{10} \approx 1{,}6$ R 10: $q_{10} = \sqrt[10]{10} \approx 1{,}25$ R 20: $q_{20} = \sqrt[20]{10} \approx 1{,}12$ R 40: $q_{40} = \sqrt[40]{10} \approx 1{,}06$

Anwendung:
Normzahlen sollen aus wirtschaftlichen Gründen in der Produktentwicklung und Fertigung Größen aller Art (z. B. Maße, Kräfte, Umdrehungsfrequenzen, Fördermengen) vereinheitlichen.
Gröbere Reihen haben Vorrang vor feineren Reihen.

Radien DIN 250: 2002-04

						0,2				0,3		**0,4**		0,5		**0,6**		0,8	
1		1,2		**1,6**		2		**2,5**		3		**4**		5		**6**		8	
10		12		**16**	18	**20**	22	**25**	28	**32**	36	**40**	45	**50**	56	**63**	70	**80**	90
100	110	**125**	140	**160**	180	**200**	**Fettgedruckte** Werte sind vorzugsweise zu verwenden.												

Die Rundungshalbmesser entsprechen weitgehend den Normzahlen der Reihen R 5, R 10 und R 20 nach DIN 323.

Anwendung:
Rundungen an Wellenenden und -absätzen, Freistichen, Gussteilen u. a.

Positionsnummern DIN EN ISO 6433: 2012-12

Allgemeine Anforderungen:
Im Zusammenbau dargestellte Teile erhalten eine fortlaufende Positionsnummer.
Diese müssen in einer Stückliste aufgeführt sein. Identische Teile müssen dieselbe Positionsnummer erhalten.

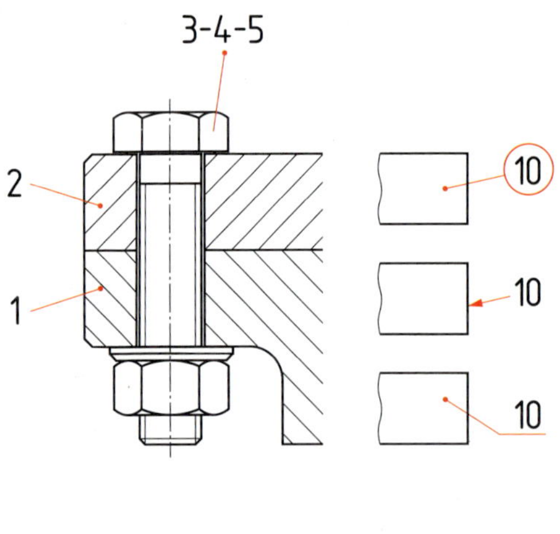

Darstellungsregeln

- Pos.-Nr. sollen ausschließlich aus Ziffern bestehen. Bei Bedarf können sie um Großbuchstaben ergänzt werden.
- Pos.-Nr. müssen denselben Schrifttyp und dieselbe Schriftgröße aufweisen.
- Die Schriftgröße soll die doppelte Maßzahlhöhe betragen.
- Pos.-Nr. sind außerhalb der dargestellten Gegenstände anzuordnen.
- Pos.-Nr. werden durch eine Hinweislinie (ISO 128-24 – 01.1) mit dem zugeordneten Teil verbunden.
- Hinweislinien dürfen sich nicht kreuzen und sollen zur Pos.-Nr. gewinkelt gezeichnet werden.
- Hinweislinien enden mit einem Punkt oder einem Pfeil am Bauteil.
- Zueinander gehörende Einzelteile können durch eine gemeinsame Hinweislinie gekennzeichnet werden. Die Pos.-Nr. werden dabei durch einen Bindestrich getrennt.
- Pos.-Nr. können mit gleich großen Kreisen gekennzeichnet werden (Linie:ISO 128-24 – 01.1).

Projektionsmethoden

DIN ISO 5456-3: 1998-04

Isometrische Projektion

Die isometrische Projektion wird angewendet, wenn in allen Ansichten wesentliche Details dargestellt werden sollen.

- Länge, Breite und Höhe werden im Verhältnis 1 : 1 : 1 dargestellt.
- Senkrechte Körperkanten werden senkrecht gezeichnet.
- Winkel zur Horizontalen $\alpha = \beta = 30°$
- Länge der Ellipsenachsen
  $D = 1{,}22\,s$
  $d = 0{,}71\,s$
- Radien der Krümmungskreise
  $R \approx 1{,}06\,s$
  $r \approx 0{,}3\,s$

s = Seitenlänge

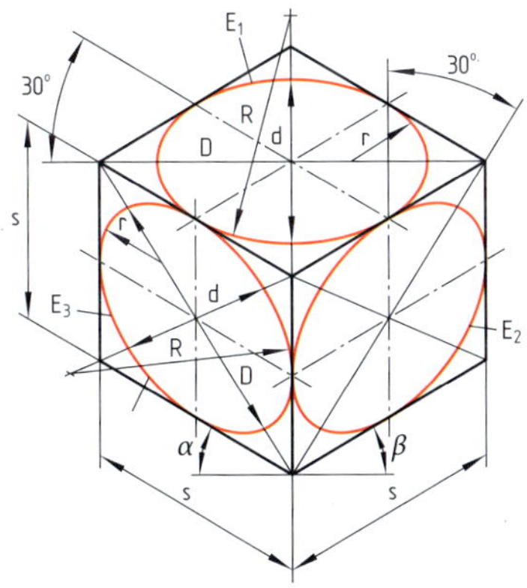

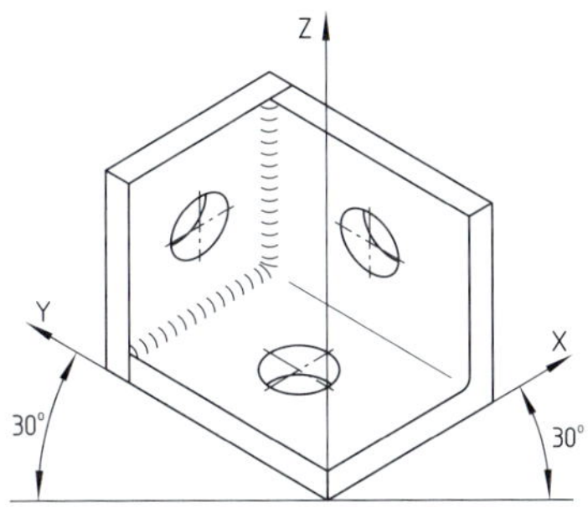

Dimetrische Projektion

Die dimetrische Projektion wird angewendet, wenn in einer Ansicht wesentliche Details dargestellt werden sollen.

- Die Seiten stehen im Verhältnis a : b : c = 1 : 1 : 0,5.
- Senkrechte Körperkanten werden senkrecht gezeichnet.
- Winkel zur Horizontalen: $\alpha = 7°$, $\beta = 42°$
- Länge der Ellipsenachsen
  $D_1 = D_2 = D_3 \approx 1{,}06\,s$
  $d_1 = d_2 \approx D : 3$
  $d_3 \approx 0{,}9\,D_3$
- Radien der Krümmungskreise
  $R \approx 1{,}6\,s$
  $r \approx 0{,}06\,s$

s = Seitenlänge
$a = s$
$b = s$
$c = \frac{1}{2}\,s$

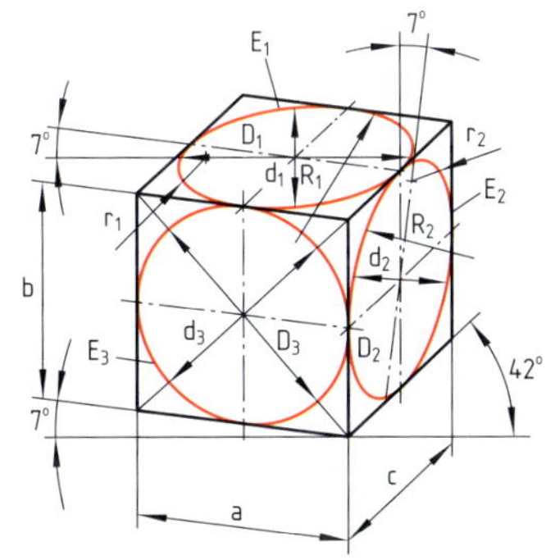

Da die Ellipse E3 nur geringfügig von der Kreisform abweicht, wird sie häufig als Kreis gezeichnet.

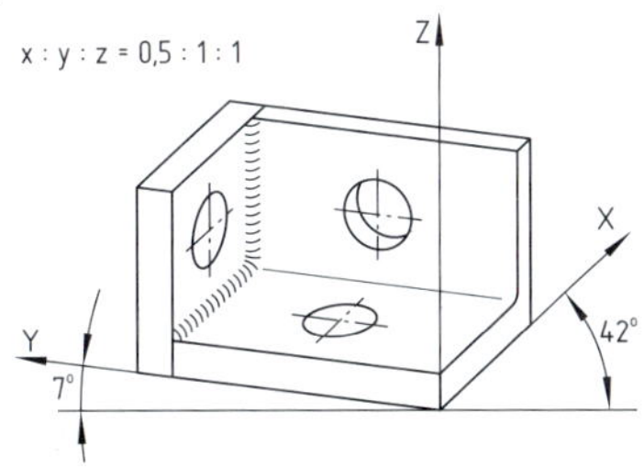

Wenn eine Maßeintragung aus besonderen Gründen notwendig ist, sind die Maßlinien parallel zu den jeweiligen Körperkanten zu zeichnen.

Kavalier-Projektion

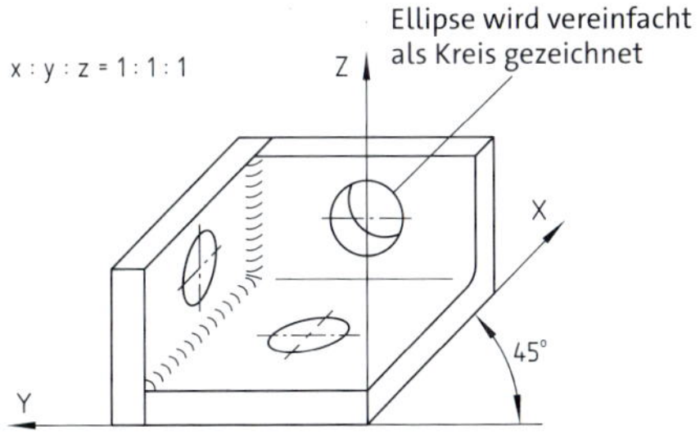

Kabinett-Projektion

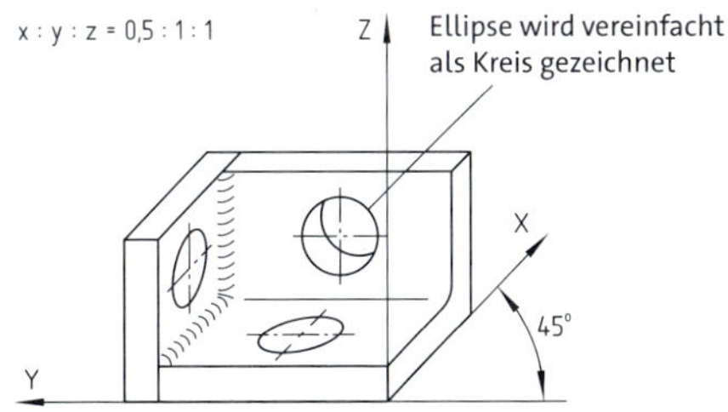

Projektionsmethoden

DIN ISO 5456-2: 1998-04

Orthogonale Darstellungen

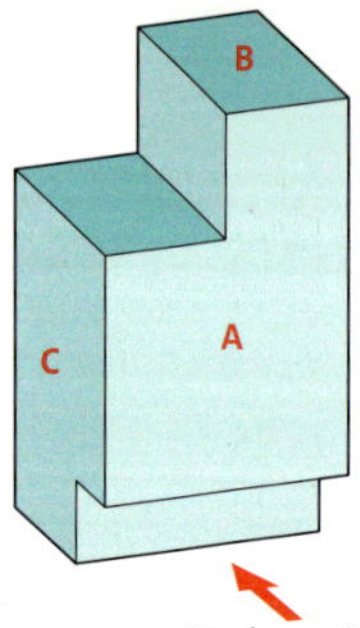

Vorderansicht

- In Gesamtzeichnungen oder Gruppenzeichnungen werden Gegenstände in der Regel in Gebrauchslage oder Einbaulage, in Teilzeichnungen in der Fertigungslage dargestellt.
- Als Hauptansicht – Vorderansicht – ist die aussagefähigste Ansicht des Gegenstandes zu wählen.
- Es sind nur so viele Ansichten des Gegenstandes zu zeichnen, wie zum eindeutigen Erkennen und Bemaßen erforderlich sind.
- Verdeckte Kanten und Umrisse sowie unnötige Detailwiederholungen sind zu vermeiden.

Projektionsmethode 1

Anwendung in Deutschland und den meisten europäischen Ländern

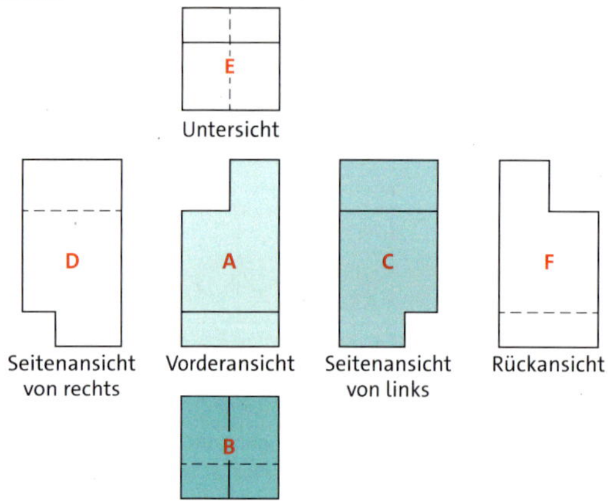

Symbol für die Projektionsmethode 1:

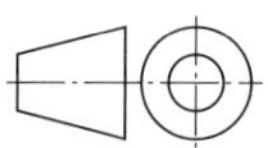

Projektionsmethode 3

Anwendung in englischsprachigen Ländern

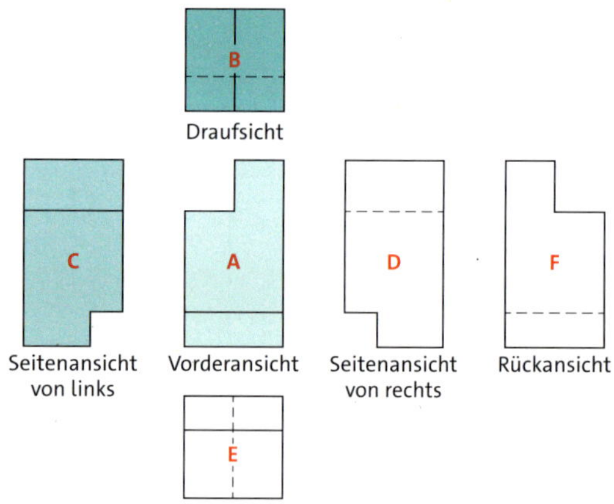

Symbol für die Projektionsmethode 3:

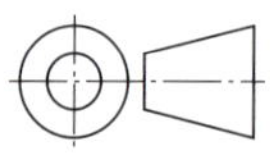

Pfeilmethode

Bei der Pfeilmethode dürfen die Ansichten beliebig zueinander angeordnet werden.
Mit Ausnahme der Hauptansicht (Vorderansicht) wird jede Ansicht durch Großbuchstaben gekennzeichnet. Ein Kleinbuchstabe gibt die jeweilige Betrachtungsrichtung an.

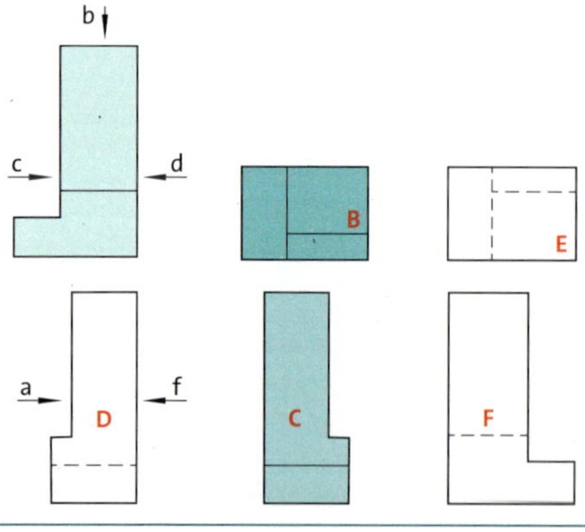

Zeichentechnische Hinweise

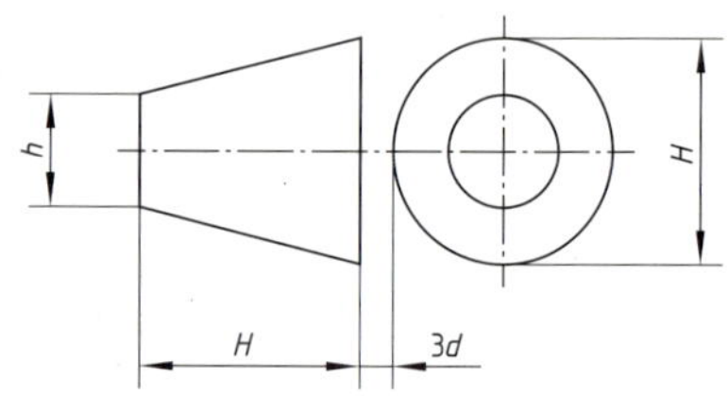

Höhe *h*	3,5	5	7
Höhe *H*	7	10	14
Linienbreite *d*	0,35	0,5	0,7

Ansichten

Ansichten in Zeichnungen

DIN ISO 128-34: 2002-05

Teilansichten

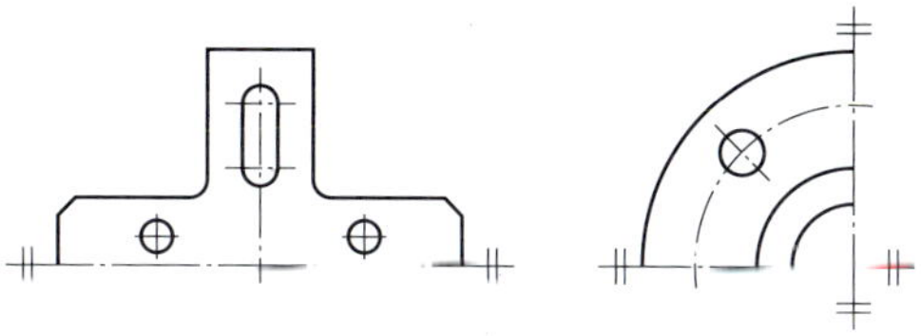

Zwei kurze parallele Striche (ISO 128-01.1) kennzeichnen die Symmetrieebene eines symmetrischen Werkstückes, das als Teilansicht dargestellt wird.

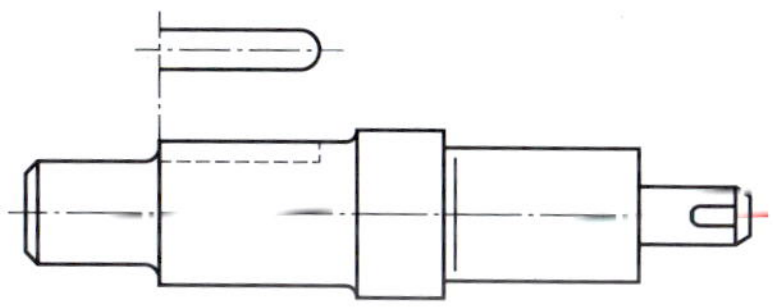

Details werden als Teilansicht in breiter Volllinie (ISO 128-01.2) gezeichnet und mit der Hauptansicht durch eine schmale Strich-Punktlinie (ISO 128-04.1) verbunden.

Unterbrochene Ansichten

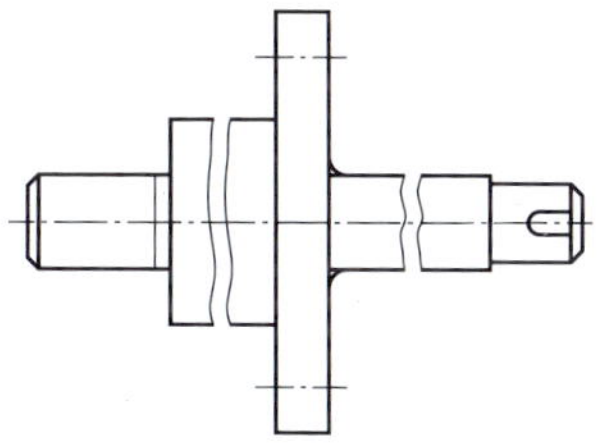

Durch eine Freihandlinie (ISO 128-01.1.18) oder eine Zickzacklinie (ISO 128-01.1.19) werden die Bruchkanten einer unterbrochenen Ansicht dargestellt. Damit kann bei langen Gegenständen Zeichenfläche eingespart werden.

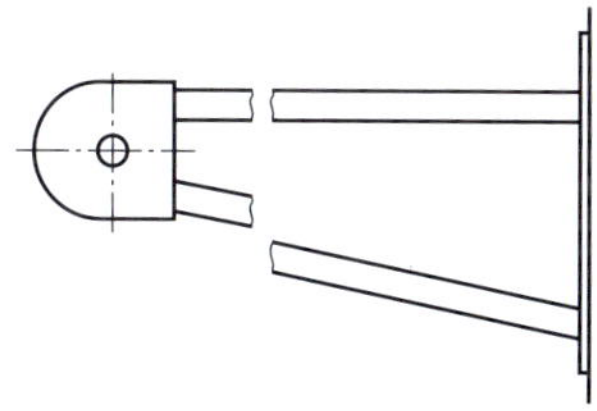

Es ist zulässig, nur Teile eines langen Gegenstandes zu zeichnen, die zu seiner eindeutigen Darstellung und Funktionsbeschreibung notwendig sind. Die einzelnen Teile müssen dann eng aneinander gezeichnet werden.

Wiederkehrende Geometrieelemente

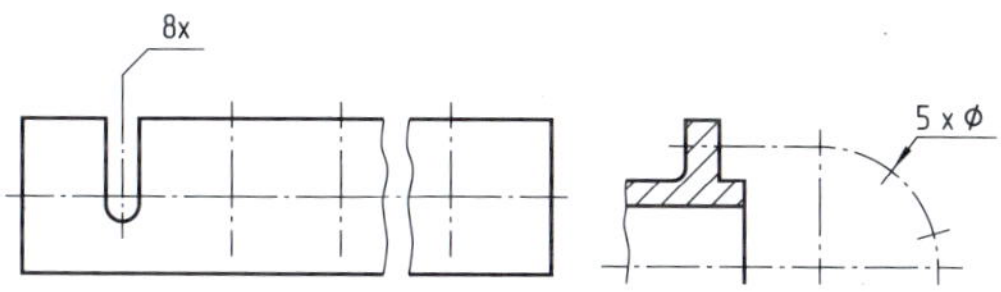

Wiederholen sich gleiche Geometrieelemente regelmäßig, wird nur ein Element dargestellt und seine Lagen durch Strich-Punktlinien (ISO 128-04.1) dargestellt.

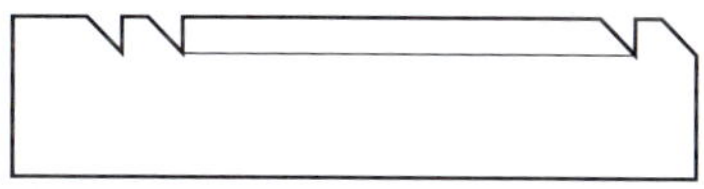

Bei unsymmetrischen Geometrieelementen wird der Bereich nicht dargestellter Elemente durch eine schmale Volllinie (ISO 128-01.1) gekennzeichnet.

Bauteile in einem größeren Maßstab

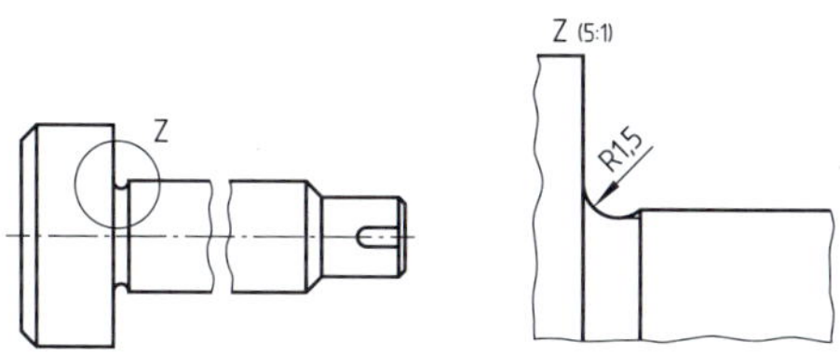

Der Kreis (schmale Volllinie ISO 128-01.1) und der Großbuchstabe kennzeichnen den Teilbereich eines Gegenstandes, der nicht eindeutig dargestellt oder bemaßt werden kann. Der Teilbereich wird dann in einem größeren Maßstab dargestellt und mit Buchstaben und Maßstab gekennzeichnet.

Ursprüngliche Umrisse

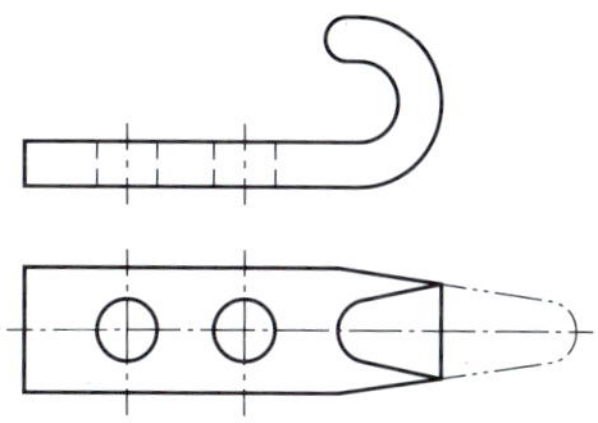

Mit einer Strich-Zweipunktlinie (ISO 128-05.1) werden ursprüngliche Umrisse eines verformten Bauteiles dargestellt.

Ansichten in Zeichnungen — DIN ISO 128-34: 2002-05

Geringe Neigungen oder Kurven

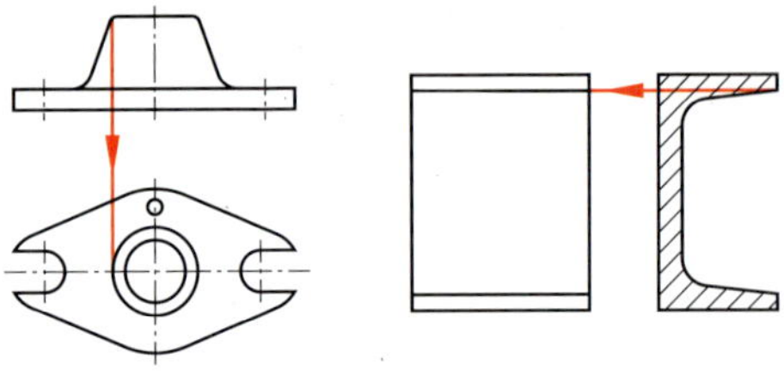

Auf die Darstellung geringer Neigungen und Kurven darf verzichtet werden, wenn sie in der jeweiligen Projektion nicht eindeutig dargestellt werden können. Es ist dann nur eine Kante durch eine breite Volllinien (ISO 128-01.2) zu zeichnen, die der Projektion des kleineren Maßes entspricht.

Bewegliche Teile

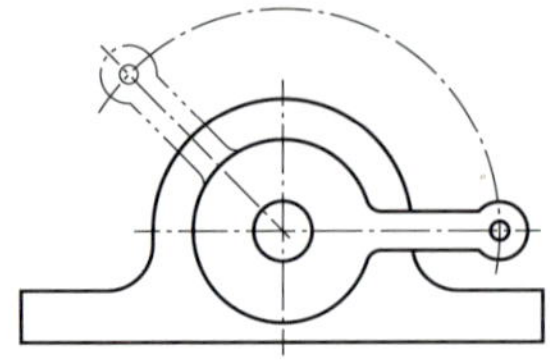

Durch eine schmale Strich-Zweipunktlinie (ISO 128-05.1) werden in Sammelzeichnungen alternative oder Extremlagen beweglicher Teile gezeichnet.

Durchdringungen

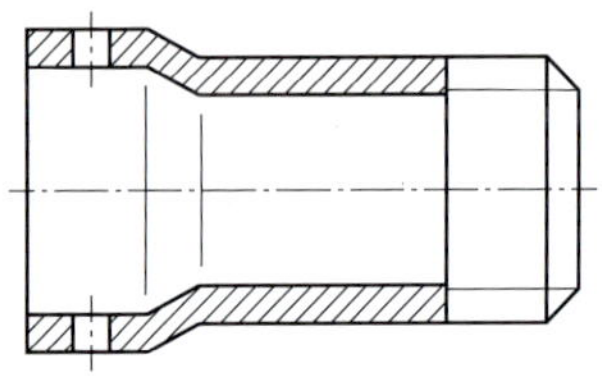

Zur vereinfachten Darstellung einer Durchdringung zweier Zylinder dürfen die gerundeten Durchdringungslinien durch gerade, breite Volllinien ersetzt werden.

Quadratische Enden an Wellen

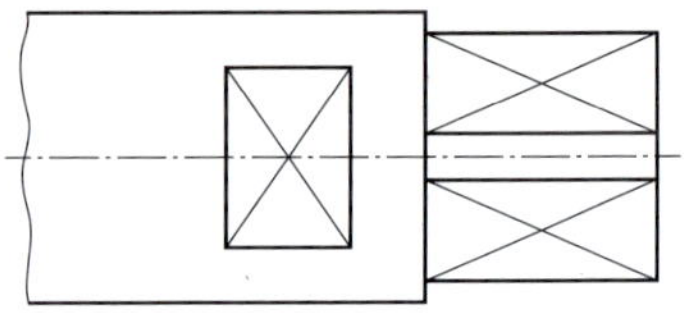

Mit Diagonalen, schmale Volllinie (ISO 128-01.1), werden quadratische Wellenenden oder Flächen gekennzeichnet, um zusätzliche Ansichten oder Schnittdarstellungen zu vermeiden.

Angrenzende Teile oder Umrisse

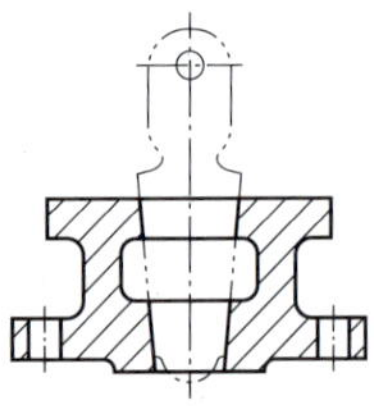

Durch eine schmale Strich-Zweipunktlinie (ISO 128-05.1) werden angrenzende Teile gezeichnet. Sie werden nicht im Schnitt oder schraffiert dargestellt.

Oberflächenstrukturen

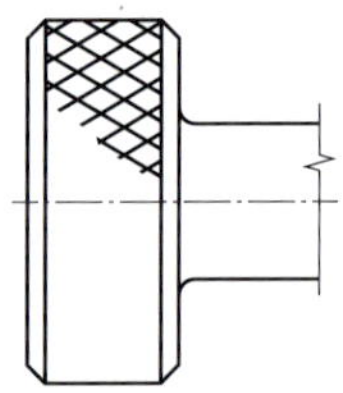

Durch breite Volllinien (ISO 128-01.2) werden vollständig oder teilweise Oberflächenstrukturen, z. B. Rändel, dargestellt.

Grundregeln für Schnittansichten — DIN ISO 128-40: 2002-05

Bauteil	Vollschnitt	Halbschnitt	Teilschnitt
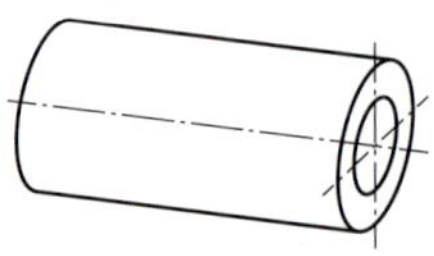	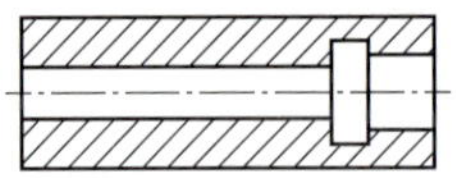 Mithilfe einer Schnittansicht (Schnittes) kann man die innere Form eines Werkstückes darstellen und bemaßen.	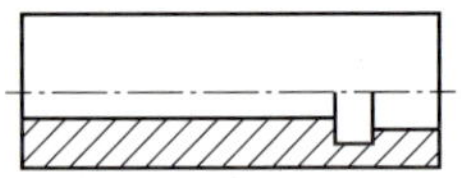 Symmetrische Teile können zur Hälfte als Ansicht und zur Hälfte als Schnitt vorzugsweise unterhalb oder rechts der Mittellinie dargestellt werden.	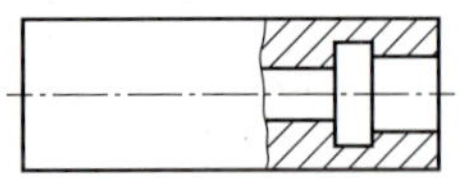 Wenn Voll- oder Halbschnitte nicht erforderlich sind, kann ein Teilschnitt gezeichnet werden. Die Bruchlinie ist mit einer schmalen Volllinie (ISO 128-01.1.18 oder ISO 128-01.1.19) zu zeichnen.

Schraffuren

DIN ISO 128-50: 2002-05

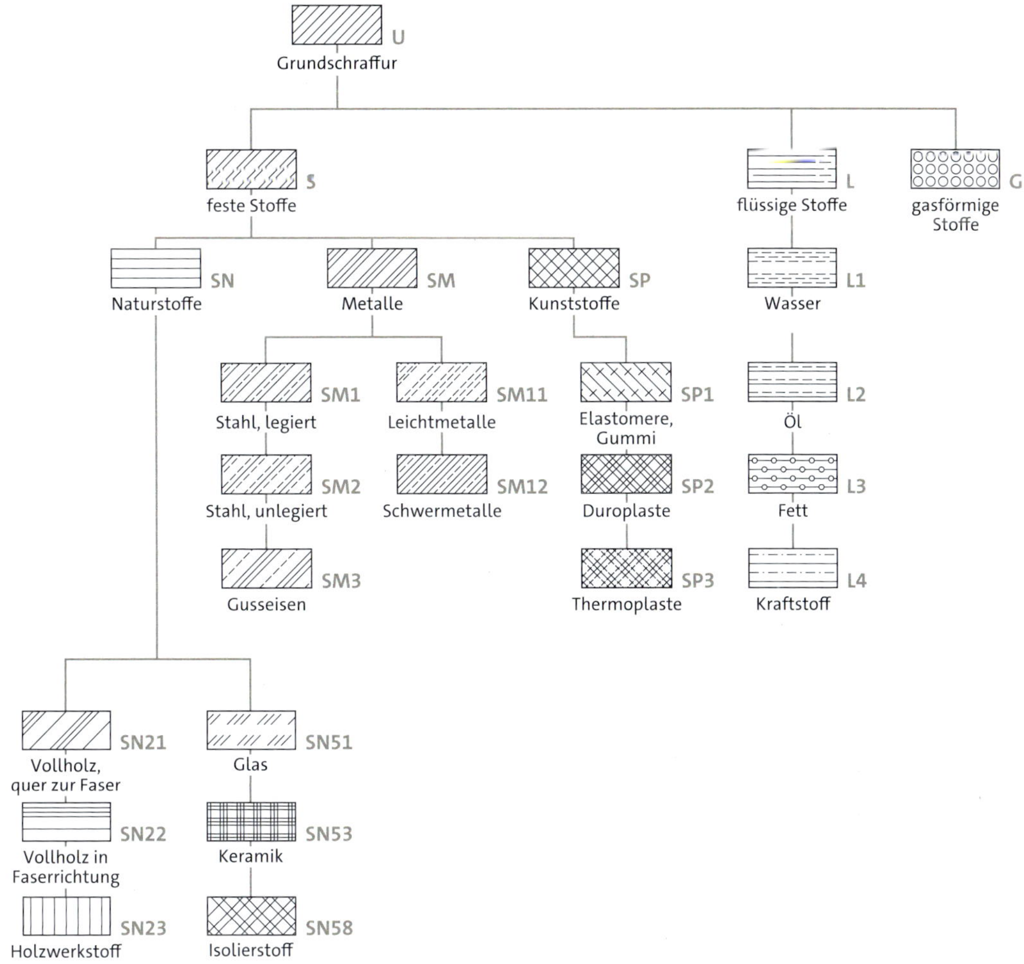

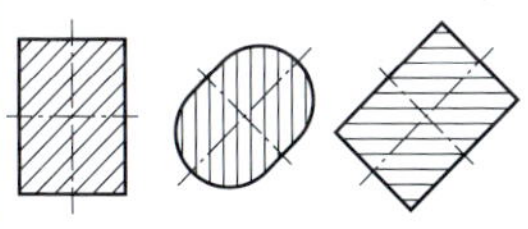	Die Schraffur wird als schmale Volllinie (ISO 128-01.1.5) vorzugsweise unter 45° zum Hauptumriss oder zu den Symmetrielinien gezeichnet.	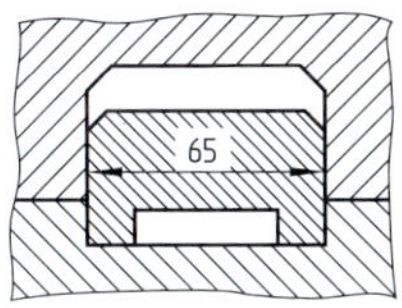	Für Beschriftungen wird die Schraffur unterbrochen.
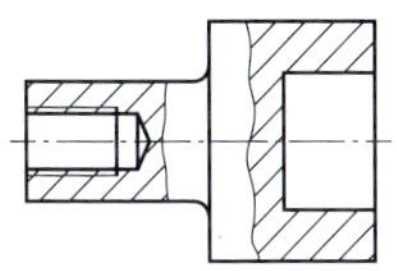	Alle Schnittflächen und Ausbrüche desselben Gegenstandes in einer oder mehreren Ansichten werden gleichartig schraffiert.	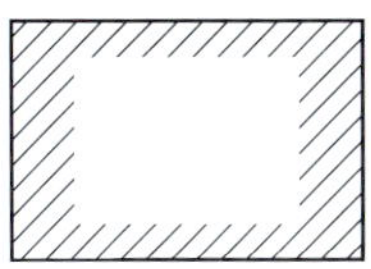	Bei großen Flächen darf die Schraffur auf die Randzone beschränkt bleiben.
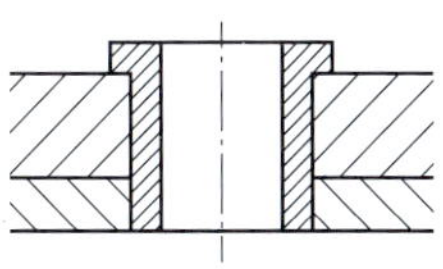	Aneinander grenzende Teile werden in unterschiedlichen Richtungen oder Abständen schraffiert.	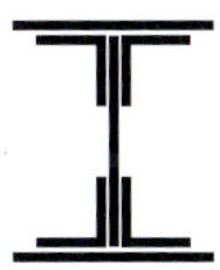	Schmale Schnittflächen dürfen geschwärzt gezeichnet werden.

Schnittansichten – Begriffe

DIN ISO 128-40: 2002-05

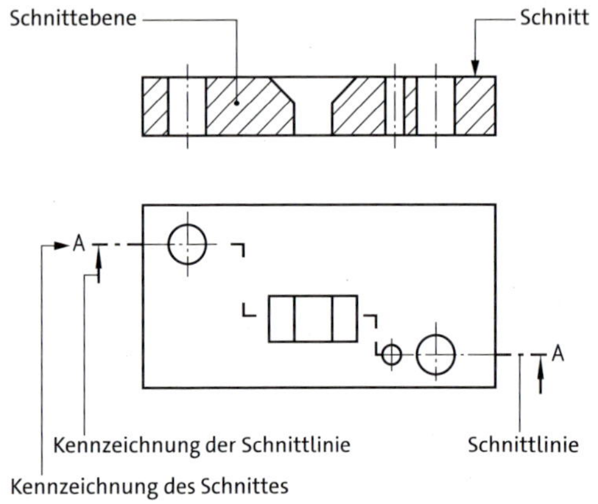

Schnitt	Darstellung der Umrisse eines Gegenstandes in einer oder mehreren Schnittebenen
Schnittebene	gedachte Ebene, in der das Werkstück durchgeschnitten ist, gekennzeichnet durch eine breite Strich-Punktlinie (ISO 128-04.2)
Schnittlinie	Linie, die die Lage der Schnittebene oder den Schnittverlauf bei mehreren Schnittebenen kennzeichnet (ISO 128-04.2.2)
Kennzeichnung des Schnittes	Kennzeichnung durch zwei gleiche Großbuchstaben in der Ausgangsansicht in Verlängerung der Schnittlinie
Kennzeichnung der Schnittlinie	Kennzeichnung durch Bezugspfeile (ISO 128-01.2.8) in Blickrichtung des entsprechenden Schnittes

Schnitte in Zeichnungen

DIN ISO 128-44: 2002-05

Schnitte in unterschiedlichen Schnittebenen

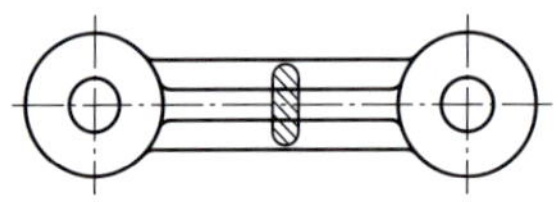

Zur Vereinfachung können Schnittflächen in der Darstellung in die Zeichenebene geklappt werden. Der Schnitt wird mit einer schmalen Volllinie (ISO 128-01.1.6) gezeichnet.

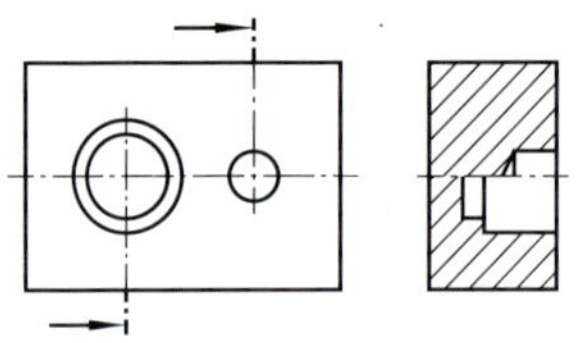

Liegen zwei Schnittebenen parallel hintereinander, können sie im Schnitt in einer Projektionsebene dargestellt werden.
Die Schraffur wird versetzt gezeichnet.

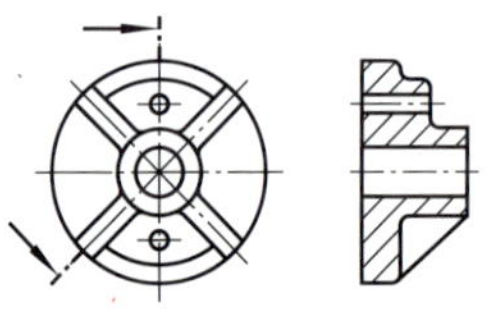

Wird ein Schnitt durch zwei sich schneidende Schnittebenen gelegt, so wird zur Darstellung des Schnittes eine Schnittebene in die Projektionsebene gedreht.

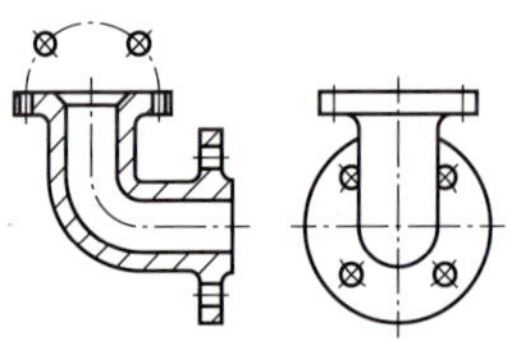

Flanschlöcher, die nicht in der Schnittebene liegen, werden in der Schnittdarstellung in die Projektionsebene gedreht.
Eine Kennzeichnung ist nicht erforderlich.

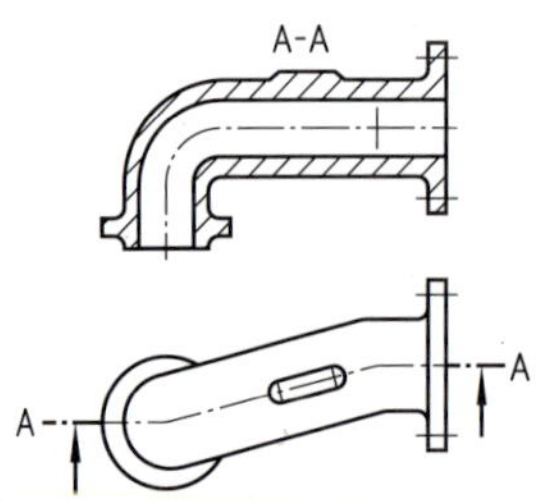

Wird ein Gegenstand in drei benachbarten Ebenen geschnitten, wird der Bereich der schräg liegenden Schnittebene als Projektion dargestellt.

Schnitte in Zeichnungen

DIN ISO 128-44: 2002-05

Herausgezogene Schnitte

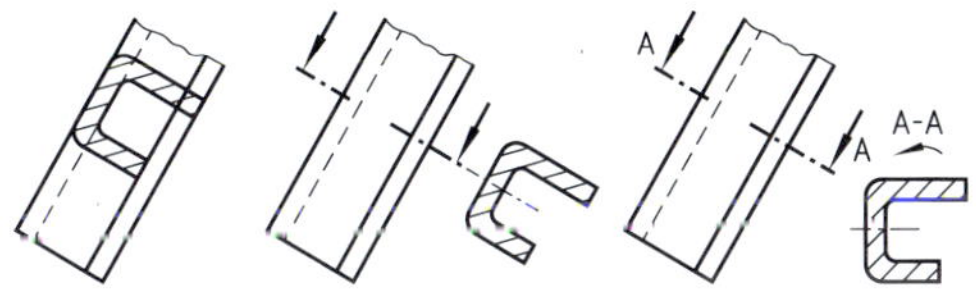

Ein Schnitt kann in eine geeignete Ansicht gedreht werden. Der Umriss des Schnittes wird mit schmaler Volllinie (ISO 128-01.1.16) gezeichnet.

Wird der Schnitt aus der Ansicht herausgezogen, muss er in der Nähe der Ansicht gezeichnet und durch eine schmale Strich-Punktlinie (ISO 128-04.1) verbunden werden.

Wird der Schnitt in einer anderen Lage gezeichnet, so ist er durch Buchstaben und durch Angabe der Drehung zu kennzeichnen.

Aufeinander folgende Schnitte

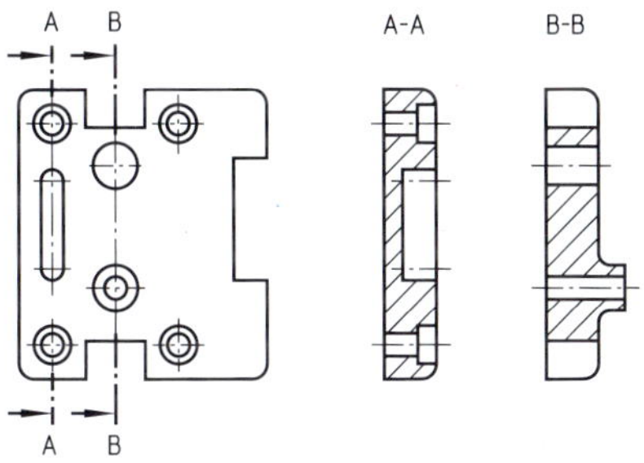

Wird ein Gegenstand mehrfach geschnitten, ist jede Schnittebene besonders mit Großbuchstaben zu kennzeichnen.

Die Schnitte werden entsprechend bezeichnet.

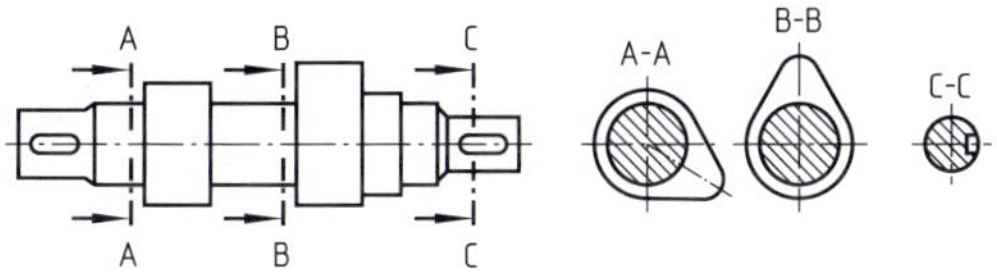

Folgen mehrere Schnitte aufeinander, dürfen Kanten und Umrisse hinter der Schnittebene entfallen, wenn sie nicht zur Verdeutlichung notwendig sind.

Besonderheiten der Schnittdarstellung

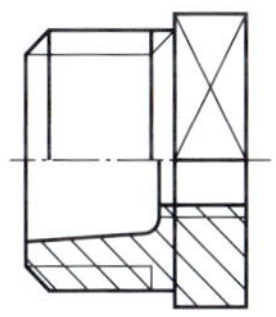

Fällt bei einem Halbschnitt eine Körperkante auf die Mittellinien, wird die Kante durch eine breite Volllinie (ISO 128.01.2.1) dargestellt.

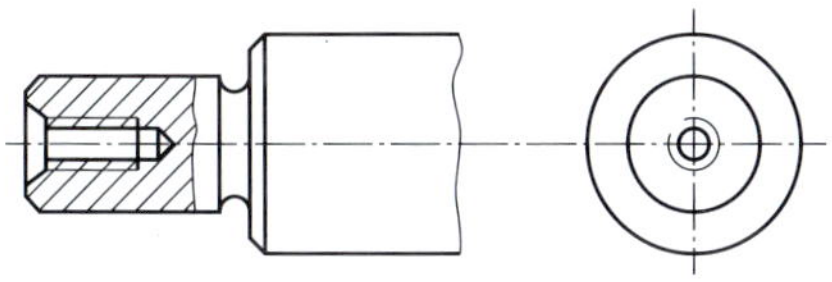

Formelemente, z. B.

- Fasen und
- Senkungen

brauchen nur in der Ansicht oder den Schnitten dargestellt zu werden, in denen sie zu erkennen sind. Hier können sie auch bemaßt werden.

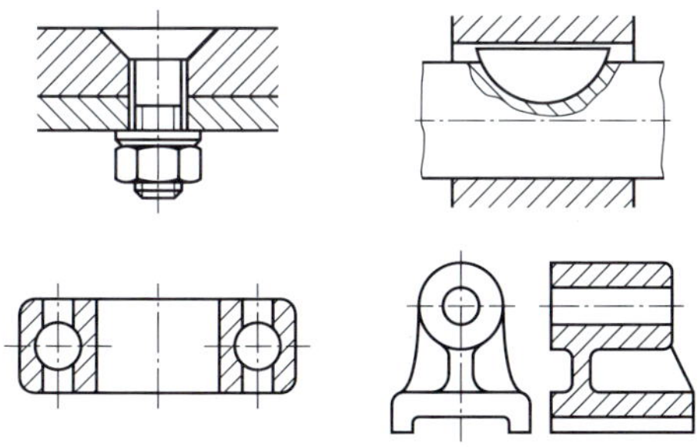

Normteile, z. B.

- Schrauben, Muttern, Nieten, Keile, Federn,

2

Systeme der Maßeintragung — DIN 406-10: 1992-12

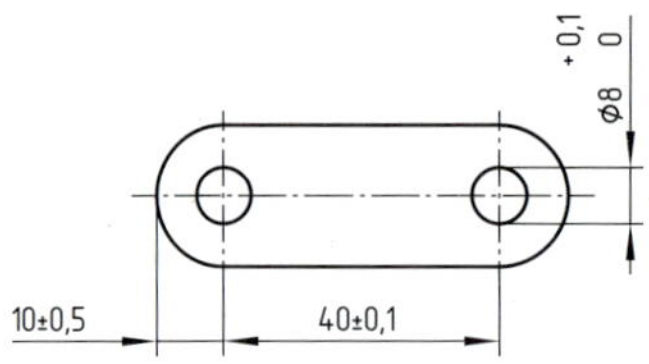

Die **funktionsbezogene Maßeintragung** liegt vor, wenn die Auswahl, Eintragung und Tolerierung der Maße im Hinblick auf das funktionelle Zusammenwirken aller Teile eines Erzeugnisses vorgenommen wird. Die Fertigungs- und Prüfbedingungen bleiben dabei unberücksichtigt.

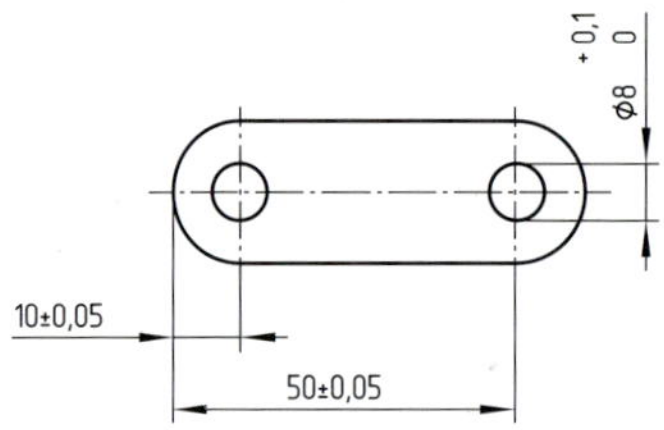

Die **fertigungsbezogene Maßeintragung** liegt vor, wenn alle für die Fertigung benötigten Maße unter Berücksichtigung fertigungsgerechter Toleranzen eingetragen sind. Diese Maßeintragung muss das Fertigungsverfahren, z. B. spanlos oder spanend, berücksichtigen.

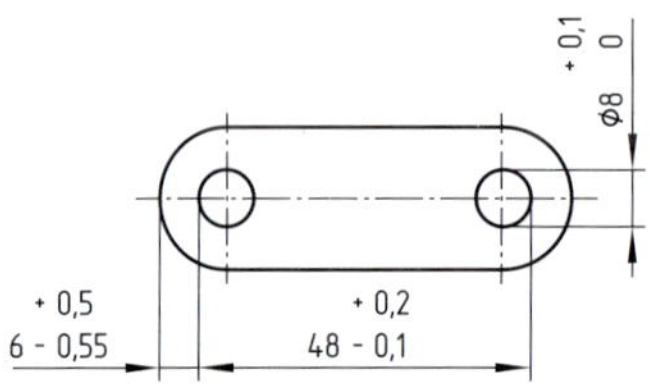

Die **prüfbezogene Bemaßung** liegt vor, wenn die Maße und Maßtoleranzen für das vorgesehene Prüfverfahren eingetragen sind.

Maßeintragung — DIN 406-11: 1992-12

Elemente der Maßeintragung

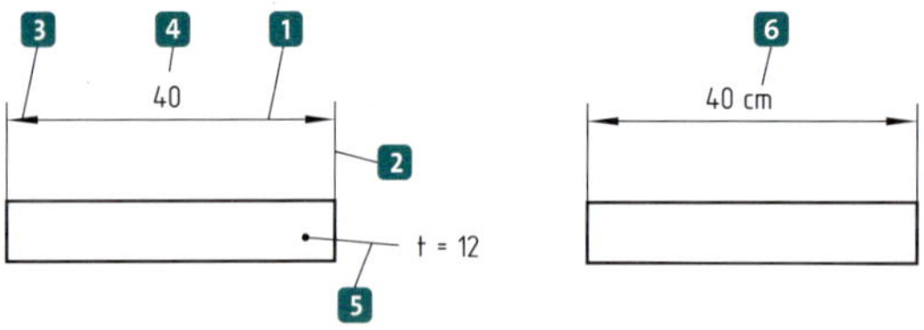

Elemente der Maßeintragung sind:
1 Maßlinie,
2 Maßhilfslinien,
3 Maßlinienbegrenzungen,
4 Maßzahl,
5 Hinweislinien.
6 Hinweis: Die Maßeinheit wird nur dann neben der Maßzahl angegeben, wenn sie von der Einheit mm abweicht.

Maßlinien

Längenmaße

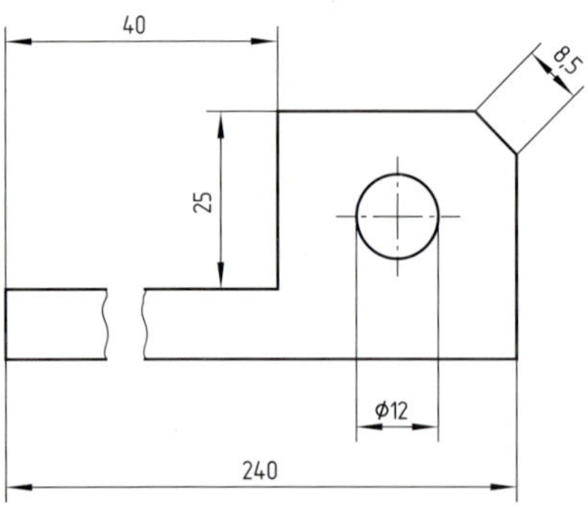

Maßlinien für Längenmaße verlaufen parallel zu der zu bemaßenden Länge. Dabei werden die Maßlinien vorzugsweise durchgezogen, auch bei unterbrochen dargestellten Teilen.

Winkelmaße

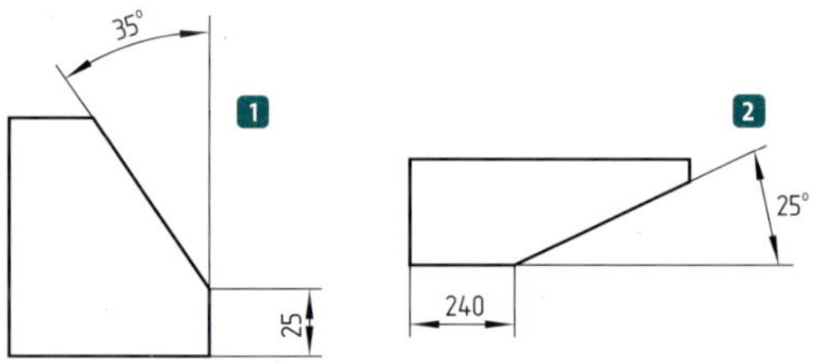

1 Maßlinien für Winkelmaße verlaufen als Kreisbogen um den Scheitelpunkt des Winkels.

2 Winkelmaße bis 30° dürfen mit gerader Maßlinie senkrecht zur Winkelhalbierenden angegeben werden.

Maßeintragung — DIN 406-11: 1992-12

Maßlinien

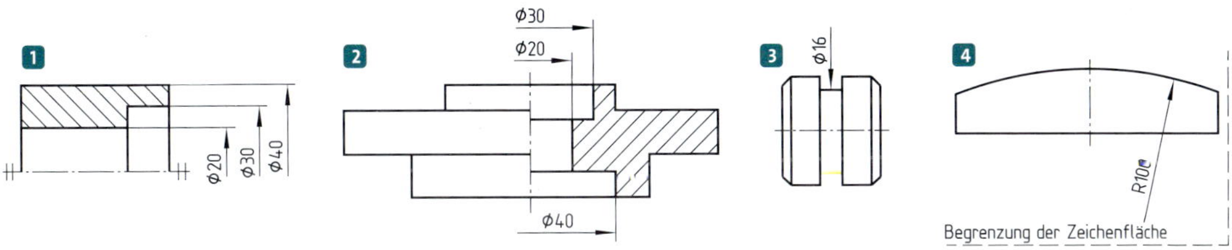

Maßlinien dürfen verkürzt dargestellt werden, wenn
1 nur eine Hälfte eines symmetrischen Teiles in Ansicht oder im Schnitt dargestellt wird,
2 ein Bauteil im Halbschnitt dargestellt wird,
3 Durchmessermaße eingetragen werden,
4 sich die Bezugspunkte der Bemaßung nicht innerhalb der Zeichenfläche befinden.

Maßhilfslinien

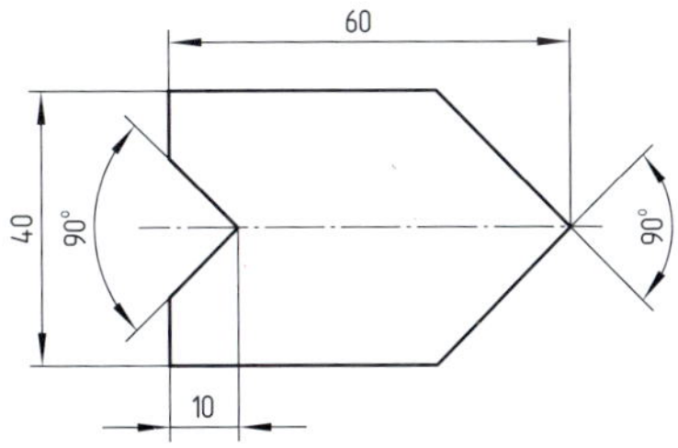

Maßhilfslinien für Längenmaße verlaufen rechtwinklig zur Maßlinie und schließen an das zu bemaßende Element an. Bei Winkelmaßen bilden die Maßhilfslinien die Verlängerung der Schenkel des Winkels.

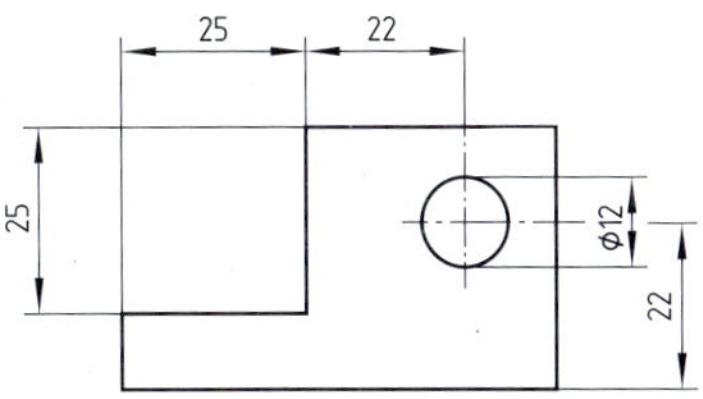

Maßhilfslinien und Maßlinien sollen sich untereinander und mit anderen Linien möglichst nicht schneiden. Ist dieses nicht zu vermeiden, werden sie ohne Unterbrechung dargestellt.
Ein Unterbrechen der Maßhilfslinien ist zulässig, wenn ihre Fortsetzung eindeutig erkennbar ist.

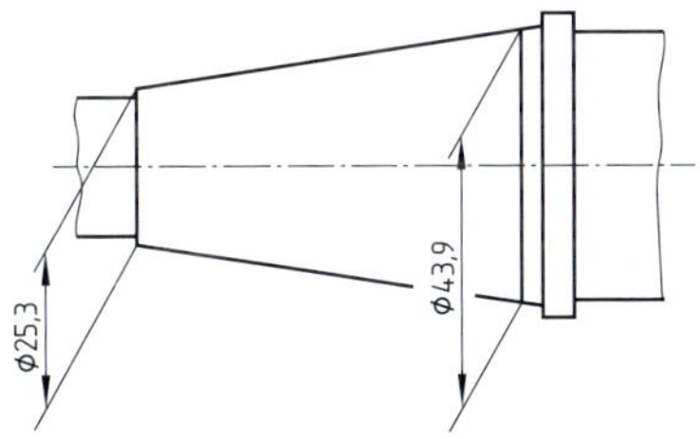

In besonderen Fällen, z. B. bei Unübersichtlichkeit, können Maßhilfslinien unter einem Winkel von 60° zur Maßhilfslinie verlaufen.

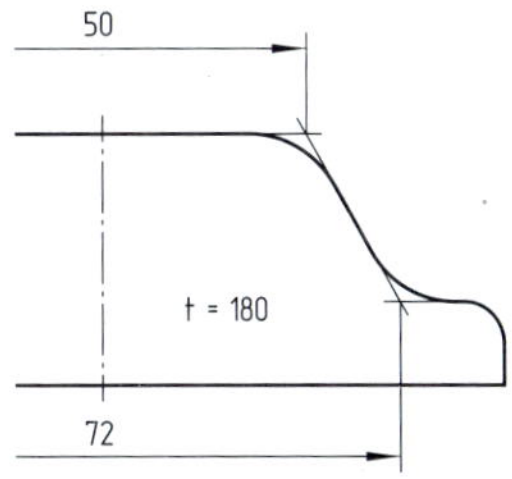

Aneinander schneidende Projektionslinien gehen über den Schnittpunkt hinaus. Die Maßhilfslinie wird an diesem Schnittpunkt angesetzt.

Maßlinienbegrenzungen

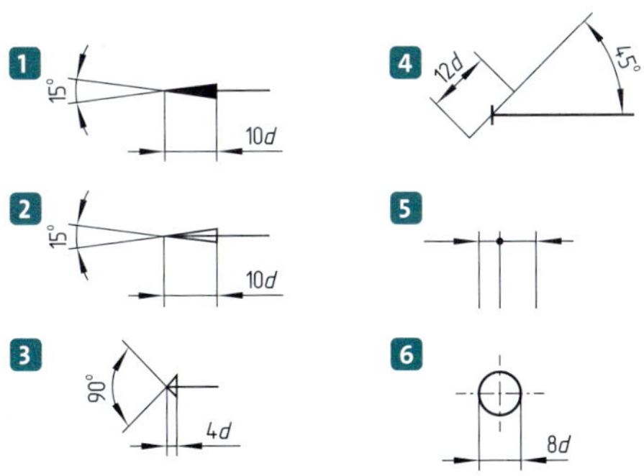

Maßlinienbegrenzungen können sein:
1 geschwärzter (ausgefüllter) 15°-Pfeil (Regelfall),
2 offener 15°-Pfeil in CAD-Zeichnungen,
3 offener 90°-Pfeil (Bauzeichnungen),
4 Schrägstrich unter 45° (Bauzeichnungen, Handskizzen),
5 Punkt, offen oder ausgefüllt (Regelfall bei Platzmangel),
6 Kreis (Ursprung von Kettenmaßen, CAD-Zeichnungen).

Zulässige Kombinationen in einer Zeichnung sind:
- 15°-Pfeil, Punkt, Kreis (z. B. Maschinenbau) oder
- 90°-Pfeil, Schrägstrich, Kreis (z. B. Bauzeichnungen).

2

Maßeintragung

DIN 406-11: 1992-12

Maßzahlen

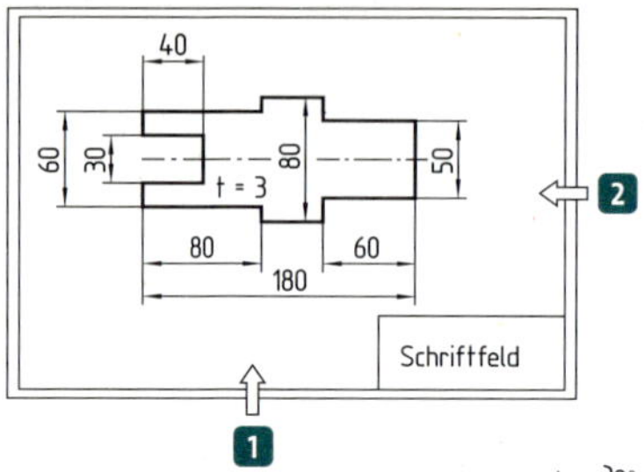

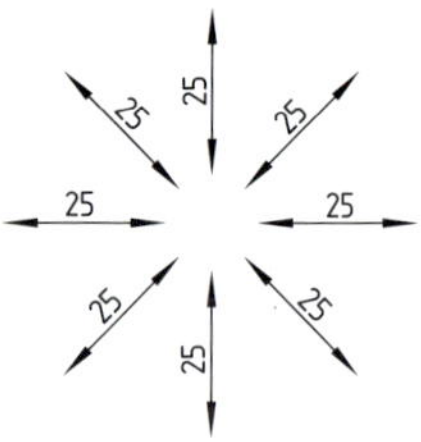

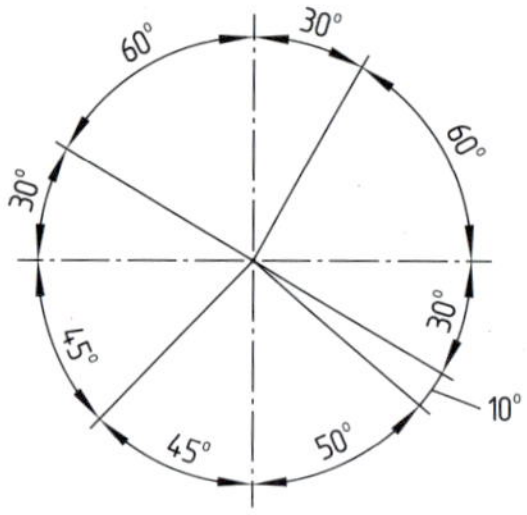

Die Maßzahlen werden in der Schrift nach DIN EN ISO 3098-2 (Schriftform B, vertikal) eingetragen.

Maße, Symbole und Wortangaben sind vorzugsweise so einzutragen, dass sie in Leselage der Zeichnung von unten 1 oder von rechts 2 lesbar sind.

Die Leselage der Zeichnung bezieht sich auf die Leselage des Schriftfeldes. Dieses gilt auch, wenn die Gebrauchslage des dargestellten Gegenstandes von der Leserichtung abweicht.

Die Maßzahlen werden eingetragen
- im Regelfall parallel bzw. tangential zur Maßlinie,
- in der Mitte der Maßlinie sowie
- deutlich darüber.

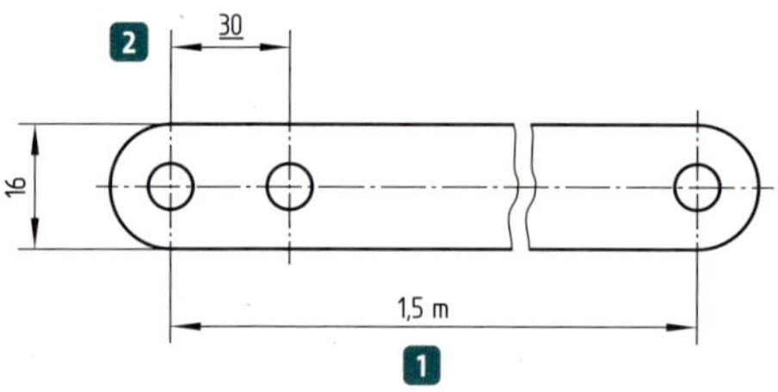

1 Alle Maße werden in der gleichen Maßeinheit, vorzugsweise in mm, angegeben. Die Maßeinheit wird nur dann nach der Maßzahl eingetragen, wenn von dieser Regel abgewichen wird.

2 Werden bei manuellen Zeichnungsänderungen nur die Maßzahlen geändert und nicht die geometrischen Objekte, ist die Maßzahl zu unterstreichen. Diese Kennzeichnung ist für CAD-Zeichnungen nicht zulässig.

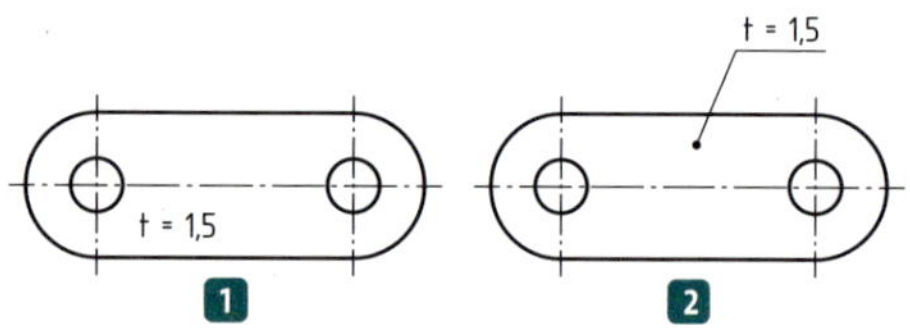

Die Werkstückdicke kann durch den Maßbuchstaben t (engl. thick) angegeben werden.

Die Angabe ist einzutragen
1 innerhalb der Umrisslinien oder
2 außerhalb der Umrisslinien mit einer abgewinkelten Hinweislinie.

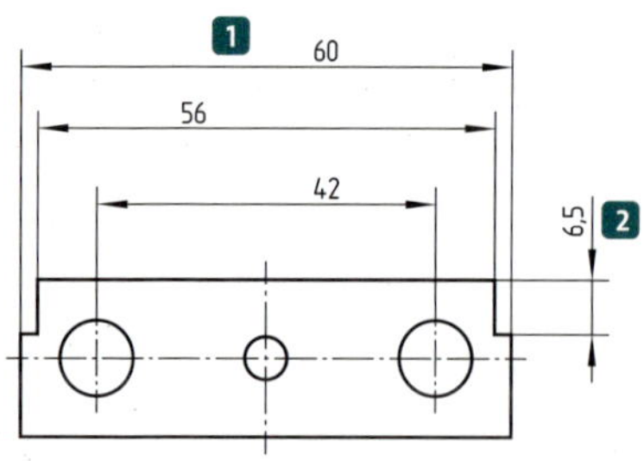

Bei parallel zueinander liegenden Maßlinien können die Maßzahlen
1 versetzt zueinander eingetragen werden und
2 bei Platzmangel über die verlängerte Maßlinie gesetzt werden.

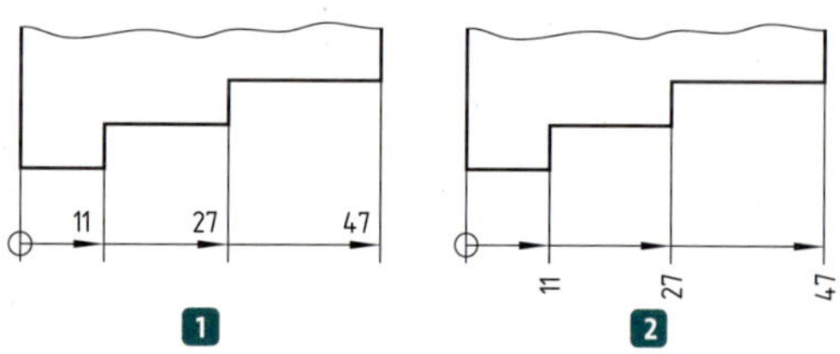

Bei einer steigenden Bemaßung werden die Maßzahlen nahe der Maßlinienbegrenzung
1 parallel zur Maßlinie oder
2 parallel zur Maßhilfslinie angeordnet.

Diese Regel gilt auch für die Winkelbemaßung.

Maßeintragung

DIN 406-11: 1992-12

Hinweislinien

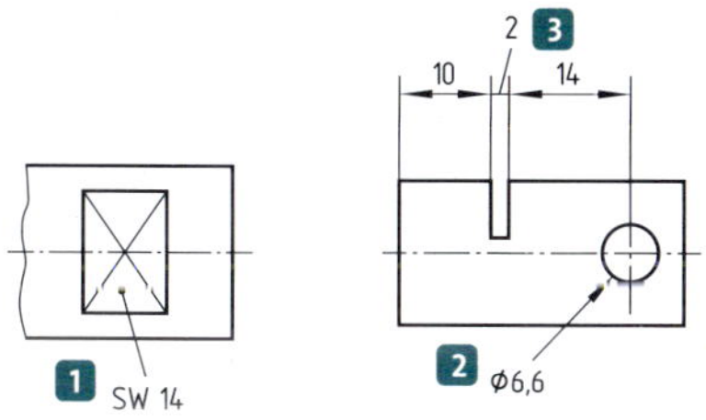

Maßangaben können an einer schräg aus der Darstellung herausgezogenen Hinweislinie eingetragen werden.

Hinweislinien enden
1 mit einem Punkt in der Fläche,
2 mit einem Pfeil an der Körperkante,
3 ohne Begrenzungszeichen an schmalen Linien.

Anordnung der Maße

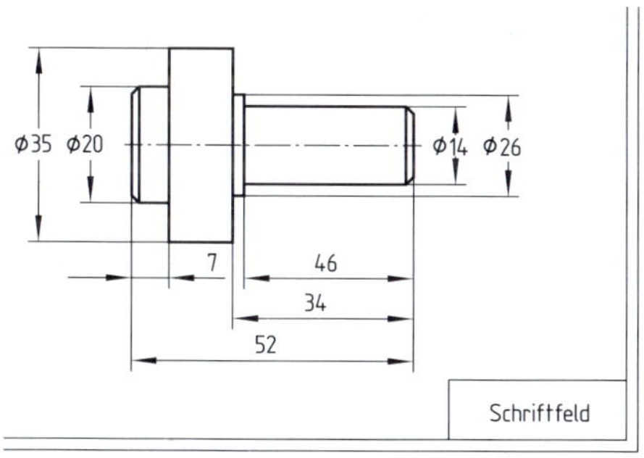

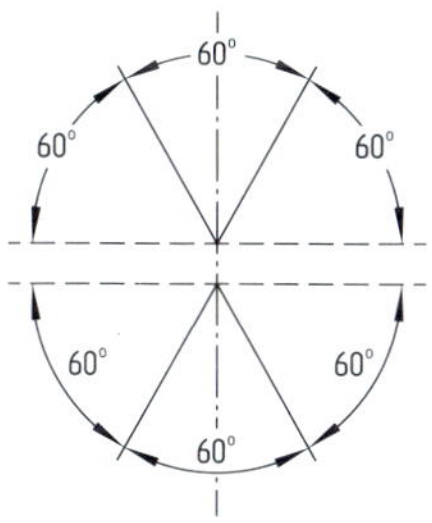

Alle nicht horizontalen Maße können auch in Leselage des Schriftfeldes eingetragen werden. In diesem Fall werden die Maßlinien im Bereich der Maßzahl unterbrochen.

Der Abstand von der ersten Maßlinie zur Körperkante beträgt in der Regel 10 mm, alle weiteren Abstände zwischen den Maßlinien untereinander 7 mm.

Winkelmaße dürfen auch ohne Unterbrechung der Maßlinie in Leselage angeordnet werden.

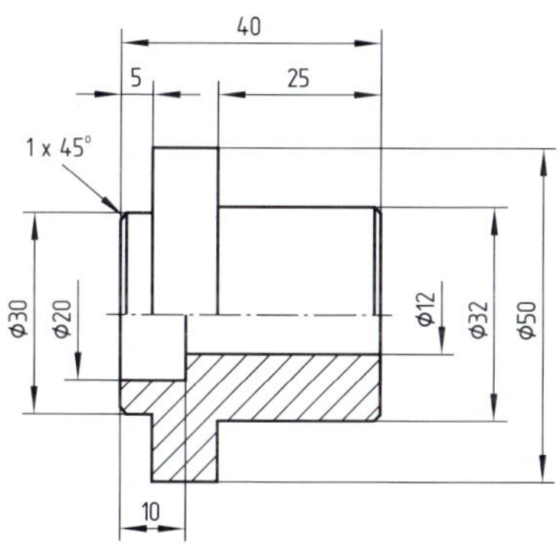

Maße für die Innen- und Außenform sowie für Formelemente (z. B. Nut, Bohrung) sind möglichst nur einmal in der Ansicht/in dem Schnitt einzutragen, in der die Zuordnung von Form und Maß eindeutig erkennbar ist.

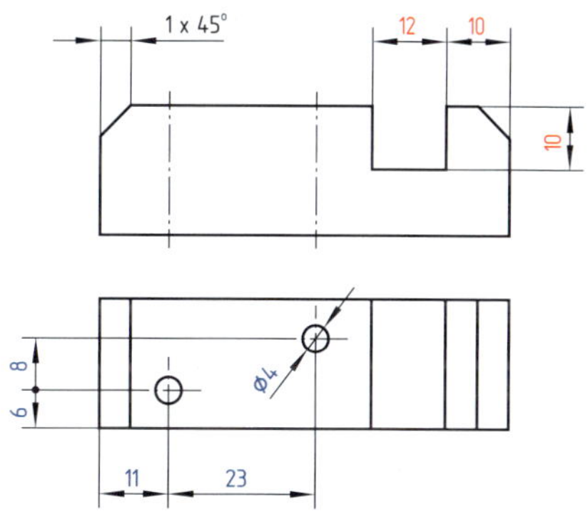

Die Maße sind nach ihrer Zusammengehörigkeit zu gruppieren.

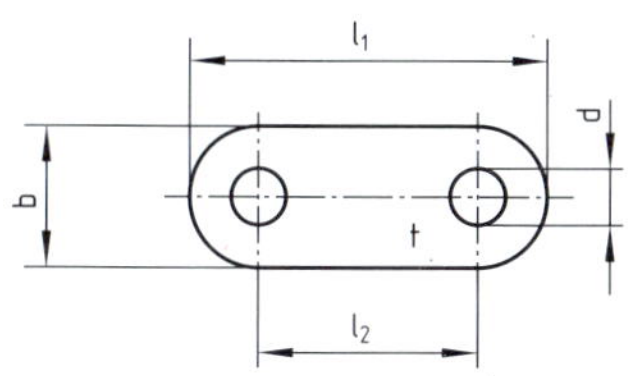

Nr.	l_1	b	l_2	d	t
1	70	14	56 ± 0,05	Ø5	1
2	100	20	80 ± 0,05	Ø6	2
3	130	26	104 ± 0,05	Ø8	3

Für unterschiedliche Baugrößen eines Teiles können für die variablen Maße anstelle von Maßzahlen Maßbuchstaben eingetragen werden. Die zugehörigen Zahlenwerte werden in einer Tabelle zusammengefasst.

Grafische Symbole (z. B. Ø für den Durchmesser) oder Toleranzangaben werden den Maßzahlen in der Tabelle zugeordnet.

Maßeintragung

DIN 406-11: 1992-12

Durchmesser

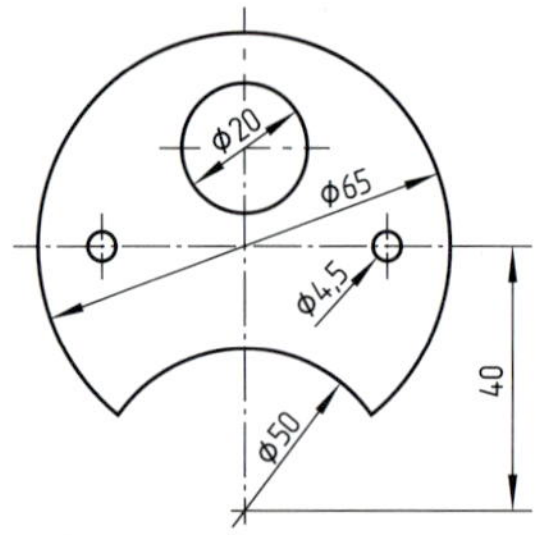

Das grafische Symbol Ø für den Durchmesser wird in jedem Falle vor die Maßzahl gesetzt.

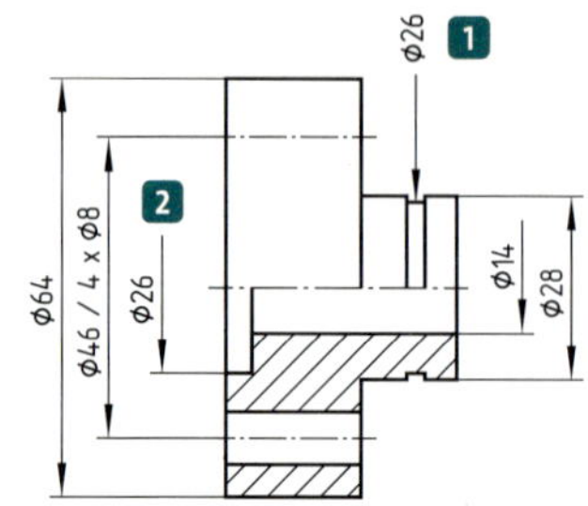

1 Durchmessermaße dürfen bei Platzmangel oder aus Gründen der Übersichtlichkeit von außen angesetzt werden.

2 In Darstellungen im Halbschnitt kann die Maßlinie des bemaßten Durchmessers verkürzt dargestellt werden.

Radien

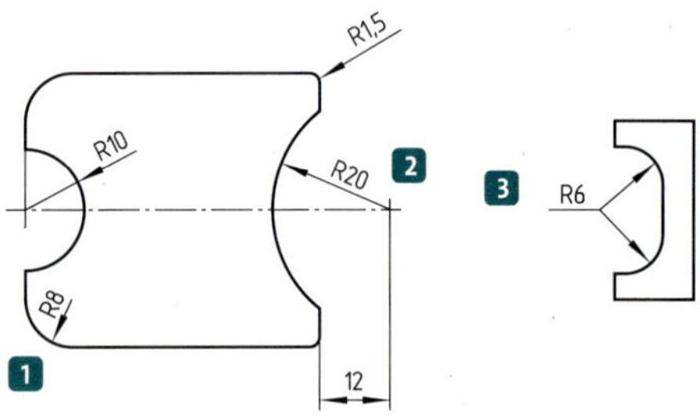

Radien werden in allen Fällen durch den vorangestellten Buchstaben R gekennzeichnet.

1 Die Maßlinien sind vom Radienmittelpunkt oder aus dessen Richtung einzutragen. Sie erhalten nur einen Pfeil am Kreisbogen innerhalb oder außerhalb der Rundung.

2 Ergibt sich der Mittelpunkt eines Radius nicht aus den geometrischen Beziehungen, muss er bemaßt werden.

3 Mehrere Radien gleicher Größe dürfen zusammengefasst werden.

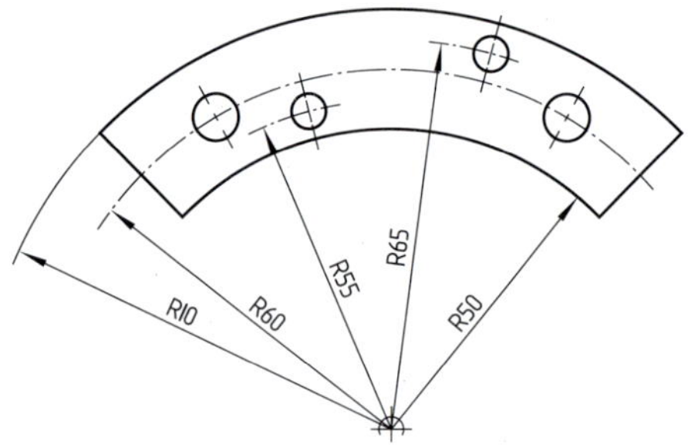

Beziehen sich unterschiedliche Radien auf einen gemeinsamen Mittelpunkt, enden die Maßlinien an einem kleinen Hilfskreisbogen.

Die Maßlinien können auch verkürzt dargestellt werden.

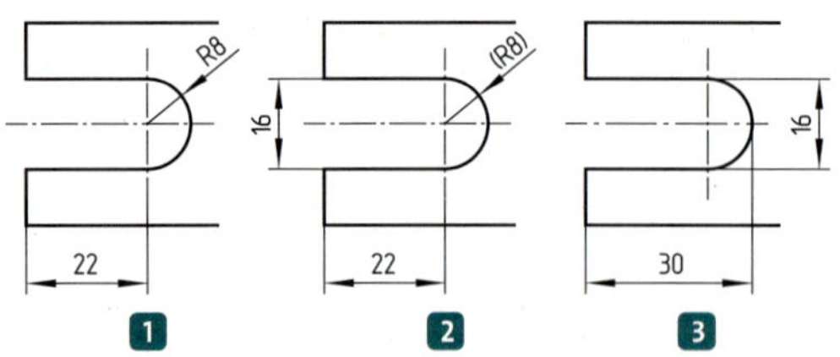

Verbindet ein Radius parallele Linien zueinander,

1 muss er angegeben werden,

2 darf als Hilfsmaß angegeben werden oder

3 darf er bei Eindeutigkeit entfallen.

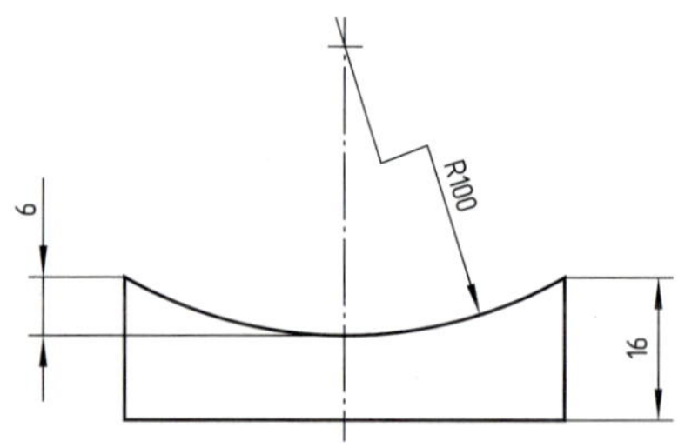

Maßlinien für große Radien dürfen rechtwinklig abgeknickt und verkürzt werden. Der mit dem Maßpfeil versehene Teil der Maßlinie muss auf die Rundungsmitte gerichtet sein.

In CAD-Zeichnungen dürfen nur gerade Maßlinien (ohne Knick) verwendet werden.

Maßeintragung — DIN 406-11: 1992-12

Bögen

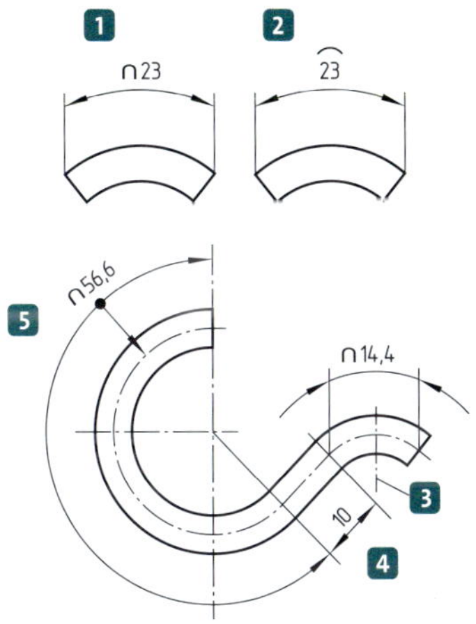

1 Ein Bogenmaß wird mit dem grafischen Symbol ∩ vor der Maßzahl gekennzeichnet.

2 In manuell erstellten Zeichnungen darf das Symbol in abgewandelter Form über die Maßzahl gesetzt werden.

3 Die Maßhilfslinien werden bei Zentriwinkeln bis 90° parallel zur Winkelhalbierenden angeordnet.

4 Über 90° verlaufen die Maßhilfslinien in Richtung des Bogenmittelpunkts.

5 Zur Herstellung eines eindeutigen Bezugs kann die Zuordnung zwischen Maßzahl und Bogenlänge durch eine Linie mit Pfeil und Punkt versehen werden.

Kugeln

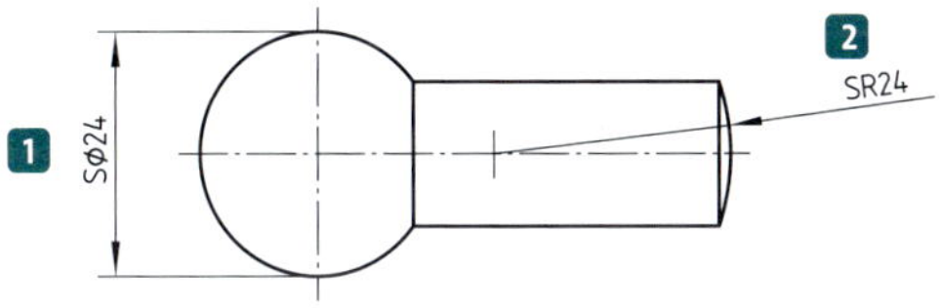

1 Wird der Durchmesser einer Kugel bemaßt, ist der Großbuchstabe S (engl.: sphere) vor die Maßzahl zu setzen.

2 Wird der Radius der Kugel bemaßt, wird zusätzlich zum S der Buchstabe R angegeben.

Schlüsselweiten

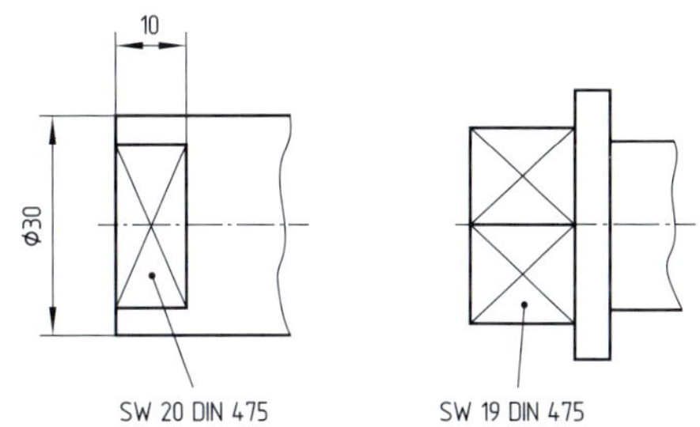

Die Schlüsselweite bezeichnet den Abstand von zwei parallel gegenüberliegenden Flächen. Kann der Abstand der Schlüsselflächen in der Darstellung nicht bemaßt werden, sind die Großbuchstaben SW vor der Maßzahl anzugeben.

Quadratische Formen

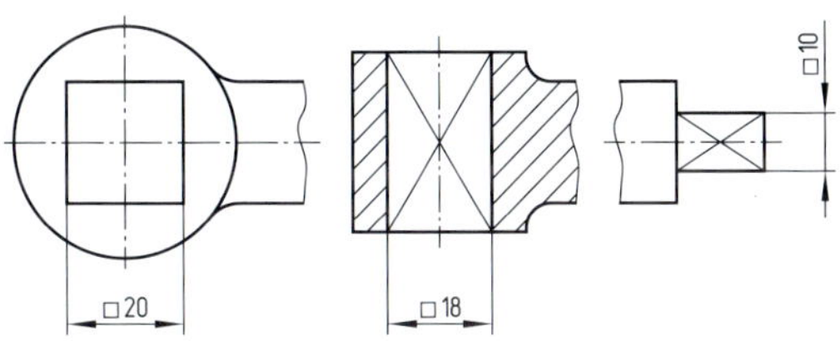

Das grafische Symbol □ für Quadrat wird in jedem Falle vor die Maßzahl gesetzt. Angegeben wird nur eine Seitenlänge des Quadrats.

Rechteckige Formen

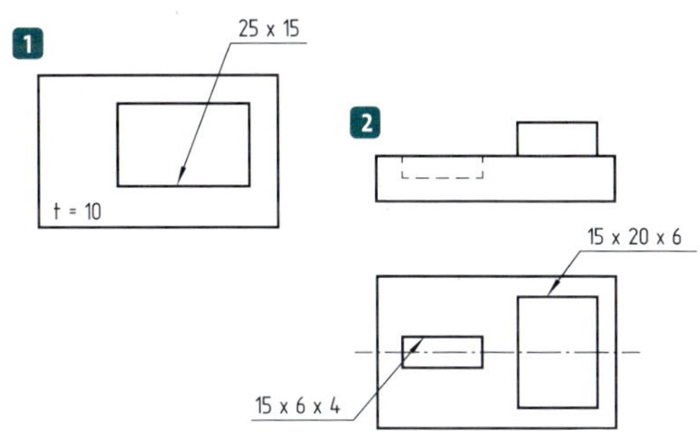

1 Die Länge und Breite eines Rechtecks dürfen auf einer abgewinkelten Hinweislinie angegeben werden. Die Hinweislinie mit dem Pfeil und die erste Maßzahl beziehen sich immer auf die Länge des Rechtecks.

2 Werden die Maße Länge, Breite und Dicke/Tiefe kombiniert, muss eine weitere Ansicht gezeichnet werden.

2

Maßeintragung

DIN 406-11: 1992-12

Neigungen

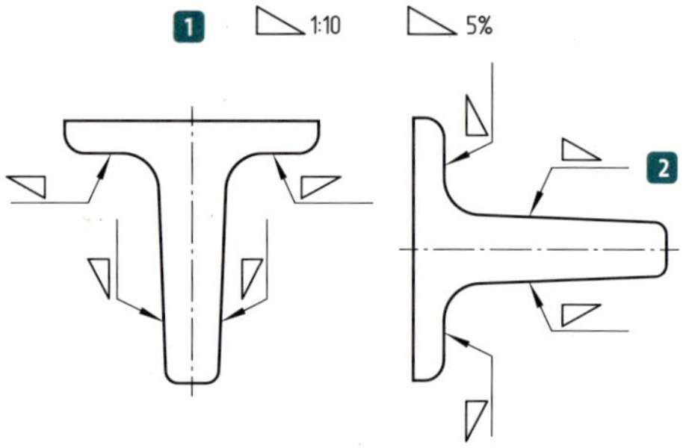

1 Die Maßeintragung für eine Neigung setzt sich zusammen aus: dem grafischen Symbol ◺ und einer Maßzahl als Verhältnis- oder Prozentwert.

2 Die Lage des Symbols bezieht sich auf die Form des Teiles an der Stelle der Neigung. Es ist vorzugsweise auf einer abgeknickten Hinweislinie einzutragen.

3 **4** Eine Eintragung ohne Hinweislinie parallel zur Neigung oder in waagerechter Richtung ist zulässig.

5 Der Neigungswinkel kann zusätzlich als Hilfsmaß angegeben werden.

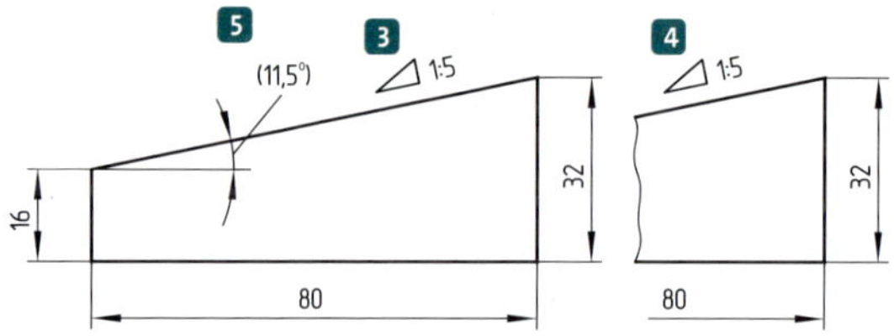

Symbolgröße nach DIN EN ISO 81714

$d = \frac{1}{10} \cdot h \qquad l = 2 \cdot h$

h = Schriftgröße in der Zeichnung, z. B. 3,5

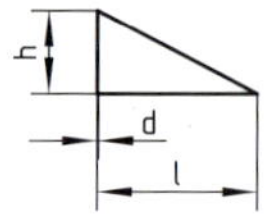

Verjüngungen

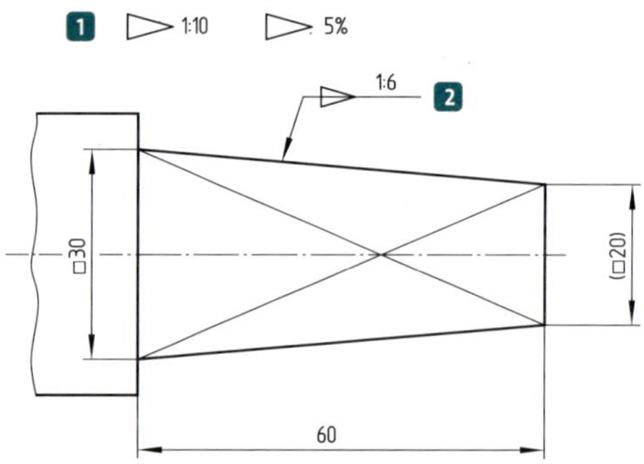

1 Die Maßeintragung für eine Verjüngung an einem pyramiden- oder kegelförmigen Formelement setzt sich immer zusammen aus:
dem grafischen Symbol ▷ und einer Maßzahl als Verhältnis- oder Prozentwert.

2 Das Symbol ist in einer abgeknickten Hinweislinie anzugeben. Die Spitze des Symbols zeigt in Richtung der Verjüngung.

Eintragung der Maße und Toleranzen für Kegel siehe DIN EN ISO 3040.

Symbolgröße nach DIN EN ISO 81714

$d = \frac{1}{10} \cdot h \qquad l = 2 \cdot h$

h = Schriftgröße in der Zeichnung, z. B. 3,5

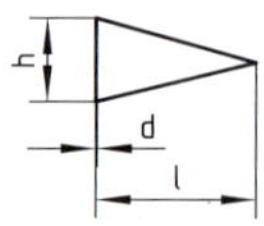

Fasen, Senkungen

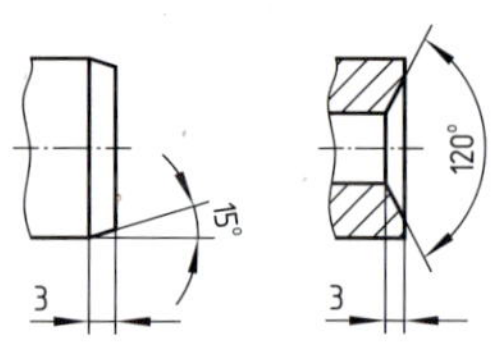

Bei Fasen mit einem von 45° abweichenden Winkel werden Breite und Winkel getrennt voneinander bemaßt.

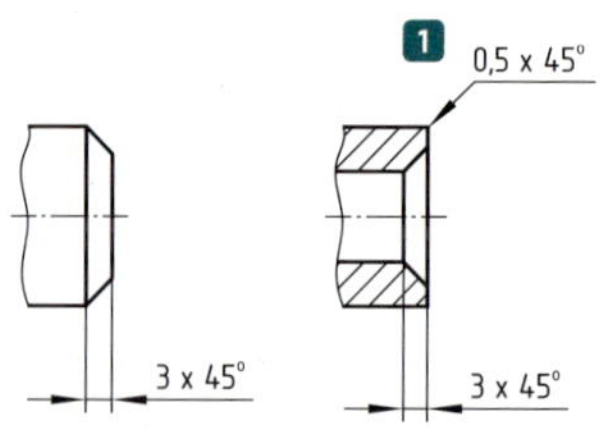

1 Bei Fasen mit einem Winkel von 45° wird die vereinfachte Bemaßung durch „Fasenbreite x 45°" angewendet. Die Regel gilt für dargestellte und nicht dargestellte Fasen.

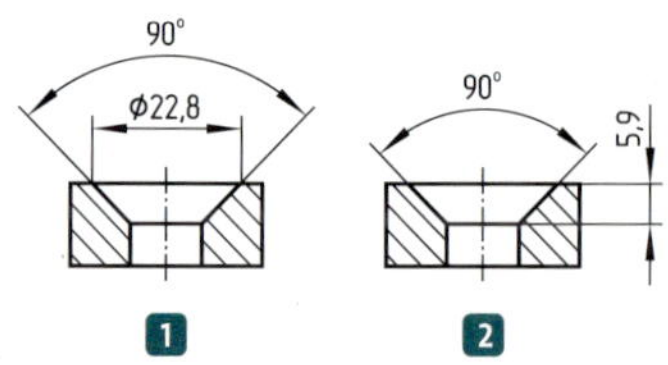

Kegelige Senkungen werden mit **1** Senkdurchmesser und Senkwinkel oder **2** Senktiefe und Senkwinkel bemaßt.

Maßeintragung

DIN 406-11: 1992-12

Teilungen

3

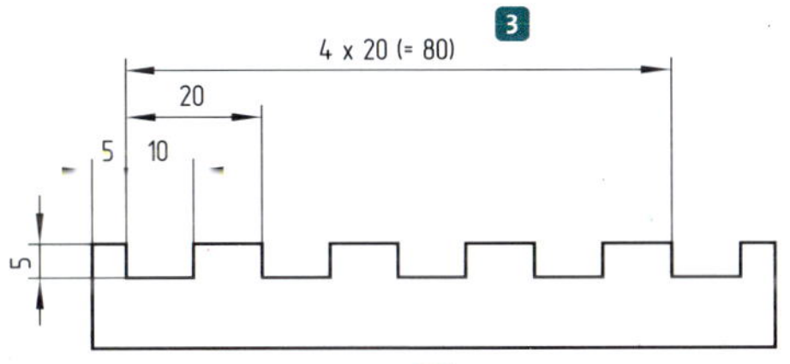

1

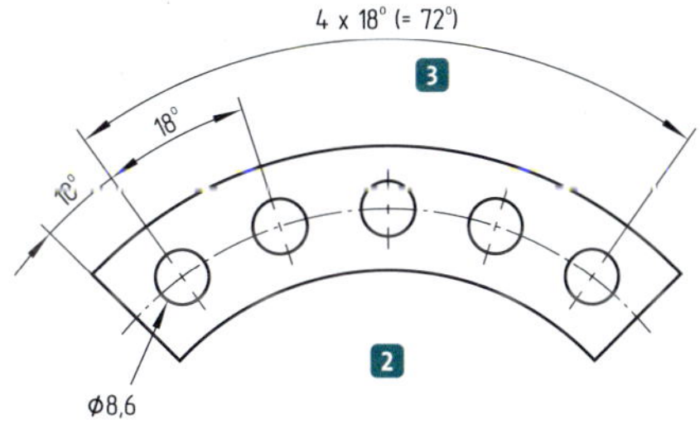

3

2

1 2 Längen- und Winkelmaße für gleiche Formelemente mit gleichen Abständen werden durch die Angabe einer **Teilung** bemaßt.

3 Das Gesamtmaß der Teilung wird als Hilfsmaß angegeben.

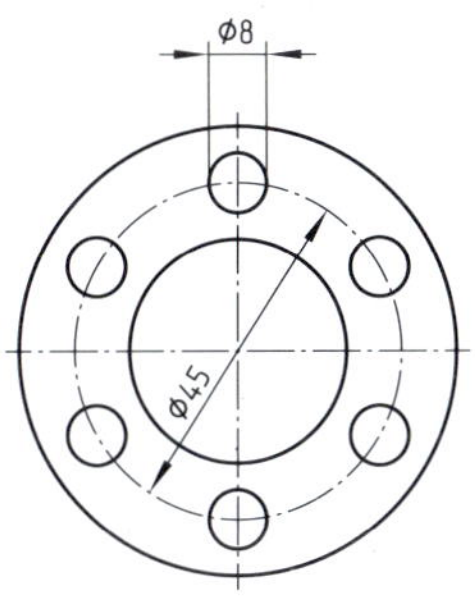

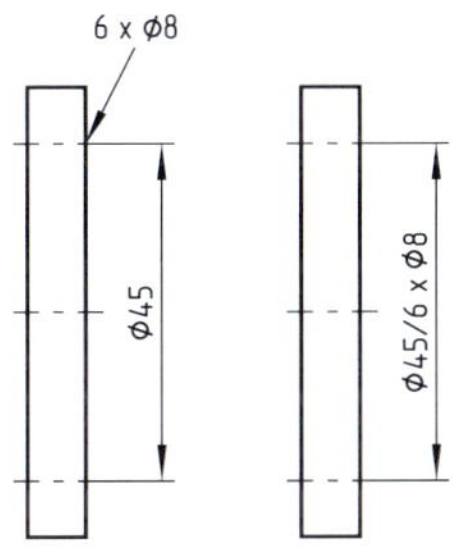

1 2

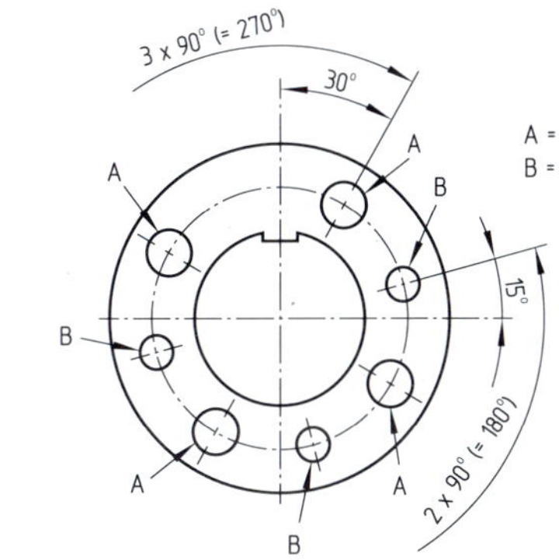

A = ϕ8
B = ϕ6

Gleichmäßig verteilte Formelemente auf einem Teilkreisdurchmesser können 1 vollständig oder 2 vereinfacht dargestellt und bemaßt werden.

Unterschiedliche, sich wiederholende Formelemente können durch Großbuchstaben gekennzeichnet werden. Die Bedeutung der Großbuchstaben ist in der Nähe der Darstellung anzugeben.

Gewinde

Außengewinde

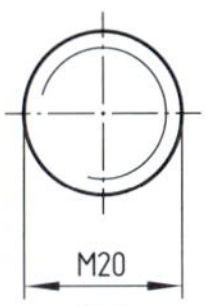

1

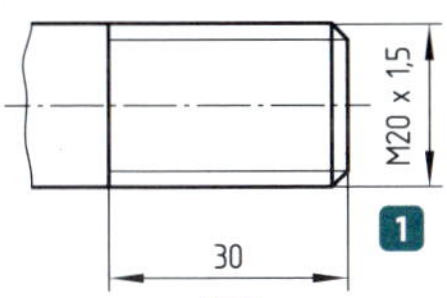

b

1

3

Innengewinde

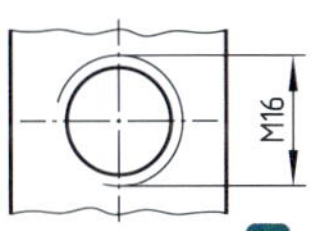

1

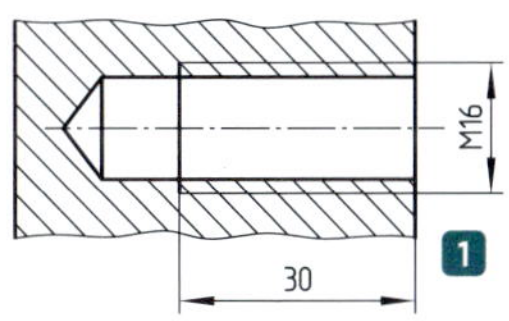

1

3

1 Gewinde sind nach DIN 202 zu kennzeichnen. Anzugeben sind mindestens:

- ein Kurzzeichen für die Gewindeart (z. B. M, Tr, G) und
- der Nenndurchmesser (Gewindegröße).

2 Zusätzliche Angaben können sein:

- die Steigung,
- die Gangzahl,
- die Toleranz.

3 Für Gewinde ist zusätzlich die Gewindelänge anzugeben. Diese bezieht sich auf die nutzbare Länge des Gewindes.

Gewinde mit Durchmessern ≤ 6 mm können nach DIN ISO 6410-3 vereinfacht bemaßt und dargestellt werden.

2

Maßeintragung — DIN 406-11: 1992-12

Nuten

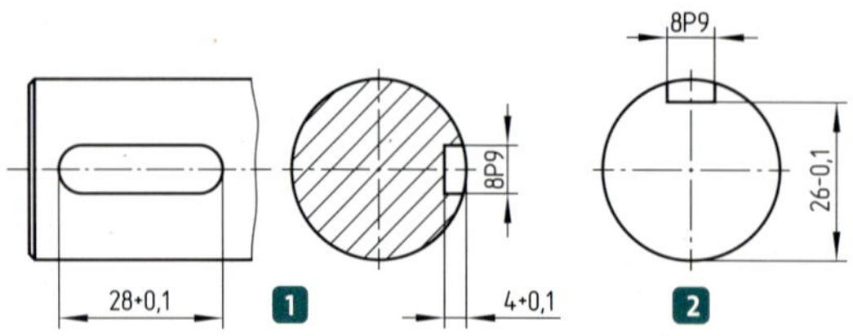

1 Seitlich nicht offene **Nuten**, z. B. für **Passfedern**, werden durch die Nutbreite, Nutlänge und Nuttiefe bemaßt.

2 Bei offenen Nuten wird die Nuttiefe durch den größten Abstand zwischen Außendurchmesser und Nutgrund bemaßt.

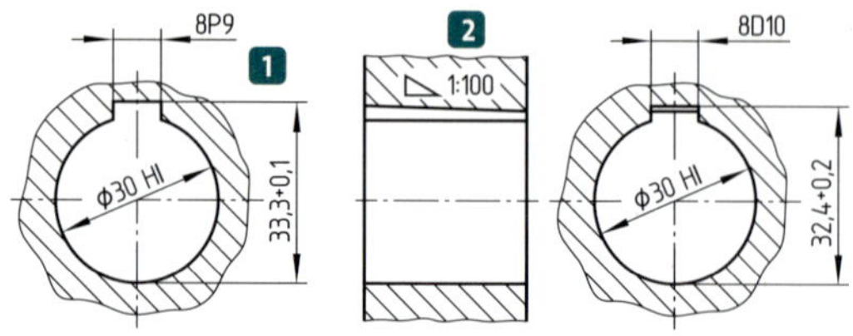

1 Nuten in Bohrungen werden durch die Nutbreite und durch den größten Abstand zwischen Außendurchmesser und Nutgrund bemaßt.

2 Bei **Keilnuten** ist die Richtung der Neigung durch das grafische Symbol ⊳ und das Neigungsverhältnis anzugeben.

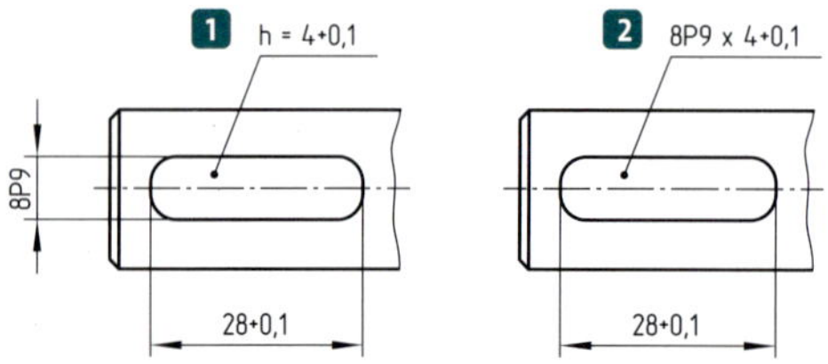

Ist die Darstellung der Draufsicht ausreichend, kann die Nut vereinfacht bemaßt werden. Dabei wird die Nuttiefe mit dem Maßbuchstaben *h* angegeben **1** oder in Kombination mit der Nutbreite **2**.

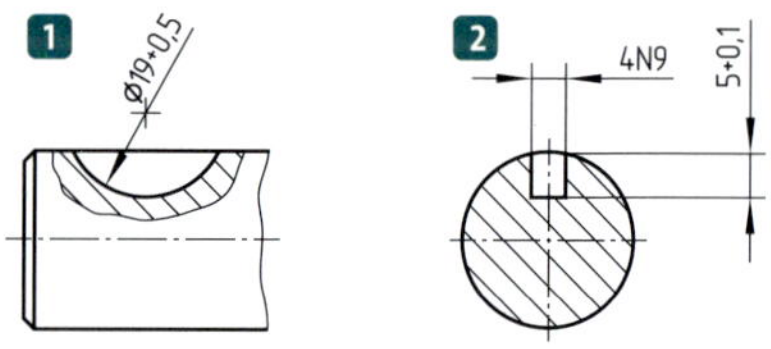

Nuten für **Scheibenfedern** werden mit dem Durchmesser **1** der Scheibenfeder, **2** der Nutbreite und **3** Nuttiefe bemaßt.

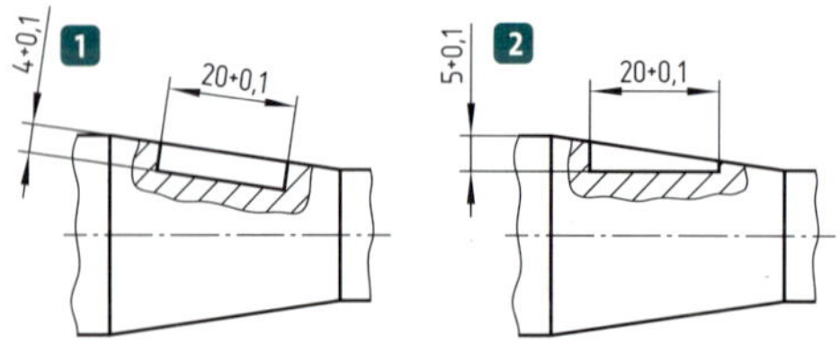

Die Bemaßung der Nuttiefe in Kegeln ist von dem Verlauf des Nutgrunds abhängig:
1 Nutgrund verläuft parallel zur Mantelfläche des Kegels,
Nutgrund verläuft parallel zur Kegelachse.

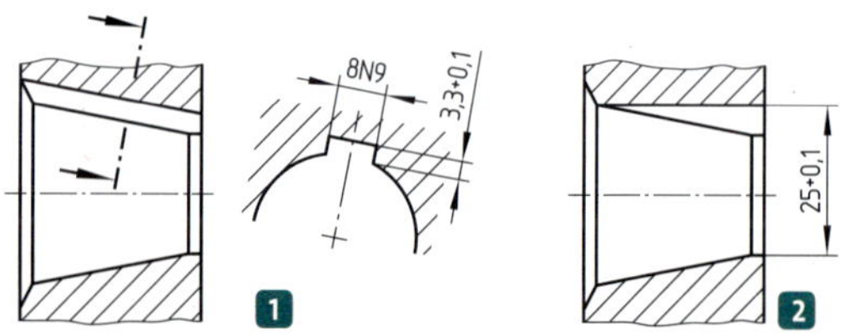

Die Bemaßung der Nuttiefe in kegeligen Bohrungen ist vom Verlauf des Nutgrunds abhängig:
1 Nutgrund verläuft parallel zur Mantelfläche,
2 Nutgrund verläuft parallel zur Kegelachse.

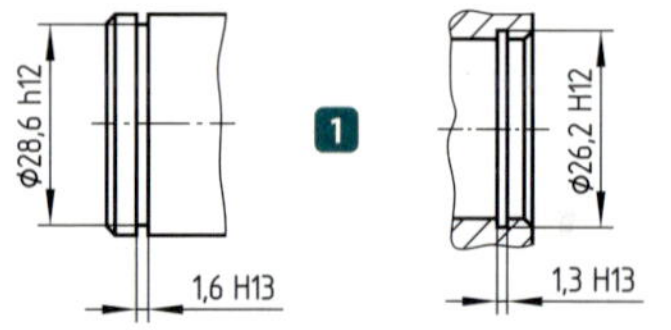

1 Nuten für **Sicherungsringe** in Wellen und Bohrungen werden im Regelfall mit getrennten Maßen für Nutbreite und Nutdurchmesser bemaßt.

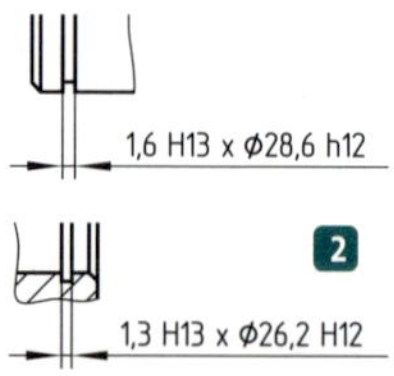

2 Eine vereinfachte Bemaßung aus Nutbreite x Nutdurchmesser ist für Wellen- und Bohrungsnuten zulässig.

Maßeintragung — DIN 406-11: 1992-12

Abwicklungen

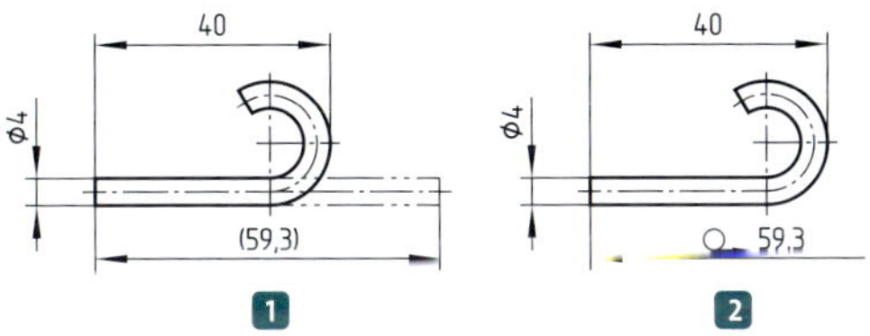

1 Dargestellte Abwicklungen werden mit einem Hilfsmaß für die gestreckte Länge bemaßt.

2 Nicht dargestellte Abwicklungen werde durch Voranstellen des Symbols „gestreckte Länge" bemaßt.

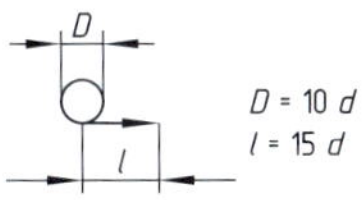

Begrenzte Bereiche

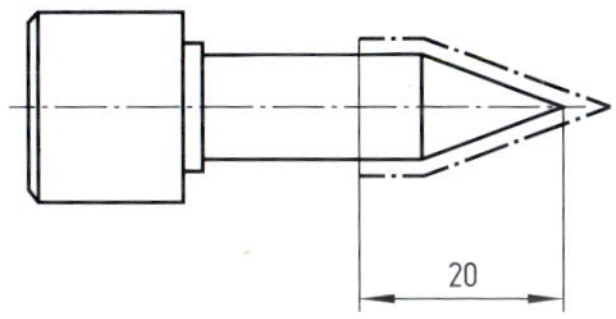

Ein begrenzter Bereich, für den besondere Bedingungen gelten, wird durch eine breite Strichpunktlinie (DIN ISO 128-04.2) und ein Maß für die Länge des Bereichs gekennzeichnet.

Beschichtete Gegenstände

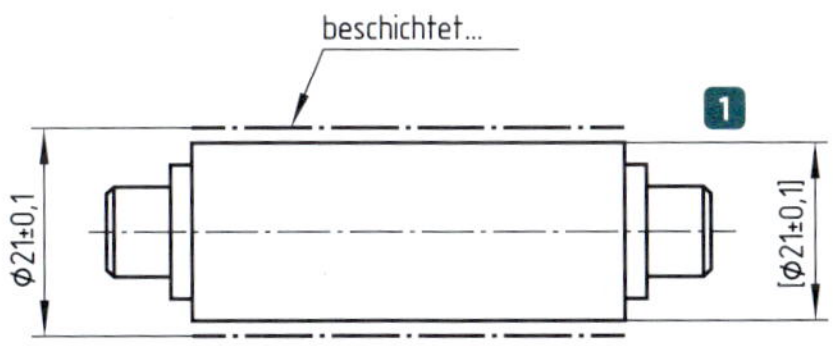

Für beschichtete Oberflächen (Kennzeichnung s. „Begrenzte Bereiche") dürfen die Maße vor und nach der Behandlung angegeben werden.

1 Das Vorbereitungsmaß ist in eckige Klammern zu setzen.

Hilfsmaße

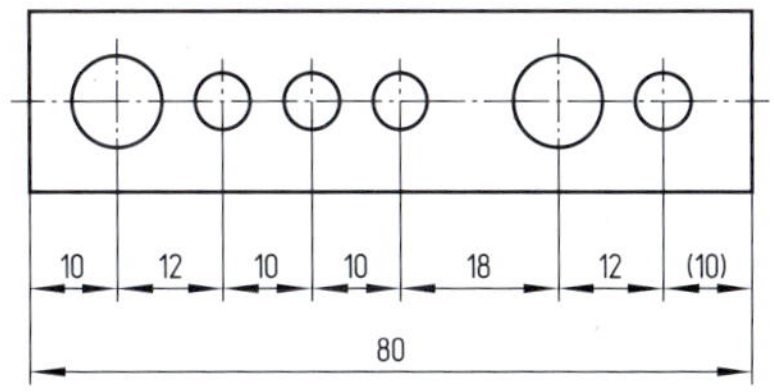

Hilfsmaße sind für die geometrische Bestimmung eines Gegenstandes nicht erforderlich und werden in runde Klammern gesetzt. Sie werden eingesetzt zur Vermeidung geschlossener Maßketten sowie zur Kennzeichnung funktioneller Zusammenhänge.

Prüfmaße

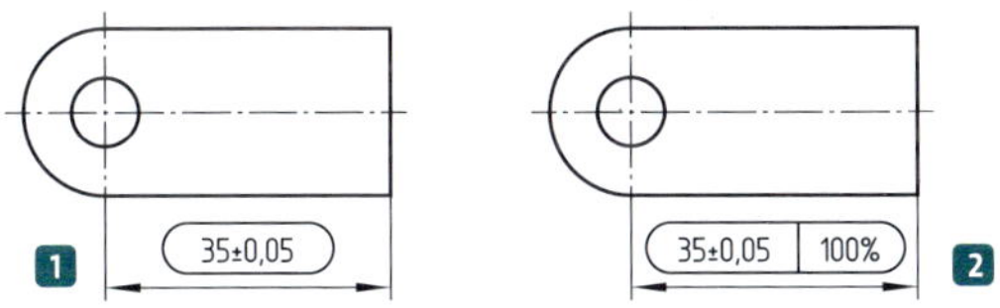

1 Prüfmaße werden in einen Rahmen mit zwei Halbkreisen gesetzt (Linie DIN ISO 128-01.1).

2 Die zusätzliche Angabe, z. B. 100 %, bedeutet, dass dieses Maß bei allen Teilen geprüft wird.

Rohmaße

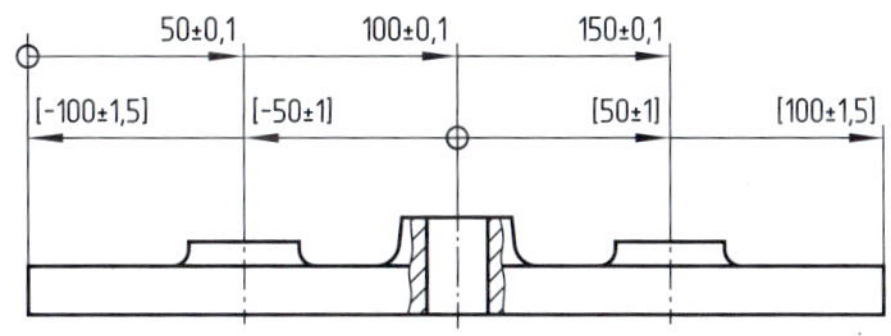

Rohmaße (z. B. für Gussteile) werden in der Fertigungszeichnung in eckige Klammern gesetzt, wenn keine Rohteilzeichnung angefertigt wird.

Theoretisch genaue Maße

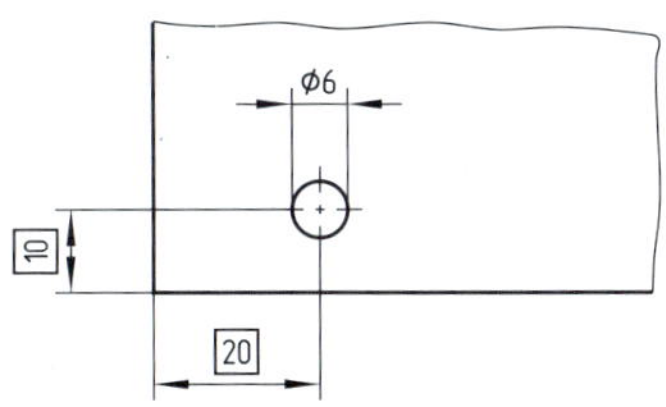

Theoretisch genaue Maße besitzen keine Grenzabmaße. Sie werden in einen rechteckigen Rahmen gesetzt (Linie DIN ISO 128-01.1).

Maße für die erste materialabtrennende Bearbeitung

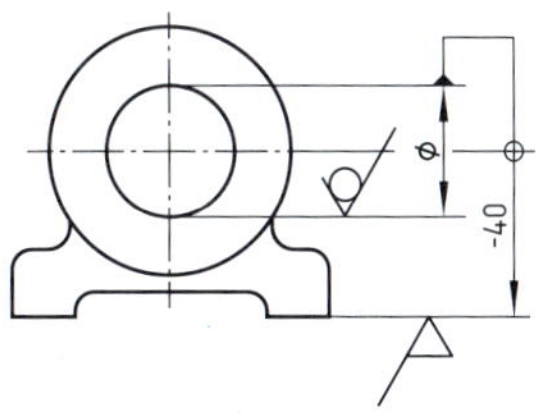

Die Maße für die erste materialabtrennende Bearbeitung von Rohteilen können mit einem Bezugsmaß eingetragen werden. Das Bezugselement wird mit einem Dreieck gekennzeichnet.

Maßeintragung

DIN 406-11: 1992-12

Parallelbemaßung und Steigende Bemaßung

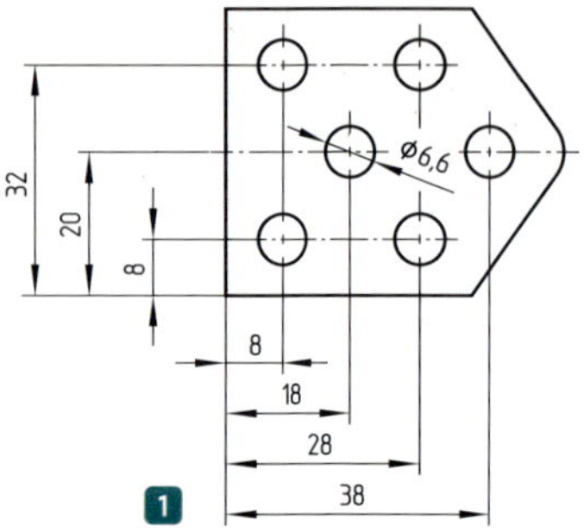

1

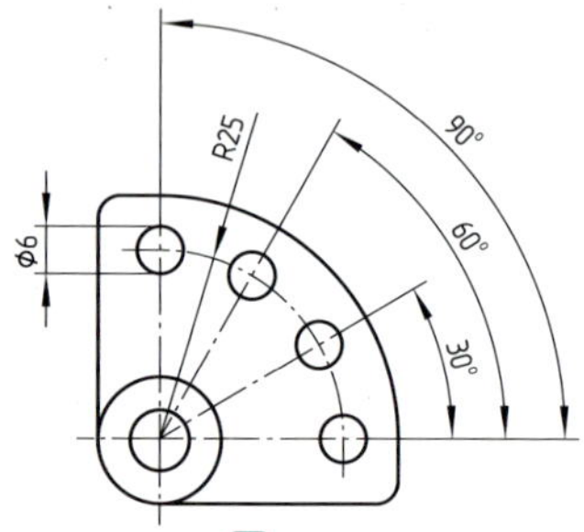

2

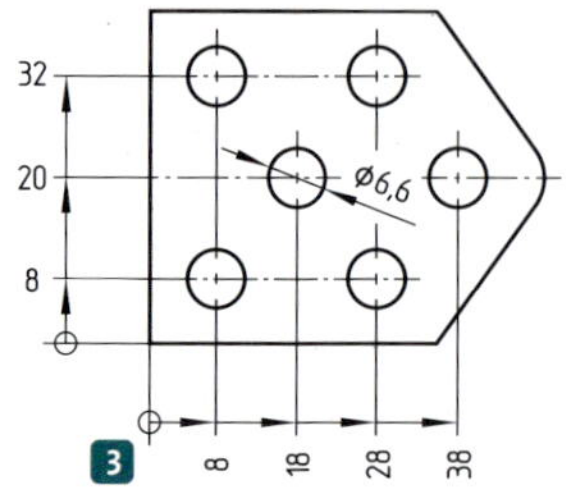

3

1 Bei einer **Parallelbemaßung** werden die Maßlininen parallel oder
2 konzentrisch
bezogen auf eine Maßbezugsebene angeordnet.

3 Eine **Steigende Bemaßung** hat, ausgehend vom Ursprung, für alle Maße nur eine Maßlinie in die jeweilige Richtung. An den Maßhilfslinien wird jeweils nur eine Maßlinienbegrenzung eingetrage.
Laufen die Maße vom Ursprung in Gegenrichtung, ist den Maßzahlen das Zeichen Minus voranzustellen. Diese Regeln gelten sinngemäß auch für Winkelmaße.

Koordinatenbemaßung

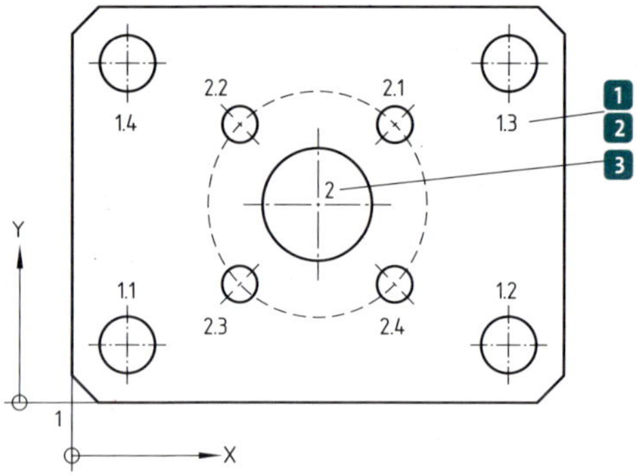

1

Koordinaten-ursprung	Pos.	x	y	*r*	*φ*	*d*
1	1	0	0	–	–	–
1	1.1	10	10	–	–	Ø10
1	1.2	80	10	–	–	Ø10
1	1.3	80	60	–	–	Ø10
1	1.4	10	60	–	–	Ø10
1	2	45	35	–	–	Ø20
2	2.1	–	–	20	45°	Ø6 H11
2	2.2	–	–	20	135°	Ø6 H11
2	2.3	–	–	20	225°	Ø6 H11
2	2.4	–	–	20	315°	Ø6 H11

4

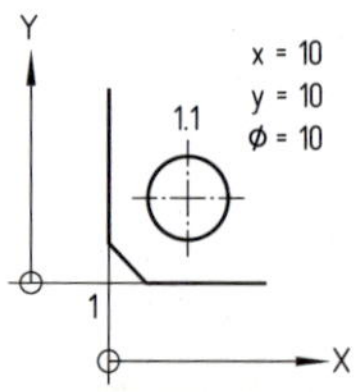

5

Die Koordinatenbemaßung erfolgt ohne Maß- und Maßhilfslinien.

1 Ausgehend vom Ursprung werden die **kartesischen Koordinaten** durch Längenmaße festgelegt und in einer Tabelle eingetragen.

2 Koordinatensysteme und einzelne Positionen werden in der Zeichnung und Tabelle fortlaufend mit Ziffern gekennzeichnet.

3 Einem Ursprungskoordinatensystem können weitere Nebensysteme zugeordnet werden.

Beispiel: Pos.-Nr. 2 . 1

Koordinatenursprung — Zählnummer des Punktes

4 In der Tabelle sind die Pos. 1 – 2 mit kartesischen Koordinaten angegeben, die Pos. 2.1 – 2.4 mit Polarkoordinaten.

Theoretisch genaue Maße sowie Angaben von Positionstoleranzen nach DIN EN ISO 1101 können in der Tabelle eingetragen werden.

5 Koordinaten können auch direkt an den Koordinatenpunkten zusammen mit dem Maß des Formelements eingetragen werden.

Maßeintragung – Toleranzen

Toleranzen für Längen- und Winkelmaße

DIN 406-12: 1992-12

Die Kennzeichnung eines tolerierten Maßes kann angegeben werden durch:
- Allgemeintoleranzen (DIN ISO 2768),
- Abmaße,
- Kurzzeichen der Toleranzklasse (DIN EN ISO 286),
- Form- und Lagetoleranzen (DIN EN ISO 1101).

Alle Toleranzen gelten im Endzustand. Hinweise auf Angabe der Allgemeintoleranzen sind im Schriftfeld oder neben dem Schriftfeld vorzunehmen, z. B. DIN ISO 2768.
Abmaße und Toleranzklassen werden in der gleichen Schriftgröße wie die Nennmaße ausgeführt.

Eintragung von Toleranzen für Längenmaße

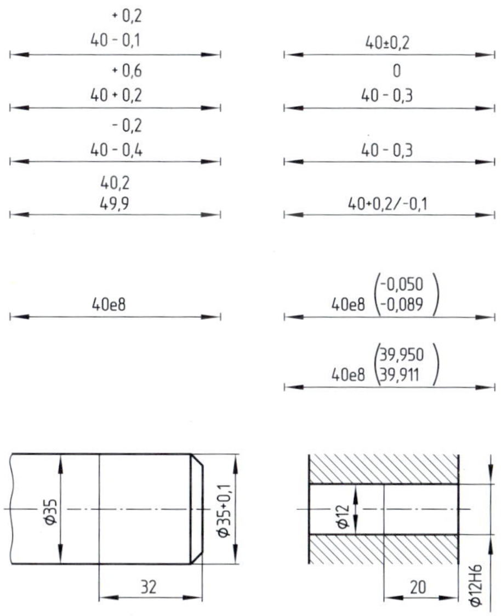

Angabe der Abmaße
Für das tolerierte Maß werden angegeben:
- das Nennmaß und
- Werte der Abmaße.

Ist eines der Abmaße Null, darf dies durch die Ziffer 0 angegeben werden.
Wenn das obere und das untere Abmaß gleich sind, wird der Wert nur einmal mit dem Zeichen ± angegeben.
Das obere und untere Abmaß können auch in einer Zeile geschrieben werden.
Die Grenzmaße dürfen als Höchstmaß und Mindestmaß angegeben werden.

Angabe der Toleranzklassen
Für das tolerierte Maß werden angegeben:
- das Nennmaß und
- Kurzzeichen der Toleranzklasse.

Zusätzlich zum Kurzzeichen der Toleranzklasse können die Abmaße oder die Grenzmaße angegeben werden.

Gelten Toleranzen nur für einen bestimmten Bereich, wird dieser durch eine schmale Volllinie (ISO 128-01.1) begrenzt und bemaßt.

Angabe von Toleranzen für zwei gefügt dargestellte Teile

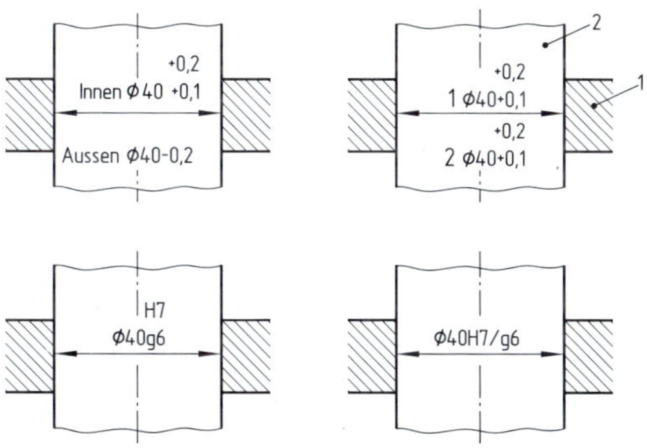

Angabe der Abmaße
Das Maß für jedes der gefügten Teile ist durch „Innen" und „Außen" oder durch eine Positionsnummer zuzuordnen.
Das Innenmaß ist über dem Außenmaß einzutragen.

Angabe der Toleranzklassen
Das Nennmaß wird nur einmal eingetragen.
Das Kurzzeichen der Toleranzklasse für das Innenmaß wird vor oder über dem des Außenmaßes eingetragen.
Wenn notwendig, werden die Werte der Abmaße angegeben.

Eintragung von Toleranzen für Winkelmaße

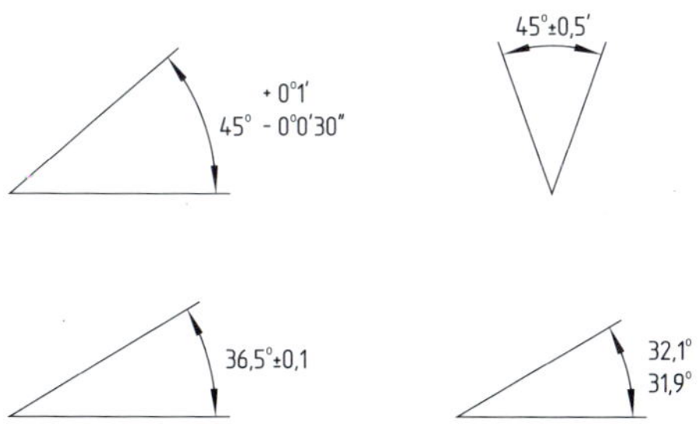

Für das Eintragen der Toleranzen für Winkelmaße gelten die gleichen Regeln wie für das Eintragen der Toleranzen für Längenmaße.

Die Einheiten des Winkel-Nennmaßes und der Abmaße müssen immer angegeben werden.

Maßeintragung und Toleranzfestlegung für Kegel — DIN EN ISO 3040: 2016-12

Kegelverhältnis C und grafische Kennzeichnung

C = Differenz der Durchmesser zweier Querschnitte eines Kegels dividiert durch den Abstand zwischen ihnen.
Angabe als Verhältnis, z. B.: $C = 1:3$.

$$C = \frac{D-d}{L} = 2\tan\left(\frac{\alpha}{2}\right)$$

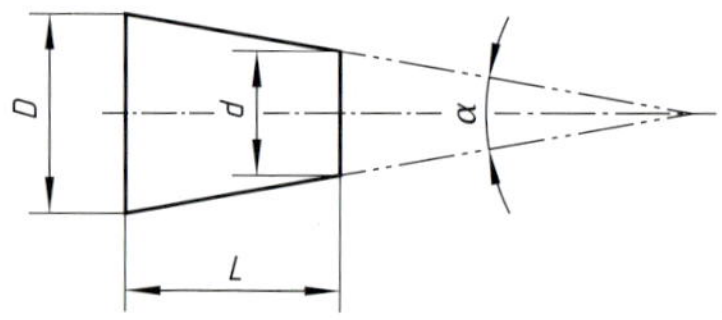

Symbol Kegelverjüngung

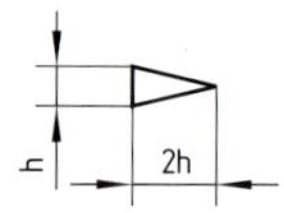

h = Schriftgröße in der Zeichnung

Zeichnungseintrag

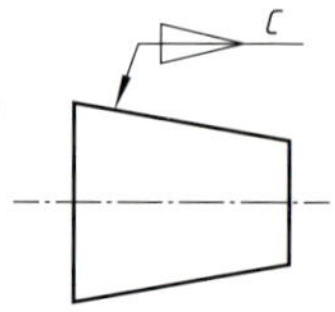

Maßeintragung (Beispiele)

Nichtgenormte Kegel

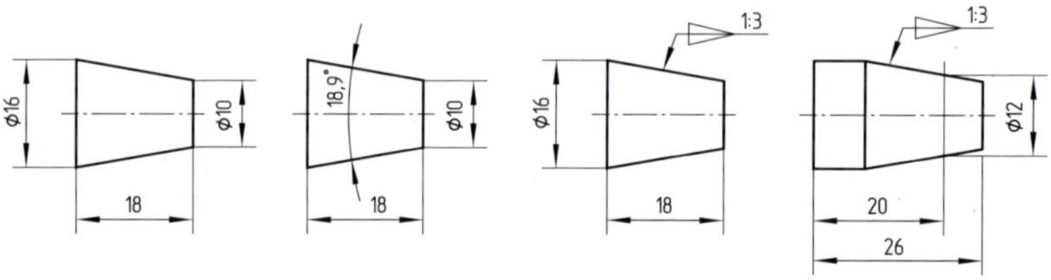

Genormter Kegel DIN 228

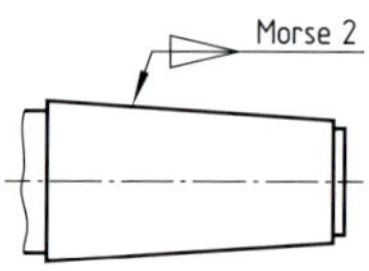

Eintragung von Maßen und Toleranzen

Eintragung bei festgelegtem Kegelwinkel

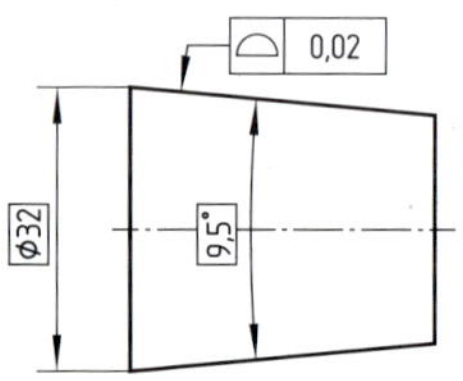

Eintragung bei festgelegtem Kegelverhältnis

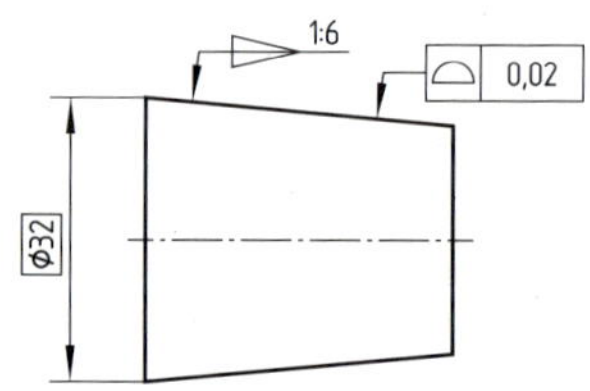

Eintragung, die gleichzeitig die axiale Lage des Kegels festlegt

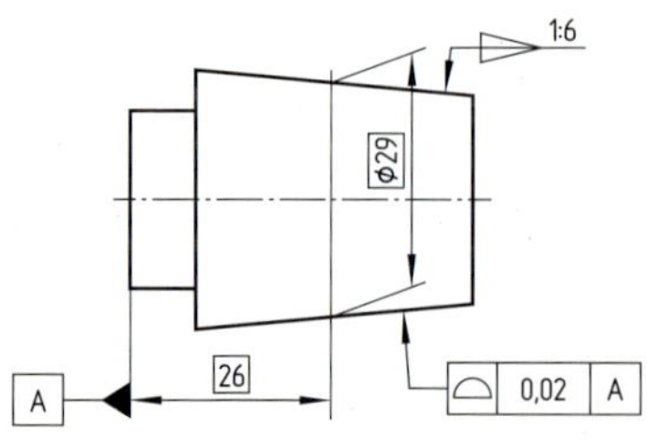

Eintragung bezüglich eines Bezugssystems (gleichzeitige Festlegung der Koaxialität)

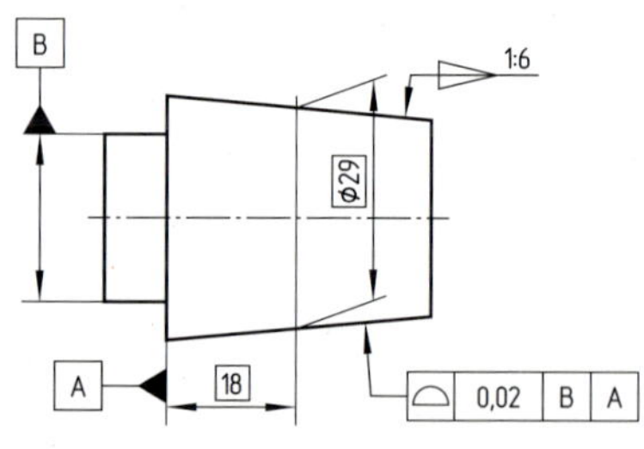

⌓ = Symbol für Profilformtoleranz einer Fläche nach DIN ISO 1101: 2014-4

Allgemeintoleranzen

Allgemeintoleranzen für Längen- und Winkelmaße — DIN ISO 2768-1: 1991-06

Grenzabmaße für Längenmaße

Toleranzklasse	Grenzabmaße in mm für Nennmaßbereiche in mm							
	0,5[1] bis 3	über 3 bis 6	über 6 bis 30	über 30 bis 120	über 120 bis 400	über 400 bis 1000	über 1000 bis 2000	über 2000 bis 4000
f (fein)	± 0,05	± 0,05	± 0,1	± 0,15	± 0,2	± 0,3	± 0,5	–
m (mittel)	± 0,1	± 0,1	± 0,2	± 0,3	± 0,5	± 0,8	± 1,2	± 2
c (grob)	± 0,2	± 0,3	± 0,5	± 0,8	± 1,2	± 2	± 3	± 4
v (sehr grob)	–	± 0,5	± 1	± 1,5	± 2,5	± 4	± 6	± 8

Grenzabmaße für Rundungshalbmesser und Fasenhöhen (gebrochene Kanten[2])				**Grenzabmaße für Winkelmaße**				
Toleranzklasse	Grenzabmaße in mm für Nennmaßbereiche in mm			Grenzabmaße in Winkeleinheiten für Längenbereiche in mm des kürzeren Schenkels				
	0,5[1] bis 3	über 3 bis 6	über 6	bis 10	über 10 bis 50	über 50 bis 120	über 120 bis 400	über 400
f (fein)	± 0,2	± 0,5	± 1	± 1°	± 0°30'	± 0°20'	± 0°10'	± 0°5'
m (mittel)								
c (grob)	± 0,4	± 1	± 2	± 1°30'	± 1°	± 0°30'	± 0°15'	± 0°10'
v (sehr grob)				± 3°	± 2°	± 1°	± 0°30'	± 0°20'

[1] Bei Nennmaßen unter 0,5 mm sind die Grenzabmaße am Nennmaß anzugeben
[2] Werkstückkanten mit unbestimmter Gestalt

Zeichnungseintrag z. B. für die Toleranzklasse „mittel": **ISO 2768 – m** (Eintrag in oder neben dem Schriftfeld)

Allgemeintoleranzen für Form und Lage — DIN ISO 2768-2: 1991-04

Toleranzklasse	Geradheit und Ebenheit: Allgemeintoleranzen in mm für Nennmaßbereiche in mm						Rechtwinkligkeit: Allgemeintoleranzen in mm für den kürzeren Winkelschenkel in mm			
	bis 10	über 10 bis 30	über 30 bis 100	über 100 bis 300	über 300 bis 1000	über 1000 bis 3000	bis 100	über 100 bis 300	über 300 bis 1000	über 1000 bis 3000
H	0,02	0,05	0,1	0,2	0,3	0,4	0,2	0,3	0,4	0,5
K	0,05	0,1	0,2	0,4	0,6	0,8	0,4	0,6	0,8	1
L	0,1	0,2	0,4	0,8	1,2	1,6	0,6	1	1,5	2

Toleranzklasse	Symmetrie: Allgemeintoleranzen in mm für Nennmaßbereiche in mm				Lauf: Allgemeintoleranzen in mm für Rundlauf, Planlauf und beliebige Rotationsflächen
	bis 100	über 100 bis 300	über 300 bis 1000	über 1000 bis 3000	
H	0,5				0,1
K	0,6		0,8	1	0,2
L	0,6	1	1,5	2	0,5

Zeichnungseintrag, wenn z. B. die Allgemeintoleranzen nach ISO 2768-1 nicht gelten sollen: **ISO 2768 – K**
Zeichnungseintrag, wenn z. B. die Allgemeintoleranzen nach ISO 2768-2 gelten sollen: **ISO 2768 – mK**

Begriffe für Form- und Lagetoleranzen siehe DIN EN ISO 1101

2

Längenmaßtoleranzen und Bearbeitungszugaben für Gussstücke

DIN EN ISO 8062-3: 2008-09

Nennmaß in mm		Längenmaßtoleranzen in mm Maßtoleranzgrad DCTG (Dimensional casting tolerance grades)															
über	bis	1	2	3	4	5	6	7	8	9	10	11	12	13	14	15	16
–	10	0,09	0,13	0,18	0,26	0,36	0,52	0,74	1	1,5	2	2,8	4,2	–	–	–	–
10	16	0,1	0,14	0,2	0,28	0,38	0,54	0,76	1,1	1,6	2,2	3	4,4	–	–	–	–
16	25	0,11	0,15	0,22	0,3	0,42	0,58	0,82	1,2	1,7	2,4	3,2	4,6	6	8	10	12
25	40	0,12	0,17	0,24	0,32	0,46	0,64	0,9	1,3	1,8	2,6	3,6	5	7	9	11	14
40	63	0,13	0,18	0,26	0,36	0,5	0,7	1	1,4	2	2,8	4	5,6	8	10	12	16
63	100	0,14	0,2	0,28	0,4	0,56	0,78	1,1	1,6	2,2	3,2	4,4	6	9	11	14	18
100	160	0,15	0,22	0,3	0,44	0,62	0,88	1,2	1,8	2,5	3,6	5	7	10	12	16	20
160	250	–	0,24	0,34	0,5	0,7	1	1,4	2	2,8	4	5,6	8	11	14	18	22
250	400	–	–	0,4	0,56	0,78	1,1	1,6	2,2	3,2	4,4	6,2	9	12	16	20	25
400	630	–	–	–	0,64	0,9	1,2	1,8	2,6	3,6	5	7	10	14	18	22	28
630	1000	–	–	–	–	1	1,4	2	2,8	4	6	8	11	16	20	25	32
1000	1600	–	–	–	–	–	1,6	2,2	3,2	4,6	7	9	14	18	23	29	37
1600	2500	–	–	–	–	–	–	2,6	3,8	5,4	8	10	15	21	26	33	42

Für Wanddicken in den Graden DCTG 1 bis DCTG 15 gilt der nächsthöhere Grad.

Größtmaß des Gussstücks in mm		Erforderliche Bearbeitungszugabe RMA in mm Grad der Bearbeitungszugabe RMAG (Required machining allowances grades)									
über	bis	A	B	C	D	E	F	G	H	J	K
–	40	0,1	0,1	0,2	0,3	0,4	0,5	0,5	0,7	1,0	2
40	63	0,1	0,2	0,3	0,3	0,4	0,5	0,7	1	1,4	3
63	100	0,2	0,3	0,4	0,5	0,7	1	1,4	2	2,8	4
100	160	0,3	0,4	0,5	0,8	1,1	1,5	2,2	3	4	6
160	250	0,3	0,5	0,7	1	1,4	2	2,8	4	5,5	8
250	400	0,4	0,7	0,9	1,3	1,8	2,5	3,5	5	7	10
400	630	0,5	0,8	1,1	1,5	2,2	3	4	6	9	12
630	1000	0,6	0,9	1,2	1,8	2,5	3,5	5	7	10	14
1000	1600	0,7	1	1,4	2	2,8	4	5,5	8	11	16
1600	2500	0,8	1,1	1,6	2,2	3,2	4,5	6	9	13	18

Die Grade A und B sind nur in besonderen Fällen anzuwenden, z. B. bei Serienfertigungen, wenn zwischen Gießerei und Kunde vereinbart.

Zeichnungseintrag für eine Länge *l* = 450 mm:

ISO 8062-3 – DCTG 12 – RMA 6 (RMAG H)
Längentoleranz Grad 12, Bearbeitungszugabe 6 mm (Grad H)

Allgemeintoleranzen für Schweißkonstruktionen

DIN EN ISO 13920: 1996-11

Grenzabmaße für Längenmaße						Grenzabmaße für Winkelmaße		
Toleranzklasse	Nennmaßbereich *l* in mm					Nennmaßbereich *l* in mm (Länge des kürzeren Schenkels)		
	über 30 bis 120	über 120 bis 400	über 400 bis 1000	über 1000 bis 2000	über 2000 bis 4000	bis 400	über 400–1000	über 1000
						Grenzabmaße Δα in Grad und Minuten		
A	± 1	± 1	± 2	± 3	± 4	± 20′	± 15′	± 10′
B	± 2	± 2	± 3	± 4	± 6	± 45′	± 30′	± 20′
C	± 3	± 4	± 6	± 8	± 11	± 1°	± 45′	± 30′
D	± 4	± 7	± 9	± 12	± 16	± 1° 30′	± 1° 15′	± 1°

Längenmaße bis 30: ± 1 mm

Zeichnungseintrag: **EN ISO 13920 – B**
Toleranzklasse B für die Maßtoleranz

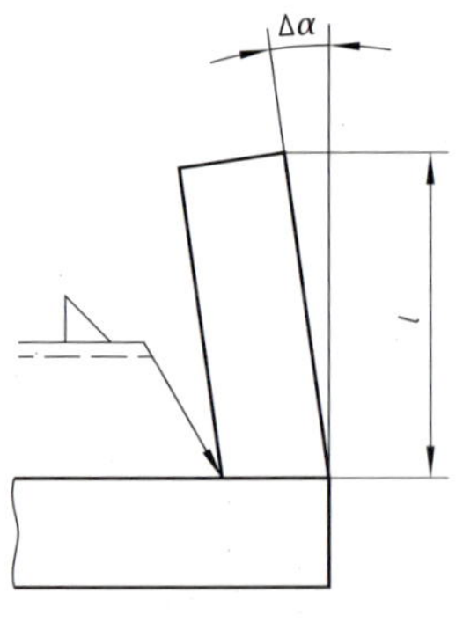

ISO-Toleranzsystem, Passungen

Begriffe im ISO-Toleranzsystem — DIN EN ISO 286-1: 2010-11

Begriff	Erklärung
Nennmaß	Maß, von dem Grenzmaße abgeleitet werden
Nulllinie	Linie in einer grafischen Darstellung; entspricht dem Nennmaß
Toleranz	Differenz zwischen oberem und unterem Grenzabmaß bzw. zwischen Höchst- und Mindestmaß
Toleranzintervall	Bereich vom Mindestmaß zum Höchstmaß
Mindestmaß	kleinstes zugelassenes Maß
Höchstmaß	größtes zugelassenes Maß
Grenzmaße	Mindestmaß und Höchstmaß
Grenzabmaße	oberes und unteres Abmaß vom Nennmaß

Grafische Darstellung

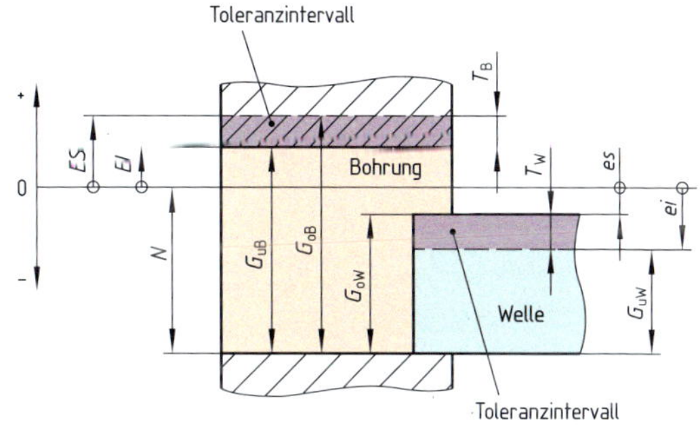

Bohrung:
N: Nennmaß
G_{oB}: Höchstmaß
G_{uB}: Mindestmaß
ES: oberes Grenzabmaß
EI: unteres Grenzabmaß
T_B: Toleranz

Welle:
N: Nennmaß
G_{oW}: Höchstmaß
G_{uW}: Mindestmaß
es: oberes Grenzabmaß
ei: unteres Grenzabmaß
T_W: Toleranz

Berechnung von Toleranzen und Grenzabmaße

	Toleranz		Mindestmaß	Höchstmaß
Bohrung	$T_B = G_{oB} - G_{uB}$	$T_B = ES - EI$	$G_{uB} = N + EI$	$G_{oB} = N + ES$
Welle	$T_W = G_{oW} - G_{uW}$	$T_W = es - ei$	$G_{uW} = N + ei$	$G_{oW} = N + es$

Passungsarten

Begriff	Erklärung	Grafische Darstellung	Berechnung
Passung	Maßlicher Zusammenhang zweier zu fügender Formelemente		
Spielpassung	gefügte Teile, z. B. Bohrung und Welle, haben immer Spiel zueinander; Mindestmaß der Bohrung ist größer oder gleich dem Höchstmaß der Welle $G_{uB} \geq G_{oW}$	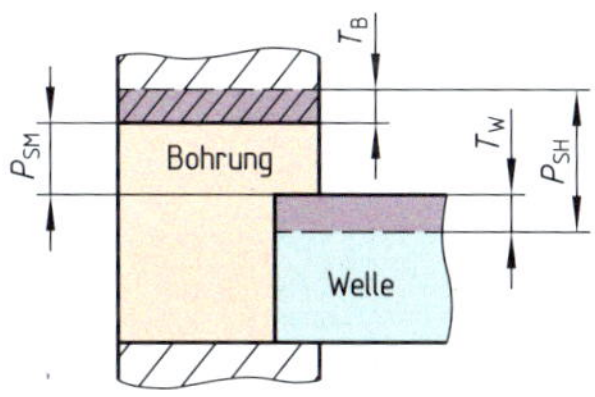	Höchstspiel P_{SH}: $P_{SH} = G_{oB} - G_{uW}$ Mindestspiel P_{SM}: $P_{SM} = G_{uB} - G_{oW}$
Übergangspassung	zwischen den gefügten Teilen ist ein Spiel oder ein Übermaß vorhanden	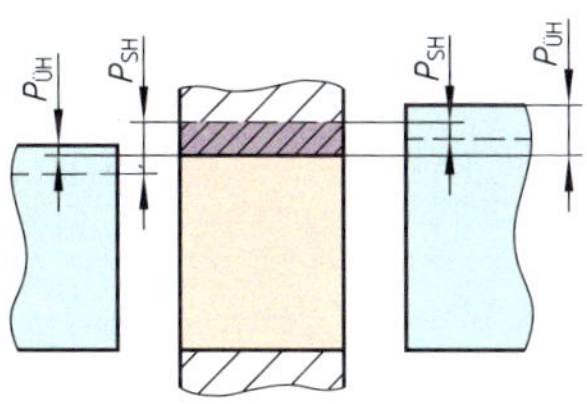	Höchstspiel P_{SH}: $P_{SH} = G_{oB} - G_{uW}$ Höchstübermaß $P_{ÜH}$: $P_{ÜH} = G_{uB} - G_{oW}$
Übermaßpassung	zwischen den gefügten Teilen ist immer ein Übermaß vorhanden; Höchstmaß der Bohrung ist kleiner oder gleich dem Mindestmaß der Welle $G_{oB} \leq G_{uW}$	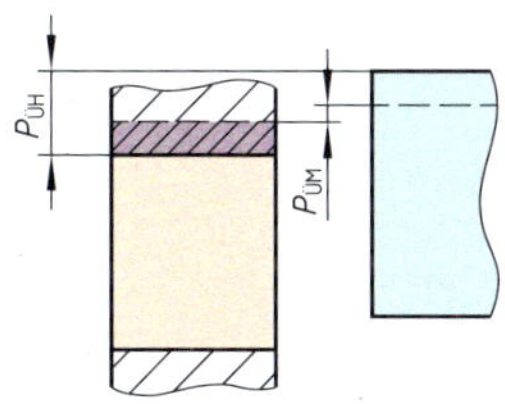	Höchstübermaß $P_{ÜH}$: $P_{ÜH} = G_{uB} - G_{oW}$ Mindestübermaß $P_{ÜM}$: $P_{ÜM} = G_{oB} - G_{uW}$

2

Grenzabmaße für Wellen und Bohrungen – Begriffe

Wellen (schematisch)	Bohrungen (schematisch)

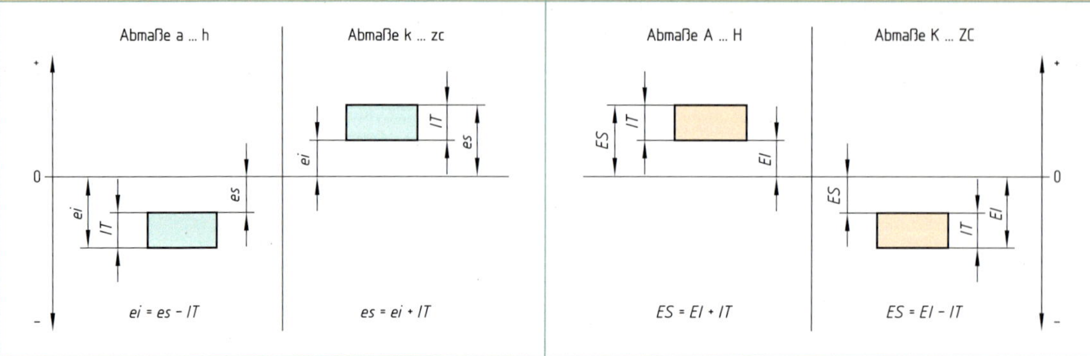

Grundabmaß *es, ei, ES, Ei*	Legt die Lage des Toleranzfeldes in Bezug zum Nennmaß/zur Nulllinie fest. Kennzeichnungen durch Buchstaben, z. B. H für eine Bohrung, g für eine Welle.
Grundtoleranz *IT*	Jede zum ISO-System gehörende Toleranz (*IT* = „International Tolerance"-Grad)

Grundtoleranzgrade IT

DIN EN ISO 286-1: 2010-11

Nennmaß in mm	Grundtoleranzgrade IT																	
	Grundtoleranzgrade in µm											Grundtoleranzen in mm						
	1	2	3	4	5	6	7	8	9	10	11	12	13	14	15	16	17	18
bis 3	0,8	1,2	2	3	4	6	10	14	25	40	60	0,1	0,14	0,25	0,4	0,6	1	1,4
über 3 bis 6	1	1,5	2,5	4	5	8	12	18	30	48	75	0,12	0,18	0,3	0,48	0,75	1,2	1,8
über 6 bis 10	1	1,5	2,5	4	6	9	15	22	36	58	90	0,15	0,22	0,36	0,58	0,9	1,5	2,2
über 10 bis 18	1,2	2	3	5	8	11	18	27	43	70	110	0,18	0,27	0,43	0,73	1,1	1,8	2,7
über 18 bis 30	1,5	2,5	4	6	9	13	21	33	52	84	130	0,21	0,33	0,52	0,84	1,3	2,1	3,3
über 30 bis 50	1,5	2,5	4	7	11	16	25	39	62	100	160	0,25	0,39	0,62	1	1,6	2,5	3,9
über 50 bis 80	2	3	5	8	13	19	30	46	74	120	190	0,3	0,46	0,74	1,2	1,9	3	4,6
über 80 bis 120	2,5	4	6	10	15	22	35	54	87	140	220	0,35	0,54	0,87	1,4	2,2	3,5	5,4
über 120 bis 180	3,5	5	8	12	18	25	40	63	100	160	250	0,4	0,63	1	1,6	2,5	4	6,3
über 180 bis 250	4,5	7	10	14	20	29	46	72	115	185	290	0,46	0,72	1,15	1,85	2,9	4,6	7,2
über 250 bis 315	6	8	12	16	23	32	52	81	130	210	320	0,52	0,81	1,3	2,1	3,2	5,2	8,1
über 315 bis 400	7	9	13	18	25	36	57	89	140	230	360	0,57	0,89	1,4	2,3	3,6	5,7	8,9
über 400 bis 500	8	10	15	20	27	40	63	97	155	250	400	0,63	0,97	1,15	2,5	4	6,3	9,7
über 500 bis 630	9	11	16	22	32	44	70	110	175	280	440	0,7	1,1	1,75	2,8	4,4	7	11
über 630 bis 800	10	13	18	25	36	50	80	125	200	320	500	0,8	1,25	2	3,2	5	8	12,5
über 800 bis 1000	11	15	21	28	40	56	90	140	230	360	560	0,9	1,4	2,3	3,6	5,6	9	14
über 1000 bis 1250	13	18	24	33	47	66	105	165	260	420	660	1,05	1,65	2,6	4,2	6,6	10,5	16,5
über 1250 bis 1600	15	21	29	39	55	78	125	195	310	500	780	1,25	1,95	3,1	5	7,8	12,5	19,5
über 1600 bis 2000	18	25	35	46	65	92	150	230	370	600	920	1,5	2,3	3,7	6	9,2	15	23
über 2000 bis 2500	22	30	41	55	78	110	175	280	440	700	1100	1,75	2,8	4,4	7	11	17,5	28
über 2500 bis 3150	26	36	50	68	96	135	210	330	540	860	1350	2,1	3,3	5,4	8,6	13,5	21	33

Grundtoleranzgrad	Gruppe von Toleranzen, die dem gleichen Genauigkeitsniveau für alle Nennmaße zugeordnet sind, z. B. IT 7.
Toleranzgrad	Zahl des Grundtoleranzgrades

Passungssysteme

DIN EN ISO 286-1: 2010-11

Passungssysteme sind systematisch aufgebaute Reihen von Passungen. Sie werden in das System Einheitsbohrung und Einheitswelle unterteilt. In einer grafischen Darstellung kennzeichnen Buchstaben die Lage des Toleranzintervalls zur Nulllinie.

Einheitsbohrung

- System, in dem das untere Abmaß der Bohrung gleich Null ist ($EI = 0$).
- Bohrungen erhalten einheitlich eine H-Toleranz.
- Das Nennmaß wird mit dem Großbuchstaben H gekennzeichnet.
- Zugehörige Nennmaße für Wellen erhalten Kleinbuchstaben.

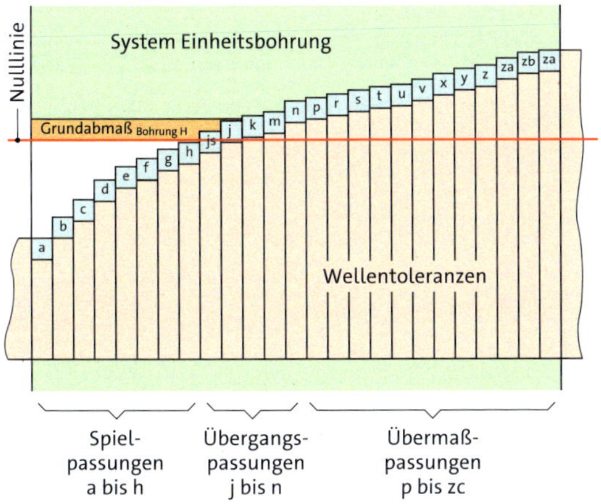

Einheitswelle

- System, in dem das obere Abmaß der Welle gleich Null ist ($es = 0$).
- Wellen erhalten einheitlich eine h-Toleranz.
- Das Nennmaß wird mit dem Kleinbuchstaben h gekennzeichnet.
- Zugehörige Nennmaße für Bohrungen erhalten Großbuchstaben.

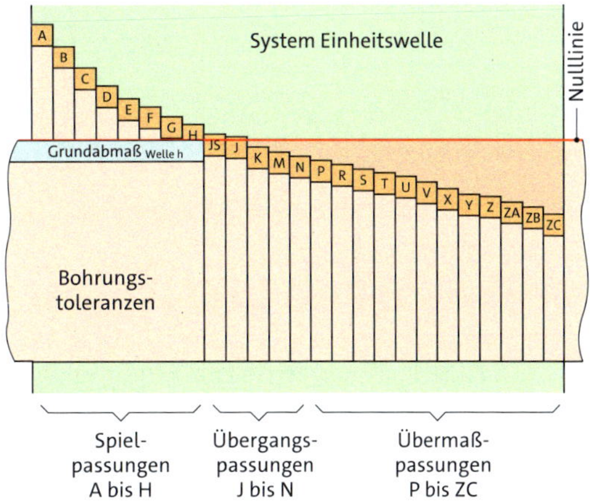

Die Toleranzintervalle JS bzw. js haben eine symmetrische Lage zur Nulllinie.

Bestandteile eines tolerierten Maßes

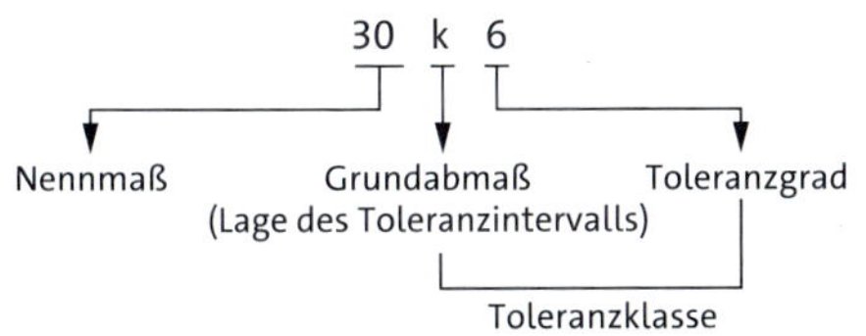

Bestandteile einer Passung

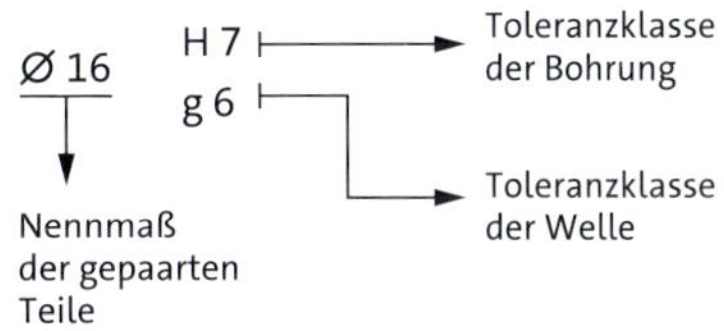

Analyse einer Passung

	Bohrung	Welle	Passung
Passung/Passungssystem	25 H7	25 f7	Einheitsbohrung
Nennmaß	25 mm	25 mm	25 mm
oberes Grenzabmaß *ES, es*	+0,021 mm	−0,020 mm	–
unteres Grenzabmaß *EI, ei*	0,000 mm	−0,041 mm	–
Höchstmaß G_o	25,021 mm	24,980 mm	–
Mindestmaß G_u	25,000 mm	24,959 mm	–
Höchstspiel P_{SH}	–	–	+0,062 mm
Mindestspiel P_{SM}	–	–	+0,020 mm
Passtoleranz P_T	–	–	0,042 mm

2

Passungen für Einheitsbohrung H6 und H7

DIN EN ISO 286-2: 2010-11

Nennmaßbereich in mm	Grenzabmaße in µm															
	Bohrg. H6	Welle					Bohrg. H7	Welle								
		r5	n5	k6	j6	h5		s6	r6	n6	m6	k6	j6	h6	g6	f7
bis 3	+6 0	+14 +10	+8 +4	+6 0	+4 −2	0 −4	+10 0	+20 +14	+16 +10	+10 +4	+8 +2	+6 0	+4 −2	0 −6	−2 −8	−6 −16
über 3 bis 6	+8 0	+20 +15	+13 +8	+9 +1	+6 −2	0 −5	+12 0	+27 +19	+23 +15	+16 +8	+12 +4	+9 +1	+6 −2	0 −8	−4 −12	−10 −22
über 6 bis 10	+9 0	+25 +19	+16 +10	+10 +1	+7 −2	0 −6	+15 0	+32 +23	+28 +19	+19 +10	+15 +6	+10 +1	+7 −2	0 −9	−5 −14	−13 −28
über 10 bis 14	+11	+31	+20	+12	+8	0	+18	+39	+34	+23	+18	+12	+8	0	−6	−16
über 14 bis 18	0	+23	+12	+1	−3	−8	0	+28	+23	+12	+7	+1	−3	−11	−17	−34
über 18 bis 24	+13	+37	+24	+15	+9	0	+21	+48	+41	+28	+21	+15	+9	0	−7	−20
über 24 bis 30	0	+28	+15	+2	−4	−9	0	+35	+28	+15	+8	+2	−4	−13	−20	−41
über 30 bis 40	+16	+45	+28	+18	+11	0	+25	+59	+50	+33	+25	+18	+11	0	−9	−25
über 40 bis 50	0	+34	+17	+2	−5	−11	0	+43	+34	+17	+9	+2	−5	−16	−25	−50
über 50 bis 65	+19	+54 +41	+33	+21	+12	0	+30	+72 +53	+60 +41	+39	+30	+21	+12	0	−10	−30
über 65 bis 80	0	+56 +43	+20	+2	−7	−13	0	+78 +59	+62 +43	+20	+11	+2	−7	−19	−29	−60
über 80 bis 100	+22	+66 +51	+38	+25	+13	0	+35	+93 +71	+73 +51	+45	+35	+25	+13	0	−12	−36
über 100 bis 120	0	+69 +54	+23	+3	−9	−15	0	+101 +79	+76 +54	+23	+13	+3	−9	−22	−34	−71
über 120 bis 140		+81 +63						+117 +92	+88 +63							
über 140 bis 160	+25 0	+83 +65	+45 +27	+28 +3	+14 −11	0 −18	+40 0	+125 +100	+90 +65	+52 +27	+40 +15	+28 +3	+14 −11	0 −25	−14 −39	−43 −83
über 160 bis 180		+86 +68						+133 +108	+93 +68							
über 180 bis 200		+97 +77						+151 +122	+106 +77							
über 200 bis 225	+29 0	+100 +80	+51 +31	+33 +4	+16 −13	0 −20	+46 0	+159 +130	+109 +80	+60 +31	+46 +17	+33 +4	+16 −13	0 −29	−15 −44	−50 −96
über 225 bis 250		+104 +84						+169 +140	+113 +84							
über 250 bis 280	+32	+117 +94	+57	+36	+16	0	+52	+190 +158	+126 +94	+66	+52	+36	+16	0	−17	−56
über 280 bis 315	0	+121 +98	+34	+4	−16	−23	0	+202 +170	+130 +98	+34	+20	+4	−16	−32	−49	−108
über 315 bis 355	+36	+133 +108	+62	+40	+18	0	+57	+226 +190	+144 +108	+73	+57	+40	+18	0	−18	−62
über 355 bis 400	0	+139 +114	+37	+4	−18	−25	0	+244 +208	+150 +114	+37	+21	+4	−18	−36	−54	−119
über 400 bis 450	+40	+153 +126	+67	+45	+20	0	+63	+272 +232	+166 +126	+80	+63	+45	+20	0	−20	−68
über 450 bis 500	0	+159 +132	+40	+5	−20	−27	0	+292 +252	+172 +132	+40	+23	+5	−20	−40	−60	−131

Passungen für Einheitsbohrung H8 und H11

DIN EN ISO 286-2: 2010-11

Nennmaß-bereich in mm	Grenzabmaße in µm													
	Bohrg.	Welle							Bohrg.	Welle				
	H8	x8	u8	s8	h9	f7	e8	d9	H11	h9	h11	d9	c11	a11
bis 3	+ 14 0	+ 34 + 20	–	+ 28 + 14	0 − 25	− 6 − 16	− 14 − 28	− 20 − 45	+ 60 0	0 − 25	0 − 60	− 20 − 45	− 60 − 120	− 270 − 330
über 3 bis 6	+ 18 0	+ 46 + 28	–	+ 37 + 19	0 − 30	− 10 − 22	− 20 − 38	− 30 − 60	+ 75 0	0 − 30	0 − 75	− 30 − 60	− 70 − 145	− 270 − 345
über 6 bis 10	+ 22 0	+ 56 + 34	–	+ 45 + 23	0 − 36	− 13 − 28	− 25 − 47	− 40 − 76	+ 90 0	0 − 36	0 − 90	− 40 − 76	− 80 − 170	− 280 − 370
über 10 bis 14	+ 27	+ 67 + 40	–	+ 55	0	− 16	− 32	− 50	+ 110	0	0	− 50	− 95	− 290
über 14 bis 18	0	+ 72 + 45		+ 28	− 43	− 34	− 59	− 93	0	− 43	− 110	− 93	− 205	− 400
über 18 bis 24	+ 33	+ 87 + 54	–	+ 68	0	− 20	− 40	− 65	+ 130	0	0	− 65	− 110	− 300
über 24 bis 30	0	+ 97 + 64	+ 81 + 48	+ 35	− 52	− 41	− 73	− 117	0	− 52	− 130	− 117	− 240	− 430
über 30 bis 40	+ 39	+ 119 + 80	+ 99 + 60	+ 82	0	− 25	− 50	− 80	+ 160	0	0	− 80	− 120 − 280	− 310 − 470
über 40 bis 50	0	+ 136 + 97	+ 109 + 70	+ 43	− 62	− 50	− 89	− 142	0	− 62	− 160	− 142	− 130 − 290	− 320 − 480
über 50 bis 65	+ 46	+ 168 + 122	+ 133 + 87	+ 99 + 53	0	− 30	− 60	− 100	+ 190	0	0	− 100	− 140 − 330	− 340 − 530
über 65 bis 80	0	+ 192 + 146	+ 148 + 102	+ 105 + 59	− 74	− 60	− 106	− 174	0	− 74	− 190	− 174	− 150 − 340	− 360 − 550
über 80 bis 100	+ 54	+ 232 + 178	+ 178 + 124	+ 125 + 71	0	− 36	− 72	− 120	+ 220	0	0	− 120	− 170 − 390	− 380 − 600
über 100 bis 120	0	+ 264 + 210	+ 198 + 144	+ 133 + 79	− 87	− 71	− 126	− 207	0	− 87	− 220	− 207	− 180 − 400	− 410 − 630
über 120 bis 140		+ 311 + 248	+ 233 + 170	+ 155 + 92									− 200 − 450	− 460 − 710
über 140 bis 160	+ 63 0	+ 343 + 280	+ 253 + 190	+ 163 + 100	0 − 100	− 43 − 83	− 85 − 148	− 145 − 245	+ 250 0	0 − 100	0 − 250	− 145 − 245	− 210 − 460	− 520 − 770
über 160 bis 180		+ 373 + 310	+ 273 + 210	+ 171 + 108									− 230 − 480	− 580 − 830
über 180 bis 200		+ 422 + 350	+ 308 + 236	+ 194 + 122									− 240 − 530	− 660 − 950
über 200 bis 225	+ 72 0	+ 457 + 385	+ 330 + 258	+ 202 + 130	0 − 115	− 50 − 96	− 100 − 172	− 170 − 285	+ 290 0	0 − 115	0 − 290	− 170 − 285	− 260 − 550	− 740 − 1030
über 225 bis 250		+ 497 + 425	+ 356 + 284	+ 212 + 140									− 280 − 570	− 820 − 1110
über 250 bis 280	+ 81	+ 556 + 475	+ 396 + 315	+ 239 + 158	0	− 56	− 110	− 190	+ 320	0	0	− 190	− 300 − 620	− 920 − 1240
über 280 bis 315	0	+ 606 + 525	+ 431 + 350	+ 251 + 170	− 130	− 108	− 191	− 320	0	− 130	− 320	− 320	− 330 − 650	− 1050 − 1370
über 315 bis 355	+ 89	+ 679 + 590	+ 479 + 390	+ 279 + 190	0	− 62	− 125	− 210	+ 360	0	0	− 210	− 360 − 720	− 1200 − 1560
über 355 bis 400	0	–	+ 524 + 435	+ 297 + 208	− 140	− 119	− 214	− 350	0	− 140	− 360	− 350	− 400 − 760	− 1350 − 1710
über 400 bis 450	+ 97	–	+ 587 + 490	+ 329 + 232	0	− 68	− 135	− 230	+ 400	0	0	− 230	− 440 − 840	− 1500 − 1900
über 450 bis 500	0		+ 637 + 540	+ 349 + 252	− 155	− 131	− 232	− 385	0	− 155	− 400	− 385	− 480 − 880	− 1650 − 2050

2

Passungen für Einheitswelle h5 und h6

DIN EN ISO 286-2: 2010-11

Nennmaß-bereich in mm	Grenzabmaße in µm															
	Welle h5	Bohrung					Welle h6	Bohrung								
		P6	N6	M6	J6	H6		S7	R7	N7	M7	K7	J7	H7	G7	F8
	0	− 6	− 4	− 2	+ 2	+ 6	0	− 14	− 10	− 4	− 2	0	+ 4	+ 10	+ 12	+ 20
bis 3	− 4	− 12	− 10	− 8	− 4	0	− 6	− 24	− 20	− 14	− 12	− 10	− 6	0	+ 2	+ 6
über 3	0	− 9	− 5	− 1	+ 5	+ 8	0	− 15	− 11	− 4	0	+ 3	+ 6	+ 12	+ 16	+ 28
bis 6	− 5	− 17	− 13	− 9	− 3	0	− 8	− 27	− 23	− 16	− 12	− 9	− 6	0	+ 4	+ 10
über 6	0	− 12	− 7	− 3	+ 5	+ 9	0	− 17	− 13	− 4	0	+ 5	+ 8	+ 15	+ 20	+ 35
bis 10	− 6	− 21	− 16	− 12	− 4	0	− 9	− 32	− 28	− 19	− 15	− 10	− 7	0	+ 5	+ 13
über 10 bis 14	0	− 15	− 9	− 4	+ 6	+ 11	0	− 21	− 16	− 5	0	+ 6	+ 10	+ 18	+ 24	+ 43
über 14 bis 18	− 8	− 26	− 20	− 15	− 5	0	− 11	− 39	− 34	− 23	− 18	− 12	− 8	0	+ 6	+ 16
über 18 bis 24	0	− 18	− 11	− 4	+ 8	+ 13	0	− 27	− 20	− 7	0	+ 6	+ 12	+ 21	+ 28	+ 53
über 24 bis 30	− 9	− 31	− 24	− 17	− 5	0	− 13	− 48	− 41	− 28	− 21	− 15	− 9	0	+ 7	+ 20
über 30 bis 40	0	− 21	− 12	− 4	+ 10	+ 16	0	− 34	− 25	− 8	0	+ 7	+ 14	+ 25	+ 34	+ 64
über 40 bis 50	− 11	− 37	− 28	− 20	− 6	0	− 16	− 59	− 50	− 33	− 25	− 18	− 11	0	+ 9	+ 25
über 50 bis 65	0	− 26	− 14	− 5	+ 13	+ 19	0	− 42 − 72	− 30 − 60	− 9	0	+ 9	+ 18	+ 30	+ 40	+ 76
über 65 bis 80	− 13	− 45	− 33	− 24	− 6	0	− 19	− 48 − 78	− 32 − 62	− 39	− 30	− 21	− 12	0	+ 10	+ 30
über 80 bis 100	0	− 30	− 16	− 6	+ 16	+ 22	0	− 58 − 93	− 38 − 73	− 10	0	+ 10	+ 22	+ 35	+ 47	+ 90
über 100 bis 120	− 15	− 52	− 38	− 28	− 6	0	− 22	− 66 − 101	− 41 − 76	− 45	− 35	− 25	− 13	0	+ 12	+ 36
über 120 bis 140								− 77 − 117	− 48 − 88							
über 140 bis 160	0	− 36	− 20	− 8	+ 18	+ 25	0	− 85 − 125	− 50 − 90	− 12	0	+ 12	+ 26	+ 40	+ 54	+ 106
über 160 bis 180	− 18	− 61	− 45	− 33	− 7	0	− 25	− 93 − 133	− 53 − 93	− 52	− 40	− 28	− 14	0	+ 14	+ 43
über 180 bis 200								− 105 − 151	− 60 − 106							
über 200 bis 225	0	− 41	− 22	− 8	+ 22	+ 29	0	− 113 − 159	− 63 − 109	− 14	0	+ 13	+ 30	+ 46	+ 61	+ 122
über 225 bis 250	− 20	− 70	− 51	− 37	− 7	0	− 29	− 123 − 169	− 67 − 113	− 60	− 46	− 33	− 16	0	+ 15	+ 50
über 250 bis 280	0	− 47	− 25	− 9	+ 25	+ 32	0	− 138 − 190	− 74 − 126	− 14	0	+ 16	+ 36	+ 52	+ 69	+ 137
über 280 bis 315	− 23	− 79	− 57	− 41	− 7	0	− 32	− 150 − 202	− 78 − 130	− 66	− 52	− 36	− 16	0	+ 17	+ 56
über 315 bis 355	0	− 51	− 26	− 10	+ 29	+ 36	0	− 169 − 226	− 87 − 144	− 16	0	+ 17	+ 39	+ 57	+ 75	+ 151
über 355 bis 400	− 25	− 87	− 62	− 46	− 7	0	− 36	− 187 − 244	− 93 − 150	− 73	− 57	− 40	− 18	0	+ 18	+ 62
über 400 bis 450	0	− 55	− 27	− 10	+ 33	+ 40	0	− 209 − 272	− 103 − 166	− 17	0	+ 18	+ 43	+ 63	+ 83	+ 165
über 450 bis 500	− 27	− 95	− 67	− 50	− 7	0	− 40	− 229 − 292	− 109 − 172	− 80	− 63	− 45	− 20	0	+ 20	+ 68

Passungen für Einheitswelle h9 und h11

DIN EN ISO 286-2: 2010-11

Nennmaßbereich in mm	Grenzabmaße in µm															
	Welle h9	Bohrung									Welle h11	Bohrung				
		X9	P9	J9	H8	H11	F8	E9	D10	C11		H11	D10	D11	C11	A11
bis 3	0 – 25	– 20 – 45	– 6 – 31	± 12,5	+ 14 0	+ 60 0	+ 20 + 6	+ 39 + 14	+ 60 + 20	+ 120 + 60	0 – 60	+ 60 0	+ 60 + 20	+ 80 + 20	+ 120 + 60	+ 330 + 270
über 3 bis 6	0 – 30	– 28 – 58	– 12 – 42	± 15	+ 18 0	+ 75 0	+ 28 + 10	+ 50 + 20	+ 78 + 30	+ 145 + 70	0 – 75	+ 75 0	+ 78 + 30	+ 105 + 30	+ 145 + 70	+ 345 + 270
über 6 bis 10	0 – 36	– 34 – 70	– 15 – 51	± 18	+ 22 0	+ 90 0	+ 35 + 13	+ 61 + 25	+ 98 + 40	+ 170 + 80	0 – 90	+ 90 0	+ 98 + 40	+ 130 + 40	+ 170 + 80	+ 370 + 280
über 10 bis 14	0	– 40 – 83	– 18	± 21,5	+ 27	+ 110	+ 43	+ 75	+ 120	+ 205	0	+ 110	+ 120	+ 160	+ 205	+ 400
über 14 bis 18	– 43	– 45 – 88	– 61		0	0	+ 16	+ 32	+ 50	+ 95	– 110	0	+ 50	+ 50	+ 95	+ 290
über 18 bis 24	0	– 54 – 106	– 22	± 26	+ 33	+ 130	+ 53	+ 92	+ 149	+ 240	0	+ 130	+ 149	+ 195	+ 240	+ 430
über 24 bis 30	– 52	– 64 – 116	– 74		0	0	+ 20	+ 40	+ 65	+ 110	– 130	0	+ 65	+ 65	+ 110	+ 300
über 30 bis 40	0	– 80 – 142	– 26	± 31	+ 39	+ 160	+ 64	+ 112	+ 180	+ 280 + 120	0	+ 160	+ 180	+ 240	+ 280 + 120	+ 470 + 310
über 40 bis 50	– 62	– 97 – 159	– 88		0	0	+ 25	+ 50	+ 80	+ 290 + 130	– 160	0	+ 80	+ 80	+ 290 + 130	+ 480 + 320
über 50 bis 65	0	– 122 – 196	– 32	± 37	+ 46	+ 190	+ 76	+ 134	+ 220	+ 330 + 140	0	+ 190	+ 220	+ 290	+ 330 + 140	+ 530 + 340
über 65 bis 80	– 74	– 146 – 220	– 106		0	0	+ 30	+ 60	+ 100	+ 340 + 150	– 190	0	+ 100	+ 100	+ 340 + 150	+ 550 + 360
über 80 bis 100	0	– 178 – 265	– 37	± 43,5	+ 54	+ 220	+ 90	+ 159	+ 260	+ 390 + 170	0	+ 220	+ 260	+ 340	+ 390 + 170	+ 600 + 380
über 100 bis 120	– 87	– 210 – 297	– 124		0	0	+ 36	+ 72	+ 120	+ 400 + 180	– 220	0	+ 120	+ 120	+ 400 + 180	+ 630 + 410
über 120 bis 140	0	– 248 – 348	– 43	± 50	+ 63	+ 250	+ 106	+ 185	+ 305	+ 450 + 200	0	+ 250	+ 305	+ 395	+ 450 + 200	+ 710 + 460
über 140 bis 160		– 280 – 380								+ 460 + 210					+ 460 + 210	+ 770 + 520
über 160 bis 180	– 100	– 310 – 410	– 143		0	0	+ 43	+ 85	+ 145	+ 480 + 230	– 250	0	+ 145	+ 145	+ 480 + 230	+ 830 + 580
über 180 bis 200	0	– 350 – 465	– 50	± 57,5	+ 72	+ 290	+ 122	+ 215	+ 355	+ 530 + 240	0	+ 290	+ 355	+ 460	+ 530 + 240	+ 950 + 660
über 200 bis 225		– 385 – 500								+ 550 + 260					+ 550 + 260	+ 1030 + 740
über 225 bis 250	– 115	– 425 – 540	– 165		0	0	+ 50	+ 100	+ 170	+ 570 + 280	– 290	0	+ 170	+ 170	+ 570 + 280	+ 1110 + 820
über 250 bis 280	0	– 475 – 605	– 56	± 65	+ 81	+ 320	+ 137	+ 240	+ 400	+ 620 + 300	0	+ 320	+ 400	+ 510	+ 620 + 300	+ 1240 + 920
über 280 bis 315	– 130	– 525 – 655	– 186		0	0	+ 56	+ 110	+ 190	+ 650 + 330	– 320	0	+ 190	+ 190	+ 650 + 330	+ 1370 + 1050
über 315 bis 355	0	– 590 – 730	– 62	± 70	+ 89	+ 360	+ 151	+ 265	+ 440	+ 720 + 360	0	+ 360	+ 440	+ 570	+ 720 + 360	+ 1560 + 1200
über 355 bis 400	– 140	– 660 – 800	– 202		0	0	+ 62	+ 125	+ 210	+ 760 + 400	– 360	0	+ 210	+ 210	+ 760 + 400	+ 1710 + 1350
über 400 bis 450	0	– 740 – 895	– 68	± 77,5	+ 97	+ 400	+ 165	+ 290	+ 480	+ 840 + 440	0	+ 400	+ 480	+ 630	+ 840 + 440	+ 1900 + 1500
über 450 bis 500	– 155	– 820 – 975	– 223		0	0	+ 68	+ 135	+ 230	+ 880 + 480	– 400	0	+ 230	+ 230	+ 880 +480	+ 2050 + 1650

Festlegung einer bestimmten Passung

DIN EN ISO 286-1: 2010-11

Für allgemeine Anwendungen sollte das Passungssystem Einheitsbohrung verwendet werden.
Hierdurch wird eine unnötige Vielzahl von z. B. Werkzeugen oder Prüfmitteln vermieden.

Die Toleranzklassen der Tabelle sind für allgemeine Zwecke anwendbar, welche keine besondere Auswahl der Toleranzklassen erfordern, z. B. für Wälzlager oder Dichtungen.

Bevorzugte Passungen des Systems Einheitsbohrung

Einheits-bohrung	Toleranzklasse für Wellen																	
	Spielpassungen							Übergangspassungen				Übermaßpassungen						
H6						g5	h5	js5	k5	m5		n5	p5					
H7					f6	**g6**	**h6**	**js6**	**k6**	m6	**n6**		**p6**	**r6**	**s6**	t6	u6	x6
H8				e7	**f7**		**h7**	js7	k7	m7					s7		u7	
			d8	**e8**	f8		h8											
H9			d8	**e8**	f8		h8											
H10	b9	c9	**d9**	e9			**h9**											
H11	**b11**	**c11**	d10				h10											

Aus wirtschaftlichen Gründen sind die **fett** gedruckten Toleranzklassen zuerst zu verwenden.

Passungsbeispiele für Einheitsbohrung

Toleranz-klassen	Beschreibung		Anwendungsbeispiel
Spielpassungen			
H7 / h6	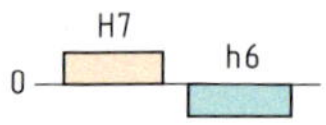	Gleitsitz: Teile durch Hand verschiebbar	Führungen, Flansche, Distanzhülsen, runde Schneidstempel, Pinole
H7 / g6	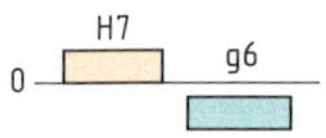	Enger Laufsitz: Teile mit geringem Spiel verschiebbar	Schieberäder, Kupplungen, Wechselräder, Wellen in Gleitlagern
H7 / f6	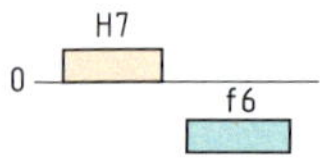	Laufsitz: Teile mit merklichem Spiel beweglich	Gleitlager, Gleitführungen, Kolben
H11 / h10	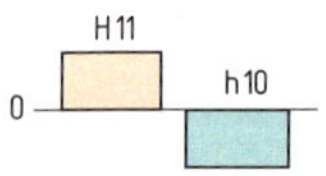	Grobsitz: Teile haben geringes Spiel und große Toleranzen	Griffe, Hebel; Teile, die verschweißt, verstiftet oder verschraubt werden
Übergangspassungen			
H7 / n6	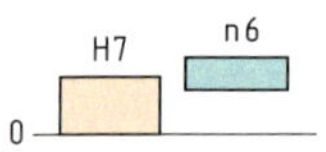	Festsitz: Teile unter hohem Druck fügbar	Bohrbuchsen, Lagerbuchsen, Zahn- und Schneckenräder, Radkränze
H7 / k6	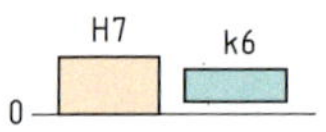	Haftsitz: Teile lassen sich mit geringem Kraftaufwand fügen	Zahnräder, Riemenscheiben, Innenringe von Wälzlagern (mittlere Belastung)
H7 / j6	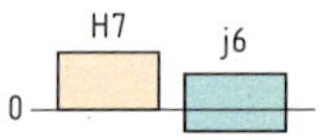	Schiebesitz: Teile mit Werkzeug oder von Hand fügbar; gegen Verdrehen/Verschieben zu sichern	Teile für die häufige Montage/Demontage
Übermaßpassungen			
H7 / s6 H7 / r6	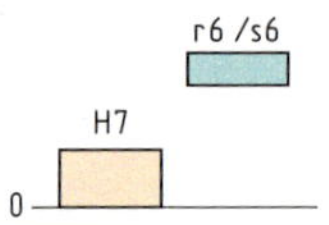	Presssitz: Teile unter sehr hohem Druck oder durch Schrumpfen fügbar	Buchsen in Radnaben, Zapfen und Bunde, Kränze auf Schneckenradkörpern

2

Geometrische Tolerierung

DIN EN ISO 1101: 2017-09

Für Geometrieelemente (z. B. Punkt, Linie, Fläche) eines Werkstücks können Toleranzen hinsichtlich der Merkmale Form, Richtung, Ort (Lage) und Lauf festgelegt werden.

Symbole für geometrische Merkmale

Formtoleranz		Richtungstoleranz		Ortstoleranz		Lauftoleranz	
—	Geradheit	//	Parallelität	⌖	Position	↗	Lauf (Rundlauf, Planlauf)
⏥	Ebenheit	⊥	Rechtwinkligkeit	◎	Konzentrizität	⌰	Gesamtlauf (Gesamtrundlauf, Gesamtplanlauf)
○	Rundheit	∠	Neigung	◎	Koaxialität		
⌭	Zylindrizität	⌒	Profil einer beliebigen Linie	⌯	Symmetrie		
⌒	Profil einer beliebigen Linie	⌓	Profil einer beliebigen Fläche	⌒	Profil einer beliebigen Linie		
⌓	Profil einer beliebigen Fläche			⌓	Profil einer beliebigen Fläche		

Toleranzrahmen

Geometrische Toleranzen werden in einem Rahmen angegeben, der in mehrere Felder unterteilt ist.

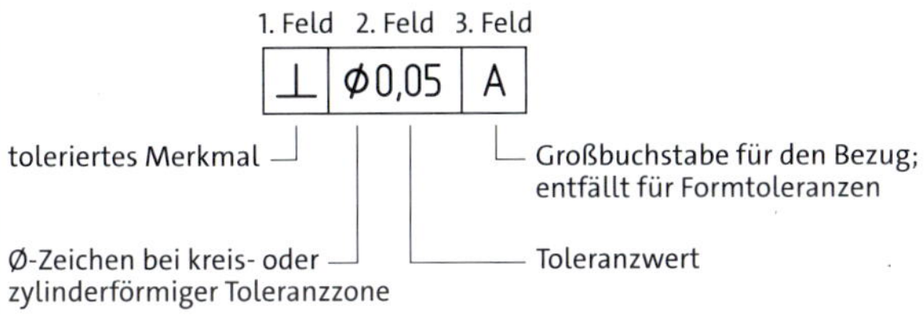

Symbol nach DIN ISO 7083

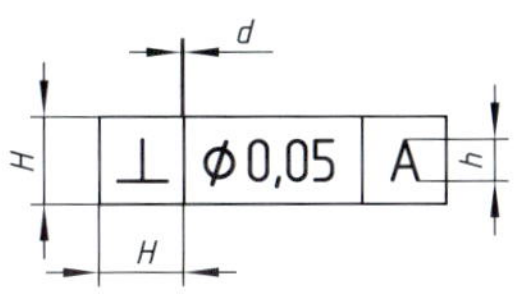

h = 3,5 oder 5,0
H = 2h
d = 1/10 h

Tolerierte Geometrieelemente – Kennzeichnung

Der Toleranzrahmen wird durch eine Bezugslinie mit dem tolerierten Element verbunden.

Toleranz bezieht sich auf eine Linie oder Fläche.
Die Bezugslinie zeigt auf eine Werkstückkante oder Hilfslinie.

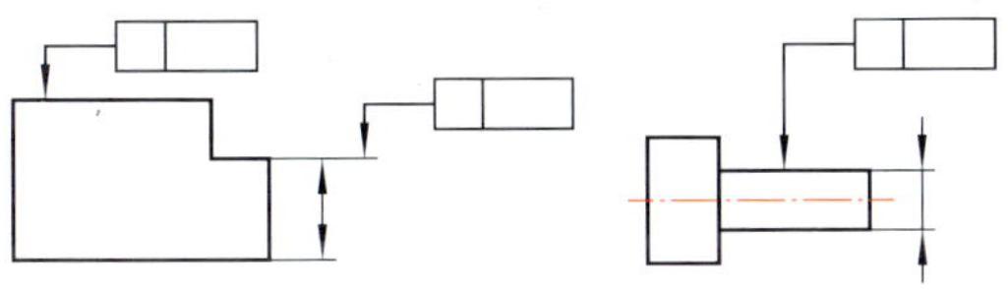

Toleranz bezieht sich auf eine Achse oder Mittelebene.
Die Bezugslinie ist eine Verlängerung der Maßlinie.

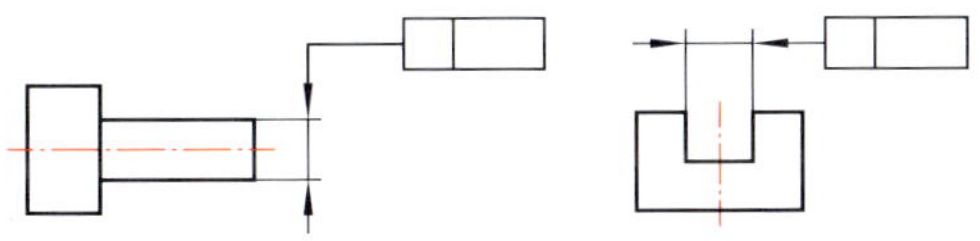

Bezüge – Kennzeichnung

Für Richtungs-, Orts- und Lauftoleranzen muss ein Bezugselement (Ausgangsbasis für das tolerierte Element) bestimmt werden. Die Kennzeichnung erfolgt mit einem Großbuchstaben.

Bezug ist eine Linie oder Fläche

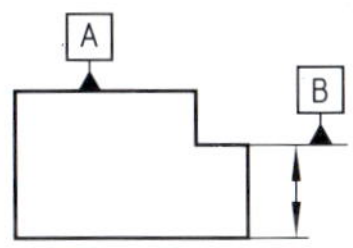

Bezug ist eine Achse oder Mittelebene

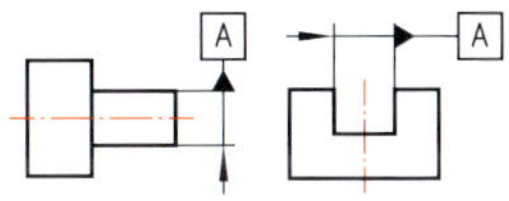

Der bzw. die Bezugsbuchstaben sind im Toleranzrahmen zu wiederholen.

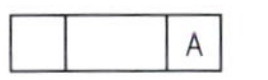

einzelner Bezug

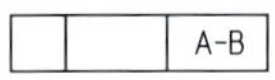

gemeinsamer Bezug aus zwei Geometrieelemente

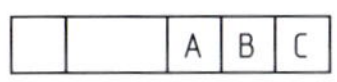

durch zwei oder drei Geometrieelemente gebildeter Mehrfachbezug (Reihenfolge von links nach rechts = Rangfolge)

2

Beispiele für geometrische Tolerierungen — DIN EN ISO 1101: 2017-09

Art	Toleranz	Symbol	Toleranzzone	Zeichnungseintragung	Erklärung
Formtoleranzen	Geradheits-toleranz	—	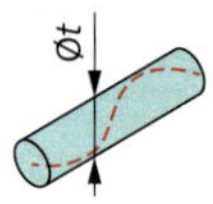	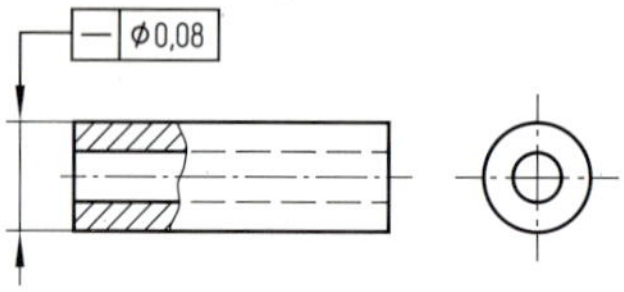	Die Achse des tolerierten Zylinders muss innerhalb einer zylindrischen Toleranzzone vom Durchmesser 0,08 mm liegen.
			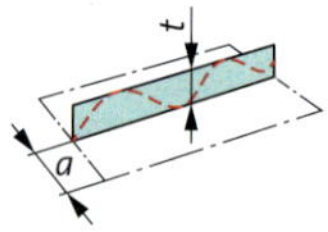	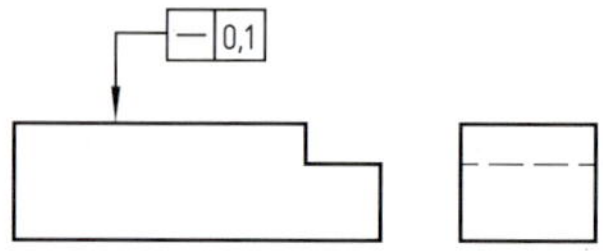	Jede Linie auf der Oberfläche muss innerhalb von zwei parallelen Geraden im Abstand von 0,1 mm liegen.
	Ebenheits-toleranz	⏥	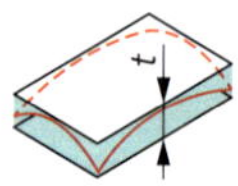	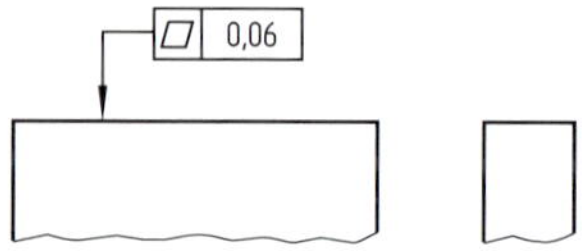	Die Fläche muss zwischen zwei parallelen Ebenen vom Abstand 0,06 mm liegen.
	Rundheits-toleranz	○	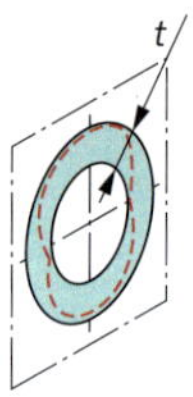	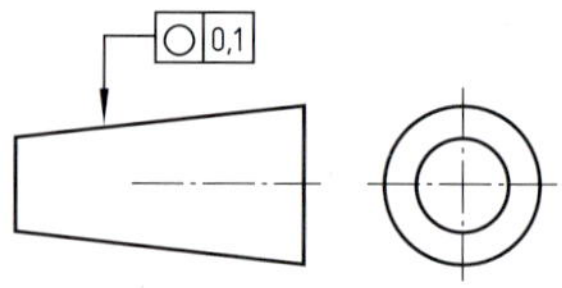	Die Umfangslinie muss in jedem Querschnitt zwischen zwei in derselben Ebene liegenden konzentrischen Kreisen vom Abstand 0,1 mm liegen.
				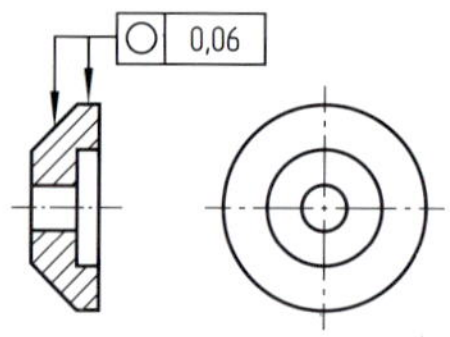	Die Umfangslinie der kegel- und zylinderförmigen Oberfläche muss in jedem Querschnitt zwischen zwei in derselben Ebene liegenden konzentrischen Kreisen vom Abstand 0,03 mm liegen.
	Zylinderform-toleranz	⌭	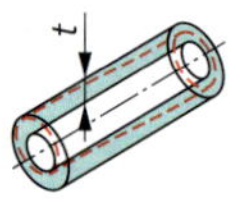	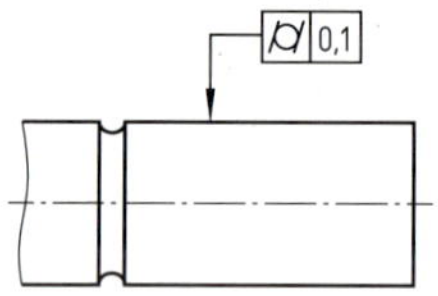	Die Zylindermantelfläche muss zwischen zwei koaxialen Zylindern vom Abstand 0,1 mm liegen.
	Profilform-toleranz einer beliebigen Linie	⌒	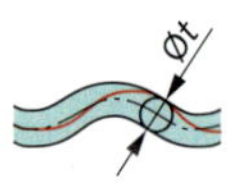	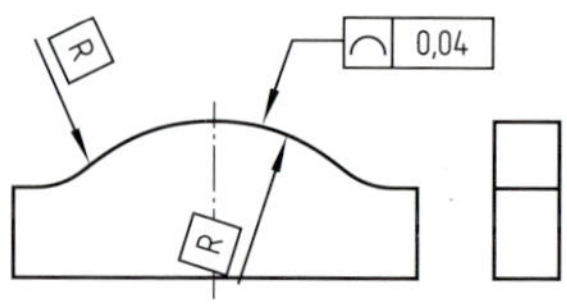	Die tolerierte Profillinie muss zwischen zwei Linien liegen, die Kreise vom Durchmesser 0,04 mm einhüllen, deren Mittelpunkte auf einer Linie von geometrisch idealer Form liegen.
	Profilform-toleranz einer beliebigen Fläche	⌓	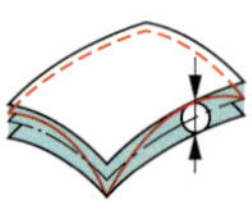 Kugel Øt	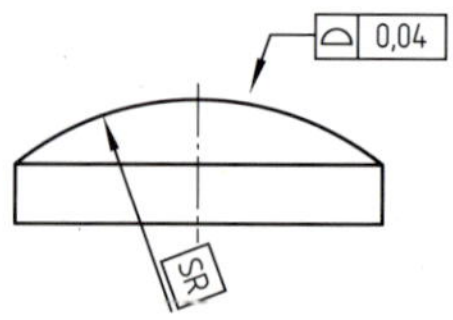	Die Oberfläche muss zwischen zwei Flächen gleichen Abstandes liegen, die Kugeln vom Durchmesser 0,02 mm einhüllen, deren Mittelpunkte auf der Fläche mit der theoretisch exakten Form liegen.

Beispiele für geometrische Tolerierungen — DIN EN ISO 1101: 2017-09

Art	Toleranz	Symbol	Toleranzzone	Zeichnungseintragung	Erklärung
Richtungstoleranzen	Parallelitätstoleranz einer Linie zu einer Bezugsachse	//	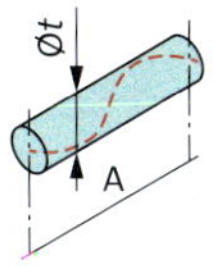	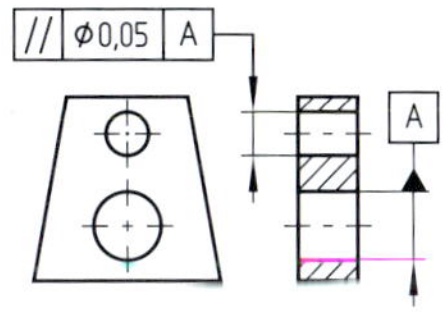	Die tolerierte Achse der Bohrung muss innerhalb einer zylindrischen Toleranzzone vom Durchmesser 0,03 mm liegen, die parallel zur Bezugsachse A ist.
	Parallelitätstoleranz einer Linie zu einer Bezugsfläche		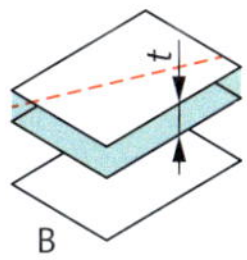	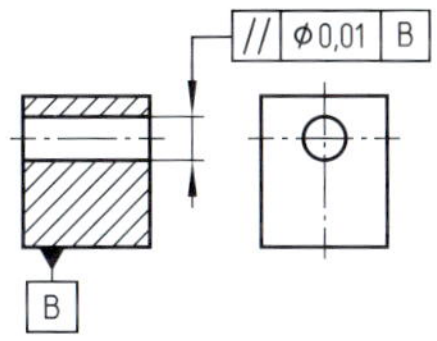	Die tolerierte Achse der Bohrung muss zwischen zwei zur Bezugsfläche B parallelen Ebenen vom Abstand 0,01 mm liegen.
	Parallelitätstoleranz einer Fläche zu einer Bezugsfläche		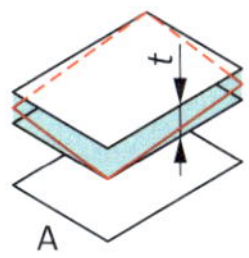	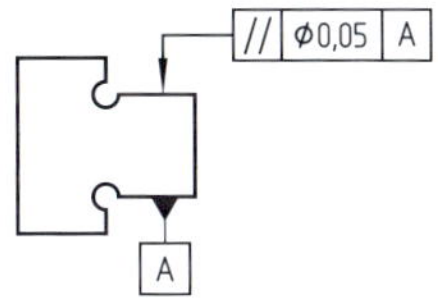	Die tolerierte Fläche muss zwischen zwei zur Bezugsfläche A parallelen Ebenen vom Abstand 0,05 mm liegen.
	Rechtwinkligkeitstoleranz einer Linie zu einer Bezugsfläche	⊥	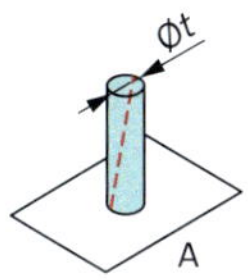	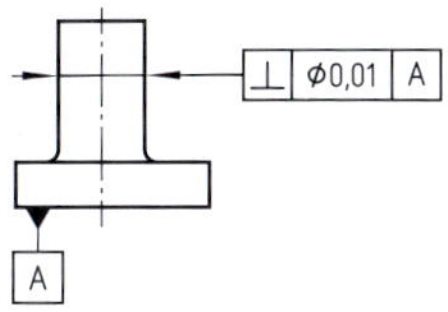	Die tolerierte Achse des Zylinders muss innerhalb eines zur Bezugsfläche A senkrechten Zylinders vom Durchmesser 0,01 mm liegen.
	Rechtwinkligkeitstoleranz einer Fläche zu einer Bezugsachse		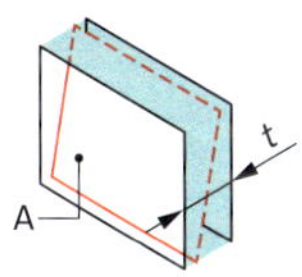	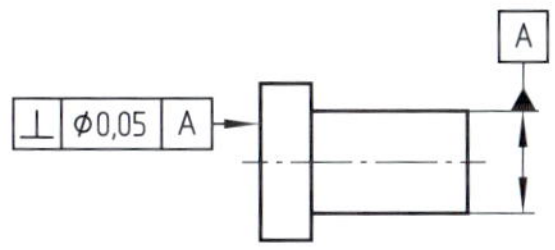	Die tolerierte Planfläche des Bundes muss zwischen zwei parallelen und zur Bezugsachse A senkrechten Ebenen vom Abstand 0,05 mm liegen.
	Rechtwinkligkeitstoleranz einer Linie zu einem Bezugssystem (getrennte Bezüge)		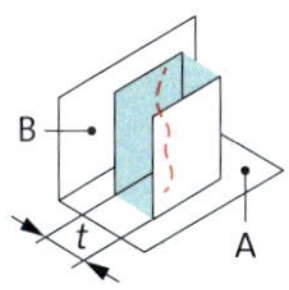	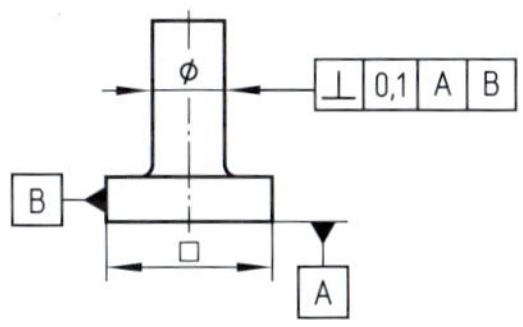	Die Achse des tolerierten Zylinders muss zwischen zwei parallelen Ebenen vom Abstand 0,1 mm liegen. Dabei liegt die Achse zur Bezugsfläche A rechtwinklig und zur Bezugsfläche B parallel.
	Neigungstoleranz einer Linie zu einer Bezugsachse (gemeinsamer Bezug)	∠	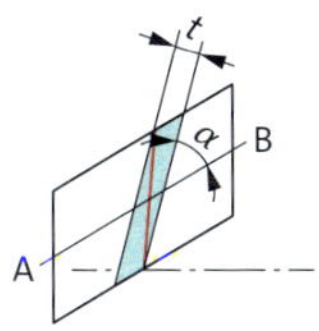	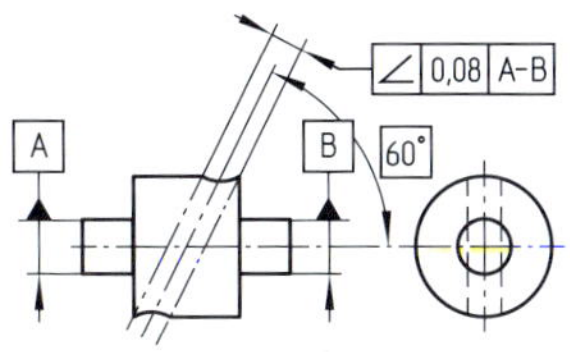	Die Achse der tolerierten Bohrung muss zwischen zwei parallelen Ebenen vom Abstand 0,08 mm liegen, die im theoretisch exakten Winkel von 60° zur gemeinsamen Bezugsachse A-B geneigt sind.
	Neigungstoleranz einer Fläche zu einer Bezugsfläche		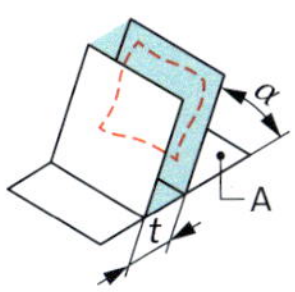	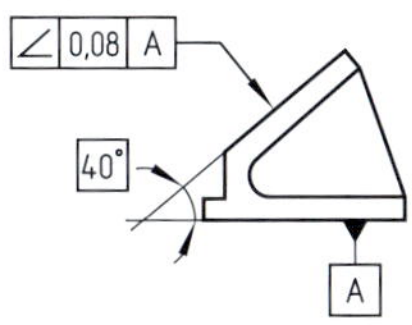	Die tolerierte Oberfläche muss zwischen zwei parallelen Ebenen im Abstand von 0,08 mm liegen, die im theoretisch exakten Winkel von 40° zur Bezugsebene A geneigt sind.

Tolerierung von Form, Richtung, Ort und Lauf

2

Beispiele für geometrische Tolerierungen — DIN EN ISO 1101: 2017-09

Art	Toleranz	Symbol	Toleranzzone	Zeichnungseintragung	Erklärung
Ortstoleranzen	Positionstoleranz einer Linie	⌖	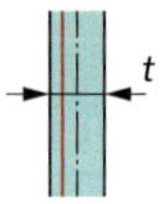	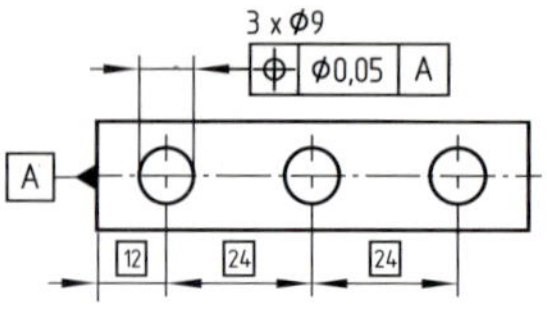	Die senkrechte Mittellinie jeder Bohrung muss zwischen zwei parallelen geraden Linien vom Abstand 0,05 mm liegen, die zur Bezugsfläche A symmetrisch zum theoretisch exakten Ort liegen.
Ortstoleranzen	Konzentrizitätstoleranz eines Punktes	◎	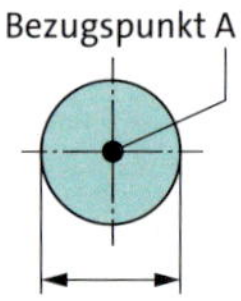	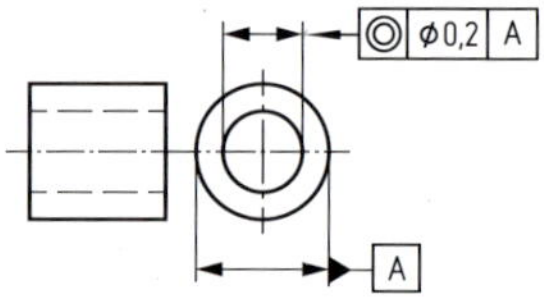	Der Mittelpunkt des tolerierten Durchmessers muss in jedem Querschnitt innerhalb eines Kreises vom Durchmesser 0,2 mm liegen, welcher konzentrisch zum im selben Querschnitt definierten Bezugspunkt A ist.
Ortstoleranzen	Koaxialitätstoleranz einer Achse (gemeinsamer Bezug)	◎	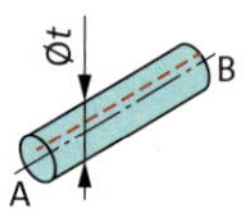	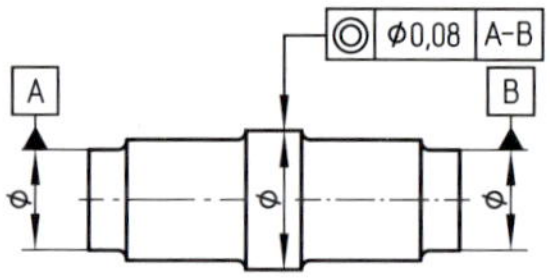	Die Achse des tolerierten Zylinders muss innerhalb einer zylindrischen Toleranzzone vom Durchmesser 0,08 mm liegen, deren Achse die gemeinsame Bezugsachse A-B ist.
Ortstoleranzen	Symmetrietoleranz einer Linie oder Achse	⌯	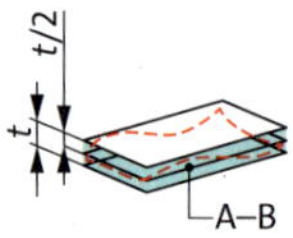	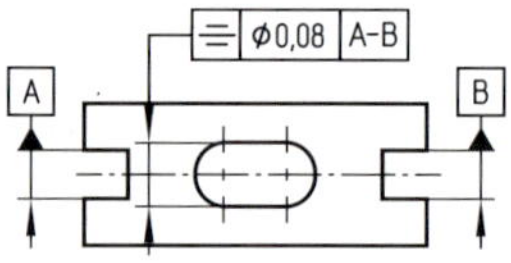	Die tolerierte Achse des Langlochs muss zwischen zwei parallelen Ebenen vom Abstand 0,08 mm liegen, die symmetrisch zur gemeinsamen Bezugsebene A-B liegen.
Lauftoleranzen	Rundlauftoleranz	↗	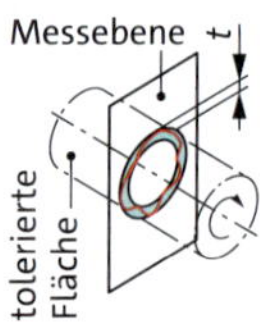	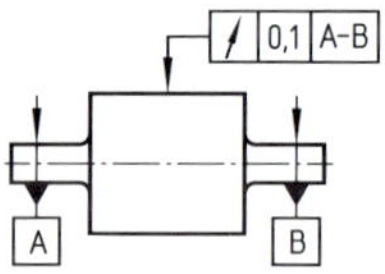	Bei einer Umdrehung um die Bezugsachse A-B darf die Rundlaufabweichung des tolerierten Zylinders in jeder Messebene 0,1 mm nicht überschreiten.
Lauftoleranzen	Planlauftoleranz	↗	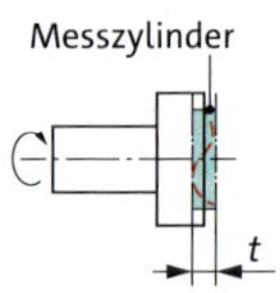	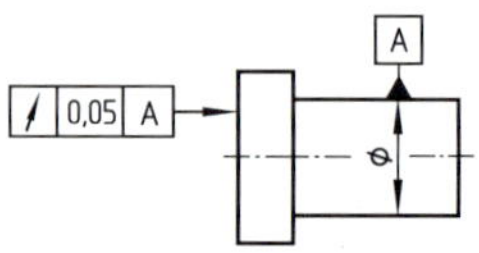	Bei einer Umdrehung um die Bezugsachse A darf die Planlaufabweichung der Stirnfläche in jeder Messebene 0,05 mm nicht überschreiten.
Lauftoleranzen	Gesamtrundlauftoleranz	⌰	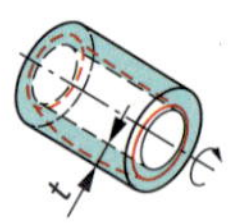	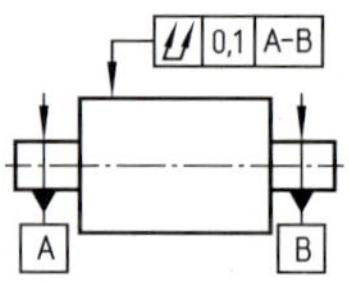	Bei mehrmaliger Umdrehung um die Bezugsachse A-B und bei axialer Verschiebung zwischen Werkstück und Messgerät darf die Gesamtrundlaufabweichung des tolerierten Zylinders 0,1 mm nicht überschreiten.
Lauftoleranzen	Gesamtplanlauftoleranz	⌰	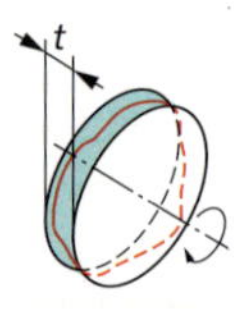	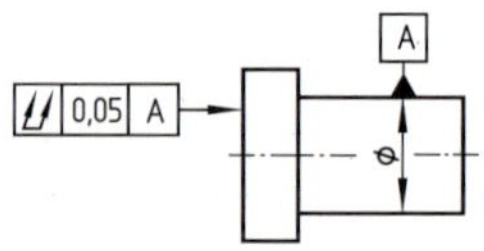	Bei mehrmaliger Umdrehung um die Bezugsachse A und bei axialer Verschiebung zwischen Werkstück und Messgerät darf die Gesamtplanlaufabweichung der Stirnfläche 0,1 mm nicht überschreiten.

Oberflächen

Gestaltabweichungen — DIN 4760: 1982-06

Geometrische Oberfläche	Die geometrische Oberfläche ist die ideale Oberfläche, die durch die Zeichnung definiert wird.
Ist-Oberfläche	Die Ist-Oberfläche ist das gemessene Abbild der wirklichen Oberfläche eines Formelementes.
Gestaltabweichung	Die Gestaltabweichung ist die Gesamtheit aller Abweichungen der Ist-Oberfläche von der geometrischen Oberfläche.

Ordnungssystem für Gestaltabweichungen

Gestaltabweichung	Beispiele	Mögliche Entstehungsursachen
1. Ordnung: **Formabweichungen** 	Geradheits-, Ebenheits-, Rundheitsabweichungen	▪ Durchbiegen der Werkzeugmaschine oder des Werkstückes ▪ falsche Einspannung des Werkstückes ▪ Härteverzug
2. Ordnung: **Welligkeit** 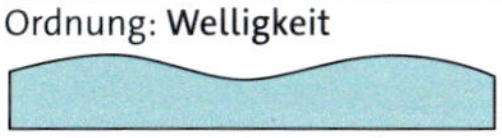	Wellen	▪ Schwingungen der Werkzeugmaschine oder des Werkzeuges ▪ außermittige Einspannung des Werkstückes ▪ Form- oder Laufabweichungen eines Fräsers
3. Ordnung: **Rauheit** 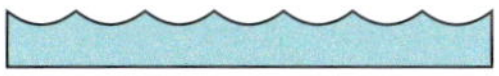	Rillen	▪ Form der Werkzeugschneide ▪ Vorschub des Werkzeuges ▪ Zustellung des Werkzeuges
4. Ordnung: **Rauheit** 	Riefen, Schuppen, Kuppen	▪ Vorgang der Spanbildung ▪ Reißspan, Scherspan ▪ Aufbauschneide ▪ Werkstoffverformung beim Strahlen
5. Ordnung: Rauheit (nicht darstellbar)	Gefügestruktur	▪ Kristallisationsvorgänge ▪ Korrosionsvorgänge ▪ Veränderung der Oberfläche durch Beizen
6. Ordnung (nicht darstellbar)	Gitteraufbau eines Werkstoffes	–

In der Regel überlagern sich die Gestaltabweichungen 1. bis 4. Ordnung zu der Ist-Oberfläche.

Oberflächenprofile – Kenngrößen — DIN EN ISO 4287: 2010-07

Oberflächenprofile	Erläuterungen
Primärprofil *P* 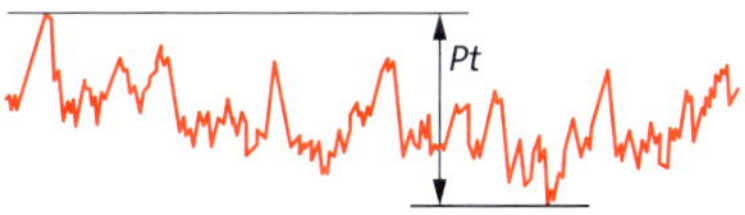	Das ungefilterte Primärprofil *P* ist das tatsächlich gemessene Oberflächenprofil. Durch Filterung entstehen das Welligkeitsprofil *W* und das Rauheitsprofil *R*. Bestimmende Größe für die Grenze zwischen Welligkeit und Rauheit ist die Grenzwellenlänge λc. Die Gesamthöhe *Pt*, *Wt* und *Rt* des jeweiligen Profiltyps ist die maximale Höhe zwischen der höchsten Spitze und des tiefsten Tals des Profils innerhalb der Messstrecke *ln*. **Messstrecke** *ln*: Länge in Richtung der x-Achse, die für die Auswertung des Profils verwendet wird. **Einzelmessstrecke** *lr*: Länge in Richtung der x-Achse, die für die Erkennung der Gestaltabweichung des auszuwertenden Profils verwendet wird. Die Einzelmessstrecke *lr* entspricht der Grenzwellenlänge λc.
Welligkeitsprofil *W* 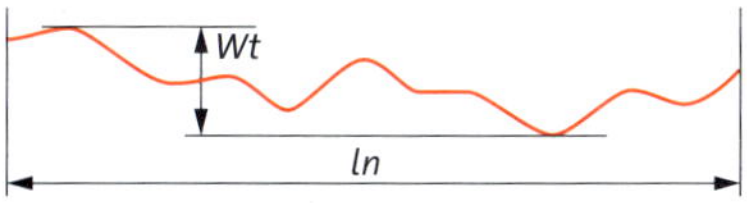	
Rauheitsprofil *R* 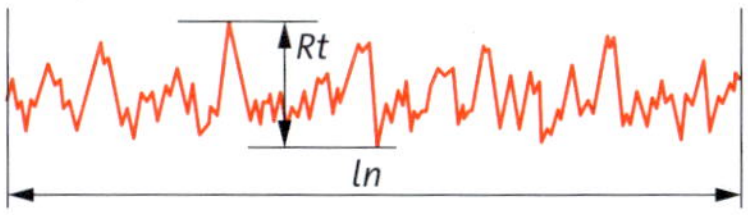	
Rz, Rz_{1max}, *Rt* 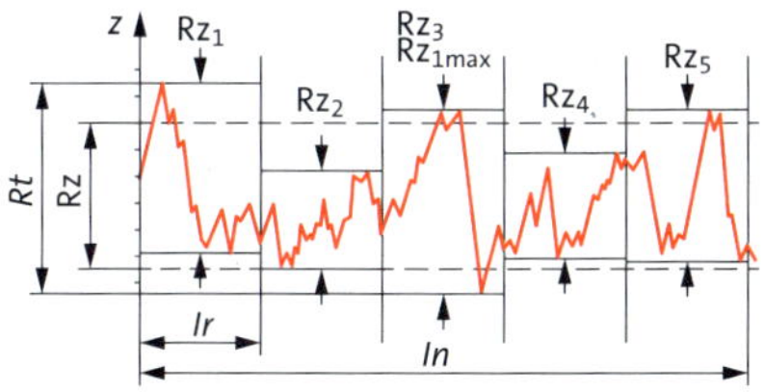	Rz ist die gemittelte Rautiefe, sie wird gebildet aus den Rz-Werten aus fünf Einzelmessstrecken *lr*. Eine Messung von Rz reagiert empfindlicher auf die Veränderung von Oberflächenstrukturen als Ra. Rz_{1max} ist die maximale Rautiefe, sie ist der größte Rz-Wert aus den fünf Einzelmessstrecken *lr*. *Rt* des jeweiligen Profiltyps ist die maximale Höhe zwischen der höchsten Spitze und des tiefsten Tals des Profils innerhalb der Gesamtmessstrecke *ln*.
Ra 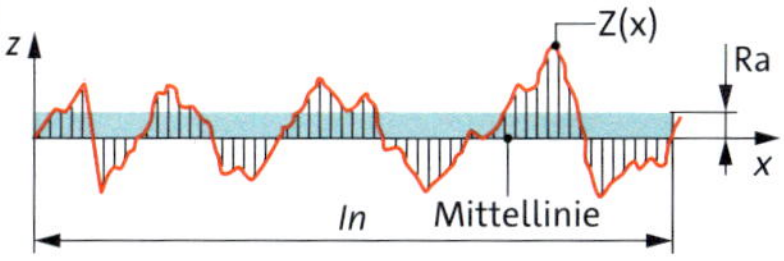	Ra ist der arithmetische Mittenrauwert, er wird gebildet aus den Beträgen aller Profilwerte *Z* innerhalb einer Einzelmessstrecke *lr*. Er stellt die mittlere Abweichung des Profils von der mittleren Linie dar. Der Mittenrauwert kann nicht zwischen Spitzen und Riefen unterscheiden, ebenso wenig kann er verschiedene Profilformen erkennen.

2

Messbedingungen für die Rauheit

DIN EN ISO 4288: 1998-04

Periodische Profile (z. B. Drehen, Fräsen)	Messbedingungen[1]					Aperiodische Profile (z. B. Schleifen, Erodieren)	
Rillenbreite *RSm*	Einzelmessstrecke *lr*	Messstrecke *ln*	Taststrecke *lt*	Tastspitzenradius r_{tip}	Kurzwelliger Profilfilter *λs*	Rauheitskenngröße *Ra*	Rauheitskenngröße *RZ*
mm	mm	mm	mm	µm	mm	µm	µm
0,013 < *RSm* ≤ 0,04	0,08	0,4	0,48	2	0,0025	(0,006) < Ra ≤ 0,02	(0,025) < *Rz* ≤ 0,1
0,04 < *RSm* ≤ 0,13	0,25	1,25	1,5	2	0,0025	0,02 < Ra ≤ 0,1	0,1 < *Rz* ≤ 0,5
0,13 < *RSm* ≤ 0,4	0,8	4	4,8	2 oder 5[2]	0,0025	0,1 < Ra ≤ 2	0,5 < *Rz* ≤ 10
0,4 < *RSm* ≤ 1,3	2,5	12,5	15	5	0,008	2 < Ra ≤ 10	10 < *Rz* ≤ 50
1,3 < *RSm* ≤ 4	8	40	48	10	0,025	10 < Ra ≤ 80	50 < *Rz* ≤ 200

[1] Einzelmessstrecke *lr* ≙ Grenzwellenlänge *λc*, Messstrecke *ln* = 5 · *λc* (Regelmessstrecke), Taststrecke = *lt* = 6 · *λc*
[2] bei *Rz* > 2 µm ist *r* = 5 µm

Die **Grenzwellenlänge** *λc* (Einzelmessstrecke *lr*) wird zur Messung der Rauheit ausgewählt anhand der Angabe der Rauheit in der Konstruktionszeichnung. Ist kein Rauwert bekannt, wird die Grenzwellenlänge *λc* = 0,8 mm empfohlen.
Die **Übertragungscharakteristik** ist der Wellenlängenbereich zwischen den Filtern *λs* (Kurzwellenfilter) und *λc* (Langwellenfilter).
Die **Regel-Übertragungscharakteristik** wird der Tabelle entnommen, z. B. für die Rauheit *Rz* = 2 µm: 0,0025–0,8.
Wird eine andere Übertragungscharakteristik gewählt, ist dies in der Zeichnung anzugeben.

Bewertung der Messergebnisse

Höchstwertregel	Die Oberfläche wird als gut angenommen, wenn die gemessenen Werte einer Kenngröße den festgelegten Höchstwert nicht überschreiten. In diesem Fall wird die Kenngröße mit dem Zusatz „max" gekennzeichnet, z. B. *Rz*max 0,3.
16 %-Regel	Wenn der Zusatz „max" nicht angegeben ist, gilt die 16 %-Regel. Die Oberfläche wird als gut angenommen, wenn nicht mehr als 16 % der gemessenen Werte einer Kenngröße den festgelegten Höchstwert überschreiten.

Angabe der Oberflächenbeschaffenheit

DIN EN ISO 1302: 2002-06

Symbole

	Grundsymbol, soll nicht allein angewendet werden.
	Kennzeichnung einer Oberfläche, bei welcher Materialabtrag verlangt wird, z. B. durch Drehen.
	Kennzeichnung einer Oberfläche, bei welcher Materialabtrag unzulässig ist, z. B. durch Schmieden, oder die Oberfläche muss in dem Zustand bleiben, der beim vorherigen Fertigungsverfahren erreicht wurde.
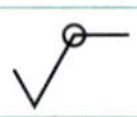	Kennzeichnung aller Oberflächen rund um die Kontur des Werkstückes

Größenverhältnisse

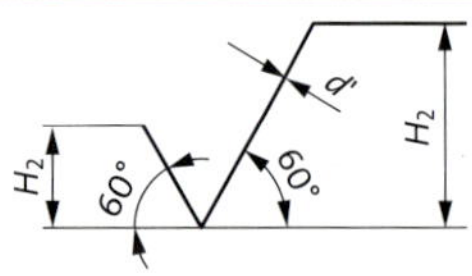

Größe von Zahlen und Buchstaben *h*	3,5	5	7
Linienbreite *d*	0,35	0,5	0,7
Größe H_1	5	7	10
Größe H_2	11	15	21

Angabe der zusätzlichen Anforderungen an die Oberflächenbeschaffenheit

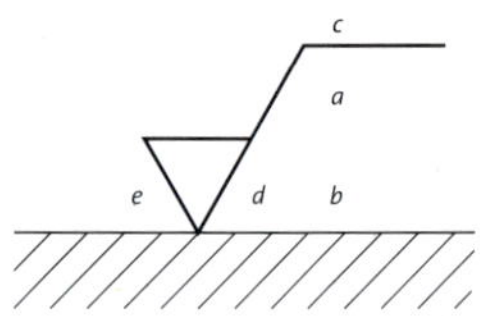

a: Angabe der Oberflächenkenngrößen *Rz* oder R_a (Rauheitskenngrößen) mit Zahlenwert in µm
b: zweite Anforderung an die Oberflächenbeschaffenheit
c: Angabe des Fertigungsverfahrens
d: Oberflächenrillen oder Oberflächenausrichtung
e: Bearbeitungszugabe in mm

Angabe der Oberflächenrillen

Symbol	=	⊥	X	M	C	R	P
Darstellung	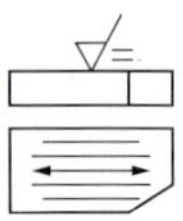	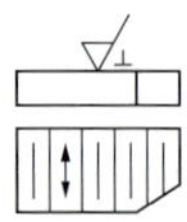	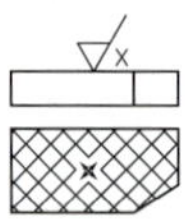	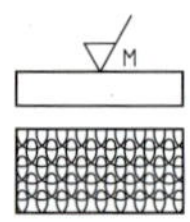	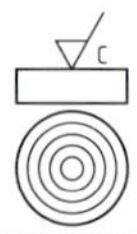	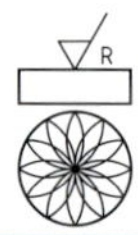	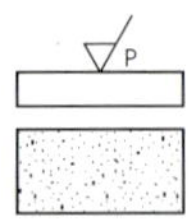
Erklärung	parallel zur Projektionsebene der Ansicht, in der das Symbol angewendet wird	rechtwinklig zur Projektionsebene der Ansicht, in der das Symbol angewendet wird	gekreuzt in zwei schrägen Richtungen zur Projektionsebene der Ansicht, in der das Symbol angewendet wird	mehrfache Richtungen	zentrisch zu der Oberfläche, auf die sich das Symbol bezieht	radial zur Mitte der Oberfläche, auf die sich das Symbol bezieht	nichtrillige Oberfläche, ungerichtet oder muldig

Oberflächen

Angabe der Oberflächenbeschaffenheit — DIN EN ISO 1302: 2002-06

Beispiele	Erklärungen	Beispiele	Erklärungen
Rz5	keine materialabtragende Bearbeitung zulässig, Regelübertragungscharakteristik, Regelmessstrecke (5 · λc), R-Profil, 16 %-Regel, mittlere Rautiefe *Rz* = 5 µm (oberer Grenzwert)	U Rz3 / L Rz1	materialabtragende Bearbeitung, Regelübertragungscharakteristik, Regelmessstrecke (5 · λc), R-Profil, 16 %-Regel, mittlere Rautiefe *Rz* = 1 µm (unterer Grenzwert), und *Rz* = 3 µm (oberer Grenzwert)
Ra 3,2	materialabtragende Bearbeitung, Regelübertragungscharakteristik, Regelmessstrecke (5 · λc), R-Profil, 16 %-Regel, arithmetischer Mittenrauwert *Ra* = 3,2 µm (oberer Grenzwert) rund um die Kontur	gefräst / 0,008-4/Ra 55 / 1 c0,008-4/Ra 6,2	materialabtragende Bearbeitung, Übertragungscharakteristik 0,008 bis 4 mm, Regelmessstrecke (5 · 4 mm = 20 mm), R-Profil, 16 %-Regel, arithmetischer Mittenrauwert *Ra* = 55 µm (oberer Grenzwert) und *Ra* = 6,2 µm (unterer Grenzewert), Oberflächenrillen kreisförmig, Fertigungsverfahren Fräsen, Bearbeitungszugabe 1 mm
0,2 Rzmax 3	materialabtragende Bearbeitung, Regelübertragungscharakteristik, Regelmessstrecke (5 · λc), R-Profil, max-Regel, maximale mittlere Rautiefe *Rz* = 3 µm (oberer Grenzwert); Bearbeitungszugabe 0,2 mm	Ra 1,5 / ⊥ -2,5/Rzmax 6,7	materialabtragende Bearbeitung durch Schleifen, Regelübertragungscharakteristik, Regelmessstrecke (5 · λc), R-Profil, 16 %-Regel, arithmetischer Mittenrauwert *Ra* = 1,5 µm, mittlere Rautiefe *Rz* = 6,7 µm, max-Regel, Übertragungscharakteristik –2,5 mm, Regelmessstrecke (5 · 2,5 mm), Oberflächenrillen senkrecht
Rz3 4 / c	materialabtragende Bearbeitung, Regelübertragungscharakteristik, R-Profil, Messstrecke aus 3 Einzelmessstrecken, 16 %-Regel, mittlere Rautiefe *Rz* = 4 µm (oberer Grenzwert); Oberflächenrillen konzentrisch	U RSm 0,3 / L RSm 0,1	materialabtragende Bearbeitung, Regelübertragungscharakteristik, Regelmessstrecke (5 · λc), R-Profil, mittlere Rillenbreite zwischen *RSm* = 0,1 mm (unterer Grenzwert) und *RSm* = 0,3 mm (oberer Grenzwert)

Lage und Anordnung der Symbole in Zeichnungen

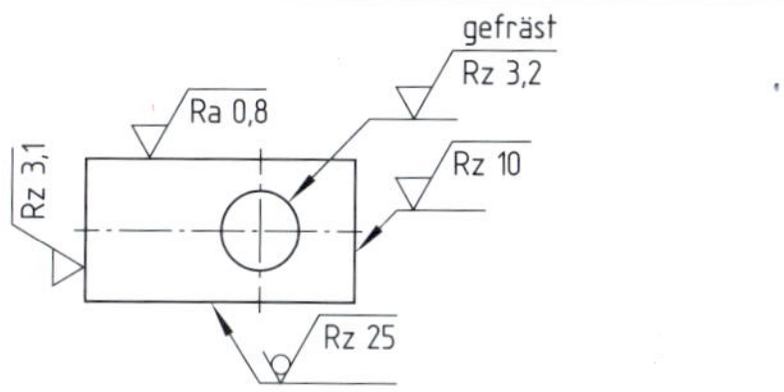

Symbol und die entsprechenden Informationen müssen in der Zeichnung von unten und von rechts lesbar sein.

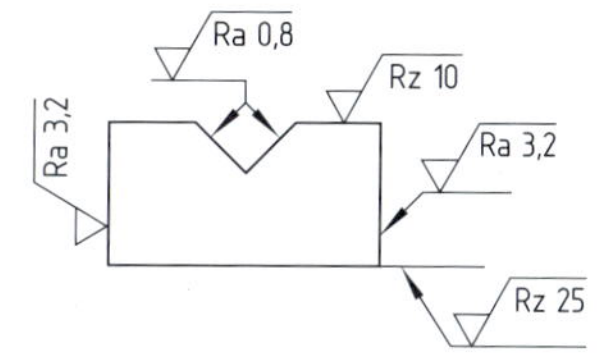

Das Symbol oder eine mit einem Pfeil versehene Hinweislinie muss von außerhalb des Werkstückes auf die Oberfläche zeigen, entweder zur Körperkante oder deren Verlängerung.

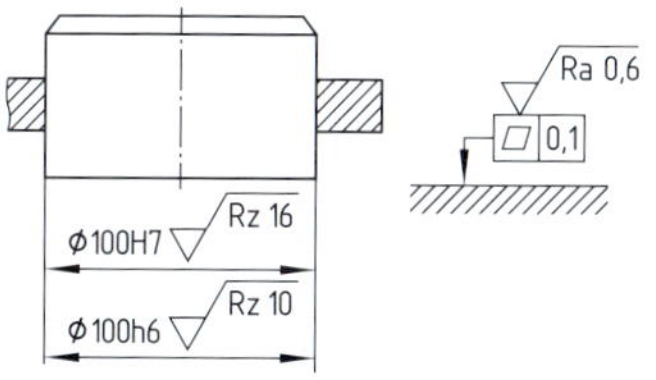

Die Oberflächenangabe darf
- zusammen mit der Maßangabe erfolgen,
- über den Toleranzrahmen angebracht werden.

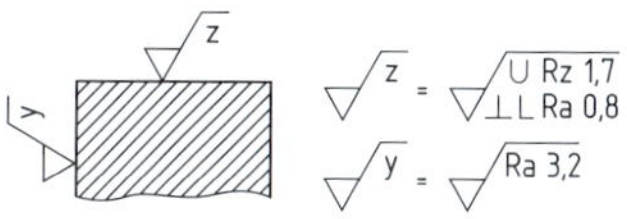

Eine vereinfachte Darstellung darf angewendet werden, wenn die Bedeutung in der Nähe des Zeichnungs-Schriftfeldes oder in der Nähe der Darstellung des Teils näher erläutert wird.

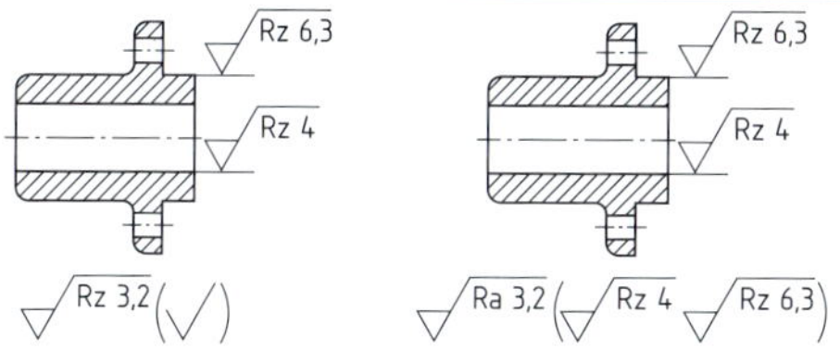

Wenn die gleiche Anforderung an mehrere Oberflächen gestellt wird, so ist sie in die Nähe des Zeichnungs-Schriftfeldes zu setzen.
Nach diesem allgemeinen Symbol hat zu stehen
- in Klammern ein Grundsymbol oder
- in Klammern die abwechselnden Anforderungen.

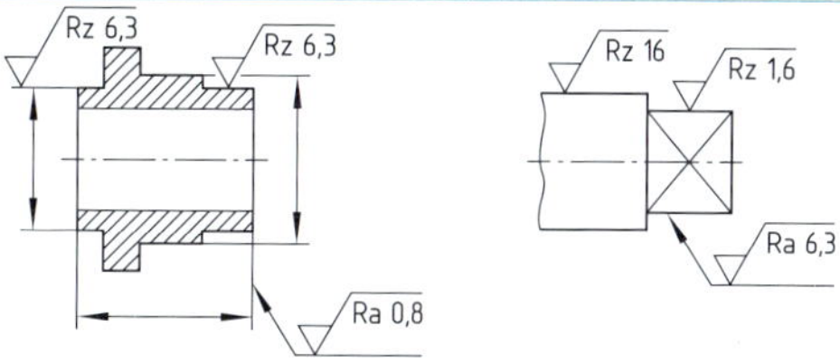

Zylindrische und prismatische Oberflächen brauchen nur einmal angegeben zu werden, wenn eine Mittellinie angegeben ist und dieselbe Anforderung an die Oberfläche für jede prismatische Fläche und den ganzen Zylinder besteht. Jede prismatische Oberfläche muss jedoch einzeln angegeben werden, wenn unterschiedliche Anforderungen an die Oberflächenbeschaffenheit verlangt werden.

Herstellverfahren der Rauheit von Oberflächen

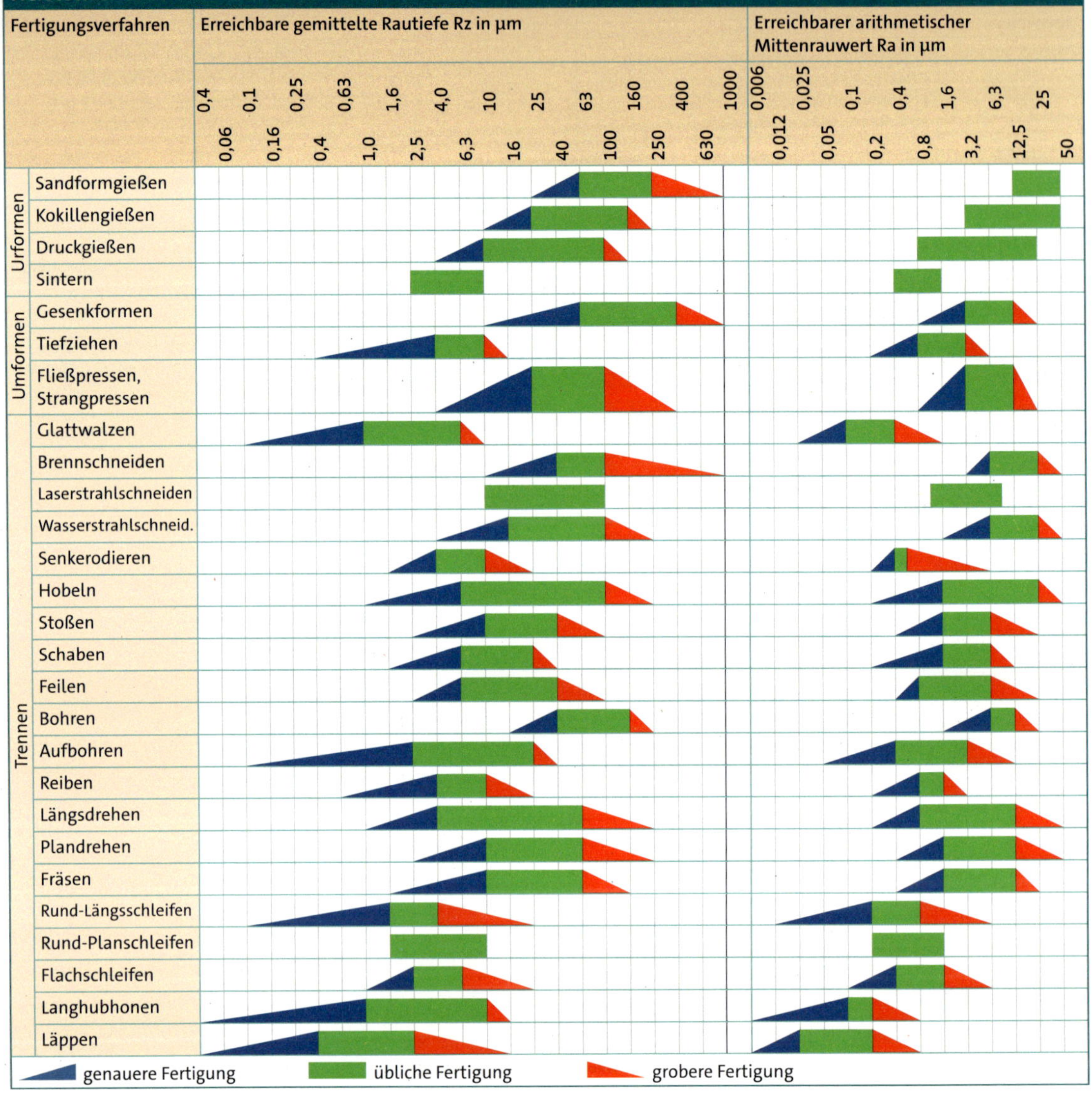

Empfohlene Zuordnung von Rauheitswerten zu den Toleranzgraden IT

Nennmaßbereich in mm	Toleranzgrade	IT 5	IT 6	IT 7	IT 8	IT 9	IT 10	IT 11
	Nennmaßbereich in µm							
von 1 bis 6	Rz	2,5	4	6,3	6,3	10	16	25
	Ra	0,4	0,8	0,8	1,6	1,6	3,2	6,3
über 6 bis 10	Rz	2,5	4	6,3	10	16	25	40
	Ra	0,4	0,8	0,8	1,6	3,2	6,3	12,5
über 10 bis 18	Rz	4	4	6,3	10	16	25	40
	Ra	0,8	0,8	0,8	1,6	3,2	6,3	12,5
über 18 bis 80	Rz	4	6,3	10	16	16	40	63
	Ra	0,8	0,8	1,6	3,2	3,2	6,3	12,5
über 80 bis 250	Rz	6,3	10	16	25	25	40	63
	Ra	0,8	1,6	1,6	3,2	3,2	6,3	12,5
über 250 bis 500	Rz	6,3	10	16	25	40	63	100
	Ra	0,8	1,6	1,6	3,2	6,3	12,5	25

Zentrierbohrungen 60° — DIN 332-1: 1986-04

Zentrierbohrungen der Formen A, B und R werden mit genormten Zentrierbohrern nach DIN 333 hergestellt.

Form A (ohne Schutzsenkung)

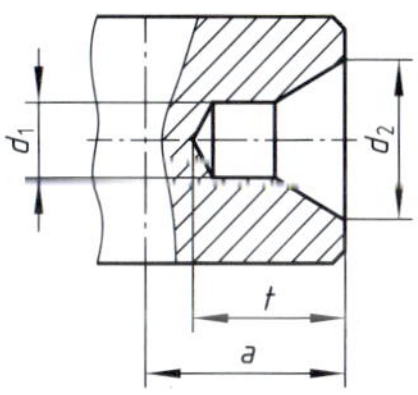

Form B (mit Schutzsenkung)

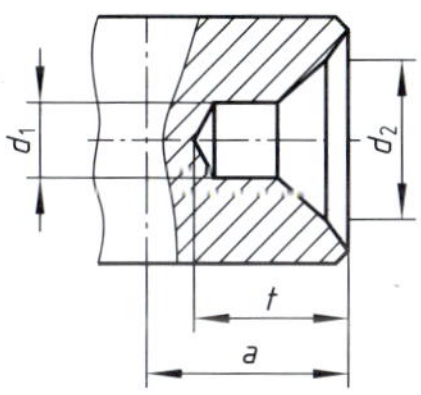

Form R (gewölbte Lauffläche)

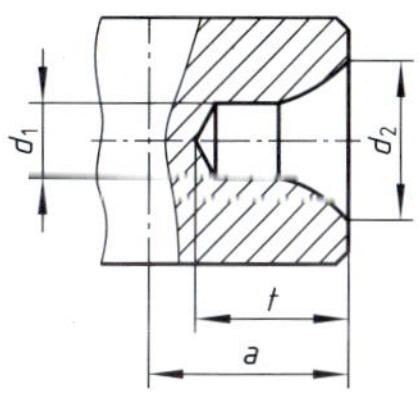

		Form A		Form B		Form R	
d_1	d_2	$t_{min.}$	a	$t_{min.}$	a	$t_{min.}$	a
1	2,12	1,9	3	2,2	3,5	1,9	3
1,25	2,65	2,3	4	2,7	4,5	2,3	4
1,6	3,35	2,9	5	3,5	5,5	2,9	5
2	4,25	3,7	6	4,3	6,8	3,7	6
2,5	5,3	4,6	7	5,4	8,3	4,6	7
3,15	6,7	5,9	9	6,8	10	5,8	9
4	8,5	7,4	11	8,6	12,7	7,4	11
6,3	13,2	11,5	18	12,9	20	11,4	18
8	17	14,8	22	16,4	25	14,7	22
10	21,2	18,4	28	20,4	31	18,3	28

a = Abstechmaß für Zentrierbohrungen, die nicht am fertigen Werkstück verbleiben dürfen.

Bezeichnungsbeispiel: **DIN 332 – R 2, 5 x 5,3**
Zentrierbohrung Form R mit d_1 = 2,5 mm und d_2 = 5,3 mm

Vereinfachte Darstellung von Zentrierbohrungen in Zeichnungen — DIN ISO 6411: 1997-11

Zentrierbohrung Form A, B oder R

muss am fertigen Teil verbleiben

Beispiel: Form R, d_1/d_2

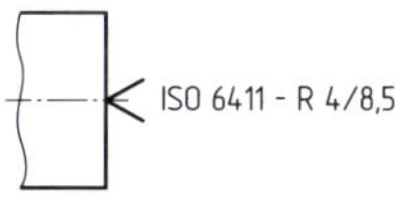

darf am fertigen Teil verbleiben

Beispiel: Form A, d_1/d_2

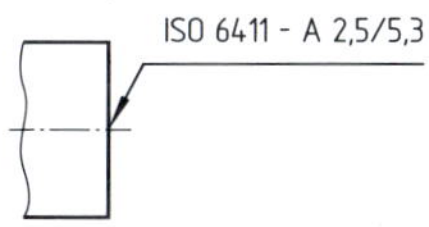

darf nicht am fertigen Teil verbleiben

Beispiel: Form B, d_1/d_2

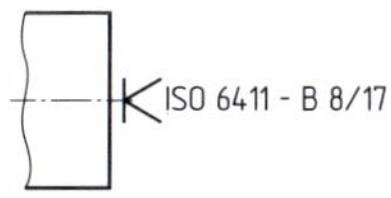

Symbol

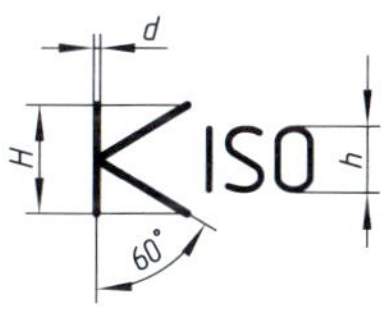

d = 0,35 mm bei Liniengruppe 0,5
h = 3,5 mm
H = 5 mm

Zentrierbohrungen 60° mit Gewinde – Form DR — DIN 332-2: 1983-05

Zentrierbohrungen der Form DR können – das Gewinde ausgenommen – mit einem abgesetzten Zentrierbohrer in einem Arbeitsgang hergestellt werden.

d_1 Gewinde	d_2 nach DIN 336	$t_{1\ +0,2/0}$	$t_{2\ min.}$	d_3 Wellendurchmesser
M 3	2,5	9	12	7 bis 10
M 4	3,3	10	14	über 10 bis 13
M 5	4,2	12,5	17	über 13 bis 16
M 6	5	16	21	über 16 bis 21
M 8	6,8	19	25	über 21 bis 24
M 10	8,5	22	30	über 24 bis 30
M 12	10,2	28	37	über 30 bis 38
M 16	14	36	45	über 38 bis 50

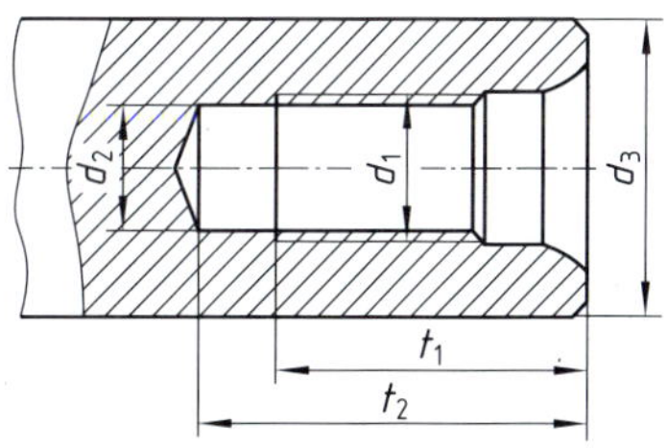

Bezeichnungsbeispiel: **DIN 332 – DR M6**
Zentrierbohrung Form DR mit Gewinde M6

Werkstückkanten mit unbestimmter Form — DIN ISO 13715: 2018-09

Unbestimmte Formen für Werkstückkanten werden mit Symbolen und Maßangaben angegeben.
Dabei wird zwischen Außenkanten und Innenkanten unterschieden. Bestimmte Formen müssen nach DIN 406-11 bemaßt werden.

Außenkante	Abtragung		scharfkantig		Grat	
	Form	Beispiel	Form	Beispiel	Form	Beispiel
	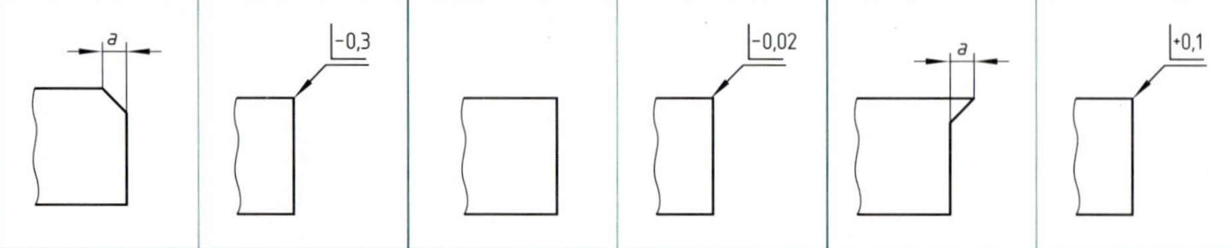					
Innenkante	Abtragung		scharfkantig		Übergang	
	Form	Beispiel	Form	Beispiel	Form	Beispiel
	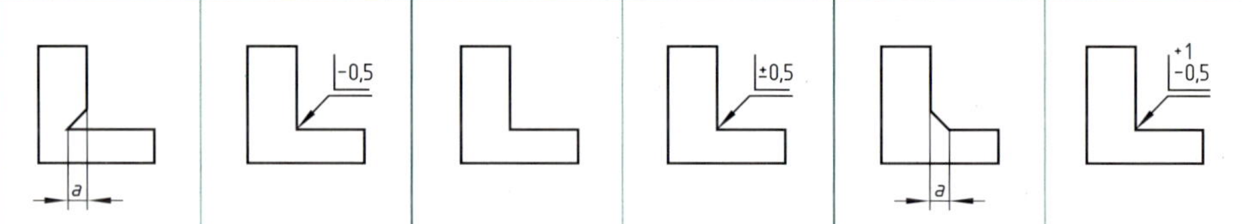					
Empfohlene Kantenmaße *a* in mm	-0,1 | -0,3 | -0,5 | -1 | -2,5		+0,05 | +0,02 | -0,02 | -0,05		+2,5 | +1 | +0,5 | +0,3 | +0,1	

Kantenzustände

Grundsymbol und Kantenzustand	Bedeutung Außenkante	Bedeutung Innenkante
	Grat zugelassen; Abtragung nicht zugelassen	Übergang zugelassen; Abtragung nicht zugelassen
	Abtragung gefordert; Grat nicht zugelassen	Abtragung gefordert; Übergang nicht zugelassen
	Grat oder Abtragung zugelassen	Abtragung oder Übergang zugelassen

Anordnung der Maße im Symbol

Grat oder Abtragungsrichtung:
- an Position a_1: beliebig,
- an Position a_2: horizontal,
- an Position a_3: vertikal.

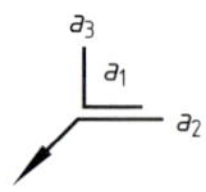

Symbolgröße

h: 3,5 mm
H: 5 mm
Linienbreite: 0,35 mm

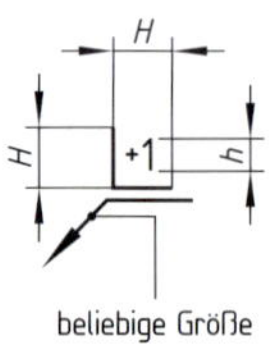

Zeichnungsangaben – Beispiel

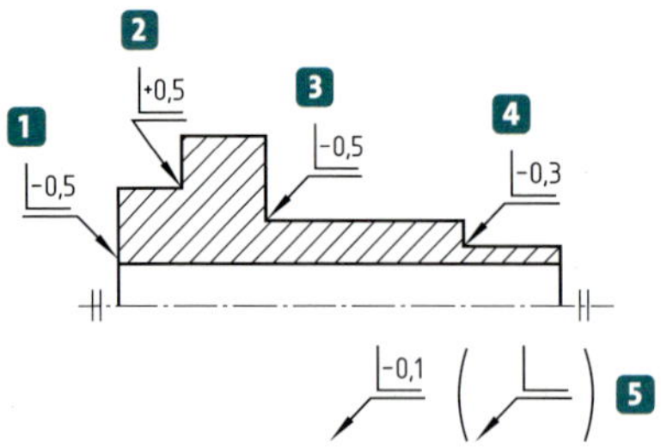

1. umlaufende Kante der Bohrung mit Abtragung bis 0,5 mm
2. Innenkante mit Übergang bis 0,5 mm
3. Innenkante mit Abtragung bis 0,5 mm
4. Innenkante mit Abtragung bis 0,3 mm; Abtragungsrichtung horizontal
5. Sammelangabe: Symbol links der Klammer gilt für alle nicht gekennzeichneten Kanten; vereinfachtes Grundsymbol in der Klammer steht für alle gekennzeichneten Kanten am Werkstück

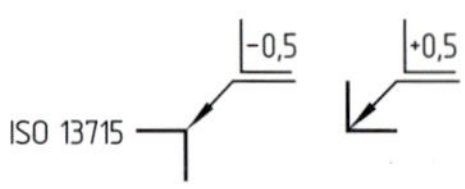

Sammelangabe für alle Kanten, die denselben Zustand haben sollen. Der Normverweis ist immer anzugeben.

[1] Bestimmte Formen einer Kante müssen nach DIN 406-11 bemaßt werden.

Wärmebehandelte Teile aus Eisenwerkstoffen

DIN ISO 15787: 2018-08

Kennzeichnung für wärmebehandelte Bereiche

Wärmebehandlung **muss** durchgeführt werden	Wärmebehandlung **darf** durchgeführt werden	Wärmebehandlung **darf nicht** durchgeführt werden	**Messstelle**
Strich-Punktlinie, breit 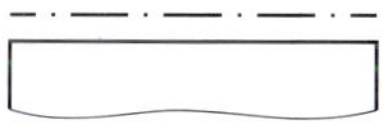	Strichlinie, breit 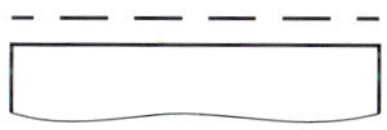	Strich-Zweipunktlinie, schmal 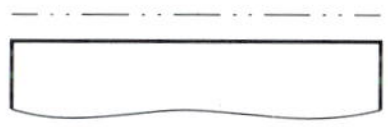	Symbol und Nummerierung, falls erforderlich 

Wärmebehandlungsangaben – Ausführungsbeispiele

Verfahren	Wärmebehandlung des ganzen Teiles		Wärmebehandlung örtlich begrenzt
	allseitig gleiche Anforderungen	unterschiedliche Anforderungen	
Härten Härten und Anlassen Vergüten	 gehärtet (60^{+4}_{0}) HRC	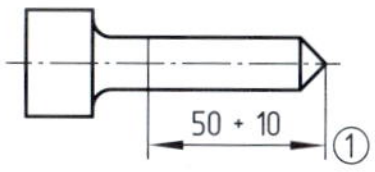 gehärtet und angelassen (40^{+5}_{0}) HRC ① (60^{+5}_{0}) HRC	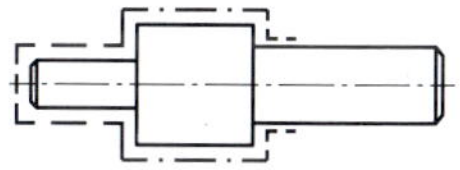 gehärtet und ganzes Teil angelassen (61^{+3}_{0}) HRC
Nitrieren Einsatzhärten	 einsatzgehärtet und angelassen (60^{+4}_{0}) HRC CHD = 0,8 + 0,4	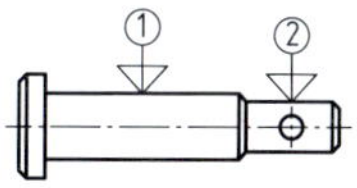 einsatzgehärtet und angelassen ① (60^{+4}_{0}) HRC ② (700^{+100}_{0}) HV 10 CHD = 0,8 + 0,4 CHD = 0,5 + 0,3	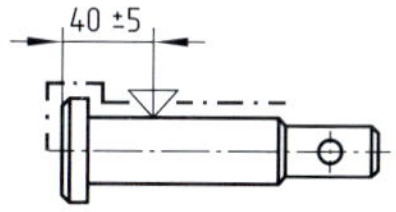 — · — · — nitriert ≥900 HV 10 / NHD = 0,4 + 0,2
Randschichthärten	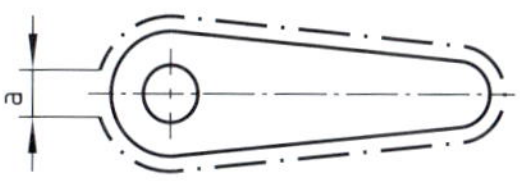 randschichtgehärtet nach HTS (48^{+6}_{0}) HRC / SHD 400 = 1,3 + 1,1 a = Schlupfzone mit Toleranz HTS = Wärmebehandlungsplan SHD 400 = Grenzhärte	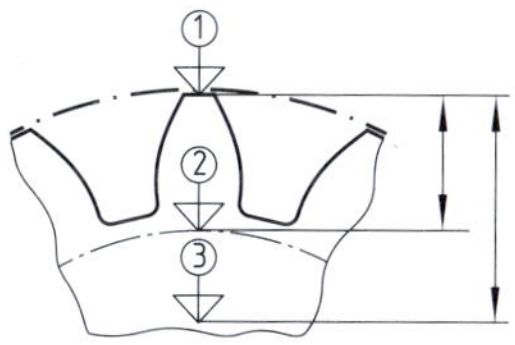 — · — · — randschichtgehärtet und ganzes Teil angelassen ① (54^{+6}_{0}) HRC ② (50^{+4}_{0}) HRC ② ≤ 30 HRV	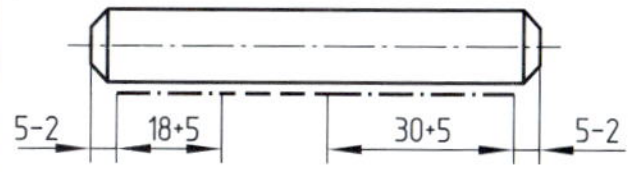 — · — · — · — randschichtgehärtet und ganzes Teil angelassen (525^{+100}_{0}) HV 10 / SDH 425 = 0,4 + 0,4

Einhärtungstiefen und Toleranzen in mm

CHD	Einsatzhärtungs-Härtetiefe	0,05+0,03	0,1+0,1	0,3+0,2	0,5+0,3	0,8+0,4	1,2+0,5	1,6+0,6	2+0,8	2,5+1
NHD	Nitrier-Härtetiefe	0,05+0,02	0,1+0,05	0,2+0,1	0,3+0,1	0,35+0,15	0,4+0,2	0,5+0,3	0,6+0,3	0,75+0,3
SHD	Einhärtungs-Härtetiefe (Randschichthärtung)									
	Induktionshärten	0,1+0,1	0,2+0,2	0,4+0,4	0,6+0,6	0,8+0,8	1+1	1,3+1,1	1,6+1,3	2+1,6
	Flammhärten	1,6+2	2+2	2,5+2	3+2	4+2,5	5+3	–	–	–
	Laser-/Elektronenstrahlhärten	0,1+0,1	0,2+0,1	0,4+0,2	0,6+0,3	0,8+0,4	1+0,5	1,3+0,6	1,6+0,8	2+1

Grenzhärte und Oberflächen-Mindesthärte

Grenzhärte HV[1]	200	250	275	300	325	350	375	400	425	450	475	500	525	550	600	700	800
Oberflächen-Mindesthärte HV	240 bis 265	300 bis 330	335 bis 355	360 bis 385	390 bis 420	425 bis 455	460 bis 480	485 bis 515	520 bis 545	550 bis 575	580 bis 605	610 bis 635	640 bis 665	670 bis 705	735 bis 765	870 bis 895	990 bis 1020
Vergleichshärte HRC	20 bis 25	30 bis 33	34 bis 36	37 bis 39	40 bis 42	43 bis 45	46, 47	48 bis 50	51, 52	53	54, 55	56, 57	58	59, 60	62	66	–

[1] Grenzhärte entspricht 80 % der Oberflächen-Mindesthärte HV

Gewindeausläufe und Gewindefreistiche für metrisches ISO-Gewinde

DIN 76-1: 2016-08

Gewindeauslauf für Außengewinde

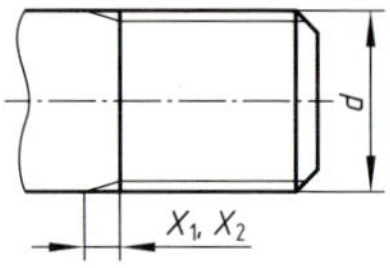

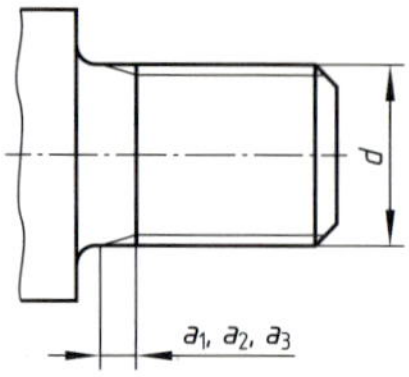

Gewindefreistich für Außengewinde

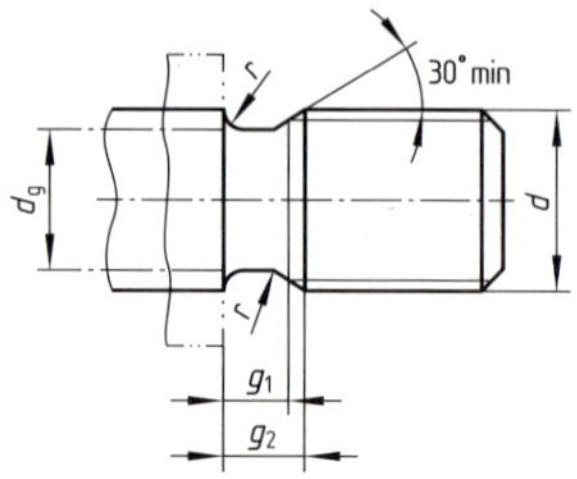

Gewinde-Nenndurchmesser	Gewinde-Steigung	Gewindeauslauf und -abstand					Gewindefreistich					
		x_1	x_2	a_1	a_2	a_3	d_g	g_1 min.		g_2 max.		r
		max.			max.			Form A	Form B	Form A	Form B	
d	P	Regelfall	kurz	Regelfall	kurz	lang	h13	Regelfall	kurz	Regelfall	kurz	≈
M2	0,4	1	0,5	1,2	0,8	–	d – 0,7	0,8	0,5	1,4	1	0,2
M3	0,5	1,25	0,7	1,5	1	–	d – 0,8	1,1	0,5	1,75	1,25	0,2
M4	0,7	1,75	0,9	2,1	1,4	–	d – 1,1	1,5	0,8	2,45	1,75	0,4
M5	0,8	2	1	2,4	1,6	3,2	d – 1,3	1,7	0,9	2,8	2	0,4
M6	1	2,5	1,25	3	2	4	d – 1,6	2,1	1,1	3,5	2,5	0,6
M8	1,25	3,2	1,6	3,75	2,5	5	d – 2	2,7	1,5	4,4	3,2	0,6
M10	1,5	3,8	1,9	4,5	3	6	d – 2,3	3,2	1,8	5,2	3,8	0,8
M12	1,75	4,3	2,2	5,25	3,5	7	d – 2,6	3,9	2,1	6,1	4,3	1
M14; M16	2	5	2,5	6	4	8	d – 3	4,5	2,5	7	5	1
M18; M20; M22	2,5	6,3	3,2	7,5	5	10	d – 3,6	5,6	3,2	8,7	6,3	1,2
M24; M27	3	7,5	3,8	9	6	12	d – 4,4	6,7	3,7	10,5	7,5	1,6
M30; M33	3,5	9	4,5	10,5	7	14	d – 5	7,7	4,7	12	9	1,6
M36	4	10	5	12	8	16	d – 5,7	9	5	14	10	2
M42; M45	4,5	11	5,5	13,5	9	18	d – 6,4	10,5	5,5	16	11	2
M48; M52	5	12,5	6,3	15	10	20	d – 7	11,5	6,5	17,5	12,5	2,5
M56; M60	5,5	14	7	16,5	11	22	d – 7,7	12,5	7,5	19	14	3,2
M64; M68	6	15	7,5	18	12	24	d – 8,3	14	8	21	15	3,2

Gewindeauslauf x_1, Abstand a_1, Gewindefreistich Form A:
gilt immer, wenn keine anderen Angaben in der Zeichnung gemacht sind.

Für Feingewinde sind die Maße der Gewindeausläufe und der Gewindefreistiche nach der Steigung P auszuwählen.

Bezeichnungsbeispiel: **Gewindefreistich DIN 76 – A**
Bezeichnung eines Gewindefreistichs Form A

Kennzeichnung von Gewindefreistichen für Außengewinde

Genormte Gewindefreistiche können ausführlich oder vereinfacht dargestellt werden.

Die Größe wird durch den Gewinde-Nenndurchmesser und die Form des Freistichs bestimmt.

ausführliche Darstellung

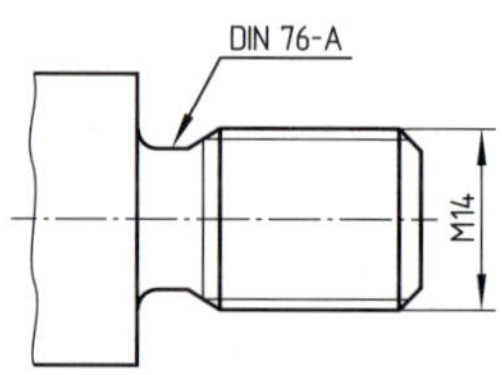

vereinfachte Darstellung

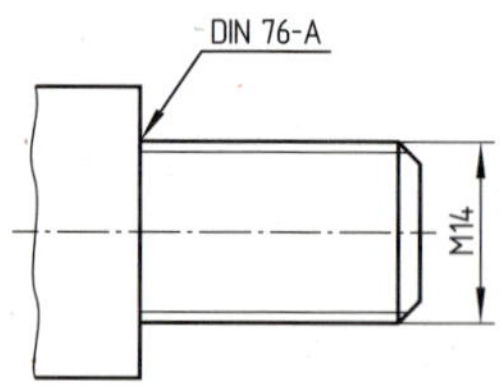

Gewindeausläufe und Gewindefreistiche für metrisches ISO-Gewinde

DIN 76-1: 2016-08

Gewindeauslauf für Innengewinde

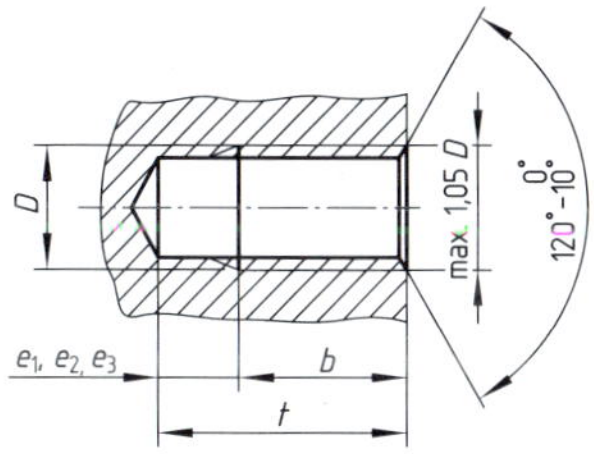

b nutzbare Gewindelänge
t errechnetes Maß +0,5 *P*

Gewindefreistich für Innengewinde

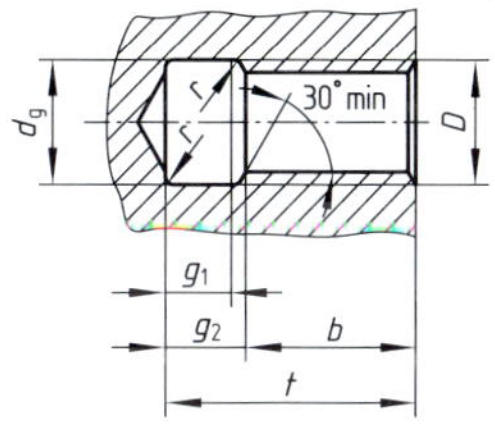

b nutzbare Gewindelänge
t errechnetes Maß +0,5 *P*

Gewinde-Nenndurchmesser	Gewinde-Steigung	Gewindeauslauf und -abstand			Gewindefreistich					
		e_1	e_2	e_3	d_g	g_1 min.		g_2 max.		*r*
			max.			Form C	Form D	Form C	Form D	
D	*P*	Regelfall	kurz	lang	H13	Regelfall	kurz	Regelfall	kurz	≈
M2	0,4	2,3	1,5	3,7	d + 0,2	1,6	1	2,2	1,6	0,2
M3	0,5	2,8	1,8	4,5	d + 0,3	2	1,25	2,7	2	0,2
M4	0,7	3,8	2,4	6,1	d + 0,3	2,8	1,75	3,8	2,75	0,4
M5	0,8	4,2	2,7	6,8	d + 0,3	3,2	2	4,2	3	0,4
M6	1	5,1	3,2	8,2	d + 0,5	4	2,5	5,2	3,7	0,6
M8	1,25	6,2	3,9	10	d + 0,5	5	3,2	6,7	4,9	0,6
M10	1,5	7,3	4,6	11,6	d + 0,5	6	3,8	7,8	5,6	0,8
M12	1,75	8,3	5,2	13,3	d + 0,5	7	4,3	9,1	6,4	1
M14; M16	2	9,3	5,8	14,8	d + 0,5	8	5	10,3	7,3	1
M18; M20; M22	2,5	11,2	7	17,9	d + 0,5	10	6,3	13	9,3	1,2
M24; M27	3	13,1	8,2	21	d + 0,5	12	7,5	15,2	10,7	1,6
M30; M33	3,5	15,2	9,5	24,3	d + 0,5	14	9	17,7	12,7	1,6
M36	4	16,8	10,5	26,9	d + 0,5	16	10	20	14	2
M42; M45	4,5	18,4	11,5	29,4	d + 0,5	18	11	23	16	2
M48; M52	5	20,8	13	33,3	d + 0,5	20	12,5	26	18,5	2,5
M56; M60	5,5	22,4	14	35,8	d + 0,5	22	14	28	20	3,2
M64; M68	6	24	15	38,4	d + 0,5	24	15	30	21	3,2

Gewindeauslauf e_1, Gewindefreistich Form C:
gilt immer, wenn keine anderen Angaben in der Zeichnung gemacht sind.

Für Feingewinde sind die Maße der Gewindeausläufe und der Gewindefreistiche nach der Steigung *P* auszuwählen.

Bezeichnungsbeispiel: **Gewindegrundloch DIN 76 – C**
Bezeichnung eines Gewindegrundloches mit Gewindefreistich Form C

Kennzeichnung von Gewindefreistichen für Innengewinde

Genormte Gewindefreistiche können mit einer Hinweislinie gekennzeichnet werden.
Die Größe wird durch den Gewinde-Nenndurchmesser und die Form des Freistichs bestimmt.

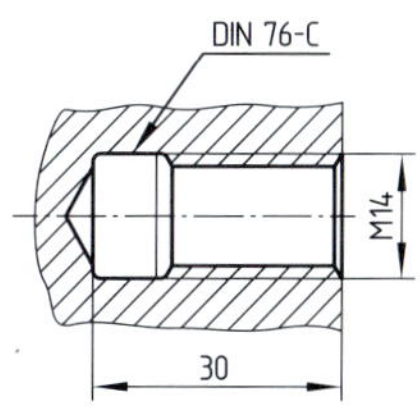

Darstellen von Gewinden und Gewindeteilen

DIN ISO 6410-1: 1993-12; DIN ISO 6410-3: 1993-12

Außengewinde

1 Nenndurchmesser: breite Volllinie
2 Kerndurchmesser: schmale Volllinie
3 Gewindebegrenzung[1]: breite Volllinie
4 sichtbarer Kerndurchmesser als ¾-Kreis:
- schmale Volllinie,
- Lage zum Mittenkreuz beliebig

5 verdeckter Kerndurchmesser als ¾-Kreis: schmale Strichlinie
6 Kerndurchmesser im Schnitt innerhalb der Schraffur: schmale Volllinie
7 Gewindebegrenzung[1] im Schnitt: schmale Strichlinie

Innengewinde

8 Nenndurchmesser: schmale Volllinie
9 Kerndurchmesser: breite Volllinie
10 Gewindebegrenzung[1]: breite Volllinie
11 Nenndurchmesser als ¾-Kreis: schmale Volllinie

Verschraubte Gewindeteile

12 Außengewinde von Teil 2 verdeckt teilweise das Innengewinde von Teil 1
13 Außengewinde von Teil 2 verdeckt vollständig das Innengewinde von Teil 1
14 Teil 2 ist bis zur Gewindebegrenzung[1] eingeschraubt

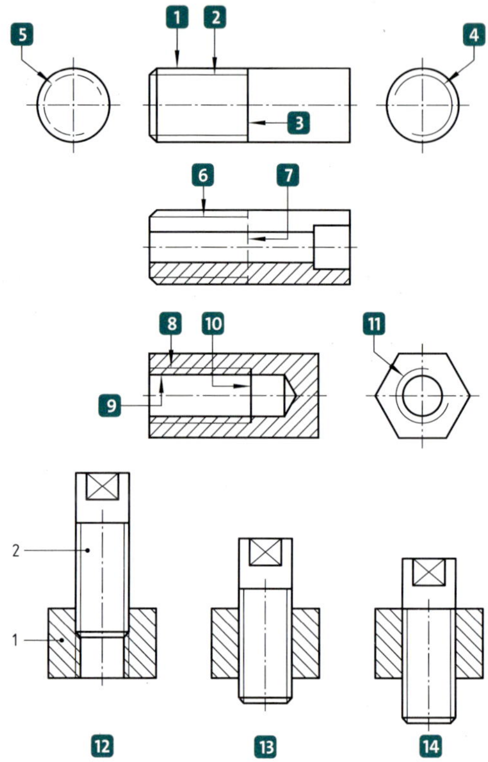

[1] entspricht der nutzbaren Gewindelänge

Vereinfachte Darstellung

Sechskantschraube

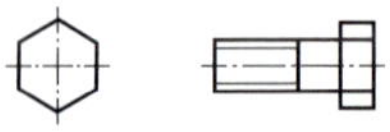

Zylinderschraube mit Innensechskant

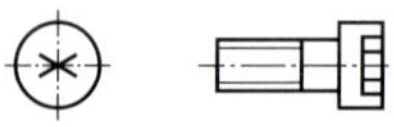

Zylinderschraube mit Schlitz

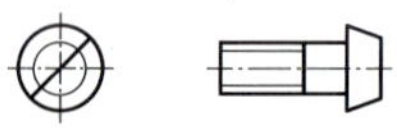

Zylinderschraube mit Kreuzschlitz

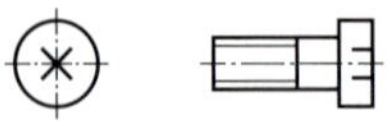

Senkschraube mit Schlitz

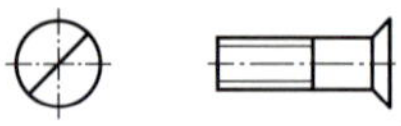

Senkschraube mit Kreuzschlitz

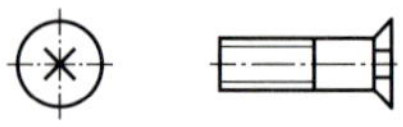

Gewindestift mit Schlitz

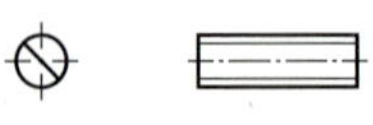

Sechskantmutter

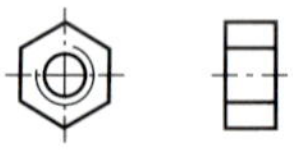

Kronenmutter

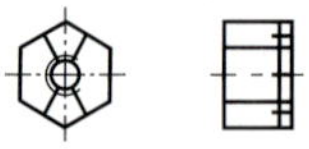

Die vereinfachte Darstellung und Bemaßung gilt für Zeichnungsdurchmesser von ≤ 6 mm sowie für regelmäßige Anordnungen von Bohrungen gleicher Art und Größe.

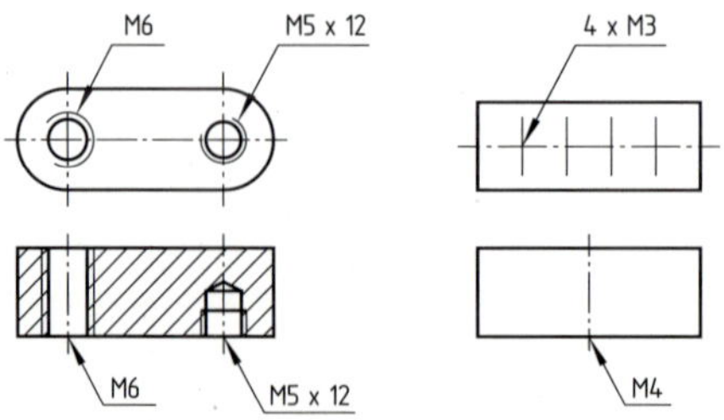

Nach DIN ISO 15786 kann die Lage eines Bohrungsmittelpunktes mit einem Kreuz in breiten Volllinien gekennzeichnet werden.

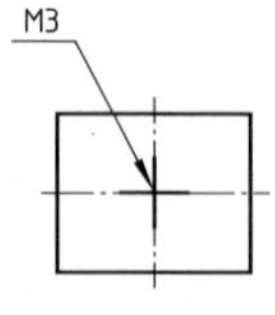

Freistiche, Rändel

Freistiche

DIN 509: 2006-12

Form E

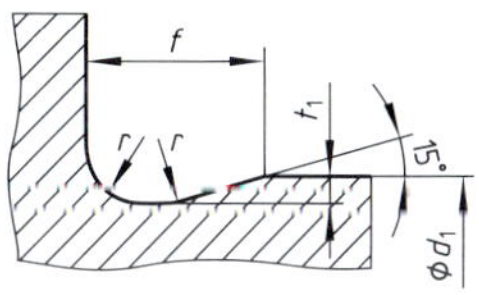

Form F

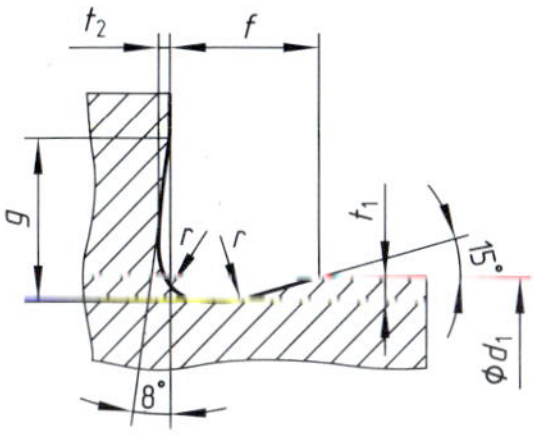

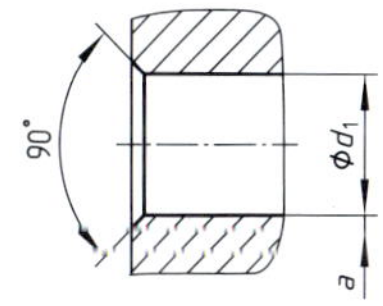

Wellen- oder Bohrungsdurchmesser d_1 in mm		$r \pm 0,1$ in mm		t_1 +0,1 in mm	t_2 +0,05 in mm	f +0,2 in mm	g ≈ in mm	Mindestmaß a in mm für Senkung am Gegenstück		
übliche Beanspruchung	erhöhte Wechselfestigkeit	Reihe 1	Reihe 2					Freistich $r \times t_1$	Form E	Form F
über 1,6 bis 3	–	–	0,2	0,1	0,1	1	0,9	0,2 x 0,1	0,2	0
über 3 bis 10	–	0,4	–	0,2	0,1	2	1,1	0,4 x 0,2	0,3	0
über 10 bis 18	–	–	0,6	0,2	0,1	2	1,4	0,6 x 0,2	0,5	0,15
über 18 bis 80	–	–	0,6	0,3	0,2	2,5	2,1	0,6 x 0,3	0,4	0
über 18 bis 80	–	0,8	–	0,3	0,2	2,5	2,3	0,8 x 0,3	0,6	0,05
–	über 18 bis 50	–	1	0,2	0,1	2,5	1,8	1 x 0,2	0,9	0,45
über 80	–	–	1	0,4	0,3	4	3,2	1 x 0,4	0,7	0
–	über 18 bis 50	1,2	–	0,2	0,1	2,5	2	1,2 x 0,2	1,1	0,6
über 80		1,2	–	0,4	0,3	4	3,4	1,2 x 0,4	0,9	0,1
–	über 50 bis 80	1,6	–	0,3	0,2	4	3,1	1,6 x 0,3	1,4	0,6
–	über 80 bis 125	2,5	–	0,4	0,3	5	4,8	2,5 x 0,4	2,2	1,0
–	über 125	4	–	0,5	0,3	7	6,4	4 x 0,5	3,6	2,1

Freistiche der Reihe 1 sind zu bevorzugen.

Bezeichnungsbeispiel: **Freistich DIN 509 – F 0,4 x 0,2** Bezeichnung eines Freistichs der Form F mit $R = 0,4$ mm und $t_1 = 0,2$ mm

Freistiche werden im Regelfall vereinfacht mit einer breiten Volllinie dargestellt und mit einer Größenangabe versehen.

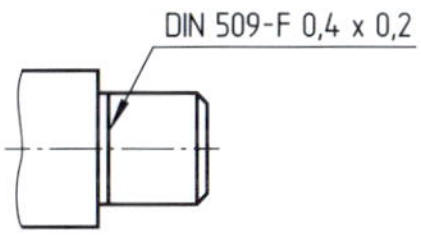

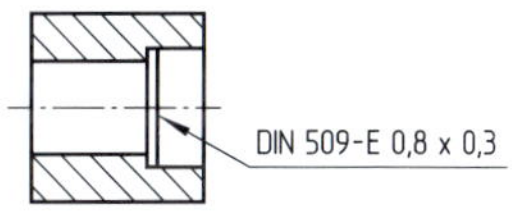

Rändel

DIN 82: 1973-01

Rändel mit achsparallelen Riefen **RAA**	Linksrändel **RBL**	Rechtsrändel **RBR**	Links-Rechts-Rändel **RGE**: Spitzen erhöht **RGV**: Spitzen vertieft	Kreuzrändel **RKE**: Spitzen erhöht **RKV**: Spitzen vertieft
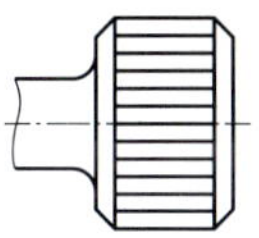	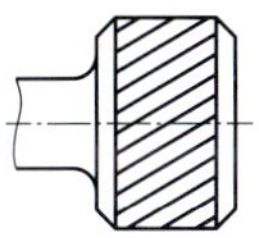	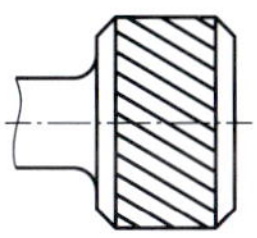	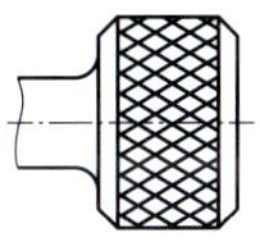	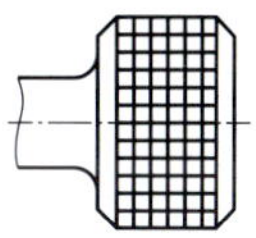
$d_2 = d_1 - 0,5\,t$	$d_2 = d_1 - 0,5\,t$	$d_2 = d_1 - 0,5\,t$	RGE: $d_2 = d_1 - 0,67\,t$ RGV: $d_2 = d_1 - 0,33\,t$	RKE: $d_2 = d_1 - 0,67\,t$ RKV: $d_2 = d_1 - 0,33\,t$

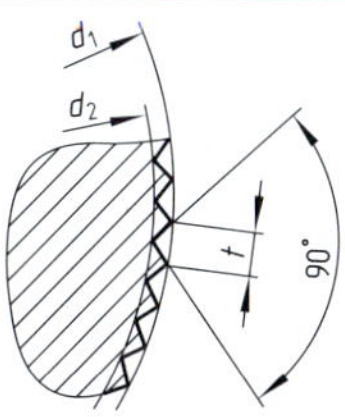

t = Teilung in mm: 0,5 – 0,6 – 0,8 – 1 – 1,2 – 1,6

d_1 = Nenndurchmesser/Außendurchmesser des fertigen Rändels

d_2 = Ausgangsdurchmesser

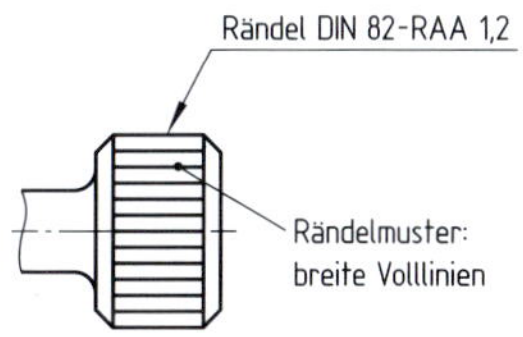

Bezeichnungsbeispiel: **Rändel DIN 82 – RAA 1,2**
Bezeichnung eines achsparallelen Rändels mit der Teilung $t = 1,2$ mm

Senkungen

Senktiefe für Senkungen

DIN 974-1: 2008-02; DIN 974-2: 1991-05

Gewindenenndurchmesser *d*	Zugabe
über 1,4 bis 6	0,4
über 6 bis 20	0,6
über 20 bis 27	0,8
über 27 bis 100	1,0

Berechnung der Senktiefe:

$t = k_{max.} + h_{max.} + \text{Zugabe}$

t = Senktiefe
$k_{max.}$ = maximale Kopfhöhe der Schraube
$h_{max.}$ = maximale Dicke des Unterlegteiles

Senkung nach DIN 974-1

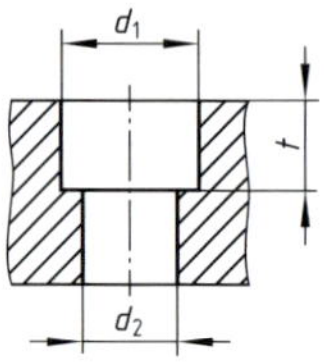

Senkung nach DIN 974-2

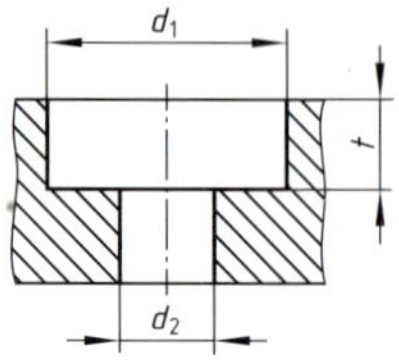

Senkungen für Schrauben mit Zylinderkopf

DIN 974-1: 2008-02

Gewinde-nenn-Ø *d*	Durchgangs-bohrung d_2 H13	Senkdurchmesser d_1 H13				
		ohne Unterlegteile		mit Unterlegteilen		
		Reihe 1	Reihe 2	Reihe 4	Reihe 5	Reihe 6
3	3,4	6,5	7	7	9	8
4	4,5	8	9	9	10	10
5	5,5	10	11	11	13	13
6	6,6	11	13	13	15	15
8	9	15	18	16	18	20
10	11	18	24	20	24	24
12	13,5	20	–	24	26	33
14	15,5	24	–	26	30	40
16	17,5	26	–	30	33	43
18	20	30	–	33	36	46
20	22	33	–	36	40	48
22	24	36	–	40	43	54
24	26	40	–	43	48	58
30	33	50	–	54	61	73
33	36	54	–	–	63	–
36	39	58	–	63	69	–

- Reihe 1 für:
  Schrauben nach DIN EN ISO 1207, DIN EN ISO 4762, DIN 6912 und DIN 7984 ohne Unterlegteile
- Reihe 2 für:
  Schrauben nach DIN ISO 1580 und DIN ISO 7045 ohne Unterlegteile
- Reihe 4 für:
  Zylinderschrauben mit Scheiben nach DIN EN ISO 7092 und DIN EN ISO 10673
- Reihe 5 für:
  Schrauben mit Zylinderkopf mit Scheiben nach DIN EN ISO 7089 und DIN EN ISO 7090
- Reihe 6 für:
  Schrauben mit Zylinderkopf mit Spannscheiben nach DIN 6796

Senkungen für Sechskantschrauben und Sechskantmuttern

DIN 974-2: 1991-05

Gewinde-nenn-Ø *d*	Durchgangs-bohrung d_2 H13	Schlüssel-weite *s*	Senkdurchmesser d_1 H13		Gewinde-nenn-Ø *d*	Durchgangs-bohrung d_2 H13	Schlüssel-weite *s*	Senkdurchmesser d_1 H13	
			Reihe 1	Reihe 2				Reihe 1	Reihe 2
3	3,4	5,5	11	11	16	17,5	24	40	46
4	4,5	7	13	15	18	20	27	43	50
5	5,5	8	15	18	20	22	30	46	54
6	6,6	10	18	20	22	24	34	54	61
8	9	13	24	26	24	26	36	58	73
10	11	16	28	33	30	33	46	73	82
12	13,5	18	33	36	33	36	50	76	89
14	15,5	21	36	43	36	39	55	82	93

Reihe 1 für Steckschlüssel nach DIN 896, DIN 3112;
Reihe 2 für Ringschlüssel nach DIN 838, DIN 897, DIN 3129

Senkungen für Senkschrauben — DIN 74: 2003-04

Form A und Form F

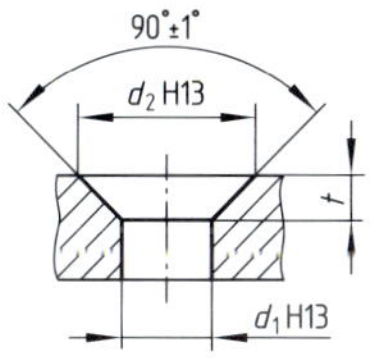

Form A

Gewinde-Ø	1,6	2	2,5	3	4	4,5	5	6	8	10
d_1 H13	1,8	2,4	2,9	3,4	4,5	5	5,5	6,6	9	11
d_2 H13	3,7	4,6	5,7	6,5	8,6	9,5	10,4	12,4	16,4	20,4
$t \approx$	0,9	1,1	1,4	1,6	2,1	2,3	2,5	2,9	3,7	4,7

Anwendung für:
- Senkholzschrauben DIN 97, DIN 7997;
- Linsensenk-Holzschrauben DIN 95, DIN 7995

Form F

Gewinde-Ø	3	4	5	6	8	10	12	14	16	20
d_1 H13	3,4	4,5	5,5	6,6	9	11	13,5	15,5	17,5	22
d_2 H13	6,9	9,2	11,5	13,7	18,3	22,7	27,2	31,2	34	40,7
$t \approx$	1,8	2,3	3	3,6	4,6	5,9	6,9	7,8	8,2	9,4

Anwendung für:
- Senkschrauben mit Innensechskant DIN EN ISO 10642

Form E

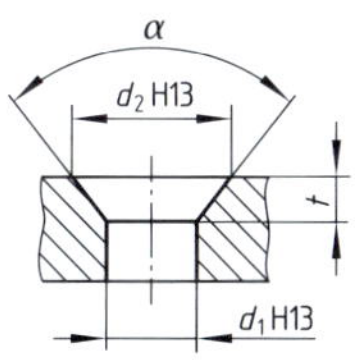

Form E

Gewinde-Ø	10	12	16	20	22	24
d_1 H13	10,5	13	17	21	23	25
d_2 H13	19	24	31	34	37	40
$t \approx$	5,5	7	9	11,5	12	13
α	75° ± 1°			60° ± 1°		

Anwendung für:
- Senkschrauben für Stahlkonstruktionen DIN 7969

Senkungen für Senkschrauben mit Kopfform nach ISO 7721 — DIN EN ISO 15065: 2005-05

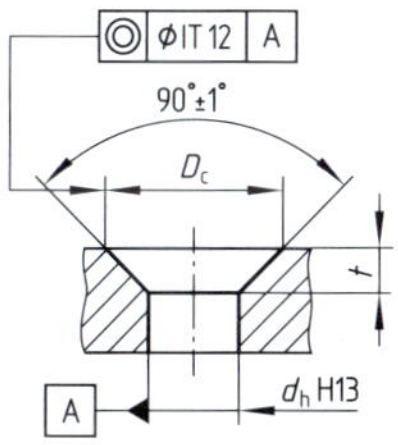

Nenngröße	2	3	4	5	6	8	10
Metrische Schrauben	M2	M3	M4	M5	M6	M8	M10
Blech-schrauben	ST2,2	ST2,9	ST4,2	ST4,8	ST6,3	ST8	ST9,5
d_h H13	2,4	3,4	4,5	5,5	6,6	9	11
D_c	4,4	6,3	9,4	10,4	12,6	17,3	20
$t \approx$	1	1,5	2,5	2,5	3,1	4,2	4,6

Anwendung für:
- Senkschrauben DIN EN ISO 2009, DIN EN ISO 7046-1;
- Linsensenkschrauben DIN EN ISO 2010; DIN EN ISO 7047;
- Senk-Blechschrauben DIN ISO 1482, DIN ISO 7050;
- Linsensenk-Blechschrauben DIN ISO 1483, DIN ISO 7051;
- Senk-Bohrschrauben ISO 15 482;
- Linsensenk-Bohrschrauben ISO 15 483

Bemaßung von Senkungen für Senkschrauben

Wahlweise mit Angabe des Senkdurchmessers

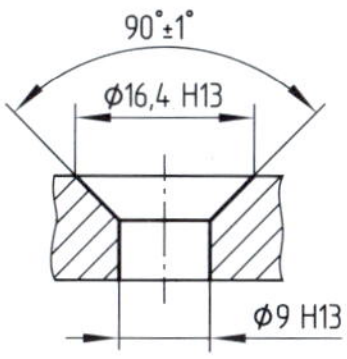

Wahlweise mit Angabe der Senktiefe

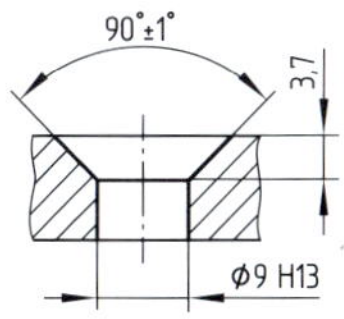

Wahlweise mit Kurzzeichen

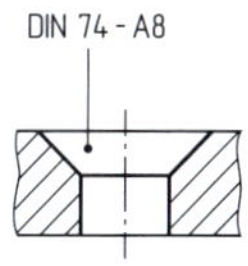

Senkung Form A,
für Gewinde M8

Vereinfachte Darstellungen von Bohrungen und Senkungen: DIN ISO 15786

2

Symbolische Darstellung von Schweiß- und Lötverbindungen

DIN EN ISO 2553: 2014-04

Grundsymbole (Auswahl) für die Nahtart und den Zeichnungseintrag

Nahtart und Symbol	Illustration	Zeichnungseintrag[1]	Nahtart und Symbol	Illustration	Zeichnungseintrag[1]
I-Naht	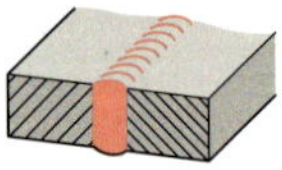	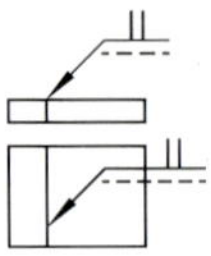	V-Naht	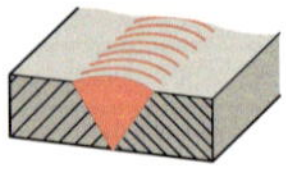	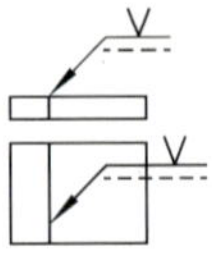
Y-Naht		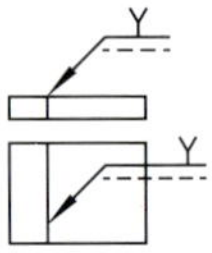	HV-Naht	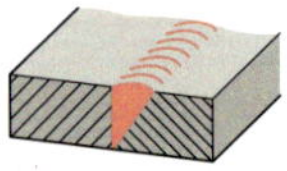	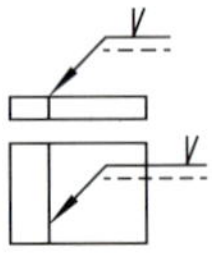
HY-Naht	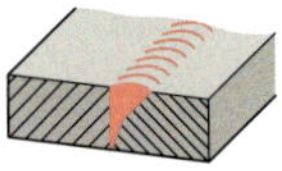	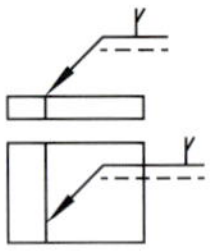	U-Naht	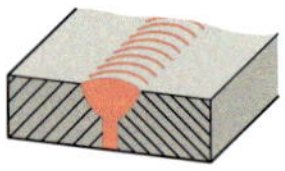	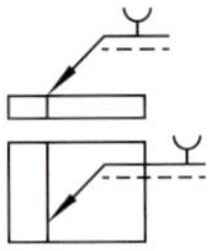
HU-Naht	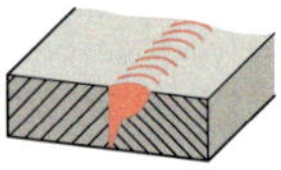	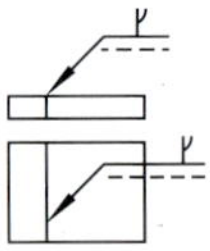	Bördelnaht	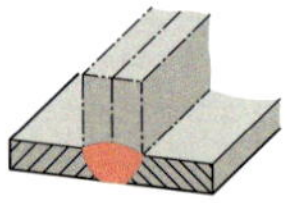	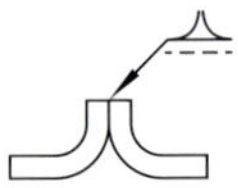
Kehlnaht	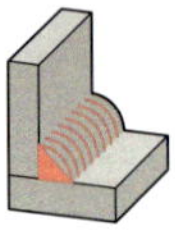	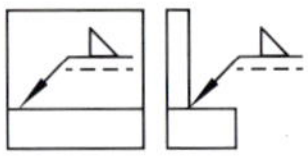	Bolzenschweißverbindung	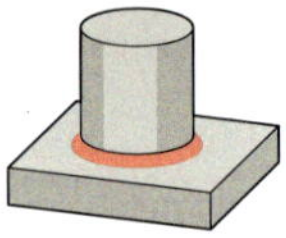	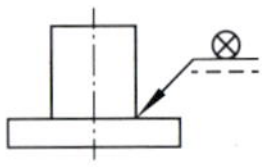
Lochnaht (in Schlitzen oder Rundlöchern)	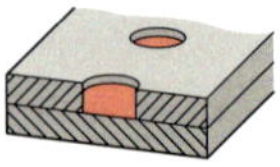	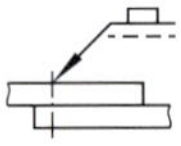	Auftragsschweißen	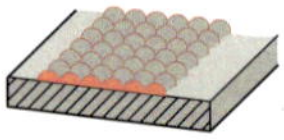	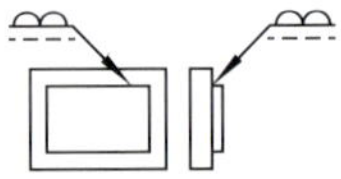
Punktnaht (schmelzgeschweißt)	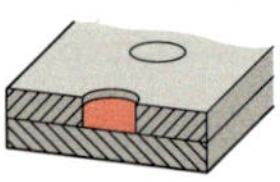	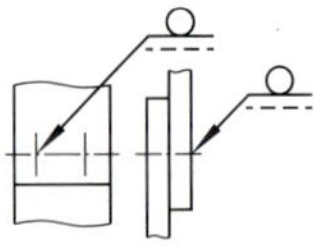	Punktnaht (widerstandsgeschweißt)	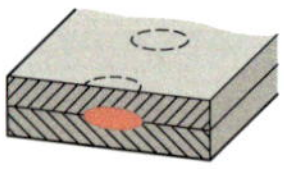	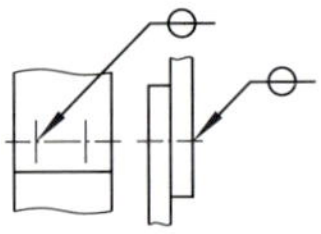
Liniennaht (schmelzgeschweißt)	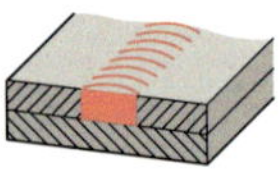	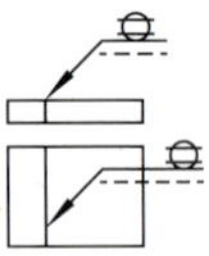	Liniennaht (widerstandsgeschweißt)	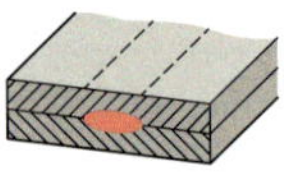	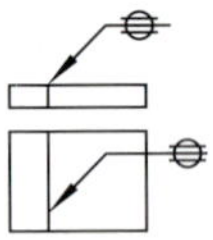
Steilflankennaht	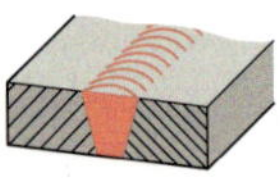	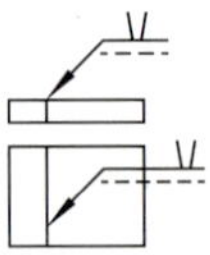	Stirnnaht		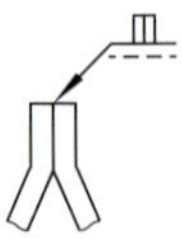

[1] Symbol wahlweise in einer der Ansichten

Darstellung von Schweiß- und Lötverbindungen

Symbolische Darstellung von Schweiß- und Lötverbindungen — DIN EN ISO 2553: 2014-04

Kombinierte Grundsymbole zur Darstellung beidseitiger Nähte

Nahtart und Symbol	Illustration	Zeichnungseintrag[1]	Nahtart und Symbol	Illustration	Zeichnungseintrag[1]
Doppel-V-Naht 	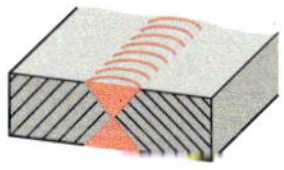	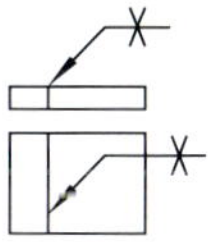	Doppel-HV-Naht 	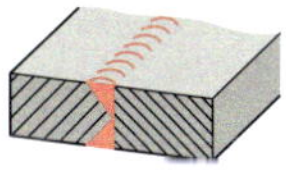	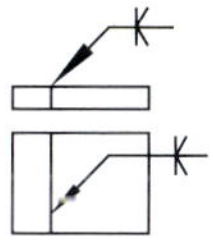
Doppel-U-Naht 	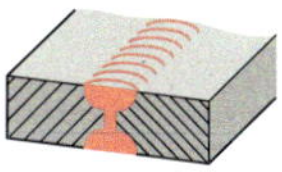	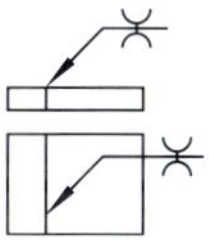	Doppel-Kehlnaht 	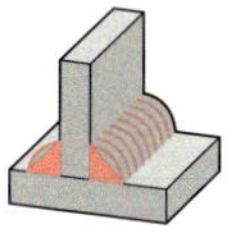	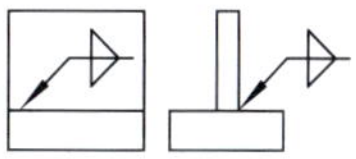

[1] wahlweise in einer der Ansichten

Zusatzsymbole und Eintragungsbeispiele

Zusatzsymbole vermitteln weitere Angaben über die Form der Naht oder über die Art der Herstellung der Schweißverbindung.

Benennung/Symbol	Zeichnungseintrag	Benennung/Symbol	Zeichnungseintrag	Benennung/Symbol	Zeichnungseintrag
Flach nachbearbeitet 	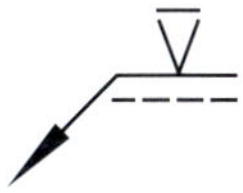	Nahtübergänge kerbfrei 	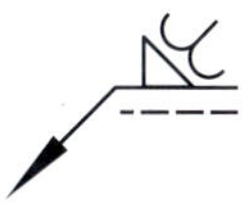	Gegenlage 	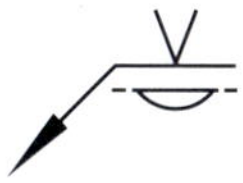
Konvex (gewölbt) 	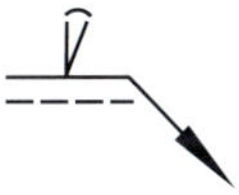	Konkav (hohl) 		Baustellennaht 	
Ringsum-Naht; Umlaufende Naht 		Versetzte, unterbrochene Naht 	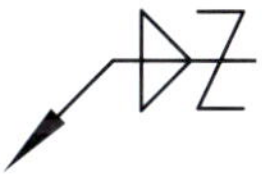	Naht zwischen zwei Punkten 	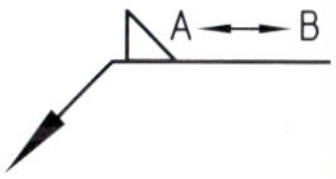

Schweißsymbol

Das Schweißsymbol kennzeichnet die zu schweißende Stelle (Stoß). Es besteht aus einer Pfeillinie und aus Bezugslinien.
Im Regelfall trägt die Bezugs-Volllinie das Symbol für die Nahtart und kann durch Maße und Angaben, z. B. zum Schweißprozess, ergänzt werden.

Schweißsymbol mit Naht-Symbol	Schweißsymbol mit zusätzlicher Gabel		
	Angabe des Schweißprozesses nach DIN EN ISO 4063		Bezugszeichen für z. B. Schweißanweisungen
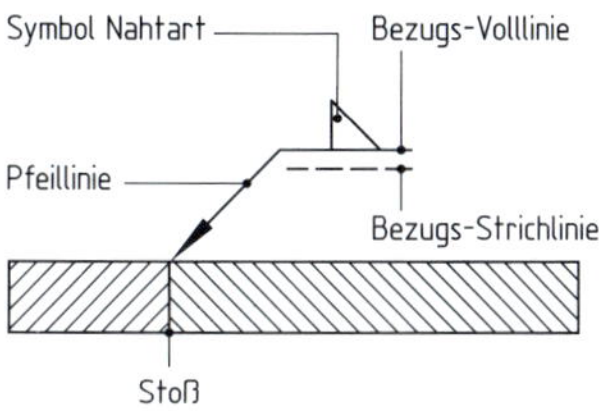	z. B. Hartlöten 	z. B. Widerstands-Punktschweißen 	Bedeutung ist auf der Zeichnung anzugeben 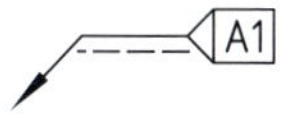

Beispiel einer vollständigen Schweißangabe

- Ringsum-Naht,
- auf der Baustelle gefertigt,
- Nahtdicke 5 mm (s. Bemaßung von Schweißnähten),
- Kehlnaht, konkav,
- Schweißprozess nach ISO 4063: Lichtbogenhandschweißen.

2

Symbolische Darstellung von Schweiß- und Lötverbindungen — DIN EN ISO 2553: 2014-04

Bemaßung der Nähte

Eine symbolhafte Darstellung ist nur dann zu verwenden, wenn die Darstellung eindeutig ist. Ansonsten sind die Nähte entsprechend den allgemeinen Regeln für technische Zeichnungen darzustellen und zu bemaßen.

Die Nahtdicke wird links vom Nahtsymbol angegeben, die Längenmaße rechts davon. Steht rechts neben dem Nahtsymbol kein Maß, verläuft die Naht ununterbrochen über die gesamte Werkstücklänge.

	Illustration	Zeichnungseintrag	Erklärung
Kehlnaht	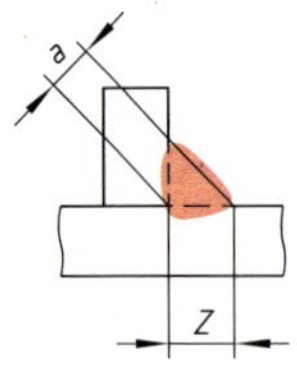	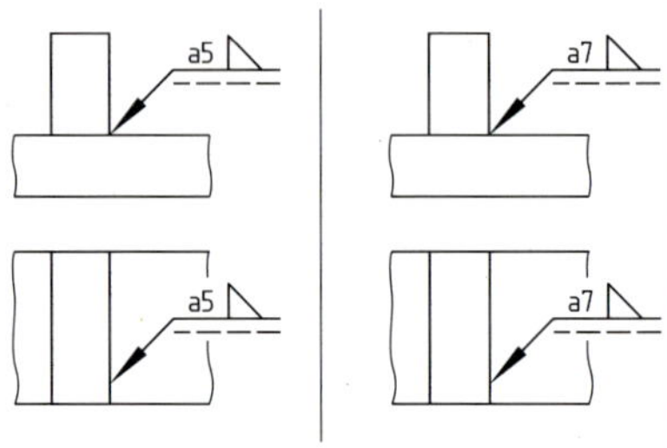 Eintrag wahlweise in einer der Ansichten	Einfache Kehlnaht: – Nahtdicke a = 5 mm oder – Schenkellänge z = 7 mm $z = \sqrt{2}\,a$ – Naht verläuft über die gesamte Werkstücklänge
	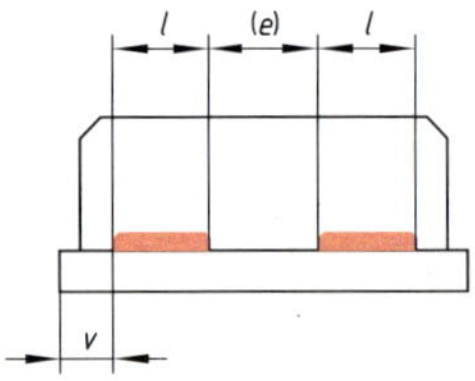	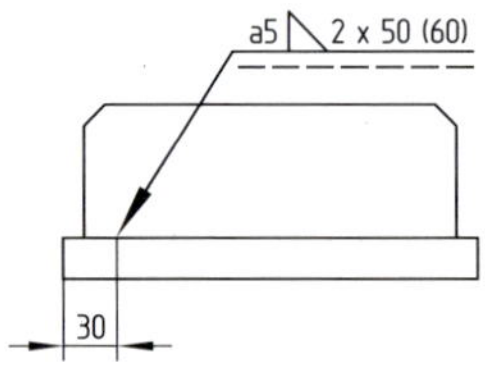	Unterbrochene Kehlnaht: – Vormaß v = 30 mm – Nahtdicke a = 5 mm – Anzahl der Einzelnähte n = 2 – Nennlänge der Einzelnähte l = 50 mm – Abstand zwischen Einzelnähten (e) = 60 mm
	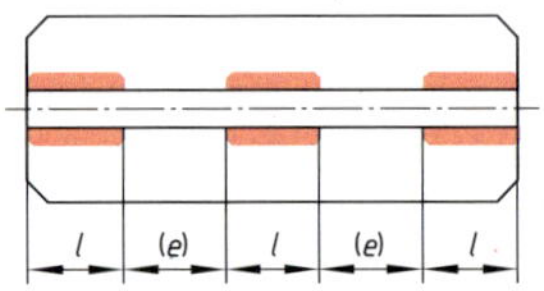	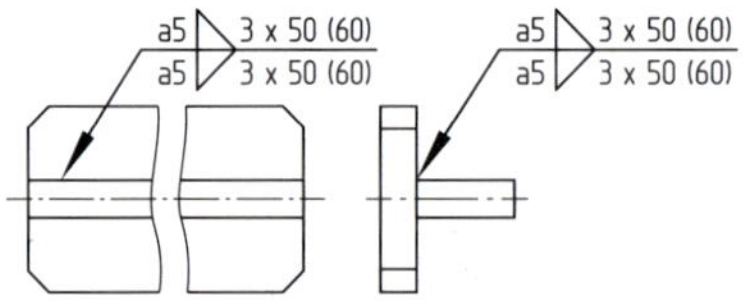 Eintrag wahlweise in einer der Ansichten	Symmetrische, unterbrochene Doppel-Kehlnaht: – Nahtdicke a = 5 mm – Anzahl der Einzelnähte n = 3 – Nennlänge der Einzelnähte l = 50 mm – Abstand zwischen Einzelnähten (e) = 60 mm
	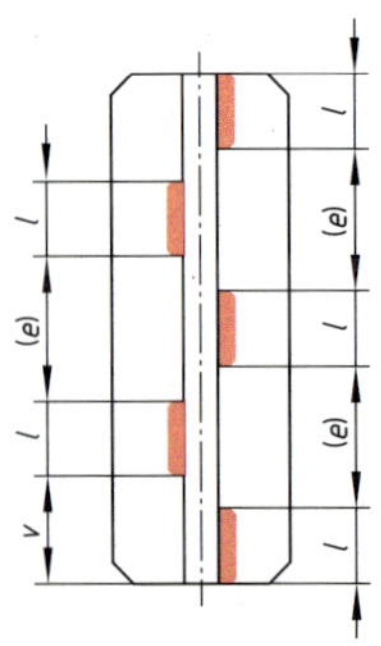	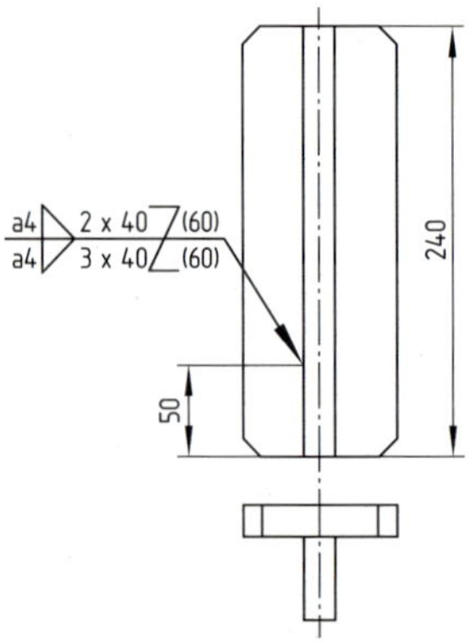	Versetzte, unterbrochene Doppel-Kehlnaht: ■ Pfeilseite: – Vormaß v = 50 mm – Nahtdicke a = 4 mm – Anzahl der Einzelnähte n = 2 – Nennlänge der Einzelnähte l = 40 mm – Abstand zwischen Einzelnähten (e) = 60 mm ■ gegenüber Pfeilseite: – Nahtdicke a = 4 mm – Anzahl der Einzelnähte n = 3 – Nennlänge der Einzelnähte l = 40 mm – Abstand zwischen Einzelnähten (e) = 60 mm

Darstellung von Schweiß- und Lötverbindungen

Symbolische Darstellung von Schweiß- und Lötverbindungen — DIN EN ISO 2553: 2014-04

	Illustration	Zeichnungseintrag	Erklärung
Stumpfnaht	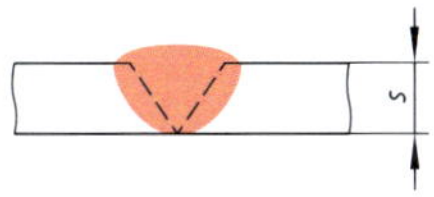	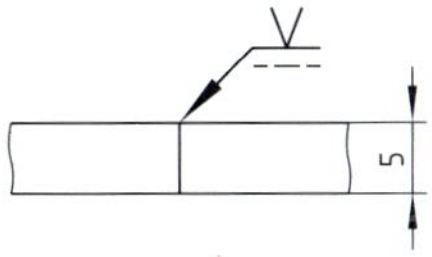	Durchgeschweißte V-Naht: – Nahtdicke = Blechdicke s = 5 mm – Naht verläuft über die gesamte Werkstücklänge
Stumpfnaht	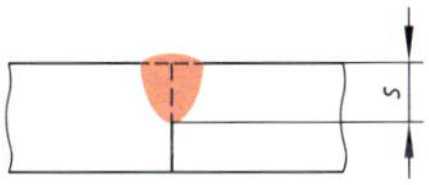	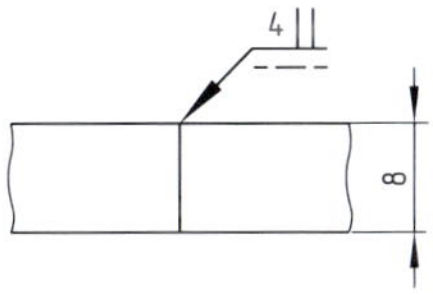	Nicht durchgeschweißte I-Naht: – Nahtdicke ≠ Blechdicke s = 4 mm – Naht verläuft über die gesamte Werkstücklänge
Punktnaht	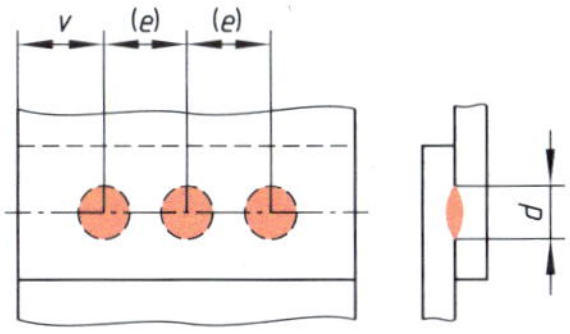	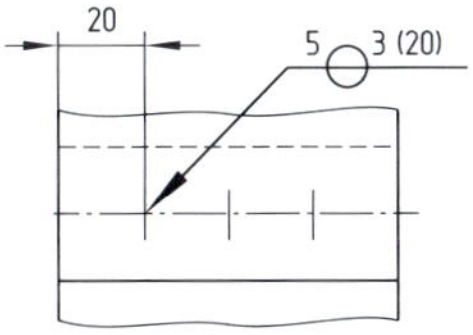	Widerstandsgeschweißte Punktnaht: – Vormaß v = 20 mm – Punktdurchmesser d = 5 mm – Anzahl der Punkte n = 3 – Mittenabstand der Punkte e = 20 mm
Stirnnaht	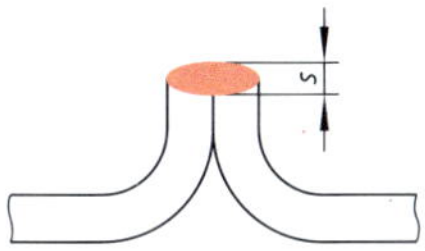	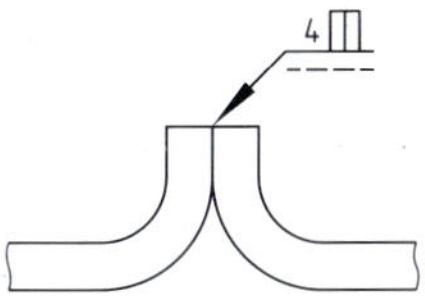	Bördelstumpf-Stirnnaht: – Dicke des Schweißguts s = 4 mm Mindestabstand von der Nahtaußenfläche bis zur Unterseite des Einbrands

Bezugslinie und Lage der Naht

Steht das Symbol für die Naht auf der Bezugs-Volllinie des Schweißsymbols, befindet sich die Naht auf der Pfeilseite.
Steht das Symbol für die Naht auf der Bezugs-Strichlinie, befindet sich die Naht auf der Gegenseite. Vorzugsweise ist das Schweißsymbol auf der Seite des Stoßes anzugeben, auf der die Naht zu schweißen ist, d. h. auf der Pfeilseite.

Bei symmetrischen Nähten und bei Punkt- oder Liniennähten entfällt die Strichlinie.

Naht auf der Pfeilseite (Anwendung vorzugsweise)	**Naht auf der Gegenseite**	**nach beiden Möglichkeiten ausgeführte gleiche Naht**
Naht-Symbol auf der Bezugs-Volllinie	Naht-Symbol auf der Bezugs-Strichlinie	
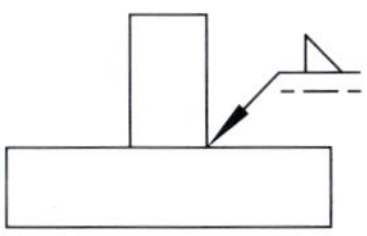	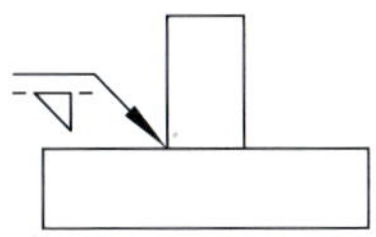	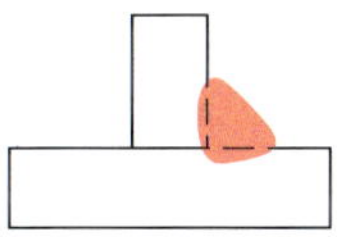
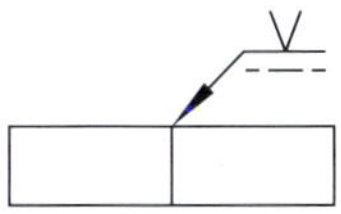	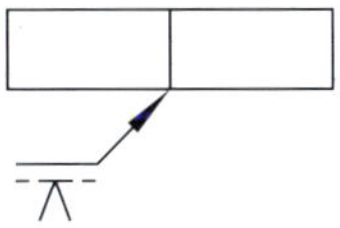	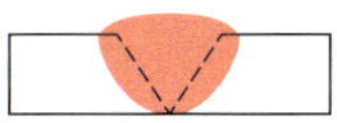
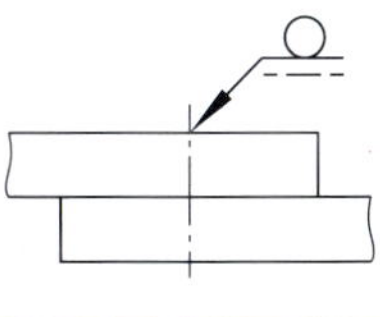	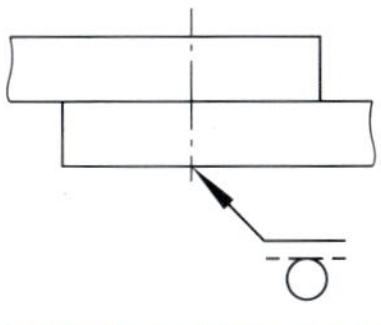	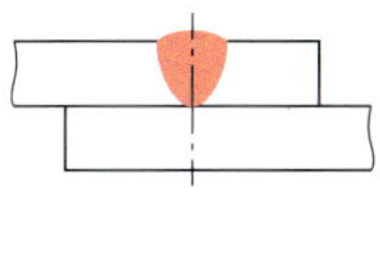

2

Stoßarten

DIN EN ISO 17659: 2005-09

Stoßart	Lage der Teile	Beschreibung	Stoßart	Lage der Teile	Beschreibung
Stumpfstoß	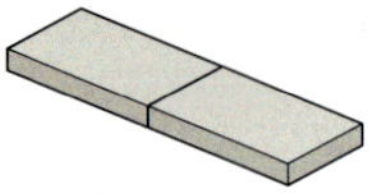	Teile liegen in einer Ebene und stoßen stumpf gegeneinander	Schrägstoß	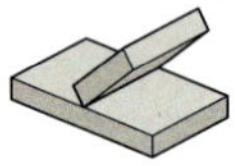	Ein Teil stößt schräg gegen ein anderes Teil
Parallelstoß		Teile liegen parallel aufeinander	Eckstoß	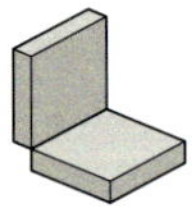	Teile stoßen am Rand unter einem Winkel von > 30° gegeneinander
Überlappstoß	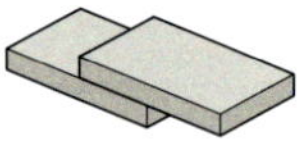	Teile liegen parallel aufeinander und überlappen sich	Stirnstoß	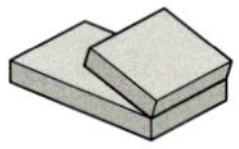	Teile stoßen am Rand unter einem Winkel von 0° bis 30° gegeneinander
T-Stoß	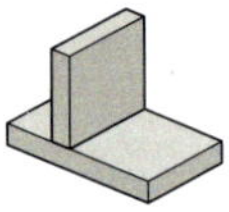	Teile stoßen rechtwinklig aufeinander	Mehrfachstoß	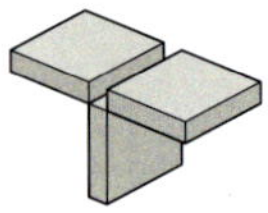	Drei oder mehr Teile stoßen unter einem beliebigen Winkel aneinander
Doppel-T-Stoß	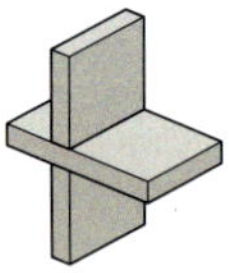	Zwei in einer Ebene liegende Teile stoßen rechtwinklig auf ein dazwischenliegendes drittes Teil	Kreuzungsstoß	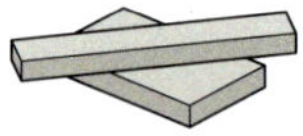	Zwei Teile liegen sich kreuzend übereinander

Ordnungsnummern und Prozesse für Schweiß- und Lötverfahren

DIN EN ISO 4063: 2011-03

Kennzahl	Prozess	Kennzahl	Prozess
1	**Lichtbogenschweißen**	4	**Pressschweißen**
101	Metall-Lichtbogenschweißen	41	Ultraschallschweißen
11	Metall-Lichtbogenschweißen ohne Gasschutz	5	**Strahlschweißen**
111	Lichtbogenhandschweißen	51	Elektronenstrahlschweißen
112	Schwerkraftlichtbogenschweißen	52	Laserstrahlschweißen
13	Metall-Schutzgasschweißen	7	**Andere Schweißverfahren**
131	Metall-Inertgasschweißen; MIG-Schweißen	73	Elektrogasschweißen
135	Metall-Aktivgasschweißen; MAG-Schweißen	74	Induktionsschweißen
14	Wolfram-Schutzgasschweißen	8	**Schneiden und Ausfugen**
141	Wolfram-Inertgasschweißen; WIG-Schweißen	81	Autogenes Brennschneiden
15	Plasmaschweißen	82	Lichtbogenschneiden
2	**Widerstandsschweißen**	83	Plasmaschneiden
21	Widerstandspunktschweißen	84	Laserstrahlschneiden
22	Rollennahtschweißen	86	Brennfugen
3	**Gasschmelzschweißen**	9	**Löten**
311	Gasschweißen mit Sauerstoff-Acetylen-Flamme	91	Hartlöten
312	Gasschweißen mit Sauerstoff-Propan-Flamme	94	Weichlöten

Zeichnungseintrag

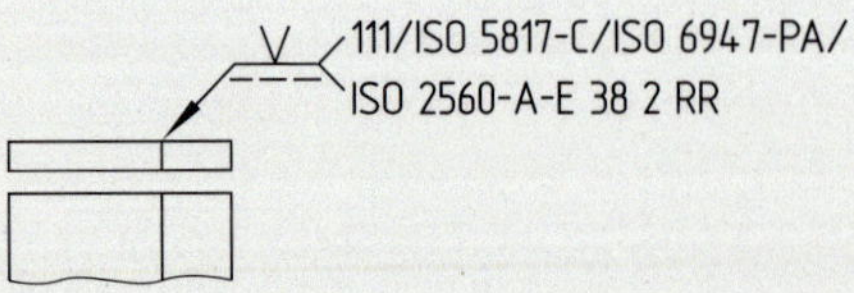

Bedeutung des Zeichnungseintrags:
Durchgeschweißte V-Naht;
Kennzahl 111 für Lichtbogenhandschweißen nach DIN EN ISO 4063;
Bewertungsgruppe C nach DIN EN ISO 5817;
Wannenposition PA nach DIN EN ISO 6947;
umhüllte Stabelektrode nach DIN EN ISO 2560

Werkstofftechnik 3

Einteilung der Werkstoffe

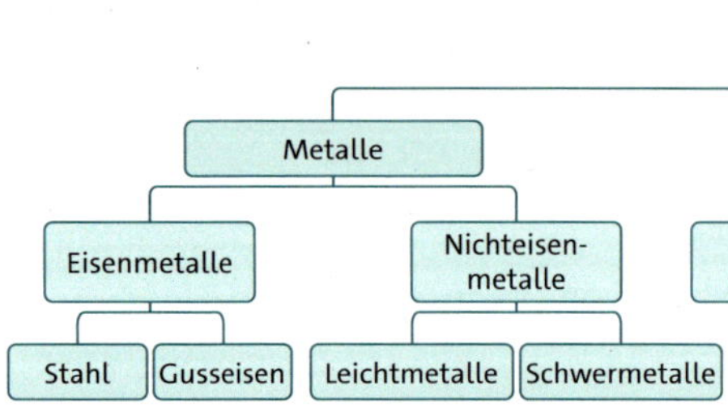

Einteilung der Stähle — DIN EN 10020: 2000-07

Stahl ist ein Werkstoff, dessen Masseanteil an Eisen größer ist als der jedes anderen Elementes, dessen C-Gehalt im Allgemeinen kleiner als 2 % ist und der andere Elemente enthält.

Einteilung nach der chemischen Zusammensetzung

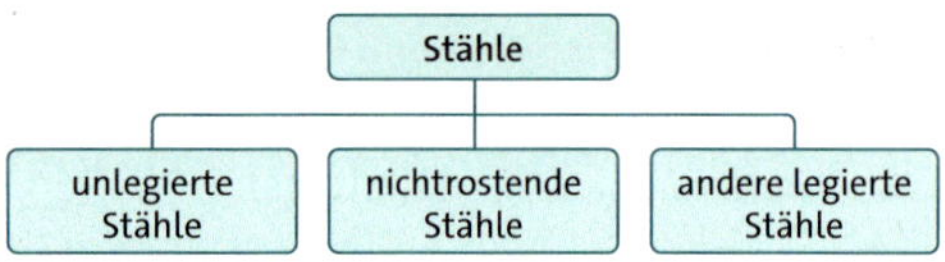

Unlegierte Stähle sind Stahlsorten, bei denen keiner den Grenzwert der Legierungselemente erreicht.

Nichtrostende Stähle sind Stähle mit mindestens 10,5 % Cr und höchstens 1,2 % C.

Andere legierte Stähle sind Stahlsorten, die nicht der Definition der nichtrostenden Stähle entsprechen und bei denen wenigstens ein Grenzwert der Legierungselemente erreicht wird.

Grenze zwischen unlegierten und legierten Stählen

Element	Al	B	Bi	Co	Cr	Cu	La	Mn	Mo	Nb	Ni	Pb	Se	Si	Te	Ti	V	W	Zr
Grenzwert Masseanteil in %	0,30	0,0008	0,10	0,30	0,30	0,40	0,10	1,65	0,08	0,06	0,30	0,40	0,10	0,60	0,10	0,05	0,10	0,30	0,05

Sonstige Legierungselemente mit Ausnahme von C, P, S, N jeweils 0,10 %

Einteilung nach Hauptgüteklassen

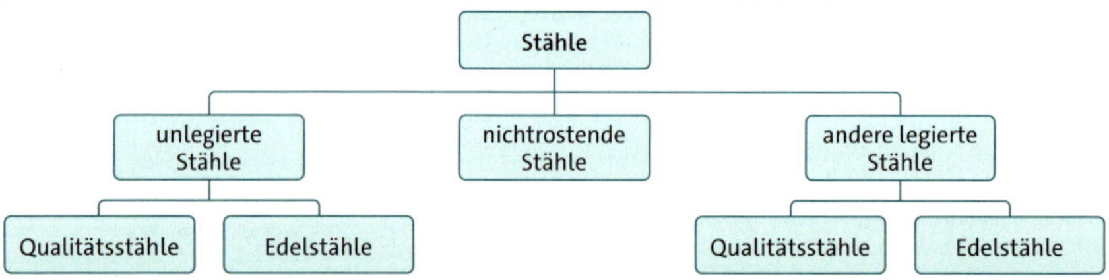

Unlegierte Qualitätsstähle	Unlegierte Edelstähle	Legierte Qualitätsstähle	Legierte Edelstähle
Allgemeine Anforderungen an Zähigkeit und Umformbarkeit, in der Regel nicht für eine Wärmebehandlung bestimmt	Höherer Reinheitsgrad als unleg. Qualitätsstähle, zum Vergüten und Oberflächenhärten vorgesehen, festgelegter Höchstgehalt an P und S	Besondere Anforderungen an Zähigkeit und Umformbarkeit, nicht zum Vergüten und Oberflächenhärten vorgesehen	Genaue Einstellung der chemischen Zusammensetzung und verbesserte Eigenschaften gegenüber legierten Qualitätsstählen
Beispiele			
S235JR unlegierte Baustähle C45 unlegierte Vergütungsstähle 10S20 Automatenstähle S355N unlegierte schweißgeeignete Feinkornbaustähle P265GH unlegierte Druckbehälterstähle	C10E unlegierte Einsatzstähle C45E unlegierte Vergütungsstähle C45U unlegierte Werkzeugstähle SM unlegierter Federstahl	DC06 kaltgewalzte Flacherzeugnisse aus weichen Stählen S320GP Stähle für Spundbohlen HC 220 Y legierte Stähle für warm- und kaltgewalzte Flacherzeugnisse	34CrMo4 Vergütungsstähle 18NiCr5-4 Einsatzstähle 31CrMo12 Nitrierstähle 90MnCrV8 Werkzeugstähle

Nichtrostende Stähle

Nichtrostende Stähle werden nach ihren Haupteigenschaften in korrosionsbeständig, hitzebeständig und warmfest unterteilt.
Beispiele: X5CrNi18-10 Geräte für die Nahrungsmittelindustrie, X10CrAlSi13 für Dampfkesselbau, X39CrMo17-1 für Armaturen

Bezeichnungssystem für Stähle

Bezeichnungssystem für Stähle – Nummernsystem

DIN EN 10027-2: 2015-07

Werkstoff-Hauptgruppennummer „1" für Stahl	Stahl-Gruppennummer	Zählnummer max. 4-stellig

Stahlgruppennummern

Unlegierte Stähle

Grundstähle	00, 90	Stähle mit keinen besonderen Qualitätsmerkmalen, nicht für die Wärmebehandlung bestimmt; außer Si und Mn enthalten sie keine festgelegten Legierungsbestandteile
Qualitätsstähle	01, 91	Allgemeine Baustähle, $R_m < 500$ N/mm²
	02, 92	Sonstige, nicht für Wärmebehandlung bestimmte Baustähle, $R_m < 500$ N/mm²
	03, 93	Stähle mit < 0,12 % C, $R_m < 400$ N/mm²
	04, 94	Stähle mit 0,12 % ≤ C < 0,25 % oder 400 N/mm² ≤ R_m < 500 N/mm²
	05, 95	Stähle mit 0,25 % ≤ C < 0,55 % oder 500 N/mm² ≤ R_m < 700 N/mm²
	06, 96	Stähle mit ≥ 0,55 % C, $R_m \geq 700$ N/mm²
	07, 97	Stähle mit höherem P- oder S-Gehalt
Edelstähle	10	Stähle mit besonderen physikalischen Eigenschaften
	11	Bau-, Maschinenbau- und Behälterstähle mit < 0,50 % C
	12	Maschinenbaustähle mit ≥ 0,50 % C
	13	Bau-, Maschinenbau- und Behälterstähle mit besonderen Anforderungen
	14	frei
	15 ...18	Werkzeugstähle
	19	frei

Die Werkstoffnummern werden auf Antrag der Stahlhersteller von der Europäischen Stahlregistratur vergeben.

Legierte Stähle

Qualitätsstähle	08, 98	Stähle mit besonderen physikalischen Eigenschaften
	09, 99	Stähle für verschiedene Anwendungsbereiche
Edelstähle	20... 28	Werkzeugstähle
	29	frei
	30, 31	frei
	32	Schnellarbeitsstähle mit Co
	33	Schnellarbeitsstähle ohne Co
	34	frei
	35	Wälzlagerstähle
	36, 37	Stähle mit besonderen magnetischen Eigenschaften
	38, 39	Stähle mit besonderen physikalischen Eigenschaften
	40 ...45	nichtrostende Stähle
	46	chemisch beständige und hochwarmfeste Ni-Legierungen
	47 ... 48	Hitzebeständige Stähle
	49	Hochwarmfeste Werkstoffe
	50 ... 84	Bau-, Maschinenbau- und Behälterstähle geordnet nach Legierungselementen
	85	Nitrierstähle
	86	frei
	87 ... 89	nicht für Wärmebehandlung bestimmte Stähle, hochfeste schweißgeeignete Stähle

Begriffsbestimmungen für Stahlerzeugnisse

DIN EN 10079: 2007-06

Begriffe	Erläuterungen / Beispiele
Halbzeug	Erzeugnisse, die entstanden sind durch ▪ Stranggießen (ggfls. anschließendes Walzen oder Schmieden), ▪ Walzen, Schmieden oder Längsteilen von Blöcken (vorgesehen für die Umformung zu Flach- oder Langerzeugnissen durch Warmwalzen oder Warmschmieden).
Flacherzeugnisse	
Flacherzeugnisse haben einen etwa rechteckigen Querschnitt, dessen Breite viel größer ist als seine Dicke. Warm- und kaltgewalzte Flacherzeugnisse werden in Abhängigkeit der Erzeugnisdicke in Feinblech und -band (Dicke < 3 mm) sowie Grobblech und -band (Dicke ≥ 3 mm) unterschieden.	
warm und kalt umgeformte Flacherzeugnisse ohne / mit Oberflächenveredelung	Flachstahl, Blech, Band, Feinstblech, Weißblech Wellblech, geripptes Blech
Langerzeugnisse	
Langerzeugnisse werden durch Walzen, Schmieden und Ziehen hergestellt und haben einen über die Länge gleichbleibenden Querschnitt.	
warm und kalt umgeformte Langerzeugnisse	gewalzter Draht, gezogener Draht warmgeformte Flachstäbe, Rundstäbe, Vierkantstäbe warmgewalzte, I-Profile, L-Profile, U-Profile, H-Profile, Rohre kaltgezogene Stäbe (Blankstahl), kaltgeformte Rohre

Bezeichnungssystem für Stähle – Kurznamen

DIN EN 10027-1: 2017-01

Bezeichnung nach Verwendung und Eigenschaften

Stähle für den Stahlbau

Erzeugnisse		
	Warmgewalzte unlegierte Baustähle	DIN EN 10025-2
	Normalgeglühte schweißgeeignete Feinkornbaustähle	DIN EN 10025-3
	Thermomechanisch gewalzte schweißgeeignete Feinkornbaustähle	DIN EN 10025-4
	Flacherzeugnisse aus Stählen mit höherer Streckgrenze	DIN EN 10025-6
	Blankstahlerzeugnisse	DIN EN 10277-1, 2

Kennbuchstabe	Mechanische Eigenschaft
S = Stähle für den Stahlbau **G** = Stahlguss (wird dem Buchstaben vorangestellt, wenn relevant)	Mindeststreckgrenze in MPa für den kleinsten Dickenbereich

Zusatzsymbole für Stähle

Kerbschlagarbeit			Prüftemperatur
27 J	40 J	60 J	°C
JR	KR	LR	+20
J0	K0	L0	0
J2	K2	L2	–20
J3	K3	L3	–30
J4	K4	L4	–40
J5	K5	L5	–50
J6	K6	L6	–60

- N = normalgeglüht oder normalisierend gewalzt
- P = Spundwandstahl
- Q = vergütet
- S = für Schiffsbau
- T = für Rohre
- W = wetterfest

evtl. Symbole für vorgeschriebene zusätzliche Elemente, z. B. Cu, und falls erforderlich einer einstelligen Zahl (= 10fache des Gehalts)

- C = mit besonderer Kaltumformbarkeit
- D = für Schmelztauchüberzüge
- E = für Emaillierung
- F = zum Schmieden
- H = für Hohlprofile
- L = für tiefere Temperaturen
- M = thermomechanisch gewalzt

Zusatzsymbole für Stähle

Für Feinkornbaustähle gelten:
- A = ausscheidungshärtend
- M = thermomechanisch gewalzt
- N = normalgeglüht oder normalisierend gewalzt
- Q = vergütet
- G = andere Merkmale (evtl. mit 1 oder 2 Ziffern)

- G1 = unberuhigt vergossen
- G2 = beruhigt vergossen
- G3 = voll beruhigt vergossen
- G4 = voll beruhigt vergossen vorgeschriebener Lieferungszustand

Zusatzsymbole für Stahlerzeugnisse (Auswahl)

- +AR = wie gewalzt, ohne besondere Wärmebehandlung
- +C = kaltverfestigt
- +M = thermomechanisch gewalzt
- +N = normalgeglüht oder normalisierend gewalzt
- +Q = vergütet, Werte Kerbschlagarbeit bei –20°

Bezeichnungsbeispiele:

S 235 JR + M
Stahl für den Stahlbau,
Mindeststreckgrenze R_e = 235 MPa,
Kerbschlagarbeit 27 J bei 20 °C,
thermomechanisch gewalzt

S 460 QL
Stahl für den Stahlbau,
Mindeststreckgrenze R_e = 460 MPa,
vergütet
geeignet für tiefe Temperaturen

Stähle für Druckbehälter

Erzeugnisse		
	Flacherzeugnisse aus Druckbehälterstählen	DIN EN 10028
	Stahlguss für Druckbehälter	DIN EN 10213

Kennbuchstabe	Mechanische Eigenschaft	Zusatzsymbole für Stähle	Zusatzsymbole für Stahlerzeugnisse
P = Druckbehälterstähle	Mindeststreckgrenze in MPa für den kleinsten Dickenbereich	B = für Gasflaschen S = für einfache Druckbehälter T = für Rohre H = für Hochtemperatur L = für Niedrigtemperatur R = für Raumtemperatur X = für Hoch- und Niedrigtemperatur G = andere Merkmale (evtl. mit 1 oder 2 Ziffern)	+AR = wie gewalzt, ohne besondere Wärmebehandlung +N = normalgeglüht oder normalisierend gewalzt +QT = vergütet
Für Feinkornbaustähle gelten: M = thermomechanisch gewalzt N = normalgeglüht oder normalisierend gewalzt Q = vergütet			

Bezeichnungsbeispiel: **P 295 GH** Stahl für Druckbehälter
Mindeststreckgrenze R_e = 295 MPa
Merkmal: für Hochtemperatur

Bezeichnungssystem für Stähle

Maschinenbaustähle

Erzeugnisse	Warmgewalzte unlegierte Baustähle Stahlguss für allgemeine Anwendung Blankstahlerzeugnisse	DIN EN 10025-2 DIN EN 10293 DIN EN 10277-2

Kennbuchstabe	Mechanische Eigenschaft	Zusatzsymbole für Stähle	Zusatzsymbole für Stahlerzeugnisse
E = Stähle für den Maschinenbau	Mindeststreckgrenze in MPa für den kleinsten Dickenbereich	G = andere Merkmale (evtl. mit 1 oder 2 Ziffern) C = Eignung zum Kaltziehen	+AR = wie gewalzt, ohne besondere Wärmebehandlung +N = normalgeglüht oder normalisierend gewalzt
Dem Buchstaben wird ein **G** vorangestellt, wenn es sich um Stahlguss handelt.			

Bezeichnungsbeispiel: **E 295 GC** Maschinenbaustahl, Mindeststreckgrenze R_e = 295 MPa, Eignung zum Kaltziehen

Flacherzeugnisse zum Kaltumformen

Erzeugnisse	Kaltgewalzte Flacherzeugnisse aus weichen Stählen zum Kaltumformen Kontinuierlich schmelztauchveredelte Flacherzeugnisse aus Stahl	DIN EN 10130 DIN EN 10346

Kennbuchstabe	Mechanische Eigenschaft	Zusatzsymbole für Stähle	Zusatzsymbole für Stahlerzeugnisse
D = Flacherzeugnisse zum Kaltumformen	C = kaltgewalzt D = warmgewalzt X = Art des Walzens nicht vorgeschrieben jeweils gefolgt von 2 Zahlen	D = mit Schmelztauchüberzug EK = konventionell emailliert ED = direkt emailliert H = Hohlprofile T = Rohre G = andere Merkmale (mit 1 oder 2 Ziffern) falls erforderlich Symbole für vorgeschriebene zusätzliche Elemente und einer Ziffer (= 10fache des Gehalts)	**Oberflächenart:** A = Fehler, die eine spätere Umformung oder Beschichtung nicht beeinträchtigen, sind zulässig. B = Das einheitliche Aussehen einer Qualitätslackierung oder eines elektrolytischen Überzuges darf nicht beeinträchtigt werden. **Oberflächenausführung:** b = besonders glatt m = matt g = glatt r = rau **Überzüge:** +AS = mit Al-Si-Leg. überzogen +AZ = mit Al-Zn-Leg. überzogen (55 % Al) +Z = feuerverzinkt +ZA = mit Zn-Al-Leg. überzogen (5 % Al) +ZE = elektrolytisch verzinkt + ZF = diffusionsgeglühte Zinküberzüge (mit Fe)

Bezeichnungsbeispiele:

DC03+ZE Flacherzeugnis zum Kaltumformen, kaltgewalzt, Gruppe 03, elektrolytisch verzinkt

DC04-A-m Flacherzeugnis zum Kaltumformen, kaltgewalzt, Gruppe 04, Oberflächenart A, matt

Flacherzeugnisse aus höherfesten Stählen zum Kaltumformen

Erzeugnisse	Kaltgewalzte Flacherzeugnisse aus Stählen mit hoher Streckgrenze zum Kaltumformen	DIN EN 10268

Kennbuchstabe	Mechanische Eigenschaft	Zusatzsymbole für Stähle	Zusatzsymbole für Stahlerzeugnisse
H = Flacherzeugnisse aus höherfesten Stählen zum Kaltumformen	festgelegte Mindeststreckgrenze in MPa C = kaltgewalzt D = warmgewalzt X = Art des Walzens nicht vorgeschrieben CT, DT, XT = gewalzt mit Angabe der Mindestzugfestigkeit in MPa	B = bake hardening[1)] LA = niedrig legiert M = thermomechanisch gewalzt P = phosphorlegiert X = Dualphasengefüge D = Schmelztauchüberzüge G = andere Merkmale (mit 1 oder 2 Ziffern)	Oberflächenart und Oberflächenausführung wie bei Flacherzeugnisse zum Kaltumformen [1)] Bake-Hardening-Stahl erfährt eine Erhöhung der Festigkeit durch Erwärmen auf Temperaturen um 200 °C .

Bezeichnungsbeispiel: **HC 400 LA-A-g** Flacherzeugnis aus höherfestem Stahl zum Kaltumformen
Mindeststreckgrenze R_e = 400 MPa
niedrig legiert, Oberflächenart A, glatt

Verpackungsblech und -band

Erzeugnisse	Kaltgewalzte Verpackungsblecherzeugnisse	DIN EN 10202

Kennbuchstabe	Mechanische Eigenschaft	Zusatzsymbole für Stähle	Zusatzsymbole für Stahlerzeugnisse
T = Verpackungsblech und -band	H = R_e in MPa für kontinuierlich geglühte Sorten S = R_e in MPa für losweise geglühte Sorten	Angaben für die Oberflächenausführung und die Überzüge sind der Norm DIN EN 10202 zu entnehmen. Bezeichnungsbeispiel: **TH 415** Verpackungsblech, kontinuierlich geglüht (durchlaufgeglüht) Nennstreckgrenze Rp0,2 = 415 MPa	

3

Bezeichnungssystem für Stähle – Kurznamen

DIN EN 10027-1: 2017-01

Bezeichnung nach der chemischen Zusammensetzung

Unlegierte Stähle mit einem Mn-Gehalt < 1 % (außer Automatenstähle)

Erzeugnisse		
	Einsatzstähle	DIN EN 10084
	Vergütungsstähle	DIN EN 10083
	Federstähle	DIN EN 10132-4
	Walzdraht, Stäbe und Draht aus Kaltstauch- und Kaltfließpressstählen	DIN EN 10263-2
	Blankstahlerzeugnisse	DIN EN 10277-2

Kennbuchstabe	Eigenschaft	Zusatzsymbole für Stähle	Zusatzsymbole für Stahlerzeugnisse
C = Kohlenstoff	mittlerer C-Gehalt in % x 100	C = zum Kaltumformen D = zum Drahtziehen E = vorgeschriebener max. Schwefel-Gehalt R = vorgeschriebener Bereich für Schwefel-Gehalt S = für Federn U = für Werkzeuge W = für Schweißdraht G = andere Merkmale (mit 1 oder 2 Ziffern) zusätzlich chemische Symbole für weitere vorgeschriebene Elemente, z. B. Pb	+A = weichgeglüht +H = mit besonderer Härtbarkeit +N = normalgeglüht +QT = vergütet +S = behandelt auf Scherbarkeit +U = unbehandelt +HW = warmgeformt +CC = unverformter Strangguss +Pl = warmgeformt und gebeizt +BC = warmgeformt und gestrahlt
Dem Buchstaben wird ein **G** vorangestellt, wenn es sich um Stahlguss handelt.			
Bezeichnungsbeispiel: **C40E+H** unlegierter Stahl mit 0,40 % C vorgeschriebener max. Schwefel-Gehalt mit besonderer Härtbarkeit			

Unlegierte Stähle mit einem Mn-Gehalt ≥ 1 % Mn, unlegierte Automatenstähle und legierte Stähle mit < 5 % Legierungselementen

Erzeugnisse		
	Flacherzeugnisse aus Druckbehälterstählen	DIN EN 10028
	Einsatzstähle	DIN EN 10084
	Vergütungsstähle	DIN EN 10083
	Automatenstähle	DIN EN 10087
	Nitrierstähle	DIN EN 10085
	Werkzeugstähle (außer Schnellarbeitsstähle)	DIN EN ISO 4957
	Wälzlagerstähle	DIN EN ISO 683-17
	Blankstahlerzeugnisse	DIN EN 10277-2,3,4,5

Eigenschaften

Mittlerer C-Gehalt in % x 100 und Angabe der für den Stahl charakterisierenden Legierungselemente und deren mittleren Gehalt multipliziert mit den jeweiligen Faktoren in fallender Reihenfolge

Element	Faktor
Cr, Co, Mn, Ni, Si, W	4
Al, Be, Cu, Mo, Nb, Pb, Ta, Ti, V, Zr	10
C, Ce, N, P, S	100
B	1000

Der Bezeichnung wird ein **G** vorangestellt, wenn es sich um Stahlguss handelt.

Zusatzsymbole für Stahlerzeugnisse

+A = weichgeglüht
+AC = geglüht auf kugelige Carbide
+AR = wie gewalzt, ohne besondere Wärmebehandlung
+AT = lösungsgeglüht
+C = kaltverformt
+CR = kaltgewalzt
+FP = isothermisch behandelt auf Ferrit-Perlit-Gefüge und Härtespanne
+H = mit besonderer Härtbarkeit
+N = normalgeglüht
+NT = normalgeglüht und angelassen
+QT = vergütet
+S = behandelt auf Scherbarkeit
+SR = spannungsarm geglüht
+TH = behandelt auf Härtespanne
+U = unbehandelt
+HW = warmgeformt
+CC = unverformter Strangguss
+Pl = warmgeformt und gebeizt
+BC = warmgeformt und gestrahlt
+SH = geschält

Bezeichnungsbeispiele:

13CrMoSi5-5+QT
legierter Stahl mit
0,13 % C
1,25 % Cr (5 geteilt durch Faktor 4)
0,5 % Mo (5 geteilt durch Faktor 10)
Anteile Si
vergütet

34CrNiMo6+H
legierter Stahl mit
0,34 % C
1,5 %Cr (6 geteilt durch Faktor 4)
Anteile Ni
Anteile Mo
mit besonderer Härtbarkeit

Nichtrostende Stähle und andere legierte Stähle, mind. ein Legierungselement ≥ 5 % (außer Schnellarbeitsstähle)

Erzeugnisse		
Erzeugnisse	Nichtrostende Stähle Werkzeugstähle Korrosionsbeständiger Stahlguss	DIN EN 10088 DIN EN ISO 4957 DIN EN 10283

Eigenschaften

X = mittlerer Gehalt mindestens eines Legierungselementes ≥ 5 %
und
mittlerer C-Gehalt in % x 100
und
Angabe der für den Stahl charakterisierenden Legierungselemente und deren mittleren Gehalt in fallender Reihenfolge

Der Bezeichnung wird vorangestellt:
G für Stahlguss,
PM für Pulvermetallurgie (Werkzeugstähle).

Zusatzsymbole für Stahlerzeugnisse

+A = weichgeglüht
+AT = lösungsgeglüht
+Cxxx = kaltverformt, Zugfestigkeit R_m = xxx MPa
+CR = kaltgewalzt
+Pxxx = ausscheidungsgehärtet, Zugfestigkeit R_m = xxx MPa
+QTxxx = vergütet auf R_m = xxx MPa
+T = angelassen
+U = unbehandelt

Bezeichnungsbeispiele:

X7CrNiAl17-7+P1450
Nichtrostender Stahl
0,07 % C
17 % Cr
7 % Ni
Anteile Al
ausscheidungsgehärtet
R_m = 1450 MPa

Schnellarbeitsstähle

Erzeugnisse	Werkzeugstähle	DIN EN ISO 4957

Kennbuchstabe	Eigenschaft
HS = Schnellarbeitsstahl **PM** = Pulvermetallurgie	Angabe des Gehalts der Legierungselemente in % in der Reihenfolge W – Mo – V – Co

HSS = Schnellarbeitsstahl mit < 4,5 % Co und < 2,6 % V
HSS-E = Schnellarbeitsstahl mit ≥ 4,5 % Co und ≥ 2,6 % V

Zusatzsymbole für Stahlerzeugnisse

+A = weichgeglüht
+C = kaltverformt
+CR = kaltgewalzt

Bezeichnungsbeispiele:

HS 6-5-2-5
Schnellarbeitsstahl
6 % W
5 % Mo
2 % V
5 % Co

Einfluss der Legierungselemente auf die Eigenschaften von Stahl

<table>
<tr><th rowspan="2">Mechanische Eigenschaften</th><th colspan="13">Legierungselement</th></tr>
<tr><th>C</th><th>Si</th><th>Mn[1]</th><th>Cr</th><th>Ni[2]</th><th>Al</th><th>W</th><th>V</th><th>Co</th><th>Mo</th><th>Cu</th><th>S</th><th>P</th></tr>
<tr><td>Zugfestigkeit</td><td>+</td><td>+</td><td>+ | +</td><td>++</td><td>+ | +</td><td>0</td><td>+</td><td>+</td><td>+</td><td>+</td><td>+</td><td>0</td><td>+</td></tr>
<tr><td>Streckgrenze</td><td>+</td><td>++</td><td>+ | –</td><td>++</td><td>+ | –</td><td>0</td><td>+</td><td>+</td><td>+</td><td>+</td><td>++</td><td>0</td><td>+</td></tr>
<tr><td>Dehnung</td><td>–</td><td>–</td><td>~ | ++</td><td>–</td><td>~ | ++</td><td>0</td><td>–</td><td>~</td><td>–</td><td>–</td><td>~</td><td>–</td><td>–</td></tr>
<tr><td>Kerbschlagzähigkeit</td><td>–</td><td>–</td><td>~ | 0</td><td>–</td><td>~ | ++</td><td>–</td><td>~</td><td>+</td><td>–</td><td>+</td><td>~</td><td>–</td><td>– –</td></tr>
<tr><td>Härtbarkeit</td><td>+</td><td>+</td><td>+ | – –</td><td>++</td><td>+ | – –</td><td>0</td><td>+</td><td>+</td><td>+</td><td>+</td><td>+</td><td>0</td><td>+</td></tr>
<tr><td>Warmfestigkeit</td><td>+</td><td>+</td><td>~ | 0</td><td>+</td><td>+ | ++</td><td>0</td><td>++</td><td>++</td><td>++</td><td>++</td><td>+</td><td>0</td><td>0</td></tr>
<tr><td>Verschleißfestigkeit</td><td>0</td><td>– –</td><td>– – | 0</td><td>+</td><td>– – | 0</td><td>0</td><td>++</td><td>++</td><td>++</td><td>++</td><td>0</td><td>0</td><td>0</td></tr>
<tr><td>Warmumformbarkeit</td><td>–</td><td>–</td><td>+ | – –</td><td>–</td><td>– | – –</td><td>– –</td><td>– –</td><td>+</td><td>–</td><td>–</td><td>– –</td><td>– –</td><td>–</td></tr>
<tr><td>Kaltumformbarkeit</td><td>–</td><td>–</td><td>–</td><td>0</td><td>0</td><td>0</td><td>–</td><td>~</td><td>–</td><td>–</td><td>–</td><td>–</td><td>–</td></tr>
<tr><td>Zerspanbarkeit</td><td>–</td><td>–</td><td>– | – –</td><td>0</td><td>– | – –</td><td>0</td><td>– –</td><td>0</td><td>~</td><td>–</td><td>~</td><td>++</td><td>++</td></tr>
<tr><td>Schweißbarkeit</td><td>–</td><td>~</td><td>+</td><td>–</td><td>–</td><td>+</td><td>~</td><td>+</td><td>~</td><td>–</td><td>~</td><td>–</td><td>–</td></tr>
<tr><td>Nitrierbarkeit</td><td>0</td><td>–</td><td>~ | 0</td><td>++</td><td>0 | 0</td><td>++</td><td>+</td><td>+</td><td>0</td><td>++</td><td>0</td><td>0</td><td>0</td></tr>
<tr><td>Korrosionsbeständigkeit</td><td>~</td><td>~</td><td>0</td><td>–</td><td>0 | ++</td><td>0</td><td>0</td><td>+</td><td>0</td><td>0</td><td>+</td><td>–</td><td>~</td></tr>
</table>

[1] Mangan bei perlitischen Stählen | Mangan bei austenitischen Stählen
[2] Nickel bei perlitischen Stählen | Nickel bei austenitischen Stählen
+ = Erhöhung, – = Verminderung, ~ = gleichbleibend, keinen Einfluss, 0 = keine Angaben

Warmgewalzte Erzeugnisse aus unlegierten Baustählen

DIN EN 10025-2: 2005-04

Kurzname	Werkstoffnummer	Desoxydationsart[1]	Streckgrenze R_e in MPa für Erzeugnisdicken in mm ≤ 16	> 16 ≤ 40	< 40 ≤ 63	< 63 ≤ 80	< 80 ≤ 100	Zugfestigkeit R_m in MPa[2]	Kerbschlagarbeit[3] bei °C	KV in J	Bruchdehnung A_5 in %[4]	Verwendung
Stähle für den Stahlbau (Baustahl)												
S 185	1.0035	–	185	175	175	175	175	290 ... 510	–	–	18	einfache Stahlkonstruktionen
S235 JR	1.0038	FN	235	225	215	215	215	360 ... 510	+20	27	26	gering und mittelmäßig beanspruchte Teile im Stahl- und Maschinenbau, Wellen, Achsen, Bolzen, Hebel
S235 J0	1.0114	FN							±0			
S235 J2	1.0117	FF							–20		24	
S275 JR	1.0044	FN	275	265	255	245	235	410 ... 560	+20	27	23	
S275 J0	1.0143	FN							±0			
S275 J2	1.0145	FF							–20		21	
S355 JR	1.0045	FN	355	345	335	325	315	470 ... 630	+20	27	22	hochbeanspruchte Teile im Stahl- und Maschinenbau, Schweißkonstruktionen, Kran- und Brückenbau
S355 J0	1.0553	FN							±0			
S355 J2	1.0577	FF							–20			
S355 K2	1.0596	FF							–20	40	20	
S450 J0	1.0590	FF	450	430	410	390	380	550 ... 720	±0	27	17	
Stähle für den Maschinenbau												
E295	1.0050	FN	295	285	275	265	265	470 ... 610	–	–	20	Wellen, Spindeln, Ritzel, Bolzen, Verschleißteile
E335	1.0060	FN	335	325	315	305	295	570 ... 710	–	–	16	
E360	1.0070	FN	360	355	345	335	325	670 ... 830	–	–	11	

[1] FN: unberuhigt nicht zugelassen, FF: vollberuhigt, mit ausreichendem Gehalt an Stickstoff bindenden Elementen
[2] für Erzeugnisdicken 3 ≤ t ≤ 100
[3] für Erzeugnisdicken 12 < t ≤ 150
[4] für Längsproben, Erzeugnisdicken 3 ≤ t ≤ 40

Technologische Eigenschaften für Flach- und Langerzeugnisse

Schweißeignung

Stähle der Gütegruppen JR, JO, J2, K2 sind im Allgemeinen mit allen Verfahren schweißbar. Mit zunehmender Festigkeit und Erzeugnisdicke können Kaltrisse auftreten. Die Schweißeignung der Stahlsorten S185, E295, E335, E360 ist nicht festgelegt.

Warmumformbarkeit

Die Stähle sind warmumformbar. Erzeugnisse, die im normalgeglühten oder normalisierend gewalzten Zustand (+N) geliefert werden, müssen nach einem Warmumformen den Anforderungen nach obiger Tabelle entsprechen.

Kaltumformbarkeit

Zum Kaltumformen geeignete Stähle sind mit dem entsprechenden Kurznamen und der passenden Werkstoffnummer zu bezeichnen.

Kurzname	Werkstoffnummer	Eignung zum Abkanten	Walzprofilieren	Kaltziehen	Mindestbiegeradius beim Abkanten von Flacherzeugnissen[1], Nenndicke in mm > 1 ≤ 1,5	> 1,5 ≤ 2,5	> 2,5 ≤ 3,0	> 3,0 ≤ 4,0	> 4,0 ≤ 5,0	> 5,0 ≤ 6,0	> 6,0 ≤ 7,0	> 7,0 ≤ 8,0	> 8,0 ≤ 10,0
S235 JRC	1.0122	X	X	X	1,6 1,6	2,5 2,5	3,0 3,0	5,0 6,0	6,0 8,0	8,0 10	10 12	12 16	16 20
S235 J0C	1.0115	X	X	X									
S235 J2C	1.0119	X	X	X									
S275 JRC	1.0128	X	X	X	2,0 2,0	3,0 3,0	4,0 4,0	5,0 6,0	8,0 10	10 12	12 16	16 20	20 25
S275 J0C	1.0140	X	X	X									
S275 J2C	1.0142	X	X	X									
S355 JRC	1.0551	–	–	X	–	–	–	–	–	–	–	–	–
S355 J0C	1.0554	X	X	X	2,5 2,5	4,0 4,0	5,0 5,0	6,0 8,0	8,0 10	10 12	12 16	16 20	20 25
S355 J2C	1.0579	X	X	X									
S355 K2C	1.0594	X	X	X									
E295GC	1.0533	–	–	X									
E355GC	1.0543	–	–	X									
E360GC	1.0633	–	–	X									

[1] Biegewinkel ≤ 90°
blaue Zahlen: Biegen quer zur Walzrichtung (jeweils obere Zahl)
rote Zahlen: Biegen parallel zur Walzrichtung (jeweils untere Zahl)

Bezeichnungsbeispiel: **Stahl EN 10025-2–S355J0C+N** oder **Stahl EN 10025-2–1.0553C+N**
Baustahl, Mindeststreckgrenze bei Raumtemperatur R_e = 355 MPa, Mindestwert der Kerbschlagarbeit KV = 27 J bei 0 °C, Eignung zum Abkanten, Lieferzustand normalisierend gewalzt

Warmgewalzte Erzeugnisse aus schweißgeeigneten Feinkornbaustählen

DIN EN 10025-3: 2005-02
DIN EN 10025-4: 2005-04

Kurzname	Werkstoffnummer	Lieferzustand[1)]	Streckgrenze R_e in MPa für Erzeugnisdicken in mm ≤ 16	> 16 ≤ 40	> 40 ≤ 63	> 63 ≤ 80	> 80 ≤ 100	Zugfestigkeit R_m in MPa	Bruchdehnung A in %[2)]	Verwendung Bemerkungen
Unlegierte Qualitätsstähle										Schweißkonstruktionen im Maschinenbau, Stahlbau, Fahrzeugbau
S275 N	1.0490	+N	275	265	255	245	235	370 ... 510	24	
S275 M	1.8818	+M	275	265	255	245	245	350 ... 510		Mit zunehmender Dicke und Festigkeit können nach dem Schweißen Kaltrisse auftreten.
S355 N	1.0545	+N	355	345	335	325	315	470 ... 630	22	
S355 M	1.8823	+M	355	345	335	325	325	440 ... 600		
Legierte Edelstähle										Wenn bei Bestellung festgelegt, bis Nenndicken ≤16 mm zum Kaltbiegen und Abkanten geeignet.
S420 N	1.8902	+N	420	400	390	370	360	520 ... 680	19	
S420 M	1.8825	+M	420	400	390	380	370	470 ... 630		
S460 N	1.8901	+N	460	440	430	410	400	550 ... 720	17	
S460 M	1.8827	+M	460	440	430	410	400	500 ... 680		

Kerbschlagarbeit KV in J bei °C

Kurzname		+20	±0	−10	−20	−30	−40	−50
S275 N/NL	S275 M/ML	55	47	43	40	–	–	–
S355 N/NL	S355 M/ML	63	55	51	47	40	31	27
S420 N/NL	S420 M/ML							
S460 N/NL	S460 M/ML							

1) N: normalgeglüht oder normalisierend gewalzt,
M: thermomechanisch gewalzt
2) für Längsproben, Erzeugnisdicken $t \leq 16$

blaue Zahlen für Lieferzustand N und M
rote Zahlen für Gütegruppe NL und ML

Bezeichnungsbeispiel: **Stahl EN 10025-3–S355M** oder **Stahl EN 10025-3–1.8823**
Feinkornbaustahl, Mindeststreckgrenze bei Raumtemperatur R_e = 355 MPa,
Lieferzustand normalisierend gewalzt

Warmgewalzte Flacherzeugnisse aus Stählen mit höherer Streckgrenze im vergüteten Zustand

DIN EN 10025-6: 2009-08

Kurzname	Werkstoffnummer	Streckgrenze R_e in MPa für Erzeugnisdicken in mm > 3 ≤ 50	> 50 ≤ 100	> 100 ≤ 150	Zugfestigkeit R_m in MPa > 3 ≤ 50	> 50 ≤ 100	> 100 ≤ 150	Bruchdehnung A in %	Verwendung Bemerkungen
S460Q	1.8908	460	440	400	550 ... 720		500 ... 670	17	hochfeste, alterungsbeständige, schweißbare Stähle
S460QL	1.8906								
S460QL1	1.8916								
S500Q	1.8924	500	480	440	590 ... 770		540 ... 720	17	hochbeanspruchte geschweißte Konstruktionen, z. B. im Kran- und Fahrzeugbau, für Baumaschinen, im Druckbehälter- und im Druckrohrleitungsbau
S500QL	1.8909								
S500QL1	1.8984								
S550Q	1.8904	550	530	490	640 ... 820		590 ... 770	16	
S550QL	1.8926								
S550QL1	1.8986								
S620Q	1.8914	620	580	560	700 ... 890		650 ... 830	15	
S620QL	1.8927								
S620QL1	1.8987								
S690Q	1.8931	690	650	630	770 ... 940	760 ... 930	–	14	
S690QL	1.8928								
S690QL1	1.8988								
S890Q	1.8940	890	830	–	940 ... 1100	880 ... 1100	–	11	
S890QL	1.8983								
S890QL1	1.8925								
S960Q	1.8941	960	–		980 ... 1150	–	–	10	
S960QL	1.8933								

Kerbschlagarbeit KV in J

°C	Gütegruppen Q	QL	QL1
0	40	50	60
−20	30	40	50
−40	–	30	40
−60	–	–	30

Technologische Eigenschaften

Schweißeignung:
Die Stähle sind eingeschränkt schweißgeeignet.

Umformbarkeit:
Warmumformen wird nicht empfohlen, Kaltumformen führt zu einer Verringerung der Zähigkeit.
Wenn bei Bestellung festgelegt, bis Nenndicken ≤ 16 mm zum Kaltbiegen und Abkanten geeignet.

Bezeichnungsbeispiel: **Stahl EN 10025-6–S550QL** oder **Stahl EN 10025-6–1.8926**
Baustahl, Stahlsorte S355, vergütet, Kerbschlagarbeit KV bei −40 °C = 30 J

Einsatzstähle

DIN EN 10084: 2008-06

Kurzname	Werkstoffnummer	Härte HB30 im Lieferzustand[1) +A	+TH	+FP	Streckgrenze R_e in MPa	Zugfestigkeit R_m in MPa	Kerbschlagarbeit KV in J	Bruchdehnung A_5 in %	Verwendung
Unlegierte Edelstähle									
C10E C10R	1.1121 1.1207	131	–	90 ... 126	295	490 ... 640	89	16	Bauteile mit geringer Kernfestigkeit, Hebel, Bolzen, Buchsen, Press- und Stanzteile
C15E C15R	1.1141 1.1140	143	–	103 ... 140	355	590 ... 780	69	14	
Legierte Edelstähle									
16MnCr5 16MnCrS5	1.7131 1.7139	207	156 ... 207	140 ... 187	590	780 ... 1080	34	10	Teile für wechselnde Beanspruchung im Maschinen- und Fahrzeugbau z. B. Bolzen, Wellen, Zahnräder, Ritzel, Gelenkwellen
20MnCr5 20MnCrS5	1.7147 1.7149	217	170 ... 217	152 ... 201	685	980 ... 1270	34	8	
17Cr3 17CrS3	1.7016 1.7014	174	–	–	450	700 ... 900	–	11	
18CrMo4 18CrMoS4	1.7243 1.7244	207	156 ... 207	140 ... 167	–	≥ 900	–	–	
22CrMoS3-5	1.7333	217	170 ... 217	152 ... 201	–	–	–	–	
20NiCrMoS6-4	1.6571	229	179 ... 229	154 ... 207	–	≥ 1100	–	–	
20MoCr4 20MoCrS4	1.7321 1.7323	207	156 ... 207	140 ... 187	590	780 ... 1080	41	10	
17CrNi6-6	1.5918	229	175 ... 229	156 ... 207	–	≥ 1100	–	–	größere Getriebeteile z. B. Wellen, Zahnräder, Hinterachsgetriebe
18NiCr5-4	1.5810	223	170 ... 223	156 ... 207	–	≥ 1100	–	–	
18CrNiMo7-6	1.6587	229	179 ... 229	159 ... 207	785	1080 ... 1320	41	8	
10NiCr5-4	1.5805	192	147 ... 197	137 ... 187	–	≥ 700	–	–	hochbeanspruchte Getriebeteile z. B. Ritzel, Wellen, Zahnräder größerer Abmessungen, Tellerräder, Kurbelwellen
15NiCr13	1.5752	229	179 ... 229	166 ... 217	785	930 ... 1230	55	10	
17NiCrMo6-4 17NiCrMoS6-4	1.6566 1.6569	229	179 ... 229	149 ... 201	–	≥ 1000	–	–	
20NiCrMo2-2 20NiCrMoS2-2	1.6523 1.6526	212	161 ... 212	148 ... 194	590	780 ... 1080	41	10	

1) +A: weichgeglüht, +TH: behandelt auf Härtespanne, +FP: behandelt auf Ferrit-Perlitgefüge
Alle Festigkeitswerte für Proben mit 30 mm Nenndurchmesser

Bezeichnungsbeispiel: **Stahl EN 10084–20MnCrS5+A** oder **Stahl EN 10084–1.7149+A**
Einsatzstahl, 0,2 % C, 1,25 % Mn, Anteile Cr und S, weichgeglüht

Nitrierstähle

DIN EN 10085: 2001-07

Kurzname	Werkstoffnummer	Härte ≤ HB 30 im Lieferzustand[1)	Streckgrenze R_e in MPa	Zugfestigkeit R_m in N/mm²	Kerbschlagarbeit KV in J	Bruchdehnung A_5 in %	Verwendung
40CrMoV13-9	1.8523	262	1080	1420	27	8	Verschleißteile bis 40 mm Dicke
34CrAlMo5-10	1.8507	248	600	1000	40	14	Heißdampfarmaturteile (≤ 500 °C) bis 80 mm Dicke
31CrMoV9	1.8519	248	1030	1230	34	9	Verschleißteile bis 100 mm Dicke
31CrMo12	1.8515	248	835	1130	48	10	Verschleißteile bis 250 mm Dicke
34CrAlNi7-10	1.8550	248	650	1050	40	12	Maschinenteile besonders großer Abmessung

1) Lieferzustand weichgeglüht (+A), alle Festigkeitswerte für Proben mit ≤ 40 mm Nenndurchmesser (für 34CrAlNi7-10 Nenndurchmesser ≤ 100 mm)

Bezeichnungsbeispiel: **Stahl EN 10085–34CrAlNi7-10+A** oder **Stahl EN 10085–1.8550+A**
Nitrierstahl, 0,34 % C, 1,75 % Cr, 1 % Al, Anteile Ni, weichgeglüht

Vergütungsstähle

DIN EN 10083-2: 2006-10 (zurückgezogen); DIN EN 10083-3: 2007-01 (zurückgezogen)

Kurzname	Werkstoffnummer	Härte HBW weichgeglüht (+A)	Behandlungszustand	Mechanische Eigenschaften für einen Querschnitt *d* in mm: Streckgrenze R_e in MPa		Zugfestigkeit R_m in MPa		Bruchdehnung *A* in %		Verwendung
				≤ 16	> 16 ≤ 40	≤ 16	> 16 ≤ 40[1)]	≤ 16	> 16 ≤ 40	
Unlegierte Vergütungsstähle										
C22E	1.1151	–	+N	240	210	430	410	24	25	Bauteile mit mittlerer bis hoher Belastung für den Maschinen-, Apparate- und Fahrzeugbau z. B. Wellen, Achsen, Bolzen
C22R	1.1149		+QT	340	290	550 … 650	470 … 620	20	22	
C35	1.0501	–	+N	300	270	550	520	18	19	
C35E	1.1181		+QT	430	380	630 … 780	600 … 750	17	19	
C35R	1.1180									
C40	1.0501	–	+N	320	290	580	550	16	17	
C40E	1.1186		+QT	460	400	650 … 800	630 … 780	16	18	
C40R	1.1189									
C45	1.0503	207	+N	340	305	620	580	14	16	
C45E	1.1191		+QT	490	430	700 … 850	650 … 800	14	16	
C45R	1.1201									
C50E	1.1206	217	+N	355	320	650	610	13	14	
C50R	1.1241		+QT	520	460	750 … 900	700 … 850	13	15	
C55	1.0535	229	+N	370	330	680	640	11	12	
C55E	1.1203		+QT	550	490	800 … 950	750 … 900	12	14	
C55R	1.1209									
C60	1.0601	241	+N	380	340	710	670	10	11	
C60E	1.1221		+QT	580	520	850 … 1000	800 … 950	11	13	
C60R	1.1223									
28Mn6	1.1170	223	+N	345	310	630	600	17	18	
			+QT	590	490	800 … 950	700 … 850	13	15	
Legierte Vergütungsstähle										
38Cr2	1.7003	207	+QT	550	450	800 … 950	700 … 850	14	15	Bauteile im Fahrzeug- und Motorenbau z. B. Antriebswellen, Kurbelwellen
46Cr2	1.7006	223		650	550	900 … 1100	800 … 950	12	14	
34Cr4	1.7033	223		700	590	900 … 1100	800 … 950	12	14	
34CrS4	1.7037									
37Cr4	1.7034	235		750	630	950 … 1150	850 … 1000	11	13	
37CrS4	1.7038									
41Cr4	1.7035	241		800	660	1000 … 1200	900 … 1100	11	12	
41CrS4	1.7039									
25CrMo4	1.7218	212		700	600	900 … 1100	800 … 950	12	14	Bauteile hoher Zähigkeit im Fahrzeug- und Flugzeugbau z. B. Wellen, Achsen, Ritzel, Zahnräder
25CrMoS4	1.7213									
34CrMo4	1.7220	223		800	650	1000 … 1200	900 … 1100	11	12	
34CrMoS4	1.7226									
42CrMo4	1.7225	241		900	750	1200 … 1300	1000 … 1200	10	11	
42CrMoS4	1.7227									
50CrMo4	1.7228	248		900	780	1100 … 1300	1000 … 1200	9	10	
34CrNiMo6	1.6582	248		1000	900	1200 … 1400	1100 … 1300	9	10	hochfeste Bauteile im Maschinen- und Fahrzeugbau z. B. Getriebewellen, Kurbelwellen, Excenterwellen
30CrNiMo8	1.6580	248		1050	1050	1250 … 1450	1250 … 1450	9	9	
35NiCr6	1.5815	223		740	740	880 … 1080	880 … 1080	12	14	
36NiCrMo16	1.6773	269		1050	1050	1250 … 1450	1250 … 1450	9	9	
39NiCrMo3	1.6510	240		785	735	980 … 1180	930 … 1130	11	11	
30NiCrMo16-6	1.6747	270		880	880	1080 … 1230	1080 … 1230	10	10	
51CrV4	1.8159	248		900	800	1100 … 1300	1000 … 1200	9	10	
30MnB5	1.5531			800	650	950 … 1050	800 … 950	13	13	verschleißfeste Teile für Baumaschinen
33MnCrB5-2	1.7185			850	800	1050 … 1300	950 … 1200	13	13	

Die Stähle C35E/C35R, C45E/C45R, C50E/C50R, C55E/C55R und 46Cr2, 37Cr4/37CrS4, 41Cr4/41CrS4, 42CrMo4/42CrMoS4, 50CrMo4 eignen sich für das Flamm- und Induktionshärten.

1) Bei normalgeglühten, unlegierten Vergütungsstählen gelten die Werte für 16 mm < *d* ≤ 100 mm.

Bezeichnungsbeispiel: **Stahl EN 10083-3-34CrMoS4** oder **Stahl EN 10083-3-1.1.7226**
Legierter Vergütungsstahl, 0,34 % C, 1 % Cr, Anteile Mo und Anteile S

Automatenstähle

DIN EN 10087: 1999-01 (zurückgezogen)

Kurzname	Werkstoffnummer	unbehandelt		vergütet			Verwendung
		Härte HB	Zugfestigkeit R_m in MPa	Dehngrenze R_e in MPa	Zugfestigkeit R_m in MPa	Bruchdehnung A in %	
Nicht für die Wärmebehandlung bestimmte Stähle							
11SMn30 11SMnPb30	1.0715 1.0718	112 ... 169	380 ... 570	–	–	–	Massenteile für Apparate- und Gerätebau mit geringer Beanspruchung z. B. Griffe, Hebel
11SMn37 11SMnPb37	1.0736 1.0737						
Einsatzstähle im unbehandelten Zustand							
10S20 10SPb20	1.0721 1.0722	107 ... 156	360 ... 530	–	–	–	verschleißfeste Masseteile für Apparate- und Maschinenbau z. B. Bolzen, Stifte
15SMn13	1.0725	128 ... 178	430 ... 600	–	–	–	
Vergütungsstähle, direkthärtend							
35S20 35SPb20	1.0726 1.0756	154 ... 201	520 ... 680	380	600 ... 750	16	Masseteile mit mittlerer und höherer Festigkeit für Apparate- und Maschinenbau z. B. Wellen, Zahnräder Herstellung vergüteter Drehteile
36SMn14 36SMnPb14	1.0764 1.0765	166 ... 222	560 ... 750	420	670 ... 820	15	
38SMn28 38SMnPb28	1.0760 1.0761	166 ... 216	530 ... 730	420	700 ... 850	15	
44SMn28 44SMnPb28	1.0762 1.0763	187 ... 242	630 ... 820	420	700 ... 850	16	
46S20 46SPb20	1.0727 1.0757	175 ... 225	590 ... 760	430	650 ... 800	13	
Mechanische Eigenschaften an Proben $16 < d \leq 40$ mm							
Bezeichnungsbeispiel: **Stahl EN 10087–35SPb20** oder **Stahl EN 10087–1.0756** Automatenstahl, 0,35 % C, 0,2 % S, Anteile Pb							

Warmgewalzte Stähle für vergütbare Federn

DIN EN 10089: 2003-04

Kurzname	Werkstoffnummer	Härte HB 30		Dehngrenze $R_{p0,2}$ in MPa	Zugfestigkeit R_m in MPa	Kerbschlagarbeit KU in J	Bruchdehnung A in %	Verwendung
		warmgewalzt	weichgeglüht					
38Si7	1.5023	240	217	1150	1300 ... 1600	18	8	Federringe
46Si7	1.5024	270	248	1250	1400 ... 1700	15	7	Blattfedern, Schraubenfedern
56Si7	1.5026	290	248	1300	1450 ... 1750	13	6	Blattfedern ($t < 7$ mm),
55Cr3	1.7176	> 310	248	1250	1400 ... 1700	5	3	Federn für den Fahrzeugbau
54SiCr6	1.7102	310	248	1300	1450 ... 1750	8	6	Federdraht
56SiCr7	1.7106	–	248	1350	1500 ... 1800	8	6	Blatt- und Spiralfedern
61SiCr7	1.7108	310	248	1400	1550 ... 1850	8	5,5	Blattfedern ($t > 7$ mm), Tellerfedern
51CrV4	1.8159	> 310	248	1200	1350 ... 1650	8	6	Hochbeanspruchte Federn
Bezeichnungsbeispiel: **Stahl EN 10089–61SiCr7** oder **Stahl EN 10089–1.7108** Federstahl, 0,61 % C, 1,75 % Si, Anteile Cr								

Patentiert gezogener unlegierter Federstahldraht

DIN EN 10270-1: 2017-09

Drahtsorte	Zugfestigkeit R_m in MPa für die Nenndurchmesser d in mm											
	0,5	0,8	1,0	1,5	2,0	3,0	4,0	5,0	6,0	8,0	10,0	15,0
SL	–	–	1720 ... 1970	1600 ... 1840	1520 ... 1750	1410 ... 1620	1320 ... 1520	1260 ... 1450	1210 ... 1390	1120 ... 1300	1060 ... 1230	–
SM DM	2200 ... 2470	2050 ... 2300	1980 ... 2220	1850 ... 2080	1760 ... 1970	1630 ... 1830	1530 ... 1730	1460 ... 1650	1400 ... 1580	1310 ... 1480	1240 ... 1400	1160 ... 1260
SH DH	2480 ... 2740	2310 ... 2560	2230 ... 2470	2090 ... 2310	1980 ... 2200	1840 ... 2040	1740 ... 1930	1660 ... 1840	1590 ... 1770	1490 ... 1660	1410 ... 1570	1270 ... 1410
Oberflächenausführung: phosphatiert (ph), verkupfert (cu), mit Zink- (Z) oder Zink-Aluminium-Überzug (ZA)												
SL: niedrige statische Belastung ↔ DH: hohe statische und mittlere dynamische Belastung												
Bezeichnungsbeispiel: **Federstahldraht EN 10270-1–SM-3,0 ph** Patentiert gezogener unlegierter Federstahldraht, Drahtsorte SM, $d = 3$ mm, phosphatiert												

Werkzeugstähle				DIN EN ISO 4957: 2018-11
Kurzname	Werkstoff-nummer	Härte HB max. weichgeglüht	Härte HRC min[1]	Verwendung
Unlegierte Kaltarbeitsstähle				
C45U	1.1730	207	54	Handwerkzeuge aller Art, Zangen, Hämmer, Schraubendreher, Spitz- und Kreuzmeißel
C70U	1.1620	183	57	Drucklufteinsteckwerkzeuge in Berg- und Straßenbau
C80U	1.1525	192	58	Kaltschlagwerkzeuge, Messer, Meißel, Körner, Durchschläge, Stemmeisen
C105U	1.1545	212	61	Prägewerkzeuge, Lochstempel, Dorne, Durchschläge, Schlaghämmer, Hobelmesser
Legierte Kaltarbeitsstähle				
21MnCr5	1.2162	217	–	hochglanzpolierte Kunststoffformen, Führungssäulen
X38CrMo16	1.2316	250	49	Formen zur Verarbeitung von korrodierend wirkenden Kunststoffen
40CrMnNiMo8-6-4	1.2738	235	51	Kunststoff-Großformen
102Cr6	1.2067	223	60	Gewindeschneidwerkzeuge, Lehren, Dorne, Holz- und Papierbearbeitungswerkzeuge
X210Cr12	1.2080	248	62	Schneidwerkzeuge von Blechen, Zieh- und Tiefziehwerkzeuge, Holzbearbeitungswerkzeuge
X153CrMoV12	1.2379	255	61	Abgratwerkzeuge, Kaltfließpresswerkzeuge, Schneid- und Stanzwerkzeuge
X210CrW12	1.2436	255	62	Hochleistungsschneidwerkzeuge zum Schneiden, Tiefziehwerkzeuge, Ziehmatrizen, Ziehdorne
60WCrV8	1.2550	229	58	Schneidwerkzeuge, Kaltlochstempel, Scherenmesser, Holzhackmesser, Pressluftmeißel
45NiCrMo16	1.2767	285	52	Schneidwerkzeuge, Ziehbacken, Massivpräge- und Biegewerkzeuge, Kunststoffformen
90MnCrV8	1.2842	229	60	Schneid- und Stanzwerkzeuge, Gewindeschneidwerkzeuge, Reibahlen, Messwerkzeuge
Legierte Warmarbeitsstähle				
X37CrMoV5-1	1.2343	229	48	Druckgieß- und Strangpresswerkzeuge für die Leichtmetallverarbeitung, Schmiedegesenke
X38CrMoV5-3	1.2367	229	50	Gesenke, Druckgießformen, Matrizenhalter, Pressstempel für Schwermetall, Profilmatrizen
X40CrMoV5-1	1.2344	229	50	Druckgieß- und Strangpresswerkzeuge für die Leichtmetallverarbeitung, Dornstangen
32CrMoV12-28	1.2365	229	46	Press- und Lochdorne, Gesenkeinsätze, Schwermetall-Druckgießwerkzeuge
55NiCrMoV7	1.2714	248	42	Formteilpressgesenke, Strangpressstempel, Matrizenhalter, Warmscherenmesser
X30WCrV9-3	1.2581	241	48	Schrauben- und Muttermatrizen, Pressmatrizen, Druckgussformen für Schwer- und Leichtmetalle
Schnellarbeitsstähle				
HS10-4-3-10	1.3207	302	66	für Schrupp- und Schlichtarbeiten, höchstbeanspruchte Fräswerkzeuge
HS6-5-2-5	1.3243	269	64	Hochleistungsfräser aller Art, hoch beanspruchte Spiral- und Gewindebohrer, Räumnadeln
HS2-9-1-8	1.3247	277	66	für stark auf Verschleiß beanspruchte Werkzeuge, Kaltfließpressstempel
HS3-3-2	1.3333	255	62	Spiralbohrer, Kreissägen, Bügelsägen, Reibahlen, Fräser
HS6-5-2C	1.3343	269	64	Kunststoffformen mit erhöhtem Verschleißwiderstand, Schnecken
HS2-9-2	1.3348	269	64	Spiralbohrer, Gewindebohrer, Reibahlen, Segmente für Kreissägeblätter

[1] gehärtet und angelassen

Bezeichnungsbeispiel: **Stahl ISO 4957–X153CrMV12+A** oder **Stahl ISO 4957–1.2379+A**
Legierter Werkzeugstahl (hochlegiert), 1,55 % C, 12 % Cr, Anteile Mo und V, weichgeglüht

3

Stähle für allgemeine Verwendung

DIN EN 10277: 2018-09

Kurzname	Werkstoffnummer	Dicke in mm	Lieferzustand					Verwendung
			gewalzt und geschält (+SH)		kaltgezogen (+C)			
			Härte HBW	Zugfestigkeit R_m in MPa	Dehngrenze $R_{p0,2}$ in MPa	Zugfestigkeit R_m in MPa	Bruchdehnung A in %	
S235JRC	1.0122	> 16 ≤ 40	102 ... 140	360 ... 510	260	390 ... 730	10	Bauteile im Stahl- und Maschinenbau, die nicht wärmebehandelt werden z. B. Bolzen, Achsen
		> 40 ≤ 63			235	380 ... 670	11	
E295GC	1.0533	> 16 ≤ 40	140 ... 181	470 ... 610	320	550 ... 850	8	
		> 40 ≤ 63			300	520 ... 770	9	
E335GC	1.0543	> 16 ≤ 40	169 ... 211	570 ... 710	390	640 ... 930	7	
		> 40 ≤ 63			340	620 ... 870	8	
S355J2C	1.0579	> 16 ≤ 40	146 ... 187	470 ... 630	350	530 ... 850	8	
		> 40 ≤ 63			335	500 ... 770	9	
C15	1.0401	> 16 ≤ 40	98 ... 178	330 ... 600	280	430 ... 730	9	
		> 40 ≤ 63			240	380 ... 670	11	
C35	1.0501	> 16 ≤ 40	154 ... 207	520 ... 700	320	580 ... 880	8	
		> 40 ≤ 63			300	550 ... 840	9	
C45	1.0503	> 16 ≤ 40	172 ... 242	580 ... 820	410	650 ... 1000	7	
		> 40 ≤ 63			380	630 ... 900	8	
C60	1.0601	> 16 ≤ 40	198 ... 278	670 ... 940	480	730 ... 1100	6	
		> 40 ≤ 63			–	–	–	

Bezeichnungsbeispiel: **Stahl EN 10277 E 355GC** oder **Stahl EN 10277 1.0543GC**
Blankstahlerzeugnis für allgemeine Verwendung, Dehngrenze $R_{p0,2}$ = 355 MPa (gemittelt), andere Merkmale: zum Kaltumformen geeignet

Einsatzstähle

DIN EN 10277: 2018-09

Kurzname	Werkstoffnummer	Dicke in mm	Lieferzustand					Verwendung
			gewalzt und geschält (+SH)		kaltgezogen (+C)			
			Härte HBW	Zugfestigkeit R_m in MPa	Dehngrenze $R_{p0,2}$ in MPa	Zugfestigkeit R_m in MPa	Bruchdehnung A in %	
Unlegierte Einsatzstähle								
C10R	1.1207	> 16 ≤ 40	92 ... 163	310 ... 550	250	400 ... 700	10	für niedrig beanspruchte Teile z. B. Naben, Wellen und Hebel für den allgemeinen Maschinenbau
		> 40 ≤ 63			200	350 ... 640	12	
C15R	1.1140	> 16 ≤ 40	98 ... 178	330 ... 600	280	430 ... 730	9	
		> 40 ≤ 63			240	380 ... 670	11	
C16R	1.1208	> 16 ≤ 40	105 ... 184	350 ... 620	300	450 ... 750	9	
		> 40 ≤ 63			260	400 ... 690	11	

Die Stähle werden auch weichgeglüht und geschält (+A+SH) sowie weichgeglüht und kaltgezogen (+A+C) geliefert.

Kurzname	Werkstoffnummer	Dicke in mm	Lieferzustand – Angabe der Härte HBW				Verwendung
			weichgeglüht (+A)		Ferrit-Perlit-Gefüge (+FP)		
			geschält (+SH)	kaltgezogen (+C)	geschält (+SH)	kaltgezogen (+C)	
Legierte Einsatzstähle							
16MnCrS5	1.7139	> 16 ≤ 40	207	245	140 ... 187	140 ... 240	für Bauteile mit mittlerer bzw. hoher Kernfestigkeit und Zähigkeit z. B. für hochbeanspruchte Zahnräder und Steuerungsteile im Fahrzeugbau
		> 40 ≤ 63		240		140 ... 235	
20MnCrS5	1.7149	> 16 ≤ 40	217	255	152 ... 201	152 ... 250	
		> 40 ≤ 63		250		152 ... 245	
16NiCrS4	1.5715	> 16 ≤ 40	217	255	156 ... 207	156 ... 245	
		> 40 ≤ 63		255		156 ... 240	
15NiCr13	1.5752	> 16 ≤ 40	255	–	166 ... 217	–	
		> 40 ≤ 63					

Bezeichnungsbeispiel: **Stahl EN 10277 C15R** oder **Stahl EN 10277 1.1140**
Stahl der Blankstahlerzeugnisse, Einsatzstahl, 0,15 % C, vorgeschriebener S-Gehalt

Blankstahlerzeugnisse

Vergütungsstähle

DIN EN 10277: 2018-09

Kurzname	Werkstoffnummer	Dicke in mm	Lieferzustand					Verwendung
			gewalzt und geschält (+SH)		vergütet + kaltgezogen (+QT+C)			
			Härte HBW	Zugfestigkeit R_m in MPa	Dehngrenze $R_{p0,2}$ in MPa	Zugfestigkeit R_m in MPa	Bruchdehnung A in %	
C35E	1.1181	> 16 ≤ 40	154 ... 297	520 ... 700	455	650 ... 850	10	**Unlegierte Vergütungsstähle** für Bauteile mit mittlerer Belastung im Maschinen- und Fahrzeugbau
C35R	1.1180	> 40 ≤ 63			400	570 ... 770	11	
C45E	1.1191	> 16 ≤ 40	172 ... 242	580 ... 820	525	750 ... 950	9	
C45R	1.1201	> 40 ≤ 63			455	650 ... 850	10	
C60E	1.1221	> 16 ≤ 40	198 ... 278	670 ... 940	580	830 ... 1030	7	
C60R	1.1223	> 40 ≤ 63			545	780 ... 980	8	
34CrS4	1.7037	> 16 ≤ 40	223	–	580	800 ... 1000	9	**Legierte Vergütungsstähle** für hochbeanspruchte Teile im Maschinen- und Fahrzeugbau z. B. Getriebeteile, Antriebsachsen, Excenterwellen
		> 40 ≤ 63			510	700 ... 900	10	
41CrS4	1.7039	> 16 ≤ 40	241	–	670	900 ... 1100	9	
		> 40 ≤ 63			570	800 ... 1000	10	
25CrMoS4	1.7213	> 16 ≤ 40	212	–	600	800 ... 1000	10	
		> 40 ≤ 63			520	700 ... 900	11	
42CrMoS4	1.7227	> 16 ≤ 40	241	–	720	1000 ... 1200	9	
		> 40 ≤ 63			650	900 ... 1100	10	
34CrNiMo6	1.6582	> 16 ≤ 40	248	–	720	1000 ... 1200	9	
		> 40 ≤ 63			650	1000 ... 1200	10	
39NiCrMo3	1.6510	> 16 ≤ 40	240	–	700	930 ... 1130	9	
		> 40 ≤ 63			625	880 ... 1080	10	

Bezeichnungsbeispiel: **Stahl EN 10277 41CrS4+QT+C** oder **Stahl EN 10277 1.7039+QT+C**
Blankstahlerzeugnis, Vergütungsstahl, Werkstoffnummer 1.7039 (41CrS4), vergütet und kaltgezogen

Automatenstähle

DIN EN 10277: 2018-09

Kurzname	Werkstoffnummer	Dicke in mm	Lieferzustand					Verwendung
			gewalzt und geschält (+SH)		kaltgezogen (+C)			
			Härte HBW	Zugfestigkeit R_m in MPa	Dehngrenze $R_{p0,2}$ in MPa	Zugfestigkeit R_m in MPa	Bruchdehnung A in %	
11SMn30	1.0715	> 16 ≤ 40	112 ... 169	380 ... 570	375	460 .. 710	8	nicht für eine Wärmebehandlung bestimmte Stähle, für Massenteile im Maschinenbau
11SMnPb30	1.0718							
11SMn37	1.0736	> 40 ≤ 63		370 ...570	305	400 ... 650	9	
11SMnPb37	1.0737							
10S20	1.0721	> 16 ≤ 40	107 ... 156	360 ... 530	360	460 ... 720	9	für einsatzgehärtete Teile im Maschinenbau
10SPb20	1.0722	> 40 ≤ 63			295	410 ... 660	10	
15SMn13	1.0725	> 16 ≤ 40	128 ... 178	430 ... 600	390	470 ... 770	8	
		> 40 ≤ 63	128 ... 172	430 ... 580	350	460 ... 680	9	
35S20	1.0726	> 16 ≤ 40	154 ... 201	520 ... 680	360	560 ... 800	8	für Drehteile zum Vergüten mit mittlerer Festigkeit im Maschinenbau, Apparatebau und Fahrzeugbau
35SPb20	1.0756	> 40 ≤ 63	154 ... 198	520 ... 670	340	530 ... 760	9	
36SMn14	1.0764	> 16 ≤ 40	166 ... 222	560 ... 750	390	600 ... 900	7	
36SMnPb14	1.0765	> 40 ≤ 63	166 ... 219	560 ... 740	360	580 ... 840	8	
38SMn28	1.0760	> 16 ≤ 40	166 ... 216	560 ... 730	420	610 ... 900	7	
38SMnPb28	1.0761	> 40 ≤ 63			400	600 ... 840	7	
44SMn28	1.0762	> 16 ≤ 40	187 ... 242	630 ... 820	460	660 ... 900	6	
44SMnPb28	1.0763	> 40 ≤ 63	184 ... 235	620 ... 790	430	650 ... 870	7	
46S20	1.0727	> 16 ≤ 40	175 ... 225	590 ... 760	400	640 ... 880	7	
46SMnPb20	1.0757	> 40 ≤ 63	172 ... 216	580 ... 730	380	610 ... 850	8	

Die Stähle 35S20, 36SMn14, 38SMn28, 44SMn28 und 46S20 einschließlich der mit Pb-Zusatz werden auch kaltgezogen und vergütet (+C+QT) und vergütet und kaltgezogen (+QT+C) geliefert.

Bezeichnungsbeispiel: **Stahl EN 10277 38SMnPb28** oder **Stahl EN 10277 1.0761**
Blankstahlerzeugnis, Automatenstahl, 038 % C, 0,28 % S, Anteile Mn und Anteile Pb

Kaltgewalzte Flacherzeugnisse aus weichen Stählen zum Kaltumformen — DIN EN 10130: 2007-02

Kurzname	Werkstoff-nummer	Hauptgüte-Klasse[1)]	Freiheit von Fließfiguren[2)]	Streckgrenze R_e in MPa	Zugfestigkeit R_m in MPa	Bruchdehnung A in %	Verwendung
DC01	1.0330	UQ	3 Monate	140 ... 280	270 ... 410	28	
DC03	1.0347	UQ	6 Monate	140 ... 240	270 ... 370	34	
DC04	1.0338	UQ	6 Monate	140 ... 210	270 ... 350	38	
DC05	1.0312	UQ	6 Monate	140 ... 180	270 ... 330	40	
DC06	1.0873	LQ	unbegrenzt	120 ... 170	270 ... 330	41	
DC07	1.0898	LQ	unbegrenzt	120 ... 150	250 ... 310	44	

Oberflächenart

Kennzeichen	Beschreibung
A	Fehler wie Poren, kleine Riefen, leichte Kratzer und leichte Verfärbung sind zulässig, wenn sie das Umformen und die Haftung von Überzügen nicht beeinträchtigen.
B	Eine Seite muss so fehlerfrei sein, dass das Aussehen einer Qualitätslackierung nicht beeinträchtigt wird. Die andere Seite muss der Oberflächenart A entsprechen.

Oberflächenausführung

Kennzeichen	Ausführung	Mittenrauwert R_a in µm
b	besonders glatt	≤ 0,4
g	glatt	≤ 0,9
m	matt	0,6 ... 1.9
r	rau	≤ 1,6

1) UQ: unlegierter Qualitätsstahl, LQ: legierter Qualitätsstahl
2) Beim Umformen, z. B. Tiefziehen, treten innerhalb der Frist keine Fließfiguren auf. Die Frist gilt ab Lieferung. Für die Stahlsorte DC01-A gibt es dafür keine Vorgabe.

Bezeichnungsbeispiel: **Blech EN 10130–DC05-B-g oder Blech EN 10130–1.0312-B-g**
Kaltgewalztes Blech zum Kaltumformen, Stahlsorte DC05, Oberflächenart B, Ausführung glatt

Kaltgewalzte Flacherzeugnisse aus Stahl mit hoher Streckgrenze zum Kaltumformen — DIN EN 10268: 2013-12

Kurzname	Werkstoff-nummer	Freiheit von Fließfiguren	Streckgrenze $R_{p0,2}$ in MPa	Zugfestigkeit R_m in MPa	Bruchdehnung A in %	Eigenschaften, Verwendung
Höherfeste IF-Stähle (Y)[1)]						
HC180Y	1.0922	6 Monate	180 ... 230	340 ... 400	35	sehr gut kalt umformbar, komplizierte Tiefziehteile
HC220Y	1.0925		220 ... 270	350 ... 420	33	
HC260Y	1.0928		260 ... 320	380 ... 440	31	
Bake-hardening Stähle (B)[2)]						
HC180B	1.0395	3 Monate	180 ... 230	290 ... 360	34	gut kalt umformbar, Festigkeitssteigerung durch Erwärmen auf ca. 200 °C, z. B. durch Lackieren HC Karosserieteile
HC220B	1.0396		220 ... 270	320 ... 400	32	
HC260B	1.0400		260 ... 320	360 ... 440	29	
HC300B	1.0444		300 ... 360	390 ... 480	26	
Isotrope Stähle (I)[3)]						
HC220I	1.0346	6 Monate	220 ... 270	300 ... 380	34	sehr gut geeignet zum Streckziehen großflächige Karosserieteile
HC260I	1.0349		260 ... 310	320 ... 400	32	
HC300I	1.0447		300 ... 350	340 ... 440	30	
Niedriglegierte Stähle (LA)[4)]						
HC260LA	1.0480	6 Monate	260 ... 330	350 ... 430	26	verbesserte Schweißbarkeit, geringere Kaltumformbarkeit Verstärkungsteile im Karosseriebau
HC340LA	1.0548		340 ... 420	410 ... 510	21	
HC420LA	1.0556		420 ... 520	470 ... 600	17	
HC460LA	1.0574		460 ... 580	510 ... 660	13	
HC500LA	1.0573		500 ... 620	550 ... 710	12	

1) IF: interstitial free (interstitiellfrei)
2) bake = backen, hardening = verfestigen
3) isotrop: mikrolegierte Stähle, die keine Abhängigkeit der Werkstoffkennwerte von der Walzrichtung aufweisen
4) LA: low alloy = niedrig legiert, mikrolegiert

Die kaltgewalzten Flacherzeugnisse aus Stahl mit hoher Streckgrenze zum Kaltumformen werden in Oberflächenart und Oberflächenausführung nach DIN EN 10130 geliefert.

Bezeichnungsbeispiel: **Blech EN 10268–HC260I-B-g** oder **Blech EN 10268–1.0349-B-g**
Blech aus Stahl mit hoher Streckgrenze zum Kaltumformen, Stahlsorte HC260I (Isotroper Stahl), Oberflächenart B, Ausführung glatt

Flacherzeugnisse aus Stahl

Schmelztauchveredelte Flacherzeugnisse

DIN EN 10346: 2015-10

Kurzname	Werkstoffnummer	Verfügbare Überzüge	Garantie für Festigkeitswerte	Streckgrenze / Dehngrenze $R_e / R_{p0,2}$ in MPa	Zugfestigkeit R_m in MPa	Bruchdehnung A in %	Freiheit von Fließfiguren[1]	Güteklasse für die Kaltumformung
DX51D	1.0226	+Z,+ZF,+ZA,+AZ,+AS	1 Monat	–	270 ... 500	22	keine Anforderugen	Maschinenfalzgüte
DX52D	1.0350	+Z,+ZF,+ZA,+AZ,+AS		140 ... 300	270 ... 420	26		Ziehgüte
DX53D	1.0355	+Z,+ZF,+ZA,+AZ,+AS		140 ... 260	270 ... 380	30		Tiefziehgüte
DX54D	1.0306	+Z,+ZA	6 Monate	120 ... 220	260 ... 350	36	6 Monate	Sondertiefziehgüte
		+ZF,+AS				34		
DX56D	1.0322	+Z,+ZA		120 ...180	260 ... 350	39		Spezialtiefziehgüte
		+ZF				37		
		+AS				39		
DX57D	1.0853	+Z,+ZA		120 ... 170	260 ... 350	41		Supertiefziehgüte
		+ZF				39		
		+AS				41		

[1] Beim Umformen treten innerhalb der Frist keine Fließfiguren auf. Die Frist gilt ab Lieferung.

Verfügbare Überzüge

Z	99 % Zink keine Zinkblume oder Zn-Kristalle unterschiedlicher Größe und Glanz	AZ	Aluminium-Zink-Überzug mit 55 % Al Zinkblume mit metallischem Glanz
ZF	Zink-Eisen-Legierung durch Wärmebehandlung entstehende Legierung mit 8 ... 12 % Fe, abriebfest, matt	AS	Aluminium-Silicium-Überzug Schmelzbad aus Al und 8 ... 11 % Si Bildung einer ausgeprägten Al-Fe-Si-Legierungsschicht
ZA	Zink-Aluminium-Überzug mit 5 % Al Überzug mit metallischem Glanz		

Oberflächenart

Kennzeichen	Beschreibung
A	Fehler wie Poren, kleine Riefen, leichte Kratzer und leichte Passivierungsflecke sind zulässig.
B	Die Oberflächenart wird durch Kaltnachwalzen erreicht. Unregelmäßigkeiten im geringen Umfang wie Dressierabdrücke, leichte Kratzer sowie leichte Passivierungsflecke sind zulässig.
C	Die Oberflächenart wird durch Kaltnachwalzen erreicht. Eine Seite muss eine Qualitätslackierung ermöglichen, die andere Seite muss mindestens die Merkmale der Oberflächenart B ausweisen.

Oberflächenausführung

Kennzeichen	Ausführung
C	chemisch passiviert
O	geölt
CO	chemisch passiviert und geölt
P	phosphatiert
PO	phosphatiert und geölt
S	versiegelt

Theoretische Anhaltswerte für Schichtdicken

Auflagenkennzahl	Schichtdicke in µm		Auflagenkennzahl	Schichtdicke in µm		Auflagenkennzahl	Schichtdicke in µm	
	Typischer Wert	Bereich		Typischer Wert	Bereich		Typischer Wert	Bereich
Zink (Z)			Zink-Eisen-Legierung (ZF)			Aluminium-Zink-Legierung (AZ)		
Z100	7	5 ... 12	ZF100	7	5 ... 12	AZ100	13	9 ... 19
Z140	10	7 ... 15	ZF120	8	6 ... 13	AZ150	20	15 ... 27
Z200	14	10 ... 20	Zink-Aluminium-Legierung (ZA)			AZ185	25	19 ... 33
Z225	16	11 ... 22	ZA095	7	5 ... 12	Aluminium-Silicium-Legierung (AS)		
Z275	20	15 ... 27	ZA130	10	7 ... 15	AS060	8	6 ... 13
Z350	25	19 ... 33	ZA185	14	10 ... 20	AS080	14	10 ... 20
Z450	32	24 ... 42	ZA200	15	11 ... 21	AS100	17	12 ... 23
Z600	42	32 ... 55	ZA255	20	15 ... 27	AS150	25	19 ... 33

Bezeichnungsbeispiel: **Stahl EN 10346–DX54D+ZF100-B-O** oder **Stahl EN 10346–1.0306+ZF100-B-O**
Schmelztauchveredeltes Flacherzeugnis aus Stahl, Stahlsorte DX54D, Überzug Zink-Eisenlegierung, Schichtdicke 5 ... 12 µm, Oberflächenart B, geölt

3

Nichtrostende Stähle

DIN EN 10088-2: 2014-12; DIN EN 10088-3: 2014-12

Kurzname	Werkstoffnummer	Lieferzustand[1]		Dicke *t* in mm max.	Dehngrenze $R_{p0,2}$ in MPa	Zugfestigkeit R_m in MPa	Bruchdehnung A_{80} in %	Verwendung
		F	A					
Austenitische Stähle, lösungsgeglüht								
Standardgüten								
X10CrNi18-8	1.4310	B	C	8	250	600 ... 950	40	Federn für Temperaturen ≤ 300 °C, Fahrzeugbau
		S	–	40	195	500 ... 750	40	
X2CrNi18-9	1.4307	B	C	8	220	520 ... 700	45	Behälter für chemische und Lebensmittelindustrie
			P	75	200	500 ... 700		
		S	–	160	175	500 ... 700		
X2CrNi19-11	1.4306	B	C	8	220	520 ... 700	45	Nahrungsmittel-, Seifenindustrie, beständig gegen organische und Fruchtsäuren
			P	75	200	500 ... 700		
		S	–	160	180	460 ... 680		
X2CrNiN18-10	1.4311	B	C	8	290	550 ... 750	40	Druckgefäße im chemischen Apparatebau, Molkereiindustrie, Brauereigewerbe
			P	75	270			
		S	–	160	270	550 ... 760		
X5CrNi18-10	1.4301	B	C	8	230	540 ... 750	45	Nahrungsmittelindustrie, schweißbar, gut polierbar und tiefziehbar
			P	75	210	520 ... 720		
		S	–	160	190	500 ... 700		
X8CrNiS18-9	1.4305	B	P	75	190	500 ... 700	35	Drehteile in der Nahrungsmittel- und Molkereiindustrie
		S	–	160	190	500 ... 750		
X6CrNiTi18-10	1.4541	B	C	8	220	520 ... 720	40	Gebrauchsgegenstände im Haushalt, Film- und Fotoindustrie
			P	75	200	500 ... 700		
		S	–	160	190	500 ... 700		
X4CrNi18-12	1.4303	B	C	8	220	500 ... 650	45	Schrauben, Muttern, Kaltfließpressteile
		S	–	160	190	500 ... 700		
X5CrNiMo17-12-2	1.4401	B	C	8	240	530 ... 680	40	Teile in der chemischen und Zellstoff-Industrie, Seifen- und Textilindustrie
			P	75	220	520 ... 670	45	
		S	–	160	200	500 ... 700	40	
X6CrNiMoTi17-12-2	1.4571	B	C	8	240	540 ... 690	40	Teile in der Farben-, Kunstharz- und Gummiindustrie
			P	75	220	520 ... 670		
		S	–	160	200	500 ... 700		
X2CrNiMo17-12-3	1.4432	B	C	8	240	550 ... 700	40	Werkstoff für Trink-, Kühl- und Abwassersysteme
			P	75	220	520 ... 670	45	
		S	–	160	200	500 ... 700	40	
X2CrNiMoN17-13-5	1.4439	B	C	8	290	580 ... 780	35	chemische Industrie, beständig bei höheren Chlor-Konzentrationen und Temperaturen
			P	75	270		40	
		S	–	160	280	580 ... 800	35	
X2CrNiMo18-14-3	1.4435	B	C	8	240	550 ... 700	40	geschweißte Teile erhöhter Beständigkeit in der Textil- und Kunstseidenindustrie
			P	75	2220	520 ... 670	45	
		S	–	160	200	500 ... 700	40	
Sondergüten								
X6CrNiNb18-10	1.4550	B	C	8	220	520 ... 720	40	Bauteile für die Nahrungsmittelindustrie, Kernkraftwerksbau
			P	75	200	500 ... 700		
		S	–	160	205	510 ... 740		
X1CrNiSi18-15-4	1.4361	B	P	75	220	530 ... 730	40	beständig in konzentrierter Schwefel- und Salpetersäure
		S	–	160	210	530 ... 730		
X6CrNiMoNb17-12-2	1.4580	B	P	75	220	520 ... 720	40	Bauteile für die chemische Industrie, beständig gegenüber Seewasser
		S	–	160	215	510 ... 740	35	
X2CrNiMo18-15-4	1.4438	B	C	8	240	550 ... 700	35	Apparate in der Zellstoffindustrie, Transportbehälter für Chemikalien
			P	75	220	520 ... 720	40	
		S	–	160	200	500 ... 700	40	

[1] F: Lieferform B: Blech oder Band (DIN EN 10088-2), S: Stäbe, Profile, Blankstahlerzeugnisse (DIN EN 10088-3)
A: Anlieferungszustand C: kaltgewalztes Band, P: warmgewalztes Blech

Nichtrostende Stähle

Nichtrostende Stähle — **DIN EN 10088-2: 2014-12; DIN EN 10088-3: 2014-12**

Kurzname	Werkstoffnummer	Lieferzustand[1) F	Lieferzustand[1) A	Dicke t in mm max.	Dehngrenze $R_{p0,2}$ in MPa	Zugfestigkeit R_m in MPa	Bruchdehnung A_{80} in %	Verwendung
Ferritische Stähle, geglüht								
Standardgüten								
X2CrNi12	1.4003	B	C	8	280	450 ... 650	20	Fahrzeug- und Containerbau, Apparatebau
			P	25	250		18	
		S	–	100	260	450 ... 600	20	
X6Cr13	1.4000	B	C	8	240	400 ... 600	19	Konstruktionsteile in Wasser und Dampf, Haushaltsgeräte, Beschläge
			P	25	220	400 ... 630	20	
		S	–	25	230	400 ... 630	20	
X6Cr17	1.4016	B	C	8	260	430 ... 600	20	Bestecke, Spültischauskleidungen, Stoßstangen
			P	25	240			
		S	–	100	240	400 ... 630	20	
X3CrTi17	1.4510	B	C	8	230	420 ... 600	23	Nahrungsmittel- und Brauereiindustrie
X6CrMo17-1	1.4113	B	C	8	260	450 ... 630	18	Radkappen, Stoßstangen, Fensterrahmen
		S	–	100	280	440 ... 660	18	
X2CrMoTi8-2	1.4521	B	C	8	300	420 ... 640	20	Schrauben, Muttern, Wärmetauscherrohre
			P	12	280	420 ... 620		
Sondergüten								
X3CrNb17	1.4511	B	C	8	230	420 ... 600	23	Nahrungsmittel- und Brauereiindustrie, schweißgeeignet
		S	–	50	200	420 ... 620	20	
X2CrTi17	1.4520	B	C	8	180	380 ... 530	24	Haushaltsgeräte, Waschmaschinen, gut schweißbar
		S	–	50	200	420 ... 620	20	
X2CrTiNb18	1.4509	B	C	8	230	430 ... 630	18	Auspuffanlagen, Katalysatoren, Brenner
		S	–	50	200	420 ... 620	18	

Kurzname	Werkstoffnummer	Lieferzustand[1) F	Lieferzustand[1) A	Dicke t in mm max.	Wärmebehandlungszustand	Dehngrenze $R_{p0,2}$ in MPa	Zugfestigkeit R_m in MPa	Bruchdehnung A_{80} in %	Verwendung
Martensitische Stähle, wärmebehandelt									
X12Cr13	1.4006	B	C	8	+A	–	≤ 600	20	Konstruktionsteile in Wasser und Dampf, Lebensmittelindustrie
			P	75	+QT650	450	650 ... 850	12	
		S	–	160				15	
X20Cr13	1.4021	B	C	8	+A	–	≤ 700	15	Achsen, Wellen, Pumpenteile, Ventilkegel
			P	75	+QT650	450	650 ... 850	12	
		S	–	160	+QT700	500	700 ... 850	13	
X30Cr13	1.4028	B	C	8	+A	–	≤ 740	15	Federn, Kolbenstangen, Schrauben
			P	75	+QT800	600	800 ... 1000	10	
		S	–	160	+QT850	650	850 ... 1000	10	
X46Cr13	1.4034	B	C	8	+A	–	≤ 780	12	Messer, Messzeuge, Kugellager, härtbar
		S	–	160	+QT850	650	850 ... 1000	10	
X39CrMo17-1	1.4122	B	C	8	+A	–	≤ 900	12	Wellen, Spindeln, Bolzen, Kolben, Ventile
		S	–	160	+QT750	550	750 ... 950	12	
X50CrMoV15	1.4116	B	C	8	+A	280	≤ 850	12	Schneidwaren, chirurgische Instrumente
		S	–	–	+A	–	≤ 900	–	
X3CrNiMo13-4	1.4313	B	P	75	+QT900	800	900 ... 1100	11	Pumpen, Armaturen, Ventile, Turbinenlaufräder
		S	–	160				12	
X4CrNiMo16-5-1	1.4418	B	P	75	+QT840	660	840 ... 1100	14	Zentrifugenteile, sehr korrosionsbeständig
		S	–	160	+QT900	700	900 ... 1100	16	

[1) F: Lieferform B: Blech oder Band (DIN EN 10088-2), S: Stäbe, Profile, Blankstahlerzeugnisse (DIN EN 10088-3)
A: Anlieferungszustand C: kaltgewalztes Band, P: warmgewalztes Blech

Bezeichnungsbeispiel: **Stahl EN 10088-2–X39CrMo17-1+QT750** oder **Stahl EN 10088-2–1.4122+QT750**
Nichtrostender Stahl, 0,39 % C, 17 % Cr, 1 % Mo, vergütet, Mindestzugfestigkeit R_m = 750 MPa

Stahlguss für allgemeine Anwendung

DIN EN 10293: 2015-04

Kurzname	Werkstoffnummer	Wärmebehandlung	Wanddicke t in mm	Streckgrenze $R_{p0,2}$ in MPa	Zugfestigkeit R_m in MPa	Kerbschlagarbeit KV in J	Bruchdehnung A in %	Verwendung
GE 200	1.0420	+N	≤ 300	200	380 ... 530	27	25	komplizierte Werkstücke mittlerer bis hoher Beanspruchung; bis 0,25 % C gut schweißbar Kleinteile, Hebel, Gebäuse
GE 240	1.0446	+N	≤ 300	240	450 ... 600	27	22	
GE 270	1.0454	+NT	< 300	270	480	29	22	
GE 300	1.0558	+N	≤ 30	300	600 ... 750	27	15	
GE 360	1.0597	+NT	< 300	360	590	16	20	
G17Mn5	1.1131	+QT	≤ 50	240	450 ... 600	70	24	Pumpen und Armaturen, Schweißverbundkonstruktionen
G20Mn5	1.6220	+QT	≤ 100	300	500 ... 650	60	22	
G17CrMo9-10	1.7379	+QT	≤ 150	400	590 ... 740	40	18	für hochbelastete Werkstücke, gute Schweißeignung Maschinen-, Anlagen- und Fahrzeugbau
G17NiCrMo13-6	1.6781	+QT	≤ 200	600	750 ... 900	27	15	
GX4CrNiMo16-5-1	1.4405	+QT	≤ 300	540	760 ... 960	60	15	
G28Mn6	1.1165	+QT1	≤ 100	450	600 ... 750	35	14	für dynamisch hochbelastete Werkstücke
G10MnMoV6-3	1.5410	+QT2	≤ 100	400	550 ... 700	60	18	
G34CrMo4	1.7230	+QT1	≤ 100	540	700 ... 850	35	12	
G32NiCrMo8-5-4	1.6570	+QT1	≤ 100	700	850 ... 1000	50	16	für hochbelastete Werkstücke korrosionsbeständig
GX23CrMoV12-1	1.4931	+QT	≤ 150	540	740 ... 880	27	15	

+N: Normalglühen, +NT: Normalglühen und Anlassen
+QT: Vergüten, QT1: Härten in Luft und Anlassen, QT2: Härten in Flüssigkeit und Anlassen

Bezeichnungsbeispiel: **Stahl EN 10293–G20Mn5+QT** oder **Stahl EN 10293–1.6220+QT**
Stahlguss, 0,2 %C, 1,25 % Mn, vergütet

Korrosionsbeständiger Stahlguss

DIN EN 10283: 2010-06

Kurzname	Werkstoffnummer	Wärmebehandlung	Wanddicke t in mm	Streckgrenze $R_{p0,2}$ in MPa	Zugfestigkeit R_m in MPa	Kerbschlagarbeit KV in J	Bruchdehnung A in %	Verwendung
Martensitische Sorten								
GX12Cr12	1.4011	+QT	≤ 150	450	620	20	15	gut spanbar, Absperrklappen, Kegel, Laufräder, Leitschaufeln
GX7CrNiMo12-1	1.4008	+QT	≤ 300	440	590	27	15	
GX4CrNi13-4	1.4317	+QT1	≤ 300	550	760	50	15	kaltzäh, Pumpen, Armaturen, Laufräder, Erdöl- und Erdgasförderanlagen
GX4CrNiMo16-5-1	1.4405	+QT	≤ 300	540	760	60	15	
GX4CrNiMo16-5-2	1.4411	+QT	≤ 300	540	760	60	15	
Austenitische Sorten								
GX2CrNi19-11	1.4309	+AT	≤ 150	185	440	80	30	Lebensmittel- und Getränkeindustrie, Molkereianlagen
GX5CrNi19-10	1.4308	+AT	≤ 150	175	440	60	30	
GX5CrNiNb19-11	1.4552	+AT	≤ 150	175	440	40	25	
GX2CrNiMo19-11-2	1.4409	+AT	≤ 150	195	440	80	30	Werkstoffe 1.4309 und 1.4308 sind hochglanzpolierbar
GX5CrNiMo19-11-2	1.4408	+AT	≤ 150	185	440	60	30	
GX5CrNiMoNb19-11-2	1.4581	+AT	≤ 150	185	440	40	25	
Ferritisch-austenitische Sorten								
GX4CrNiN26-7	1.4347	+AT	≤ 150	420	590	30	20	Maschinenbau
GX2CrNiMoN22-5-3	1.4470	+AT	≤ 150	420	600	30	20	Chemie- und Erdölindustrie, Pumpen, Armaturen
GX2CrNiMoN25-6-3	1.4468	+AT	≤ 150	480	650	50	22	
GX2CrNiMoCuN25-6-3-3	1.4517	+AT	≤ 150	480	650	50	22	
GX2CrNiMoN25-7-3	1.4417	+AT	≤ 150	480	650	50	22	
GX2CrNiMoN26-7-4	1.4469	+AT	≤ 150	480	650	50	22	

+AT: Lösungsglühen + Wasserabschreckung,
QT: Vergüten, QT1: Härten in Luft und Anlassen, QT2: Härten in Flüssigkeit und Anlassen

Bezeichnungsbeispiel: **Stahl EN 10283–GX5CrNiMoNb19-11-2+AT** oder **Stahl EN 10283–1.4581+AT**
Hochlegierter korrosionsbeständiger Stahlguss, 0,05 % C, 19 % Cr, 11 % Ni, 2 % Mo, Anteile Nb, lösungsgeglüht

Warmgewalzte Stahlprofile – Übersicht

Warmgewalzter Flachstab DIN EN 10058 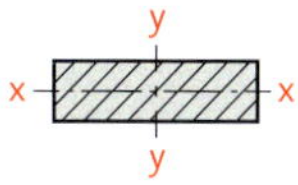	Warmgewalzter Vierkantstab DIN EN 10059 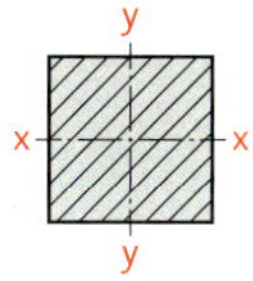	Warmgewalzter Rundstab DIN EN 10060 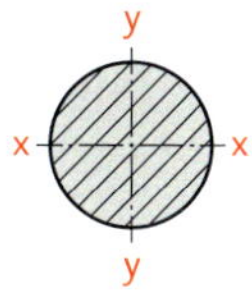	Warmgewalzter Sechskantstab DIN EN 10061 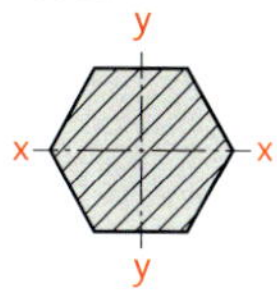
Schmaler I-Träger I-Reihe DIN 1025-1 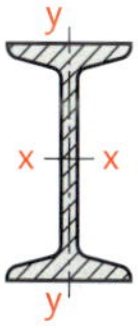	Mittelbreiter I-Träger IPE-Reihe DIN 1025-5 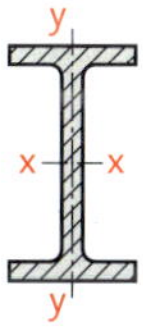	Breiter I-Träger IPB-Reihe DIN 1025-2 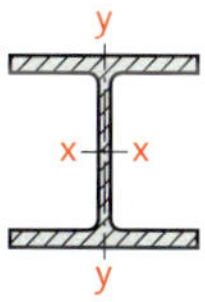	Breiter I-Träger IPBl-Reihe DIN 1025-3 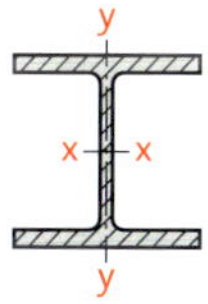
Breiter I-Träger IPBv-Reihe DIN 1025-4 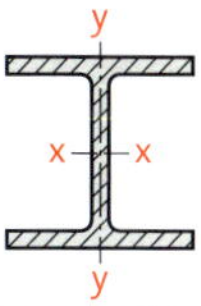	Gleichschenkliger T-Stahl DIN EN 10055 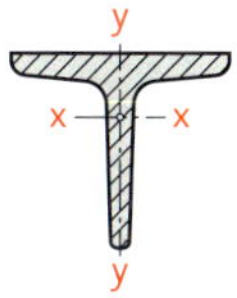	Scharfkantiger T-Stahl DIN 59051 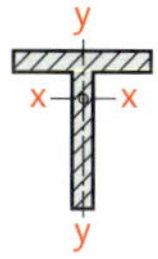	Z-Stahl DIN 1027 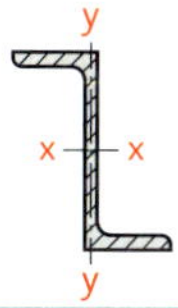
Gleichschenkliger Winkelstahl DIN EN 10056-1 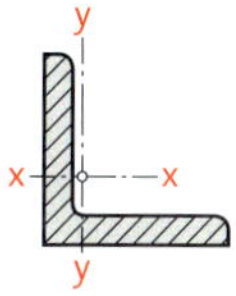	Ungleichschenkliger Winkelstahl DIN EN 10056-1 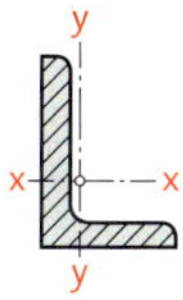	Gleichschenkliger, scharfkantiger Winkelstahl DIN 1022 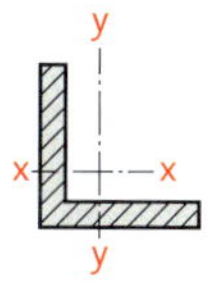	U-Stahl DIN 1026-1 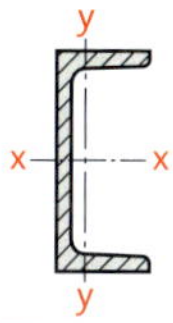
Stahlrohre DIN EN 10220 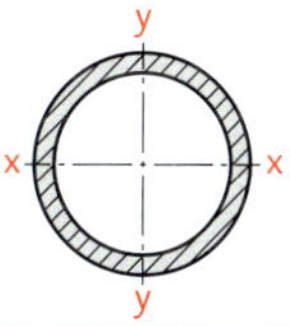	Warmgefertigte quadratische Hohlprofile DIN EN 10210-2 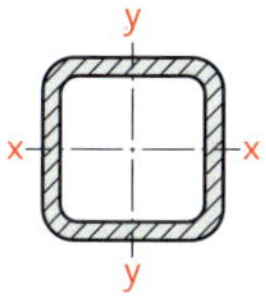	Warmgefertigte rechteckige Hohlprofile DIN EN 10210-2 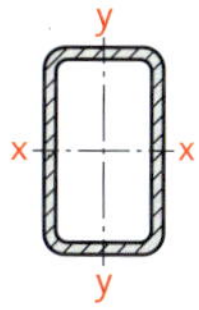	Rohre für den Maschinenbau DIN EN 10297-1 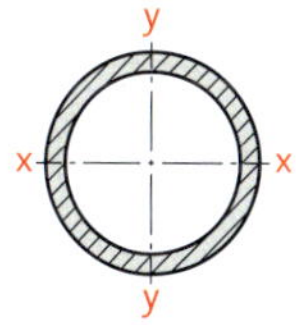

Kaltgefertigte Stahlprofile – Übersicht

Blanker Flachstab DIN EN 10278 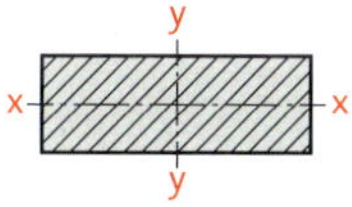	Blanker Vierkantstab DIN EN 10278 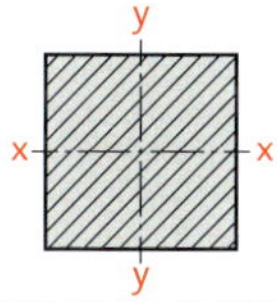	Blanker Rundstab DIN EN 10278 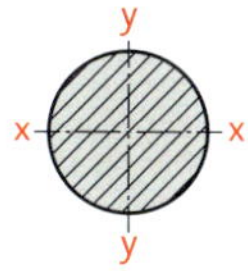	Blanker Sechskantstab DIN EN 10278 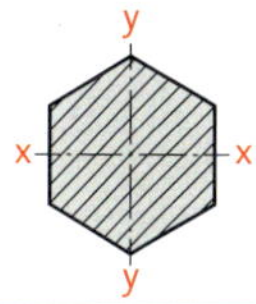
Kaltgefertigte quadratische Stahlrohre DIN EN 10219-2 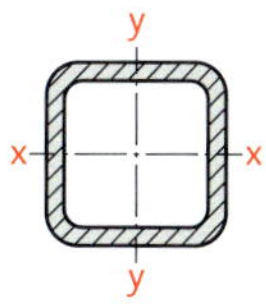	Kaltgefertigte rechteckige Stahlrohre DIN EN 10219-2 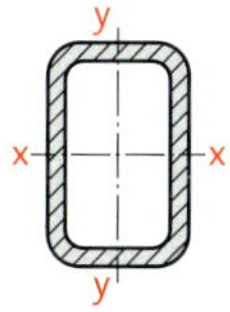	Präzisionsstahlrohre DIN EN 10305-1 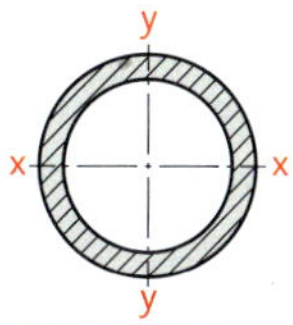	Kaltgewalztes Breitband und Blech DIN EN 10131 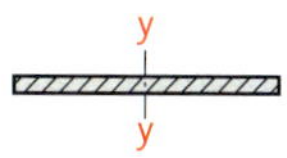

3

Warmgewalzte Stahlprofile

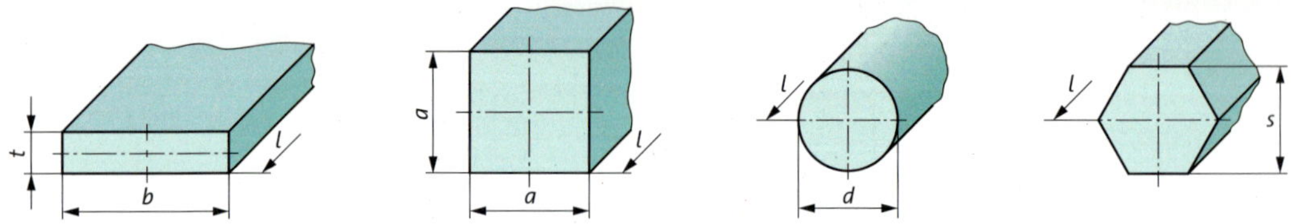

Flachstab — Vierkantstab — Rundstab — Sechskantstab

Lieferformen:		
	Herstelllänge (M)	3000 ... 13 000 mm
	Festlänge (F)	3000 ... 13 000 mm ± 100 mm
	Genaulänge (G)	< 6000 mm ± 25 mm
		6000 ... 13 000 mm ± 50 mm

Werkstoff: Stahl EN 10025-2, Stahl EN 10083, Stahl EN 10084, Stahl EN 10087

Warmgewalzte Flachstäbe — DIN EN 10058: 2019-02

Breite *b* mm	Längenbezogene Masse *m'* in kg/m für Dicken *t* in mm													
	5	6	8	10	12	15	20	25	30	35	40	50	60	80
10	0,393	–	–	–	–	–	–	–	–	–	–	–	–	–
12	0,471	0,565	–	–	–	–	–	–	–	–	–	–	–	–
15	0,589	0,707	0,942	1,18	–	–	–	–	–	–	–	–	–	–
16	0,628	0,754	1,00	1,26	–	–	–	–	–	–	–	–	–	–
20	0,785	0,942	1,26	1,57	1,88	2,36	–	–	–	–	–	–	–	–
25	0,981	1,18	1,57	1,96	2,36	2,94	–	–	–	–	–	–	–	–
30	1,18	1,41	1,88	2,36	2,83	3,53	4,71	–	–	–	–	–	–	–
35	1,37	1,65	2,20	2,75	3,30	4,12	5,50	–	–	–	–	–	–	–
40	1,57	1,88	2,51	3,14	3,77	4,71	6,28	7,85	9,42	–	–	–	–	–
45	1,77	2,12	2,83	3,53	4,24	5,30	7,07	8,83	10,60	–	–	–	–	–
50	1,96	2,36	3,14	3,93	4,71	5,89	7,85	9,81	11,8	–	–	–	–	–
60	2,36	2,83	3,77	4,71	5,65	7,07	9,42	11,8	14,1	16,5	18,8	–	–	–
70	2,75	3,30	4,40	5,50	6,59	8,24	11,0	13,7	16,5	19,2	22,0	–	–	–
80	3,14	3,77	5,02	6,28	7,54	9,42	12,6	15,7	18,8	22,0	25,1	31,4	37,7	–
90	3,53	4,24	5,65	7,07	8,48	10,6	14,1	17,7	21,2	24,7	28,3	35,3	42,4	–
100	3,93	4,71	6,28	7,85	9,42	11,8	15,7	19,6	23,6	27,5	31,4	39,3	47,1	–
120	–	5,65	7,54	9,42	11,3	14,1	18,8	23,6	28,3	33,0	37,7	47,1	56,5	–
150	–	7,06	9,42	11,8	14,1	17,7	23,6	29,4	35,3	41,2	47,1	58,9	70,7	94,2

Die längenbezogene Masse *m'* ist mit einer Dichte von 7,85 kg/dm³ berechnet.

Bezeichnungsbeispiel: **Flachstab EN 10058 – 40x10x6000 M – DIN EN 10025-2 – S235JR**
Flachstab, Breite *b* = 40 mm, Dicke *t* = 10 mm, Herstelllänge *l* = 6000 mm aus Stahl S235JR

Warmgewalzte Vierkantstäbe — DIN EN 10059: 2004-02
Warmgewalzte Rundstäbe — DIN EN 10060: 2004-02

Maße *a*, *d* in mm	Masse *m'* in kg/m		Maße *a*, *d* in mm	Masse *m'* in kg/m		Maße *a*, *d* in mm	Masse *m'* in kg/m		Maße *a*, *d* in mm	Masse *m'* in kg/m	
	Vierkant	Rund		Vierkant	Rund		Vierkant	Rund		Vierkant	Rund
10	0,785	0,617	24	4,52	3,55	40	12,6	9,86	80	50,2	39,5
12	1,13	0,888	25	4,91	3,85	45	15,9	12,5	85	–	44,5
13	1,33	1,04	26	5,31	4,17	48	–	14,2	90	63,6	49,9
14	1,54	1,21	27	–	4,49	50	19,6	15,4	95	–	55,6
15	1,77	1,39	28	6,15	4,83	52	–	16,7	100	78,5	61,7
16	2,01	1,58	30	7,07	5,55	55	23,7	18,7	110	95,0	74,6
18	2,54	2,00	32	8,04	6,31	60	28,3	22,2	120	113	88,8
19	–	2,33	35	9,62	7,55	65	33,2	26,0	130	133	104
20	3,14	2,47	36	–	7,99	70	38,5	30,2	140	154	121
22	3,80	2,98	38	–	8,90	75	44,2	34,7	150	177	139

Die längenbezogene Masse *m'* ist mit einer Dichte von 7,85 kg/dm³ berechnet.

Bezeichnungsbeispiel: **Rundstab EN 10060 – 32x6000 M – DIN EN 10083-1 – 42CrMo4**
Rundstab, Durchmesser *d* = 32 mm, Herstelllänge *l* = 6000 mm aus Vergütungsstahl 42CrMo4

Warmgewalzte I-Träger, IPE-Reihe

DIN 1025-5: 1994-03

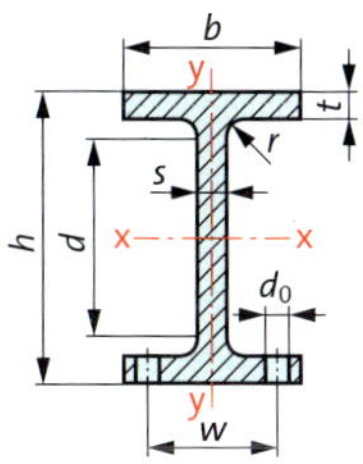

Lieferformen: $h < 300$ mm Normallänge 8 ... 16 m
$h \geq 300$ mm Normallänge 8 ... 18 m

Werkstoff: Stahl EN 10025-2

Kurzzeichen IPE	Maße						Querschnitt A	Längenbezogene Masse m'	Für die Biegeachse x–x		Für die Biegeachse y–y		Anreißmaße DIN SPEC 18085	
	h	b	s	t	r	d			I_x	W_x	I_y	W_y	d_0	w
	mm	mm	mm	mm	mm	mm	cm^2	kg/m	cm^4	cm^3	cm^4	cm^3	mm	mm
100	100	55	4,1	5,7	7	74,6	10,3	8,1	171	34,2	15,9	5,79	–	–
120	120	64	4,4	6,3	7	93,4	13,2	10,4	318	53,0	27,7	8,65	–	–
140	140	73	4,7	6,9	7	112,2	16,4	12,9	541	77,3	44,9	12,3	–	–
160	160	82	5,0	7,4	9	127,2	20,1	15,8	869	109	68,3	16,7	–	–
180	180	91	5,3	8,0	9	146,0	23,9	18,8	1320	146	101	22,2	13,5	56
200	200	100	5,6	8,5	12	159,0	28,5	22,4	1940	194	142	28,5	13,5	60
220	220	110	5,9	9,2	12	177,6	33,4	26,2	2770	252	205	37,3	18	66
240	240	120	6,2	9,8	15	190,4	39,1	30,7	3890	324	284	47,3	18	74
270	270	135	6,6	10,2	15	219,6	45,9	36,1	5790	429	420	62,2	18	78
300	300	150	7,1	10,7	15	248,6	53,8	42,2	8360	557	604	80,5	24	86
330	330	160	7,5	11,5	18	271,0	62,6	49,1	11770	713	788	98,5	26	94
360	360	170	8,0	12,7	18	298,6	72,7	57,1	16270	904	1040	123	26	96
400	400	180	8,6	13,5	2	331,0	84,5	66,3	23130	1160	1320	146	26	106

Die längenbezogene Masse *m'* ist mit einer Dichte von 7,85 kg/dm^3 berechnet.

Bezeichnungsbeispiel: **I-Profil DIN 1025-5 – IPE 200 DIN EN 10025-2 – S235JR**
IPE-Profil, Höhe *h* = 200 mm aus Stahl S235JR

Warmgewalzte I-Träger, IPB-Reihe

DIN 1025-2: 1995-11

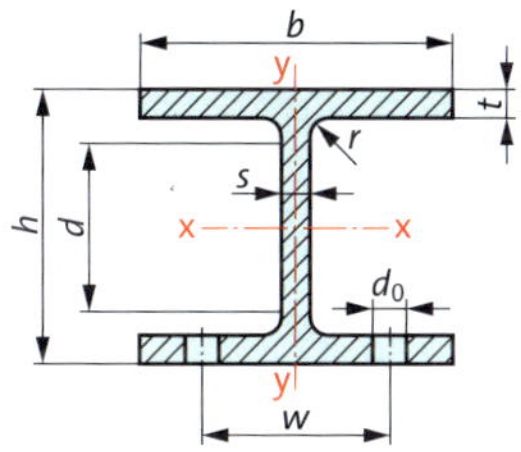

Lieferformen: $h < 300$ mm Normallänge 8 ... 16 m
$h \geq 300$ mm Normallänge 8 ... 18 m

Werkstoff: Stahl EN 10025-2

Reihe nach EURONORM: HE-B, Bezeichnung z. B. HEB 240

Kurzzeichen IPB	Maße						Querschnitt A	Längenbezogene Masse m'	Für die Biegeachse x–x		Für die Biegeachse y–y		Anreißmaße DIN SPEC 18085	
	h	b	s	t	r	d			I_x	W_x	I_y	W_y	d_0	w
	mm	mm	mm	mm	mm	mm	cm^2	kg/m	cm^4	cm^3	cm^4	cm^3	mm	mm
100	100	100	6,0	10	12	56	26,0	20,4	450	89,9	167	33,5	13,5	60
120	120	120	6,5	11	12	74	34,0	26,7	864	144	318	52,9	18	70
140	140	140	7,0	12	12	92	43,0	33,7	1510	216	550	78,5	24	80
160	160	160	8,0	13	15	104	54,3	42,6	2490	311	889	111	26	90
180	180	180	8,5	14	15	122	65,3	51,2	3830	426	1360	151	30	100
200	200	200	9,0	15	18	134	78,1	61,3	5700	570	2000	200	33	110
220	220	220	9,5	16	18	152	91,0	71,5	8090	736	2840	258	39	118
240	240	240	10,0	17	21	164	106	83,2	11260	938	3920	327	39	126
260	260	260	10,0	17,5	24	177	118	93,0	14920	1150	5130	395	39	132
300	300	300	11,0	19	27	208	149	117	25170	1680	8560	571	39	144
320	320	300	11,5	20,5	27	225	161	127	30820	1930	9240	616	39	150
360	360	300	12,5	22,5	27	261	181	142	43190	2400	10140	676	39	160
400	400	300	13,5	24	27	298	198	155	57680	2880	10820	721	39	160

Die längenbezogene Masse *m'* ist mit einer Dichte von 7,85 kg/dm^3 berechnet.

Bezeichnungsbeispiel: **I-Profil DIN 1025-2 – IPB 240 DIN EN 10025-2 – S235JR**
IPB-Profil, Höhe *h* = 240 mm aus Stahl S235JR

Warmgewalzte I-Träger, leichte Ausführung, IPBl-Reihe

DIN 1025-3: 1994-03

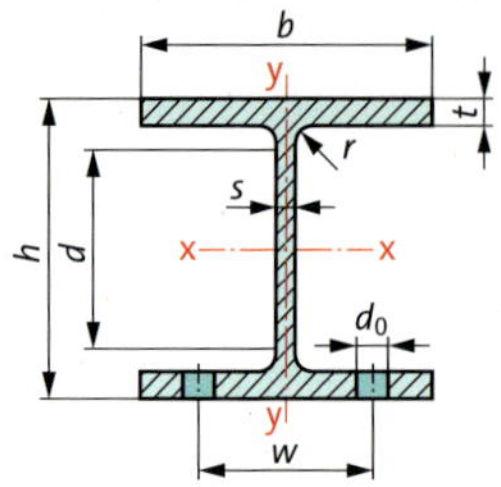

Lieferformen: $h < 300$ mm Normallänge 8 ... 16 m
$h \geq 300$ mm Normallänge 8 ... 18 m

Werkstoff: Stahl EN 10025-2

Bezeichnung nach EURONORM: HE-A, Bezeichnung z. B. HEA 240

Kurzzeichen IPBl (HEA)	Maße						Querschnitt A	Längenbezogene Masse m'	Für die Biegeachse $x-x$		$y-y$		Anreißmaße DIN SPEC 18085	
	h	b	s	t	r	d			I_x	W_x	I_y	W_y	d_0	w
	mm	mm	mm	mm	mm	mm	cm^2	kg/m	cm^4	cm^3	cm^4	cm^3	mm	mm
100	96	100	5,0	8,0	12	56	21,2	16,7	349	72,8	134	26,8	13,5	60
120	114	120	5,0	8,0	12	74	25,3	19,9	606	106	231	38,5	18	70
140	133	140	5,5	8,5	12	92	31,4	24,7	1030	155	389	55,6	24	80
160	152	160	6,0	9,0	15	104	38,8	30,4	1670	220	616	76,9	26	90
180	171	180	6,0	9,5	15	122	45,3	35,5	2510	294	925	103	30	100
200	190	200	6,5	10,0	18	134	53,8	42,3	3690	389	1340	134	33	110
240	230	240	7,5	12,0	21	164	76,8	60,3	7760	675	2770	231	39	126
260	250	260	7,5	12,5	24	177	86,8	68,2	10450	836	3670	282	39	132
300	290	300	8,5	14,0	27	208	112	88,3	18260	1260	6310	421	39	144
360	350	300	10,0	17,5	27	261	143	112	33090	1890	7890	526	39	160
400	390	300	11,0	19,0	27	298	159	125	45070	2310	8560	571	39	160

Die längenbezogene Masse m' ist mit einer Dichte von 7,85 kg/dm³ berechnet.

Bezeichnungsbeispiel: **I-Profil DIN 1025-3 – IPBl 240 DIN EN 10025-2 – S235JR**
IPBl-Profil, Höhe h = 240 mm aus Stahl S235JR

Warmgewalzte I-Träger, verstärkte Ausführung, IPBv-Reihe

DIN 1025-4: 1994-03

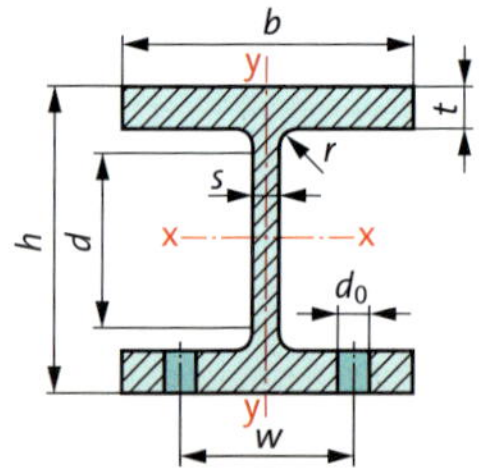

Lieferformen: $h < 300$ mm Normallänge 8 ... 16 m
$h \geq 300$ mm Normallänge 8 ... 18 m

Werkstoff: Stahl EN 10025-2

Bezeichnung nach EURONORM: HE-M, Bezeichnung z. B. HEM 240

Kurzzeichen IPBv (HEM)	Maße						Querschnitt A	Längenbezogene Masse m'	Für die Biegeachse $x-x$		$y-y$		Anreißmaße DIN SPEC 18085	
	h	b	s	t	r	d			I_x	W_x	I_y	W_y	d_0	w
	mm	mm	mm	mm	mm	mm	cm^2	kg/m	cm^4	cm^3	cm^4	cm^3	mm	mm
100	120	106	12,0	20,0	12	56	53,2	41,8	1140	190	399	75,3	13,5	66
120	140	126	12,5	21,0	12	74	66,4	52,1	2020	288	703	112	18	76
140	160	146	13,0	22,0	12	92	80,6	63,2	3290	411	1140	157	24	86
160	180	166	14,0	23,0	15	104	97,1	76,2	5100	566	1760	212	26	96
180	200	186	14,5	24,0	15	122	113	88,9	7480	748	2580	277	30	106
200	220	206	15,0	25,0	18	134	131	103	10640	967	3650	354	33	116
240	270	248	18,0	32,0	21	164	200	157	24290	1800	8150	657	39	136
260	290	268	18,0	32,5	24	177	220	172	31310	2160	10450	780	39	142
300	340	310	21,0	39,0	27	208	303	238	59200	3480	19400	1250	39	160
360	395	308	21,0	40,0	27	261	319	250	84870	4300	19520	1270	39	160
400	432	307	21,0	40,0	27	298	326	256	104100	4820	19330	1260	39	160

Die längenbezogene Masse m' ist mit einer Dichte von 7,85 kg/dm³ berechnet.

Bezeichnungsbeispiel: **I-Profil DIN 1025-4 – IPBv 240 DIN EN 10025-2 – S235JR**
IPBv-Profil, Höhe h = 240 mm aus Stahl S235JR

Warmgewalzter U-Profilstahl — DIN 1026-1: 2009-09

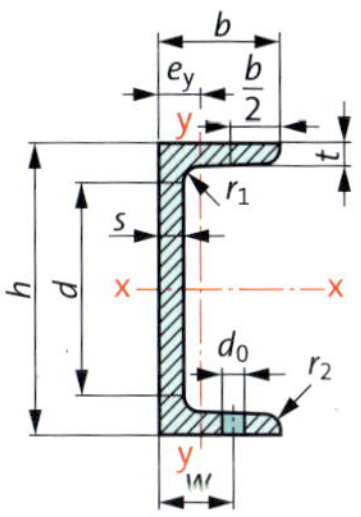

$r_1 = t$
$r_2 = t/2$

Lieferformen: Normallänge 8 ... 16 m

Werkstoff: Stahl EN 10025-2

Neigung: $h \leq 300$ mm: 8 %
$h > 300$ mm: 5 %

Kurzzeichen U	Maße					Abstand der y-Achse	Querschnitt	Längenbezogene Masse m'	Für die Biegeachse x–x		Für die Biegeachse y–y		Anreißmaße[1]	
	h	b	s	t	d	e_y	A		I_x	W_x	I_y	W_y	d_0	w_1
	mm	mm	mm	mm	mm	cm	cm²	kg/m	cm⁴	cm³	cm⁴	cm³	mm	mm
30x15	30	15	4	4,5	12,13	0,52	2,21	1,74	2,53	1,69	0,38	0,39	–	–
30	30	33	5	7	12,35	1,31	5,44	4,27	6,39	4,26	5,33	2,68	–	–
40x20	40	20	5	5,5	18,97	0,67	3,66	2,87	7,58	3,79	1,14	0,86	–	–
40	40	35	5	7	11,08	1,33	6,21	4,87	14,1	7,05	6,68	3,08	–	–
50x25	50	25	5	6	25,72	0,81	4,92	3,86	16,8	6,73	2,49	1,48	–	–
50	50	38	5	7	20,84	1,37	7,12	5,59	26,4	10,6	9,12	3,75	–	–
60	60	30	6	6	35,48	0,91	6,46	5,07	31,6	10,5	4,51	2,16	–	–
80	80	45	6	8	46,59	1,45	11,0	8,64	106	26,5	19,4	6,36	–	–
100	100	50	6	8,5	64,27	1,55	13,5	10,6	206	41,2	29,3	8,49	11	36
120	120	55	7	9	82,10	1,60	17,0	13,4	364	60,7	43,2	11,1	13	37
160	160	65	7,5	10,5	115,6	1,84	24,0	18,8	925	116	85,3	18,3	17	43
200	200	75	8,5	11,5	151,1	2,01	32,2	25,3	1910	191	148	27,0	21	46
260	260	90	10	14	200,6	2,36	48,3	37,9	4820	371	317	47,7	25	56
300	300	100	10	16	232,1	2,70	58,8	46,2	8030	535	495	67,8	28	61
350	350	100	14	16	283,3	2,40	77,3	60,6	12840	734	570	75,0	28	65
400	400	110	14	18	325,0	2,65	91,5	71,8	20350	1020	846	102	28	67

Die längenbezogene Masse m' ist mit einer Dichte von 7,85 kg/dm³ berechnet.
[1] Angaben nach „Stahlbau kompakt", 3. Aufl. 2014, ISBN 978-3-514-00812-0

Bezeichnungsbeispiel: **U-Profil DIN 1026-1 – U120 DIN EN 10025-2 – S235JR**
Warmgewalztes U-Profil, Höhe h = 120 mm aus Stahl S235JR

Warmgewalzter gleichschenkliger T-Stahl — DIN EN 10055: 1995-12

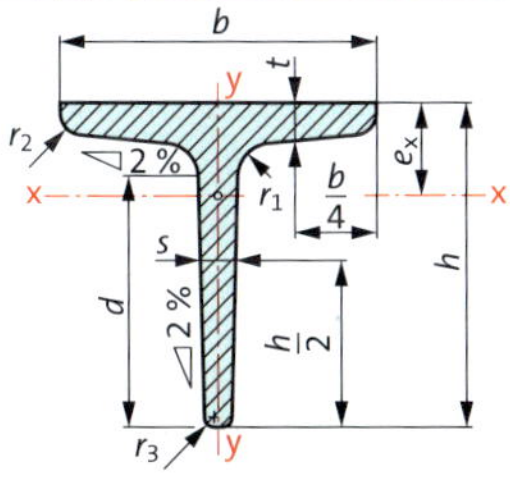

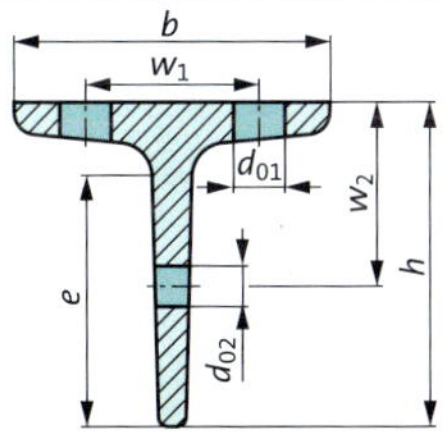

$r_1 = t$
$r_2 = t/2$

Lieferformen: Normallänge 8 ... 12 m

Werkstoff: Stahl EN 10025-2

Neigung: 2 %

Kurzzeichen T	Maße				Abstand der x-Achse	Querschnitt	Längenbezogene Masse m'	Für die Biegeachse x–x		Für die Biegeachse y–y		Anreißmaße[1]			
	$h = b$	$s = t$	r_3	d	e_y	A		I_x	W_x	I_y	W_y	d_{01}	w_1	d_{02}	w_2
	mm	mm	mm	mm	cm	cm²	kg/m	cm⁴	cm³	cm⁴	cm³	mm	mm		mm
30	30	4	1	21	0,85	2,26	1,77	1,72	0,80	0,87	0,58	–	–	–	–
35	35	4,5	1	25	0,99	2,97	2,33	3,10	1,23	1,57	0,90	–	–	–	–
40	40	5	1	29	1,12	3,77	2,96	5,28	1,84	2,58	1,29	–	–	–	–
50	50	6	1,5	37	1,39	5,66	4,44	12,1	3,36	6,06	2,42	–	–	11	36
60	60	7	2	45	1,66	7,94	6,23	23,8	5,48	12,2	4,07	–	–	13	37
70	70	8	2	53	1,94	10,6	8,32	44,5	8,79	22,1	6,32	–	–	21	43
80	80	9	2	61	2,22	13,6	10,7	73,7	12,8	37,0	9,25	–	–	25	50
100	100	11	3	77	2,74	20,9	16,4	179	24,6	88,3	17,7	11	71	28	57
120	120	13	3	93	3,28	29,6	23,2	366	42,0	178	29,7	13	76	28	61
140	140	15	4	109	3,80	39,9	31,3	660	64,7	330	47,2	17	90	28	65

Die längenbezogene Masse m' ist mit einer Dichte von 7,85 kg/dm³ berechnet.
[1] Angaben nach „Stahlbau kompakt", 3. Aufl. 2014, ISBN 978-3-514-00812-0

Bezeichnungsbeispiel: **T-Profil EN 10055 – T50-6000 DIN EN 10025-2 – S235JR**
Warmgewalztes gleichschenkliges T-Profil, Höhe h = 50 mm, Länge l = 6000 mm, Stahl EN 10025-2, S235JR

Warmgewalzter gleichschenkliger Winkelstahl

DIN EN 10056-1: 2017-06

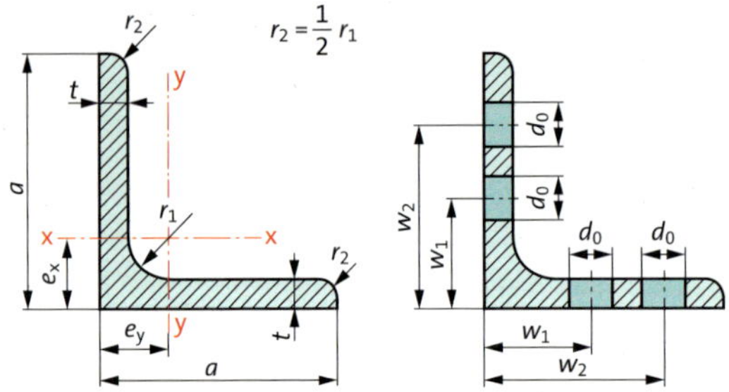

Lieferformen: Festlänge 6000 ... 12 000 mm ± 100 mm

Werkstoff: Stahl EN 10025-2

Kurzzeichen L	Maße			Abstand der Achsen $e_x = e_y$	Querschnitt A	Längenbezogene Masse m'	Für die Biegeachsen $x-x$ $I_x = I_y$	Für die Biegeachsen $y-y$ $W_x = W_y$	Anreißmaße[1)]		
	a	t	r_1						d_0	w_1	w_2
	mm	mm	mm	mm	cm²	kg/m	cm⁴	cm³	mm	mm	mm
20x20x3	20	3	3,5	0,598	1,12	8,882	0,392	0,279	–	–	–
25x25x3	25	3	3,5	0,723	1,42	1,12	0,803	0,452	–	–	–
25x25x4	25	4	3,5	0,762	1,85	1,45	1,02	0,586	–	–	–
30x30x3	30	3	5	0,835	1,74	1,36	1,40	0,649	–	–	–
30x30x4	30	4	5	0,878	2,27	1,78	1,80	0,850	–	–	–
35x35x4	35	4	5	1,00	2,67	2,09	2,95	1,18	–	–	–
40x40x4	40	4	6	1,12	3,08	2,42	4,47	1,55	–	–	–
40x40x5	40	5	6	1,16	3,79	2,97	5,43	1,91	–	–	–
45x45x4,5	45	4,5	7	1,25	3,90	3,06	7,14	2,20	–	–	–
50x50x4	50	4	7	1,36	3,89	3,06	8,97	2,46	–	–	–
50x50x5	50	5	7	1,40	4,80	3,77	11,0	3,05	11	35	–
50x50x6	50	6	7	1,45	5,69	4,47	12,8	3,61	11	36	–
60x60x5	60	5	8	1,64	5,82	4,57	19,4	4,45	13	35	–
60x60x6	60	6	8	1,69	6,91	5,42	222,8	5,29	13	36	–
60x60x8	60	8	8	1,77	9,03	7,08	29,2	6,89	13	38	–
65x65x7	65	7	9	1,85	8,70	6,83	33,4	7,18	17	42	–
70x70x6	70	6	9	1,93	8,13	6,38	36,9	7,27	21	41	–
70x70x7	70	7	9	1,97	9,40	7,38	42,3	8,41	21	42	–
75x75x6	75	6	9	2,05	8,73	6,85	45,8	8,41	21	41	–
75x75x8	75	8	9	2,14	11,4	8,99	59,1	11,0	21	43	–
80x80x8	80	8	10	2,26	12,3	9,61	72,2	12,6	25	50	–
80x80x10	80	10	10	2,34	15,1	11,9	87,5	15,4	21	46	–
90x90x7	90	7	11	2,45	12,2	9,61	92,6	14,1	28	53	–
90x90x8	90	8	11	2,50	13,9	10,9	104	16,1	28	54	–
90x90x9	90	9	11	2,54	15,5	12,2	116	17,9	28	55	–
90x90x10	90	10	11	2,58	17,1	13,4	127	19,8	28	56	–
100x100x8	100	8	12	2,74	15,5	12,2	145	19,9	28	55	–
100x100x10	100	10	12	2,82	19,2	15,0	177	24,6	28	57	–
100x100x12	100	12	12	2,90	22,7	17,8	207	29,1	28	59	–
120x120x10	120	10	13	3,31	23,2	18,2	313	36,0	28	60	–
120x120x12	120	12	13	3,40	27,5	21,6	368	42,7	28	60	–
130x130x12	130	12	14	3,64	30,0	23,6	472	50,4	28	61	–
150x150x10	150	10	16	4,03	29,3	23,0	624	56,9	25	58	118
150x150x12	150	12	16	4,12	34,8	27,3	737	67,7	25	60	120
150x150x15	150	15	16	4,25	43,0	33,8	898	83,5	28	66	–
160x160x15	160	15	17	4,49	46,1	36,2	1100	95,6	25	64	124
180x180x16	180	16	18	5,02	55,4	43,5	1680	130	28	69	136
180x180x18	180	18	18	5,10	61,9	48,6	1870	145	28	71	138
200x200x16	200	16	18	5,52	61,8	48,5	2340	162	28	69	136
200x200x18	200	18	18	5,60	69,1	54,3	2600	181	28	71	138
200x200x20	200	20	18	5,68	76,3	59,9	2850	199	28	73	140
200x200x24	200	24	18	5,84	90,6	71,1	3330	235	28	77	144
250x250x28	250	28	18	7,24	133	104	7700	433	28	81	166
250x250x35	250	35	18	7,50	163	128	9260	529	28	88	166

Die längenbezogene Masse m' ist mit einer Dichte von 7,85 kg/dm³ berechnet.

1) Angaben nach „Stahlbau kompakt", 3. Aufl. 2014, ISBN 978-3-514-00812-0

Bezeichnungsbeispiel: **L EN 10056-1 – 80x80x8 Stahl EN 10025-2 – S235JR**
Gleichschenkliger Winkelstahl, a = 80 mm, t = 8 mm aus Stahl S235JR

Warmgewalzter ungleichschenkliger Winkelstahl — DIN EN 10056-1: 2017-06

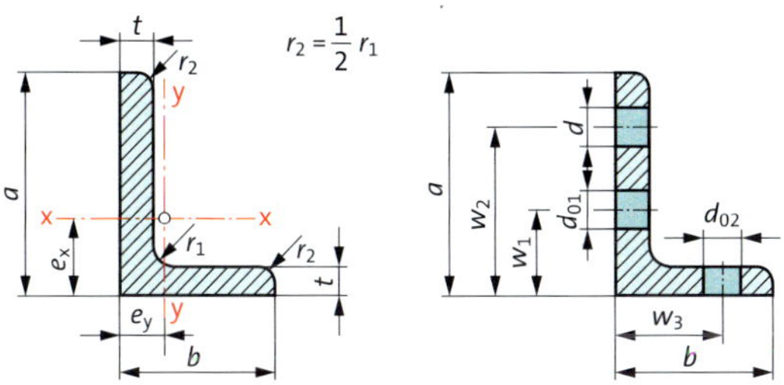

Lieferformen: Festlänge 6000 ... 12 000 mm ± 100 mm

Werkstoff: Stahl EN 10025-2

Kurzzeichen L	Maße				Abstand der Achsen		Querschnitt A	Längenbezogene Masse m'	Für die Biegeachsen				Anreißmaße[1)]				
									x–x		y–y						
	a	b	t	r_1	e_x	e_y			I_x	W_x	I_y	W_y	d_{01}	d_{02}	w_1	w_2	w_3
	mm	mm	mm	mm	mm	mm	cm^2	kg/m	cm^4	cm^3	cm^4	cm^3	mm	mm	mm	mm	mm
30x20x3	30	20	3	4	0,99	0,50	1,43	1,12	1,25	0,62	0,44	0,29	–	–	–	–	–
30x20x4	30	20	4	4	1,03	0,54	1,86	1,46	1,59	0,81	0,55	0,38	–	–	–	–	–
40x20x4	40	20	4	4	1,47	0,48	2,26	1,77	3,59	1,42	0,60	0,39	–	–	–	–	–
40x25x4	40	25	4	4	1,36	0,62	2,46	1,93	3,89	1,47	1,16	0,62	–	–	–	–	–
45x30x4	45	30	4	4,5	1,48	0,74	2,87	2,25	5,78	1,91	2,05	0,91	–	–	–	–	–
50x30x5	50	30	5	5	1,73	0,74	3,78	2,96	9,36	2,86	2,51	1,11	11	–	35	–	–
60x30x5	60	30	5	5	2,17	0,68	4,28	3,36	15,6	4,07	2,63	1,14	13	–	35	–	–
60x40x5	60	40	5	6	1,96	0,97	4,79	3,76	17,2	4,25	6,11	2,02	13	–	35	–	–
60x40x6	60	40	6	6	2,00	1,01	5,68	4,46	20,1	5,03	7,12	2,38	13	–	36	–	–
65x50x5	65	50	5	6	1,99	1,25	5,54	4,35	23,2	5,14	11,9	3,19	17	11	40	–	35
70x50x6	70	50	6	7	2,23	1,25	6,89	5,41	33,4	7,01	14,2	3,78	21	11	41	–	36
75x50x6	75	50	6	7	2,44	1,21	7,19	5,65	40,5	8,01	14,4	3,81	21	11	41	–	36
75x50x8	75	50	6	7	2,52	1,29	9,41	7,39	52,0	10,4	18,4	4,95	21	–	43	—	–
80x40x6	80	40	6	7	2,85	0,88	6,89	5,41	44,9	8,73	7,59	2,44	25	–	46	–	–
80x40x8	80	40	8	7	2,94	0,96	9,01	7,07	57,6	11,4	9,61	3,16	25	–	48	–	–
80x60x7	80	60	7	8	2,51	1,52	9,38	7,36	59,0	10,7	28,4	6,34	25	13	47	–	37
100x50x6	100	50	6	8	3,51	1,05	8,71	6,84	89,9	13,8	15,4	3,89	25	11	46	–	36
100x50x8	100	50	8	8	3,60	1,13	11,4	8,97	116	18,2	19,7	5,08	28	–	53	–	–
100x65x7	100	65	7	10	3,23	1,51	11,2	8,77	113	16,6	37,6	7,53	28	17	56	–	42
100x65x8	100	65	8	10	3,27	1,55	12,7	9,94	127	18,9	42,2	8,54	28	17	53	–	43
100x65x10	100	65	10	10	3,36	1,63	15,6	12,3	154	23,2	51,0	10,5	28	13	55	–	40
100x75x8	100	75	8	10	3,10	1,87	13,5	10,6	133	19,3	64,1	11,4	28	21	53	–	44
100x75x10	100	75	10	10	3,19	1,95	16,6	13,0	162	23,8	77,6	14,0	28	21	55	–	46
100x75x12	100	75	12	10	3,27	2,03	19,7	15,4	189	28,0	90,2	16,5	28	21	57	–	48
120x80x8	120	80	8	11	3,83	1,87	15,5	12,2	226	27,6	80,8	13,2	28	21	64	–	45
120x80x10	120	80	10	11	3,92	1,95	19,1	15,0	276	34,1	98,1	16,2	28	21	60	–	47
120x80x12	120	80	12	11	4,00	2,03	22,7	17,8	323	40,4	114	19,1	28	21	58	–	49
125x75x8	125	75	8	11	4,14	1,68	15,5	12,2	247	29,6	67,6	11,6	28	21	64	–	45
125x75x10	125	75	10	11	4,23	1,76	19,1	15,0	302	36,5	82,1	14,3	28	21	65	–	47
125x75x12	125	75	12	11	4,31	1,84	22,7	17,8	354	43,2	95,5	16,9	28	21	58	–	49
135x65x8	135	65	8	11	4,78	1,34	15,5	12,2	291	33,4	45,2	8,75	28	17	64	–	43
135x65x10	135	65	10	11	4,88	1,42	19,1	15,0	356	41,3	54,7	10,8	28	13	75	–	40
150x75x9	150	75	9	12	5,26	1,57	19,6	15,4	455	46,7	77,9	13,1	25	21	53	113	47
150x75x10	150	75	10	12	5,31	1,61	21,7	17,0	501	51,6	85,6	14,5	25	21	54	114	48
150x75x12	150	75	12	12	5,40	1,69	25,7	20,2	588	61,3	99,6	17,1	25	21	56	116	50
150x75x15	150	75	15	12	5,52	1,81	31,7	24,8	713	75,2	119	21,0	25	25	59	119	50
150x90x10	150	90	10	12	5,00	2,04	23,2	18,2	533	53,3	146	21,0	25	25	54	114	54
150x90x12	150	90	12	12	5,08	2,12	27,5	21,6	627	63,3	171	24,8	25	25	56	116	56
150x90x15	150	90	15	12	5,21	2,23	33,9	26,6	761	77,7	205	30,4	25	25	59	119	59
150x100x10	150	100	10	12	4,81	2,34	24,2	19,0	553	54,2	199	25,9	25	25	54	114	57
150x100x12	150	100	12	12	4,89	2,42	28,7	22,5	651	64,4	233	30,7	25	25	56	116	59
200x100x10	200	100	10	15	6,93	2,01	29,2	23,0	1220	93,2	210	26,3	28	28	60	140	60
200x100x12	200	100	12	15	7,03	2,10	34,8	27,3	1440	111	247	31,3	28	28	62	129	62
200x100x15	200	100	15	15	7,16	2,22	43,0	33,75	1758	137	299	38,5	28	28	65	132	65
200x150x12	200	150	12	15	6,08	3,61	40,8	32,0	1650	119	803	70,5	28	28	62	129	78
200x150x15	200	150	15	15	6,21	3,73	50,5	39,6	2022	147	979	86,9	28	28	65	132	66

Die längenbezogene Masse *m'* ist mit einer Dichte von 7,85 kg/dm³ berechnet.

[1)] Angaben nach „Stahlbau kompakt", 3. Aufl. 2014, ISBN 978-3-514-00812-0

Bezeichnungsbeispiel: **L EN 10056-1 – 80x40x6 DIN EN 10025-2 – S235JR**
Gleichschenkliger Winkelstahl, *a* = 80 mm, *b* = 40 mm *t* = 8 mm aus Stahl S235JR

3

Nahtlose kreisförmige Rohre für den Maschinenbau — DIN EN 10297-1: 2003-06

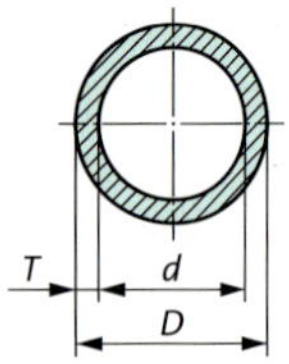

Werkstoff: Maschinenbaustähle
Vergütungsstähle
Einsatzstähle

Lieferformen:
Herstelllänge (M) 4000 ... 14 000 mm
Genaulänge (G) ≤ 6000 +10/–0 mm
> 6000 ... 12 000 +15/–0 mm
> 12 000 mm
(Abmaß nach Vereinbarung)

Anwendung im Maschinenbau und für allgemeine technische Anwendungen

Außen-durch-messer D in mm	Wand-dicke T in mm	Quer-schnitt A in cm²	Masse m' in kg/m[1]	für die Biegeachsen $x–x = y–y$		Außen-durch-messer D in mm	Wand-dicke T in mm	Quer-schnitt A in cm²	Masse m' in kg/m[1]	für die Biegeachsen $x–x = y–y$	
				I_x in cm⁴	W_x in cm³					I_x in cm⁴	W_x in cm³
26,9	2,30	1,78	1,40	1,36	1,01	54	4,00	6,28	4,93	19,76	7,32
26,9	2,60	1,98	1,56	1,48	1,10	54	5,00	7,70	6,04	23,34	8,64
26,9	3,20	2,38	1,87	1,70	1,27	54	8,00	11,56	9,08	31,50	11,67
26,9	4,00	2,88	2,26	1,94	1,45	54	10,00	13,82	10,85	35,18	13,03
35	2,60	2,65	2,08	3,50	2,00	60,3	5,00	8,69	6,82	33,48	11,10
35	3,20	3,20	2,51	4,08	2,33	60,3	8,00	13,14	10,32	45,99	15,25
35	4,00	3,90	3,06	4,76	2,72	60,3	10,00	15,80	12,40	51,95	17,23
35	5,00	4,71	3,70	5,45	3,11	60,3	12,50	18,77	14,74	57,28	19,00
40	3,20	3,70	2,90	6,31	3,15	70	5,00	10,21	8,01	54,24	15,50
40	4,00	4,52	3,55	7,42	3,71	70	8,00	15,58	12,23	76,12	21,75
40	5,00	5,50	4,32	8,59	4,30	70	10,00	18,85	14,80	87,18	24,91
40	8,00	8,04	6,31	10,94	5,47	70	12,50	22,58	17,73	97,73	27,92
44,5	3,20	4,15	3,26	8,91	4,00	82,5	8,00	18,72	14,70	131,40	31,85
44,5	4,00	5,09	4,00	10,54	4,74	82,5	10,00	22,78	17,88	152,50	36,97
44,5	5,00	6,20	4,87	12,29	5,53	82,5	12,50	27,49	21,58	173,74	42,12
44,5	8,00	9,17	7,20	16,01	7,20	82,5	20,00	39,27	30,83	211,38	51,24
51	4,00	5,91	4,64	16,43	6,44	88,9	10,00	24,79	19,46	195,98	44,09
51	5,00	7,23	5,67	19,34	7,58	88,9	12,50	30,00	23,55	224,76	50,57
51	8,00	10,81	8,48	25,84	10,13	88,9	16,00	36,64	28,77	255,15	57,40
51	10,00	12,88	10,11	28,68	11,25	88,9	20,00	43,29	33,98	278,54	62,66

[1] Die längenbezogene Masse m' ist mit einer Dichte von ρ = 7,85 kg/dm³ berechnet.

Bezeichnungsbeispiel: **Rohr EN 10297-1 – 40x3,2 DIN EN 10296-1 – E 275+N**
Rohr für den Maschinenbau, Durchmesser d = 40 mm, Wanddicke T = 3,2 mm aus E275, normalgeglüht

Nahtlose und geschweißte Stahlrohre — DIN EN 10220: 2003-03

Anwendung für allgemeine Anwendungen im Maschinenbau, Druckbehälterbau und Stahlbau

Außen-durch-messer D in mm	Masse m' in kg/m[1] für eine Wanddicke T in mm														
	1,6	2	2,3	2,6	3,2	4	4,5	5	5,6	6,3	8	10	12,5	16	20
10,2	0,339	0,404	0,448	0,487	–	–	–	–	–	–	–	–	–	–	–
13,5	0,470	0,567	0,635	0,699	0,813	–	–	–	–	–	–	–	–	–	–
17,2	0,616	0,750	0,845	0,936	1,10	1,30	1,41	–	–	–	–	–	–	–	–
21,3	0,777	0,952	1,08	1,20	1,43	1,71	1,86	2,01	–	–	–	–	–	–	–
26,9	0,998	1,23	1,40	1,56	1,87	2,26	2,49	2,70	2,94	3,20	–	–	–	–	–
33,7	1,27	1,56	1,78	1,99	2,41	2,93	3,24	3,54	3,88	4,26	5,07	–	–	–	–
42,4	1,61	1,99	2,27	2,55	3,09	3,79	4,21	4,61	5,08	5,61	6,79	7,99	–	–	–
48,3	1,84	2,28	2,61	2,93	3,56	4,37	4,86	5,34	5,90	6,53	7,95	9,45	11,0	–	
60,3	2,32	2,88	3,29	3,70	4,51	5,55	6,19	6,82	7,55	8,39	10,3	12,4	14,7	17,5	–
76,1	2,94	3,65	4,19	4,71	5,75	7,11	7,95	8,77	9,74	10,8	13,4	16,3	19,6	23,7	27,7
88,9	3,44	4,29	4,91	5,53	6,76	8,38	9,37	10,3	11,5	12,8	16,0	19,5	23,6	28,8	34,0
114,3	4,45	5,54	6,35	7,16	8,77	10,9	12,2	13,5	15,0	16,8	21,0	25,7	31,4	38,8	46,5
139,7	5,45	6,79	7,79	8,79	10,8	13,4	15,0	16,6	18,5	20,7	26,0	32,0	39,2	48,8	59,0

[1] Die längenbezogene Masse m' ist mit einer Dichte von ρ = 7,85 kg/dm³ berechnet. Für austenitische nichtrostende Stähle sind die Werte mit dem Faktor 1,015, für ferritische und martensitische nichtrostende Stähle mit dem Faktor 0,985 zu multiplizieren.

Bezeichnungsbeispiel: **Rohr EN 10220 – 42,4x3,2 – DIN EN 10025-2 – S235 JRH**
Rohr für allgemeine Anwendung, Durchmesser d = 42,4 mm, Wanddicke T = 3,2 mm aus S235JRH

Präzisionsstahlrohre – nahtlose kaltgezogene Rohre

DIN EN 10305-1: 2016-08

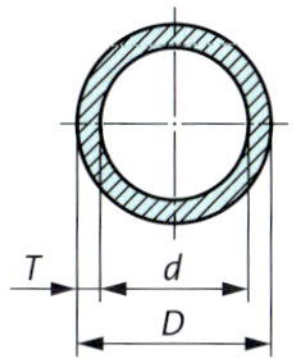

Lieferformen:

Herstelllänge (M)	≥ 3000 mm
Festlänge (F)	festgelegte Länge ± 500 mm
Genaulänge (G)	500 ... 8000 mm

Lieferzustand:

- +C zugblank/hart
- +LC zugblank/weich
- +SR zugblank und spannungsarmgeglüht
- +A geglüht
- +N normalgeglüht

Werkstoff

Maschinenbaustähle:
E215, E235, E2555, E355, E410

Vergütungsstähle:
26Mn5, C35E, C45E, 26Mo2, 25CrMo4, 42CrMo4

Automatenstähle:
10S10, 15S10, 18S10, 37S10

Außendurchmesser D in mm	Wanddicke T in mm	Querschnitt A in cm²	Masse m' in kg/m[1]	für die Biegeachsen $x-x=y-y$ I_x in cm⁴	W_x in cm³	Außendurchmesser D in mm	Wanddicke T in mm	Querschnitt A in cm²	Masse m' in kg/m[1]	für die Biegeachsen $x-x=y-y$ I_x in cm⁴	W_x in cm³
5	0,5	0,071	0,056	0,002	0,007	35	3,0	3,016	2,368	3,894	2,225
5	1,0	0,126	0,099	0,003	0,011	35	5,0	4,712	3,699	5,449	3,114
8	1,0	0,220	0,173	0,014	0,034	35	6,0	5,466	4,291	5,993	3,424
8	1,5	0,306	0,240	0,017	0,043	40	4,0	4,524	3,551	7,419	3,710
8	2,0	0,377	0,296	0,019	0,047	40	5,0	5,498	4,316	8,590	4,295
10	1,0	0,283	0,222	0,029	0,058	40	8,0	8,042	6,313	10,938	5,469
10	1,5	0,401	0,314	0,037	0,075	50	5,0	7,069	5,549	18,113	7,245
10	2,0	0,503	0,395	0,043	0,085	50	8,0	10,556	8,286	24,120	9,648
12	1,0	0,346	0,271	0,053	0,088	50	10,0	12,566	9,865	26,704	10,681
12	1,5	0,495	0,388	0,070	0,116	60	5,0	8,639	6,782	32,938	10,979
12	2,0	0,628	0,493	0,082	0,136	60	8,0	13,069	10,259	45,219	15,073
15	2,0	0,817	0,641	0,177	0,236	60	10,0	15,708	12,331	51,051	17,017
15	2,5	0,982	0,771	0,199	0,266	70	5,0	10,210	8,015	54,242	15,498
15	3,0	1,131	0,888	0,216	0,288	70	10,0	18,850	14,797	87,179	24,908
20	2,5	1,374	1,079	0,537	0,537	70	12,0	21,865	17,164	95,880	27,394
20	4,0	2,011	1,578	0,684	0,684	80	8,0	18,096	14,205	118,707	29,677
20	5,0	2,356	1,850	0,736	0,736	80	10,0	21,991	17,263	137,445	34,361
25	2,5	1,767	1,387	1,132	0,906	80	16,0	32,170	25,253	175,004	43,751
25	4,0	2,639	2,072	1,507	1,206	100	8,0	23,122	18,151	246,482	49,296
25	5,0	3,142	2,466	1,669	1,335	100	10,0	28,274	22,195	289,812	57,962
30	3,0	2,545	1,998	2,347	1,565	100	16,0	42,223	33,145	385,918	77,184
30	5,0	3,927	3,083	3,191	2,127						
30	6,0	4,524	3,551	3,461	2,307						

[1] Die längenbezogene Masse m' ist mit einer Dichte von ρ = 7,85 kg/dm³ berechnet.

Bezeichnungsbeispiel: **Rohr EN 10305-1 – 40xd32 Stahl EN 10025-1 – E235+N**
Präzisionsstahlrohr, Außendurchmesser D = 40 mm, Innendurchmesser d = 32 mm aus der Stahlsorte E 235, normalgeglüht.

Kaltgewalztes Band und Blech aus unlegierten Stählen

DIN EN 10131: 2006-09

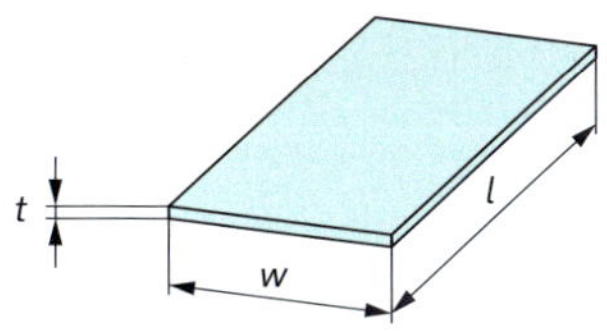

Erzeugnis Breite w in mm	Dicke t in mm
Breitband und Blech (600 mm < w < 2000 mm)	≤ 3,0 mm
aus Breitband längsgeteiltes Band (w < 600 mm)	≤ 3,0 mm

Dicke t mm	Masse m'' in kg/m² [2]
0,35	2,75
0,40	3,14
0,50	3,93
0,60	4,71
0,70	5,50
0,80	6,28
0,90	7,07
1,00	7,85
1,20	9,42
1,50	11,78
2,00	15,70
2,50	19,63
3,00	23,55

[2] Errechnet mit einer Dichte von ρ = 7,85 kg/dm³

Werkstoff:

Stahlsorten nach
DIN EN 10130
DIN EN 10268

Bezeichnungsbeispiele: **Blech EN 10131 – 1,00 x 1200 Stahl EN 10130 – DC06-B-g**
Blech, Dicke t = 1,00 mm, Breite w = 1200 mm, aus Stahl DC06, Oberflächenart B, Oberflächenausführung glatt
Breitband EN 10131 – 1,20 x 1000 Stahl EN 10130 – DC04-A-m
Breitband, Dicke t = 1,2 mm, Breite w = 1000 mm, aus Stahl DC04, Oberflächenart A, Oberflächenausführung matt

Warmgefertigte Hohlprofile für den Stahlbau

DIN EN 10210-2: 2006-07

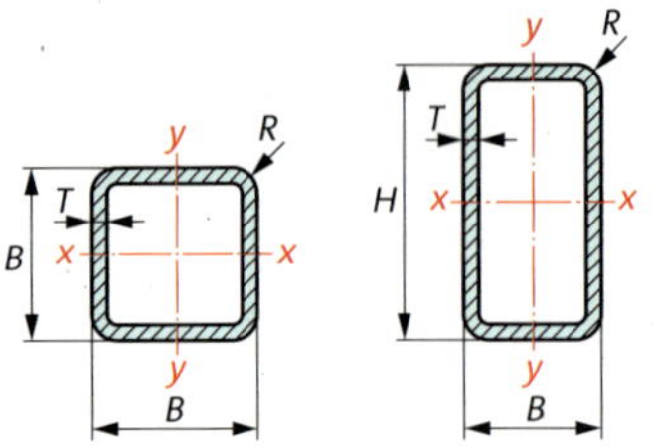

Lieferformen: Herstelllänge (M) 4000 ... 16 000 mm
Festlänge (F) 4000 ... 16 000 mm ± 500 mm
Genaulänge (G) 2000 mm ... 6000 + 10 mm
≥ 6000 mm + 15 mm

Werkstoff: Unlegierte Baustähle
Feinkornbaustähle

Hohlprofile mit quadratischem Querschnitt

Nenngröße B in mm	Wanddicke T in mm	Querschnitt A in cm²	Masse m' in kg/m[1)]	für die Biegeachsen $x-x=y-y$: I_x in cm⁴	W_x in cm³
40	2,6	3,82	3,00	8,80	4,40
40	4,0	5,59	4,39	11,8	5,91
40	5,0	6,73	5,28	13,4	6,68
50	2,6	4,86	3,81	18,0	7,21
50	4,0	7,19	5,64	25,0	9,99
50	5,0	8,73	6,85	28,9	11,6
60	2,6	5,90	4,63	32,2	10,7
60	4,0	8,79	6,90	45,4	15,1
60	6,3	13,11	10,29	61,6	20,5
80	4,0	11,99	9,41	114	28,6
80	5,0	14,73	11,56	137	34,2
80	8,0	22,35	17,55	189	47,3
100	5,0	18,73	14,70	279	55,9
100	8,0	28,75	22,57	400	79,9
100	10,0	34,93	27,42	462	92,4
120	5,0	22,73	17,84	498	83,0
120	8,0	35,15	27,60	726	121
120	10,0	42,93	33,70	852	142
140	5,0	26,73	20,98	807	115
140	8,0	41,55	32,62	1195	171
140	10,0	50,93	39,98	1416	202
150	5,0	28,73	22,55	1002	134
150	8,0	44,75	35,13	1491	199
150	10,0	54,93	43,12	1773	236
150	16,0	83,01	65,17	2430	324
160	5,0	30,73	24,12	1225	153
160	8,0	47,95	37,64	1831	229
160	10,0	58,93	46,26	2186	273
160	16,0	89,41	70,19	3028	379
180	5,0	34,73	27,26	1765	196
180	8,0	54,35	42,67	2661	296
180	10,0	66,93	52,54	3193	355
180	16,0	102,21	80,24	4504	500
200	5,0	38,73	30,40	2445	245
200	8,0	60,75	47,69	3709	371
200	10,0	74,93	58,82	4471	447
200	16,0	115,01	90,29	6394	639
250	8,0	76,75	60,25	7455	596
250	10,0	94,93	74,52	9055	724
250	16,0	147,01	115,41	13267	1061
300	8,0	92,75	72,81	13128	875
300	10,0	114,93	90,22	16026	1068
300	16,0	179,01	140,53	23850	1590

Hohlprofile mit rechteckigem Querschnitt

Nenngröße $H \times B$ in mm	Wanddicke T in mm	Querschnitt A in cm²	Masse m' in kg/m[1)]	für die Biegeachsen $x-x$: I_x in cm⁴	$x-x$: W_x in cm³	$y-y$: I_y in cm⁴	$y-y$: W_y in cm³
50x30	2,6	3,82	3,00	12,2	4,9	5,38	3,58
50x30	4,0	5,59	4,39	16,5	6,6	7,08	4,72
60x40	3,2	5,88	4,62	27,8	9,3	14,6	7,29
60x40	4,0	7,19	5,64	32,8	10,9	17,0	8,52
60x40	5,0	8,73	6,85	38,1	12,7	19,5	9,77
80x40	4,0	8,79	6,90	68,2	17,1	22,2	11,1
80x40	5,0	10,7	8,42	80,3	20,1	25,7	12,9
80x40	6,3	13,1	10,3	93,3	23,3	29,2	14,6
100x50	4,0	11,2	8,8	140	27,9	46,2	18,5
100x50	5,0	13,7	10,8	167	33,3	54,3	21,7
100x50	8,0	20,8	16,3	230	46,0	71,7	28,7
100x60	4,0	12,0	9,4	158	31,6	70,5	23,5
100x60	5,0	14,7	11,6	189	37,8	83,6	27,9
100x60	8,0	22,4	17,5	264	52,8	113,3	37,8
120x60	5,0	16,7	13,1	299	49,9	98,8	32,9
120x60	8,0	25,6	20,1	425	70,8	135	45,0
120x60	10,0	30,9	24,3	488	81,4	152	50,5
120x80	5,0	18,7	14,7	365	60,9	193	48,2
120x80	8,0	28,8	22,6	525	87,5	273	68,1
120x80	10,0	34,9	27,4	609	101,6	313	78,1
140x80	5,0	20,7	16,3	534	76,3	221	55,3
140x80	8,0	32,0	25,1	776	111	314	78,5
140x80	10,0	38,9	30,6	908	130	362	90,5
150x100	5,0	23,7	18,6	739	98	392	78,5
150x100	8,0	36,8	28,9	1087	145	569	113,9
150x100	10,0	44,9	35,3	1282	171	665	133,1
160x80	5,0	22,7	17,8	744	93	249	62,3
160x80	8,0	35,2	27,6	1091	136	356	89,0
160x80	10,0	42,9	33,7	1284	161	411	103
180x100	5,0	26,7	21,0	1153	128	460	92
180x100	8,0	41,6	32,6	1713	190	671	134
180x100	10,0	50,9	40,0	2036	226	787	157
200x100	5,0	28,7	22,6	1495	149	505	101
200x100	8,0	44,8	35,1	2234	223	739	148
200x100	10,0	54,9	43,1	2664	266	869	174
200x100	16,0	83,0	65,2	3678	368	1147	229
200x120	8,0	48,0	37,6	2529	253	1128	188
200x120	10,0	58,9	46,3	3026	303	1337	223
250x150	8,0	60,8	47,7	5111	409	2298	306
250x150	10,0	74,9	58,8	6174	494	2755	367
250x150	16,0	115	90,3	8879	710	3873	516
300x200	8,0	77	60,3	9717	648	5184	518
300x200	10,0	95	74,5	11819	788	6278	628
300x200	16,0	147	115,4	17390	1159	9109	911

1) Die längenbezogene Masse m' ist mit einer Dichte von $\rho = 7{,}85$ kg/dm³ berechnet.

Bezeichnungsbeispiele: **HFRHF – EN 10210 – 120 x 120 x 8 DIN EN 10025-2 – S235JR**
Quadratisches Hohlprofil mit B = 120 mm und T = 8,0 mm aus unlegiertem Baustahl S235JR
HFRHF – EN 10210 – 140 x 80 x 10 DIN EN 10025-3 – S355NL
Rechteckiges Hohlprofil mit den Seitenlängen 140 x 80 und T = 10 mm aus Feinkornbaustahl S355NL

Kaltgefertigte geschweißte Hohlprofile für den Stahlbau — DIN EN 10219-2: 2006-07

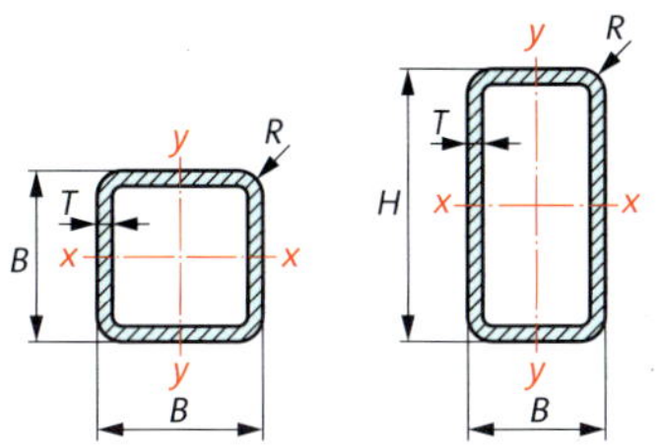

Lieferformen:	Herstelllänge (M)	4000 ... 16 000 mm
	Festlänge (F)	≥ 4000 mm + 50 mm
	Genaulänge (G)	≤ 6000 mm + 5 mm
		6000 ... 10 000 mm + 15 mm
		> 10 000 + 6 mm
Werkstoff:	Unlegierte Baustähle	
	Feinkornbaustähle	

Quadratische Stahlrohre

Nennmaß $B \times B$ in mm	Wanddicke T in mm	Querschnitt A in cm²	Masse m' in kg/m[1]	für die Biegeachsen $x-x=y-y$: I_x in cm⁴	W_x in cm³
20	2,0	1,34	1,05	0,692	0,692
25	2,0	1,74	1,36	1,48	1,19
25	2,5	2,09	1,64	1,69	1,35
25	3,0	2,41	1,89	1,84	1,47
30	2,0	2,14	1,68	2,72	1,81
30	2,5	2,59	2,03	3,16	2,10
30	3,0	3,01	2,36	3,50	2,34
40	2,0	2,94	2,31	6,94	3,47
40	3,0	4,21	3,30	9,32	4,66
40	4,0	5,35	4,20	11,1	5,54
50	2,0	3,74	2,93	14,1	5,66
50	3,0	5,41	4,25	19,5	7,79
50	4,0	6,95	5,45	23,7	9,49
50	5,0	8,36	6,56	27,0	10,8
80	3,0	9,01	7,07	87,8	22,0
80	4,0	11,7	9,22	111	27,8
80	5,0	14,4	11,3	131	32,9
80	6,0	16,8	13,2	149	37,3
80	8,0	20,8	16,4	168	42,1
100	5,0	18,4	14,4	271	54,2
100	6,0	21,6	17,0	311	62,3
100	8,0	27,2	21,4	366	73,2
100	10,0	32,6	25,6	411	82,2
120	5,0	22,4	17,5	485	80,9
120	6,0	26,4	20,7	562	93,7
120	8,0	33,6	26,4	677	113
120	10,0	40,6	31,8	777	129
120	12,0	45,7	35,8	806	134
140	6,0	31,2	24,5	920	131
140	8,0	40,0	31,4	1127	161
140	10,0	48,6	38,1	1312	187
140	12,0	55,3	43,4	1398	200
150	6,0	33,6	26,4	1146	153
150	10,0	52,6	41,3	1653	220
150	12,0	60,1	47,1	1780	237
160	6,0	36,0	28,3	1405	176
160	8,0	46,4	36,5	1741	218
160	10,0	56,6	44,4	2048	256
160	12,0	64,9	50,9	2224	278
180	6,0	40,8	32,1	2037	226
180	8,0	52,8	41,5	2546	283
180	10,0	64,6	50,7	3017	335
180	12,0	74,5	58,5	3322	369
200	6,0	45,6	35,8	2833	283
200	8,0	59,2	46,5	3566	357
200	10,0	72,6	57,0	4251	425
200	12,0	84,1	66,0	4730	473
200	16,0	107	83,8	5625	562

Rechteckige Stahlrohre

Nennmaß $H \times B$ in mm	Wanddicke T in mm	Querschnitt A in cm²	Masse m' in kg/m[1]	für die Biegeachsen $x-x$: I_x in cm⁴	$x-x$: W_x in cm³	$y-y$: I_y in cm⁴	$y-y$: W_y in cm³
40x20	2,0	2,14	1,68	4,05	2,02	1,34	1,34
40x20	2,5	2,59	2,03	4,69	2,35	1,54	1,54
40x20	3,0	3,01	2,36	5,21	2,60	1,68	1,68
50x30	2,0	2,94	2,31	9,54	3,81	4,29	2,86
50x30	3,0	4,21	3,30	12,8	5,13	5,70	3,80
50x30	4,0	5,35	4,20	15,3	6,10	6,69	4,46
60x40	2,0	3,74	2,93	18,4	6,14	9,83	4,92
60x40	3,0	5,41	4,25	25,4	8,46	13,4	6,72
60x40	4,0	6,95	5,45	31,0	10,3	16,3	8,14
60x40	5,0	8,36	6,56	35,3	11,8	18,4	9,21
80x40	2,0	4,54	3,56	37,4	9,34	12,7	6,36
80x40	3,0	6,61	5,19	52,3	13,1	17,6	8,78
80x40	4,0	8,55	6,71	64,8	16,2	21,5	10,7
80x40	5,0	10,4	8,13	75,1	18,8	24,6	12,3
80x60	2,0	5,34	4,19	49,5	12,4	31,9	10,6
80x60	3,0	7,81	6,13	70,0	17,5	44,9	15,0
80x60	4,0	10,1	7,97	87,9	22,0	56,1	18,7
80x60	5,0	12,4	9,70	103	25,8	65,7	21,9
100x40	3,0	7,81	6,13	92,3	18,5	21,7	10,8
100x40	4,0	10,1	7,97	116	23,1	26,7	13,3
100x40	5,0	12,4	9,70	136	27,1	30,8	15,4
100x60	3,0	9,01	7,07	121	24,1	54,6	18,2
100x60	4,0	11,7	9,22	153	30,5	68,7	22,9
100x60	5,0	14,4	11,3	181	36,2	80,8	26,9
100x60	6,0	16,8	13,2	205	41,1	91,2	30,4
100x80	3,0	10,2	8,01	149	29,8	106	26,4
100x80	4,0	13,3	10,5	189	37,9	134	33,5
100x80	5,0	16,4	12,8	226	45,2	160	39,9
100x80	6,0	19,2	15,1	258	51,7	182	45,5
120x60	4,0	13,3	10,5	241	40,1	81,2	27,1
120x60	5,0	16,4	12,8	287	47,8	96,0	32,0
120x60	6,0	19,2	15,1	328	54,7	109	36,3
120x60	8,0	24,0	18,9	375	62,6	124	41,3
120x80	4,0	14,9	11,7	295	49,1	157	39,3
120x80	5,0	18,4	14,4	353	58,9	188	46,9
120x80	6,0	21,6	17,0	406	67,7	215	53,8
120x80	8,0	27,2	21,4	476	79,3	252	62,9
140x80	4,0	16,5	13,0	430	61,4	180	45,1
140x80	5,0	20,4	16,0	517	73,9	216	54,0
140x80	6,0	24,0	18,9	597	85,3	248	62,0
140x80	8,0	30,4	23,9	708	101	293	73,3
150x100	5,0	23,4	18,3	719	95,9	384	76,8
150x100	6,0	27,6	21,7	835	111	444	88,8
150x100	8,0	35,2	27,7	1008	134	536	107
150x100	10,0	42,6	33,4	1162	155	614	123
160x80	6,0	26,4	20,7	836	105	281	70,2
160x80	8,0	33,6	26,4	1001	125	335	83,7
160x80	10,0	40,6	31,8	1146	143	380	95,0
160x80	12,0	45,7	35,8	1171	146	391	97,8

[1] Die längenbezogene Masse m' ist mit einer Dichte von $\rho = 7{,}85$ kg/dm³ berechnet.

Bezeichnungsbeispiele: **CFRHS – EN 10219 – 120 x 120 x 8 DIN EN 10025-2 – S235JR**
Quadratisches Hohlprofil mit B = 120 mm und T = 8,0 mm aus unlegiertem Baustahl S235JR
CFRHS – EN 10219 – 80 x 40 x 5 DIN EN 10025-3 – S355NL
Rechteckiges Hohlprofil mit den Seitenlängen 80 x 40 und T = 5 mm aus Feinkornbaustahl S355NL

3

Blankstahlerzeugnisse

DIN EN 10278: 1999-12

Werkstoffe und Fertigzustände

Flachstab	Vierkantstab	Rundstab	Sechskantstab
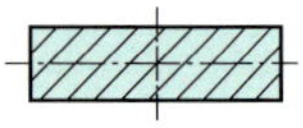	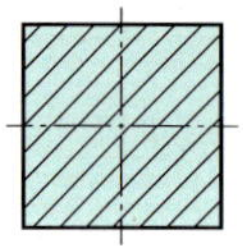	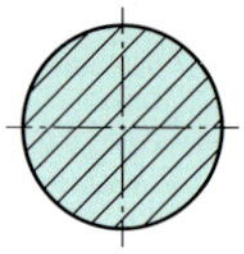	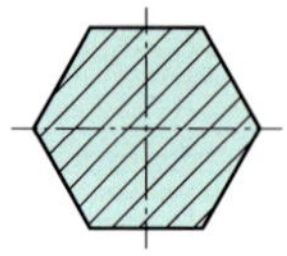

Werkstoffe		Fertigzustand	
Stahlgruppe	**Norm**	**Zustände[1]**	**Norm**
Stähle für allgemeine technische Verwendung	DIN EN 10025, DIN EN 10083-2	+SH oder +C	DIN EN 10277-2
Automatenstähle – nicht für Wärmebehandlung bestimmt – Einsatzstähle	DIN EN 10087	+SH oder+C	DIN EN 10277-3
Automatenstähle – Vergütungsstähle		+SH oder +C oder +C+QT oder+QT+C	
Einsatzstähle	DIN EN 10084	+SH oder +C oder +A+SH oder +A+C	DIN EN 10277-4
Vergütungsstähle – unlegiert	DIN EN 10083-1	+C oder +SH oder +A+SH oder +C+QT oder +QT+C	DIN EN 10277-5
Vergütungsstähle – legiert		+C oder +SH oder +A+SH oder +C+QT oder +QT+C oder +A+C	

Blankstahlerzeugnisse werden auch aus nichtrostenden Stählen, Werkzeugstählen, Wälzlagerstählen, Nitrierstählen und Ventilstählen geliefert.

[1] +A: geglüht, +C: kaltgezogen, +QT: vergütet, +SH: gewalzt und geschält

Lieferformen

Längenart	Länge und Grenzabmaße in mm
Herstelllänge	3000 ... 9000 mm ± 500 mm
Lagerlänge	3000 ... 6000 mm + 200 mm
Genaulänge	± 9000 mm ± 5 mm oder nach Vereinbarung

Jedes gelieferte Bündel darf einen Prozentsatz von Stäben mit Unterlängen enthalten.

- Abmessung ≤ 25 mm: ≤ 5 % der Stäbe
- Abmessung > 25 mm: ≤ 10 % der Stäbe

Auf Bestellung werden Stäbe ohne Unterlängen geliefert.

Toleranzfelder für den Fertigzustand

Toleranzfeld ISO 286-2	Fertigzustand			
	gezogen (+C)	geschält (+SH)	geschliffen (+SL)	poliert (+PL)
h6	–	–	R	R
h7	–	–	R	R
h8	–	–	R	R
h9	R	R	R	R
h10	R	R	R	R
h11	R, S H	R	R	R
h12	R,S,H	R	R	R

R: Rundstab, S: Vierkantstab, H: Sechskantstab

Grenzabmaße für gezogene Flachstäbe

Breite *w* in mm	Grenzabmaß in mm	Toleranzfeld
≤ 18	– 0,11	h11
> 18 ≤ 30	– 0,13	h11
> 30 ≤ 50	– 0,16	h11
> 50 ≤ 80	– 0,19	h11
> 80 ≤ 100	– 0,22	h11
> 100 ≤ 150	± 0,50	–
> 150 ≤ 200	± 1,00	–
> 200 ≤ 300	± 2,00	–
> 300 ≤ 400	± 2,50	–
Dicke *t* in mm	**Grenzabmaß in mm[1]**	**Toleranzfeld**
> 3 ≤ 6	– 0,075	h11
> 6 ≤ 10	– 0,90	h11
> 10 ≤ 18	– 0,11	h11
> 18 ≤ 30	– 0,13	h11
> 30 ≤ 50	– 0,16	h11
> 50 ≤ 60	– 0,19	h11
> 60 ≤ 80	– 0,30	h12
> 80 ≤ 100	– 0,35	h12

[1] Die Grenzabmaße gelten nur für kohlenstoffarme Stähle (C ≤ 0,20 %) und für kohlenstoffarme Automatenstähle. Für andere Stähle erhöhen sich die Werte um 5 %.

Bezeichnungsbeispiele: **Rund EN 10278 – 24 h9 EN 10277-3 – 38SMn28+C**
oder **Rund EN 10278 – 24 h9 EN 10277-3 – 1.0760+C**
Rundstab, *d* = 24 mm mit der Toleranz h9 aus Automatenstahl 38SMn28 (Werkstoff-Nummer 1.0760), Fertigzustand kaltgezogen

Flach EN 10278 – 12 x 4,0 h11 EN 10277-2 – C40+C
oder **Flach EN 10278 – 12 x 4,0 h11 EN 10277-2 – 1.0511+C**
Flachstab, Breite *w* = 12 mm, Dicke *t* = 4,0 mm mit der Toleranz h11 aus unlegiertem Vergütungsstahl C40 (Werkstoff-Nummer 1.0511), Fertigzustand kaltgezogen

Begriffe der Wärmebehandlung

DIN EN 10052: 1994-01 (zurückgezogen)

Eisen-Kohlenstoff-Diagramm (Fe-C-Diagramm)

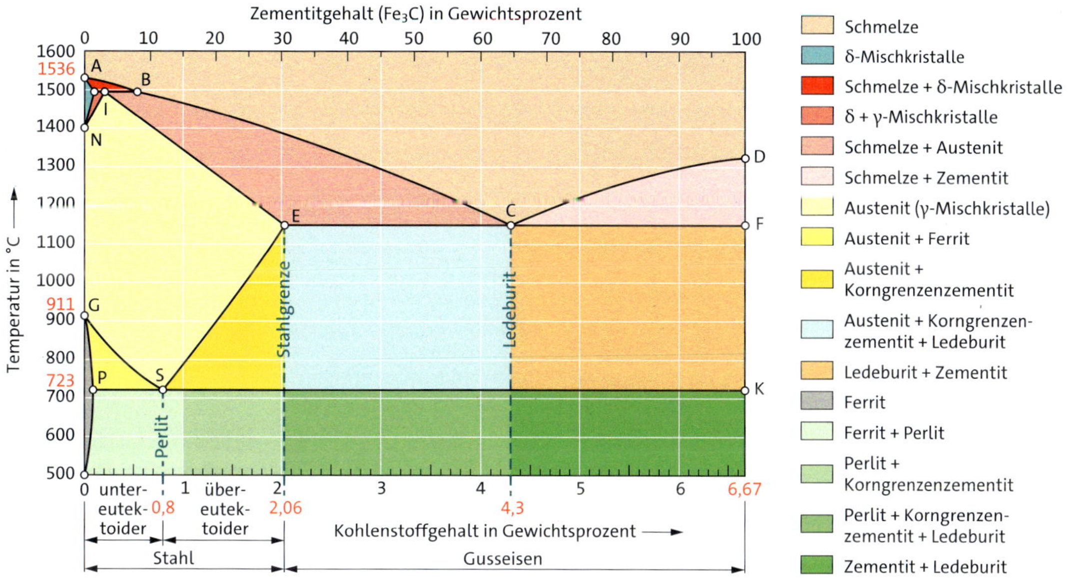

Begriffe

Fe-C-Teildiagramm („Stahlecke") – Temperaturbereiche

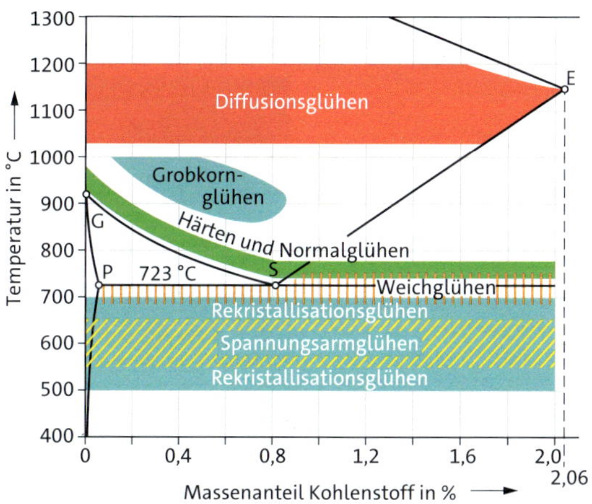

Glühen	
Diffusionsglühen	Glühen bei hoher Temperatur mit langem Halten, um Unterschiede der chemischen Zusammensetzung infolge Seigerung zu verringern.
Grobkornglühen	Glühen bei hoher Temperatur mit langem Halten, um grobes Korn zu erhalten.
Normalglühen	Erwärmen auf eine Temperatur oberhalb der GSK-Linie (Austenitisieren) mit anschließendem Abkühlen in ruhender Luft.
Weichglühen	Glühen mit anschließendem langsamen Abkühlen zur Verminderung der Härte.
Rekristallisationsglühen	Glühen zur Erreichung einer Kornneubildung in kalt umgeformtem Werkstück ohne Phasenumwandlung.
Spannungsarmglühen	Erwärmen und Halten bei ausreichend hoher Temperatur und anschließendem langsamen Abkühlen zur Herabsetzung innerer Spannungen.

Härten, Vergüten, Nitrieren

Härten	Erwärmen und Halten auf einer Temperatur oberhalb der GSK-Linie mit anschließendem Abschrecken, sodass durch Martensitbildung eine Härtezunahme eintritt.
Einsatzhärten	Aufkohlen oder Carbonitrieren mit anschließendem Härten.
Aufkohlen	Thermochemisches Behandeln zum Anreichern der Randschicht eines Werkstücks mit Kohlenstoff zum anschließenden Härten.
Nitrieren	Thermochemisches Behandeln zum Anreichern der Randschicht eines Werkstücks mit Stickstoff zur Erreichung einer Oberflächenhärte.
Abkühlen	Senken der Temperatur eines Werkstückes.
Abschrecken	Abkühlen eines Werkstücks mit größerer Geschwindigkeit als bei ruhender Luft.
Anlassen	Wärmebehandlung, die im Allgemeinen nach einem Härten durchgeführt wird, um gewünschte Werte für bestimmte Eigenschaften zu erreichen.
Vergüten	Härten und Anlassen bei höherer Temperatur, um gewünschte mechanische Eigenschaften, insbesondere hohe Zähigkeit und Verformbarkeit zu erreichen.

Glühfarben – Anlassfarben

Glühfarben	Anlassfarben
Dunkelbraun 550 °C	Weißgelb 200 °C
Braunrot 630 °C	Strohgelb 220 °C
Dunkelrot 680 °C	Goldgelb 230 °C
Dunkelkirschrot 740 °C	Gelbbraun 240 °C
Kirschrot 780 °C	Braunrot 250 °C
Hellkirschrot 810 °C	Rot 260 °C
Hellrot 850 °C	Purpurrot 270 °C
Gut Hellrot 900 °C	Violett 280 °C
Gelbrot 950 °C	Dunkelblau 290 °C
Hellgelbrot 1000 °C	Kornblumenblau 300 °C
Gelb 1100 °C	Hellblau 320 °C
Hellgelb 1200 °C	Blaugrau 340 °C
Gelbweiß ≥ 1300 °C	Grau 360 °C
Glühfarben werden benutzt um den Temperaturbereich eines erwärmten Bauteils zu ermitteln. Ein Körper sendet mit steigender Temperatur Lichtstrahlen von abnehmender Wellenlänge aus, wobei sich die Lichtfarbe von Rot über Gelb nach Weiß ändert. Jeder Temperatur ist eine entsprechende Farbe zugeordnet. Die Farbtafel bezieht sich auf die Beobachtung des Stahles in schwach erhelltem Raum bei zerstreutem Tageslicht; sie ist nicht maßgebend bei direktem Sonnenlicht oder bei künstlicher Beleuchtung.	Anlassfarben sind oberflächliche, bunte Färbungen, die durch Brechung und Interferenz des Lichts an dünnen Schichten entstehen. Auf Stählen entstehen die Anlassfarben durch eine Oxidation der Oberfläche. Die Dicke der Oxidschicht ist stark von der Temperatur abhängig. Die unterschiedliche Färbung hängt wiederum von der Dicke der Oxidschicht ab. Dadurch ist es möglich, die Temperatur zu bestimmen, der ein Metall beim Anlassen ausgesetzt war. Die Anlassfarbe ist auch abhängig von der Anlassdauer. So ergibt langes Anlassen bei niedriger Temperatur dieselbe Anlassfarbe wie das kurze Anlassen bei hoher Temperatur.

Wärmebehandlung von Stählen

Einsatzstähle

DIN EN 10084: 2008-06 (zurückgezogen)

Kurzname	Werkstoff-nummer	Art der Einsatzbehandlung[1]	Aufkohlungs-temperatur in °C	Kernhärte-temperatur in °C	Randhärte-temperatur in °C	Härte-medium	Anlass-temperatur in °C	Warm-umformung Temperatur in °C
Unlegierte Edelstähle								
C10E C10R	1.1121 1.1207	D, E	880 ... 980	880 ... 920	780 ... 820	Wasser	150 ... 200	850 ... 1150
C15E C15R	1.1141 1.1140	D, E						
Legierte Edelstähle								
16MnCr5 16MnCrS5	1.7131 1.7139	E	880 ... 980	860 ... 900	780 ... 820	Öl	150 ... 200	850 ... 1150
20MnCr5 20MnCrS5	1.7147 1.7149	E						
17Cr3 17CrS3	1.7016 1.7014	D, E, DO						
17CrNi6-6	1.5918	E,DO		830 ... 870				
18CrMo4 18CrMoS4	1.7243 1.7244	E		860 ... 900				850 ... 1050
22CrMoS3-5	1.7333	E, DO						
20NiCrMoS6-4	1.6571	E, DO		830 ... 870				850 ... 1150
20MoCr4 20MoCrS4	1.7321 1.7323	D		860 ... 900				
17CrNi6-6	1.5918	E, DO		830 ... 870				
18NiCr5-4	1.5810	E, DO		840 ... 880				
18CrNiMo7-6	1.6587	E, DO		830 ... 870				
10NiCr5-4	1.5805	E, DO	875 ... 925	830 ... 860	780 ... 810			
15NiCr13	1.5752	E, DO	880 ... 980	840 ... 880	780 ... 820			
17NiCrMo6-4 17NiCrMoS6-4	1.6566 1.6569	E, DO		830 ... 870				
20NiCrMo2-2 20NiCrMoS2-2	1.6523 1.6526	D, E		860 ... 900				

1) D: Direkthärten, E: Einfachhärten, DO: Doppelhärten

Art der Einsatzbehandlung

Direkthärten

Aufkohlen
Kernhärten: Abschrecken auf Raumtemperatur
Randhärten: Abkühlen auf Randhärtetemperatur, Abschrecken auf Raumtemperatur
Anlassen

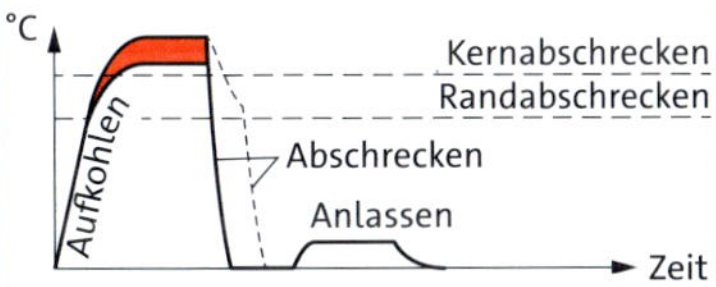

Einfachhärten

Aufkohlen
Abkühlen auf Raumtemperatur
(evtl. Zwischenbearbeitung des Werkstückes)
Erwärmen auf Kernhärtetemperatur oder Randhärtetemperatur
Abschrecken auf Raumtemperatur
Anlassen

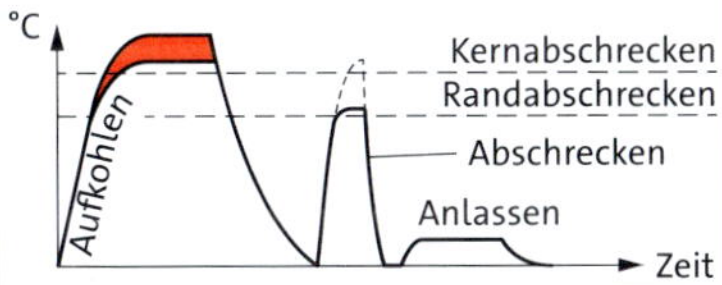

Doppelhärten

Aufkohlen
Abkühlen auf Raumtemperatur
(evtl. Zwischenbearbeitung des Werkstückes)
Erwärmen auf Kernhärtetemperatur oder
Abschrecken auf Raumtemperatur
Erwärmen auf Randhärtetemperatur
Abschrecken auf Raumtemperatur
Anlassen

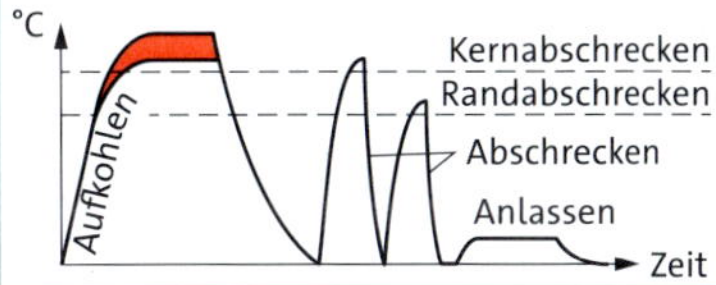

Nitrierstähle

DIN EN 10085: 2001-07

Kurzname	Werkstoff-nummer	Weichglühen Temperatur in °C	Härten		Anlassen Temperatur in °C	Nitrieren		Warmumformung Temperatur in °C
			Temperatur in °C	Härte-medium		Temperatur in °C	Oberflächen-härte HV	
40CrMoV13-9	1.8523	680 ... 720	870 ... 970	Öl oder Wasser	580 ... 700	480 ... 570	800	850 ... 1050
34CrAlMo5-10	1.8507	650 ... 750	870 ... 930				950	
31CrMoV9	1.8519	680 ... 720	870 ... 930				800	
31CrMo12	1.8515	650 ... 700	870 ... 930				800	900 ... 1100
34CrAlNi7-10	1.8550	650 ... 700	870 ... 930				950	850 ... 1050

3

Vergütungsstähle

DIN EN 10083-2: 2006-10 (zurückgezogen); DIN EN 10083-3: 2007-01 (zurückgezogen)

Kurzname	Werkstoffnummer	Weichglühen bei °C	Normalglühen bei °C	Härtetemperatur in °C	Abschreckmittel	Anlasstemperatur in °C	Warmumformung bei °C
Unlegierte Vergütungsstähle							
C22E	1.1151	650 ... 700	–	860 ... 900	Wasser	550 ... 660	900 ... 1100
C22R	1.1149						
C35	1.0501		860 ... 920	840 ... 880	Wasser oder Öl		850 ... 1100
C35E	1.1181						
C35R	1.1180						
C40	1.0511		850 ... 910	830 ... 870			
C40E	1.1186						
C40R	1.1189						
C45	1.0503		840 ... 900	820 ... 860			
C45E	1.1191						
C45R	1.1201						
C50E	1.1206		830 ... 890	810 ... 850	Öl oder Wasser		
C50R	1.1241						
C55	1.0535		825 ... 885	810 ... 850			850 ... 1050
C55E	1.1203						
C55R	1.1209						
C60	1.0601		820 ... 880	810 ... 850			
C60E	1.1221						
C60R	1.1223						
28Mn6	1.1170		850 ... 890	840 ... 880	Wasser oder Öl	540 ... 680	850 ... 1100
Legierte Vergütungsstähle							
38Cr2	1.7003	650 ... 700	850 ... 880	830 ... 870	Öl oder Wasser	540 ... 680	850 ... 1100
46Cr2	1.7006		840 ... 870	820 ... 860			
34Cr4	1.7033	680 ... 720	850 ... 890	830 ... 870	Wasser oder Öl		
34CrS4	1.7037						
37Cr4	1.7034		845 ... 885	825 ... 865	Öl oder Wasser		
37CrS4	1.7038						
41Cr4	1.7035		840 ... 880	820 ... 860			
41CrS4	1.7039						
25CrMo4	1.7218		860 ... 900	840 ... 900	Wasser oder Öl		
25CrMoS4	1.7213						
34CrMo4	1.7220		850 ... 890	830 ... 890	Öl oder Wasser		
34CrMoS4	1.7226						
42CrMo4	1.7225		840 ... 880	820 ... 880			
42CrMoS4	1.7227						
50CrMo4	1.7228		840 ... 880	820 ... 870	Öl		
34CrNiMo6	1.6582	650 ... 700	850 ... 880	830 ... 860	Öl oder Wasser		
30CrNiMo8	1.6580						
35NiCr6	1.5815	–	–	840 ... 860		530 ... 630	
36NiCrMo16	1.6773	650 ... 700	–	865 ... 885	Luft, Öl oder Wasser	550 ... 650	
39NiCrMo3	1.6510	–	–	830 ... 850	Öl oder Wasser		
30NiCrMo16-6	1.6747	650 ... 700	–	840 ... 860	Öl	540 ... 630	
51CrV4	1.8159	640 ... 720	840 ... 880	820 ... 870		540 ... 680	
30MnB5	1.5531	650 ... 700	–	860 ... 900	Wasser	400 ... 600	
33MnCrB5-2	1.7185		–		Öl		

Warmgewalzte Stähle für vergütbare Federn

DIN EN 10089: 2003-04

Kurzname	Werkstoffnummer	Weichglühen Temperatur in °C	Normalglühen Temperatur in °C	Härtetemperatur in °C	Härtemedium	Anlasstemperatur in °C	HRC Kernhärte	Warmumformung Temperatur in °C
38Si7	1.5023	640 ... 680	850 ... 880	870 ... 890	Wasser	450	≥ 44	820 ... 900
46Si7	1.5024			870 ... 890			≥ 48	830 ... 900
56Si7	1.5026			850 ... 870	Öl		≥ 52	
55Cr3	1.7176			830 ... 850		400	≥ 52	
54SiCr6	1.7102			850 ... 870		450	≥ 52	
56SiCr7	1.7106			850 ... 870			≥ 52	
61SiCr7	1.7108			850 ... 870			≥ 54	
51CrV4	1.8159		840 ... 880	840 ... 860			≥ 50	

Automatenstähle

DIN EN 10087: 1999-01 (zurückgezogen)

Kurzname	Werkstoff-nummer	Aufkohlungs-temperatur in °C	Kernhärte-temperatur in °C	Randhärte-temperatur in °C	Härte-medium[1]	Anlass-temperatur in °C	Abschrecken		Anlass-temperatur in °C
							bei °C	in[1]	
Einsatzstähle									
10S20 10SPb20 15SMn13	1.0721 1.0722 1.0725	880 ... 980	880 ... 920	780 ... 820	W, Ö	150 ... 200	–	–	–
Vergütungsstähle									
35S20 35SPb20	1.0726 1.0756	–	–	–	–	–	860 ... 890	W, Ö	540 ... 680
36SMn14 36SMnPb14	1.0764 1.0765	–	–	–	–	–	850 ... 880		
38SMn28 38SMnPb28	1.0760 1.0761	–	–	–	–	–	850 ... 880		
44SMn28 44SMNPb28	1.0762 1.0763	–	–	–	–	–	840 ... 870	Ö, W	
46S20 46SPB20	1.0727 1.0757	–	–	–	–	–	840 ... 870		

[1] W: Wasser, Ö: Öl

Werkzeugstähle

DIN EN ISO 4957: 2018-11

Kurzname	Werk-stoff-nummer	Weichglühen		Härten				Warm-umformung
		Temperatur in °C	Härte ≤ HB 30	Temperatur in °C	Härte-medium	Anlasstemperatur in °C	Härte HRC min.	Temperatur in °C
C45U	1.1730	680 ... 710	207	800 ... 820	Wasser	170 ... 190	54	800 ... 1050
C70U	1.1620		183	790 ... 810		180 ... 200	57	800 ... 1000
C80U	1.1525		192	780 ... 800		170 ... 190	58	800 ... 1050
C105U	1.1545		212	770 ... 790		170 ... 190	61	800 ... 1000
21MnCr5	1.2162	680 ... 710	217	810 ... 840	Öl	150 ... 180	–	850 ... 1050
X38CrMo16	1.2316	780 ... 820	250	1000 ... 1040		650 ... 700	[1]	750 ... 1100
40CrMnNiMo8-6-4	1.2738	710 ... 740	235	840 ... 870		500 ... 650	[1]	850 ... 1050
102Cr6	1.2067	740 ... 770	223	830 ... 850		170 ... 190	60	850 ... 1050
X210Cr12	1.2080	800 ... 830	248	960 ... 980		170 ... 190	62	850 ... 1050
X153CrVMo12	1.2379	830 ... 850	255	1010 ... 1030	Luft	170 ... 190	61	850 ... 1000
X210CrW12	1.2436	800 ... 840	255	960 ... 980	Öl	170 ... 190	62	850 ... 1000
60WCrV8	1.2550	720 ... 750	229	900 ... 920		170 ... 190	58	850 ... 1050
45NiCrMo16	1.2767	610 ... 650	285	840 ... 860		170 ... 190	52	850 ... 1050
90MnCrV8	1.2842	680 ... 720	229	780 ... 790		170 ... 190	60	850 ... 1050
X37CrMoV5-1	1.2343	760 ... 780	229	1010 ... 1030	Öl	540 ... 560	48	900 ... 1100
X38CrMoV5-3	1.2367	800 ... 840	229	1030 ... 1050		540 ... 560	50	850 ... 1050
X40CrMoV5-1	1.2344	750 ... 780	229	1010 ... 1030		540 ... 560	50	900 ... 1100
32CrMoV12-28	1.2365	760 ... 780	229	1030 ... 1050		540 ... 560	46	900 ... 1050
55NiCrMoV7	1.2714	680 ... 710	248	840 ... 860		490 ... 510	42	850 ... 1050
X30WCrV9-3	1.2581	740 ... 780	241	1140 ... 1160		590 ... 610	48	850 ... 1100
HS10-4-3-10	1.3207	800 ... 830	269	1190 ... 1210	Öl, Luft, Warmbad (Salzbad)	550 ... 570	64	900 ... 1100
HS6-5-2-5	1.3243	790 ... 820	269	1200 ... 1220		550 ... 570	64	900 ... 1100
HS2-9-1-8	1.3247	770 ... 820	277	1180 ... 1200		540 ... 560	66	900 ... 1050
HS3-3-2	1.3333	760 ... 790	255	1180 ... 1200		550 ... 570	62	900 ... 1100
HS6-5-2C	1.3343	790 ... 820	269	1200 ... 1220		550 ... 570	64	900 ... 1100
HS2-9-2	1.3348	780 ... 810	269	1190 ... 1210		550 ... 570	64	900 ... 1100

[1] Stahl wird üblicherweise vergütet mit 300 HB geliefert.

3

Wärmebehandlung von Stählen

Nichtrostende Stähle — DIN EN 10088-2: 2014-12

Kurzname	Werkstoffnummer	Wärmebehandlung 1)	Glühen		Warmumformung	
			Temperatur in °C	Abkühlungsart	Temperatur in °C	Abkühlungsart
Ferritische Stähle						
X2CrNi12	1.4003	+A	700 ... 760	Luft, Wasser	800 ... 1100	Luft
X6Cr13	1.4000		780 ... 810			
X6Cr17	1.4016		770 ... 830			
X3CrTi17	1.4510					
X6CrMo17-1	1.4113		790 ... 850			
X2CrMoTi8-2	1.4521		820 ... 880			
X3CrNb17	1.4511		790 ... 850			
X2CrTi17	1.4520	+A	800 ... 880	Luft, Wasser	800 ... 1100	Luft
X2CrTiNb18	1.4509		870 ... 930			
Austenitische Stähle						
X10CrNi18-8	1.4310	+AT	1010 ... 1090	Wasser, Luft	850 ... 1150	Luft
X2CrNi18-9	1.4307		1000 ... 1100			
X2CrNi19-11	1.4306					
X2CrNiN18-10	1.4311					
X5CrNi18-10	1.4301					
X8CrNiS18-9	1.4305					
X6CrNiTi18-10	1.4541					
X4CrNi18-12	1.4303					
X5CrNiMo17-12-2	1.4401		1030 ... 1110			
X6CrNiMoTi17-12-2	1.4571					
X2CrNiMo17-12-3	1.4432					
X2CrNiMoN17-13-5	1.4439		1060 ... 1140			
X2CrNiMo18-14-3	1.4435		1030 ... 1110			
X6CrNiNb18-10	1.4550	+AT	1020 ... 1120	Wasser, Luft	850 ... 1150	Luft
X1CrNiSi18-15-4	1.4361		1100 ... 1160			
X6CrNiMoNb17-12-2	1.4580		1030 ... 1110			
X2CrNiMo18-15-4	1.4438		1070 ... 1150			

Kurzname	Werkstoffnummer	Wärmebehandlung 1)	Glühen		Abschrecken		Anlassen	Warmumformung	
			Temperatur in °C	Abkühlungsart	Temperatur in °C	Abkühlungsart	Temperatur in °C	Temperatur in °C	Abkühlungsart
Martensitische Stähle									
X12Cr13	1.4006	+A	750 ... 810	–	–	–	–	800 ... 1100	Luft
		+QT550	–	–	950 ... 1010	Öl, Luft	700 ... 780		
		+QT650	–	–			620 ... 700		
X20Cr13	1.4021	+A	730 ... 790	–	–	–	–		langsames Abkühlen
		+QT	–	–	950 ... 1050	Öl, Luft	200 ... 350		
		+QT650	–	–	950 ... 1010		700 ... 780		
		+QT750	–	–			620 ... 700		
X30Cr13	1.4028	+A	730 ... 790	–	–	–	–		
		+QT	–	–	950 ... 1050	Öl, Luft	200 ... 350		
		+QT800	–	–	950 ... 1010		650 ... 730		
X46Cr13	1.4034	+A	730 ... 790	–	–	–	–		
		+QT	–	–	1000 ... 1100	Öl, Luft	200 ... 350		
X39CrMo17–1	1.4122	+A	–	–	–	–	–		
		+QT	–	–	1000 ... 1100	Öl, Luft	200 ... 350		
X50CrMoV15	1.4116	+A	770 ... 830	–	–	–	–		
X3CrNiMo13–4	1.4313	+QT780	–	–	950 ... 1050	Öl, Luft, Wasser	560 ... 640	900 ... 1150	Luft
		+QT900	–	–			510 ... 590		
X4CrNiMo16–5–1	1.4418	+QT840	–	–	900 ... 1000	Öl, Luft, Wasser	570 ... 650		

1) +A: weichgeglüht, +AT: lösungsgeglüht, +QT: vergütet, +QTxxx: vergütet auf R_m = xxx N/mm^2

Bezeichnungssysteme für Gusseisen

Bezeichnungssystem für Gusseisen – Nummernsystem — DIN EN 1560: 2011-05

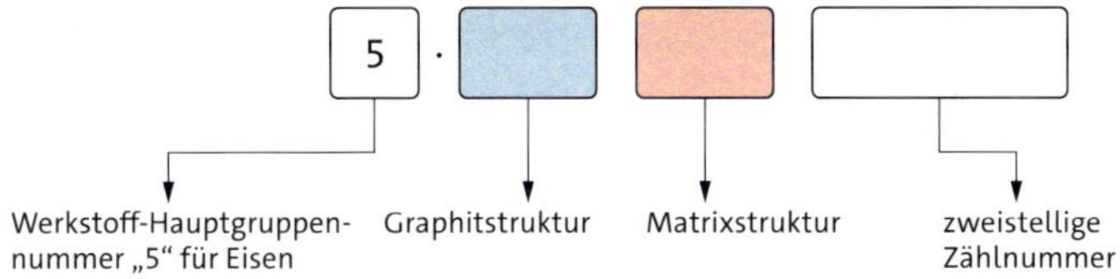

Graphitstruktur		Matrixstruktur	
1	lamellar	1	Ferrit
2	vermikular	2	Ferrit/Perlit
3	kugelig	3	Perlit
4	Temperkohle	4	Austenit
5	graphitfrei	5	Austenit
6	Reserve	6	Ledeburit
7	Reserve	7	Reserve
8	Reserve	8	Reserve
9	andere	9	andere

Bezeichnungsbeispiel:

5.3100 oder **EN-GJS-350-22-LT**
Gusseisen mit kugeliger Graphitstruktur (Kugelgraphit)
Matrixstruktur: Ferrit
Zählnummer: 00
oder
Gusseisen mit kugeliger Graphitstruktur (Kugelgraphit)
Zugfestigkeit R_m = 350 MPa,
Schlagenergie K = 22 J bei Tieftemperatur (–20 °C)

Bezeichnungssystem für Gusseisen – Kurzzeichen — DIN EN 1560: 2011-05

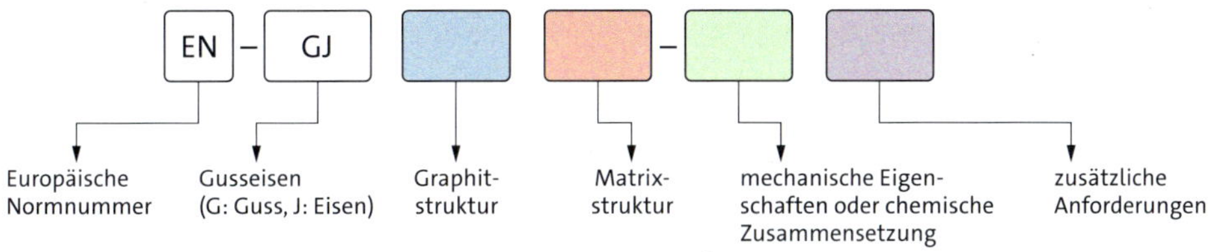

Graphitstruktur	
L	lamellar
S	kugelig
M	Temperkohle[1]
V	vermikular (wurmförmig)
N	graphitfrei, ledeburitisch
Y	Sonderstruktur

Zusätzliche Anforderungen	
D	Rohgussstück
H	wärmebehandeltes Gussstück
W	schweißgeeignet für Verbindungsschweißen
Z	zusätzlich festgelegte Anforderungen

Matrixstruktur	
A	Austenit
R	Ausferrit
F	Ferrit
M	Martensit
L	Ledeburit
Q	abgeschreckt
T	abgeschreckt und vergütet
B	nichtentkohlend geglüht[2]
W	entkohlend geglüht[2]

Mechanische Eigenschaften	
Zugfestigkeit R_m in MPa	
C	Probe einem Gussstück entnommen
leer	gegossene Probe
Bezeichnungsbeispiel: **EN-GJL-150C**	
wahlweise mit Angabe der Bruchdehnung A in % oder der Schlagenergie K in J bei angegebener Prüftemperatur	
RT	Raumtemperatur
LT	Tieftemperatur
Bezeichnungsbeispiel: **EN-GJMW-450-7**	
Bezeichnungsbeispiel: **EN-GJS-400-18-RT**	
Härte	
HB	Brinellhärte
HV	Vickershärte
HR	Rockwellhärte
Bezeichnungsbeispiel: **EN-GJS-HB230**	

Chemische Zusammensetzung		
ohne Angabe des Kohlenstoffgehalts	niedrig legierte Klassen	hochlegierte Klassen
	Bezeichnungsbeispiel: **EN-GJS-SiMo35-7**	Bezeichnungsbeispiel: **EN-GJL-XNiMn13-7**
mit Angabe des Kohlenstoffgehalts (C-Gehalt x 100)	niedrig legierte Klassen	hochlegierte Klassen
	Bezeichnungsbeispiel: **EN-GJS-320SiMo45-10**	Bezeichnungsbeispiel: **EN-GJL-X300CrNiSi9-5-2**

[1] einschließlich entkohlend geglühter Temperguss, [2] nur für Temperguss

Gusseisen mit Lamellengraphit

DIN EN 1561: 2012-01

Zugfestigkeit als kennzeichnende Eigenschaft					Härte als kennzeichnende Eigenschaft					
Kurzzeichen	Werkstoff-nummer	Wanddicke in mm		Zugfestigkeit R_m in MPa min.	Kurzzeichen	Werkstoff-nummer	Wanddicke in mm		Härte HBW	
		>	≤				>	≤	min.	max.
EN-GJL-100	5.1100	5	40	100	EN-GJL-HB 155	5.1101	2,5	50	–	155
EN-GJL-150	5.1200	2,5 50 100	50 100 200	150 130 110	EN-GJL-HB 175	5.1201	2,5 50	50 100	115 105	175 165
EN-GJL-200	5.1300	2,5 50 100	50 100 200	200 180 160	EN-GJL-HB 195	5.1304	5 50	50 100	135 125	195 185
EN-GJL-250	5.1301	5 50 100	50 100 200	250 220 200	EN-GJL-HB 215	5.1305	5 50	50 100	155 145	215 205
EN-GJL-300	5.1302	10 50 100	50 100 200	300 260 240	EN-GJL-HB 235	5.1306	10 50	50 100	175 160	235 220
EN-GJL-350	5.1303	10 50 100	50 100 200	350 310 280	EN-GJL-HB 255	5.1307	20 50	50 100	195 180	255 240

Werden Gussstücke auf Verschleiß beansprucht, wählt man sie nach der Härte aus.
Verwendung: gut gießbar und gut spanbar; sehr gute Dämpfungseigenschaften, die mit steigender Festigkeit abnehmen; hohe Druckfestigkeit, gute Gleiteigenschaften, korrosionsbeständig;
Getriebegehäuse, Lagergehäuse, Ständer für Werkzeugmaschinen, Turbinengehäuse, Führungsleisten

Bezeichnungsbeispiel: **EN-GJL-250** oder **5.1301**
Gusseisen mit Lamellengraphit, Mindestzugfestigkeit R_m = 250 MPa
EN-GJL-HB 215 oder **5.1305**
Gusseisen mit Lamellengraphit, Brinellhärte 215 HB

Gusseisen mit Kugelgraphit

DIN EN 1563: 2012-03

Kurzzeichen	Werk-stoff-nummer	Zugfestigkeit R_m in MPa	Dehngrenze $R_{p0,2}$ in MPa	Bruch-dehnung A in %	Härte HBW	Eigenschaften und Verwendung
Ferritisch bis perlitisches Gusseisen						
EN-GJS-350-22-LT	5.3100	350	220	22	–	gut spanend bearbeitbar, Zunahme der Verschleißfestigkeit mit der Festigkeit Gehäuse, Fittings, Zahnräder, Kupplungsteile, Kurbelwellen, Walzen, Pressenständer, schlagbeanspruchte Teile im Fahrzeugbau, Windkraftanlagen
EN-GJS-350-22-RT	5.3101	350	220	22	–	
EN-GJS-350-22	5.3102	350	220	22	< 160	
EN-GJS-400-18-LT	5.3103	400	240	18	–	
EN-GJS-400-18-RT	5.3104	400	250	18	–	
EN-GJS-400-18	5.3105	400	250	18	130 ... 175	
EN-GJS-400-15	5.3106	400	250	15	135 ... 180	
EN-GJS-450-10	5.3107	450	310	10	160 ... 210	
EN-GJS-500-7	5.3200	500	320	7	170 ... 230	
EN-GJS-600-3	5.3201	600	370	3	190 ... 270	
EN-GJS-700-2	5.3300	700	420	2	225 ... 305	
EN-GJS-800-2	5.3301	800	480	2	245 ... 335	
EN-GJS-900-2	5.3302	900	600	2	270 ... 360	
Mischkristallverfestigtes ferritisches Gusseisen						
EN-GJS-450-18	5.3108	450	350	18	170 ... 200	gut spanend bearbeitbar, höhere Dehnung, Rotornaben für Windenergieanlagen, Lagerbuchsen
EN-GJS-500-14	5.3109	500	400	14	185 ... 215	
EN-GJS-600-10	5.3110	600	470	10	200 ... 230	

Alle Festigkeitswerte gelten an Proben mit einer Wanddicke $t \leq 30$ mm.

Bezeichnungsbeispiel: **EN-GJS-400-18-LT** oder **5.3103**
Gusseisen mit Kugelgraphit, R_m = 400 MPa, Schlagenergie K = 18 J bei Tieftemperatur (–20 °C)

Austenitisches Gusseisen

DIN EN 13835: 2012-04

Kurzzeichen	Werkstoffnummer	Zugfestigkeit R_m in MPa	Dehngrenze $R_{p0,2}$ in MPa	Bruchdehnung A in %	Härte HBW	Schlagenergie K in J bei 20 °C	Verwendung
Normalsorten							
EN-GJLA-XNiCuCr15-6-2	5.1500	170 ... 210	–	2	120 ... 215	–	korrosionsbeständig, hitze- und zunderbeständig, kaltzäh, nichtmagnetisierbar, verschleißbeständig
EN-GJSA-XNiCr20-2	5.3500	370 ... 480	210 ... 250	7 ... 20	140 ... 255	11 ... 24	
EN-GJSA-XNiMn23-4	5.3501	440 ... 480	210 ... 240	25 ... 45	150 ... 180	20 ... 30	
EN-GJSA-XNiCrNb20-2[1]	5.3502	370 ... 480	210 ... 250	8 ... 20	140 ... 200	11 ... 24	
EN-GJSA-XNi22	5.3503	370 ... 450	170 ... 250	20 ... 40	130 ... 170	17 ... 29	
EN-GJSA-XNi35	5.3504	370 ... 420	210 ... 240	20 ... 40	130 ... 180	10 ... 18	Pumpen, Kessel, Ventile, Filterteile, Abgaskrümmer, Turbolader-Gehäuse, Gasturbinen
EN-GJSA-XNiSiCr35-5-2	5.3505	370 ... 500	200 ... 270	10 ... 20	130 ... 170	7 ... 12	
Sondersorten							
EN-GJLA-XNiMn13-7	5.1501	140 ... 220	–	–	120 ... 150	–	
EN-GJSA-XNiMn13-7	5.3506	390 ... 470	210 ... 260	15 ... 18	120 ... 150	15 ... 25	
EN-GJSA-XNiCr30-3	5.3507	370 ... 480	210 ... 260	7 ... 18	140 ... 200	5	
EN-GJSA-XNiSiCr30-5-5	5.3508	390 ... 500	240 ... 310	1 ... 4	170 ... 250	1 ... 3	
EN-GJSA-XNiCr35-3	5.3509	370 ... 450	210 ... 290	7 ... 10	140 ... 190	4	

[1] EN-GJSA-XNiCrNb20-2n ist besonders schweißgeeignet.

Bezeichnungsbeispiel:
EN-GJSA-XNiCrNb20-2 oder **5.3502**
Gusseisen mit Kugelgraphit, Austenitgefüge, hochlegiert mit 20 % Ni, 2 % Cr, Anteile Niob

Temperguss

DIN EN 1562: 2012-05

Kurzzeichen	Werkstoffnummer	Zugfestigkeit R_m in MPa	Dehngrenze $R_{p0,2}$ in MPa	Bruchdehnung A in %	Härte HBW	Schlagenergie K in J bei 20 °C	Verwendung
Entkohlend geglühter Temperguss							
EN-GJMW-350-4	5.4200	350	–	4	230	30 ... 80	Alle Sorten sind gut gießbar und gut spanbar. Gehäuse, Bremstrommeln, Hebel
EN-GJMW-400-5	5.4202	400	220	5	220	40 ... 90	
EN-GJMW-450-7	5.4203	450	260	7	220	80 ... 130	
EN-GJMW-550-4	5.4204	550	340	4	250	30 ... 80	
EN-GJMW-360-12	5.4201	360	190	12	200	130 ... 180	schweißgeeignet
Nichtentkohlend geglühter Temperguss							
EN-GJMB-300-6	5.4100	300	–	6	≤ 150	–	Alle Sorten sind gut gießbar und gut spanbar. Gehäuse, Kolben, Fahrwerksteile, Fittings. 5.4100 für Druckgeräte nicht geeignet
EN-GJMB-500-5	5.4206	500	300	5	165 ... 215	–	
EN-GJMB-550-4	5.4207	550	340	4	180 ... 230	70 ... 110	
EN-GJMB-600-3	5.4208	600	390	3	195 ... 245	–	
EN-GJMB-700-2	5.4301	700	530	2	240 ... 290	50 ... 90	
EN-GJMB-800-1	5.4302	800	600	1	270 ... 320	30 ... 70	
EN-GJMB-350-10	5.4101	350	200	10	≤ 150	90 ... 130	
EN-GJMB-450-6	5.4205	450	270	6	150 ... 200	80 ... 120	
EN-GJMB-650-2	5.4300	650	430	2	210 ... 260	60 ... 100	

Alle Festigkeitswerte gelten an Proben mit einem Durchmesser d = 12 mm.

Bezeichnungsbeispiel:
EN-GJMB-350-10 oder **5.4101**
Gusseisen mit Temperkohle (Temperguss), nichtentkohlend geglüht, R_m = 350 MPa, A = 10 %

Numerisches Bezeichnungssystem für Aluminium und Aluminium-Knetlegierungen

DIN EN 573-1: 2005-02

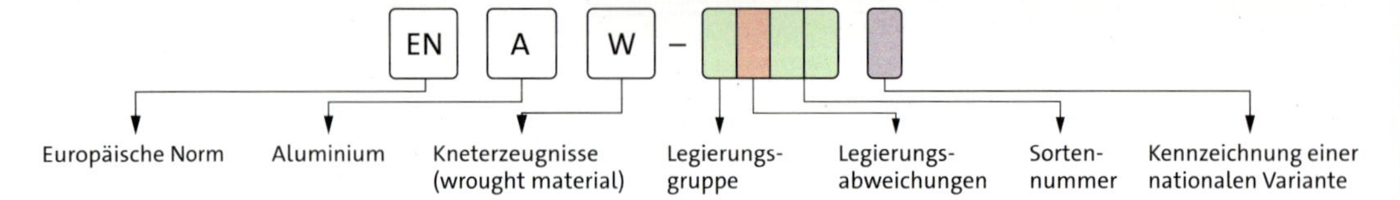

Legierungsgruppe				Legierungsabweichungen	
1	Aluminium, mind. 99,00 %	5	AlMg	0	unlegiertes Aluminium oder Originallegierung
2	AlCu	6	AlMgSi		
3	AlMn	7	AlZn	1 ... 9	Legierungsabweichungen oder Verunreinigungen
4	AlSi	8	sonstige Legierungselemente		

Sortennummer	Kennzeichnung einer nationalen Variante
In der Legierungsgruppe 1 bezeichnen die Ziffern den Mindestanteil an Aluminium in %. In den Legierungsgruppen 2 ... 8 bezeichnen die Ziffern unterschiedliche Legierungen.	Die Legierung wurde durch ein anderes Land registriert und wird durch einen Buchstaben gekennzeichnet. Die Zusammensetzung der nationalen Variante weicht von der Orginallegierung geringfügig ab.

Bezeichnungssystem für Aluminium und Aluminium-Knetlegierungen mit chemischen Symbolen

DIN EN 573-2: 1994-12

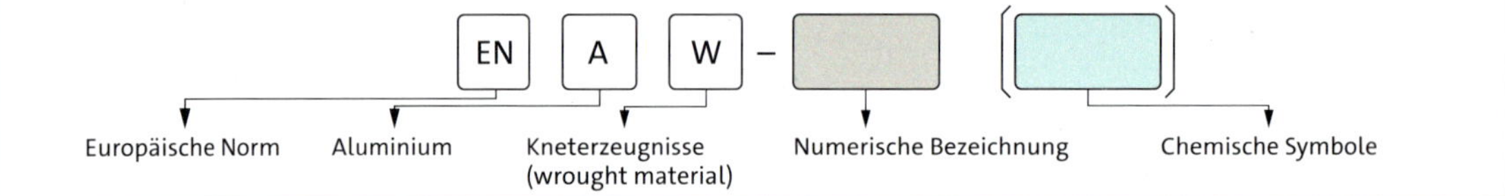

Chemische Symbole

Die chemischen Symbole beschreiben die Zusammensetzung mit Angabe des Nenngehaltes der Legierungselemente in fallender Reihenfolge.

Bei der Bezeichnung für Aluminium und Aluminium-Knetlegierungen mit chemischen Symbolen kann im Ausnahmefall die numerische Bezeichnung entfallen.

Bezeichnungsbeispiel: **EN AW – 2014A** oder **EN AW – 2014A [AlCu4SiMg(A)]** oder **EN AW – AlCu4SiMg(A)**
Aluminium-Knetlegierung der Legierungsgruppe 2, Originallegierung, Sortennummer 14, nationale Variante (A), 4 % Cu, Anteile Si und Mg

Bezeichnungen der Werkstoffzustände

DIN EN 515: 2017-05

Werkstoffzustand	Erklärung
F	Herstellungszustand (keine Grenzwerte für mechanische Eigenschaften festgelegt)
O	weichgeglüht — mit dem Zustand 0 können Erzeugnisse bezeichnet werden, bei denen die für den weichgeglühten Zustand geforderten Eigenschaften durch Warmumformungsverfahren erzielt werden
H12	kaltverfestigt – ¼ hart
H14	kaltverfestigt – ½ hart
H111	geglüht und durch anschließende Arbeitsgänge, z. B. Recken oder Richten, geringfügig kaltverfestigt
H112	durch Warmumformung oder eine begrenzte Kaltumformung geringfügig kaltverfestigt
T3	lösungsgeglüht, kaltumgeformt und kaltausgelagert
T4	lösungsgeglüht und kaltausgelagert
T4510	lösungsgeglüht, durch kontrolliertes Recken entspannt und kaltausgelagert; nicht nachgerichtet
T5	abgeschreckt aus der Warmumformungstemperatur und warmausgelagert
T6	lösungsgeglüht und warmausgelagert
T6510	lösungsgeglüht, durch kontrolliertes Recken entspannt und warmausgelagert; nicht nachgerichtet
T73	lösungsgeglüht und überhärtet (warmausgelagert)

Der Werkstoffzustand wird durch mechanische Behandlung oder Wärmebehandlung erreicht und ist durch festgelegte Eigenschaften gekennzeichnet.

Aluminium und Aluminium-Knetlegierungen — DIN EN 485-2: 2016-10; DIN EN 754-2: 2017-02; DIN EN 755-2: 2016-10

Kurzname	V [1]	Lieferform[2]	Werkstoffzustand	Maße in mm[3]			Mechanische Eigenschaften			
				D	*S*	*t* über ... bis	Zugfestigkeit R_m	Dehngrenze $R_{p0,2}$	Bruchdehnung *A*	Härte
				mm	mm	mm	MPa	MPa	%	HBW
EN AW-1050A [Al 99,5]		Sz	O, H111 H14	≤ 80 ≤ 40	≤ 60 ≤ 10	–	60 ... 95 100 ... 135	– ≥ 70	≥ 25 ≥ 6	20 30
		Sp	F, H112 O, H111	alle	alle	–	≥ 60 60 ... 95	≥ 20 ≥ 20	≥ 25 ≥ 25	20 20
		Bw	O, H111	–	–	≥ 0,5 ... 1,5 1,5 ... 3,0 3,0 ... 6,0	65 ... 95	≥ 20	≥ 22 ≥ 26 ≥ 29	20
EN AW-2007 [Al Cu4PbMgMn]		Sz	T3	≤ 30 30 ... 80	≤ 30 30 ... 80	–	≥ 370 ≥ 340	≥ 240 ≥ 220	≥ 7 ≥ 6	95
		Sp	T4, T4510	≤ 80 80 ... 200	≤ 80 80 ... 200	–	≥370 ≥ 340	≥ 250 ≥ 220	≥ 8 ≥ 8	95
EN AW-2014 [Al Cu4SiMg]		Sz	O, H111 T3	≤ 80	≤ 80	–	≤ 240 ≥ 380	≤ 125 ≥ 290	≥ 12 ≥ 8	45 110
		Sp	O, H111 T4, T4510	≤ _200 25 ... 75	≤ _200 25 ... 75	–	≤ 250 ≥ 410	≤ 135 ≥ 270	≥ 12 ≥ 12	45 110
		Bw	O	–	–	≥ 0,4 ... 1,5 1,5 ... 3,0 3,0 ... 6,0	≤ 250	≤ 140	≥ 12 ≥ 13 ≥ 16	55
EN AW-2024 [Al Cu4Mg1]		Sz	O, H111 T3	≤ 80 10 ... 80	≤ 80 10 ... 80	–	≤ 250 ≥ 425	≤ 150 ≥ 290	≥ 12 ≥ 9	47 120
		Sp	O, H111 T3, T3510	≤ 200 50 ... 100	≤ 200 50 ... 100	–	≥ 250 ≥ 440	≥ 150 ≥ 300	≥ 12 ≥ 8	47 120
		Bw	O	–	–	≥ 0,4 ... 1,5 1,5 ... 3,0 3,0 ... 6,0	≤ 220	≤ 140	≥ 12 ≥ 13 ≥ 13	55
EN AW-2030 [Al Cu4PbMg]		Sz	T3	≤ 30 30 ... 80	≤ 30 30 ... 80	–	≥ 370 ≥ 340	≥ 240 ≥ 220	≥ 7 ≥ 6	115
		Sp	T4, T4510	≤ 80 80 ... 200	≤ 80 80 ... 200	–	≥ 370 ≥ 340	≥ 250 ≥ 220	≥ 8 ≥ 8	115
EN AW-3003 [Al Mn1Cu]		Sz	O, H111 H14	≤ 80 ≤ 40	≤ 60 ≤ 10	–	95 ... 130 130 ... 165	≥ 35 ≥ 110	≥ 25 ≥ 6	29 40
		Sp	F, H112 O, H111	alle	alle	–	≥ 95 95 ... 130	≥ 35 ≥ 35	≥ 25 ≥ 25	30 30
		Bw	O, H111	–	–	≥ 0,5 ... 1,5 1,5 ... 3,0 3,0 ... 6,0	95 ... 135	≥ 35	≥ 17 ≥ 20 ≥ 23	28
EN AW-3103 [Al Mn1]		Sz	O, H111 H14	≤ 80 ≤ 40	≤ 60 ≤ 10	–	95 ... 130 130 ... 165	≥ 35 ≥ 110	≥ 25 ≥ 6	29 40
		Sp	F, H112 O, H111	alle	alle	–	≥ 95 95 ... 135	≥ 35 ≥ 35	≥ 25 ≥ 25	28 28
		Bw	O, H111	–	–	≥ 0,5 ... 1,5 1,5 ... 3,0 3,0 ... 6,0	90 ... 130	≥ 35	≥ 19 ≥ 21 ≥ 24	27
EN AW-5005 [Al Mg1(B)]		Sz	O, H111 H14	≤ 80 ≤ 40	≤ 60 ≤ 10	–	100 ... 145 ≥ 140	≥ 40 ≥ 110	≥ 18 ≥ 6	30 45
		Sp	F, H112 O, H111	alle ≤ 80	100 ≤ 60	–	≥ 100 100 ... 150	≥ 40 ≥ 40	≥ 18 ≥ 18	30 30
		Bw	O, H111	–	–	≥ 0,5 ... 1,5 1,5 ... 3,0 3,0 ... 6,0	100 ... 145	≥ 35	≥ 19 ≥ 20 ≥ 22	29
EN AW-5019 [Al Mg5]		Sz	O, H111 H12, H22	≤ 80 ≤ 40	≤ 60 ≤ 25	–	250 ... 320 270 ... 350	≥ 110 ≥ 180	≥ 16 ≥ 8	65 85
		Sp	F, H112 O, H111	≤ 200 ≤ 200	≤ 200 ≤ 200	–	≥ 250 250 ... 320	≥ 110 ≥ 110	≥ 14 ≥ 15	65 65

[1] Verfestigung: ☐ naturhart, nicht aushärtbar ☐ aushärtbar
[2] Lieferform: Sz: gezogene Stangen, Sp: stranggepresste Stangen, Bw: Bänder, Bleche und Platten
[3] D: Durchmesser von Rundstangen, S: Schlüsselweite von Vierkant- und Sechskant-, Dicke von Rechteckstangen

Aluminium und Aluminium-Knetlegierungen

DIN EN 485-2: 2016-10; DIN EN 754-2: 2017-02; DIN EN 755-2: 2016-10

Kurzname	V 1)	Lieferform 2)	Werkstoffzustand	Maße in mm 3) D	S	t über ... bis	Mechanische Eigenschaften Zugfestigkeit R_m	Dehngrenze $R_{p0,2}$	Bruchdehnung A	Härte
				mm	mm	mm	MPa	MPa	%	HBW
EN AW-5083 [Al Mg4,5Mn0,7]		Sz	O, H111 H12, H22	≤ 80 ≤ 30	≤ 60 –	–	270 ... 350 ≥ 280	≥ 110 ≥ 200	≥ 16 ≥ 6	70 90
		Sp	O, H111 H112	≤ 200 ≤ 200	≤ 200 ≤ 200	–	≥ 270 ≥ 270	≥ 110 ≥ 110	≥ 12 ≥ 12	70 70
		Bw	O, H111	–	–	≥ 0,5 ... 1,5 1,5 ... 3,0 3,0 ... 6,3	275 ... 350	≥ 125	≥ 12 ≥ 13 ≥ 15	75
EN AW-5251 [Al Mg2Mn0,3]		Sz	O, H111 H14, H24	≤ 80 ≤ 30	≤ 60 ≤ 5	–	150 ... 200 200 ... 240	≥ 60 ≥ 160	≥ 17 ≥ 5	45 65
		Sp	F, H112 O, H111	alle	alle	–	≥ 160 160 ... 200	≥ 60 ≥ 60	≥ 16 ≥ 17	45 45
		Bw	O, H111	–	–	≥ 0,5 ... 1,5 1,5 ... 3,0 3,0 ... 6,0	160 ... 200	≥ 60	≥ 14 ≥ 16 ≥ 18	44
EN AW-5154A [Al Mg3,5(A)]		Sz	O, H111 H14, H24	≤ 80 ≤ 25	≤ 60 –	–	200 ... 260 260 ... 320	≥ 85 ≥ 200	≥ 16 ≥ 5	55 75
		Sp	F, H112 O, H111	≤ 200 ≤ 200	≤ 200 ≤ 200	–	≥ 200 200 ... 270	≥ 85 ≥ 85	≥ 16 ≥ 18	55 55
EN AW-5754 [Al Mg3]		Sz	O, H111 H14, H24	≤ 80 ≤ 25	≤ 60 ≤ 5	–	180 ... 250 240 ... 290	≥ 80 ≥ 180	≥ 16 ≥ 4	45 75
		Sp	F, H112 O, H111	≤ 150 ≤ 150	≤ 150 ≤ 150	–	≥ 180 ≥ 180	≥ 80 ≥ 80	≥ 14 ≥ 17	47 47
		Bw	O, H111	–	–	≥ 0,5 ... 1,5 1,5 ... 3,0 3,0 ... 6,0	190 ... 240	≥ 80	≥ 14 ≥ 16 ≥ 18	52
EN AW-6012 [Al MgSiPb]		Sz	T4 T6	≤ 80 ≤ 80	≤ 80 ≤ 80	–	≥ 200 ≥ 310	≥ 100 ≥ 260	≥ 10 ≥ 8	– 105
		Sp	T6, T6510	≤ 150	≤ 150	–	≥ 310	≥ 260	≥ 8	105
EN AW-6060 [Al MgSi]		Sz	T4 T6	≤ 80 ≤ 80	≤ 80 ≤ 80	–	≥ 130 ≥ 215	≥ 65 ≥ 160	≥ 15 ≥ 12	50 75
		Sp	T4 T6	≤ 150 ≤ 150	≤ 150 ≤ 150	–	≥ 120 ≥ 190	≥ 60 ≥ 150	≥ 116 ≥ 8	50 70
EN AW-6082 [Al Si1MgMn]		Sz	O, H111 T4	≤ 80 ≤ 80	≤ 80 ≤ 80	–	≤ 160 ≥ 205	≤ 110 ≥ 110	≥ 15 ≥ 14	35 70
		Sp	O, H111 T4	≤ 200 ≤ 200	≤ 200 ≤ 200	–	≤ 160 ≥ 205	≤ 110 ≥ 110	≥ 14 ≥ 14	35 70
		Bw	O	–	–	≥ 0,4 ... 1,5 1,5 ... 3,0 3,0 ... 6,0	≤ 150	≤ 85	≥ 14 ≥ 16 ≥ 18	40
EN AW-7020 [Al Zn4,5Mg1]		Sz	T6	≤ 80	≤ 50	–	≥ 350	≥ 280	≥ 10	110
		Sp	T6	≤ 50	≤ 50	–	≥ 350	≥ 290	≥ 10	110
		Bw	O	–	–	≥ 0,4 ... 1,5 1,5 ... 3,0 3,0 ... 6,0	≤ 220	≤ 140	≥ 12 ≥ 13 ≥ 15	45
EN AW-7022 [Al Zn5Mg3Cu]		Sz	T6	≤ 80	≤ 80	–	≥ 460	≥ 380	≥ 8	133
		Sp	T6, T6510	≤ 80	≤ 80	–	≥ 490	≥ 420	≥ 7	133
		Bw	T6	–	–	≥ 3,0 ... 12,5 12,5 ... 25,0 25,0 ... 50,0	≥ 450	≥ 370	≥ 8 ≥ 8 ≥ 7	133
EN AW-7075 [Al Zn5,5MgCu]		Sz	O, H111 T6 T73	≤ 80 ≤ 80 ≤ 80	≤ 80 ≤ 80 ≤ 80	–	≤ 275 ≥ 540 ≥ 455	≤ 165 ≥ 485 ≥ 385	≥ 10 ≥ 7 ≥ 10	60 150 135
		Sp	O, H111 T6, T6510	≤ 200 ≤ 25	≤ 200 ≤ 25	–	≤ 275 ≥ 540	≤ 165 ≥ 480	≥ 10 ≥ 7	60 150
		Bw	O	–	–	≥ 0,4 ... 0,8 0,8 ... 1,5 1,5 ... 3,0	≤ 275	≤ 145	≥ 10 ≥ 10 ≥ 10	55

1) Verfestigung: ☐ naturhart, nicht aushärtbar ☐ aushärtbar
2) Lieferform: Sz: gezogene Stangen, Sp: stranggepresste Stangen, Bw: Bänder, Bleche und Platten
3) D: Durchmesser von Rundstangen, S: Schlüsselweite von Vierkan- und Sechskant-, Dicke von Rechteckstangen

Aluminium und Aluminium-Knetlegierungen – Eigenschaften und Anwendung

Al oder Al-Legierung	Verfestigung[1]	Eigenschaften	Anwendung
EN AW-1... [Al 99,XX] Reinaluminium	naturhart, nicht aushärtbar	hohe Korrosionsbeständigkeit, gute Verformbarkeit, schweiß- und hartlötbar, hoher Glanz durch chemisches und elektrolytisches Polieren	Apparate- und Behälterbau, chemische Industrie, Nahrungsmittelindustrie, Profile für Dekoration und Architektur, Reflektoren, Modeschmuck, elektrische Leiterwerkstoffe
EN AW-2... [Al Cu (Si,Mn)] Legierungen mit Kupfer	aushärtbar	Automatenlegierungen, Bohr-, Dreh- und Fräsqualität, hohe Festigkeit, gute Warmfestigkeit	Luftfahrt, Transport und Verkehr, Nieten, Schrauben
EN AW-3... [Al Mn (Mg)] Legierungen mit Mangan	naturhart, nicht aushärtbar	hohe Korrosionsbeständigkeit, gut tiefziehgeeignet, schweiß- und lötbar	Dachdeckung, Waschmaschinen, Kältetechnik, Wärmetauscher, Getränke- und Konservendosen
EN AW-4... [Al Si] Legierungen mit Silicium	naturhart, nicht aushärtbar	gute Korrosionsbeständigkeit, gut gießbar	Gussteile, z. B. Pumpengehäuse, Zylinderkurbelgehäuse, Zylinderköpfe
EN AW-5... [Al Mg (Mn)] Legierung mit Magnesium	naturhart, nicht aushärtbar	gute Kaltumformbarkeit, gut schweißbar, gut spanend bearbeitbar, hohe Festigkeit	gezogene und gedrückte Teile, Möbel-, Metallbau, Apparate- und Behälterbau, Vorrichtungsbau, Fahrzeug- und Schiffbau, Verkehrsschilder, Schrauben, Nieten
EN AW-6... [Al MgSi] Legierungen mit Magnesium und Silicium	aushärtbar	gute Korrosionsbeständigkeit und Schmiedbarkeit, sehr gut zu polieren mit Pb- oder Sn-Anteilen, gut spanbar	Fenster, Türen, Metallbau, Innenausstattung, Metallgestelle, Schrauben, Textilindustrie, Haushaltsartikel, Dekoration, Nahrungsmittelindustrie, Fahrzeugbau
EN AW-7... [Al Zn (Mg,Cu)] Legierungen mit Zink	aushärtbar	gute Korrosionsbeständigkeit, gut schweißbar, gut spanbar, hohe Festigkeiten	Legierungen für tragende Konstruktionen, Fahrzeugbau, Transportgeräte, Luftfahrt, Maschinenbau, Speziallegierungen für den Werkzeug-, Vorrichtungs- und Formenbau

[1] Verfestigung: ☐ naturhart, nicht aushärtbar ☐ aushärtbar

Standardprofile aus Aluminiumlegierungen – Übersicht

Profil / Herstellung	Rundstangen (RND)	Vierkantstangen (SQU)	Rechteckstangen (RCT)	Sechskantstangen (HEX)	Rohre
	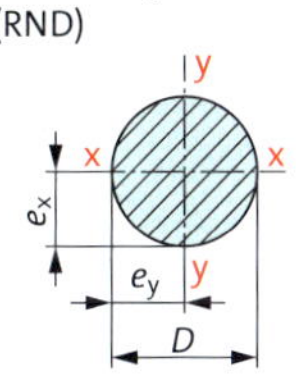	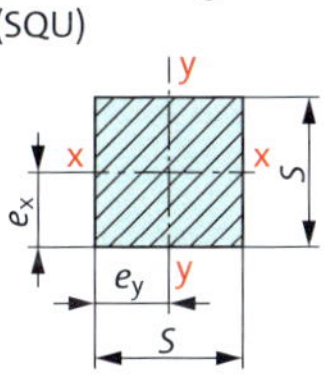	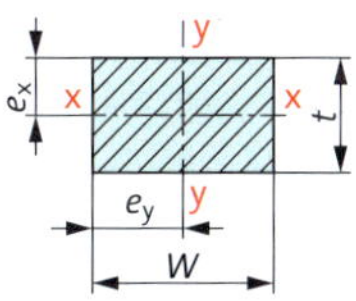	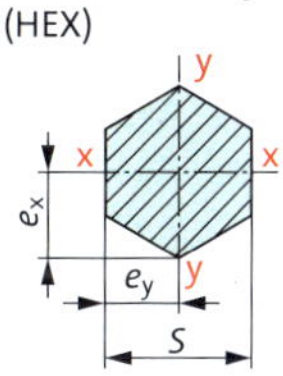	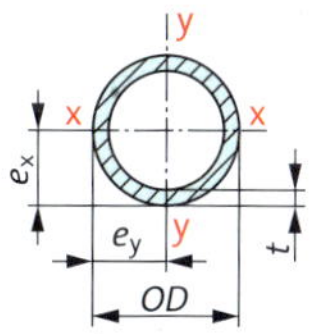
gezogen	DIN EN 754-3 3 mm ≤ *D* ≤ 100 mm	DIN EN 754-4 3 mm ≤ *S* ≤ 100 mm	DIN EN 754-5 2 mm ≤ *t* ≤ 60 mm 5 mm ≤ *W* ≤ 200 mm	DIN EN 754-6 3 mm ≤ *S* ≤ 80 mm	DIN EN 754-7 3 mm ≤ *OD* ≤ 350 mm
stranggepresst	DIN EN 755-3 8 mm ≤ *D* ≤ 320 mm	DIN EN 755-4 10 mm ≤ *S* ≤ 220 mm	DIN EN 755-5 2 mm ≤ *t* ≤ 240 mm 10 mm ≤ *W* ≤ 600 mm	DIN EN 755-6 10 mm ≤ *S* ≤ 220 mm	DIN EN 755-7 10 mm ≤ *OD* ≤ 350 mm
Profil / Herstellung	Rechteckrohre	Winkelprofil gepresst	T-Profil gepresst	U-Profil gepresst	Blech
	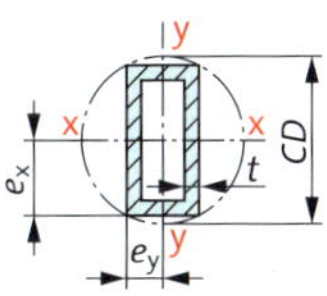	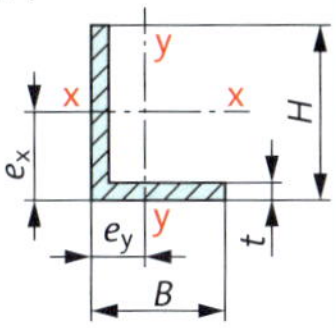	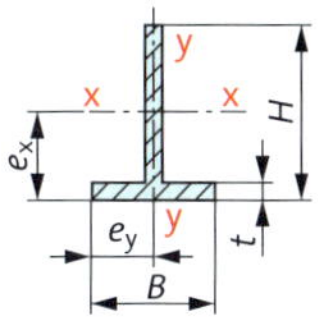	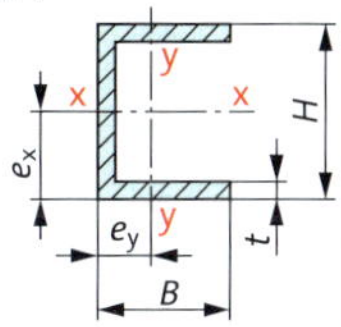	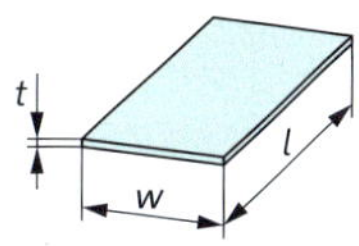
gezogen	DIN EN 754-7 8 mm ≤ *CD* ≤ 300 mm	–	–	–	gewalzt – DIN EN 485-3 2,5 mm ≤ *t* ≤ 400 mm
stranggepresst	DIN EN 755-7 10 mm ≤ *CD* ≤ 350 mm	DIN 1771 (zurückgezogen)	DIN 9714 (zurückgezogen)	DIN 9713 (zurückgezogen)	–

Bezeichnung von genormten Kneterzeugnissen: DIN EN 573-5: 2007-11

Aluminium und Aluminium-Knetlegierungen – Profile

Vierkantstangen
DIN EN 754-4: 2008-06
DIN EN 755-4: 2008-06

Maße S	Querschnitt A	Masse m'
mm	cm²	kg/m
3	0,09	0,02
4	0,16	0,04
5	0,25	0,07
6	0,36	0,10
8	0,64	0,17
10	1,00	0,27
12	1,44	0,39
14	1,96	0,53
15	2,25	0,61
16	2,56	0,69
18	3,24	0,87
20	4,00	1,08
22	4,84	1,31
25	6,25	1,69
30	9,00	2,43
35	12,25	3,31
40	16,00	4,32
45	20,25	5,47
50	25,00	6,75
55	30,25	8,17
60	36,00	9,72
65	42,25	11,41
70	49,00	13,23
75	56,25	15,19
80	64,00	17,28
90	81,00	21,87
100	100,00	27,00

Sechskantstangen
DIN EN 754-6: 2008-06
DIN EN 755-6: 2008-06

Maße S[1]	Querschnitt A	Masse m'
mm	cm²	kg/m
6	0,31	0,09
7	0,42	0,12
8	0,55	0,16
10	0,87	0,25
11	1,05	0,30
12	1,25	0,36
13	1,46	0,42
14	1,70	0,48
15	1,95	0,56
17	2,50	0,71
19	3,13	0,89
20	3,47	0,99
22	4,19	1,20
24	4,99	1,42
27	6,31	1,80
30	7,80	2,22
32	8,87	2,53
36	11,23	3,20
38	12,51	3,56
41	14,56	4,15
46	18,33	5,22
50	21,66	6,62
55	26,20	7,47
60	31,19	8,89

[1] S: Schlüsselweite

Rundstangen
DIN EN 754-3: 2008-06
DIN EN 755-3: 2008-06

Maße D	Querschnitt A	Masse m'
mm	cm²	kg/m
3	0,07	0,02
4	0,13	0,03
5	0,20	0,05
6	0,28	0,08
7	0,38	0,10
8	0,50	0,14
10	0,79	0,21
12	1,13	0,31
14	1,54	0,42
15	1,77	0,48
16	2,01	0,54
18	2,54	0,69
20	3,14	0,85
22	3,80	1,03
25	4,91	1,32
28	6,16	1,88
30	7,07	1,91
32	8,04	2,17
35	9,62	2,60
38	11,34	3,06
40	12,57	3,39
45	15,90	4,29
48	18,10	4,88
50	19,63	5,30
55	23,76	6,41
60	28,27	7,63
65	33,18	8,96
70	38,48	10,39
75	44,18	11,92
80	50,27	13,56
85	56,75	15,31
90	63,62	17,17
95	70,88	19,13
100	78,54	21,20

Blech, Platten
DIN EN 485-3: 2003-06

Maße t	–	Masse m''
mm	–	kg/m²
2,5	–	6,75
3	–	8,10
4	–	10,80
5	–	13,50
6	–	16,20
8	–	21,60
10	–	27,00
12	–	32,40
15	–	40,50
20	–	54,00
25	–	67,50
30	–	81,00
35	–	94,50
40	–	108,00
45	–	121,50
50	–	135,00
60	–	162,00
80	–	216,00
100	–	270,00

Rechteckstangen
DIN EN 754-5: 2008-06
DIN EN 755-5: 2008-06

Maße t x W	Querschnitt A	Masse m'
mm	cm²	kg/m
2 x 10	0,20	0,054
3 x 10	0,30	0,081
3 x 15	0,45	0,122
4 x 10	0,40	0,108
5 x 15	0,75	0,203
5 x 20	1,00	0,270
6 x 10	0,60	0,162
8 x 10	0,80	0,216
8 x 15	1,20	0,324
8 x 20	1,60	0,432
8 x 25	2,00	0,540
10 x 15	1,50	0,405
10 x 20	2,00	0,540
10 x 25	2,50	0,675
10 x 30	3,00	0,810
10 x 40	4,00	1,080
10 x 50	5,00	1,350
10 x 60	6,00	1,620
10 x 80	8,00	2,160
15 x 20	3,00	0,810
15 x 25	3,75	1,013
15 x 30	4,50	1,215
15 x 40	6,00	1,620
15 x 50	7,50	2,025
15 x 60	9,00	2,430
15 x 80	12,00	3,240
20 x 25	5,00	1,350
20 x 30	6,00	1,620
20 x 40	8,00	2,160
20 x 50	10,00	2,700
20 x 60	12,00	3,240
20 x 80	16,00	4,320
20 x 100	20,00	5,400
25 x 40	10,00	2,700
25 x 50	12,50	3,375
25 x 60	15,00	4,050
25 x 80	20,00	5,400
30 x 40	12,00	3,240
30 x 50	15,00	4,050
30 x 60	18,00	4,860
30 x 80	24,00	6,480
30 x 100	30,00	8,100
35 x 50	17,50	4,725
35 x 60	21,00	5,670
35 x 80	28,00	7,560
40 x 50	20,00	5,400
40 x 60	24,00	6,480
40 x 80	32,00	8,640
40 x 100	40,00	10,800
50 x 100	50,00	13,500

Die längenbezogene Masse *m'* und die flächenbezogene Masse *m''* sind mit einer Dichte von ρ = 2,70 kg/dm³ berechnet.

In den Normen DIN EN 754 und DIN EN 755 sind keine Maße angegeben. Die angegebenen Werte entsprechen den einschlägigen Herstellerangaben.

Bezeichnungsbeispiel: **RCT-Stange EN 755-5 – EN AW-6082 – H111 – 20 x 40**
Stranggepresste rechteckige (RCT) Stange aus AlSi1 MgMn (AW 6082), Werkstoffzustand geglüht und geringfügig kaltverfestigt (H111), Dicke *t* = 20 mm und Breite *W* = 40 mm

Aluminium und Aluminium-Knetlegierungen – Profile

U-Profil

Maße H x B x t	Querschnitt A	Masse m'	Maße H x B x t	Querschnitt A	Masse m'	Maße H x B x t	Querschnitt A	Masse m'
mm	cm²	kg/m	mm	cm²	kg/m	mm	cm²	kg/m
10 x 10 x 2	0,520	0,140	40 x 20 x 2	1,520	0,410	60 x 20 x 2	1,920	0,518
10 x 15 x 2	0,720	0,194	40 x 20 x 3	2,220	0,599	60 x 40 x 4	5,280	1,426
15 x 15 x 2	0,820	0,221	40 x 30 x 3	2,820	0,761	60 x 40 x 5	6,500	1,755
15 x 20 x 2	1,020	0,275	40 x 30 x 4	3,680	0,994	60 x 50 x 2	3,120	0,842
15 x 20 x 3	1,470	0,397	40 x 40 x 2	2,320	0,626	60 x 60 x 4	6,880	1,858
20 x 15 x 2	0,920	0,248	40 x 40 x 3	3,420	0,923	60 x 60 x 5	8,500	2,295
20 x 20 x 2	1,120	0,302	40 x 40 x 4	4,480	1,210	80 x 40 x 3	4,620	1,247
20 x 20 x 3	1,620	0,437	40 x 40 x 5	5,500	1,485	80 x 40 x 4	6,080	1,642
20 x 40 x 2	1,920	0,518	50 x 20 x 2	1,720	0,464	80 x 40 x 6	8,880	2,398
20 x 40 x 4	3,680	0,994	50 x 30 x 2	2,120	0,572	80 x 45 x 6	9,480	2,560
30 x 20 x 2	1,320	0,356	50 x 30 x 4	4,080	1,102	80 x 50 x 5	8,500	2,295
30 x 20 x 3	1,920	0,518	50 x 40 x 4	4,880	1,318	100 x 20 x 2	2,720	0,734
30 x 20 x 5	3,000	0,810	50 x 50 x 4	5,680	1,534	100 x 40 x 3	5,220	1,409
30 x 30 x 2	1,720	0,464	50 x 50 x 5	7,000	1,890	100 x 50 x 5	9,500	2,565
30 x 30 x 3	2,520	0,680	Die längenbezogene Masse m' ist mit einer Dichte von ρ = 2,70 kg/dm³ berechnet.					
30 x 30 x 5	4,000	1,080	In den Normen DIN EN 754 und DIN EN 755 sind keine Maße angegeben.					
30 x 40 x 3	3,120	0,842	Die angegebenen Werte entsprechen den einschlägigen Herstellerangaben.					

L-Profil

Maße H x B x t	Querschnitt A	Masse m'	Maße H x B x t	Querschnitt A	Masse m'	Maße H x B x t	Querschnitt A	Masse m'
mm	cm²	kg/m	mm	cm²	kg/m	mm	cm²	kg/m
10 x 10 x 2	0,360	0,097	50 x 20 x 2	1,360	0,367	70 x 30 x 2	1,960	0,529
15 x 10 x 2	0,460	0,124	50 x 30 x 2	1,560	0,421	70 x 70 x 5	6,750	1,823
15 x 15 x 2	0,560	0,151	50 x 30 x 4	3,040	0,821	80 x 40 x 4	4,640	1,253
20 x 10 x 2	0,560	0,151	50 x 30 x 5	3,750	1,013	80 x 40 x 5	5,750	1,553
20 x 15 x 2	0,660	0,178	50 x 40 x 2	1,760	0,475	80 x 50 x 5	6,250	1,688
20 x 20 x 2	0,760	0,205	50 x 40 x 4	3,440	0,929	80 x 60 x 4	5,440	1,469
20 x 20 x 4	1,440	0,389	50 x 40 x 5	4,250	1,148	80 x 60 x 6	8,040	2,171
25 x 10 x 2	0,660	0,178	50 x 50 x 2	1,960	0,529	80 x 80 x 4	6,240	1,685
25 x 20 x 2	0,860	0,232	50 x 50 x 4	3,840	1,037	80 x 80 x 5	7,750	2,093
25 x 20 x 3	1,260	0,340	50 x 50 x 5	4,750	1,283	80 x 80 x 8	12,160	3,283
25 x 25 x 2	0,960	0,259	50 x 50 x 8	7,360	1,987	80 x 80 x 10	15,000	4,050
25 x 25 x 4	1,840	0,497	50 x 50 x 10	9,000	2,430	100 x 40 x 4	5,440	1,469
30 x 10 x 2	0,760	0,205	60 x 30 x 2	1,760	0,475	100 x 50 x 4	5,840	1,577
30 x 20 x 2	0,960	0,259	60 x 30 x 4	3,440	0,929	100 x 50 x 5	7,250	1,958
30 x 20 x 4	1,840	0,497	60 x 30 x 5	4,250	1,148	100 x 50 x 8	11,360	3,067
30 x 30 x 2	1,160	0,313	60 x 40 x 2	1,960	0,529	100 x 50 x 10	14,000	3,780
30 x 30 x 4	2,240	0,605	60 x 40 x 4	3,840	1,037	100 x 100 x 4	7,840	2,117
30 x 30 x 5	2,750	0,743	60 x 40 x 5	4,750	1,283	100 x 100 x 8	15,360	4,147
40 x 10 x 2	0,960	0,259	60 x 60 x 2	2,360	0,637	100 x 100 x 10	19,000	5,130
40 x 20 x 2	1,160	0,313	60 x 60 x 4	4,640	1,253	120 x 20 x 2	2,760	0,745
40 x 20 x 4	2,240	0,605	60 x 60 x 5	5,750	1,553	120 x 40 x 4	6,240	1,685
40 x 30 x 2	1,360	0,367	60 x 60 x 8	8,960	2,419	120 x 60 x 6	10,440	2,819
40 x 30 x 4	2,640	0,713	60 x 60 x 10	11,000	2,970	120 x 80 x 10	19,000	5,130
40 x 40 x 2	1,560	0,421	Die längenbezogene Masse m' ist mit einer Dichte von ρ = 2,70 kg/dm³ berechnet.					
40 x 40 x 4	3,040	0,821	In den Normen DIN EN 754 und DIN EN 755 sind keine Maße angegeben.					
40 x 40 x 5	3,750	1,013	Die angegebenen Werte entsprechen den einschlägigen Herstellerangaben.					

Aluminium und Aluminium-Knetlegierungen – Rohre

Rundrohre

DIN EN 754-7: 2016-10;
DIN EN 755-7: 2016-10

Maße *OD* x *t* [1]	Querschnitt *A*	Masse *m'*	Maße *OD* x *t*	Querschnitt *A*	Masse *m'*	Maße *OD* x *t*	Querschnitt *A*	Masse *m'*
mm	cm^2	kg/m	mm	cm^2	kg/m	mm	cm^2	kg/m
10 x 1,0	0,283	0,076	60 x 4,0	7,037	1,900	140 x 10,0	40,841	11,027
10 x 1,5	0,401	0,108	60 x 6,0	10,179	2,748	140 x 15,0	58,905	15,904
10 x 2,0	0,503	0,136	60 x 10,0	15,708	4,241	140 x 20,0	75,398	20,358
12 x 1,0	0,346	0,093	60 x 15,0	21,206	5,726	140 x 25,0	90,321	24,387
12 x 1,5	0,495	0,134	60 x 20,0	25,133	6,786	140 x 30,0	103,673	27,992
12 x 2,0	0,628	0,170	70 x 4,0	8,294	2,239	150 x 5,0	22,777	6,150
15 x 1,0	0,440	0,119	70 x 6,0	12,064	3,257	150 x 10,0	43,982	11,875
15 x 1,5	0,636	0,172	70 x 10,0	18,850	5,089	150 x 15,0	63,617	17,177
15 x 2,0	0,817	0,221	70 x 15,0	25,918	6,998	150 x 20,0	81,681	22,054
15 x 3,0	1,131	0,305	70 x 20,0	31,416	8,482	150 x 25,0	98,175	26,507
16 x 1,0	0,471	0,127	80 x 4,0	9,550	2,579	150 x 30,0	113,097	30,536
16 x 2,0	0,880	0,238	80 x 6,0	13,949	3,766	160 x 5,0	24,347	6,574
16 x 3,0	1,225	0,331	80 x 10,0	21,991	5,938	160 x 10,0	47,124	12,723
16 x 4,0	1,508	0,407	80 x 15,0	30,631	8,270	160 x 15,0	68,330	18,449
20 x 2,0	1,131	0,305	80 x 20,0	37,699	10,179	160 x 20,0	87,965	23,750
20 x 3,0	1,602	0,433	90 x 4,0	10,807	2,918	160 x 25,0	106,029	28,628
20 x 4,0	2,011	0,543	90 x 6,0	15,834	4,275	160 x 30,0	122,522	33,081
20 x 5,0	2,356	0,636	90 x 10,0	25,133	6,786	160 x 35,0	137,445	37,110
25 x 2,0	1,445	0,390	90 x 15,0	35,343	9,543	160 x 40,0	150,796	40,715
25 x 3,0	2,073	0,560	90 x 20,0	43,982	11,875	170 x 5,0	25,918	6,998
25 x 4,0	2,639	0,713	100 x 4,0	12,064	3,257	170 x 10,0	50,265	13,572
25 x 5,0	3,142	0,848	100 x 6,0	17,719	4,784	170 x 15,0	73,042	19,721
30 x 2,0	1,759	0,475	100 x 10,0	28,274	7,634	170 x 20,0	94,248	25,447
30 x 4,0	3,267	0,882	100 x 15,0	40,055	10,815	170 x 30,0	131,947	35,626
30 x 6,0	4,524	1,221	100 x 20,0	50,265	13,572	180 x 5,0	27,489	7,422
30 x 10,0	6,283	1,696	100 x 25,0	58,905	15,904	180 x 10,0	53,407	14,420
35 x 2,0	2,073	0,560	100 x 30,0	65,973	17,813	180 x 15,0	77,754	20,994
35 x 3,0	3,016	0,814	110 x 5,0	16,493	4,453	180 x 20,0	100,531	27,143
35 x 4,0	3,896	1,052	110 x 10,0	31,416	8,482	180 x 25,0	121,737	32,869
35 x 6,0	5,466	1,476	110 x 15,0	44,768	12,087	180 x 30,0	141,372	38,170
40 x 2,0	2,388	0,645	110 x 20,0	56,549	15,268	180 x 40,0	175,929	47,501
40 x 3,0	3,487	0,942	110 x 25,0	66,759	18,025	200 x 5,0	30,631	8,270
40 x 4,0	4,524	1,221	110 x 30,0	75,398	20,358	200 x 10,0	59,690	16,116
40 x 6,0	6,409	1,730	120 x 5,0	18,064	4,877	200 x 15,0	87,179	23,538
40 x 10,0	9,425	2,545	120 x 10,0	34,558	9,331	200 x 20,0	113,097	30,536
40 x 15,0	11,781	3,181	120 x 12,0	40,715	10,993	200 x 25,0	137,445	37,110
45 x 1,0	1,382	0,373	120 x 15,0	49,480	13,360	200 x 30,0	160,221	43,260
45 x 1,5	2,050	0,553	120 x 20,0	62,832	16,965	200 x 40,0	201,062	54,287
45 x 2,0	2,702	0,729	120 x 25,0	74,613	20,145	200 x 50,0	235,619	63,617
45 x 3,0	3,958	1,069	120 x 30,0	84,823	22,902			
45 x 4,0	5,152	1,391	130 x 5,0	19,635	5,301			
45 x 6,0	7,351	1,985	130 x 10,0	37,699	10,179			
45 x 10,0	10,996	2,969	130 x 15,0	54,192	14,632			
50 x 2,0	3,016	0,814	130 x 20,0	69,115	18,661			
50 x 3,0	4,430	1,196	130 x 25,0	82,467	22,266			
50 x 4,0	5,781	1,561	130 x 30,0	94,248	25,447			
50 x 6,0	8,294	2,239	130 x 35,0	104,458	28,204			
50 x 10,0	12,566	3,393	140 x 5,0	21,206	5,726			

[1] OD: outer diameter (engl.)

Die längenbezogene Masse *m'* ist mit einer Dichte von ρ = 2,70 kg/dm³ berechnet.
In den Normen DIN EN 754 und DIN EN 755 sind keine Maße angegeben.
Die angegebenen Werte entsprechen den einschlägigen Herstellerangaben.

Bezeichnungsbeispiel: **Rohr**
EN 754-7 – EN AW-2007 – T 4 – OD20 x 2
Nahtloses gezogenes Rohr aus AlCu4PbMgMn (AW-2007), Werkstoffzustand lösungsgeglüht und kaltausgelagert (T4), Außendurchm. *OD* = 20 mm, Wanddicke *t* = 2 mm.

Aluminium und Aluminium-Knetlegierungen – Rohre

Vierkantrohre

DIN EN 754-7: 2016-10;
DIN EN 755-7: 2016-10

Maße $S \times S \times t$	Querschnitt A	Masse m'	Maße $S \times S \times t$	Querschnitt A	Masse m'	Maße $S \times S \times t$	Querschnitt A	Masse m'
mm	cm²	kg/m	mm	cm²	kg/m	mm	cm²	kg/m
10 x 10 x 1,0	0,36	0,097	50 x 50 x 3,0	5,64	1,523	80 x 80 x 6,0	17,76	4,795
10 x 10 x 1,5	0,51	0,138	50 x 50 x 4,0	7,36	1,987	80 x 80 x 10,0	28,00	7,560
20 x 20 x 1,5	1,11	0,300	50 x 50 x 5,0	9,00	2,430	100 x 100 x 3,0	11,64	3,143
20 x 20 x 2,0	1,44	0,389	60 x 60 x 3,0	6,84	1,847	100 x 100 x 4,0	15,36	4,147
25 x 25 x 2,0	1,84	0,497	60 x 60 x 4,0	8,96	2,419	100 x 100 x 5,0	19,00	5,130
25 x 25 x 3,0	2,64	0,713	60 x 60 x 5,0	11,00	2,970	100 x 100 x 10,0	36,00	9,720
30 x 30 x 2,0	2,24	0,605	70 x 70 x 3,0	8,04	2,171	120 x 120 x 4,0	18,56	5,011
30 x 30 x 3,0	3,24	0,875	70 x 70 x 4,0	10,56	2,851	120 x 120 x 5,0	23,00	6,210
30 x 30 x 4,0	4,16	1,123	80 x 80 x 3,0	9,24	2,495	150 x 150 x 3,0	17,64	4,763
35 x 35 x 2,0	2,64	0,713	80 x 80 x 5,0	15,00	4,050	150 x 150 x 5,0	29,00	7,830
35 x 35 x 3,0	3,84	1,037	Die längenbezogene Masse m' ist mit einer Dichte von ρ = 2,70 kg/dm³ berechnet.					
40 x 40 x 2,0	3,04	0,821	In den Normen DIN EN 754 und DIN EN 755 sind keine Maße angegeben.					
40 x 40 x 3,0	4,44	1,199	Die angegebenen Werte entsprechen den einschlägigen Herstellerangaben.					
40 x 40 x 4,0	5,76	1,555	Bezeichnungsbeispiel: **Rohr EN 755-7 – EN AW-2014 – H111 – 30 x 30 x 2,0**					
40 x 40 x 5,0	7,00	1,890	Vierkantrohr aus AlCu4SiMg (AW 2014), Werkstoffzustand geglüht, geringfügig					
50 x 50 x 2,0	3,84	1,037	kaltverfestigt (H111), mit den Maßen $S \times S$ = 30 x 30 mm, t = 2,0 mm					

Rechteckrohre

DIN EN 754-7: 2016-10;
DIN EN 755-7: 2016-10

Maße $B \times H \times t$	Querschnitt A	Masse m'	Maße $B \times H \times t$	Querschnitt A	Masse m'	Maße $B \times H \times t$	Querschnitt A	Masse m'
mm	cm²	kg/m	mm	cm²	kg/m	mm	cm²	kg/m
20 x 10 x 1,5	0,81	0,219	60 x 40 x 3,0	5,64	1,523	100 x 50 x 5,0	14,00	3,780
20 x 10 x 2,0	1,04	0,281	60 x 40 x 4,0	8,16	2,203	100 x 60 x 2,0	6,24	1,685
20 x 15 x 2,0	1,24	0,335	60 x 50 x 3,0	6,84	1,847	100 x 60 x 3,0	9,24	2,495
25 x 10 x 2,0	1,24	0,335	80 x 20 x 2,0	3,84	1,037	100 x 60 x 4,0	12,16	3,283
25 x 15 x 2,0	1,44	0,389	80 x 30 x 3,0	6,24	1,685	100 x 80 x 3,0	10,44	2,819
25 x 20 x 2,0	1,64	0,443	80 x 30 x 4,0	8,16	2,203	120 x 40 x 2,0	6,24	1,685
40 x 10 x 2,0	1,84	0,497	80 x 40 x 2,0	4,64	1,253	120 x 40 x 4,0	12,16	3,283
40 x 20 x 2,0	2,24	0,605	80 x 40 x 3,0	6,84	1,847	120 x 60 x 3,0	10,44	2,819
40 x 20 x 3,0	3,24	0,875	80 x 40 x 4,0	8,96	2,419	120 x 60 x 4,0	13,76	3,715
40 x 20 x 4,0	4,16	1,123	80 x 50 x 2,0	5,04	1,361	120 x 80 x 3,0	11,64	3,143
40 x 25 x 2,0	2,44	0,659	80 x 50 x 3,0	7,44	2,009	140 x 40 x 4,0	13,76	3,715
40 x 25 x 3,0	3,54	0,956	80 x 50 x 4,0	9,76	2,635	140 x 80 x 4,0	16,96	4,579
40 x 30 x 2,0	2,64	0,713	80 x 60 x 3,0	8,04	2,171	160 x 60 x 4,0	16,96	4,579
40 x 20 x 3,0	3,24	0,875	80 x 60 x 4,0	10,56	2,851	160 x 60 x 5,0	21,00	5,670
40 x 20 x 4,0	4,16	1,123	100 x 20 x 2,0	4,64	1,253	180 x 40 x 4,0	16,96	4,579
50 x 20 x 2,0	2,64	0,713	100 x 40 x 3,0	8,04	2,171	180 x 50 x 4,0	17,76	4,795
50 x 20 x 4,0	4,96	1,339	100 x 40 x 4,0	10,56	2,851	180 x 60 x 3,0	14,04	3,791
50 x 30 x 2,0	3,04	0,821	100 x 50 x 3,0	8,64	2,333	200 x 50 x 4,0	19,36	5,227
50 x 30 x 3,0	4,44	1,199	100 x 50 x 4,0	11,36	3,067	200 x 100 x 4,0	23,36	6,307
50 x 40 x 2,0	3,44	0,929	Die längenbezogene Masse m' ist mit einer Dichte von ρ = 2,70 kg/dm³ berechnet.					
50 x 40 x 3,0	5,04	1,361						
50 x 40 x 4,0	6,56	1,771	In den Normen DIN EN 754 und DIN EN 755 sind keine Maße angegeben.					
60 x 20 x 2,0	3,04	0,821	Die angegebenen Werte entsprechen den einschlägigen Herstellerangaben.					
60 x 30 x 2,0	3,44	0,929	Bezeichnungsbeispiel: **Rohr EN 755-7 – EN AW-6060 – T4 – 50 x 30 x 2,0**					
60 x 30 x 3,0	5,04	1,361	Vierkantrohr aus AlMgSi (AW 6060), Werkstoffzustand lösungsgeglüht und					
60 x 40 x 2,0	3,84	1,037	kaltausgelagert (T4), mit den Maßen B = 50 mm, H = 30 mm, t = 2,0 mm					

Bezeichnungssysteme für Aluminium-Gusslegierungen — DIN EN 1780-1, 2: 2003-01

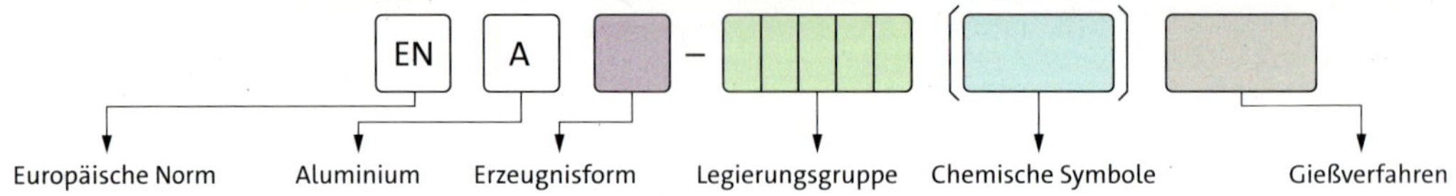

Legierungsgruppe				
1. und 2. Ziffer				**3. Ziffer**
21	Al Cu	46	Al Si9Cu	willkürlich
41	Al SiMgTi	47	Al Si(Cu)	**4. Ziffer**
42	Al Si7Mg	48	Al SiCuNiMg	im Allgemeinen 0
43	Al Si10Mg	51	Al Mg	**5. Ziffer**
44	Al Si	71	Al ZnMg	0 außer in der Luft- und Raumfahrt
45	Al Si5Cu	9	Vorlegierung	

Erzeugnisform	
B	Masseln
C	Gussstücke
M	Vorlegierung
Gießverfahren	
S	Sandguss
K	Kokillenguss
D	Druckguss
L	Feinguss

Chemische Symbole

Die chemischen Symbole beschreiben die Zusammensetzung mit Angabe des Nenngehaltes in fallender Reihenfolge.

Der Bezeichnung für Aluminium und Aluminium-Gusslegierungen mit chemischen Symbolen wird vorzugsweise die numerische Bezeichnung vorangestellt.

Werkstoffzustand nach DIN EN 515	
F	Gusszustand, ohne Nachbehandlung
O	weichgeglüht
T1	Abkühlen nach dem Gießen, kalt ausgelagert
T4	lösungsgeglüht und kalt ausgelagert
T5	Abkühlen nach dem Gießen, warm ausgelagert
T6	lösungsgeglüht und warm ausgelagert

Bezeichnungsbeispiel: **EN AC-43000 [EN AC-Al Si10Mg]**
Aluminium-Gusslegierung der Legierungsgruppe 43, mit 10 % Si und Anteilen Mg

Aluminium-Gusslegierungen — DIN EN 1706: 2013-12

Kurzname	Gießverfahren	Werkstoffzustand	Zugfestigkeit R_m MPa	Dehngrenze $R_{p0,2}$ MPa	Bruchdehnung A %	Härte HBW	Zerspanbarkeit[1) 2)]	Schweißbarkeit[1)]	Korrosionsbeständigkeit[1)]	Verwendung
EN AC-21100 [EN AC-Al Cu4Ti]	S	T6	300	200	3	95	1	4	4	hohe Festigkeit, einfache Teile
	K	T6	330	220	7	95				
EN AC-42000 [EN AC-Al Si7Mg]	S	T6	220	180	1	75	2	2	2–3	Maschinenbau, Pumpen, Fahrzeugbau, Flugzeugbau, Haushaltsgeräte
	K	T6	260	220	1	90				
	L	T6	240	190	1	75				
EN AC-42100 [EN AC-Al Si7Mg0,3]	S	T6	230	190	2	75	2	2	2	
	K	T6	290	210	4	90				
	L	T6	260	200	3	75				
EN AC-43000 [EN AC-Al Si10Mg]	S	T6	220	180	1	75	2	1	2	
	K	T6	260	220	1	90				
EN AC-43300 [EN AC-Al Si9Mg]	S	T6	230	190	2	75	2	1	2	Fahrzeugbau, Motorenbau
	K	T6	290	210	4	90				
EN AC-44100 [EN AC-Al Si12]	S	F	150	70	4	50	3[3)]	1	2–3	dünnwandige Gussstücke, Apparatebau
	K	F	170	80	5	55				
	L	F	150	80	4	50				
EN AC-46200 [EN AC-Al Si8Cu3]	S	F	150	90	1	60	2[3)]	2	4	Maschinen- und Motorenteile, Zylinderköpfe
	K	F	170	100	1	75				
	D	F	240	140	1	80				
EN AC-48000 [EN AC-Al Si12CuNiMg]	K	T5	200	185	< 1	90	2	2	3	Kolben
		T6	280	240	< 1	100				
EN AC-51100 [EN AC-Al Mg3]	S	F	140	70	3	50	1[3)]	3	1	Apparate, Armaturen, chemische und Lebensmittelindustrie
	K	F	150	70	5	50				
EN AC-51300 [EN AC-Al Mg5]	S	F	160	90	3	55	1[1)]	3	1	
	K	F	180	100	4	60				
EN AC-71100 [EN AC-Al Zn10Si8Mg]	S	T1	210	190	1	90	1[3)]	1	3	Maschinenbau, Textilindustrie, Haushaltsgeräte
	K	T1	260	210	1	100				

1) 1 = ausgezeichnet; 2 = gut; 3 = annehmbar; 4 = unzureichend; 5 = nicht empfehlenswert; 6 = ungeeignet
2) Bearbeitbarkeit nach einer Wärmebehandlung
3) Bearbeitbarkeit im gegossenen Zustand ohne Wärmebehandlung

Magnesiumlegierungen

Bezeichnungssysteme für Magnesiumlegierungen — DIN EN 1754: 2015-10

Bezeichnung durch Kurzzeichen

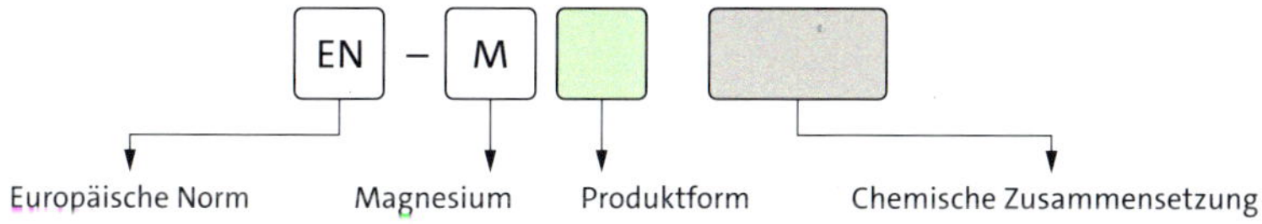

Produktform		Chemische Zusammensetzung	Bezeichnungsbeispiel: **EN-MC MgAl2Mn**
A	Anode	Dem Kurzzeichen **Mg** folgt die Angabe des Nenngehaltes der Legierungselemente in fallender Reihenfolge.	Magnesium-Gussstück aus einer Magnesiumlegierung mit 2 % Al und Anteilen Mn
B	Blockmetall		
C	Gussstück		

Bezeichnung durch Nummern

Das in der Norm DIN EN 1754 eingeführte neue System auf der Grundlage der Prinzipien und dem Aufbau in der EN 10027-2 für die Bezeichnung von Magnesium und Magnesiumlegierungen ist auf die derzeitig gültige Norm DIN EN 1753 noch nicht umgesetzt.

Magnesium-Gusslegierungen — DIN EN 1753: 1997-08

Kurzname	Werkstoffnummer	Gießverfahren[1)]	Wärmebehandlung[2)]	Dehngrenze $R_{p0,2}$ MPa	Zugfestigkeit R_m MPa	Bruchdehnung A_{80} %	Brinell-Härte HBW	Eigenschaften Verwendung
EN-MC MgAl8Zn1	EN-MC 21110	S, K	F T4	90 90	160 240	2 8	50 ... 65 50 ... 65	gebräuchlichste Druckgusslegierung, mit hervorragenden Gießeigenschaften; Computer- und Mobiltelefonteile, Deckel und Gehäuse, Handwerkzeuge, Haushaltsgeräte
		D	F	140 ... 160	200 ... 250	1 ... 7	60 ... 85	
EN-MC MgAl9Zn1(A)	EN-MC 21120	S, K	F T4	90 110	160 240	2 6	50 ... 65 55 ... 70	
		D	F	140 ... 170	200 ... 260	1 ... 6	65 ... 85	
EN-MC MgAl2Mn	EN-MC 21210	D	F	80 ... 100	150 ... 220	8 ... 18	40 ... 55	hohe Schlagfestigkeit; Fahrzeugbau
EN-MC MgAl5Mn	EN-MC 21220	D	F	110 ... 130	180 ... 230	5 ... 15	50 ... 65	Fahrzeugbau, Sitzrahmen, Lenkräder, Instrumententafelträger, Lüfterräder
EN-MC MgAl6Mn	EN-MC 21230	D	F	120 ... 150	190 ... 250	4 ... 14	55 ... 70	
EN-MC MgAl2Si	EN-MC 21310	D	F	110 ... 130	170 ... 230	4 ... 14	50 ... 70	Getriebe- und Motorengehäuse
EN-MC MgAl4Si	EN-MC 21320	D	F	120 ... 150	200 ... 250	3 ... 12	55 ... 80	

1) S: Sandguss, K: Kokillenguss, D: Druckguss
2) F: im Rohgusszustand, T4: lösungsgeglüht und kaltausgelagert

Magnesium-Knetlegierungen — DIN 9715: 1982-08

Kurzname[1)]	Werkstoffnummer	Werkstoffzustand[2)]	Lieferformen[3)] R	Lieferformen[3)] S	Dehngrenze $R_{p0,2}$ MPa	Zugfestigkeit R_m MPa	Bruchdehnung A_{80} %	Brinell-Härte HBW	Eigenschaften Verwendung
MgMn2	3.5200	F20 F22	> 2 ≤ 2	≤ 80	≥ 145 ≥ 165	≥ 200 ≥ 220	≥ 1,5 ≥ 2	40 40	gut umformbar und zerspanbar, schweißbar, korrosionsbeständig; Behälter
MgAl3Zn	3.5312	F24	≤ 10	≤ 80	≥ 155	≥ 240	≥ 10	45	
MgAl6Zn	3.5612	F27	≤ 10	≤ 80	≥ 195	≥ 270	≥ 10	55	gut zerspanbar, warmfest; Fahrzeugbau, Flugzeugbau, Textilmaschinenkomponenten, Medizintechnik
MgAl8Zn	3.5812	F27		≤ 80	≥ 195	≥ 270	≥ 8	60	
		F29		≤ 80	≥ 205	≥ 290	≥ 10	60	
		F31		≤ 80	≥ 215	≥ 310	≥ 6	60	

1) siehe „Bezeichnung von Nichteisenmetallen"
2) Festigkeitsangabe: F20: R_m = 20 x 10 = 200 MPa
3) R: Rohre mit Angabe der Wanddicke *t* in mm, S: Stangen mit Angabe des Durchmessers *d* in mm

Aus Magnesium-Knetlegierungen werden Rohre, Stangen, Strangpressteile und Gesenkschmiedeteile hergestellt.

Bezeichnungssysteme für Kupfer und Kupferlegierungen

Numerisches Bezeichnungssystem für Kupfer und Kupferlegierungen — DIN EN 1412: 2017-01

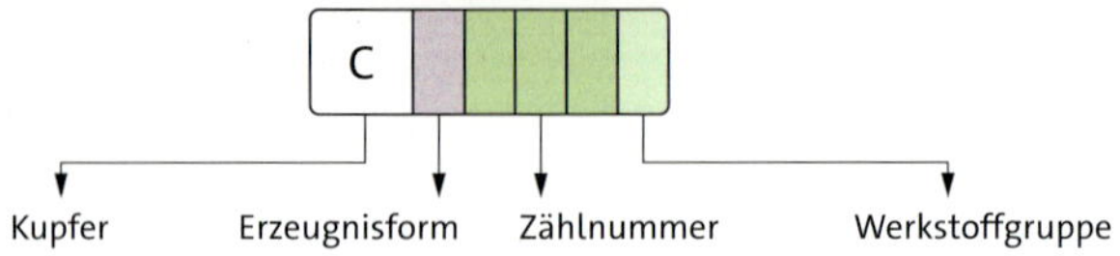

Erzeugisform		Zählnummer	Werkstoffgruppe	
B	Blockform zum Umschmelzen (Masseln)	000 ... 999	A oder B	Kupfer
C	Gusserzeugnise	genormte Cu-Werkstoffe: 000 ... 799	C oder D	niedriglegiertes Kupfer (< 5 % Legierungselemente)
F	Schweißzusatzwerkstoffe und Hartlote		E oder F	niedriglegiertes Kupfer (≥ 5 % Legierungselemente)
M	Vorlegierungen		G	Kupfer – Aluminium – Legierungen
R	Raffiniertes Kupfer	nicht genormte Cu-Werkstoffe: 800 ... 999	H	Kupfer – Nickel – Legierungen
S	Kupferschrott		J	Kupfer – Nickel – Zink – Legierungen
W	Knetwerkstoffe		K	Kupfer – Zinn – Legierungen
X	nicht genormte Werkstoffe		L oder M	Kupfer – Zink – Legierungen, Zweistofflegierung
			N oder P	Kupfer – Zink – Blei – Legierungen
			R oder S	Kupfer – Zink – Legierungen, Mehrstofflegierung

Bezeichnungsbeispiele: **CW024A:** Kupfer-Knetwerkstoff, Zählnummer 24 aus Kupfer
CC383H: Kupfer-Gusswerkstoff, Zählnummer 383, aus einer Cu-Ni-Legierung

Bezeichnung von Kupfer-Gusslegierungen durch Kurzzeichen — DIN EN 1982: 2017-11

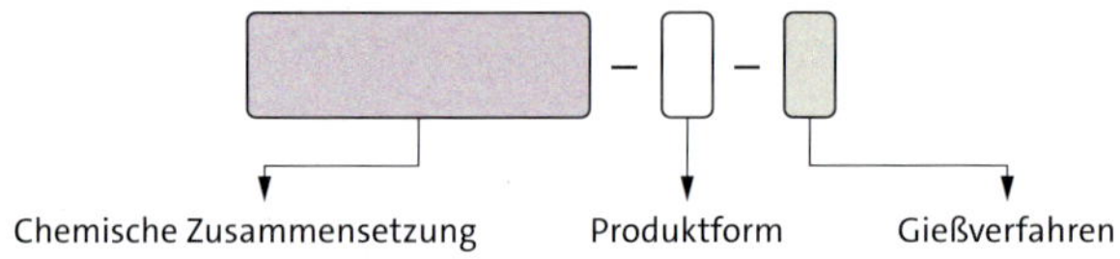

Chemische Zusammensetzung	Produktform	
Dem Kurzzeichen Cu folgt die Angabe des Nenngehaltes der Legierungselemente in fallender Reihenfolge.	B	Blockmetall
	C	Gussstück

Bezeichnungsbeispiel: **CuAl10Fe5Ni5-C – GS**
Kupferlegierung mit 10 % Al, 5 % Fe, 5 % Ni, Gussstück im Sandgussverfahren hergestellt

Gießverfahren	
GS	Sandguss
GM	Kokillenguss
GZ	Schleuderguss
GC	Strangguss
GP	Druckguss

Kupfer und Kupferlegierungen – Zustandsbezeichnungen — DIN EN 1173: 2008-08

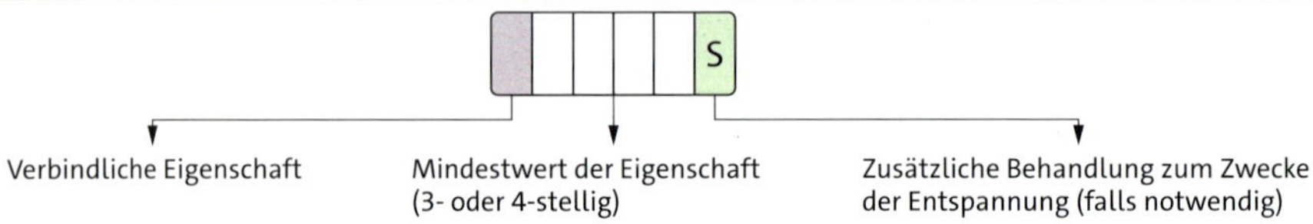

Verbindliche Eigenschaft

Buchstabe	Eigenschaft	Buchstabe	Eigenschaft
A	Bruchdehnung	H	Härte (HB, HV)
B	Federbiegegrenze	M	wie gefertigt
D	Gezogen	R	Zugfestigkeit
G	Korngröße	Y	0,2 %-Dehngrenze

Bezeichnungsbeispiel:
Blech EN 1652 – CuZn37 – R480

Blech nach EN 1652 aus der Kupferlegierung CuZn37 mit einer Mindestzugfestigkeit R_m = 480 MPa

Kupfer

Kurzzeichen[1]	Werkstoffnummer	Legierungsbestandteile in %	Verwendung
Cu-ETP	CW004A	≥ 99,9 Cu, ≤ 0,04 O, ≤ 0,005 P	elektrische Kabel und Leitungen, Motorwicklungen, Kontakte, Sammelschienen
Cu-DHP	CW024A	≥ 99,9 Cu, 0,015 ... 0,04 P	Rohre für Wasserinstallation, Kälte- und Klimaanlagen, Dachrinnen, Elektroden
Cu-HCP	CW021A	≥ 99,95 Cu, 0,002 ... 0,007 P	elektrische Leiter, Schalter, Kontakte, Druckkessel
Cu-OFE	CW009A	≥ 99,99 Cu	elektrische Leiter, Schalter, Kontakte, Koaxialkabel, Computerschaltdrähte

[1] ETP: elektrolytisch hergestelltes zähes Kupfer – **e**lectrolytic **t**ough-**p**itch copper
DHP: desoxidiertes Kupfer mit hohem Restphosphorgehalt – phosphorus-**d**eoxidized copper (**h**igh residual **p**hosporus)
HCP: desoxidiertes, hochleitfähiges Kupfer mit niedrigem Restphosphorgehalt – **h**igh **c**onductivity **p**hosphorus deoxidized copper
OFE: sauerstofffrei – **o**xygen **f**ree **e**lectronic grade

Kupfer-Gusslegierungen

Kupfer-Gusslegierungen						DIN EN 1982: 2017-11
Kurzname	Werkstoffnummer	Dehngrenze $R_{p0,2}$	Zugfestigkeit R_m	Bruchdehnung A	Härte	Eigenschaften Verwendung
		MPa	MPa	%	HBW	
Kupfer						
Cu-C	CC040A	40	150	25	40	für stromführende Teile, Kontaktbacken, Stromkonsolen
Kupfer-Zink-Gusslegierungen						
Cu Zn 33 Pb 2-C	CC 750 S	70	180	12	45	gut gießbar; Armaturen, Gehäuse, Konstruktionsteile
Cu Zn 39 Pb 1 Al-C	CC 754 S	80	220	15	65	gut gießbar und spanbar; Armaturen, Beschläge
Cu Zn 15 As-C	CC 760 S	70	160	20	45	meerwasserbeständig, gut lötbar, Bauteile im Schiffsbau, Maschinenbau, Elektrotechnik
Cu Zn 25 Al 5 Mn 4 Fe 3-C	CC 762 S	450	750	8	180	hohe Festigkeit; Schneckenradkränze
Cu Zn 35 Mn 2 Al 1 Fe 1-C	CC 765 S	170	450	20	110	hohe Festigkeit, zäh, meerwasserbeständig; Druckmuttern, Spindelpressen, Schiffsschrauben
Kupfer-Zinn-Gusslegierungen						
Cu Sn 10-C	CC 480 K	130	250	18	70	korrosionsbeständig, verschleißfest; Armaturen, Pumpengehäuse
Cu Sn 11 Pb 2-C	CC 482 K	130	240	5	80	verschleißfest, gute Notlaufeigenschaften; Gleitlager und -leisten
Cu Sn 12-C	CC 483 K	140	260	7	80	sehr verschleißfest; Schnecken, Schraubenräder, Spindelmuttern
Cu Sn 12 Ni 2-C	CC 484 K	160	280	12	85	korrosionsbeständig, verschleißfest; Pumpengehäuse, Lauf- und Schaufelräder
Kupfer-Zinn-Blei-Gusslegierungen						
Cu Sn 5 Zn 5 Pb 5-C	CC 491 K	90	200	13	60	gut gießbar; Konstruktionswerkstoff, dünnwandige Teile für den Maschinen- und Apparatebau
Cu Sn 7 Zn 4 Pb 7-C	CC 493 K	120	230	15	60	korrosionsbeständig, gut spanbar; Gleitlager, Lagerbuchsen
Cu Sn 7 Pb 15-C	CC 496 K	80	170	8	60	gute Gleit- und Notlaufeigenschaften; Drehmaschinen, Bohrwerke, Turbinenanlagen
Kupfer-Aluminium-Gusslegierungen						
Cu Al 10 Fe 2-C	CC 331 G	180	500	18	100	korrosionsbeständig; hochbeanspruchte Teile im Maschinenbau
Cu Al 10 Ni 3 Fe 2-C	CC 332 G	180	500	18	100	meerwasserbeständig, gut schweißbar; Konstruktionswerkstoff, Schiffsschrauben
Cu Al 10 Fe 5 Ni 5-C	CC 333 G	250	600	13	140	hohe Festigkeit, kavitationsbeständig; gut schweißbar; Konstruktionswerkstoff
Cu Al 11 Fe 6 Ni 6-C	CC 334 G	320	680	5	170	sehr korrosions- und kavitationsbeständig, Schneckenräder, Heißdampfarmaturen
Kupfer-Nickel-Gusslegierungen						
CuNi10Fe1Mn1-C	CC 380 H	120	280	20	70	sehr korrosions- und kavitationsbeständig, gut schweißbar; Schiffsbau, Papiermaschinen, chemische Industrie, Pumpen
CuNi30Fe1Mn1-C	CC 381 H	120	340	18	80	
Die Festigkeitswerte gelten für sandgegossene Teile.						

3

Kupfer-Knetlegierungen							DIN EN 1652: 1998-03; DIN EN 12163: 2016-11; DIN EN 12164: 2016-11
Kurzname	Werkstoffnummer	Werkstoffzustand	Dehngrenze $R_{p0,2}$ min.	Zugfestigkeit R_m min.	Bruchdehnung A	Härte	Eigenschaften Verwendung
			MPa	MPa	%	HB	
Kupfer-Aluminium-Legierungen							
CuAl8Fe3	CW303G	R480	210	480	30		hohe Festigkeit, korrosionsbeständig, verschleißfest, kaltumformbar; Bleche für den Apparatebau
		H110	–	–	–	110 HV	
CuAl10Ni5Fe4	CW307G	R680	320	680	10	–	hohe Dauerwechselfestigkeit, sehr verschleißfestig; Wellen, Schrauben, Verschleißteile, im Maschinen-, Schiff- und Bergbau
		R740	400	740	8	–	
		H170	–	–	–	170 ... 210	
		H200	–	–	–	≥ 200	
CuAl11Fe6Ni6	CW308G	R740	420	740	5	–	hohe Festigkeit, korrosionsbeständig, verschleißfest, kaltumformbar; Platten für Kondensator- und Wärmeübertragerböden, Bleche für den chemischen Apparatebau
		R830	550	830	–	–	
		H220	–	–	–	220 ... 260	
		H240	–	–	–	≥ 240	
Kupfer-Nickel-Legierungen							
CuNi10Fe1Mn	CW352H	R280	90	280	30	–	kavitations- und korrosionsfest, gut schweißbar; Meerwasserleitungen, Rohre für Wärmeaustauscher, Klimaanlagen, Apparatebau
		R350	150	350	10	–	
		H070	–	–	–	70 ... 100	
		H100	–	–	–	≥ 100	
CuNi30Mn1Fe	CW354H	R340	120	340	30	–	Anwendungsgebiete wie CuNi10Fe1Mn, zusätzlich Rohrleitungen im Schiffbau, Ölkühler, Entsalzungsanlagen
		R420	180	420	14		
		H080	–	–	–	80 ... 110	
		H110	–	–	–	≥ 1100	
Kupfer-Nickel-Zink-Legierungen							
CuNi12Zn24	CW403J	R380	≤ 290	380	38	–	gut kaltumformbar; Tiefziehteile, Tafelgerät, kunstgewerbliche Gegenstände, Bauwesen, Innenarchitektur, Federn
		R450	200	450	12	–	
		H085	–	–	–	85 ... 125	
		H125	–	–	–	125 ... 150	
CuNi12Zn30Pb1	CW406J	R420	280	420	20	130	gut kaltumformbar und spanbar
		R500	420	500	8	160	
CuNi18Zn20	CW409J	R400	≤ 290	400	35	–	gut kaltumformbar, sehr hohe Festigkeitswerte; Scharniere, Relaisfedern, Brillenbügel, Abschirmbleche
		R480	250	480	11	–	
		H095	–	–	–	95 ... 135	
		H140	–	–	–	140 ... 175	
Kupfer-Zinn-Legierungen							
CuSn5Pb1	CW458K	R450	350	450	10	150	hohe Festigkeit und Härte, gut kaltumformbar; Schrauben, Zahnräder
		R550	500	550	–	180	
CuSn6	CW452K	R340	≤ 290	340	45	–	korrosionsbeständig und verschleißfest, gut lötbar, gut kaltformbar; Federn, besonders für die Elektroindustrie, Papier-, Zellstoffindustrie, im Schiff- und Maschinenbau
		R420	220	420	30	–	
		H080	–	–	–	80 ... 110	
		H120	–	–	–	120 ... 155	
CuSn8 CuSn8P	CW453K CW459K	R390	≤ 280	390	45	–	korrosionsbeständig, sehr gute Gleiteigenschaften, verschleißfest, gut kaltformbar; dünnwandige Gleitlager, Gleitführungen, hochbeanspruchte Schnecken- und Zahnräder, Bolzen und Schrauben, Spindelmuttern, Bauteile für Kompressoren
		R450	280	450	26	–	
		R550	400	550	15	–	
		H085	–	–	–	85 ... 125	
		H135	–	–	–	135 ... 165	
		H160	–	–	–	160 ... 190	
Die Festigkeitswerte gelten für Stangen, Bleche und Bänder.							

Kupfer-Knetlegierungen

DIN EN 1652: 1998-03; DIN EN 12163: 2016-11; DIN EN 12164: 2016-11

Kurzname	Werkstoffnummer	Werkstoffzustand	Dehngrenze $R_{p0,2}$ min.	Zugfestigkeit R_m min.	Bruchdehnung A	Härte	Eigenschaften Verwendung
			MPa	MPa	%	HB	
Kupfer-Zink-Legierungen							
CuZn30	CW505L	R280	≤ 250	280	45	–	gut kalt- und warmumformbar, sehr gut weich- und hartlötbar; zur Fertigung von schwierigen Tiefziehteilen, Hülsen, Instrumententeilen
		R370	230	370	16	–	
		H070	–	–	–	70 ... 115	
		H105	–	–	–	105 ... 135	
CuZn37	CW508L	R290	≤ 230	290	45	–	Hauptlegierung für Kaltumformung (Tiefziehen, Drücken, Stauchen, Prägen, Biegen, Bördeln), gut löt- und schweißbar; Schrauben, Druckwalzen, Blattfedern
		R370	240	370	14		
		H070	–	–	–	70 ... 110	
		H105	–	–	–	105 ... 145	
CuZn40	CW509L	R360	≤ 300	360	20	–	gut warmformbar, kaltformbar, geeignet zum Biegen, Nieten, Stauchen und Bördeln sowie im weichen Zustand zum Prägen und Tiefziehen; Beschlag- und Schlossteile
		R410	230	410	12	–	
		H070	–	–	–	70 ... 100	
		H100	–	–	–	100 ... 145	
CuZn31Si1	CW708R	R460	240	460	22	–	Lagerwerkstoff für gleitende Beanspruchung bei hoher Belastung; Lagerbuchsen, Führungen und sonstige Gleitelemente
		R530	350	530	12	–	
		H120	–	–	–	120 ... 160	
		H140	–	–	–	≥ 140	
CuZn37Mn3Al2PbSi	CW713R	R540	280	540	15	150	Konstruktionswerkstoff mit hoher Festigkeit, korrosionbeständig, verschleißfest; Gleitlager, Kolbenringe
		R570	300	570	12	150	
		R640	400	640	5	180	
CuZn40Mn1Pb1	CW720R	R390	200	390	20	110	gut warmumformbar, gut zerspanbar, mittlere Festigkeit; Ventile, Wälzlagerkäfige
		R490	350	490	10	140	
		R560	500	560	–	160	
CuZn21Si3P	CW724R	R500	≤ 450	500	15	–	korrosionsbeständig, sehr gut zerspanbar; Drehteile für Sanitär-, Autoindustrie, Armaturen, Rohrverbinder, Apparate und Pumpen
		R600	300	600	12	–	
		H110	–	–	–	110 ... 170	
		H130	–	–	–	130 ... 190	
CuZn40Pb2	CW617N	R400	160	400	15	90	sehr gut warmumformbar, gering kaltumformbar, sehr gute Zerspanbarkeit; Druckarmaturen, Ventile aller Art, Profile für Manometerstühle (Gesenkschmiedestücke)
		R430	250	430	10	120	
		R500	390	500	8	150	

Die Festigkeitswerte gelten für Stangen, Bleche und Bänder.

Wärmebehandlung von Kupfer und Kupferlegierungen

Werkstoffart	Spannungsarmglühen		Weichglühen		Homogenisieren	
	Temperatur	Zeit	Temperatur	Zeit	Temperatur	Zeit
	°C	h	°C	h	°C	h
Kupfer	100 ... 150	1	400 ... 500	0,5 ... 3	–	–
Cu-Al-Legierungen	250 ... 300		ca. 600		–	–
Cu-Ni-Legierungen	280 ... 500		620 ... 900		–	–
Cu-Ni-Zn-Legierungen	250 ... 400		580 ... 650		–	–
Cu-Sn-Gusslegierungen	200 ... 450		–	–	ca. 650	0,5 ... 3
Cu-Sn-Knetlegierungen	200 ... 300		475 ... 675	0,5 ... 3	ca. 700	
Cu-Zn-Legierungen	250 ... 300		450 ... 600		–	–

Die jeweiligen Glühzeiten sind abhängig von der Art des Ofens und der Größe der Teile.

Standardprofile aus Kupferlegierungen – Übersicht

Profil / Herstellung	Rundstangen (RND)	Vierkantstangen (SQR)	Sechskantstangen (HEX)	Rechteckstangen	Draht
	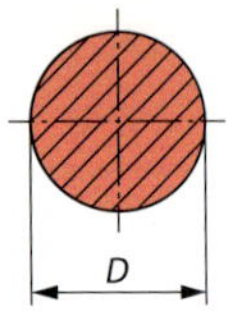	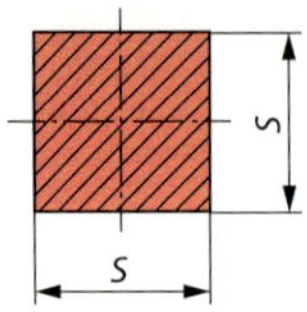	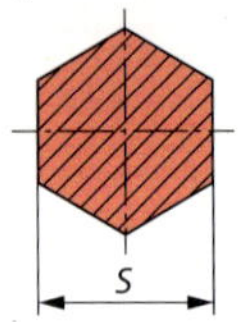	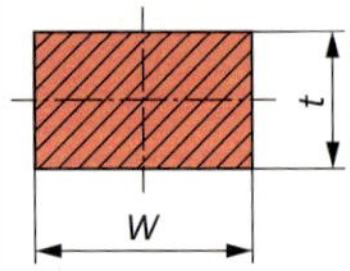	
gezogen oder gepresst	DIN EN 12163 DIN EN 12164 1,6 ≤ *S* oder *D* ≤ 80			DIN EN 12167 6 ≤ *B* ≤ 120 3 ≤ *t* ≤ 60	DIN EN 12166 2,5 ≤ *D* ≤ 18
Profil / Herstellung	**Winkelprofil**	**T-Profil**	**U-Profil**	**Rohre**	**Blech, Band**
	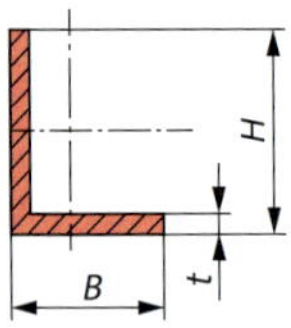	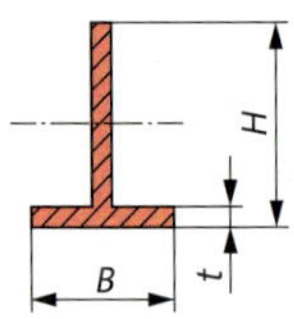	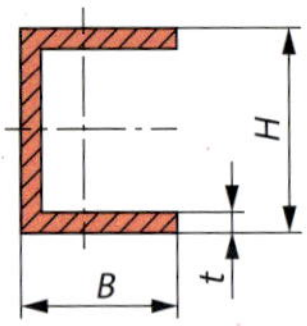	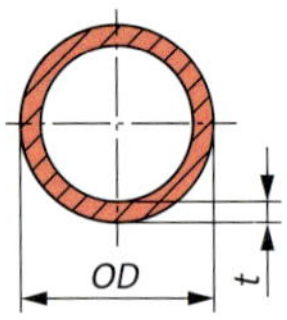	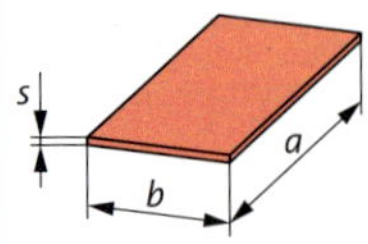
gezogen oder gepresst	DIN EN 12167 *CD* ≤ 180			DIN EN 12449 3 ≤ *OD* ≤ 450 0,3 ≤ *t* ≤ 20	DIN EN 1652 Blech: 0,3 ≤ *t* ≤ 100 Band: 0,1 ≤ *t* ≤ 5

Vierkantstangen DIN EN 12163: 2016-11			**Rundstangen** DIN EN 12163: 2016-11			**Drähte** DIN EN 12166: 2016-11		
Maße *S* x *S*	Querschnitt *A*	Masse *m'*[1)]	Maße *D*	Querschnitt *A*	Masse *m'*[1)]	Maße *D*	Querschnitt *A*	Masse *m'*[1)]
mm	cm²	kg/m	mm	cm²	kg/m	mm	mm²	kg/1000m
2 x 2	0,04	0,036	2	0,03	0,028	0,1	0,008	0,070
3,5 x 3,5	0,12	0,109	3	0,07	0,063	0,2	0,031	0,280
4 x 4	0,16	0,142	4	1,13	0,112	0,3	0,071	0,629
5 x 5	0,25	0,223	5	0,20	0,175	0,4	0,126	1,118
6 x 6	0,36	0,320	6	0,28	0,252	0,5	0,196	1,748
8 x 8	0,64	0,570	8	0,50	0,447	0,6	0,283	2,516
10 x 10	1,00	0,890	10	0,79	0,699	0,7	0,385	3,425
12 x 12	1,44	1,282	12	1,13	1,007	0,8	0,503	4,474
13 x 13	1,69	1,504	13	1,33	1,181	0,9	0,636	5,662
15 x 15	2,25	2,003	15	1,77	1,573	1,0	0,785	6,990
16 x 16	2,56	2,278	16	2,01	1,789	2	3,142	27,960
18 x 18	3,24	2,884	18	2,54	2,265	3	7,069	62,910
20 x 20	4,00	3,560	20	3,14	2,796	4	12,566	111,841
22 x 22	4,84	4,308	22	3,80	3,383	5	19,635	174,751
25 x 25	6,25	5,563	25	4,91	4,369	6	28,274	251,642
28 x 28	7,84	6,978	30	7,07	6,291	7	38,485	342,512
30 x 30	9,00	8,010	32	8,04	7,158	8	50,265	447,363
35 x 35	12,25	10,903	35	9,62	8,563	9	63,617	566,194
36 x 36	12,96	11,534	36	10,18	9,059	10	78,540	699,004
40 x 40	16,00	14,240	40	12,57	11,184	12	113,097	1006,566
45 x 45	20,25	18,023	45	15,90	14,155	14	153,938	1370,049
50 x 50	25,00	22,250	50	19,63	17,475	16	201,062	1789,451
55 x 55	30,25	26,923	55	23,76	21,145	18	254,469	2264,774
60 x 60	36,00	32,040	60	28,27	25,164	20	314,159	2796,017
70 x 70	49,00	43,610	70	38,48	34,251			
80 x 80	64,00	56,960	80	50,27	44,736			
90 x 90	81,00	72,090	90	63,62	56,619			
100 x 100	100,00	89,000	100	78,54	69,900			

1) Die längenbezogene Masse *m'* ist mit einer Dichte von ρ = 8,90 kg/dm³ berechnet.

Bezeichnungsbeispiel: **Stange EN 12163 – CuZn37 – R370 – RND20** oder
Stange EN 12163 – CW508L – R370 – RND20
Rundstange aus CuZn27 (CW508L)
mit einem Durchmesser *d* = 20 mm

In den Normen DIN EN 12163 und DIN EN 12166 sind keine Maße angegeben. Die angegebenen Werte entsprechen den einschlägigen Herstellerangaben.

Nahtlose Rundrohre
DIN EN 12449: 2016-11

Maße $OD \times t$	Querschnitt A	Masse m' 1)	Maße $OD \times t$	Querschnitt A	Masse m' 1)	Maße $OD \times t$	Querschnitt A	Masse m' 1)
mm	cm²	kg/m	mm	cm²	kg/m	mm	cm²	kg/m
5,0 x 0,50	0,071	0,063	30,0 x 1,00	0,911	0,811	50,0 x 5,00	7,069	6,291
5,0 x 1,00	0,126	0,112	30,0 x 2,00	1,759	1,566	50,0 x 10,00	12,566	11,184
10,0 x 0,50	0,149	0,133	30,0 x 4,00	3,267	2,908	50,0 x 15,00	16,493	14,679
10,0 x 1,00	0,283	0,252	30,0 x 5,00	3,927	3,495	50,0 x 20,00	18,850	16,776
10,0 x 2,00	0,503	0,447	30,0 x 8,00	5,529	4,921	60,0 x 1,00	1,854	1,650
15,0 x 0,50	0,228	0,203	30,0 x 10,00	6,283	5,592	60,0 x 2,00	3,644	3,243
15,0 x 1,00	0,440	0,391	35,0 x 1,00	1,068	0,951	60,0 x 5,00	8,639	7,689
15,0 x 2,00	0,817	0,727	35,0 x 2,00	2,073	1,845	60,0 x 10,00	15,708	13,980
15,0 x 3,00	1,131	1,007	35,0 x 4,00	3,896	3,467	60,0 x 15,00	21,206	18,873
15,0 x 4,00	1,382	1,230	35,0 x 5,00	4,712	4,194	60,0 x 20,00	25,133	22,368
20,0 x 0,50	0,306	0,273	35,0 x 10,00	7,854	6,990	80,0 x 1,00	2,482	2,209
20,0 x 1,00	0,597	0,531	40,0 x 1,00	1,225	1,090	80,0 x 2,00	4,901	4,362
20,0 x 2,00	1,131	1,007	40,0 x 2,00	2,388	2,125	80,0 x 4,00	9,550	8,500
20,0 x 4,00	2,011	1,789	40,0 x 4,00	4,524	4,026	80,0 x 5,00	11,781	10,485
20,0 x 5,00	2,356	2,097	40,0 x 5,00	5,498	4,893	80,0 x 10,00	21,991	19,572
25,0 x 1,00	0,754	0,671	40,0 x 10,00	9,425	8,388	100,0 x 1,00	3,110	2,768
25,0 x 2,00	1,445	1,286	40,0 x 15,00	11,781	10,485	100,0 x 2,00	6,158	5,480
25,0 x 4,00	2,639	2,349	50,0 x 1,00	1,539	1,370	100,0 x 5,00	14,923	13,281
25,0 x 5,00	3,142	2,796	50,0 x 2,00	3,016	2,684	100,0 x 10,00	28,274	25,164
25,0 x 8,00	4,273	3,803	50,0 x 4,00	5,781	5,145	100,0 x 20,00	50,265	44,736

Rechteckstangen
DIN EN 12167: 2016-11

Maße $B \times t$	Querschnitt A	Masse m' 1)	Maße $B \times t$	Querschnitt A	Masse m' 1)	Maße $B \times t$	Querschnitt A	Masse m' 1)
mm	cm²	kg/m	mm	cm²	kg/m	mm	cm²	kg/m
5 x 2	0,10	0,089	30 x 2	0,60	0,534	60 x 10	6,00	5,340
5 x 4	0,20	0,178	30 x 5	1,50	1,335	60 x 20	12,00	10,680
8 x 2	0,16	0,142	30 x 10	3,00	2,670	60 x 30	18,00	16,020
8 x 4	0,32	0,285	30 x 15	4,50	4,005	60 x 40	24,00	21,360
8 x 5	0,40	0,356	30 x 20	6,00	5,340	60 x 50	30,00	26,700
10 x 2	0,20	0,178	30 x 25	7,50	6,675	70 x 10	7,00	6,230
10 x 4	0,40	0,356	40 x 2	0,80	0,712	70 x 20	14,00	12,460
10 x 5	0,50	0,445	40 x 5	2,00	1,780	70 x 30	21,00	18,690
12 x 2	0,24	0,214	40 x 10	4,00	3,560	70 x 40	28,00	24,920
12 x 4	0,48	0,427	40 x 15	6,00	5,340	70 x 50	35,00	31,150
12 x 5	0,60	0,534	40 x 20	8,00	7,120	80 x 10	8,00	7,120
12 x 10	1,20	1,068	40 x 25	10,00	8,900	80 x 20	16,00	14,240
15 x 2	0,30	0,267	40 x 30	12,00	10,680	80 x 30	24,00	21,360
15 x 4	0,60	0,534	50 x 5	2,50	2,225	80 x 40	32,00	28,480
15 x 5	0,75	0,668	50 x 10	5,00	4,450	100 x 10	10,00	8,900
15 x 10	1,50	1,335	50 x 15	7,50	6,675	100 x 20	20,00	17,800
20 x 2	0,40	0,356	50 x 20	10,00	8,900	100 x 30	30,00	26,700
20 x 4	0,80	0,712	50 x 25	12,50	11,125	100 x 40	40,00	35,600
20 x 5	1,00	0,890	50 x 30	15,00	13,350	100 x 50	50,00	44,500
20 x 10	2,00	1,780	50 x 40	20,00	17,800	100 x 60	60,00	53,400

Blech
DIN EN 1652: 1998-03

Maße			Masse m''
t	l	b	
mm			kg/m²
0,05	3000 ... 2000	1500 ... 600	0,445
0,10			0,890
0,20			1,780
0,40			3,560
0,50			4,450
1,00			8,900
1,5			13,35
2,0			17,80
2,5			22,25
5			44,50
8			71,20
10			89,00
20			178,0
40			356,0
50			445,0
60			534,0
70			623,0
80			712,0
90			801,0
100			890,0

1) Die längenbezogene Masse m' ist mit einer Dichte von $\rho = 8{,}90\ \text{kg/dm}^3$ berechnet.
In den Normen DIN EN 12449 und DIN EN 12167 sind keine Maße angegeben.
Die angegebenen Werte entsprechen den einschlägigen Herstellerangaben.

Bezeichnungsbeispiele: **Rohr EN 12449 – CuNi10Fe1Mn – H070 – OD20 x 2,0** oder
Rohr EN 12449 – CW352H – H070 – OD20 x 2,0
Nahtloses Rundrohr aus der Cu-Ni-Legierung CuNi10Fe1Mn, einer Härte von HB 70 und mit dem Außendurchmesser OD = 20 mm und der Wanddicke t = 2,0 mm
Rechteckstange EN 12167 – CuZn40Pb2 – R430 – 30 x 10 oder
Rechteckstange EN 12167 – CW617N – R430 – 30 x 10
Rechteckstange aus der Cu-Zn-Legierung CuZn40Pb2, einer Mindestzugfestigkeit von R_m = 430 MPa, der Breite B = 30 mm und der Dicke t = 10 mm

Bezeichnung von Nichteisenmetallen (wenn nicht anders genormt)

Bezeichnung durch Kurzzeichen

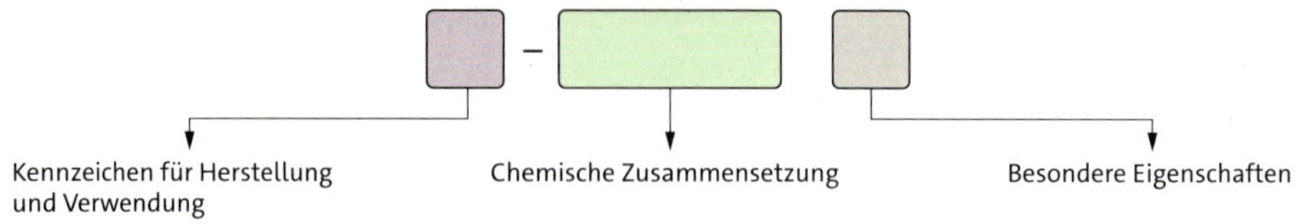

Kennzeichen für Herstellung und Verwendung		Chemische Zusammensetzung	Besondere Eigenschaften	
E	Werkstoff für die Elektronik	Angabe des chemischen Symbols des Grundwerkstoffes und der Legierungselemente mit Angabe der Masseanteile in % in fallender Reihenfolge.	F	Mindestzugfestigkeit
G	Guss, Masseln		a	ausgehärtet
GC	Strangguss		g	geglüht
GD	Druckguss		ka	kaltausgehärtet
GK	Kokillenguss	Bezeichnungsbeispiel:	ta	teilausgehärtet
GL	Gleitmetall (Lagermetall)	**MgAl8ZnF29**	w	weich
GZ	Schleuderguss	Magnesium-Knetlegierung mit 8 % Al und Anteilen Zn und einer Mindestfestigkeit von R_m = 290 MPa	wa	warmausgehärtet
L	Lot		wh	gewalzt
S	Schweißzusatzwerkstoff		zh	ziehhart

Nickel-Knetlegierungen

DIN 17743, DIN 17744, DIN 17750: 2002-09

Kurzname	Werkstoffnummer	Werkstoffzustand[1]	Dehngrenze $R_{p0,2}$ MPa	Zugfestigkeit R_m MPa	Bruchdehnung A_{80} %	Brinell-Härte HBW	Eigenschaften Verwendung
NiCr15Fe	2.4816	w	240	550	30	≤ 195	sehr korrosionsbeständig; Bauteile in chemischen Anlagen, Fahrzeugbau, Luftfahrt
		l	180	500	30	≤ 185	
NiCu30Fe	2.4360	w	180	450	35	≤ 150	gut verarbeitbar und schweißbar; Pumpen in Meerwasseranlagen, Wärmetauscher in der chemischen Industrie
		h	650	700	3	210	
NiMo16Cr15W	2.4819	–	280	700	35	≤ 240	sehr korrosionsbeständig; chemische und petrochemische Industrie, Papierindustrie, Rauchgasentschwefelungsanlagen

[1] w: weich, h: hart, l: lösungsgeglüht

Aus Nickel-Knetlegierungen werden Rohre, Stangen, Strangpressteile, Gesenkschmiedeteile und Bleche hergestellt.

Titan-Legierungen

DIN 17860: 2010-01

Kurzname	Werkstoffnummer	Blechdicke t mm	Dehngrenze $R_{p0,2}$ MPa	Zugfestigkeit R_m MPa	Bruchdehnung A_{80} %	Brinell-Härte HBW	Eigenschaften Verwendung
Ti 1	3.7025	0,4 ... 35	180	290 ... 410	30	120	hohe Korrosionsbeständigkeit, gut schweiß- und lötbar, sehr gut warm und kalt verformbar, dauerfest Luft- und Raumfahrt, Armaturen, Feinmechanik, Medizintechnik, Nahrungsmittelindustrie
Ti 2	3.7035		250	390 ... 540	22	150	
Ti 4	3.7065		390	540 ... 740	16	200	
Ti 1 Pd	3.7225		180	290 ... 410	30	120	
Ti 2 Pd	3.7235		250	390 ... 540	22	150	
Ti 3 Pd	3.7255		320	460 ... 590	18	170	
Ti Al 5 Sn2,5	3.7115	≤ 6	780	≥ 830	10	300	
		> 6 ... 40	780	≥ 830	8	300	
Ti Al6 V4	3.7165	≤ 6	870	≥ 920	8	310	
		> 6 ... 100	830	≥ 900	8	310	
Ti Al6 V6 Sn2	3.7175	≤ 6	1000	≥ 1070	10	320	
		> 6 ... 50	950	≥ 1000	8	320	
Ti Al4 Mo4 Sn2	3.7185	> 6 ... 65	1050	≥ 1050	9	350	

Aus Titanlegierungen werden auch Rohre, Drähte und Gussstücke hergestellt.

Bezeichnung von Sintermetallen

DIN 30910-1: 1990-10

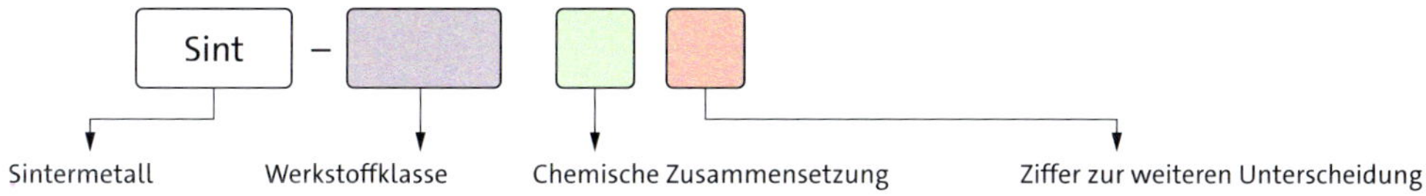

Werkstoffklasse			Chemische Zusammensetzung	
Kenn-buch-stabe	Soll-Raum-erfüllung R_x in %	Bevorzugte Anwendung	Kenn-ziffer	
AF	< 73	Filter	0	Sintereisen/Sinterstahl, ≤ 1 % Cu, mit oder ohne C
A	75 ± 2,5	Gleitlager	1	Sinterstahl, 1 ... 5 % Cu, mit oder ohne C
B	80 ± 2,5	Gleitlager, Formteile	2	Sinterstahl, > 5 % Cu, mit oder ohne C
C	85 ± 2,5	Gleitlager, Formteile	3	Sinterstahl, mit oder ohne C und Cu, ≤ 6 % andere Leg.-Elemente
D	90 ± 2,5	Formteile	4	Sinterstahl, mit oder ohne C und Cu, > 6 % andere Leg.-Elemente
E	94 ± 1,5	Formteile	5	Sinterlegierungen mit > 60 % Cu
F	> 95,5	sintergeschmiedete Formteile	6	Sinterbuntmetalle, die nicht in 5 enthalten sind
			7	Sinterleichtmetalle
			8, 9	Reserve

Sintermetalle

DIN 30910-2: 1990-10; DIN 30910-3: 2004-11; DIN 30910-4: 2010-03; DIN 30910-6: 1990-10

Kurzname	Werkstoff	Zug-festigkeit R_m	Radiale Bruch-festigkeit	Härte	Verwendung
		MPa	MPa	HB	
Sint-AF 40	Rostfreier Sinterstahl, Cr- und Ni-haltig	–	–	–	Teile für Gas- und Flüssigkeitsfilter
Sint-AF 50	Sinterbronze	–	–	–	
Sint-A 00	Sintereisen	–	> 150	> 25	Gleitlager mit guten Gleiteigenschaften, gute Notlaufeigenschaften durch großen Porenraum, Gleitlagerschalen und -buchsen
Sint-A 10	Sinterstahl Cu-haltig	–	> 160	> 55	
Sint-A 20	Sinterstahl, höher Cu-haltig	–	> 180	> 30	
Sint-A 50	Sinterbronze	–	> 120	> 25	
Sint-B 00	Sintereisen	–	> 180	> 30	Gleitlager mit guten Gleiteigenschaften, niedrig beanspruchte Formteile
Sint-B 10	Sinterstahl Cu-haltig	–	> 190	> 40	
Sint-B 20	Sinterstahl, höher Cu-haltig	–	> 200	> 45	
Sint-B 50	Sinterbronze	–	> 170	> 30	
Sint-C 00	Sintereisen	> 120	> 220	> 40	Gleitlager und Formteile für mittlere Beanspruchung, Kupplungsteile, Hebel
Sint-C 10	Sinterstahl Cu-haltig	> 200	> 230	> 55	
Sint-C 30	Sinterstahl, Cu-, Ni- und Mo-haltig	> 360	–	> 55	
Sint-C 40	Rostfreier Sinterstahl, hoch Cr-haltig	> 330	–	> 95	
Sint-C 50	Sinterbronze	> 150	> 200	> 35	
Sint-D 00	Sintereisen	> 170	–	> 45	Formteile für höhere Beanspruchung, Fahrzeugteile, Zahnräder, Ritzel, Hebel
Sint-D 10	Sinterstahl Cu-haltig	> 250	–	> 50	
Sint-D 30	Sinterstahl, Cu-, Ni- und Mo-haltig	> 460	–	> 60	
Sint-D 40	Rostfreier Sinterstahl, hoch Cr-haltig	> 400	–	> 125	
Sint-D 50	Sinterbronze	> 220	–	> 45	
Sint-E 00	Sintereisen	> 240	–	> 60	Formteile, Riemenscheiben, Kupplungsteile, Zahnräder
Sint-E 10	Sinterstahl Cu-haltig	> 340	–	> 80	
Sint-E 30	Sinterstahl, Cu-, Ni- und Mo-haltig	> 570	–	> 90	
Sint-C 50	Sinterbronze	> 150	> 200	> 35	
Sint-E 73	Sinteraluminium, Cu-haltig	> 180	–	> 55	
Sint-F 00	Sinterschmiedestahl C- und Mn-haltig	> 600	–	> 140	geschmiedete Formteile
Sint-F 31	Sinterschmiedestahl C-, Mn-, Ni-, Mo-haltig	> 770	–	> 180	

Kupferlegierungen für Gleitlager

DIN ISO 4382-1, 2: 1992-11

Kurzzeichen	Werkstoff-nummer	Dehngrenze $R_{p0,2}$ in MPa	Härte Gleitlager	Härte Welle	Eigenschaften und Verwendung
Kupfer-Gusslegierungen für Massiv- und Verbundgleitlager					
CuPb9Sn5-GC	2.1815	130	60 HB	250 HB	für mittlere Belastungen bei mittleren bis hohen Gleitgeschwindigkeiten
CuPb20Sn5-GC	2.1818	80	50 HB	200 HB	für mittlere Belastungen bei mittleren bis hohen Gleitgeschwindigkeiten, geeignet für Wasserschmierung
CuAl10Fe5Ni5-GC	2.1819	280	140 HB	55 HRC	für hohe Belastungen, schlechte Einbettfähigkeit; Schiffbau
CuSn8Pb2-GC	2.1810	130	85 HB	300 HB	für geringe bis mittlere Belastung bei ausreichender Schmierung
CuSn12Pb2-GC	2.1812	150	90 HB	55 HRC	für hohe Belastung und hohe Gleitgeschwindigkeit bei ausreichender Schmierung
Kupfer-Knetlegierungen für Massivgleitlager					
CuSn8P	2.1830	480	160 HB	55 HRC	für hohe Belastungen, sehr verschleißfest, gute Warmfestigkeit; allgem. Maschinenbau, Hebe- und Fördereinrichtungen
CuZn31Si1	2.1831	430	150 HB	55 HRC	für hohe Belastungen, sehr verschleißfest, gute Warmfestigkeit; Lagerung von Kolbenbolzen, Buchsen für Pleuel
CuZn37Mn2Al2Si	2.1832	300	150 HB	55 HRC	sehr verschleißfest, brauchbar bei Mangelschmierung
CuAl9Fe4Ni4	2.1833	400	160 HB	55 HRC	für hohe Belastungen, schlechte Einbettfähigkeit; Schiffbau

Verbundwerkstoffe für dünnwandige Gleitlager

DIN ISO 4383: 2015-11

Kurzzeichen Lagerschicht	Härte der Lagermetalle HB			Härte Welle	Eigenschaften und Verwendung
	gegossen	gesintert	gewalzt und geglüht		
SnSb8Cu4	> 22	–	–	220 HB	weich, gute Korrosionsbeständigkeit, gute Eignung unter Grenzreibbedingungen; niedrig belastete Haupt- und Pleuellager, Buchsen, Gleitscheiben
CuPb10Sn10	70 ... 130	60 ... 90	–	53 HRC	sehr hohe Dauer- und Schlagfestigkeit, gute Korrosionsbeständigkeit; gerollte Buchsen, Gleitscheiben, Kolbenbolzenbuchsen
CuPb17Sn5	60 ... 95	–	–	50 HRC	sehr hohe Dauer- und Schlagfestigkeit; hoch belastete Haupt- und Pleuellager, gerollte Buchsen, Gleitscheiben
CuPb24Sn4	60 ... 90	45 ... 70	–	48 HRC	hohe Dauer- und Schlagfestigkeit, für hohe Gleitgeschwindigkeiten und oszillierende oder rotierende Bewegung; gerollte Buchsen, Gleitscheiben, Haupt- und Pleuellager
CuPb24Sn	55 ... 80	40 ... 60	–	45 HRC	ausreichende bis hohe Dauerfestigkeit; Haupt- und Pleuellager, Gleitscheiben
CuPb30	–	30 ... 45	–	270 HB	mittlere Dauerfestigkeit; Haupt- und Pleuellager, gerollte Buchsen
AlSn20Cu	–	–	30 ... 40	250 HB	mittlere Dauerfestigkeit, gute Korrosionsbeständigkeit; relativ gute Eignung bei Grenzreibung; Haupt- und Pleuellager, Gleitscheiben, gerollte Buchsen
AlSn6Cu	–	–	35 ... 45	45 HRC	mittlere bis hohe Dauerfestigkeit, gute Korrosionsbeständigkeit; Haupt- und Pleuellager, gerollte Buchsen
AlSi11Cu	–	–	45 ... 60	230 HV	hohe Dauerfestigkeit, gute Korrosionsbeständigkeit; Haupt- und Pleuellager
AlSn12SiCu	–	–	45 HV ... 65 HV	50 HRC	hohe Dauerfestigkeit, gute Beständigkeit gegen Festfressen und Verschleiß, gute Korrosionsbeständigkeit; Haupt- und Pleuellager, Gleitscheiben und gerollte Buchsen
AlZn5Si1,5Cu1Pb1Mg	–	–	45 ... 70	45 HRC	hohe Dauerfestigkeit; üblicherweise mit galvanischer Gleitschicht bei Verwendung in Lagern; Haupt- und Pleuellager

Kunststoffe

Einteilung der Kunststoffe

Kunststoffe (Polymere)

Thermoplaste (Plastomer)	Elastomere	Duroplaste (Duromer)
Eigenschaften		
unvernetzte Molekülketten	weitmaschig vernetzte Molekülketten	engmaschig vernetzte Molekülketten
warm umformbar zerspanbar schweißbar klebbar	nicht umformbar zerspanbar bei tiefen Temperaturen nicht schweißbar überwiegend klebbar	nicht umformbar zerspanbar nicht schweißbar klebbar
Verarbeitung		
Spritzgießen Extrudieren	Spritzgießen Extrudieren	Spritzgießen Spritzpressen Pressen

Basispolymere – Bezeichnungen DIN EN ISO 1043-1: 2016-09

Kurzzeichen	Kunststoffbezeichnungen	Kurzzeichen	Kunststoffbezeichnungen	Kurzzeichen	Kunststoffbezeichnungen
ABS	Acrylnitril-Butadien-Styrol	PB	Polybuten	PSU	Polysulfon
AMMA	Acrylnitril-Methylmethacrylat	PC	Polycarbonat	PTFE	Polytetrafluorethylen
ASA	Acrylnitril-Styrol-Acrylat	PCTFE	Polychlortrifluorethylen	PUR	Polyurethan
CA	Celluloseacetat	PDAP	Polydiallyphthalat	PVAC	Polyvinylacetat
CAB	Celluloseacetatbutyrat	PE	Polyethylen	PVAL	Polyvinylalkohol
CF	Cresol-Formaldehyd Harz	PE-HD	Polyethylen, hohe Dichte	PVB	Polyvinylbutyrat
CMC	Carboxymethylcellulose	PE-LD	Polyethylen, niedrige Dichte	PVC	Polyvinylchlorid
CN	Cellulosenitrat	PEC	Polyestercarbonat	PVC-P	Polyvinylchlorid – weich
CP	Cellulosepropionat	PEEK	Polyetheretherketon	PVC-U	Polyvinylchlorid – hart
EC	Ethylcellulose	PEI	Polyetherimid	PVDC	Polyvinylidenchlorid
EP	Epoxid Harz	PET	Polyethylenterephthalat	PVF	Polyvinylfluorid
ETFE	Ethylen-Tetrafluorethylen	PF	Phenol-Formaldehyd	PVFM	Polyvinylformal
EVAC	Ethylen-Vinylacetat	PI	Polyimid	SAN	Styrol-Acrylnitril
MC	Methylcellulose	PIB	Polyisobutylen	SB	Styrol-Butadien
MF	Melamin-Formaldehyd Harz	PMMA	Polymethylmethacrylat	SI	Silicon
MPF	Melamin-Phenol Harz	POM	Polyoxymethylen, Polyformaldehyd	SMS	Styrol-α-Methylstyrol
PA	Polyamid			UF	Urea-Formaldehyd Harz
PAI	Polyamidimid	PP	Polypropylen	UP	Ungesättigtes Polyester Harz
PAK	Polyacrylat	PPS	Polyphenylensulfid		
PAN	Polyacrylnitril	PS	Polystyrol	VCE	Vinylchlorid-Ethylen

Kennzeichnung besonderer Eigenschaften DIN EN ISO 1043-1: 2016-09

A	Säure, amorph	F	flexibel, flüssig, fluoriert	M	mittel, molekular	S	gesättigt, sulfoniert
B	Block, bromiert	G	Glykol	N	normal	T	Temperatur
C	chloriert, kristallin	H	hoch	O	orientiert	U	ultra, weichmacherfrei
D	Dichte	I	schlagzäh	P	weichmacherhaltig	W	Gewicht
E	verschäumt, epoxidiert	L	linear, niedrig	R	erhöht, hart	X	vernetzt, vernetzbar

Kennzeichnung der Füll- und Verstärkungsstoffe DIN EN ISO 1043-2: 2012-03

Material				Form oder Struktur			
A	Aramid	M	Mineral	B	Perlen, Kugeln	N	Faserflies
B	Bor	N	organische Naturstoffe	C	Chips, Schnitzel	P	Papier
C	Kohlenstoff	P	Glimmer	D	Feinstoff, Pulver	R	Roving
D	Aluminiumtrihydrat	Q	Silikat	F	Fasern	S	Flocken
E	Ton	S	synth. organische Stoffe	G	Mahlgut	T	gedrehtes Garn
G	Glas	T	Talk	H	Whisker	VV	Furnier
K	Calciumcarbonat	W	Holz	L	Lagen	W	Gewebe
L	Cellulose	X	nicht festgelegt	LF	Langfaser	X	nicht festgelegt
ME	Metall	Z	andere	M	Matte	Y	Garn

Erkennen von thermoplastischen Kunststoffen

Reihenfolge der Prüfung ↓

Thermoplastische Kunststoffe			PE	PP	PA	POM	PMMA	PET PBT[2)]	CA	PS	SB	SAN	ABS	PVC-P	PSU	PC	PVC-U
1	Verhalten im Wasser	schwimmt	X	X													
		sinkt			X	X	X	X	X	X	X	X	X	X	X	X	X
2	Brandverhalten außerhalb der Flamme	brennt nicht rußend	X	X	X	X	X										
		brennt rußend						X	X	X	X	X	X				
		brennt unter Koksbildung kurz weiter, erlischt												X	X	X	
		erlischt															X
3	Lösemittel 1 Tetrachlorkohlenstoff	klebt								X	X						
		Oberfläche wird angegriffen, matt															
		klebt nicht	X	X	X	X	X	X	X			X	X	X	X	X	X
4	Lösemittel 2 Essigester	klebt								X	X	X	X			X	
		Oberfläche wird angegriffen, matt							X								
		klebt nicht	X	X	X	X	X	X						X	X		X
5	Beilsteinprobe[1)]	grüne Flamme sichtbar												X			X
		keine grüne Flamme sichtbar	X	X	X	X	X	X	X	X	X	X	X		X	X	
6	Mit Fingernagel kräftig ritzen	Kratzspuren sichtbar	X														
		keine Kratzspuren sichtbar		X													
7	Geruch der Schwaden nach Erlöschen der Flamme	stechend nach Salzsäure															X
		stechend nach Formaldehyd				X											
		nach verbranntem Horn			X												
		fruchtartig					X										
		unspezifisch						X									
8	Bruchprobe	Sprödbruch								X		X					
		Weißbruch									X		X				

[1)] Beilsteinprobe: Probe wird auf einem zuvor oxidierten Kupferblech oder mithilfe eines Kupferdrahtes in den nicht leuchtenden Bereich einer Flamme gehalten. (Friedrich Konrad Beilstein (1838–1906), deutsch-russischer Chemiker)

[2)] Unterscheidung durch Schmelzpunkt

Ablesebeispiele

Beispiel 1			Beispiel 2		
1	Kunststoff schwimmt	PE, PP	1	Kunststoff schwimmt nicht	PA, POM, PMMA, PET, PBT, CA, PS, SB, SAN, ABS, PVC-P, PSU, PC, PVC-U
2	brennt außerhalb der Flamme nicht rußend	PE, PP	2	brennt außerhalb der Flamme nicht rußend	PA, POM, PMMA
3	Lösemittel 1: Kunststoff klebt nicht	PE, PP	3	Lösemittel 1: Kunststoff klebt nicht	PA, POM, PMMA
4	Lösemittel 2: Kunststoff klebt nicht	PE, PP	4	Lösemittel 2: Kunststoff klebt nicht	PA, POM, PMMA
5	Beilsteinprobe: keine grüne Flamme	PE, PP	5	Beilsteinprobe: keine grüne Flamme	PA, POM, PMMA
6	Mit Fingernagel ritzen: Kratzspuren sichtbar	**PE**	6	Mit Fingernagel ritzen: Kratzspuren sichtbar	kein Ergebnis
7	entfällt		7	Geruch: riecht nach verbranntem Horn	**PA**
8	entfällt		8	entfällt	

Kunststoffe

3

Duroplaste				
Kunststoff	Handelsname	Eigenschaften	Gebrauchstemperatur t in °C	Anwendung
PF	Vyncolit, Aramith, Catalin, Bakelite	hohe Festigkeit, Steifigkeit und Härte, wärmeformbeständig, spannungsrissbeständig, befriedigende elektrische Isoliereigenschaften	−50 ... 110	Schaltergehäuse, Verteilerkästen, Bedienknöpfe, Schraubkappen, Zahnräder
MF	Bakelite, Supraplast, Resopal, Hornit	hohe Oberflächenharte, kratzfest, hoher Oberflächenglanz, wärmebeständig, geringe Schwindung, hohe Kriechstromfestigkeit, sehr gute elektrische Eigenschaften, befriedigende elektrische Isoliereigenschaften	−50 ... 80	Verschraubungen, Beschläge, Gehäuse, Haus- und Küchengeräte
UF	Resamin, Urecoll, Carbalit	hohe Festigkeit, Steifigkeit und Oberflächenhärte, hoher Oberflächenglanz, sehr gute elektrische Eigenschaften, befriedigende elektrische Isoliereigenschaften	−50 ... 70	Schaltergehäuse, Steckdosen, Stecker, Beschläge, Bedienknöpfe, Sanitärartikel
UP	Alpolit, Leguval, Palatal, Vestopal, Rütapal	hohe Festigkeit, Steifigkeit und Härte, wärmeformbeständig, maßhaltig, spannungsrissbeständig; hohe Kriechstromfestigkeit, gute dielektrische Eigenschaften, gute elektrische Isoliereigenschaften	−50 ... 150	Stecker, Sicherungsautomaten, Verteilerkappen, Zündspulen, Elektrowerkzeuggehäuse, Getränketanks, Sportboote, Tennisschläger
EP	EpoxinV, Araldit, Rütapox, Hostapox	geringe Schwindung, hohe Maßhaltigkeit, spannungsrissbeständig, gute Haftung auf allen Werkstoffen, sehr gute elektrische Isoliereigenschaften, gute Kriechstromfestigkeit	−50 ... 130	elektrotechnische Formteile, Fassungen, Stecker, Gehäuse, Klemmleisten, Teile mit Metalleinlagen

Kunststoff	Dichte ρ in g/cm³	Zugfestigkeit σ_m in MPa	Bruchdehnung ε_b in %	E-Modul E in MPa	Chemikalienbeständigkeit		Brennbarkeit
					beständig gegen	nicht beständig gegen	
PF	1,40	25	0,4 ... 0,8	5600 ... 12000	schwache Säuren und Laugen, Alkohol, Benzol, Fette, Öle, chlorierte KW[1)]	starke Säuren und Laugen, kochendes Wasser (je nach Typ)	brennt mit heller, rußender Flamme, erlischt nach Entfernen der Zündquelle
MF	1,50	30	0,6 ... 0,9	4900 ... 9100	schwache Säuren und Laugen, Fette, Öle, Lösemittel, erhöht heißwasserbeständig	starke Säuren und Laugen, oxidierend und reduzierend wirkende Stoffe	
UF	1,50	30	0,5 ... 1,0	700 ... 10500	schwache Säuren und Laugen, Fette, Öle, Lösemittel	starke Säuren und Laugen, oxidierend und reduzierend wirkende Stoffe, kochendes Wasser	
UP	2,0	30	0,6 ... 1,2	14000 ... 20000	Salzsäure, Akkusäure, Milchsäure, schwache Laugen, Benzin, Dieselkraftstoff, Fette, Terpentinöl, Tetrachlorkohlenstoff	Aceton, Ethanol, Benzol, Laugen und Säuren, Ameisensäure, Methanol	leicht entflammbar, leuchtende rußende Flamme
EP	1,90	30 ... 40	4	21500	schwache Säuren und Laugen, Alkohol, Benzol, Benzin, Fette, Öle, Lösemittel	starke Säuren und Laugen, Ammoniak, Aceton, Ester	flammwidrige und selbstverlöschenden Materialien lieferbar

Duroplaste sind gut spanend bearbeitbar und klebbar.

1) KW: Kohlenwasserstoffe

3

Thermoplaste				
Kurzzeichen	**Handelsname**	**Eigenschaften**	**Gebrauchstemperatur *t* in °C**	**Anwendung**
Standard-Kunststoffe				
PB	Beaulon, Akoalit	formbeständig in Wärme, hohe Zähigkeit, abriebfest	0 ... 90	Wasserleitungen, Fußbodenheizung, Fittings, Transportsäcke
PE-LD	Hostalen, Lupolen, Vestalen	flexibel, zäh, guter elektr. Isolator	−50 ... 75	Verpackungsfolien, Schrumpffolen, Säcke, elektr. Isolierteile
PE-HD		wie PE-LD, jedoch höhere Härte und Steifigkeit	−30 ... 80	Transportbehälter, Folien, Tragetaschen, Fittings, Filter
PP	Hostalen PP, Novolen, Vestolen	hart, schwer zerbrechlich, gute elektr. Eigenschaften	0 ... 90	Gehäuse, Rohrleitungen, Armaturen, Koffer, Spielzeug, Taue
PS	Hostryren N, Poystyrol, Vestyron	hart, steif, zerbrechlich, sehr gute elektr. Eigenschaften	−10 ... 70	Einwegverpackungen, Zeichengerät, Spulenkörper, Abdeckhauben
PVC-U (hart)	Hostalit, Vinoflex, Vestolit	hart, steif, in Kälte schlagempfindlich	−5 ... 85	Rohrleitungen, Armaturen, Fittings, Fensterrahmen, Dachrinnen
PVC-P (weich)	Acella, Mipolam, Vestolit	weich, flexibel, gummielastisch, in Kälte versprödend	0 ... 50	Folien, Schläuche, Dichtungen, Griffe, Fußbodenbeläge, Schutzkappen
SAN	Luran, Vestoran	härter, steifer und zäher als PS, temperaturwechselbeständig	−20 ... 85	Lebensmittelverpackungen, Gehäuse, Sichtscheiben, Geschirr
SB	Hostyren S, Polystyrol 400, Vestyron 500	hart, steif, kälteschlagzäh, nicht witterungsbeständig	−20 ... 70	Lebensmittelverpackungen, Gehäuse, Klosett-Spülkasten, Einweggeschirr
Technische Kunststoffe				
ABS	Luran, Novodur, Terluran	hart, zäh, temperaturbeständig, nicht witterungsbeständig	−40 ... 85	Transportbehälter, Türgriffe, Sicherheitshelme, Bedienknöpfe
ASA	Luran S	hart, steif, schlagzäh, witterungsbeständig	−40 ... 75	Verkehrsschilder, Warnleuchten, Koffer, Fittings, Gartenmöbel
CA	Cellidor, Cellit, Trolit	fest, schlagzäg, hoher Oberflächenglanz	−40 ... 70	Werkzeuggriffe, Lenkräder, Zierleisten, Spielzeug
CP	Cellidor CP	zäh, kratzfest, formbeständig in Wärme	−40 ... 115	Werkzeuggriffe, Beschläge, Zeichengeräte, Spielzeug
PA 6	Durethan B, Ultramid, Ertalon, Perlon	zäh, hart, formbeständig in Wärme	−30 ... 100	Zahnräder, Ritzel, Schrauben, Dichtungen, Lager, Kämme
PA 66	Durethan A, Ultramid A, Acromid, Nylon	zäher, härter, formbeständiger in Wärme als PA 6	−30 ... 120	thermisch hochbeanspruchte Teile im Maschinenbau
PC	Lexan, Makralon	hart, schlagzäh, formbeständig in Wärme	−40 ... 135	Schaltkästen, Abdeckungen, Schaugläser, CDs
PEI	Ultern	sehr fest, steif und hart	−50 ... 170	Vergasergehäuse, Ventildeckel, Scheinwerfer, Teile für Mikrowelle
PCTFE	Hostaföon-ET, Kel-F, Tefzel	hart, steif, kratzfest, witterungsbeständig	−40 ... 150	Armaturen, Fittings, Schaugläser, Membranen, Drahtisolation
PET	Rynite, Impet, Hostadur	hart, steif, abriebfest, spannungsrissbeständig	−20 ... 100	Zahnräder, Lager, Türgriffe, Folien, Schrumpfschläuche
PMMA	Plexiglas, Resarit, Acrylite	hart, spröde, kratzfest, witterungsbeständig	−40 ... 90	Beschläge, Gehäuse, Schilder, Zeichengeräte, Uhrgläser
POM	Hostaform, Delrin, Ultraform	fest, steif, kaltzäh, verschleißfest, formbeständig in Wärme	−60 ... 110	Beschläge, Kfz-Teile, Zahnräder, Lager, Schrauben, Gehäuse
Hochleistungsthermoplaste				
PAI	Torlon	fest, schlagzäh, maßbeständig, spannungsrissbeständig	−190 ... 260	Lager, Gleitringe, Schalthebel, Pumpenlamellen
PEEK	Hostatec, Victrex	zug- und biegefest, schlagzäh, schwer entflammbar	−100 ... 220	Folien, Kabelummantelungen, Teile in der Automobilindustrie
PI	Kapton, Kinel, Vespel	fest, hart, steif, temperaturstabil, abriebfest	−200 ... 260	Kolbenringe, Ventilsitze, Dichtungen, Lager, Gleitschienen
PPS	Fortron, Ryton, Tedur	fest, hart, steif, temperaturstabil, maßbeständig	− 30 ... 230	Pumpengehäuse, Laufräder, Lagerbuchsen, Steckerleisten
PSU	Ultrason S, Udel	fest, hart, steif, temperaturstabil, schwer entflammbar	−100 ... 150	Lagerkäfige, Lüftungskanäle, Deckenelemente, Sichtscheiben
PTFE	Hostaflon, Teflon, Polyfluron	unzerbrechlich, guter elektr. Isolator, witterungsbeständig	−200 ... 250	Dichtungen, Kolbenringe, Rohre, Schläuche, Isolatoren

Thermoplaste

Kunststoff	Dichte ρ in g/cm^3	Zugfestigkeit σ_m in MPa	Bruchdehnung ε_b in %	E-Modul E in MPa	Chemikalienbeständigkeit		Verarbeitung[1]		
					beständig gegen	nicht beständig gegen	z	s	k
Standard-Kunststoffe									
PB	0,91 … 0,92	30 … 38	250 … 280	250 … 280	Säuren, Laugen, Öle, Fette, Alkohole	oxidierende Säuren, aromatische und chlorierte KW[2]	–	+	–
PE-LD	0,91 … 0,93	8 … 23	300 … 1000	200 … 500	Säuren, Laugen, Öle, Lösemittel, Benzin, Alkohole, Fruchtsäfte, Wasser, Milch	oxidierende Säuren, aromatische und chlorierte KW	–	+	–
PE-HD	0,94 … 0,96	18 … 35	100 … 1000	700 … 1400			–	+	–
PP	0,90 … 0,91	21 … 37	20 … 800	1100 … 1300	Säuren, Laugen, Benzin, Lösemittel	oxidierende Säuren, aromatische und chlorierte KW	+	+	–
PS	1,05	45 … 65	3 … 4	3200 … 3250	Säuren, Laugen, Benzin, Lösemittel	Benzol, Tetrachlorkohlenstoff, Benzin, Lösemittel	++	+	++
PVC-U (hart)	1,38 … 1,55	50 … 75	10 … 50	1000 … 3500	bis 60 °C: Säuren, Laugen, Öle, Fette	aromatische und chlorierte KW, Benzol	+	++	++
PVC-P (weich)	1,16 … 1,35	10 … 25	170 … 400	–	verdünnte Säuren und Laugen, Essig	Benzin	–	+	+
SAN	1,08	75	5	3600	verdünnte Säuren und Laugen, Fette, Öle	konzentrierte Salz- und Schwefelsäure, Benzol	+	+	++
SB	1,05	26 … 38	25 … 60	1800 … 2500	Laugen, Wasser	Öle, Fette, Waschmittel, aromatische KW	++	+	++
Technische Kunststoffe									
ABS	1,04 … 1,06	32 … 45	15 … 30	1900 … 2700	schwache Säuren und Laugen, Alkohole	konzentrierte Säuren, aromatische und chlorierte KW	++	+	+
ASA	1,04	32	40	1800	schwache Säuren und Laugen, Alkohole,	aromatische und chlorierte KW, Ester	++	+	+
CA	1,30	38[3]	3[4]	2200	Benzol, Benzin, Tetrachlorkohlenstoff	chlorierte KW, anorganische Säuren und Laugen	+	+	+
CP	1,19 … 1,23	14 … 55	30 … 100	420 … 1500	Wasser, Benzin, Terpentin, Ether	chlorierte KW, anorganische Säuren und Laugen, Benzol	+	+	+
PA 6	1,13	70 … 85	200 … 300	1400	schwache Laugen, Öle, Fette, Benzin, Benzol	Säuren, starke Laugen, natürliche Farbstoffe	++	+	+
PA 66	1,14	77 … 84	150 … 300	2000			++	+	+
PC	1,20	56 … 67	100 … 130	2100 … 2400	Benzin, Öl, verdünnte Säuren und Laugen,	Benzol, Methanol, chlorierte KW, Lösemittel	++	+	+
PEI	1,27	105	60	3000	Salzlösungen, Kraftstoffe, Reinigungsmittel	Ketone, Chloroform, Trichlorethan	+	+	+
PCTFE	2,10 … 2,12	32 … 40	120 … 175	1050 … 2100	Säuren, Laugen, aromatische und chlorierte KW	Chlorsulfonsäure, geschmolzene Alkalimetalle	++	+	+
PET	1,37	47	50 … 300	3100	schwache Säuren und Laugen, Öle, Fette	starke Säuren und Laugen	+	+	+
PMMA	1,17 … 1,20	50 … 77	2 … 10	2700 … 3200	schwache Säure und Laugen, Öle, Fette	starke Säuren und Laugen, Benzol	++	+	+
POM	1,41 … 1,42	62 … 70	25 … 70	2800 … 3200	schwache Säure und Laugen, Benzin, Öle	starke Säuren, Oxidationsmittel	++	++	–
Hochleistungsthermoplaste									
PAI	1,56	205	7	12000	Säuren, schwache Laugen, Lösemittel	starke Laugen, oxidierende Säuren	+	+	+
PEEK	1,32	92	50	3650	gegen die meisten Chemikalien	konzentrierte Schwefelsäure	+	+	+
PI	1,43	75 … 100	4 … 9	23000 … 28000	verdünnte Säuren und Laugen, Öle, Fette	starke Säuren und Laugen	+	+	+
PPS	1,34	75	3	3400	Laugen, aromatische und chlorierte KW	ständige Berührung mit heißen wässrigen Lösungen	++	+	+
PSU	1,24	50 … 100	25 … 30	260 … 2750	wässrige anorganische Säuren, Salzlösungen	aromatische und chlorierte KW	+	+	+
PTFE	2,15 … 2,20	25 … 36	350 … 550	410	Säuren, aromatische und chlorierte KW	Chlorsulfonsäure, geschmolzene Alkalimetalle	+	–	–

[1] Verarbeitung: z: zerspanbar, s: schweißbar, k: klebbar, ++ sehr gut, + gut, – nur bedingt oder nicht
[2] KW: Kohlenwasserstoffe [3] Streckspannung σ_y in MPa [4] Streckdehnung ε_y in %

Elastomere

Kunststoff	Dichte ρ in g/cm³	Zugfestigkeit[1)] σ_m in MPa	Bruchdehnung ε_b in %	Gebrauchstemperatur t in °C	Eigenschaften	Anwendung
NR Naturkautschuk	0,93	22 (28)	600	–60 ... +60	hohe Festigkeit, wenig ölbeständig	Reifen, Fördergurte, Formartikel aller Art
IR Isopren-Kautschuk	0,93	1 (24)	500	–60 ... +60		
BR Butadien-Kautschuk	0,94	2 (18)	450	–60 ... +90	hohe Elastizität, Abriebfestigkeit und Kälteflexibilität	
SBR Styrol-Butadien-Kautschuk	0,94	5 (25)	500	–30 ... +70	hohe Festigkeit, wenig ölbeständig	Reifen, Fördergurte, Form- und Extrusionsartikel
CR Chloropren-Kautschuk	1,25	11 (25)	400	–30 ... +90	gute Elastizität, Abriebfestigkeit, ölbeständig	Fördergurte, Keilriemen, Dichtungen
NBR Acrylnitril-Butadien-Kautschuk	1,00	6 (25)	450	–20 ... +110	öl- und treibstoffbeständig, zähelastisch, heißwasserfest	Radialwellendichtringe, O-Ringe, Hydraulikschläuche, Walzenbezüge, Schläuche
EPDM Ethylen-Propylen-Dien-Kautschuk	0,86 ... 0,88	4 (25)	500	–50 ... +120	hohe Alterungs-, Hitzebeständigkeit	Form- und Extrusionsartikel, Dichtungen, Stoßfänger, Kühlwasserschläuche
IIR Butylkautschuk	0,93	5 (21)	600	–30 ... +120	hohe Luftdichtigkeit, gute Hitzebeständigkeit	Auto- und Fahrradschläuche, Federelemente
CO Epichlorhydrin-Kautschuk	1,27 ... 1,36	5 (15)	250	–40 ... +150	beständig gegen Öl, Fett und Treibstoff	öl-, fett- und treibstoffbeständige Artikel
CSM Chlorsulfoniertes Polyethylen	1,08 ... 1,27	18 (20)	300	–30 ... +120	beständig gegen Öl, Fett, Treibstoff, hohe Chemikalienresistenz	Form- und Extrusionsartikel, Walzenbezüge, Behälterauskleidungen
PUR Polyurethan	1,25	20 (30)	450	–30 ... +100	verschleißfest	Riemen, Dichtungen
FPM Fluor-Polymer-Kautschuk	1,85	2 (15)	450	–40 ... +190	sehr hohe Chemikalien- und Hitzebeständigkeit, schwer entflammbar	Formartikel, Behälterauskleidungen
VMQ Silikon-Kautschuk	1,25	1 (10)	250	–80 ... >200	alterungs-, witterungs- und hitzebeständig, extrem kältebeständig	Lebensmittelqualitäten, medizinisch-pharmazeutische Artikel

1) Klammerwerte für verstärkte Elastomere

Schaumstoffe

Schaumstoff-Gruppe	Rohstoffe	Dichte ρ in g/cm³	Gebrauchstemperatur t in °C	Wärmeleitfähigkeit λ in W/(m · K)	Eigenschaften	Anwendung
zäh-hart	Polystyrol	15 ... 30	70 ... 80	0,035	wenig elastisch, feuchtebeständig, nicht UV-beständig	Wärme- und Trittschalldämmung im Fahrzeug- und Schiffsbau
	Polyvinylchlorid	50 ... 130	60	0,038	beständig gegen Säuren und Laugen	
	Polyurethan	20 ... 100	80	0,021	hohe Steifigkeit, warmformbeständig	Isolierungen, Verkleidungen, Fahrzeug- und Maschinenbau
spröde-hart	Phenolharz	40 ... 100	130	0,025	gute Wärmedämmung	Isolierung im Bauwesen
	Harnstoffharz	5 ... 15	90	0,030		Ausschäumen von Mauerwerk
halbhart	Polyethylen	25 ... 40	< 100	0,036	gute Elastizität, strapazierfähige Oberflächenhaut, gleit- und rutschsicher	Armlehnen, Innen- und Außenverkleidung am PKW, Stoßfänger, Kopfstützen, Schuhsohlen, Armlehnen für Büromöbel, Haushaltsgeräte
	Polyvinylchlorid	50 ... 70	–60 ... +50	0,036		
weich	Polyurethan Typ Polyester	20 ... 45	–40 ... +100	0,045	hohe Belastbarkeit und Dauerelastizität, gute Schwingungsdämpfung und Schallabsorption	
	Polyurethan Typ Polyether					
	Melaminharz	9	< 240	0,035	brandsicher, temperaturbeständig	Automobilbau, Flugzeugbau

Elastomere

Kurzzeichen	Extrudieren	Spritzgießen						
	Temperaturen t in °C	Temperatur in °C		Spritzdruck in bar	Schwindung in %	Toleranzgruppe		
		Spritzguss-Masse	Werkzeug			Allgemeintoleranzen	Maße mit direkt eingetragenen Abmaßen[1]	
							Reihe 1	Reihe 2
PE-LD	140 ... 210	160 ... 260	30 ... 70	400 ... 800	1,5 ... 5,0	150	140	130
PE-HD	180 ... 250	200 ... 300	10 ... 90	600 ... 1200				
PP	220 ... 240	200 ... 300	30 ... 60	800 ... 1800	1,0 ... 2,5	150	140	130
PS	190 ... 220	200 ... 250	5 ... 60	600 ... 1800	0,4 ... 0,7	130	120	110
SAN	180 ... 230	220 ... 260	50 ... 85		0,2 ... 0.7	130	120	110
ABS	180 ... 230	200 ... 280	60 ... 90		0,4 ... 0,9	130	120	110
PVC-U	185 ... 210	180 ... 210	> 30	800 ... 1000	≈ 0,5	130	120	110
PVC weich	160	170 ... 200	> 15	400 ... 1200	< 0,5	–	–	–
PMMA	200 ... 230	210 ... 240	50 ... 70	500 ... 1200	0,1 ... 0,8	130	120	110
POM	180 ... 190	200 ... 210	60 ... 120	800 ... 1200	1,9 ... 2,3	140	130	120
PA 6	240 ... 300	230 ... 280	80 ... 90	700 ... 1200	0,5 ... 2,2	130	120	110
PC	240 ... 280	280 ... 320	85 ... 120	> 800	0,7 ... 0,8	130	120	110
PET	260 ... 280	260 ... 290	140	800 ... 1200	1,2 ... 2,0	130	120	110
PBT	250 ... 280	230 ... 260	50 ... 80	800 ... 1200	1,0 ... 2,0	140	130	120
PF[2]	–	90 ... 110	170 ... 190	800 ... 2500	0,4 ... 0,8	140	130	120
MF[2]	–	95 ... 110	160 ... 180	1500 ... 2500				
UF[2]	–	95 ... 110	150 ... 160	1500 ... 2500				

[1] Reihe 1: ohne besonderen Fertigungsaufwand einzuhalten
Reihe 2: erfordern höheren Fertigungsaufwand
[2] mit organischem Füllstoff

Toleranzen für Kunststoff-Formteile

Toleranzgruppe	Kennbuchstabe[1]	Nennmaßbereich in mm über ... bis													
		0 ... 1	1 ... 3	3 ... 6	6 ... 10	10 ... 15	15 ... 22	22 ... 30	30 ... 40	40 ... 53	53 ... 70	70 ... 90	90 ... 120	120 ... 160	160 ... 200
Allgemeintoleranzen															
150	A	± 0,23	± 0,25	± 0,27	± 0,30	± 0,34	± 0,38	± 0,43	± 0,49	± 0,57	± 0,68	± 0,81	± 0,97	± 1,20	± 1,50
	B	± 0,13	± 0,15	± 0,17	± 0,20	± 0,24	± 0,28	± 0,33	± 0,39	± 0,47	± 0,58	± 0,71	± 0,87	± 1,10	± 1,40
140	A	± 0,20	± 0,21	± 0,22	± 0,24	± 0,27	± 0,30	± 0,34	± 0,38	± 0,43	± 0,50	± 0,60	± 0,70	± 0,85	± 1,05
	B	± 0,10	± 0,11	± 0,12	± 0,14	± 0,17	± 0,20	± 0,24	± 0,28	± 0,33	± 0,40	± 0,50	± 0,60	± 0,75	± 0,95
130	A	± 0,18	± 0,19	± 0,20	± 0,21	± 0,23	± 0,25	± 0,27	± 0,30	± 0,34	± 0,38	± 0,44	± 0,51	± 0,60	± 0,70
	B	± 0,08	± 0,09	± 0,10	± 0,11	± 0,13	± 0,15	± 0,17	± 0,20	± 0,24	± 0,28	± 0,34	± 0,41	± 0,50	± 0,60
Toleranzen für Maße mit direkt eingetragenen Abmaßen															
140	A	0,40	0,42	0,44	0,48	0,54	0,60	0,68	0,76	0,86	1,00	1,20	1,40	1,70	± 2,10
	B	0,20	0,22	0,24	0,28	0,34	0,40	0,48	0,56	0,66	0,80	1,00	1,20	1,50	± 1,90
130	A	0,36	0,38	0,40	0,42	0,46	0,50	0,54	0,60	0,68	0,76	0,88	1,02	1,20	± 1,50
	B	0,16	0,18	0,20	0,22	0,26	0,30	0,34	0,40	0,48	0,56	0,68	0,82	1,00	± 1,30
120	A	0,32	0,34	0,36	0,38	0,40	0,42	0,46	0,50	0,54	0,60	0,68	0,78	0,90	± 1,06
	B	0,12	0,14	0,16	0,18	0,20	0,22	0,26	0,30	0,34	0,40	0,48	0,58	0,70	± 0,86
110	A	0,18	0,20	0,22	0,24	0,26	0,28	0,30	0,32	0,36	0,40	0,44	0,50	0,58	± 0,68
	B	0,08	0,10	0,12	0,14	0,16	0,18	0,20	0,22	0,26	0,30	0,34	0,40	0,48	± 0,58

Die Norm „Toleranzen für Kunststoffteile" DIN 16901: 1982-11 ist zurückgezogen.

[1] A für nicht werkzeuggebundene Maße, B für werkzeuggebundene Maße

Verstärkte Kunststoffe

Kunststoff	Faseranteil in %	Dichte ρ in g/cm³	E-Modul E in MPa	Zugfestigkeit σ_m in MPa	Bruchdehnung ε_b in %	Gebrauchstemperatur t in °C	Verwendung
Glasfaserverstärkte Kunststoffe GFK							
PP Polypropylen	30	1,12	7000	100¹⁾	3,2	−30 ... 100	Gehäuse im Maschinen- und Fahrzeugbau, Rohre
POM Polyoxymethylen	40	1,72	13000	140¹⁾	2	−50 ... 100	Getriebeteile, Gehäuse, Ventile, Bauteile im Fahrzeugbau
PA 66 Polyamid	35	1,41	11000	210	3	−40 ... 130	Zahnräder, Armaturen, Rohrleitungen
PC Polycarbonat	30	1,42	5000	55¹⁾	4	−100 ... 125	Gehäuse, Verkehrszeichen
PET Polyethylenterephthalat	55	1,80	16000	190	2	... 135	Motorradverkleidungen, Lager, Führungen, Schalterbauteile
PBT Poybutylenterephthalat	30	1,53	10000	135	2,5	−50 ... 140	Gehäuse im Maschinen- und Fahrzeugbau, Lagerwerkstoff
PPS Polyphenylensulfid	40	1,65	16000	150	1,1	... 220	Rohre, Armaturen, Heißwasserinstallation, Leiterplatten
PEEK Polyetheretherketon	30	1,49	10000	156	2,7	−65 ... 240	Rohre, Ventile, Zahnräder, Pumpengehäuse
PAI Poyamidimid	30	1,60	7000	140	4	... 250	Abdeckrahmen, Gleitringe, Schalthebel
UP Ungesättigtes Polyesterharz	GFK-Matten	1,5	11000	130	3,5	... 170	Transportbehälter, Rohre, Bootskörper, Karosserieteile
EP Epoxid	GFK-Matten	1,85	21500	320	–	... 130	Behälter, Karosserieteile, Spulenkörper, Autoelektrik
Kohlefaserverstärkte Kunststoffe CFK							
PEEK Polyetheretherketon	30	1,44	13000	224	2,0	−65 ... 240	Rohre, Ventile, Zahnräder, Pumpengehäuse
PAI Poyamidimid	30	3,10	8400	135	2,5	... 250	Abdeckrahmen, Gleitringe, Schalthebel
PPS Polyphenylensulfid	30	1,47	23300	170	0,9	... 250	Rohre, Armaturen, Heißwasserinstallation, Leiterplatten

¹⁾ Streckspannung σ_y in MPa

Thermoplastische Polymere für Gleitlager

DIN ISO 6691: 2001-05

Kurzzeichen	Name	Härte Welle HRC	konstante Arbeitstemperatur t in °C	Eigenschaften und Verwendung
PA	Polyamid	50	80 ... 100	schlagzäh, besonders stoß- und verschleißfest, im Trockenlauf hoher Gleitwiderstand; stoß- und schwingungsbelastete Lager, Gelenksteine in Stahlkupplungen, Landmaschinenlager
POM	Polyoxymethylen		80 ... 100	gut bei Trockenlauf oder Mangelschmierung, hohe Maßbeständigkeit; Feinwerktechnik, Elektromechanik, Haushaltsgeräte
PET	Polyethylenterephthalat		60 ... 100	Verschleiß bis 70 °C sehr niedrig, auch bei Trockenlauf, gute Witterungsbeständigkeit, sehr beständig gegen Lösemittel, Öle, Fette, Salzlösungen; Feinwerktechnik, Unterwasseranlagen, Führungsbuchsen für Gestänge
PBT	Polybutylenterephthalat		70 ... 100	
PTFE	Polytetrafluorethylen		260	stoßunempfindlich, gute Einbettfähigkeit, bei hoher Belastung und geringer Gleitgeschwindigkeit niedriger Reibwert; Lager in Chemieanlagen, Brückenlager
PEEK	Polyetheretherketon		250	bei zyklischer Belastung durch hohe Biegewechselfestigkeit lange Lebensdauer; Gleitlager und Gleitelemente unter erschwerten Bedingungen bis 250 °C
PBT + PTFE	Polybutylenterephthalat mit Gleitzusatz PTFE		−50 ... +170¹⁾	hohe Maßbeständigkeit, geringe Reibung, geeignet auch für Trockenlauf, Einsatz bei tiefen und mittleren Temperaturen; Chemieanlagen, Büromaschinen, Fahrzeugbau, Sportgeräte
PPS + PTFE + Aramid	Polyphenylensulfid mit Gleitzusatz PTFE und + Aramidfasern²⁾		−40 ... +240¹⁾	geringe Reibung, geeignet für Trockenlauf, Einsatz unter Wasser und bei hohen Temperaturen; Haushaltsgeräte, Fördertechnik, Apparatebau

¹⁾ Anwendungstemperatur; ²⁾ Aramid: Aromatisches Polyamid, Handelsname: Kevlar

Schichtpressstoffe – Bezeichnungen

DIN EN 60893-1: 2004-12

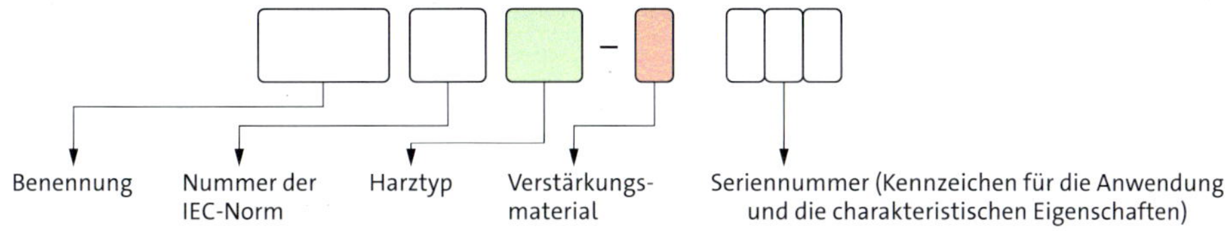

Harztyp				Verstärkungsmaterial			
EP	Epoxidharz	UP	ungesättigtes Polyesterharz	CC	Baumwollgewebe	PC	Polyesterfasergewebe
MF	Melaminharz	SI	Siliconharz	CP	Zellulosepapier	WV	Holzfurniere
PF	Phenolharz	PI	Polyiamidharz	GC	Glasgewebe	CR	zusammengesetztes Verstärkungsmaterial
				GM	Glasmatte		

Bezeichnungsbeispiel:
Tafel IEC 60893-3-4 – PF CP 201, 12 x 500 x 1000
Tafel aus Phenolharz mit Zellulosepapier, Seriennummer 201, Dicke t = 12 mm, Breite b = 500 mm, Länge l = 1000 mm

Schichtpressstoffe

DIN EN 60893-3-1: 2013-03

Schichtpressstoff			Alte Bezeichnung nach DIN 7735-2	Eigenschaften	Verwendung
Harztyp	Verstärkungsmaterial	IEC-Seriennummer			
EP	CP	201	HP 2361.1	hohe mechanische Festigkeit, hitzebeständig bis 180 °C, hohe elektrische Isoliereigenschaften	Präzisionsteile, Verkehrstechnik, Elektromotoren, Hochspannungstechnik
	GC	201	Hgw 2372		
		203	Hgw 2372.4		
	GM	201	–		
MF	GC	201	Hgw 2272	gute mechanische und elektrische Eigenschaften, schwer entflamm- und brennbar	Schaltgerätebau, Isolierteile
PF	CC	201	Hgw 2082	witterungsbeständig, hitzebeständig bis 120 °C, hohe mechanische und elektrische Festigkeit	Maschinen- und Anlagenbau, Automobilindustrie, Montageplatten, Bohrschablonen
		203	Hgw 2083		
	CP	201	Hp 2061		
		203	Hp 2061.6		
Si	GC	202	Hgw 2572	hohe Dauertemperaturbeständigkeit, sehr gute elektrische Eigenschaften	Hochspannungstechnik, Isolierteile, Maschinenbauteile
UP	GM	203	Hm 2471	hitzebeständig bis 150 °C, sehr gute elektrische Isolation	Schaltanlagenbau, Verkehrstechnik
		202	Hm 2472		

Keramische Werkstoffe

Werkstoff		Dichte ρ in g/cm³	E-Modul E in GPa	Biegefestigkeit σ_{bB} in MPa	Längenausdehnungskoeffizient α in 10^{-6}/K	Eigenschaften Verwendung
Bezeichnung	Kurzname					
Aluminiumoxid	Korund Al2O3	3,94	350 ... 400	310 ... 600	6,5 ... 8,9	verschleißfeste Teile im Maschinen- und Anlagenbau, Schleifmittel, Schneidstoff
Zirkoniumdioxid	Zirconia ZrO2	5,7	200	500 ... 1000	11	hochfest, verschleißfest; Umformwerkzeuge, Schneidstoff, Lager, Dichtungstechnik
Siliciumcarbid	Karborund SiC	3,1	380 ... 430	320 ... 430	4,1	hart, verschleißfest, temperaturwechselbeständig; Gleitringe, Lager, Dichtungen
Borcarbid	Schwarzer Diamant B4C	2,5	390 ... 440	400	6	Panzerung, Schneidstoff, Sandstrahldüsen, Wasserstrahldüsen, Schleifmittel
Siliciumnitrid	Si3N4	3,2	300	750 ... 850	3,2	hochfest, temperaturwechselbeständig; Schneidstoff, Keramiklager
Aluminiumnitrid	AlN	3,26	350	300 ... 400	4,63	sehr gute Wärmeleitfähigkeit und elektrisches Isoliervermögen; Kühlkörper, Isolierteile
Kubisches Bornitrid	CBN	3,47	700	500 ... 700	4,9	Schleifmittel
Polykristalliner Diamant	PKD	4,12	780	1260	4,2	Schleifmittel, Schneidstoff

Thermoplastische Halbzeuge — DIN EN 15860: 2018-09

Rundstäbe	Hohlstäbe	Platten/Flachstäbe
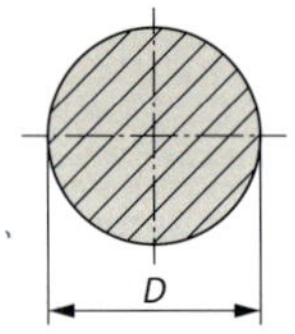	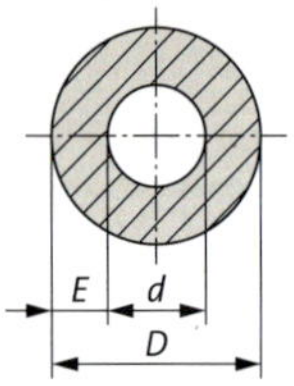	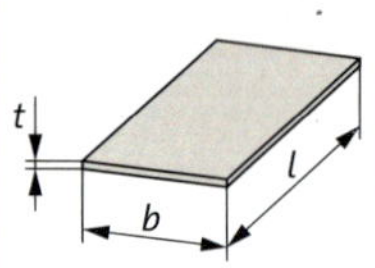

Werkstoffe

Umrechnung der Dichte,
Bezug PVC-U: ρ = 1,465 kg/dm³

ABS	0,717	PC	0,819	POM	0,966
ECTFE	1,147	PEEK	0,901	PP	0,618
PA 6	0,771	PE-HD	0,648	PPE+PS	0.751
PA 66	0,778	PE-LD	0,628	PPS	0,915
PA 12	0,689	PEI	1,065	PSU	0,846
PA 46	0,976	PET	0,935	PTFE	1,465
PBT	0,894	PMMA	1,263	PVC-U	1,000

Rundstäbe			Hohlstäbe			Platten/ Flachstäbe	
Maße *D*	Querschnitt *A*	Masse *m'*¹⁾	Maße *D* x *d*	Querschnitt *A*	Masse *m'*¹⁾	Maße *D* x *d*	Masse *m'*¹⁾
mm	cm²	kg/m	mm	cm²	kg/m	mm	kg/m
4	0,13	0,018	7x5	0,19	0,028	0,5	0,73
5	0,20	0,029	8x4	0,38	0,055	1	1,47
6	0,28	0,041	10x8	0,28	0,041	1,5	2,20
8	0,50	0,074	10x7	0,40	0,059	2	2,93
10	0,79	0,115	10x6	0,50	0,074	2,5	3,66
12	1,13	0,166	12x8	0,63	0,092	3	4,40
14	1,54	0,226	12x6	0,85	0,124	4	5,86
15	1,77	0,259	15x11	0,82	0,120	5	7,33
16	2,01	0,295	15x10	0,98	0,144	6	8,79
18	2,54	0,373	20x10	2,36	0,345	8	11,72
20	3,14	0,460	20x16	1,13	0,166	10	14,65
22	3,80	0,557	20x14	1,60	0,235	12	17,58
25	4,91	0,719	25x21	1,45	0,212	15	21,98
30	7,07	1,036	25x19	2,07	0,304	16	23,44
35	9,62	1,409	30x26	1,76	0,258	18	26,37
40	12,57	1,841	30x24	2,54	0,373	20	29,30
45	15,90	2,330	30x22	3,27	0,479	22	32,23
50	19,63	2,877	30x20	3,93	0,575	25	36,63
55	23,76	3,481	40x36	2,39	0,483	30	43,95
60	28,27	4,142	40x34	3,49	0,350	35	51,28
65	33,18	4,861	40x32	4,52	0,511	36	52,74
70	38,48	5,638	40x30	5,50	0,663	40	58,60
75	44,18	6,472	50x46	3,02	0,805	45	65,93
80	50,27	7,364	50x44	4,43	0,442	50	73,25
85	56,75	8,313	50x42	5,78	0,649	60	87,90
90	63,62	9,320	50x40	7,07	0,847	65	95,23
95	70,88	10,384	60x56	3,64	1,036	70	102,55
100	78,54	11,506	60x54	5,37	0,534	75	109,88
110	95,03	13,922	60x52	7,04	0,787	80	117,20
115	103,87	15,217	60x50	8,64	1,031	85	124,53
120	113,10	16,569	70x64	6,31	1,266	90	131,85
125	122,72	17,978	70x62	8,29	0,925	95	139,18
130	132,73	19,445	70x60	10,21	1,215	100	146,50
135	143,14	20,970	80x74	7,26	1,496	110	161,15
140	153,94	22,552	80x72	9,55	1,063	120	175,80
150	176,71	25,889	80x70	11,78	1,399	130	190,45
155	188,69	27,643	90x84	8,20	1,726		
160	201,06	29,456	90x82	10,81	1,201		

¹⁾ Die längenbezogene Masse *m'* ist mit einer Dichte ρ = 1,465 kg/dm³ (PVC-U) berechnet.

In den Normen DIN EN 15860 sind keine Maße angegeben. Die angegebenen Werte entsprechen den einschlägigen Herstellerangaben.

Umrechnung der Masse/Meter für einen Rundstab aus POM, Durchmesser *D* = 100 mm.
m' = 11,506 kg/m · 0,966 = 11,115 kg/m

Bezeichnungsbeispiel:
Hohlstab EN 15860 POM-C – 100 x 90 x 2000 – natur
Hohlstab aus gegossenem Polyoxymethylen, Außendurchmesser *D* = 100 mm, Innendurchmesser *d* = 90 mm, Länge *l* = 2000 mm, Farbe: natur (ohne Farbbeimengungen)

Thermoplastische Halbzeuge

Werkstoffe: PVC-U, PP, PE-HD, PMMA, ABS

Vierkantstangen

Maße *S*	Querschnitt *A*	Masse m'[1]
mm	cm²	kg/m
10 x 10	1,00	0,147
12 x 12	1,44	0,211
15 x 15	2,25	0,330
20 x 20	4,00	0,586
25 x 25	6,25	0,916
30 x 30	9,00	1,319
35 x 35	12,25	1,795
40 x 40	16,00	2,344
50 x 50	25,00	3,663
60 x 60	36,00	5,274
80 x 80	64,00	9,376
100 x 100	100,00	14,650

Winkelprofil

Maße *H* x *B* x *t*	Querschnitt *A*	Masse m'[1]
mm	cm²	kg/m
15 x 15 x 2	0,56	0,082
20 x 20 x 2	0,76	0,111
25 x 25 x 2	0,96	0,141
25 x 25 x 3	1,41	0,207
25 x 15 x 2,5	0,94	0,137
30 x 15 x 3	1,26	0,185
30 x 30 x 3	1,71	0,251
30 x 30 x 4	2,24	0,328
35 x 35 x 2,5	1,69	0,247
40 x 20 x 2	1,16	0,170
40 x 20 x 4	2,24	0,328
40 x 40x 2	1,56	0,229
40 x 40 x 4	3,04	0,445
40 x 40 x 6	4,44	0,650
40 x 45 x 10	7,50	1,099
45 x 25 x 3	2,01	0,294
45 x 45 x 10	8,00	1,172
50 x 30 x 4	3,04	0,445
50 x 50 x 2	1,96	0,287
50 x 50 x 5	4,75	0,696
60 x 40 x 3	2,91	0,426
60 x 60 x 7	7,91	1,159
65 x 20 x 2,5	2,06	0,302
65 x 40 x 4	4,04	0,592
70 x 40 x 5	5,25	0,769
75 x 22 x 3	2,82	0,413
80 x 50 x 3	3,81	0,558
90 x 90 x 7	12,11	1,774

Vierkantrohre

Maße *S* x *S* x *t*	Querschnitt *A*	Masse m'[1]
mm	cm²	kg/m
20 x 20 x 1,5	1,11	0,163
22 x 22 x 3	2,28	0,334
26 x 26 x 2	1,92	0,281
30 x 30 x 2	2,24	0,328
35 x 35 x 2	2,64	0,387
35 x 35 x 3	3,84	0,563
40 x 40 x 1,4	2,16	0,317
40 x 40 x 2	3,04	0,445
45 x 45 x 2	3,44	0,504
50 x 50 x 2	3,84	0,563
50 x 50 x 4	7,36	1,078
60 x 60 x 2	4,64	0,680
70 x 70 x 2	5,44	0,797
80 x 80 x 2	6,24	0,914
90 x 90 x 2	7,04	1,031
100 x 100 x 2,5	9,75	1,428
120 x 120 x 2,5	11,75	1,721

Sechskant

Maße *S*	Querschnitt *A*	Masse m'[1]
mm	cm²	kg/m
17	2,50	0,367
19	3,13	0,458
22	4,19	0,614
24	4,99	0,731
27	6,31	0,925
30	7,80	1,142
32	8,87	1,300
38	12,51	1,833

[1] Die Masse m' ist mit einer Dichte von $\rho = 1{,}465$ kg/dm³ für PVC-U berechnet.

Die angegebenen Werte entsprechen den einschlägigen Herstellerangaben. Die Profile werden je nach Herstellerangeboten aus den angegebenen Kunststoffen geliefert.

Umrechnung der Dichte:
Bezug PVC-U : $\rho = 1{,}465$ kg/dm³

PP	0,618
PE-HD	0,648
PMMA	1,263
ABS	0,717

Rechteckrohre

Maße *H* x *B* x *t*	Querschnitt *A*	Masse m'[1]
mm	cm²	kg/m
20 x 12 x 2	1,12	0,164
25 x 15 x 2	1,44	0,211
25 x 20 x 2	1,64	0,240
35 x 30 x 3	3,54	0,519
40 x 25 x 2	2,44	0,357
40 x 30 x 2	2,64	0,387
40 x 35 x 3	4,14	0,607
50 x 25 x 2	2,84	0,416
60 x 40 x 3	5,64	0,826
70 x 35 x 2,5	5,00	0,733
73 x 53 x 4	9,44	1,383
85 x 35 x 2,5	5,75	0,842
86 x 58 x 2,5	6,95	1,018
110 x 55 x 2,5	8,00	1,172

U-Profil

Maße *H* x *B* x *t*	Querschnitt *A*	Masse m'[1]
mm	cm²	kg/m
6 x 13 x 1,5	0,33	0,048
7 x 12 x 1	0,24	0,035
8,5 x 15 x 1,2	0,36	0,052
10 x 13 x 1,5	0,45	0,066
11 x 15 x 1,5	0,51	0,075
13 x 15 x 1,5	0,57	0,084
20 x 8 x 2	0,88	0,129
20 x 16 x 2	1,04	0,152
24 x 20 x 1,7	1,10	0,161
24 x 40 x 2	1,68	0,246
27 x 46 x 3	2,82	0,413
29 x 20 x 2	1,48	0,217
29 x 42 x 2	3,68	0,539
35 x 35 x 4	3,88	0,568
46 x 66 x 3	4,56	0,668
47,5 x 20 x 3,5	3,78	0,554
48 x 46 x 3,5	4,73	0,692
49 x 69 x 4	6,36	0,932
49 x 112 x 4	8,08	1,184
64 x 37 x 2	3,22	0,472
69 x 65 x 4	7,80	1,143
69 x 132 x 4	10,48	1,535
70 x 35 x 5	8,25	1,209
90 x 20 x 2,5	4,88	0,714
90 x 92 x 4	10,56	1,547
90 x 150 x 4	12,88	1,887

3

Spannung

Normalspannung σ	Schubspannung τ
Die Kraft wirkt senkrecht zum Spannungsquerschnitt.	Die Kraft wirkt parallel zum Spannungsquerschnitt.
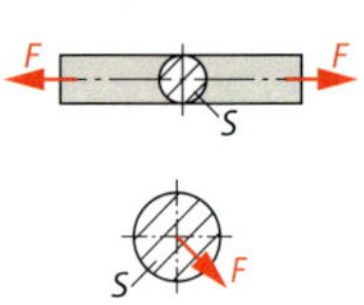 $\sigma = \frac{F}{S}$ F = Normalkraft S = Querschnitt σ = Normalspannung	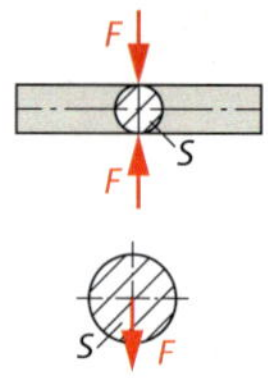 $\tau = \frac{F}{S}$ F = Querkraft S = Querschnitt τ = Schubspannung (Scherspannung)

Belastungsfälle

Statische Belastung	Dynamische Belastung	
Belastungsfall I ruhend	Belastungsfall II schwellend	Belastungsfall III wechselnd
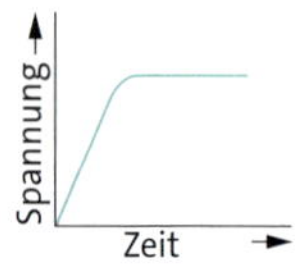	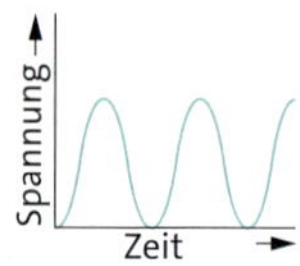	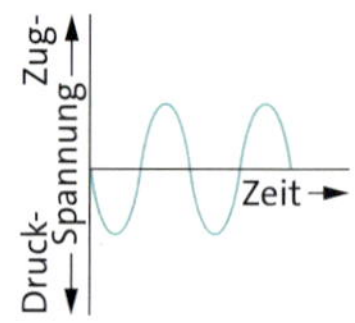
Nach dem Aufbringen der Kraft bleibt die Spannung konstant.	Die Spannung ändert sich zwischen einem Minimal- und einem Maximalwert.	Die Spannung wechselt zwischen einem positiven und einem negativen Maximalwert.
Beispiel: Gebäudestützen	Beispiel: Kranseil, feststehende Achse	Beispiel: umlaufende Achse

Beanspruchungsarten

Merkmale	Zug	Druck	Abscherung	Biegung	Knickung	Verdrehung
	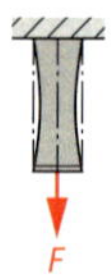	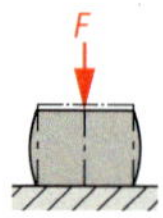	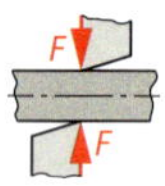	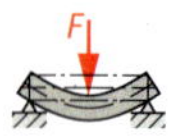		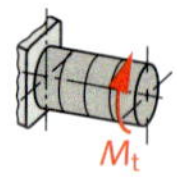
Spannungsart	Zugspannung σ_z	Druckspannung σ_d	Scherspannung τ_a	Biegespannung σ_b	Knicken σ_k	Torsionsspannung τ_t
Formänderung	Dehnung e (ε) Bruchdehnung A	Stauchung ε_d Bruchstauchung ε_{dB}	–	Durchbiegung f	–	Verdrehwinkel φ
Kennzeichnende Eigenschaften der Werkstoffe						
Belastungsfall I ▪ spröde Werkstoffe	Zugfestigkeit R_m	Druckfestigkeit σ_{dB}	Scherfestigkeit τ_{aB}	Biegefestigkeit σ_{bB}	Knickfestigkeit σ_{kB}	Torsionsfestigkeit τ_{tB}
▪ zähe Werkstoffe	Streckgrenze R_e 0,2 %-Dehngrenze $R_{p0,2}$	Quetschgrenze σ_{dF} 0,2 %-Stauchgrenze $\sigma_{d\,0,2}$	Schergrenze τ_{aF}	Biegegrenze σ_{bF}		Torsionsgrenze τ_{tF}
Belastungsfall II	Zugschwellfestigkeit σ_{zSch}	Druckschwellfestigkeit σ_{dSch}	–	Biegeschwellfestigkeit σ_{bSch}	–	Torsionsschwellfestigkeit τ_{tSch}
Belastungsfall III	Zug-Druck-Wechselfestigkeit σ_{zdw}		–	Biegewechselfestigkeit σ_{bw}	–	Torsionswechselfestigkeit τ_{tw}

Beanspruchungsarten

Zugbeanspruchung

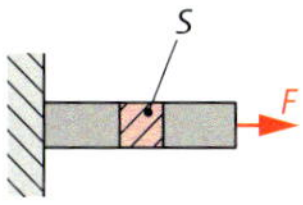

$$\sigma_z = \frac{F}{S} \qquad \sigma_{zzul} = \frac{F}{S} \qquad \sigma_{zzul} = \frac{\sigma_{zmax}}{\nu}$$

$$F = \sigma_z \cdot S \qquad S = \frac{F}{\sigma_z}$$

geg.: $F = 30\ \text{kN}$, $S = 25\ \text{mm} \times 20\ \text{mm}$
ges: $\sigma_{zzul} = ?\ \text{N/mm}^2$

$$\sigma_{zzul} = \frac{F}{S}$$

$$\sigma_{zzul} = \frac{30\ \text{kN}}{25\ \text{mm} \cdot 20\ \text{mm}} = \frac{30\,000\ \text{N}}{500\ \text{mm}^2} = 60\ \text{N/mm}^2$$

Druckbeanspruchung

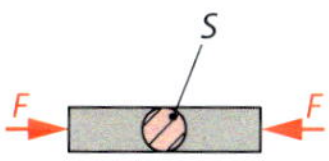

$$\sigma_d = \frac{F}{S} \qquad \sigma_{dzul} = \frac{F}{S} \qquad \sigma_{dzul} = \frac{\sigma_{max}}{\nu}$$

Stahl, NE-Metalle: $\sigma_{dzul} = \sigma_{zzul}$

$$F = \sigma_d \cdot S \qquad S = \frac{F}{\sigma_d}$$

geg.: $\sigma_{dzul} = 500\ \text{N/mm}^2$, Rundstab $d = 50\ \text{mm}$
ges.: F ? kN

$$F = \sigma_{dzul} \cdot S = \sigma_{dzul} \cdot \frac{\pi d^2}{4}$$

$$F = \frac{500\ \text{N/mm}^2}{1000} \cdot \frac{\pi 50^2\ \text{mm}^2}{4} = 982\ \text{kN}$$

Scherbeanspruchung

Querschnitt darf nicht abgeschert werden

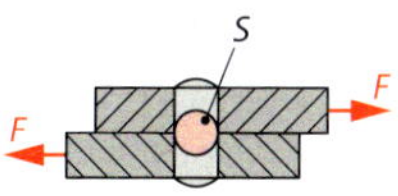

$$\tau_a = \frac{F}{S} \qquad \tau_{azul} = \frac{F}{S} \qquad \tau_{azul} = \frac{\tau_{ab}}{\nu}$$

$$F = \tau_a \cdot S \qquad S = \frac{F}{\tau_a} \qquad S_{erf} = \frac{F}{\tau_{azul}}$$

geg.: $F = 10\ \text{kN}$, $d = 12\ \text{mm}$
ges.: $\tau_a = ?\ \text{N/mm}^2$

$$\tau_a = \frac{F}{S} = \frac{F \cdot 4}{d^2 \pi}$$

$$\tau_a = \frac{10\,000\ \text{N} \cdot 4}{12^2\ \text{mm}^2\ \pi} = 88{,}4\ \text{N/mm}^2$$

Querschnitt soll abgeschert werden

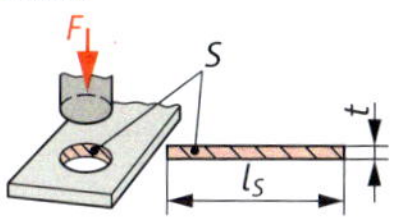

$$F = \tau_{ab\,max} \cdot S \qquad S = l_s \cdot t$$

Stahl: $\tau_{aB\,max} \approx 0{,}8 \cdot R_{m\,max}$
Gusseisen: $\tau_{aB\,max} \approx 1{,}1 \cdot R_{m\,max}$

$$l_s = d \cdot \pi$$

geg.: $d = 25\ \text{mm}$, $t = 2{,}5\ \text{mm}$, $\tau_{aB\,max} = 0{,}8 \cdot 550\ \text{N/mm}^2$
ges.: $F = ?\ \text{kN}$

$F = \tau_{aB\,max} \cdot S = \tau_{aB\,max} \cdot l_s \cdot t$
$F = 0{,}8 \cdot 550\ \text{N/mm}^2 \cdot 25\ \text{mm} \cdot \pi \cdot 2{,}5\ \text{mm}$
$F = 86\,393{,}8\ \text{N} = 86{,}4\ \text{kN}$

Knickung

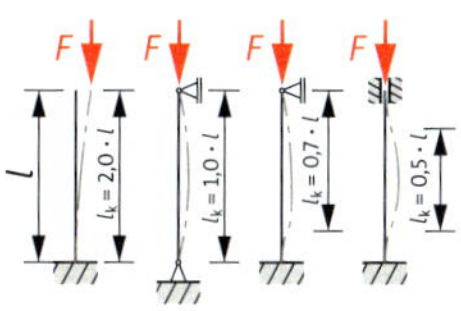

$$\sigma_k = \frac{F}{S} \qquad F_{kzul} = \frac{\pi^2 \cdot E \cdot I}{l_k^2 \cdot \nu} \qquad l_k = \sqrt{\frac{E \cdot I \cdot \pi^2}{F_{Kzul} \cdot \nu}}$$

$$F = \sigma_k \cdot S \qquad S = \frac{F}{\sigma_k}$$

geg.: IPB 180 zweiseitig eingespannt, $l = 3{,}50\ \text{m}$, $\nu = 8$, $E = 200\,000\ \text{N/mm}^2$, $I = 1360\ \text{cm}^4$
ges.: $F_{kzul} = ?\ \text{kN}$

$$F_{kzul} = \frac{\pi^2 \cdot E \cdot I}{l_s^2 \cdot \nu} = \frac{\pi^2 \cdot 200\,000\ \text{N/mm}^2 \cdot 1360\ \text{cm}^4}{(0{,}5 \cdot 350\ \text{cm})^2 \cdot 8}$$

$$F_{kzul} = \frac{\pi^2 \cdot 200\,000\ \text{N/cm}^2 \cdot 1360\ \text{cm}^4}{175^2\ \text{cm}^2 \cdot 8} = 1095727{,}5\ \text{N}$$

$$F_{kzul} = 1095{,}7\ \text{kN}$$

Torsion

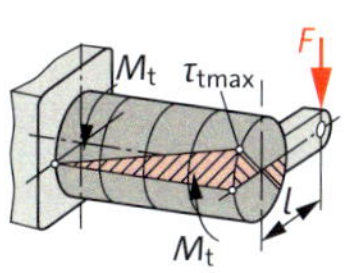

$$\tau_t = \frac{M_t}{W_p} \qquad \tau_{tzul} = \frac{M_t}{W_p} \qquad \tau_{tzul} = \frac{\tau_{t\,max}}{\nu}$$

$$M_t = \tau_t \cdot W_p \qquad W_p = \frac{M_t}{\tau_t} \qquad M_t = F \cdot l$$

geg.: Achse $d = 28\ \text{mm}$, $M_t = 150\ \text{Nm}$
ges.: $W_p = ?\ \text{mm}^3$, $\tau_t = ?\ \text{N/mm}^2$

$$W_p = \frac{d^3 \pi}{16} \cdot \frac{28^3\ \text{mm}^3 \cdot \pi}{16} = 4310\ \text{mm}^3$$

$$\tau_t = \frac{M_t}{W_p} = \frac{150\,000\ \text{N/mm}}{4310\ \text{mm}^3} = 34{,}8\ \text{N/mm}^2$$

F : Kraft in N
F_k: Knickkraft in N
S : Querschnitt in mm²
l_s : Scherlänge
t : Werkstückdicke in mm
l : Hebellänge
A : Berührungsfläche in mm² (projiziert)
σ_z : Zugspannung in N/mm²
σ_d : Druckspannung in N/mm²
σ_k : Knickspannung in N/mm²
τ_a : Scherspannung
τ_{aB}: Scherfestigkeit
τ_t : Torsionsspannung in N/mm²
E : Elastizitätsmodul in N/mm²
I : axiales Flächenträgheitsmoment in cm⁴
M_t : Torsionsmoment in Nmm
W_p: polares Widerstandsmoment in mm³
p : Flächenpressung in N/mm²
ν : Sicherheitszahl

Beanspruchungsarten

Flächenpressung

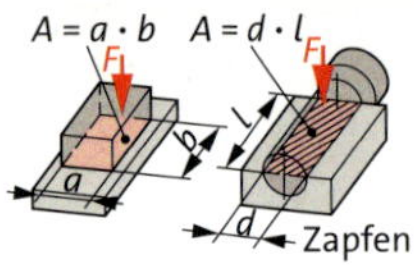

$$p = \frac{F}{A} \qquad p_{zul} = \frac{F}{A}$$

$$F = p \cdot A \qquad A = \frac{F}{p}$$

geg.: $d = 45$ mm, $l = 120$ mm, $p_{zul} = 150\ \text{N/mm}^2$
ges.: F = ? kN

$$F = p_{zul} \cdot A = p_{zul} \cdot d \cdot l$$

$$F = 150\ \text{N/mm}^2 \cdot 45\ \text{mm} \cdot 120\ \text{mm} = 810\,000\ \text{N} = 810\ \text{kN}$$

Biegebeanspruchung

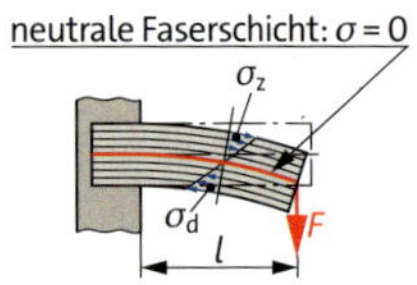

$$\sigma_b = \frac{M_b}{W} \qquad \sigma_{bzul} = \frac{M_b}{W} \qquad \sigma_{bzul} = \frac{\sigma_{bmax}}{\nu}$$

$$M_b = \sigma_b \cdot W \qquad W = \frac{M_b}{\sigma_b} \qquad M_b = F \cdot l$$

geg.: IBPl 140, einseitig eingespannt,
ruhende Einzelkraft $F = 10$ kN, $l = 4$ m,
$W = 216\ \text{cm}^3$
ges.: σ_b = ? N/mm²

$$\sigma_b = \frac{F \cdot l}{W} = \frac{10\,000\ \text{N} \cdot 400\ \text{cm}}{216\ \text{cm}^3}$$

$$\sigma_b = 18\,518{,}5\ \frac{\text{N}}{\text{cm}^2} = 185{,}2\ \text{N/mm}^2$$

Biegebelastungsfälle

	einseitig eingespannter Träger	frei aufliegender Träger	beidseitig eingespannter Träger
Belastung durch Einzelkraft	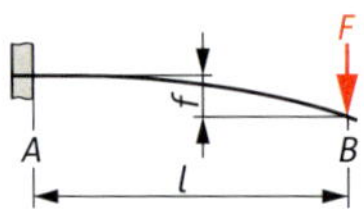	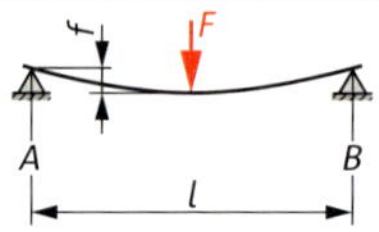	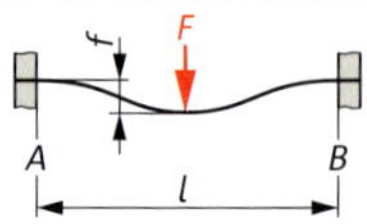
	$M_b = F \cdot l$ $\quad f = \frac{F \cdot l^3}{3 \cdot E \cdot I}$	$M_b = \frac{F \cdot l}{4}$ $\quad f = \frac{F \cdot l^3}{48 \cdot E \cdot I}$	$M_b = \frac{F \cdot l}{8}$ $\quad f = \frac{F \cdot l^3}{192 \cdot E \cdot I}$
Belastung durch Streckenlast	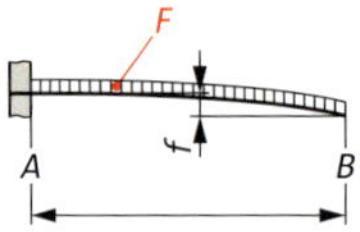	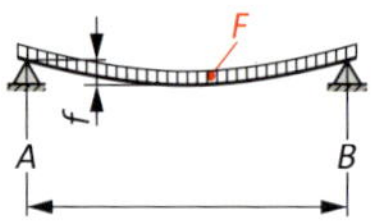	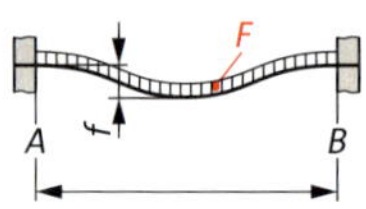
	$M_b = \frac{F \cdot l}{2}$ $\quad f = \frac{F \cdot l^3}{8 \cdot E \cdot I}$	$M_b = \frac{F \cdot l}{8}$ $\quad f = \frac{5 \cdot F \cdot l^3}{384 \cdot E \cdot I}$	$M_b = \frac{F \cdot l}{12}$ $\quad f = \frac{F \cdot l^3}{384 \cdot E \cdot I}$

Elastizitätsmodul und Schubmodul – Richtwerte

Werkstoff	Elastizitätsmodul *E*	Schubmodul *G*	Werkstoff	Elastizitätsmodul *E*	Schubmodul *G*
	KN/mm²	KN/mm²		KN/mm²	KN/mm²
Stahl – Gusseisen			NE-Metalle		
Eisen (α-Eisen)	215	84	Aluminium	70	25
Baustahl	210	78 ... 80	Aluminiumlegierungen	70 ... 76	25
Feinkornbaustahl			Kupfer	120	45
Vergütungsstahl			CuSn8F66	116	43
Stahlguss		80 ... 83	CuZn40F34	104	40
Nichtrostender Stahl – ferritisch	220	40 ... 80	Magnesium	45	17
			Magnesiumlegierungen	40 ... 45	–
Nichtrostender Stahl – austenitisch	185 ... 200	70 ... 80	Nickel	200	75
			Titan	110	40
Gusseisen GJL	85 ... 155	40 ... 60	Wolfram	406	–
Gusseisen GJS	170 ... 185	64 ... 71	Zink	94	38
Temperguss GJMW	170	68	Zinn	55	20

E-Module für Kunststoffe siehe unter „Kunststoffe“

F: Kraft in N
S: Querschnitt in mm²
p: Flächenpressung in N/mm²
l: Hebellänge
σ_z: Zugspannung in N/mm²
σ_d: Druckspannung in N/mm²
σ_b: Biegespannung in N/mm²
ν: Sicherheitszahl
E: Elastizitätsmodul in N/mm²
I: axiales Flächenträgheitsmoment in cm⁴
M_b: Biegemoment in Nmm
W: Widerstandsmoment in mm³

Zulässige Spannungen im Maschinenbau

Normalspannung σ				Schubspannung τ
$\sigma_{zul} = \frac{\sigma_{max}}{\nu}$	spröde Werkstoffe	zähe Werkstoffe: mit ausgeprägter Fließgrenze	zähe Werkstoffe: ohne ausgeprägte Fließgrenze	$\tau_{zul} = \frac{\tau_{max}}{\nu}$
	$\sigma_{max} = R_m$	$\sigma_{max} = R_e$	$\sigma_{max} = R_{p0,2}$	σ_{max}: maximale Spannung in N/mm²
	$\sigma_{zul} = \frac{R_m}{\nu}$	$\sigma_{zul} = \frac{R_e}{\nu}$	$\sigma_{zul} = \frac{R_{p0,2}}{\nu}$	σ_{zul} : zulässige Spannung in N/mm² τ_{max}: maximale Scherspannung in N/mm² τ_{zul} : zulässige Scherspannung in N/mm² ν : Sicherheitszahl

Beanspruchungsart	Zug – Druck			Abscherung	Biegung			Torsion		
Belastungsfall	I	II	III	I	I	II	III	I	II	III
Maximale Spannung	R_e / $R_{p0,2}$ σ_{dF} / $\sigma_{d0,2}$	σ_{zSch} σ_{dSch}	σ_{zdw}	τ_{aF}	σ_{bF}	σ_{bSch}	σ_{bw}	τ_{tF}	τ_{tSch}	τ_{tw}
Unlegierte Baustähle – normalgeglüht										
S235JR	235	235	150	290	330	290	170	140	140	120
S275JR	275	295	210	390	410	410	240	170	170	150
S355JR	355	355	220	390	470	470	300	180	180	160
E295	295	295	210	400	420	420	250	170	170	150
E335	335	335	250	470	470	470	280	190	190	160
E360	360	360	300	550	510	510	330	210	210	190
Einsatzstähle – Kernfestigkeit nach dem Härten und Rückfeinen										
C10E	390	390	310	530	540	540	330	210	210	190
C15E	440	440	330	600	610	610	370	250	250	210
16MnCr5	635	635	430	880	890	740	440	360	360	270
20MnCr5	735	735	480	940	1030	920	540	420	420	310
Vergütungsstähle – Werte im vergüteten Zustand										
C22E	340	340	220	400	490	410	240	245	245	165
C45E	490	490	280	560	700	520	310	350	350	210
46Cr2	650	630	370	720	910	670	390	455	480	270
25CrMo4	700	650	380	810	1150	750	420	560	480	290
50CrMo4	900	760	450	880	1260	820	480	630	560	330
30CrNiMo8	1050	880	520	1000	1450	950	550	740	640	470
Stahlguss										
GE200	200	200	160	300	260	260	150	115	115	90
GE240	240	240	185	360	300	300	180	135	135	105
GE300	300	300	240	480	390	390	240	175	175	140
Gusseisen										
EN-GJS-400-15	250	240	140	400	350	345	220	200	195	115
EN-GJS-500-7	320	270	155	500	420	380	240	240	225	130
EN-GJS-600-3	370	330	190	600	500	470	270	290	275	160
EN-GJS-700-2	420	355	205	700	560	520	300	320	305	175

Alle Werte am glatten, polierten Probestab, $d \leq 16$ mm.

Sicherheitszahl ν

Werkstoff	zäh, hart: St, GE, Al			spröde: GJL, GJS, GJM		
Belastungsfall	I	II	III	I	II	III
Sicherheitszahl ν	1,2 ... 1,5	1,8 ... 2,4	3,0 ... 4,0	2 ... 4	3 ... 5	5 ... 6

Zulässige Flächenpressung – Richtwerte

Werkstoff	Zulässige Flächenpressung p_{zul} in N/mm² bei Belastung		
	ruhend	schwellend	stoßartig
St, ungehärtet	100 ... 200	70 ... 150	40 ... 80
St, gehärtet	150 ... 250	100 ... 170	50 ... 100
GE	100 ... 150	80 ... 100	40 ... 60
GJL, GJS, GJM	80 ... 100	60 ... 80	30 ... 50
Cu-Sn-/Cu-Zn-Legierungen	40 ... 50	30 ... 40	15 ... 20
AlCuMg, ausgehärtet	100 ... 160	70 ... 100	40 ... 60
AlMgSi, ausgehärtet	80 ... 150	60 ... 90	30 ... 50
AlSi-, AlSiMg-Gusslegierungen	60 ... 70	40 ... 50	25 ... 30

3

Flächenmomente und Widerstandsmomente

Querschnitt	Biegung und Knickung		Torsion	
	Axiales Flächenmoment 2. Grades	Axiales Widerstandsmoment	Polares Flächenmoment 2. Grades	Polares Widerstandsmoment
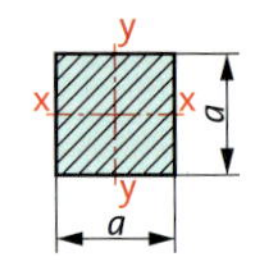	$I_x = I_y = \frac{a^4}{12}$	$W_x = W_y = \frac{a^3}{6}$	$I_p = 0{,}141 \cdot a^4$	$W_p = 0{,}208 \cdot a^3$
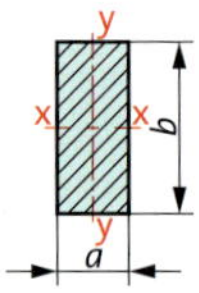	$I_x = \frac{a \cdot b^3}{12}$ $I_y = \frac{b \cdot a^3}{12}$	$W_x = \frac{a \cdot b^2}{6}$ $W_y = \frac{b \cdot a^2}{6}$	–	–
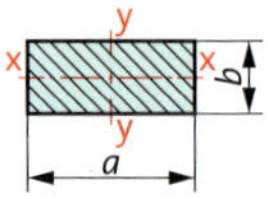	$I_x = \frac{a \cdot b^3}{12}$ $I_y = \frac{b \cdot a^3}{12}$	$W_x = \frac{a \cdot b^2}{6}$ $W_y = \frac{b \cdot a^2}{6}$	–	–
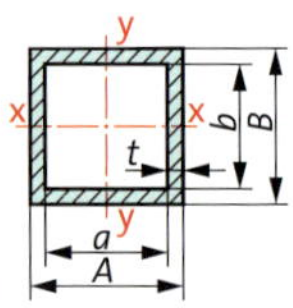	$I_x = \frac{A \cdot B^3 - a \cdot b^3}{12}$ $I_x = \frac{B \cdot A^3 - b \cdot a^3}{12}$	$W_x = \frac{A \cdot B^3 - a \cdot b^3}{6B}$ $W_x = \frac{B \cdot A^3 - b \cdot a^3}{6A}$	$I_p = \frac{t\,(Aa + Bb)\,(A + a)\,(B + b)}{A + B + a + b}$	$W_p = \frac{t\,(A + a)\,(B + b)}{2}$
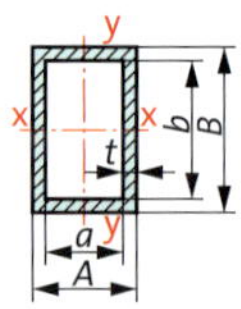	$I_x = \frac{A \cdot B^3 - a \cdot b^3}{12}$ $I_x = \frac{B \cdot A^3 - b \cdot a^3}{12}$	$W_x = \frac{A \cdot B^3 - a \cdot b^3}{6B}$ $W_x = \frac{B \cdot A^3 - b \cdot a^3}{6A}$	$I_p = \frac{t\,(Aa + Bb)\,(A + a)\,(B + b)}{A + B + a + b}$	$W_p = \frac{t\,(A + a)\,(B + b)}{2}$
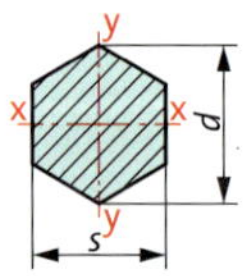	$I_x = I_y = \frac{5\sqrt{3} \cdot d^4}{256}$ $I_x = I_y = \frac{5\sqrt{3} \cdot s^4}{144}$	$W_x = \frac{5\sqrt{3} \cdot d^3}{128}$ $W_x = \frac{5 \cdot d^3}{64}$	$I_p = 0{,}0649 \cdot d^4$	$W_p = 0{,}1226 \cdot d^3$ $W_p = 0{,}188 \cdot s^3$
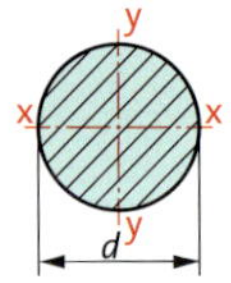	$I_x = I_y = \frac{d^4 \cdot \pi}{64}$	$W_x = W_y = \frac{d^3 \cdot \pi}{32}$	$I_p = \frac{d^4 \cdot \pi}{32}$	$W_p = \frac{d^3 \cdot \pi}{16}$
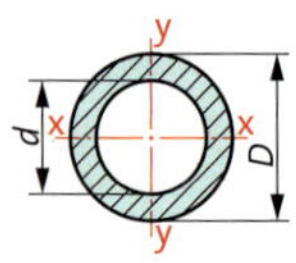	$I_x = I_y$ $I_y = \frac{(D^4 - d^4) \cdot \pi}{64}$	$W_x = W_y$ $W_y = \frac{(D^4 - d^4) \cdot \pi}{32 \cdot D}$	$I_p = \frac{(D^4 - d^4) \cdot \pi}{32}$	$W_p = \frac{(D^4 - d^4) \cdot \pi}{16 \cdot D}$

Kerbwirkung

Kerben in einem belasteten Bauteil führen zu einer ungleichen Spannungsverteilung. Diese ungleiche Spannungsverteilung zeichnet sich durch Spannungsspitzen an der Kerbe aus.
Die dadurch entstehende Festigkeitsminderung hängt von der Kerbform und der Kerbempfindlichkeit des Werkstoffes ab.

Kerben entstehen bei der Konstruktion eines Bauteils durch:
- Bohrungen,
- Rillen,
- Nuten,
- Durchmesserübergängen an Wellen/Gewinden.

Kerbquerschnitt: $S_K = \frac{d^2\pi}{4}$

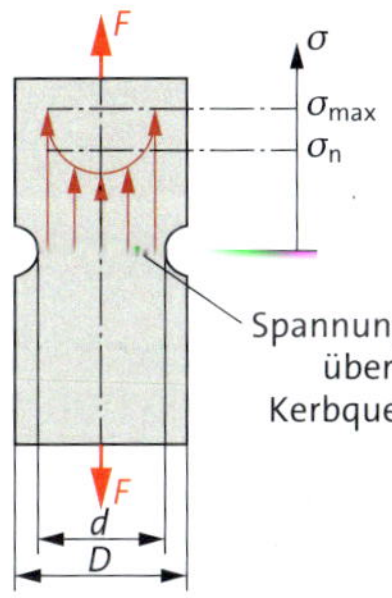

$$\sigma_n = \frac{F}{S_K}$$

$$\sigma_{max} = \sigma_n \cdot \beta_k$$

$$\sigma_{zul} = \frac{\sigma_D \cdot b_1 \cdot b_2}{\beta_k \cdot \nu}$$

Kerbwirkungszahl β_k für Stahl

Form der Kerbe	Werkstoff	β_k bei	
		Biegung	Verdrehung
glatte Welle	unlegierter Baustahl S235JR ... E360	1	1
Welle mit Rundkerbe		1,5 ... 2,5	1,3 ... 1,8
Welle mit Einstich für Sicherungsring		2,5 ... 3,0	2,5 ... 3,0
Welle mit Absatz		1,3 ... 2,0	1,2 ... 1,8
Welle mit kleiner Querbohrung (z. B. Schmierloch)		1,2 ... 1,8	1,2 ... 1,8
Welle an Übergangsstelle zu festsitzender Nabe		2,0	1,5
Passfedernut in Welle		1,8 ... 1,9	1,5 ... 1,6
	Vergütungsstahl C45E+QT	1,9 ... 2,1	1,6 ... 1,7
	Vergütungsstahl 50CrMo4+QT	2,1 ... 2,3	1,7 ... 1,8
Scheibenfedernut in Welle	unlegierter Baustahl S235JR ... E360	2,0 ... 3,0	2,0 ... 3,0
Keilwelle		2,0 ... 2,5	2,0 ... 2,5
Flachstab mit Bohrung		1,2 ... 1,5	1,5 ... 1,8 (Zug)

Oberflächenbeiwert b_1 und Größenbeiwert b_2 für Stahl

Oberflächenbeiwert b_1

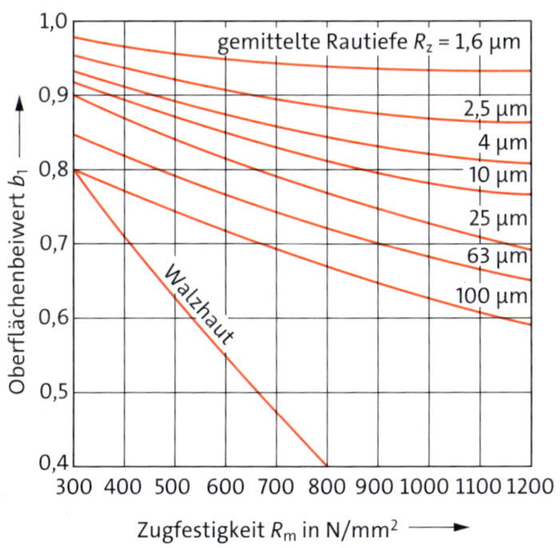

Größenbeiwert b_2

Größenbeiwert für runde Formen

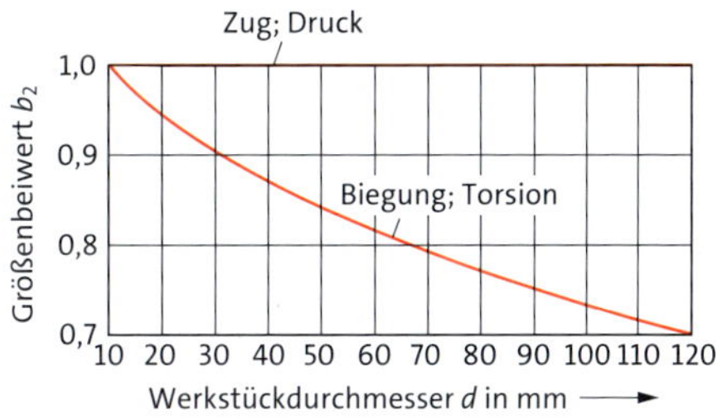

Für andere Querschnittsformen gilt:

Querschnittsform	Biegung	Verdrehung
Quadrat	d = Kantenlänge	d = Flächendiagonale
Rechteck	d = Kantenlänge in Biegeebene	d = Flächendiagonale

d: Durchmesser des Kerbquerschnitts in mm
D: Durchmesser des ungekerbten Bauteils in mm
S_k: Kerbquerschnitt in mm²
F: Kraft in N
σ_n: Nennspannung in Kerbgrund N/mm²
σ_{max}: maximale Spannung in N/mm²
σ_{zul}: zulässige Spannung in N/mm²
ν: Sicherheitszahl
β_k: Kerbwirkungszahl
b_1: Oberflächenbeiwert
b_2: Größenbeiwert

3

Übersicht		
Prüfung	**Norm**	**Anwendung**
Zerstörende Werkstoffprüfung Ermittlung kennzeichnender Eigenschaften von Werkstoffen		
Zugversuch	DIN EN ISO 6892-1	Ermittlung von Werkstoffkennwerten als Grundlage für ▪ die Festigkeit bei statischer Belastung, ▪ das Umformverhalten, ▪ Zerspanungskennwerte.
Druckversuch	DIN 50106	▪ Untersuchung von Lagermetallen und spröden Gusswerkstoffen ▪ Ermittlung des Kraft- und Arbeitsbedarfes zur spanlosen Umformung von Metallen
Härteprüfung – Brinell	DIN EN ISO 6506-1	Ermittlung der Härte von weichen bis mittelharten Werkstoffen, z. B. unlegierter Baustahl oder Aluminium
– Vickers	DIN EN ISO 6507-1	Ermittlung der Härte ▪ an dünnwandigen oder oberflächengehärteten Werkstücken, ▪ in Randzonen, ▪ einzelner Gefügebestandteile.
– Rockwell	DIN EN ISO 6508-1	universelles Prüfverfahren zur Ermittlung der Härte an weichen und gehärteten Stählen und Nichteisenmetallen
– Martens	DIN EN ISO 14577-11	Universelles Prüfverfahren zur Ermittlung ▪ der Härte für Metalle, Hartmetalle, Kunststoffe, ▪ des plastischen Verhaltens.
Kerbschlagbiegeversuch	DIN EN ISO 148-1	Ermittlung der Zähigkeit bei schlagartiger Beanspruchung und vorhandener Kerbwirkung von ▪ Stahl und Stahlguss, auch in Abhängigkeit von der Temperatur, ▪ Nichteisenmetallen und deren Legierungen.
Dauerschwingversuch	DIN 50100	Ermittlung von Werkstoffkennwerten bei dynamischer (wechselnder, schwingender oder an- und abschwellender) Beanspruchung durch Druck, Zug und Biegung
Tiefungsversuch nach Erichsen	DIN EN ISO 20482	▪ Ermittlung der Streckziehfähigkeit von Blechen ▪ Verhalten von Blechoberflächen beim Kaltumformen
Zugversuch Kunststoffe	DIN EN ISO 527-1	Ermittlung von Werkstoffkennwerten zur ▪ Zugfestigkeit, ▪ Zugspannungs-Dehnungs-Beziehung, ▪ Zugverformungsverhalten.
Härteprüfung Kunststoffe	DIN EN ISO 2039-1	Ermittlung der Härte von Kunststoffen und Hartgummi für Forschung und Entwicklung sowie für die Qualitätskontrolle
Eindruckhärte Kunststoffe Shore-Härte	DIN EN ISO 868	Die Ermittlung der Shore-Härte dient in erster Linie zu Kontrollzwecken der verwendeten Kunststoffe.
Zerstörungsfreie Werkstoffprüfung Suche nach möglichen Fehlern in Werkstücken		
Eindringprüfung	DIN EN ISO 3452-1	Auffinden von Fehlern, die zur Oberfläche des zu prüfenden Werkstückes offen sind, z. B. Risse, Poren, Bindefehler, Überlappungen. Voraussetzung für die Anwendung des Verfahrens ist, dass die Werkstoffe gegenüber den Prüfmitteln inert und nicht übermäßig porös sind.
Magnetpulverprüfung	DIN EN ISO 9934-1	Nachweis von Fehlstellen an oder dicht unter der Oberfläche eines Werkstückes. Der Werkstoff des Werkstückes muss magnetisierbar sein, z. B. ferromagnetische Stähle und Gusseisen.
Wirbelstromprüfung	DIN EN ISO 15549	Auffinden von Fehlstellen an der Oberfläche und in Oberflächennähe von Werkstücken aus elektrisch leitenden Werkstoffen. Das Verfahren wird auch zur Bestimmung von mechanisch technologischen Materialeigenschaften (z. B. Härte, Festigkeit und Gefügezustand) angewandt.
Ultraschallprüfung	DIN EN ISO 16810	Auffinden von inneren Fehlern, z. B. Lunker oder Schlackeneinschlüsse, in einem Werkstück aus schallleitfähigem Material. Ebenso eignet sich das Verfahren für die Schichtdickenmessung oder Wanddickenmessung.
Durchstrahlungsprüfung	DIN EN ISO 5579	Auffinden von Fehlern in einem Werkstück. Es werden Röntgen- oder Gammastrahlen verwendet. Die Ergebnisse werden auf einem belichteten Film dokumentiert. Die Durchstrahlungsprüfung wird u. a. zur Beurteilung von Schweißnähten und zur Prüfung von Gussteilen eingesetzt. **ACHTUNG: Strahlenschutz beachten!**
Alle zerstörungsfreien Prüfverfahren dürfen nur von kompetenten und ausreichend qualifizierten Personen durchgeführt werden.		

Zugversuch

DIN EN ISO 6892-1: 2017-02

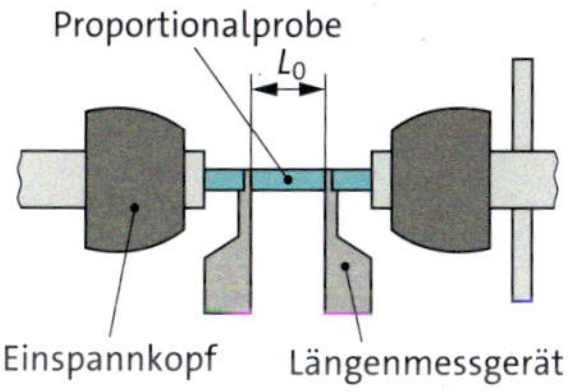

Proportionalprobe

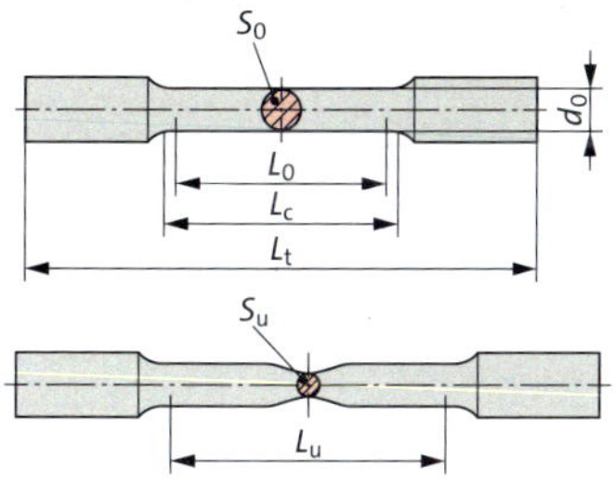

Spannungs-Dehnungs-Diagramm mit ausgeprägter Streckgrenze

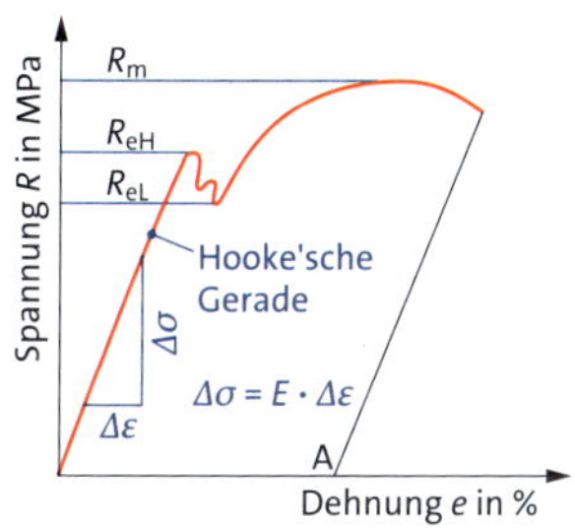

Spannungs-Dehnungs-Diagramm ohne ausgeprägte Streckgrenze

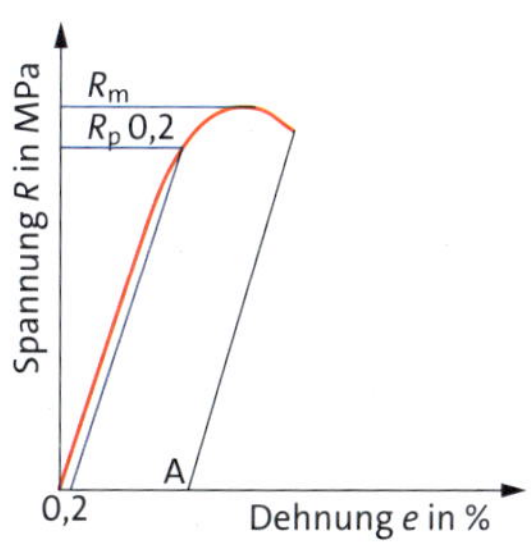

Eine Probe wird durch Zugbelastung bis zum Bruch gedehnt, um mechanische Eigenschaftswerte zu bestimmen.

Durchführung

Üblicherweise werden aus einem Erzeugnis Proportionalproben herausgearbeitet.

Dabei ist $L_0 = k\sqrt{S_0}$ mit $k = 5{,}65$.
Für Rundproben ergibt sich daraus $L_0 = 5\,d_0$.
Profile, Stäbe oder Drähte dürfen ohne Bearbeitung geprüft werden.

Die Anfangsmesslänge L_0 wird durch feine Messmarken oder Farbstriche gekennzeichnet.

Während der Belastung der Probe werden die Kraft an der Prüfmaschine und die Verlängerung mithilfe eines Längenmessgerätes (Extensometer) gemessen.

Es wird ein **Kraft-Verlängerungs-Diagramm** aufgezeichnet, welches in ein Spannungs-Dehnungs-Diagramm umgewandelt wird.

Aus den gemessenen Werten werden die mechanischen Eigenschaftswerte ermittelt.

Zur Bestimmung der Bruchdehnung A und der Brucheinschnürung Z wird die Probe nach dem Bruch wieder zusammengelegt und die Länge L_u sowie der Querschnitt S_u werden gemessen.

Streckgrenzenverhältnis

Das Streckgrenzenverhältnis R_e/R_m bzw. $R_{p0,2}/R_m$ gibt Auskunft über die Höhe der nutzbaren Werkstofffestigkeit.

Hooke'sches Gesetz

Das Hooke'sche Gesetz gilt im Bereich einer elastischen Dehnung.

$$\sigma = E \cdot \varepsilon$$

E: Elastizitätsmodul in MPa

F	Zugkraft in N
F_{eL}	Kraft an der unteren Streckgrenze in N
F_{eH}	Kraft an der oberen Streckgrenze in N
$F_{p0,2}$	Kraft an der 0,2 %-Dehngrenze in N
F_m	maximale Zugkraft in N
L_0	Anfangsmesslänge in mm
L_c	Versuchslänge in mm
L_t	Gesamtlänge der Probe in mm
L_u	Messlänge nach Bruch in mm
d_0	Probendurchmesser in mm
S_0	Anfangsquerschnitt in mm²
S_u	kleinster Querschnitt nach Bruch in mm²

Spannung	$R = \frac{F}{S_0}$	in MPa[1)]
untere Streckgrenze	$R_{eL} = \frac{F_{eL}}{S_0}$	in MPa
obere Streckgrenze	$R_{eH} = \frac{F_{eH}}{S_0}$	in MPa
0,2 %-Dehngrenze	$R_{p0,2} = \frac{F_{p0,2}}{S_0}$	in MPa
Zugfestigkeit	$R_m = \frac{F_m}{S_0}$	in MPa
Dehnung	$e = \frac{L - L_0}{L_0} \cdot 100\,\%$ [1)]	
Bruchdehnung	$A = \frac{L_u - L_0}{L_0} \cdot 100\,\%$	
Brucheinschnürung	$Z = \frac{S_0 - S_u}{S_0} \cdot 100\,\%$	

[1)] In Deutschland auch üblich: Spannung: σ / Dehnung: ε

Zugproben

DIN 50125: 2016-12

Benennung	Form	Verwendung
Rundprobe mit glatten Zylinderköpfen	A	für Standardprüfungen
Rundprobe mit Gewindeköpfen	B	für Feindehnmessungen
Rundprobe mit Schulterköpfen	C	
Rundprobe mit Kegelköpfen	D	
Flachprobe	E	Flachstäbe, Bleche
Zugprobe, unbearbeitet	F	Rundstangen
Zugprobe aus Profilen, unbearbeitet	G	Profile, Flachstäbe
Flachproben, Dicke 0,1 ... 3 mm	H	Bleche, Bänder, flache Walzprodukte

Bezeichnungsbeispiel:

Zugprobe DIN 50125 – A10 x 50

Zugprobe mit glatten Zylinderköpfen,
Durchmesser d_0 = 10 mm,
Anfangsmesslänge L_0 = 50 mm

3

Härteprüfung nach Brinell

DIN EN ISO 6506-1: 2015-02

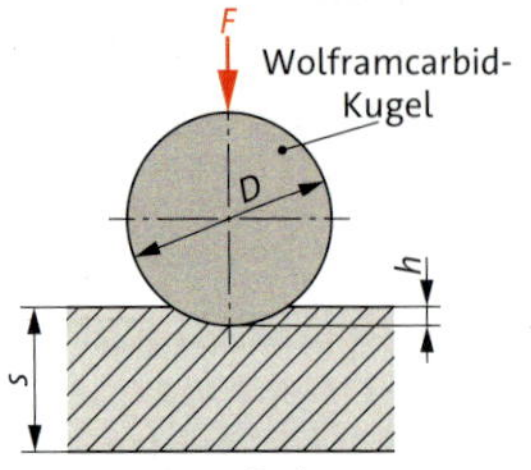

$t_{min} \geq 8 \cdot h$

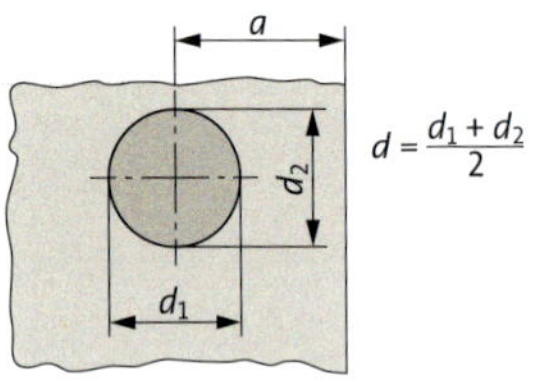

$d = \frac{d_1 + d_2}{2}$

$0{,}24\, D \leq d \leq 0{,}6\, D$

Eindringkörper:
W: Kugel aus Wolframcarbid
S: gehärtete Stahlkugel (in der Regel nicht mehr verwandt)

Randabstand $a \geq 2{,}5$ d

Ein Eindringkörper wird mit einer Prüfkraft *F* in die Probe eingedrückt. Die Brinellhärte wird aus der gemessenen Kraft und der Größe des Kugeleindrucks bestimmt.

$$\text{Brinellhärte} = 0{,}102 \frac{\text{Prüfkraft}}{\text{Oberfläche des Eindrucks}}$$

$$HBW = 0{,}102 \frac{2F}{\pi D^2 \left(1 - \sqrt{1 - d^2/D^2}\right)}$$

F	Prüfkraft in N
D	Kugeldurchmesser in mm
d	mittlerer Durchmesser des Eindrucks in mm
d_1, d_2	Eindruck-Durchmesser Einzelmesswerte in mm
h	Eindringtiefe in mm
t	Dicke der Probe in mm
a	Randabstand in mm

Durchführung
- Aufbringen der Prüfkraft in 7 s,
- Einwirken der Prüfkraft 14 s

Oberfläche der Probe muss glatt sowie frei von Zunder und Schmierstoffen sein und eine exakte Messung des Eindruckdurchmessers gestatten.

Angabe des Härtewertes:

250 HBW 5 / 750 / 20

- 250 – Brinell-Härtewert 250
- HBW – Kurzzeichen (W: Wolframcarbid-Kugel, S: Stahlkugel)
- 5 – Kugeldurchmesser *D* in mm
- 750 – Prüfkraft $F = 750 \cdot 9{,}80665$ N = 7355 N
- 20 – Einwirkdauer in s (Angabe entfällt bei Verwendung der üblichen Einwirkdauer von 14 s)

Beanspruchungsgrade und Prüfkräfte

Werkstoff	Brinellhärte	Beanspruchungsgrad	Prüfkraft *F* in N bei Kugeldurchmesser *D* in mm			
	HBW	$0{,}102 \times F/D^2$	1	2,5	5	10
Stahl, Nickel- und Titanlegierungen	–	30	294,2	1839,0	7355	29420
Gusseisen	≥ 140	30	–	1839	7355	29420
	< 140	10	–	612,9	2452	9807
Kupfer und Kupferlegierungen	> 200	30	294,2	1839	7355	29420
	35 bis 200	10	98,07	612,9	2452	9807
	< 35	5	49,03	306,5	1226	4903
Leichtmetalle und deren Legierungen	< 35	2,5	24,52	153,2	612,9	2452
	35 bis 80	5	49,03	306,5	1226	4903
		10	98,07	612,9	2452	9807
		15	–	–	–	14710
	> 80	10	98,07	612,9	2452	9807
		15	–	–	–	14710
Blei, Zinn	–	1	9,807	61,29	245,2	980,7

Der Durchmesser der Kugel sollte so groß wie möglich gewählt werden, damit ein möglichst großer, repräsentativer Bereich der Probe erfasst wird.

Mindestdicke *t* der Proben

Kugeldurchmesser *D* in mm	Mindestdicke *t* in mm für Eindruck-Durchmesser *d* in mm																
	0,24	0,4	0,6	0,8	1,0	1,2	1,4	1,6	2,0	2,4	3,0	3,4	4,0	4,4	5,0	5,4	6,0
1	0,12	0,33	0,80	–	–	–	–	–	–	–	–	–	–	–	–	–	–
2,5	–	–	0,29	0,53	0,83	1,23	1,72	–	–	–	–	–	–	–	–	–	–
5	–	–	–	–	–	0,58	0,80	1,05	1,67	2,45	4,0	–	–	–	–	–	–
10	–	–	–	–	–	–	–	–	–	1,17	1,84	2,38	3,34	4,08	5,36	6,33	8,00

Verformungen auf der Rückseite der Probe deuten darauf hin, dass die Probe zu dünn ist.

Härteprüfung nach Vickers

DIN EN ISO 6507-1: 2018-07

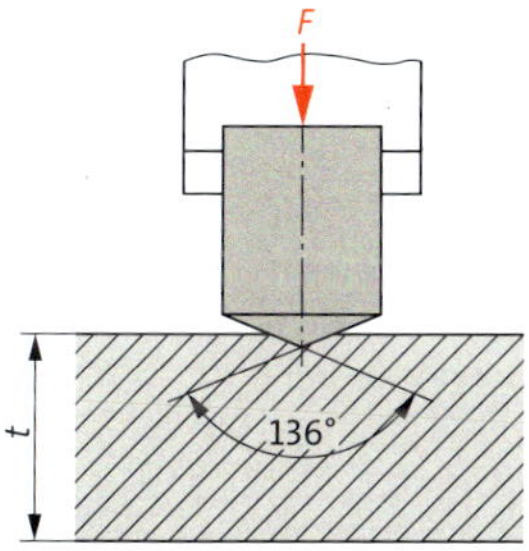

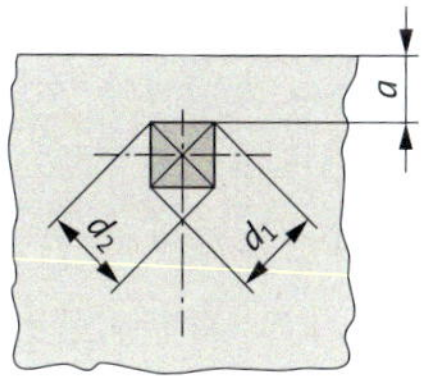

$$d = \frac{d_1 + d_2}{2}$$

Eindringkörper:
Diamantpyramide

Randabstand a:
für St, Cu und Cu-Leg.: $a = 2{,}5 \cdot d$
für Al, Zn, Pb: $a = 3{,}0 \cdot d$

Ein Eindringkörper wird mit einer Prüfkraft F in die Probe eingedrückt. Die Vickershärte wird aus der gemessenen Kraft und der Größe des Pyramideneindrucks bestimmt.

$$\text{Vickershärte} = 0{,}102\,\frac{\text{Prüfkraft}}{\text{Oberfläche des Eindrucks}}$$

$$HV = 0{,}102\,\frac{2F\sin\frac{136°}{2}}{d^2} \approx 0{,}1891\,\frac{F}{d^2}$$

- F Prüfkraft in N
- d mittlerer Durchmesser der Diagonallängen in mm
- d_1, d_2 Einzelmesswerte der Diagonallängen in mm
- t Dicke der Probe in mm ($t \geq 1{,}5\,d$)
- a Randabstand in mm

Durchführung
- Aufbringen der Prüfkraft in 2 ... 8 s,
- Einwirken der Prüfkraft 10 ... 15 s

Oberfläche der Probe muss frei von Zunder und Schmierstoffen sein und eine exakte Messung der Eindruckdiagonalen gestatten.

Die Probe ist ggf. zu schleifen oder für den Mikrohärtebereich zu polieren.

Angabe des Härtewertes:

600 HV / 30 / 20

- 600: Vickers-Härtewert 600
- HV: Kurzzeichen
- 30: Prüfkraft $F = 30 \cdot 9{,}80665$ N = 294,2 N
- 20: Einwirkdauer in s (Angabe entfällt bei Verwendung der üblichen Einwirkdauer von 10 ... 15 s)

Prüfkräfte

Konventioneller Härtebereich		Kleinkraftbereich		Mikrohärtebereich	
Härte-Symbol	Prüfkraft F	Härte-Symbol	Prüfkraft F	Härte-Symbol	Prüfkraft F
	N		N		N
HV 100	980,7	HV 3	29,42	HV 0,1	0,9807
HV 50	490,3	HV 2	19,61	HV 0,05	0,4903
HV30	294,2	HV 1	9,807	HV 0,025	0,2452
HV 20	196,1	HV 0,5	4,903	HV 0,02	0,1961
HV 10	98,07	HV 0,3	2,942	HV 0,015	0,147
HV 5	49,03	HV 0,2	1,961	HV 0,01	0,09807

Im Kleinkraft- und Mikrohärtebereich muss die Annäherungsgeschwindigkeit der Diamantpyramide an die Probe kleiner als 0,2 mm/s sein.

Für die Prüfung im Mikrohärtebereich ist die Oberfläche der Probe wegen der geringen Eindringtiefen zu polieren.

Mindestdicke t der Proben

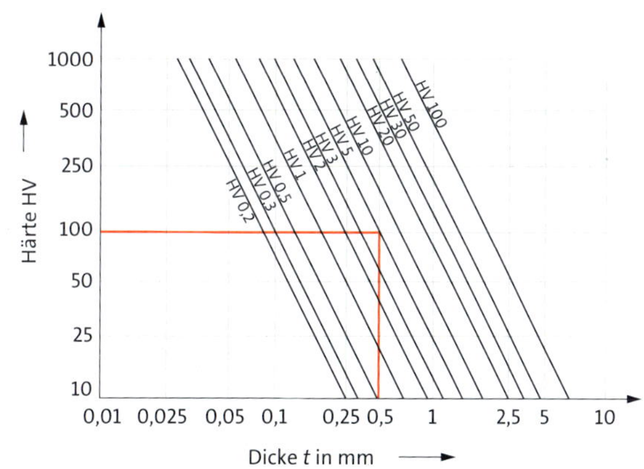

Härteprüfung nach Rockwell

DIN EN ISO 6508-1: 2016-12

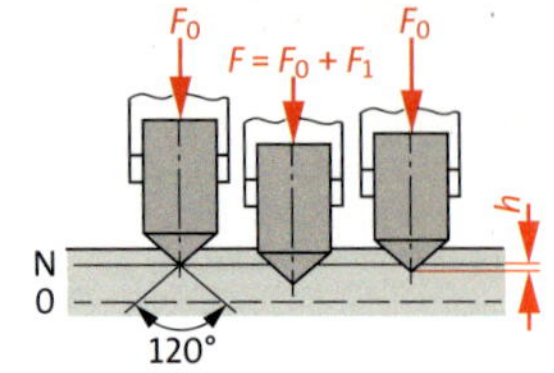

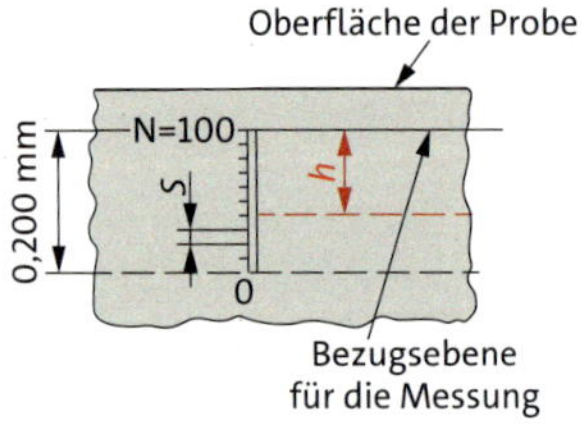

Randabstand eines Prüfeindrucks
$a \geq 2{,}5\,d$
(d: Durchmesser des Prüfabdrucks)

Ein Eindringkörper wird in zwei Kraftstufen (Prüfvorkraft F_0 und Zusatzkraft F_1) in die Probe eingedrückt. Nach Verringerung auf die Prüfvorkraft F_0 wird aus der Eindringtiefe h die Rockwellhärte berechnet.

$$\text{Rockwell-Härte} = N - \frac{h}{S}$$

F_0 Prüfvorkraft in N
F_1 Zusatzkraft in N
F Prüfgesamtkraft in N
N Bereichskonstante
h Eindringtiefe in mm
S Skalenteilungskonstante
a Randabstand in mm

Durchführung

- Aufbringen der Prüfvorkraft F_0 in max. 2 s
- Einwirkdauer der Prüfvorkraft F_0 : 3 s
- Aufbringen der Zusatzkraft F_1 in 1 ... 8 s
- Einwirkdauer der Prüfgesamtkraft F : 5 s
- Nach Zurücknahme der Zusatzkraft Ablesen des Härtewertes nach 4 s

Oberfläche der Probe muss glatt und frei von Zunder und Schmierstoffen sein.

Angabe des Härtewertes: **50 HRC**

Rockwell-Härtewert 50
Kurzzeichen

Mindestprobendicke

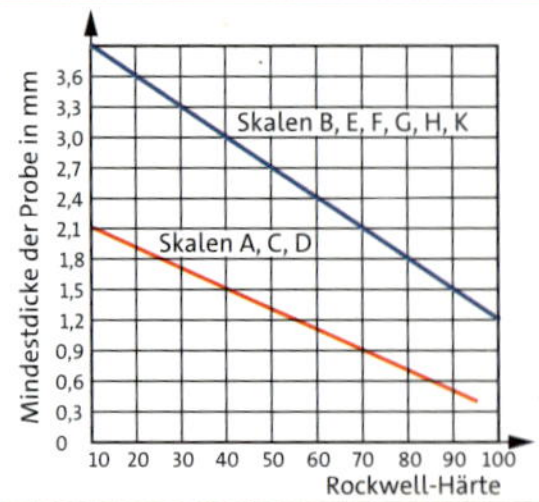

Skalen der Standard-Rockwell-Härte

Rockwell-Härte-Skala	Kurzzeichen	Eindringkörper	Prüfvorkraft F_0 N	Prüfgesamtkraft F_1 N	Skalenteilung S mm	Bereichskonstante N	Anwendungsbereich
A	HRA	Diamantkegel	98,07	588,4	0,002	100	20 HRA bis 95 HRA
C	HRC	Diamantkegel		1471,0			20 HRC bis 70 HRC
D	HRD	Diamantkegel		980,7			40 HRD bis 77 HRD
B	HRBW	Kugel 1,587 5		980,7		130	10 HRBW bis 100 HRBW
E	HREW	Kugel 3,175		980,7			70 HREW bis 100 HREW
F	HRFW	Kugel 1,587 5		588,4			60 HRFW bis 100 HRFW
G	HRGW	Kugel 1,587 5		1471,0			30 HRGW bis 94 HRGW
H	HRHW	Kugel 3,175		588,4			80 HRHW bis 100 HRHW
K	HRKW	Kugel 3,175		1471,0			40 HRKW bis 100 HRKW

Instrumentierte Härteprüfung – Martenshärte

DIN EN ISO 14577-1: 2015-11

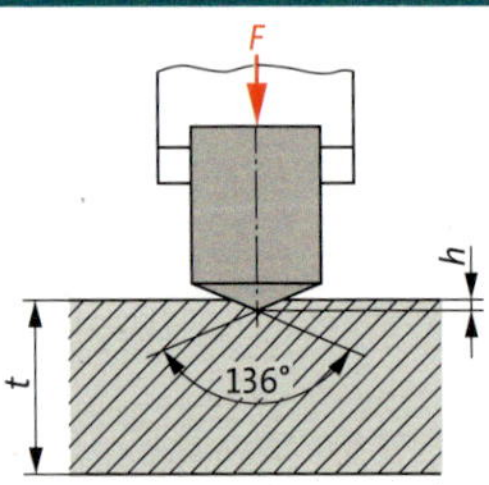

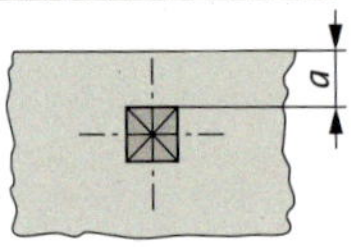

Randabstand eines Prüfeindrucks
$a \geq 3\,d$
(d: Diagonale oder Durchmesser des Prüfabdrucks)

Eindringkörper:

- Diamant-Pyramide, quadratisch
- Diamant-Pyramide, dreieckig
- Diamant-Kegel
- Hartmetallkugel

Ein Eindringkörper wird mit einer Prüfkraft F in die Probe eingedrückt. Aus der Kraft F und der Eindringtiefe h wird die Härte bestimmt.

$$\text{Martenshärte} = \frac{\text{Prüfkraft}}{26{,}43 \cdot h^2}$$

$$HM = \frac{F}{26{,}43 \cdot h^2}$$

F Prüfkraft in N
h Eindringtiefe in mm
t Dicke der Probe in mm ($t \geq 10\,h$)
a Randabstand in mm

Durchführung

- Aufbringen der Prüfkraft F mit konstanter Geschwindigkeit oder
- Zunahme der Eindringtiefe h mit konstanter Geschwindigkeit

Prüfbereich	Prüfkraft F / Eindringtiefe h
Makrobereich	$2\text{ N} \leq F \leq 30\text{ kN}$
Mikrobereich	$2\text{ N} > F$; $h > 0{,}2\ \mu\text{m}$
Nanobereich	$h \leq 0{,}2\ \mu\text{m}$

Zulässige Oberflächenrauheit

Werkstoff	Mittenrauwert R_a in µm bei Prüfkraft F		
	0,1 N	2 N	100 N
Aluminium	0,13	0,55	4,00
Stahl	0,08	0,30	2,20
Hartmetall	0,03	0,10	0,80

Angabe des Härtewertes: **HM 0,5 / 20 / 20 = 6500 N/mm²**

Kurzzeichen
Prüfkraft F = 0,5 N
Aufbringzeit der Prüfkraft in s
Haltezeit der max. Prüfkraft in s
Härtewert

Umwertung von Härtewerten

DIN EN ISO 18265: 2014-02

Umwertung Zugfestigkeit – Härte oder Härte – Härte für unlegierte und niedriglegierte Stähle und Stahlguss

R_m	HV10	HB[1)]	HRC	R_m	HV10	HB[1)]	HRC	R_m	HV10	HB[1)]	HRC	R_m	HV10	HB[1)]	HRC
255	80	76	–	640	200	190	–	1095	340	323	34,4	1920	580	551	54,1
270	85	80,7	–	660	205	195	–	1125	350	333	35,5	1955	590	561	54,7
285	90	85,5	–	675	210	199	–	1155	360	342	36,6	1995	600	570	55,2
305	95	90,2	–	690	215	204	–	1190	370	352	37,7	2030	610	580	55,7
320	100	95	–	705	220	209	–	1220	380	361	38,8	2070	620	589	56,3
335	105	99,8	–	720	225	214	–	1255	390	371	39,8	2105	630	599	56,8
350	110	105	–	740	230	219	–	1290	400	380	40,8	2145	640	608	57,3
370	115	109	–	755	235	223	–	1320	410	390	41,8	2180	650	618	57,8
385	120	114	–	770	240	228	20,3	1350	420	399	42,7	–	660	–	58,3
400	125	119	–	785	245	233	21,3	1385	430	409	43,6	–	670	–	58,8
415	130	124	–	800	250	238	22,2	1420	440	418	44,5	–	680	–	59,2
430	135	128	–	820	255	242	23,1	1455	450	428	45,3	–	690	–	59,7
450	140	133	–	835	260	247	24,0	1485	460	437	46,1	–	700	–	60,1
465	145	138	–	850	265	252	24,8	1520	470	447	46,9	–	720	–	61,0
480	150	143	–	865	270	257	25,6	1555	480	456	47,7	–	740	–	61,8
495	155	147	–	880	275	261	26,4	1595	490	466	48,4	–	760	–	62,5
510	160	152	–	900	280	266	27,1	1630	500	475	49,1	–	780	–	63,3
530	165	156	–	915	285	271	27,8	1665	510	485	49,8	–	800	–	64,0
545	170	162	–	930	290	276	28,5	1700	520	494	50,5	–	820	–	64,7
560	175	166	–	950	295	280	29,2	1740	530	504	51,1	–	840	–	65,3
575	180	171	–	965	300	285	29,8	1775	540	513	51,7	–	860	–	65,9
595	185	176	–	995	310	295	31,0	1810	550	523	52,3	–	880	–	66,4
610	190	181	–	1030	320	304	32,2	1845	560	532	53,0	–	900	–	67,0
625	195	185	–	1060	330	314	33,3	1880	570	542	53,6	–	920	–	67,5
–	–	–	–	–	–	–	–	–	–	–	–	–	940	–	68,0

Umwertung Zugfestigkeit – Härte oder Härte – Härte für Vergütungsstähle im vergüteten Zustand

R_m	HV30	HB[1)]	HRC	R_m	HV30	HB[1)]	HRC	R_m	HV30	HB[1)]	HRC	R_m	HV30	HB[1)]	HRC
651	210	205	15,3	1035	330	326	34,3	1401	450	444	45,7	–	560	549	52,9
683	220	215	17,4	1070	340	336	35,4	1430	460	453	46,4	–	570	558	53,5
716	230	225	19,3	1097	350	345	36,5	1460	470	463	47,2	–	580	568	54,0
748	240	235	21,2	1128	360	355	37,6	–	480	473	47,9	–	590	577	54,6
781	250	245	22,9	1159	370	365	38,6	–	490	482	48,6	–	600	586	55,1
813	260	255	24,6	1189	380	375	39,6	–	500	492	49,2	–	610	596	55,6
845	270	266	26,2	1220	390	385	40,6	–	510	501	49,9	–	620	605	56,1
877	280	276	27,7	1250	400	395	41,5	–	520	511	50,5	–	630	614	56,6
909	290	286	29,1	1281	410	405	42,4	–	530	520	51,2	–	640	623	57,1
940	300	296	30,5	1311	420	414	43,2	–	540	530	51,8	–	650	632	57,5
972	310	306	31,8	1341	430	424	44,1	–	550	539	52,4	–	–	–	–
1003	320	316	33,1	1371	440	434	44,9	–	–	–	–	–	–	–	–

Umwertung Zugfestigkeit – Härte oder Härte – Härte für Vergütungsstähle im unbehandelten, weichgeglühten und normalgeglühten Zustand

R_m	HV30	HB[1)]	HRC	R_m	HV30	HB[1)]	HRC	R_m	HV30	HB[1)]	HRC	R_m	HV30	HB[1)]	HRC
460	140	–	–	697	200	203	11,9	–	250	252	22,4	–	300	298	30,8
503	150	152	–	732	210	214	14,2	–	260	262	24,3	–	310	307	32,2
544	160	162	1,0	765	220	223	16,4	–	270	271	26,0	–	320	316	33,6
585	170	173	4,0	796	230	233	18,5	–	280	280	27,7	–	–	–	–
624	180	183	6,8	826	240	243	20,5	–	290	289	29,2	–	–	–	–
661	190	193	9,4	–	–	–	–	–	–	–	–	–	–	–	–

Umwertung Härte – Härte für Vergütungsstähle im gehärteten Zustand

R_m	HV30	HB[1)]	HRC	R_m	HV30	HB[1)]	HRC	R_m	HV30	HB[1)]	HRC	R_m	HV30	HB[1)]	HRC
–	580	572	54,0	–	620	591	55,6	–	660	619	57,4	–	700	656	59,2
–	590	576	54,4	–	630	597	56,1	–	670	627	57,8	–	710	666	59,7
–	600	580	54,8	–	640	604	56,5	–	680	636	58,3	–	720	677	60,1
–	610	585	55,2	–	650	611	56,9	–	690	646	58,7	–	–	–	–

[1)] Die Brinellhärte bis 450 HB wurde mit einer Stahlkugel (S), die größeren Härten mit einer Wolframcarbidkugel (W) bestimmt.

Kerbschlagbiegeversuch nach Charpy — DIN EN ISO 148-1: 2017-05

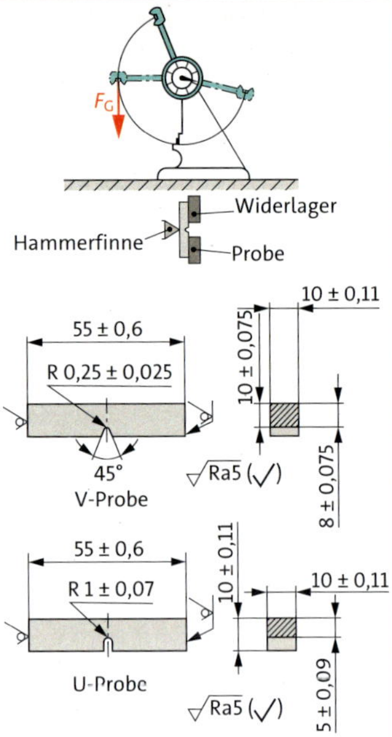

Versuchsablauf:
Mithilfe eines Schlagwerkes werden gekerbte Proben durchtrennt und die verbrauchte Schlagenergie (Kerbschlagarbeit) gemessen. Man erhält Aufschluss über die Zähigkeit und Verformbarkeit des Werkstoffes.

Durchführung:
Man verwendet Proben mit einem V-Kerb oder einem U-Kerb.

Die Proben müssen außer an den Enden eine Oberflächenrauheit $R_a \leq 5$ µm haben.

KU_2	verbrauchte Schlagenergie in J, U-Kerb, Hammerfinne $r = 2$ mm
KU_8	verbrauchte Schlagenergie in J, U-Kerb, Hammerfinne $r = 8$ mm
KV_2	verbrauchte Schlagenergie in J, V-Kerb, Hammerfinne $r = 2$ mm
KV_8	verbrauchte Schlagenergie in J, V-Kerb, Hammerfinne $r = 8$ mm

Die Werte für die Schlagenergie sind für viele metallische Werkstoffe temperaturabhängig. Die übliche Prüftemperatur beträgt t = 23±5 °C. Wird bei anderen Temperaturen geprüft, ist dies im Prüfbericht anzugeben.

Angabe der Schlagenergie:

KV_2 150 / 7,5 = 75 J

- Probe mit V-Kerb ← KV
- Radius Hammerfinne $r = 2$ mm ← 2
- Arbeitsvermögen des Pendelschlagwerkes ← 150
- Probenbreite ← 7,5
- bei Bruch verbrauchte Schlagenergie ← 75 J

Dauerschwingversuch — DIN 50100: 2016-12

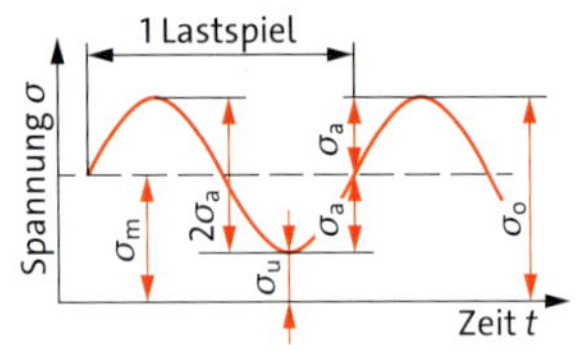

σ_m : Mittelspannung
σ_o : Oberspannung
σ_u : Unterspannung
σ_a : Spannungsausschlag (Amplitude)
$2\sigma_a$: Schwingbreite

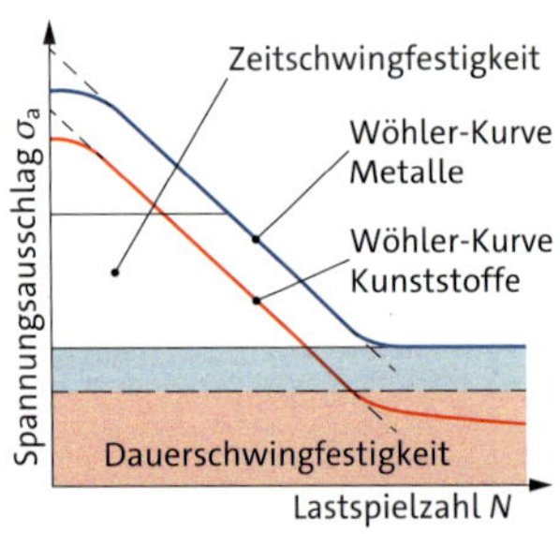

Grenzlastspielzahl N_G sind
- für Stähle $2 \cdot 10^6$
- für Leichtmetalle 10 bis $50 \cdot 10^6$
- für Kunststoffe $7 \cdot 10^7$

Im Dauerschwingversuch wird an Proben die Dauerschwingfestigkeit von Werkstoffen und an fertigen Werkstücken, z. B. Welle mit Freistich, die Gestaltfestigkeit ermittelt.

Die Dauerschwingfestigkeit σ_D ist die größte Spannungsamplitude, die ein Prüfkörper unendlich oft und ohne unzulässige Verformung aushält. Bei allen Spannungsamplituden oberhalb von σ_D erfolgt der Bruch des Prüfkörpers.

Tritt diese Zerstörung im elastischen Verformungsbereich auf, spricht man von Ermüdung. Die auftretenden Brüche werden als Ermüdungsbrüche bezeichnet.

Die Dauerfestigkeit wird im Wöhler-Versuch ermittelt. 6 bis 10 gleichwertige Proben werden einer Folge von Beanspruchungszyklen (Lastspielen) mit konstanter Amplitude σ_a bei gleichbleibender Mittelspannung σ_m ausgesetzt.

Die Beanspruchung sollte dabei so gewählt werden, dass mindestens ein Prüfkörper bei geringer Lastspielzahl bricht und ein weiterer Prüfkörper bis zur Grenzlastspielzahl N_G durchläuft.
Die Grenzlastspielzahl ist die Lastspielzahl, bei der unter entsprechender Beanspruchung kein Dauerbruch mehr auftritt.

Der Grenzwert der Beanspruchung, bei dem auch nach unendlich vielen Schwingspielen kein Bruch auftritt, ist die Dauerschwingfestigkeit σ_D.

Aus den Werten aus Belastung und Lastspiel bis zum Bruch wird die Wöhler-Kurve gezeichnet.

Dauerschwingfestigkeit

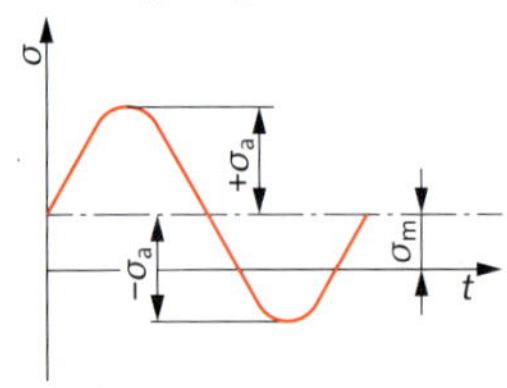

Wechselfestigkeit $\sigma_W = \pm\, \sigma_a$ für $\sigma_m = 0$

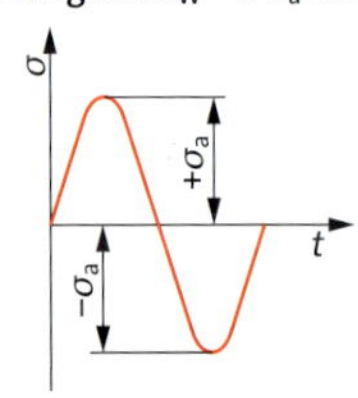

Schwellfestigkeit $\sigma_{Sch} = 2\, \sigma_a$ für $\sigma_m = \sigma_a$

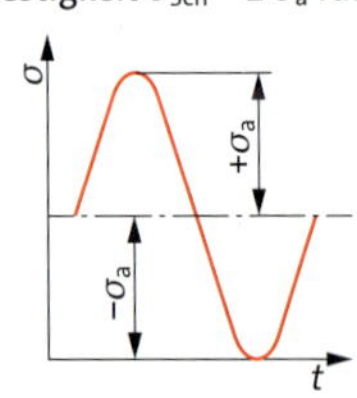

Zeitschwingfestigkeit charakterisiert die Spannungsamplituden oberhalb von σ_D, bei denen ein Ermüdungsbruch des Prüfkörpers eintritt.

Bestimmung der Zugeigenschaften von Kunststoffen — DIN EN ISO 527-1: 2012-06

Spannungs-Dehnungs-Diagramm

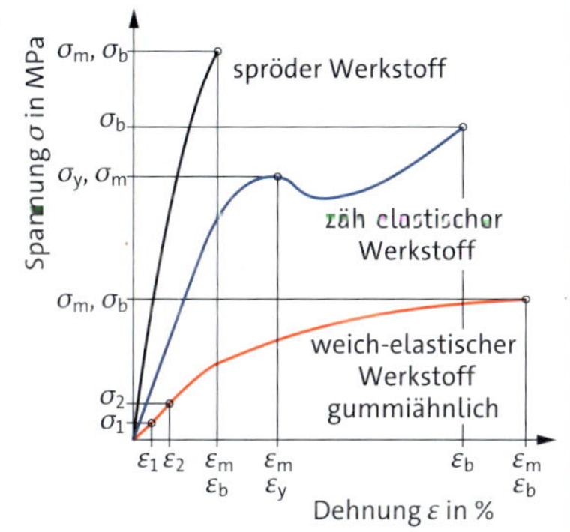

Ein Probekörper wird bei konstanter Prüfgeschwindigkeit gedehnt, bis er bricht oder bis die Spannung oder Dehnung einen vorgegebenen Wert erreicht. Es wird das Zugverformungsverhalten untersucht und die Zugfestigkeit, der Zugmodul und die Dehnung ermittelt. Die Prüfung wird für thermoplastische und duroplastische Kunststoffe sowie für faserverstärkte Verbundwerkstoffe angewandt.

Durchführung
Probekörper werden besonders geformt oder aus Halbzeugen ausgearbeitet.

Zur Ermittlung der Daten müssen mindestens fünf Probekörper geprüft werden.

Die Anfangsmesslänge L_0 wird durch Messmarken gekennzeichnet. Dabei darf der zu prüfende Probekörper keinesfalls beschädigt werden.

Die Kraft ist mit einer in den entsprechenden Normen für den zu prüfenden Werkstoff festgelegten Prüfgeschwindigkeit v aufzubringen oder nach der Tabelle zu wählen.

Während der Belastung der Probe werden die Kraft an der Prüfmaschine und die Verlängerung mithilfe eines Längenmessgerätes (Extensometer) gemessen.

Es wird ein **Kraft-Verlängerungs-Diagramm** aufgezeichnet, welches in ein Spannungs-Dehnungs-Diagramm umgewandelt wird. Aus den gemessenen Werten werden die mechanischen Eigenschaftswerte ermittelt.

Prüfgeschwindigkeit v mm/min	Abweichung %
1	± 20
2	
5	
10	
20	± 10
50	
100	
200	
300	
500	

h Dicke der Probe in mm
b Breite der Probe in mm
A Querschnitt der Probe in mm²
A_0 Anfangsquerschnitt in mm²
L_0 Anfangsmesslänge in mm
L_y Länge bei der Streckspannung in mm
Δ_L Verlängerung in mm
v Prüfgeschwindigkeit in mm/min
F Zugkraft in N
F_y Kraft bei der Streckspannung in N
F_m Höchstkraft in N
F_b Kraft bei der Bruchspannung in N
E Zugmodul in MPa

Zugspannung $\sigma = \frac{F}{A_0}$ in MPa

Streckspannung $\sigma_y = \frac{F_y}{A_0}$ in MPa

Zugfestigkeit (Spannung beim ersten Maximum) $\sigma_m = \frac{F_m}{A_0}$ in MPa

Bruchspannung $\sigma_b = \frac{F_b}{A_0}$ in MPa

Streckdehnung $\varepsilon_y = \frac{\Delta L_y}{L_0} \cdot 100\,\%$

Bruchdehnung $\varepsilon_b = \frac{\Delta L_b}{L_0} \cdot 100\,\%$

Höchstdehnung $\varepsilon_m = \frac{\Delta L_m}{L_0} \cdot 100\,\%$

Zugmodul $E = \frac{\Delta\sigma}{\Delta\varepsilon}$

Der Zugmodul ist die Steigung der Spannungs-Dehnungskurve im Bereich zwischen $\varepsilon_1 = 0{,}05\,\%$ und $\varepsilon_2 = 0{,}25\,\%$.

Probekörpertyp 1A und 1B

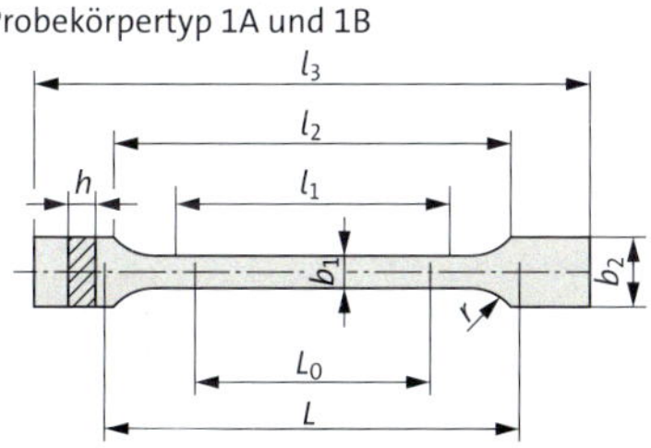

Probekörpertyp 5A und 5B

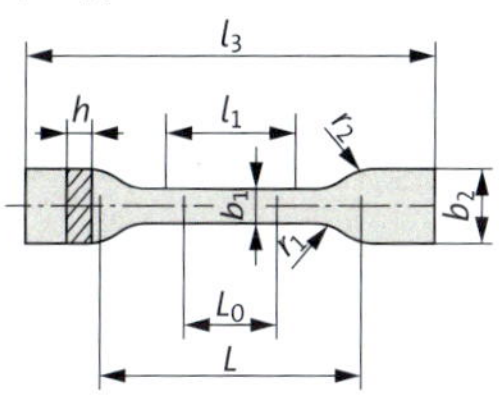

Bezeichnung des Versuchs:

Zugversuch ISO 527-2 / 1A / 50

- ISO-Hauptnummer → ISO 527-2
- Probekörpertyp → 1A
- Prüfgeschwindigkeit → 50

Probekörper für Formmassen — DIN EN ISO 527-2: 2012-06
Probekörper für Folien — DIN EN ISO 527-3: 2019-02

Typ		1A	1B	5A	5B	2	4	5
Gesamtlänge	l_3	170	≥ 150	≥ 75	≥ 35	≥ 150	≥ 152	≥ 115
Länge des engen Teils	l_1	80 ± 2	60,0 ± 0,5	25 ± 1	12 ± 0,5	-	-	33 ± 2,0
Abstand zwischen den breiten Seiten	l_2	109,3 ± 3,2	108 ± 1,6	-	-	-	-	-
Dicke	h	4,0 ± 0,2		2 ± 0,2	1 ± 0,1	≤ 1	≤ 1	≤ 1
Breite	b_2	20,0 ± 0,2		12,5 ± 1	6 ± 0,5	15 ± 1,0	38	25 ± 1,0
Breite des engsten Teils	b_1	10,0 ± 0,2		4 ± 0,1	2 ± 0,1	10 ... 25	25,4 ± 0,1	6 ± 0,4
Radius	r	24 ± 1	60 ± 0,5	-	-	-	-	-
kleiner Radius	r_1	-	-	8 ± 0,5	3 ± 0,1	-	22	14 ± 1,0
großer Radius	r_2	-	-	12,5 ± 1	3 ± 0,1	-	25,4	25 ± 0,2
Messlänge	L_0	75,0 ± 0,5	50,0 ± 0,5	20 ± 0,5	10 ± 0,2	50,0 ± 0,5	50 ± 0,5	25 ± 0,25
Abstand der Klemmen	L	115 ± 1		50 ± 2	20 ± 2	100 ± 5	98	80 ± 0,5

Bestimmung der Kugeleindruckhärte bei Kunststoffen — DIN EN ISO 2039-1: 2003-06

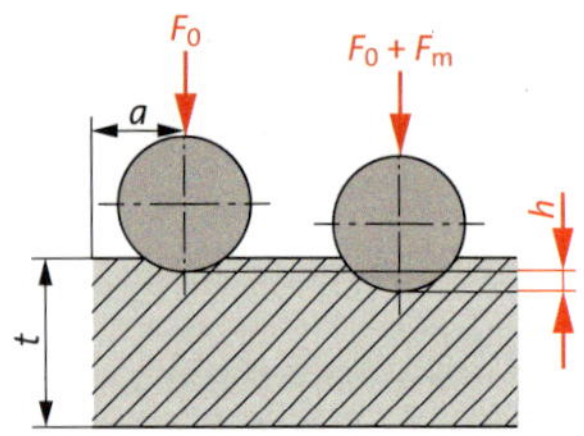

Eindringkörper:
gehärtete und polierte Stahlkugel,
$d = (5{,}0 \pm 0{,}05)$ mm

Randabstand eines Prüfeindrucks
$a \geq 10$ mm

Ein Eindringkörper wird in zwei Kraftstufen (Prüfvorkraft F_0 und Prüfkraft F_m) in die Probe eingedrückt. Aus der Eindringtiefe h und der Prüfkraft F_m wird die Kugeleindruckhärte berechnet.

$$HB = \frac{1}{\pi \cdot d \cdot 0{,}25} \cdot \frac{F_m \cdot 0{,}21}{h - 0{,}25 + 0{,}21}$$

F_0 Prüfvorkraft in N
F_m Prüfkraft in N
h Eindringtiefe in mm
a Randabstand in mm
t Probendicke in mm

Durchführung

- Aufbringen der Prüfvorkraft $F_0 = (9{,}8 \pm 0{,}1)$ N
- Aufbringen der Prüfkraft F_m in 1 ... 3 s
- Einwirkdauer der Prüfkraft F_m : 30 s
- Ablesen der Eindringtiefe h unter Belastung.

Die Eindringtiefe h muss zwischen 0,15 mm und 0,35 mm liegen.

Der Probekörper muss eine glatte Platte oder ein glatter, ebener Block sein.
Mindestdicke $s = 4$ mm.

Angabe des Härtewertes:

Kugeleindruckhärte ISO 2039-1 – 39 HB 132
Härtewert ← 39
Prüfkraft F_m ← 132

Ermittlung der Kugeleindruckhärte

Prüfkraft F_m in N ±1 %	Kugeleindruckhärte HB in N/mm² – Eindringtiefe h in mm												
	0,15	0,16	0,18	0,20	0,22	0,24	0,25	0,26	0,28	0,30	0,32	0,34	0,35
49	23	22	19	16	15	13	12	12	11	10	9	9	9
132	64	59	51	44	39	35	34	32	30	27	25	24	23
358	174	160	137	120	106	96	91	87	80	74	68	64	62
961	467	430	370	320	290	260	245	234	214	198	184	171	166

Bestimmung der Kugeleindruckhärte bei Kunststoffen (Shore-Härte) — DIN EN ISO 868: 2003-10

Durometer

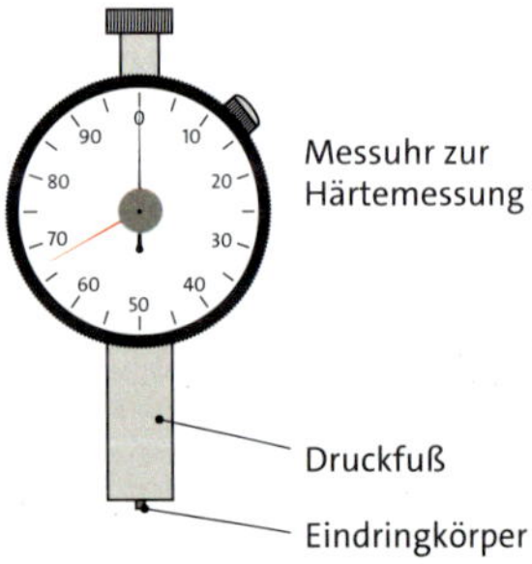

Ein Eindruckkörper wird in das Prüfmaterial eingedrückt und die Tiefe des Eindrucks gemessen. Die Eindruckhärte steht in umgekehrter Beziehung zum Eindringen. Sie ist vom Elastizitätsmodul und den elastischen Eigenschaften des Materials abhängig.

Durchführung
Zur Ermittlung der Eindruckhärte verwendet man ein Durometer. Mit einer Anpresskraft F_A wird es auf die Oberfläche der Probe gesetzt. Der Eindringkörper wird durch eine kalibrierte Feder in das Material gedrückt. Aus der Eindrucktiefe wird die Eindruckhärte ermittelt.

Die Oberfläche der Probe muss eben sein, damit der Druckfuß die Probe auf einer Fläche im Radius von 6 mm um die Eindruckspitze berühren kann.

F Prüfkraft in mN
F_A Anpresskraft in N
h Eindrucktiefe in mm
t Probendicke in mm
a Randabstand in mm

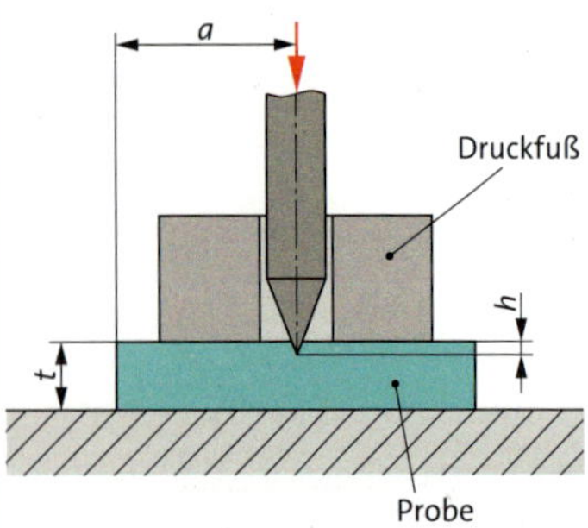

Randabstand $a \geq 9$ mm
Probendicke $t \geq 4$ mm

Eindruckkörper
Typ A – Durometer
$F_a = 10$ N

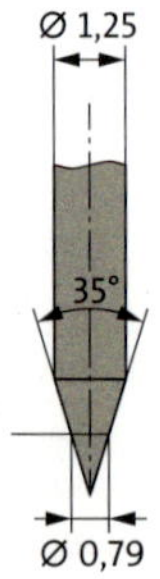

Eindruckkörper
Typ D – Durometer
$F_a = 50$ N

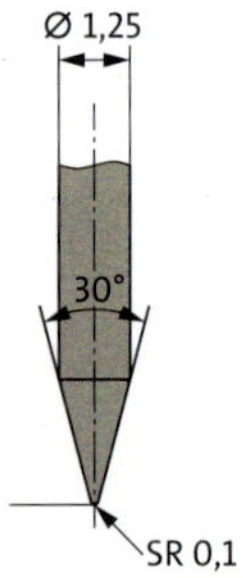

Anwendung

Shore A
Elastomer, Vinyl, Gummi, Leder, PVC, Silicon, Teflon, Neopren

Shore D
Polyester, ABS, Nylon, Polyurethan, Acryl, Holz, Styropor, etc.

Angabe der Härte:

Shore-Härte ISO 868 – A / 15 : 50
Int. Norm ← ISO 868
Durometertyp A ← A
Einwirkzeit 15 s ← 15
Härtewert 50 ← 50

Elektrochemische Spannungsreihe der Metalle

Berühren sich zwei Metalle im Beisein eines Elektrolyt (Wasser, Säuren, Basen, Salze), entsteht eine elektrische Spannung. Es findet eine Zersetzung des unedleren Metalls statt, welches korrodiert. Das edlere Metall wird geschützt. In der elektrochemischen Spannungsreihe werden die Normalpotentiale gegenüber einer wasserstoffumspülten Platinelektrode angegeben.

Normalpotential in V	Stoff
−2,92	Kalium K
−2,71	Natrium Na
−2,38	Magnesium Mg
−1,66	Aluminium Al, blank
−1,18	Mangan Mn
−0,70 ...1,3	Aluminium, oxidiert
−0,76	Zink Zn
−0,71	Chrom Cr
−0,44	Eisen Fe2+
−0,40	Cadmium Cd
−0,29	Kobalt Co
−0,25	Nickel Ni
−0,14	Zinn Sn
−0,13	Blei Pb
−0,04	Eisen Fe3+
0,00	Wasserstoff H
+0,34	Kupfer Cu2+
+0,52	Kupfer Cu+
+0,80	Silber Ag
+0,85	Quecksilber Hg
+1,20	Platin Pt
+1,42	Gold Au

← zunehmend unedel — zunehmend edel →

Beispiel: Die Normalpotentiale von Cu = +0,34 V und Al = −1,66 V ergeben eine Spannung zwischen den beiden Metallen von U = +0,34 V − (−1,66 V) = 2,00 V

Korrosion – Begriffe

DIN EN ISO 8044: 2015-12

Korrosion	Wechselwirkung eines Metalls mit seiner Umgebung, die zu einer Veränderung des Metalls und einer Beeinträchtigung seiner Funktion führt	Bimetallkorrosion (Kontaktkorrosion)	Korrosion, bei der die Elektroden von unterschiedlichen Metallen gebildet werden
Zunder	feste Schicht von Korrosionsprodukten, die sich auf einem Metall bei hoher Temperatur bildet	Lochkorrosion	Örtliche Korrosion, die zu Löchern führt
Rost	sichtbares Korrosionsprodukt, das hauptsächlich aus hydratisierten Eisenoxiden besteht	Spaltkorrosion	Örtliche Korrosion, die sich in oder neben einer Spalte zwischen der Metalloberfläche und einer anderen Oberfläche ausbildet
Elektrochemische Korrosion	Korrosion, die mindestens eine anodische und eine kathodische Reaktion beinhaltet	Interkristalline Korrosion	Korrosion in oder neben den Korngrenzen eines Metalls
Chemische Korrosion	Korrosion, die keine elektrochemische Reaktion beinhaltet	Spannungsrisskorrosion	Rissbildung, bei der Korrosion und Dehnung des Metalls als Folge innerer oder aufgebrachter Zugspannungen beteiligt sind
Flächenkorrosion	Korrosion, die mit etwa gleicher Geschwindigkeit auf der gesamten Oberfläche abläuft		

Korrosionsverhalten von Metallen

Art	Met.	Bemerkungen
Sehr unedle Metalle	Mg	Magnesium bildet unter Sauerstoffeinwirkung eine dichte Schutzschicht, die eine weitere Korrosion verhindert. Meerwasser, Säuren und Salze greifen Magnesium stark an. Beständig ist das Metall gegen Fette, Öle und Treibstoffe.
	Al	Aluminium bildet unter Sauerstoffeinwirkung eine dichte, feste Schutzschicht, die weitere Korrosion verhindert. Schweflige Säure, Salzsäure, Weinsäure sowie Alkalische Laugen und Salze zerstören die schützende Oxidschicht und greifen das Metall an.
	Ti	Titan bildet unter Sauerstoffeinfluss eine dichte Schutzschicht. Gegen Meerwasser und Salpetersäure ist das Metall beständig. Salzsäure, Schwefelsäure und Phosphorsäure greifen das Metall an.
	Fe	Feuchte Luft, Salzsäure, Schwefelsäure und Laugen greifen Eisen stark an.
Unedle Metalle	Cr	Unter Sauerstoffeinwirkung bildet Chrom eine dichte Schutzschicht. Chrom ist sehr beständig gegen Salpetersäure und Wasser, unbeständig gegen Laugen, Salz- und Schwefelsäure.
	Ni	Nickel ist beständig gegen Laugen, Salze, Feuchtigkeit und schwache Säuren. Schwefelsäure, Salzsäure, Essigsäure sowie Acetylen und Chlor greifen das Metall stark an.
	Zn	Zink bildet unter Sauerstoffeinwirkung eine dichte Schutzschicht. Sehr beständig gegen Feuchtigkeit. Salze, Säuren sowie Heißwasser und Dampf greifen Zink an.
	Sn	Zinn bildet unter Sauerstoffeinwirkung eine Oxidschicht. Gegen Meerwasser, organische Fruchtsäuren, Fette und Öle ist Zinn sehr beständig. Starke Laugen und Säuren sowie Schwefeldioxid greifen Zinn an.
	Pb	Bleisalze schützen die Oberfläche vor weiterer Korrosion. Blei ist gegen Schwefelsäure, Salzsäure und feuchte Luft beständig. Laugen und Salpetersäure greifen das Metall an.
Halbedle Metalle	Cu	Kupfer ist korrosionsbeständig gegen feuchte Luft, Wasser, Dampf und Laugen. Schwefelsäure, Salpetersäure und Salzsäure greifen Kupfer an. An der Luft bildet Kupfer eine schützende Patina ($CuCO_3 \cdot Cu(OH)_2$)
	Ag	Im Wesentlichen ist Silber korrosionsbeständig, unter Sauerstoffeinfluss läuft Silber an. Salpetersäure, Schwefelsäure und Chlorsäure greifen das Metall an.
Edelmetalle	Pt	Platin ist in Salz- und in Salpetersäure alleine jeweils unlöslich. In heißem Königswasser (3 Vol.-Teile HCl + 1 Vol.-Teil HNO_3) wird es dagegen angegriffen. Platin wird von Salzsäure bei Anwesenheit von Sauerstoff und von heißer rauchender Salpetersäure stark angegriffen.
	Au	Sehr gute Korrosionsbeständigkeit gegen chemische Einflüsse. Ausnahme: Königswasser (3 Vol.-Teile HCl + 1 Vol.-Teil HNO_3) und einige Cyanidverbindungen.

Vorbehandlung von Metalloberflächen

Vorbehandlung

- **Reinigen**
  - mechanisch
    - Waschen
    - Abspritzen
    - Ultraschall-reinigen
  - chemisch-physikalisch
    - Entfetten
      - mit Lösemittel
      - alkalisch
      - elektrolytisch
- **Verändern der Oberflächenstruktur**
  - mechanisch
    - Bürsten
    - Schleifen
    - Polieren
    - Strahlen
    - Aufrauhen
    - Mattieren
  - chemisch-physikalisch
    - Beizen
    - Ätzen
    - Brennen
    - Elektrolyse
- **Reaktionen in der Randzone**
  - Entmetallisieren
  - Passivieren
  - Diffusion

Nachbehandlung: Spülen, Neutralisieren, Trocknen

Korrosionsschutz

Passiver Korrosionsschutz	Aktiver Korrosionsschutz
Das zu schützende Werkstück und das angreifende korrosive Medium werden voneinander durch Überzüge getrennt.	Es wird direkt in die chemischen bzw. elektrochemischen Reaktionsabläufe eingegriffen.
Beschichten	**Korrosionsschutzgerechte Konstruktion**
mit ▪ Lack ▪ Emaille ▪ Kunststoff ▪ Schutzöl, Schutzfett	▪ glatte und wenig raue Oberflächen ▪ abgerundete Ecken und Kanten ▪ gleicher Werkstoff an Kontaktstellen ▪ Isolierung
Erzeugen einer Konversionsschicht[1)]	**Verwendung korrosionsbeständiger Werkstoffe**
durch ▪ Phosphatieren ▪ Chromatieren ▪ Eloxieren ▪ Brünieren	▪ Metalle und Legierungen von hohem Reinheitsgrad und besondere Legierungen, z. B. nichtrostende Stähle ▪ Vermeidung von groben heterogenen Gemengen unterschiedlicher Kristallarten (Lokalelementbildung), z. B. bei Grauguss mit Lamellengraphit
Metallische Überzüge	**Beseitigung oder Abschwächung der Korrosionsursachen**
durch ▪ Plattieren, ▪ Diffundieren ▪ Aufspritzen ▪ Aufdampfen ▪ Tauchen, z. B. Feuerverzinken	▪ Zugabe von Inhibitoren (Hemmstoff) zu umgebenden Stoffen, z. B. Additive zu Kühlschmierst. **Kathodischer Korrosionsschutz** ▪ mit Fremdstrom: Verbindung des zu schützenden Bauteils mit negativem Pol einer Batterie, ▪ ohne Fremdstrom: leitende Verbindung des zu schützenden Bauteils mit einer Magnesium- oder Zinkelektrode (Opferanode)

[1)] Konversionsschicht: kristalline oder amorphe, anorganische Salz- oder Oxidschicht

Korrosionsschutz durch Verzinken

Überzüge		Dicke t in µm	Legierungsbildung mit dem Untergrund	Anwendungen
Feuerverzinken	Stückverzinken	50 ... 150	ja	Stahl- und Metallbau, z. B. Träger, Balkonkonstruktionen, Kleinteile, z. B. Schrauben
	Bandverzinken	7 ... 25	ja	Bleche für den Innenbereich, z. B. Klimakanäle
	Drahtverzinken	3 ... 50	ja	Drahtprodukte, z. B. Drahtseile
Thermisches Spritzen mit Zink	Spritzverzinken	80 ... 150	nein	Stahlbaukonstruktionen
Galvanisches Verzinken	Einzelbäder Durchlaufverfahren	2,5 ... 25	nein	Kleinteile im Innenbereich, z. B. Schrauben

Korrosionsbelastung von Zinküberzügen

Korrosivitätskategorie	Korrosionsbelastung	Zinkabtrag/Jahr (durchschnittlich) in µm	Beanspruchungsbedingungen, Beispiele
C1	sehr niedrig	< 0,1	beheizte Innenräume, trockene Atmosphäre, geringer Verschleiß und Abrieb, z. B. Büros
C2	niedrig	0,1 ... 0,7	nicht beheizte Innenräume, bei denen Kondensation auftreten kann, z. B. Lagerhallen
C3	mittel	0,7 ... 2,0	Einsatz im Freien und wo starke Reinigungsmittel vorkommen können, z. B. Brauereien
C4	hoch	2,0 ... 4,0	Einsatz im Freien, wo zusätzlich ein Verbeulen oder Zerkratzen auftreten kann, z. B. Schwimmbäder, Industrieanlagen
C5	sehr hoch	4,0 ... 8,0	Einsatz im Freien, wo zusätzlich ein Verbeulen oder Zerkratzen und abrasiver Verschleiß auftreten kann, z. B. Bergwerke, Küstenbereiche

Fertigungstechnik 4

4

Produktionsplanung und -steuerung

Produktionsplanungs- und -steuerungssysteme (PPS) werden zur Planung und Steuerung der Produktion in einem Industriebetrieb eingesetzt. Die PPS ist integraler Bestandteil einer computergestützten Fertigung (CIM).

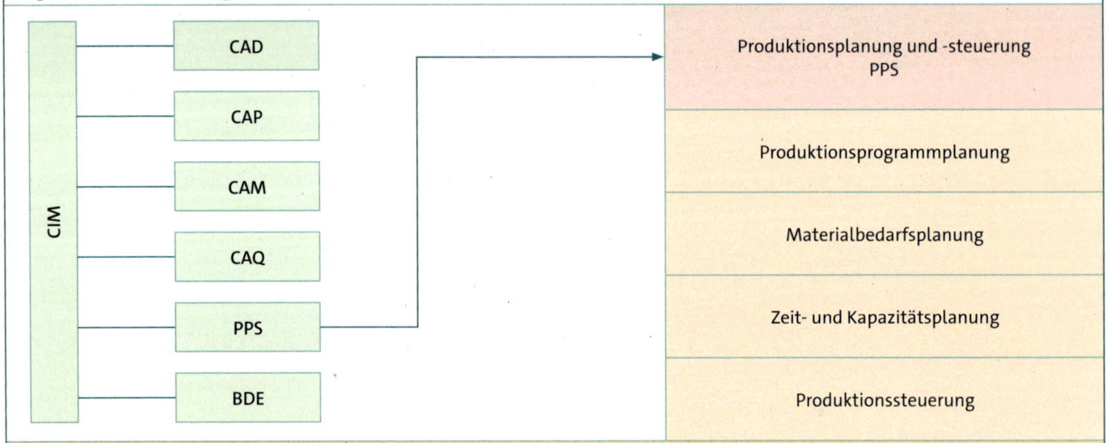

Begriffe	Erläuterungen
CIM Computer Integrated Manufacturing (Computergestützte Fertigung)	Integration der betriebswirtschaftlich orientierten Planungs- und Steuerungsfunktionen mit den technischen Funktionen in einem Fertigungsunternehmen, um so die ▪ Konsistenz, ▪ Aktualität und ▪ Qualität der Prozesse und Daten zur Auftragsplanung und -durchführung zu verbessern.
CAD Computer Aided Design (Computergestützte Konstruktion)	Entwurf von Produkten mit computerunterstützter Grafikerstellung durch Konzipieren, Gestalten und Detaillieren, Erstellen von Konstruktionszeichnungen sowie Stücklisten.
CAP Computer Aided Planning (Computergestützte Arbeits- und Montageplanung)	Erstellung von Arbeitsplänen zur Produktion eines Erzeugnisses auf der Basis geometrischer Daten aus CAD sowie weiterer technologischer Informationen über Eigenschaften von Materialien und Baugruppen.
CAM Computer Aided Manufacturing (Computergestützte Fertigungsdurchführung)	Computergestützte Produktion, d.h. automatisierte und rechnergesteuerte Fertigung durch Steuerung von NC-Anlage, CNC-Anlage, computergestützten Transportsystemen, flexiblen Fertigungssystemen, Industrierobotern u. a..
CAQ Computer Aided Quality Assurance (Computergestützte Qualitätssicherung)	Mengen-, Termin- und Qualitätsprüfungen; Ursachenermittlung bei Abweichungen durch Auswertung von Basisdaten und Gegensteuerung. Dazu ist eine Integration der CAQ mit anderen Computersystemen im Fertigungsbereich erforderlich.
BDE Betriebsdatenerfassung	BDE ist die zeit- und ereignisnahen Erfassung von Fertigungs- und Betriebsdaten am jeweiligen Entstehungsort i. d. R. durch die Mitarbeiter im Produktionsprozess. Die Durchführung kann manuell oder automatisch erfolgen.
PPS Produktionsplanung und -steuerung	PPS-Systeme sind computergestützte Produktionsplanungs- und -steuerungssysteme, die zur operativen Planung und Steuerung des Produktionsgeschehens in einem Industriebetrieb eingesetzt werden.
Produktionsprogrammplanung	Im Rahmen der Produktionsprogrammplanung wird festgelegt, welche Leistungen, d. h. welche Art und Menge der verschiedenen vom Unternehmen angebotenen Erzeugnisse in den einzelnen Planperioden hergestellt werden sollen.
Materialbedarfsplanung	Ausweis der in einer Planungsperiode benötigten Materialien nach Art, Menge, Qualität und Zeitstruktur.
Zeit- und Kapazitätsplanung	Gegenüberstellung der in der Materialbedarfsplanung errechneten zeitorientierten Losgrößen und Bestellmengen mit der zur Verfügung stehenden Kapazität, um die Durchführbarkeit der geplanten Produktion zu überprüfen.
Produktionssteuerung	Die Produktionssteuerung ist die letzte Ebene der PPS-Systeme und besteht aus den Bereichen ▪ Auftragsfreigabe, ▪ Maschinenbelegung/Feinterminierung und ▪ Betriebsdatenerfassung.

Auftragszeit für den arbeitsausführenden Mitarbeiter

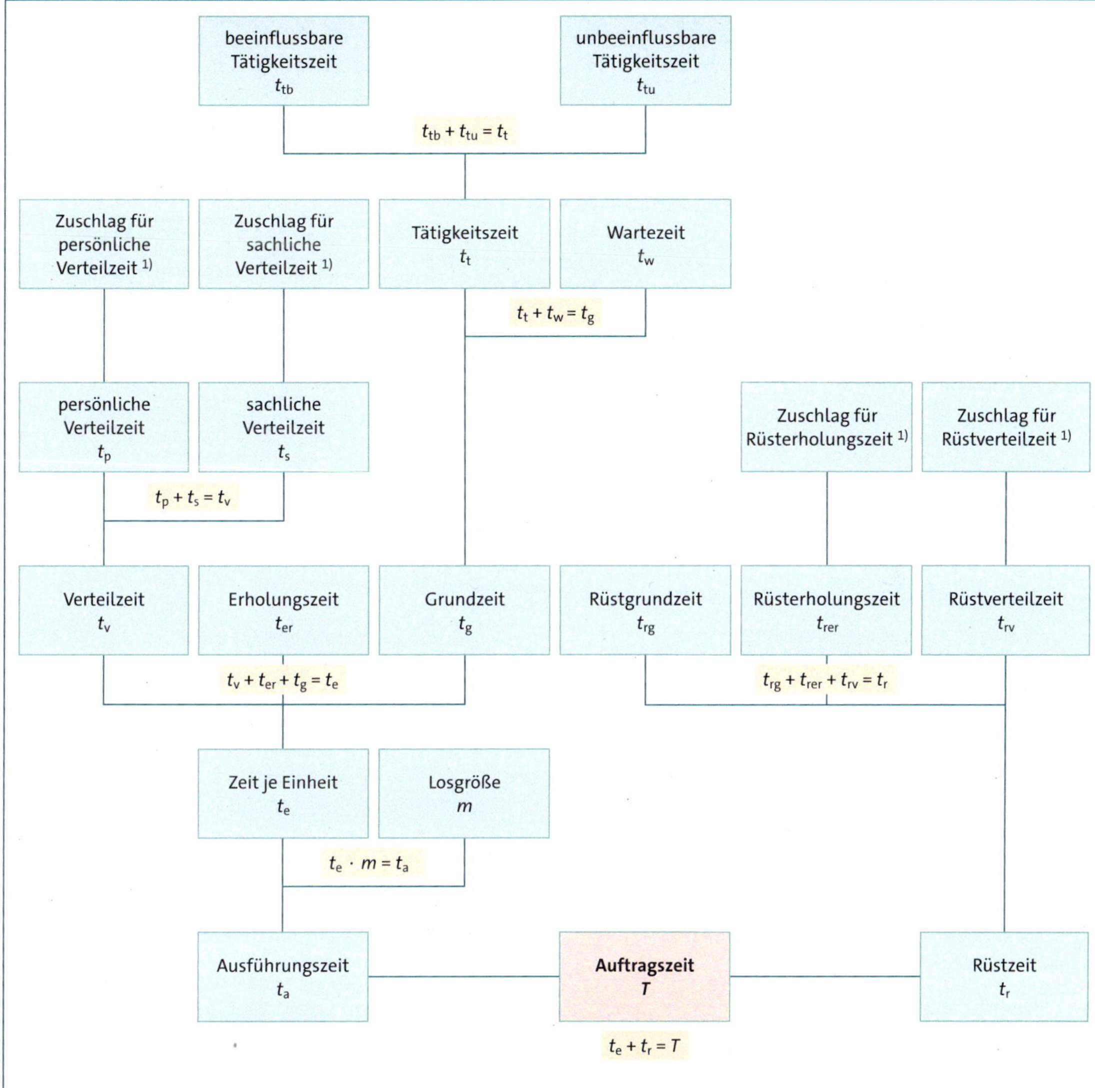

t_{tb}	beeinflussbare Tätigkeitszeit	Zeit, die persönlich beeinflusst werden kann (Geschicklichkeit/Anstrengung)
t_{tu}	unbeeinflussbare Tätigkeitszeit	Zeit, die nicht persönlich beeinflusst werden kann (CNC-Bearbeitung)
t_t	Tätigkeitszeit	Zeit, in der der eigentliche Auftrag bearbeitet wird
t_w	Wartezeit	Zeit, während der fertigungsbedingt gewartet werden muss (Fließfertigung)
t_p	persönliche Verteilzeit	Zeit, die gelegentlich/unvorhersehbar (persönlich) vorkommen kann
t_s	sachliche Verteilzeit	Zeit, die gelegentlich/unvorhersehbar (sachlich) vorkommen kann
t_v	Verteilzeit	Zeit, die persönlich/sachlich gelegentlich/unvorhersehbar vorkommen kann
t_{er}	Erholungszeit	Zeit, die der planmäßigen Erholung während der Ausführung dient
t_g	Grundzeit	Zeit für das planmäßige Ausführen (ohne Verteil- und Erholungszeiten)
t_e	Zeit je Einheit	Zeit für die Arbeitsausführung an einer Einheit einer Losgröße
m	Losgröße	Anzahl der herzustellenden Einheiten eines Auftrags
t_a	Ausführungszeit	Zeit für die Arbeitsausführung an allen Einheiten einer Losgröße
t_{rg}	Rüstgrundzeit	Zeit für das planmäßige Rüsten von Arbeitsplatz/Maschine
t_{rer}	Rüsterholungszeit	Zeit, die der planmäßigen Erholung während des Rüstens dient
t_{rv}	Rüstverteilzeit	Zeit, die gelegentlich/unvorhersehbar während des Rüstens vorkommen kann
t_r	Rüstzeit	Zeit für Vor- und Nachbereitung des gesamten Auftrags
T	Auftragszeit	Vorgabezeit für die Herstellung einer Losgröße

1) Verteilzeiten, die unregelmäßig/unvorhersehbar vorkommen können, werden durch einen prozentualen oder zeitlichen Zuschlag auf Basis von Grundzeit und Rüstgrundzeit berücksichtigt.

Belegungszeit für das Betriebsmittel

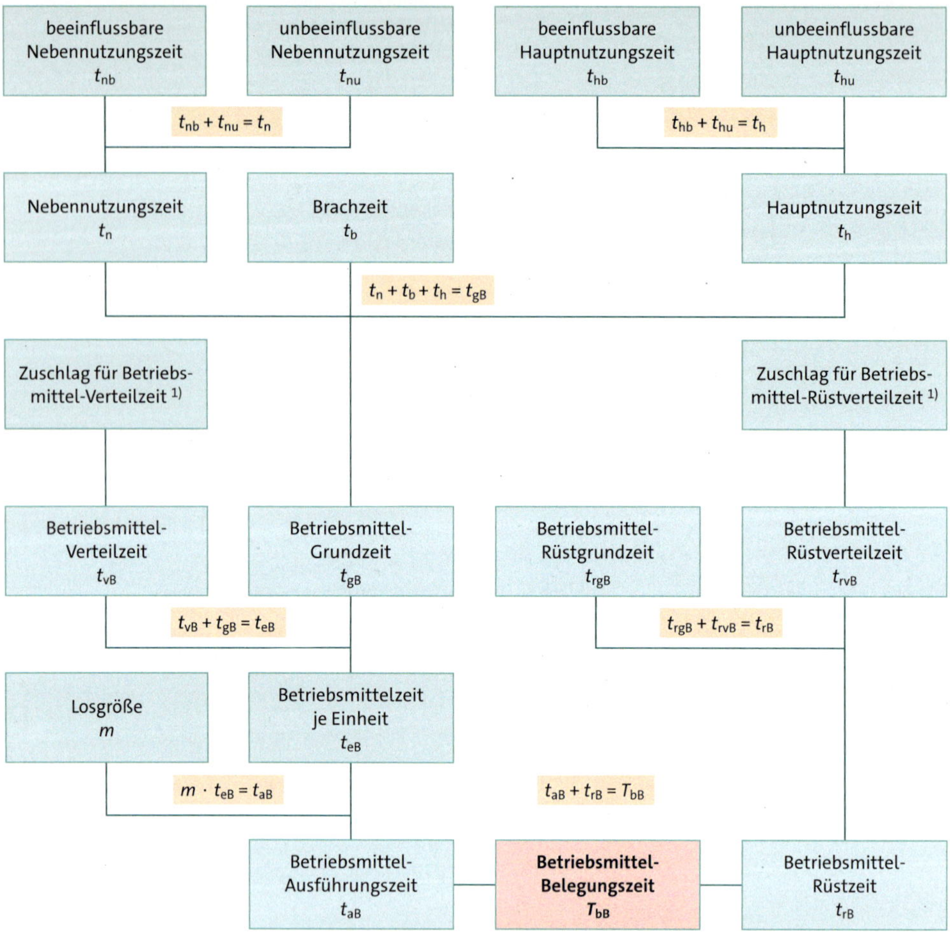

t_n	Nebennutzungszeit	Zeit für planmäßiges Vorbereiten, Beschicken, Leeren ... des Betriebsmittels
t_{nb}	beeinflussbare Nebennutzungszeit	Zeit, die persönlich beeinflusst werden kann durch Geschicklichkeit oder Anstrengung (manueller Werkzeugwechsel)
t_{nu}	unbeeinflussbare Nebennutzungszeit	Zeit, die persönlich nicht beeinflusst werden kann durch Geschicklichkeit oder Anstrengung (automatisierter Werkzeugwechsel)
t_h	Hauptnutzungszeit	Zeit, in der ein Arbeitsfortschritt am Arbeitsgegenstand entsteht
t_{hb}	beeinflussbare Hauptnutzungszeit	Zeit, die persönlich beeinflusst werden kann durch Geschicklichkeit oder Anstrengung (manuelles Fräsen)
t_{hu}	unbeeinflussbare Hauptnutzungszeit	Zeit, die persönlich nicht beeinflusst werden kann durch Geschicklichkeit oder Anstrengung (CNC-Bearbeitung)
t_b	Brachzeit	ablaufbedingte Unterbrechung in der planmäßigen Nutzung des Betriebsmittels
t_{gB}	Betriebsmittel-Grundzeit	Zeit für planmäßige Belegung des Betriebsmittels während der Produktion
t_{vB}	Betriebsmittel-Verteilzeit	Zeit, die gelegentlich/unvorhersehbar vorkommen kann (Stromausfall)
t_{eB}	Betriebsmittelzeit je Einheit	Zeit für die Belegung des Betriebsmittels an einer Einheit einer Losgröße
m	Losgröße	Anzahl der herzustellenden Einheiten eines Auftrags
t_{aB}	Betriebsmittel-Ausführungszeit	Zeit für die Belegung des Betriebsmittels an allen Einheiten einer Losgröße
t_{rgB}	Betriebsmittel-Rüstgrundzeit	Zeit für das planmäßige Rüsten des Betriebsmittels (Vorrichtung aufspannen)
t_{rvB}	Betriebsmittel-Rüstverteilzeit	Zeit, die gelegentlich/unvorhersehbar während des Rüstens des Betriebsmittels vorkommen kann
t_{rB}	Betriebsmittel-Rüstzeit	Zeit an der gesamten Losgröße für Vor- und Nachbereitung des Betriebsmittels
T_{bB}	Betriebsmittel-Belegungszeit	Zeit für das Betriebsmittel zur Herstellung der gesamten Losgröße

1) Verteilzeiten, die unregelmäßig/unvorhersehbar vorkommen können, werden durch einen prozentualen oder zeitlichen Zuschlag auf Basis von Betriebsmittel-Grundzeit und Betriebsmittel-Rüstgrundzeit berücksichtigt.

Kostenkalkulation

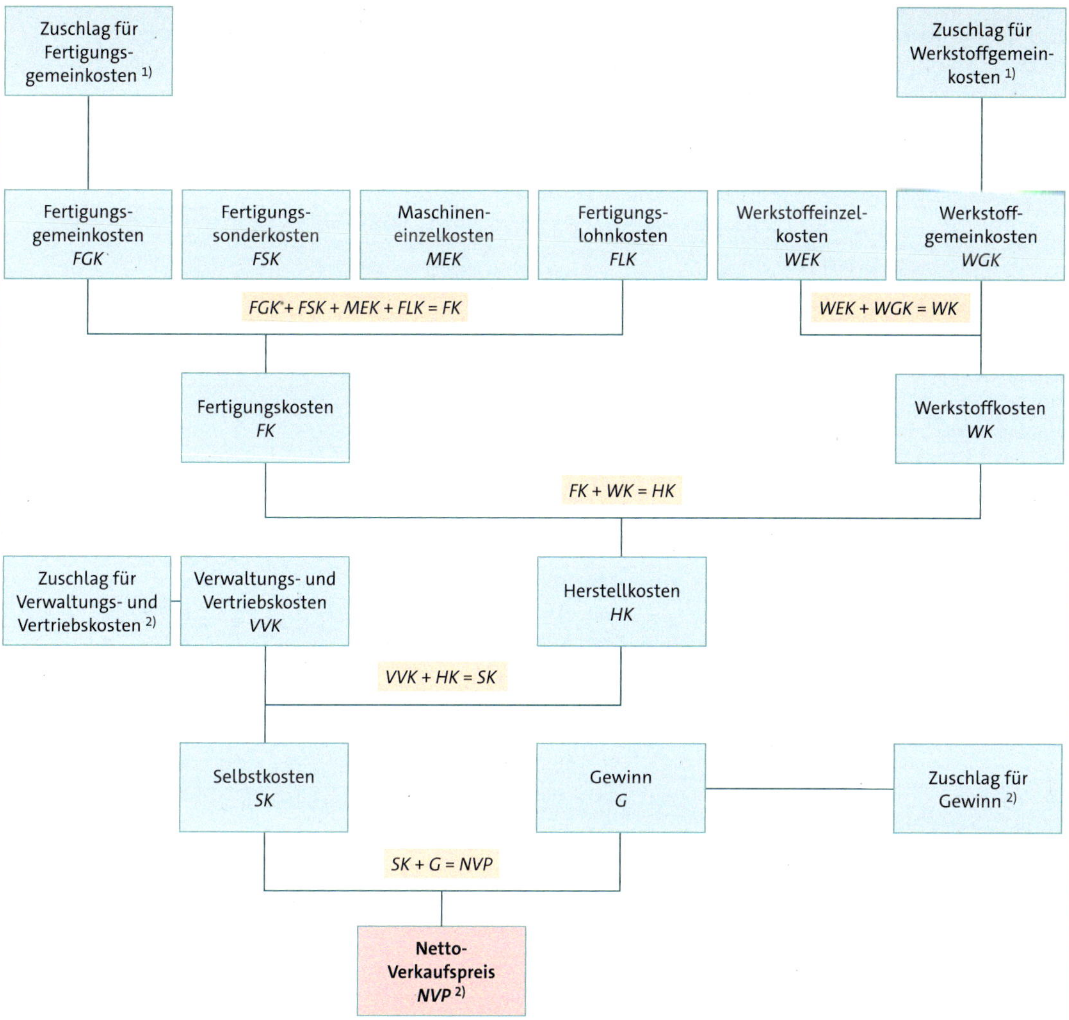

FGK	Fertigungsgemeinkosten	Kosten für Betriebsleitung, Werkzeuge, Transport, Ausbildung, Sozialkosten ...
FSK	Fertigungssonderkosten	Kosten für auftragsabhängige Werzeug-, Modell-, Entwicklungskosten ...
MEK	Maschineneinzelkosten	Kosten für Abschreibung, Instandhaltung, Energiebedarf, Raumkosten ...
FLK	Fertigungslohnkosten	Kosten für produktive Löhne
FK	Fertigungskosten	Σ: Fertigungslohn-, Fertigungsgemein-, Fertigungssonder-, Maschineneinzelkosten
WEK	Werkstoffeinzelkosten	Kosten für Werkstoffbedarf (einschließlich Abfall und Verschnitt)
WGK	Werkstoffgemeinkosten	Kosten für Beschaffung, Verwaltung, Lagerung ...
WK	Werkstoffkosten	Summe der Werkstoffeinzel- und Werkstoffgemeinkosten
HK	Herstellkosten	Summe der Fertigungs- und Werkstoffkosten
VVK	Verwaltungs- und Vertriebskosten	Kosten für Einkauf, Verkauf, Vertrieb, Werbung, Betriebsrat, Ausbildungswesen, allgemeine Personalkosten, kaufmännische Verwaltung
SK	Selbstkosten	betriebsabhängige Kosten für die Herstellung eines Produkts
G	Gewinn	angestrebter Erlös für den Verkauf eines Produkts
NVP	Nettoverkaufspreis	Verkaufspreis eines Produkts ohne Umsatzsteuer (Mehrwertsteuer)

1) Fertigungsgemeinkosten/Werkstoffgemeinkosten werden nicht für einzelne Produkte ermittelt, sondern als prozentualer Zuschlag auf Basis von Fertigungslohnkosten/Werkstoffeinzelkosten berücksichtigt.

2) Verwaltungs- und Vertriebskosten/Gewinn werden durch prozentuale Zuschläge auf Herstellkosten/Selbstkosten umgelegt. (Im Übrigen gilt die BWL-Weisheit: Es wird der Preis verlangt, der am Markt erzielbar ist.)

Werkzeug-Anwendungsgruppen für Werkzeuge aus Schnellarbeitsstahl — DIN 1836: 1984-01

Allgemeine Werkzeug-Anwendungsgruppen		Werkzeug-Anwendungsgruppen für Schruppfräser		
Anwendungsgruppe	**Anwendungsbereich**	**Anwendungsgruppe**	**Form des Spanteilers an der Schneide des Schruppfräsers**	
N	Zerspanen von Werkstoffen mit normaler Festigkeit und Härte	NF HF	Spanteiler mit flachem Profil	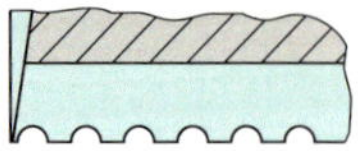
H	Zerspanen von harten, zähharten und/oder kurzspanenden Werkstoffen	NR HR	Spanteiler mit rundem Profil	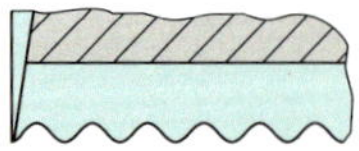
W	Zerspanen von weichen, zähen und/oder langspanenden Werkstoffen			

Anwendungsbeispiele

Werkstoff		Zugfestigkeit R_m in N/mm² oder Härte	Anwendungsgruppe					
			N	H	W	NF	NR	HF/HR
Stahl und Stahlguss								
Automatenstahl		370 ... 600	■		□	■	■	
		550 ... 1000	■	□		■	■	□
Allgemeiner Baustahl		... 600	■		□	■	■	
		500 ... 900	■			■	■	
Einsatzstahl	unlegiert	... 600	■		□	■	■	
	legiert	500 ... 800	■			■	■	
Nichtrostender Stahl und Stahlguss		450 ... 950	■			■	■	
Nitrierstahl	weichgeglüht	700 ... 900	■			■	■	
	vergütet	800 ... 1250	■	□		■	■	■
Stahlguss		400 ... 1100	■			■	■	
Vergütungsstahl	weich- oder normalgeglüht	500 ... 750	■			■	■	
	unlegiert, vergütet	700 ... 1000	■			■	■	
	legiert, vergütet	700 ... 1000	■			■	■	
		900 ... 1250	■	□		■	■	■
Werkzeugstahl	legiert, vergütet	900 ... 1250	■	□		■	■	■
	unlegiert oder legiert, weichgeglüht	180 ... 240 HB	■			■	■	
	hochgekohlt und/oder hochlegiert, weichgeglüht	220 ... 300 HB	□	■		□	□	■
Gusseisen								
Gusseisen mit Lamellengraphit		100 ... 240 HB	■			■	■	
		230 ... 320 HB	□	■		■	□	■
Gusseisen mit Kugelgraphit		100 ... 240 HB	■			■	□	□
		230 ... 320 HB	□	■		■		■
Temperguss		100 ... 270 HB	■			■	□	□
Nichteisenmetalle								
Aluminiumlegierungen, Si-Gehalt ≤ 10 %		... 180	□		■			
Aluminiumlegierungen, Si-Gehalt > 10 %		150 ... 250	■		□	□		
Kupfer		200 ... 400	□		■			
Kupferlegierungen	hoher Cu-Gehalt, geringe Festigkeit	200 ... 550	□		■			
	hohe Festigkeit	250 ... 850	■		□		□	
	mit spanbrechenden Zusätzen (z. B. Pb)	250 ... 500	□	■				
Magnesiumlegierungen		150 ... 300	■		□			
Titanlegierungen	mittlere Festigkeit	... 700	■		□	■	■	
	hohe Festigkeit	600 ... 1100	□	■		□		■

■: Regelfall, □: Sonderfall

Klassifizierung harter Schneidstoffe

DIN ISO 513: 2014-05

Bezeichnung

☐ – ☐☐

Kennbuchstabe für den Schneidstoff – Zerspanungs-Hauptgruppe – Anwendungsgruppe

Kennbuchstaben

Gruppe	Kennbuchstabe	Beschreibung	Gruppe	Kennbuchstabe	Beschreibung
Hartmetalle	HW	unbeschichtetes Hartmetall, Hauptbestandteil Wolframcarbid (WC) mit Korngröße ≥ 1 µm	Schneidkeramik	CA	Schneidkeramik, Hauptbestandteil Aluminiumoxid (Al_2O_3)
	HF	unbeschichtetes Hartmetall, Hauptbestandteil Wolframcarbid (WC) mit Korngröße < 1 µm		CR	Schneidkeramik, Hauptbestandteil Aluminiumoxid (Al_2O_3), verstärkt
	HT	unbeschichtetes Hartmetall, Hauptbestandteil Titancarbid (TiC) oder Titannitrid (TiN) oder beide (Cermet)		CM	Mischkeramik, Hauptbestandteil Aluminiumoxid (Al_2O_3) zusammen mit anderen Oxiden
				CN	Siliciumnitridkeramik, Hauptbestandteil Siliciumnitrid (Si_3N_4)
	HC	Hartmetall wie oben, jedoch beschichtet		CC	Schneidkeramik wie oben, jedoch beschichtet
Bornitrid	BL	kubisch-kristallines Bornitrid mit niedrigem Bornitridgehalt	Diamant	DM	monokristalliner Diamant
	BH	kubisch-kristallines Bornitrid mit hohem Bornitridgehalt		DD	polykristalliner Diamant ohne Bindemittel
	BC	kubisch-kristallines Bornitrid wie oben, jedoch beschichtet		DP	polykristalliner Diamant mit Bindemittel

Zerspanungs-Hauptgruppen und Anwendungsgruppen

Zerspanungs-Hauptgruppe: Kennfarbe und Kennbuchstabe	Zerspanungs-Hauptgruppe: Werkstück/Werkstoff	Anwendungsgruppen: Harte Schneidstoffe		Schneidstoffeigenschaften: Verschleißfestigkeit	Schneidstoffeigenschaften: Zähigkeit	Schnittwerte: Schnittgeschwindigkeit	Schnittwerte: Vorschub
P (blau)	**Stahl** alle Arten von Stahl und Stahlguss, außer nichtrostendem austenitischem Stahl	P01 P10 P20 P30 P40 P50	P05 P15 P25 P35 P45	steigend ↑	fallend ↓	steigend ↑	fallend ↓
M (gelb)	**Nichtrostender Stahl** nichtrostender austenitischer und austenitisch-ferritischer Stahl und Stahlguss	M01 M10 M20 M30 M40	M05 M15 M25 M35	steigend ↑	fallend ↓	steigend ↑	fallend ↓
K (rot)	**Gusseisen** Gusseisen mit Lamellengraphit, Gusseisen mit Kugelgraphit, Temperguss	K01 K10 K20 K30 K40	K05 K15 K25 K35	steigend ↑	fallend ↓	steigend ↑	fallend ↓
N (grün)	**Nichteisenmetalle** Aluminium und andere Nichteisenmetalle, Nichtmetallwerkstoffe	N01 N10 N20 N30	N05 N15 N25	steigend ↑	fallend ↓	steigend ↑	fallend ↓
S (orange)	**Speziallegierungen und Titan** hochwarmfeste Legierungen auf der Basis von Fe, Ni, Co Titan und Titanlegierungen	S01 S10 S20 S30	S05 S15 S25	steigend ↑	fallend ↓	steigend ↑	fallend ↓
H (grau)	**Harte Werkstoffe** gehärteter Stahl, gehärtete Gusseisenwerkstoffe, Gusseisen für Kokillenguss	H01 H10 H20 H30	H05 H15 H25	steigend ↑	fallend ↓	steigend ↑	fallend ↓

Bezeichnungsbeispiel: **HW–P20**
Unbeschichtetes Hartmetall der Anwendungsgruppe P 20, Anwendung für Stahl

Wendeschneidplatten — DIN ISO 1832: 2017-06

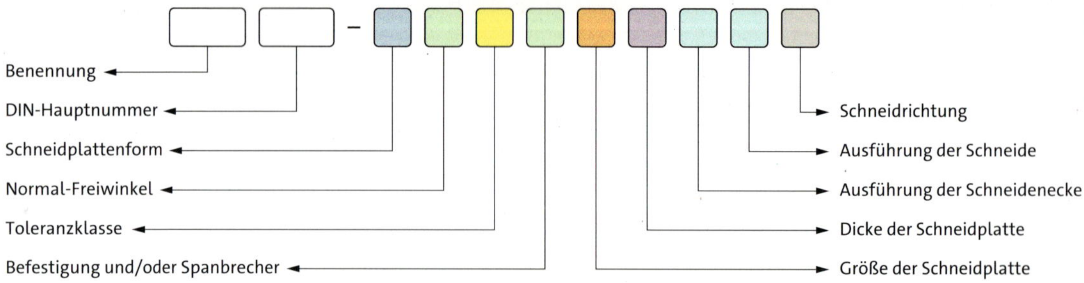

Schneidplattenform

A		rhomboid-förmig 85°
B		rhomboid-förmig 82°
C		rhombisch 80°
D		rhombisch 55°
E		rhombisch 75°
H		sechseckig 120°
K		rhomboid-förmig 55°
L		rechteckig 90°
M		rhombisch 86°
O		achteckig 135°
P		fünfeckig 108°
R		rund
S		quadratisch 90°
T		dreieckig 60°
V		rhombisch 35°
W		trigon 80°
X–Z	spezielle Formen	

Normal-Freiwinkel

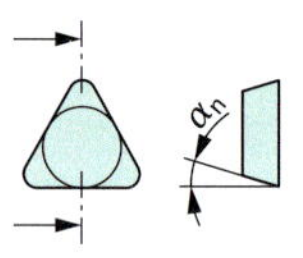

A	3°
B	5°
C	7°
D	15°
E	20°
F	25°
G	30°
N	0°
P	11°
O	besondere Festlegung

Toleranzklasse

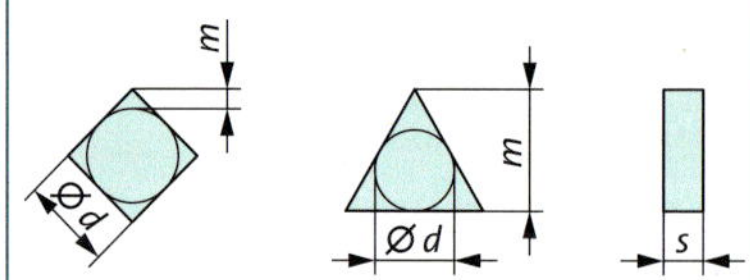

	d in mm	*m* in mm	*s* in mm
A	± 0,025	± 0,005	± 0,025
C	± 0,025	± 0,013	± 0,025
E	± 0,025	± 0,025	± 0,025
F	± 0,013	± 0,005	± 0,025
G	± 0,025	± 0,025	± 0,13
H	± 0,013	± 0,013	± 0,025
J	± 0,05 ... 0,15	± 0,005	± 0,025
K	± 0,05 ... 0,15	± 0,013	± 0,025
L	± 0,05 ... 0,15	± 0,025	± 0,025
M	± 0,05 ... 0,15	± 0,08 ... 0,20	± 0,13
N	± 0,05 ... 0,15	± 0,08 ... 0,20	± 0,025
U	± 0,08 ... 0,25	± 0,13 ... 0,38	± 0,13

Größe der Schneidplatte

Bezeichnungssymbol ist die Länge *l* der Hauptschneide, der längsten Schneide oder der Durchmesser *d*.

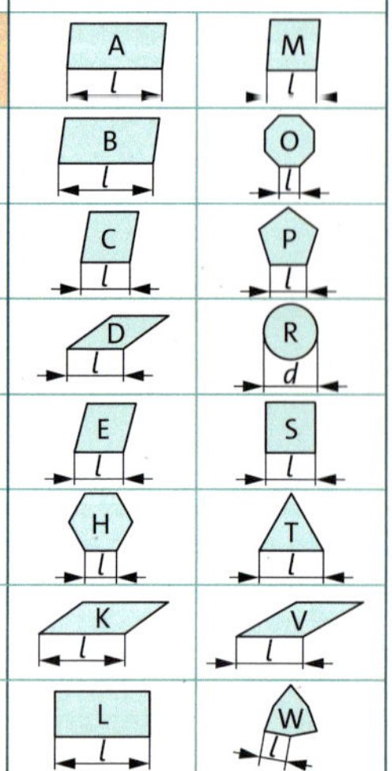

Dicke der Schneidplatte

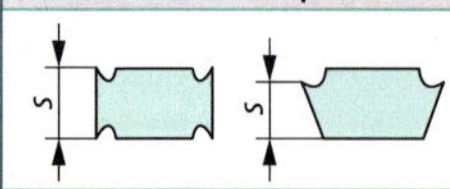

Symbol	*s* in mm
01	1,59
T1	1,98
02	2,38
03	3,18
T3	3,97
04	4,76
05	5,56
06	6,35
07	7,94
09	9,52
12	12,7

Schneidrichtung (Vorschubrichtung)

R	rechts schneidend	für ungleichseitige und ungleichwinklige Schneidplatten, Schneidplatten mit asymmetrisch gestalteter Schneidenecke und/oder asymmetrischem Spanbrecher
L	links schneidend	
N	rechts und links schneidend	für alle Schneidplatten mit symmetrisch gestalteten Schneidenecken und symmetrischem Spanbrecher

Wendeschneidplatten

DIN ISO 1832: 2017-06

Befestigung und Spanbrecher

Plattentyp	Befestigung	Spanbrecher	Plattentyp	Befestigung	Spanbrecher
N	ohne Befestigungsbohrung	ohne	Q	zylindrische Bohrung, beidseitige Senkung, Kegelwinkel 40 … 60°	ohne
R		auf einer Spanfläche	U		auf beiden Spanflächen
F		auf beiden Spanflächen	B	zylindrische Bohrung, einseitige Senkung, Kegelwinkel 70 … 90°	ohne
A	zylindrische Bohrung	ohne	H		auf einer Spanfläche
M		auf einer Spanfläche	C	zylindrische Bohrung, beidseitige Senkung, Kegelwinkel 70 … 90°	ohne
G		auf beiden Spanflächen	J		auf beiden Spanflächen
W	zylindrische Bohrung, einseitige Senkung, Kegelwinkel 40 … 60°	ohne	X	Maße und Einzelheiten, die eine Beschreibung, Zeichnung oder zusätzliche Festlegungen erfordern	
T					

Ausführung der Schneidenecke

Schneidplatten mit Eckenrundungen

Symbol	Eckenradius in mm	Symbol	Eckenradius in mm
00	ohne	12	1,2
01	0,1	16	1,6
02	0,2	20	2,0
03	0,3	24	2,4
04	0,4	25	2,5
05	0,5	28	2,8
06	0,6	31	3,1
07	0,7	32	3,2
08	0,8	40	4,0
09	0,9	50	5,0
10	1,0	60	6,0

Schneidplatten mit Planschneiden

Symbol	Einstellwinkel κ in °	Symbol	Normal-Freiwinkel α_n in °
A	45	A	3
D	60	B	5
E	75	C	7
F	85	D	15
P	90	E	20
Z	andere	F	25
		G	30
		N	0
		P	11
		Z	andere

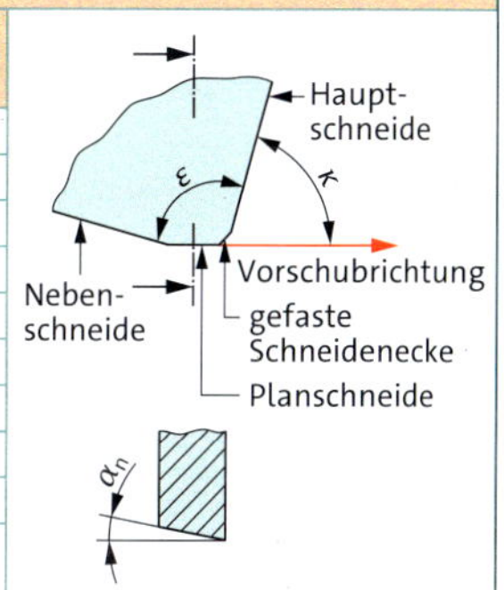

Ausführung der Schneide

Symbol	Ausführung der Schneide	Symbol	Ausführung der Schneide
E	scharfkantige Schneiden	S	gefaste und gerundete Schneiden
F	gerundete Schneiden	K	doppelt gefaste Schneide
T	gefaste Schneiden	P	doppelt gefaste und gerundete Schneide

Normen

DIN ISO 6987	Wendeschneidplatten aus Hartmetall mit Eckenrundungen und teilweise zylindrischer Befestigungsbohrung
DIN 4968	Wendeschneidplatten aus Hartmetall mit Eckenrundungen, ohne Bohrung
DIN 4969-1	Wendeschneidplatten aus Schneidkeramik mit Eckenrundungen, ohne Bohrung
DIN 4988	Wendeschneidplatten aus Hartmetall mit Eckenrundungen, mit zylindrischer Bohrung
DIN 6590	Wendeschneidplatten aus Hartmetall mit Planschneiden, ohne Bohrung

Bezeichnungsbeispiel: **Schneidplatte DIN 4968 – TNGN160412T**

Schneidplatte nach DIN 4968
T: Schneidplattenform dreieckig
N: Normalfreiwinkel $\alpha_n = 0°$
G: Toleranzklasse, Nenndurchmesser des Inkreises ± 0,025
N: Befestigung ohne Bohrung, ohne Spanbrecher
16: Länge der Schneide $l = 16$ mm
04: Dicke der Schneide $s = 4{,}76$ mm
12: Eckenradius $r_e = 1{,}2$ mm
T: gefaste Schneide

4

Drehzahl

Geometrische Stufung der Drehzahlen[1)]

Das Drehzahl-Schaubild enthält die in der Norm DIN 804 „Lastdrehzahlen für Werkzeugmaschinen“ festgelegten Werte der Reihe R20/3.

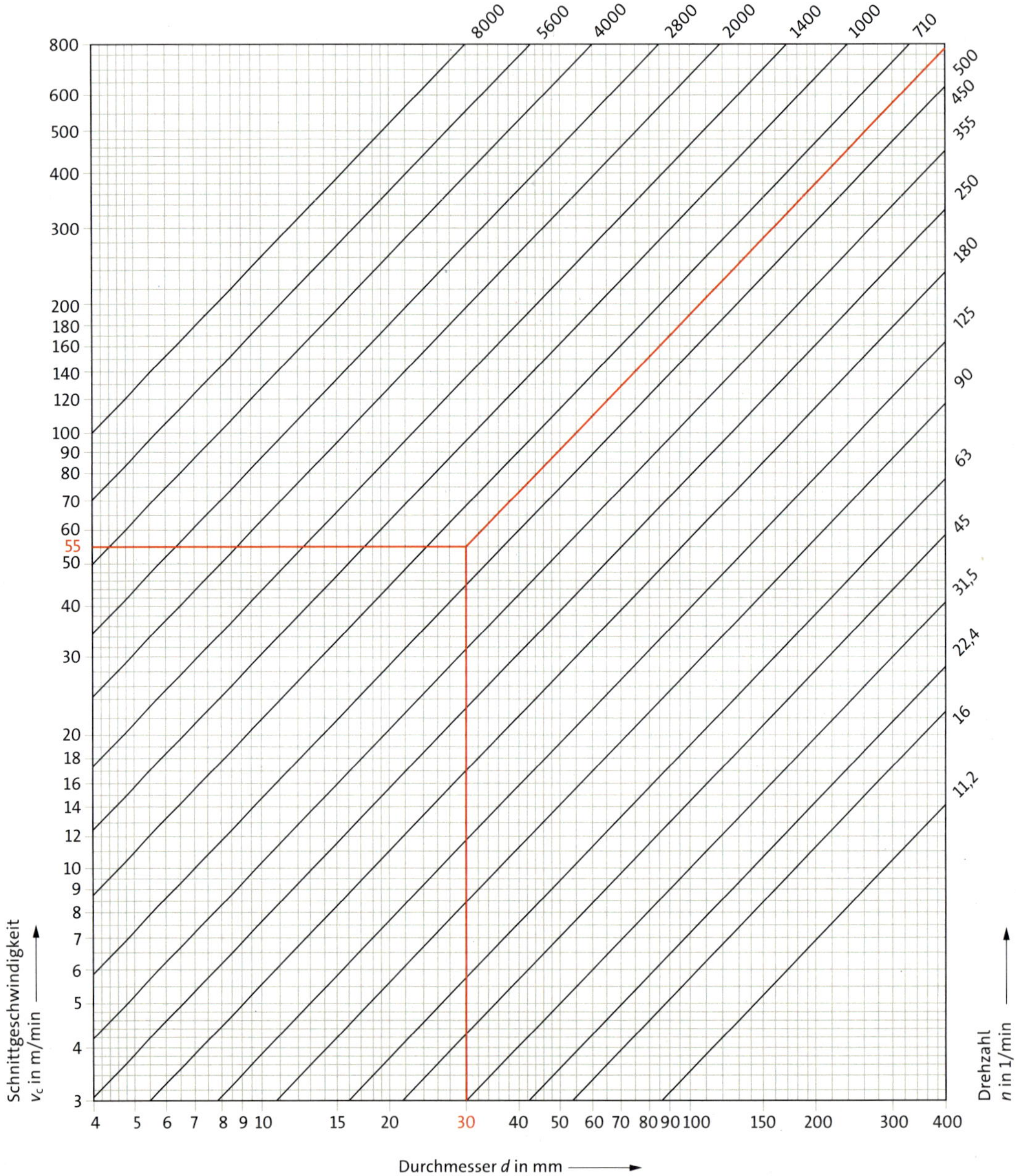

Ablesebeispiel für das Drehen einer Welle:	Durchmesser einer Welle: d = 30 mm Schnittgeschwindigkeit für einen Baustahl mit R_m > 500 N/mm^2 : v_c = 55 m/min Drehzahl: 500 < n < 710 1/min an der Werkzeugmaschine eingestellt n = 500 1/min

1) Auch Umdrehungsfrequenz genannt.

Spezifische Schnittkraft

Werkstoffgruppe	Festigkeit R_m in N/mm²	Werkstoffbezeichnung	Spez. Schnittkraft $k_{c1.1}$ in N/mm²	Werkstoffkonstante m	Spezifische Schnittkraft k_c in N/mm² bei einer Spanungsdicke h in mm													
					0,05	0,06	0,08	0,1	0,16	0,2	0,3	0,4	0,5	0,8	1,0	1,6	2,0	2,5
Allgem. Baustahl	< 500	S 235JR	1780	0,17	2962	2872	2735	2633	2431	2340	2184	2080	2003	1849	1780	1643	1582	1523
	500 ... 850	E 295	1990	0,26	4336	4136	3838	3621	3205	3024	2721	2525	2383	2109	1990	1761	1662	1568
		E 335	2110	0,17	3511	3404	3242	3121	2881	2774	2589	2466	2374	2192	2110	1948	1875	1806
		E 360	2260	0,30	5552	5256	4821	4509	3916	3663	3243	2975	2782	2416	2260	1963	1836	1717
Automatenstahl	< 500	11SMnPb30	1200	0,18	2058	1991	1891	1816	1669	1603	1490	1415	1359	1249	1200	1103	1059	1018
Einsatzstahl	< 750	C15	1820	0,22	3518	3380	3172	3020	2724	2593	2372	2226	2120	1912	1820	1641	1563	1488
	< 1000	16MnCr5	210	0,26	4576	4364	4050	3821	3382	3191	2872	2665	2515	2225	2100	1858	1754	1655
	> 1000	20MnCr5	2140	0,25	4526	4324	4024	3806	3384	3200	2892	2691	2545	2263	2140	1903	1800	1702
Nitrierstahl	< 1000	34CrAlMo5-10	1740	0,26	3792	3616	3355	3166	2802	2644	2380	2208	2084	1844	1740	1540	1453	1371
Vergütungsstahl	< 700	C35	1516	0,27	3404	3240	2998	2823	2486	2341	2098	1942	1828	1610	1516	1335	1257	1184
	700 ... 850	C45	2220	0,26	4837	4614	4281	4040	3575	3374	3036	2817	2658	2353	2220	1965	1854	1749
	850 ... 1000	C60E	2130	0,18	3652	3534	3356	3224	2962	2846	2645	2512	2413	2217	2130	1957	1880	1806
	1000 ... 1200	42CrMo4	2500	0,26	5448	5195	4821	4549	4026	3799	3419	3173	2994	2649	2500	2212	2088	1970
		51CrV4	2220	0,26	4837	4614	4281	4040	3575	3374	3036	2817	2658	2353	2220	1965	1854	1749
Werkzeugstahl	< 850	102Cr6	1414	0,39	4548	4236	3787	3471	2890	2649	2261	2021	1853	1543	1414	1177	1079	989
	850 ... 1100	90MnCrV8	2300	0,21	4315	4153	3909	3730	3380	3225	2962	2788	2660	2410	2300	2084	1988	1897
	1100 ... 1400	X210Cr12	1820	0,26	3966	3782	3510	3312	2931	2766	2489	2310	2179	1929	1820	1611	1520	1434
Nichtrostender Stahl	< 700	X5CrNi18-10	2351	0,21	4410	4245	3996	3813	3455	3296	3027	2850	2719	2464	2351	2130	2033	1939
	< 850	X46Cr13	1820	0,26	3966	3782	3510	3312	2931	2766	2489	2310	2179	1929	1820	1611	1520	1434
	< 1100	X30Cr13	1820	0,26	3966	3782	3510	3312	2931	2766	2489	2310	2179	1929	1820	1611	1520	1434
Gusseisen	< 175HB	GJL-150	950	0,21	1782	1715	1615	1541	1396	1332	1223	1152	1099	996	950	861	821	784
	< 180HB	GJL-200	1020	0,25	2157	2061	1918	1814	1613	1525	1378	1283	1213	1079	1020	907	858	811
	> 180HB	GJS-400	1005	0,25	2125	2031	1890	1787	1589	1503	1358	1264	1195	1063	1005	894	845	799
	< 260HB	GJS-600	1080	0,48	4549	4168	3630	3262	2603	2338	1925	1677	1506	1202	1080	862	774	696
		GJS-800-2	1132	0,44	4230	3904	3439	3118	2535	2298	1923	1694	1536	1249	1132	921	834	756
		GJMB-650-2	1180	0,24	2422	2318	2163	2051	1832	1736	1575	1470	1394	1245	1180	1054	999	947
Aluminiumlegierungen	< 350	AlCu4Mg1	830	0,23	1653	1585	1484	1410	1265	1202	1095	1025	973	874	830	745	708	672
		AlMg3	780	0,23	1554	1490	1394	1325	1189	1129	1029	963	915	821	780	700	665	632
		AlSi12	830	0,23	1653	1585	1484	1410	1265	1202	1095	1025	973	874	830	745	708	672
Titanlegierung	850 ... 1200	TiAl6V4	1370	0,21	2570	2473	2328	2222	2013	1921	1764	1661	1585	1436	1370	1241	1184	1130
Kupferlegierungen	< 600	CuSn7ZnPb	640	0,25	1353	1293	1203	1138	1012	957	865	805	761	677	640	569	538	509
		CuZn40Pb2	780	0,18	1337	1294	1229	1181	1085	1042	969	920	884	812	780	717	689	661

Die k_c-Werte sind bezogen auf folgende Spanungsbedingungen:
Schneidstoff – Hartmetall, arbeitsscharfe Schneide, $v_c = 100$ m/min, $\gamma = 6°$ für Stahl und $\gamma = 2°$ für Guss, $\kappa = 45°$

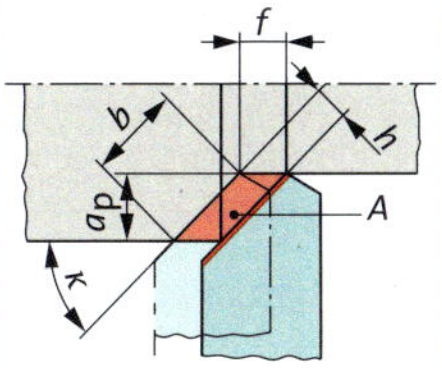

Die spezifische Schnittkraft k_c ist erforderlich, um einen Span mit $A = 1$ mm² vom Werkstück zu trennen.

$$F_c = A \cdot k_c = b \cdot h \cdot k_c$$

$$k_c = \frac{k_{c1.1}}{h^m}$$

Bei Abweichung von den vorgegebenen Spanungsbedingungen gilt:

$$F_c = A \cdot k_c \cdot K_\gamma \cdot K_v \cdot K_{Sch} \cdot K_{Ver}$$

$$K_\gamma = 1 - \frac{\gamma - \gamma_k}{66{,}7°}$$

γ tatsächlicher Spanwinkel
γ_k für Stahlbearbeitung: 6°
γ_k für Gussbearbeitung: 2°

K_v	1	Hartmetallschneiden (v_c > 80 mm/min)
	1,15	HSS-Schneiden
K_{Sch}	1	Hartmetall
	0,9 ... 0,95	Schneidkeramik
K_{Ver}	1	arbeitsscharfes Werkzeug
	1,3 ... 1,5	verschlissenes Werkzeug

f: Vorschub in mm
a_p: Schnitttiefe in mm
b: Spanungsbreite in mm
h: Spanungsdicke in mm
A: Spanungsquerschnitt in mm²
F_c: Schnittkraft in N
k_c: spezifische Schnittkraft in N/mm²
$k_{c1.1}$: Hauptwert der spez. Schnittkraft in N/mm²
m: Werkstoffkonstante
K_γ: Spanwinkelkorrektur
K_{Ver}: Verschleißkorrektur
K_v: Schnittgeschwindigkeitskorrektur
K_{Sch}: Schneidstoffkorrektur

Schmierstoffe – Bearbeitungsmedien für die Zerspanung

DIN 51385: 2013-12

Kühlschmierstoff – Art			Wirkung	Anwendung
SC	Kühlschmierstoff für die spanende Bearbeitung			
SCN	nichtwassermischbarer Kühlschmierstoff	Kühlschmierstoff, der nicht mit Wasser gemischt wird	↑ zunehmende Schmierwirkung ↓ zunehmende Kühlwirkung	Spanen schwer zerspanbarer Werkstoffe mit niedriger Schnittgeschwindigkeit, hohe Oberflächengüte, Korrosionsschutz
SCE	wassermischbarer Kühlschmierstoff	Kühlschmierstoff, der üblicherweise mit Wasser gemischt wird		Spanen mit hoher Schnittgeschwindigkeit beim Drehen, Fräsen, Bohren leicht bearbeitbarer Werkstoffe bei hohen Arbeitstemperaturen, gute Kühlwirkung, geringe Schmierwirkung
SCEM	emulgierbarer Kühlschmierstoff	wassermischbarer Kühlschmierstoff, der bei Mischung eine Öl-in-Wasser-Emulsion bildet		
SCEMW	Kühlschmierstoff-Emulsion	mit Wasser gemischter emulgierbarer Kühlschmierstoff, gebrauchsfertig		
SCES	wasserlöslicher Kühlschmierstoff	wassermischbarer Kühlschmierstoff, der bei Mischung mit Wasser eine echte Lösung ergibt		Spanen mit hoher Schnittgeschwindigkeit
SCESW	Kühlschmierstoff-Lösung	mit Wasser gemischter wasserlöslicher Kühlschmierstoff, gebrauchsfertig		

Hinweise für die Anwendung von Kühlschmierstoffen

Kühlschmierstoff – Art	Zusammensetzung		Kühlschmierstoff-Art	Zusammensetzung	
SCN nichtwassermischbarer Kühlschmierstoff	N	Kühlschmierstoff, der nicht mit Wasser gemischt wird	SCE wassermischbarer Kühlschmierstoff	E	Kühlschmierstoff, der mit Wasser gemischt wird, Öl-in-Wasser
	N1	mit Fettstoffzusätzen			
	N2	mit mild wirkenden EP-Zusätzen			
	N3	mit Fettstoff- und mild wirkenden EP-Zusätzen		... %	Prozentangabe des Ölgehaltes
	N4	mit aktiv wirkenden EP-Zusätzen	EP: Extreme Pressure (hochdruckfest) Zusätze aus Cl-, P-, S- und N-Verbindungen zur Erhöhung der Druckfestigkeit des Kühlschmierstoffes		
	N5	mit Fettstoff- und aktiv wirkenden EP-Zusätzen			

Fertigungsverfahren		Werkstoff				
		Stahl		Gusseisen Temperguss	Kupfer und Kupferlegierungen	Leichtmetalle
		normal spanbar	schwer spanbar			
Sägen		E 2 ... 5 %	E-EP 10 % E 2 ... 5 %	trocken E 2 ... 5 %	N1 ... N3 E 2 ... 5 %	N1 ... N3 E 2 ... 5 %1)
Bohren		E 2 ... 5 %	E-EP 10 % N4, N5	trocken E 2 ... 5 %	N1 ... N3 E 2 ... 5 %	N1 ... N3 E 2 ... 5 %1)
Tieflochbohren		N3	N5	N3	N3	N3
Reiben		N2, N3 E 10 %	N3 ... N5	trocken N1	N1 ... N3	N1 ... N3
Drehen	schruppen	E2 ... 5 %	E10 % N4, N5	trocken	trocken N1	E 2 ... 5 %1) N1 ... N3
	schlichten	E 2 ... 5 % N3	E10 % N4, N5	trocken E 2 ... 5 %	trocken N1, N2	trocken N1 ... N3
Automatendrehen		N1 ... N3	N4, N5	N1 ... N3	N1 ... N3	N1 ... N3
Fräsen		E 5 ... 10 % N2, N3	N4, N5 E-EP10 %	trocken E 2 ... 5 %	N1 ... N3 E 2 ... 5 %	N1 ... N3 E 2 ... 5 %1)
Räumen		N2, N3 E10 %	N4, N5	E2 ... 5 %	N1 ... N3	N1 ... N3
Schleifen		E1 ... 2 %	E1 ... 2 %	E1 ... 2 %	E1 ... 2 %	E1 ... 2 %1)
Honen, Läppen		N2, N3	N4, N5	N2	–	–
Gewindeschneiden		N3	N5	N3 E5 ... 10 %	N3	N3
Gewindefräsen		N2, N3	N4, N5	N2	N1 ... N3	N1 ... N3
Zahnradstoßen, Zahnradfräsen		N3	N5	E5 ... 10 % N2	N2, N3	N2, N3

1) nicht für Mg oder Mg-Legierungen, trocken spanen oder nur Öl verwenden

Sägen

Sägeblätter für Handsägen

DIN 6494: 1999-10

Werkstoff: HSS

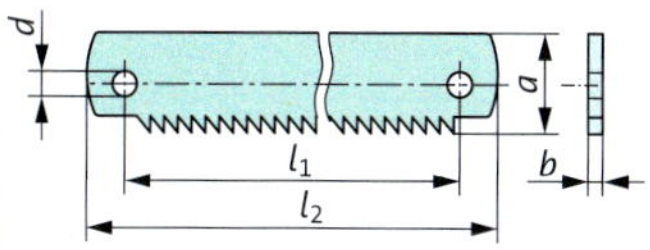

l_1: Länge zwischen den Einspannlöchern in mm
l_2: Gesamtlänge in mm
a: Breite in mm
b: Dicke in mm
p: Steigung in mm (Beispiel: 25 mm geteilt durch Anzahl der Zähne)

Bezeichnungsbeispiel:
Sägeblatt DIN 6494 – 300 x 12,5 x 0,63 x 1,0

Bezeichnung eines Sägeblattes der Länge l_1 = 300 mm, der Breite a = 12,5 mm, der Dicke b = 0,63 mm und der Steigung p = 1,0 mm

Sägeblätter für Bügelsägemaschinen

DIN 6495: 1999-10

Werkstoff: HSS

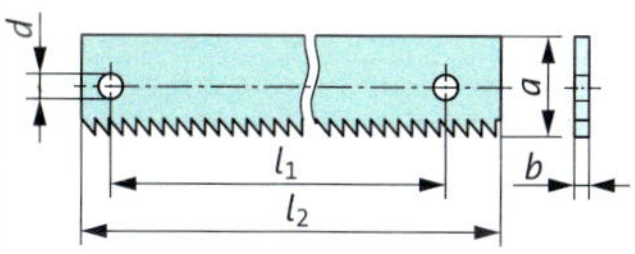

l_1: Länge zwischen den Einspannlöchern in mm
l_2: Gesamtlänge in mm
a: Breite in mm
b: Dicke in mm
p: Steigung in mm (Beispiel: 25 mm geteilt durch Anzahl der Zähne)

Bezeichnungsbeispiel:
Sägeblatt DIN 6495 – 350 x 25 x 1,25 x 1,8

Bezeichnung eines Sägeblattes der Länge l_1 = 350 mm, der Breite a = 25 mm, der Dicke b = 1,25 mm und der Steigung p = 1,8 mm

Metallkreissägeblätter

DIN 1837: 1970-08, DIN 1838: 1970-08

Werkstoff: HSS, HSS-E-TiN beschichtet, HM

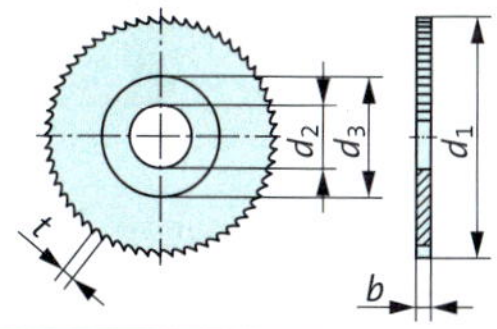

d_1: Durchmesser des Sägeblattes in mm
d_2: Bohrungsdurchmesser in mm
d_3: Durchmesser der Anlagefläche in mm
b: Dicke in mm
t: Zahnteilung in mm

Bezeichnungsbeispiel:
Kreissägeblatt DIN 1837 – 80 x 1 AN – HSS

Bezeichnung eines Kreissägeblattes, feingezahnt, mit dem Durchmesser d_1 = 80 mm und der Dicke b = 1 mm, Zahnform A, Werkzeug-Anwendungsgruppe N aus Schnellarbeitsstahl

Kreissägeblätter feingezahnt	DIN 1837	Regelausführung:	Werkzeug-Anwendungsgruppe N, Zahnform A
		Sonderausführung:	Werkzeug-Anwendungsgruppe H bzw. W, Zahnform Aw B (nur bei $t \geq 3{,}15$ mm) Bw (nur bei $t \geq 3{,}15$ mm und $b \geq 2$ mm) C (nur bei $t \geq 3{,}15$ mm und $b \geq 2$ mm)
Kreissägeblätter grobgezahnt	DIN 1838	Regelausführung:	Werkzeug-Anwendungsgruppe N, Zahnform B
		Sonderausführung:	Werkzeug-Anwendungsgruppe H bzw. W, Zahnform Bw C (nur bei $b \geq 2$ mm)

Metallkreissägeblätter – Zahnformen

DIN 1840: 1970-08

Zahnform	Darstellung	Spanwinkel γ für Werkzeug-Anwendungsgruppe N	H	W
Winkelzahn				
A	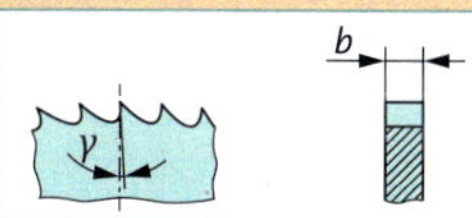	5° ± 2°	0° ± 2°	10° ± 2°
Aw	mit wechselseitiger Abkantung 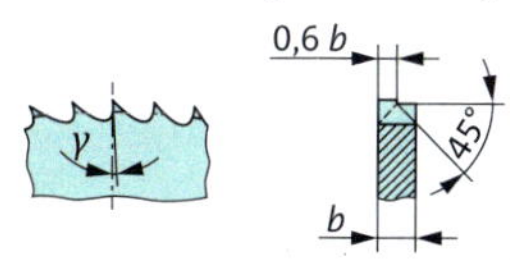			

Zahnform	Darstellung	Spanwinkel γ für Werkzeug-Anwendungsgruppe N	H	W
Bogenzahn				
B	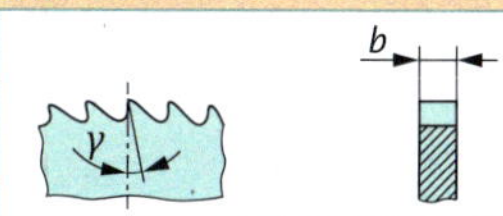	15° ± 2°	8° ± 2°	25° ± 2°
Bw	mit wechselseitiger Abkantung 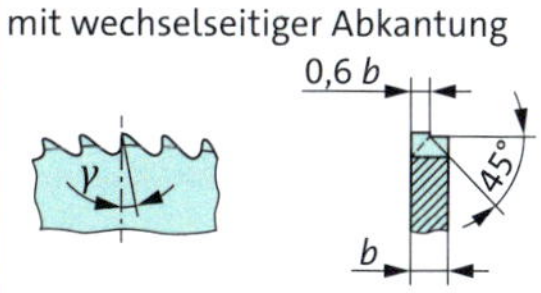			
C	mit Vor- und Nachschneider 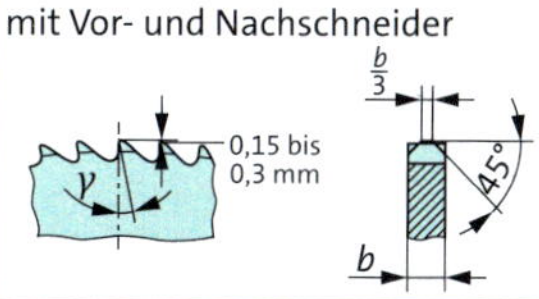			

Sägen – Richtwerte

Werkstoffgruppe		Festigkeit R_m in N/mm² oder Härte	Sägebänder HSS Ø 10 ... 65	Ø 100 ... 300	Ø 400 ... 800	Kreissägeblätter HSS, HSS-E-TiN beschichtet		HM	
			v_c in m/min[1]			v_c in m/min[1]	f_z in mm	v_c in m/min[1]	f_z in mm
Allgem. Baustahl		< 500	90 ... 100	85 ... 95	60 ... 75	25 ... 50	Der Vorschub ist abhängig vom Materialquerschnitt, der Materialfestigkeit, der Zahnung des Sägeblattes und den maschinellen Gegebenheiten.	150 ... 250	0,01 ... 0,03
		500 ... 850	75 ... 80	65 ... 70	48 ... 50	15 ... 30		100 ... 180	0,005 ... 0,025
Automatenstahl		< 850	90 ... 100	85 ... 95	60 ... 75	15 ... 30		100 ... 180	0,005 ... 0,025
		850 ... 1000	90 ... 100	85 ... 95	60 ... 75	10 ... 20		60 ... 120	0,005 ... 0.015
Einsatzstahl	unleg.	< 750	90 ... 100	85 ... 95	60 ... 75	15 ... 30		100 ... 180	0,005 ... 0,025
	leg.	< 1000	65 ... 75	55 ... 60	40 ... 50	10 ... 20		60 ... 120	0,005 ... 0,015
		> 1000	65 ... 75	55 ... 60	40 ... 50	10 ... 15		20 ... 60	0,002 ... 0,010
Nitrierstahl		< 1000	40 ... 45	35 ... 40	25 ... 32	10 ... 20		60 ... 120	0,005 ... 0,015
		> 1000	40 ... 45	35 ... 40	25 ... 32	10 ... 15		20 ... 60	0,002 ... 0,010
Vergütungsstahl	unleg.	< 700	75 ... 80	65 ... 70	48 ... 50	15 ... 30		100 ... 180	0,005 ... 0,025
		700 ... 850	75 ... 80	65 ... 70	48 ... 50	15 ... 30		100 ... 180	0,005 ... 0,025
		850 ... 1000	65 ... 75	55 ... 60	40 ... 50	10 ... 20		60 ... 120	0,005 ... 0,015
	leg.	850 ... 1000	65 ... 75	55 ... 60	40 ... 50	10 ... 20		60 ... 120	0,005 ... 0,015
		1000 ... 1200	40 ... 45	36 ... 40	25 ... 32	10 ... 15		20 ... 60	0,002 ... 0,010
Werkzeugstahl		< 850	58 ... 60	50 ... 55	35 ... 45	15 ... 30		100 ... 180	0,005 ... 0,025
		850 ... 1100	58 ... 60	50 ... 55	35 ... 45	10 ... 20		60 ... 120	0,005 ... 0,015
		1100 ... 1400	30 ... 35	25 ... 30	20 ... 24	7 ... 15		20 ... 60	0,002 ... 0,010
Schnellarbeitsstahl		830 ... 1200	45 ... 50	40 ... 45	30 ... 35	10 ... 15		20 ... 60	0,002 ... 0,010
Nichtrostender Stahl		< 700	35 ... 40	30 ... 35	22 ... 28	7 ... 15		60 ... 160	0,005 ... 0,015
		< 850	25 ... 30	20 ... 25	15 ... 20	7 ... 15		60 ... 160	0,005 ... 0,015
		< 1100	25 ... 30	20 ... 25	15 ... 20	7 ... 15		60 ... 160	0,005 ... 0,015
Gusseisen	GJL	< 180HB	50 ... 55	45 ... 50	30 ... 40	25 ... 45		100 ... 150	0,005 ... 0,010
		> 180HB	50 ... 55	45 ... 50	30 ... 40	25 ... 30		100 ... 150	0,005 ... 0,010
	GJS, GJM	> 180HB	50 ... 55	45 ... 50	30 ... 40	20 ... 30		100 ... 150	0,005 ... 0,010
		> 260HB	50 ... 55	45 ... 50	30 ... 40	20 ... 30		10 ... 150	0,005 ... 0,010
Aluminiumlegierungen	langsp.	< 350	90 ... 110	80 ... 100	70 ... 90	1000 ... 2400		400 ... 2000	0,010 ... 0,040
	kurzsp.		90 ... 110	80 ... 100	70 ... 90	600 ... 1500		400 ... 2000	0,010 ... 0,040
	Al-Guss, > 10 %Si		50 ... 70	40 ... 60	30 ... 50	500 ... 1200		400 ... 1000	0,010 ... 0,030
Titanlegierung		850 ... 1200	30 ... 35	25 ... 30	20 ... 25	10 ... 20		60 ... 120	0,002 ... 0,010
CuZn-Legierungen	kurzsp.	< 600	115 ... 125	110 ... 125	115 ... 125	300 ... 600		200 ... 600	0,010 ... 0,040
	langsp.		115 ... 125	110 ... 125	115 ... 125	300 ... 600		200 ... 300	0,010 ... 0,030
CuSn-Legierungen	kurzsp.	< 600	90 ... 100	85 ... 95	60 ... 75	120 ... 200		150 ... 300	0,020 ... 0,060
		650 ... 850	90 ... 100	85 ... 95	60 ... 75	120 ... 200		150 ... 300	0,020 ... 0,060
	langsp.	< 850	90 ... 100	85 ... 95	60 ... 75	120 ... 200		150 ... 300	0,020 ... 0,060
		850 ... 1200	90 ... 100	85 ... 95	60 ... 75	120 ... 200		150 ... 200	0,020 ... 0,040
Thermoplast		–	50 ... 500	50 ... 400	50 ... 400	1500 ... 2400		3000 ... 4500	0,030 ... 0,050
Duroplast		–	–	–	–	–		800 ... 2000	0,020 ... 0,040
GFK und CFK		–	–	–	–	–		150 ... 1000	0,020 ... 0,040

[1] Unter normalen Bearbeitungsbedingungen wird ein Zwischenwert gewählt, bei unklaren Bedingungen wird mit dem kleinsten Wert begonnen.

Sägen – Vorschübe beim Bandsägen

Werkstoff	Vorschub pro Zahn f_z in mm	Werkstoff	Vorschub pro Zahn f_z in mm
Niedriglegierter Stahl	0,005 ... 0,008	Nichtrostender Stahl	0,002 ... 0,005
Legierter Stahl	0,004 ... 0,008	Aluminium	0,010 ... 0,030
Werkzeugstahl	0,002 ... 0,005	Kupfer-Zinn-Legierungen	0,008 ... 0,012

Spiralbohrer – kurzer Schaft

DIN 338: 2006-11

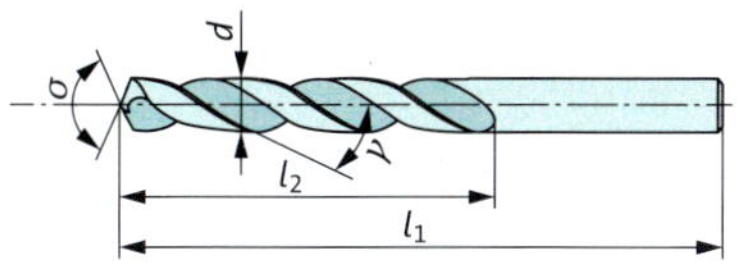

d: Durchmesser des Bohrers in mm
l_1: Gesamtlänge des Bohrers in mm
l_2: Länge des Dralls in mm
σ: Spitzenwinkel in °
γ: Seitenspanwinkel (Drallwinkel) in °

Bezeichnungsbeispiel:
Bohrer DIN 338 – 6 – HSS

Bezeichnung eines Spiralbohrers mit Zylinderschaft, Durchmesser d = 6 mm aus Schnellarbeitsstahl HSS

DIN 340 Lange Spiralbohrer mit Zylinderschaft
DIN 345 Spiralbohrer mit Morsekegelschaft

Schneidstoffe für Bohrer

Schneidstoff	Kurzbezeichnung	Eigenschaften/Verwendung
Schnellarbeitsstahl	HSS, HSS-E	niedrige Verschleißfestigkeit, hohe Warm- und Biegebruchfestigkeit, Kühlung erforderlich, für geringe Schnittgeschwindigkeiten
Vollhartmetall	VHM	höhere Standzeit im Vergleich zu HSS, höhere Verschleißfestigkeit, für höhere Schnittgeschwindigkeiten und Vorschübe, auch für gehärtete Stähle
Hartmetall-Beschichtungen		
Beschichtung	**Kurzbezeichnung**	**Verwendung**
Titannitrid	TiN	universelle Verwendung, auch für nichtrostende Stähle, Gusseisenwerkstoffe und Al-Gusslegierungen
Titancarbonitrid	TiCN	hoch verschleißfest, für hohe Schnittgeschwindigkeiten, für Bearbeitung von Gusseisen
Titanaluminiumnitrid	TiAlN	hoch verschleißfest, für hohe Schnittgeschwindigkeiten, für hochlegierte und nichtrostende Stähle
ohne	–	Bearbeitung von Nichteisenmetallen

Bohrertypen

Anwendungsgruppe	Spitzenwinkel σ in °	Seitenspanwinkel γ in°	Werkstoff
N	118	19 ... 40	Baustahl und Vergütungsstahl bis R_m = 800 N/mm², Gusseisenwerkstoffe
	130 ... 140	18 ... 30	legierter Stahl bis R_m = 1400 N/mm², hochlegierte Stähle, Aluminium
H	118	10 ... 19	CuZn-Legierungen, Magnesiumlegierungen, Pressstoffe
W	130	27 ... 45	Aluminium und Al-Legierungen, Kupfer, Rotguss, CuSn-Legierungen, tiefe Bohrungen in Pressstoffe

Maschinen-Gewindebohrer mit abgesetztem Schaft für metrisches ISO-Regelgewinde

DIN 376: 2016-02

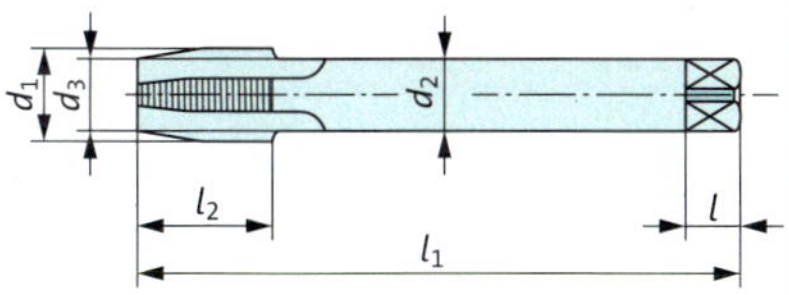

d_1: Durchmesser des Bohrers in mm (Gewindedurchmesser)
d_2: Schaftdurchmesser in mm
d_3: Anschnittdurchmesser in mm
l_1: Gesamtlänge des Bohrers in mm
l_2: Länge des Schneidteils in mm
l: Länge des Vierkants in mm

Bezeichnungsbeispiel:
Gewindebohrer
DIN 376 – A – M12 – ISO 2 – 6H – HSS

Bezeichnung eines Gewindebohrers mit abgesetztem Schaft, Anschnitt Form A, für Regelgewinde M12 mit Anwendungsklasse ISO 2, Toleranzklasse des zu schneidenden Gewindes 6H, aus Schnellarbeitsstahl HSS

DIN 371 Maschinen-Gewindebohrer mit verstärktem Schaft für metrisches ISO-Regelgewinde und metrisches ISO-Feingewinde
DIN 374 Maschinen-Gewindebohrer mit abgesetztem Schaft für metrisches ISO-Feingewinde

Anschnittformen an Gewindebohrer aus HSS

DIN 2197-1: 2015-03

Anschnittform	Anschnittwinkel	Anzahl der Gänge im Anschnitt	Nutenform	Anwendung
A	5	6–8	gerade genutet	kurze Durchgangsbohrungen
B	8	3,5–5,5	gerade genutet mit Schälanschnitt	Durchgangsbohrungen in mittel- und langspanenden Werkstoffen
C	15	2–3	gerade oder spiralgenutet	Grundlöcher und Durchgangslöcher in kurzspanenden Werkstoffen
D	8	3,5–5,5		Grundlöcher mit langem Gewindeauslauf
E	23	1,5–2		Grundlöcher mit kurzem Gewindeauslauf

Bohren – Richtwerte

Werkstoffgruppe		Festigkeit R_m in N/mm² oder Härte	Schnittgeschwindigkeit v_c in m/min[1]		Vorschub f in mm[2] für Durchmesser in mm					
			HSS-E	HSS-E beschichtet	Ø 2	Ø 5	Ø 8	Ø 12	Ø 16	Ø 25
Allgem. Baustahl		< 500	30 ... 50	38 ... 63	0,05	0,13	0,22	0,27	0,32	0,43
		500 ... 850	25 ... 35	31 ... 44	0,05	0,13	0,22	0,27	0,32	0,38
Automatenstahl		< 850	25 ... 35	31 ... 44	0,05	0,13	0,22	0,27	0,32	0,38
		850 ... 1000	20 ... 30	25 ... 38	0,03	0,08	0,11	0,17	0,22	0,27
Einsatzstahl	unleg.	< 750	25 ... 35	31 ... 44	0,03	0.08	0,11	0,17	0,22	0,27
	leg.	< 1000	15 ... 20	19 ... 25	0,02	0,05	0,09	0,13	0,15	0,19
		< 1000	8 ... 12	10 ... 15	0,02	0,05	0,09	0,13	0,15	0,19
Nitrierstahl		< 1000	10 ... 15	13 ... 19	0,02	0,05	0,09	0,13	0,15	0,19
		> 1000	8 ... 12	10 ... 15	0,02	0,05	0,09	0,13	0,15	0,19
Vergütungsstahl	unleg.	< 700	25 ... 35	31 ... 44	0,03	0,08	0,11	0,17	0,22	0,27
		700 ... 850	20 ... 30	25 ... 38	0,03	0,08	0,11	0,17	0,22	0,27
		850 ... 1000	20 ... 25	25 ... 31	0,03	0,06	0,10	0,15	0,19	0,24
	leg.	850 ... 1000	15 ... 20	19 ... 25	0,02	0,05	0,09	0,13	0,15	0,19
		1000 ... 1200	8 ... 12	10 ... 15	0,02	0,05	0,09	0,13	0,15	0,19
Werkzeugstahl		< 850	10 ... 15	13 ... 19	0,02	0,05	0,09	0,13	0,15	0,19
		850 ... 1100	8 ... 12	10 ... 15	0,02	0,05	0,09	0,13	0,15	0,19
		1100 ... 1400	6 ... 10	7,5 ... 13	0,02	0,05	0,09	0,13	0,15	0,19
Schnellarbeitsstahl		830 ... 1200	6 ... 10	7,5 ... 13	0,02	0,05	0,09	0,13	0,15	0,19
Gehärteter Stahl		45 ... 55 HRC	7 ... 9	7,5 ... 13	0,02	0,05	0,08	0,12[3]	0,15[3]	0,30[3]
		55 ... 60 HRC	4 ... 6	–	–	–	0,06[3]	0,1[3]	0,13[3]	0,22[3]
Nichtrostender Stahl		< 700	10 ... 20	13 ... 25	0,02	0,05	0,09	0,13	0,15	0,19
		< 850	8 ... 15	10 ... 19	0,02	0,05	0,09	0,13	0,15	0,19
		< 1100	6 ... 10	7,5 ... 13	0,02	0,05	0,09	0,13	0,15	0,19
Gusseisen	GJL	< 180HB	20 ... 30	25 ... 38	0,05	0,13	0,22	0,27	0,32	0,43
		< 180HB	20 ... 30	25 ... 38	0,04	0,11	0,17	0,22	0,27	0,35
	GJS, GJM	< 180HB	25 ... 35	31 ... 44	0,05	0,13	0,22	0,27	0,32	0,43
		< 260HB	18 ... 22	23 ... 28	0,04	0,11	0,17	0,22	0,27	0,35
Aluminiumlegierungen	langsp.	< 350	40 ... 100	50 ... 125	0,05	0,15	0,19	0,24	0,32	0,43
	kurzsp.		30 ... 60	38 ... 75	0,05	0,15	0,19	0,24	0,32	0,52
	Al-Guss, > 10 %Si		30 ... 50	38 ... 63	0,03	0,09	0,15	0,22	0,27	0,32
Titanlegierung		850 ... 1200	3 ... 6	3,5 ... 7,5	0,02	0,05	0,09	0,13	0,15	0,19
CuZn-Legierungen	kurzsp.	< 600	60 ... 100	75 ... 125	0,09	0,19	0,27	0,32	0,38	0,43
	langsp.		35 ... 60	44 ... 75	0,05	0,16	0,42	0,27	0,38	0,43
CuSn-Legierungen	kurzsp.	< 600	25 ... 50	31 ... 63	0,05	0,09	0,15	0,22	0,27	0,32
		650 ... 850	25 ... 50	31 ... 63	0,05	0,09	0,15	0,22	0,27	0,32
	langsp.	< 850	15 ... 35	19 ... 44	0,05	0,09	0,15	0,22	0,27	0,32
		850 ... 1200	25 ... 35	19 ... 44	0,05	0,09	0,15	0,22	0,27	0,32
Thermoplast		–	20 ... 40	20 ... 40	0,05	0,08	0,14	0,20	0,25	0,30
Duroplast		–	10 ... 20	10 ... 20	0,05	0,08	0,14	0,20	0,25	0,30

1) Unter normalen Bearbeitungsbedingungen wird ein Zwischenwert gewählt, bei unklaren Bedingungen wird mit dem kleinsten Wert begonnen.
2) Die Werte gelten für Bohrer aus beschichtetem HSS-E, sie sind für HSS-E-Bohrer teilweise geringfügig kleiner.
3) Die Werte gelten für unbeschichtete HSS-E-Bohrer.

Für Kurzbohrer kann der Vorschub um 30 % erhöht, für Langbohrer muss der Vorschub um 30 % reduziert werden.

Zentrierbohrer

DIN 333: 1986-04

Form R (gewölbte Lauffläche)	Form A (ohne Schutzsenkung)	Form B (mit Schutzsenkung)
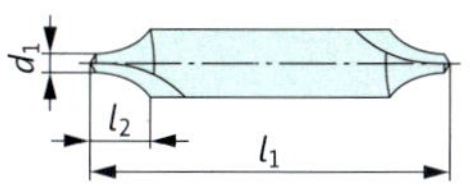	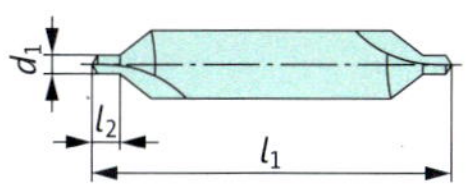	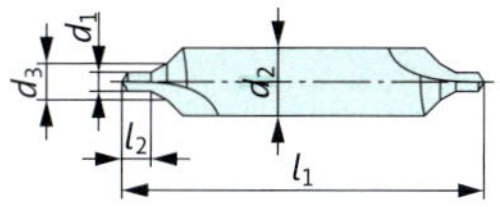

d_1: Durchmesser Zentrierspitze in mm
d_2: Durchmesser Zentrierbohrer in mm
d_3: Durchmesser Schutzsenkung in mm
l_1: Länge Zentrierbohrer in mm
l_2: Länge Zentrierspitze inmm

Zentrierbohrer sind im Allgemeinen rechtsschneidend, geradgenutet oder drallgenutet nach Wahl des Herstellers.
Sie werden aus Schnellarbeitsstahl HSS oder HSS-E hergestellt.
Linksschneidende Zentrierbohrer gibt es auf Bestellung beim Hersteller, sie werden mit einem angehängten L bezeichnet,
z. B. Zentrierbohrer DIN 333 – A 5 x 12,5 L.

Bezeichnungsbeispiel:
Zentrierbohrer DIN 333 – A 5 x 12,5
Bezeichnung eines Zentrierbohrers der Form A , Durchmesser der Zentrierspitze d_1 = 5,0 mm, Durchmesser des Bohrers d_2 = 12,5 mm, aus Schnellarbeitsstahl

Zentrierbohren – Richtwerte

Werkstoffgruppe		Festigkeit R_m in N/mm² oder Härte	Schnittgeschwindigkeit v_c in m/min	Vorschub f in mm								
				für Durchmesser in mm								
			HSS-E	0,5 ... 0,8	1,0 ... 1,25	1,6 ... 2,0	2,5 ... 3,15	4,0	5,0	6,3	8,0	10,0
Allgem. Baustahl		< 500	30 ... 50	0,02	0,03	0,04	0,05	0,05	0,07	0,08	0,10	0,15
		500 ... 850	25 ... 35	0,02	0,03	0,04	0,05	0,05	0,07	0,08	0,10	0,15
Automatenstahl		< 850	25 ... 35	0,02	0,03	0,04	0,05	0,05	0,07	0,08	0,10	0,15
		850 ... 1000	20 ... 30	0,01	0,02	0,02	0,03	0,03	0,04	0,05	0,06	0,09
Einsatzstahl	unleg.	< 750	25 ... 35	0,01	0,02	0,02	0,03	0,03	0,04	0,05	0,06	0,09
	leg.	< 1000	15 ... 20	0,01	0,01	0,02	0,02	0,02	0,03	0,03	0,04	0,06
		> 1000	8 ... 12	0,01	0,01	0,02	0,02	0,02	0,03	0,03	0,04	0,06
Nitrierstahl		< 1000	10 ... 15	0,01	0,01	0,02	0,02	0,02	0,03	0,03	0,04	0,06
		> 1000	8 ... 12	0,01	0,01	0,02	0,02	0,02	0,03	0,03	0,04	0,06
Vergütungsstahl	unleg.	< 700	25 ... 35	0,01	0,02	0,02	0,03	0,03	0,04	0,05	0,06	0,09
		700 ... 850	20 ... 30	0,01	0,02	0,02	0,03	0,03	0,04	0,05	0,06	0,09
		850 ... 1000	20 ... 25	0,01	0,02	0,02	0,02	0,02	0,03	0,04	0,05	0,07
	leg.	850 ... 1000	15 ... 20	0,01	0,01	0,02	0,02	0,02	0,03	0,03	0,04	0,06
		1000 ... 1200	8 ... 12	0,01	0,01	0,02	0,02	0,02	0,03	0,03	0,04	0,06
Werkzeugstahl		< 850	10 ... 15	0,01	0,01	0,02	0,02	0,02	0,03	0,03	0,04	0,06
		850 ... 1100	8 ... 12	0,01	0,01	0,02	0,02	0,02	0,03	0,03	0,04	0,06
		1100 ... 1400	6 ... 10	0,01	0,01	0,02	0,02	0,02	0,03	0,03	0,04	0,06
Schnellarbeitsstahl		830 ... 1200	6 ... 10	0,01	0,01	0,02	0,02	0,02	0,03	0,03	0,04	0,06
Nichtrostender Stahl		< 700	10 ... 20	0,01	0,01	0,02	0,02	0,03	0,04	0,05	0,06	0,08
		< 850	8 ... 15	0,01	0,01	0,02	0,02	0,03	0,04	0,05	0,06	0,08
		< 1100	6 ... 10	0,01	0,01	0,02	0,02	0,03	0,04	0,05	0,06	0,08
Gusseisen	GJL	< 180HB	20 ... 30	0,02	0,03	0,04	0,05	0,05	0,07	0,08	0,10	0,15
		> 180HB	20 ... 30	0,02	0,03	0,03	0,04	0,04	0,05	0,06	0,08	0,12
	GJS, GJM	> 180HB	25 ... 35	0,02	0,03	0,04	0,05	0,05	0,07	0,08	0,10	0,15
		> 260HB	18 ... 22	0,02	0,03	0,03	0,04	0,04	0,05	0,06	0,08	0,12
Aluminiumlegierungen	langsp.	< 350	40 ... 100	0,02	0,03	0,04	0,05	0,05	0,7	0,08	0,10	0,15
	kurzsp.		30 ... 60	0,02	0,03	0,04	0,05	0,05	0,7	0,08	0,10	0,15
	Al-Guss, > 10 %Si		30 ... 50	0,01	0,02	0,02	0,03	0,03	0,4	0,05	0,06	0,09
Titanlegierung		850 ... 1200	3 ... 6	0,01	0,01	0,02	0,02	0,02	0,03	0,03	0,04	0,06
CuZn-Legierungen	kurzsp.	< 600	60 ... 100	0,03	0,05	0,06	0,08	0,08	0,10	0,12	0,16	0,24
	langsp.		35 ... 60	0,02	0,03	0,04	0,05	0,05	0,07	0,08	0,10	0,15
CuSn-Legierungen	kurzsp.	< 600	25 ... 50	0,02	0,03	0,04	0,05	0,05	0,07	0,08	0,10	0,15
		650 ... 850	25 ... 50	0,02	0,03	0,04	0,05	0,05	0,07	0,08	0,10	0,15
	langsp.	< 850	15 ... 35	0,02	0,03	0,04	0,05	0,05	0,07	0,08	0,10	0,15
		850 ... 1200	15 ... 35	0,02	0,03	0,04	0,05	0,05	0,07	0,08	0,10	0,15
Thermoplast		–	20 ... 40	0,02	0,03	0,04	0,05	0,05	0,8	0,10	0,10	0,12
Duroplast		–	10 ... 20	0,02	0,03	0,04	0,05	0,05	0,8	0,10	0,10	0,12

Bohren – Berechnungen

Spanungsgrößen, Kräfte, Leistungen, Zeitspanungsvolumen, Hauptnutzungszeit

Bohren ins Volle

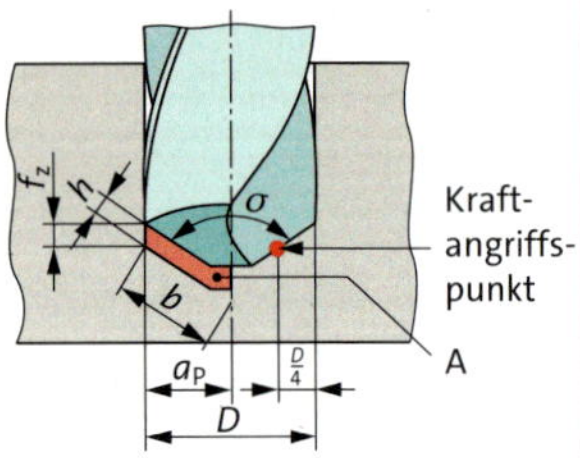

Aufbohren

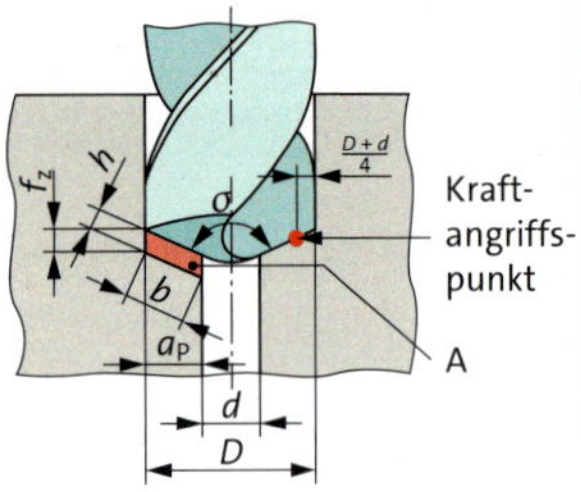

Bohren ins Volle

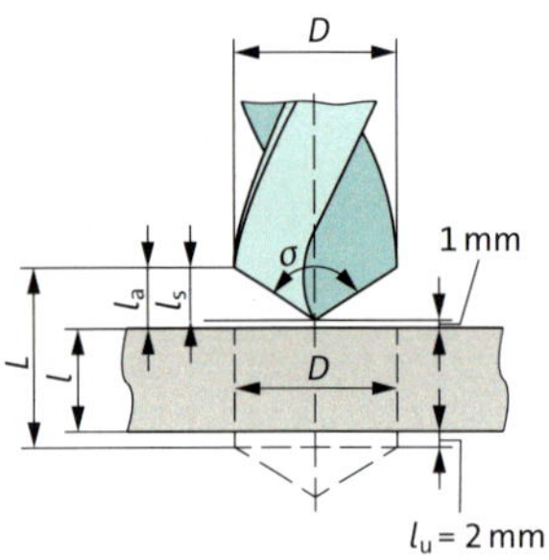

σ in °	l_s in mm
80	0,6 · D
118	0,3 · D
130	0,23 · D
140	0,18 · D

Aufbohren

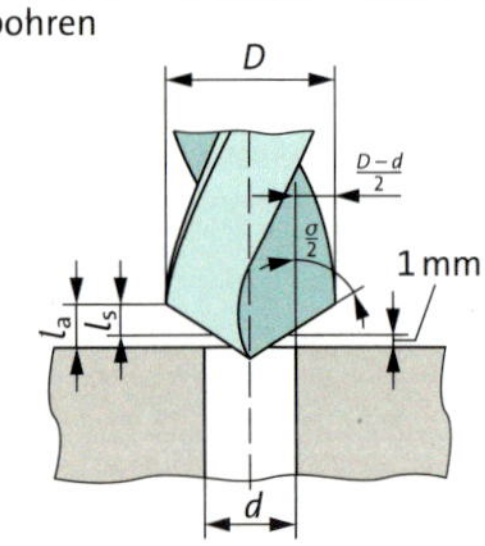

Spanungsgrößen

Bohren ins Volle

$$a_p = \frac{D}{2}$$

$$b = \frac{D}{2 \cdot \sin\frac{\sigma}{2}}$$

$$h = \frac{f}{2} \cdot \sin\frac{\sigma}{2}$$

Aufbohren

$$a_p = \frac{(D-d)}{2}$$

$$b = \frac{(D-d)}{2\sin\frac{\sigma}{2}}$$

Vorschub je Schneide

$$f_z = \frac{f}{z}$$

Spanungsquerschnitt je Schneide

Bohren ins Volle: $$A = \frac{D \cdot f}{4}$$

Aufbohren: $$A = \frac{(D-d) \cdot f}{4}$$

Kräfte, Leistungen, Zeitspanungsvolumen

Bohren ins Volle / Aufbohren

$$F_{cz} = A \cdot k_c \cdot f_B \cdot K_{ver}$$

Verfahrensfaktor

Bohren ins Volle: $f_B = 1{,}0$ Aufbohren: $f_b = 0{,}95$

Schnittkraft pro Schneide

Bohren ins Volle: $$F_{cz} = \frac{D}{4} \cdot f \cdot k_c \cdot f_B \cdot K_{ver}$$

Aufbohren: $$F_{cz} = \frac{(D-d)}{4} \cdot f \cdot k_c \cdot f_B \cdot K_{ver}$$

Leistungsbedarf ($z = 2$)

Bohren ins Volle: $$P_c = F_{cz} \cdot v_c$$

Aufbohren: $$P_c = F_{cz} \cdot v_c \cdot \left(1 + \frac{d}{D}\right)$$

Zeitspanungsvolumen

$$Q = A \cdot v_c$$

Hauptnutzungszeit

Bohren ins Volle

$$t_{hu} = \frac{L}{f \cdot n}$$

$$L = l + l_a + l_u$$

$$n = \frac{v_c}{\pi d}$$

$$l_a = 1\text{ mm} + l_s$$

$$l_s = \frac{D}{2 \cdot \tan\left(\frac{\sigma}{2}\right)}$$

Aufbohren

$$l_s = \frac{D-d}{2 \cdot \tan\left(\frac{\sigma}{2}\right)}$$

Durchgangsbohrung: $l_u = 2$ mm
Grundbohrung: $l_u = 0$ mm

Beispiel

Ein vorgebohrtes Durchgangsloch $d = 10$ mm soll auf $D = 13{,}5$ mm aufgebohrt werden.

geg.: Werkstoff: E355,
$t = 15$ mm
Spiralbohrer, zweischneidig,
aus HSS,
nicht arbeitsscharf

ges.: f in mm, A in mm²
f aus Tabelle: $f = 0{,}27$ mm

$$A = \frac{(D-d) \cdot f}{4} = \frac{(13{,}5 - 10) \cdot 0{,}27}{4} = 0{,}236$$

$$A = \underline{0{,}24\text{ mm}^2}$$

ges.: F_{cz} in N, P in kW, Q in cm³/min

$$F_{cz} = A \cdot k_c \cdot f_B \cdot K_{ver}$$

k_c errechnet:

$$h = \frac{f}{2} \cdot \sin\frac{\sigma}{2} = \frac{0{,}27}{2} \sin\frac{118}{2} = 0{,}12\text{ mm}$$

$$k_c = \frac{k_{c1,1}}{h^m} = \frac{2110}{0{,}12^{0{,}17}} = 3026\text{ N/mm}^2$$

k_c aus Tabelle: 3121 N/mm²

$$F_{cz} = 0{,}24\text{ mm}^2 \cdot 3121\text{ N/mm}^2 \cdot 0{,}95 \cdot 1{,}5 = \underline{1067\text{ N}}$$

v_c aus Tabelle: 30 m/min

$$P_c = \frac{z \cdot F_{cz} \cdot v_c}{2} = \frac{2 \cdot 1067\text{ N} \cdot 30\text{ m} \cdot \text{min}}{2 \cdot \text{min} \cdot 60 \cdot \text{s}}$$

$$P_c = 534\text{ W} = 0{,}534\text{ kW}$$

$$Q = A \cdot v_c$$

$$Q = 0{,}24\text{ mm}^2 \cdot 30\frac{\text{m}}{\text{min}} = \frac{0{,}24\text{ mm}^2 \cdot 30\text{ m} \cdot 100}{100 \cdot \text{min}}$$

$$Q = \underline{7{,}2\text{ cm}^3/\text{min}}$$

ges.: t_{hu} in min

$$l_a = 1 + \frac{D-d}{2 \cdot \tan\frac{\sigma}{2}} = 1 + \frac{(13{,}5 - 10)\text{ mm}}{2 \cdot \tan\frac{118°}{2}}$$

$$l_a = 2{,}05\text{ mm}$$

$$L = l + l_a + l_u$$

$$L = 15\text{ mm} + 2{,}05\text{ mm} + 2\text{ mm}$$

$$L = 19{,}05\text{ mm}$$

$$n = \frac{v_c}{d \cdot \pi} = \frac{30\text{ m} \cdot 1000}{\text{min} \cdot 13{,}5\text{ mm} \cdot \pi}$$

$$n = 707\text{ min}^{-1}$$

$$t_{hu} = \frac{L}{f \cdot n} = \frac{19{,}05\text{ mm}}{0{,}27\text{ mm} \cdot 707\text{ min}^{-1}} = \underline{0{,}1\text{ min}}$$

D: Bohrerdurchmesser in mm
d: vorgebohrter Durchmesser in mm
a_p: Schnitttiefe in mm
f: Vorschub in mm
f_z: Vorschub pro Schneide in mm
σ: Spitzenwinkel in °
z: Anzahl der Schneiden
F_{cz}: Schnittkraft pro Schneide in N
A: Spanungsquerschnitt in mm²
k_c: spezifische Schnittkraft in N/mm²
f_B: Verfahrensfaktor Bohren
K_{ver}: Verschleißfaktor
P_c: Schnittleistung in W
Q: Zeitspanungsvolumen in cm³/min
v_c: Schnittgeschwindigkeit in m/min
t_{hu}: Hauptnutzungszeit in min
L: Gesamtbohrweg in mm
l: Materialdicke in mm
l_a: Anlaufweg in mm
l_u: Überlaufweg in mm
l_s: Spitzenlänge in mm

Maschinenreibahle mit Zylinderschaft

DIN 212-2: 2011-02

Form A: geradgenutete Reibahle
Form B: drallgenutete Reibahle
Form C: Schäl-Reibahle

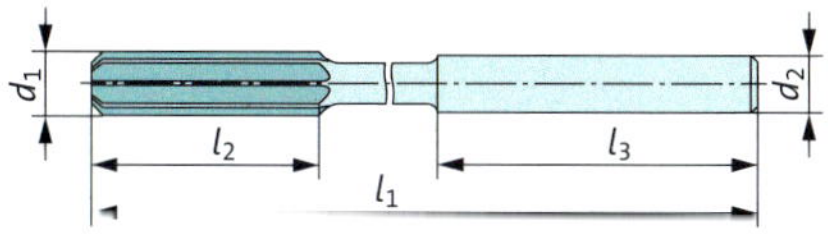

d_1: Durchmesser des Schneidteils in mm
d_2: Durchmesser des Schafts in mm
l_1: Gesamtlänge der Reibahle in mm
l_2: Länge des Schneidteils in mm
l_3: Länge des Schafts in mm

Bezeichnungsbeispiel:
Reibahle DIN 212-2 – A10 H7 – HSS-E

Bezeichnung einer Reibahle mit Zylinderschaft, Form A, Durchmesser d_1 = 10 mm für Toleranzklasse H7 der geriebenen Bohrung, aus Schnellarbeitsstahl HSS-E

DIN 208 Reibahlen mit Morsekegelschaft
DIN 8093-1 Hartmetall-Maschinenreibahlen mit Zylinderschaft – Reibahlen mit Schneidplatten
DIN 8093-2 Hartmetall-Maschinenreibahlen mit Zylinderschaft – NC-Reibahlen

Reiben – Richtwerte, HSS-Reibahlen

Werkstoffgruppe		Festigkeit R_m in N/mm² oder Härte	Schnittgeschwindigkeit v_c in m/min[1]	Vorschub *f* in mm[2] für Durchmesser in mm					
			HSS-E	Ø 5	Ø 8	Ø 10	Ø 15	Ø 20	Ø 25
Allgem. Baustahl		< 500	10 ... 12	0,10	0,13	0,15	0,20	0,25	0,25
		500 ... 850	6 ... 8	0,10	0,13	0,15	0,20	0,25	0,25
Automatenstahl		< 850	6 ... 8	0,10	0,13	0,15	0,20	0,25	0,25
		850 ... 1000	4 ... 6	0,08	0,13	0,10	015	0,20	0,25
Einsatzstahl	unleg.	< 750	6 ... 8	0,10	0,13	0,15	0,20	0,25	0,25
	leg.	< 1000	4 ... 6	0,08	0,10	0,10	0,15	0,20	0,25
Vergütungsstahl	unleg.	< 700	8 ... 10	0,10	0,13	0,15	0,20	0,25	0,25
		700 ... 850	6 ... 8	0,10	0,13	0,15	0,20	0,25	0,25
		850 ... 1000	4 ... 6	0,08	0,10	0,10	0,15	0,20	0,25
	leg.	850 ... 1000	3 ... 5	0,08	0,10	0,10	0,15	0,20	0,25
Werkzeugstahl		850 ... 1100	4 ... 6	0,08	0,10	0,10	0,15	0,20	0,25
Schnellarbeitsstahl		830 ... 1200	4 ... 6	0,08	0,10	0,10	0,15	0,20	0,25
Nichtrostender Stahl		< 850	6 ... 8	0,08	0,10	0,10	0,15	0,20	0,25
		< 1100	4 ... 6	0,08	0,10	0,10	0,15	0,20	0,25
Gusseisen	GJL	< 180HB	8 ... 10	0,18	0,20	0,23	0,25	0,30	0,30
		> 180HB	4 ... 6	0,12	0,15	0,17	0,20	0,25	0,25
	GJS, GJM	> 180HB	8 ... 10	0,18	0,20	0,23	0,25	0,30	0,30
Aluminiumlegierungen	langsp.	< 350	15 ... 20	0,15	0,18	0,20	0,25	0,30	0,30
	kurzsp.		10 ... 15	0,15	0,18	0,20	0,25	0,30	0,30
	Al-Guss, > 10 % Si		10 ... 12	0,15	0,18	0,20	0,25	0,30	0,30
CuZn-Legierungen		< 600	10 ... 12	0,20	0,25	0,30	0,35	0,40	0,40
CuSn-Legierungen		< 600	12 ... 14	0,20	0,25	0,30	0,35	0,40	0,40
		< 850	10 ... 12	0,20	0,25	0,30	0,35	0,40	0,40

[1] Unter normalen Bearbeitungsbedingungen wird ein Zwischenwert gewählt, bei unklaren Bedingungen wird mit dem kleinsten Wert begonnen.

Reibuntermaße für das Arbeiten mit festen HSS-Reibahlen

Werkstoffgruppe	R_m in N/mm²	Durchmesserbereich in mm			
		3 ... 5	5 ... 10	10 ... 20	20 ... 30
Allgem. Baustähle, Automatenstähle, unlegierte Einsatz- und Vergütungsstähle, Werkzeugstähle	< 850	0,1 ... 0,2	0,2	0,2 ... 0,3	0,3 ... 0,4
Automatenstähle, unlegierte Vergütungsstähle, legierte Einsatz- und Vergütungsstähle, Nitrierstähle, Werkzeugstähle, Schnellarbeitsstähle, Nichtrostende Stähle	> 850	0,1 ... 0,2	0,2	0,2	0,3
Gusseisen GJL	–	0,1 ... 0,2	0,2	0,2 ... 0,3	0,3 ... 0,4
Gusseisen GJS, GJM	–	0,1 ... 0,2	0,2	0,3	0,4
Aluminiumlegierungen	... 350	0,1 ... 0,2	0,2 ... 0,3	0,3 ... 0,4	0,4 ... 0,5
Cu-Sn- und Cu-Zn-Legierunmgen	... 1200	0,1 ... 0,2	0,2	0,2 ... 0,3	0,3

Flachsenker mit Führungszapfen — DIN 373: 2007-12

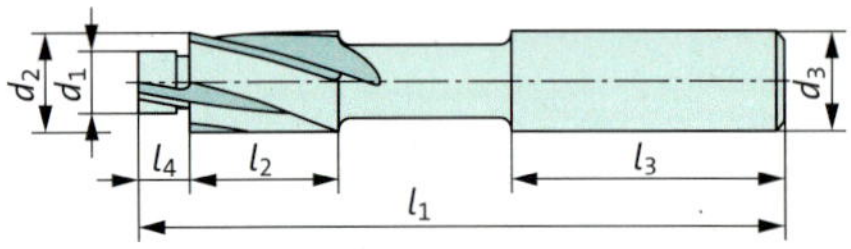

d_1: Durchmesser des Zapfens in mm
d_2: Durchmesser des Schneidteils in mm
l_1: Gesamtlänge des Senkers in mm
l_2: Länge des Schneidteils in mm
l_3: Länge des Schafts in mm
l_4: Länge des Zapfens in mm

Bezeichnungsbeispiel:
Senker DIN 373 – 10 x 5,3 – HSS-E

Bezeichnung eines Flachsenkers mit Zapfen, Durchmesser d_2 = 10 mm, Durchmesser des Zapfens d_1 = 5,3 mm, aus Schnellarbeitsstahl HSS-E

Kegelsenker 90° — DIN 335: 2007-12

Form A: Zylinderschaft, 5 ... 7 Schneiden
Form B: Morsekegelschaft, 6 ... 18 Schneiden
Form C: Zylinderschaft, 3 Schneiden
Form D: Morsekegelschaft, 3 Schneiden

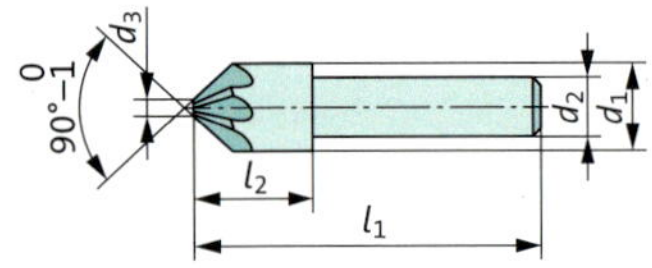

d_1: Durchmesser des Schneidteils in mm
d_2: Durchmesser des Schaftes in mm
d_3: Durchmesser an der Schneidteilspitze in mm
l_1: Gesamtlänge des Senkers in mm
l_2: Länge des Schneidteils in mm

Bezeichnungsbeispiel:
Senker DIN 335 – A12,5 – HSS-E

Bezeichnung eines Kegelsenkers 90° mit Zylinderschaft der Form A, Durchmesser d_1 = 12,5 mm, aus Schnellarbeitsstahl HSS-E

DIN 334 Kegelsenker 60°
DIN 347 Kegelsenker 120°
DIN 1866 Kegelsenker 90° mit Zylinderschaft und Führungszapfen
DIN 1867 Kegelsenker 90° mit Morsekegelschaft und Führungszapfen

Kegelsenker 90°, Zähnezahl *z* = 3 – Richtwerte

Werkstoffgruppe		Festigkeit R_m in N/mm² oder Härte	Schnittgeschwindigkeit v_c in m/min[1)]		Vorschub *f* in mm für Durchmesser in mm					
			HSS-E	HSS-E beschichtet	Ø 4	Ø 6	Ø 10	Ø 16	Ø 20	Ø 25
Allgem. Baustahl		< 500	26 ... 30	31 ... 36	0,07	0,09	0,12	0,14	0,16	0,20
		500 ... 850	25 ... 28	30 ... 36	0,06	0,08	0,10	0,12	0,14	0,18
Automatenstahl		< 850	25 ... 28	30 ... 36	0,06	0,08	0,10	0,12	0,14	0,18
		850 ... 1000	18 ... 25	22 ... 30	0,04	0,06	0,08	0,10	0,12	0,14
Einsatzstahl	unleg.	< 750	25 ... 28	30 ... 34	0,06	0,08	0,10	0,12	0,14	0,18
	leg.	< 1000	18 ... 25	21 ... 30	0,04	0,06	0,08	0,10	0,12	0,14
Vergütungsstahl	unleg.	< 700	25 ... 28	30 ... 34	0,06	0,08	0,10	0,12	0,14	0,18
		700 ... 850	25 ... 28	30 ... 34	0,06	0,08	0,10	0,12	0,14	0,18
		850 ... 1000	18 ... 25	22 ... 30	0,04	0,06	0,08	0,10	0,12	0,14
	leg.	850 ... 1000	18 ... 25	22 ... 30	0,04	0,06	0,08	0,10	0,12	0,14
Werkzeugstahl		850 ... 1100	6 ... 10	7 ... 12	0,03	0,04	0,05	0,08	0,09	0,10
Schnellarbeitsstahl		830 ... 1200	6 ... 10	7 ... 12	0,03	0,04	0,05	0,09	0,08	0,10
Nichtrostender Stahl		< 850	4 ... 10	5 ... 12	0,04	0,05	0,06	0,07	0,08	0,09
		< 1100	4 ... 10	5 ... 12	0,04	0,05	0,06	0,07	0,08	0,09
Gusseisen	GJL	< 180HB	15 ... 24	11 ... 20	0,08	0,10	0,12	0,16	0,20	0,25
		> 180HB	9 ... 15	11 ... 18	0,06	0,07	0,08	0,12	0,16	0,20
	GJS, GJM	> 180HB	9 ... 15	11 ... 18	0,06	0,07	0,08	0,12	0,16	0,20
Aluminiumlegierungen	langsp.	< 350	50 ... 90	60 ... 110	0,10	0,12	0,14	0,18	0,22	0,26
	kurzsp.		25 ... 40	30 ... 45	0,08	0,10	0,12	0,14	0,18	0,22
	Al-Guss, > 10 %Si		10 ... 30	15 ... 35	0,08	0,10	0,12	0,14	0,18	0,22
CuZn-Legierungen	kurzsp.	< 600	50 ... 80	60 ... 90	0,10	0,12	0.14	0,18	0,20	0,24
	langsp.		30 ... 50	35 ... 60	0,10	0,12	0,14	0,18	0,20	0,24
CuSn-Legierungen	kurzsp.	< 600	50 ... 80	60 ... 90	0,10	0,12	0.14	0,18	0,20	0,24
		650 ... 850	50 ... 80	60 ... 90	0,10	0,12	0,14	0,18	0,20	0,24
	langsp.	< 850	30 ... 50	35 ... 60	0,10	0,12	0.14	0,18	0,20	0,24
		850 ... 1200	30 ... 50	35 ... 60	0,10	0,12	0,14	0,18	0,20	0,24
Thermoplast		–	10 ... 50	10 ... 50	0,10	0,12	0.14	0,18	0,20	0,24
Duroplast		–	10 ... 60	10 ... 60	0,10	0,12	0,14	0,18	0,20	0,24

1) Unter normalen Bearbeitungsbedingungen wird ein Zwischenwert gewählt, bei unklaren Bedingungen wird mit dem kleinsten Wert begonnen.

Drehwerkzeuge

Drehwerkzeuge

- **Drehmeißel aus Schnellarbeitsstahl**
  DIN 4951 ... DIN 4956
  DIN 4960, DIN 4961
  DIN 4963, DIN 4965
- **Drehmeißel mit gelöteten Hartmetallschneidplatten**
  DIN 4971 ... DIN 4978
  DIN 4980, DIN 4981
- **Drehmeißel mit Wendeschneidplatten**
  DIN 4983
  DIN ISO 1832

Drehmeißel

Drehmeißel aus Schnellarbeitsstahl	DIN 4951	DIN 4952	–	DIN 4956	–	DIN 4960	DIN 4961	DIN 4955	DIN 4953	DIN 4954	DIN 4963
	Ausführung: V: Drehmeißel ganz aus Schnellarbeitsstahl S: Drehmeißel mit stumpfgeschweißtem Schneidkopf aus Schnellarbeitsstahl P: Drehmeißel mit Schneidplatte aus Schnellarbeitsstahl, DIN 771										
	Gerader Drehmeißel	Gebogener Drehmeißel	Abgesetzter Eckendrehmeißel	Breiter Drehmeißel	Abgesetzter Stirndrehmeißel	Abgesetzter Seitendrehmeißel	Stechdrehmeißel	Spitzer Drehmeißel	Innendrehmeißel	Innen-Eckendrehmeißel	Innen-Stechdrehmeißel

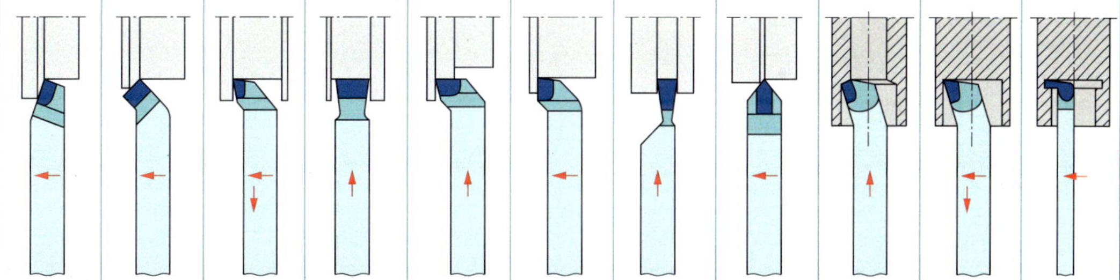

Drehmeißel mit gelöteten Hartmetallschneidplatten	DIN 4971	DIN 4972	DIN 4978	DIN 4976	DIN 4977	DIN 4980	DIN 4981	DIN 4975	DIN 4973	DIN 4974	–
	ISO 1	ISO 2	ISO 3	ISO 4	ISO 5	ISO 6	ISO 7	–	ISO 8	ISO 9	–

R: rechter Drehmeißel (Vorschubrichtung von rechts nach links),
L: linker Drehmeißel (Vorschubrichtung von links nach rechts)

Bezeichnungsbeispiele:

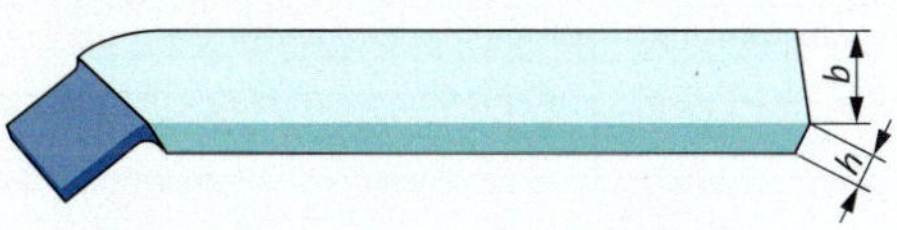

Drehmeißel DIN 4952 – R 2020 S
Bezeichnung eines rechten gebogenen Drehmeißels aus Schnellarbeitsstahl mit einem Schaftquerschnitt der Höhe h = 20 mm und der Breite b = 20 mm, Ausführung S

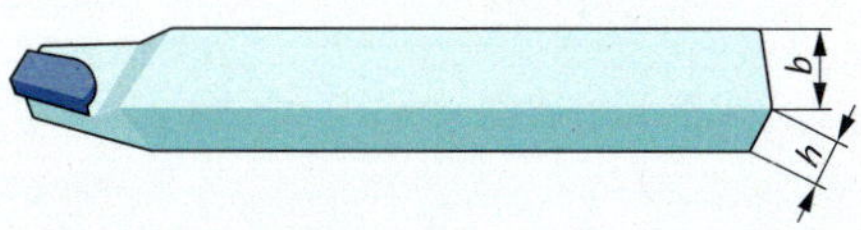

Drehmeißel DIN 4971 – R 2020 – P 20
Bezeichnung eines rechten geraden Drehmeißels mit einem Schaftquerschnitt der Höhe h = 20 mm und der Breite b = 20 mm mit Schneidplatte aus Hartmetall der Zerspanungs-Anwendungsgruppe P 20

Klemmhalter für Wendeschneidplatten

DIN 4983: 2004-07 (zurückgezogen)

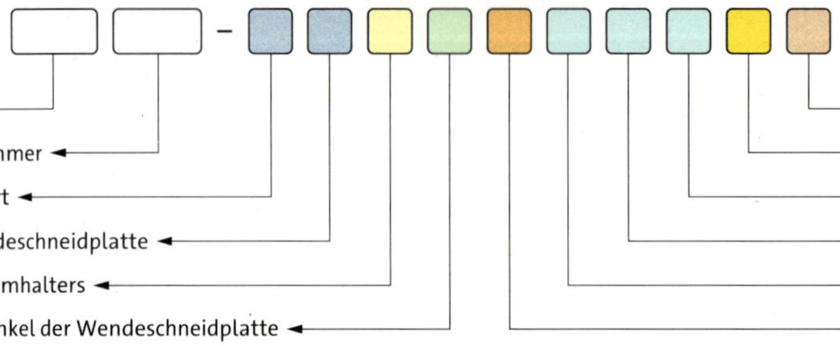

Befestigungsart

C	von oben geklemmt	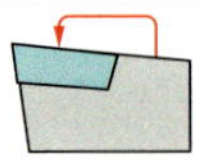
M	von oben und über Bohrung geklemmt	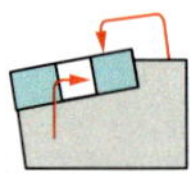
P	über Bohrung geklemmt	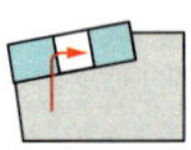
S	aufgeschraubt	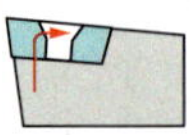

Form der Wendeschneidplatte

s. DIN ISO 1832

Norm-Freiwinkel an der Wendeschneidplatte

s. DIN ISO 1832

Ausführung des Klemmhalters

R	rechts	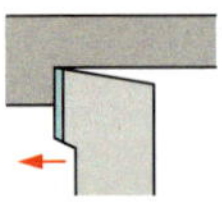
L	links	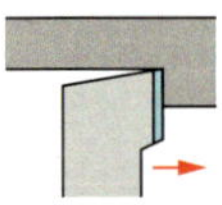
N	neutral beidseitig	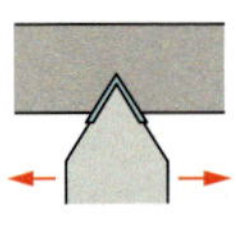

Form des Klemmhalters

A	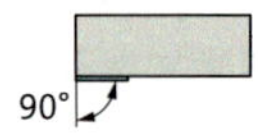 90°	M	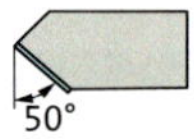 50°
B	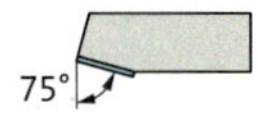 75°	N	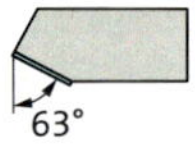 63°
C	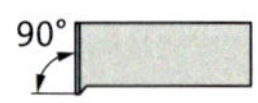 90°	P	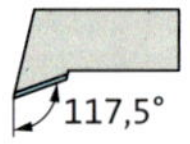 117,5°
D	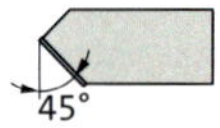 45°	R	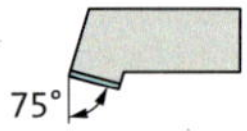 75°
E	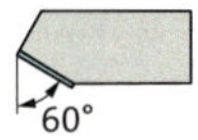 60°	S	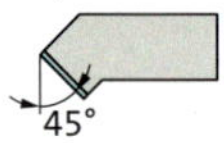 45°
F	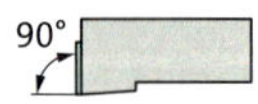 90°	T	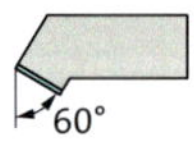 60°
G	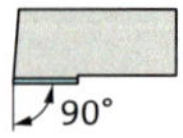 90°	U	 93°
H	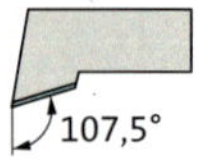 107,5°	V	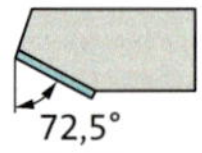 72,5°
I	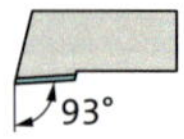 93°	W	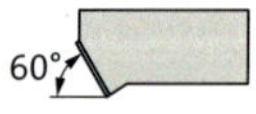 60°
K	 75°	Y	 85°
L	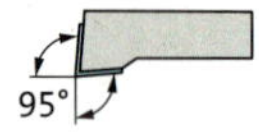 95°	X	Sonderausführung

Höhe der Schneidenecke

Die Höhe der Schneidenecke h_1 in mm wird zweistellig angegeben.
Die Höhe h_1 der Schneidenecke ist in der Regel gleich der Schafthöhe h_2.

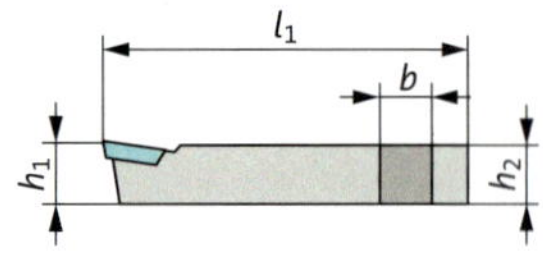

Schaftbreite des Klemmhalters

Die Schaftbreite b in mm wird zweistellig angegeben.
Kurzklemmhalter werden mit „C“ und einem kennzeichnenden Buchstaben bezeichnet, z. B. „CA“.

Länge des Klemmhalters

A	32	N	160
B	40	P	170
C	50	Q	180
D	60	R	200
E	70	S	250
F	80	T	300
G	90	U	350
H	100	V	400
J	110	W	450
K	125	X	Sonderlänge
L	140		
M	150	Y	500

Größe der Wendeschneidplatte

s. DIN ISO 1832

Besondere Toleranzen

nur für Klemmhalter mit besonderen Grenzabmaßen

Bezeichnungsbeispiel: **Klemmhalter DIN 4984-1 – PCLNR2020M16**

Klemmhalter nach DIN 4984-1 (Klemmhalter mit Vierkantschaft)

- P: Wendeschneidplatte wird über Bohrung geklemmt
- C: Wendeschneidplatte rhombisch, Eckenwinkel $\varepsilon = 80°$
- L: Form des Klemmhalters
- N: Normal-Freiwinkel $\alpha_n = 0°$
- R: Ausführung: rechts
- 2020: Höhe der Schneidenecke $h_1 = 20$ mm und Schaftbreite $b = 20$ mm
- M: Länge des Klemmhalters $l_1 = 150$ mm
- 16: Größe der Wendeschneidplatte, Seitenlänge $l = 16,5$ mm

Außendrehen mit Hartmetall-Wendeschneidplatten

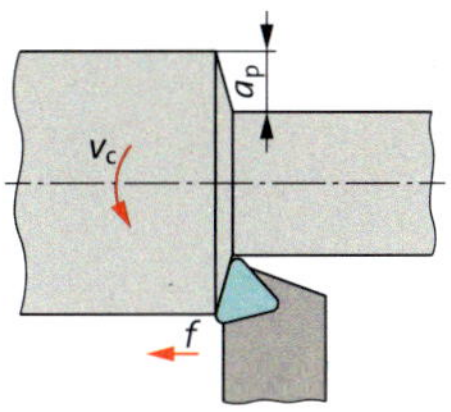

a_p: Schnitttiefe in mm
f: Vorschub in mm
v_c: Schnittgeschwindigkeit in m/min
n: Umdrehungsfrequenz in 1/min

$$n = \frac{v_c}{d \cdot \pi}$$

Werkstoffgruppe		Festigkeit R_m in N/mm² oder Härte	Schruppen			Schlichten		
			Schnittgeschwindigkeit v_c in m/min[1]	Vorschub f in mm[1]	Schnitttiefe a_p in mm[1]	Schnittgeschwindigkeit v_c in m/min[1]	Vorschub f in mm[1]	Schnitttiefe a_p in mm[1]
Allgem. Baustahl		< 500	160 ... 230	0,4 ... 0,7	3,5 ... 6,0	200 ... 320	0,12 ... 0,35	0,5 ... 2,2
		500 ... 850						
Automatenstahl		< 850	120 ... 200	0,5 ... 0,8	4,0 ... 8,0	200 ... 320	0,12 ... 0,35	0,5 ... 2,2
		850 ... 1000	100 ... 200			180 ... 280		
Einsatzstahl	unleg.	< 750	160 ... 230	0,4 ... 0 7	3,5 ... 6,0	200 ... 320	0,12 ... 0,35	0,5 ... 2,2
	leg.	< 1000	100 ... 200	0,5 ... 0,8	4,0 ... 8,0	180 ... 280		
		> 1000	50 ... 100			130 ... 260	0,1 ... 0,3	0,3 ... 1,8
Nitrierstahl		< 1000	30 ... 80	0,1 ... 0,3	0,7 ... 2,0	30 ... 80	0,1 ... 0,3	0,7 ... 2,0
		> 1000						
Vergütungsstahl	unleg.	< 700	160 ... 230	0,4 ... 0,7	3,5 ... 6,0	200 ... 320	0,12 ... 0,35	0,5 ... 2,2
		700 ... 850	120 ... 200	0,5 ... 0,8	4,0 ... 8,0			
		850 ... 1000	100 ... 200			180 ... 280	0,12 ... 0,35	0,5 ... 2,2
	leg.	850 ... 1000	100 ... 200			180 ... 280	0,1 ... 0,3	0,3 ... 1,8
		1000 ... 1200	50 ... 100			130 .. 260	0,1 ... 0,3	0,3 ... 1,8
Werkzeugstahl		< 850	100 ... 200	0,5 ... 0,8	4,0 ... 8,0	180 ... 280	0,12 ... 0,35	0,5 ... 2.2
		850 ... 1100	50 ... 100			130 ... 260	0,1 ... 0,3	0,3 ... 1,8
		1100 ... 1400	30 ... 80	0,1 ... 0,3	0,7 ... 2,0	30 ... 80	0,1 ... 0,3	0,7 ... 2,0
Schnellarbeitsstahl		830 ... 1200	30 ... 80	0,1 ... 0,3	0,7 ... 2,0	38 ... 80	0,1 ... 0,3	0,7 ... 2,0
Nichtrostender Stahl		< 700	80 ... 150	0,4 ... 0,8	4,0 ... 8,0	180 ... 260	0,1 ... 0,3	1,5 ... 3,0
		< 850	60 ... 120			140 ... 220	0,1 ... 0,3	1,2 ... 3,0
		< 1100	60 ... 120			140 ... 220	0,1 ... 0,3	1,2 ... 3,0
Gusseisen	GJL	< 180HB	180 ... 280	0,2 ... 0,5	2,0 ... 5,0	200 ... 320	0,12 ... 0,3	0,5 ... 2,2
		> 180HB	130 ... 230			170 ... 280		
	GJS, GJM	> 180HB	130 ... 230			170 ... 280		
		> 260HB	100 ... 200			150 ... 250		
Aluminiumlegierungen	langsp.	< 350	500 ... 1000	0,1 ... 0,4	0,5 ... 6,0	500 ... 1000	0,1 ... 0,4	0,5 ... 6,0
	kurzsp.		350 ... 600			350 ... 600		
	Al-Guss, > 10 %Si		350 ... 600			350 ... 600		
Titanlegierung		850 ... 1200	30 ... 80	0,1 ... 0,3	0,7 ... 2,0	30 ... 80	0,1 ... 0,3	0,7 ... 2,0
CuZn-Legierungen	kurzsp.	< 600	180 ... 280	0,2 ... 0,5	2,0 ... 5.0	200 ... 320	0,12 ... 0,3	0,5 ... 2,2
	langsp.		200 ... 350	0,1 ... 0,4	0,5 ... 6,0	200 ... 350	0,1 ... 0,4	0,5 ... 6,0
CuSn-Legierungen	kurzsp.	< 600	180 ... 280	0,2 ... 0,5	2,0 ... 5,0	200 ... 320	0,12 ... 0,3	0,5 ... 2,2
		650 ... 850						
	langsp.	< 850	150 ... 220	0,1 ... 0,4	0,5 ... 6,0	150 ... 220	0,1 ... 0,40	0,5 ... 6,0
		850 ... 1200	120 ... 200			120 ... 200		
Thermoplast		–	500 ... 1000	0,1 ... 0,4	0,5 ... 6,0	500 ... 1000	0,1 ... 0,4	0,5 ... 6,0
Duroplast		–	350 ... 600	0,1 ... 0,4	0,5 ... 6,0	350 ... 600	0,1 ... 0,4	0,5 ... 6,0
GFK und CFK		–	350 ... 600	0,1 ... 0,4	0,5 ... 6,0	350 ... 600	0,1 ... 0,4	0,5 ... 6,0

[1] Unter normalen Bearbeitungsbedingungen wird ein Zwischenwert gewählt, bei unklaren Bedingungen wird mit dem kleinsten Wert begonnen.

Abstechdrehen mit Hartmetall-Wendeschneidplatten

Werkstoffgruppe	Festigkeit R_m in N/mm² oder Härte	Schnittgeschwindigkeit v_c in m/min[1]	Stechbreite in mm	
			2	3 ... 5
		HM beschichtet	Vorschub *f* in mm	
Allgem. Baustahl	500 ... 850	100 ... 140	0,05 ... 0,20	0,08 ... 0,30
Automatenstahl	850 ... 1000	80 ... 120	0,05 ... 0,20	0,08 ... 0,30
Einsatzstahl	< 1000	80 ... 120	0,05 ... 0,20	0,08 ... 0,30
			0,05 ... 0,18	0,08 ... 0,25
Nitrierstahl	< 1000	20 ... 60	0,05 ... 0,18	0,08 ... 0,25
Vergütungsstahl	850 ... 1000	80 ... 120	0,05 ... 0,20	0,08 ... 0,30
			0,05 ... 0,18	0,08 ... 0,25
Werkzeugstahl	850 ... 1100	60 ... 100	0,05 ... 0,18	0,08 ... 0,25
Schnellarbeitsstahl	830 ... 1200	20 ... 60	0,05 ... 0,18	0,08 ... 0,25
Nichtrostender Stahl	< 1100	60 ... 100	0,05 ... 0,18	0,08 ... 0,25
Gusseisen	> 180HB	60 ... 120	0,08 ... 0,20	0,08 ... 0,25
Aluminiumlegierungen	< 350	160 ... 300	0,05 ... 0,20	–
Titanlegierung	850 ... 1200	20 ... 60	0,05 ... 0,18	0,08 ... 0,25
CuZn-Legierungen	< 600	100 ... 160	0,05 ... 0,20	0,08 ... 0,30
CuSn-Legierungen	600 ... 1200	100 ... 160	0,05 ... 0,20	0,08 ... 0,30
Thermoplast	–	160 ... 300	0,05 ... 0,20	0,08 ... 0,30
Duroplast	–	160 ... 300	0,05 ... 0,20	0,08 ... 0,30
GFK und CFK	–	160 ... 300	0,05 ... 0,20	0,08 ... 0,30

[1] Unter normalen Bearbeitungsbedingungen wird ein Zwischenwert gewählt, bei unklaren Bedingungen wird mit dem kleinsten Wert begonnen.

Stechdrehen mit Hartmetall-Wendeschneidplatten

Werkstoffgruppe		Festigkeit R_m in N/mm² oder Härte	Schnittgeschwindigkeit v_c in m/min[1]	Stechbreite in mm		
				2	3	4
			HM beschichtet/PKD-beschichtet	Vorschub *f* in mm		
Allgem. Baustahl		500 ... 850	280 ... 320	0,05 ... 0,15	0,07 ... 0,20	0,08 ... 0,25
			230 ... 270			
Automatenstahl		850 ... 1000	190 ... 230	0,05 ... 0,15	0,07 ... 0,20	0,08 ... 0,25
Einsatzstahl		< 1000	190 ... 230	0,05 ... 0,15	0,07 ... 0,20	0,08 ... 0,25
					0,06 ... 0,17	0,07 ... 0,20
Nitrierstahl		< 1000	130 ... 170	0,05 ... 0,15	0,06 ... 0,17	0,07 ... 0,20
Vergütungsstahl	unleg.	850 ... 1000	130 ... 170	0,05 ... 0,15	0,07 ... 0,20	0,08 ... 0,25
	leg.	850 ... 1000	130 ... 170			
		1000 ... 1200	110 ... 170		0,06 ... 0,17	0,07 ... 0,20
Werkzeugstahl		850 ... 1100	130 ... 170	0,05 ... 0,15	0,06 ... 0,17	0,07 ... 0,20
Schnellarbeitsstahl		830 ... 1200	130 ... 170	0,05 ... 0,15	0,06 ... 0,17	0,07 ... 0,20
Nichtrostender Stahl		< 1100	120 ... 160	0,05 ... 0,15	0,06 ... 0,17	0,07 ... 0,20
Gusseisen		> 180HB	260 ... 300	0,05 ... 0,15	0,06 ... 0,17	0,07 ... 0,20
Aluminiumlegierungen		< 350	**620 ... 680**	0,05 ... 0,15	0,03 ... 0,08	0,04 ... 0,10
Titanlegierung		850 ... 1200	60 ... 80	0,05 ... 0,15	0,06 ... 0,17	0,07 ... 0,20
CuZn-Legierungen		< 600	**520 ... 580**	0,05 ... 0,15	0,03 ... 0,08	0,04 ... 0,10
CuSn-Legierungen		600 ... 1200	**520 ... 580**	0,05 ... 0,15	0,03 ... 0,08	0,04 ... 0,10
Thermoplast		–	50 ... 150	0,04 ... 0,08	0,06 ... 0,10	0,08 ... 0,12
Duroplast		–	50 ... 150	0,04 ... 0,08	0,06 ... 0,10	0,08 ... 0,12
GFK und CFK		–	50 ... 90	0,04 ... 0,08	0,06 ... 0,10	0,08 ... 0,12

[1] Unter normalen Bearbeitungsbedingungen wird ein Zwischenwert gewählt, bei unklaren Bedingungen wird mit dem kleinsten Wert begonnen.

Gewindedrehen mit Hartmetall-Wendeschneidplatten

Werkstoffgruppe		Festigkeit R_m in N/mm² oder Härte	Schnittgeschwindigkeit v_c in m/min[1)] HM beschichtet
Allgemeiner Baustahl		< 850	70 ... 200
Automatenstahl		< 850	70 ... 180
		850 ... 1000	70 ... 150
Einsatzstahl	unleg.	< 750	70 ... 180
	leg.	< 1000	70 ... 160
	leg.	> 1000	50 ... 120
Nitrierstahl		> 1000	50 ... 130
Vergütungsstahl	unleg.	700 ... 850	70 ... 180
		850 ... 1000	50 ... 160
	leg.	850 ... 1000	50 ... 150
		1000 ... 1200	45 ... 120
Werkzeugstahl		< 850	50 ... 120
		850 ... 1100	50 ... 130
		1100 ... 1400	50 ... 120
Schnellarbeitsstahl		830 ... 1200	40 ... 100
Nichtrostender Stahl		< 850	60 ... 150
		< 1100	70 ... 120
Gusseisen	GJL	< 180HB	80 ... 220
		> 180HB	80 ... 220
	GJS, GJM	> 180HB	80 ... 150
		> 260HB	80 ... 130
Aluminium-legierungen	kurzsp.	< 350	100 ... 350
	Al-Guss > 10 %Si		75 ... 250
Titanlegierung		850 ... 1200	25 ... 100
CuZn-Legierungen		< 600	75 ... 250
CuSn-Legierungen		< 600	75 ... 200
		600 ... 1200	
Thermoplast		–	70 ... 350
Duroplast		–	70 ... 350
GFK und CFK		–	40 ... 130

1) Unter normalen Bearbeitungsbedingungen wird ein Zwischenwert gewählt, bei unklaren Bedingungen wird mit dem kleinsten Wert begonnen.

Steigung P in mm = Vorschub f in mm	Anzahl der Schnitte
0,50	4 ... 6
0,75	4 ... 7
1,00	4 ... 8
1,25	5 ... 9
1,50	6 ... 10
1,75	7 ... 12
2,00	7 ... 12
2,50	8 ... 14
3,00	9 ... 16
3,50	10 ... 18
4,00	11 ... 18
4,50	11 ... 19
5,00	12 ... 20

Drehen mit superharten Schneidstoffen – Bornitrid

Werkstoff-gruppe	Härte	Schnittge-schwindigkeit v_c in m/min[1)]	Vorschub f in mm[1)]	Schnitttiefe a_p in mm	Schnittge-schwindigkeit v_c in m/min[1)]	Vorschub f in mm[1)]	Schnitttiefe a_p in mm
Schlichten					Feindrehen		
Stahl	ungehärtet	120 ... 200	0,04 ... 0,1	0,5 ... 2,0	200 ... 300	0,022 ... 0,06	0,1 ... 0,5
	40 ... 60 HRC	80 ... 120	0,04 ... 0,1	0,5 ... 1,0	80 ... 120	0,02 ... 0,06	0,1 ... 0,3
	55 ... 67 HRC	80 ... 160	0,04 ... 0,08	0,2 ... 0,6	120 ... 180	0,02 ... 0,04	0,05 ... 0,2
Vorbearbeiten					Schlichten		
Gusseisen	≤ 200 HB	150 ... 250	0,2 ... 0,6	3,0 ... 4,0	400 ... 500	0,04 ... 0,1	0,2 ... 1,0
	≤ 200 HB	100 ... 200	0,2 ... 0,4	3,0 ... 4,0	300 ... 500	0,04 ... 0,12	0,1 ... 0,8
Keramik		–	–	–	200 ... 300	0,04 ... 0,07	0,03 ... 0,5

1) Unter normalen Bearbeitungsbedingungen wird ein Zwischenwert gewählt, bei unklaren Bedingungen wird mit dem kleinsten Wert begonnen.

4

Kegeldrehen

Kegeldrehen mit Oberschlittenverstellung

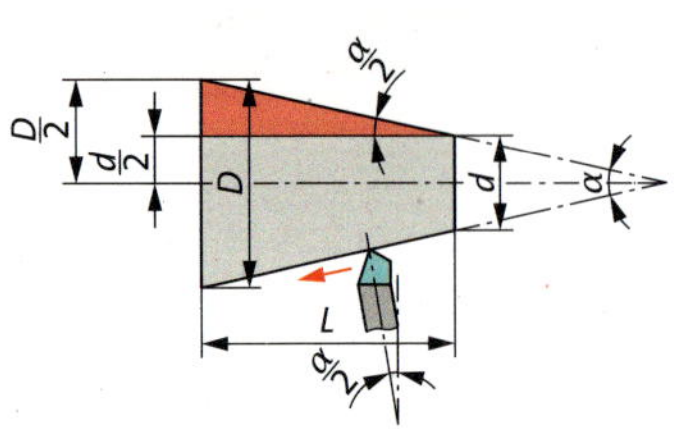

Der Oberschlitten wird um den Winkel $\alpha/2$ gedreht, die Vorschubrichtung ist parallel zur zu fertigenden Kegelmantellinie.

$$\tan\frac{\alpha}{2} = \frac{C}{2}$$

$$\tan\frac{\alpha}{2} = \frac{D-d}{2\cdot L}$$

geg.: $D = 60$ mm
$d = 55$ mm
$L = 95$ mm

ges.: $\frac{\alpha}{2}$ in °

$$\tan\frac{\alpha}{2} = \frac{D-d}{2\cdot L} = \frac{60-55}{2\cdot 95} = 0{,}0263$$

$\frac{\alpha}{2} = \underline{1{,}5°}$

Kegeldrehen mit Reitstockverstellung

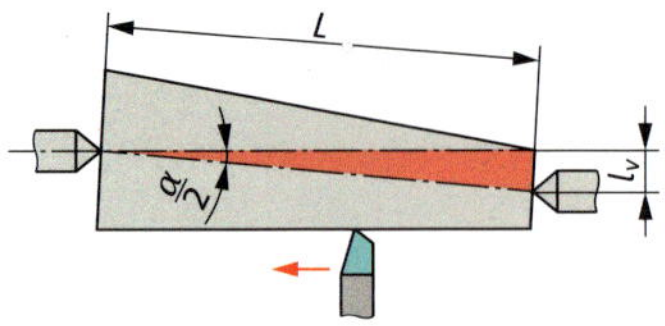

Der Reitstock wird um das Maß l_v verschoben, die Vorschubrichtung ist parallel zur zu fertigenden Kegelmantellinie.

$$l_v = L\cdot\sin\frac{\alpha}{2}$$

bei kleinen Winkeln: $\sin\frac{\alpha}{2} \approx \tan\frac{\alpha}{2}$

$$l_v = \frac{D-d}{2}$$

geg.: $D = 100$ mm
$d = 90$ mm
$L_w = 180$ mm
$L = 165$ mm

ges.: l_v

$$l_v = \frac{D-d}{2}\cdot\frac{L_w}{L} = \frac{100-90}{2}\cdot\frac{180}{165}$$

$l_v = \underline{5{,}45\text{ mm}}$

max. Reitstockverstellung: $l_{vzul} = \frac{1}{50} L_w$

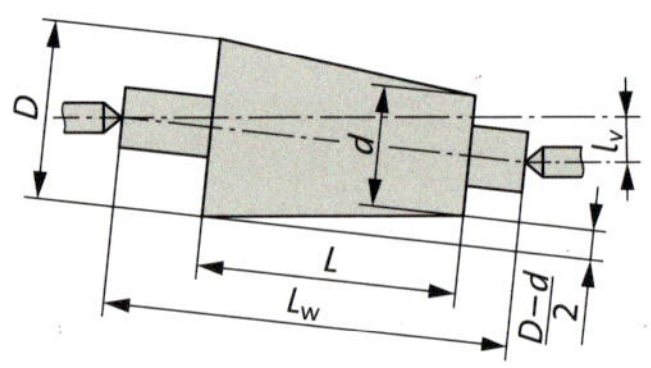

Werkstücklänge L_w größer als Kegellänge L

$$l_v = L_w\cdot\sin\frac{\alpha}{2}$$

$$\tan\frac{\alpha}{2} = \frac{D-d}{2\cdot L} \qquad \tan\frac{\alpha}{2} \approx \frac{l_v}{L_w}$$

$$l_v = \frac{D-d}{2}\cdot\frac{L_w}{L}$$

α: Kegelöffnungswinkel in °
D: Durchmesser der Kegelgrundfläche in mm
d: Durchmesser der Kegeldeckfläche in mm
L: Länge des Kegels in mm
C: Kegelverhältnis
L_w: Länge des Werkstückes in mm
l_v: Reitstockverschiebung in mm

Erreichbare theoretische Rautiefe

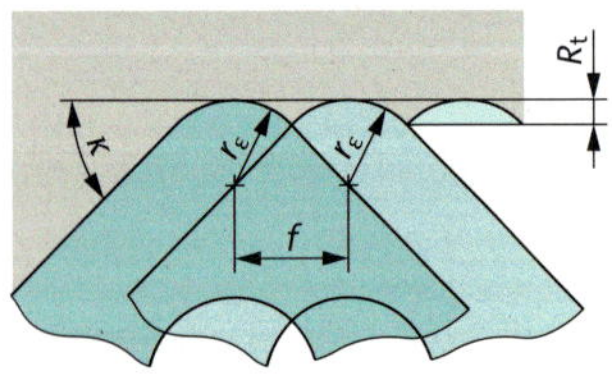

$$R_{theor} = \frac{f^2}{8\cdot r_\varepsilon}$$

$R_{theor} \approx R_z$

geg.: $r_\varepsilon = 0{,}8$ mm,
geforderte $R_z = 6{,}3$ µm

ges.: f in mm

$f = \sqrt{8\cdot r_\varepsilon\cdot R_{theor}}$
$f = 8\cdot 0{,}8\text{ mm}\cdot 0{,}0063\text{ mm}$
$f = \underline{0{,}2\text{ mm}}$

Eckenradius r_ε in mm Durchmesser d in mm	R_{theor} in mm							
	1,6	2,5	4,0	6,3	10	16	25	40
	f in mm							
Eckige Schneidplatten								
0,2	0,05	0,06	0,08	0,10	0,13	0,16	0,20	0,25
0,4	0,07	0,09	0,11	0,14	0,18	0,23	0,28	0,36
0,8	0,10	0,13	0,16	0,20	0,25	0,32	0,40	0,51
1,2	0,12	0,15	0,20	0,25	0,31	0,39	0,49	0,62
1,6	0,14	0,18	0,23	0,28	0,36	0,45	0,57	0,72
2,4	0,18	0,22	0,28	0,35	0,44	0,55	0,69	0,88
Runde Schneidplatten								
6	0,20	0,24	0,31	0,39	0,49	0,62	0,77	0,98
8	0,23	0,28	0,36	0,45	0,57	0,72	0,89	1,13
10	0,25	0,32	0,40	0,50	0,63	0,80	1,00	1,26
12	0,28	0,35	0,44	0,55	0,69	0,88	1,10	1,39
16	0,32	0,40	0,51	0,63	0,80	1,01	1,26	1,60
20	0,36	0,45	0,57	0,71	0,89	1,13	1,41	1,79
25	0,40	0,50	0,63	0,79	1,00	1,26	1,58	2,00

Drehen – Berechnungen

Spanungsgrößen, Kräfte, Leistungen, Zeitspanungsvolumen, Hauptnutzungszeit

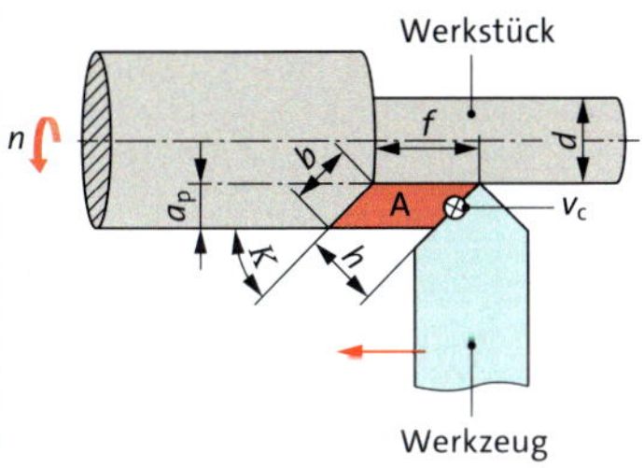

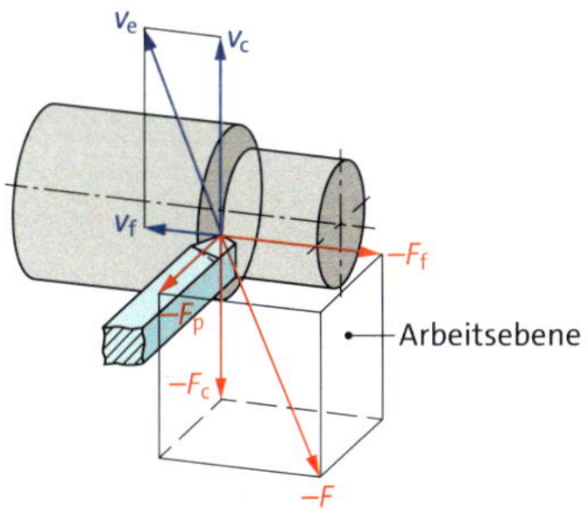

Längsdrehen

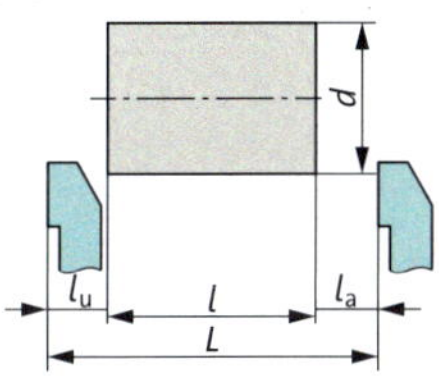

Drehen der Gesamtlänge

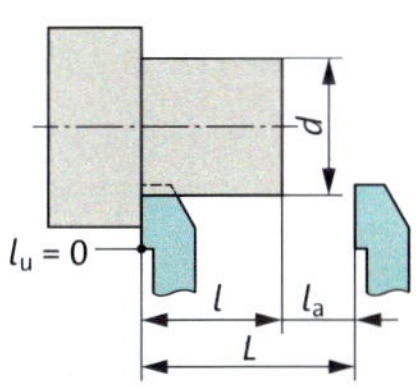

Drehen bis zu einem Bund

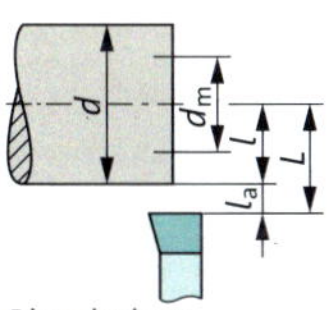

Plandrehen

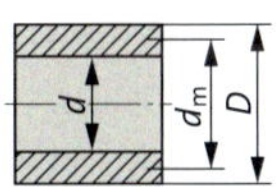

$d_m = \frac{D-d}{2}$

Planringdrehen

Spanungsgrößen

$b = \frac{a_p}{\sin\kappa}$

$h = f \cdot \sin\kappa$

$A = a_p \cdot f = b \cdot h$

Kräfte, Leistungen, Zeitspanungsvolumen

Schnittkraft

$F_c = A \cdot k_c = h \cdot h \cdot k_c$

$k_c = \frac{k_{c1.1}}{h^m}$

$F_c = b \cdot h \cdot k_c \cdot K_\gamma \cdot K_v \cdot K_{Sch} \cdot K_{Ver}$

Korrekturfaktoren siehe „Spezifische Schnittkraft“

Schnittleistung

$P_c = F_c \cdot v_c$

Antriebsleistung

$P_a = \frac{P_c}{\eta}$

Zeitspanungsvolumen

$Q = A \cdot v_c = a_p \cdot f \cdot v_c = b \cdot h \cdot v_c$

Hauptnutzungszeit

$t_{hu} = \frac{L \cdot i}{f \cdot n}$ $\qquad$ $n = \frac{v_c}{d \cdot \pi}$

Längsdrehen

$L = l + l_a + l_u$ $\qquad$ $l_a = l_u \approx 2$ mm

Plandrehen

Vollzylinder

$L = l_a + l = l_a + \frac{d}{2}$

Hohlzylinder (Planringdrehen)

$L = l_a + l + l_u = l_a + \frac{D-d}{2} + l_u$

$n = \frac{v_c}{d_m \cdot \pi}$

Eine Welle aus E335 soll von $d_1 = 50$ mm auf $d_2 = 40$ mm in 2 Schnitten mit einem Drehmeißel mit HM-Wendeschneidplatte abgedreht werden.

geg.: $L = 105$ mm
$d_1 = 50$ mm
$d_2 = 40$ mm
$i = 2$

ges.: F_c in N
P_c in kW
t_{hu} in cm³/min
t_h in min

$a_p = 2{,}5$ mm
$f = 0{,}5$ mm (gewählt)

$A = a_p \cdot f = 2{,}5\text{ mm} \cdot 0{,}5\text{ mm}$
$A = 1{,}25\text{ mm}^2$

$h = f \cdot \sin\kappa = 0{,}5 \cdot \sin 45° = 0{,}35$
$k_c = 2589\text{ N/mm}^2$
$F_c = A \cdot k_c = 1{,}25\text{ mm}^2 \cdot 2589\text{ N/mm}^2$
$F_c = \underline{3236{,}25\text{ N}}$

(ohne Berücksichtigung der Korrekturfaktoren)

$v_c = 150$ m/min gewählt

$P_c = F_c \cdot v_c = \frac{3236{,}25\text{ N} \cdot 150\text{ m} \cdot \text{min}}{\text{min} \cdot 60\text{ s}}$

$= 8090{,}6\text{ W}$

$P_c = \underline{8{,}1\text{ kW}}$

$Q = A \cdot v_c = 1{,}25\text{ mm}^2 \cdot 150\text{ m/min}$
$Q = 187{,}5\text{ cm}^3\text{/min}$

$n = 100$ 1/min gewählt

$t_{hu} = \frac{L \cdot i}{f \cdot n} = \frac{(l + l_a + l_u) \cdot i}{f \cdot n}$

$t_{hu} = \frac{(2\text{ mm} + 105\text{ mm} + 2\text{ mm}) \cdot 2 \cdot \text{min}}{0{,}5\text{ mm} \cdot 1000}$

$t_{hu} = \underline{0{,}44\text{ min}}$

- d: Werkstückdurchmesser in mm oder Werkstückinnendurchmesser
- D: Werkstückaußendurchmesser in mm
- a_p: Schnitttiefe in mm
- f: Vorschub in mm
- κ: Einstellwinkel in °
- b: Spanungsbreite in mm
- h: Spanungsdicke in mm
- A: Spanungsquerschnitt in mm²
- F_{cz}: Schnittkraft in N
- k_c: spezifische Schnittkraft in N/mm²
- v_c: Schnittgeschwindigkeit in m/min
- P_c: Schnittleistung in W
- P_a: Antriebsleistung der WZ-Maschine in W
- η: Wirkungsgrad der WZ-Maschine
- Q: Zeitspanungsvolumen in cm³/min
- t_{hu}: Hauptnutzungszeit in min
- L: Gesamtweg des Werkzeuges in mm
- i: Anzahl der Schnitte
- n: Umdrehungsfrequenz in 1/min
- l: Werkstücklänge in mm
- l_a: Anlaufweg in mm
- l_u: Überlaufweg in mm
- d_m: mittlerer Durchmesser in mm

Fräswerkzeuge

Fräswerkzeuge

Aufsteckfräser
- Walzenstirnfräser
- Scheibenfräser
- Winkelstirnfräser
- Prismenfräser
- Profilfräser

Fräsmesserköpfe
- Planmesserkopf
- Eckmesserkopf

Schaftfräser
- Schaftfräser
- Langlochfräser
- T-Nutenfräser
- Schlitzfräser
- Winkelfräser
- Kopierfräser

Fräser	Norm	Fräser	Norm	Fräser	Norm
Walzenstirnfräser		Halbrundprofilfräser		T-Nutenfräser	
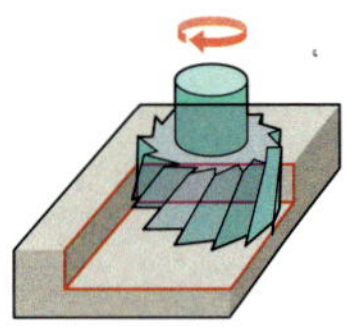	DIN 1880 DIN 8056	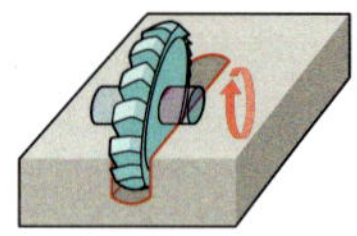	DIN 855 DIN 856	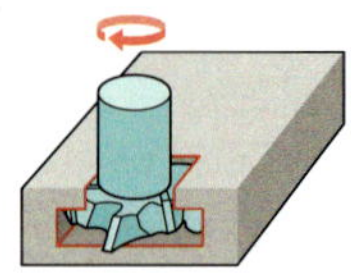	DIN 851-1 DIN 851-2
Scheibenfräser/Nutenfräser		Fräsmesserkopf		Schlitzfräser	
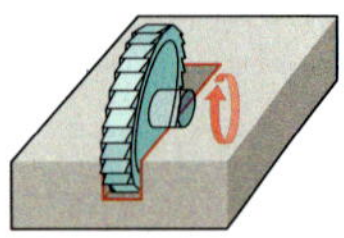	DIN 885 DIN 1831 DIN 1834 DIN 1890	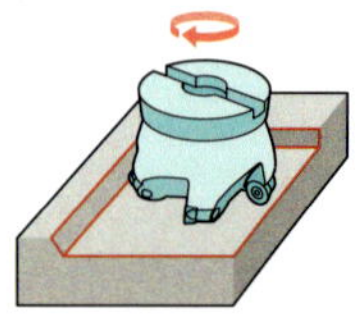	DIN 1830-1 DIN 1830-3	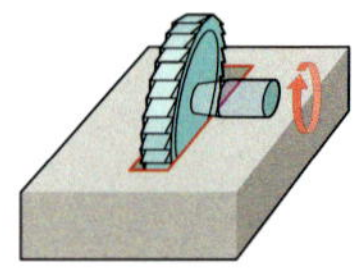	DIN 850
Winkelstirnfräser		Schaftfräser		Winkelfräser	
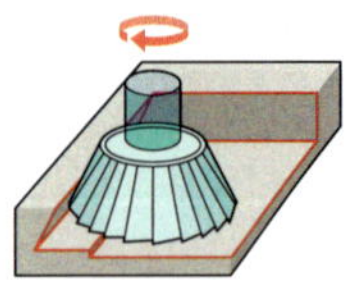	DIN 842	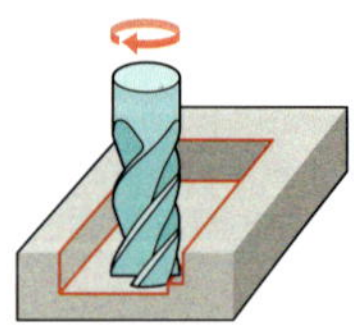	DIN 844 DIN 845 DIN 2328 DIN 6527 DIN 6529 DIN 8044 DIN 8045 DIN 8096	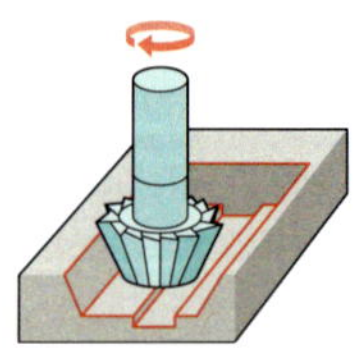	DIN 1833
Prismenfräser		Langlochfräser		Gesenkfräser	
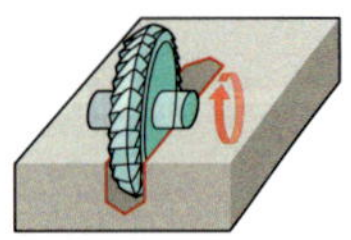	DIN 847	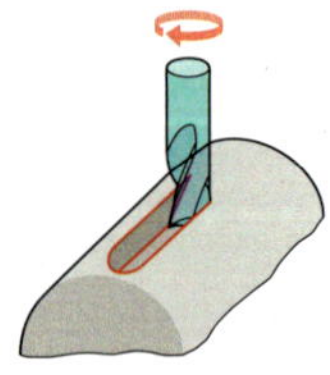	DIN 326 DIN 327 DIN 8026 DIN 8027	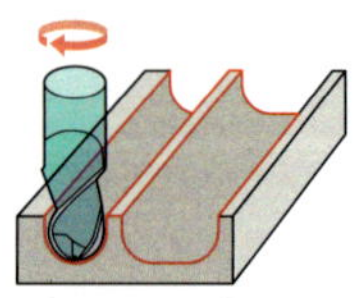	DIN 1889-1 DIN 1889-2

Bezeichnungsbeispiele:

Walzenstirnfräser: **Fräser DIN 1880 – 80 N – HSS**
Walzenstirnfräser,
Durchmesser d_1 = 80 mm,
Werkzeug-Anwendungsgruppe N,
aus Schnellarbeitsstahl HSS

Scheibenfräser: **Fräser DIN 1831 – 160x25 – Z16 – HSS-E**
Scheibenfräser mit eingesetzten Messern
Durchmesser d_1 = 160 mm,
Breite b = 25 mm,
16 eingesetzte Messer
Messer aus Schnellarbeitsstahl HSS-E

Fräsmesserkopf: **Fräser ISO 11529 – 250 A 12 R 075 S 075 S HSK 01 100**

Erläuterung siehe DIN ISO 11529

Schaftfräser: **Fräser DIN 844 – A 20 K – N – HSS**
Schaftfräser mit Zylinderschaft,
Form A – glatter Zylinderschaft,
Durchmesser d_1 = 20 mm,
kurze Ausführung (K),
Werkzeug-Anwendungsgruppe N,
aus Schnellarbeitsstahl HSS

Fräswerkzeuge – Bezeichnung
DIN ISO 11529: 2014-10

Schaftfräser und Fräswerkzeuge mit Bohrungen aus Vollstahl/Vollhartmetall oder mit Schneidplatten

[ ] [ ] – [ ] [ ] [ ] [ ] [ ] [ ] [ ] [ ] [ ] [ ] [ ]

- Benennung
- DIN-Hauptnummer
- Angabe des Durchmessers
- Bauart des Fräswerkzeuges
- Anzahl der Schneiden
- Schneidrichtung
- Einstellwinkel
- Ausführung des Fräswerkzeuges
- max. Schnitttiefe/Schnittbreite
- Drallwinkel oder Form der Wendeschneidplatte
- Form des Schaftes
- Ausführung des Schaftes
- Schaftgröße

Bauart des Fräswerkzeuges

A	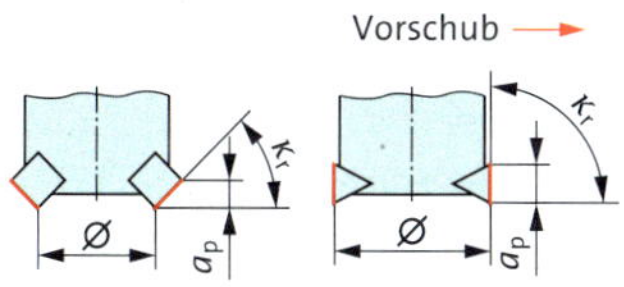	Stirnfräser Eckfräser umfangsschneidend $a_p < Ø$	H	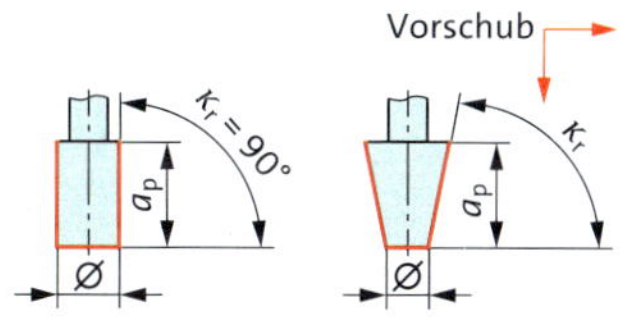	Schaftfräser umfangs- und zentrumschneidend $a_p > Ø$
B	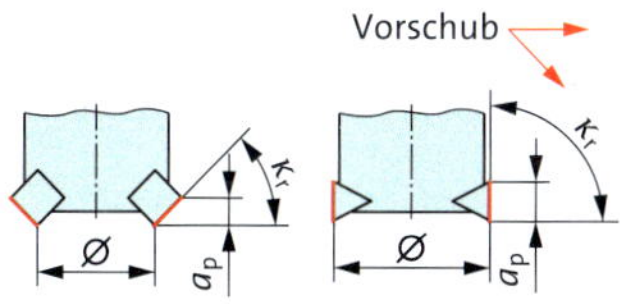	Stirnfräser Eckfräser umfangsschneidend und schräg eintauchend $a_p < Ø$	J	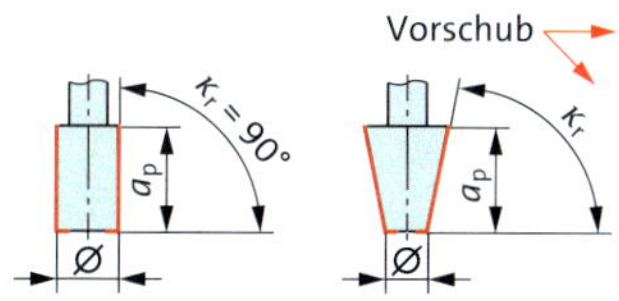	Schaftfräser umfangsschneidend und schräg eintauchend $a_p > Ø$
C	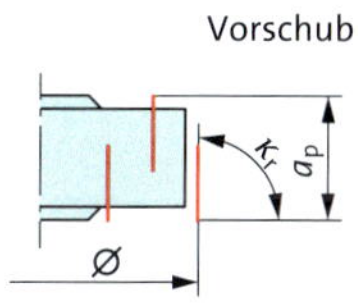	Scheibenfräser dreiseitig schneidend $a_p < Ø$	L	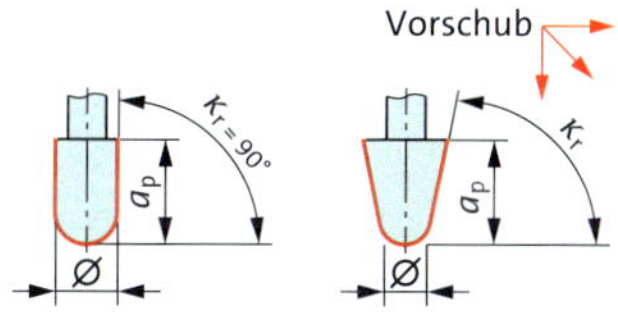	Schaftfräser mit runder Stirn/Kegeli- ger Rund-Profilfräser umfangs- und zentrumschneidend $a_p > 0,5\ Ø$
D	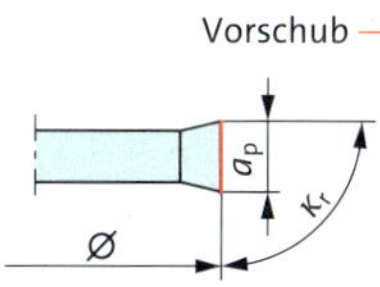	Schlitz- oder Trennfräser $a_p < Ø$	M	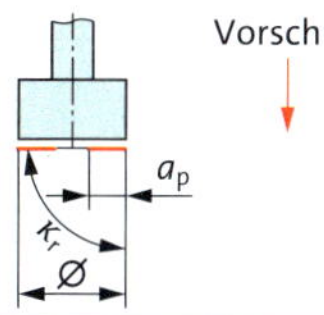	Senkfräser zentrumschneidend $a_p = 0,5\ Ø$ nicht zentrumschneidend $a_p < 0,5\ Ø$
E	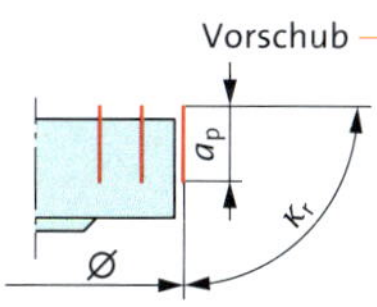	Einseitiger Scheibenfräser $a_p < Ø$	N	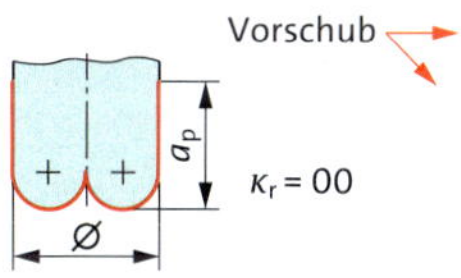	Torusschaftfräser $a_p < Ø$
F	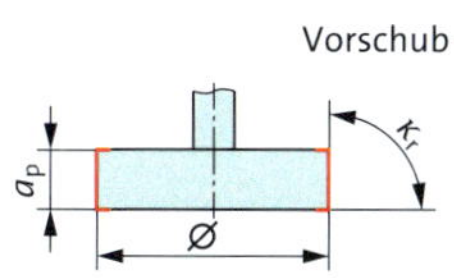	T-Nutenfräser $a_p < Ø$	P	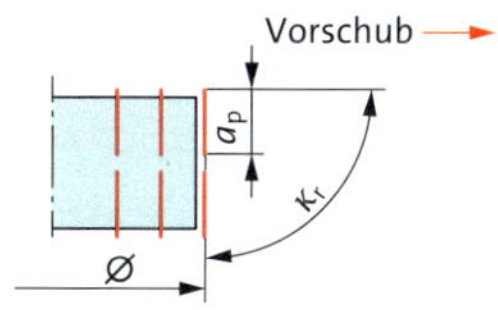	Doppelseitiger Scheibenfräser $a_p < Ø$
G	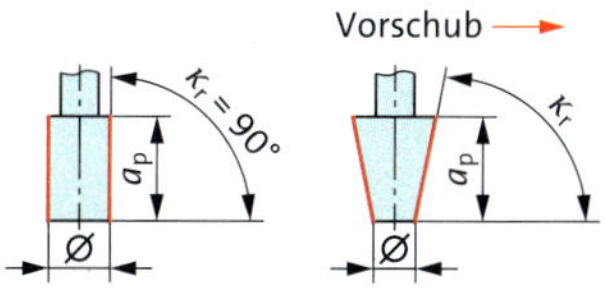	Schaftfräser umfangsschneidend $a_p > Ø$	T	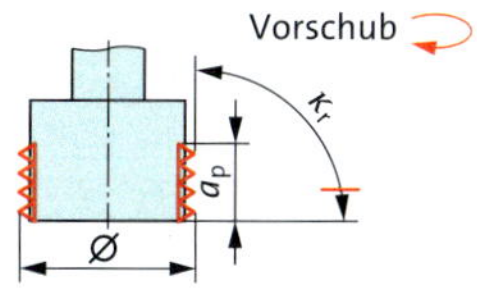	Gewindefräser

Fräswerkzeuge – Bezeichnung — DIN ISO 11529: 2014-10
Schaftfräser und Fräswerkzeuge mit Bohrungen aus Vollstahl/Vollhartmetall oder mit Schneidplatten

Schneidrichtung

L	links
R	rechts
N	neutral, beidseitig

Drallwinkel

Rechtsdrall	Drallwinkel λ_s in °	Linksdrall
A	0	A
B	$0 < \lambda_s \leq 5$	M
C	$5 < \lambda_s \leq 10$	N
D	$10 < \lambda_s \leq 15$	P
E	$15 < \lambda_s \leq 20$	Q
F	$20 < \lambda_s \leq 25$	S
G	$25 < \lambda_s \leq 30$	T
H	$30 < \lambda_s \leq 35$	U
J	$35 < \lambda_s \leq 45$	V
K	$45 < \lambda_s \leq 60$	W
X	andere Winkel	Y

Ausführung des Fräswerkzeuges

A	Vollstahl / Vollhartmetall	gerade, durchgehende Schneiden
B		unterbrochene, kerbgezahnte Schneiden
D	Gelötete Schneidplatten	gerade, durchgehende Schneiden
E		unterbrochene, kerbgezahnte Schneiden
F	Geklemmte Schneidplatten	gerade, durchgehende Schneiden
G		unterbrochene, kerbgezahnte Schneiden

Ausführung der Schneidplattenbefestigung

C	Schneidplatte von oben geklemmt
K	Fräswerkzeug mit Einsätzen oder Kassetten
M	Schneidplatte von oben über Bohrung geklemmt
P	Schneidplatte über Bohrung geklemmt
S	Schneidplatte über teilweise zylindrische Bohrung aufgeschraubt
T	Schneidplatte über Bohrung tangential befestigt
V	Schneidplatte ohne Bohrung, tangential befestigt
W	Schneidplatte ohne Bohrung, mit Keil befestigt
X	Sonderausführung

Form der Wendeschneidplatte

A		rhomboid-förmig 85°	K		rhomboid-förmig 55°	R		rund
B		rhomboid-förmig 82°	L		rechteckig 90°	S		quadratisch 90°
C		rhombisch 80°	M		rhombisch 86°	T		dreieckig 60°
D		rhombisch 55°	O		achteckig 135°	V		rhombisch 35°
E		rhombisch 75°	P		fünfeckig 108°	W		trigon 80°
H		sechseckig 120°	U	Fräser mit Einsätzen oder Kassetten		Y	Fräser mit mehr als einer Form von Wendeschneidplatten	
			X	Fräser mit anderen Formen von Wendeschneidplatten				

Form und Ausführung des Schaftes oder der Bohrung

Form	Ausführung	Bild	Beschreibung	
ZYL	01	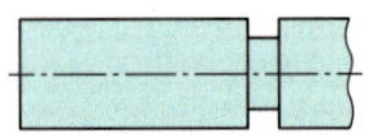	gerader Zylinderschaft	
	10	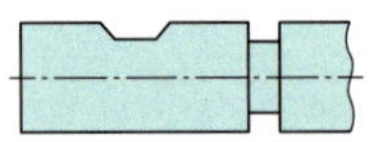	gerader Zylinderschaft mit glatter Spannfläche	
MKG	1x	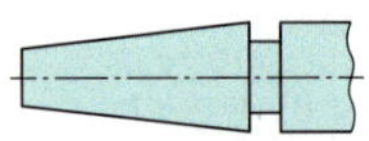	Morsekegel ohne Befestigungsgewinde	an der zweiten Stelle des Symbols für die Ausführung Hinweise zur Kühlmittelzufuhr: 0: ohne Kühlmittelzufuhr 1: axiale Kühlmittelzufuhr 2: radiale Kühlmittelzufuhr 3: axiale und radiale Kühlmittelzufuhr
	4x	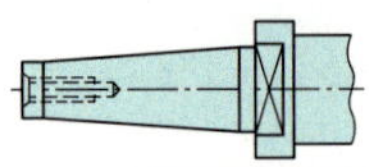	Morsekegel mit Befestigungsgewinde und Mitnehmer	

Fräswerkzeuge – Bezeichnung — DIN ISO 11529: 2014-10
Schaftfräser und Fräswerkzeuge mit Bohrungen aus Vollstahl/Vollhartmetall oder mit Schneidplatten

Form und Ausführung des Schaftes oder der Bohrung

Form	Ausführung	Bild	Beschreibung	
SKG	1x	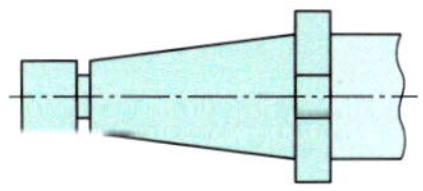	Steilkegelschaft 7/24	an der zweiten Stelle des Symbols für die Ausführung Hinweise zur Kühlmittelzufuhr: 0: ohne Kühlmittelzufuhr 1: zentrale (axiale) Kühlmittelzufuhr 6: dezentrale Kühlmittelzufuhr 7: zentrale und dezentrale Kühlmittelzufuhr
HSK	01	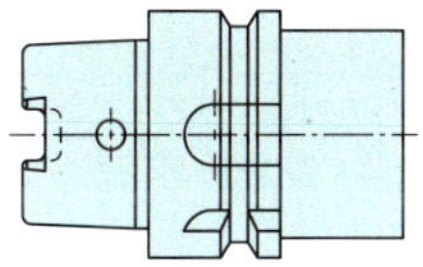	Kegel-Hohlschaft Form A	
FDA	22	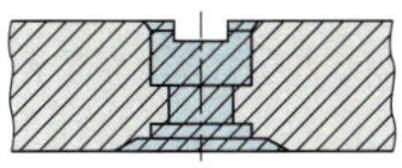	Fräskopfaufnahme mit Quernut und Zylinderschraube mit Innensechskant	
	12	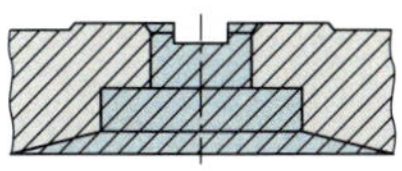	Fräskopfaufnahme mit Quernut und Fräseranzugsschraube	
SPK	01	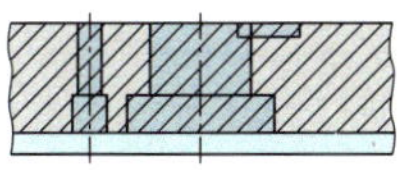	Haltedorn mit Schraubenlochkreis	
CCS	01	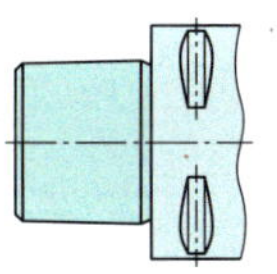	Polygonaler Hohlschaftkegel mit Plananlage	

Bezeichnungsbeispiele:

Fräser ISO 11529 – 32 G 04 R 090 A 012 S ZLY 10 032

Fräser nach DIN ISO 11529
32: Durchmesser des Fräsers in mm
G: Schaftfräser umfangsschneidend
04: Anzahl der wirksamen Schneiden
R: Schneidrichtung rechts
090: Einstellwinkel $K = 90°$
A: Ausführung des Fräsers: Vollstahl/Vollhartmetall mit geraden Schneiden
012: maximale Schnitttiefe $a_p = 12$ mm
S: Linksdrall
ZLY 10: gerader Zylinderschaft mit glatter Spannfläche
032: Durchmesser des Schaftes 32 mm

Fräser ISO 11529 – 250 A 12 R 075 S 075 S HSK 01 100

Fräser nach DIN ISO 11529
250: Durchmesser des Fräsers in mm
A: Stirnfräser umfangsschneidend
12: Anzahl der wirksamen Schneiden
R: Schneidrichtung rechts
075: Einstellwinkel $K = 75°$
S: Schneidplatte über teilweise zylindrische Bohrung aufgeschraubt
075: maximale Schnitttiefe $a_p = 75$ mm
S: Wendeschneidplatte quadratisch
HSK 01: Kegel-Hohlschaft Form A
100: Durchmesser der Bohrung 100 mm

Walzenstirnfräsen – Richtwerte

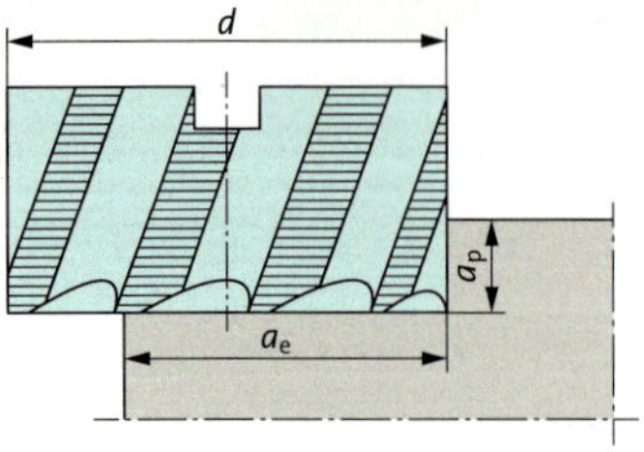

d: Fräserdurchmesser in mm
a_e: Arbeitseingriff in mm
a_p: Schnitttiefe in mm
f_z: Vorschub je Schneide in mm
z: Anzahl der Schneiden
f: Vorschub in mm

$$f = f_z \cdot z$$

v_c: Schnittgeschwindigkeit in m/min

Werkstoffgruppe		Festigkeit R_m in N/mm² oder Härte	Schnittgeschwindigkeit v_c in m/min[1) HSS	Schnittgeschwindigkeit v_c in m/min[1) HSS beschichtet
Allgem. Baustahl		< 500	25 ... 30	60 ... 75
		500 ... 850		
Automatenstahl		< 850	25 ... 30	60 ... 75
		850 ... 1000	–	–
Einsatzstahl	unleg.	< 750	25 ... 30	60 ... 75
	leg.	< 1000		
		> 1000		
Nitrierstahl		< 1000	18 ... 25	50 ... 60
		> 1000	10 ... 18	35 ... 45
Vergütungsstahl	unleg.	< 700	25 ... 30	60 ... 75
		700 ... 850	18 ... 25	50 ... 60
		850 ... 1000		
	leg.	850 ... 1000	18 ... 25	50 ... 60
		1000 ... 1200	10 ... 18	35 ... 45
Werkzeugstahl		< 850	25 ... 30	60 ... 75
		850 ... 1100	18 ... 25	50 ... 60
		1100 ... 1400	10 ... 18	35 ... 45
Schnellarbeitsstahl		830 ... 1200	18 ... 25	50 ... 60
Nichtrostender Stahl		< 700	9 ... 12	24 ... 32
		< 850	6 ... 12	24 ... 32
		< 1100	10 ... 18	35 ... 45
Gusseisen	GJL	< 180HB	18 ... 25	50 ... 60
		> 180HB	10 ... 18	35 ... 45
	GJS, GJM	> 180HB	18 ... 25	50 ... 60
		> 260HB	10 ... 18	35 ... 45
Aluminiumlegierungen	langsp.	< 350	180 ... 220	330 ... 370
	kurzsp.		180 ... 220	330 ... 370
	Al-Guss, > 10 % Si		–	–
Titanlegierung		850 ... 1200	10 ... 10	35 ... 45
CuZn-Legierungen	kurzsp.	< 600	50 ... 70	80 ... 100
	langsp.		40 ... 60	70 ... 90
Thermoplast		–	180 ... 220	330 ... 370
Duroplast		–	140 ... 180	260 ... 340

Werkstoffgruppe	Vorschub f_z in mm für Durchmesser in mm: 40	50	63	80	100	125
Allgem. Baustahl ... Gusseisen	a_e = 0,75 x d und a_p = 0,2 x d → f_z = 0,055/0,065 a_e = 0,75 x d und a_p = 0,1 x d → f_z = 0,065/0,080	a_e = 0,75 x d und a_p = 0,2 x d → f_z = 0,07/0,08 a_e = 0,75 x d und a_p = 0,1 x d → f_z = 0,08/0,100	a_e = 0,75 x d und a_p = 0,2 x d → f_z = 0,075/0,085 a_e = 0,75 x d und a_p = 0,1 x d → f_z = 0,085/0,120	a_e = 0,75 x d und a_p = 0,2 x d → f_z = 0,085/0,100 a_e = 0,75 x d und a_p = 0,1 x d → f_z = 0,105/0,120	a_e = 0,75 x d und a_p = 0,2 x d → f_z = 0,085/0,100 a_e = 0,75 x d und a_p = 0,1 x d → f_z = 0,105/0,125	a_e = 0,75 x d und a_p = 0,2 x d → f_z = 0,085/0,100 a_e = 0,75 x d und a_p = 0,1 x d → f_z = 0,105/0,125
Aluminiumlegierungen ... Duroplast	a_e = 0,75 x d und a_p = 0,2 x d → f_z = 0,055/0,065 a_e = 0,75 x d und a_p = 0,1 x d → f_z = 0,110/0,130	a_e = 0,75 x d und a_p = 0,2 x d → f_z = 0,070/0,080 a_e = 0,75 x d und a_p = 0,1 x d → f_z = 0,130/0,150	a_e = 0,75 x d und a_p = 0,2 x d → f_z = 0,075/0,085 a_e = 0,75 x d und a_p = 0,1 x d → f_z = 0,130/0,160	a_e = 0,75 x d und a_p = 0,2 x d → f_z = ,085/0,100 a_e = 0,75 x d und a_p = 0,1 x d → f_z = 0,135/0,165	a_e = 0,75 x d und a_p = 0,2 x d → f_z = 0,085/0,100 a_e = 0,75 x d und a_p = 0,1 x d → f_z = 0,155/0,180	a_e = 0,75 x d und a_p = 0,2 x d → f_z = 0,085/0,100 a_e = 0,75 x d und a_p = 0,1 x d → f_z = 0,155/0,180

1) Unter normalen Bearbeitungsbedingungen wird ein Zwischenwert gewählt, bei unklaren Bedingungen wird mit dem kleinsten Wert begonnen.

Konturfräsen mit HSS-Schaftfräser – Richtwerte Schruppen

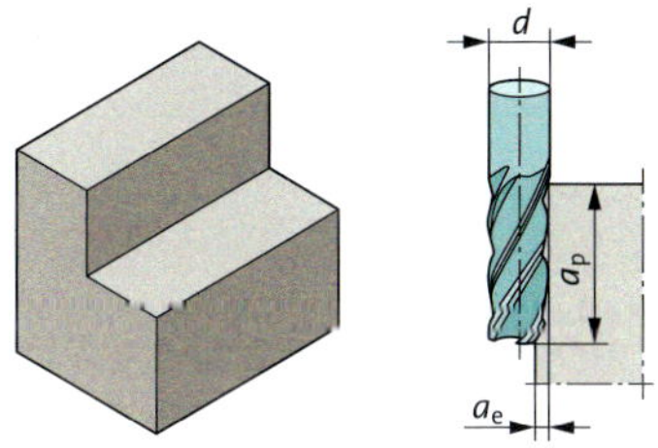

d: Fräserdurchmesser in mm
a_e: Arbeitseingriff in mm
a_p: Schnitttiefe in mm
f_z: Vorschub je Schneide in mm
z: Anzahl der Schneiden
f: Vorschub in mm

$$f = f_z \cdot z$$

v_c: Schnittgeschwindigkeit in m/min

Werkstoffgruppe		Festigkeit R_m in N/mm² oder Härte	Schnittgeschwindigkeit v_c in m/min		Vorschub f_z in mm für Durchmesser d in mm						
			HSS	HSS beschichtet	4,0	6,0	8,0	10	12,0	16,0	20,0
					$a_e = 0{,}5 \times d$ und $a_p = 1{,}0 \times d$						
Allgem. Baustahl		< 500	28	78	0,009	0,012	0,017	0,027	0,037	0,060	0,060
		500 ... 850	23	64	0,007	0,010	0,015	0,024	0,032	0,053	0,053
Automatenstahl		< 850	26	69	0,007	0,010	0,015	0,024	0,032	0,053	0,053
		850 ... 1000	20	64							
Einsatzstahl	unleg.	< 750	23	55	0,007	0,010	0,015	0,024	0,032	0,053	0,053
	leg.	< 1000	17	46	0,007	0,010	0,015	0,024	0,032	0,053	0,053
		> 1000	14	41	0,009	0,012	0,017	0,027	0,037	0,060	0,060
Nitrierstahl		< 1000	17	39	0,007	0,010	0,015	0,024	0,032	0,053	0,053
		> 1000	14	32	0,009	0,012	0,017	0,027	0,037	0,060	0,060
Vergütungsstahl	unleg.	< 700	25	64	0,007	0,010	0,015	0,024	0,032	0,053	0,053
		700 ... 850	23	55							
		850 ... 1000	18	41							
	leg.	850 ... 1000	17	41							
		1000 ... 1200	14	39	0,009	0,012	0,017	0,027	0,037	0,060	0,060
Werkzeugstahl		< 850	20	35	0,007	0,010	0,015	0,024	0,032	0,053	0,053
		850 ... 1100	12	29	0,016	0,012	0,017	0,027	0,037	0,060	0,060
		1100 ... 1400	7	25							
Schnellarbeitsstahl		830 ... 1200	6	21	0,009	0,012	0,017	0,027	0,037	0,060	0,060
Nichtrostender Stahl		< 700	14	23	0,007	0,010	0,015	0,024	0,032	0,053	0,053
		< 850	9	17							
		< 1100	7	14	0,009	0,012	0,017	0,027	0,037	0,060	0,060
Gusseisen	GJL	< 180HB	26	60	0,007	0,010	0,015	0,024	0,032	0,053	0,053
		> 180HB	23	46							
	GJS, GJM	> 180HB	20	37							
		> 260HB	14	26							
Aluminiumlegierungen	langsp.	< 350	138	200	0,010	0,014	0,024	0,036	0,049	0,085	0,085
	kurzsp.		83	120	0,014	0,019	0,033	0,050	0,062	0,094	0,094
	Al-Guss, > 10 % Si		37	100	0,018	0,024	0,039	0,061	0,069	0,102	0,102
Titanlegierung		850 ... 1200	5	9	0,009	0,012	0,017	0,027	0,037	0,060	0,060
CuZn-Legierungen	kurzsp.	< 600	55	92	0,014	0,019	0,033	0,050	0,062	0,094	0,094
	langsp.		37	83							
CuSn-Legierungen	kurzsp.	< 600	37	83	0,014	0,019	0,033	0,050	0,062	0,094	0,094
		650 ... 850	28	64							
	langsp.	< 850	23	51							
		850 ... 1200	14	41	0,018	0,024	0,039	0,061	0,069	0,102	0,102
Thermoplast		–	51	51	0,014	0,019	0,033	0,050	0,062	0,094	0,094
Duroplast		–	–	–	–	–	–	–	–	–	–

Konturfräsen mit HSS-Schaftfräser – Richtwerte Schlichten

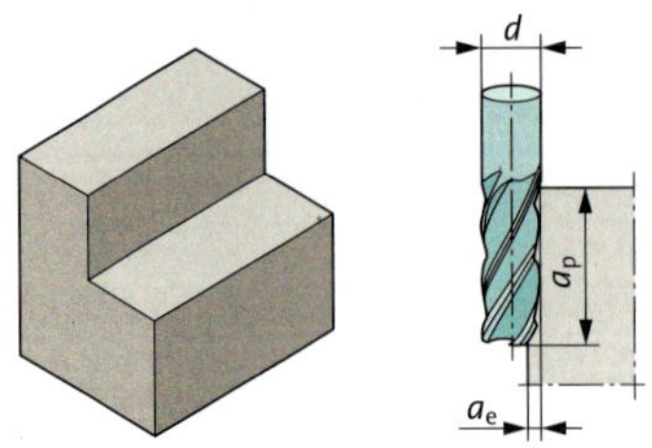

d: Fräserdurchmesser in mm
a_e: Arbeitseingriff in mm
a_p: Schnitttiefe in mm
f_z: Vorschub je Schneide in mm
z: Anzahl der Schneiden
f: Vorschub in mm

$$f = f_z \cdot z$$

v_c: Schnittgeschwindigkeit in m/min

Werkstoffgruppe		Festigkeit R_m in N/mm² oder Härte	Schnittgeschwindigkeit v_c in m/min		Vorschub f_z in mm für Durchmesser d in mm						
			HSS	HSS beschichtet	4,0	6,0	8,0	10	12,0	16,0	20,0
					$a_e = 0{,}1 \times d$ und $a_p = 1{,}0 \times d$						
Allgem. Baustahl		< 500	30	84	0,010	0,014	0,020	0,032	0,044	0,070	0,088
		500 ... 850	25	70	0,008	0,012	0,018	0,028	0,038	0,062	0,078
Automatenstahl		< 850	28	75	0,008	0,012	0,018	0,028	0,038	0,050	0,062
		850 ... 1000	22	70							
Einsatzstahl	unleg.	< 750	25	60	0,008	0,012	0,018	0,028	0,038	0,050	0,062
	leg.	< 1000	18	50	0,008	0,012	0,018	0,028	0,038	0,050	0,062
		> 1000	15	45	0,010	0,014	0,020	0,032	0,044	0,056	0,070
Nitrierstahl		< 1000	18	42	0,008	0,012	0,021	0,028	0,038	0,050	0,062
		> 1000	15	35	0,010	0,014	0,020	0,032	0,044	0,056	0,070
Vergütungsstahl	unleg.	< 700	27	70	0,008	0,012	0,018	0,028	0,038	0,050	0,062
		700 ... 850	25	60							
		850 ... 1000	20	45							
	leg.	850 ... 1000	18	45							
		1000 ... 1200	15	42	0,010	0,014	0,020	0,032	0,044	0,056	0,070
Werkzeugstahl		< 850	22	38	0,008	0,012	0,018	0,028	0,038	0,050	0,062
		850 ... 1100	13	32	0,010	0,014	0,020	0,032	0,044	0,056	0,070
		1100 ... 1400	8	27							
Schnellarbeitsstahl		830 ... 1200	6	23	0,010	0,014	0,020	0,032	0,044	0,056	0,084
Nichtrostender Stahl		< 700	15	25	0,008	0,012	0,018	0,028	0,038	0,050	0,062
		< 850	10	18							
		< 1100	8	15	0,010	0,014	0,020	0,032	0,044	0,056	0,070
Gusseisen	GJL	< 180HB	28	65	0,008	0,012	0,018	0,028	0,038	0,050	0,062
		> 180HB	25	50							
	GJS, GJM	> 180HB	22	40							
		> 260HB	15	28							
Aluminiumlegierungen	langsp.	< 350	149	219	0,012	0,016	0,028	0,042	0,058	0,074	0,110
	kurzsp.		89	129	0,016	0,022	0,040	0,058	0,072	0,092	0,110
	Al-Guss, > 10 % Si		40	109	0,022	0,028	0,046	0,072	0,082	0,100	0,120
Titanlegierung		850 ... 1200	5	10	0,010	0,014	0,020	0,032	0,044	0,056	0,070
CuZn-Legierungen	kurzsp.	< 600	60	99	0,016	0,022	0,040	0,058	0,072	0,092	0,110
	langsp.		40	89							
CuSn-Legierungen	kurzsp.	< 600	40	89							
		650 ... 850	30	70							
	langsp.	< 850	25	55							
		850 ... 1200	15	45	0,022	0,028	0,046	0,072	0,082	0,100	0,120
Thermoplast		–	55	55	0,016	0,022	0,040	0,058	0,072	0,092	0,110
Duroplast		–	–	–	–	–	–	–	–	–	–

Planfräsen mit Hartmetall-Wendeschneidplatten (κ = 45°) – Richtwerte

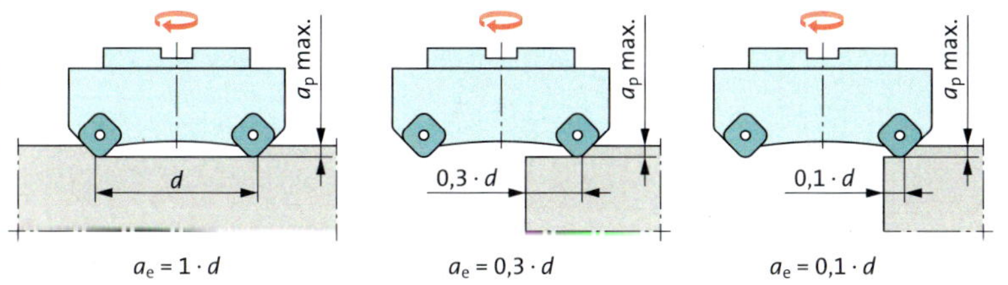

d: Fräserdurchmesser in mm
κ: Einstellwinkel 45°
a_e: Arbeitseingriff in mm
a_p: Schnitttiefe in mm
f_z: Vorschub je Schneide in mm
z: Anzahl der Schneiden
f: Vorschub in mm

$f = f_z \cdot z$

v_c: Schnittgeschwindigkeit in m/min

Werkstoffgruppe		Festigkeit R_m in N/mm² oder Härte	Schnittgeschwindigkeit v_c in m/min[1]		Vorschub f_z in mm[1] a_{pmax} = 3,5 mm a_e in mm		
			trocken	nass	0,5 ... 1 x d	0,3 x d	0,1 x d
Allgem. Baustahl		< 500	250 ... 350	200 ... 260	0,18 ... 0,24	0,18 ... 0,46	0,21 ... 0,49
		500 ... 850	220 .. 250	200 ... 230		0,18 ... 0,39	0,19 ... 0,46
Automatenstahl		< 850	230 ... 270	200 ... 250	0,18 ... 0,24	0,16 ... 0,36	0,18 ... 0,42
		850 ... 1000	220 ... 270	190 ... 230	0,16 ... 0,22	0,14 ... 0,34	0,16 ... 0,39
Einsatzstahl	unleg.	< 750	200 ... 260	180 ... 220	0,17 ... 0,23	0,21 ... 0,42	0,25 ... 0,49
	leg.	< 1000	150 ... 180	130 ... 170	0,16 ... 0,22	0,18 ... 0,39	0,22 ... 0,45
		> 1000	160 ... 190	140 ... 180	0,17 ... 0,23	0,15 ... 0,35	0,19 ... 0,41
Nitrierstahl		< 1000	120 ... 150	100 ... 140	0,17 ... 0,23	0,15 ... 0,32	0,16 ... 0,38
		> 1000				0,13 ... 0,30	0,15 ... 0,35
Vergütungsstahl	unleg.	< 700	200 ... 260	180 ... 220	0,17 ... 0,23	0,22 ... 0,47	0,25 ... 0,49
		700 ... 850	190 ... 250	175 ... 215	0,16 ... 0,22	0,20 ... 0,44	0,23 ... 0,46
		850 ... 1000	150 ... 200	140 ... 180	0,17 ... 0,23	0,18 ... 0,41	0,21 ... 0,48
	leg.	850 ... 1000	190 ... 250	175 ... 215	0,16 ... 0,22	0,16 ... 0,34	0,18 ... 0,46
		1000 ... 1200	150 ... 200	140 ... 180	0,17 ... 0,23	0,14 ... 0,28	0,16 ... 0,41
Werkzeugstahl		< 850	120 ... 150	100 ... 140	0,17 ... 0,23	0,13 ... 0,30	0,15 ... 0,35
		850 ... 1100	100 ... 130	95 ... 115		0,12 ... 0,28	0,13 ... 0,32
		1100 ... 1400	95 ... 115	80 ... 110		0,11 ... 0,27	0,12 ... 0,29
Schnellarbeitsstahl		830 ... 1200	80 ... 140	95 ... 115	0,17 ... 0,23	0,11 ... 0,27	0,12 ... 0,29
Nichtrostender Stahl		< 700	–	80 ... 120	0,16 ... 0,22	0,13 ... 0,30	0,14 ... 0,32
		< 850	–	70 ... 110		0,12 ... 0,28	0,13 ... 0,30
		< 1100	–	60 ... 100		0,13 ... 0,30	0,16 ... 0,32
Gusseisen	GJL	< 180HB	220 ... 250	190 ... 230	0,25 ... 0,33	0,18 ... 0,46	0,21 ... 0,53
		> 180HB	115 ... 145	95 ... 130	0,18 ... 0,24	0,16 ... 0,37	0,19 ... 0,49
	GJS, GJM	> 180HB	220 ... 250	190 ... 225	0,25 ... 0,33	0,14 ... 0,35	0,17 ... 0,44
		> 260HB	200 ... 240	180 ... 220	0,18 ... 0,24	0,14 ... 0,32	0,17 ... 0,41
Aluminiumlegierungen	langsp.	< 350	600 ... 850	600 ... 850	0,20 ... 0,26	0,11 ... 0,32	0,14 ... 0,33
	kurzsp.		400 ... 600	400 ... 600		0,11 ... 0,28	0,13 ... 0,31
	Al-Guss, > 10 % Si		250 ... 500	250 ... 500		0,08 ... 0,25	0,11 ... 0,28
Titanlegierung		850 ... 1200	–	55 ... 75	0,16 ... 0,22	0,14 ... 0,21	0,17 ... 0,24
CuZn-Legierungen	kurzsp.	< 600	–	160 ... 440	0,08 ... 0,22	0,11 ... 0,28	0,13 ... 0,31
	langsp.		–	200 ... 470	0,12 ... 0,28	0,16 ... 0,32	0,18 ... 0,35
CuSn-Legierungen	kurzsp.	< 600	–	170 ... 440	0,09 ... 0,22	0,11 ... 0,28	0,13 ... 0,31
		650 ... 850	–	160 ... 420	0,09 ... 0,20	0,11 ... 0,25	0,11 ... 0,28
	langsp.	< 850	–	160 ... 420	0,13 ... 0,28	0,16 ... 0,32	0,18 ... 0,35
		850 ... 1200	–	140 ... 380	0,09 ... 0,20	0,11 ... 0,25	0,13 ... 0,28
Thermoplast		–	600 ... 850	600 ... 850	0,20 ... 0,26	–	–
Duroplast		–	400 ... 600	400 ... 600	0,20 ... 0,26	–	–
GFK und CFK		–	250 ... 500	250 ... 500	0,20 ... 0,26	–	–

[1] Unter normalen Bearbeitungsbedingungen wird ein Zwischenwert gewählt, bei unklaren Bedingungen wird mit dem kleinsten Wert begonnen.

Eckfräsen mit Hartmetall-Wendeschneidplatten (κ = 90°) – Richtwerte

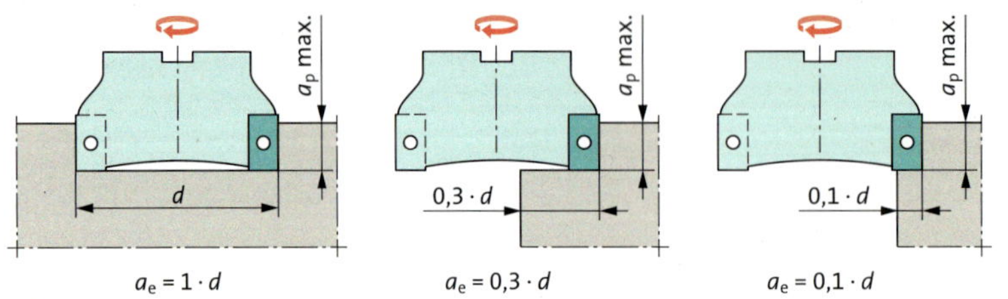

d: Fräserdurchmesser in mm
κ: Einstellwinkel 45°
a_e: Arbeitseingriff in mm
a_p: Schnitttiefe in mm
f_z: Vorschub je Schneide in mm
z: Anzahl der Schneiden
f: Vorschub in mm

$f = f_z \cdot z$

v_c: Schnittgeschwindigkeit in m/min

Werkstoffgruppe		Festigkeit R_m in N/mm² oder Härte	Schnittgeschwindigkeit v_c in m/min[1)		Vorschub f_z in mm[1) a_{pmax} = 5,0 mm a_e in mm		
			trocken	nass	0,5 ... 1 x d	0,3 x d	0,1 x d
Allgem. Baustahl		< 500	320 ... 360	260 ... 320	0,11 ... 0,20	0,13 ... 0,25	0,15 ... 0,35
		500 ... 850	220 ... 300	190 ... 230			
Automatenstahl		< 850	310 ... 350	250 ... 290	0,11 ... 0,20	0,13 ... 0,25	0,15 ... 0,35
		850 ... 1000	220 ... 260	180 ... 220	0,11 ... 0,19	0,12 ... 0,24	0,14 ... 0,33
Einsatzstahl	unleg.	< 750	280 ... 320	250 ... 290	0,11 ... 0,20	0,13 ... 0,25	0,15 ... 0,35
	leg.	< 1000	150 ... 210	130 ... 170	0,11 ... 0,19	0,12 ... 0,24	0,14 ... 0,33
		> 1000			0,11 ... 0,18	0,12 ... 0,23	0,13 ... 0,30
Nitrierstahl		< 1000	160 ... 240	140 ... 180	0,11 ... 0,19	0,12 ... 0,24	0,14 ... 0,33
		> 1000	160 ... 210	140 ... 170	0,11 ... 0,18	0,12 ... 0,23	0,13 ... 0,30
Vergütungsstahl	unleg.	< 700	260 ... 300	210 ... 250	0,11 ... 0,20	0,13 ... 0,25	0,15 ... 0,35
		700 ... 850	230 ... 290	190 ... 230	0,11 ... 0,20	0,13 ... 0,25	0,15 ... 0,35
		850 ... 1000	240 ... 300	200 ... 240	0,11 ... 0,19	0,12 ... 0,24	0,14 ... 0,33
	leg.	850 ... 1000	240 ... 280	190 ... 230	0,11 ... 0,19	0,12 ... 0,24	0,14 ... 0,33
		1000 ... 1200					0,14 ... 0,30
Werkzeugstahl		< 850	160 ... 240	140 ... 180	0,11 ... 0,19	0,12 ... 0,24	0,14 ... 0,33
		850 ... 1100	150 ... 210	130 ... 170	0,11 ... 0,18	0,12 ... 0,23	0,13 ... 0,30
		1100 ... 1400	130 ... 170	100 ... 140	0,11 ... 0,17	0,11 ... 0,22	0,12 ... 0,28
Schnellarbeitsstahl		830 ... 1200	130 ... 170	100 ... 140	0,11 ... 0,17	0,11 ... 0,22	0,12 ... 0,28
Nichtrostender Stahl		< 700	120 ... 180	80 ... 120	0,11 ... 0,18	0,12 ... 0,23	0,15 ... 0,30
		< 850	120 ... 180	80 ... 120	0,11 ... 0,17	0,12 ... 0,22	0,15 ... 0,28
		< 1100	90 ... 150	80 ... 100	0,11 ... 0,15	0,11 ... 0,20	0,15 ... 0,25
Gusseisen	GJL	< 180HB	230 ... 270	190 ... 230	0,11 ... 0,20	0,13 ... 0,25	0,15 ... 0,35
		> 180HB	220 ... 260	180 ... 220			
	GJS, GJM	> 180HB	130 ... 170	110 ... 150	0,11 ... 0,19	0,12 ... 0,24	0,14 ... 0,33
		> 260HB	120 ... 160	100 ... 140			
Aluminiumlegierungen	langsp.	< 350	300 ... 1000	300 ... 1000	0,11 ... 0,20	0,13 ... 0,25	0,15 ... 0,30
	kurzsp.		200 ... 800	200 ... 800			
	Al-Guss, > 10 % Si		200 ... 600	200 ... 600	0,11 ... 0,19	0,12 ... 0,24	0,14 ... 0,30
Titanlegierung		850 ... 1200	–	–	–	–	–
CuZn-Legierungen	kurzsp.	< 600	200 ... 600	200 ... 600	0,11 ... 0,15	0,11 ... 0,20	0,12 ... 0,20
	langsp.						
CuSn-Legierungen	kurzsp.	< 600	200 ... 600	200 ... 600	0,11 ... 0,15	0,11 ... 0,20	0,12 ... 0,20
		650 ... 850					
	langsp.	< 850					
		850 ... 1200					
Thermoplast		–	300 ... 1000	300 ... 1000	0,11 ... 0,20	0,13 ... 0,25	0,15 ... 0,30
Duroplast		–	200 ... 900	200 ... 900	0,11 ... 0,20	0,13 ... 0,25	0,15 ... 0,30
GFK und CFK		–	200 ... 600	200 ... 600	0,11 ... 0,20	0,13 ... 0,25	0,15 ... 0,30

1) Unter normalen Bearbeitungsbedingungen wird ein Zwischenwert gewählt, bei unklaren Bedingungen wird mit dem kleinsten Wert begonnen.

Teilen mit dem Teilkopf

Direktes Teilen

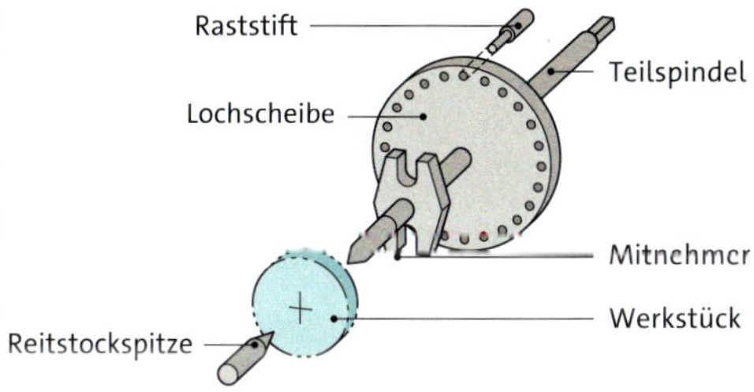

$n_i = \frac{n_L}{T}$

$n_i = \frac{\alpha \cdot n_L}{360°}$

geg.: Wellenende
ges.: n_i für 7-kant an Wellenende

T = 7
gewählt: $n_L = 21$

$n_i = \frac{n_L}{T} = \frac{21}{7} = 3$

Indirektes Teilen

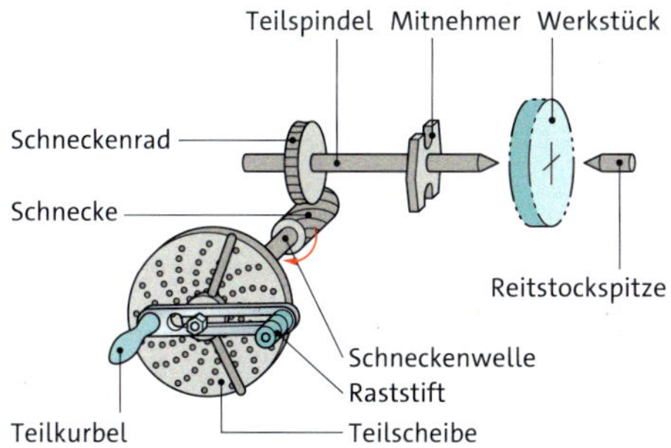

$n_K = \frac{i}{T}$

$n_K = \frac{i \cdot \alpha}{360°}$

Übersetzungsverhältnis des Schneckengetriebes $i = 40$

Fräsen eines Zahnrades mit 35 Zähnen
geg.: $i = 40$
$T = 35$
ges.: n_K

$n_K = \frac{i}{T} = \frac{40}{35} = \frac{8}{7} = 1\frac{1}{7}$

gewählt: Lochkreis mit $n_L = 21$

$n_K = 1\frac{1}{7} = 1\frac{3}{21}$

1 volle Umdrehung und 3 pro Teilschritt auf dem 21er Lochkreis

Differentialteilen (Ausgleichsteilen)

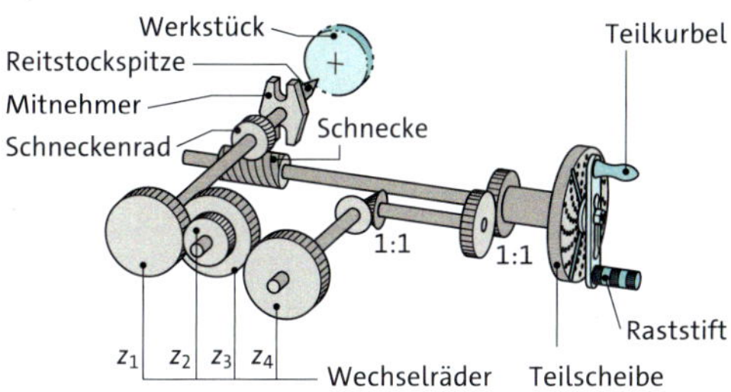

$n_K = \frac{i}{T'}$

$\frac{z_1 \cdot z_3}{z_2 \cdot z_4} = \frac{i}{T'} \cdot (T' - T)$

geg: $i = 40$, $T = 97$
ges.: n_K, z_1, z_2, z_3, z_4

gewählt $T' = 100$

$n_K = \frac{i}{T'} = \frac{40}{100} = \frac{8}{20}$

$n_i = 8$ auf 20er Lochkreis

$\frac{z_1 \cdot z_3}{z_2 \cdot z_4} = \frac{i}{T'} \cdot (T' - T) = \frac{z_1 \cdot z_3}{z_2 \cdot z_4} = \frac{40}{100}(100 - 97)$

$\frac{z_1 \cdot z_3}{z_2 \cdot z_4} = \frac{40 \cdot 3}{100 \cdot 1} = \frac{40 \cdot 72}{100 \cdot 24}$

$z_1 = 40$, $z_2 = 100$, $z_3 = 72$, $z_4 = 24$
$T' > T \rightarrow$ Drehrichtung gleichgerichtet

Lochkreise

Anzahl der Löcher n_L: 15 – 16 – 17 – 18 – 19 – 20
21 – 23 – 27 – 29 – 31 – 33
37 – 39 – 41 – 43 – 47 – 49

oder: 17 – 19 – 23 – 24 – 25 – 27 – 28 – 29 – 30
31 – 33 – 37 – 39 – 41 – 42 – 43 – 47 – 49
51 – 53 – 57 – 59 – 61 – 63

Wechselrädergetriebe

Zähnezahl der Räder: 24 – 24 – 28 – 32 – 36 – 40 – 44 – 48 – 56 – 64 – 72 – 80 – 84 – 86 – 90 – 96 – 100

Anordnung der Räder

Drehrichtung	einfache Übersetzung	doppelte Übersetzung	Drehrichtung	einfache Übersetzung	doppelte Übersetzung
gleichgerichtet $T' > T$	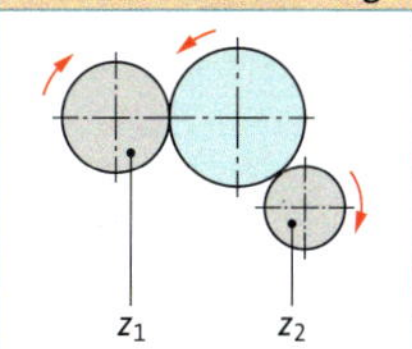	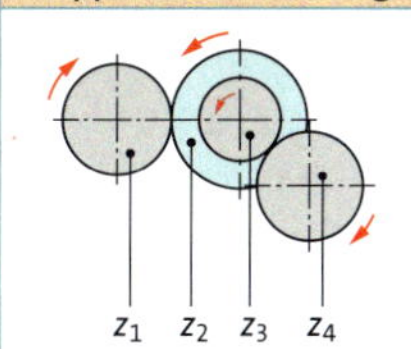	entgegengerichtet $T' < T$	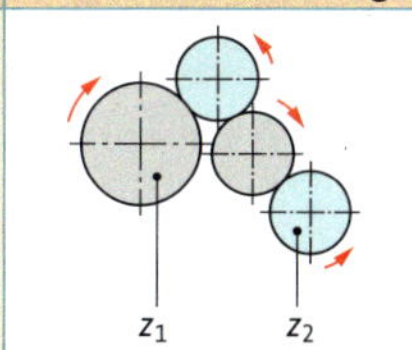	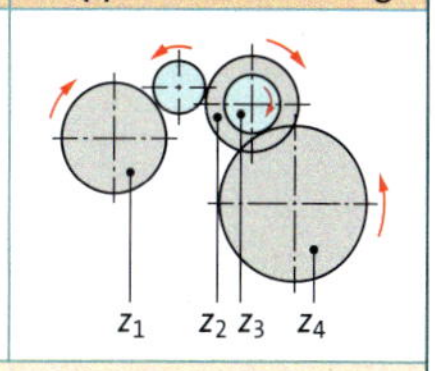

n_i: Teilschritt, Anzahl der Löcher oder Nuten, um die weitergedreht werden muss
n_K: Anzahl der Kurbelumdrehungen
n_L: Anzahl der Löcher oder Nuten auf der Teilscheibe
T: Teilzahl, verlangte Teilung auf dem Kreisumfang
α: Verdrehwinkel in °
i: Übersetzungsverhältnis des Schneckengetriebes
T': Hilfsteilzahl
$z_1 ... z_n$: Zähnezahlen der Wechselräder

4

Planfräsen – Spanungsgrößen, Kräfte, Leistungen, Zeitspanungsvolumen, Hauptnutzungszeit

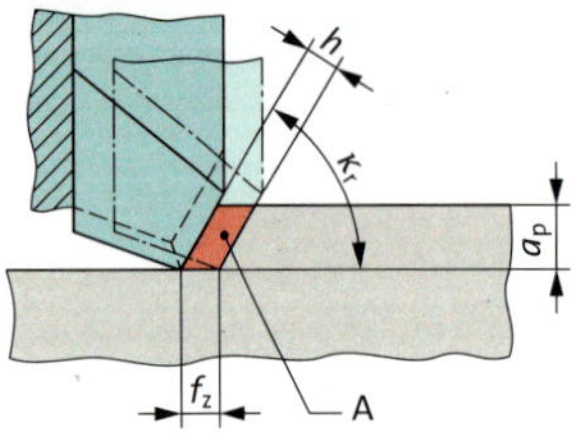

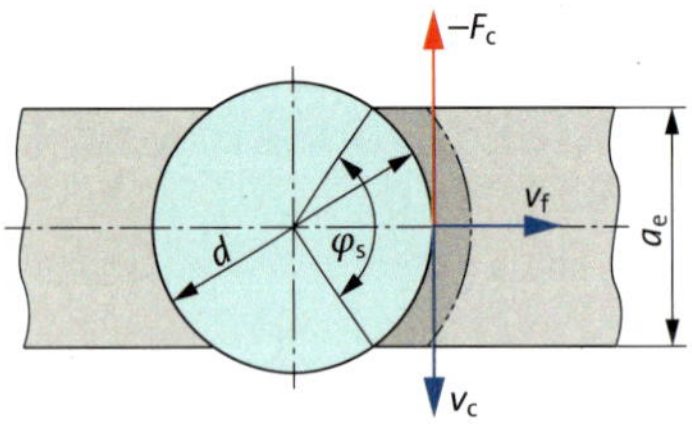

Mittiges Planfräsen

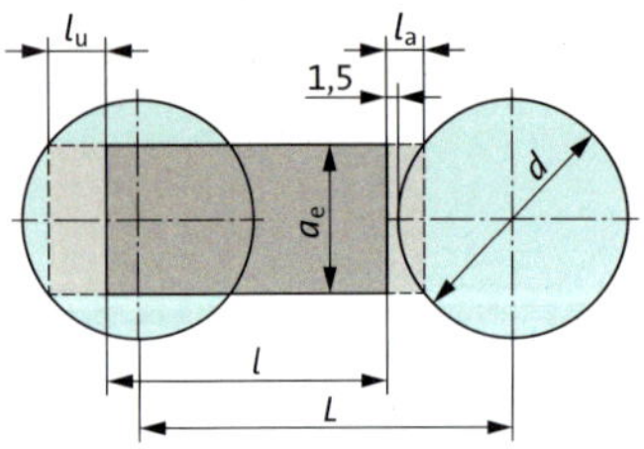

Außermittiges Planfräsen

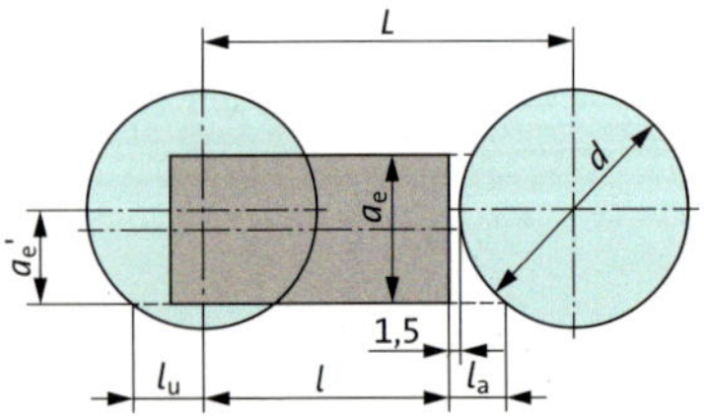

Spanungsgrößen

$$b = \frac{a_p}{\sin\kappa}$$

$$h_m = \frac{114{,}6°}{\rho_s°} \cdot f_z \cdot \sin\kappa \cdot \frac{a_e}{d}$$

$$f = f_z \cdot z$$

$$z_e = \frac{\varphi_s \cdot z}{360°} \qquad \varphi_s = 2 \cdot \arcsin\frac{a_e}{d}$$

$$A = b \cdot h_m$$

Kräfte, Leistungen, Zeitspanungsvolumen

Schnittkraft je Schneide

$$F_{cz} = b \cdot h_m \cdot k_c$$

$$k_c = \frac{k_{c1.1}}{h_m}$$

$$F_{cz} = b \cdot h_m \cdot k_c \cdot K_\gamma \cdot K_v \cdot K_{Sch} \cdot K_{Ver}$$

Korrekturfaktoren siehe „Spezifische Schnittkraft"

Schnittleistung

$$P_c = F_c \cdot v_c \cdot z_e$$

Antriebsleistung

$$P_a = \frac{P_c}{\eta}$$

Zeitspanungsvolumen

$$Q = a_e \cdot a_p \cdot v_f$$

Die Fläche 350 mm x 1000 mm eines Gehäuses aus EN-GJL 250 soll mit einem hartmetallbestückten Planfräser in einem Schruppschnitt plangefräst werden.

geg.: Planfräser, $d = 500$ mm
$z_e = 26$
$K = 45°$
$a_p = 10$ mm
$\eta = 0{,}7$
$f_z = 0{,}18$ mm

ges.: P_a

$$\rho_s = 2 \cdot \arcsin\frac{a_e}{d} = 2 \cdot \arcsin\frac{350}{500}$$

$$\rho_s = 88{,}9°$$

$$b = \frac{a_p}{\sin\kappa} = \frac{10\text{ mm}}{\sin 45°} = 14{,}14\text{ mm}$$

$$h_m = \frac{114{,}6°}{\varphi_s°} \cdot f_z \cdot \sin\kappa \cdot \frac{a_e}{d}$$

$$h_m = \frac{114{,}6°}{88{,}9°} \cdot 0{,}18\text{ mm} \cdot \sin 45° \cdot \frac{350\text{ mm}}{500\text{ mm}}$$

$$h_m = 0{,}11\text{ mm}$$

$$F_{cz} = b \cdot h_m \cdot k_c = 14{,}14\text{ mm} \cdot 0{,}11\text{ mm} \cdot 1814\text{ N/mm}^2$$

$F_{cz} = 2821{,}5$ N (ohne Korrekturfaktoren)

v_c gewählt: 100 m/min

$$z_e = \frac{\varphi_s \cdot z}{360°} = \frac{88{,}9° \cdot 26}{360°} = 6{,}4$$

$$P = \frac{F_c \cdot v_c \cdot z_e}{\eta} = \frac{2821{,}5\text{ N} \cdot 100\text{ m} \cdot 6{,}4 \cdot \text{min}}{\text{min} \cdot 0{,}7 \cdot 60\text{ s}}$$

$= 42994{,}3$ W

$P_a = \underline{43\text{ kW}}$

Hauptnutzungszeit

$$t_{hu} = \frac{L \cdot i}{v_f} \qquad v_f = f \cdot n \qquad L = l + l_a + l_u$$

Mittiges Planfräsen

Schruppen:

$$l_a = 1{,}5 + \frac{d}{2} - 0{,}5 \cdot \sqrt{d^2 - a_e^2}$$

Außermittiges Planfräsen

Schruppen:

$$l_a = 1{,}5 + \frac{d}{2} - \sqrt{\left(\frac{d}{2}\right)^2 - a_e^2}$$

1,5 mm: Mindestabstand des Fräsers vom Werkstück vor Einschalten des Vorschubs

$l_u = 1{,}5$ mm (gesetzt)

Mittiges Planfräsen:

$$L = l + 3 + \frac{d}{2} - 0{,}5 \cdot \sqrt{d^2 - a_e^2}$$

Schlichten:

$$L = l + 3 + d$$

Außermittiges Planfräsen:

$$L = l + 3 + \frac{d}{2} - \sqrt{\left(\frac{d}{2}\right)^2 - a_e^2}$$

Schlichten:

$$L = l + 3 + d$$

a_p: Schnitttiefe in mm
f_z: Vorschub je Schneide in mm
f: Vorschub in mm
κ: Einstellwinkel in °
b: Spanungsbreite in mm
h_m: mittlere Spanungsdicke in mm
A: Spanungsquerschnitt in mm²
d: Fräserdurchmesser in mm
z_e: Zähnezahl im Eingriff
φ_s: Eingriffswinkel in °
a_e: Arbeitseingriff in mm
F_{cz}: Schnittkraft je Schneide in N
k_c: spezifische Schnittkraft in N/mm²
v_c: Schnittgeschwindigkeit in m/min
P_c: Schnittleistung in W
P_a: Antriebsleistung der WZ-Maschine in W
η: Wirkungsgrad der WZ-Maschine
Q: Zeitspanungsvolumen in cm³/min
t_{hu}: Hauptnutzungszeit in min
v_f: Vorschubgeschwindigkeit in mm/min
n: Umdrehungsfrequenz in 1/min
L: Gesamtweg des Werkzeuges in mm
l: Werkstücklänge in mm
l_a: Anlaufweg in mm
l_u: Überlaufweg in mm
a_e': Schnitttiefe beim außermittigen Fräsen in mm

Schleifscheibenformen – Sicherheitsanforderungen DIN EN 12413: 2011-05

Form	Benennung	Maschinenart	Anwendung	Arbeitshöchstgeschwindigkeit v_s in m/s Bindung							
				V	B	BF	R	RF	E	MG	PL
1	Gerade Schleifscheibe 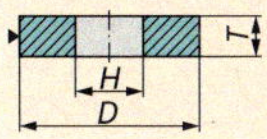 *D x T x H*	Ortsfeste Schleifmaschinen	zwangsgeführt	40	50	63	50	–	40	25	50
			handgeführt	35	50	63	50	50	40	25	50
		Handschleifmaschinen	freihand	–	50	80	50	80	–	–	50
5	Einseitig ausgesparte Schleifscheibe 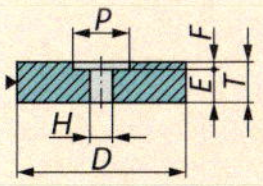 *D x T x H–P x F*	Ortsfeste Schleifmaschinen	zwangsgeführt	40	50	–	50	–	–	–	50
			handgeführt	35	50	–	50	–	–	–	50
		Handschleifmaschinen	freihand	–	50	80	50	80	–	–	50
6	Zylindrischer Schleiftopf 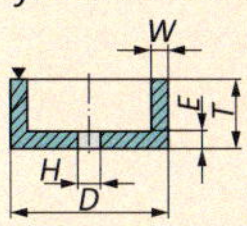 *D x T x H–W x E*	Ortsfeste Schleifmaschinen	zwangsgeführt	32	40	–	40	–	–	–	40
			handgeführt	32	40	–	40	–	–	–	40
		Handschleifmaschinen	freihand	–	50	–	–	–	–	–	–
7	Zweiseitig ausgesparte Schleifscheibe 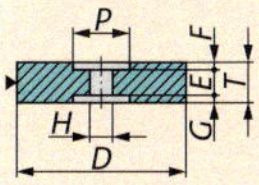 *D x T x H–P x F/G*	Ortsfeste Schleifmaschinen	zwangsgeführt	40	50	–	50	–	–	–	50
12	Schleifteller 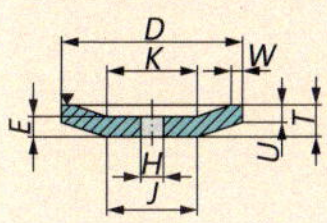 *D/J x T x H*	Ortsfeste Schleifmaschinen	zwangsgeführt	32	40	–	40	–	–	–	40
			handgeführt	32	40	–	40	–	–	–	40
21	Zweiseitig verjüngte Schleifscheibe 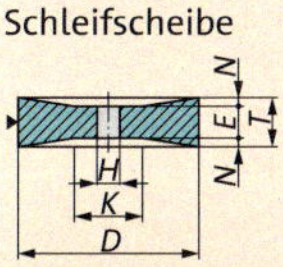 *D/K x T/N x H*	Ortsfeste Schleifmaschinen	zwangsgeführt	40	50	–	50	–	–	–	50
27	Gekröpfte Schleifscheibe  *D x U x H*	Handschleifmaschinen	freihand	–	–	80	–	–	–	–	–
41	Gerade Trennschleifscheibe 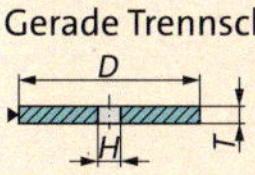 *D x T x H*	Ortsfeste Trennschleifmaschinen	zwangsgeführt	–	80	100	63	80	63	–	–
			handgeführt	–	80	100	63	80	63	–	–
		Handtrennschleifmaschinen	freihand	–	–	80	–	–	–	–	–
52	Schleifstift 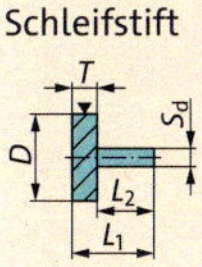 *D x T x S_d*	Ortsfeste Schleifmaschinen	zwangsgeführt	40	50	–	50	–	–	–	50
		Handschleifmaschinen	freihand	50	50	–	50	–	–	–	50

►: Schleiffläche der Schleifkörper

Schleifscheibenformen – Kennzeichnung

DIN EN 12413: 2011-05; DIN ISO 525: 2015-02

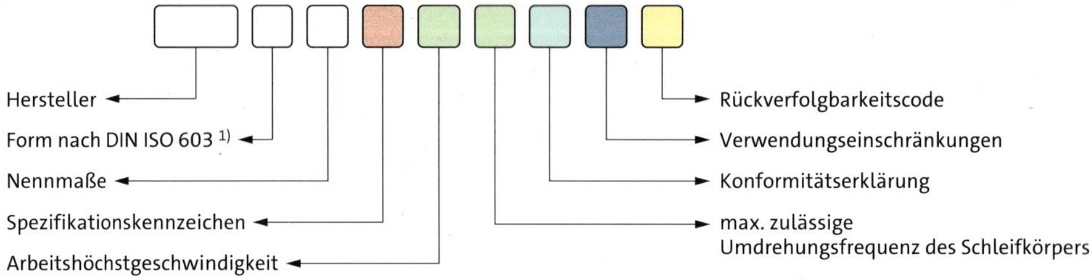

Spezifikationskennzeichen

Art des Schleifmittels		Korngröße grob		Korngröße mittel	Korngröße fein	Korngröße sehr fein	
A	Korund	4	12	30	70	230	600
C	Siliciumkarbid	5	14	36	80	240	800
Z	Zirkonkorund	6	16	40	90	280	1000
Spezielle Schleifmittel werden durch herstellerspezifischen Kodierung gekennzeichnet.		7	20	46	100	320	1200
		8	22	54	120	360	1500
		10	24	60	150	400	2000
					180	500	
					220		

Härtegrade				
äußerst weich	A	B	C	D
sehr weich	E	F	G	–
weich	H	I	J	K
mittel	L	M	N	O
hart	P	Q	R	S
sehr hart	T	U	V	W
äußerst hart	X	Y	Z	–

Struktur			
1–4 dicht	5–7 mittel	8–11 offen	12–20 sehr offen

Bindungsart	
B	Kunstharzbindung
BF	verstärkte Kunstharzbindung
E	Schellackbindung
MG	Magnesitbindung[2)]
PL	Plastikbindung
R	Gummibindung
RF	verstärkte Gummibindung
V	Keramikbindung

Arbeitshöchstgeschwindigkeit

v_s in m/s	Kennzeichnung durch Farbstreifen
50	1 x blau
63	1 x gelb
80	1 x rot
100	1 x grün
125	1 x blau + 1 x gelb

Verwendungseinschränkungen

Kurzzeichen	Verwendung
VE1	nicht zulässig für die Verwendung auf Handmaschinen
VE3	nicht zulässig für Nassschleifen
VE4	nicht zulässig für nicht geschlossenen Arbeitsbereich
VE6	nicht zulässig für Seitenschleifen
VE8	zulässig nur mit Stützteller

Konformitätserklärung

Kennzeichnung durch

EN 12413

Rückverfolgbarkeitscode

Der Rückverfolgbarkeitscode kann sein: Fertigungsnummer, Seriennummer oder Verfallsdatum.

1) ggf. Randform-Kennzeichnung ergänzen

2) Schleifkörper mit Magnesitbindung müssen unabhängig von ihrer Arbeitshöchstgeschwindigkeit mit einem weißen Farbstreifen gekennzeichnet sein.

Randformen für Schleifscheiben

DIN ISO 525: 2015-02

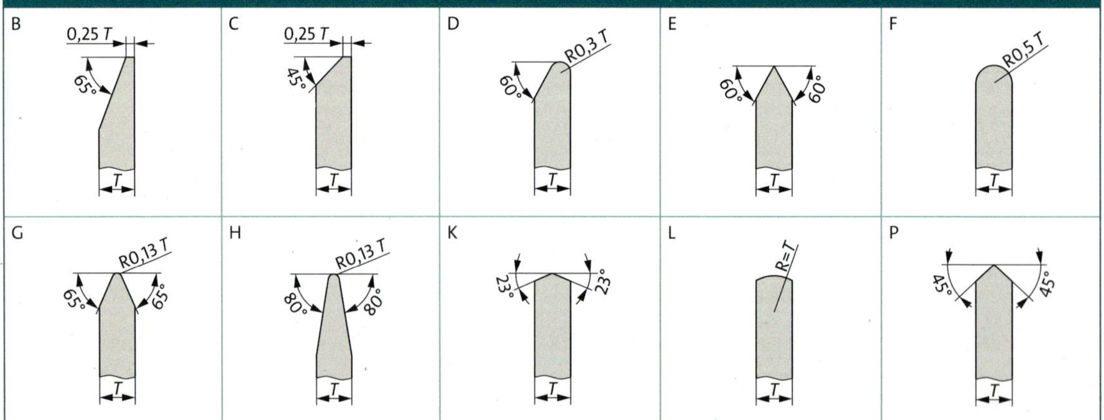

Zur Kennzeichnung der Randform wird der Kennbuchstabe an die Kennzahl der Schleifscheibenform angehängt.

Schleifscheiben – Kennzeichnung

DIN ISO 525: 2015-02

Kennzeichnungsbeispiel (herstellerabhängig)

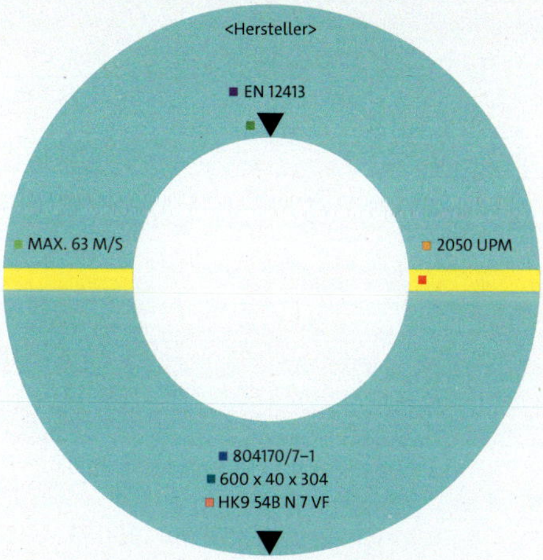

- Konformitätserklärung
- Anlagepunkt Spindel
- Arbeitshöchstgeschwindigkeit
- max. zulässige Umdrehungsfrequenz
- Farbstreifen für Arbeitshöchstgeschwindigkeit
- Fertigungsnummer
- Abmessung
- Spezifikation

- Hersteller: **<Hersteller>**
- Nennmaße: **600 x 40 x 304**
  Durchmesser der Schleifscheibe *D* = 600 mm,
  Breite der Scheibe *T* = 40 mm,
  Bohrungsdurchmesser *H* = 304 mm
- Spezifikationskennzeichen: **HK9 54B N 7 VF**
  Schleifmittel Halbedelkorund HK9 (Herstellerbezeichnung),
  Korngröße Kornkombination B (Herstellerbezeichnung),
  Härtegrad N,
  Struktur 7,
  Keramikbindung VF (Herstellerbezeichnung)
- Arbeitshöchstgeschwindigkeit: v_s **= 63 m/s**
- maximale Umdrehungsfrequenz: *n* **= 2050 1/min**
  (gerechnet: 1979 1/min)
- Konformitätserklärung: **EN 12413**
- Rückverfolgbarkeitscode: **<Fertigungsnummer>**

Normgerechte Bezeichnung:
Schleifscheibe ISO 603-1 – 1 – 600 x 40 x 304 – A 54 N 7 V – 63 m/s

Auswahl von Schleifscheiben

Außenrundschleifen zwischen Spitzen – Schleifscheibenform 1, 5, 7, 20

Werkstoff – Legierung		Härte	Vorschliff und Fertigschliff		Feinschliff
			D < 500 mm	*D* ≥ 500 mm	
Stahl	un- und niedriglegiert	ungehärtet	A 60 J 6 V	A 54 K 6 V	–
		gehärtet	A 60 I 7 V	A 60 J 6 V	A 150 I 7 V
	hochlegiert, Cr ≥ 6 % HSS, HSS-E	ungehärtet	A 80 I 10 V	A 80 I 10 V	A 150 I 7 V
		gehärtet	C 80 H 11 V	–	C 150 H 10 V
Hartmetall			C 100 F 11 V	C 80 F 11 V	–
Gusseisen			C 60 I 10 V	C 54 I 10 V	–
Aluminium- und Kupferlegierungen			C 54 H 12 V		–

Planschleifen – Schleifscheibenform 1, 5, 7

Werkstoff – Legierung		Härte	Vorschliff und Fertigschliff	
			D < 250 mm	*D* ≥ 250 mm
Stahl	un- und niedriglegiert	ungehärtet	A 46 J 7 V	A 36 H 11 V
		gehärtet	A 46 I 7 V	A 46 H 11 V
	hochlegiert, Cr ≥ 6 %	ungehärtet	A 46 H 11 V	A 46 G 11 V
		gehärtet	A 46 G 11 V	A 46 F 11 V
	HSS, HSS-E	ungehärtet und gehärtet	A 46 G 10 V	A 46 F 12 V
	nichtrostend		C 54 F 11 V	C 54 G 12 V
Hartmetall			C 54 F 11 V	C 54 F 12 V
Aluminium- und Kupferlegierungen, Nickel			C 54 H 11 V	C 54 H 12 V

Werkzeugschleifen auf Ständerschleifmaschinen – Schleifscheibenform 1, 5, 7

Werkzeug	Scheibendurchmesser *D* in mm	Vorschliff	Fertigschliff	Feinschliff
Drehmeißel, Spiralbohrer aus HSS, HSSE, HSS-Co	< 150	A 46 K 6 V	A 80 L 4 V	A 120 L 5 V
	175 ... 300	A 46 K 7 V	A 80 L 4 V	A 120 L 5 V
Drehmeißel, HM-bestückt	< 150	C 60 J 5 V	C 80 J 7 V	C 120 J 6 V
	175 ... 300	C 46 K 6 V	C 80 J 7 V	C 120 J 6 V
Spiralbohrer	< 250	A 46 K 6 V	A 60 L 5 V	A 120 L 5 V
Spanleitstufen	< 200	–	C 150 L 3 V	–

Schleifen

4

Auswahl von Schleifscheiben

Schruppschleifen an Tisch- und Ständermaschinen – Schleifscheibenform 1					
Werkstoff		**Umfangsgeschwindigkeit in m/s**			
		40	**50 (blau)**	**63 (gelb)**	**80 (rot)**
Stahl und Stahlguss		A 24 Q 5 V A 46 P 5 V A 60 M 5 V	A 16 P 4 B	A 16 O 4 B	A 20 M 5 BF
Gusseisen (GJL, GJS)		A 24 Q 5 V A 36 P 5 V C 24 Q 2 V	A 16 O 3 B	A 16 Q 3 B	A 20 Q 5 BF
Temperguss	GJMB	–	A 20 Q 2 B	A 16 R 3 B	A 20 N 5 BF
	GJMW	–	A 20 P 4 B	A 16 Q 3 B	A 20 N 5 BF
Aluminiumlegierungen		A 30 O 5 V C 20 O 4 V	–	–	–
Kupferlegierungen		C 24 Q 2 V	–	–	–

Schleifen mit Handschleifmaschinen – Schleifscheibenform 1, 5, 27, 41			
Werkstoff	**Umfangsgeschwindigkeit in m/s**		
	40	**50 (blau)**	**80 (rot)**
Mit Geradschleifern			
Gusseisen GJL	C 24 Q 3 V	C 20 Q 4 B	C 16 P 4 BF
Mit Winkelschleifern – Schruppschleifen			
Stahlguss Gusseisen (GJL, GJS)	–	–	A 30 Q 4 BF A 30 T 4 BF
Mit Winkelschleifern – Trennschleifen			
Stahl, Stahlguss Gusseisen (GJL, GJS)	–	–	A 24 Q 4 BF C 30 P 4 BF

Richtwerte für die Schnittgeschwindigkeit v_c, Werkstückgeschwindigkeit v_w und Geschwindigkeitsverhältnis q

Werkstoff	**Rundschleifen**						**Planschleifen**						**Trennschleifen**
	Außenrundschleifen			**Innenrundschleifen**			**Umfangsschleifen**			**Stirnschleifen**			
	v_c in m/s	v_w in m/s	q	v_c in m/s	v_w in m/s	q	v_c in m/s	v_w in m/s	q	v_c in m/s	v_w in m/s	q	v_c in m/s
Stahl, ungehärtet	30	0,22	130	25	0,32	80	30	0,16 ... 0,58	180 ... 50	25	0,1 ... 0,42	250 ... 60	40 ... 80
Stahl, gehärtet	35	0,27	130	25	0,38	65	30			25			
Gusseisen	25	0,22	115	25	0,38	65	30			25	0,1 ... 0,5	250 ... 50	
Hartmetall	8	0,08	100	8	0,13	60	8	0,07	115	25	0,07	115	45
Aluminium-Leg.	20	0,58	35	20	0,58	35	20	0,25 ... 0,67	100 ... 40	20	0,33 ... 0,75	60 ... 27	–
Kupfer-Legierung.	30	0,32	95	25	0,40	69	25	–	–	–	–	–	40 ... 80

Geschwindigkeitsverhältnis

$$q = \frac{v_c}{v_w}$$

Vorschleifen: $q = 60 \dots 80$
Fertigschleifen: $q = 80 \dots 120$
Vollschnittschleifen: $q > 1000$ (Tiefschleifen)

Richtwerte für Vorschub f, Arbeitseingriff a_e und Schnitttiefe a_p

Vorschub			
Bearbeitungsverfahren	**Werkstoff**	**Rundschleifen**	**Planschleifen**
		Vorschub in Längsrichtung f in mm/Umdrehung	**seitlicher Vorschub f in mm/Hub**
Schruppen	–	⅔ T ... ¾ T	⅔ T ... ⅘ T
Schlichten	–	¼ T ... ½ T	½ T ... ½ T

Arbeitseingriff a_e in mm und Schnitttiefe a_p in mm					
Bearbeitungsverfahren	**Werkstoff**	**Rundschleifen**			**Planschleifen**
		Außenrundschleifen	**Innenrundschleifen**	**Einstechen**	
Schruppen	Stahl	0,02 ... 0,04	0,01 ... 0,03	0,002 ... 0,02	0,03 ... 0,1
	Gusseisen	0,04 ... 0,08	0,02 ... 0,06	0,006 ... 0,03	0,06 ... 0,2
Schlichten	Stahl	0,002 ... 0,01	0,002 ... 0,005	0,0004 ... 0,005	0,002 ... 0,01
	Gusseisen	0,004 ... 0,02	0,004 ... 0,01	0,001 ... 0,006	0,004 ... 0,02

Schleifscheiben aus Bornitrid (CBN) und Diamant – Korngrößen

Schleifmittel	Vorschliff	Fertigschliff	Feinschliff	Läppschliff
Bornitrid	B 151	B 126	B 91	B 46
Diamant	D 181 ... D 151	D 126 ... D 91	D 64 ... D 46	D 30 ... D 15
erreichbare Rauheit R_a in mm	0,55 ... 0,50	0,45 ... 0,33	0,18 ... 0,15	0,05 ... 0,025

Standard-Korngrößen für Bornitrid (CBN) und Diamant

Bornitrid	Diamant	Maschenweite in mm	Körnung SiC/Al_2O_3	Bornitrid	Diamant	Maschenweite in mm	Körnung SiC/Al_2O_3
B 251	D 251	250 ... 212	70	B 54	D 54	53 ... 45	250
B 213	D 213	212 ... 180	80	B 46	D 46	45 ... 38	280
B 181	D 181	180 ... 150	90	–	D 35	40 ... 32	320
B 151	D 151	150 ... 125	100	B 30	D 30	32 ... 25	340
B126	D 126	125 ... 106	120	–	D 25	30 ... 20	380
B 107	D 107	106 ... 90	150	–	D 20	25 ... 15	–
B 91	D 91	90 ... 75	180	B 15	D 15	20 ... 10	600
B 76	D 76	75 ... 63	200	–	D 10	15 ... 8	–
B 64	D 64	64 ... 53	220	–	D 7	12 ... 6	1000

Schnittgeschwindigkeiten für Schleifscheiben aus Bornitrid (CBN) und Diamant

Schleifverfahren	Kunstharzbindung		Metallbindung		Galvanische Bindung		Keramische Bindung
	Schnittgeschwindigkeit v_c in m/s						
	nass	trocken	nass	trocken	nass	trocken	nass
Schleifscheiben aus Bornitrid (CBN)							
Außenrundschleifen[1]	30 ... 50 80 ... 160	–	30 ... 60 80 ... 160	–	30 ... 60 80 ... 250	–	30 ... 60 80 ... 160
Planschleifen[1]	30 ... 50 80 ... 165	–	30 ... 60 80 ... 160	–	30 ... 60 80 ... 250	–	30 ... 60 80 ... 160
Innenrundschleifen[1]	30 ... 60 > 60	27 ... 35 –	30 ... 60 > 60	10 ... 15	30 ... 60 > 60	24 ... 40	30 ... 60 > 60
Trennschleifen[1]	27 ... 35 80 ... 100	27 ... 35 –	30 ... 60 80 ... 100	–	30 ... 60 –	27 ... 40	–
Werkzeugschleifen	25 ... 35	16 ... 28	15 ... 25	10 ... 15	20 ... 30	20 ... 30	30 ... 50
Schleifscheiben aus Diamant							
Außenrundschleifen[1]	22 ... 40 80 ... 100	–	20 ... 30 100 ... 120	–	22 ... 40 100 ... 120	20 ... 30 –	25 ... 50 80 ... 100
Planschleifen	22 ... 50	–	22 ... 27	–	22 ... 50	20 ... 30	25 ... 50
Innenrundschleifen	15 ... 30	12 ... 18	18 ... 27	12 ... 15	18 ... 40	12 ... 20	25 ... 50
Trennschleifen	22 ... 35	12 ... 18	22 ... 27	–	22 ... 40	18 ... 30	–
Werkzeugschleifen	25 ... 30	16 ... 22	12 ... 20	12 ... 20	20 ... 30	20 ... 30	–

[1] Die höheren Werte gelten für das Hochgeschwindigkeitsschleifen.

Vorschub und Zustellung für Schleifscheiben aus Bornitrid (CBN) und Diamant

Schleifverfahren	Vorschub f in m/min	Zustellung je Hub in mm bei Korngröße			Quervorschub in mm
Schleifscheiben aus Bornitrid (CBN)		B251 ... B 181	B 151 ... B 126	B 91 ... B 76	
Außenrundschleifen	0,5 ... 2,0	0,02 ... 0,04	0,02 ... 0,03	0,015 ... 0,02	–
Planschleifen	20 ... 30	0,03 ... 0,05	0,02 ... 0,04	0,01 ... 0,015	½ ... ¾ T
Innenrundschleifen[1]	0,5 ... 2,0	0,01 ... 0,025	0,01 ... 0,015	0,005 ... 0,01	–
Werkzeugschleifen	0,5 ... 4,0	0,02 ... 0,05	0,01 ... 0,03	0,005 ... 0,015	–
Schleifscheiben aus Diamant		D 181	D 126	D 64	
Außenrundschleifen	0,3 ... 2,0	0,01 ... 0,03	0,01 ... 0,02	0,005 ... 0,01	–
Planschleifen	10 ... 15	0,02 ... 0,04	0,01 ... 0,02	0,005 .. 0,01	½ ... ¾ T
Innenrundschleifen[1]	0,5 ... 2,0	0,01 ... 0,03	0,01 ... 0,02	0,005 ... 0,01	–
Werkzeugschleifen	0,3 ... 0,4	0,01 ... 0,03	0,005 ... 0,015	0,002 ... 0,005	–

[1] je Doppelhub

Rund- und Planschleifen – Spanungsgrößen, Kräfte, Leistungen, Zeitspanungsvolumen, Hauptnutzungszeit

Rundschleifen

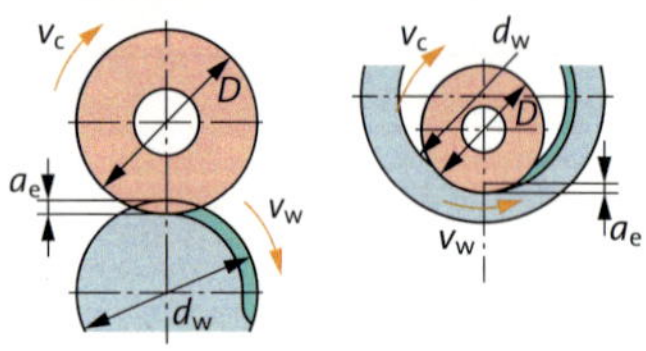

Rundschleifen ohne Ansatz

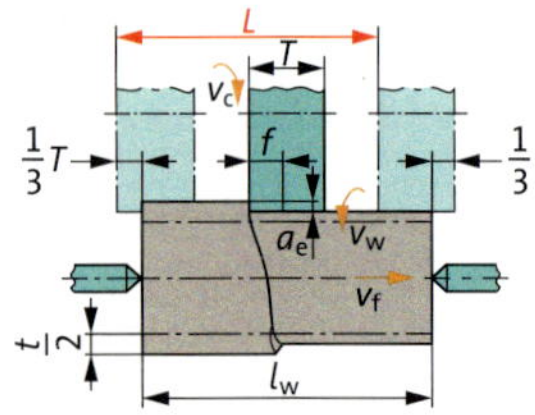

Rundschleifen mit Ansatz

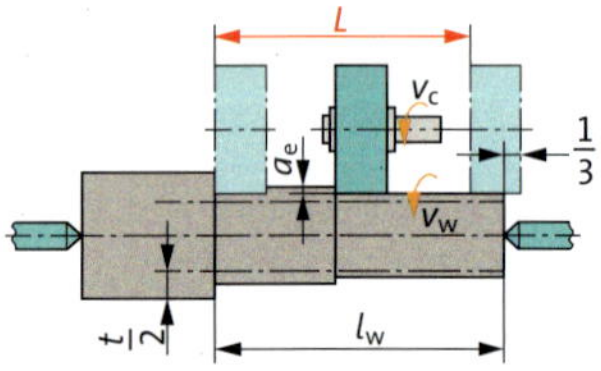

Planschleifen

Umfangsschleifen

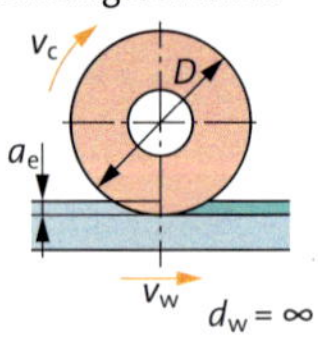

Stirnschleifen

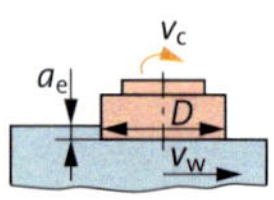

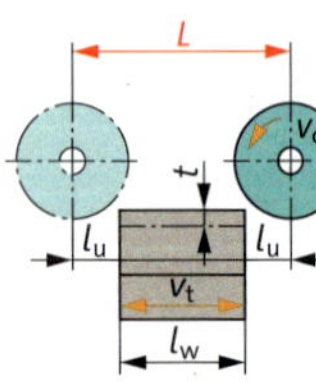

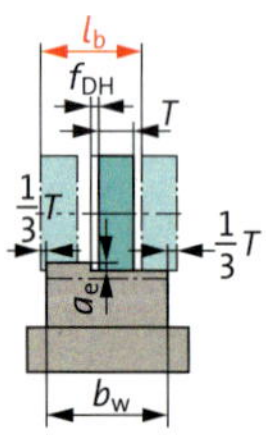

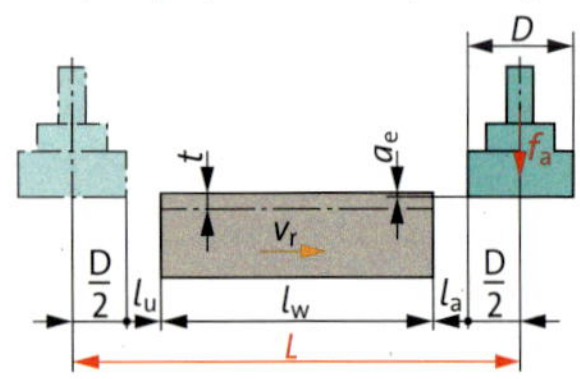

Spanungsgrößen

$$v_c = D \cdot \pi \cdot n$$

Rundschleifen

$$v_w = d_w \cdot \pi \cdot n_w$$

$$q = \frac{v_c}{v_w}$$

Planschleifen

$$v_w = v_f$$

$$v_w = L \cdot n_H$$

Hauptnutzungszeit

Rundschleifen

$$t_{hu} = \frac{L \cdot i}{f_w \cdot n_w} \qquad n_w = \frac{v_w}{\pi \cdot d_{w1}}$$

ohne Ansatz

$$L = l_w - \frac{1}{3}T$$

mit Ansatz

$$L = l_w - \frac{2}{3}T$$

$$i = \frac{t_s}{2 \cdot a_e}$$

Zum Ausfeuern sind 2–8 weitere Schnitte notwendig.

Planschleifen

Umfangsschleifen

$$t_{hu} = \frac{l_b \cdot i}{f_{DH} \cdot n_{DH}}$$

$$L = l_a + l_w + l_u$$

$$l_a = l_u \approx 0{,}04\, l_w$$

ohne Ansatz

$$l_b = b_w - \frac{1}{3} \cdot T$$

mit Ansatz

$$l_b = b_w - \frac{2}{3} \cdot T$$

$$n_{DH} = \frac{v_w}{2 \cdot L} \qquad i = \frac{t_s}{a_e}$$

Zum Ausfeuern sind 2–8 weitere Schnitte notwendig.

Stirnschleifen

$$t_{hu} = \frac{i \cdot t_s}{n_{DH} \cdot f_a} \qquad L = l_a + l_w + l_u + D$$

Beim Stirnschleifen ist der Schleifscheibendurchmesser *D* in der Regel gleich oder etwas größer als die Breite bw des Werkstücks. Daher gibt es hier keinen Weg in Querrichtung.

Die Fläche einer Platte aus E 335 soll im Schruppschnitt geschliffen werden.

Geg.: $l_w = 350$ mm
$b_w = 200$ mm
$t_s = 0{,}8$ mm
Schleifscheibe ISO 603-1 – 1 – 300 x 25 x 127 – A 60 J 6 V – 40 m/s

nach Tabelle gewählt:
$v_c = 30$ m/s
$v_w = 0{,}3$ m/s (= 18 m/min)
$f_{DH} = \frac{2}{3} T \cdot 2 = 33$ mm
$a_e = 0{,}06$ mm

ges.: t_{hu}

$$l_b = b_w - \frac{1}{3}T = 200 - \frac{1}{3}25 = 191{,}7 \text{ mm}$$

$$L = l_w + 2 \cdot 0{,}04 \cdot l_w = 350 + 28 = 378 \text{ mm}$$

$$i = \frac{t_s}{a_e} = \frac{0{,}8}{0{,}06} = 13{,}3 + 2 = 15$$

(2 Schnitte zum Ausfeuern)

$$n_{DH} = \frac{v_w}{2 \cdot L} = \frac{18 \text{ m}}{\text{min} \cdot 2 \cdot 0{,}378 \text{ m}} = 23{,}8 \frac{1}{\text{min}}$$

$$t_{hu} = \frac{l_b \cdot i}{f_{DH} \cdot n_{DH}} = \frac{191{,}7 \text{ mm} \cdot 15 \text{ min}}{33 \text{ mm} \cdot 23{,}8}$$

$t_{hu} = \underline{3{,}66 \text{ min}}$

D: Durchmesser der Schleifscheibe in mm
T: Dicke (Breite) der Schleifscheibe in mm
v_c: Schnittgeschwindigkeit in m/min
n: Umdrehungsfrequenz in 1/minn
d_w: Werkstückdurchmesser in mm
d_{w1}: Anfangsdurchmesser des Werkstücks in mm
l_w: Werkstücklänge in mm
b_w: Werkstückbreite in mm
v_w: Werkstückgeschwindigkeit in m/min
n_w: Umdrehungsfrequenz des Werkstücks in 1/min
v_f: Vorschubgeschwindigkeit in mm/min
L: Vorschubweg in mm
H: Hubzahl
q: Geschwindigkeitsverhältnis
t_{hu}: Hauptnutzungszeit in min
f_w: Vorschub pro Werkstückumdrehung in mm
i: Anzahl der Schnitte
l_u: Überlauf in mm
t_s: Schleifzugabe in mm
a_e: Arbeitseingriff in mm
l_b: Schleifbreite in mm
f_{DH}: Quervorschub je Doppelhub in mm
n_{DH}: Anzahl der Doppelhübe pro Minute in 1/min
l_a: Anlauf in mm
f_a: axialer Vorschub in mm

Honen

Langhubhonen – Kreuzschleifen

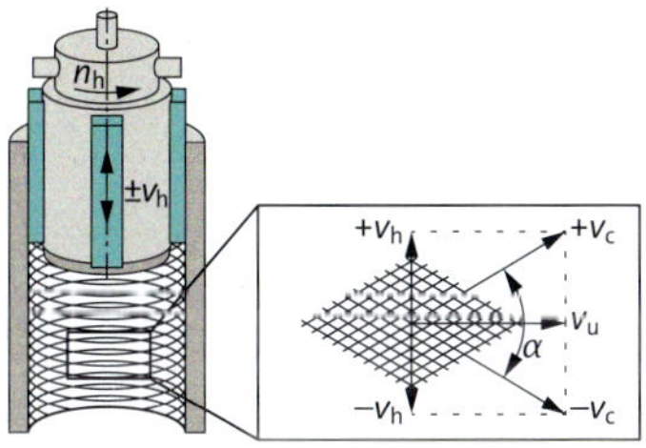

$$v_c = \sqrt{v_h^2 + v_u^2}$$

$$\tan \frac{\alpha}{2} = \frac{v_h}{v_u}$$

$$p = \frac{F_r}{A} \qquad p = \frac{F_r}{n \cdot b \cdot l}$$

geg.: $v_c = 35$ m/min, $\alpha = 45°$
ges.: v_h, v_u

$v_c^2 = v_h^2 + v_u^2 = v_h^2 + (2{,}4 \cdot v_h)^2$

Faktor 2,4 nach Tabelle

$v_c^2 = 6{,}76 \cdot v_h^2$

$v_h = \sqrt{\frac{v_c^2}{6{,}76}} = \sqrt{\frac{1225}{676}}$

$v_h = \underline{13{,}46 \text{ m/min}}$

$v_u = 2{,}4 \cdot v_h = \underline{32{,}30 \text{ m/min}}$

Honsteine

Form 54 nach DIN ISO 525	Gebräuchliche Honsteinformen	Sonderformen
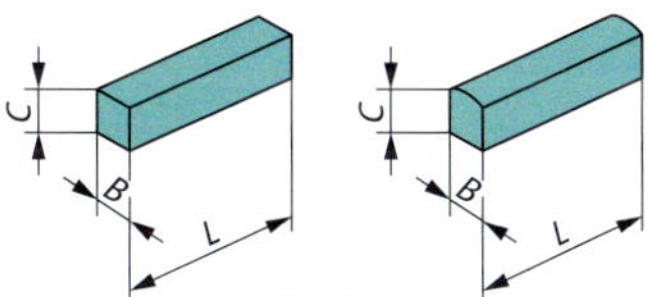 $B \times C \times L$	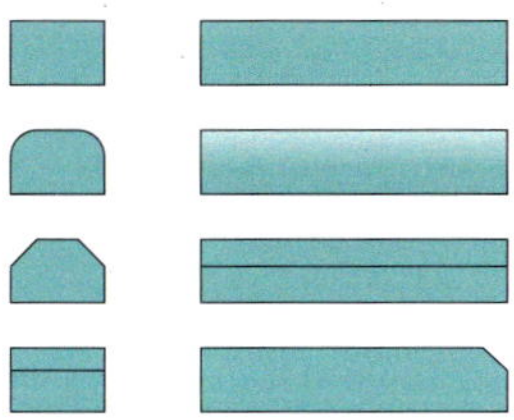	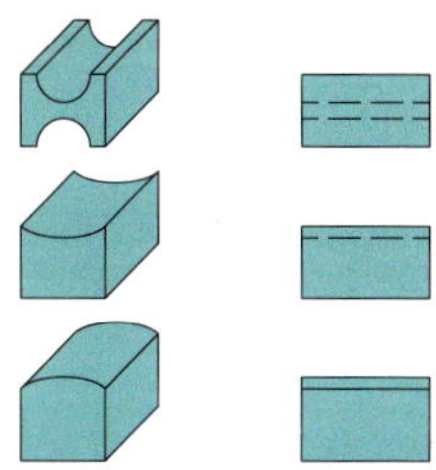

Neben den aufgeführten Profilen werden von Herstellern je nach Einsatzgebiet noch andere Formen angeboten, deren Anfertigung nach Zeichnung erfolgt. Die Honsteine werden ähnlich wie Schleifscheiben von den Herstellern in Anlehnung an die DIN ISO 525 bezeichnet.

Bezeichnungsbeispiel: **Honstein Form 5410 / 6 – 12 x 8 x 120 – SC120-E12 VOS 158**
(herstellerspezifisch) Honstein der Form 5410, Struktur 6, Nennmaße 12 x 8 x 120, Schleifmittel Siliciumkarbid, Korngröße 120, Kornkombination E, Struktur 12, Keramikbindung VOS, Gefügeziffer 158

Verhältnis Umfangsgeschwindigkeit v_u: Hubgeschwindigkeit v_h

Kreuzschliffwinkel α in °	30	45	60	90
Umfangsgeschwindigkeit v_u in m/min	$3{,}7 \cdot v_h$	$2{,}4 \cdot v_h$	$1{,}75 \cdot v_h$	$1 \cdot v_h$

Honwerkzeuge und Einsatzbereiche

Honwerkzeuge	Bindung[1)]	Schnittgeschwindigkeit v_c in m/min	Anpressdruck p in N/cm²	Einsatz Langhubhonen
aus Korund Al_2O_3	V	20 ... 40	30 ... 150	Stahl, unlegiert oder gehärtet, Nitrierstahl
aus Siliciumkarbid SiC	V	20 ... 40	30 ... 150	Nitrierstahl, Gusswerkstoffe, Nichteisenmetalle
aus Bornitrid (CBN)	M	60 ... 120	200 ... 400	gehärteter Stahl, Kugellagerstähle (≥ 60 HRC), HSS-Stähle (≥ 60 HRSC)
aus Diamant	M	60 ... 120	200 ... 500	Natur-Diamant: ungehärtete Stähle synthetischer Diamant: harte dichte Guss-Sorten, Hartmetall, CuZn-Legierungen, Glas

1) V: keramische Bindung, M: Metallbindung (z. B. CuSn-Legierungen)

Honwerkzeuge – Anwendungsbeispiele

Mehrleisten-Werkzeugsystem zur Bearbeitung von Durchgangs- und Grundlochbohrungen in einem Durchmesserbereich von 68–110 mm.

Anwendungsbeispiel:
Zylinderkurbelgehäuse

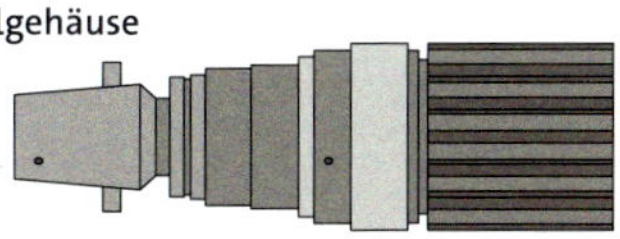

Einleisten-Werkzeugsystem für die Honbearbeitung hochpräziser Bohrungen in einem Durchmesserbereich von 3–15 mm.

Anwendungsbeispiele:
Einspritzpumpenteile, Steuerblöcke sowie Pneumatik- und Hydraulikkomponenten

v_h: Hubgeschwindigkeit in m/min
v_c: Schnittgeschwindigkeit in m/min
v_u: Umfangsgeschwindigkeit in m/min
α: Kreuzschliffwinkel in °
F_r: Anpresskraft in N
p: Anpressdruck in N/cm²
n: Anzahl der Honsteine
b: Breite der Honsteine in cm
l: Länge der Honsteine in cm
A: Summe der Anlagefläche der Honsteine in cm²

Kartesisches Koordinatensystem

DIN 66217: 1975-12

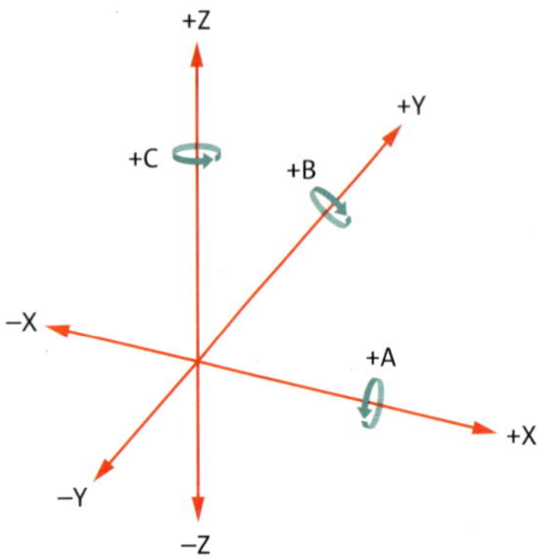

Rechte-Hand-Regel

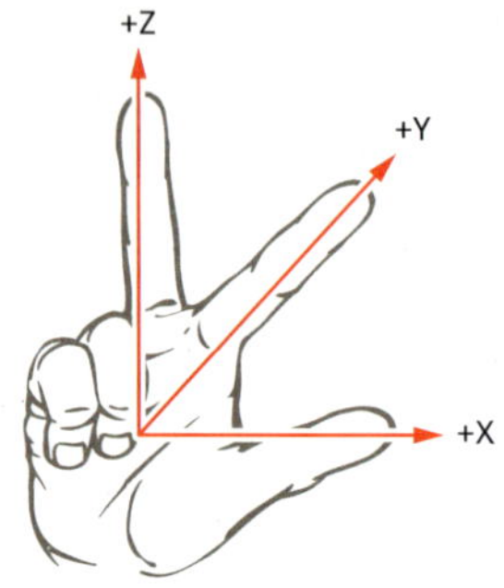

Lage der Koordinatenachsen

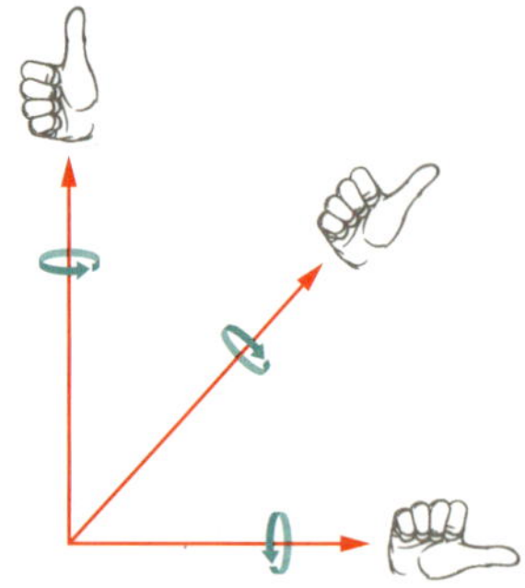

Lage der Drehachsen

Bezugspunkte und Nullpunkte an CNC-Maschinen

Fräsen

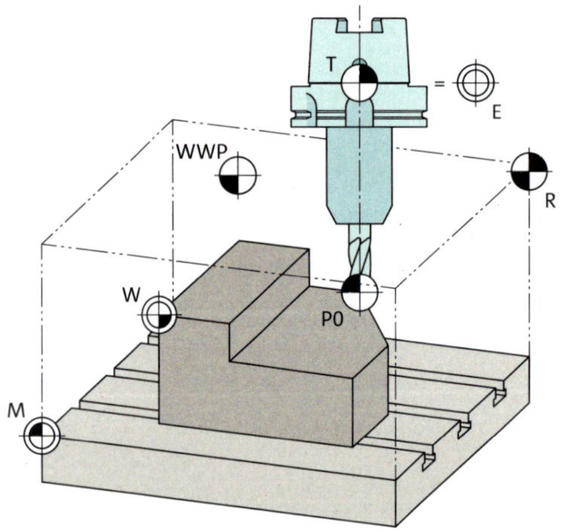

Drehen

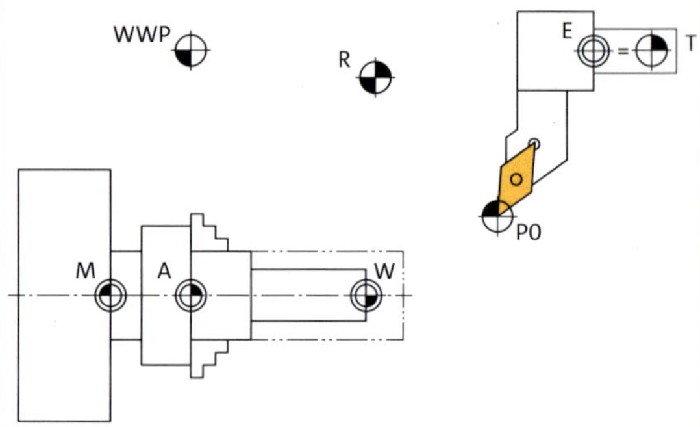

Symbol	Kennzeichnung	Benennung	Beschreibung
	M	Maschinennullpunkt	Ursprung des vom Maschinenhersteller festgelegten Maschinen-Koordinatensystems
	R	Referenzpunkt	Ursprung des inkrementalen Wegmesssystems
	W	Werkstücknullpunkt	Ursprung des Werkstück-Koordinatensystems ist frei wählbar und wird vom Programmierer festgelegt
	T	Werkzeugträger-Bezugspunkt	Punkt an der Anschlagfläche der Werkzeugaufnahme Fräsmaschine: Stirnfläche der Werkzeugspindel Drehmaschine: Anlagefläche am Werkzeughalter
	A	Anschlagpunkt	Anlagepunkt des Werkstücks im Spannmittel
	WWP	Werkzeugwechselpunkt	Punkt für den Wechsel des Werkzeuges
	P0	Programmstartpunkt	Koordinaten des Werkzeuges vor dem Programmstart
	E	Werkzeugeinstellpunkt	Punkt, der bei einem eingesetzten Werkzeug der Lage des Werkzeugträger-Bezugspunktes entspricht

Koordinatenachsen und Bewegungsrichtungen für numerisch gesteuerte Arbeitsmaschinen DIN 66217: 1975-12

CNC-Fräsmaschinen

Senkrechtfräsmaschine

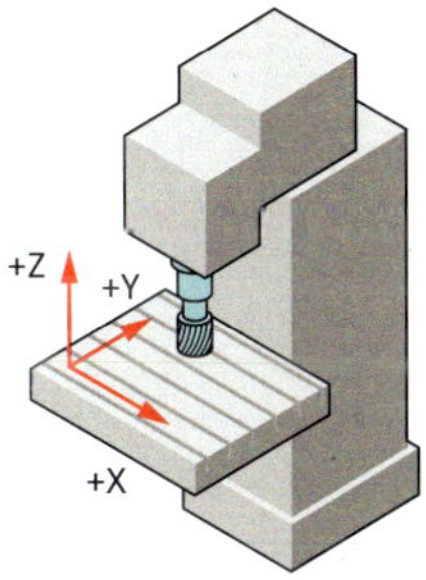

Waagerechtfräsmaschine

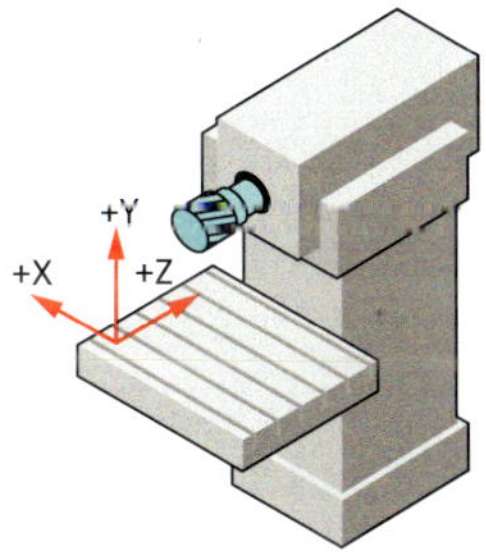

5-Achs-Fräsmaschine

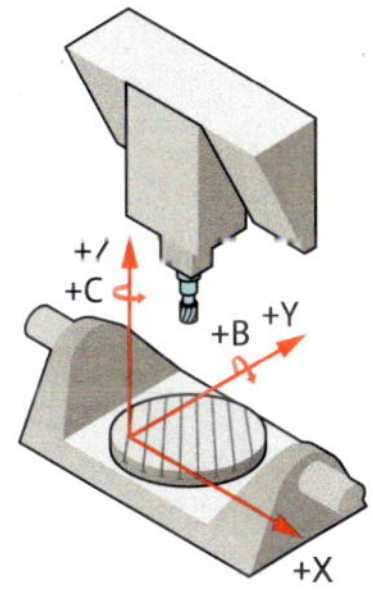

CNC-Drehmaschinen

Werkzeug hinter der Drehmitte

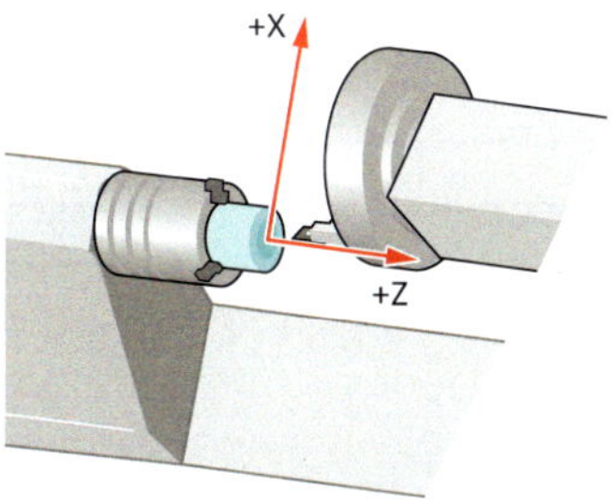

Werkzeug vor der Drehmitte

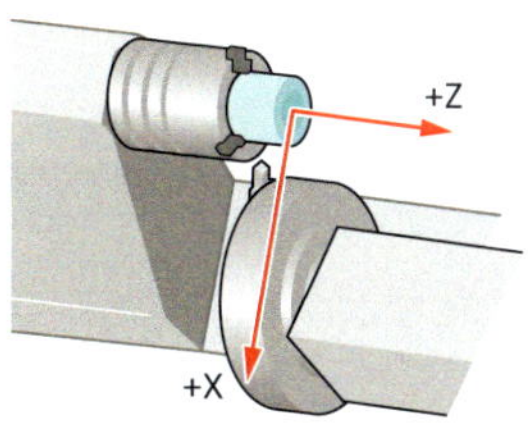

Drehmaschine mit angetriebenen Werkzeugen

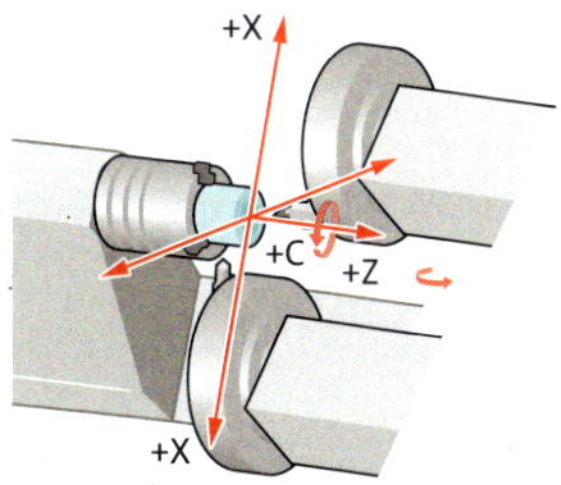

Werkzeugmaße und Werkzeugkorrektur beim Fräsen

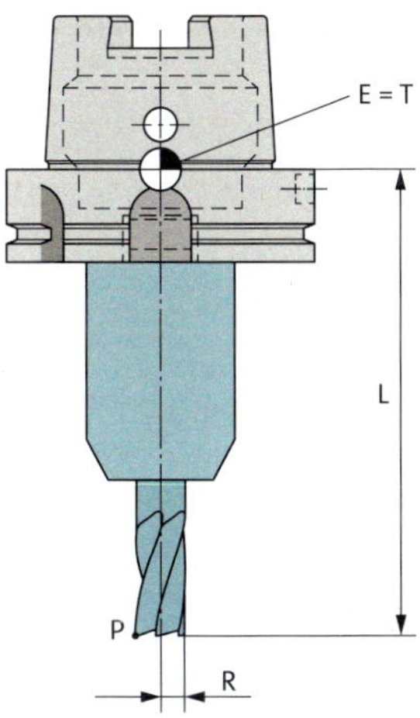

L: Werkzeuglänge
R: Werkzeugradius
T: Werkzeugträger-Bezugspunkt
E: Werkzeugeinstellpunkt
P: Werkzeugschneidenpunkt

Für jedes Werkzeug stehen mehrere Korrekturspeicher zur Verfügung (z. B. TC1 ... TC9).

Mit dem Werkzeugaufruf wird der Korrekturspeicher aktiviert. (z. B. T1 TC1 oder T1, T1 TC4 ...).

Beispiel:

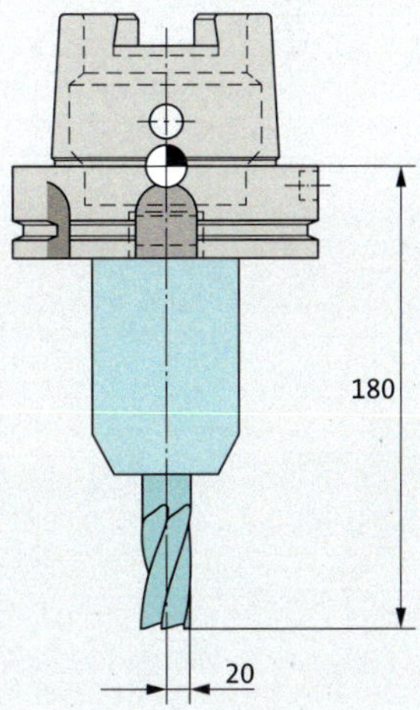

Werkzeugkorrekturspeicher
TC ...

L	180
R	20

4

Werkzeugmaße und Werkzeugkorrektur beim Drehen

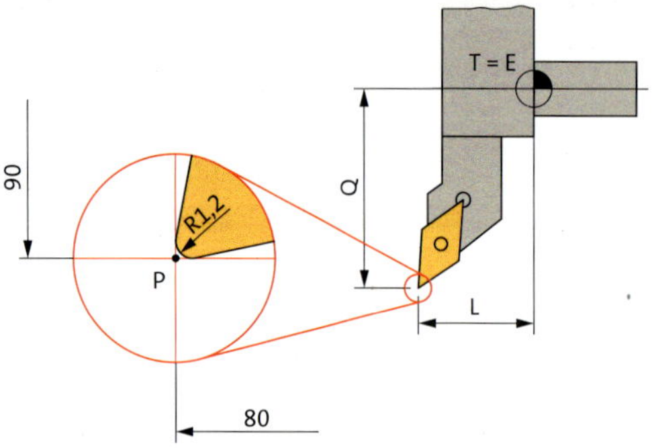

L : Ausspannlänge in Z-Richtung
Q: Querablage in X-Richtung
r_ε: Schneidenradius
T : Werkzeugträger-Bezugspunkt
E : Werkzeugeinstellpunkt
P : theoretischer Schneidenpunkt

Lagekennzahlen der Werkzeugschneide

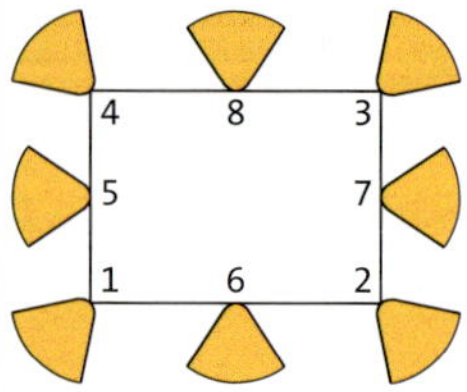

Beispiel:

Werkzeugkorrekturspeicher TC ...

L	80
Q	90
r_ε	0,8
Lagekennzahl	3

Für jedes Werkzeug stehen mehrere Korrekturspeicher zur Verfügung (z. B. TC1 ... TC9).

Durch die Angabe von Lagekennzahl und Schneidenradius (r_ε) wird bei der Verwendung einer Bahnkorrektur der tatsächliche Bearbeitungspunkt berücksichtigt.

Bahnkorrektur beim Fräsen und Drehen

DIN 66025-2: 1988-09

Fräserradiuskorrektur, links – G41

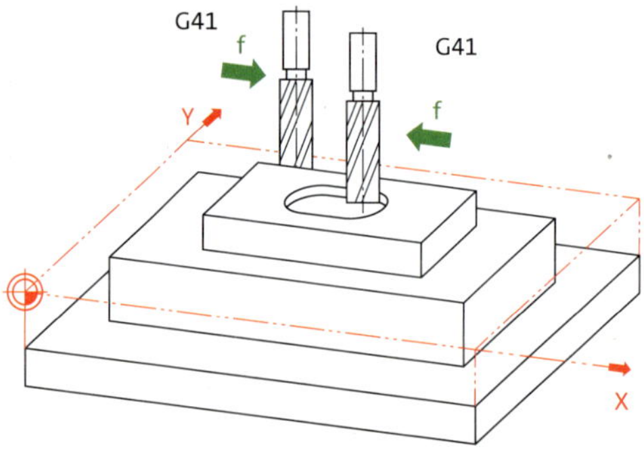

Fräserradiuskorrektur, rechts – G42

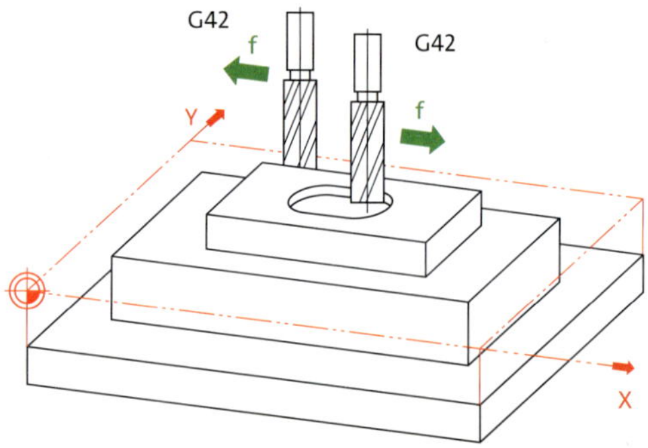

Schneidenradiuskorrektur beim Drehen, links – G41

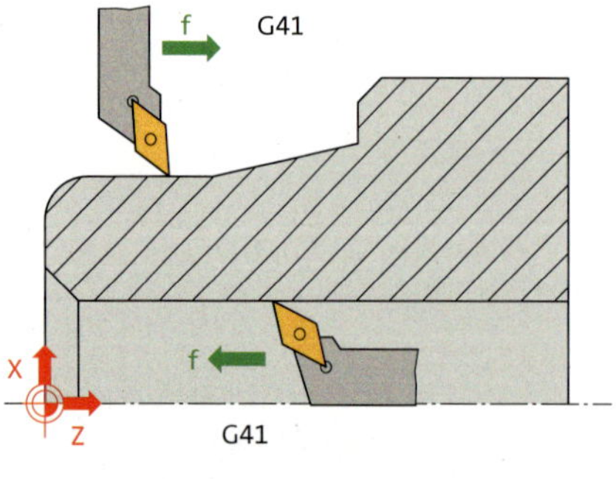

Schneidenradiuskorrektur beim Drehen, rechts – G42

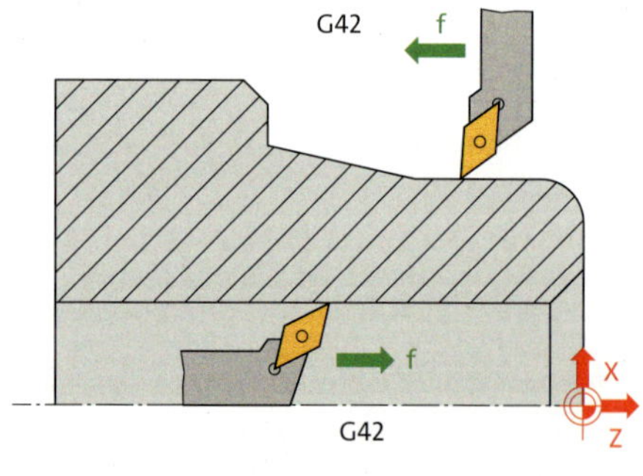

G41 und G42 werden mit G40 aufgehoben.

Aufbau von CNC-Programmen — DIN 66025-2: 1988-09

Beispiel für ein CNC-Programm

Programm-technische Information	Weginformation							Schaltinformation			
Satz-Nr.[1)]	Weg-bedin-gungen[2)]	Koordinaten			Abstand zum Kreismittelpunkt			Vor-schub[3)]	Umdrehungs-frequenz[4)]	Werk-zeug[5)]	Zusatz-funktionen[6)]
		X	Y	Z	I	J	K	F	S	T	M
N10								F220	S 1500	T1TC1	M03
N20	G00	X-10	Y-30	Z-50							
N30				Z-25							

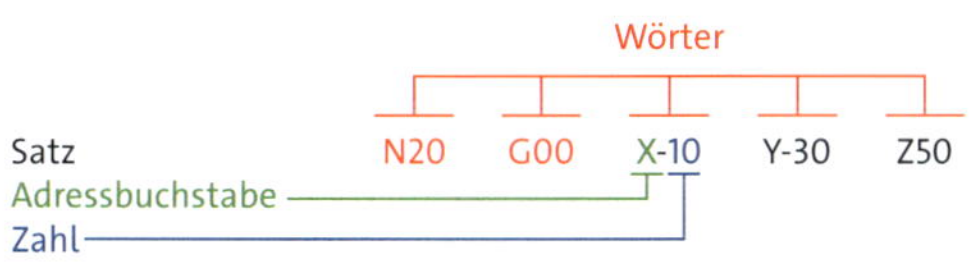

CNC-Programme bestehen aus Sätzen.
Ein Satz ist aus mehreren Wörtern zusammengesetzt.
Die einzelnen Wörter bestehen aus einem Adressbuchstaben und einer Zahl.

1) N – Number, 2) G- Go, 3) F – Feed, 4) S – Speed, 5) T – Tool, 6) M – Miscellaneous

Bedeutung von Adressbuchstaben — DIN 66025-1: 1983-01

Buchstabe	Bedeutung	Buchstabe	Bedeutung
A	Drehung um die X-Achse	M	Zusatzfunktion
B	Drehung um die Y-Achse	N	Satz-Nr.
C	Drehung um die Z-Achse	O	frei verfügbar
D	Werkzeugkorrekturspeicher (oder frei verfügbar)	P	dritte Bewegung parallel zur X-Achse
E	zweiter Vorschub (oder frei verfügbar)	Q	dritte Bewegung parallel zur Y-Achse
F	Vorschub	R	dritte Bewegung parallel zur Z-Achse
G	Wegbedingung	S	Spindelumdrehungsfrequenz oder Schnittgeschwindigkeit
H	frei verfügbar		
I	Interpolationsparameter oder Gewindesteigung parallel zur X-Achse	T	Werkzeug-Nr.
		U	zweite Bewegung parallel zur X-Achse
J	Interpolationsparameter oder Gewindesteigung parallel zur Y-Achse	V	zweite Bewegung parallel zur Y-Achse
		W	zweite Bewegung parallel zur Z-Achse
K	Interpolationsparameter oder Gewindesteigung parallel zur Z-Achse	X	Bewegung in Richtung X-Achse
		Y	Bewegung in Richtung Y-Achse
L	frei verfügbar	Z	Bewegung in Richtung Z-Achse

DIN- und PAL-Zusatzfunktionen im Vergleich

Code	DIN 66025	PAL-Fräsen	PAL-Drehen
M00 8)	Programmierter Halt	Programmierter Halt	Programmierter Halt
M01 8)	Wahlweiser Halt		
M02 8)	Programmende		
M03 7)	Arbeitsspindel EIN im Uhrzeigersinn	Spindel einschalten; Drehrichtung rechts (Uhrzeigersinn)	Spindel einschalten; Drehrichtung rechts (Uhrzeigersinn)
M04 7)	Arbeitsspindel EIN im Gegenuhrzeigersinn	Spindel einschalten; Drehrichtung links (Gegenuhrzeigersinn)	Spindel einschalten; Drehrichtung links (Gegenuhrzeigersinn)
M05 8)	Arbeitsspindel HALT	Spindel ausschalten	Spindel ausschalten
M06	Werkzeugwechsel	Werkzeugwechsel	
M07 7)	Kühlschmiermittelpumpe Nr. 2 EIN	2. Kühlmittelpumpe einschalten	2. Kühlmittelpumpe einschalten
M08 7)	Kühlschmiermittelpumpe Nr. 1 EIN	Kühlmittelpumpe einschalten	Kühlmittelpumpe einschalten
M09 8)	Kühlschmiermittel AUS	Kühlmittelpumpe ausschalten	Kühlmittelpumpe ausschalten
M10	Klemmen		Reitstock-Pinole lösen 8)
M11	Lösen		Reitstock-Pinole setzen 7)

gespeichert wirksam (selbsthaltend/modal)
satzweise wirksam

7) sofort wirksam
8) wirksam nach Abarbeitung der anderen Satzinhalte

DIN- und PAL-Wegbedingungen im Vergleich (Fortsetzung)

Code	DIN 66025	PAL-Fräsen	PAL-Drehen
M13	vorläufig frei verfügbar	Spindeldrehung rechts + Kühlmittel ein	
M14	vorläufig frei verfügbar	Spindeldrehung links + Kühlmittel ein	
M15	vorläufig frei verfügbar	Spindel und Kühlmittel ausschalten	
M17	vorläufig frei verfügbar	Unterprogramm Ende[8)]	Unterprogramm Ende[8)]
M30[8)]	Programmende mit Rücksetzen	Hauptprogramm Ende	Hauptprogramm Ende
M60	Werkstückwechsel[8)]	Konstanter Vorschub[7)] (Werkzeugschneide)	
M61	vorläufig frei verfügbar	Konstanter Vorschub mit Beeinflussung an Innen- und Außenecken[7)]	
G00	Punktsteuerungsverhalten	Verfahren im Eilgang	
G01	Geraden-Interpolation	Linear-Interpolation im Arbeitsgang	
G02	Kreis-Interpolation im Uhrzeigersinn	Kreis-Interpolation im Uhrzeigersinn	
G03	Kreis-Interpolation Gegenuhrzeigersinn	Kreis-Interpolation Gegenuhrzeigersinn	
G04	Verweilzeit	Verweildauer	
G08	Geschwindigkeitszunahme		
G09	Geschwindigkeitsabnahme	Genauhalt	
G10	vorläufig frei verfügbar	Verfahren im Eilgang in Polarkoordinaten	
G11	vorläufig frei verfügbar	Linear-Interpolation mit Polarkoordinaten	
G12	vorläufig frei verfügbar	Kreis-Interpolation Uhrzeigersinn Polarkoordinaten	
G13	vorläufig frei verfügbar	Kreis-Interpolation Gegenuhrzeigersinn Polarkoordinaten	
G14	vorläufig frei verfügbar		Konfigurierten Werkzeugwechselpunkt anfahren
G17	Ebenenauswahl XY	Ebenenanwahl 2½D-Bearbeitung	Stirnseitenbearbeitungsebenen
G18	Ebenenauswahl ZX	Ebenenanwahl 2½D-Bearbeitung	Drehebenenanwahl
G19	Ebenenauswahl YZ	Ebenenanwahl 2½D-Bearbeitung	Mantelflächenbearbeitungsebenen
G22	vorläufig frei verfügbar	Unterprogrammaufruf	
G23	vorläufig frei verfügbar	Programmteilwiederholung	
G29	vorläufig frei verfügbar	Bedingte Programmsprünge	
G31	vorläufig frei verfügbar		Gewindezyklus
G32	vorläufig frei verfügbar		Gewindebohrzyklus
G33	Gewindeschneiden		Gewindestrehlgang
G40	Aufheben der Werkzeugkorrektur	Abwahl der Fräserradiuskorrektur	Abwahl der Schneidenradiuskorrektur
G41	Werkzeugbahnkorrektur, links	Anwahl der Fräserradiuskorrektur links	Schneidenradiuskorrektur, links
G42	Werkzeugbahnkorrektur, rechts	Anwahl der Fräserradiuskorrektur rechts	Schneidenradiuskorrektur, rechts
G45	vorläufig frei verfügbar	Lineares tangentiales Anfahren an die Kontur	
G46	vorläufig frei verfügbar	Lineares tangentiales Abfahren von der Kontur	
G47	vorläufig frei verfügbar	Tangentiales Anfahren an die Kontur im ¼-Kreis	
G48	vorläufig frei verfügbar	Tangentiales Abfahren von der Kontur im ¼-Kreis	
G50	vorläufig frei verfügbar	Aufheben von inkrementellen Nullpunktverschiebungen und Drehungen	
G53	Aufheben der Verschiebung	Alle Nullpunktverschiebungen und Drehungen aufheben	

gespeichert wirksam (selbsthaltend/modal)
satzweise wirksam

7) sofort wirksam
8) wirksam nach Abarbeitung der anderen Satzinhalte

DIN- und PAL-Wegbedingungen im Vergleich (Fortsetzung)

Code	DIN 66025	PAL-Fräsen	PAL-Drehen
G54–G57	Verschiebung 1 ... 4	Einstellbare absolute Nullpunkte	
G58	Verschiebung 5	Inkrementelle Nullpunktverschiebung polar und Drehung	
G59	Verschiebung 6	Inkrementelle Nullpunktverschiebung kartesisch und Drehung	
G66	vorläufig frei verfügbar	Spiegeln um X- und/oder Y-Achse	
G67	vorläufig frei verfügbar	Skalieren (Vergrößern/Verkleinern/ Aufheben)	
G70	Maßangaben in Inch	Umschalten auf Maßeinheit Inch	
G71	Maßangaben in Millimeter	Umschalten auf Maßeinheit Millimeter	
G72	vorläufig frei verfügbar	Rechtecktaschenfräszyklus	
G73	vorläufig frei verfügbar	Kreistaschen- und Zapfenfräszyklus	
G74	Anfahren Referenzpunkt	Nutenfräszyklus	
G75	vorläufig frei verfügbar	Kreisbogennut-Fräszyklus	
G76	vorläufig frei verfügbar	Mehrfachzyklusaufruf auf einer Geraden	
G77	vorläufig frei verfügbar	Mehrfachzyklusaufruf auf einem Teilkreis	
G78	vorläufig frei verfügbar	Zyklusaufruf an einem Punkt (Polarkoordinaten)	
G79	vorläufig frei verfügbar	Zyklusaufruf an Punkt (kartesische Koordinaten)	
G80	Aufheben Arbeitszyklus		Abschluss einer Bearbeitungszyklus-Konturbeschreibung
G81	Arbeitszyklus 1	Bohrzyklus	Längsschruppzyklus
G82	Arbeitszyklus 2	Tiefbohrzyklus	Planschruppzyklus
G83	Arbeitszyklus 3	Tiefbohrzyklus mit Spanbruch und Entspanen	Konturparalleler Schruppzyklus
G84	Arbeitszyklus 4	Gewindebohrzyklus	Bohrzyklus
G85	Arbeitszyklus 5	Reibzyklus	Freistichzyklus
G86	Arbeitszyklus 6	Ausdrehzyklus	Radialer Stechzyklus
G87	Arbeitszyklus 7	Bohrfräszyklus	Radialer Konturstechzyklus
G88	Arbeitszyklus 8	Innengewindefräszyklus	Axialer Stechzyklus
G89	Arbeitszyklus 9	Außengewindefräszyklus	Axialer Konturstechzyklus
G90	absolute Maßangaben	Absolutmaßangabe einschalten	Absolutmaßangabe einschalten
G91	inkrementale Maßangaben	Kettenmaßangabe einschalten	Kettenmaßangabe einschalten
G92	Speicher setzen		Drehzahlbegrenzung
G94	Vorschubgeschwindigkeit in mm/min	Vorschub in Millimeter pro Minute	Vorschub in Millimeter pro Minute
G95	Vorschub in mm/U	Vorschub in Millimeter pro Umdrehung	Vorschub in Millimeter pro Umdrehung
G96	Konstante Schnittgeschwindigkeit	Konstante Schnittgeschwindigkeit	Konstante Schnittgeschwindigkeit
G97	Angabe der Spindeldrehzahl in 1/min	Konstante Drehzahl	Konstante Drehzahl

gespeichert wirksam (selbsthaltend/modal)
satzweise wirksam

Maßangaben

DIN 66025-2: 1988-09

G90 absolute Maßangabe (Werkstückkoordinatensystem)

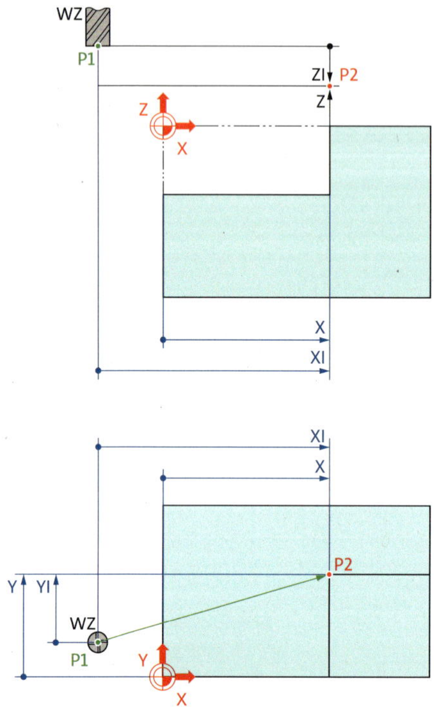

X – absolute X-Koordinate
Y – absolute Y-Koordinate
Z – absolute Z-Koordinate
XI – inkrementale X-Koordinate
YI – inkrementale Y-Koordinate
ZI – inkrementale Z-Koordinate

G90 – Einschaltzustand der Maschine

G91 Kettenmaßangabe (Werkzeugkoordinatensystem)

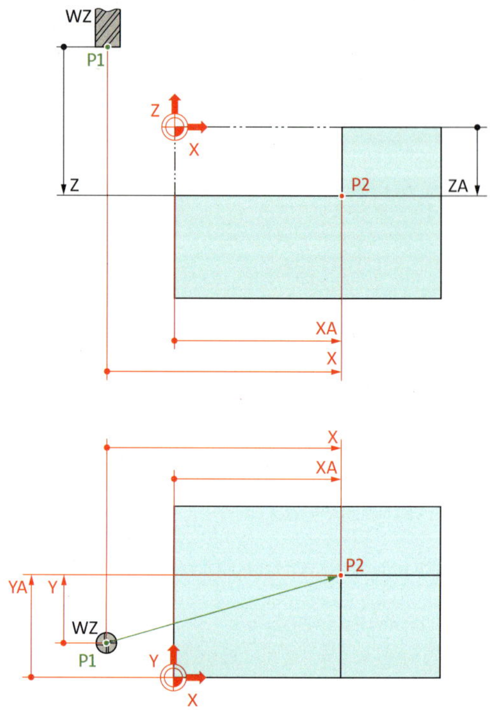

X – inkrementale X-Koordinate
Y – inkrementale Y-Koordinate
Z – inkrementale Z-Koordinate
XA – absolute X-Koordinate
YA – absolute Y-Koordinate
ZA – absolute Z-Koordinate

G91 – wird durch G90 ausgeschaltet

Linearinterpolation

PAL

G0 Verfahren im Eilgang

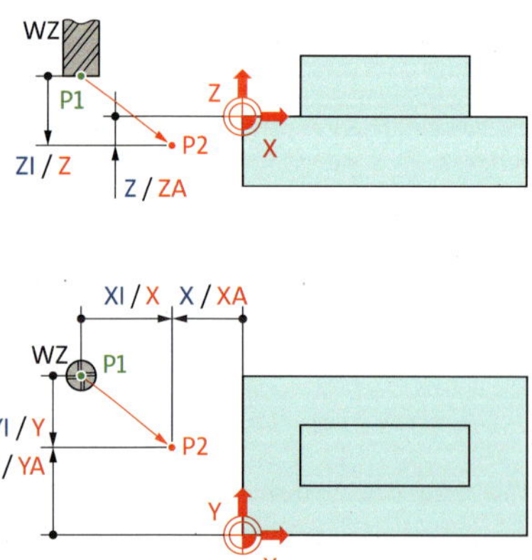

G0 X/XA/XI Y/YA/YI Z/ZA/ZI

Adressen:

X – absolute X-Koordinate bei G90/ inkrementale X-Koordinate bei G91
XA – absolute X-Koordinate bei G91
XI – inkrementale X-Koordinate bei G90

Y – absolute Y-Koordinate bei G90/ inkrementale Y-Koordinate bei G91
YA – absolute Y-Koordinate bei G91
YI – inkrementale Y-Koordinate bei G90

Z – absolute Z-Koordinate bei G90/ inkrementale Z-Koordinate bei G91
ZA – absolute Z-Koordinate bei G91
ZI – inkrementale Z-Koordinate bei G90

P1 – Startpunkt, P2 – Zielpunkt

Linearinterpolation PAL

G1 Linearinterpolation im Arbeitsgang

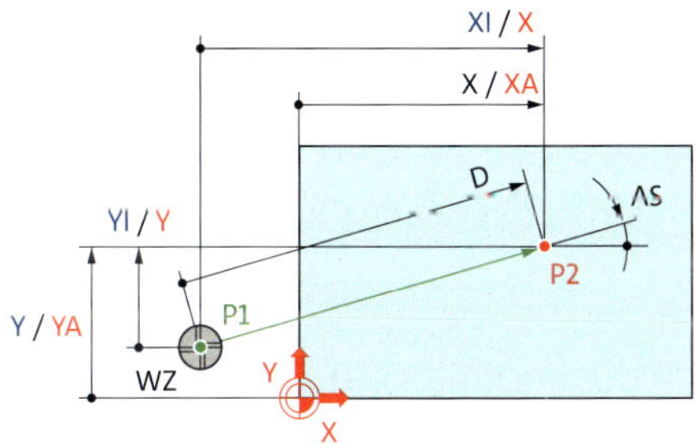

G1 X/XA/XI Y/YA/YI Z/ZA/ZI D AS RN H

Adressen:

X – absolute X-Koordinate bei G90/ inkrementale X- Koordinate bei G91
XA – absolute X-Koordinate bei G91
XI – inkrementale X-Koordinate bei G90

Y – absolute Y-Koordinate bei G90/ inkrementale Y- Koordinate bei G91
YA – absolute Y-Koordinate bei G91
YI – inkrementale Y-Koordinate bei G90

Z – absolute Z-Koordinate bei G90/ inkrementale Z- Koordinate bei G91
ZA – absolute Z-Koordinate bei G91
ZI – inkrementale Z-Koordinate bei G90

D – Länge der Verfahrstrecke in der Bearbeitungsebene (wird immer positiv angegeben)

AS – Anstiegswinkel der Geraden in der Bearbeitungsebene bezogen auf die positive erste Geometrieachse (X-Achse in der G17-Ebene) Winkelangabe: + entgegen dem Uhrzeigersinn; – im Uhrzeigersinn

RN – Übergangselement zum nächsten Konturelement RN+ Verrundungsradius; RN– Fasenbreite; Voreinstellung: RN0

H – Auswahl für Doppellösungen (wenn D, aber AS nicht angegeben wird) Voreinstellung: H0

H1 – kleinerer Anstiegswinkel zur positiven 1. Geometrieachse
H2 – größerer Anstiegswinkel zur positiven 1. Geometrieachse

P1 – Startpunkt, P2 – Zielpunkt

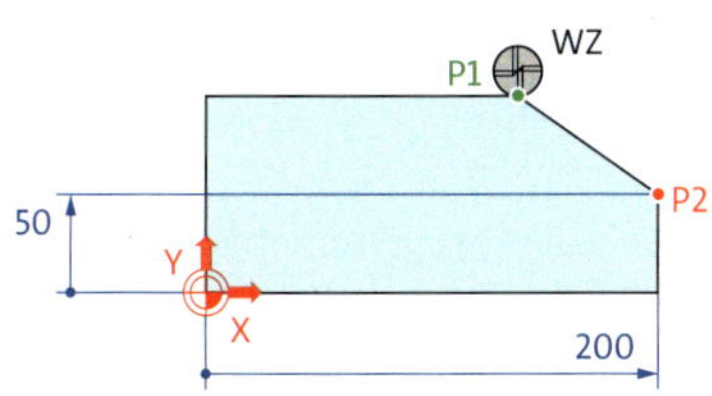

N... G90
N... G1 X200 Y50

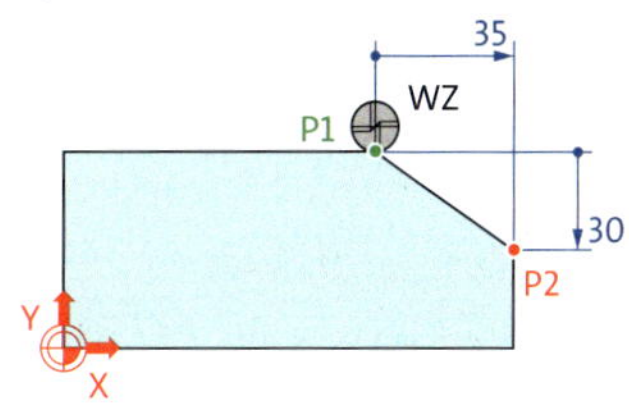

N... G90
N... G1 XI35 YI-30

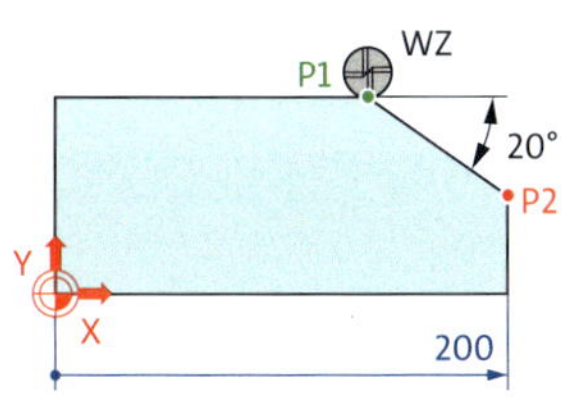

N... G90
N... G1 X200 AS-20

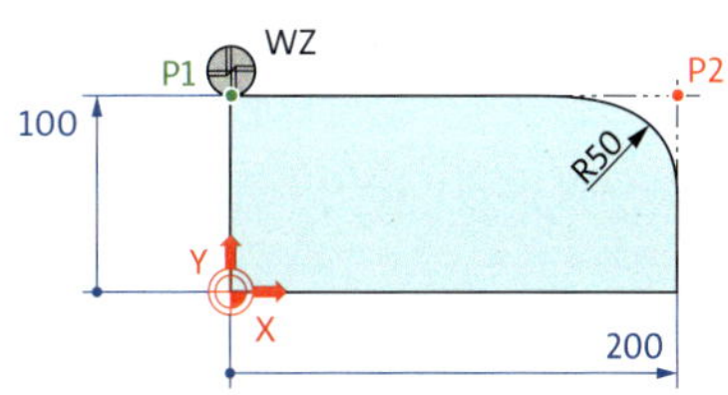

N... G90
N... G1 X200 Y100 RN50
N... G1 Y0

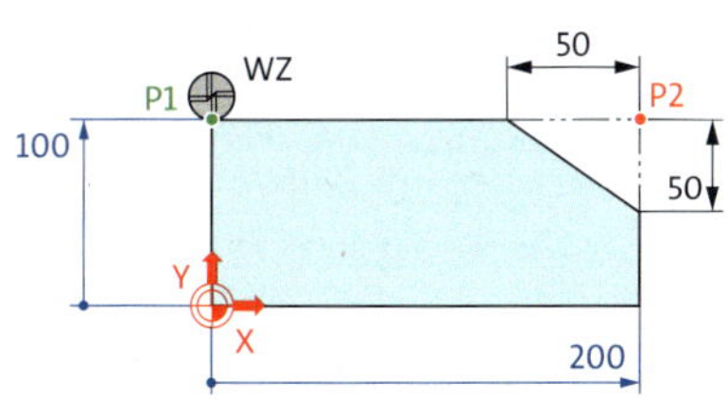

N... G90
N... G1 X200 Y100 RN-50
N... G1 Y0

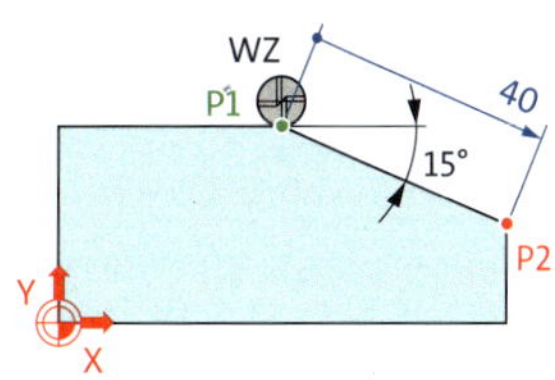

N... G90
N... G1 D40 AS-15

Linearinterpolation

PAL

G10 Verfahren im Eilgang mit Polarkoordinaten

G10 RP AP/AI I/IA J/JA Z/ZA/ZI

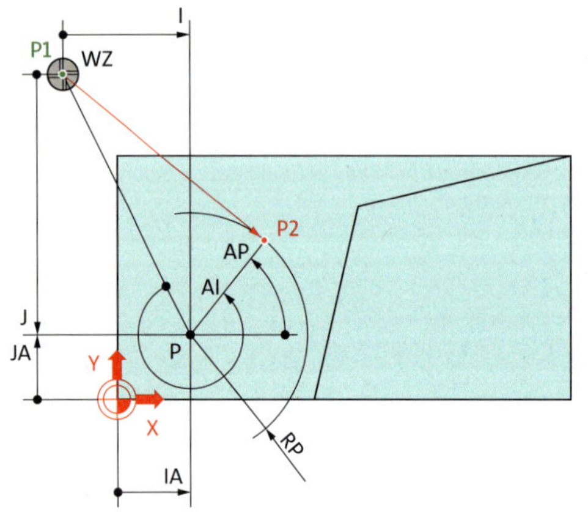

G11 Linearinterpolation mit Polarkoordinaten

G11 RP AP/AI I/IA J/JA Z/ZA/ZI RN

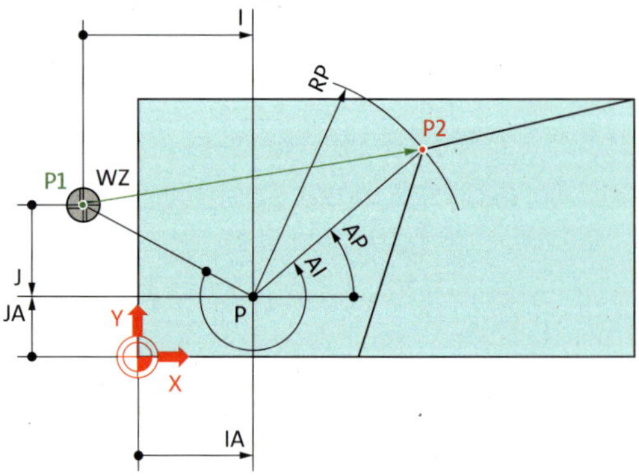

RP – Polarradius
AP – Polarwinkel bezogen auf die positive 1. Geometrieachse (G17: X-Achse)
AI – Polarwinkel inkremental bezogen auf die aktuelle Werkzeugposition
I – X-Koordinatendifferenz zwischen Anfangspunkt A und Polarzentrum P
J – Y-Koordinatendifferenz zwischen Anfangspunkt A und Polarzentrum P
IA – X-Koordinate des Polarzentrums P absolut inWerkstückkoordinaten
JA – Y-Koordinate des Polarzentrums P absolut in Werkstückkoordinaten
RN – Übergangselement zum nächsten Konturelement
RN+ Verrundungsradius; RN– Fasenbreite
Z – absolute Z-Koordinate bei G90; inkrementale Z-Koordinate bei G91
ZA – absolute Z-Koordinate bei G91
ZI – inkrementale Z-Koordinate bei G90

P1 – Startpunkt, P2 – Zielpunkt

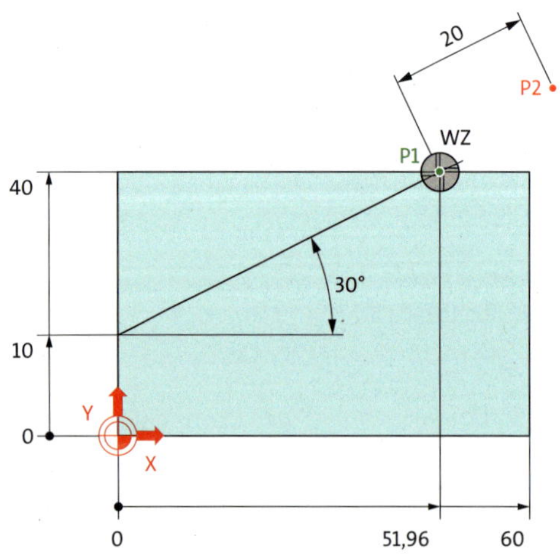

N... G90
N... G10 RP20 AI30 I51,96 J40

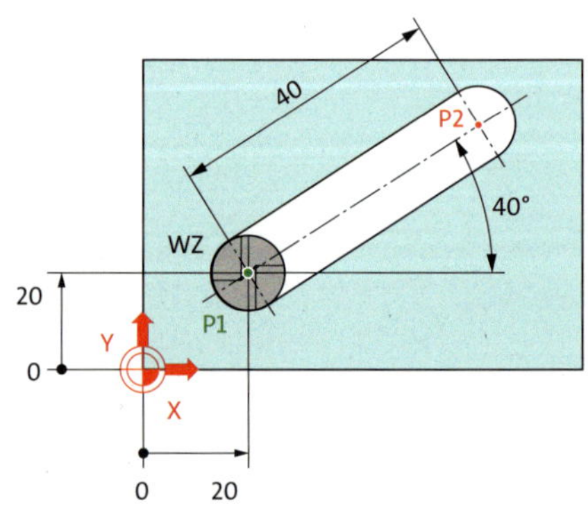

N... G90
N... G11 RP 40 AP40 IA20 JA20

Kreisinterpolation

PAL

G2 Kreisinterpolation im Uhrzeigersinn

G2 X/XA/XI Y/YA/YI I/IA J/JA R AO RN O

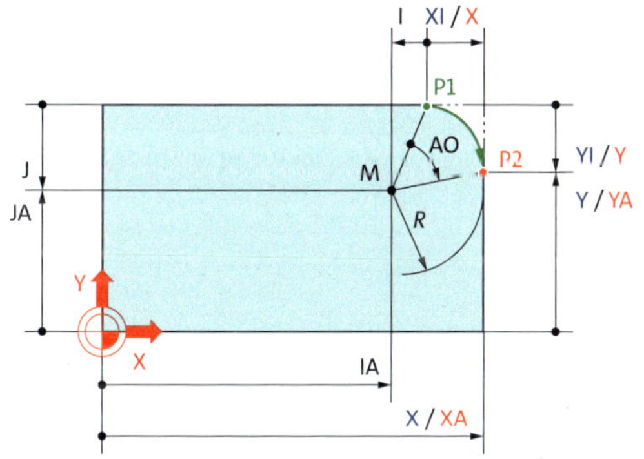

G3 Kreisinterpolation im Gegenuhrzeigersinn

G3 X/XA/XI Y/YA/YI I/IA J/JA R AO RN O

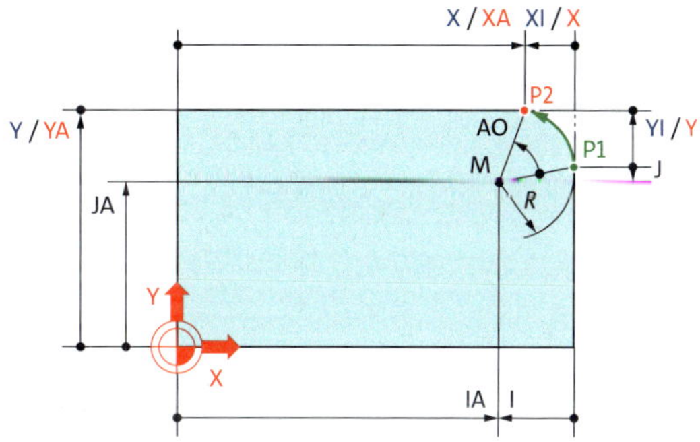

bei G90 (Werkstückkoordinatensystem):

X – absolute X-Koordinate
Y – absolute Y-Koordinate
Z – absolute Z-Koordinate
XI – inkrementale X-Koordinate
YI – inkrementale Y-Koordinate
ZI – inkrementale Z-Koordinate

bei G91 (Werkzeugkoordinatensystem):

X – inkrementale X-Koordinate
Y – inkrementale Y-Koordinate
Z – inkrementale Z-Koordinate
XA – absolute X-Koordinate
YA – absolute Y-Koordinate
ZA – absolute Z-Koordinate

bei G90 und G91:

I – inkrementale X-Koordinatendifferenz zwischen Startpunkt P1 und Kreismittelpunkt M
J – inkrementale Y-Koordinatendifferenz zwischen Startpunkt P1 und Kreismittelpunkt M
IA – X-Koordinate des Kreismittelpunktes M absolut in Werkstückkoordinaten
JA – Y-Koordinate des Kreismittelpunktes M
R – Radius des Kreisbogens; R+ kürzerer Bogen, R– längerer Bogen
AO – Öffnungswinkel (immer positiv)
O – Auswahlkriterium für Bogenlänge; O1 kürzerer Bogen, O2 längerer Bogen
RN – Übergangselement zum nächsten Konturelement; RN+ Verrundungsradius, RN– Fasenbreite

Voreinstellungen: I0 J0 RN0 O1

G12 Kreisinterpolation im Uhrzeigersinn mit Polarkoordinaten

G12 AP/AI I/IA J/JA Z/ZA/ZI RN

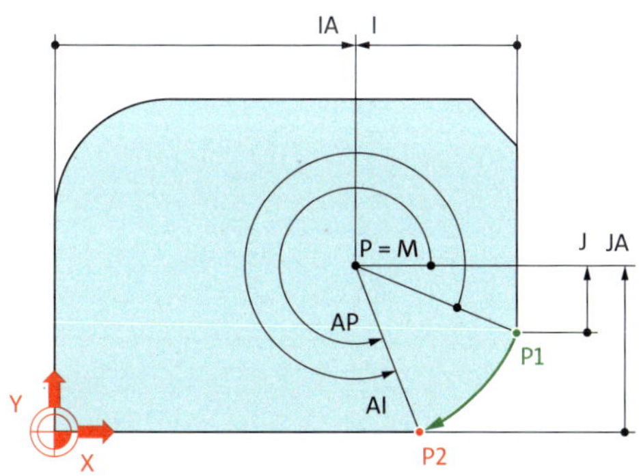

G13 Kreisinterpolation im Gegenuhrzeigersinn mit Polarkoordinaten

G13 AP/AI I/IA J/JA Z/ZA/ZI RN

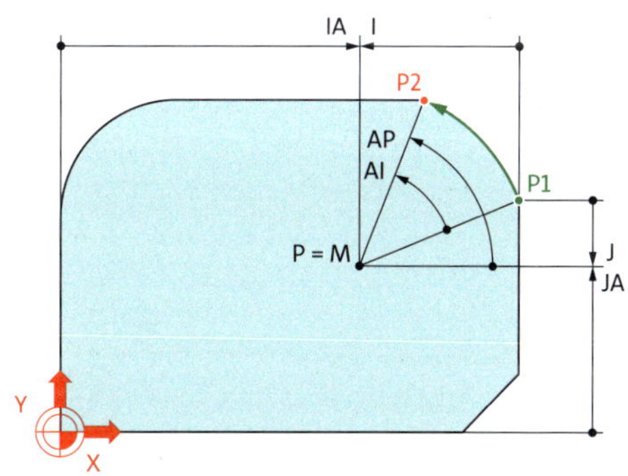

bei G90 und G91:

I – inkrementale X-Koordinatendifferenz zwischen Anfangspunkt A und Kreismittelpunkt M (Polarzentrum P)
J – inkrementale Y-Koordinatendifferenz zwischen Anfangspunkt A und Kreismittelpunkt M (Polarzentrum P)
IA – X-Koordinate des Kreismittelpunktes M (Polarzentrum P absolut in Werkstückkoordinaten)
JA – Y-Koordinate des Kreismittelpunktes M (Polarzentrum P absolut in Werkstückkoordinaten)
AP – Polarwinkel bezogen auf die positive 1. Geometrieachse (G17: X-Achse)
AI – Polarwinkel inkremental bezogen auf die aktuelle Werkzeugposition
RN – Übergangselement zum nächsten Konturelement; RN+ Verrundungsradius, RN– Fasenbreite

Voreinstellungen: I0 J0 RN0

P1 – Startpunkt, P2 – Zielpunkt

Kreisinterpolation

PAL

im Uhrzeigersinn	im Gegenuhrzeigersinn
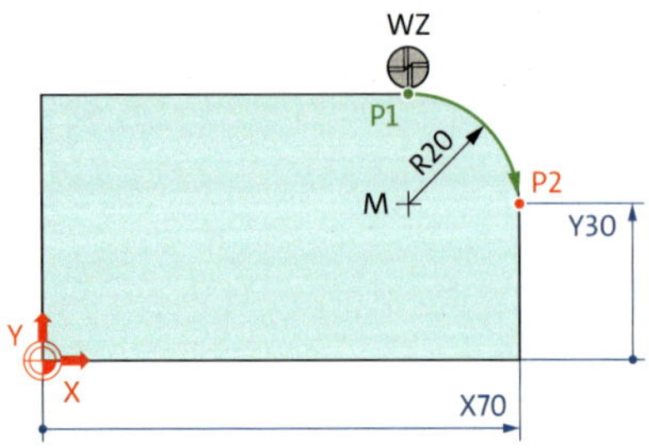	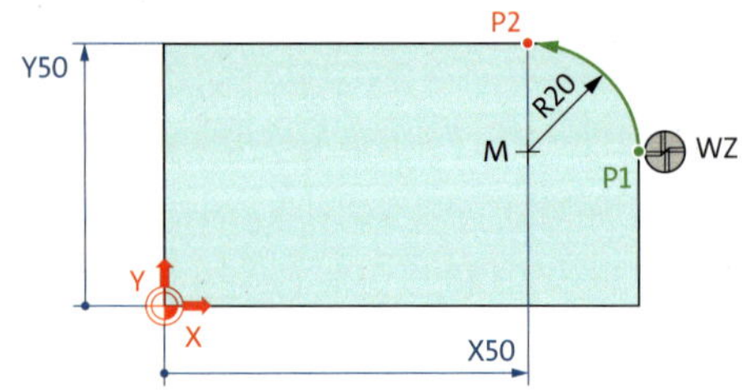
N... G90 N... G1 X50 Y50 N... G2 X70 Y30 R20	N... G90 N... G1 X70 Y30 N... G3 X50 Y50 R20
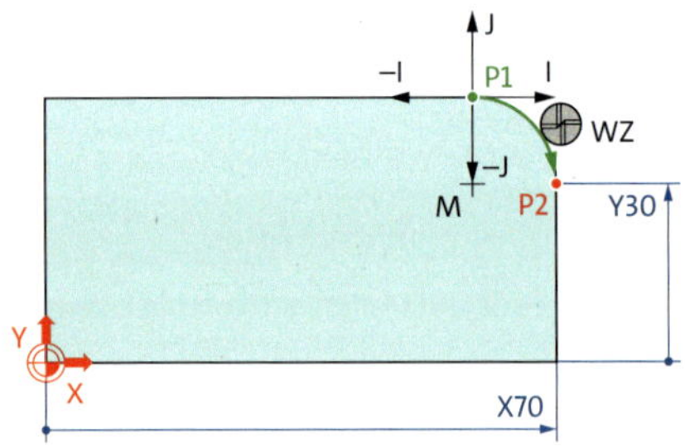	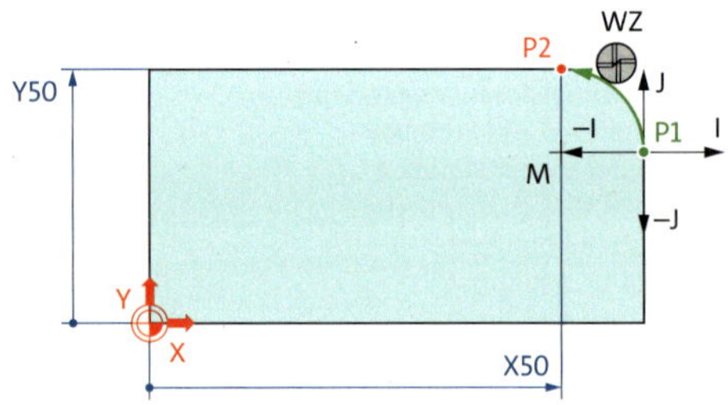
N... G90 N... G1 X50 Y50 N... G2 X70 Y30 I0 -20	N... G90 N... G1 X70 Y30 N... G3 X50 Y50 I-20 J0
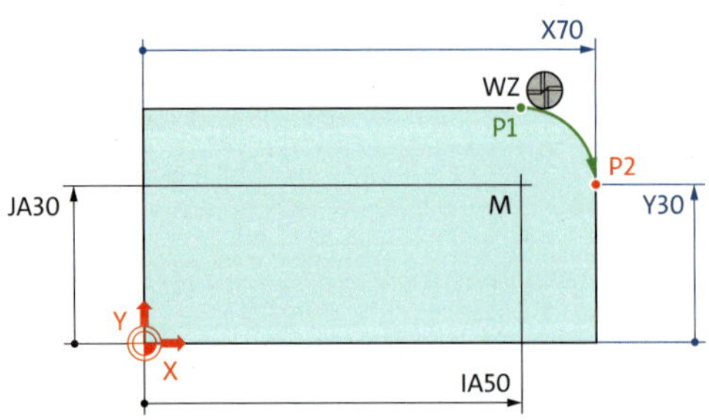	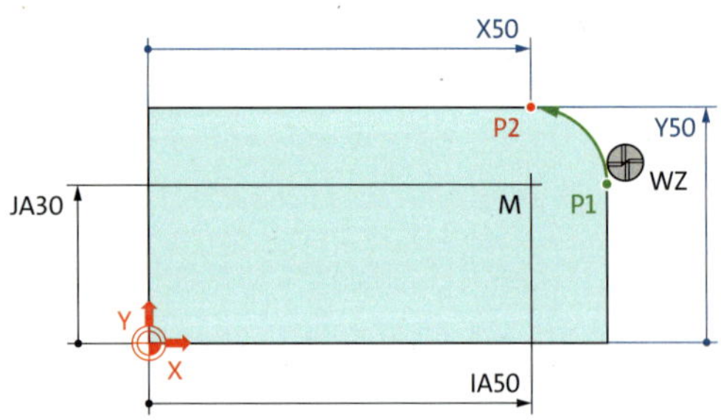
N... G90 N... G1 X50 Y50 N... G2 X70 Y30 IA50 JA30	N... G90 N... G1 X70 Y30 N... G3 X50 Y50 IA50 JA30

Kreisinterpolation

PAL

im Uhrzeigersinn

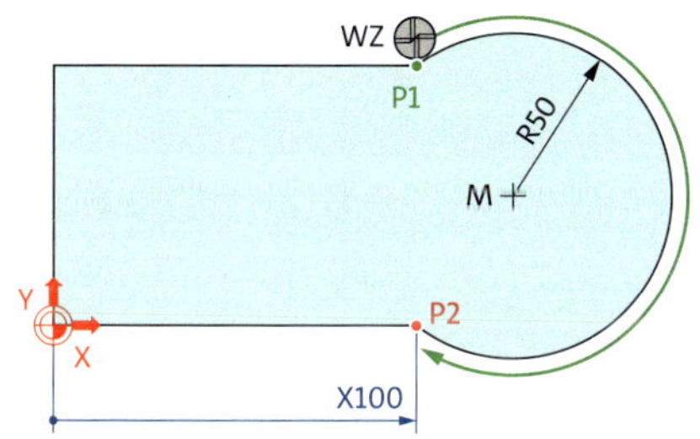

N... G90
N... G1 X90 Y70
N... G2 X100 Y0 R-50

im Gegenuhrzeigersinn

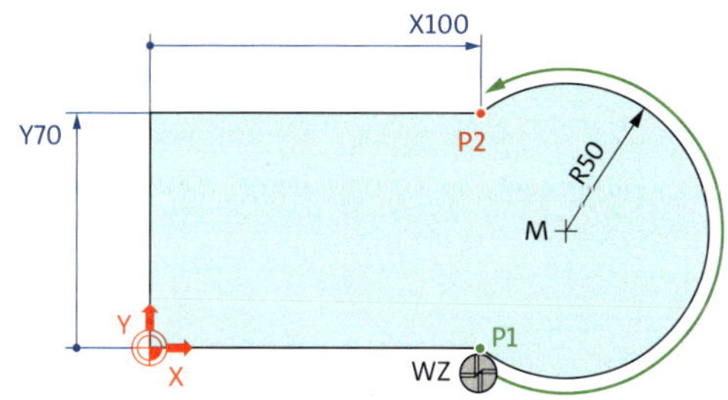

N... G90
N... G1 X90 Y0
N... G3 X100 Y70 R-50

im Uhrzeigersinn

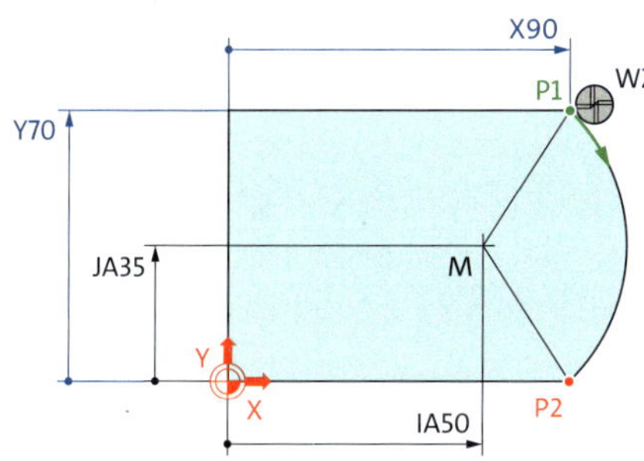

N... G90
N... G1 X90 Y70
N... G2 YI-70 IA50 JA35 O1

im Gegenuhrzeigersinn

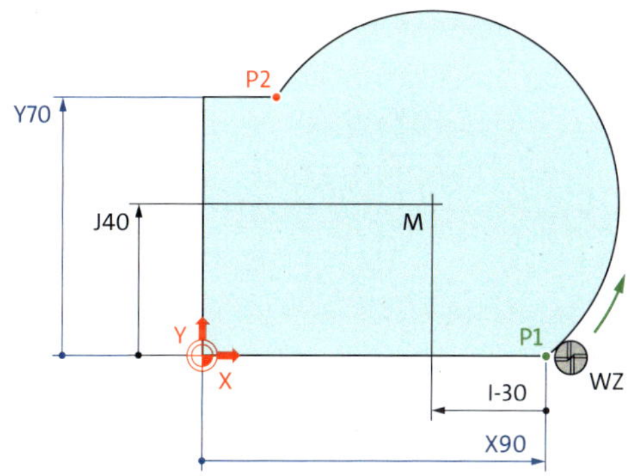

N... G90
N... G1 X90 Y0
N... G3 Y70 I-30 J40 O2

im Uhrzeigersinn

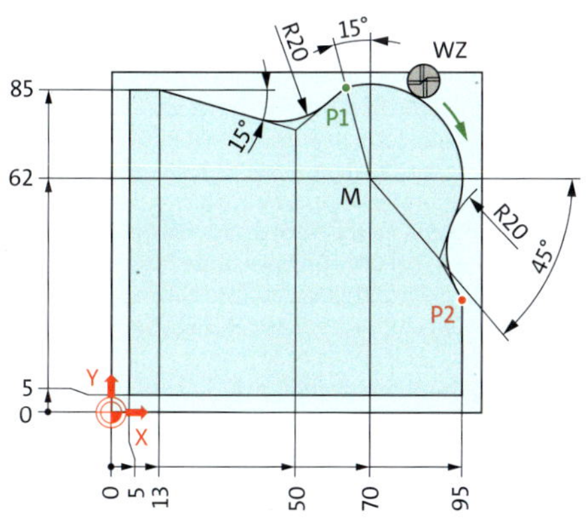

N... G90
N... G12 AP-45 IA70 JA62 RN20
N... G1 X95 Y29

im Gegenuhrzeigersinn

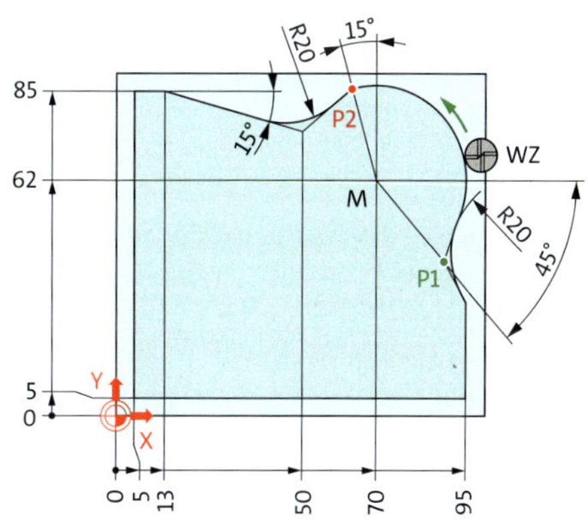

N... G90
N... G13 AI105 IA70 JA62

An- und Abfahrbewegungen

PAL

G45 Lineares tangentiales Anfahren an die Kontur

G45 G41/G42 D X/XA/XI Y/YA/YI Z/ZA/ZI W

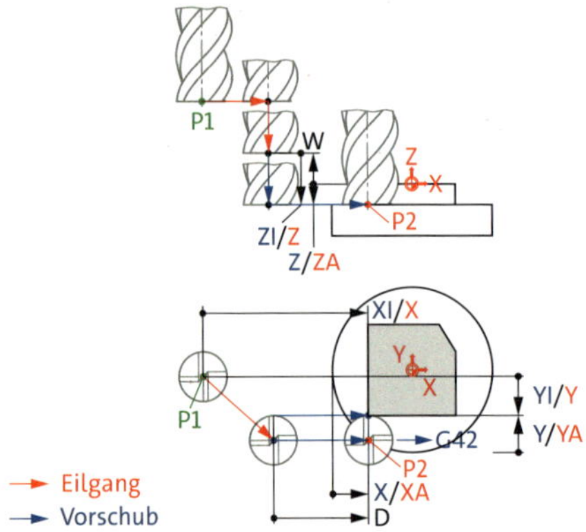

G46 Lineares tangentiales Abfahren von der Kontur

G46 D Z/ZA/ZI W

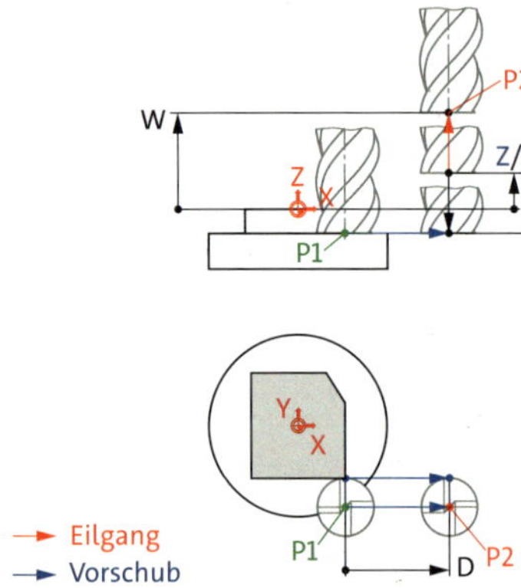

G47 Tangentiales Anfahren an eine Kontur im ¼-Kreis

G47 G41/G42 R X/XA/XI Y/YA/YI Z/ZA/ZI W

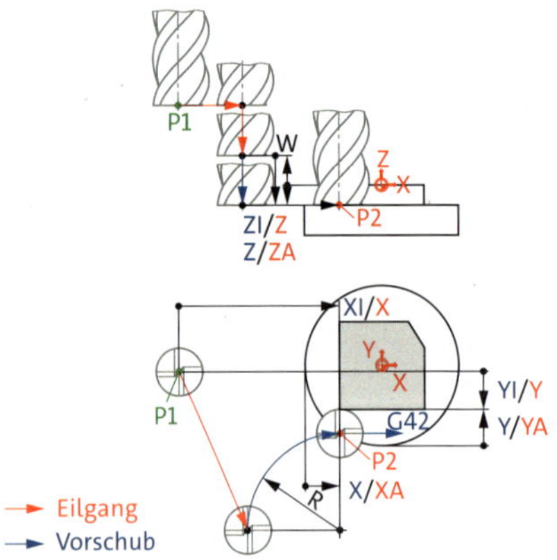

G48 Tangentiales Abfahren von einer Kontur im ¼-Kreis

G48 G40 R Z/ZA/ZI W

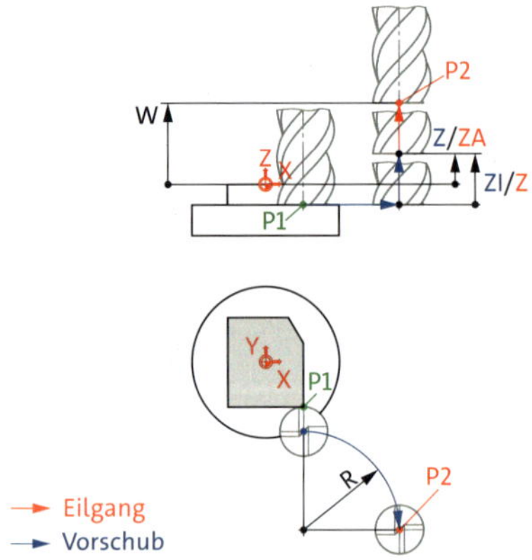

bei G90 (Werkstückkoordinatensystem):

- X absolute X-Koordinate von P1
- Y absolute Y-Koordinate von P1
- Z Zustellung absolut am Anfahrpunkt in der Z-Achse für G45/G47
  Rückzug absolut am Abfahrpunkt in der Z-Achse für G46/G48
- XI inkrementale X-Koordinate von P1
- YI inkrementale Y-Koordinate von P1
- ZI Zustellung inkremental am Anfahrpunkt in der Z-Achse für G45/G47
  Rückzug inkremental am Abfahrpunkt in der Z-Achse für G46/G48

bei G91 (Werkzeugkoordinatensystem):

- X inkrementale X-Koordinate von P1
- Y inkrementale Y-Koordinate von P1
- Z Zustellung inkremental am Anfahrpunkt in der Z-Achse für G45/G47; Rückzug inkremental am Abfahrpunkt in der Z-Achse für G46/G48
- XA absolute X-Koordinate von P1
- YA absolute Y-Koordinate von P1
- ZA Zustellung absolut am Anfahrpunkt in der Z-Achse für G45/G47; Rückzug absolut am Abfahrpunkt in der Z-Achse für G46/G48

bei G90 und G91:

- G40 Abwahl der Fräserradiuskorrektur
- G41 Anwahl der Fräserradiuskorrektur links
- G42 Anwahl der Fräserradiuskorrektur rechts
- D Länge der linearen Anfahrtbewegung bei G45 (Abstand zum 1. Konturpunkt P1);
  Länge der linearen Abfahrtbewegung bei G46 (Entfernung vom letzten Konturpunkt PE)
- R Radius der Anfahrbewegung bei G47;
  Radius der Abfahrbewegung bei G48
- W absolute Position in der Z-Achse, auf die im Eilgang zugestellt wird bei G45/G47, absolute Position in der Z-Achse, auf die im Eilgang zurückgezogen wird bei G46/G48
- E Vorschub beim Eintauchen/Zustellung
- F Vorschub beim Fräsen in der XY-Ebene
- S Drehzahl/Schnittgeschwindigkeit
- M Zusatzfunktionen

P1 – Startpunkt
P2 – Zielpunkt

An- und Abfahrbewegungen

PAL

Lineares tangentiales Anfahren	Lineares tangentiales Abfahren
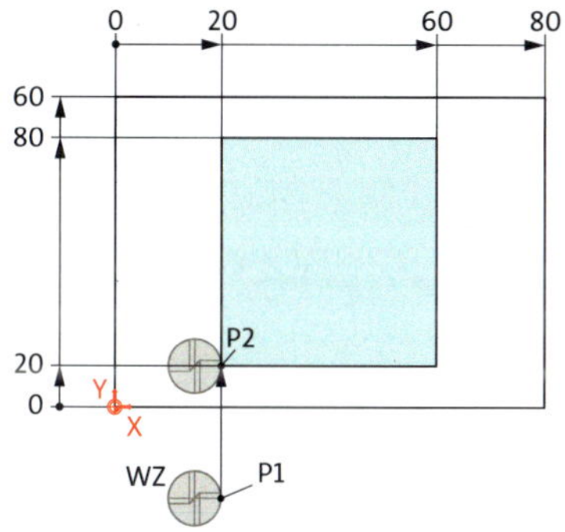	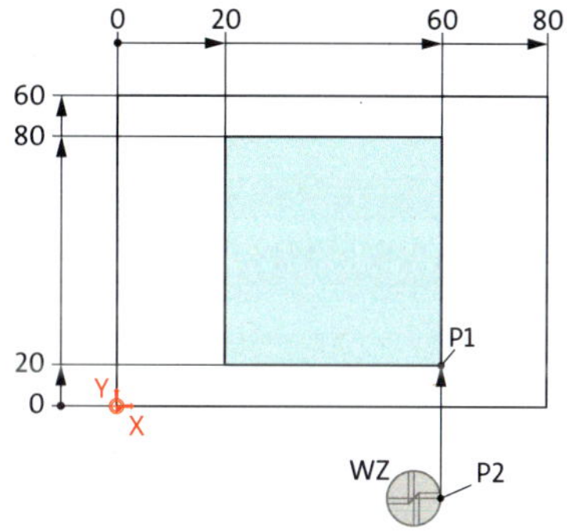
N... G90 N... G45 X20 Y10 D27 G41	N... G90 N... G46 G40 D30

Tangentiales Anfahren an eine Kontur im ¼-Kreis	Tangentiales Abfahren von einer Kontur im ¼-Kreis
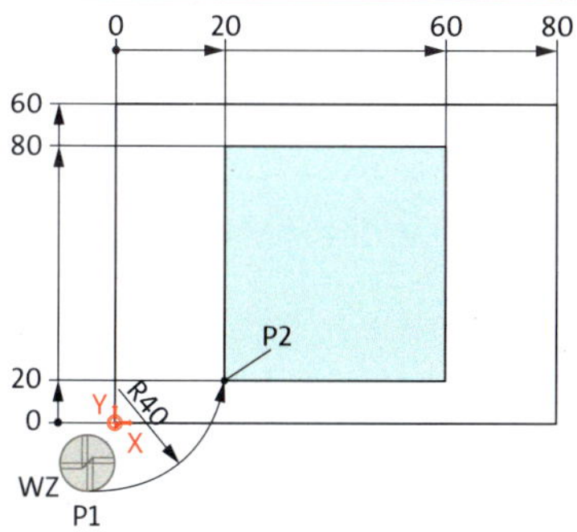	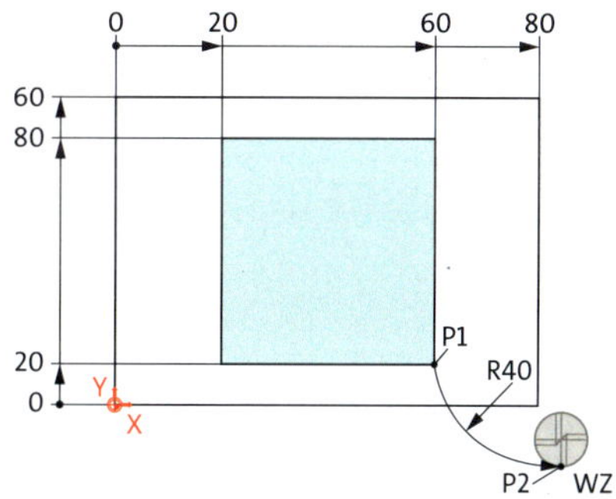
N... G90 N... G47 G41X20 Y10 R30 R40	N... G90 N... G48 R40

Unterprogramm, Programmteilwiederholung

PAL

G22 Unterprogrammaufruf

G22L H /

Pflichtadressen: G22L – Optionale Adressen: H /

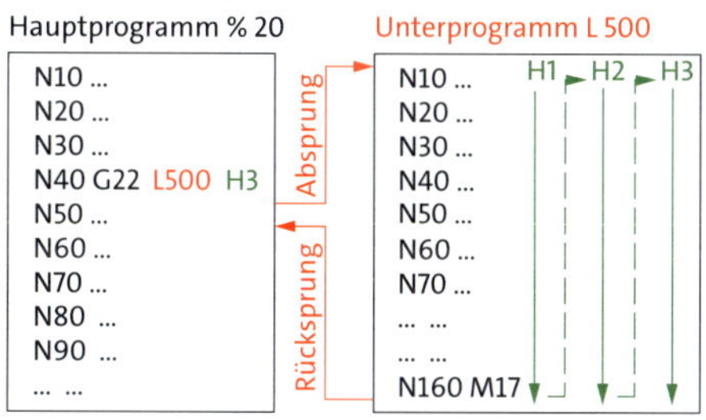

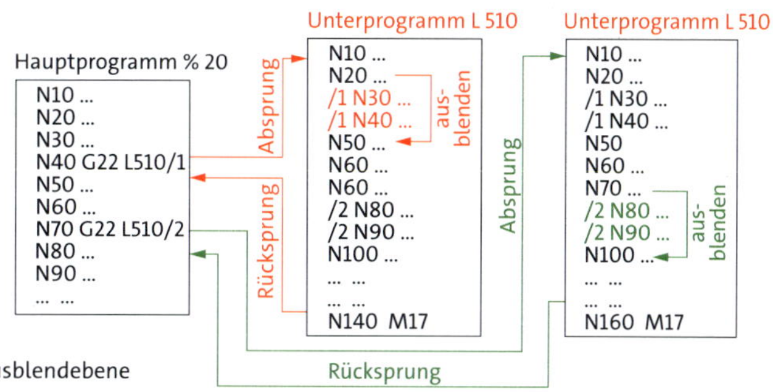

L Programmnummer des Unterprogramms
H Anzahl der Wiederholungen des Unterprogramms, Ausblendebene
Voreinstellungen: H1, keine Ausblendebene

G23 Programmteilwiederholung

G23 N N H

Pflichtadressen: G23 N N – Optionale Adresse: H

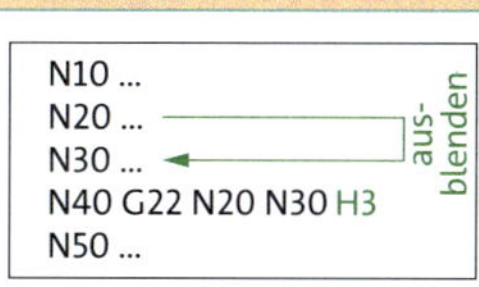

N Startsatznummer
N Endsatznummer
H Anzahl der Wiederholungen

Voreinstellung: H1

Nullpunktverschiebungen und Drehungen des Koordinatensystems PAL

G54, G55, G56, G57 Einstellbare absolute Nullpunktverschiebungen

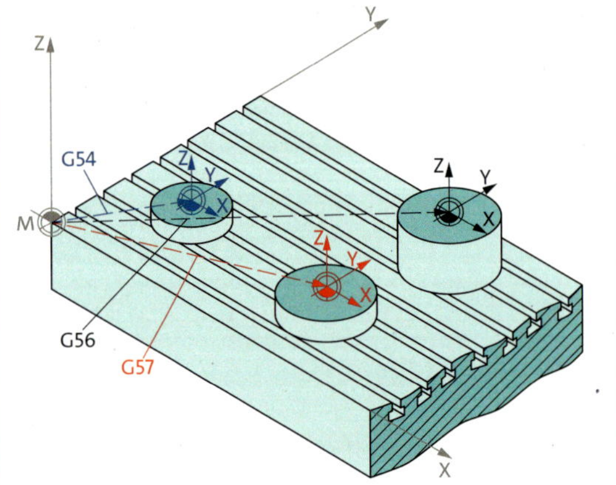

G58 Inkrementelle Nullpunktverschiebung und Drehung mit Polarkoordinaten

G58 RP AP ZA AR

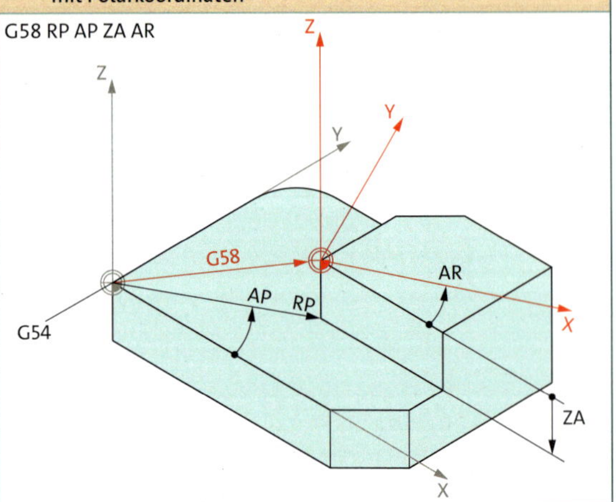

G59 Inkrementelle Nullpunktverschiebung kartesisch und Drehung

G59 XA YA ZA AR

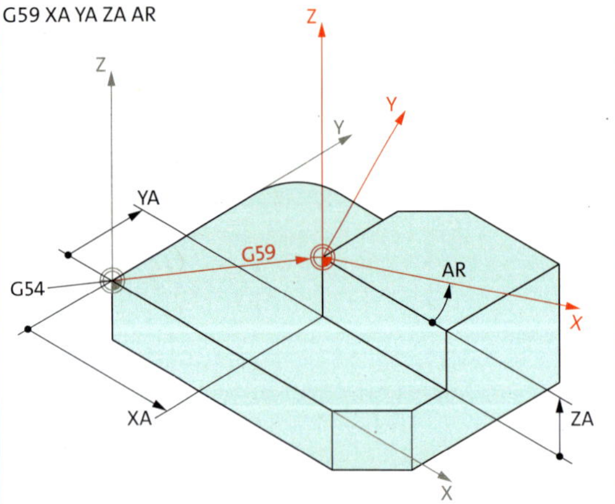

G50 Aufheben von inkrementellen Nullpunktverschiebungen und Drehungen

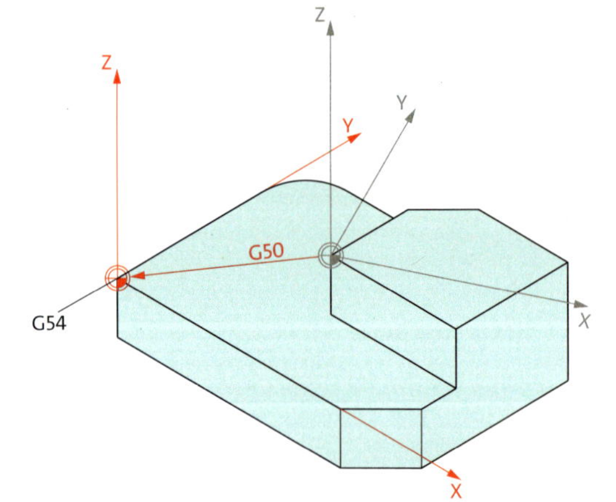

G53 Alle Nullpunktverschiebungen und Drehungen aufheben

G59 XA YA ZA AR

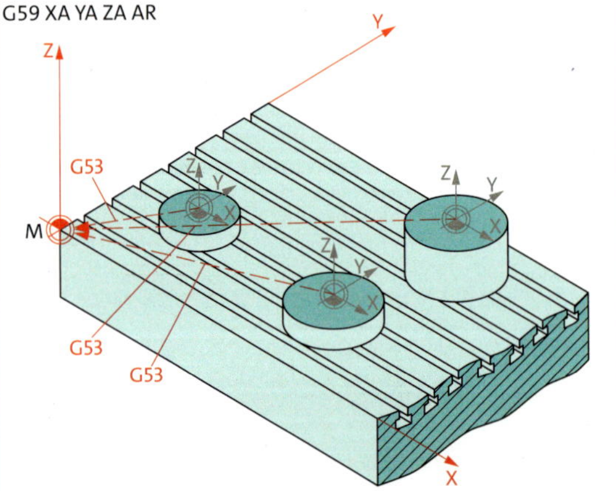

Beispiel:

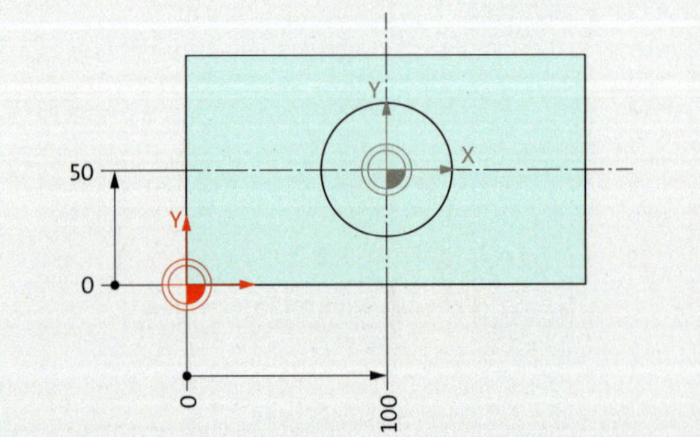

N...
N40 G59 XA100 YA50
N...

XA	absolute X-Koordinate des neuen Nullpunktes	RP	Polarradius
YA	absolute Y-Koordinate des neuen Nullpunktes	AP	Polarwinkel bezogen auf die positive 1. Geometrieachse (G17: X-Achse)
ZA	absolute Z-Koordinate des neuen Nullpunktes	AR	Drehwinkel des neuen Koordinatensystems um die Zustellachse

Programmzyklen PAL

G72 Rechtecktaschenfräszyklus

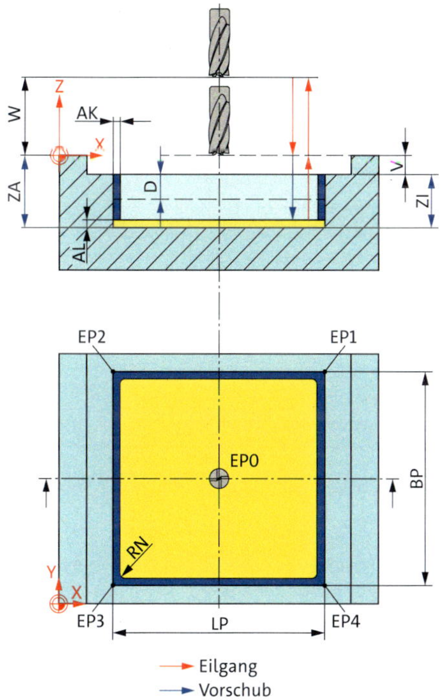

G72 ZI/ZA LP BP D V RN W AK AL EP DB RH AE O Q H BS E F S M

Pflichtadressen: G72 ZI/ZA LP BP D V — Optionale Adressen: RN W AK AL EP DB RH AE O Q H BS E F S M

ZI	Tiefe der Rechtecktasche inkremental ab Materialoberfläche
ZA	Tiefe der Rechtecktasche absolut in Werkstückkoordinaten
LP	Länge der Tasche (1. Geometrieachse)
BP	Breite der Tasche (2. Geometrieachse)
D	maximale Zustelltiefe
V	Abstand der Sicherheitsebene von der Materialoberfläche
RN	Eckenradius der abgerundeten Rechtecktasche; *Voreinstellung:* RN0
W	Höhe der Rückzugsebene absolut in Werkstückkoordinaten; *Voreinstellung:* W = V
AK	Aufmaß auf die Berandung; *Voreinstellung:* AK0
AL	Aufmaß auf den Taschen- bzw. Nutboden; *Voreinstellung:* AL0
EP	Setzpunktfestlegung (Aufrufpunkt) für den Zyklusaufruf
H1	Schruppen
H4	Schlichten
H14	Schruppen und Schlichten
E	Vorschub beim Eintauchen; *Voreinstellung:* E = aktueller Vorschub F

G73 Kreistaschen- und Zapfenfräszyklus

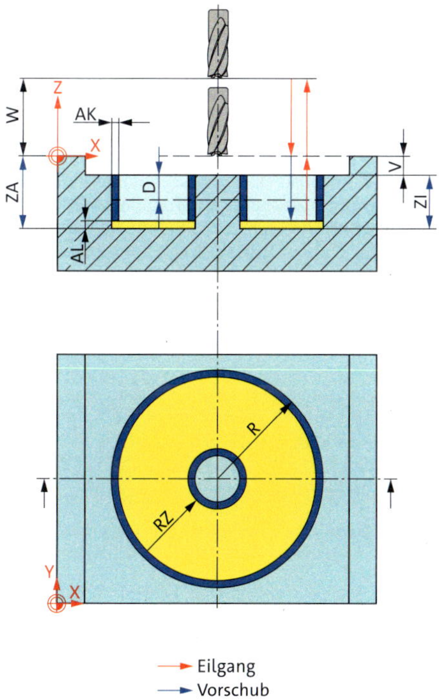

G73 ZI/ZA R D V W RZ AK AL DB RH AE O Q H E F S M

Pflichtadressen: G73 ZI/ZA R D V — Optionale Adressen: W RZ AK AL DB RH AE O Q H E F S M

ZI	Tiefe der Kreistasche inkremental ab Materialoberfläche
ZA	Tiefe der Kreistasche absolut in Werkstückkoordinaten
R	Radius der Kreistasche
D	maximale Zustelltiefe
D+	zirkulares Ausräumen
D–	spiralförmiges Ausräumen
V	Abstand der Sicherheitsebene von der Materialoberfläche
W	Höhe der Rückzugsebene absolut in Werkstückkoordinaten; *Voreinstellung:* W = V
RZ	Radius des optionalen Zapfens; *Voreinstellung:* RZ0
AK	Aufmaß auf die Berandung; *Voreinstellung:* AK0
AL	Aufmaß auf den Taschen- bzw. Nutboden; *Voreinstellung:* AL0
H1	Schruppen
H4	Schlichten
H14	Schruppen und Schlichten
E	Vorschub beim Eintauchen; *Voreinstellung:* E = aktueller Vorschub F

Eine Festlegung der Position, Anzahl und Drehung der Rechteck- und Kreistaschen erfolgt über einen Zyklusaufruf (G76 ... G79).

Programmzyklen

PAL

G74 Nutenfräszyklus

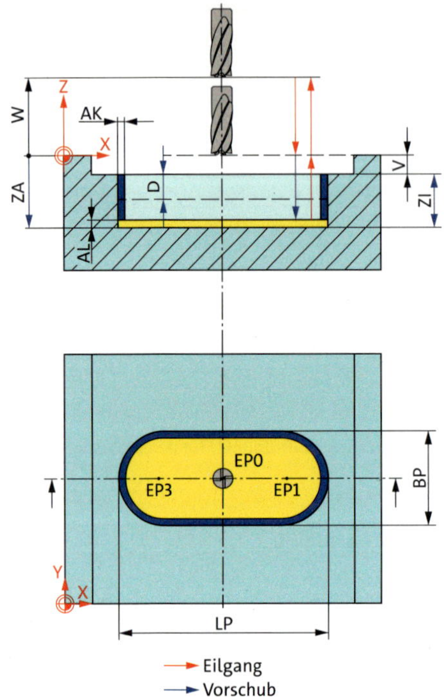

G74 ZI/ZA LP BP D V W AK AL EP AE O Q H E F S M

Pflichtadressen — Optionale Adressen

ZI Tiefe der Nut inkremental ab Materialoberfläche
ZA Tiefe der Nut absolut in Werkstückkoordinaten
LP Länge der Nut (1. Geometrieachse)
BP Breite der Nut (2. Geometrieachse)
D maximale Zustelltiefe für stufenweises Ausräumen der Nut
D+ stufenweises Ausräumen bis zum Nutrand
D– Vorfräsen bis auf Nuttiefe und Ausräumen bis zum Nutrand in einem abschließenden Arbeitsgang
V Abstand der Sicherheitsebene von der Materialoberfläche

W Höhe der Rückzugsebene absolut in Werkstückkoordinaten; *Voreinstellung:* W = V
AK Aufmaß auf die Berandung; *Voreinstellung:* AK0
AL Aufmaß auf den Taschen- bzw. Nutboden; *Voreinstellung:* AL0
EP Setzpunktfestlegung (Aufrufpunkt) für den Zyklusaufruf
H1 Schruppen
H4 Schlichten
H14 Schruppen und Schlichten
E Vorschub beim Eintauchen; *Voreinstellung:* E = aktueller Vorschub F

Fräserdurchmesser: 55 % ... 90 % der Nutbreite

G75 Kreisbogennut-Fräszyklus

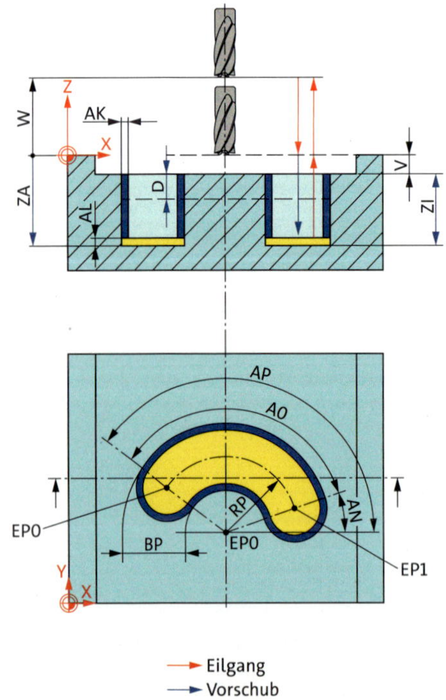

G75 ZI/ZA BP RP AN/AO AO/AP D V W AK AL EP AE O Q H E F S M

Pflichtadressen — Optionale Adressen

ZI Tiefe der Nut inkremental ab Materialoberfläche
ZA Tiefe der Nut absolut in Werkstückkoordinaten
BP Breite der Nut
RP Radius der Nut
AN polarer Startwinkel des Mittelpunkts des Nutanfangshalbkreises
AO polarer Öffnungswinkel zwischen den Mittelpunkten der Nut
AP polarer Endwinkel des Mittelpunkts des Nutabschlusshalbkreises
D maximale Zustelltiefe für stufenweises Ausräumen der Nut
D+ stufenweises Ausräumen bis zum Nutrand
D– Vorfräsen bis auf Nuttiefe und Ausräumen bis zum Nutrand in einem abschließenden Arbeitsgang
V Abstand der Sicherheitsebene von der Nutoberkante

W Höhe der Rückzugsebene absolut in Werkstückkoordinaten; *Voreinstellung:* W = V
AK Aufmaß auf die Berandung; *Voreinstellung:* AK0
AL Aufmaß auf den Taschen- bzw. Nutboden; *Voreinstellung:* AL0
EP Setzpunktfestlegung
H1 Schruppen
H4 Schlichten
H14 Schruppen und Schlichten
E Vorschub beim Eintauchen; *Voreinstellung:* E = aktueller Vorschub F

Fräserdurchmesser: 55 % ... 90 % der Nutbreite

Eine Festlegung der Position, Anzahl und Drehung der Nuten erfolgt über einen Zyklusaufruf (G76 ... G79).

Programmzyklen					PAL
Optionale Adressen für die Fräszyklen G72 bis G75					
G72	G73	G74	G75	Optionale Adresse	
X	X	X	X	W	Höhe der Rückzugsebene absolut in Werkstückkoordinaten; *Voreinstellung:* W = V
X	–	–	–	RN	Eckenradius der abgerundeten Rechtecktasche; *Voreinstellung:* RN0
–	X	–	–	RZ	Radius des optionalen Zapfens; *Voreinstellung:* RZ0
X	X	X	X	AK	Aufmaß auf die Berandung; *Voreinstellung:* AK0
X	X	X	X	AL	Aufmaß auf den Taschen- bzw. Nutboden; *Voreinstellung:* AL0
				EP	Setzpunktfestlegung (Aufrufpunkt) für den Zyklusaufruf
X	–	–	–		EP0 Taschenmittelpunkt; *Voreinstellung:* EP0
–	–	X	–		EP0 Nutmittelpunkt
–	–	–	X		EP0 Mittelpunkt der Kreisbogennut; *Voreinstellung:* EP3
X	–	–	–		EP1 Eckpunkt im 1. Quadranten eines Achsenkreuzes im Taschenmittelpunkt
–	–	X	–		EP1 Mittelpunkt des rechten oder oberen Abschlusshalbkreises
–	–	–	X		EP1 Mittelpunkt des Nutanfangshalbkreises
X	–	–	–		EP2 Eckpunkt im 2. Quadranten eines Achsenkreuzes im Taschenmittelpunkt
X	–	–	–		EP3 Eckpunkt im 3. Quadranten eines Achsenkreuzes im Taschenmittelpunkt
–	–	X	–		EP3 Mittelpunkt des linken bzw. unteren Abschlusshalbkreises; *Voreinstellung:* EP3
–	–	–	X		EP3 Mittelpunkt des Nutabschlusshalbkreises
X	–	–	–		EP4 Eckpunkt im 4. Quadranten eines Achsenkreuzes im Taschenmittelpunkt
X	X	–	–	DB	Fräserbahnüberdeckung in Prozent; *Voreinstellung:* DB80
X	X	–	–	RH	Radius der Mittelpunktbahn der Helixzustellung. Bei zu kleinen Taschenmaßen wird der Radius automatisch reduziert. *Voreinstellung:* Werkzeugradius
X	X	X	X	AE	Werkzeug-Eintauchwinkel; *Voreinstellung:* AE aus Korrekturwertspeicher
				O	Zustellbewegung
X	X	X	X		O1 senkrechtes Eintauchen des Werkzeugs; *Voreinstellung:* O1
X	X	–	–		O2 Eintauchen des Werkzeugs in einer Schraubenlinienbewegung (Helix)
–	–	X	X		O2 pendelndes Eintauchen des Werkzeugs
				Q	Bearbeitungsrichtung
X	X	X	X		Q1 Gleichlauf; *Voreinstellung:* Q1
X	X	X	X		Q2 Gegenlauf
X	–	–	–		Q3 Planen im Schruppbetrieb mit bidirektionaler Bearbeitung oder Gegenlauf bei der Taschenbearbeitung oder beim Schlichten
				H	Bearbeitungsart
X	X	X	X		H1 Schruppen; *Voreinstellung:* H1
X	–	–	–		H2 Planschruppen der Rechteckflache mit Überfahren des Randes durch Abzeilen parallel zur 1. Geometrieachse der ungedrehten Tasche über die Rechteckfläche hinaus und mit ansteigenden Abzeilkoordinaten in der 2. Geometrieachse
–	X	–	–		H2 Planschruppen zirkular von ausen nach innen mit der unter DB bestimmten Zustellung unter Überlappung des Randes oder entsprechendes Freistellen des Zapfens
X	X	X	X		H4 Schlichten mit tangentialem Anfahren der Kontur; Aufmaß wird zuerst am Rand und dann am Boden abgefräst.
X	X	–	–		H8 Planschlichten der Tasche; analog zu H2
X	X	X	X		H14 Schruppen und anschließendes Schlichten (gleiches Werkzeug)
X	X	–	–		H28 Planschruppen und Planschlichten (gleiches Werkzeug)
				BS	Berandungsfestlegung für die Bearbeitungsart H2
X	–	–	–		BS0 Planschruppen ohne Berandung; *Voreinstellung:* BS0
X	–	–	–		BS1 Berandung rechts in Richtung X+
X	–	–	–		BS2 Berandung links in Richtung X–
X	–	–	–		BS3 Berandung oben in Richtung Y+
X	–	–	–		BS4 Berandung unten in Richtung Y–
X	X	X	X	E	Vorschub beim Eintauchen; *Voreinstellung:* E = aktueller Vorschub F
X	X	X	X	F	Vorschub beim Frasen in der X-Y-Ebene; *Voreinstellung:* aktueller Vorschub
X	X	X	X	S	Drehzahl/Schnittgeschwindigkeit; *Voreinstellung:* aktuelle Drehzahl/Schnittgeschwindigkeit
X	X	X	X	M	Zusatzfunktionen
Hinweis: Wird eine optionale Adresse nicht programmiert, gilt die Voreinstellung.					

4

Zyklusaufrufe — PAL

G76 Mehrfachzyklusaufruf auf einer Geraden – Lochreihe

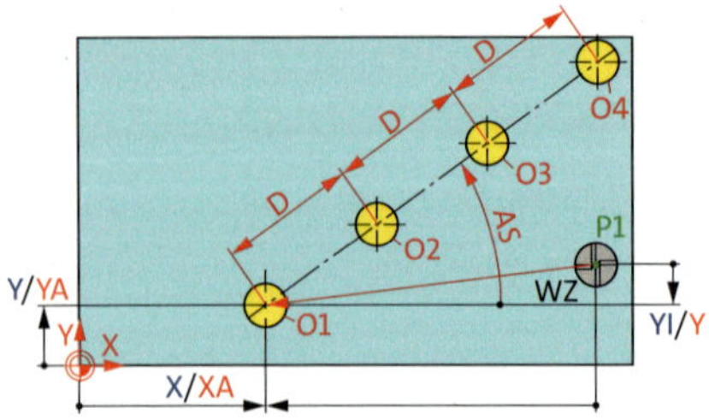

G76 AS D O X/XI/XA Y/YI/YA Z/ZI/ZA AR W H

Pflichtparameter — Optionale Adressen

AS Winkel der Zyklusaufrufrichtung bezogen auf die positive 1. Geometrieachse (G17: X-Achse)
+ entgegen dem Uhrzeigersinn; – im Uhrzeigersinn
D Abstand der Zyklusaufrufpunkte auf der Geraden
O Anzahl der Zyklusaufrufpunkte auf der Geraden

X/Y/Z absolute oder inkrementale Koordinaten (G90/G91)
XI/YI/ZI inkrementale Koordinaten
XA/YA/ZA absolute Koordinaten
AR Drehwinkel
H Rückfahrposition, H1 Anfahren der Sicherheitsebene zwischen zwei Positionen, Rückzugsebene nach letzter Position;
H2 Anfahren der Rückzugsposition zwischen zwei Positionen

P1 Startpunkt

Ein Programmzyklus (z. B. G72) wird an den Positionen der programmierten Lochreihe ausgeführt.

G77 Mehrfachzyklusaufruf auf einem Teilkreis – Lochkreis

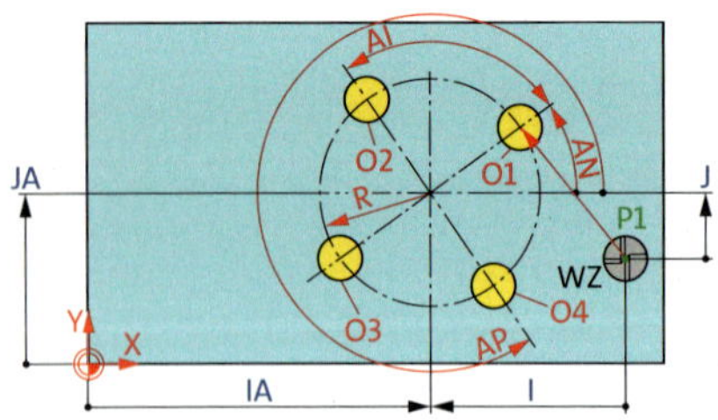

G77 R AN/AI AI/AP O I/IA J/JA Z/ZI/ZA AR Q W H

Pflichtparameter — Optionale Adressen

R Radius des Teilkreises
AN polarer Winkel des 1. Zyklusaufrufpunktes bezogen auf die positive 1. Geometrieachse (G17: X-Achse)
AI Inkrementwinkel zwischen zwei benachbarten Zyklusaufrufpositionen
AP polarer Winkel der letzten Zyklusaufrufposition
O Anzahl der Zyklusaufrufpunkte auf dem Teilkreis

I/IA Mittelpunktkoordinate in X
J/JA Mittelpunktkoordinate in Y
Z absolute oder inkrementale Z-Koordinaten (G90/G91)
ZA absolute Z-Koordinaten
ZI inkrementale Z-Koordinaten
H Rückfahrposition
H1 Sicherheitsebene wird zwischen zwei Positionen angefahren, Anfahren der Rückzugsebene nach letzter Position; *Voreinstellung:* H1
H3 wie H1, die nächste Position wird im Teilkreis angefahren
AR Drehwinkel
Q Orientierung des zu bearbeitenden Objekts;
O1 Mitdrehen O2 feste Orientierung; *Voreinstellung:* O1

P1 Startpunkt

Ein Programmzyklus (z. B. G72) wird an den Positionen des programmierten Teilkreises ausgeführt.

G78 Zyklusaufruf auf einem Punkt – Polarkoordinaten

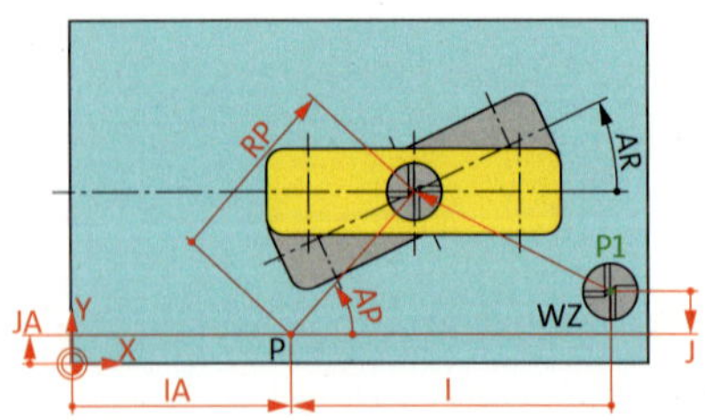

G78 I/IA J/JA RP AP Z/ZI/ZA AR W

Pflichtparameter — Optionale Adressen

I/IA X-Koordinate des Polzentrums
I X-Differenz zwischen Istposition und Polzentrum
IA absolute X-Koordinate des Polzentrums
J/JA X-Koordinate des Polzentrums
J Y-Differenz zwischen Istposition und Polzentrum
JA absolute Y-Koordinate des Polzentrums
RP Polradius
AP Polwinkel

Z absolute oder inkrementale Z-Koordinaten (G90/G91)
ZA absolute Z-Koordinaten
ZI inkrementale Z-Koordinaten
AR Drehwinkel

P1 Startpunkt

Ein Programmzyklus (z. B. G72) wird an der Position des programmierten Punktes ausgeführt. P1 – Startpunkt

Zyklusaufrufe PAL

G79 Zyklusaufruf an einem Punkt – kartesische Koordinaten

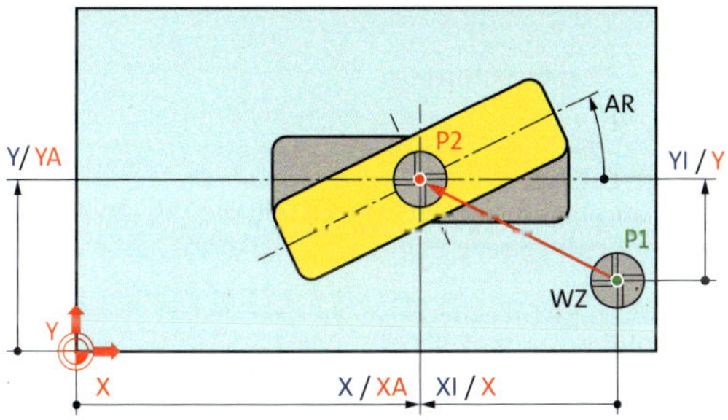

P1 – Startpunkt, P2 – Zielpunkt

G79 X/XI/XA Y/YI/YA Z/ZI/ZA AR W

Pflichtadresse Optionale Adressen

X/Y/Z	absolute Koordinaten bei G90, inkrementale Koordinaten bei G91
XI/YI/ZI	inkrementale Koordinaten bei G90
XA/YA/ZA	absolute Koordinaten bei G91
AR	Drehwinkel

Ein Programmzyklus (z. B. G72) wird an der Position des programmierten Punktes ausgeführt.
P1 – Startpunkt

Zyklusaufrufe PAL

Optionale Adressen für die Zyklusaufrufe G76 bis G79

G76	G77	G78	G79	Optionale Adresse	
X	X	X	X	Z	Materialoberfläche absolut bei G90
X	X	X	X	ZI	Materialoberfläche inkremental bei G90
X	X	X	X	Z	Materialoberfläche inkremental bei G91
X	X	X	X	ZA	Materialoberfläche absolut bei G91
–	X	–	–	IA	X-Mittelpunktkoordinate absolut in Werkstückkoordinaten
–	X	–	–	I	X-Koordinatendifferenz zwischen Startpunkt und Teilkreismittelpunkt; *Voreinstellung:* I0
–	X	–	–	JA	Y-Mittelpunktkoordinate absolut in Werkstückkoordinaten
–	X	–	–	I	Y-Koordinatendifferenz zwischen Startpunkt und Teilkreismittelpunkt; *Voreinstellung:* J0
X	X	X	X	AR	Drehwinkel des zu bearbeitenden Objektes, bezogen auf die positive 1. Geometrieachse *Voreinstellung:* AR0
				Q	Orientierung des zu bearbeitenden Objekts
–	X	–	–		Q1 Mitdrehen des Objekts; *Voreinstellung:* Q1
–	X	–	–		Q2 feste Orientierung des zu bearbeitenden Objekts
				H	Rückfahrposition
X	X	–	–		H1 Anfahren der Sicherheitsebene zwischen zwei Positionen; Anfahren der Rückzugsebene nach letzter Position; *Voreinstellung:* H1
X	X	–	–		H2 Anfahren der Rückzugsebene zwischen zwei Positionen
–	X	–	–		H3 wie H1, jedoch Anfahren des nächsten Zyklusaufrufpunktes auf dem Teilkreis

Bohrzyklen PAL

G81 Bohrzyklus

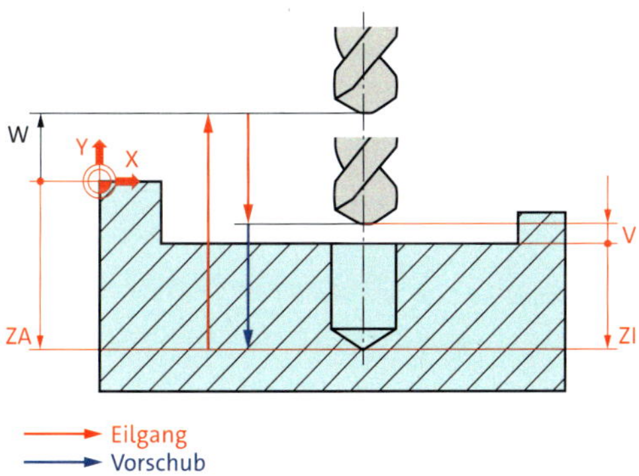

G81 ZI/ZA V W F S M

Pflichtadressen Optionale Adressen

ZI	Bohrungstiefe inkremental ab Materialoberfläche
ZA	Bohrungstiefe absolut in Werkstückkoordinaten
V	Abstand der Sicherheitsebene über der Materialoberfläche
W	Höhe der Rückzugsebene absolut in Werkstückkoordinaten; *Voreinstellung*: W = V
F	Vorschub
S	Drehzahl/Schnittgeschwindigkeit
M	Zusatzfunktionen

4

Bohrzyklen

PAL

G82 Bohrzyklus mit Spanbruch

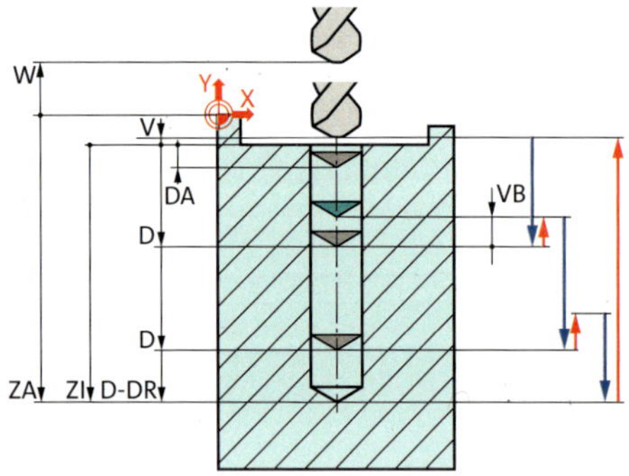

G82 ZI/ZA D V W VB DR DM U O DA E F S M

Pflichtadressen — Optionale Adressen

ZI	Bohrungstiefe inkremental ab Materialoberfläche
ZA	Bohrungstiefe absolut – Werkstückkoordinaten
D	Bohrungstiefe absolut – Werkstückkoordinaten
V	Abstand der Sicherheitsebene über der Materialoberfläche
W	Höhe der Rückzugsebene absolut in Werkstückkoordinaten; *Voreinstellung*: W = V
VB	Rückzugsabstand vom Bohrungsgrund; *Voreinstellung*: VB1
DR	Reduzierwert der Zustelltiefe; *Voreinstellung*: DR0
DM	Mindestzustellung; Voreinstellung: DM = 0,5 x Werkzeugradius
U	Verweilzeit am Bohrgrund zum Spanbruch; *Voreinstellung*: U1; 1 Sekunde bei O1; 1 Umdrehung bei O2
O	Maßeinheit der Verweilzeit; O1 Verweilzeit in Sekunden O2 Verweilzeit in Umdrehungen; *Voreinstellung*: O2
DA	Anbohrtiefe inkremental ab Materialoberfläche; *Voreinstellung*: DA0
E	Anbohrvorschub; *Voreinstellung*: E = F
F	Vorschub
S	Drehzahl/Schnittgeschwindigkeit
M	Zusatzfunktionen

G83 Bohrzyklus mit Spanbruch und Entspänen

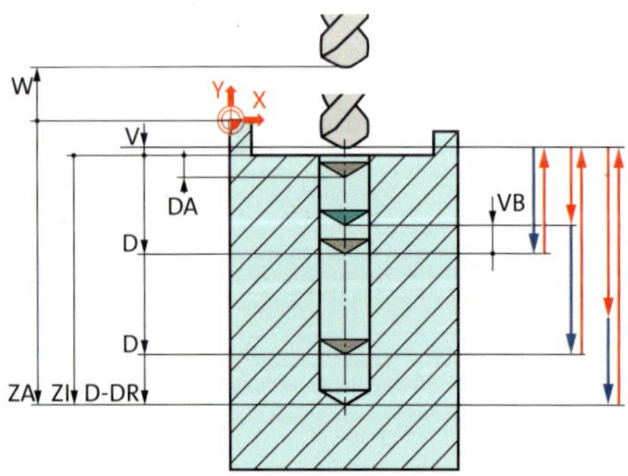

G83 ZI/ZA D V W VB DR DM U O DA E FR F S M

Pflichtadressen — Optionale Adressen

ZI	Bohrungstiefe inkremental ab Materialoberfläche
ZA	Bohrungstiefe absolut in Werkstückkoordinaten
D	Zustelltiefe
V	Abstand der Sicherheitsebene über der Materialoberfläche
W	Höhe der Rückzugsebene absolut in Werkstückkoordinaten; *Voreinstellung*: W = V
VB	Rückzugsabstand vom Bohrungsgrund; *Voreinstellung*: VB1
DR	Reduzierwert der Zustelltiefe; *Voreinstellung*: DR0
DM	Mindestzustellung; *Voreinstellung*: DM = 0,5 x Werkzeugradius
U	Verweilzeit am Bohrgrund zum Spanbruch und Entspänen *Voreinstellung*: U1; 1 Sekunde bei O1; 1 Umdrehung bei O2
O	Maßeinheit der Verweilzeit; O1 Verweilzeit in Sekunden O2 Verweilzeit in Umdrehungen; *Voreinstellung*: O2
DA	Anbohrtiefe inkremental ab Materialoberfläche; *Voreinstellung*: DA0
E	Anbohrvorschub; *Voreinstellung*: E = F
FR	Eilgangreduzierung: Reduzierung der Eilganggeschwindigkeit in Prozent; *Voreinstellung*: FR100; keine Reduzierung
F	Vorschub
S	Drehzahl/Schnittgeschwindigkeit
M	Zusatzfunktionen

Eine Festlegung der Position und Anzahl der Bohrungen erfolgt über einen Zyklusaufruf (G76 ... G79).

Bohrzyklen

PAL

G84 Gewindebohrzyklus

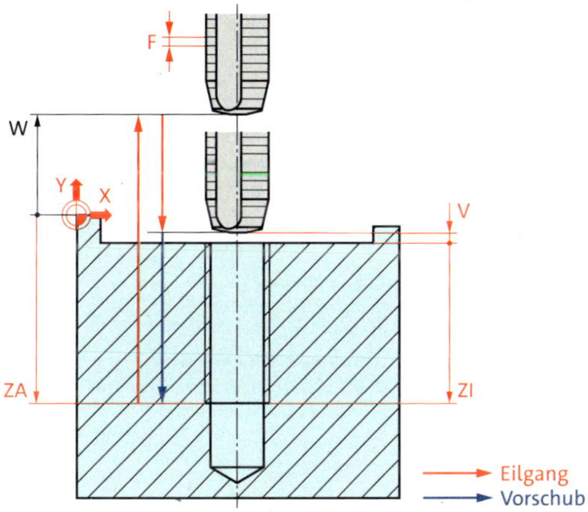

G84 ZI/ZA F M V W S M

Pflichtadressen Optionale Adressen

- ZI Gewindetiefe inkremental ab Materialoberfläche
- ZA Gewindetiefe absolut in Werkstückkoordinaten
- F Gewindesteigung
- M Drehrichtung des Werkzeugs beim Eintauchen
  - M3 bei Rechtsgewinde
  - M4 bei Linksgewinde
- V Abstand der Sicherheitsebene von der Materialoberfläche

- W Höhe der Rückzugsebene absolut in Werkstückkoordinaten; *Voreinstellung*: W = V
- S Drehzahl/Schnittgeschwindigkeit
- M Zusatzfunktionen

G85 Reibzyklus

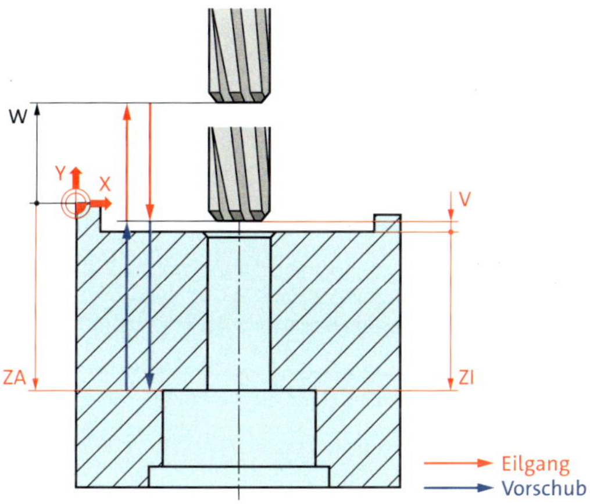

G85 ZI/ZA V W E F S M

Pflichtadressen Optionale Adressen

- ZI Reibtiefe inkremental ab Materialoberfläche
- ZA Reibtiefe absolut in Werkstückkoordinaten
- V Abstand der Sicherheitsebene über der Materialoberfläche

- W Höhe der Rückzugsebene absolut in Werkstückkoordinaten; *Voreinstellung*: W = V
- E Anbohrvorschub; *Voreinstellung*: E = F
- F Vorschub
- S Drehzahl/Schnittgeschwindigkeit
- M Zusatzfunktionen

G86 Ausdrehzyklus

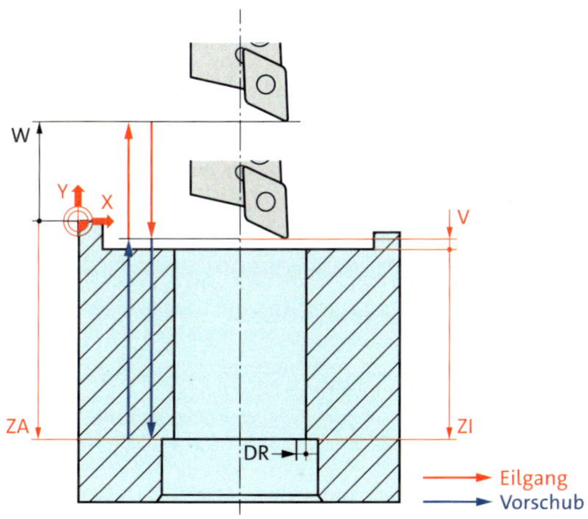

G86 ZI/ZA V W DR F S M

Pflichtadressen Optionale Adressen

- ZI Ausdrehtiefe inkremental ab Materialoberfläche
- ZA Ausdrehtiefe absolut in Werkstückkoordinaten
- V Abstand der Sicherheitsebene über der Materialoberfläche

- W Höhe der Rückzugsebene absolut in Werkstückkoordinaten; *Voreinstellung*: W = V
- DR Reduzierwert der Zustelltiefe; *Voreinstellung*: DR0
- F Vorschub
- S Drehzahl/Schnittgeschwindigkeit
- M Zusatzfunktionen

Eine Festlegung der Position und Anzahl der Bohrungen erfolgt über einen Zyklusaufruf (G76 ... G79).

Bohrzyklen

PAL

G87 Bohrfräszyklus

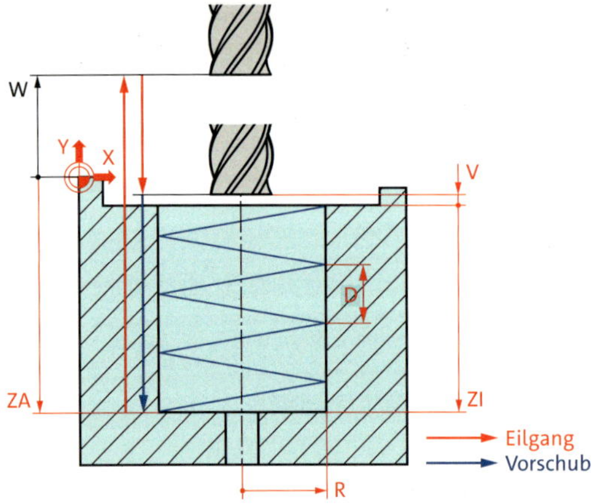

G87 ZI/ZA R D V W BG F S M

Pflichtadressen Optionale Adressen

- ZI Bohrungstiefe inkremental ab Materialoberfläche
- ZA Bohrungstiefe absolut in Werkstückkoordinaten
- R Radius der Bohrung
- D Zustellung pro Schraubenlinie (Steigung pro Helixumdrehung)
- V Abstand der Sicherheitsebene über der Materialoberfläche

- W Höhe der Rückzugsebene absolut in Werkstückkoordinaten; *Voreinstellung*: W = V
- BG Bearbeitungsrichtung des Werkzeugs
  BG2: Bearbeitungsrichtung im Uhrzeigersinn
  BG3: Bearbeitungsrichtung im Gegenuhrzeigersinn; *Voreinstellung*: BG2
- F Vorschub
- S Drehzahl/Schnittgeschwindigkeit
- M Zusatzfunktionen

G88 Innengewindefräszyklus

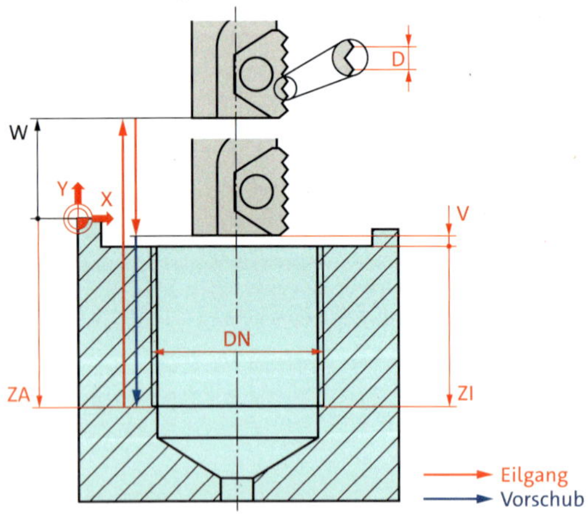

G88 ZI/ZA DN D Q V W BG F S M

Pflichtadressen Optionale Adressen

- ZI Gewindetiefe inkremental ab Materialoberfläche
- ZA Gewindetiefe absolut in Werkstückkoordinaten
- DN Nenndurchmesser des Innengewindes
- D Gewindesteigung (Zustellung pro Helixbewegung)
  D+ Bearbeitung von oben nach unten
  D– Bearbeitung von unten nach oben
- Q Gewinderillenzahl des Werkzeugs
- V Abstand der Sicherheitsebene über der Materialoberfläche

- W Höhe der Rückzugsebene absolut in Werkstückkoordinaten; *Voreinstellung*: W = V
- BG Bearbeitungsrichtung des Werkzeugs
  BG2: Bearbeitungsrichtung im Uhrzeigersinn
  BG3: Bearbeitungsrichtung im Gegenuhrzeigersinn; *Voreinstellung*: BG2
- F Vorschub
- S Drehzahl/Schnittgeschwindigkeit
- M Zusatzfunktionen

G89 Außengewindefräszyklus

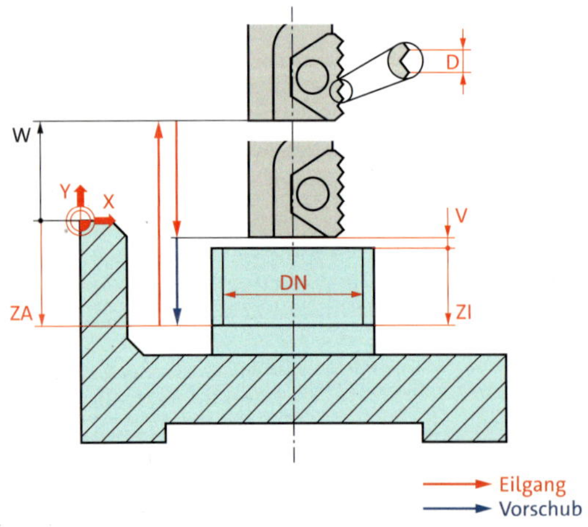

G89 ZI/ZA DN D Q V W BG F S M

Pflichtadressen Optionale Adressen

- ZI Gewindetiefe inkremental ab Materialoberfläche
- ZA Gewindetiefe absolut in Werkstückkoordinaten
- DN Kerndurchmesser des Außengewindes
- D Gewindesteigung (Zustellung pro Helixbewegung)
  D+ Bearbeitung von oben nach unten
  D– Bearbeitung von unten nach oben
- Q Gewinderillenzahl des Werkzeugs
- V Abstand der Sicherheitsebene über der Materialoberfläche

- W Höhe der Rückzugsebene absolut in Werkstückkoordinaten; *Voreinstellung*: W = V
- BG Bearbeitungsrichtung des Werkzeugs
  BG2: Bearbeitungsrichtung im Uhrzeigersinn
  BG3: Bearbeitungsrichtung im Gegenuhrzeigersinn; *Voreinstellung*: BG2
- F Vorschub
- S Drehzahl/Schnittgeschwindigkeit
- M Zusatzfunktionen

Die Positionen und Anzahl der Bohrungen und Gewinde werden über die Zyklusaufrufe G76, G77, G78 und G79 programmiert.

Konturtaschenzyklus

PAL

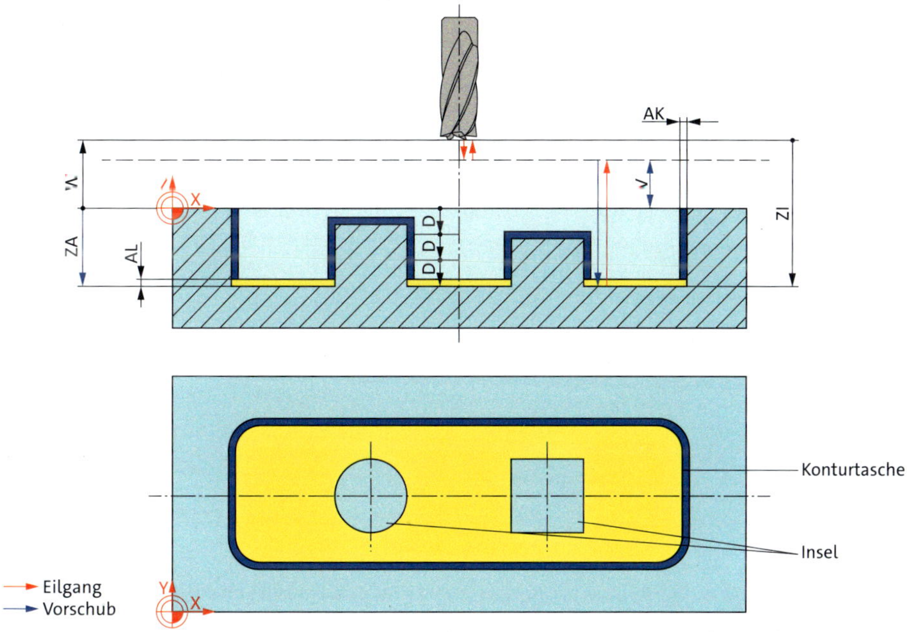

Das Fräsen von Konturtaschen wird durch die Abfolge mehrerer Befehle sichergestellt.

Code	Bedeutung
G34	Eröffnung des Konturtaschenzyklus G34 ZI/ZA AK AL RA RI Pflichtadressen Optionale Adressen ZI Taschentiefe inkremental ab Materialoberfläche ZA Taschentiefe absolut-Werkstückkoordinaten AK Aufmaß auf die Berandung, *Voreinstellung:* AK0 AL Aufmaß auf den Taschenboden, *Voreinstellung:* AL0
G35	Schrupptechnologie des Konturtaschenzyklus G35 T D V TC/TR/TL DM DB RH AE DH O Q RA E F S FM DV M M Pflichtadressen Optionale Adressen T Werkzeugaufruf D max. Zustelltiefe ab Materialoberfläche S Drehzahl/Schnittgeschwindigkeit F Vorschub beim Fräsen E Vorschub beim Eintauchen
G37	Schlichttechnologie des Konturtaschenzyklus G37 T D V TC/TR/TL DM DB RH AE DH O Q H VA E F S FM DV M M Pflichtadressen Optionale Adressen T Werkzeugaufruf D max. Zustelltiefe ab Materialoberfläche S Drehzahl/Schnittgeschwindigkeit F Vorschub beim Fräsen E Vorschub beim Eintauchen H4 Schlichten (Abfräsen der Aufmaße, Abfolge: zuerst Rand anschließend Boden)

4

Konturtaschenzyklus PAL

Code	Bedeutung
G38	Konturbeschreibung des Konturtaschenzyklus G38 H (Pflichtadressen) ZI/ZA IA JA R LP BP RN AR (Optionale Adressen) H1 Tasche H2 Insel H3 Tasche in Insel H4 Loch (ohne Material)
G80	Abschluss einer Konturbeschreibung nach G38 (Tasche oder Insel) G80 (Pflichtadressen)
G39	Konturtaschenzyklusaufruf G39 ZI/ZA V (Pflichtadressen) W AN H O X/XI/XA Y/YI/YA (Optionale Adressen) ZI Koordinate der Materialoberfläche in der Zustellachse Z, inkremental zur aktuellen Werkzeugposition ZA Koordinate der Materialoberfläche in der Zustellachse Z, absolute Werkstückkoordinaten V Sicherheitsabstand von der Materialoberfläche

Programmzyklen PAL

Optionale Adressen zum Konturtaschenfräszyklus G34 bis G39

G34	G35	G37	G38	G39	Optionale Adresse	
X	–	–	–	–	AK	Aufmaß auf die Berandung; *Voreinstellung:* AK0
X	–	–	–	–	AL	Aufmaß auf den Taschenboden; *Voreinstellung:* AL0
X	X	–	–	–	RA	Außeneckenverrundungsradius; *Voreinstellung:* RA0 Aufmaßreduzierung; *Voreinstellung:* RA0
X	–	–	–	–	RI	Inneneckenverrundungsradius; *Voreinstellung:* RI0
–	X	X	–	–	V	Sicherheitsabstand von der Materialoberfläche; *Voreinstellung:* aus G39
–	X	X	–	–	TC	Korrekturwertspeichernummer TC1 bis TC9 für jedes Werkzeug TC0 Abwahl der Korrekturwerte
–	X	X	–	–	TR	inkrementale Veränderung des Werkzeugradius
–	X	X	–	–	TL	inkrementale Veränderung der Werkzeuglänge
–	X	X	–	–	DM	maximale Zustelländerung
–	X	X	–	–	DB	Fräserbahnüberdeckung am Boden; *Voreinstellung:* DB80
–	X	X	–	–	RH	Radius der Mittelpunktsbahn; *Voreinstellung:* ¾ Werkzeugradius
–	X	X	–	–	AE	Werkzeugeintauchwinkel; *Voreinstellung:* Korrekturspeicher
–	X	X	–	–	DH	Zustellung pro Helixumdrehung; *Voreinstellung:* AE

Hinweis:
Wird eine optionale Adresse nicht programmiert, gilt die Voreinstellung.

Programmzyklen

PAL

Optionale Adressen zum Konturtaschenfräszyklus G34 bis G39

G34	G35	G37	G38	G39	Optionale Adresse	
–	X	X	–	X	O	Zustellbewegung beim Ausräumen bei G35 und G37 O1 Werkzeug taucht senkrecht in das Werkstück ein mit einer Optimierung des Ausräumvorschubs O2 Werkzeug taucht mit einer Schraubenlinienbewegung (Helix) in das Werkstück ein mit einer Optimierung des Ausräumvorschubs O11 Werkzeug taucht senkrecht in das Werkstück ein ohne Optimierung des Ausräumvorschubs O12 Werkzeug taucht mit einer Schraubenlinienbewegung (Helix) in das Werkstück ein ohne Optimierung des Ausräumvorschubs *Voreinstellung:* O1 Schruppen/Schlichten bei G39 O1 mit Restmaterialschruppen O2 ohne Restmaterialschruppen O3 mit Restmaterialschruppen und Restmaterialschlichten *Voreinstellung:* O1
–	X	X	–	–	Q	Bearbeitungsrichtung Q1 Gleichlauffräsen Q Gegenlauffräsen *Voreinstellung:* Q1
–	X	X	–	–	E	Vorschub beim Eintauchen; *Voreinstellung:* E = aktueller Vorschub F
–	X	X	–	–	F	Vorschub beim Fräsen in der X-Y-Ebene; *Voreinstellung:* aktueller Vorschub
–	X	X	–	–	S	Drehzahl/Schnittgeschwindigkeit; *Voreinstellung:* aktuelle Drehzahl/Schnittgeschwindigkeit
–	X	X	–	–	FM	maximaler Vorschub beim Ausräumen; *Voreinstellung:* 5 x F
–	X	X	–	–	DV	minimale Länge des Verfahrweges; *Voreinstellung:* 10 % des Werkzeugdurchmessers
–	X	X	–	–	M	Zusatzfunktionen
–	–	X	–	X	H	Bearbeitungsart bei G37 H4 erst Rand und anschließend Boden schlichten H5 erst Boden und anschließend Rand schlichten H6 nur Rand schlichten H7 nur Boden schlichten H8 nur Restmaterial des Bodens schlichten *Voreinstellung:* H4 Bearbeitungsart bei G39 H1 Schruppen der Tasche H2 Planen durch Schruppen H4 Schlichten der Tasche H8 Schlichten der Planflächen H14 Schruppen und Schlichten H28 Schruppen und Schlichten der Planflächen *Voreinstellung:* H14
–	–	X	–	–	VA	Prozentuale Aufmaßvergrößerung für das Schlichten von Rand (AK) und Boden (AL); *Voreinstellung:* 5 %
						Inselhöhe/Taschentiefe, wenn die in G34 festgelegte Taschentiefe nicht verwendet werden soll *Voreinstellung:* G39
–	–	–	X	–	ZI	inkrementelle Angabe ab der Werkstückoberfläche
–	–	–	X	–	ZA	absolute Angabe in Werkstückkoordinaten
–	–	–	X	–	IA	Mittelpunkt einer Tasche oder Insel in X
–	–	–	X	–	JA	Mittelpunkt einer Tasche oder Insel in Y

Hinweis:
Wird eine optionale Adresse nicht programmiert, gilt die Voreinstellung.

Programmzyklen

PAL

Optionale Adressen zum Konturtaschenfräszyklus G34 bis G39

G34	G35	G37	G38	G39	Optionale Adresse	
–	–	–	X	–	R	Kreistasche/Kreiszapfen Radius der Kreistasche bei H1 Radius des Kreiszapfens bei H2
–	–	–	X	–	LP	Länge der Rechtecktasche/Rechteckinsel in der 1. Geometrieachse
–	–	–	X	–	BP	Breite der Rechtecktasche/Rechteckinsel in der 2. Geometrieachse
–	–	–	X	–	RN	Eckenradius des Rechteckes *Voreinstellung:* RN
–	–	–	X	–	AR	Drehwinkel des Rechteckes zur 1. positiven Geometrieachse, um den das Rechteck um die Zustellachse gedreht wird *Voreinstellung:* AR0
–	–	–	–	X	W	Höhe der Rückzugsebene absolut in Werkstückkoordinaten; *Voreinstellung:* W = V
–	–	–	–	X	AN	Winkel für das mäanderförmige Ausräumen zur 1. positiven Geometrieachse
–	–	–	–	X	X	absolute oder inkrementelle X-Koordinate des Bearbeitungsstartpunktes
–	–	–	–	X	XI	inkrementelle X-Koordinate des Bearbeitungsstartpunktes zur aktuellen Werkzeugposition
–	–	–	–	X	XA	absolute X-Koordinate des Bearbeitungsstartpunktes in Werkstückkoordinaten
–	–	–	–	X	Y	absolute oder inkrementelle Y-Koordinate des Bearbeitungsstartpunktes
–	–	–	–	X	YI	inkrementelle Y-Koordinate des Bearbeitungsstartpunktes zur aktuellen Werkzeugposition
–	–	–	–	X	YA	absolute Y-Koordinate des Bearbeitungsstartpunktes in Werkstückkoordinaten

Hinweis:
Wird eine optionale Adresse nicht programmiert, gilt die Voreinstellung.

Spiegeln

PAL

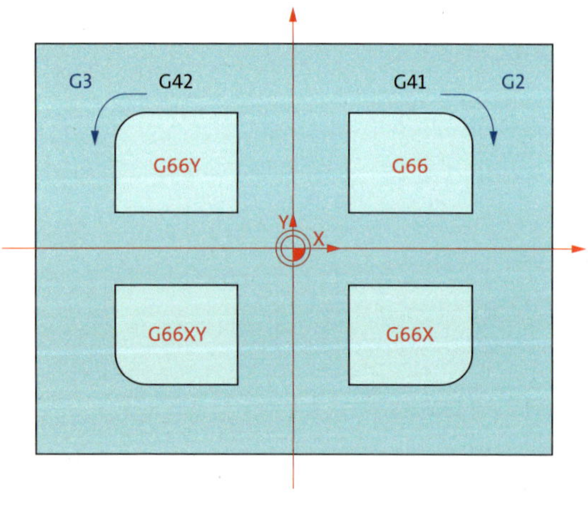

G66 XY

Pflichtadressen Optionale Adressen

G66	der Ausgangszustand vor dem Spiegeln
G66 X	Spiegeln an der X-Achse
G66 Y	Spiegeln an der Y-Achse
G66 XY	Spiegeln an der X- und Y-Achse
G66	Spiegelungen aufheben

Mehrseitenbearbeitung – 2½ D-Fräsbearbeitung

PAL

Ebenenanwahl G17, G18, G19

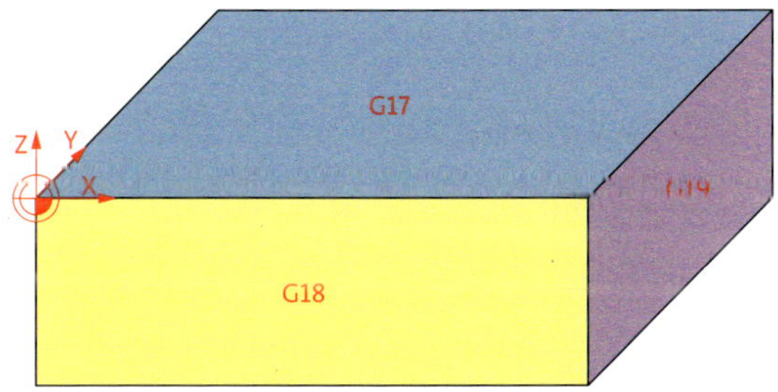

Die Ebenenanwahl beeinflusst die Kreisinterpolation, Werkzeugradius- und Werkzeuglängenkorrektur.

Ebenen-auswahl	Bearbei-tungsebene	Zustellachse	Auswahl der Zustellrichtung	Koordinaten für Mittelpunkte	
				inkremental	absolut
G17	X–Y	Z	O1- Zustellung in negativer Z-Richtung (Voreinstellung) O2- Zustellung in positiver Z-Richtung	I J K	IA JA KA
G18	Z–X	Y	O1- Zustellung in negativer Y-Richtung (Voreinstellung) O2- Zustellung in positiver Y-Richtung	K I J	KA IA JA
G19	Y–Z	X	O1- Zustellung in negativer X-Richtung (Voreinstellung) O2- Zustellung in positiver X-Richtung	J K I	JA KA IA

G17 WM Ebenenanwahl mit maschinenfesten Raumwinkeln

G17 AM BM CM H DS Q

Pflichtadressen Optionale Adressen

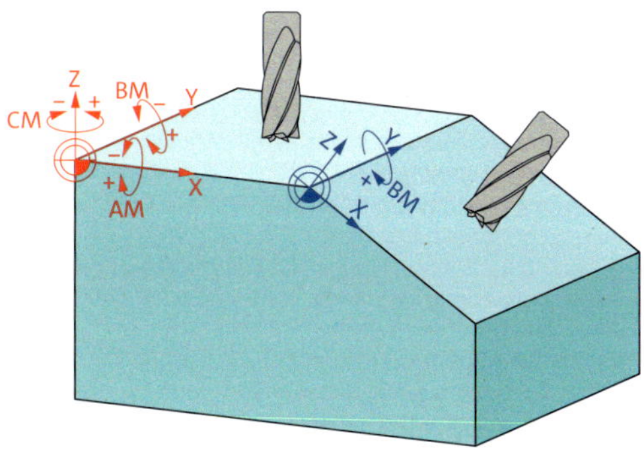

Die Drehung des Koordinatensystems für die Bearbeitungsebenen erfolgt nacheinander um die fest programmierten Achsen des Maschinenkoordinatensystems.

G17 Ebenenanwahl

AM Drehwinkel um die X-Achse des Maschinen-Koordinatensystems

BM Drehwinkel um die Y-Achse des Maschinen-Koordinatensystems

CM Drehwinkel um die Z-Achse des Maschinen-Koordinatensystems

H Ebenen Einschwenkverhalten
- H1 Einschwenken der Drehachse
- H2 Einschwenken der Drehachse mit Werkzeugausgleichsbewegung
- H3 kein Einschwenken der Drehachse

DS Verschiebung der virtuellen Schwenkposition nur bei H2: Die virtuelle Schwenkposition auf der im Werkzeug liegenden Zustellachse wird durch Verschieben des Werkzeugschneidenpunktes um DS festgelegt. Diese Position bleibt beim Einschwenken bezüglich des Werkstücks durch Ausgleichsbewegungen in X, Y und Z erhalten.

Q Lösungsauswahl
- Q1 Voreingestellte Ebenen-Einschwenklösung
- Q2 Zweite Ebenen-Einschwenklösung

Voreinstellungen: AM0/BM0/CM0 H1 DS0 Q1

G17 Abwahl aller Drehungen; Drehwinkel AM0, BM0 und CM0

Mehrseitenbearbeitung – 2 ½ D-Fräsbearbeitung

PAL

G16 Inkrementelle Drehung der aktuellen Bearbeitungsebene

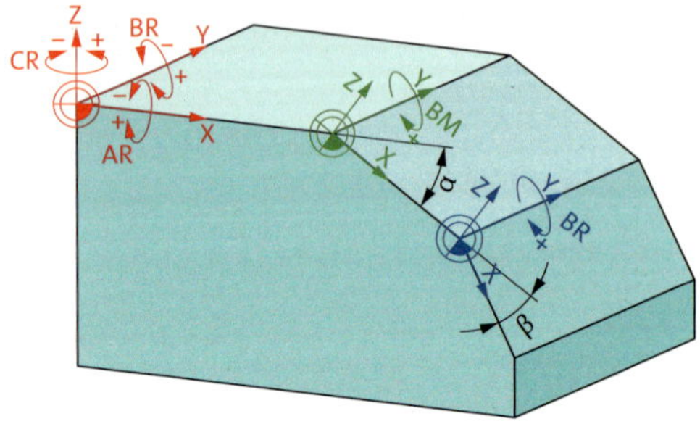

Inkrementelle Drehung der aktuellen Bearbeitungsebene um einen relativen Raumwinkel bezogen auf die gewählte Achse des Werkstückkoordinatensystems der Bearbeitungsebene.

G16 AR BR CR H DS Q

Pflichtadressen Optionale Adressen

G16 Inkrementelle Drehung

AR Drehwinkel um die X-Achse des aktuellen Werkstückkoordinatensystems
BR Drehwinkel um die Y-Achse des aktuellen Werkstückkoordinatensystems
CR Drehwinkel um die Z-Achse des aktuellen Werkstückkoordinatensystems
H Ebenen Einschwenkverhalten
  H1 Einschwenken der Drehachse
  H2 Einschwenken der Drehachse mit Werkzeugausgleichsbewegung
  H3 kein Einschwenken der Drehachse
DS Verschiebung der virtuellen Schwenkposition nur bei H2: Die virtuelle Schwenkposition auf der im Werkzeug liegenden Zustellachse wird durch Verschieben des Werkzeugschneidenpunktes um DS festgelegt. Diese Position bleibt beim Einschwenken bezüglich des Werkstücks durch Ausgleichsbewegungen in X, Y und Z erhalten.
Q Lösungsauswahl
  Q1 Voreingestellte Ebenen-Einschwenklösung
  Q2 Zweite Ebenen-Einschwenklösung

Voreinstellungen: AM0/BM0/CM0 H1 DS0 Q1

G17 WR Ebenenanwahl über relative Raumwinkel (Eulerwinkel)

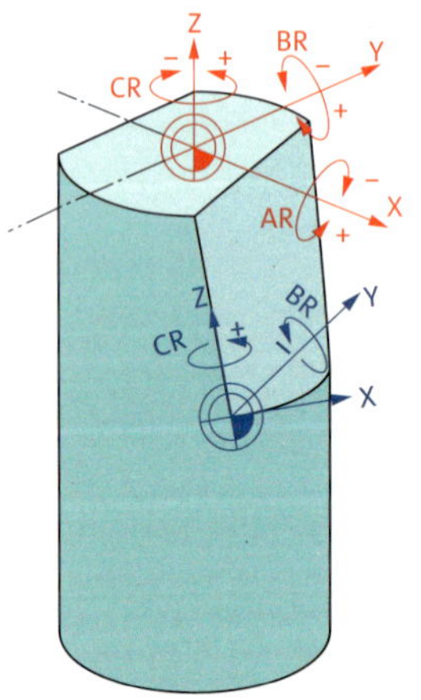

Die Drehung der Achsen erfolgt nacheinander um die Achse des bereits gedrehten Werkstückkoordinatensystems.
Der erste Drehwinkel bezieht sich auf das ungedrehte Koordinatensystem. Alle folgenden Drehwinkel beziehen sich auf das gedrehte Koordinatensystem.

G17 AR BR CR H DS Q

Pflichtadressen Optionale Adressen

G17 Ebenenanwahl

Relativer Drehwinkel
AR inkrementeller Drehwinkel um die X-Achse des aktuellen Werkstückkoordinatensystems
BR inkrementeller Drehwinkel um die Y-Achse aktuellen Werkstückkoordinatensystems
CR inkrementeller Drehwinkel um die Z-Achse aktuellen Werkstückkoordinatensystems
H Ebenen Einschwenkverhalten
  H1 Einschwenken der Drehachse
  H2 Einschwenken der Drehachse mit Werkzeugausgleichsbewegung
  H3 kein Einschwenken der Drehachse
DS Verschiebung der virtuellen Schwenkposition nur bei H2: Die virtuelle Schwenkposition auf der im Werkzeug liegenden Zustellachse wird durch Verschieben des Werkzeugschneidenpunktes um DS festgelegt. Diese Position bleibt beim Einschwenken bezüglich des Werkstücks durch Ausgleichsbewegungen in X, Y und Z erhalten.
Q Lösungsauswahl
  Q1 Voreingestellte Ebenen-Einschwenklösung
  Q2 Zweite Ebenen-Einschwenklösung

Voreinstellungen: AM0/BM0/CM0 H1 DS0 Q1

G17 Abwahl aller Drehungen; Drehwinkel AM0, BM0 und CM0

Mehrseitenbearbeitung – 2½ D-Fräsbearbeitung PAL

Ebenenanwahl mit maschinenfesten Raumwinkeln

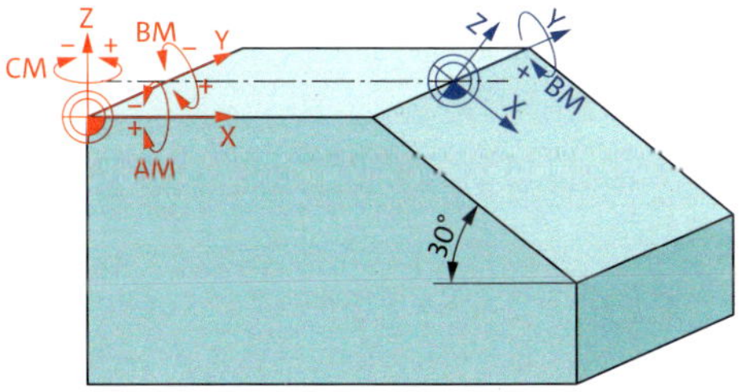

N10 G54
N20 T1 F100 S1200 M13
N
N50 G55
N30 G17 BM30
N...

Inkrementelle Drehung der aktuellen Bearbeitungsebene (Eulerwinkel)

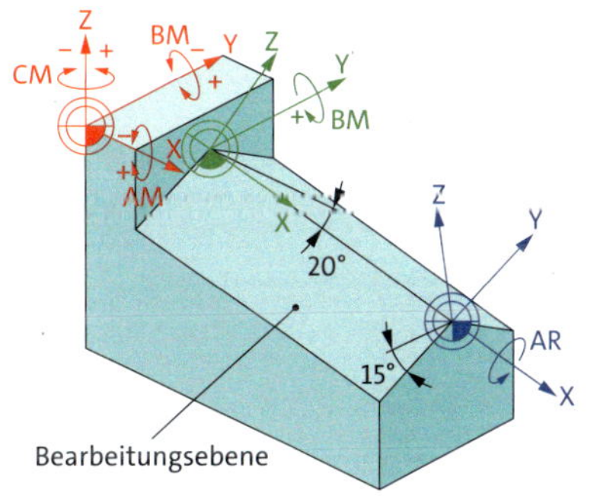

N10 G54
N20 T1 F100 S1200 M13
N...
N40 G55
N50 G17 BM20
N...
N90 G56
N100 G16 AR-15
N110 ...

Ebenen – Einschwenkverhalten

Standardebene G17

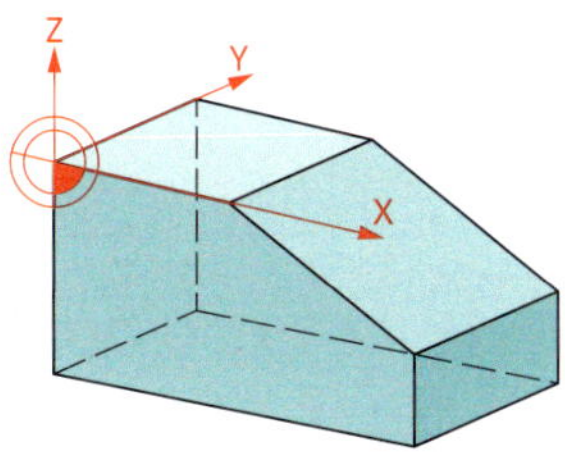

mit Einschwenken der Drehachse H1	kein Einschwenken der Drehachse H3
G17 BM ... H1 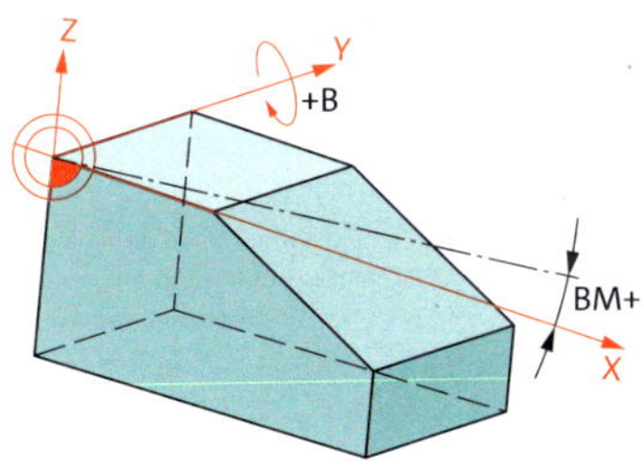	G17 BM ... H3 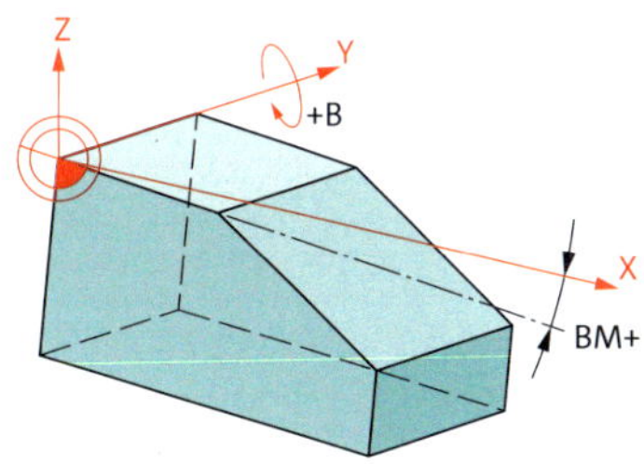

Schwenken um die Y-Achse

G17 CM ... H1 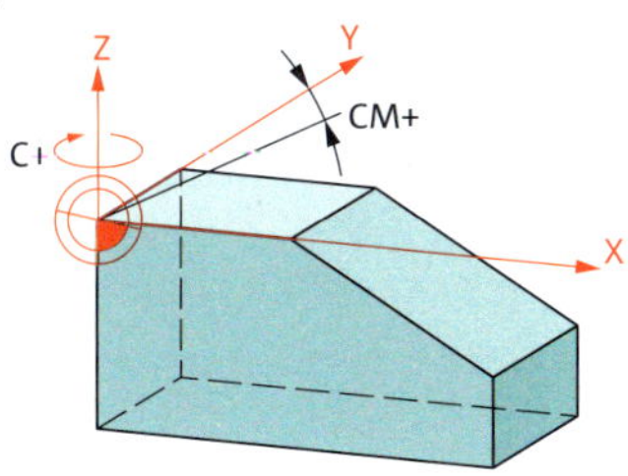	G17 CM ... H3 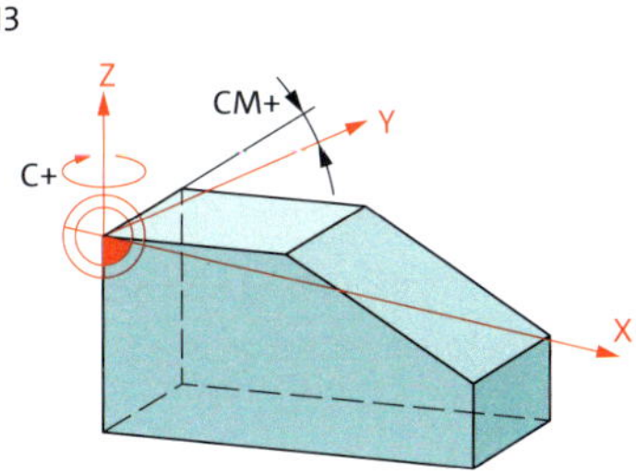

Schwenken um die Z-Achse

4

Maßangaben

DIN 66025-2: 1988-09

G90 absolute Maßangabe (Werkstückkoordinatensystem)	G91 Kettenmaßangabe (Werkzeugkoordinatensystem)
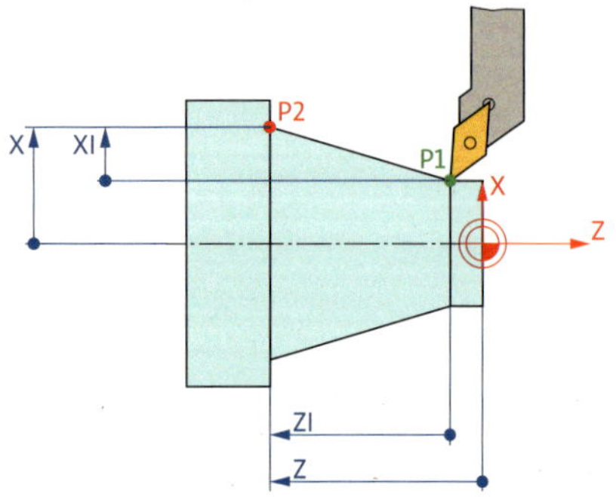	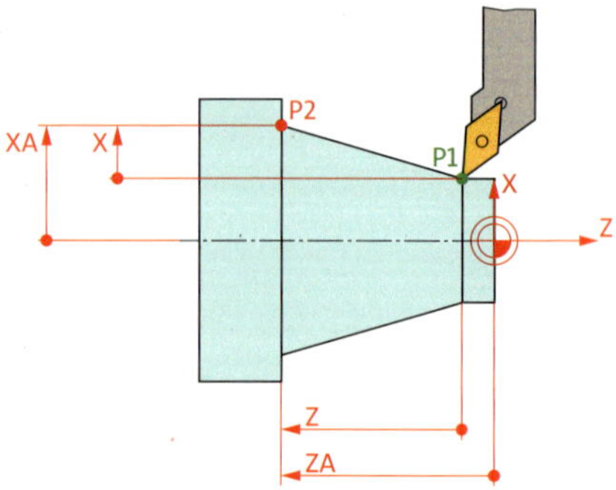
X absolute X-Koordinate als Durchmessermaß Z absolute Z-Koordinate XI inkrementale X-Koordinate als Radiusmaß ZI inkrementale Z-Koordinate G90 – Einschaltzustand der Maschine	X inkrementale X-Koordinate als Radiusmaß Z inkrementale Z-Koordinate XA absolute X-Koordinate als Durchmessermaß ZA absolute Z-Koordinate G91 – wird durch G90 ausgeschaltet

Arbeitsbewegungen

PAL

G0 Verfahren im Eilgang

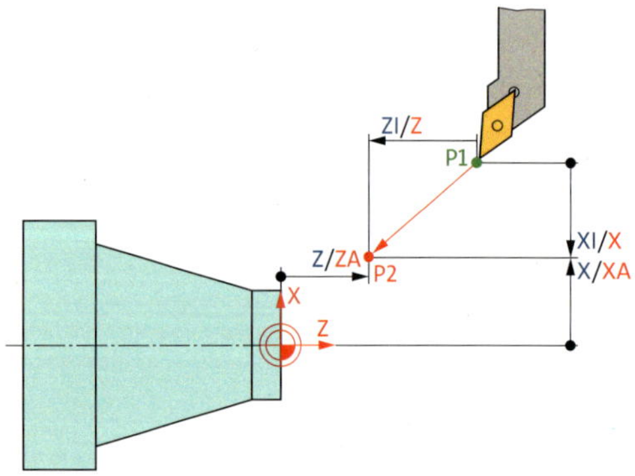

G0 X/XA/XI Z/ZA/ZI F S M TC TR TZ TX

Pflichtadressen Optionale Adressen

- X absolute X-Koordinate als Durchmessermaß bei G90
- Z absolute Z-Koordinate bei G90
- XI inkrementale X-Koordinate als Radiusmaß bei G90
- ZI inkrementale Z-Koordinate bei G90

- X inkrementale X-Koordinate als Radiusmaß bei G91
- Z inkrementale Z-Koordinate bei G91
- XA absolute X-Koordinate als Durchmessermaß bei G91
- ZA absolute Z-Koordinate bei G91

- F Vorschub
- S Umdrehungsfrequenz der Spindel/Schnittgeschwindigkeit
- M Zusatzfunktion
- TC Anwahl der Korrekturwertspeichernummer
- TR inkrementelle Veränderung des Schneidenradiuswertes
- TZ inkrementelle Änderung des Z-Korrekturwertes
- TX inkrementelle Änderung des X-Korrekturwertes

P1 – Startpunkt, P2 – Zielpunkt

Linearinterpolation

PAL

G1 Linearinterpolation im Arbeitsgang

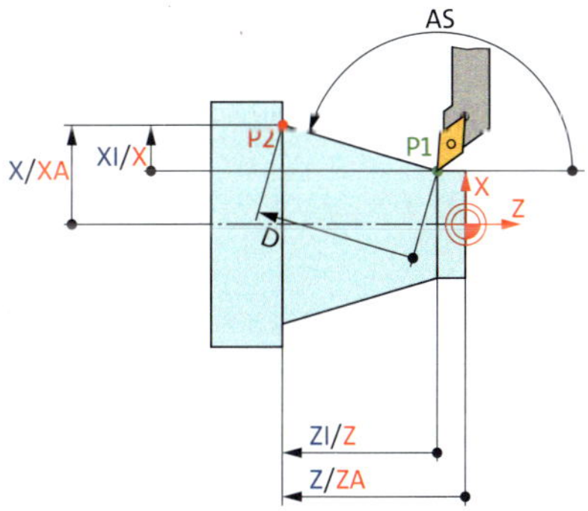

G1 X/XA/XI Z/ZA/ZI D AS RN H E F S M TC TR TZ TX

Pflichtadressen Optionale Adressen

X	absolute X-Koordinate als Durchmessermaß bei G90
Z	absolute Z Koordinate bei G90
XI	inkrementale X-Koordinate als Radiusmaß bei G90
ZI	inkrementale Z-Koordinate bei G90
X	inkrementale X-Koordinate als Radiusmaß bei G91
Z	inkrementale Z-Koordinate bei G91
XA	absolute X-Koordinate als Durchmessermaß bei G91
ZA	absolute Z-Koordinate bei G91
D	Länge der Verfahrstrecke in der Bearbeitungsebene (immer positiv)
AS	Anstiegswinkel der Geraden in der Bearbeitungsebene bezogen auf die positive 1. Geometrieachse (G18: Z-Achse)
RN	Übergangselement zum nächsten Konturelement RN+ Verrundungsradius zum nächsten Konturelement RN– Fasenbreite zum nächsten Konturelement
F	Vorschub
S	Umdrehungsfrequenz der Spindel/Schnittgeschwindigkeit
M	Zusatzfunktion
TC	Anwahl der Korrekturwertspeichernummer
TR	inkrementelle Veränderung des Schneidenradiuswertes
TZ	inkrementelle Änderung des Z-Korrekturwertes
TX	inkrementelle Änderung des X-Korrekturwertes
H	Auswahlkriterium für Doppellösungen (falls D, aber nicht AS programmiert wird) H1 kleinerer Anstiegswinkel zur positiven 1. Geometrieachse H2 größerer Anstiegswinkel zur positiven 1. Geometrieachse

Voreinstellungen: RN0 H1

Übergangselemente

PAL

RN– Fase	RN+ Radius
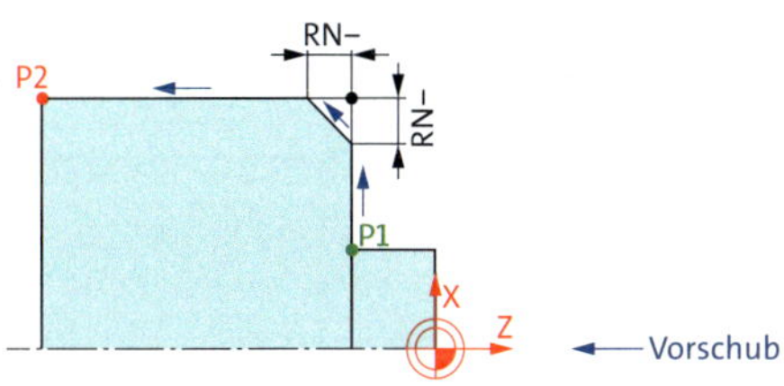	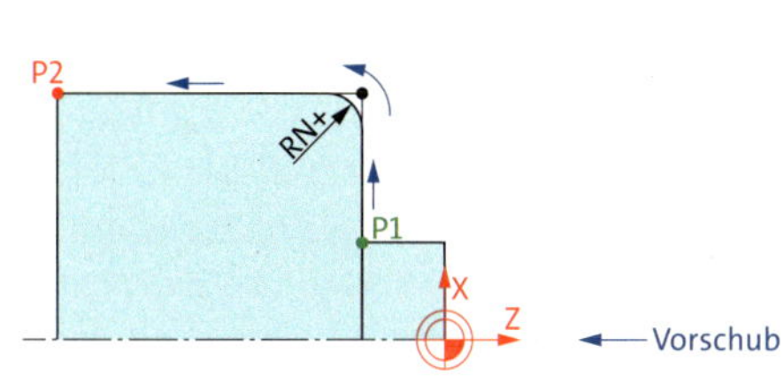
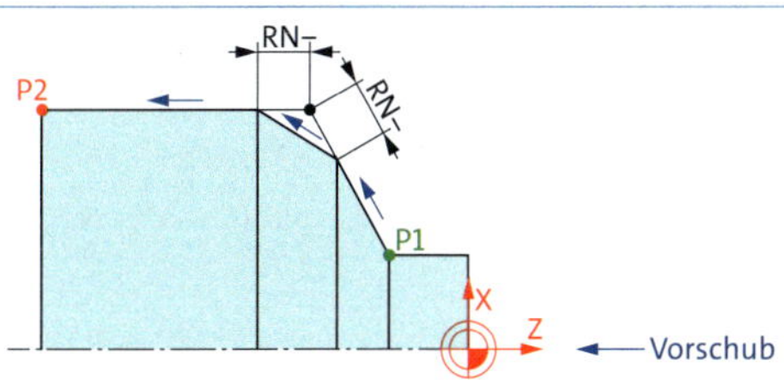	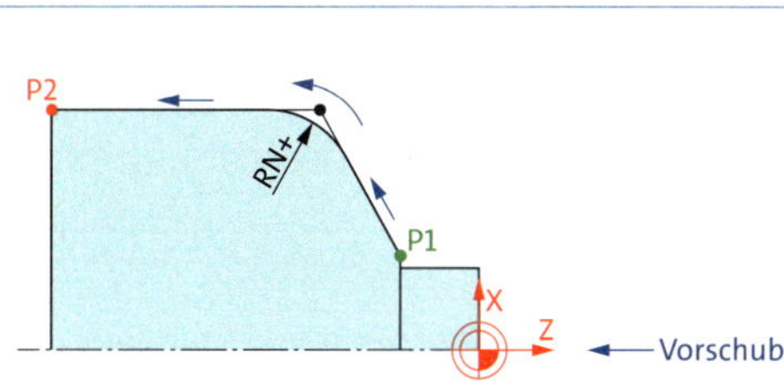

P1 – Startpunkt, P2 – Zielpunkt

G1 Linearinterpolation

PAL

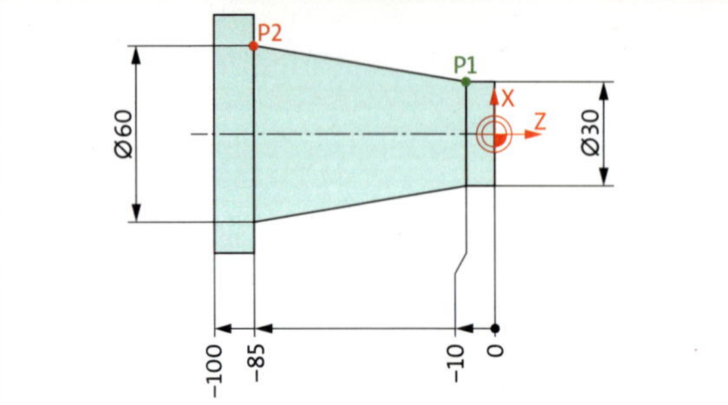

N... G90
N... G1 X60 Z-85

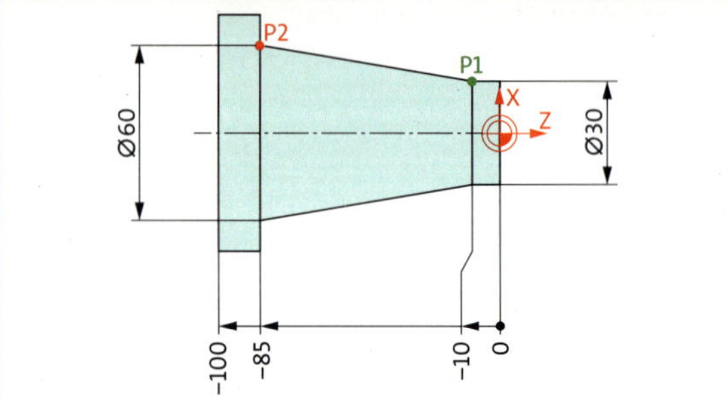

N... G90
N... G1 XI15 ZI-75

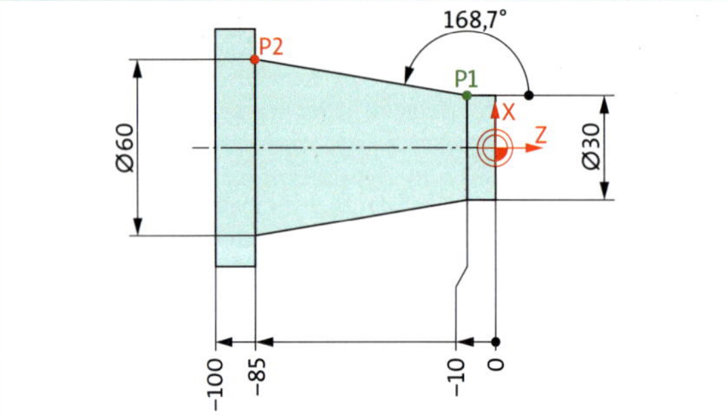

N... G90
N... G1 X60 AS168,7

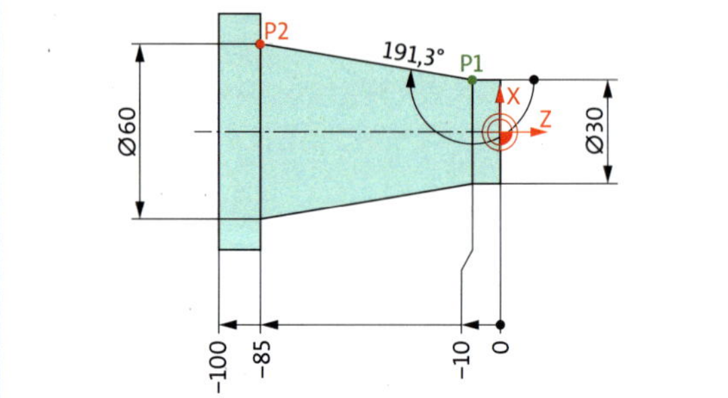

N... G90
N... G1 ZI-75 AS-191,3

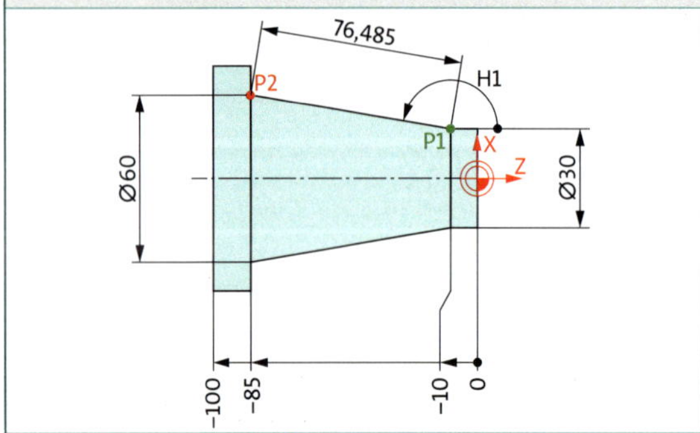

N... G90
N... G1 Z-85 D76,485 H1

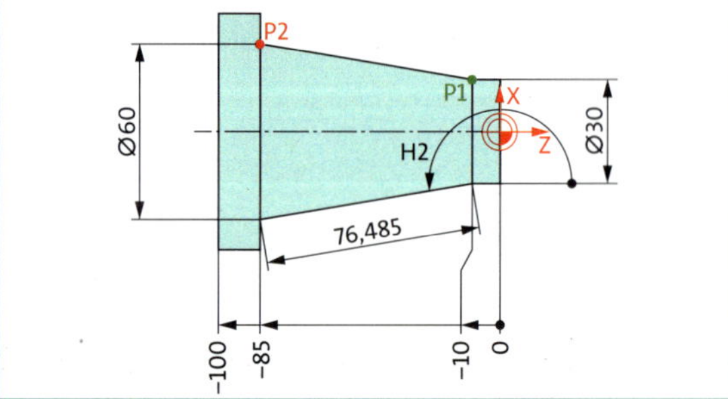

N... G91
N... G1 Z-85 D76,485 H2

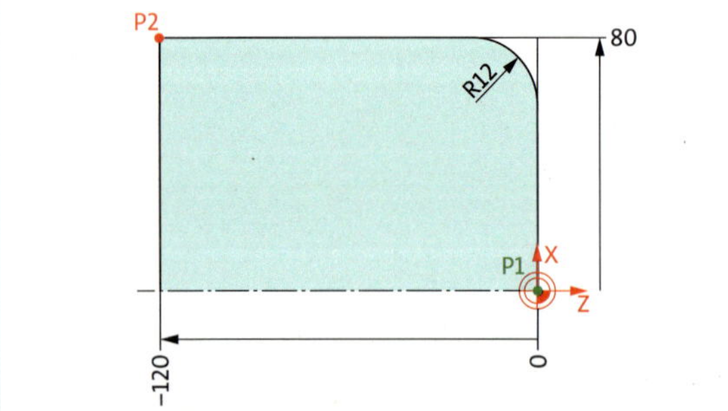

N... G90
N... G1 X80 Z0 RN12
N...G1 Z-120

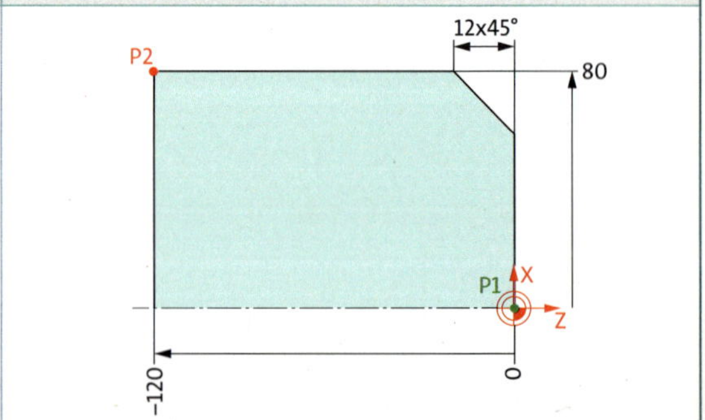

N... G90
N... G1 X80 Z0 RN-12
N... G1 Z-120

P1 – Startpunkt, P2 – Zielpunkt

Kreisinterpolation PAL

G2 Kreisinterpolation im Uhrzeigersinn	G3 Kreisinterpolation im Gegenuhrzeigersinn
G2 X/XA/XI Z/ZA/ZI I/IA K/KA R AO RN O E F S M	G3 X/XA/XI Z/ZA/ZI I/IA K/KA R AO RN O E F S M
Pflichtadressen Optionale Adressen	Pflichtadressen Optionale Adressen

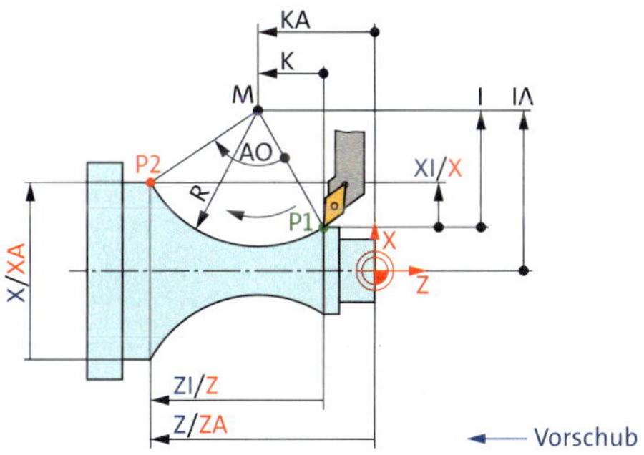

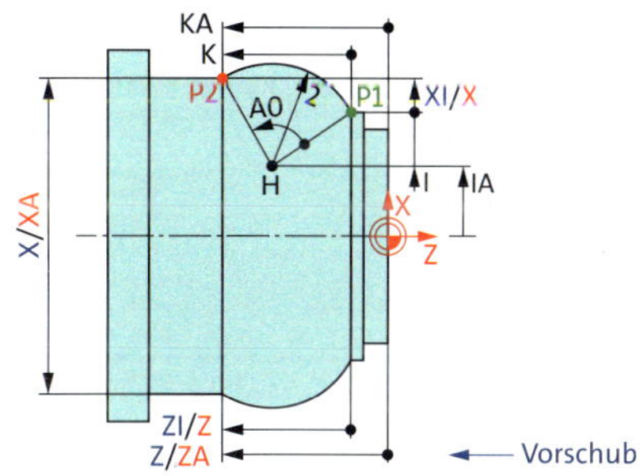

bei G90 (Werkstückkoordinatensystem):
- X absolute X-Koordinate
- Z absolute Z-Koordinate
- XI inkrementale X-Koordinate
- ZI inkrementale Z-Koordinate

bei G91 (Werkzeugkoordinatensystem):
- X inkrementale X-Koordinate
- Z inkrementale Z-Koordinate
- XA absolute X-Koordinate
- ZA absolute Z-Koordinate

bei G90 und G91:
- I inkrementale X-Koordinatendifferenz zwischen Startpunkt P1 und Kreismittelpunkt M
- K inkrementale Z-Koordinatendifferenz zwischen Startpunkt P1 und Kreismittelpunkt M
- IA X-Koordinate des Kreismittelpunktes M absolut in Werkstückkoordinaten
- KA Z-Koordinate des Kreismittelpunktes M
- R Radius des Kreisbogens; R+ kürzerer Bogen, R– längerer Bogen
- AO Öffnungswinkel (immer positiv)
- O Auswahlkriterium für Bogenlänge; O1 kürzerer Bogen, O2 längerer Bogen
- RN Übergangselement zum nächsten Konturelement; RN + Verrundungsradius, RN– Fasenbreite
- E Feinkonturvorschub auf Übergangselementen
- F Vorschub
- S Umdrehungsfrequenz der Spindel/Schnittgeschwindigkeit
- M Zusatzfunktionen

Voreinstellungen: I0 J0 RN0 O1

Übergangselemente PAL

RN– Fase	RN+ Radius

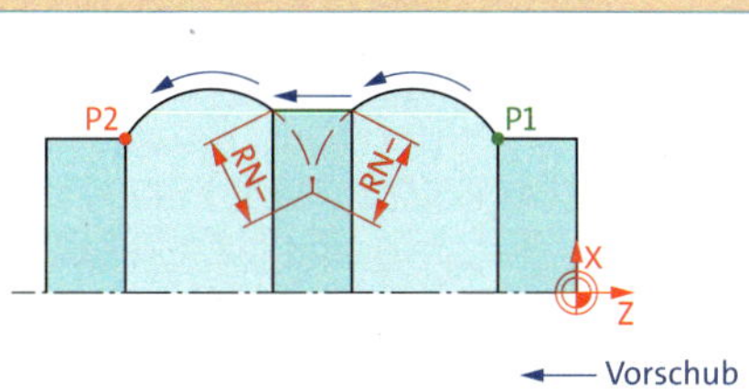

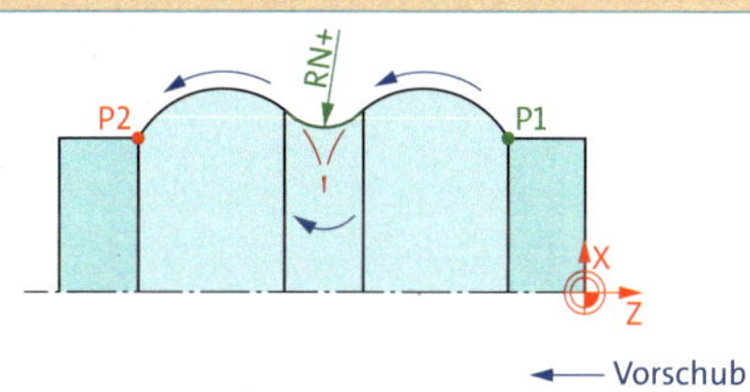

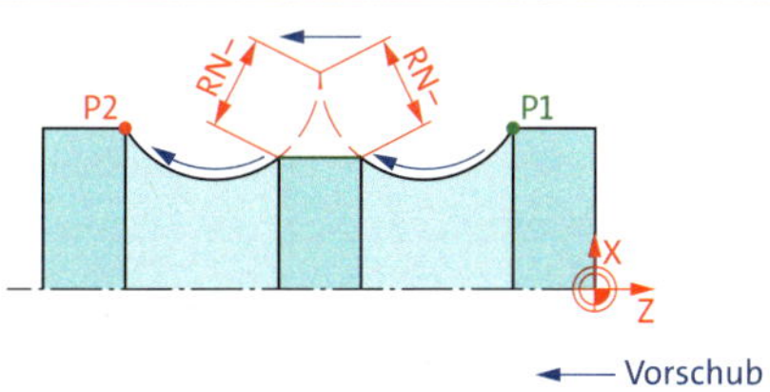

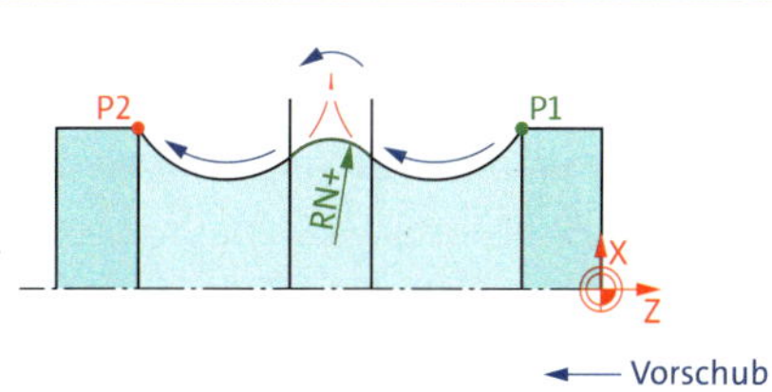

P1 – Startpunkt, P2 – Zielpunkt

Kreisinterpolation

PAL

G2 im Uhrzeigersinn

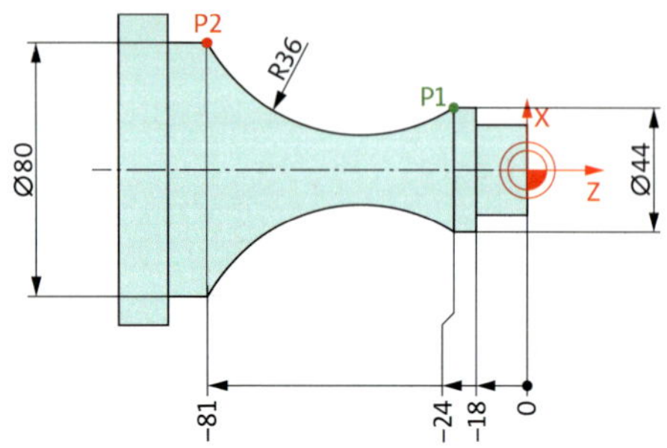

N... G90
N... G2 X80 Z-81 R36

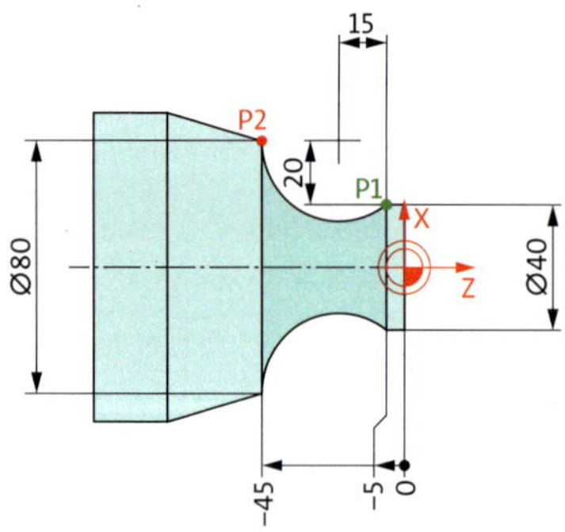

N... G90
N... G2 X80 Z-45 I20 K-15

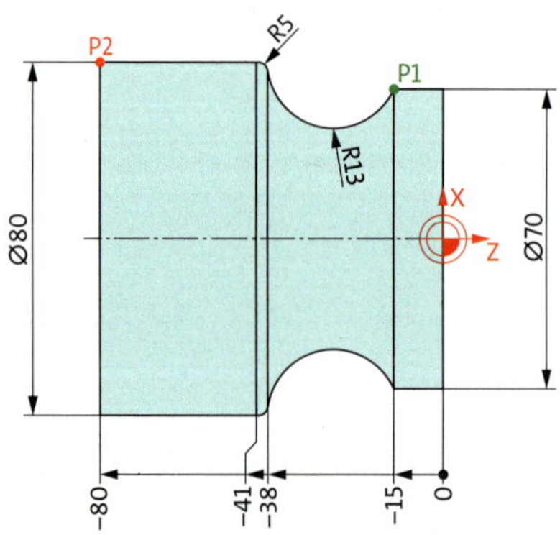

N... G90
N... G2 X80 Z-38 R13 RN5
N... G1 Z-80

G3 im Gegenuhrzeigersinn

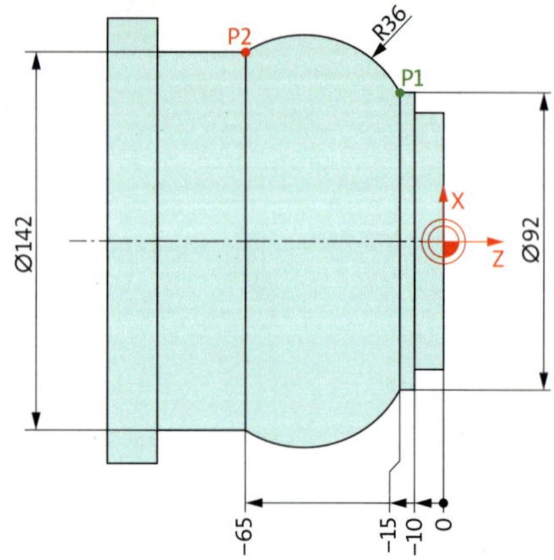

N... G90
N... G3 X142 Z-65 R36

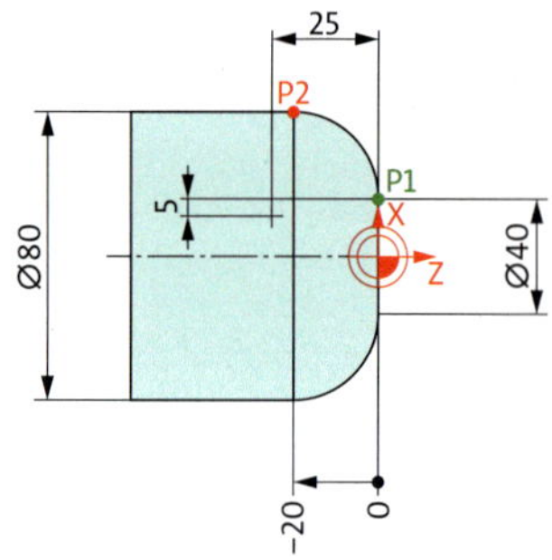

N... G91
N... G3 X80 Z-25 I-5 K-25

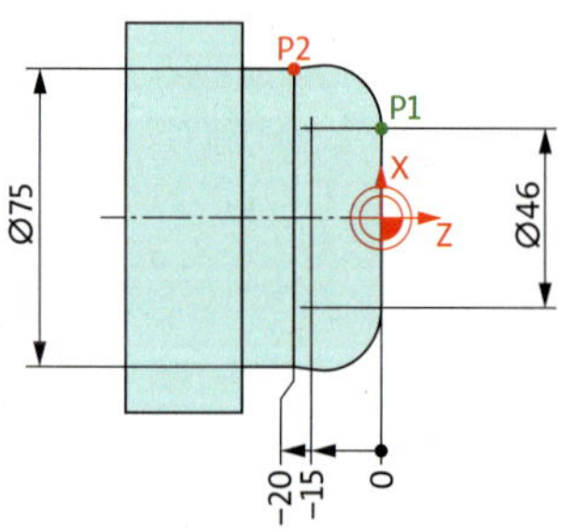

N... G90
N... G3 X75 Z-20 IA23 KA-15 O1

Werkzeugwechselpunkte

PAL

G14 Werkzeugwechselpunkt anfahren

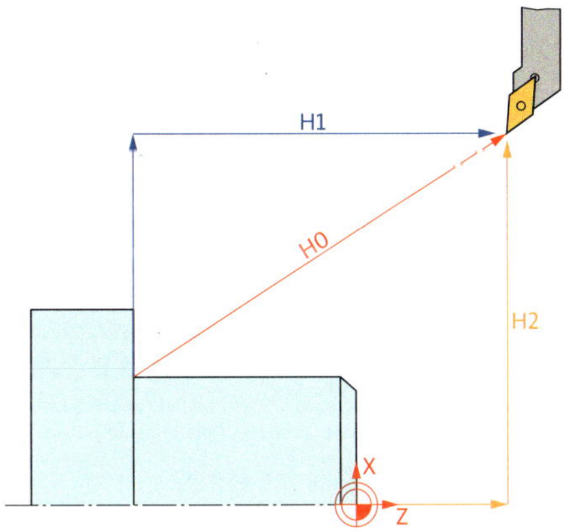

G14 H

Pflichtadressen Optionale Adressen

H Wegfahrvarianten:

H0 schräg wegfahren; gleichzeitiges Wegfahren in der X- und Z-Achse
H1 wegfahren erst in der X-Achse und anschließend in der Z-Achse
H2 wegfahren erst in der Z-Achse und anschließend in der X-Achse

Voreinstellung: H0

Unterprogramm, Programmteilwiederholung

PAL

G22 Unterprogrammaufruf

G22L H /

Pflichtadressen Optionale Adressen

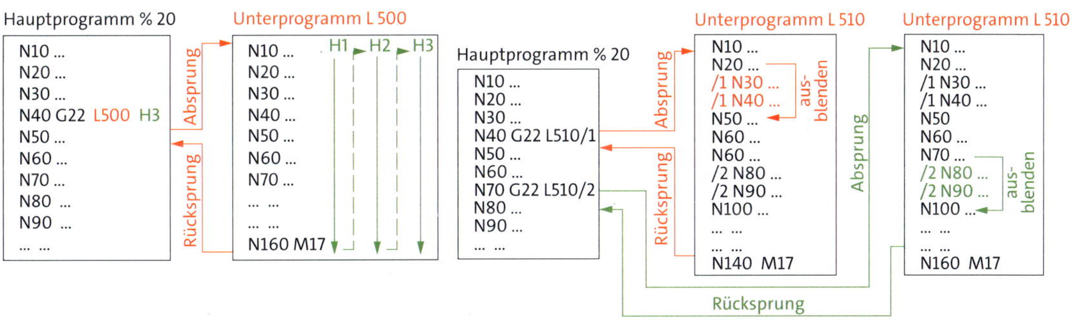

L Programmnummer des Unterprogramms
H Anzahl der Wiederholungen des Unterprogramms
/ Ausblendebene

Voreinstellungen: H1, keine Ausblendebene

G23 Programmteilwiederholung

G23 N N H

Pflichtadressen Optionale Adressen

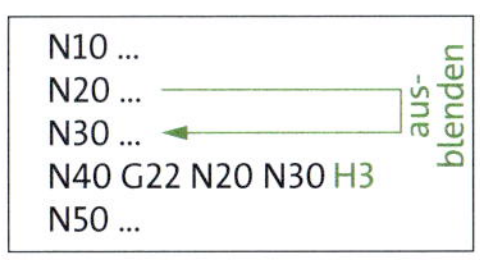

N Startsatznummer
N Endsatznummer
H Anzahl der Wiederholungen

Voreinstellungen: H1

Umspannen

PAL

G30 Umspannen, Gegenspindelübergabe und Reitstockposition

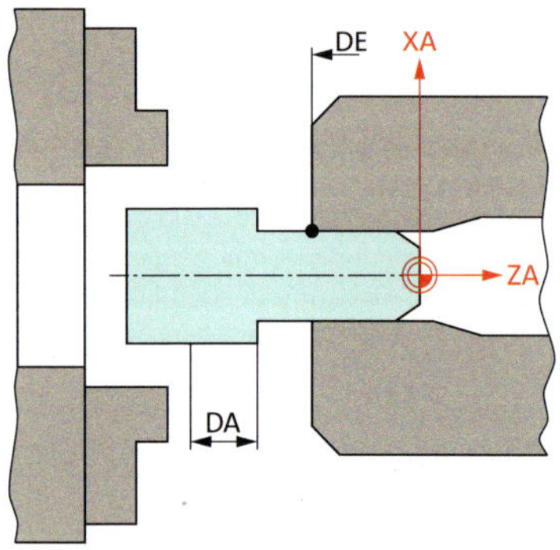

G30 Q DE DA H DM U E M C T ZA XS XA TC O M S F M V M

Pflichtadressen — Optionale Adressen

oder

G30 Q4 ZA M

Pflichtadressen — Optionale Adressen

Q Umspannen/Gegenspindelübergabe
- Q1 Umspannen in der Hauptspindel
- Q2 Gegenspindel positionieren und spannen
- Q3 Gegenspindel positionieren, spannen und Gegenspindelübernahme
- Q4 Pinole zurückfahren und auf ZA Reitstockbezugspunkt positionieren

Voreinstellungen:
C0 DA0 H0 O0 M63
E, DM, U – gemäß PAL Maschinenkonfiguration

DE	Einspannposition der Spannmittelvorderkante zum aktuellen umgedrehten Werkstückkoordinatensystem der Hauptspindel
DA	Auszugslänge des Werkstücks nach dem Positionieren und Spannen in der Gegenspindel
H	Werkstückauszug H0 bei stehender Spindel H>0 Auszug mit der Drehzahl G97 S = Wert
DM	Abstand der Spannmittelvorderkante zum Gegenspindelbezugspunkt
U	Verweilzeit nach dem Schließen der Gegenspindelspannung
E	Vorschub der Gegenspindelpositionierung am Werkstück mit G94 in mm/min
M	Einspannrichtungen auf der Haupt- und Gegenspindel M63 Hauptspindel von außen und Gegenspindel von außen M64 Hauptspindel von außen und Gegenspindel von innen M65 Hauptspindel von innen und Gegenspindel von außen M66 Hauptspindel von innen und Gegenspindel von innen
ZA	Reitstockbezugspunkt

Nullpunktverschiebungen und Drehungen des Koordinatensystems

PAL

G54, G55, G56, G57 Einstellbare absolute Nullpunktverschiebungen

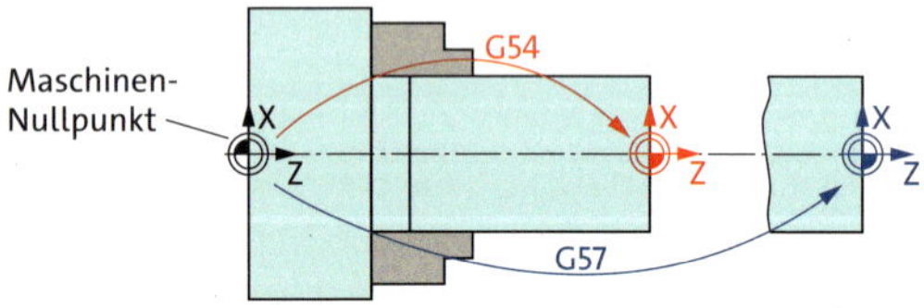

G53 Nullpunktverschiebungen und Drehung aufheben

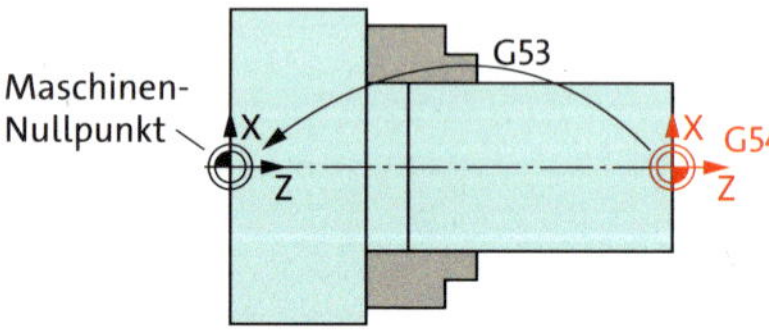

Durch G53 wird das Maschinenkoordinatensystem aktiviert

G59 Inkrementelle Nullpunktverschiebung kartesisch und Drehung

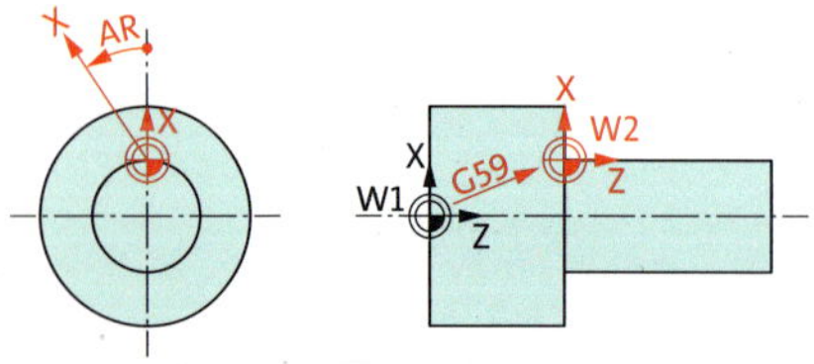

G50 Aufheben von inkrementellen Nullpunktverschiebungen und Drehungen

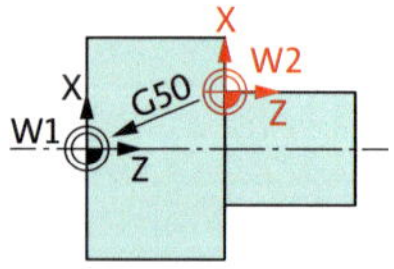

Über G50 wird das zuletzt durch G54 ... G57 aufgerufene Werkstückkoordinatensystem aktiviert.

XA	absolute X-Koordinate des neuen Nullpunktes
ZA	absolute Z-Koordinate des neuen Nullpunktes
AR	Drehwinkel des neuen Koordinatensystems bezogen auf die Z-Achse

Gewindeherstellung

PAL

G31 Gewindezyklus

G31 Z/ZI/ZA X/XI/XA F D ZS XS DA DU Q O AE H S M

Pflichtadressen — Optionale Adressen

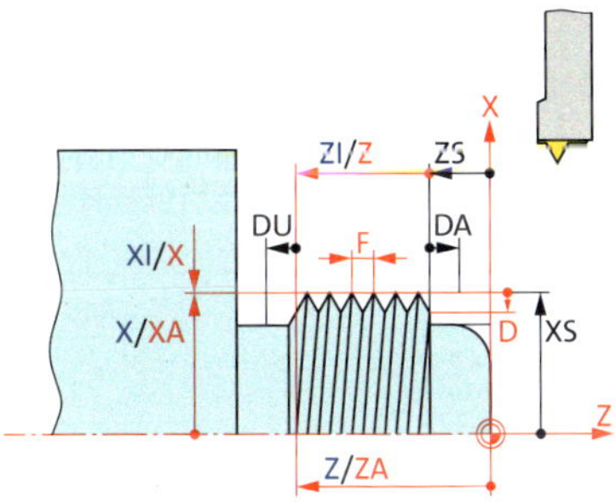

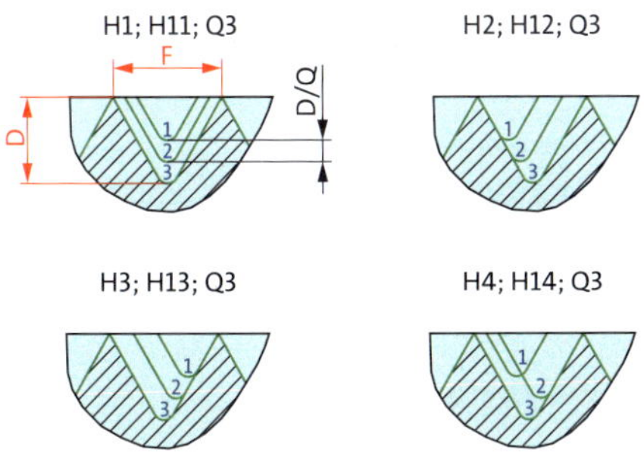

DA Gewindeanlaufstrecke
DU Gewindeüberlaufstrecke
Q Anzahl der Schnitte
O Anzahl der Leerdurchläufe
AE Eintauchwinkel zur X-Achse für Zustellung auf der rechten oder linken Flanke

Voreinstellungen: DA0 DU0 Q1 O0 AE29 H1

Z Gewindeendpunkt in der Z-Koordinate absolut bei G90
ZI Gewindeendpunkt in der Z-Koordinate inkremental bei G90 bezogen auf den Gewindestarttpunkt

Z Gewindeendpunkt in der Z-Koordinate inkremental bei G91 bezogen auf den Gewindestartpunkt
ZA Gewindeendpunkt in der Z-Koordinate absolut bei G91

X Gewindeendpunkt in der X-Koordinate absolut bei G90
XI Gewindeendpunkt in der X-Koordinate inkremental bei G90 bezogen auf den Gewindestarttpunkt

X Gewindeendpunkt in der X-Koordinate inkremental bei G91 bezogen auf den Gewindestartpunkt
XA Gewindeendpunkt in der X-Koordinate absolut bei G91

F Gewindesteigung
D Gewindetiefe

ZS Gewindestartpunkt absolut in Z
Voreinstellung: um DA verschobene akt. Werkzeugposition

XS Gewindestartpunkt absolut in X
Voreinstellung: absolute X-Endpunktkoordinate

H Zustellart und Restschnittauswahl
H1 ohne Versatz; Restschnitte aus
H2 linke Flanke; Restschnitte aus
H3 rechte Flanke; Restschnitte aus
H4 Versatz wechselweise rechts/links; Restschnitte aus
H11 ohne Versatz; Restschnitte ein
H12 linke Flanke; Restschnitte ein
H13 rechte Flanke; Restschnitte ein
H14 Versatz wechselweise rechts/links; Restschnitte ein
S Umdrehungsfrequenz der Spindel/Schnittgeschwindigkeit
M Zusatzfunktionen

Restschnitte: $\frac{1}{2}$, $\frac{1}{4}$, $\frac{1}{8}$, $\frac{1}{8}$ x (D/Q)

G32 Gewindebohrzyklus

G32 Z/ZI/ZA F S M

Pflichtadressen — Optionale Adressen

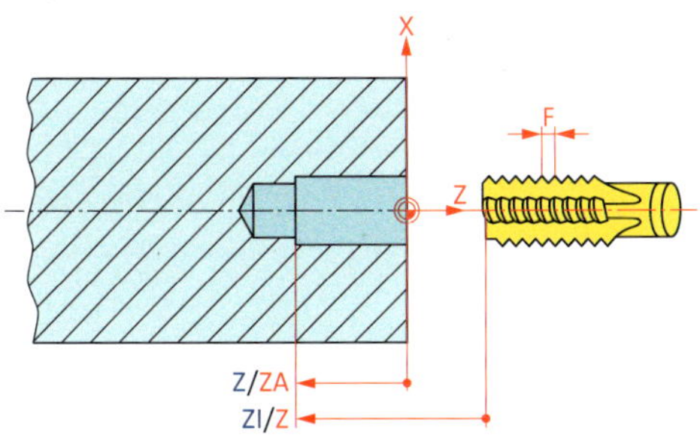

Z Gewindeendpunkt in der Z-Koordinate absolut bei G90
ZI Gewindeendpunkt in der Z-Koordinate inkremental bei G90

Z Gewindeendpunkt in der Z-Koordinate inkremental bei G91
ZA Gewindeendpunkt in der Z-Koordinate absolut bei G91

F Gewindesteigung

S Umdrehungsfrequenz der Spindel/Schnittgeschwindigkeit
M Zusatzfunktionen

Gewindeherstellung

PAL

G33 Gewindestrehlgang

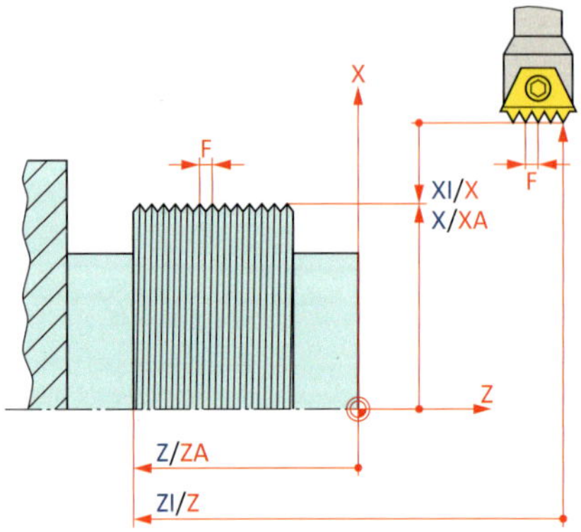

G33 Z/ZI/ZA X/XI/XA F S M

Pflichtadressen Optionale Adressen

Z Gewindeendpunkt in der Z-Koordinate absolut bei G90
ZI Z-Gewindeendpunkt in der Z-Koordinate inkremental bei G90

Z Z-Gewindeendpunkt in der Z- Koordinate inkremental bei G91
ZA Z-Gewindeendpunkt in der Z- Koordinate absolut bei G91

X X-Gewindeendpunkt in der X- Koordinate absolut bei G90
XI X-Gewindeendpunkt in der X- Koordinate inkremental bei G90

X X-Gewindeendpunkt in der X- Koordinate inkremental bei G91
XA X-Gewindeendpunkt in der X- Koordinate absolut bei G91

F Gewindesteigung
S Umdrehungsfrequenz der Spindel/Schnitt
M Zusatzfunktionen

G81 Längsschruppzyklus

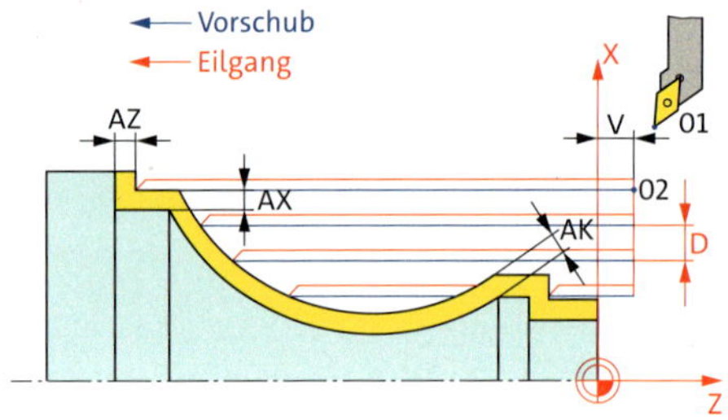

Abspanen bis zur programmierten Kontur

G81 D H1/H2/H3/H24 AK AZ AX AE AS AV O Q V E F S M

Pflichtadressen Optionale Adressen

oder

Schlichten einer vorgegebenen Kontur

G81 H4 AE AS AV O E F S M

Pflichtadressen Optionale Adressen

Bearbeitungsart H			
H1	H2	H3	H24
nur Schruppen, 1x45° abheben	stufenweise Auswinkeln entlang der Kontur	wie H1 mit zusätzlichem Konturschnitt am Ende	Schruppen mit H2 und anschließendes Schlichten
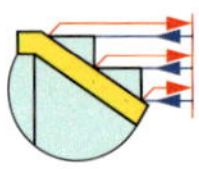	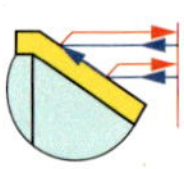	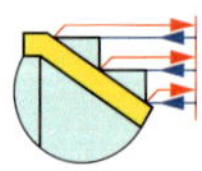 und 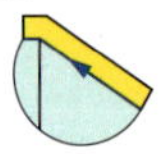	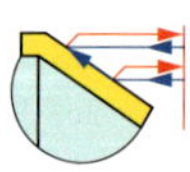 und 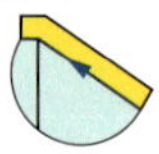

H4 Schlichten einer Kontur

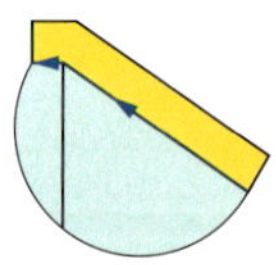

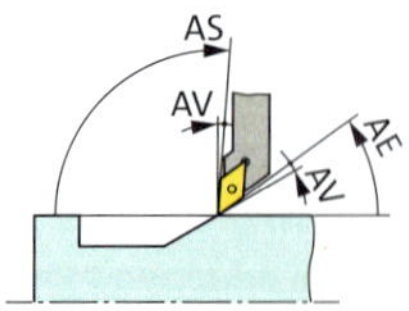

D Zustellung
AK konturparalleles Aufmaß
AZ Aufmaß in Z-Richtung
AX Aufmaß in X-Richtung
AE Eintauchwinkel bezogen auf die positive Z-Achse
AS Austauchwinkel bezogen auf die negative Z-Achse
AV Sicherheitswinkelabschlag für AE und AS
O Bearbeitungsstartpunkt
O1 aktuelle Werkzeugposition
O2 aus Kontur berechnet
Q Leerschnittoptimierung
Q1 Optimierung aus
Q2 Optimierung ein
V Sicherheitsabstand in Z-Richtung
E Eintauchvorschub
F Vorschub
S Umdrehungsfrequenz/Schnittgeschwindigkeit
M Zusatzfunktionen

Voreinstellungen: E = F V1 Q1 O1 AV1 AX0 AZ0 AK0

G80 Abschluss der Konturbeschreibung

Schruppzyklen — PAL

G82 Planschruppzyklus

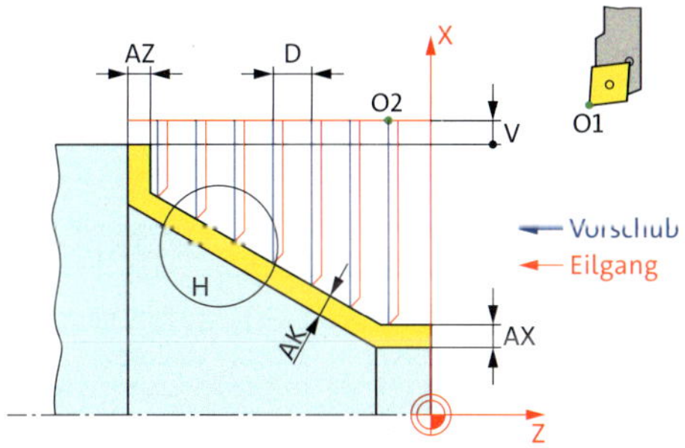

Abspanen bis zur programmierten Kontur

G82 D H1/H2/H3/H24 AK AX AZ AE AS AV O Q V E F S M

Pflichtadressen — Optionale Adressen

oder

Schlichten einer vorgegebenen Kontur

G82 H4 AE AS AV O E F S M

Pflichtadressen — Optionale Adressen

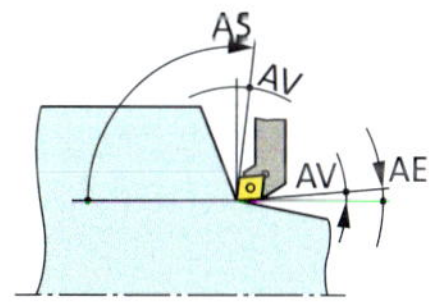

D Zustellung

Bearbeitungsart H				
H1	H2	H3	H4	H24
nur Schruppen, 1x45° abheben	stufenweise Auswinkeln entlang der Kontur	wie H1 mit zusätzlichem Konturschnitt am Ende	Schlichten der Kontur	Schruppen mit H2 und anschließendes Schlichten
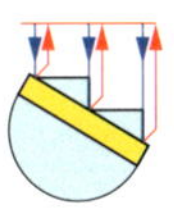	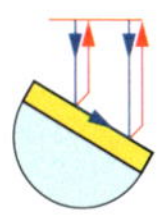	und 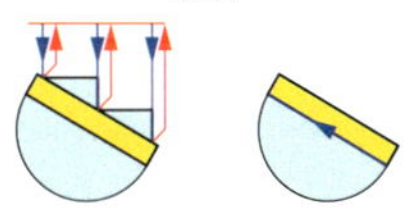		und 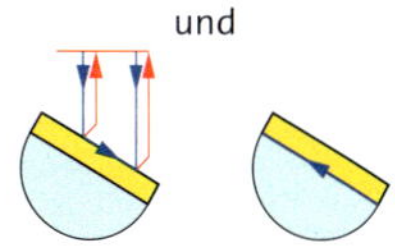

G83 Konturparalleler Schruppzyklus

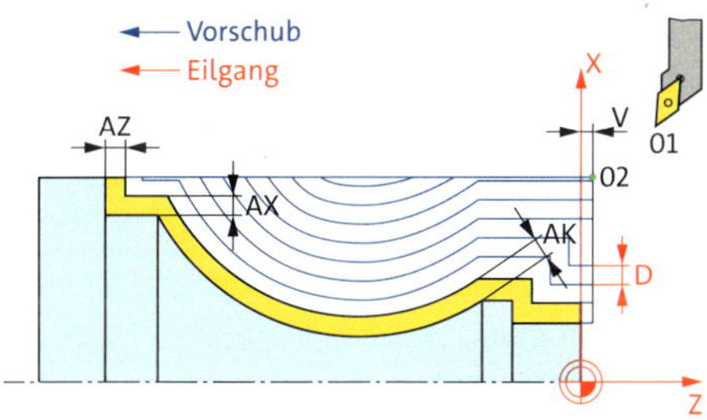

Abspanen bis zur programmierten Kontur

G83 D H1/H4/H14 AK AZ AX AE AS AV O Q V E F S M

Pflichtadressen — Optionale Adressen

oder

Schlichten einer vorgegebenen Kontur

G83 H4 AE AS AV O V E F S M

Pflichtadressen — Optionale Adressen

D Zustellung

Bearbeitungsart H		
H1	H4	H14
nur Schruppen, 1x45° abheben	Schlichten der Kontur	Schruppen und anschließendes Schlichten
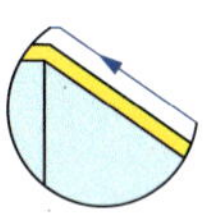	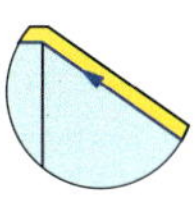	und 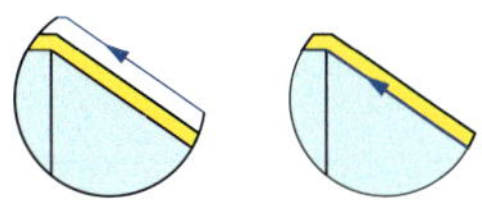

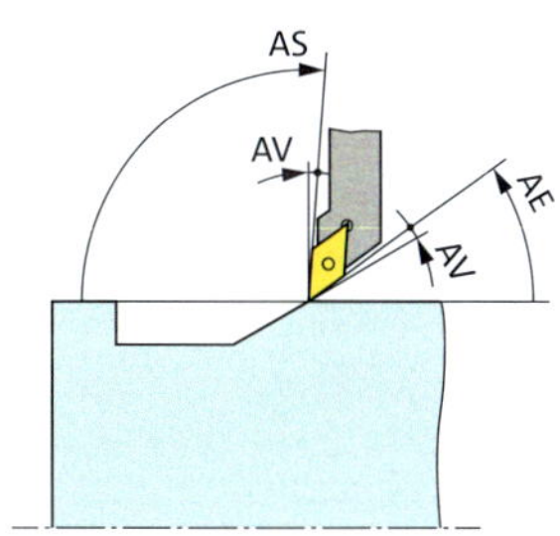

- AK konturparalleles Aufmaß
- AZ Aufmaß in Z-Richtung
- AX Aufmaß in X-Richtung
- AE Eintauchwinkel bezogen auf die positive Z-Achse
- AS Austauchwinkel bezogen auf die negative Z-Achse
- AV Sicherheitswinkelabschlag für AE und AS
- O Bearbeitungsstartpunkt: O1 aktuelle Werkzeugposition, O2 aus Kontur berechnet
- Q Leerschnittoptimierung: Q1 Optimierung aus, Q2 Optimierung ein
- V Sicherheitsabstand in Z-Richtung
- E Eintauchvorschub
- F Vorschub
- S Umdrehungsfrequenz/Schnittgeschwindigkeit
- M Zusatzfunktionen

Voreinstellungen: E = F V1 Q1 O1 AV1 AX0 AZ0 AK0

Bohrungen

PAL

G84 Bohrzyklus

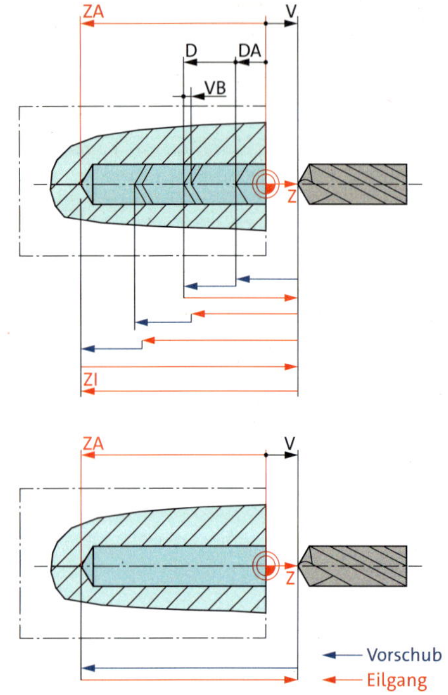

G84 ZA/ZI D V VB DR DM R DA U O FR E F S M

Pflichtadressen Optionale Adressen

ZA Bohrungstiefe absolut in Werkstückkoordinaten
ZI Bohrungstiefe inkremental ab aktueller Werkzeugposition

D Zustelltiefe (bei fehlender Angabe: Zustellung bis Endbohrtiefe)
V Sicherheitsabstand
VB Sicherheitsabstand vor Bohrgrund
DR Reduzierwert der Zustelltiefe
DM Mindestzustellung
R Rückzugsabstand
DA Anbohrtiefe
U Verweilzeit am Bohrgrund zum Spanbruch
O Auswahl der Verweilzeiteinheit
O1 in Sekunden
O2 Verweilzeit in Umdrehungen
FR prozentualer Eilgangreduzierungsfaktor bei Zustellung zum Bohrgrund
E Anbohrvorschub
F Vorschub
S Umdrehungsfrequenz/Schnittgeschwindigkeit
M Zusatzfunktionen

Voreinstellungen:
V1 VB1 DR0 DM = DR oder DM = D, wenn DR = 0
Rückzug zum Startpunkt DA0 U0 O1 FR100 E = F

Freistiche

PAL

G85 Freistichzyklus

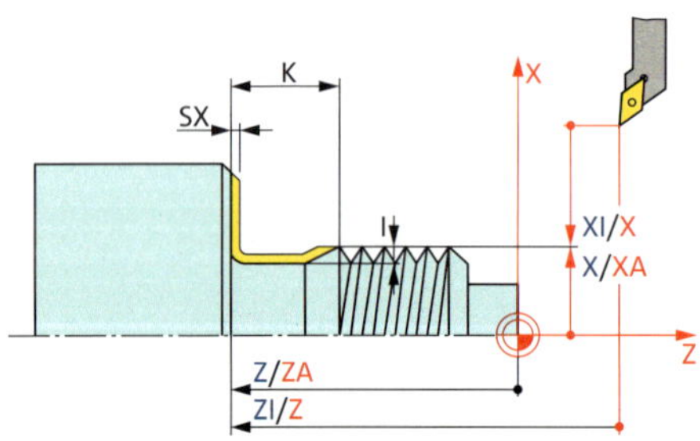

G85 Z/ZA/ZI X/XA/XI I K RN SX H E F S M

Pflichtadressen Optionale Adressen

Z absolute Freistichposition in der Z-Koordinate, Werkstückkoordinaten bei G90
ZI inkrementale Freistichposition in der Z-Koordinate bei G90

Z inkrementale Freistichposition in der Z-Koordinate bei G91
ZA absolute Freistichposition in der Z-Koordinate bei G91

X absolute Freistichposition in der X-Koordinate, Werkstückkoordinaten bei G90
XI inkrementale Freistichposition in der X-Koordinate bei G90

X inkrementale Freistichposition in der X-Koordinate bei G91
XA absolute Freistichposition in der X-Koordinate bei G91

I Freistichtiefe (Pflichtadresse bei H1)
K Freistichbreite (Pflichtadresse bei H1)
RN Freistich-Eckenradius
SX Bearbeitungszugabe (Schleifaufmaß)
E Eintauchvorschub
F Vorschub
H Freistichform: H1 DIN 76, H2 DIN 509 Form E
H3 DIN 509 Form F
S Umdrehungsfrequenz/Schnittgeschwindigkeit
M Zusatzfunktionen

Voreinstellung: SX0 H1 RN nach DIN 76 bzw. DIN 509
E = 0,25 · F

Konturstechzyklen PAL

G87 Radialer Konturstechzyklus

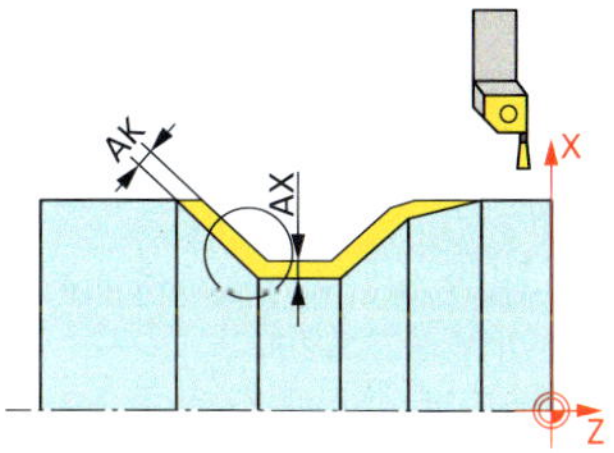

G87 D AK AX H DB O Q V E F S M

Pflichtadressen Optionale Adressen

D Zustelltiefe zwischen den Bearbeitungsstufen

Voreinstellungen: AK0 AX0 H14 DB75 O1 Q1 V1 E=F

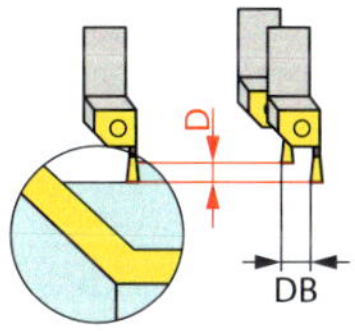

G89 Axialer Konturstechzyklus

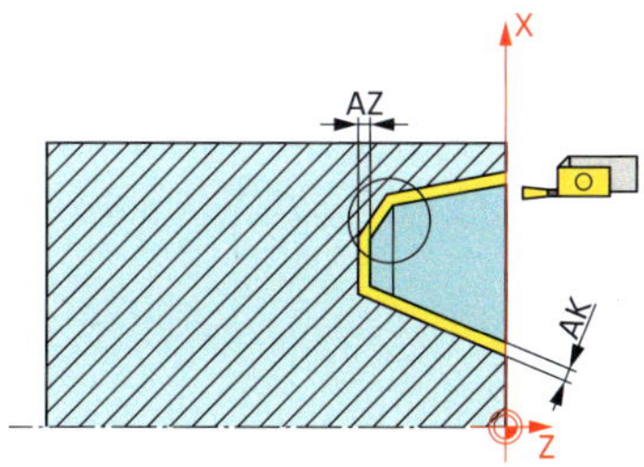

G89 D AK AZ H DB O Q V E F S M

Pflichtadressen Optionale Adressen

D Zustelltiefe zwischen den Bearbeitungsstufen

Voreinstellungen: AK0 AZ0 H14 DB75 O1 Q1 V1 E=F

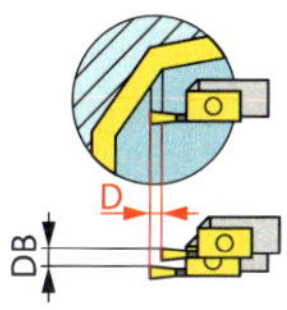

G80 Abschluss der Konturbeschreibung

Optionale Adressen für die Konturstechzyklen G87 und G89

G87	G89	Optionale Adresse	
X	X	AK	konturparalleles Aufmaß auf die Kontur
X	–	AX	Aufmaß durch Konturverschiebung in X-Richtung
–	X	AZ	Aufmaß durch Konturverschiebung in Z-Richtung
X	X	H	Bearbeitungsart H1 Vorstechen, H2 Stechdrehen, H4 Schlichten, H14 Vorstechen und Schlichten, H24 Stechdrehen und Schlichten
X	X	DB	Zustellung in Prozent der Meißelbreite beim Stechen
X	X	O	Bearbeitungsauswahl schräges Abstechen der Randstufen für jede Bearbeitungszustellung O1 Bearbeitung in Z-Richtung, O2 bidirektionale Bearbeitung in Z-Richtung schräges Abstechen der Randstufen am Ende aller Bearbeitungszustellung O11 Bearbeitung in Z-Richtung, O12 bidirektionale Bearbeitung in Z-Richtung
X	X	Q	Leerschnittoptimierung Q1 Optimierung aus, Q2 Optimierung ein
 X –	 – X	V	Sicherheitsabstand beim Stechen Stechen in X-Richtung oder Stechdrehen in Z-Richtung bei Leerschnittoptimierung Stechen in Z-Richtung oder Stechdrehen in X-Richtung bei Leerschnittoptimierung
X	X	E	Vollmaterial-Einstechvorschub
X	X	F	Vorschub
X	X	S	Umdrehungsfrequenz/Schnittgeschwindigkeit
X	X	M	Zusatzfunktionen

4

Stechzyklen

PAL

G86 Radialer Stechzyklus

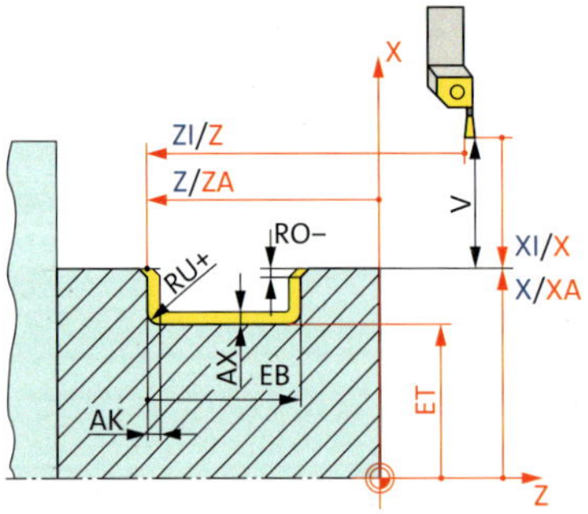

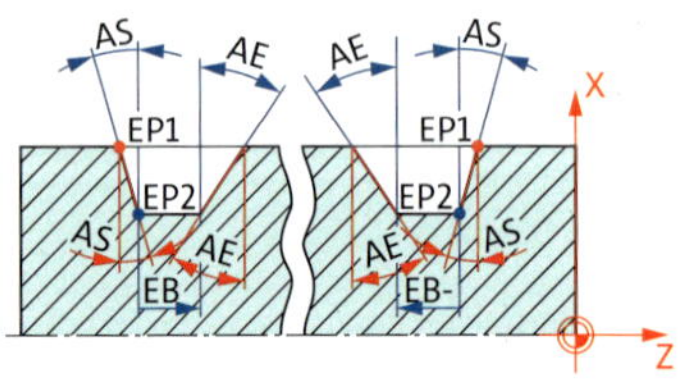

G86 X/XI/XA Z/ZI/ZA ET EB AS AE RO RU D AK AX EP H DB V E F S

Pflichtadressen — Optionale Adressen

X absolute X-Koordinate der Einstichsetzposition bei G90
XI inkrementale X-Koordinate der Einstichsetzposition bei G90

X inkrementale X-Koordinate der Einstichsetzposition bei G91
XA absolute X-Koordinate der Einstichsetzposition bei G91

Z absolute Z-Koordinate der Einstichsetzposition bei G90
ZI inkrementale Z-Koordinate der Einstichsetzposition bei G90

Z inkrementale Z-Koordinate der Einstichsetzposition bei G91
ZA absolute Z-Koordinate der Einstichsetzposition bei G91
ET absoluter Durchmesser von Einstichgrund oder Einstichöffnung (komplementär zur Setzpunktfestlegung EP)

Voreinstellungen:
EB = Einstechmeißelbreite AS0 AE0 RO0 RU0
D = Endstechtiefe AK0 AX0 EP1 H14 DB75 V1

G88 Axialer Stechzyklus

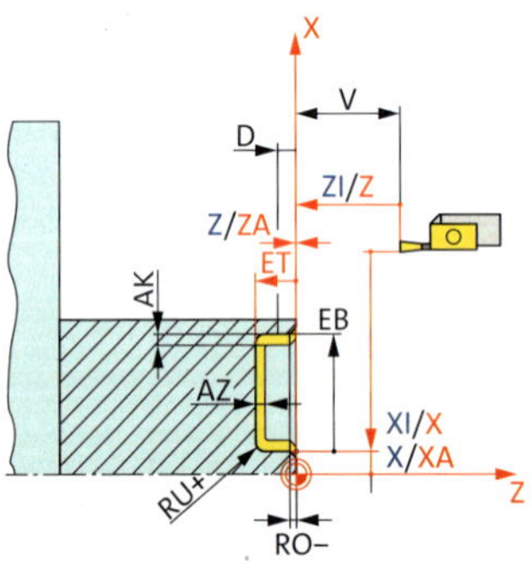

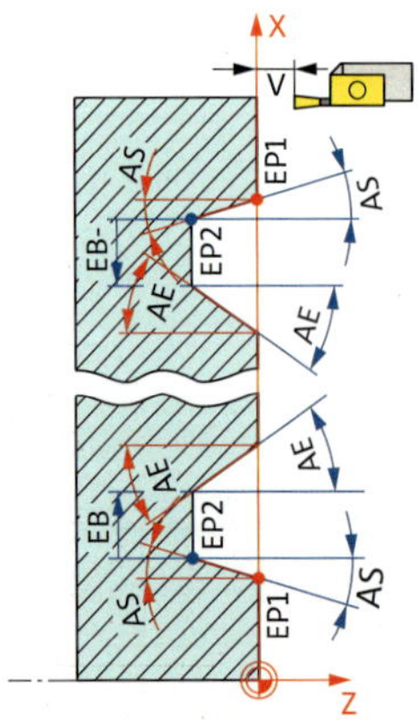

G88 X/XI/XA Z/ZI/ZA ET EB AS AE RO RU D AK AZ EP H DB V E F S M

Pflichtadressen — Optionale Adressen

X absolute X-Koordinate der Einstichsetzposition bei G90
XI inkrementale X-Koordinate der Einstichsetzposition bei G90

X inkrementale X-Koordinate der Einstichsetzposition bei G91
XA absolute X-Koordinate der Einstichsetzposition bei G91

Z absolute Z-Koordinate der Einstichsetzposition bei G90
ZI inkrementale Z-Koordinate der Einstichsetzposition bei G90

Z inkrementale Z-Koordinate der Einstichsetzposition bei G91
ZA absolute Z-Koordinate der Einstichsetzposition bei G91
ET absolute Z-Koordinate von Einstichgrund oder Einstichöffnung (komplementär zur Setzpunktfestlegung EP)

Voreinstellungen:
EB = Einstechmeißelbreite AS0 AE0 RO0 RU0
D = Endstechtiefe AK0 AZ0 EP1 H14 DB75 V1

Stechzyklen

PAL

Optionale Adressen für die Stechzyklen G86 und G88

G86	G88	Optionale Adresse	
		EB	Breite und Lage des Einstichs
X	–		EB+ Einstich in Richtung Z+ von der Einstichposition EB– Einstich in Richtung Z– von der Einstichposition
–	X		EB+ Einstich in Richtung X+ von der Einstichposition EB– Einstich in Richtung X– von der Einstichposition
		AS	Flankenwinkel an der Einstichsetzposition bezogen auf die Stechrichtung
X	–		in X-Richtung
–	X		in Z-Richtung
		AE	Flankenwinkel an der der Einstichsetzposition gegenüber liegenden Flanke bezogen auf die Stechrichtung
X	–		in X-Richtung
–	X		in Z-Richtung
X	X		Einstich symmetrisch, wenn nur einer der Winkel AS/AE programmiert wird
X	X	RO	Form der oberen Ecken RO+ Verrundung RO– Fase
X	X	RU	Form der unteren Ecken RU+ Verrundung RU– Fase
X	X	D	Zustelltiefe
X	X	AK	konturparalleles Aufmas auf die Kontur
X	–	AX	Aufmaß durch Konturverschiebung in X-Richtung
–	X	AZ	Aufmaß durch Konturverschiebung in Z-Richtung
X	X	EP	Setzpunktfestlegung fur den Einstich EP1 Setzpunkt in einer Ecke der Einstichöffnung EP2 Setzpunkt in einer Ecke des Einstichgrunds
X	X	H	Bearbeitungsart H1 Vorstechen H2 Stechdrehen H4 Schlichten H14 Vorstechen und Schlichten H24 Stechdrehen und Schlichten
X	X	DB	Zustellung in Prozent der Meißelbreite beim Stechen
X	X	V	Sicherheitsabstand über Einstichöffnung
X	X	E	Vollmaterial-Einstechvorschub
X	X	F	Vorschub
X	X	S	Umdrehungsfrequenz/Schnittgeschwindigkeit
X	X	M	Zusatzfunktionen

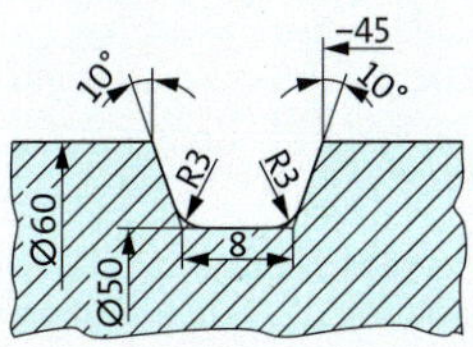

Beispiel:

```
N10 G96 S155 F0.06 T1 M4
N20 G0 Z-35 X52
N30 G86 EP1 Z-45 X60 ET50 EB-8 AS10 AE10 RU3
N40 G14 H0
N50 M30
```

Bearbeitungsebenen PAL

G86 Radialer Stechzyklus

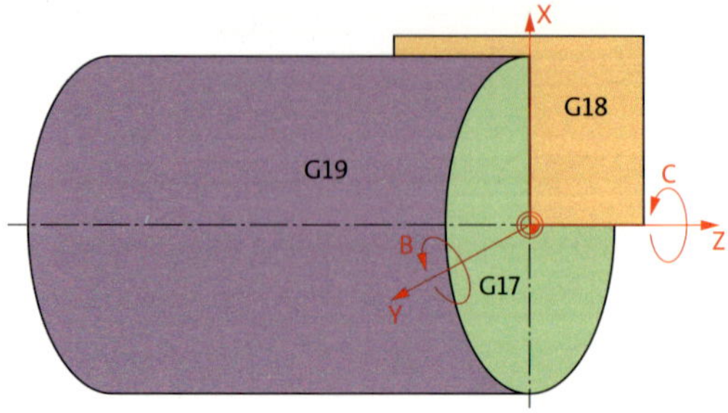

Stirnseitenbearbeitung			Drehebene			Mantelflächenbearbeitung/Sehnenflächenbearbeitung			
G17			G18			G19			
mit Polar-koordinaten	mit virtueller Y-Achse	mit realer Y-Achse	Haupt-spindel	Gegen-spindel	Gegenspindel mit Drehung des XYZ-Koordinaten-systems, 180° um die X-Achse	mit Zylinder-koordinaten	mit virtueller Y-Achse	Sehnen-fläche mit realer Y-Achse	geneigte Sehnenfläche mit realer Y- und B-Achse
G17C	G17	G17Y	G18HS	G18GS	G18GSU	G19C	G19X	G19Y	G19YB

G17 Stirnseitenbearbeitung mit angetriebenen Werkzeugen

Bearbeitungsart	Achsen	Adressen/Erläuterungen
G17 C	X, Z, C 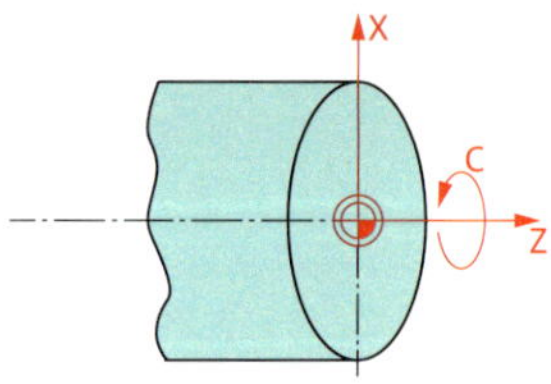 	Pflichtadressen: C optionale Adressen: HS, GSU HS-Hauptspindelbearbeitung GSU-Gegenspindelbearbeitung *Voreinstellungen:* HS, C0 X, Z und C sind nur mit G1 verfahrbar X-Wert immer als Radiusangabe
G17	X, Y, Z 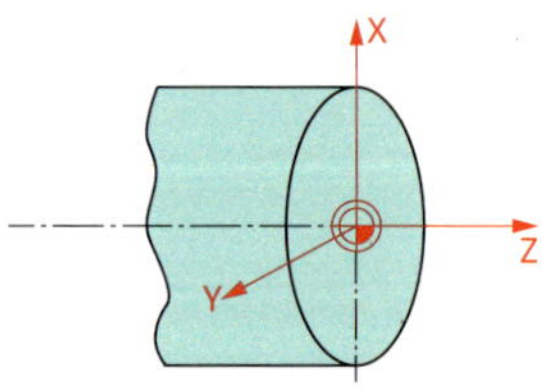 	Pflichtadressen: ohne optionale Adressen: HS, GSU HS-Hauptspindelbearbeitung GSU-Gegenspindelbearbeitung *Voreinstellungen:* HS, C0 X-Wert immer als Radiusangabe C-Achse kann nicht direkt programmiert werden
G17Y	X, Y, Z 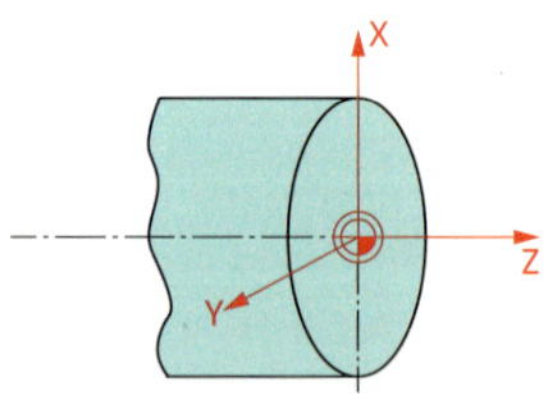 	Pflichtadressen: Y optionale Adressen: HS, GSU, C HS-Hauptspindelbearbeitung GSU-Gegenspindelbearbeitung C-Achswert mit der Ebenenanwahl einstellbar *Voreinstellungen:* HS, C0 X-Wert immer als Radiusangabe C-Achse kann nicht direkt programmiert werden

Bearbeitungsebenen PAL

G18 Drehebene

Bearbeitungsart	Achsen	Adressen/Erläuterungen
G18HS	X, Z 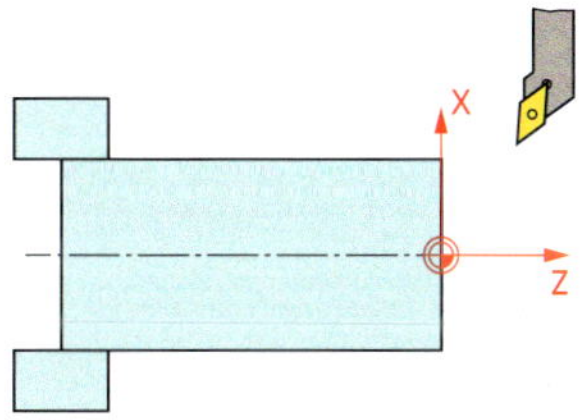 	Pflichtadressen: ohne optionale Adressen: DIA, RAD, DRA, HS, GS, GSU DIA alle X-Koordinaten im Durchmessermaß RAD alle X Koordinaten im Radiusmaß DRA XA, IA im Durchmessermaß; XI, I im Radiusmaß; G90 – X-Koordinate im Durchmessermaß; G91 – X-Koordinate im Radiusmaß HS Hauptspindelbearbeitung GS Gegenspindelbearbeitung (ohne angetriebene Werkzeuge) GSU Gegenspindelbearbeitung mit Drehung des Koordinatensystems um die X-Achse um 180° *Voreinstellungen:* DRA, HS
G18GS	X, Z 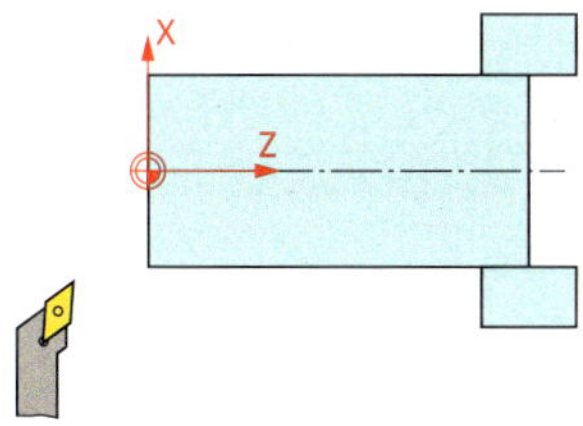 	
G18 GSU	X, Z 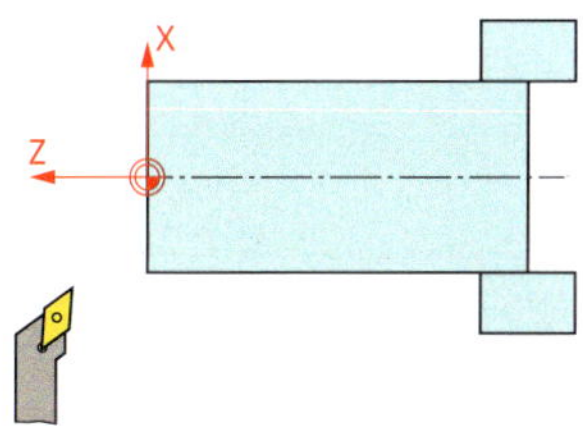 	

G19 Mantelflächenbearbeitung mit angetriebenen Werkzeugen

Bearbeitungsart	Achsen	Adressen/Erläuterungen
G19 C	X, Z, C 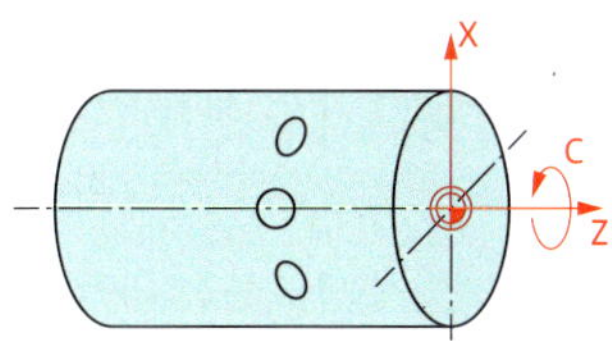 	Pflichtadressen: C optionale Adressen: HS, GSU C kein Adresswert bei der Ebenenanwahl C mit Adresswert bei der Angabe von Winkelwerten C Achse kann kontinuierlich verfahren werden HS Hauptspindelbearbeitung GSU Gegenspindelbearbeitung *Voreinstellungen:* HS oder GSU entsprechend der aktuellen Auswahl
G19X	X, Y, Z 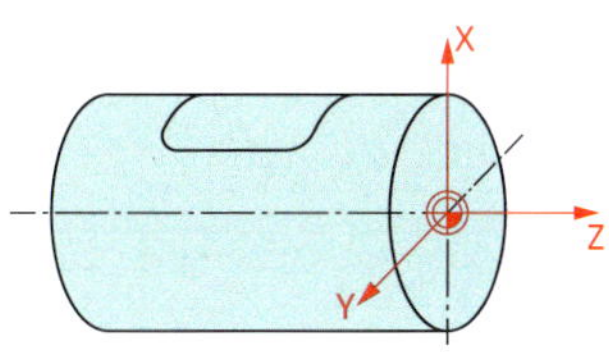 	Pflichtadressen: Y optionale Adressen: HS, GSU Y Durchmesser der abgewickelten Mantelfläche HS Hauptspindelbearbeitung GSU Gegenspindelbearbeitung *Voreinstellungen:* HS oder GSU entsprechend der aktuellen Auswahl

4

Bearbeitungsebenen — PAL

G19 Sehnenflächenbearbeitung

Bearbeitungsart	Achsen	Adressen/Erläuterungen
G19 Y gerade Sehnenfläche	X, Y, Z 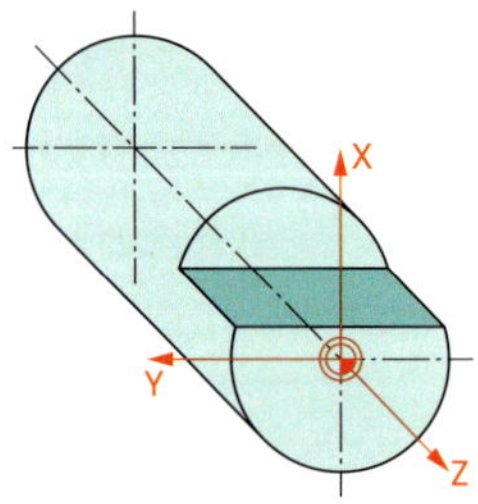 	Pflichtadressen: Y optionale Adressen: HS, GSU, C Y real vorhandene Y-Achse HS Hauptspindelbearbeitung GSU Gegenspindelbearbeitung C Achswert, auf dem die Achse geklemmt wird *Voreinstellungen:* C0, HS oder GSU entsprechend der aktuellen Auswahl
G19 YB geneigte Sehnenfläche	X, Y, Z 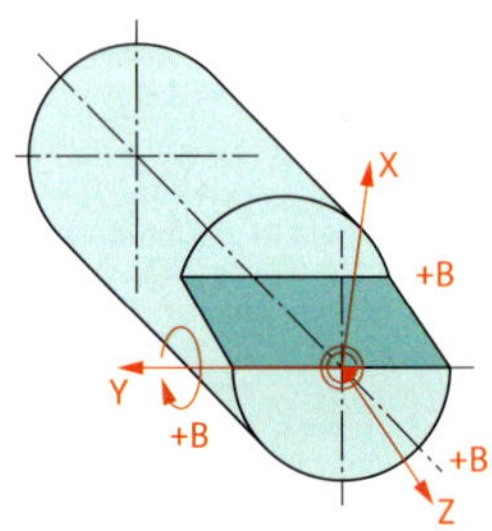 	Pflichtadressen: Y, B optionale Adressen: H, HS, GSU, C Y real vorhandene Y-Achse B Neigungsfläche der Sehnenfläche bezogen auf die positive Z-Achse, Drehung um die Y-Achse HS Hauptspindelbearbeitung GSU Gegenspindelbearbeitung C Achswert, auf dem die Achse geklemmt wird C Gegenspindelbearbeitung H Einschwenkmodus H1 Werkstückkoordinatensystem und Werkzeugrevolver so drehen, dass ein vertikal angetriebenes Werkzeug senkrecht zur geneigten Sehnenfläche steht H2 wie H1; horizontales Werkzeug H3 Werkstückkoordinatensystem drehen *Voreinstellungen:* C0, H1, HS oder GSU entsprechend der aktuellen Auswahl

Beispiele:

Es ist ein Wellenbolzen mit einer Nut auf der Stirnseite herzustellen. Für die Stirnseitenbearbeitung ist der Befehl G17C zu verwenden.

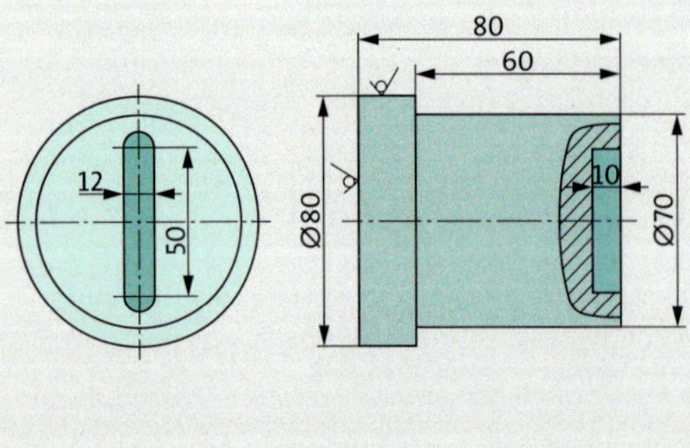


```
N10 G54
N15 G92 S5000
N20 G96 S350 G95 F0.25 T1 TC1 M4
N25 G0 X82 Z0
N30 G1 X-1
N35 G0 Z1
N40 G14 H0
N45 G0 X82 Z2
N45 G81 D3 H3 AK0.5 O1
N50 G1 X70
N55 G1 Z-60
N60 G1 X80
N65 G80
N70 G14 H0

Stirnseitenbearbeitung
N80 G17 C
N85 T2 TC1 F100 S4000 M3
N90 G74 ZA-5 LP62 BP12 D5 V2 AK0 AL0 EP0
N95 G79 X0 Y0 Z0
N100 G14 H0
N105 G18
N110 M30
```

Funkenerosives Senken

DIN 8590: 2003-09

Kennwerte

I_e Entladestrom in A	S_L Funkenspalt in mm
t_i Impulsdauer in µs	S_F Funkenspalt in mm
t_0 Pausendauer in µs	V Abtragvolumen in mm³
U Spannung im Funkenspalt[1] in V	V_w Abtragrate in mm³/min
I Stromstärke im Funkenspalt[1] in A	ϑ Elektrodenverschleiß in %
p Spüldruck in bar	V_E Verschleißrate der Elektrode in mm³/min

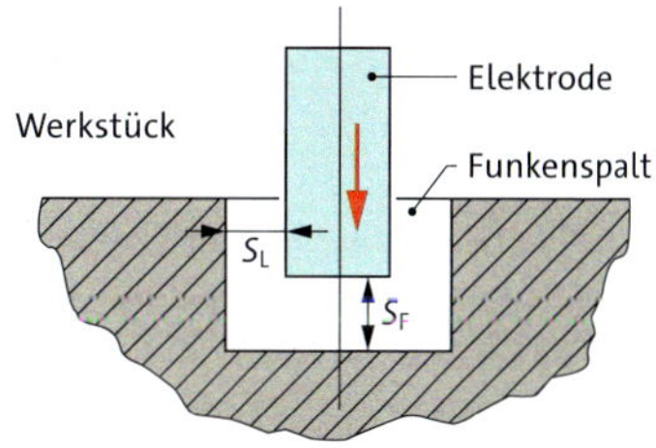

Elektroden

Werkstoff der Elektrode	Werkstoff des Werkstücks	Bearbeitung	Polarität der Elektrode	Elektrodenverschleiß
Graphit	Werkzeugstahl	Schruppen Schlichten	negativ negativ	mittel mittel
	korrosionsbeständiger Stahl	Schruppen Schlichten	positiv negativ	niedrig niedrig
Elektrolytkupfer	Aluminium	Schruppen Schlichten	positiv positiv	niedrig niedrig
	korrosionsbeständiger Stahl	Schruppen Schlichten	positiv positiv	mittel mittel
Wolfram-Kupfer	Werkzeugstahl	Schruppen Schlichten	positiv positiv	mittel mittel
	Wolframcarbid	Schruppen Schlichten	negativ negativ	niedrig niedrig

Richtwerte

Elektrode: Elektrolytkupfer — Dielektrikum: Mineralöl (IME 82)
Werkstoff: Werkzeugstahl

Einstellparameter						Ergebnisse				
I_e in A	t_i in µs	t_0 in µs	U in V	I in A	p in bar	V_w in mm³/min	ϑ in %	S_L in mm	Ra in µm	Rz in µm Rz : Ra = 4 : 1
3	5	12	45	4	0,3	6,8	9	0,05	2,2	8,8
6	10	12	45	7	0,2	23	7	0,2	3,6	14,4
10	75	12	40	11	0,2	42	7	0,24	10	40
20	100	12	30	24	0,2	116	9	0,25	15	60

Elektrode: Graphit — Dielektrikum: Mineralöl (IME 82)
Werkstoff: Werkzeugstahl

Einstellparameter						Ergebnisse				
I_e in A	t_i in µs	t_0 in µs	U in V	I in A	p in bar	V_w in mm³/min	ϑ in %	S_L in mm	Ra in µm	Rz in µm Rz : Ra = 4 : 1
6	20	12	35	4	0,2	20	22	0,2	6	24
10	50	10	38	6	0,2	76	24	0,25	10	40
20	200	10	33	17	0,2	263	19	0,37	24	96
30	200	9	33	25	0,2	280	18	0,35	27	108

Berechnung

Elektrodenverschleiß

$$\vartheta = \frac{V_E}{V_W} \cdot 100$$

Hauptnutzungszeit

$$t_H = \frac{V}{V_W}$$

geg.: $V = 3000\ \text{mm}^3$; $I_e = 10$ A; Graphitelektrode
ges.: t_H

$V_W = 76\ \text{mm}^3/\text{min}$ (laut Tabelle)

$$t_H = \frac{V}{V_W} = \frac{3000\ \text{mm}^3}{76\ \text{mm}^3/\text{min}} = 39{,}5\ \text{min}$$

ϑ: Elektrodenverschleiß in %
V_E: Verschleißrate in mm³/min
V_W: Abtragrate in mm³/min
t_H: Hauptnutzungszeit in min
V: Werkstückvolumen im mm³

[1] gap (engl.) – Spalt oder Lücke

Funkenerosives Schneiden

DIN 8590: 2003-09

Kennwerte

I_e Entladestrom in A	d Drahtdurchmesser in mm
V_c Schneidrate in mm²/min	v_d Ablaufgeschwindigkeit in mm/min
v_f Vorschubgeschwindigkeit in mm/ min	H Schnitthöhe (Werkstückdicke) in mm
A_c geschnittene Fläche in mm²	Funkenspalt in mm

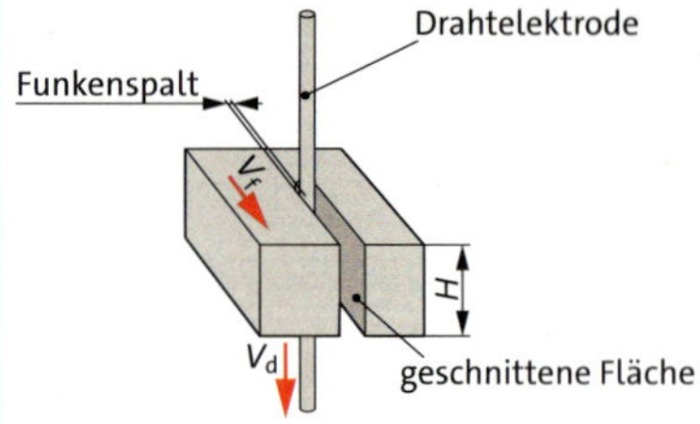

Drahtelektroden

Drahtwerkstoff	Drahtdurchmesser in mm	Zugfestigkeit in MPa	Drahtdehnung in %	Eigenschaften
Kupfer-Zink-Legierung (Messinglegierung)	0,2–0,25–0,3	500–900	1–15	▪ Standarddraht ▪ einfache Bearbeitungen in der Mikroerosion ▪ konische Schnitte
Kupfer-Zink-Legierung (Messinglegierung) mit Kupfer-Zink-Beschichtung	0,25–0,30	430	> 30	▪ konische Schnitte ▪ hohe thermische Belastung ▪ für ungünstige Spülbedingungen
Kupfer-Zink-Legierung (Messinglegierung) mit Zink-Beschichtung	0,25–0,3–0,33	800	> 1	▪ höhere Schnittgeschwindigkeit ▪ Schruppdraht
Kupfer mit Kupfer-Zink-Beschichtung (Messinglegierung)	0,25–0,3–0,33	500	1	▪ höhere Schnittgeschwindigkeit ▪ Schruppdraht
Stahl mit Kupfer-Messing-Silber-Beschichtung	0,02–0,03–0,04–0,05–0,06–0,07–0,08–0,09–0,1	2000	1	▪ Mikrobearbeitung ▪ Bearbeitung filigraner Konturen

Richtwerte

Drahtelektrode: Cu
Werkstoff: X210 Cr W 12
Dielektrikum: entionisiertes Wasser

Arten von Schnitten	H in mm	I_e in A	v_d in mm/min	v_f in mm/min	A_c in mm²	Ra in µm	Rz in µm
Schnellschnitt	10	15	200	12,5	125	1,8	10
	30	15	200	5,3	159	1,8	10
	100	15	200	1,3	130	1,8	10
Qualitätsschnitt	10	13	90	3,9	39	1,8	9,5
	30	13	120	1,8	54	1,8	9,5
	100	15	120	0,61	61	1,8	9,5
Präzisionsschnitt	10	15	200	8,5	3,45	1,4	7,5
	30	15	200	4,0	1,88	1,4	7,5
	100	11	200	0,95	0,6	1,4	7,5

Berechnung

Schneidrate

$$V_c = \frac{A_c}{t}$$

Hautnutzungszeit

$$t_H = \frac{L}{v_f}$$

Es ist ein Durchbruch mit einer Höhe von 30 mm durch einen Qualitätsschnitt zu fertigen. Hierfür ist die Hauptnutzungszeit zu ermitteln.

geg.: H = 30 mm, L = 220 mm, v_f = 1,8 mm/min (laut Tabelle)
ges.: t_H

$$t_H = \frac{L}{v_f} = \frac{220\ \text{mm}}{1{,}8\ \text{mm/min}} = 122{,}2\ \text{min}$$

t_H: Hauptnutzungszeit in min
v_f: Vorschubgeschwindigkeit in mm/min
L: Vorschubweg in mm
A_c: geschnittene Fläche in mm²
V_c: Schneidrate in mm²/min
t: Zeit in s

Trennen durch Scherschneiden

Schneidkraft

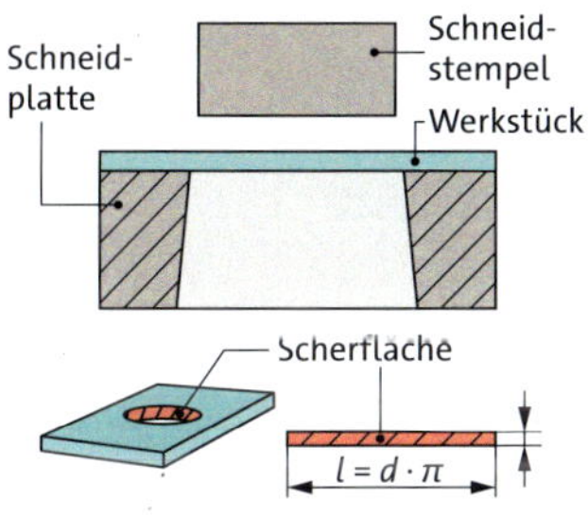

$F = S \cdot \tau_{aB\,max.}$

Stahl: $\tau_{aB\,max.} = 0{,}8 \cdot R_{m\,max.}$

Gusseisen: $\tau_{aB\,max.} = 1{,}1 \cdot R_m$

$S = l \cdot t$

Es ist die Schneidkraft für das Ausschneiden einer Ronde mit 100 mm Durchmesser und einer Blechdicke von 3 mm aus S235 JR zu bestimmen.

geg.: $d = 100$ mm, $t = 3$ mm
$R_{m\,max.} = 510\ \text{N/mm}^2$ (laut Tabelle)
ges.: F in kN

$\tau_{aB\,max.} = 0{,}8 \cdot R_{m\,max.} = 0{,}8 \cdot 510\ \text{N/mm}^2 = 408\ \text{N/mm}^2$
$S = \pi \cdot d \cdot t = \pi \cdot 100\ \text{mm} \cdot 3\ \text{mm} = 942\ \text{mm}^2$
$F = S \cdot \tau_{aB\,max.} = 942\ \text{mm}^2 \cdot 408\ \text{N/mm}^2$
$F = 384{,}34$ kN

Schneidarbeit

Parallelschneiden

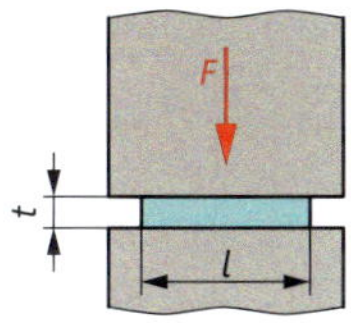

$W = \frac{2}{3} \cdot F \cdot h$

$h = t$

$S = l \cdot t$

Schrägschneiden

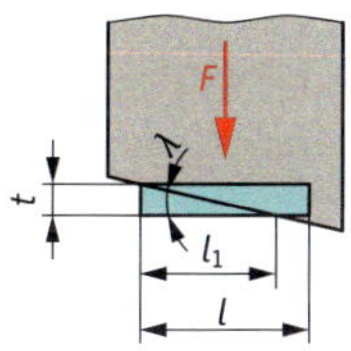

$W = \frac{2}{3} \cdot F \cdot h$

$h = (2 \ldots 2{,}5) \cdot t$

$S = \frac{t^2}{2 \cdot tan\lambda}$

Für eine Ronde aus S235 JR mit einer Blechdicke von 3 mm wird eine Schneidkraft von 384,34 kN benötigt. Hierfür ist die Schneidarbeit zu ermitteln.

geg.: $d = 100$ mm, $t = 3$ mm, $F = 384{,}34$ kN
ges.: W

$H = t = 3$ mm

$W = \frac{2}{3} \cdot F \cdot h$

$W = \frac{2}{3} \cdot 384{,}34\ \text{kN} \cdot 3\ \text{mm}$

$W = 768{,}7\ \text{kN mm} = 768{,}7\ \text{Nm}$

Es ist die Scherfläche für ein Blech mit einer Dicke von 5 mm aus S235 JR zu berechnen.
Das Blech wird durch Schrägschneiden mit einem Neigungswinkel von 10° zerteilt.

geg.: $t = 5$ mm, $\lambda = 10°$
ges.: S

$$S = \frac{t^2}{2 \cdot tan\lambda} = \frac{(5\ \text{mm})^2}{2} \cdot tan10° = 47{,}53\ \text{mm}^2$$

Kurbel- und Exzenterpressen

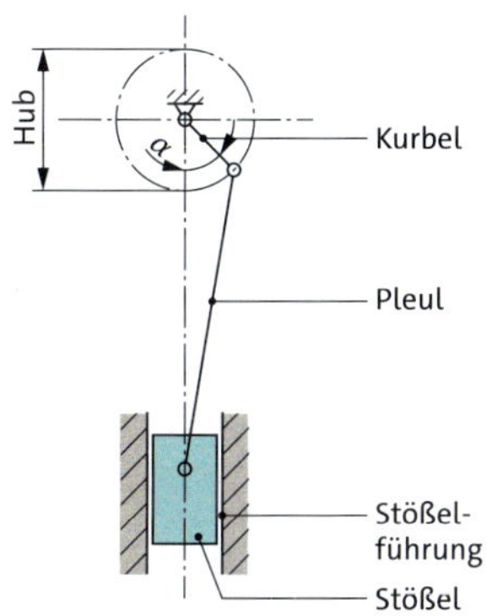

Arbeitsvermögen der Presse im Einzelhub

$W_E = 2 \cdot W_D$

Arbeitsvermögen der Presse im Dauerhub

$W_D = \frac{F_n \cdot Hub}{15}$

Einsatz der Presse – fester Hub

$F < F_n$
$W_E \geq W$
$W_D \geq W$

Für eine Kurbelpresse ist deren Einsatz im Dauerhub zu überprüfen. Die Presse verfügt über eine Nennpresskraft von 450 kN und einen Hub von 45 mm. Es ist eine Ronde mit einer Schneidkraft von 384,34 kN und einer Blechdicke von 3 mm auszuschneiden.

geg.: $F_n = 450$ kN, $F = 384{,}34$ kN, $t = 3$ mm
ges.: W_D, Einsatz der Kurbelpresse

$W = 768{,}7$ Nm

$W_D = \frac{F_n \cdot Hub}{15} = \frac{450\ \text{kN} \cdot 40\ \text{mm}}{15}$

$W_D = 1200$ Nm
$F > F_n$ und $W < W_D$

Die Presse ist für das vorgegebene Werkstück im Dauerhub verwendbar.

F: Schneidkraft in N
S: Scherfläche in mm²
F_n: Nennpresskraft in kN
$\tau_{aB\,max.}$: maximale Scherfestigkeit in N/mm²
λ: Neigungswinkel in °
t: Blechdicke in mm
h: Stempelweg in m
α: Kurbelwinkel in °
W_E: Arbeitsvermögen im Einzelhub in Nm
W: Schneidarbeit in Nm
W_D: Arbeitsvermögen im Dauerhub in Nm

4

Schneidstempel- und Schneidplattenmaße

VDI 3368: 1982-05 (zurückgezogen)

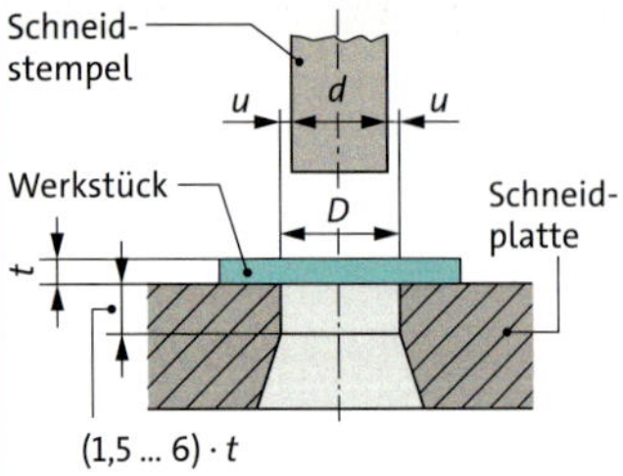

d: Schneidstempelmaß
D: Schneidplattenmaß
u: Schneidspalt
t: Blechdicke

Verfahren	Lochen	Ausschneiden
Werkstück	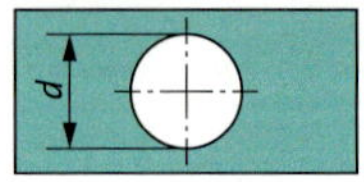	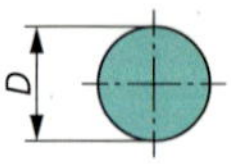
Maß für Schneidstempel *d* in mm	d	$d = D - 2 \cdot u$
Maß für Schneidplatte *D* in mm	$D = d + 2 \cdot u$	D

Schneidspalt

VDI 3368: 1982-05 (zurückgezogen)

Blechdicke *t* in mm	Schneidplattendurchbruch mit Freiwinkel 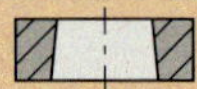				Schneidplattendurchbruch ohne Freiwinkel 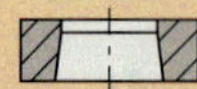			
	Schneidspalt *u* in mm in Abhängigkeit von der Scherfestigkeit τ_{aB} in N/mm²				Schneidspalt *u* in mm in Abhängigkeit von der Scherfestigkeit τ_{aB} in N/mm²			
	bis 250	über 250 bis 400	über 400 bis 600	über 600	bis 250	über 250 bis 400	über 400 bis 600	über 600
0,3	0,005	0,008	0,011	0,015	0,009	0,012	0,015	0,018
0,4 ... 0,6	0,01	0,015	0,02	0,025	0,015	0,02	0,025	0,03
0,7 ... 0,8	0,015	0,02	0,03	0,04	0,025	0,03	0,04	0,05
0,9 ... 1,0	0,02	0,03	0,04	0,05	0,03	0,04	0,05	0,06
1,5 ... 2,0	0,03	0,04 ... 0,05	0,05 ... 0,07	0,07 ... 0,09	0,05	0,06 ... 0,08	0,08 ... 0,1	0,09 ... 0,12
2,5 ... 3,0	0,04	0,05 ... 0,06	0,09 ... 0,10	0,11 ... 0,13	0,08	0,1 ... 0,12	0,13 ... 0,15	0,15 ... 0,18
3,5 ... 4,0	0,05 ... 0,06	0,08 ... 0,09	0,11 ... 0,13	0,15 ... 0,17	0,1 ... 0,12	0,14 ... 0,16	0,18 ... 0,20	0,21 ... 0,24
4,5 ... 5,0	0,07 ... 0,08	0,11 ... 0,13	0,15 ... 0,17	0,19 ... 0,21	0,14 ... 0,16	0,18 ... 0,2	0,22 ... 0,25	0,27 ... 0,3

Stegbreite, Randbreite und Seitenschneiderabfall für metallische Werkstoffe

Streifenbreite B_s in mm	Steglänge l_e in mm oder Werkstücklänge l_w in mm (größeres Maß)	Randbreite *a* und Stegbreite *e* in mm	Blechdicke *t* in mm										
			0,1	0,3	0,5	0,75	1,0	1,25	1,5	1,75	2,0	2,5	3,0
bis 100	... 10 oder runde Teile	*a*	1,0	0,9	0,9	0,9	1,0	1,2	1,3	1,5	1,6	1,9	2,1
		e	0,8	0,8	0,8								
	11 ... 50	*a*	1,9	1,5	1,0	1,0	1,1	1,4	1,4	1,6	1,7	2,0	2,3
		e	1,6	1,2	0,9								
	51 ... 100	*a*	2,2	1,7	1,2	1,2	1,3	1,6	1,6	1,8	1,9	2,2	2,5
		e	1,8	1,4	1,0								
	über 100	*a*	2,4	1,9	1,5	1,4	1,5	1,8	1,8	2,0	2,1	2,4	2,7
		e	2,0	1,6	1,2								
	Seitenschneiderbreite *i*		1,5	1,5	1,5	1,5	1,5	1,8	2,2	2,5	3,0	3,5	4,5
über 100 bis 200	... 10 oder runde Teile	*a*	1,2	1,1	1,1	1,0	1,1	1,3	1,4	1,6	1,7	2,0	2,3
		e	0,9	1,0	1,0								
	11 ... 50	*a*	2,2	1,7	1,2	1,2	1,3	1,6	1,6	1,8	1,9	2,2	2,5
		e	1,8	1,4	1,0								
	51 ... 100	*a*	2,4	1,9	1,5	1,4	1,5	1,8	1,8	2,0	2,1	2,4	2,7
		e	2,0	1,6	1,2								
	über 100	*a*	2,7	2,2	1,7	1,6	1,7	2,0	2,0	2,2	2,3	2,6	2,9
		e	2,2	1,8	1,4								
	Seitenschneiderbreite *i*		1,5	1,5	1,5	1,5	1,8	2,0	2,5	3,0	3,5	4,0	5,0

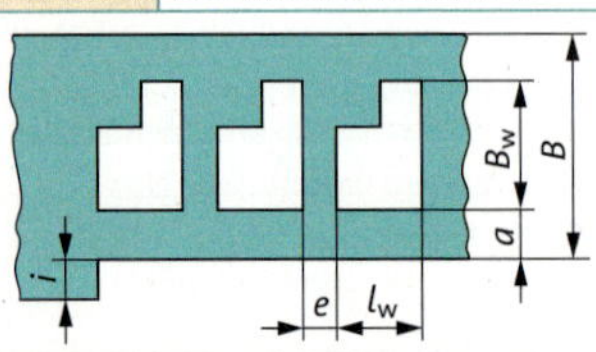

a: Randbreite
e: Stegbreite
B: Streifenbreite
B_W: Werkstückbreite
l_W: Werkstücklänge
i: Seitenschneiderabfall

Runde Werkstücke:
Zur Bestimmung der Randbreite a und der Stegbreite *e* wird $l_e = l_W = 10$ mm zugrunde gelegt.

Vieleckige Werkstücke:
Zur Bestimmung der Randbreite a und der Stegbreite *e* wird das größere der beiden Maße l_e und l_W berücksichtigt.

Werkstoffausnutzung

Ausschneiden ohne Seitenschneider

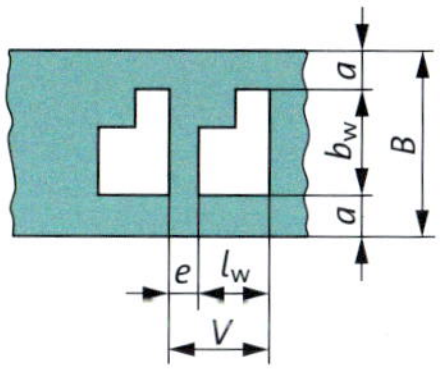

Ausschneiden mit Seitenschneider

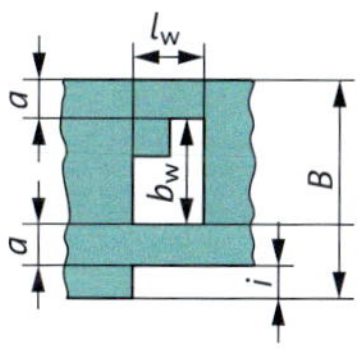

B ohne Seitenschneider

$$B = b_W + 2 \cdot a$$

B mit Seitenschneider

$$B = b_W + 2 \cdot a + i$$

$$V = l_W + e$$

$$\eta = \frac{R \cdot A}{V \cdot B}$$

Bei der Fläche *A* werden Lochungen und Innenkonturen nicht berücksichtigt.

Aus einem Streifen 1 mm dick werden Ronden mit einem Durchmesser von 40 mm in einer einreihigen Anordnung ausgeschnitten.

geg.: $D = 40$ mm, $R = 1$,
$e = a = 1{,}0$ (laut Tabelle)
ges.: η in %

$$A = \frac{\pi}{4 \cdot D^2} = \frac{\pi}{4 \cdot 40^2\,mm^2} = 1256\,m^2$$

$$V = l_W + e = 40\,mm + 1\,mm = 41\,mm$$

$$B = b_W + 2 \cdot a = 40\,mm + 2 \cdot 1\,mm = 42\,mm$$

$$\eta = \frac{1 \cdot 1256\,mm^2}{41\,mm \cdot 42\,mm} = 0{,}729 = 72{,}9\,\%$$

Bestimmung der Lage des Einspannzapfens

Stempelformen mit bekanntem Schwerpunkt

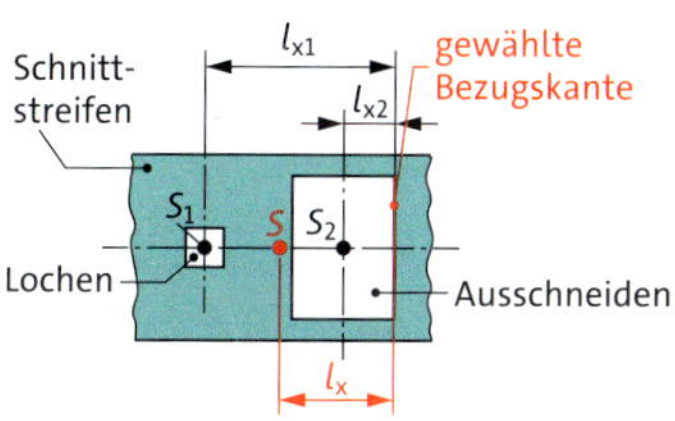

nach Stempelumfängen

$$l_x = \frac{U_1 \cdot l_{x1} + U_2 \cdot l_{x2} + \dots}{U_1 + U_2 + \dots}$$

$$l_y = \frac{U_1 \cdot l_{y1} + U_2 \cdot l_{y2} + \dots}{U_1 + U_2 + \dots}$$

nach Schneidkräften

$$l_x = \frac{F_1 \cdot l_{x1} + F_2 \cdot l_{x2} + \dots}{F_1 + F_2 + \dots}$$

$$l_y = \frac{F_1 \cdot l_{x1} + F_2 \cdot l_{x2} + \dots}{F_1 + F_2 + \dots}$$

Für die Stempelanordnung ist die Lage des Einspannzapfens in X- Richtung zu ermitteln.

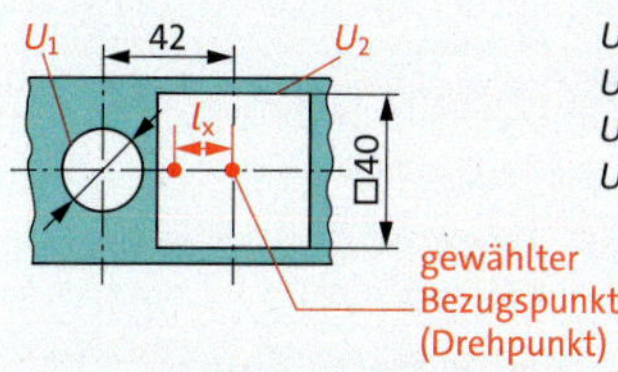

$U_1 = \pi \cdot d$
$U_1 = 62{,}8$ mm
$U_2 = 4 \cdot 40$ mm
$U_2 = 160$ mm

$$l_x = \frac{62{,}8\,mm \cdot 42\,mm + 160\,mm \cdot 0\,mm}{62{,}8\,mm + 160\,mm}$$

$$l_x = 11{,}84\,mm$$

Stempelformen mit unbekanntem Schwerpunkt

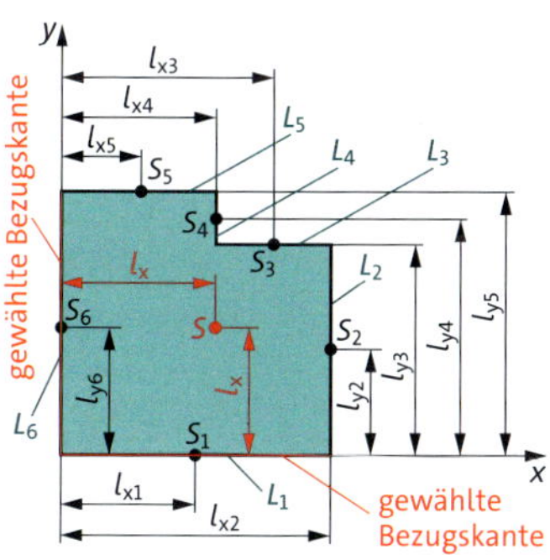

$$l_x = \frac{L_1 \cdot l_{x1} + L_2 \cdot l_{x2} + \dots}{L_1 + L_2 + \dots}$$

$$l_y = \frac{L_1 \cdot l_{y1} + L_2 \cdot l_{y2} + \dots}{L_1 + L_2 + \dots}$$

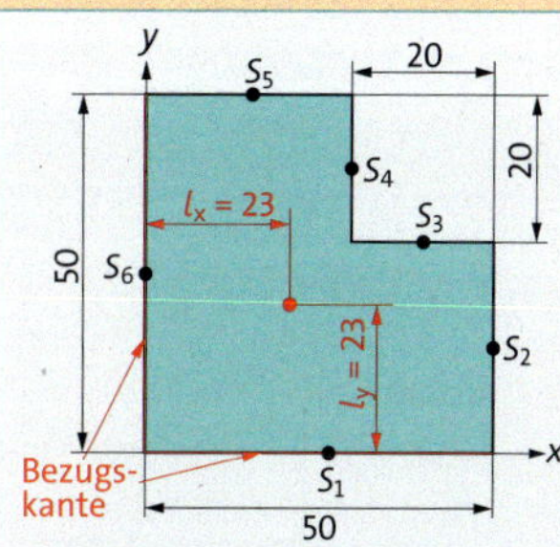

Für den Ausschneidstempel ist die Lage des Einspannzapfens in X- und Y-Richtung zu bestimmen.

$$l_x = \frac{4600\,mm^2}{200\,mm^2} = 23\,mm$$

$$l_y = \frac{4600\,mm^2}{200\,mm^2} = 23\,mm$$

B: Streifenbreite in mm	*i*: Seitenschneiderabfall in mm	*R*: Anzahl der Reihen	l_x, l_y: Abstand des Kräfteschwerpunktes zur Bezugslinie in mm
V: Streifenvorschub in mm	l_W: Werkstücklänge in mm	*S*: Schwerpunkt	$l_{x1...}$, $l_{y1...}$: Abstände der Linienschwerpunkte zur Bezugskante (X/Y) in mm
e: Stegbreite in mm	b_W: Werkstückbreite in mm	*a*: Randbreite in mm	
F_1, F_2: Schneidkräfte in N	U_1, U_2: Stempelumfänge in mm	*A**: Werkstückfläche in mm²	
η: Ausnutzungsgrad in %	S_1, S_2: Linienschwerpunkt	L_1, L_2: Schneidkantenlänge in mm (Länge der Linie)	

4

Mindestbiegeradius für das Kaltbiegen von Flacherzeugnissen aus Stahl — DIN 6935: 2011-10

Zugfestigkeit in N/mm²	Biegung zur Walzrichtung	Kleinster zulässiger Biegeradius *r* in mm für Blechdicke *t* in mm												
		... 1	> 1 ... 1,5	> 1,5 ... 2,5	> 2,5 ... 3	> 3 ... 4	> 4 ... 5	> 5 ... 6	> 6 ... 7	> 7 ... 8	> 8 ... 10	> 10 ... 12	> 12 ... 14	> 14 ... 16
... 390	quer	1	1,6	2,5	3	5	6	8	10	12	16	20	25	28
	längs	1	1,6	2,5	3	6	8	10	12	16	20	25	28	32
> 390 ... 490	quer	1,2	2	3	4	5	8	10	12	16	20	25	28	32
	längs	1,2	2	3	4	6	10	12	16	20	25	32	36	40
> 490 ... 640	quer	1,6	2,5	4	5	6	8	10	12	16	20	25	32	36
	längs	1,6	2,5	4	5	8	10	12	16	20	25	32	36	40

Alle Werte gelten für Biegewinkel $\alpha \le 120°$. Für Biegewinkel $\alpha > 120°$ ist der nächst höhere Wert aus der Tabelle zu wählen.

Biegeradien für Bleche und Bänder aus Aluminium und Aluminiumlegierungen — DIN 5520: 2002-07; DIN EN 573-2: 1994-12

Werkstoff	bisheriges Kurzzeichen	Zustand des Werkstoffs	Kleinster zulässiger Biegeradius *r* in mm für Blechdicke *t* in mm						
			... 0,8	> 0,8 ... 1	> 1 ... 1,5	> 1,5 ... 2,5	> 2,5 ... 3	> 3 ... 4	> 4 ... 5
EN AW-1050-H12	Al 99,5-H12	kaltverfestigt,	0,8	1,0	1,2	1,6	2,5	4,0	5,0
EN AW-5754-H12	AlMg3-H12	¼ hart	1,2	1,6	2,5	4,0	6,0	10,0	14,0
EN AW-5754-H14	AlMg3-H14	kaltverfestigt,	1,6	2,0	3,0	4,0	6,0	8,0	12,0
EN AW-5083-H111	AlMg4,5Mn-H111	½ hart weichgeglüht, geringe Kaltverfestigung	0,6	1,0	1,5	2,5	4,0	6,0	8,0
EN AW-5083-H22	AlMg4,5Mn-H22	kaltverfestigt, ¼ hart rückgeglüht	1,2	1,6	2,5	4,0	6,0	10,0	16,0
EN AW-5083-H112	AlMg4,5Mn-H112	geringe Kaltverfestigung	1,0	1,5	2,5	4,0	6,0	8,0	10,0
EN AW-6082-T6	AlMgSi1-T6	lösungsgeglüht,	1,2	1,6	2,5	4,0	6,0	10,0	16,0
EN AW-7020-T6	AlZn4,5Mg1-T6	warm ausgelagert	1,2	1,6	3,0	4,0	5,0	6,0	8,0

Die Werte gelten unabhängig von der Walzrichtung für einen Biegewinkel $\alpha = 90°$ nach der Rückfederung.

Biegeradien für Rohre — DIN 25570: 2004-02

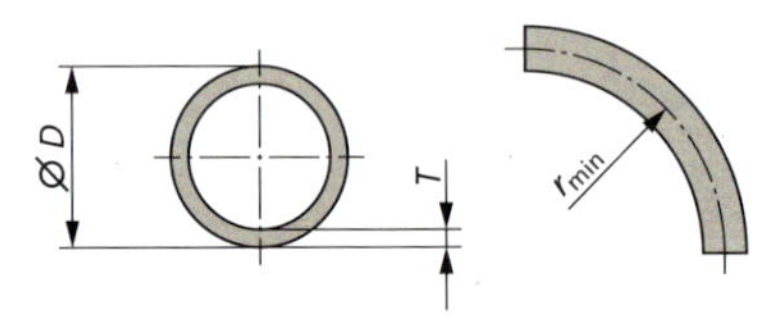

Stahlrohre E235, X5CrNi 18-10				Kupferrohre Cu-DHP		Aluminiumrohre AlMgSi	
D x *T* in mm	r_{min} in mm	*D* x *T* in mm	r_{min} in mm	*D* x *T* in mm	r_{min} in mm	*D* x *T* in mm	r_{min} in mm
6 x 1	20	20 x 1,5	45	6 x 1	25	16 x 1,5	80
8 x 1		20 x 2		8 x 1	35	20 x 1,5	100
10 x 1		20 x 3		10 x 1,5	40	22 x 1,5	
10 x 2		25 x 2	50	12 x 1,5		25 x 1,5	110
12 x 1,5	25	22 x 3		15 x 1,5	60	25 x 3	
12 x 2		25 x 2	55	16 x 1,5		28 x 2,5	125
14 x 2	35	30 x 2	80	18 x 1,5	80	30 x 1,5	
16 x 2		35 x 2		22 x 1,5	100	32 x 3	140
18 x 2	40	40 x 3	100	28 x 1,5	125	35 x 3	160
18 x 2,5		50 x 2,5	140	30 x 2,5		40 x 3	180

D: Rohraußendurchmesser *T*: Wanddicke *r*: Biegeradius r_{min}: Mindestbiegeradius *t*: Blechdicke

Zuschnittermittlung

DIN 6935: 2011-10

Gestreckte Länge nach der neutralen Faser

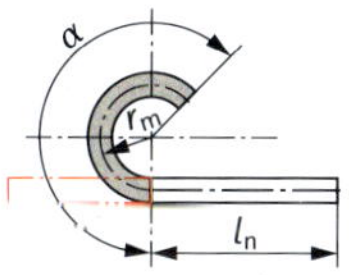

$$L = l_1 + l_2 + l_3 + \dots l_n$$

$$l_B = \frac{\pi \cdot d_m \cdot \alpha}{360°}$$

$$l_B = \frac{\pi \cdot r_m \cdot \alpha}{180°}$$

geg.: l_1 = 150 mm; α = 210°; r = 100 mm
ges.: L

$L = l_1 + l_B$ = 150 mm + 366,3 mm = 516,3 mm

$$l_B = \frac{\pi \cdot 100\ \text{mm} \cdot 210°}{180°}$$

l_B = 366,3 mm

Zuschnittlänge für Biegungen mit 90°

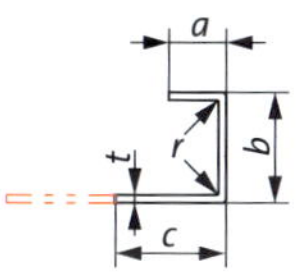

$$L = a + b + c + \dots - n \cdot v$$

geg.: a = 40 mm; b = 50 mm; c = 60 mm
t = 2 mm; n = 2; r = 4 mm
ges.: L

$L = a + b + c - n \cdot v$; v = 4,5 mm (laut Tabelle)

L = 40 mm + 50 mm + 60 mm − 2 · 4,5 mm = 141 mm

Zuschnittlänge für beliebige Biegewinkel

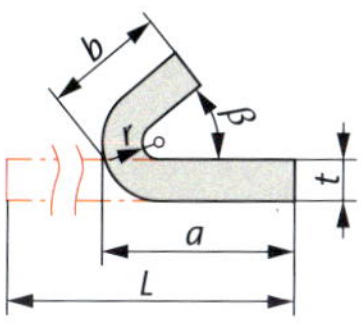

$$L = a + b + c + \dots - n \cdot v$$

β = 0° ... 90°

$$v = 2 \cdot (r + t) - \pi \cdot \frac{(180° - \beta)}{180°} \cdot \left(r + \frac{t}{2} \cdot k\right)$$

β = über 90° ... 165°

$$v = 2 \cdot (r + t) \cdot \tan \frac{(180° - \beta)}{2} - \pi \cdot \frac{(180° - \beta)}{180°} \cdot \left(r + \frac{t}{2} \cdot k\right)$$

Korrekturfaktor k					
$r:t$	0,25	0,5	0,75	1,0	1,25
k	0,35	0,5	0,59	0,65	0,7
$r:t$	1,5	2,0	2,5	3,0	3,5
k	0,74	0,8	0,85	0,89	0,92
$r:t$	4,0	4,5	5,0	5,5	6,0
k	0,95	0,98	1,0	1,02	1,04

Ausgleichswerte v je Biegestelle

Biegeradius r in mm	Ausgleichswerte v in mm für Biegewinkel α = 90° je Biegestelle für Blechdicke t in mm															
	0,8	1	1,5	2	2,5	3	3,5	4	4,5	5	6	8	10	12	16	20
1	1,6	1,9	–	–	–	–	–	–	–	–	–	–	–	–	–	–
1,6	1,8	2,1	2,9	–	–	–	–	–	–	–	–	–	–	–	–	–
2,5	2,1	2,4	3,2	4,0	4,8	–	–	–	–	–	–	–	–	–	–	–
3	–	2,6	3,3	4,1	4,9	5,8	–	–	–	–	–	–	–	–	–	–
4	2,7	3,0	3,7	4,5	5,2	6,0	6,9	–	–	–	–	–	–	–	–	–
6	3,5	3,8	4,5	5,2	5,9	7,0	7,5	8,3	9,1	9,9	–	–	–	–	–	–
8	–	4,7	5,3	5,9	6,7	7,4	8,2	8,9	9,7	10,5	12,1	–	–	–	–	–
10	–	5,5	6,1	6,7	7,4	8,1	8,9	9,6	10,4	11,2	12,7	–	–	–	–	–
12	–	6,4	7,0	7,6	8,2	8,9	9,6	10,4	11,1	11,9	13,4	16,5	–	–	–	–
16	–	8,1	8,7	9,3	9,9	10,5	11,2	11,9	12,6	13,3	14,8	17,8	21,0	–	–	–
20	–	9,8	10,1	11,0	11,6	12,2	12,8	13,4	14,1	14,9	16,3	19,3	22,3	25,4	–	–
25	–	11,9	12,6	13,2	13,8	14,4	15,0	15,6	16,2	16,8	18,2	21,1	24,1	27,1	–	–
32	–	15,0	15,6	16,2	16,8	17,4	18,0	18,6	19,2	19,8	21,0	23,8	26,7	29,6	35,7	–
36	–	16,7	17,3	17,9	18,5	19,1	19,7	20,3	20,9	21,5	22,7	25,3	28,2	31,1	37,1	–
40	–	18,4	19,0	19,6	20,2	20,8	21,4	22,0	22,6	23,2	24,5	26,9	29,7	32,6	38,5	44,6
50	–	22,7	23,3	23,9	24,5	25,1	25,7	28,3	26,9	27,5	28,8	31,2	33,6	36,4	42,2	48,1
63	–	28,3	28,9	29,5	30,1	30,7	31,3	31,9	32,5	33,1	34,3	36,8	39,2	41,6	47,1	52,9

L: Zuschnittlänge in mm
l_1...: Länge der Schenkel in mm
r: Biegeradius in mm
α: Biegewinkel in °
v: Ausgleichswert in mm
l_B: Bogenlänge in mm
t: Blechdicke in m
a, b, c: Länge der Schenkel in mm
β: Öffnungswinkel in °
d_m: mittlerer Durchmesser in mm
n: Anzahl der Biegestellen
k: Korrekturfaktor
r_m: mittlerer Radius in mm

Rückfederung beim Biegen

DIN 6935: 2011-10

Werkstoff	Rückfederungsfaktor *k* für das Verhältnis *r* : *t*										
	1,0	1,6	2,5	4,0	6,3	10	16	25	40	63	100
S235JR	0,98	0,98	0,98	0,97	0,96	0,94	0,91	0,87	0,82	0,74	0,64
S275JR	0,98	0,98	0,98	0,98	0,98	0,97	0,96	0,94	0,92	0,87	0,84
DC01	0,99	0,99	0,99	0,97	0,96	0,96	0,93	0,90	0,85	0,77	0,66
DC04	0,99	0,99	0,99	0,98	0,97	0,97	0,96	0,94	0,91	–	0,83
X12CrNi18-8	0,99	0,98	0,97	0,95	0,93	0,89	0,84	0,76	0,63	–	–
E-Cu-R200	0,98	0,97	0,97	0,96	0,95	0,93	0,90	0,85	0,79	0,72	0,60
Cu Zn 33-R290	0,97	0,97	0,06	0,95	0,94	0,93	0,89	0,86	0,83	0,77	0,73
CuNi18Zn20-R400	–	–	–	0,97	0,96	0,95	0,92	0,87	0,82	0,72	
EN AW-Al99,5	0,99	0,99	0,99	0,99	0,98	0,98	0,97	0,97	0,96	0,95	0,93
EN AW-AlSiMgMn	0,98	0,98	0,97	0,96	0,95	0,93	0,90	0,86	0,82	0,76	0,72
EN AW-AlCu4Mg1	0,98	0,98	0,98	0,98	0,97	0,97	0,96	0,95	0,93	0,91	0,87

Berechnung

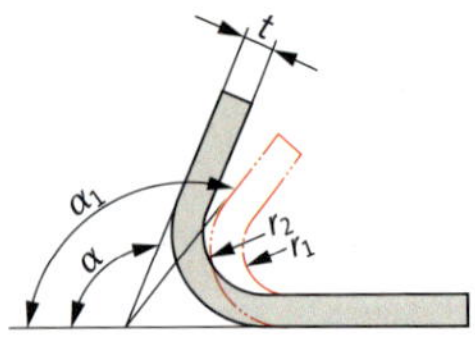

Radius am Werkzeug

$$r_1 = k \cdot (r_2 + 0{,}5 \cdot t) - 0{,}5 \cdot t$$

Biegewinkel

$$\alpha_1 = \frac{\alpha_2}{k}$$

geg.: $\alpha_1 = 50°$
$r = 5$ mm
$t = 2$ mm
Werkstoff: S235 JR
ges.: α_2

$r : t = 5 : 2 = 2{,}5$
$k = 0{,}98$ (laut Tabelle)

$\alpha_2 = 50° \cdot 0{,}98 = 49°$

Zuschnittdurchmesser für rotationssymmetrische Werkstücke

Werkstück – ohne Rand

$D = \sqrt{d_1^2 + 4 \cdot d_1 \cdot h}$

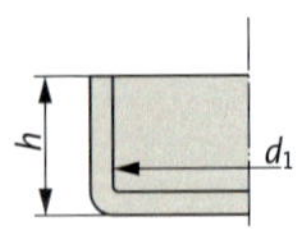

Werkstück – mit Rand

$D = \sqrt{d_2^2 + 4 \cdot d_1 \cdot h}$

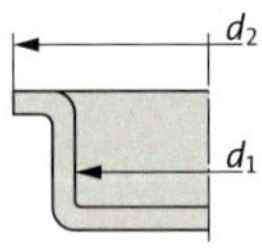

Werkstück – ohne Rand

$D = \sqrt{d_2^2 + 4 \cdot (d_1 \cdot h_1 + d_2 \cdot h_2)}$

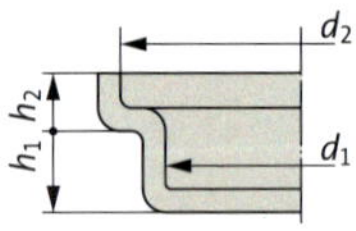

Werkstück – mit Rand

$D = \sqrt{d_3^2 + 4 \cdot (d_1 \cdot h_1 + d_2 \cdot h_2)}$

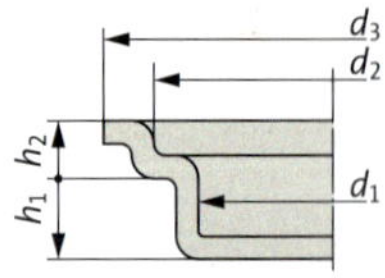

$D = \sqrt{2 \cdot d_1^2 + 4 \cdot d_1 \cdot h}$

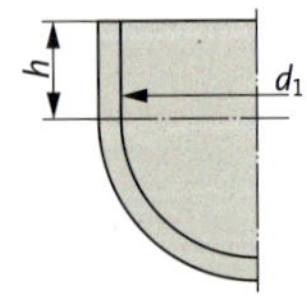

$D = \sqrt{2 \cdot d_1^2 + 4 d_1^2 \cdot h + (d_2^2 - d_1^2)}$

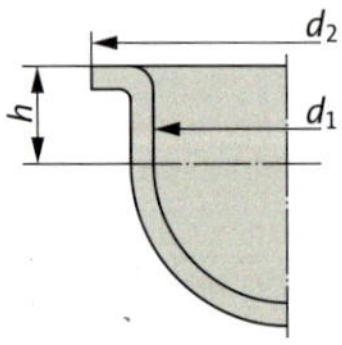

$D = \sqrt{d_1^2 + 4 \cdot h_2}$

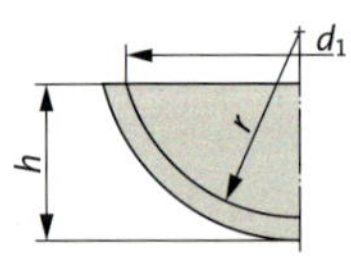

$D = \sqrt{d_2^2 + 4 \cdot h_2}$

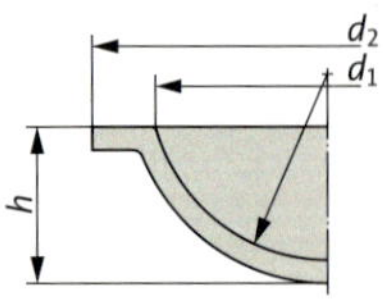

$D = \sqrt{d_2^2 + 4 \cdot d_2 \cdot l}$

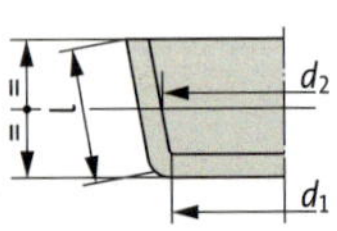

$D = \sqrt{d_1^2 + 4 \cdot d_2 \cdot l + (d_4^2 - d_3^2)}$

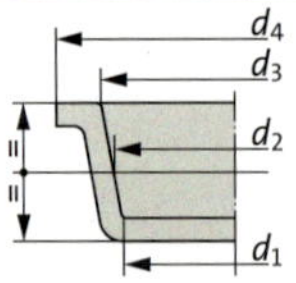

$D = \sqrt{d_1^2 + 4 \cdot d_2 \cdot l + d_3 \cdot h}$

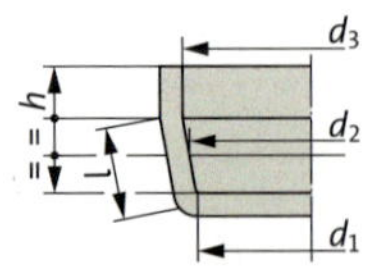

$D = \sqrt{d_1^2 + 4 \cdot d_2 \cdot l + d_3 \cdot h + (d_4^2 - d_3^2)}$

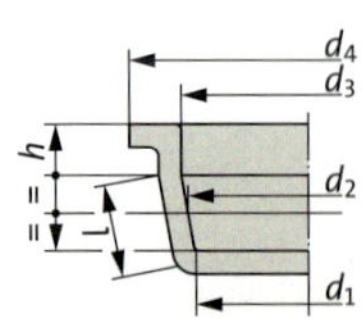

α_1: Winkel vor der Rückfederung (Winkel am Werkzeug) in °
α_1: Winkel nach der Rückfederung (Winkel am Werkstück) in °
D: Zuschnittdurchmesser in mm
d_1, d_2, d_3: Innendurchmesser in mm
k: Rückfederungsfaktor
t: Blechdicke in mm
h, h_1, h_2: Höhen am Werkstück in mm
r_1: Radius vor der Rückfederung in mm
r_2: Radius nach der Rückfederung in mm

Tiefziehen

Ziehspalt und Radien am Tiefziehwerkzeug

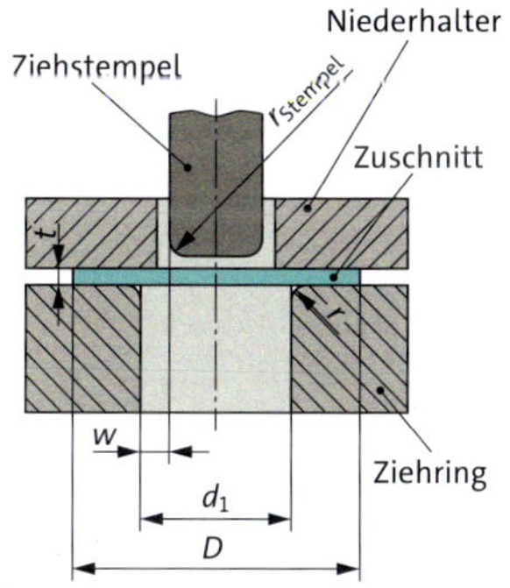

$w = t + k \cdot 10 \cdot t$

$w = \frac{d_r - d_1}{2}$

$d_r = d_1 + 2 \cdot w$

$r_r < r_{St}$

$r_r = 0{,}035 \cdot [50 + (D - d_1)] \cdot \sqrt{10 \cdot t}$

$r_{Stempel} = (4 \ldots 5) \cdot t$

Aus einem Zuschnitt DC01 mit einem Durchmesser von 76 mm, 2 mm dick ist ein zylindrisches Ziehteil ohne Rand mit einem Innendurchmesser von 42 mm herzustellen.

geg.: DC01 ges.: w, d_r, r_r, $r_{Stempel}$
$t = 2$
$D = 76$ mm
$d_1 = 42$ mm

k = 0,07 (laut Tabelle)
$w = t + k \cdot \sqrt{10 \cdot t} = 2 + 0{,}07 \cdot \sqrt{10 \cdot 2}$
$w = 2{,}3$ mm

$d_r = d_1 + 2 \cdot w = 4 \cdot 2 = 8$ mm

$r_r = 0{,}035 \cdot [50 + (D - d_1)] \cdot \sqrt{10 \cdot t}$
$r_r = 0{,}035 \cdot [50 + (76 - 42)] \cdot \sqrt{10 \cdot 2}$
$r_r = 4{,}16$ mm

$r_{Stempel} = (4 \ldots 5) \cdot t = 4 \cdot 2 = 8$ mm

Werkstofffaktor für den Ziehspalt, Ziehstempelradius

Werkstofffaktor k				Ziehstempelradius für den Erstzug $r_{Stempel}$		
Stahl	Aluminium	NE-Metalle	hochwarmfeste Legierungen	Aluminium	NE-Metalle	hochwarmfeste Legierungen
0,07	0,02	0,04	0,2	$r : t$ bis 0,3	$r : t$ über 0,3 bis 0,6	$r : t$ über 0,6
				$2 \cdot r_r$	$1{,}5 \cdot r_r$	$1 \cdot r_r$

Grenzziehverhältnisse

Werkstoff	$\beta_{1max.}$	$\beta_{2max.}$ ohne Zwischenglühen	$\beta_{2max.}$ mit Zwischenglühen	Werkstoff	$\beta_{1max.}$	$\beta_{2max.}$ ohne Zwischenglühen	$\beta_{2max.}$ mit Zwischenglühen	Werkstoff	$\beta_{1max.}$	$\beta_{2max.}$ ohne Zwischenglühen	$\beta_{2max.}$ mit Zwischenglühen
DC01	1,8	1,2	1,6	S275JR	1,6	–	–	EN AW-Al 99,5	2,1	1,6	2,0
DC03	1,9	1,25	1,65	Cu	2,1	1,3	1,9	EN AW-AlMg1	1,85	1,3	1,75
DC04	2,0	1,3	1,7	CuZn30-R280	2,1	1,3	1,9	EN AW-AlMn1	1,85	1,3	1,75
X10CrNi18-8	1,8	1,2	–	CuZn37-R290	2,1	1,4	2,0	EN AW-AlSi1MgMn	2,05	1,4	1,85
S185	1,9	1,3	1,7	Cuzn37-R460	1,9	1,2	1,7	EN AW-AlCu4Mg1	2,0	1,5	1,8
S235JR	1,7	–	–	CuSn6-R340	1,5	1,2	–	EN AW-AlMgSi0,5	2,0	1,4	1,9
								ENAW-AlMg3	1,9	1,4	–

Die Werte für das Grenzziehverhältnis β_1 und β_2 gelten bis $D : t = 300$. Sie wurden erhoben für $t = 1$ mm und $d_1 = 100$ mm. Bei veränderten Blechdicken und/oder Stempeldurchmessern ändern sich $\beta_{1max.}$ und $\beta_{2max.}$ geringfügig.

d_1: Stempeldurchmesser in m
$rS_{Stempel}$: Ziehstempelradius in mm
D: Zuschnittdurchmesser in m
r_r: Ziehringradius in mm
$\beta_{1max.}$: Grenzziehverhältnis für den 1. Zug
$\beta_{2max.}$: Grenzziehverhältnis für den 2. Zug
F_N: Niederhalterkraft in N
k: Werkstofffaktor
d_r: Ziehringdurchmesser in mm
w: Ziehspalt in mm
t: Blechdicke in mm

Schmierstoffe

Schmierstoff	Verwendung	Schmierstoff	Verwendung
Petroleum mit Aluminiumpulver	■ Tiefziehblech ■ einfache Tiefziehvorgänge	Rüböl	■ Aluminiumblech ■ Blech aus Aluminiumlegierungen ■ einfache Tiefziehvorgänge
Seifenwasser mit Graphit		Vaseline	
Öl mit Molybdänsulfid	■ Tiefziehblech ■ schwierige Tiefziehvorgänge	Petroleum mit Graphit	■ Aluminiumblech ■ Blech aus Aluminiumlegierungen ■ schwierige Tiefziehvorgänge
Phosphatierung			

Ziehstufen

Erstbezug

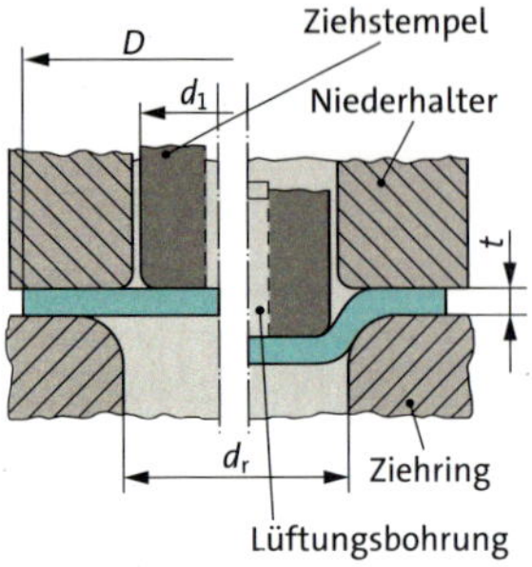

Weiterzug

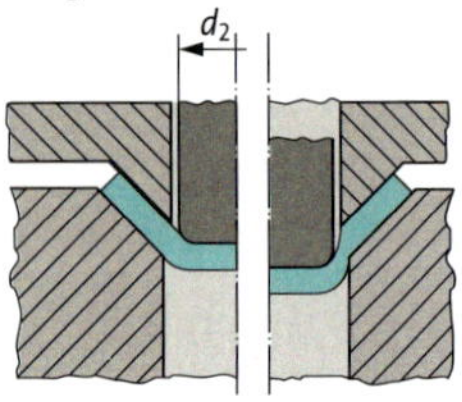

Erstzug

$$\beta_1 = \frac{D}{d_1}$$

Weiterzug

$$\beta_2 = \frac{d_1}{d_2}$$

$$\beta_{ges.} = \frac{D}{d}$$

$$\beta_{ges.} = \beta_1 \cdot \beta_2 \cdot ...$$

Es ist ein zylindrisches Werkstück ohne Rand aus DC01 herzustellen.

geg.: $d = 30$ mm
$h = 15$ mm
Werkstoff: DC01
ges.: D, Anzahl der Züge, d_1

$$D = \sqrt{d_1^2 + 4 \cdot d_1 \cdot h}$$

$$D = \sqrt{(30\ \text{mm})^2 + 4 \cdot 30\ \text{mm} \cdot 15\ \text{mm}}$$

$$D = 58\ \text{mm}$$

DC01 → $\beta_1 = 1{,}8$ (laut Tabelle)

$$\beta_1 = \frac{D}{d_1} \rightarrow d_1 = \frac{D}{\beta_1}$$

$$d_1 = \frac{58\ \text{mm}}{1{,}8} = 29\ \text{mm} \quad d_{1\text{gewählt}} = 30\ \text{mm}$$

Zur Herstellung ist ein Zug ausreichend.

Niederhalterkraft, Tiefziehkraft, Bodenreißkraft

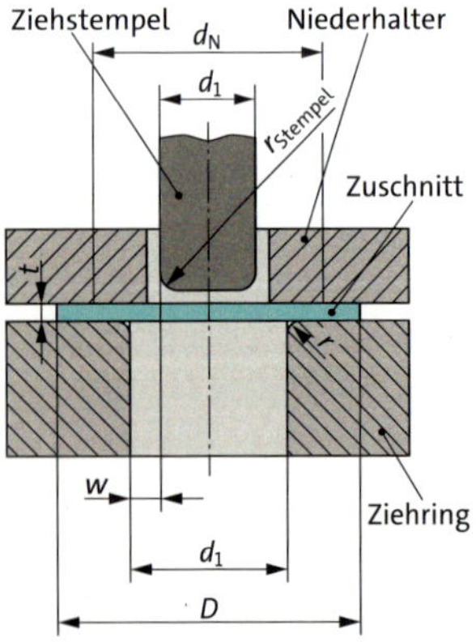

Niederhalterkraft

$$F_N = A \cdot p$$

Auflagendurchmesser des Niederhalters

$$d_N = d_1 + 2 \cdot w + 2 \cdot r_r$$

Tiefziehkraft

$$F_Z = \pi \cdot (d_1 + t) \cdot t \cdot R_m \cdot 1{,}2 \cdot \frac{\beta_1 - 1}{\beta_{max.} - 1}$$

Bodenreißkraft

$$F_B = \pi \cdot d_1 \cdot t \cdot R_m$$

$$F_B > F_Z$$

Es ist die Niederhalterkraft für ein zylindrisches Werkstück zu bestimmen.

geg.: $d = 30$ mm; $h = 15$ mm; DC01;
$r_r = 2{,}45$ mm; $t = 1$ mm; $D = 58$ mm
$w = 1{,}22$ mm
ges.: F_N

$$F_N = \frac{\pi}{4}(D^2 - d^2_N) \cdot p$$

$p = 2{,}5$ N/mm² (laut Tabelle)

$$F_N = \frac{\pi}{4}(58^2\ \text{mm}^2 - 37{,}342\ \text{mm}^2) \cdot 2{,}5\ \frac{\text{N}}{\text{mm}^2}$$

$$F_N = 3849\ \text{N}$$

Werkstoff	p in N/mm²	Werkstoff	p in N/mm²	Werkstoff	p in N/mm²
DC01	2,5	Cu	2,0	Al 99,5	1,2
DC03	2,5	CuZn37 w	2,0	AlMg 1	1,2
DC04	2,5	CuZn37 h	2,4	AlCu4Mg1	1,5

d_1/d_2: Stempeldurchmesser in mm
d_N: Auflagendurchmesser in mm
d_r: Ziehringdurchmesser in mm
D: Zuschnittdurchmesser in mm
d: Innendurchmesser – Werkstück in mm
F_B: Bodenreißkraft in N
F_N: Niederhalterkraft in N
$\beta_{max.}$: Grenzziehverhältnis
$\beta_{ges.}$: Gesamtziehverhältnis
A: Niederhalterdruckfläche in mm²
$r_{Stempel}$: Ziehstempelradius in mm
r_r: Ziehringradius in mm
R_m: Zugfestigkeit in N/mm²
p: Niederhalterdruck in N/mm²
w: Ziehspalt in mm
t: Blechdicke in mm

Schwindung

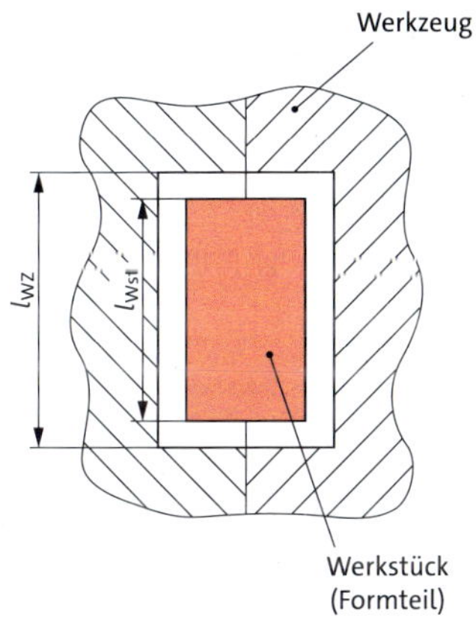

Werkzeugmaße

$$l_{WZ} = \frac{l_{Wst} \cdot 100\ \%}{100\ \% - S}$$

Verarbeitungsschwindung

$$S_V = \frac{l_{WZ} - l_{Wst}}{l_{WZ}} \cdot 100\ \%$$

Nachschwindung (Warmauslagerung)

$$S_N = \frac{l_{Ft} \cdot l_n}{l_{WZ}} \cdot 100\ \%$$

Für ein Werkstück aus Kupferguss mit einer Länge von 200 mm soll das Werkzeugmaß der Form ermittelt werden.

geg.: l_{Wst} = 200 mm ges.: l_{WZ}
Werkstoff: Kupferguss

S = 1,9 % (laut Tabelle)

$$l_{WZ} = \frac{l_{Wst} \cdot 100\ \%}{100\ \% - S}$$

$$l_{WZ} = \frac{200\ \text{mm} \cdot 100\ \%}{100\ \% - 1{,}9\ \%}$$

l_{WZ} = 203,87 mm

Schwindmaße

DIN EN 12890: 2000-06

Gusswerkstoffe

Werkstoff	Schwindung S in %	mögliche Abweichungen in %	Werkstoff	Schwindung S in %	mögliche Abweichungen in %
Gusseisen mit Lamellengraphit	1,0	0,5 ... 1,3	Manganhartstahlguss	2,3	–
Gusseisen mit Kugelgraphit – geglüht	0,5	0,0 ... 0,8	Zink-Gusslegierung	1,3	1,1 ... 1,5
Gusseisen mit Kugelgraphit – ungeglüht	1,2	0,8 ... 2,0	Kupfer-Zinn-Gusslegierung	1,5	0,8 ... 2,0
Austenitisches Gusseisen	2,5	1,8 ... 3,0	Kupfer-Zink-Gusslegierung	1,2	0,8 ... 1,8
Stahlguss	2,0	1,5 ... 2,5	Kupfer-Zink-Zinn-Gusslegierung	1,3	0,8 ... 1,6
Temperguss, nicht entkohlend geglüht	0,5	0,0 ... 1,5	Kupfer-Zink-Gusslegierung mit Mn, Fe, Al	2,0	1,8 ... 2,3
Temperguss, entkohlend geglüht	1,6	1,0 ... 2,0	Kupfer-Aluminium-Gusslegierungen mit Ni, Fe, Mn	2,1	1,9 ... 2,3
Aluminium-Gusslegierung	1,2	0,8 ... 1,5	Kupferguss	1,9	1,5 ... 2,1
Aluminium-Magnesium-Gusslegierung	0,8	0,6 ... 1,1	Feinzink-Gusslegierungen	1,3	1,1 ... 1,5
Magnesium-Gusslegierungen	1,2	1,0 ... 1,5	Gleitlager-Gusslegierungen	0,5	0,4 ... 0,6

Kunststoffe

Werkstoff		Schwindung S in %	Werkstoff		Schwindung S in %
ABS	Acrylnitril-Butadien-Styrol	0,5	PMMA	Polymethylmethacrylat	0,6
ASA	Acrylnitril-Styrol-Acrylester	0,6	PP	Polypropylen	1,5
EVAC	Ethylen-Vinylacetat-Copolymere	1,2	POM	Polyoxymethylen, Polyformaldehyd	3,1
PA	Polyamid	1,3	PS	Polystyrol	0,5
PC	Polycarbonat	0,8	PTFE	Polytetrafluorethylen	4,5
PCTFE	Polychlortrifluorethylen	4,5	PVC hart	Polyvinylchlorid – hart	0,8
PE-HD	Polyethylen – High Density	3,7	PVC weich	Polyvinylchlorid – weich	1,0
PE-LD	Polyethylen – Low Density	3,2	SB	Styrol-Butadien	0,6

l_{WZ}: Werkzeugmaß in mm
l_{Wst}: Werkstückmaß in mm
l_{Ft}: Maß des Formteils in mm
l_n: Maß des Werkstücks nach n Stunden in mm
S: Schwindung in %
S_V: Verarbeitungsschwindung in %
S_N: Nachschwindung in %

Gießkräfte

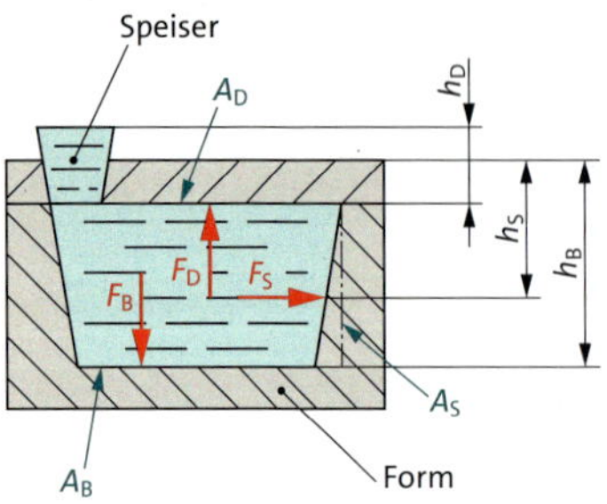

Bodenkraft

$$F_B = A_B \cdot h_B \cdot \rho_G \cdot g$$

Seitenkraft

$$F_S = A_S \cdot h_s \cdot \rho_G \cdot g$$

Deckkastenkraft

$$F_D = A_D \cdot h_D \cdot \rho_G \cdot g$$

Für ein Werkstück aus Aluminiumguss mit einer Dichte von 2,38 kg/dm^3 soll die Bodenkraft ermittelt werden. Das Gussteil wird unter einer Druckhöhe von 125 mm vergossen.

geg.: $\rho_G = 2{,}38\ kg/dm^3$ ges.: F_B
$h_B = 125\ mm$
$A_B = 1000\ mm^2$
$g = 9{,}81\ m/s^2$

$F_B = A_B \cdot h_B \cdot \rho_G \cdot g$
$F_B = 0{,}01\ m^2 \cdot 0{,}125\ m \cdot 2380\ kg/m^3 \cdot 9{,}81\ m/s^2$
$F_B = 29{,}2\ N$

Dichte flüssiger Metalle

Werkstoff	Dichte in kg/dm^3	Temperatur in °C	Werkstoff	Dichte in kg/dm^3	Temperatur in °C
Aluminium	2,38	700	Eisen mit 9,4 % Ni	7,18	1600
	2,30	1000	Eisen mit 8,5 % Mn	7,12	1600
Blei	10,65	327	Eisen mit 13,7 % Cr	7,04	1600
Eisen	6,94	1600	Kupfer	7,92	1100
Eisen mit 0,1 % C	6,93	1600		7,53	1600
Eisen mit 0,5 % C	6,90	1600	Nickel	7,76	1500
Eisen mit 1 % C	6,87	1600	Zink	6,92	419
Eisen mit 2 % C	6,77	1600	Zinn	6,99	232

Farbkennzeichnung von Modellen

DIN EN 12890: 2000-06

Fläche/Flächenteil	Guss-Werkstoff					
	Gusseisen mit Lamellengraphit	Gusseisen mit Kugelgraphit	Stahlguss	Temperguss	Schwermetall-guss	Leichtmetall-guss
Grundfarbe für Flächen am Modell und im Kernkasten, die am Gussteil unbearbeitet bleiben	rot	violett	blau	grau	gelb	grün
am Gussteil zu bearbeitende Flächen (kleine Flächen ganzflächig streichen)	gelbe Streifen				rote Streifen	gelbe Streifen
Kernmarken	schwarz					
Sitzstellen oder Modellteile am Modell oder im Kernkasten	schwarz umrandet					
Stellen für Abschreckplatten und Marken für einzulegende Dorne	blau	rot			blau	
Speiser	gelbe Streifen					

Formschrägen

h in mm	≥ 10	> 10 ... 18	> 18 ... 30	> 30 ... 50	> 50 ... 80	> 180 ... 200	> 200 ... 315	> 315 ... 400	> 400 ... 500	> 500
Schräge	3°	2°	1,5°	1°	0,75°	1,5 mm	2 mm	2,5 mm	3 mm	3,5 mm

F_B: Bodenkraft in N
F_S: Seitenkraft in N
F_D: Deckkastenkraft in N
h_S: Abstand des Schwerpunktes der Seitenfläche in mm
A_B: Bodenfläche-Gussstück in mm^2
A_S: Seitenfläche-Projektion in mm^2
A_D: Deckfläche-Gussstück in mm^2
h_B: Druckhöhe in mm
h_D: Druckhöhe in mm
g: Fallbeschleunigung in m/s^2
ρ_G: Dichte-Gießmetall kg/d^2

Schweißen

Druckgasflaschen

Kenngrößen

Gasart	Anschlussgewinde	Volumen in l	Fülldruck in bar	Füll-menge	Gasart	Anschlussgewinde	Volumen in l	Fülldruck in bar	Füll-menge
Sauerstoff	G3/4	40 50	150 200	6000 l 10000 l	Acetylen	Spannbügel	40 50	18 19	6,3 kg 10 kg
Wasserstoff	W21,80x1/14"-LH	10 50	200 200	2000 l 10000 l	Stickstoff	W 24,32 x 1/14"	40 50	150 200	6000 l 10000 l
Argon Helium	W 21,80 x 1/14"	10 50	200 200	6000 l 10000 l	Kohlen-dioxid	W 21,80 x 1/14"	40 50	57 57	30 kg 37,5 kg

Gefahrgutaufkleber — DIN EN ISO 7225: 2013-01

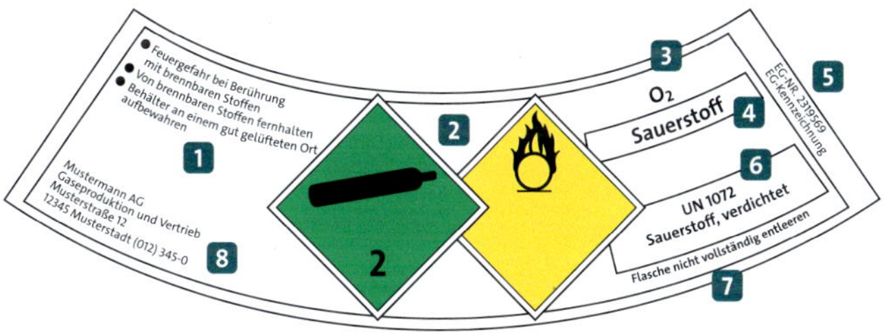

1. Risiko- und Sicherheitssätze
2. Gefahrzettel nach ADR/RID[1)]
3. Zusammensetzung des Gasgemisches oder Reinheitsangabe des Gases
4. Handelsname des Gasherstellers
5. EG-Nummer bei Einzelstoffen oder das Wort „Gasgemisch“
6. UN-Nummer und Benennung des Stoffes
7. Hinweis des Gasherstellers
8. Name, Anschrift und des Herstellers

Farbkennzeichnung der Flaschenschulter — DIN EN 1089-3: 2011-10

Acetylen kastanienbraun		Argon dunkelgrün		Stickstoff schwarz		Sauerstoff weiß	
Kohlendioxid grau		Helium braun		Druckluft, Gemisch leucht. grün		Propan, Wasser-stoff rot	

Mengenberechnung von Gas-Betriebsstoffen

Verfügbare Gasmenge (Flascheninhalt) bei Normaldruck

$$V_{amb} = \frac{p_e \cdot V_{Fl}}{p_{amb}}$$

Gasverbrauch von ungelösten Gasen

$$\Delta V = \frac{V_{Fl} \cdot (p_{e1} - p_{e2})}{p_{amb}}$$

Gasverbrauch von gelösten Gasen

$$\Delta V = \frac{V_{Fl} \cdot (p_{e1} - p_{e2})}{p_{amb}}$$

$$V_F = V_L \cdot 25 \frac{1}{\text{bar}} \cdot p_F$$

1 l Aceton löst bei 1 bar Druck 25 l Acetylen in einer 40 l-Acetylen-Normalflasche sind 13 l Aceton enthalten (18 bar Fülldruck)

Berechnungsbeispiele:

Sauerstoffflasche

geg: $V_{Fl} = 50$ l, $p_{e1} = 120$ bar, $p_{e2} = 75$ bar

ges: ΔV

$$\Delta V = \frac{50\ \text{l} \cdot (120\ \text{bar} - 75\ \text{bar})}{1\ \text{bar}} = 2250\ \text{l}$$

Acetylenflasche

geg: $V_{Fl} = 40$ l, $p_{e1} = 15$ bar, $p_{e2} = 7$ bar

ges: ΔV

$$V_F = 13\ \text{l} \cdot 25 \frac{1}{\text{bar}} \cdot 18 = 5850\ \text{l}$$

$$\Delta V = \frac{5850\ \text{l} \cdot (15\ \text{bar} - 7\ \text{bar})}{18\ \text{bar}}$$

$$\Delta V = 2600\ \text{l}$$

V_{amb}: Volumen bei Normaldruck
V_{Fl}: Flaschenvolumen
V_L: Volumen Lösungsmittel
V_F: Füllvolumen
ΔV: Gasverbrauch
p_e: Überdruck (Flaschendruck)
p_F: Fülldruck der Flasche
p_{amb}: atmosphärischer Druck
p_{e1}, p_{e2}: Druck vor/nach Gasentnahme

[1)] Europäisches Übereinkommen über die internationale Beförderung gefährlicher Güter auf der Straße (ADR), Regelung zur internationalen Beförderung gefährlicher Güter im Schienenverkehr (RID)

Schweißnahtvorbereitung – Stahl

DIN EN ISO 9692-1: 2013-12

Benennung Symbol	Dicke t in mm	Nahtdarstellung	Maße: Winkel α, β in °	Maße: Spalt b in mm	Maße: Steghöhe c in mm	Empfohlenes Schweiß-verfahren	Bemerkungen
Bördelnaht ⌒⌒	$t \leq 2$	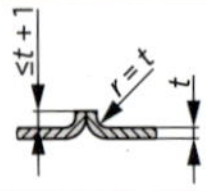	–	–	–	3, 111 141, 512	meist ohne Zusatzwerkstoff
I-Naht ‖	$t \leq 4$	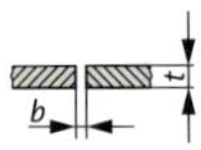	–	$b = t$	–	3, 111, 141	–
	$3 < t \leq 8$			$6 \leq t \leq 8$		13	ggf. Schweißbadsicherung, $t > 10$ beidseitig geschweißt
	$t \leq 15$			≤ 1		52	
V-Naht V	$3 \leq t \leq 10$	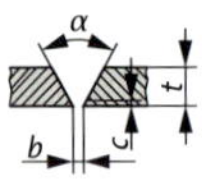	$40 \leq \alpha \leq 60$	≤ 4	≤ 2	3, 111, 13, 141	ein- oder mehrlagig, ggf. Schweißbadsicherung
	$8 \leq t \leq 12$		$6 \leq \alpha \leq 8$	–		52	
Y-Naht Y	$5 \leq t \leq 40$		$\alpha \approx 60$	$1 \leq b \leq 4$	$2 \leq c \leq 4$	111, 13, 141	ein- oder beidseitig geschweißt
HV-Naht ⩗	$3 \leq t \leq 10$	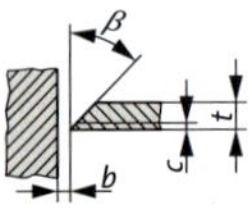	$35 \leq \beta \leq 60$	$2 \leq b \leq 4$	$1 \leq c \leq 2$	111, 13, 141	ein- oder beidseitig geschweißt
Doppel-V-Naht X	> 10	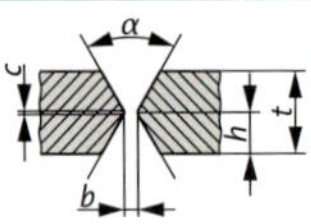	$\alpha \approx 60$	$1 \leq b \leq 3$	≤ 2	111, 141	$h \approx t/2$
Kehl-Naht ◺	$t_1 > 2$ $t_2 > 2$	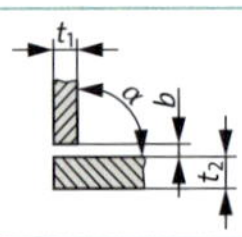	$70 \leq \alpha \leq 100$	≤ 2	–	3, 111, 13, 141	–
Doppel-Kehlnaht ⊳	$2 \leq t_1 \leq 4$ $2 \leq t_2 \leq 4$	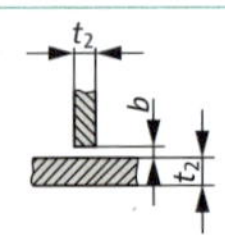	90	≤ 2	–	3, 111, 13, 41	–
	≤ 25			–		52	
	≤ 175					51	

Schweißnahtvorbereitung – Aluminium und -legierungen

DIN EN ISO 9692-3: 2016-11

I-Naht ‖	$t \leq 4$	siehe Schweißnaht-vorbereitung Stahl	–	≤ 1	–	141	Wurzelseite brechen
V-Naht V	$3 \leq t \leq 5$		$60 \leq \alpha \leq 90$	≤ 4	≤ 2	131	–
	$3 \leq t \leq 6$		$90 \leq \alpha \leq 120$	≤ 1	$1 \leq c \leq 2$	141	
Y-Naht Y	$5 \leq t \leq 15$		$\alpha \geq 60$	$b \leq 2$	≤ 2	131	–
	$6 \leq t \leq 15$		$90 \leq \alpha \leq 120$	≤ 1	$2 \leq c \leq 4$	141	
HV-Naht ⩗	$4 \leq t \leq 10$		$\beta \geq 50$	$b \leq 3$	$c \leq 4$	131	–
Doppel-V-Naht X	$6 \leq t \leq 15$		$\alpha \geq 60$	$b \leq 3$	≤ 2	141	$h \approx t/2$
	$t > 15$		$\alpha \geq 70$			131	
(Doppel-) Kehlnaht ⊳	–		–	≤ 2	–	131, 141	–

Bewertung von Schweißnähten

DIN EN ISO 5817: 2014-06

gültig für:

- Stähle, Ni und Ni-Legierungen, Ti und Ti-Legierungen
- alle Positionen
- alle Nahtarten
- Schweißverfahren nach Kennzahlen 11, 12, 13, 14, 15, 31

Unregelmäßigkeit	Darstellung		Bewertungsgruppen		
	Bild	Beschreibung	niedrig D	mittel C	hoch B
Risse	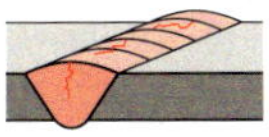	alle Arten von Rissen außer Mikrorisse	nicht zulässig		
Poren	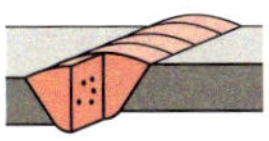	Maß einer Pore *s*: Nahtdicke bzw. Einbrandtiefe	$d \leq 0{,}4\ s$ $d \leq 5$ mm	$d \leq 0{,}3\ s$ $d \leq 4$ mm	$d \leq 0{,}2\ s$ $d \leq 3$ mm
Bindefehler	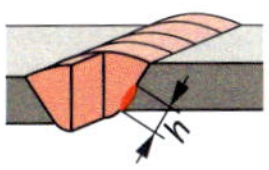	kurze Unregelmäßigkeiten zulässig, nicht bis zur Oberfläche Stumpfnaht Kehlnaht Größtmaß	$h \leq 0{,}4\ s$ $h \leq 0{,}4\ a$ $h \leq 4$ mm	nicht zulässig	
Ungenügende Durchschweißung	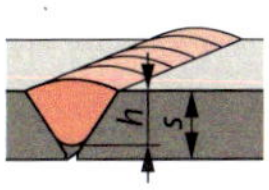	tatsächliche Einbrandtiefe *h* geringer als vorgesehene Einbrandtiefe *s*	lange Unregelmäßigkeiten nicht zulässig $h \leq 0{,}2\ s$ $h \leq 2$ mm	$h \leq 0{,}1\ s$ $h \leq 0,\ 1,\ 5$ mm	nicht zulässig
Einbrandkerbe	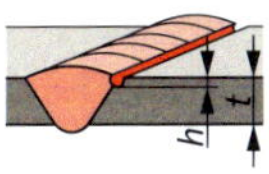	weicher Übergang wird verlangt	$h \leq 0{,}2\ t$ $h \leq 1$ mm	$h \leq 0{,}1\ t$ $h \leq 0{,}5$ mm	$h \leq 0{,}05\ t$ $h \leq 0{,}5$ mm
zu große Nahtüberhöhung	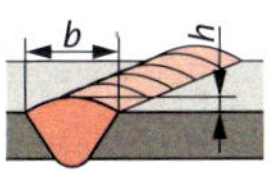	–	$h \leq 1$ mm + 0,25 b	$h \leq 1$ mm + 0,15 b	$h \leq 1$ mm + 0,1 b
zu große Wurzelüberhöhung	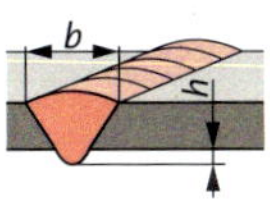	–	$h \leq 1$ mm + 1,2 b $h \leq 5$ mm	$h \leq 1$ mm + 0,6 b $h \leq 4$ mm	$h \leq 1$ mm + 0,3 b $h \leq 3$ mm
Kantenversatz	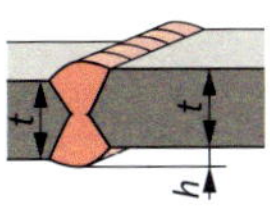	–	$h \leq 0{,}25\ t$ $h \leq 5$ mm	$h \leq 0{,}15\ t$ $h \leq 4$ mm	$h \leq 0{,}1\ t$ $h \leq 3$ mm
Schweißgutüberlauf	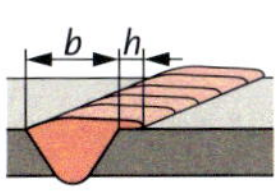	–	kurze Unregelmäßigkeiten zulässig $h \leq 0{,}2\ b$	nicht zulässig	

kurze Unregelmäßigkeit: eine oder mehrere Unregelmäßigkeiten mit $l_{ges} \leq 25$ mm pro 100 mm Naht

Bewertung von Schweißnähten — DIN EN ISO 5817: 2014-06

Unregelmäßigkeit	Darstellung		Bewertungsgruppen		
	Bild	Beschreibung	niedrig D	mittel C	hoch B
zu große Nahtüberhöhung (Kehlnaht)	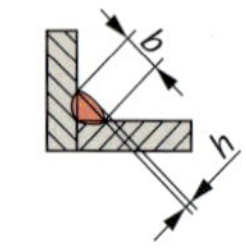	–	$h \leq 1$ mm + 0,25 b, max. 5 mm	$h \leq 1$ mm + 0,15 b, max. 4 mm	$h \leq 1$ mm + 0,1 b, max. 3 mm
übermäßige Asymmetrie (Kehlnaht)	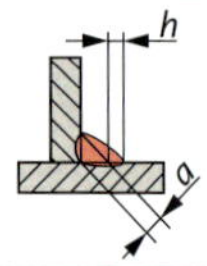	in den Fällen, bei denen eine symmetrische Kehlnaht festgelegt ist	$h \leq 2$ mm + 0,2 a	$h \leq 2$ mm + 0,15 a	$h \leq 1{,}5$ mm + 0,15 a
zu kleine Kehlnahtdicke	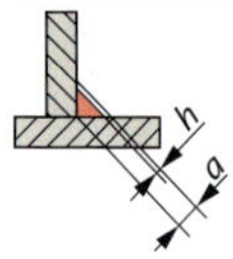	nicht anwendbar auf Prozesse mit Nachweis von größerem Einbrand	kurze Unregelmäßigkeit: $h \leq 0{,}3$ mm + 0,1 a, max. 2 mm	kurze Unregelmäßigkeit: $h \leq 0{,}3$ mm + 0,1 a, max. 1 mm	nicht zulässig
zu große Kehlnahtdicke	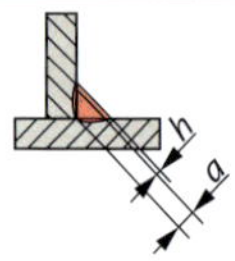	die tatsächliche Nahtdicke der Kehlnaht ist zu groß	zulässig	$h \leq 1$ mm + 0,2 a, max. 4 mm	$h \leq 1$ mm + 0,15 a, max. 3 mm

Schweißpositionen — DIN EN ISO 6947: 2011-08

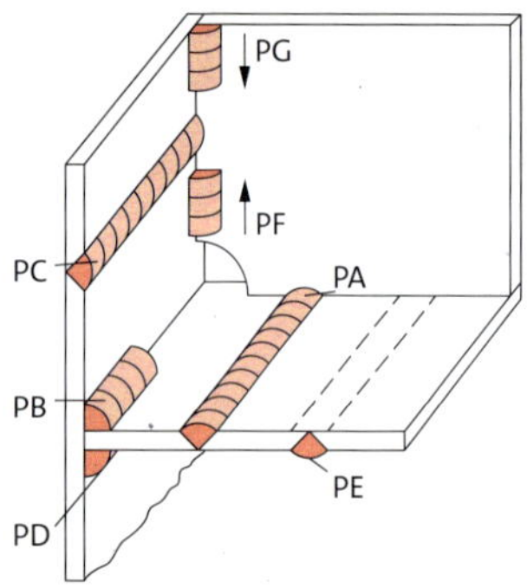

Kurzzeichen	Benennung	Beschreibung
PA	Wannenposition	waagerechtes Arbeiten, Nahtmittellinie senkrecht
PB	Horizontalposition	horizontales Arbeiten, Decklage oben
PC	Querposition	horizontales Arbeiten, Nahtmittellinie horizontal
PD	Horizontale Überkopfposition	horizontales Arbeiten, Überkopf, Decklage schräg nach unten
PE	Überkopfposition	horizontales Arbeiten, Überkopf, Decklage unten
PF	Steigposition	steigendes Arbeiten
PG	Fallposition	fallendes Arbeiten

Lichtbogenhandschweißen

Stabelektroden zum Lichtbogenschweißen unlegierter und niedriglegierter Stähle

Kurzbezeichnung	R_e in N/mm²	mind. Temp. Kerbschlagarbeit > 47J in °C	Umhüllungstyp	Ausbringung in %/Stromart	Positionen	geeignet für Werkstoffe
E 38 2 C 21	380	–20	Cellulose	< 105 / =	alle	S235J2G3–S355J2G3, P235G1TH, P255G1TH
E 38 0 RC 11	380	0	Rutil-Cellulose	< 105 / = ≈	alle	S235J2G3–S355J2G3, GE 200–GE 300
E 42 0 RR 12	420	0	dick Rutil		alle außer PG	S185–S355, E235–E355, GE 200–GE 300
E 42 2 B 12	420	–20	Basisch			S185–S355, P235–P355, GE 200–GE 300
E 35 2 RB 12	355	–20	Rutil-Basisch			G20Mo5, G21Mn5
E 42 4 B 32	420	–40	Basisch	105–125 /= ≈		E295, E335, P235–P460, GE 200–GE 300

Umhüllte Stabelektroden zum Lichtbogenhandschweißen von unlegierten Stählen und Feinkornstählen

DIN EN ISO 2560: 2010-03

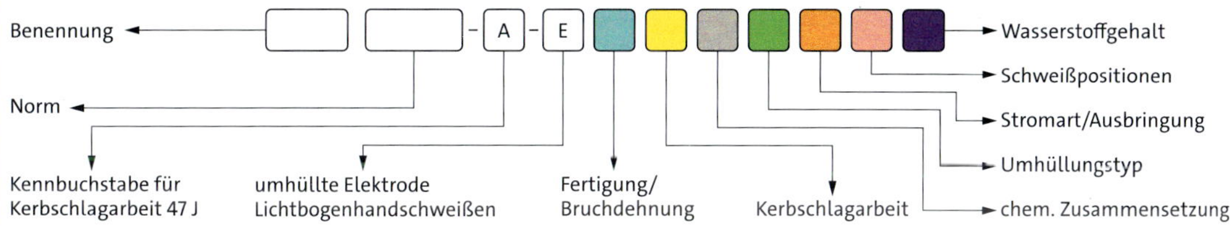

Festigkeit und Bruchdehnung

Kennziffer	R_e in MPa/mm²	A in %
35	355	22
38	380	20
42	420	20
46	460	20
50	500	18

Kerbschlagarbeit

Kennzeichen	Temperatur in °C
2	–20
3	–30
4	–40
5	–50
6	–60

Chemische Zusammensetzung in %

Kurzzeichen	Mn	Mo	Ni
Mo	2,0	0,3–0,6	–
MnMo	1,4	0,6–0,6	–
1Ni	1,4–2	–	0,6–1,2
2Ni	1,4	–	1,8–2,6
3Ni	1,4	–	2,6–3,8
Mn1Ni	1,4–2	–	0,6–1,2
1NiMo	1,4	0,3–0,6	0,6–1,2
– ohne –	2,0	–	–

Umhüllungstyp

Kurzzeichen	Typ
A	sauerumhüllt
C	zelluloseumhüllt
R	rutilumhüllt
RR	dick rutilumhüllt
RC	rutilzellulose-umhüllt
RA	rutilsauer-umhüllt
RB	rutilbasisch-umhüllt
B	basischumhüllt

Ausbringung und Stromart

Kennziffer	Ausbringung %	Stromart
1	< 105	Wechsel- und Gleichstrom
2	< 105	Gleichstrom
3	105–125	Wechsel- und Gleichstrom
4	105–125	Gleichstrom
5	125–160	Wechsel- und Gleichstrom
6	125–160	Gleichstrom
7	> 160	Wechsel- und Gleichstrom
8	> 160	Gleichstrom

Schweißpositionen

Kennziffer	Schweißpositionen
1	alle Positionen
2	alle Positionen außer PG
3	Stumpfn. PA, Kehln. PA, PB
4	Stumpfn. PA, Kehln. PB
5	wie 3 und PG

Kennzeichen für den Wasserstoffgehalt

Kennzeichen	max. Wasserstoffgehalt in ml/100 g Schweißgut
H5	5
H10	10
H15	15

Bezeichnungsbeispiel:
Stabelektrode ISO 2560-A-E 46 3 1Ni B 5 1 H5
Stabelektrode, Einteilung nach Kerbschlagarbeit für 47 J, Lichtbogenhandschweißen Mindeststreckgrenze 460 N/mm², Kerbschlagarbeit bis –30 °C garantiert, Legierungstyp 1Ni, basischumhüllt, Ausbringung 125 %–160 %, für Wechsel- und Gleichstrom, schweißbar in allen Positionen, Wasserstoffgehalt max. 5 ml/100 g Schweißgut

Richtwerte für das Lichtbogenhandschweißen

Stromstärken und Elektrodendurchmesser

Elektroden Ø in mm	Länge L in mm	Stromstärke I in A	Faustregel für Stromstärke I in A
2,0	250 / 300	40– 80	20–40 x Werkstückdicke
2,5	350	50–100	
3,2	350 / 400	90–150	30–50 x Werkstückdicke
4,0	350 / 400	120–200	
5,0	450	180–270	
6,0	450	220–360	35–60 x Werkstückdicke

4

Richtwerte für das Lichtbogenhandschweißen

Einstellwerte

Nahtart: V-Naht
Werkstoff: unlegierter Stahl
Position: PA

Werkstückdicke *t* in mm	Elektrodentyp	Elektroden Ø in mm	Stromstärke *I* in A	Bemerkung
4	RA	2,5	75	–
6		3,2	140	Wurzel
		4	180	Decklage
10	B	3,2	120	Wurzel
		4	170	Decklage
15		3,2	130	Wurzel
		4	170	Füll-/Decklagen
20		4	160	Wurzel
		5	220	Füll-/Decklagen

Nahtart: Kehl-Naht
Werkstoff: unlegierter Stahl
Position: PB

Werkstückdicke *t* in mm	Elektrodentyp	Elektroden Ø in mm	Stromstärke *I* in A	Bemerkung
2	RC	2,5	70	–
3	RR	3,2	130	–
4	RR	4	180	–
	RR160	4	190	–
5	RR	4	180	Wurzel
		5	240	Decklage
6		4	180	Wurzel
		5	240	Decklage
		5	290	eine Lage

Einteilung der Schutzgase zum Verbindungsschweißen

DIN EN ISO 14175: 2008-06

Kurzbezeichnung		Komponenten in Vol. %						Anwendungen	Bemerkung
Hauptgruppe	Untergruppe	oxidierend		inert		reduzierend	reaktionsträge		
		CO_2	O_2	Ar	He	H_2	N_2		
I	1	–	–	100	–	–	–	MIG, WIG, Plasma, Wurzelschutz Al, Cu, Ni und deren Legierungen	inert
	2	–	–	–	100	–	–		
	3	–	–	Rest	0,5–95	–	–		
M1	1	0,5–5	–	Rest[1]	–	0,5–5	–	MAG hochlegierte Cr-, CrNi-Stähle, Nickel-Basislegierungen	schwach
	2	0,5–5	–	Rest[1]	–	–	–		
	3	–	0,5–3	Rest[1]	–	–	–		
	4	0,5–5	0,5–3	Rest[1]	–	–	–		
M2	1	> 15–25	–	Rest[1]	–	–	–	MAG unlegierte und niedriglegierte Stähle, warmfeste Stähle, Einsatz- und Vergütungsstähle	oxidierend
	2	–	> 3–10	Rest[1]	–	–	–		
	3	0,5–5	> 3–10	Rest[1]	–	–	–		
	4	> 5–15	0,5–3	Rest[1]	–	–	–		stark
C	1	100	–	–	–	–	–	MAG, unlegierte Stähle	
R	1	–	–	Rest[1]	–	0,5–15	–	WIG, Plasma, hochlegierte CrNi-Stähle, Ni, Ni-Legierungen	reduzierend
	2	–	–	Rest[1]	–	> 15–50	–		
N	1	–	–	–	–	–	100	Plasmaschneiden, Wurzelschutz	reaktionsträge
	5	–	–	–	–	0,5–50	Rest		reduzierend
Z	Mischgase mit Komponenten, die nicht in der Tabelle aufgeführt sind oder Mischgase mit einer Zusammensetzung außerhalb der angegebenen Bereiche								

[1] Argon darf teilweise oder vollständig durch Helium ersetzt werden

Prinzip und Anwendungsbereich des WIG-Schweißens

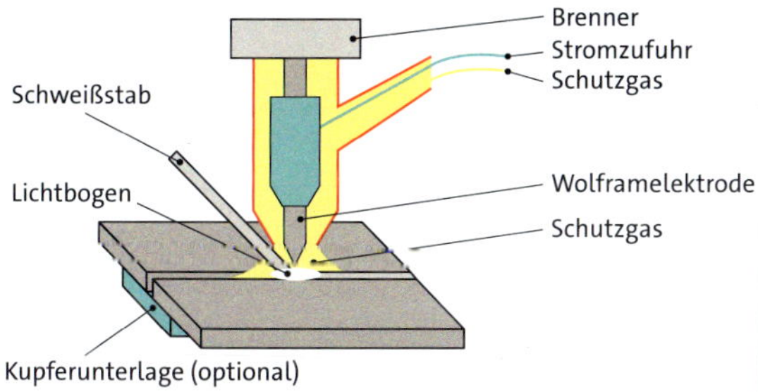

manuelles Schweißverfahren hauptsächlich für dünnwandige Werkstücke und zum Schweißen der Wurzellage bei dickwandigen Werkstücken (Erstellung der Fülllagen mit leistungsfähigeren Verfahren)

Anwendung im Kessel-, Behälter-, Apparate- und Rohrleitungsbau sowie Luftfahrtindustrie

Schweißen von un-, niedrig- und hochlegierten Stählen sowie Al, Cu, Ni, Ti und deren Legierungen

Wolframelektroden für das WIG-Schweißen

DIN EN ISO 6848: 2015-12

Elektrodentypen

Kurzzeichen	Oxidzusatz		Kennfarbe	Eigenschaften/Anwendung
	Hauptoxide	Gehalt in %		
WP	keine	reines Wo	grün	Wechselstromschweißen speziell von Al-Legierungen
WZr 3	ZrO_2	0,15–0,50	braun	Wechselstromschweißen, für Gleichstrom bedingt geeignet
WZr 8		0,7 –0,90	weiß	
WTh 10	ThO_2	0,80–1,20	gelb	Thoriumoxid ist radioaktiv, der Einsatz dieser Elektroden ist zu vermeiden!
WTh 20		1,70–2,20	rot	
WTh 30		2,80–3,20	violett	
WLa 10	La_2O_3	0,80–1,20	schwarz	Universalelektroden, für Gleich- und Wechselstrom geeignet, besonders im Niederstrombereich
WLa 15		1,30–1,70	gold	
WLa 20		1,80–2,20	blau	
WCe 20	CeO_2	1,80–2,20	grau	Universalelektrode für alle Stromarten und Werkstoffe

Stromstärkebereich für Wolframelektroden

Elektroden Ø	Gleichstrom in A				Wechselstrom in A			
	Elektrode negativ		Elektrode positiv		Frequenz nicht stabilisiert		Frequenz stabilisiert	
	W rein	W + Oxid	W rein	W + Oxid	W rein	W + Oxid	W rein	W + Oxid
1,0	10– 70	20– 80			–15	–15	–15	–15
1,6	40–130	60–160	10– 18	10– 18	30– 90	50–120	20– 70	40–100
2,0	70–180	100–220	12– 20	12– 20	50–130	70–160	35– 90	60–130
2,4	120–240	170–270	15– 25	15– 25	70–150	80–200	50–120	80–150
3,2	150–300	220–350	20– 35	20– 35	120–200	150–270	100–160	120–200
4,0	250–460	350–500	35– 50	35– 50	180–275	220–350	140–240	170–260
4,8	380–550	420–650	45– 65	45– 65	230–350	240–420	190–300	220–340
6,4	500–850	600–900	65–100	65–100	310–450	360–560	250–400	250–450

Elektrodentyp und Polung in Abhängigkeit vom Werkstoff

zu verschweißender Werkstoff	Elektrodentyp	Gleichstrom		Wechselstrom	
		Elektrode negativ	Elektrode positiv		
Aluminium *t* < 2,5	WLa15, WP, WZr8	2	2	1	1 = Stromart für optimale Ergebnisse 2 = Stromart für gute Ergebnisse – = nicht zu empfehlen oder unmöglich
Aluminium *t* > 2,5		2	–	1	
Aluminiumlegierungen		2	–	1	
Magnesium, Mg-Leg.	WP	–	2	1	
Nichtrostende Stähle	WLa15, WCe20, WTh20	1	–	–	
Aluminium-Bronze	WP	1	–	–	
Silicium-Bronze	WLa15, WCe20, WTh20	1	–	2	
Nickel, Ni-Legierungen	WP	2	–	1	
Kupfer	WLa15, WCe20, WTh20	1	–	–	
Bronze, Titan		1	–	2	

Schweißzusätze und Schweißgut zum Wolfram-Inertgasschweißen von unlegierten Stählen und Feinkornstählen

DIN EN ISO 636: 2017-09

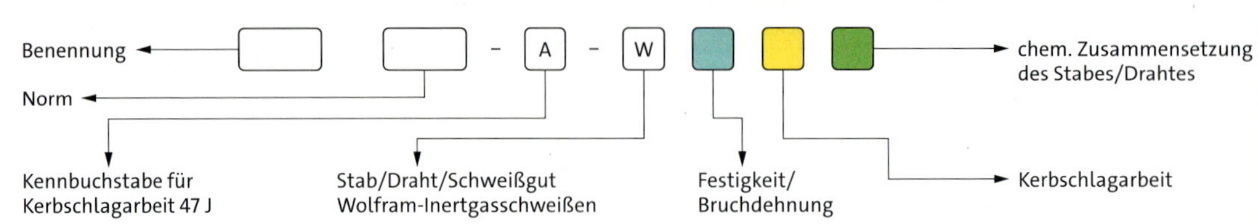

Festigkeit und Bruchdehnung			Kerbschlagarbeit		Drahtelektrode – chemische Zusammensetzung in % (wichtigste Bestandteile)					
Kennziffer	Mindeststreckgrenze in MPa/mm²	Mindestbruchdehnung in %	Kennzeichen	Temperatur in °C	Kurzzeichen	C	Si	Mn	P	S
					2Si	0,06–0,14	0,5–0,8	0,9–1,3	0,025	
35	355	22	2	–20	3Si1		0,7–1,0	1,3–1,6		
38	380	20	3	–30	4Si1		0,8–1,2	1,6–1,9		
42	420	20	4	–40	3Ni1		0,5–0,9	1,0–1,6	0,02	
46	460	20	5	–50	2Ni2		0,4–0,8	0,8–1,4		
50	500	18	6	–60	2Mo	0,08–0,12	0,3–0,7	0,9–1,3		

Bezeichnungsbeispiel:
Schweißdraht ISO 636-A-W 46 4 M21 3Si1
Schweißdraht, Einteilung nach Kerbschlagarbeit für 47 J, Wolfram-Inertgasschweißen
Mindeststreckgrenze 460 N/mm², Kerbschlagarbeit bis –40 °C garantiert, Stab oder Draht 3Si1

Richtwerte für das Wolfram-Inertgasschweißen (WIG)

Werkstückdicke *t* in mm	Schweißen von Stahl						Schweißen von Aluminium				
	Fugenform	Lagenzahl	Wolfram-Elektroden Ø in mm	Schweißgeschw. *v* in m/min	Schweißstrom *I* in A für un- und niedriglegierter Stahl	Schweißstrom *I* in A für hochlegierter Stahl	Fugenform	Lagenzahl	Wolfram-Elektroden Ø in mm	Schweißgeschw. *v* in m/min	Schweißstrom *I* in A
1	II	1	1,0	32	60	45	II	1	1,6	26	75
2	II	1	1,6	30	110	100	II	1	2,0	21	90
3	II	1	1,6	30	140	125	II	1	2,4	17	125
4	II	2	2,4	25	190	170	II	1	3,2	15	160
5	II	2	3,2	22	250	225	V	2	3,2	14–17	165
6	V	2	4,0	20	350	300	V	2	4,0	10–15	185

Richtwerte für das Metall-Inertgasschweißen (MIG)

Werkstoff: Al und Al-Legierungen, Elektrode: ISO 14341-A-S AL5356, Schutzgas: I1, Position: PA

Nahtform	Werkstückdicke *s* in mm	Spaltbreite *b* in mm	Draht Ø in mm	Drahtvorschub in m/min	Stromstärke in A	Lichtbogenspannung in V	Schutzgas in l/min	Schweißgut in g/m	Lagen
II	2	ohne Spalt schweißen	0,8	5,0	110	20	10	24	eine
	4		1,2	3,1	170	22	15	35	eine
V 70°	6	*b* = 0	1,6	6,0	170	22	10	147	eine
	8		1,6	6,0	170	22	10	183	erste
				6,8	220	26	18		zweite
V 60°	10		1,6	6,2	200	26	20	191	erste
				6,0	170	24	20		zweite
				7,2	230	26	20		Gegen

Drahtelektroden und Schweißgut zum Metall-Schutzgasschweißen von unlegierten Stählen und Feinkornstählen

DIN EN ISO 14341: 2011-04

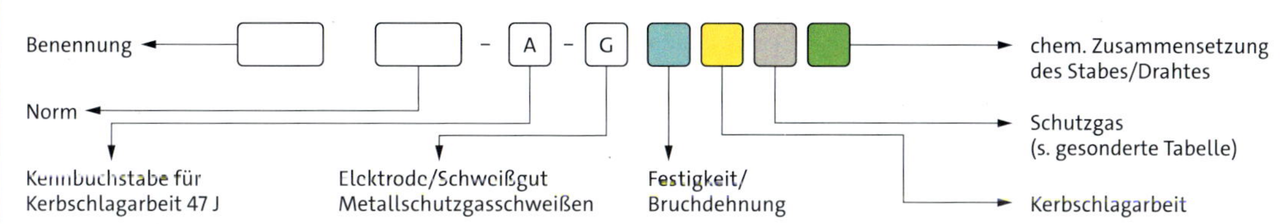

Festigkeit und Bruchdehnung			Kerbschlagarbeit		Drahtelektrode – chemische Zusammensetzung in % (wichtigste Bestandteile)					
Kennziffer	Mindeststreckgrenze R_e in N/mm²	Mindestbruchdehnung A in %	Kennzeichen	Temperatur in °C	Kurzzeichen	C	Si	Mn	P	S
					2Si	0,06–0,14	0,5–0,8	0,9–1,3	0,025	
35	355	22	2	−20	3Si1		0,7–1,0	1,3–1,6		
38	380	20	3	−30	4Si1		0,8–1,2	1,6–1,9		
42	420	20	4	−40	3Ni1		0,5–0,9	1,0–1,6	0,02	
46	460	20	5	−50	2Ni2		0,4–0,8	0,8–1,4		
50	500	18	6	−60	4Mo		0,5–0,8	1,7–2,1	0,025	

Bezeichnungsbeispiel:
Schweißgut ISO 14341-A-G 46 4 M21 3Si1
Schweißgut, Einteilung nach Kerbschlagarbeit für 47 J, Metallschutzgasschweißen
Mindeststreckgrenze 460 N/mm², Kerbschlagarbeit bis −40°C garantiert, Schutzgas M21, Drahtelektrodenwerkstoff 3Si1

Schweißzusätze – Massivdrähte und -stäbe zum Schmelzschweißen von Al und Al-Legierungen

DIN EN ISO 18273: 2016-05

Für Aluminiumschweißzusätze gibt es keine feste Zuordnung zwischen der Produktform (Massivdraht oder Massivstab) und dem angewendeten Schweißprozess (MIG, WIG, ...)

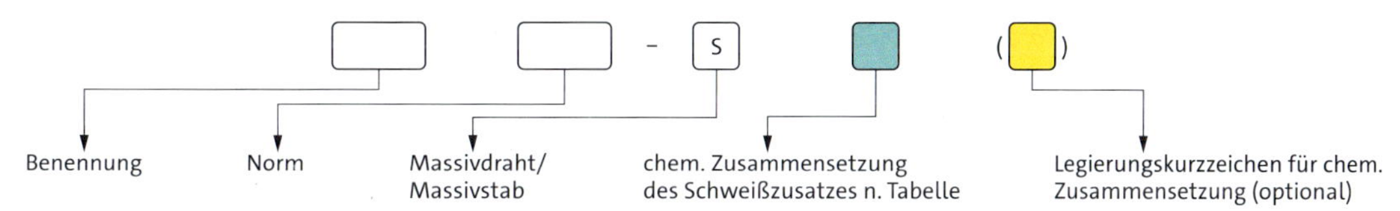

Legierungskurzzeichen numerisch	Legierungskurzzeichen chemisch	Mindeststreckgrenze R_e in N/mm²	Mindestbruchdehnung A in %	verwendbar für Grundwerkstoffe
Al 1450	Al99,5Ti	20	35	Al99,5Ti, Al99,3, Al99,5, Al99,6, Al99,7, Al99,85
Al 3103	AlMn1	35	24	AlMn0,6, AlMn1, AlMn0,2Mg0,1, AlMn1Mg0,5
Al 4043A	AlSi5(A)	40	8	AlSiMg, AlMgSi
Al 4047A	AlSi12(A)	60	5	AlSiMg, AlMgSi
Al 5087	AlMg4,5MnZr	125	17	AlMg3,5, AlMg5, AlMg3,5Mn0,4, AlMgSi1, AlMg5Mn1, AlMg4,5Mn0,7, AlMg5Mn0,4, G-AlMg3, G-AlMg5
Al 5183	AlMg4,5Mn0,7			
Al 5356	AlMg5Cr	120	8	AlMg3, AlMg4,5, AlMg5, AlMgSi1, G-AlMg3, G-AlMg3
Al 5754	AlMg3	80	22	AlMg1, AlMg3,5, AlMg0,5Mn, AlMg1Mn0,5, AlMg2Mn0,8, AlMgSi0,5, AlMgSi0,7

Bezeichnungsbeispiel:
Schweißstab ISO 18237-S Al 3103 (AlMn1)
Schweißstab für Aluminium, Mindeststreckgrenze 35 N/mm², Mindestbruchdehnung 24 %

4

Richtwerte für das MAG-Schweißen

Werkstoff: un- und niedriglegierte Stähle, Elektrode: ISO 14341-A-G 46 3M 3Si1, Schutzgas: M21, Position: PA/PB

Nahtform	Werkstückdicke *t* in mm	Spaltbreite *b* in mm	Draht Ø in mm	Drahtvorschub in m/min	Stromstärke in A	Lichtbogenspannung *U* in V	Schutzgas in l/min	Schweißgut in g/m	Lagen
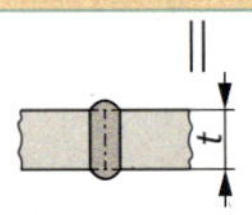	1	0	0,8	3,8	70	18	10	29	eine
	2	0	1	4,3	125	19	10	51	eine
	4	2	1	4,8	135	19	12	103	eine
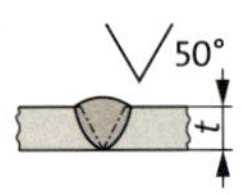	6	2	1	4,3	125	19	10	249	erste
				8,4	205	22	15		zweite
	8	2	1,2	3,1	135	18	10	374	erste
				8,1	270	28	15		2 / 3
	10	2,5	1,2	3,2	135	19	10	591	erste
				9	290	28	15		2 / 3
Nahtform	**Werkstückdicke *a* in mm**	**Spaltbreite *b* in mm**	**Draht Ø in mm**	**Drahtvorschub in m/min**	**Stromstärke in A**	**Lichtbogenspannung *U* in V**	**Schutzgas in l/min**	**Schweißgut in g/m**	**Lagen**
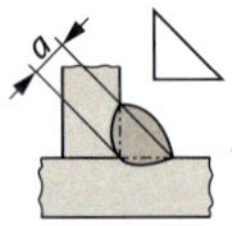	2	–	0,8	7,3	130	19	12	44	eine
	4	–	1	10,7	220	23	15	140	eine
	6	–	1,2	9,5	300	29	15	300	eine
	8	–	1,2	9,5	300	29	15	545	drei
	10	–	1,2	9,5	300	29	15	805	drei

Richtwerte für das Gasschmelzschweißen

Werkstoff: unlegierter Baustahl, Schweißposition: PA, Betriebsdruck: Sauerstoff 2,5 bar, Acetylen: 0,3 ... 0,8 bar

Werkstückdicke *t* in mm	Nahtart	Schweißeinsatzgröße	Stab Ø in mm	Schweißrichtung	Verbrauchswerte			Schweißzeit in min/m	Schweißrate in m/h
					Sauerstoff in l/h	Acetylen in l/h	Schweißstab in g/m		
0,5	Bördelnaht	1	–	NL	80	80	–	4	15
1		1	–		80	80	–	9	6,7
1,5		1–2	–		160	160	–	10	6
1	I-Naht	1	1		160	160	12	10	6
2		1–2	2		160	160	35	11	5,5
3		2–4	2		310	310	65	12	5
4	V-Naht 60°	2–4	3	NR	315	315	115	15	4
6		4–6	4		500	500	250	22	2,7

Schweißstäbe für das Gasschmelzschweißen

Schweißstabklasse	Grundwerkstoff Stahlsorte						Schweißverhalten		
	S235, S275	P235 GH, P265 GH	S355, P295 GH	16Mo3	13CrMo4-5	10CrMo9-10	Fließverhalten	Porenneigung	Spritzer
O I	■	■	–	–	–	–	dünn	ja	viele
O II	■	■	–	–	–	–	weniger dünn		wenige
O III	■	■	–	–	–	–	zäh	nein	keine
O IV	■	■	■	■	–	–			
O V	–	–	–	–	■	–			
O VI	–	–	–	–	–	■			

■ = geeignet – = nicht geeignet

Thermisches Trennen – Prinzipdarstellungen

Autogenes Brennschneiden	Plasmastrahlschneiden	Laserstrahlschneiden

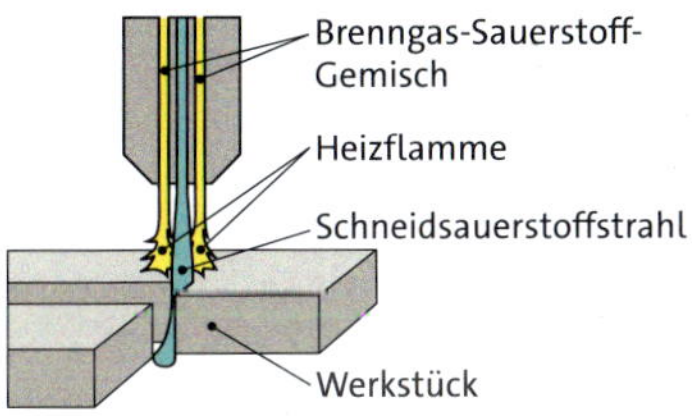

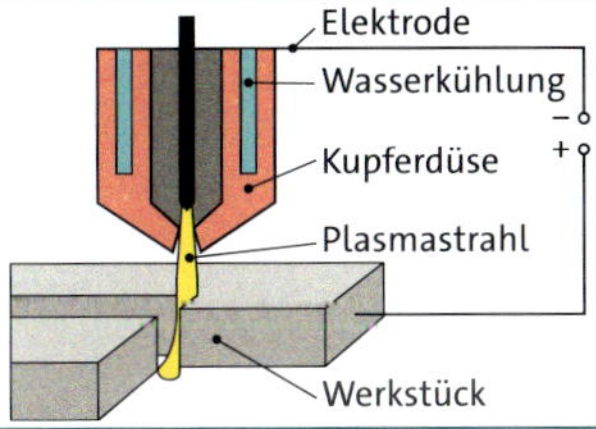

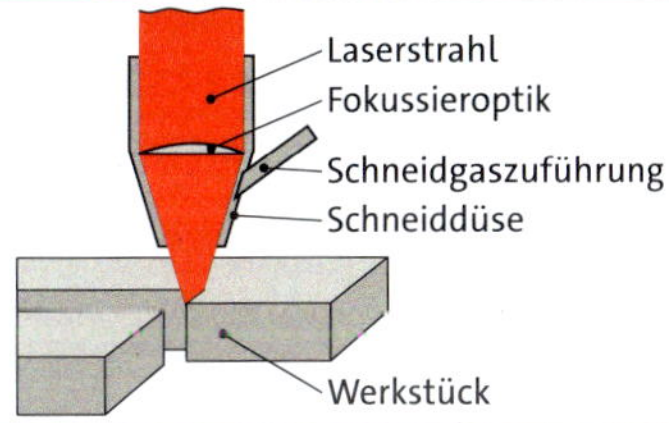

Richtwerte für das autogene Brennschneiden

Werkstoff: unlegierter Baustahl (C < 0,3 %)
Brenngas: Acetylen

Werkstückdicke *t* in mm	Schneiddüsen Ø in mm	Schnittfugenbreite *s* in mm	Acetylendruck in bar	Sauerstoffdruck in bar		Schnittgeschwindigkeit in mm/min		Verbrauch in l/h	
				Heizen	Schneiden	Konstruktionsschnitt	Trennschnitt	Acetylen	Sauerstoff
3	3–6	1,5	0,3	2	2,5	680	830	250	1250
6					3,0	600	730	295	1440
10	10–20	1,8		2,5	3,0	540	660	360	2160
20					3,75	500	610	405	2510
30	30–45	2,0	0,2	2,0	2,5	490	600	400	4050
40					3,0	480	580	500	4500
50	45–60			2,5	3,5	460	560	550	4675
75	60–80	2,4			3,0	380	460	500	5300
100	80–100				3,25	210	260	725	7000

Richtwerte für das Plasmaschneiden

Werkstoffe: Stahl, un-, niedrig-, hochlegiert, Aluminium
Plasmagas: Luft

Werkstückdicke *t* in mm	Ausgangsspannung *U* in V (DC)	Plasmagasdruck in bar	un- und niedriglegierte Stähle		hochlegierte Stähle		Aluminium	
			Stromstärke *I* in A	Schnittgeschw. in mm/min	Stromstärke *I* in A	Schnittgeschw. in mm/min	Stromstärke *I* in A	Schnittgeschw. in mm/min
6	103	5	60	3600	200	3800	60	5000
10	106		120	2600	200	2400	100	4600
15	111		200	2500	200	1900	200	4200
20	113		200	2300	200	800	200	3800
30	117		200	1000	200	600	200	1200
40	120		200	650	200	350	200	950

Richtwerte für das Laserstrahlschneiden

Faserlaser		Laserleistung 1 kW	Laserleistung 1,5 kW
Werkstoff	Werkstückdicke in mm	Schnittgeschwindigkeit in mm/min	
unlegierter Stahl	1	8800	10000
	6	1150	1500
	10	750	1000
hochlegierter Stahl	1	6600	10000
	2	3500	4400
	6	500	890
Aluminium	2	2300	5000
	3	1400	2500

Faserlaseranlage: maximale Schneiddicke in mm				
Werkstoff	Schneidgas/Druck in bar	Laserleistung		
		1000 W	2000 W	3000 W
unlegierter Stahl	O_2 / 1–5	10	16	20
hochlegierter Stahl	N_2 / 10–20	6	10	12
Aluminium		3	6	10
Messing		–	4	6
Kupfer		–	4	6

4

Qualitätsspezifikationen beim thermischen Schneiden

DIN EN ISO 9013: 2017-05

Formtoleranzen, Rautiefen

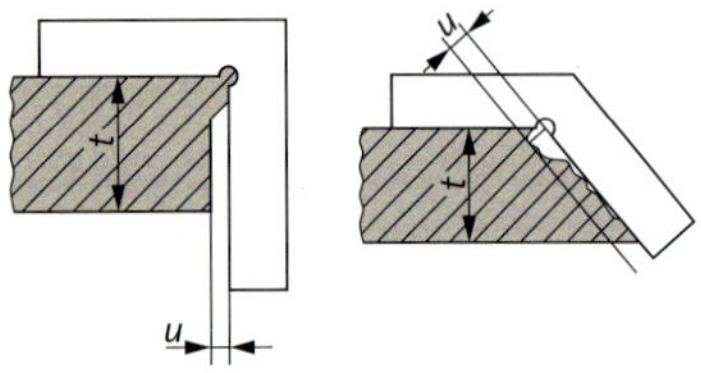

Bereich	Rechtwinkligkeits- und Neigungstoleranz *u* in mm	Rautiefe R_{z5} in µm
1	0,05 + 0,003 a	10 + (0,6 *t* : mm)
2	0,15 + 0,007 a	40 + (0,8 *t* : mm)
3	0,4 + 0,01 a	70 + (1,2 *t* : mm)
4	0,8 + 0,02 a	110 + (1,8 *t* : mm)
5	1,2 + 0,035 a	–

Grenzabmaße für Nennmaße

Werkstückdicke *t* in mm	Toleranzklasse 1				Toleranzklasse 2			
	Grenzabmaße *Δl* für Nennmaße *l* in mm							
	≥ 10 < 35	≥ 35 < 125	≥ 125 < 315	≥ 315 < 1000	≥ 10 < 35	≥ 35 < 125	≥ 125 < 315	≥ 315 < 1000
> 1 ≤ 3,15	± 0,2	± 0,25	± 0,25	± 0,35	± 0,7	± 0,7	± 0,8	± 0,9
> 3,15 ≤ 6,3	± 0,25	± 0,25	± 0,30	± 0,40	± 0,9	± 0,9	± 1,1	± 1,2
> 6,3 ≤ 10	± 0,30	± 0,30	± 0,35	± 0,45	± 1,1	± 1,3	± 1,4	± 1,5
> 10 ≤ 15	± 0,30	± 0,35	± 0,40	± 0,45	± 1,8	± 1,8	± 1,9	± 2,3
> 15 ≤ 20	± 0,40	± 0,40	± 0,45	± 0,55	± 1,8	± 1,8	± 1,9	± 2,3
> 20 ≤ 25	± 0,7	± 0,7	± 0,8	± 1,0	± 1,8	± 1,8	± 1,9	± 2,3
> 25 ≤ 32	± 0,7	± 0,7	± 0,8	± 1,0	± 1,8	± 1,8	± 1,9	± 2,3
> 32 ≤ 50	± 0,7	± 0,7	± 0,8	± 1,0	± 1,8	± 1,8	± 1,9	± 2,3
> 50 ≤ 100	± 1,3	± 1,3	± 1,4	± 1,7	± 2,5	± 2,5	± 2,6	± 3,0
> 100 ≤ 150	± 1,9	± 2,0	± 2,1	± 2,3	± 3,2	± 3,3	± 3,4	± 3,7

Bezeichnungsbeispiel: senkrechter Schnitt durch ein Blech mit *t* = 60 mm

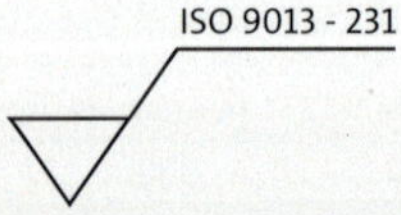

thermischer Schnitt mit geforderter

- Rechtwinkligkeits- und Neigungstoleranz im Bereich 2 (= 0,22 mm)
- Rautiefe R_{z5} im Bereich 3 (= 142 µm)
- Toleranzklasse 1

Vergleich thermischer Trennverfahren

Kriterium	Laserstrahlschneiden	Plasmastrahlschneiden	autogenes Brennschneiden
Wärmeeinfluss/Verzug	sehr gering	gering	hoch
Materialverlust	gering	hoch	sehr hoch
Toleranz (üblich)	0,01–0,1 mm	0,2–0,5 mm	1–2 mm
Materialstärken	≤ 30 mm	≤ 200 mm	5–300 mm
Schnittspalt	ca. 0,2 mm	1,2 mm	ca. 5 mm
kleinste Stegbreite	< 0,2 t	ca. 3 mm	ca. 8 mm
kleinster Lochdurchmesser	< 0,5 t	0,8–1,5 t	2 t
Investitions-/Betriebskosten	hoch	hoch	gering
schneidbare Werkstoffe	alle Werkstoffe	elektrisch leitfähige Metalle	un-, niedriglegierte Stähle
Nachbearbeitung	keine – gering	gering – hoch	hoch
idealer Einsatzbereich	Dünnbleche < 6 mm	Blechbereich 10–50 mm	unlegierter Stahl > 50 mm

Lötverfahren

Einteilung der Lötverfahren

Lötverfahren	Arbeitstemperatur	Energiequelle	Grundwerkstoff	Lotwerkstoff	Hilfsmittel
Weichlöten	< 450 °C	Lötkolben, Lötbad, elektr. Widerstand	Cu-, Ag-, Al-, Ni-Legierungen, St, nicht-rostender Stahl	Sn-, Pb-Legierungen	Flussmittel
Hartlöten	> 450 °C	Flamme, Induktion elektr. Widerstand, Ofen	Stahl, Hartmetall	Al-, Ag-, Cu-Legierungen	Flussmittel, Vakuum
Hochtemperatur-löten	> 900 °C	Laser, Induktion, Ofen	Stahl, Keramik, Cu-, Ni-Legierungen, Hartmetall	Ni-, Ni-Cr-, Ni-Co-Legierungen	Vakuum, Schutzgas

Gestaltung von Lötverbindungen

Spaltlöten

Lötspaltbreiten in mm

Grundwerkstoff	Weichlote	Cu-Hartlote	Ag-Hartlote
Stahl, unlegiert	0,05–0,2	0,05–0,15	0,05–0,2
Stahl, legiert	0,1–0,25	0,1–0,2	0,1–0,25
Cu, Cu-Legierungen	0,05–0,2	0,05–0,2	0,05–0,25
Hartmetall	–	0,3–0,5	0,3–0,5

Kapillarwirkung beim Löten

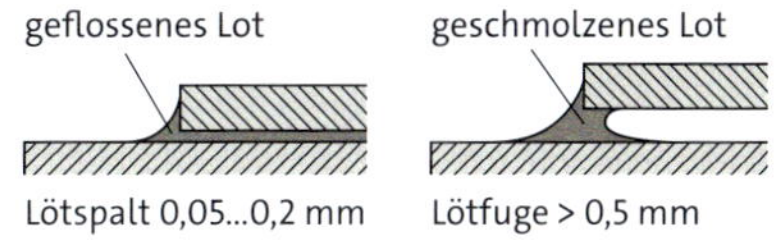

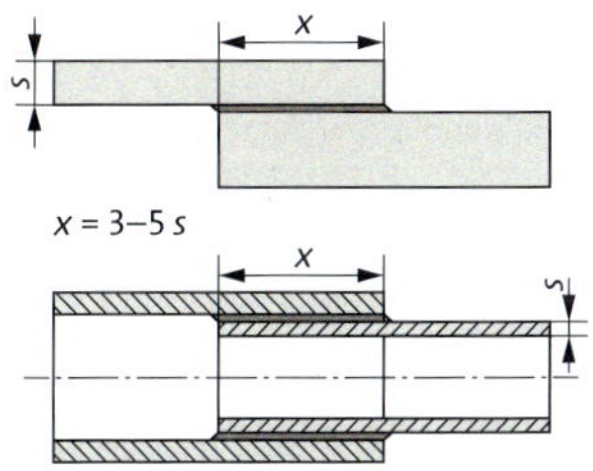

Überlappungslänge x sollte beim 3–5-fachen der Wandstärke *s* liegen.

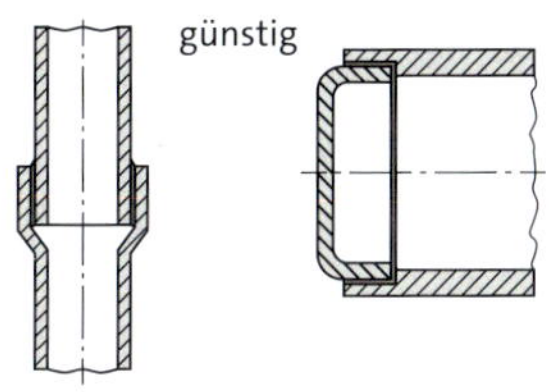

Konstante Lötspaltbreite durch parallele Stoßkanten.

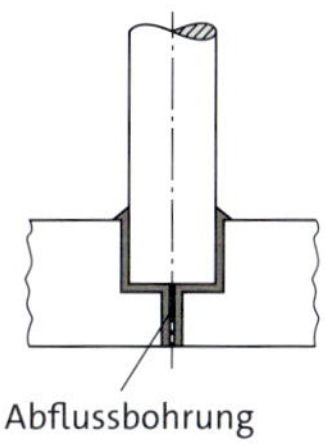

Entweichmöglichkeiten für Luft und Flussmittel vorsehen.

Gestaltungsbeispiele von Lötverbindungen

flache Blechnaht

für s > 2 mm geeignet

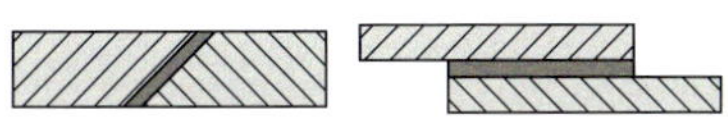

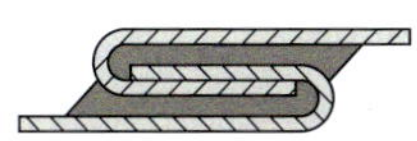

Blechnaht T-förmig

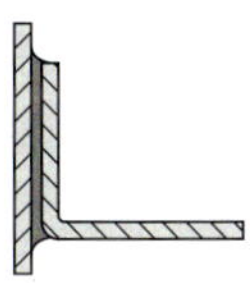

Rundteil mit Flachteil

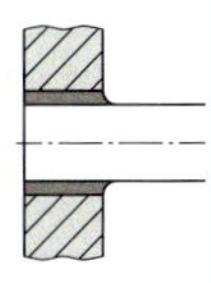

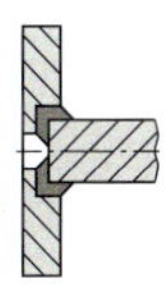

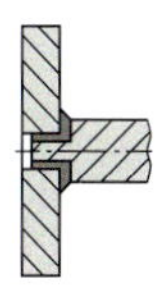

Rohrverbindungen

für *s* > 2 mm geeignet

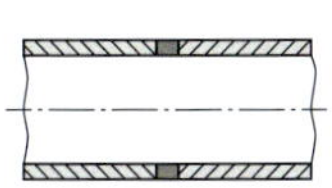

α > 50°

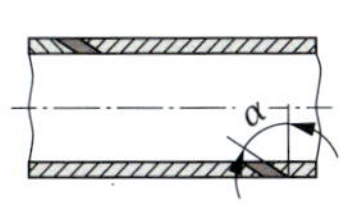

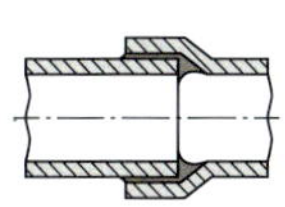

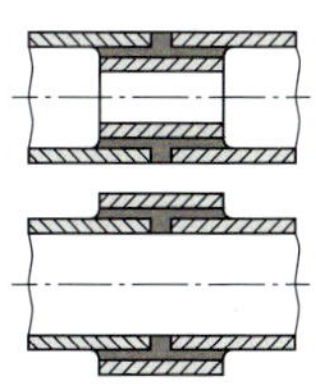

4

Gestaltung von Lötverbindungen

Festigkeit von Lötverbindungen – Richtwerte

Zulässige Nennspannungen für Spaltlötverbindungen bei ruhender Beanspruchung			Dauerfestigkeit von Spaltlötverbindungen			
Hartlötung von unlegiertem Baustahl	σ_{zul} = 200 N/mm²	τ_{zul} = 100 N/mm²	Hartlötung von unlegiertem Baustahl	Scherfestigkeit	Torsionsfestigkeit	Biegefestigkeit
Weichlötung von unlegiertem Baustahl	σ_{zul} = 10 N/mm²	τ_{zul} = 5 N/mm²		τ_{aw} = 30 N/mm²	τ_{tw} = 60 N/mm²	σ_{bw} = 5–150 N/mm²

Weichlote

DIN EN ISO 9453: 2014-12

Weichlote – bleihaltig

Legierungsgruppe	Legierungs-Nr.	Legierungs-Kurzzeichen nach ISO 3677	Schmelz- oder Solidus-/ Liquidustemperatur in °C	Anwendungsbereiche
Zinn-Blei	101	Sn63Pb37	183	Feinwerktechnik
	102	Sn63Pb37E	183	Elektronik, gedruckte Schaltungen
	103	Sn60Pb40	183 / 190	Elektronik, Verzinnungen
	104	Sn60Pb40E	183 / 190	Elektronik, gedruckte Schaltungen
Blei-Zinn	111	PB50Sn50	183 / 215	Elektroindustrie, Verzinnung
	114	Pb60Sn40	183 / 238	Metallverpackungen, Metallwaren
	115	Pb65Sn35	183 / 245	Klempnerarbeiten
	116	Pb70Sn30	183 / 255	Verzinkungen, Klempnerarbeiten
	122	Pb90Sn10	268 / 302	Metallwaren, Klempnerarbeiten
	124	Pb98Sn2	320 / 325	Kühlerbau
Zinn-Blei-Antimon	131	Sn63Pb37Sb	183	Feinwerktechnik
	132	Sn60Pb40Sb	183 / 190	Elektrotechnik, Feinwerktechnik
	133	Pb50Sn50Sb	183 / 216	Feinblechpackungen, Verzinnungen
	134	Pb58Sn40Sb2	185 / 231	Kühlerbau, Klempnerarbeiten
	136	Pb74Sn25Sb1	185 / 263	Bleilötungen, Schmierlot
Zinn-Blei-Bismut	141	Sn60Pb38Bi2	180 / 185	Feinlötungen
	142	Pb49Sn48Bi3	178 / 205	Feinlötungen
Zinn-Blei-Cadmium	151	Sn50Pb32Cd18	145	Thermosicherung, Kondensatoren
Zinn-Blei-Kupfer	161	Sn60Pb39Cu1	183 / 190	Elektronik, gedruckte Schaltungen
	162	Sn50Pb49Cu1	183 / 215	Elektrogerätebau
Zinn-Blei-Silber	171	Sn62Pb36Ag2	179	Elektrogeräte, gedruckte Schaltungen
Blei-Silber	182	Pb95Ag5	304 / 370	für hohe Betriebstemperaturen

Weichlote – bleifrei

Legierungsgruppe	Legierungs-Nr.	Legierungs-Kurzzeichen nach ISO 3677	Schmelz- oder Solidus-/ Liquidustemperatur in °C	Anwendungsbereiche
Zinn-Antimon	201	Sn95Sb5	235 / 240	Kälteindustrie
Bismut-Zinn	301	Bi58Sn42	139	Niedertemperaturlot
Zinn-Kupfer	401	Sn99,3Cu0,7	227	Kupferrohrinstallationen
	402	Sn97Cu3	227 / 310	Lebensmittelindustrie, Klempnerarbeiten
Indium-Zinn	601	In52Sn48	118	Glas-Metall-Lötungen
Zinn-Silber	701	Sn96,3Ag3,7	221/228	Kupferrohrinstallationen (Trinkwasser), Kältetechnik, Lebensmittelindustrie
	702	Sn97Ag3	221 / 224	

Weichlote für Aluminiumwerkstoffe — DIN 1707-100: 2017-10

Legierungsgruppe	Legierungs-Kurzzeichen nach ISO 3677	Schmelz- oder Solidus-/ Liquidustemperatur in °C	Anwendungsbereiche
Zink-Aluminium	Zn98Al2	382 / 407	Al-/Cu-Verbindungen, Kälte- und Klimatechnik
	ZN96Al4	382 / 387	
	Zn78Al22	426 / 482	Aluminium, Aluminiumlegierungen
Zinn-Zink	S-Zn80Sn20	195 / 385	Reiblot, Auffüllen von Beulen in Al-Blechen, Al-Gießereien, Reparaturlötungen an Aluminiumguss
	S-Sn60Zn40	200 / 340	

Flussmittel zum Weichlöten — DIN EN ISO 9454-1: 2016-07

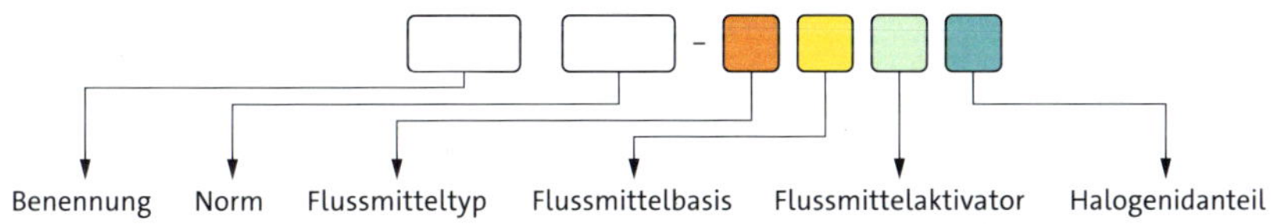

Flussmitteltyp	Flussmittelbasis	Flussmittelaktivator	Halogenidanteil % (Massenanteil)
1 Harz	1 Kolophonium (unmodifiziert) 2 Harz (modifiziertes Koloph. oder synthetisch)	1 ohne Aktivator 2 mit Halogeniden aktiviert	1 < 0,01 2 < 0,15
2 organisch (wenig oder kein Harz)	1 wasserlöslich 2 wasserunlöslich	3 ohne Halogenide aktiviert	3 0,15 bis 2,0
3 anorganisch	1 Salze in wässriger Lösung 2 Salze in organischer Verbindung	1 mit Ammoniumchlorid 2 ohne Ammoniumchlorid	4 > 2,0
	3 Säuren	1 mit Phosphorsäure 2 ohne Phosphorsäure	
	4 Alkalis	1 Amine und/oder Ammoniak	

Richtlinie für den Gebrauch der verschiedenen Flussmitteltypen

ISO-Code	Typ-Beschreibung	Halogenidanteil % (Massenanteil)	Anwendungsgebiete
1122	auf Kolophoniumbasis mit organischem, halogenidhaltigem Aktivator	< 0,15	Elektronik, Elektrotechnik, Elektrogerätebau, Metallwaren
1224	auf Basis von modifiziertem Harz mit organischem, halogenidhaltigem Aktivator	> 2,0	
2123	auf Basis von organischen halogenidhaltigen Aktivatoren	0,15 bis 2,0	Elektronik, Elektrotechnik, Metallwaren
2131	auf Basis organischer Aktivatoren	< 0,01	Aluminiumlöten
3114	auf Basis von Zink- und/oder Zinnchlorid	> 2,0	
3214	auf Basis von Zink- und/oder anderen Metallchloriden und Ammoniumchlorid in organischer Verbindung	> 2,0	Metallwaren, Metallhandwerk, Armaturen, Kupferrohrinstallationen

Bezeichnungsbeispiel:
Flussmittel ISO 9454 – 2123
Flussmitteltyp: organisch, Flussmittelbasis: wasserlöslich
Flussmittelaktivator: mit Halogeniden aktiviert, Halogenidanteil: 0,15–2 %

Hartlote

DIN EN ISO 17672: 2017-01

Kurzzeichen		Legierungs-Kurzzeichen nach ISO 3677	Arbeitstemperatur in °C	Anwendungshinweise: Form der Lötstelle	Lotzufuhr	Grundwerkstoff
Aluminiumhartlote						
Al107		B-Al92Si-575/615	610	Spalt	angelegt, eingelegt	Reinaluminium, gewalzt oder gegossen, AlMn-Legierungen, ALMgMn-Legierungen
Al110		B-Al90Si-575/590	600			
Al112		B-Al88Si-575/585	595			
Silberhartlote						
Cd haltig[1]	Ag 330	B-Ag30CuCdZn-600/690		Spalt	angelegt, eingelegt	Stahl, Gusseisen, Kupfer und Cu-Legierungen, Nickel und Ni-Legierungen
	Ag 340	B-Ag40ZnCdCu-595/630				
	Ag 350	B-Ag50CdZnCu-620/640				
Cd frei	Ag 134	B-Cu36AgZnSn-630/730	710	Spalt	angelegt, eingelegt	Stahl, Gusseisen, Kupfer und Cu-Legierungen, Nickel und Ni-Legierungen
	Ag 145	B-Ag45CuZnSn-640/680	670			
	Ag 212	B-Cu48ZnAg(Si)-800/830	830			
	Ag 205	B-Cu55ZnAg(Si)-820/870	860	Spalt, Fuge		
Sonderlote	Ag 351	B-Ag50CdZnCuNi-635/655	660	Spalt	angelegt, eingelegt	Cu-Legierungen, Hartmetalle
	Ag 427	B-Cu38AgZnMnNi-680/830	840			Hartmetalle auf St-, Wo- und Mo-Werkstoffen
	Ag 449	B-Ag49ZnCuMnNi-680/705	690			
	Ag 463	B-Ag63CuSn-690/800	790			Chrom, Cr-Ni-Stähle
Kupfer-Phosphathartlote						
CuP 179		B-Cu94P-710/890	730	Spalt	angelegt, eingelegt	Kupfer, Cu-Sn-, CuZn-Legierungen (Fe und Ni frei)
CuP 182		B-Cu92P-710/770	710			
Kupferhartlote						
Cu 110		B-Cu100-1085	1100	Spalt	eingelegt	Stahl
Cu 922		B-Cu94Sn(P)-910/1040	1040			Eisen-, Nickelwerkstoffe
Cu 680		B-Cu60Zn(Si)(Mn)-870/900	900	Spalt, Fuge	angelegt, eingelegt	St, Temperguss, Cu-Leg
Cu 773		B-Cu48ZnNi(Si)-890/920	910			St, Temperguss, Ni-Leg
Nickelhartlote zum Hochtemperaturlöten						
Ni 620		B-Ni82CrSiBFe-970/1000	990	Spalt	angelegt, eingelegt	Stahl Nickel und Ni-Legierungen Cobalt und Co-Legierungen
Ni 631		B-Ni95SiB-980/1070	1060			
Ni 710		B-Ni76CrP-890	890			

Flussmittel zum Hartlöten

DIN EN 1045: 1997-08

Kurzzeichen	Wirktemperaturbereich in °C	Eignung für Grundwerkstoffe: allgemein	besonders	Anwendungshinweise
FH 10	550–800	Stähle, rostfreie Stähle, Kupfer und Cu-Legierungen, Nickel und Ni-Legierungen, Edelmetalle, Molybdän und Wolfram		Rückstände meist korrosiv, durch Waschen oder Beizen entfernen
FH 11	550–800		CuAl-Legierungen	
FH 12	550–850		Hartmetalle, hochlegierte Stähle	
FH 20	700–1000			
FH 21	750–1100			Rückstände meist nicht korrosiv, mechanisch oder durch Beizen entfernen
FH 30	> 1000		mit Cu- und Ni-Loten	
FH 40	600–1000			Rückstände meist korrosiv, durch Waschen oder Beizen entfernen
FL 10	> 550	Aluminium und Al-Legierungen		
FL 20	> 550			Rückstände müssen nicht entfernt werden, Lötstelle vor Feuchtigkeit schützen.

[1] Gemäß der Verordnung (EU) Nr. 494 /2011 ist die Verwendung von Hartloten mit einem Cadmiumgehalt von mehr als 0,01 Gew.-% nicht mehr erlaubt.

Kleben

Vor- und Nachteile des Klebens

Vorteile	Nachteile
▪ Verbindung Werkstoffe unterschiedlichster Art ▪ Verbinden sehr dünner Bauteile möglich ▪ gleichmäßige Spannungsverteilung ▪ kein Wärmeverzug ▪ Klebeflächen können als Dichtflächen fungieren	▪ geringe Temperaturbeständigkeit ▪ elativ geringe mechanische Belastbarkeit ▪ je nach Verfahren teils lange Aushärtezeit ▪ sorgfältige Klebflächenvorbehandlung erforderlich ▪ Kriechgefahr bei Dauerbelastung

Konstruktive Gestaltung von Klebeverbindungen

Druck-/Zugbeanspruchung

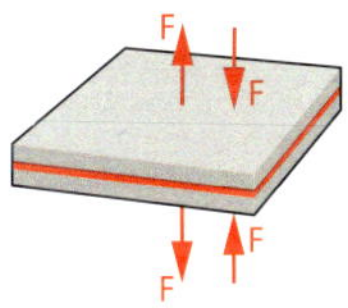

Kraft wirkt senkrecht auf die Klebfläche. geeignet bei ausreichend großer Klebfläche

Scher-/Schubbeanspruchung

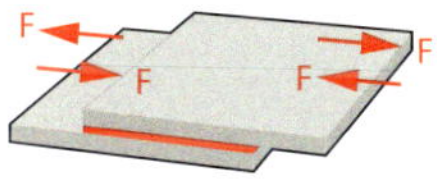

Kraft wirkt parallel zur Klebfläche. ideale Beanspruchungsart für Klebungen

Schälbeanspruchung

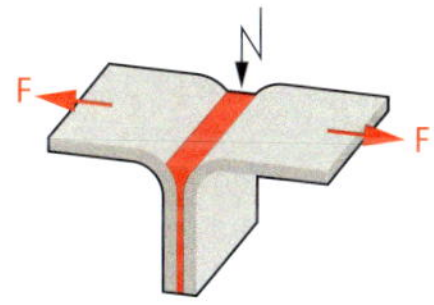

Kraft wirkt nur entlang der Klebflächenbreite. unbedingt vermeiden

Beispiele konstruktiver Gestaltung

T-Stoß

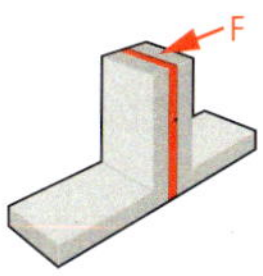

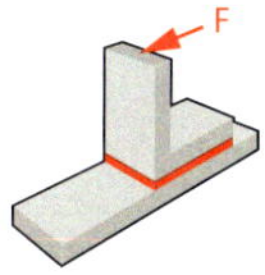

Überlappung

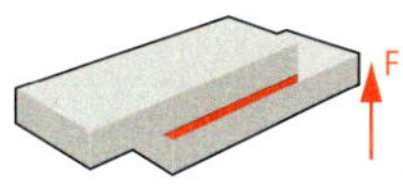

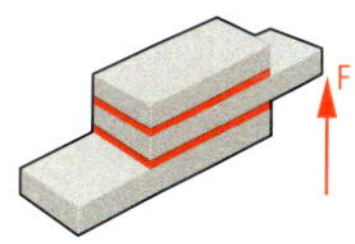

Schäftung

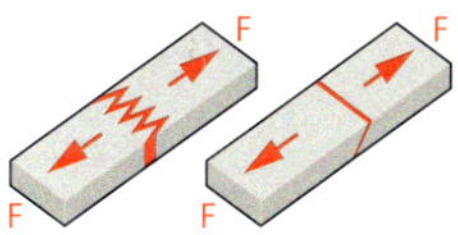

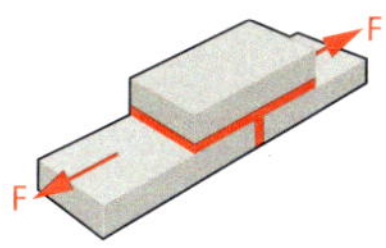

Abgewinkelte Bauteile

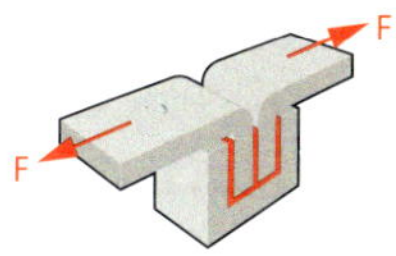

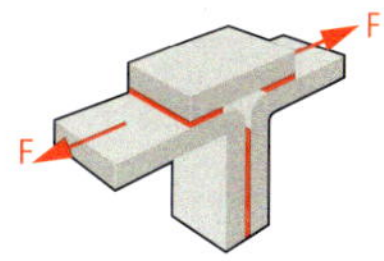

Wellenverbindungen

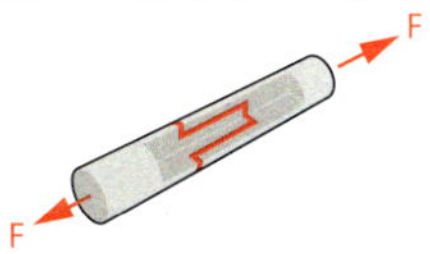

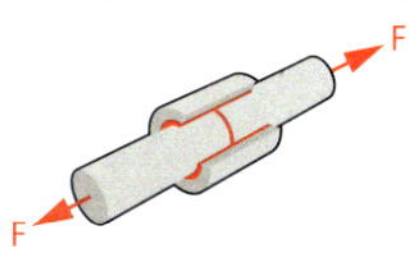

Welle-Nabe-Verbindungen

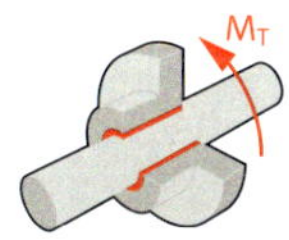

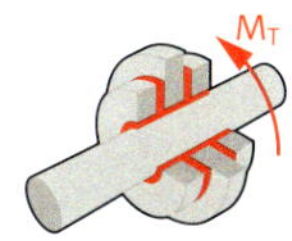

Festigkeit von Klebeverbindungen

VDI 2229: 1979-06 (zurückgezogen)

Festigkeit in Abhängigkeit von der Temperatur

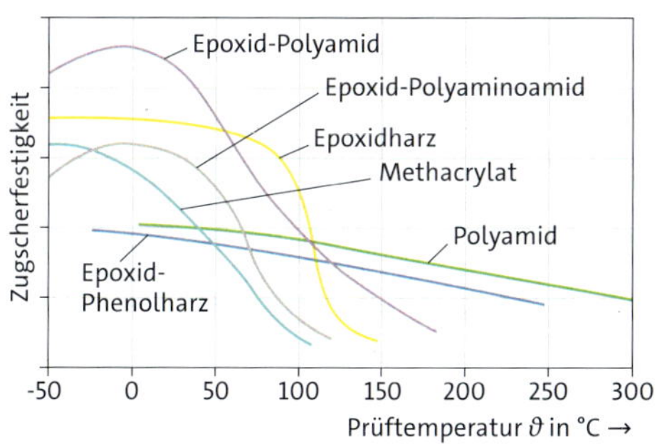

Festigkeit in Abhängigkeit von der Klebschichtdicke d (Ausnahme: Cyanacrylat mit < 0,1 mm Klebschichtdicke)

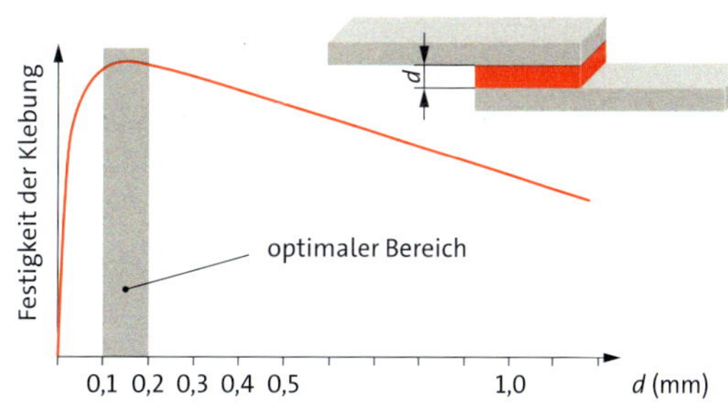

4

Eigenschaften und Anwendungsgebiete von Klebstoffen

Klebstofftyp 1	Anwendungen Bereiche	Beispiele	Abbindung/ Aushärtung	max. Anwendungs-temp. in °C	Zugscherfestigkeit N/mm² bei 20 °C
Epoxydharz (EP) 1-k	Metalle, temperaturbeständige Kunststoffe, Keramik	Fahrzeugbau, Flugzeugbau, Elektronik	> 1 h bei 100–200 °C ohne Druck	< 150	10–40
Epoxydharz (EP) 2-k	Metalle, Glas, Porzellan, Keramik, Hart-PVC, Gummi	Aufkleben von Hartmetallplatten, Einkleben von Dichtelementen	1–24 h bei 20 °C oder Warmaushärtung bei ca. 100 °C	nach Typ 100–220	10–40
Polyurethan (PUR) 1- oder 2-k	Metall, Holz, Elastomere, Schaumstoffe	Fahrzeugbau, Verkleben von Glasscheiben	1-k: < 12 h 2-k: < 1 min bei ca. 50 °C	< 100	10–20
Phenolharz (PF) 2-k	Metall, Glas, Duromere, Elastomere	Verkleben von Brems- und Kupplungsbelägen	< 2 min bei 140–200 °C	< 250	7–20
Cyanacrylate 1-k	kleine Flächen Stahl, Aluminium, Kunststoffe, Leder, Holz, Gummi und Moosgummi		< 2 min durch Luftfeuchtigkeit bei 20 °C	< 80	15–30
Methyl-Methacrylate 2-k	Metalle, Kunststoffe, Gummi, Holz, Keramik, Stein, PVC, Beton, Styropor, Kork	Montagebereich, Innen- und Außenanwendungen	< 2 h bei < 100 °C	< 120	10–25
Polyesterharz (UP) 2-k	Metalle, Duroplaste,	Wohnwagen, Bootskörper, Schienenfahrzeuge	< 1 h bei Raumtemperatur oder Ofenhärtung	< 140	20–40
Polyvinylchlorid (PVC) 1-k	Metall, Duroplaste, Elastomere	Automobilbau, Karosseriebau	ca. 30 min bei 180 °C	< 100	< 10
Anaerobe Klebstoffe 1-k	Metalle	Schraubensicherungen, Flanschabdichtungen	< 5 h	< 180	< 10
Silikone 1-k	Metall, Kunststoffe, Glas	Verkleben von Glasscheiben	> 24 h	> 200	< 3

Aushärtezeiten verschiedener Klebstoffe

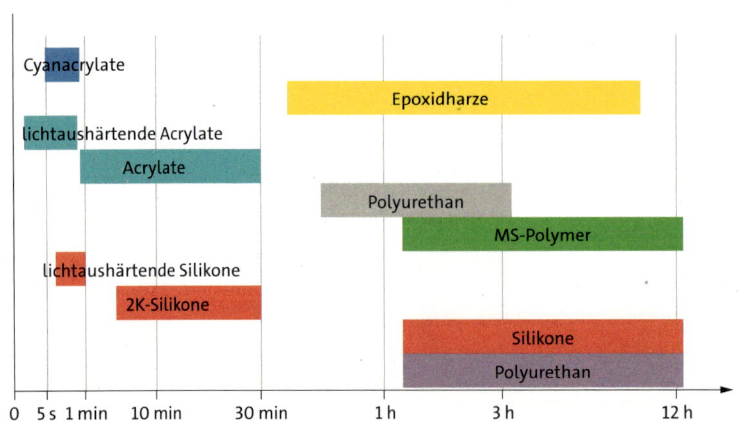

Unterschiedliche chemische Zusammensetzungen bewirken große Bandbreiten für die angegebenen Werte.

Die Herstellervorschriften (Technische Datenblätter, Sicherheitsdatenblätter) sind unbedingt zu beachten.

1-k: Ein-Komponentensystem

2-k: Zwei-Komponentensystem

Anwendungstemperaturen und Festigkeiten von Klebstoffen

Anwendungstemperaturen in °C	Festigkeiten in N/mm²

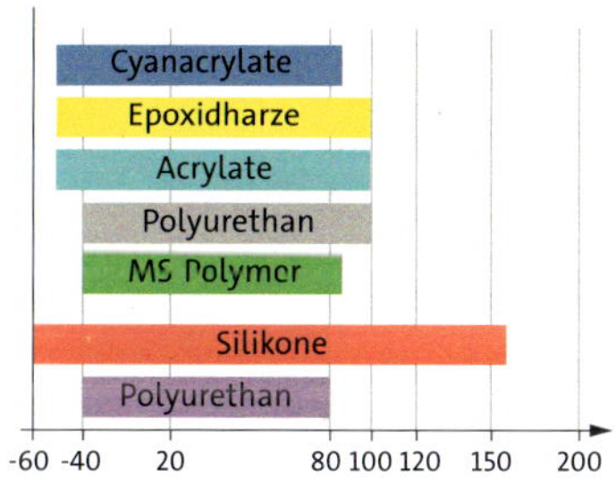

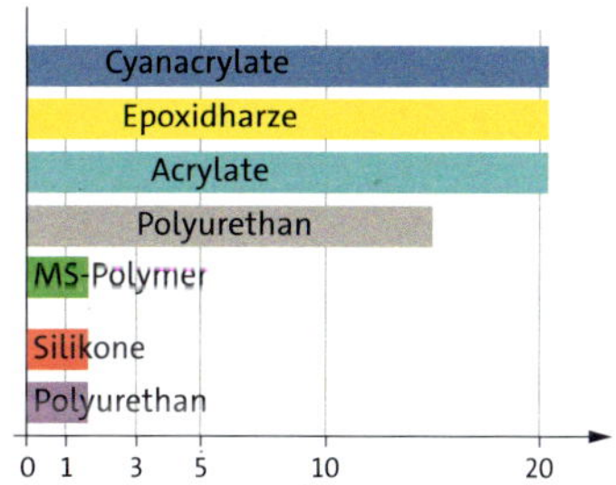

Fügeteilvorbehandlung für Klebeverbindungen

VDI 2229: 1979-06 (zurückgezogen)

Ziele der Oberflächenbehandlung:
- Verbesserung der Benetzung,
- Verbesserung der Adhäsion,
- Verbesserung der Reproduzierbarkeit der Oberfläche,
- Verbesserung der Langzeitbeständigkeit der Klebung.

gute Benetzung: $\alpha < 30°$

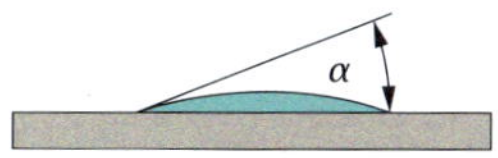

Adhäsionskräfte wirken bei Abstand Kleber-Werkstoff < 1 nm

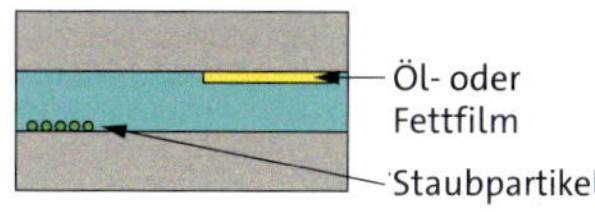

Vorbehandlung von Metallen

Reihenfolge der Vorbehandlung →

Werkstoff			Beanspruchung niedrige	Beanspruchung mittlere	Beanspruchung hohe		
St	reinigen (Schmutz, Zunder, Rost)	Entfetten mit org. Lösungsmitteln oder wässrigen Reinigungsmitteln	–	Schleifen, Schmirgeln	Strahlen	Spülen mit dest. Wasser	Trocknen (max. 65 °C)
St, verzinkt			–	–	–		
St, phosphat.			–	–	Schleifen, Schmirgeln		
Al, Al-Leg.			–	Schleifen, Schmirgeln	Strahlen, Beizen[1]		
Mg, Mg-Leg.			–	Schleifen, Schmirgeln	Strahlen, Beizen[2]		
Cu, Cu-Leg			–	Schleifen, Schmirgeln	Strahlen		
Ti, Ti-Leg			–	Schleifen, Schmirgeln	Beizen[3]		
übrige M.			–	Schleifen, Schmirgeln	Strahlen		

niedrige Beanspruchung	mittlere Beanspruchung	hohe Beanspruchung
Zugscherfestigkeit < 5 N/mm² trockene Atmosphäre, Feinmechanik, Elektrotechnik, einfache Reparaturen	Zugscherfestigkeit 5–10 N/mm² feuchte Atmosphäre, Kontakt mit Ölen/Treibstoffen, Maschinenbau, Fahrzeugbau	Zugscherfestigkeit > 10 N/mm² direkte Berührung mit Ölen, Treibstoffen, wässrigen Flüssigkeiten, Fahrzeugbau, Schiffbau, Behälterbau

1) Beizen in 27,5 % Schwefelsäure, 7,5 % Natriumdichromat, 65 % Wasser bei 60 °C
2) Beizen in 20 % Salpetersäure, 15 % Kaliumdichromat, 60 % Wasser bei 20 °C
3) Beizen in 15 % Flusssäure (50 %ige), 8 % Wasser bei 20 °C

Vorbehandlung weiterer Werkstoffe

Alle Werkstoffe	Reinigen und Entfetten
Kunststoffe	Schleifen, Strahlen, Beflammen, Plasma, Primern
Hölzer	Schleifen, Hobeln
Gläser	Primern
Keramiken	Primern
FVK (Faserverbundkunststoffe)	Schleifen, Strahlen, Beflammen, Plasma, Primern

Beizen: chemische Oberflächenvorbehandlung zum Abtragen von Oberflächenschichten
Primern: Auftrag zur Haftvermittlung zwischen Fügeteil und Klebstoff
Beflammen(Kreidl-Verfahren), Plasma: zur Erhöhung der Oberflächenspannung für Kunststoffe

Qualitätsmanagementsysteme

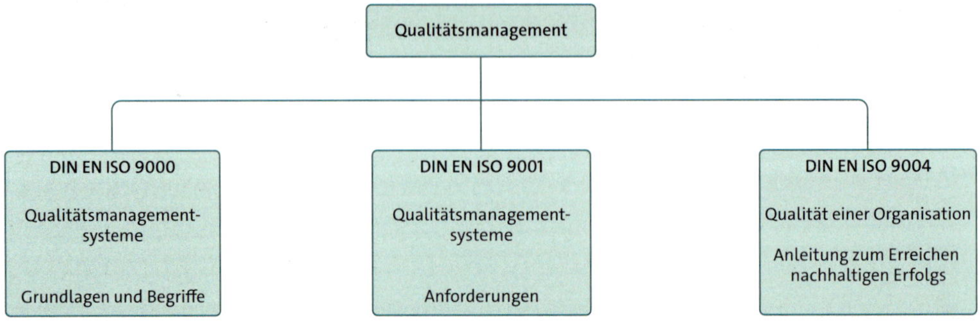

Qualitätsmanagementsysteme – Grundlagen und Begriffe — DIN EN ISO 9000: 2015-11

Die Norm bildet den Leitfaden für die Auswahl und Anwendung der Normenreihe. Sie beinhaltet die Festlegung von Begriffen wie:

- Kundenorientierung,
- Führung und Leitung,
- Transparenz der Unternehmensphilosophie und -grundsätze,
- Engagement und Einbeziehung von Personen und Mitarbeitern,
- prozessorientierter Ansatz,
- ständige Verbesserung,
- faktengestützte Entscheidungsfindung,
- Beziehungsmanagement zwischen Organisation und Kunde.

Mit einem Qualitätsmanagementsystem (QMS) werden die Qualitätspolitik und -ziele einer Organisation festgelegt.
Das QMS bildet den Rahmen für Planung, Ausführung, Überwachung und Verbesserung der Leistungen von QM-Tätigkeiten.

Es beinhaltet:

- Begründung für ein QM-System,
- Anforderungen an QM-Systeme und Produkte,
- prozessorientierte Betrachtungsweise,
- Entwicklung und Förderung notwendiger Kompetenzen,
- vergleichende Beurteilung von Organisationen anhand von Kriterien anderer Exzellenzmodelle,
- Benennung eines QM-Beauftragten zur Aufrechterhaltung des QM-Systems,
- Beurteilung von QM-Systemen,
- Reaktion auf interne und externe Bedingungen durch ständige Verbesserung,
- Optimierung von Entscheidungen,
- Bedeutung und Anwendung statistischer Methoden,
- Umgang mit Dokumenten und Aufzeichnungen,
- Auditieren zur Beurteilung von Wirksamkeiten eines QM-Systems,
- zertifizierte QM-Systeme als Basis für ein umfassendes Qualitäts- und Führungskonzept.

Qualitätsmanagementsysteme – Anforderungen — DIN EN ISO 9001: 2015-11

Die Norm beinhaltet Kriterien und Anforderungen zum Aufbau, Nachweis und zur Dokumentation funktionierender Qualitätsmanagementsysteme (QMS). Sie ist prozess- und kundenorientiert.

Die Organisation muss im Wesentlichen:

- die für das QM-System erforderlichen Eingaben und zu erwartenden Ergebnisse bestimmen,
- die Abfolge und Wechselwirkung von Prozessen bestimmen,
- die Kriterien und Verfahren oder Methoden zur Durchführung und Lenkung von Prozessen sicherstellen und anwenden,
- die Verantwortlichkeiten/Befugnisse für die Prozesse benennen und zuweisen,
- die benötigten Ressourcen bestimmen und deren Verfügbarkeit sicherstellen,
- die Prozesse überwachen, messen, analysieren und Maßnahmen zur ständigen Verbesserung treffen.

Qualität einer Organisation – Anleitung zum Erreichen nachhaltigen Erfolgs — DIN EN ISO 9004: 2018-08

Das Dokument
- enthält Anleitungen zur Unterstützung von Organisationen zum Zwecke nachhaltigen Erfolgs,
- umfasst Planung, Verwirklichung, Analyse, Bewertung und Verbesserung wirksamer und effizienter Managementsysteme,
- behandelt die systematische Verbesserung der Gesamtleistung einer Organisation,
- bietet ein Selbstbewertungsinstrument und unterstützt die Selbstbewertung der Organisation.

Die Norm steht in einer Wechselbeziehung zu den Konzepten und Begriffen von DIN EN ISO 9000: 2015 und DIN EN ISO 9001: 2015.

Begriffe und Definitionen DIN EN ISO 9000: 2015-11

Begriff	Definitionen und Erläuterungen
Anforderung	Erfordernis oder Erwartung, die für die Merkmale einer Einheit vorausgesetzt oder verpflichtend sind, z. B. Qualitätsanforderungen, Toleranzen, Sicherheitsanforderungen
Audit	systematischer, unabhängiger und dokumentierter Prozess (intern oder extern) zur Erlangung von Nachweisen und zu deren objektiver Auswertung ▪ Internes Audit: Durchführung innerhalb einer Organisation mit eigenem Personal ▪ Externes Audit: Der Auditor ist eine unabhängige, externe Person.
Anbieter	Organisation, die ein Produkt oder Dienstleistung bereitstellt. Anbieter kann ein Hersteller, eine Vertriebseinrichtung, ein Einzelhändler oder Verkäufer eines Produktes oder einer Dienstleistung sein. Ein Anbieter kann der Organisation angehören (intern) oder Außenstehender (extern) sein.
Dienstleistung	Tätigkeit, die zwischen einem Anbieter und dem Kunden ausgeführt wird Dienstleistungen können eine kontinuierliche Beziehung einschließen (Banken, Krankenhäuser, Schulen).
Fähigkeit	Eignung einer Organisation oder eines Systems oder eines Prozesses zur Realisierung eines Produkts
Fehler	Wird eine Qualitätsforderung nicht erfüllt, spricht man von einem Fehler. Ein Merkmalswert liegt außerhalb der Toleranz oder die geforderte Eigenschaft wird nicht erreicht. Einteilung der Fehler in Fehlerklassen: ▪ **Kritische Fehler** können zu einer Gefährdung von Personen oder zum Ausfall von größeren Anlagen führen. ▪ **Hauptfehler** können die Brauchbarkeit einer Einheit erheblich herabsetzen oder zum Ausfall der Einheit beitragen. ▪ **Nebenfehler** beeinflussen den Gebrauch, Betrieb oder Verwendungszweck der Einheit nur unwesentlich.
Grundgesamtheit	Gesamtheit der betrachteten Einheiten
Konformität	Erfüllung von Anforderungen, z. B. Lagetoleranzen
Kunde	Organisation/Person, die ein Produkt vom Lieferanten empfängt Ein Kunde kann der Organisation (interner Kunde) angehören oder Außenstehender (externer Kunde) sein.
Kundenzufriedenheit	die vom Kunden wahrgenommene Produktqualität/der wahrgenommene Grad, in dem die Produktanforderungen erfüllt worden sind
Lieferant	Organisation oder Person, die einem Kunden ein Produkt bereitstellt
Los	bestimmter Teil einer Grundgesamtheit, der im Wesentlichen unter denselben Bedingungen wie die Grundgesamtheit entstanden ist
Losgröße	Menge einer Produktart oder einer Baugruppe, die in einer Produktionsstufe als geschlossener Posten (Los) ohne Unterbrechung durch die Produktion anderer Produkte oder Baugruppen gefertigt wird
Mangel	Nichterfüllung einer Anforderung in Bezug auf einen beabsichtigten oder festgelegten Gebrauch
Merkmal	eine kennzeichnende Eigenschaft Merkmale sind: ▪ physikalisch (mechanisch, elektrisch, chemisch), ▪ sensorisch (Geruch, Berührung, Sehvermögen, Gehör), ▪ funktional (Spitzengeschwindigkeit eines Fahrzeugs), ▪ ergonomisch (physiologisch oder auf Sicherheit des Menschen bezogen), ▪ verhaltensbezogen (Anständigkeit, Wahrheitsliebe), ▪ zeitbezogen (Verlässlichkeit, Verfügbarkeit).
Merkmalswert	Wert, der bei Prüfung eines Merkmals bei einem Produkt festgestellt wurde
Messung	Prozess zum Bestimmen eines Wertes

Begriffe und Definitionen

DIN EN ISO 9000: 2015-11

Begriff	Definition und Erläuterungen
Nacharbeit	Maßnahme an einem fehlerhaften Produkt, um die Anforderungen zu erfüllen
Organisation	Gruppe von Personen/Einrichtungen mit einem Gefüge von Verantwortung, Befugnissen und Beziehungen zur Erreichung von Zielen
Produkt	Ergebnis eines Prozesses, materiell oder auch Dienstleistung
Prozess	strukturierte Abfolge von Ereignissen zwischen einer Ausgangssituation und einer Ergebnissituation Prozessarten werden unterschieden nach: ▪ Komplexität (z. B. Geschäfts-, Bereichs-, Gruppen- oder Einzelarbeitsprozesse), ▪ Ausrichtung (z. B. extern oder intern), ▪ Hierarchie (z. B. Haupt- oder Teilprozesse).
Qualität	Grad vorhandener Produktmerkmale, der die Anforderungen erfüllt Der Qualitätsbegriff vereint die Begriffe Beschaffenheit, Einheit und Qualitätsanforderung.
Qualitätsmanagement (QM)	Das QM bildet die Gesamtheit aller qualitätsbezogenen Tätigkeiten und Zielsetzungen einer Organisation.
Qualitätsmerkmal	Eigenschaft eines Produkts, auf deren Grundlage die Qualität dieses Produkts beurteilt werden kann
Qualitätsverbesserung	Maßnahmen, die der Erhöhung der Qualität von Produkten und Prozessen dienen
Stichprobe	Teilmenge einer Grundgesamtheit, die aus einer oder mehreren Einheiten besteht
Verfahren	festgelegte Art und Weise, in der eine Tätigkeit oder ein Prozess auszuführen ist
Zertifizierung	Überprüfung der Prozesse/Produkte auf Erfüllung der QM-Kriterien durch unabhängige externe Auditoren

Qualitätsmerkmale

Merkmalsart		Kennzeichen	Beispiele
Quantitativ	kontinuierlich	messbar	Durchmesser einer Bohrung, Winkel einer Fase
	diskret	zählbar	Anzahl von Bohrungen, Zähne eines Zahnrades
Qualitativ	Nominalmerkmal	Beurteilung ohne Ordnungsbeziehung	Rillenrichtung beim Außenhonen (quer oder längs zum Werkstück, gekreuzt)
	Ordinalmerkmal	Beurteilung mit Ordnungsbeziehung	Aussehen einer Oberfläche („sehr gut", „gut", „mittel", „schlecht", „sehr schlecht")

Einflussfaktoren auf die Qualität (7M-Faktoren)

Einflussfaktor	Beispiele
Mensch	Qualifikation, Motivation, Kreativität, Belastbarkeit
Methode	Fertigungsverfahren, Fertigungsorganisation, Prüfverfahren
Material	Abmessungen, Werkstoffeigenschaften, Anlieferungszustand
Maschine	Fertigungsgenauigkeit, Wiederholgenauigkeit, Verschleiß, Leistung
Messbarkeit	Prüfmittelqualität, Prüfmittelverfügbarkeit, Messunsicherheit
Milieu (Umwelt)	Temperatur, Lärm, Schadstoffe, Umgebungseinflüsse
Management	Qualitätsziele, Qualitätspolitik, Mitarbeitermotivation, Vorbildfunktion

Diagrammdarstellung

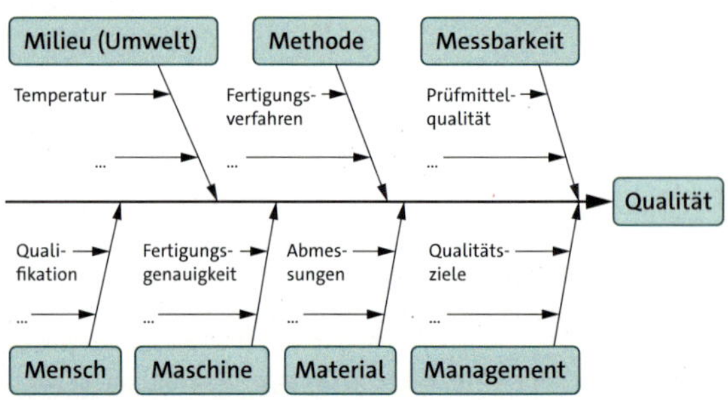

Darstellung der Einflussfaktoren auf die Qualität als Ursache-Wirkungs-Diagramm (Ishikawa-Diagramm)

Qualitätsmanagement

Prüfplanung

Der Prüfplan umfasst die Qualitätsprüfung während des gesamten Produktionsablaufprozesses.
Das schließt den Wareneingang und Versand ein.

Der Prüfplan beinhaltet die:

- Beschreibung der Prüfmerkmale,
- Festlegung der Prüfmethode,
- Auswahl des Prüfmittels,
- Festlegung des Prüfumfangs,
- Auswahl des Prüfpersonals,
- Festlegung des Prüfortes,
- Auswertung/Dokumentation der Prüfdaten.

Prüfausführung

Die Erfüllung von Qualitätsanforderungen wird festgestellt durch:

- Eingangsprüfungen
  Festgelegte Qualitätsanforderungen entscheiden bei angelieferten Produkten darüber, ob sie verwendet oder nicht verwendet werden können.
- Zwischenprüfungen
  Feststellung der geforderten Qualität einzelner Fertigungsschritte innerhalb eines Fertigungsablaufprozesses
- Endprüfungen
  Vergleich der gefertigten Merkmalswerte mit Vorgabewerten
  Eine abschließende Beurteilung ist auch über Funktionsprüfungen möglich.

Prüfhäufigkeit

- 100 %-Prüfung
  Alle gefertigten Teile werden geprüft. Das Verfahren ist zeitaufwendig und teuer. Deshalb wird es nur bei kritischen Teilen angewendet.
- Stichprobenprüfung
  Der Prüfumfang ist verringert, z. B. bei Wareneingangskontrollen. In Fertigungsprozessen wird grundsätzlich eine Verringerung des Prüfumfangs bevorzugt.
- Dynamisierte Stichprobenprüfung
  Prüfhäufigkeit und/oder Prüfumfang können verringert bzw. verschärft werden, wenn die Prüfergebnisse über längere Zeit gut bzw. schlecht ausfallen.

Entwicklung der Fehlerkosten – Zehnerregel

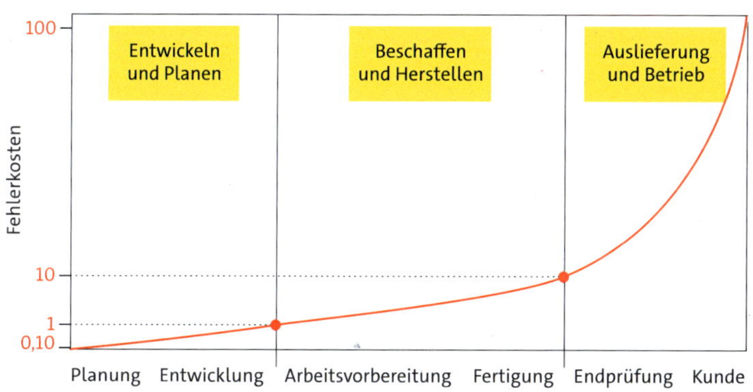

Die Kosten für einen nicht entdeckten Fehler steigen in jeder Phase des Entwicklungs- und Produktionsprozesses um den Faktor 10.

Je früher ein Fehler entdeckt und beseitigt wird, umso kostengünstiger ist dies für die Organisation.

Fehlerwahrscheinlichkeit

Wahrscheinlichkeit eines fehlerbehafteten Teils innerhalb einer bestimmten Anzahl von Teile.

$$p = \frac{g \cdot 100\,\%}{m}$$

$$g = \frac{p \cdot m}{100\,\%}$$

geg: Anzahl gefertigter Teile 1500, Anzahl geprüfter Teile 250
Anzahl fehlerhafter geprüfter Teile 12

ges: 1) Fehlerwahrscheinlichkeit p

$$p = \frac{g \cdot 100\,\%}{mg} \qquad p = \frac{12 \cdot 100\,\%}{250} \qquad p = 4{,}8\,\%$$

2) wahrscheinliche Anzahl fehlerhafter Teile unter allen gefertigten Bauteilen

$$g = \frac{p \cdot m}{100\,\%} \qquad g = \frac{4{,}8\,\% \cdot 1500}{100\,\%} \qquad g = 72$$

Es ist zu erwarten, dass unter den gefertigten 1500 Werkstücken 72 fehlerhafte Teile sind.

p: Fehlerwahrscheinlichkeit in % g: Anzahl fehlerhafter Teile m: Anzahl gefertigter Teile mg: Anzahl geprüfter Teile

4

Statistische Auswertungen

Statistische Auswertungen kontinuierlicher Merkmale

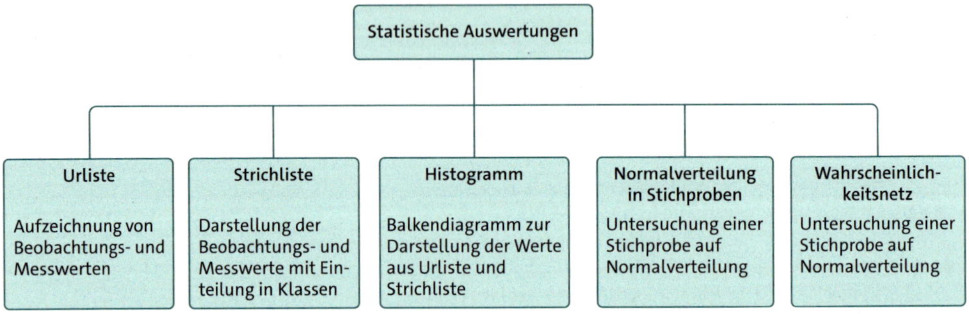

Urliste

Prüfmerkmal: Länge $l = 50 \pm 1{,}5$ mm
Umfang der Stichprobe: $n = 80$ Teile

Teile-Nr.	Gemessene Länge l in mm							
1 ... 8	49,3	47,1	50,2	48,8	49,9	50,3	48,0	47,4
9 ... 16	50,4	47,8	50,3	49,7	47,4	50,5	51,4	48,3
17 ... 24	49,3	50,7	50,9	50,0	48,3	50,8	47,9	49,4
25 ... 32	49,9	48,4	49,6	49,2	50,1	49,4	50,6	49,6
33 ... 40	48,1	51,0	49,8	48,6	50,5	52,0	49,7	49,7
41 ... 48	50,2	48,4	52,0	50,0	49,4	50,1	50,2	50,3
49 ... 56	51,3	50,5	49,4	50,4	49,9	50,2	50,4	50,3
57 ... 64	51,9	50,0	49,3	49,5	48,9	49,8	51,0	50,8
65 ... 72	48,7	49,7	48,2	49,1	51,8	50,1	48,2	50,7
73 ... 80	49,0	50,0	47,6	52,3	51,1	49,0	49,1	51,5

Alle Beobachtungs- und Messwerte einer Stichprobe werden in der Reihenfolge ihrer Entnahme aufgezeichnet.

$R = x_{max} - x_{min}$

geg.: Urliste

ges.: Berechnen Sie die Spannweite R für die in der Urliste eingetragenen Messwerte.

$R = x_{max} - x_{min}$
$R = 52{,}3\ \text{mm} - 47{,}1\ \text{mm}$
$R = 5{,}2\ \text{mm}$

Strichliste

Umfang der Stichprobe (aus Urliste): $n = 80$ Teile
Anzahl der Klassen: $k = 9$

Klassen-Nr.	Messwerte ≥	Messwerte <	Liste	n_j	h_j in %
1	47,0	47,6	III	3	3,75
2	47,6	48,2	IIII	5	6,25
3	48,2	48,8	IIII III	8	10,0
4	48,8	49,4	IIII IIII	10	12,5
5	49,4	50,0	IIII IIII IIII I	16	20,0
6	50,0	50,6	IIII IIII IIII IIII I	21	26,25
7	50,6	51,2	IIII IIII	9	11,25
8	51,2	51,8	III	3	3,75
9	51,8	52,4	IIII	5	6,25
				Σ: 80	Σ: 100 %

Alle Beobachtungs- und Messwerte der Urliste werden übersichtlich in Klassen mit einer bestimmten Klassenweite geordnet.

$k = \sqrt{n}$

$w = \frac{R}{k}$

$h_j = \frac{n_j}{n} \cdot 100\ \%$

geg.: Strichliste

ges.: Berechnen Sie die Anzahl der Klassen k und die Klassenweite w für die in der Strichliste eingetragenen Messwerte.

$k = \sqrt{n} = \sqrt{80} = 8{,}944 \approx 9$
$k = 9$

$w = \frac{R}{k} = \frac{5{,}2\ \text{mm}}{9}$

$w = 0{,}577\ \text{mm} \approx 0{,}6\ \text{mm}$
$w = 0{,}6\ \text{mm}$

n: Anzahl der Messwerte; k: Anzahl der Klassen; R: Spannweite; w: Klassenweite; x_{max}: größter Messwert; n_j: absolute Häufigkeit; x_{min}: kleinster Messwert; h_j: relative Häufigkeit

Statistische Auswertungen

Histogramm

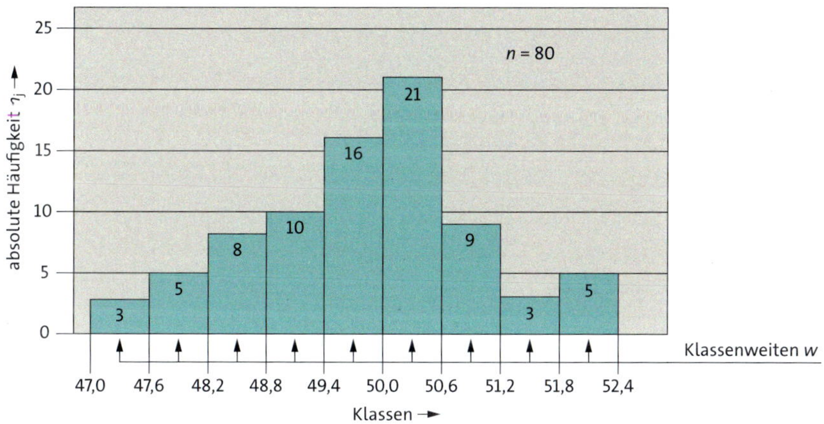

$k = \sqrt{n}$

$w = \frac{R}{k}$

Normalverteilung in Stichproben

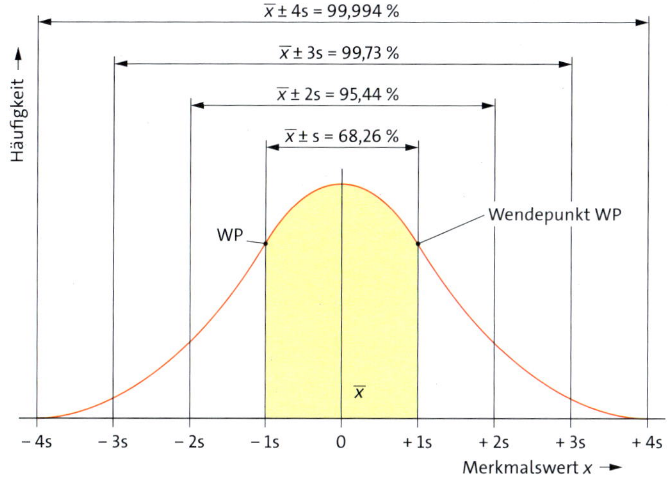

geg.: Urliste

ges.: arithmetischer Mittelwert und Standardabweichung der Länge $l = 50 \pm 1{,}5$ mm

$$\overline{x} = \frac{x_1 + x_2 + ... + x_n}{n}$$

$$\overline{x} = \frac{49{,}3\text{ mm} + 47{,}1\text{ mm} + ... + 51{,}5\text{ mm}}{80}$$

$$\overline{x} = \frac{3980{,}6\text{ mm}}{80} = 49{,}4575\text{ mm}$$

$$s = \sqrt{\frac{\Sigma(x_i - \overline{x})^2}{n-1}} = 1{,}1594\text{ mm}$$

$$\overline{x} = \frac{x_1 + x_2 + ... + x_n}{n}$$

$$R = x_{max} - x_{min}$$

$$s = \sqrt{\frac{\Sigma(x_i - \overline{x})^2}{n-1}}$$

$$\overline{\overline{x}} = \frac{\overline{x}_1 + \overline{x}_2 + ... + \overline{x}_m}{m}$$

$$\overline{R} = \frac{R_1 + R_2 + ... + R_m}{m}$$

$$\overline{s} = \frac{s_1 + s_2 + ... + s_m}{m}$$

n: Anzahl der Messwerte
R: Spannweite
x_{max}: größter Messwert
x_{min}: kleinster Messwert
k: Anzahl der Klassen
w: Klassenweite
n_j: absolute Häufigkeit
h_j: relative Häufigkeit
$\overline{x}$: arithmetischer Mittelwert
$\overline{\overline{x}}$: Mittelwert mehrerer Stichprobenmittelwerte
s: Standardabweichung
$\overline{s}$: Mittelwert mehrerer Standardabweichungen
$\overline{R}$: Mittelwert mehrerer Stichprobenspannweiten
m: Anzahl der Stichproben

Statistische Auswertungen

Wahrscheinlichkeitsnetz

Auswerten von Stichproben mit dem Wahrscheinlichkeitsnetz

- Untersuchung einer Stichprobe auf Normalverteilung
- Ermittlung des arithmetischen Mittelwerts $\overline{x}$:
- Ermittlung der Standardabweichung s

Klassen-Nr.	Messwerte ≥	Messwerte <	h_j in %
1	47,0	47,6	3,75

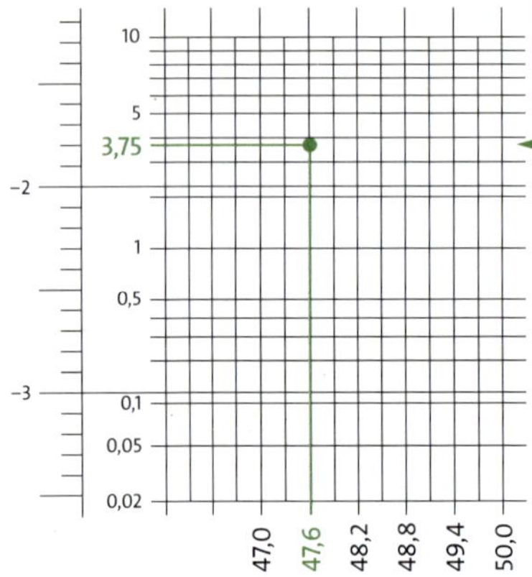

Klassen-Nr.	Messwerte ≥	Messwerte <	h_j in %
1	47,0	47,6	3,75
1	47,6	48,2	6,25

∑:10

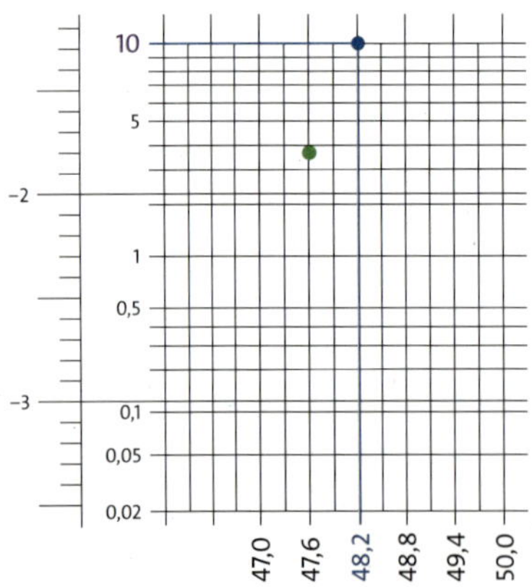

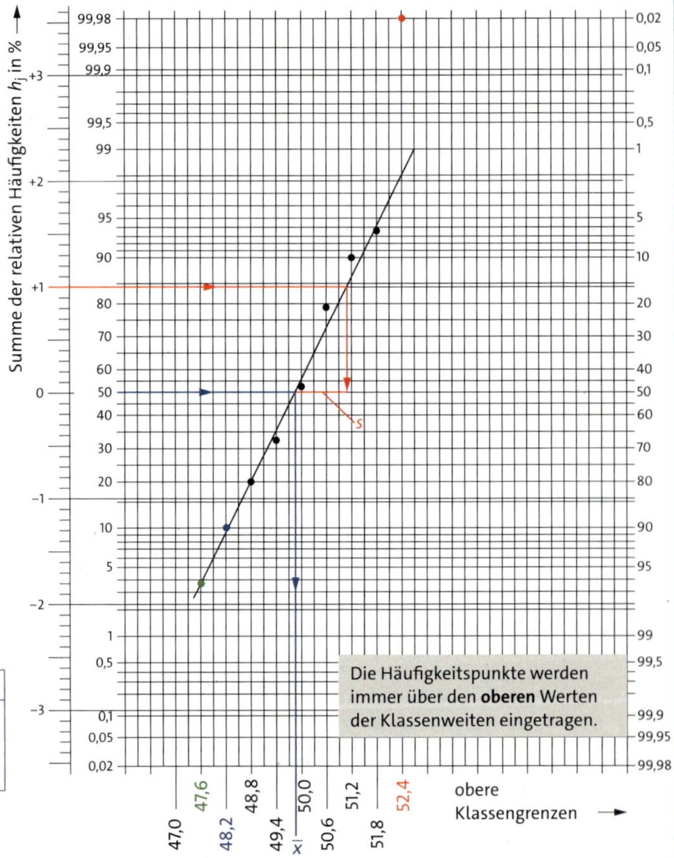

Auswertung:

- Ausgleichsgerade durch die Punkte der relativen Häufigkeiten ziehen.
- Normalverteilung bewerten: Liegen viele Punkte der relativen Häufigkeiten annähernd auf/an dieser Geraden (•••), so liegt eine Normalverteilung vor. Der extreme Ausreißer (•) wird nicht berücksichtigt.
- Arithmetischen Mittelwert $\overline{x}$ bestimmen.
- Standardabweichung s bestimmen.

Statistische Prozesslenkung (SPC)

Qualitätsregelkarten

dienen zur Überwachung von Prozessen hinsichtlich ihrer zeitlichen Konstanz (Prozessstabilität)

Erstellung der Karten:
- regelmäßige Probennahme
- Festlegung von Regelgrenzen
- Ermittlung von Kennwerten
- grafische Dokumentation

Festlegung der Regelgrenzen

Die Warngrenzen und die Eingriffsgrenzen liegen symmetrisch zum Mittelwert.

UWG – OWG	Mittelwert ($\bar{x}$) ± 2 s (95,45 %) der Häufigkeitsverteilung der Stichprobenkenngröße
UEG – OEG	Mittelwert ($\bar{x}$) ± 3 s (99,73 %) der Häufigkeitsverteilung der Stichprobenkenngröße

Prozessregelkarten

- gehen nicht von vorgegebenen Grenzwerten aus
- Warngrenzen und Eingriffsgrenzen werden aus den Prozessdaten periodisch neu berechnet.

Annahmeregelkarten

- gehen von vorgegebenen Toleranzgrenzwerten aus
- Warngrenzen und Eingriffsgrenzen werden aus den Toleranzgrenzen berechnet.

Prozessregelkarten für quantitative (variable) Merkmale

Urwertkarte (x-Regelkarte)

- Entnahme von 5 Stichproben mit jeweils 5 Teilen
- Eintragung der Messwerte in das Diagramm
- $\bar{x}$: Mittelwert aus allen Messwerten

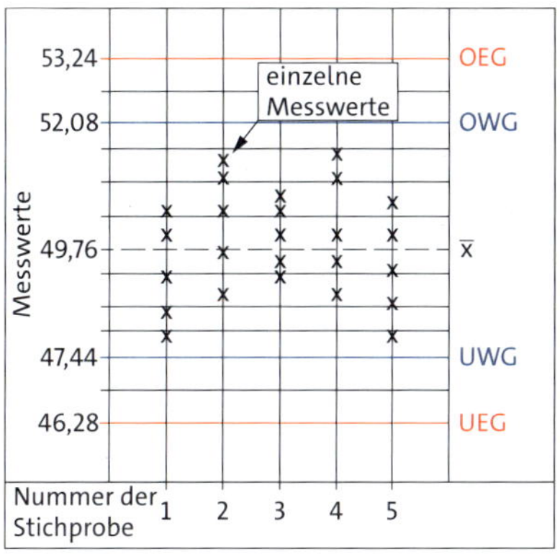

Mittelwertkarte ($\bar{x}$-Regelkarte)

- Entnahme von 5 Stichproben mit jeweils 5 Teilen
- Berechnung der Mittelwerte für die einzelnen Stichproben
- Eintragung der Mittelwerte in das Diagramm

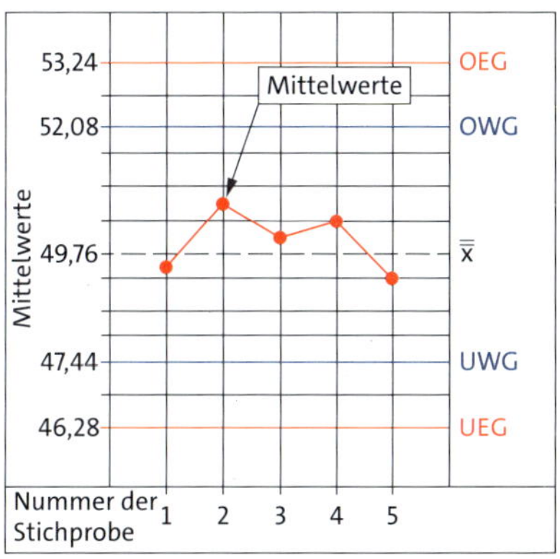

Mittelwert-Standardabweichungskarte ($\bar{x}$-s-Regelkarte)

Zweiteilige Regelkarte
Der obere Teil besteht aus einer Mittelwertkarte, für den unteren Teil wird die Standardabweichung *s* der einzelnen Stichproben ermittelt und grafisch dargestellt.

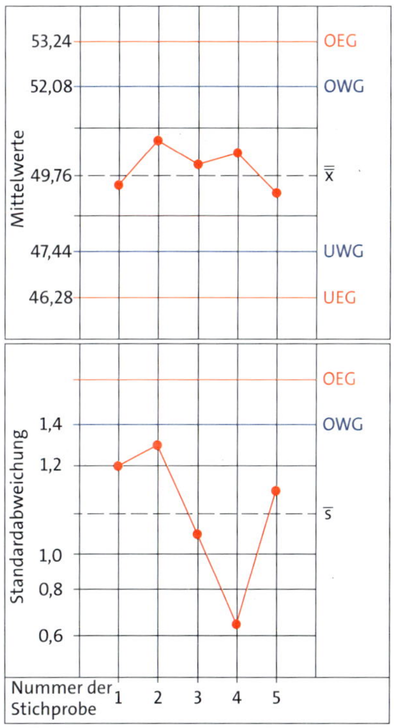

Mittelwert-Spannweitenkarte ($\bar{x}$-R-Regelkarte)

Aufbau wie Mittelwert-Standardabweichungskarte, statt der Standardabweichung *s* wird im unteren Teil der Karte die Spannweite *R* der Einzelstichproben eingetragen.

UWG: untere Warngrenze
OWG: obere Warngrenze
$\bar{\bar{x}}$: Mittelwert mehrerer Stichprobenmittelwerte
UEG: untere Eingriffsgrenze
OEG: obere Eingriffsgrenze
$\bar{s}$: Mittelwert mehrerer Standardabweichungen
$\bar{x}$: Mittelwert
s: Standardabweichung

Prozessverläufe

Prozessverlauf	Grafische Darstellung	Bewertung/Ursachen/Maßnahmen
Natürlicher Verlauf Weniger als 6 Werte liegen außerhalb und ⅔ der Werte liegen innerhalb der Standardabweichung s. OEG und UEG werden nicht überschritten.	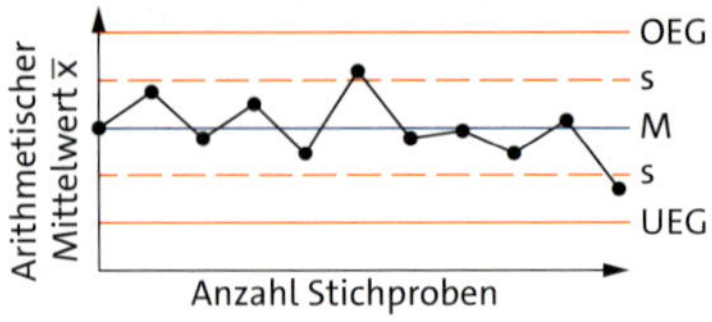	Prozess ist nicht gestört und unter Kontrolle, er kann ohne Eingriff weitergeführt werden.
Überschreiten der Eingriffsgrenzen Die obere und/oder untere Eingriffsgrenze wird überschritten.	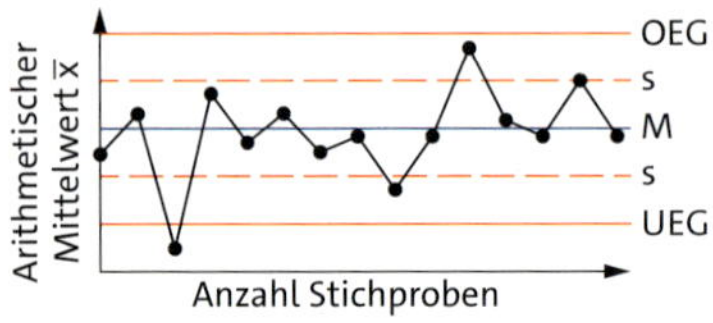	Prozess ist gestört mögliche Ursachen: ▪ nterschiedliche Materialchargen ▪ fehlerhafte Maschine/Werkzeuge Maßnahmen: 100 %-Prüfung durchführen
Run/Folge Mehr als 7 Werte liegen in Folge entweder über oder unter der Mittellinie M.	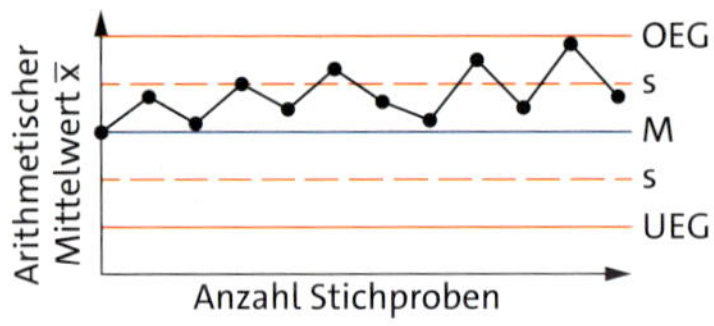	Prozess ist gestört mögliche Ursachen: ▪ Personalwechsel ▪ systematische Fehler, z. B. Werkzeugverschleiß Maßnahmen: Prozess korrigieren, nachjustieren
Trend Mehr als 7 Werte in Folge zeigen eine steigende oder fallende Tendenz. Das Erreichen von OEG bzw. UEG ist wahrscheinlich.	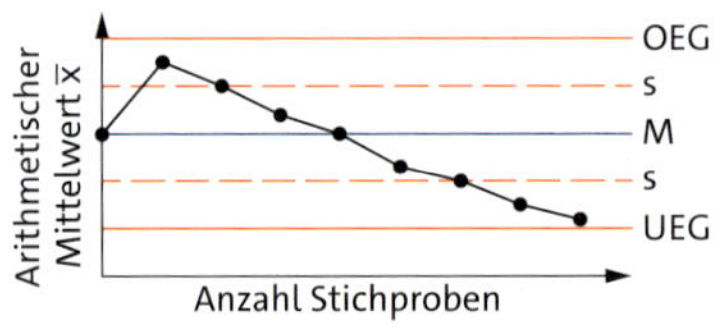	Prozess ist gestört mögliche Ursachen: ▪ Verschleiß Maßnahmen: ▪ Prozess sofort unterbrechen ▪ Verschiebung ergründen
Middle Third (MT) 100 %-MT: ⅔ der Werte liegen in Folge zwischen Mittellinie und 1-s-Linie. 0 %-MT: ⅔ der Werte liegen außerhalb der Mittellinie und 1-s-Linie.	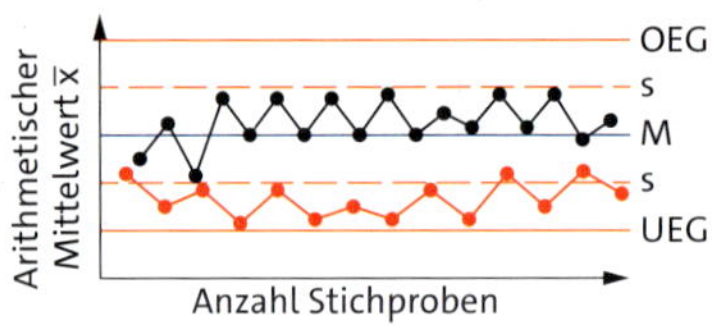	100 %-MT: Prozess **nicht gestört**, kann ohne Eingriff weitergeführt werden. Maßnahmen: ▪ Fertigungsprozesse verbessern ▪ Schulung des Personals ▪ Eingriffsgrenzen neu berechnen 0 %-MT: Prozess ist **nicht beherrscht**.
Periode Werte zeigen periodische Wechsel um die Mittellinie M. Es liegen mehr als ⅔ der Werte außerhalb des mittleren Drittels zwischen OEG und UEG.	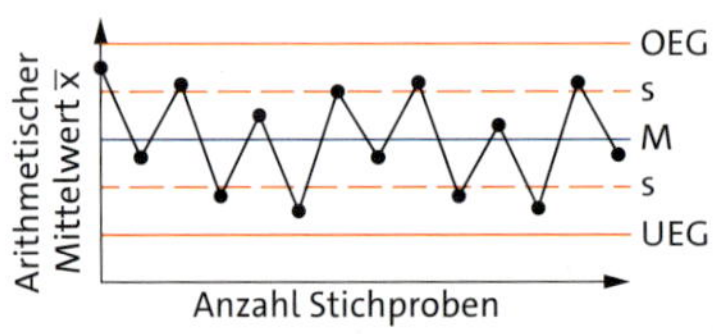	Prozess ist gestört Ursachen: Nutzung unterschiedlicher Messgeräte, system. Aufteilung von Daten Maßnahmen: ▪ Einflüsse auf Fertigungsprozess prüfen, evtl. systematischer Fehler

Prozesseinflüsse

	zufällige Einflüsse	systematische Einflüsse
mögliche Ursachen	äußere Einflüsse (z. B. Temperatur), Bedienfehler, vorhandene Toleranzen	steigender Verschleiß, fehlerhafte Einstellung, Gerätefehler
Folgen	Messwerte schwanken um den Erwartungswert	konstante oder stetig steigende/fallende Messwerte
Darstellung eines typischen Werteverlaufs	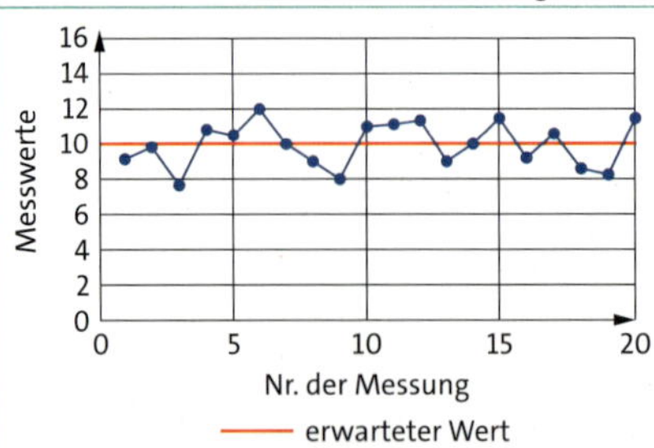	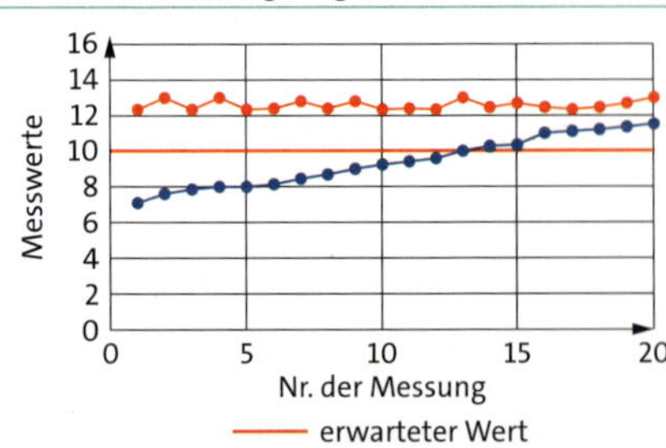

Statistische Prozesslenkung (SPC)

Fehlersammelkarte

Die Fehlersammelkarte listet die durch Stichproben erfassten Häufigkeiten n_j von Fehlern auf.
Berechnet werden unter Berücksichtigung der Fehlerarten und der Summe fehlerhafter Teile:

- die relative Fehlerhäufigkeit $h_j = \frac{n_j \cdot 100\,\%}{\Sigma n_j}$
- der Fehleranteil $F_{\%} = \frac{\Sigma n_j}{n \cdot m} \cdot 100\,\%$

Bohrmaschine	Stichprobenumfang n = 50							Prüfintervall 60 min		
Fehlerhaft/ Fehler:	Fehlerhäufigkeit je Stichprobe							n_j	h_j (%)	$F_{\%}$
Proben-Nr. *m*	**1**	**2**	**3**	**4**	**5**	**6**	**7**			
Rundlauf	2		5	1			3	11	19	3,14
Schalter		1			3		1	5	8	1,43
Bohrfutter			1			1		2	3	0,57
Gangschalter	1				1	2		4	7	1,14
Netzstecker	4	1		3		6	4	18	31	5,14
Kabelanschluss		5		2	3	1	3	14	24	4,00
Elektromotor	1		2				2	5	8	1,43
Gesamt (Σ ...)								59	100	16,86

geg.: Anzahl der Proben $m = 7$
Stichprobenumfang je Probe $n = 50$

ges.: relative Fehlerhäufigkeit h_j und Gesamtfehleranteil $F_{\%}$ für den Fehler „Gangschalter"

geprüfte Teile $n \cdot m = 50 \cdot 7 = 350$

$$h_j = \frac{n_j \cdot 100\,\%}{\Sigma n_j} = \frac{4 \cdot 100\,\%}{59} = 6{,}78 \approx 7\,\%$$

$$F_{\%} = \frac{n_j}{n \cdot m} \cdot 100\,\% = \frac{4}{50 \cdot 7} \cdot 100\,\% = 1{,}14\,\%$$

Die relative Fehlerhäufigkeit beträgt 7 %, der Fehleranteil an den gesamten Fehlern beträgt 1,14 %.

Pareto-Diagramm

Das Pareto-Diagramm ordnet Auswirkungen von Fehlern. Es zeigt diejenigen Ursachen auf, welche den größten Einfluss auf das Problem haben. Die Auswertung zeigt z. B. ■ Fehlerhäufigkeiten, ■ Fehlerarten, ■ Fehlerkosten.
Im Diagramm können die Daten auch kumuliert, d. h. aufeinander aufbauend, dargestellt werden.

Fehler-Nr.	Fehlerart	Anzahl	Fehlerkosten: Einzelkosten	Fehlerkosten: Gesamtkosten in €	Häufigkeit in %	Kumulierte Häufigkeit in %
F1	Rundlauf	11	30	330	19	19
F2	Schalter	5	5	25	8	27
F3	Bohrfutter	2	20	40	3	30
F4	Gangschalter	4	7	28	7	37
F5	Netzstecker	18	6	108	31	88
F6	Kabelanschluss	14	5	70	24	91
F7	Elektromotor	5	15	75	8	100
Gesamt		59	–	943	100	–

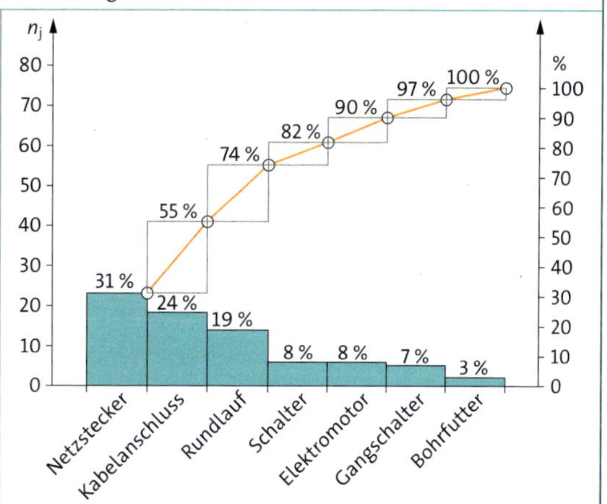

Pareto-Analyse der Fehlerarten

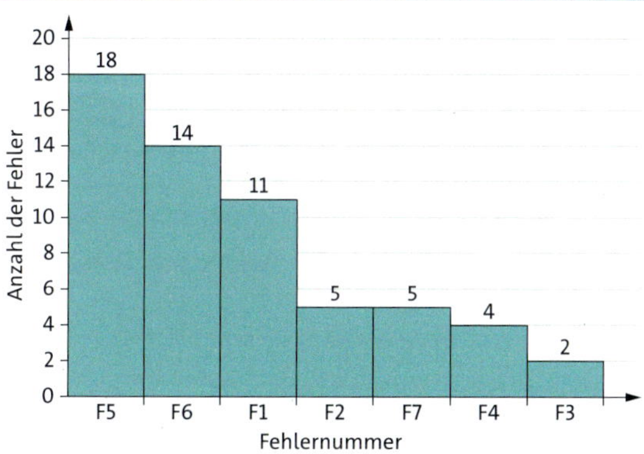

Pareto-Analyse der Fehlerkosten

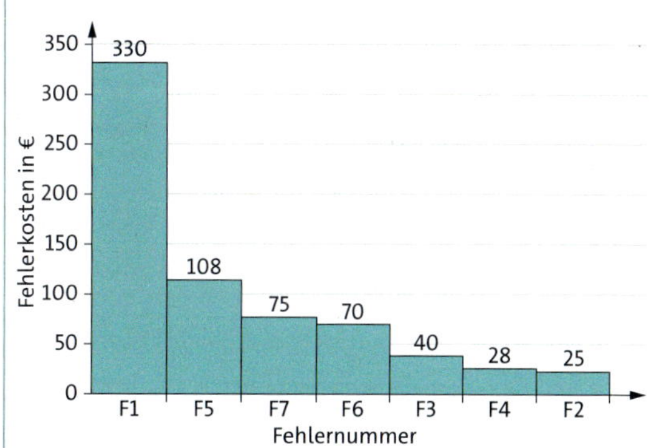

h_j: relative Fehlerhäufigkeit
n_j: Fehlerhäufigkeit
$F_{\%}$: Fehleranteil
n: Umfang einer Stichprobe
Σn_j: Summe aller Fehler
m: Anzahl der Stichproben

Prozessverläufe

Lage bzw. Streuung des Prozesses	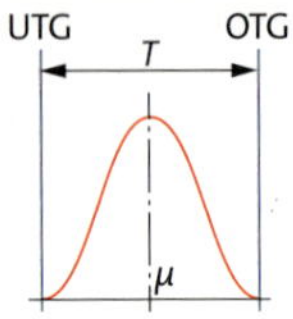 zentriert	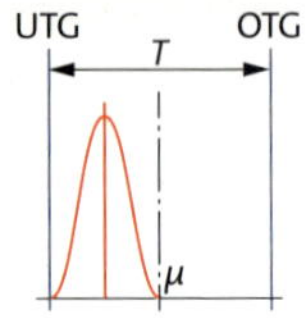 versetzt, innerhalb der Toleranz	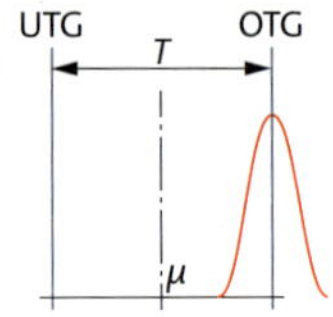 versetzt, außerhalb der Toleranz	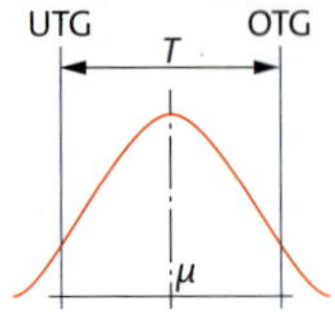 breite Streuung
Prozessfähigkeit	fähig	nicht fähig	nicht fähig	nicht fähig
Maßnahme	kein Eingriff	nachstellen bzw. zentrieren	nachstellen bzw. zentrieren	Streuung verkleinern

Prüfmittelfähigkeit

Mit der Prüfmittelfähigkeit wird die Eignung von Prüfmitteln festgestellt.

Grenzwert für die Beurteilung der Eignung:
$C_g \geq 1{,}33$

Prüfmittelfähigkeitsindex

$$C_g = \frac{0{,}2 \cdot T}{6 \cdot s}$$

geg.: Außendurchmesser einer Welle 6 ± 0,03 mm, Längenmessgerät (Auflösung 0,001 mm), $s = 0{,}0010$ mm.

ges.: kunden- und auftragsabhängige Forderung $C_g \geq 1{,}33$

$$C_g = \frac{0{,}2 \cdot T}{6 \cdot s} = \frac{0{,}2 \cdot 0{,}06\ \text{mm}}{6 \cdot 0{,}001\ \text{mm}} = 2{,}01 \geq 1{,}33$$

→ Die Bedingung der Prüfmittelfähigkeit ist erfüllt.

Maschinenbeherrschbarkeit/Maschinenfähigkeit

Mit der Maschinenfähigkeit wird festgestellt, ob Produkte innerhalb geforderter Grenzen zu fertigen sind. Der C_m-Wert gibt Aufschluss über die Fähigkeit, in einem bestimmten Toleranzfeld zu fertigen. Der C_{mk}-Wert berücksichtigt die Lage im Toleranzfeld.

Als allgemeiner Richtwert für die Maschinenfähigkeit gilt ein C_m- und C_{mk}-Wert $\geq 1{,}67$.

1. Maschinenbeherrschbarkeit

$$C_m = \frac{T}{6 \cdot s}$$

2. Maschinenfähigkeit

$$C_{mk} = \frac{\Delta_{krit}}{3 \cdot s}$$

$$\Delta_{krit} = \text{OTG} - \overline{x}$$
$$\Delta_{krit} = \overline{x} - \text{UTG}$$

geg.: Wellen-Ø 52m6, $\overline{x} = 52{,}019$ mm; $s = 1{,}5\ \mu m$; $T = 19\ \mu m$; $\Delta_{krit} = 8\ \mu m$

ges.: kunden- und auftragsabhängige Forderung für die Maschinenbeherrschbarkeit C_m und Maschinenfähigkeit $c_{mk} \geq 1{,}67$

$$C_m = \frac{T}{6 \cdot s} = \frac{19\ \mu m}{6 \cdot 1{,}5\ \mu m} = 2{,}11 \geq 1{,}67$$

$$C_{mk} = \frac{\Delta_{krit}}{3 \cdot s} = \frac{8\ \mu m}{3 \cdot 1{,}5\ \mu m} = 1{,}78 \geq 1{,}67$$

→ Die Bedingungen der Maschinenfähigkeit sind erfüllt.

Prozessfähigkeit

Mit der Prozessfähigkeitsuntersuchung werden Fertigungsprozesse hinsichtlich der Einhaltung vorgegebener Spezifikationen untersucht.

Als allgemeiner Richtwert für die Prozessfähigkeit gilt ein C_p- und C_{pk}-Wert $\geq 1{,}33$ (besser jedoch 1,67).

1. Prozessbeherrschbarkeit

$$C_p = \frac{T}{6 \cdot \hat{\sigma}}$$

2. Prozessfähigkeit

$$C_{pk} = \frac{\Delta_{krit}}{3 \cdot \hat{\sigma}}$$

geg.: Wellen-Ø 52H7; $\hat{\sigma} = 3{,}2\ \mu m$; $T = 25\ \mu m$; $\Delta_{krit} = 0\ \mu m$

ges.: C_p und C_{pk}

$$C_p = \frac{T}{6 \cdot \hat{\sigma}} = \frac{25\ \mu m}{6 \cdot 3{,}2\ \mu m} = 1{,}30 < 1{,}33$$

$$C_{pk} = \frac{\Delta_{krit}}{3 \cdot \hat{\sigma}} = \frac{0\ \mu m}{3 \cdot 3{,}2\ \mu m} = 0 < 1{,}33$$

→ Die Bedingungen der Prozessfähigkeit sind nicht erfüllt.

C_g: Prüfmittelfähigkeitsindex
T: Toleranz
$\hat{\sigma}$: geschätzte Standardabweichung
C_m: Maschinenbeherrschbarkeit
C_{mk}: Maschinenfähigkeit
C_p: Prozessbeherrschbarkeit
C_{pk}: Prozessfähigkeit
s: Standardabweichung
$\overline{x}$: Mittelwert
Δ_{krit}: kleinster Abstand zwischen Mittelwert und Toleranzgrenze
UTG: untere Toleranzgrenze
OTG: obere Toleranzgrenze
μ: Prozessmittelwert

Maschinenelemente

5

Gewinde – Übersicht DIN 202: 1999-11

Benennung	Profil	Kennbuchstabe	Bezeichnungsbeispiel	Nenngröße	Nach Norm	Anwendung Bemerkung
Metrisches ISO-Gewinde	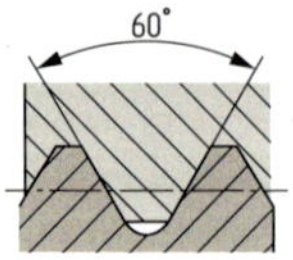	M	M 8	1 mm bis 68 mm	DIN 13-1	Regelgewinde für Befestigungen aller Art
			M 24 x 4P2		DIN 13-52	allgemein mehrgängig
			M 6 x 0,75 M 8 x 1 – LH	1 mm bis 1000 mm	DIN 13-2 bis DIN 13-11	Feingewinde Steigung kleiner als Regelgewinde ▪ Hydraulikanschlüsse ▪ Axialefixierung
Metrisches kegliges Außengewinde	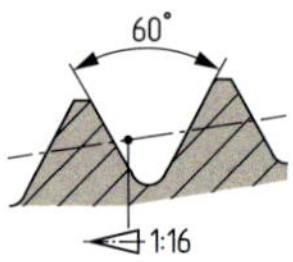	M	M 30 x 2 keg	6 mm bis 60 mm	DIN 158-1	▪ Verschlussstopfen ▪ Schmiernippel ▪ Hydraulikanschlüsse
Zylindrisches Rohrgewinde, nicht dichtend im Gewinde	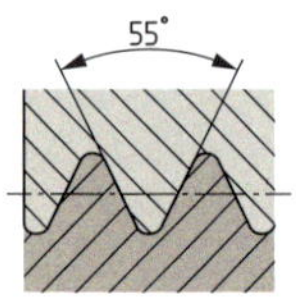	G	G 3/4 G 1 1/2	1/16 Inch bis 6 Inch	DIN ISO 228	Gewinde für Rohrverbindungen und Armaturen ▪ Pneumatikanschlüsse ▪ Hydraulikanschlüsse ▪ Kühlmittelrohre
Zylindrisches Rohrgewinde, dichtend im Gewinde		Rp	Rp 1/2	1/16 Inch bis 6 Inch	EN 10226	Innengewinde für Gewinderohre, Fittings und Rohrverbindungen
Kegliges Rohrgewinde, dichtend im Gewinde	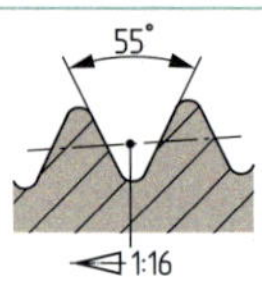	R	R 1/2	1/16 bis 6 Zoll	EN 10226	Außengewinde für Gewinderohre und Fittings
Metrisches ISO Trapezgewinde	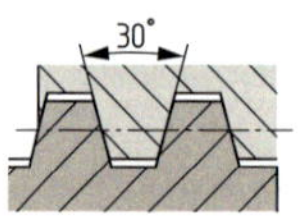	Tr	Tr 40 x 7 Tr 40 x 14P7	8 mm bis 300 mm	DIN 103-1 bis DIN 103-8	Bewegungsgewinde allgemein ▪ Leitspindel an Drehmaschinen ▪ Spindelpressen
Metrisches Sägengewinde	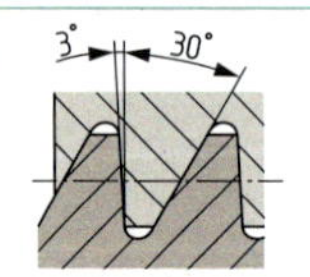	S	S 48 x 8 S 40 x 14P7	10 mm bis 640 mm	DIN 513-1 bis DIN 513-3	Bewegungsgewinde für einseitige Belastung, Spindelpressen
Rundgewinde, zylindrisch	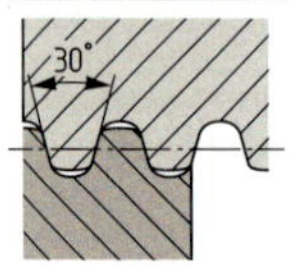	Rd	Rd 40 x 1/6	8 mm bis 200 mm	DIN 405-1 DIN 405-2	allgemeine Anwendung
Blechschraubengewinde	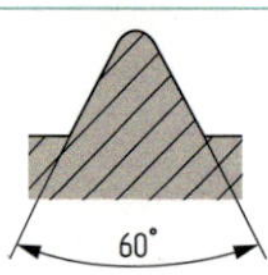	ST	ST 3,5	1,5 mm bis 9,5 mm	DIN EN ISO 1478	Blechschrauben
Gewindeeinsätze aus Draht	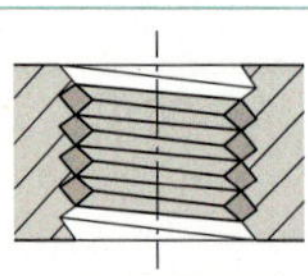	–	A M8 x 8 für Form A	2 mm bis 39 mm	DIN 8140-1	▪ Gewindereparatur ▪ Gewinde in Werkstoffen mit niedriger Festigkeit

Gewinde

US Gewinde

Benennung	Profil	Kenn-buchstabe	Bezeichnungsbeispiel	Anwendung Bemerkung
Regelgewinde (Unified National Coarse Thread)		UNC	7/16–14 UNC	ASME B1.1 für Befestigungen aller Art
Feingewinde (Unified National Fine Thread)	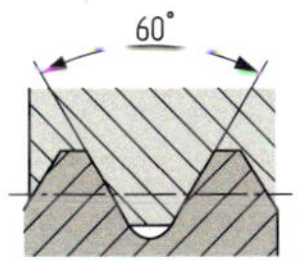	UNF	1/2–20 UNF-2A	ASME B1.1 ▪ Justierschrauben ▪ Muttern auf Spindeln ▪ Futteraufnahme Handbohrmaschine
Besonders feines Gewinde (Unified National Extrafine Thread)		UNEF	1–14 UNEF	ASME B1.1, wie UNF für besondere Anforderungen
Standard Rohrgewinde (American Standard Taper Pipe Thread for General Use)	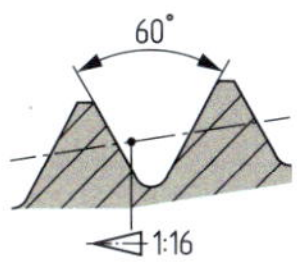	NPT	3/4–14 NPT	ASME B1.20.1 ▪ Hydraulikanschlüsse ▪ Rohrverbindungen

Gewindebezeichnung – Beispiele

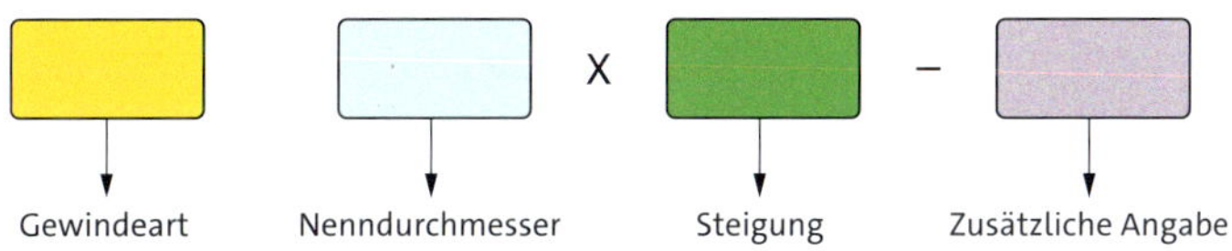

M 12	Metrisches ISO Gewinde, Regelgewinde, Nenndurchmesser 12 mm
M 20 x 1,5	Metrisches ISO Gewinde, Feingewinde, Nenndurchmesser 20 mm, Steigung 1,5 mm
M 30 x 1,5 – 6H	Metrisches ISO Gewinde, Feingewinde, Nenndurchmesser 30 mm, Steigung 1,5 mm, Toleranzfeld 6H
EG M 14 x 1,25	Gewindeeinsatz aus Draht für Metrisches ISO Gewinde, Nenndurchmesser 14 mm, Steigung 1,25 mm
M 14 – LH	Metrisches ISO Gewinde, Regelgewinde, Nenndurchmesser 14 mm, Linksgewinde
G 3/4	Zylindrisches Rohrgewinde nicht im Gewinde dichtend, Nenndurchmesser 3/4 Inch
R 1	Kegliges Rohr-Außengewinde im Gewinde dichtend, Nenndurchmesser 1 Inch
Rp 1	Zylindrisches Rohr-Innengewinde im Gewinde dichtend, Nenndurchmesser 1 Inch
Tr 40 x 7	Trapezgewinde, Nenndurchmesser 40 mm, Steigung 7 mm
Tr 40 x 14P7	Trapezgewinde, Nenndurchmesser 40 mm, Steigung 14 mm, Abstand der Gewindegänge 7 mm (zweigängig)
Rd 40 x 1/6	Rundgewinde, Nenndurchmesser 40 mm, Steigung 1/6 Inch (Anmerkung: 1/6 Inch = 4,233 mm)
ST 3,5	Gewinde für Blechschrauben, Nenndurchmesser 3,5 mm
EG M8	Gewinde für Gewindedrahteinsatz
1/4-20 UNC oder 0.250–20 UNC	US Gewinde, Regelgewinde, Nenndurchmesser 1/4 Inch (bzw. 0,250 Inch), Steigung 20 Gänge pro Inch
3/8–24 UNF-2A oder 0.375–24 UNF-2A	US Gewinde, Feingewinde, Nenndurchmesser 3/8 Inch (bzw. 0,375 Inch), Steigung 24 Gänge pro Inch, Toleranzklasse 2A
3/4–14 NPT	US Rohr-Gewinde, Nenndurchmesser 3/4 Inch (bzw. 0,750 Inch), Steigung 14 Gänge pro Inch

5

Metrisches ISO Gewinde – Regelgewinde

DIN 13-1: 1999-11

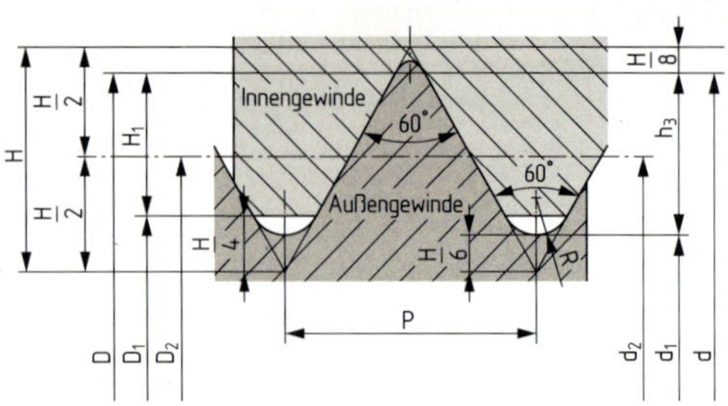

Gewinde-Nenndurchmesser	$d = D$
Steigung	P
Kern-Ø Innengewinde	$D_1 = d - 1{,}082532 \cdot P$
Flanken-Ø	$D_2 = d_2 = d - 0{,}649519 \cdot P$
Kern-Ø des Außengewindes	$d_3 = d - 1{,}226869 \cdot P$
Höhe Profildreieck	$H = 0{,}866025 \cdot P$
Gewindetiefe Außengewinde	$H_1 = 0{,}541266 \cdot P$
Gewindetiefe Innengewinde	$h_3 = 0{,}613435 \cdot P$
Radius Gewindegrund	$R = 0{,}144338 \cdot P$
Flankenwinkel	60°
Spannungsquerschnitt	$S = \pi / 4 \cdot (d_2 + d_3 / 2)^2$
Kernloch-Bohrerdurchmesser	$= d - P$

Nenn-Ø $d = D$ in mm		Steigung P	Flanken-Ø $d_2 = D_2$	Kern-Ø d_3	Kern-Ø D_1	Gewindetiefe h_3	Gewindetiefe H_1	Rundung R	Spannungsquerschnitt S	Bohrerdurchmesser	Außensechskant SW[2]
Reihe 1	Reihe 2	in mm	in mm	in mm	in mm	in mm	in mm	in mm	in mm² [1]	in mm	in mm
M 1		0,25	0,838	0,693	0,729	0,153	0,135	0,036	0,460	0,75	–
	M 1,1	0,25	0,938	0,793	0,829	0,153	0,135	0,036	0,588	0,85	–
M 1,2		0,25	1,038	0,893	0,929	0,153	0,135	0,036	0,732	0,95	–
	M 1,4	0,3	1,205	1,032	1,075	0,184	0,162	0,043	0,983	1,10	–
M 1,6		0,35	1,373	1,171	1,221	0,215	0,189	0,051	1,27	1,25	3,2
	M 1,8	0,35	1,573	1,371	1,421	0,215	0,189	0,051	1,70	1,45	–
M 2		0,4	1,740	1,509	1,567	0,245	0,217	0,058	2,07	1,60	4
	M 2,2	0,45	1,908	1,648	1,713	0,276	0,244	0,065	2,48	1,75	–
M 2,5		0,45	2,208	1,948	2,013	0,276	0,244	0,065	3,39	2,05	5
M 3		0,5	2,675	2,387	2,459	0,307	0,271	0,072	5,03	2,5	5,5
	M 3,5	0,6	3,110	2,764	2,850	0,368	0,325	0,087	6,78	2,9	–
M 4		0,7	3,545	3,141	3,242	0,429	0,379	0,101	8,78	3,3	7
	M 4,5	0,75	4,013	3,580	3,688	0,460	0,406	0,108	11,3	3,7	–
M 5		0,8	4,480	4,019	4,134	0,491	0,433	0,115	14,2	4,2	8
M 6		1	5,350	4,773	4,917	0,613	0,541	0,144	20,1	5,0	10
	M 7	1	6,350	5,773	5,917	0,613	0,541	0,144	28,9	6,0	11
M 8		1,25	7,188	6,466	6,647	0,767	0,677	0,180	36,6	6,8	13
M 10		1,5	9,026	8,160	8,376	0,920	0,812	0,217	58,0	8,5	16 (17)
M 12		1,75	10,863	9,853	10,106	1,074	0,947	0,253	84,3	10,2	18 (19)
	M 14	2	12,701	11,546	11,835	1,227	1,083	0,289	115	12,2	21 (22)
M 16		2	14,701	13,546	13,835	1,227	1,083	0,289	157	14,0	24
	M 18	2,5	16,376	14,933	15,294	1,534	1,353	0,361	193	15,5	27
M 20		2,5	18,376	16,933	17,294	1,534	1,353	0,361	245	17,5	30
	M 22	2,5	20,376	18,933	19,294	1,534	1,353	0,361	303	19,5	34 (32)
M 24		3	22,051	20,319	20,752	1,840	1,624	0,433	353	21,0	36
	M 27	3	25,051	23,319	23,752	1,840	1,624	0,433	459	24,0	41
M 30		3,5	27,727	25,706	26,211	2,147	1,894	0,505	561	26,5	46
	M 33	3,5	30,727	28,706	29,211	2,147	1,894	0,505	694	29,5	50
M 36		4	33,402	31,093	31,670	2,454	2,165	0,577	817	32,0	55
	M 39	4	36,402	34,093	34,670	2,454	2,165	0,577	976	35,0	60
M 42		4,5	39,077	36,479	37,129	2,760	2,436	0,650	1121	37,5	65
	M 45	4,5	42,077	39,479	40,129	2,760	2,436	0,650	1306	40,5	70
M 48		5	44,752	41,866	42,587	3,067	2,706	0,722	1473	43,0	75
	M 52	5	48,752	45,866	46,587	3,067	2,706	0,722	1758	47,0	80
M 56		5,5	52,428	49,252	50,046	3,374	2,977	0,794	2030	50,5	85
	M 60	5,5	56,428	53,252	54,046	3,374	2,977	0,794	2362	54,5	90
M 64		6	60,103	56,639	57,505	3,681	3,248	0,866	2520	58	95

[1] DIN 13-28 [2] DIN ISO 272, Klammerwerte nicht genormt

Metrische ISO Gewinde – Feingewinde

DIN 13-2 bis DIN 13-10: 1999-11

Bezeichnung	Flanken-durchmesser	Kerndurchmesser		Bohrer-durchmesser	Bezeichnung	Flanken-durchmesser	Kerndurchmesser		Bohrer-durchmesser
		Außengew.	Innengew.				Außengew.	Innengew.	
$d \times P$	$d_2 = D_2$	d_3	D_1	$d - P$	$d \times P$	$d_2 = D_2$	d_3	D_1	$d - P$
M 3 x 0,35	2,773	2,571	2,621	2,65	M 32 x 1,5	31,026	30,160	30,376	30,5
M 4 x 0,5	3,675	3,387	3,459	3,5	M 33 x 1,5	32,026	31,160	31,376	31,5
M 5 x 0,5	4,675	4,387	4,459	4,5	M 33 x 2	31,701	30,546	30,835	31,0
M 6 x 0,5	5,675	5,387	5,459	5,5	M 35 x 1,5	34,026	33,160	33,376	33,5
M 6 x 0,75	5,513	5,080	5,188	5,2	M 36 x 1,5	35,026	34,160	34,376	34,5
M 7 x 0,75	6,513	6,080	6,188	6,2	M 36 x 2	34,701	33,546	33,835	34,0
M 8 x 0,5	7,675	7,387	7,459	7,5	M 36 x 3	34,051	32,319	32,752	33,0
M 8 x 0,75	7,513	7,080	7,188	7,2	M 38 x 1,5	37,026	36,160	36,376	36,5
M 8 x 1	7,350	6,773	6,917	7,0	M 39 x 1,5	38,026	37,160	37,376	37,5
M 9 x 1	8,350	7,773	7,917	8,0	M 39 x 2	37,701	36,546	36,835	37,0
M 10 x 0,5	9,675	9,387	9,459	9,5	M 40 x 1,5	39,026	38,160	38,376	38,5
M 10 x 0,75	9,513	9,080	9,188	9,2	M 42 x 1,5	41,026	40,160	40,376	40,5
M 10 x 1	9,350	8,773	8,917	9,0	M 42 x 2	40,701	39,546	39,835	40,0
M 10 x 1,25	9,188	8,466	8,647	8,7	M 42 x 3	40,051	38,319	38,752	39,0
M 11 x 1	10,350	9,773	9,917	10,0	M 45 x 1,5	44,026	43,160	43,376	43,5
M 12 x 1	11,350	10,773	10,917	11,0	M 45 x 2	43,701	42,546	42,835	43,0
M 12 x 1,25	11,188	10,466	10,647	10,7	M 48 x 1,5	47,026	46,160	46,376	46,5
M 12 x 1,5	11,026	10,160	10,376	10,5	M 48 x 2	46,701	45,546	45,835	46,0
M 14 x 1	13,350	12,773	12,917	13,0	M 48 x 3	46,051	44,319	44,752	45,0
M 14 x 1,25	13,188	12,466	12,647	12,7	M 50 x 1,5	49,026	48,160	48,376	48,5
M 14 x 1,5	13,026	12,160	12,376	12,5	M 50 x 2	48,701	47,546	47,835	48,0
M 15 x 1,5	14,026	13,160	13,376	13,5	M 52 x 1,5	51,026	50,160	50,376	50,5
M 16 x 1	15,350	14,773	14,917	15,0	M 52 x 2	50,701	49,546	49,835	50,0
M 16 x 1,25	15,188	14,466	14,647	14,7	M 52 x 3	50,051	48,319	48,752	49,0
M 16 x 1,5	15,026	14,160	14,376	14,5	M 52 x 4	49,402	47,093	47,670	48,0
M 18 x 1	17,350	16,773	16,917	17,0	M 55 x 1,5	54,026	53,160	53,376	53,5
M 18 x 1,25	17,188	16,466	16,647	15,7	M 55 x 2	53,701	52,546	52,835	53,0
M 18 x 1,5	17,026	16,160	16,376	16,5	M 56 x 1,5	55,026	54,160	54,376	54,5
M 18 x 2	16,701	15,546	15,835	16,0	M 56 x 2	54,701	53,546	53,835	54,0
M 20 x 1	19,350	18,773	18,917	19,0	M 56 x 3	54,051	52,319	52,752	53,0
M 20 x 1,5	19,026	18,160	18,376	18,5	M 56 x 4	53,402	51,093	51,670	52,0
M 20 x 2	18,701	17,546	17,835	18,0	M 60 x 1,5	59,026	58,160	58,376	58,5
M 22 x 1	21,350	20,773	20,917	21,0	M 60 x 2	58,701	57,546	57,835	58,0
M 22 x 1,5	21,026	20,160	20,376	20,5	M 60 x 3	58,051	56,319	56,752	57,0
M 22 x 2	20,701	19,546	19,835	20,0	M 64 x 1,5	63,026	62,160	62,376	62,5
M 24 x 1	23,350	22,773	22,917	23,0	M 64 x 2	62,701	61,546	61,835	62,0
M 24 x 1,5	23,026	22,160	22,376	22,5	M 64 x 3	62,051	60,319	60,752	61,0
M 24 x 2	22,701	21,546	21,835	22,0	M 64 x 4	61,402	59,093	59,670	60,0
M 25 x 1,5	24,026	23,160	23,376	23,5	M 65 x 1,5	64,026	63,160	63,376	63,5
M 27 x 1	26,350	25,773	25,917	26,0	M 65 x 2	63,701	62,546	62,835	63,0
M 30 x 1	29,350	28,773	28,917	29,0	M 70 x 2	68,701	67,546	67,835	68,0
M 30 x 1,5	29,026	28,160	28,376	28,5	M 75 x 2	73,701	72,546	72,835	73,0
M 30 x 2	28,701	27,546	27,835	28,0	M 80 x 2	78,701	77,546	77,835	78,0
M 30 x 3	28,051	26,319	26,752	27,0	Alle Angaben in mm				

5

Metrisches ISO Trapezgewinde — DIN 103: 1977-04

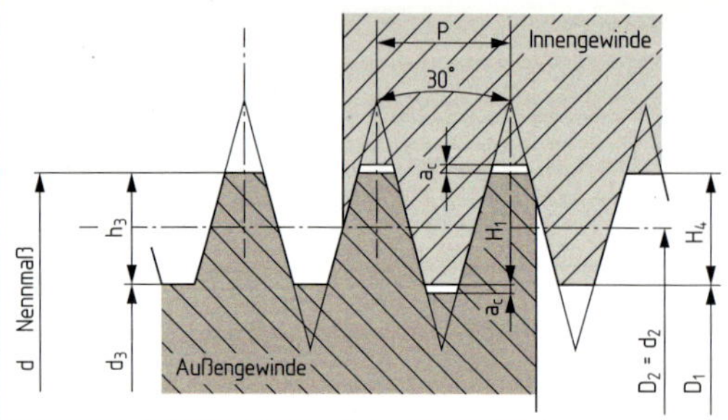

Gewinde-Nenndurchmesser	d
Steigung	P
Kopfspiel	a_c
Abstand Nennmaß zu Flanken-Ø	$z = 0{,}2 \cdot P = H_1/2$
Flanken-Ø	$d_2 = D_2 = d - 0{,}5 \cdot P$
Kern-Ø des Außengewindes	$d_3 = d - 2 \cdot h_3$
Kern-Ø des Innengewindes	$D_1 = d - P$
Innen-Ø des Innengewindes	$D_4 = d + 2 \cdot a_c$
Gewindetiefe	$h_3 = H_4 = H_1 + a_c = 0{,}5 \cdot P + a_c$
Flankenwinkel	30°

Tabellenwerte in mm

Gewinde

Bezeichnung	Flankendurchmesser	Kopfspiel	Kerndurchmesser		Gewindetiefe	Bezeichnung	Flankendurchmesser	Kopfspiel	Kerndurchmesser		Gewindetiefe
			Außengewinde	Innengewinde					Außengewinde	Innengewinde	
$d \times P$	$d_2 = D_2$	a_c	d_3	D_1	$h_3 = H_4$	$d \times P$	$d_2 = D_2$	a_c	d_3	D_1	$h_3 = H_4$
Tr 10 x 2	9,00	0,25	7,50	8,00	1,25	Tr 40 x 7	36,50	0,5	32,00	33,00	3,75
Tr 12 x 3	10,50	0,25	8,50	9,00	1,75	Tr 42 x 7	38,50	0,5	34,00	35,00	3,75
Tr 14 x 3	12,50	0,25	10,50	11,00	1,75	Tr 44 x 7	40,50	0,5	36,00	37,00	3,75
Tr 16 x 4	14,00	0,25	11,50	12,00	2,25	Tr 46 x 8	42,00	0,5	37,00	38,00	4,5
Tr 18 x 4	16,00	0,25	13,50	14,00	2,25	Tr 48 x 8	44,00	0,5	39,00	40,00	4,5
Tr 20 x 4	18,00	0,25	15,50	15,00	2,25	Tr 52 x 8	48,00	0,5	43,00	44,00	4,5
Tr 22 x 5	19,50	0,25	16,50	17,00	2,75	Tr 60 x 9	55,50	0,5	50,00	51,00	5,0
Tr 24 x 5	21,50	0,25	18,50	19,00	2,75	Tr 70 x 10	65,00	0,5	59,00	60,00	5,5
Tr 28 x 5	25,50	0,25	22,50	23,00	2,75	Tr 80 x 10	75,00	0,5	69,00	70,00	5,5
Tr 30 x 6	27,00	0,5	23,00	24,00	3,5	Tr 90 x 12	84,00	0,5	77,00	78,00	6,5
Tr 32 x 6	29,00	0,5	25,00	26,00	3,5	Tr 100 x 12	94,00	0,5	87,00	88,00	6,5
Tr 36 x 6	33,00	0,5	29,00	30,00	3,5	Tr 120 x 14	113,00	1,0	104,00	106,00	8,0

Metrisches Sägengewinde — DIN 513: 1985-04

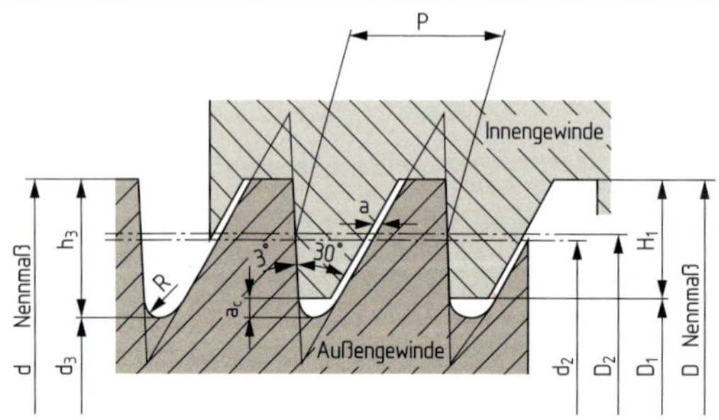

Gewinde-Nenndurchmesser	$d = D$
Steigung	P
Kern-Ø des Innengewindes	$D_1 = d - 2 \cdot H_1 = d - 1{,}5 \cdot P$
Flanken-Ø des Innengewindes	$D_2 = d - 0{,}75 \cdot P + 3{,}1758 \cdot a$
Flanken-Ø des Außengewindes	$d_2 = d - 0{,}75 \cdot P$
Kern-Ø des Außengewindes	$d_3 = d - 2 \cdot h_3$
Gewindetiefe Außengewinde	$H_1 = 0{,}75 \cdot P$
Gewindetiefe Innengewinde	$h_3 = H_1 + a_c = 0{,}86777 \cdot P$
Axialspiel	$a = 0{,}1 \cdot \sqrt{P}$
Spiel im Gewindegrund	$a_c = 0{,}11777 \cdot P$

Tabellenwerte in mm

Bezeichnung	Flanken-Ø	Kerndurchmesser		Gewindetiefe		Bezeichnung	Flanken-Ø	Kerndurchmesser		Gewindetiefe	
	Außengewinde	Außengewinde	Innengewinde	Außengewinde	Innengewinde		Außengewinde	Außengewinde	Innengewinde	Außengewinde	Innengewinde
$d \times P$	d_2	d_3	D_1	h_3	H_1	$d \times P$	d_2	d_3	D_1	h_3	H_1
S 14 x 3	11,75	8,793	9,5	2,603	2,25	S 40 x 7	34,75	27,851	29,5	6,074	5,25
S 16 x 4	13,00	9,058	10,0	3,471	3,00	S 44 x 7	38,75	31,851	33,5	6,074	5,25
S 18 x 4	15,00	11,058	12,0	3,471	3,00	S 48 x 8	42,00	34,116	36,0	6,942	6,00
S 20 x 4	17,00	13,058	14,0	3,471	3,00	S 52 x 8	46,00	38,116	40,0	6,942	6,00
S 24 x 5	20,25	15,322	16,5	4,339	3,75	S 60 x 9	53,25	44,380	46,5	7,810	6,75
S 28 x 5	24,25	19,322	20,5	4,339	3,75	S 70 x 10	62,50	52,645	55,0	8,678	7,50
S 32 x 6	27,50	21,587	23,0	5,207	4,50	S 80 x 10	72,75	62,645	65,0	8,678	7,50
S 36 x 6	31,50	25,587	27,0	5,207	4,50	S 90 x 12	81,00	69,174	72,0	10,413	9,00

Metrisches kegliges Außengewinde

DIN 158: 1997-06

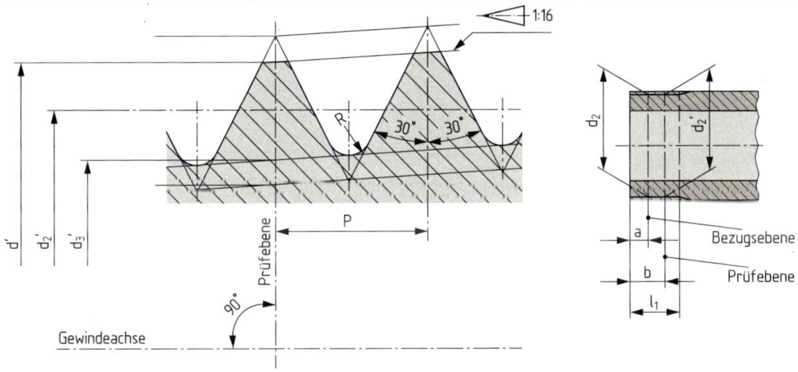

l_1 nutzbare Gewindelänge
a Abstand zur Bezugsebene
b Abstand zur Prüfebene

Maße in mm

Gewinde

Gewinde	Länge	Abstand		Maße in der Prüfebene			Gewinde	Länge	Abstand		Maße in der Prüfebene		
$d \times P$	l_1	a	b	d'	d_2'	d_3'	$d \times P$	l_1	a	b	d'	d_2'	d_3'
M 6 keg	5,5	2,5	3,5	6,063	5,413	4,836	M 20 x 1,5 keg	8,5	3,5	6,5	20,188	19,214	18,348
M 8 x 1 keg	5,5	2,5	3,5	8,063	7,413	6,836	M 24 x 1,5 keg	8,5	3,5	6,5	24,188	23,214	22,348
M 10 x 1 keg	5,5	2,5	3,5	10,063	9,413	8,836	M 26 x 1,5 keg	8,5	3,5	6,5	26,188	25,214	24,348
M 12 x 1 keg	5,5	2,5	3,5	12,063	11,413	10,836	M 30 x 1,5 keg	8,5	3,5	6,5	30,188	29,214	28,348
M 12 x 1,5 keg	8,5	3,5	6,5	12,188	11,214	10,348	M 36 x 1,5 keg	10,5	4,5	8	36,219	35,245	34,379
M 14 x 1,5 keg	8,5	3,5	6,5	14,188	13,214	12,348	M 38 x 1,5 keg	10,5	4,5	8	38,219	37,245	36,379
M 16 x 1,5 keg	8,5	3,5	6,5	16,188	15,214	14,348	M 42 x 1,5 keg	10,5	4,5	8	42,219	41,245	40,379
M 18 x 1,5 keg	8,5	3,5	6,5	18,188	17,214	16,348	M 42 x 2 keg	13	6	10	42,25	40,951	39,796

Gewindeeinsätze aus Draht für metrisches Gewinde

DIN 8140-1: 1999-07; DIN 8140-2: 2005-08

Gewindeeinsatz DIN 8140-1, Form A, blanke Oberfläche

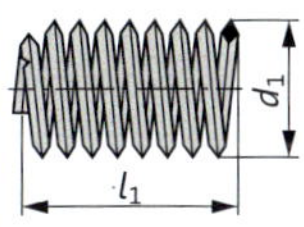

Aufnahmegewinde nach DIN 8140-2

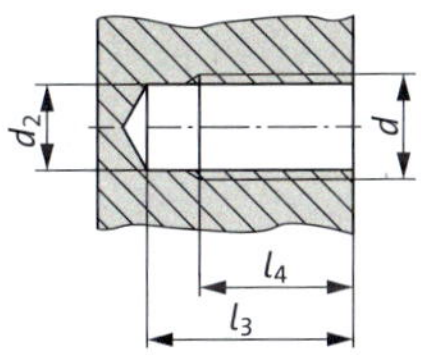

Zusammenbau

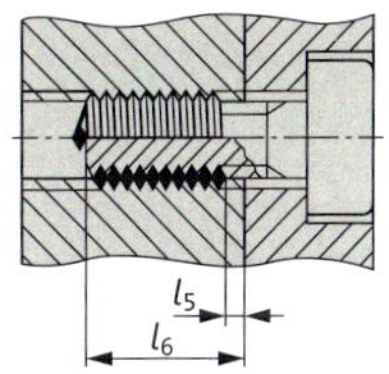

Maße in mm

Gewindeeinsatz					Kernloch für Aufnahmegewinde		Aufnahmegewinde nach DIN 8140-2		Gewindeeinsatz eingebaut	
Gewinde d	Steigung P	Länge l_1	Anzahl Windungen	Außen-Ø d_1	Kernloch-Ø d_2	Mindesttiefe l_3	Bezeichnung[1]	Mindestlänge l_4	Einschraubtiefe l_6	Abstand l_5
M2	0,4	2	2,9	2,6	2,1	4,3	EG M2	2	1,4	0,1 ... 0,3
M3	0,5	3	3,9	3,8	3,2	5,8	EG M3	3	2,3	0,1 ... 0,4
M4	0,7	4	3,7	5,15	4,2	7,8	EG M4	4	3	0,2 ... 0,5
M5	0,8	5	4,3	6,35	5,2	9,2	EG M5	5	3,8	0,2 ... 0,6
M6	1	6	4,2	7,6	6,3	11,1	EG M6	6	4,5	0,3 ... 0,8
M8	1,25	8	4,7	9,85	8,4	14,2	EG M8	8	6,2	0,3 ... 0,9
M10	1,5	10	5	12,1	10,5	17,3	EG M10	10	7,8	0,4 ... 1,1
M12	1,75	12	5,2	14,4	12,5	20,3	EG M12	12	9,4	0,4 ... 1,3
M16	2	16	6,5	19,0	16,5	25,3	EG M16	16	13,1	0,5 ... 1,5
M20	2,5	20	6,3	23,7	20,75	31,2	EG M20	20	16,3	0,6 ... 1,9
M24	3	24	6,2	28,6	24,75	37,1	EG M24	24	19,6	0,8 ... 2,3
M30	3,5	30	7	35,2	31,0	45,2	EG M30	30	24,8	0,9 ... 2,6

Bezeichnungsbeispiel: **Gewindeeinsatz DIN 8140 – A M8 x 8 – A2**
Gewindeeinsatz aus Draht, Form A, für Gewinde M8, Nennlänge l_1 = 8 mm, Werkstoff A2

[1] EG = Einsatzgewinde

Rohrgewinde

DIN EN ISO 228: 2003-05; DIN EN 10226: 2004-10

Innengewinde
ISO 228
DIN EN 10226

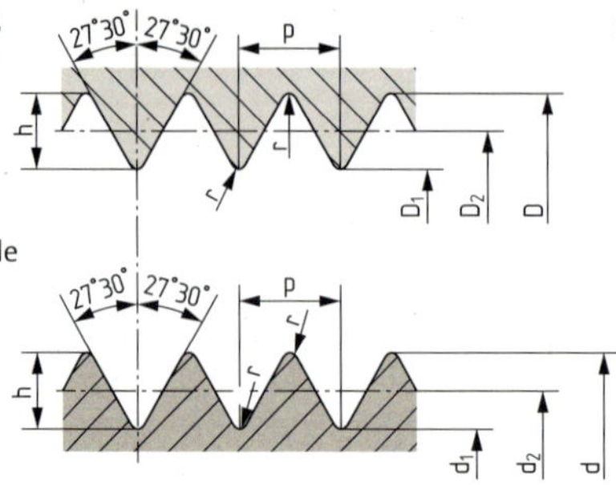

Außengewinde
ISO 228

DIN EN 10226:
Profil wie ISO 228
mit Kegel 1:16

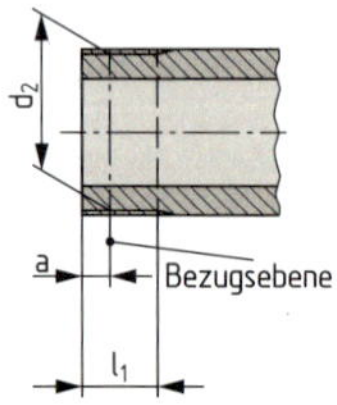

ISO 228:
nicht im Gewinde dichtende Verbindung; dichtend am Flansch des Gegenstücks mit Dichtelement

EN 10226:
im Gewinde dichtende Verbindung

ISO 228	EN 10226		ISO 228 und EN 10226						EN 10226	
Benennung	Benennung		Steigung *P*		Außen-Ø	Flanken-Ø	Kern-Ø	Profilhöhe	Abstand Bezugs-ebene	Nutzbare Länge
Innen und Außen	Außen-gewinde	Innen-gewinde	Gänge pro Inch	in mm	$d = D$	$d_2 = D_2$	$d_1 = D_1$	h	a	l_1
G 1/8	R 1/8	Rp 1/8	28	0,91	9,728	9,147	8,566	0,581	4,0	6,5
G 1/4	R 1/4	Rp 1/4	19	1,34	13,157	12,301	11,445	0,856	6,0	9,7
G 3/8	R 3/8	Rp 3/8	19	1,34	16,662	15,806	14,950	0,856	6,4	10,1
G 1/2	R 1/2	Rp 1/2	14	1,81	20,955	19,793	18,631	1,162	8,2	13,2
G 5/8	R 5/8	Rp 5/8	14	1,81	22,911	21,749	20,587	1,162	–	–
G 3/4	R 3/4	Rp 3/4	14	1,81	26,441	25,279	24,117	1,162	9,5	14,5
G 7/8	R 7/8	Rp 7/8	14	1,81	30,201	29,039	27,877	1,162	–	–
G 1	R 1	Rp 1	11	2,31	33,249	31,770	30,291	1,479	10,4	16,8
G 1 1/4	R 1 1/4	Rp 1 1/4	11	2,31	41,910	40,431	38,952	1,479	12,7	19,1
G 1 1/2	R 1 1/2	Rp 1 1/2	11	2,31	47,803	46,324	44,845	1,479	12,7	19,1
G 1 3/4	R 1 3/4	Rp 1 3/4	11	2,31	53,746	52,267	50,788	1,479	–	–
G 2	R 2	Rp 2	11	2,31	59,614	58,135	56,656	1,479	15,9	23,4

Rohrgewinde nach US

ASME B1.20.1: 2013

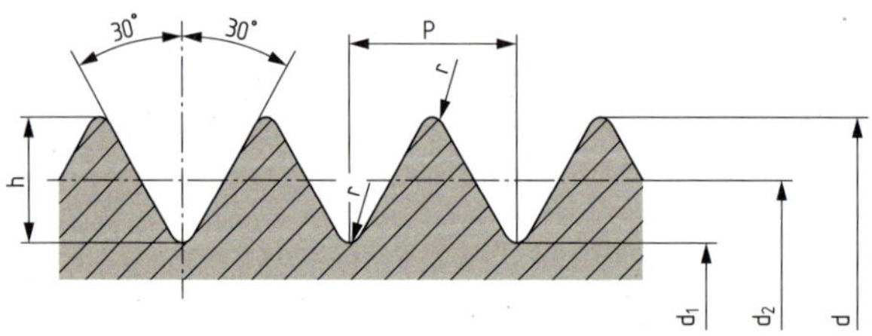

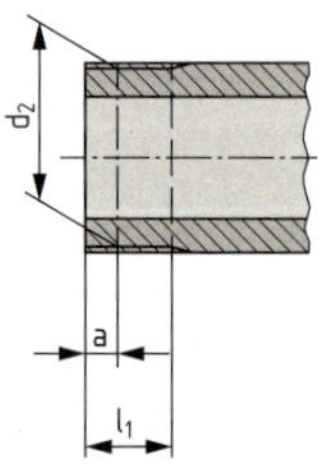

Benennung	Steigung		Außen-Ø d	Flanken-Ø d_2	Kern-Ø d_1	Profilhöhe	Abstand Prüfebene	Nutzbare Länge
	P		in Prüfebene			h	a	l_1
	Gänge pro Inch	in mm	mm	mm	mm	mm	mm	mm
1/8–27 NPT	27	0,941	10,12	9,489	8,64	0,753	4,1	6,7
1/4–18 NPT	18	1,411	13,46	12,487	11,23	1,129	5,8	10,2
3/8–18 NPT	18	1,411	16,9	15,926	14,66	1,129	6,1	10,4
1/2–14 NPT	14	1,814	21,06	19,772	18,16	1,451	8,1	13,6
3/4–14 NPT	14	1,814	26,41	25,117	23,5	1,451	8,6	13,9
1–11 ½ NPT	11,5	2,209	33,05	31,461	29,49	1,767	10,2	17,3
1 ¼–11 ½ NPT	11,5	2,209	41,81	40,218	38,25	1,767	10,7	18
1 ½–11 ½ NPT	11,5	2,209	47,88	46,287	44,32	1,767	10,7	18,4
2–11 ½ NPT	11,5	2,209	59,92	58,325	56,36	1,767	11,1	19,2

US Gewinde

ASME B1.1: 2003

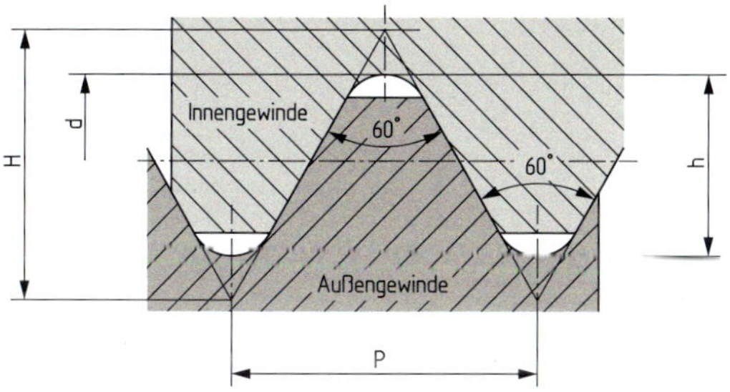

Gewinde-Nenndurchmesser	*d*
Steigung	*P*
Flankenwinkel	60°
Höhe Profildreieck	$H = 0{,}866025 \cdot P$
Gewindetiefe	$h = 0{,}541266 \cdot P$
Bohrerdurchmesser (nicht ASME)	$= d - P$

Gewinde-Nenn-Ø *D*			Steigung *P*						Bohrerdurchmesser		
			UNC		UNF		UNEF		UNC	UNF	UNEF
Inch		mm	Gang pro Inch	mm	Gang pro Inch	mm	Gang pro Inch	mm	mm	mm	mm
Nr. 2[1)]	0,0860	2,184	56	0,45	64	0,40	–	–	1,75	1,8	–
Nr. 4[1)]	0,1120	2,845	40	0,64	48	0,53	–	–	2,2	2,3	–
Nr. 5[1)]	0,1250	3,175	40	0,64	44	0,58	–	–	2,5	2,6	–
Nr. 6[1)]	0,1380	3,505	32	0,79	40	0,64	–	–	2,8	2,9	–
Nr. 8[1)]	0,1640	4,166	32	0,79	36	0,71	–	–	3,4	3,5	–
Nr. 10[1)]	0,1900	4,826	24	1,06	32	0,79	–	–	3,8	4,0	–
Nr. 12[1)]	0,2160	5,486	24	1,06	28	0,91	32	0,79	4,4	4,6	4,7
1/4	0,2500	6,350	20	1,27	28	0,91	32	0,79	5,1	5,4	5,6
5/16	0,3125	7,938	18	1,41	24	1,06	32	0,79	6,5	6,9	7,1
3/8	0,3750	9,525	16	1,59	24	1,06	32	0,79	7,9	8,5	8,7
7/16	0,4375	11,112	14	1,81	20	1,27	28	0,91	9,3	9,8	10,2
1/2	0,5000	12,700	13	1,95	20	1,27	28	0,91	10,8	11,4	11,8
9/16	0,5625	14,288	12	2,12	18	1,41	24	1,06	12,2	12,9	13,2
5/8	0,6250	15,875	11	2,31	18	1,41	24	1,06	13,6	14,5	14,8
11/16[1)]	0,6875	17,462	–	–	–	–	24	1,06	–	–	16,4
3/4	0,7500	19,050	10	2,54	16	1,59	20	1,27	16,5	17,5	17,8
13/16[1)]	0,8125	20,638	–	–	–	–	20	1,27	–	–	19,4
7/8	0,8750	22,225	9	2,82	14	1,81	20	1,27	19,4	20,4	30,0
15/16[1)]	0,9375	23,812	–	–	–	–	20	1,27	–	–	22,5
1	1,0000	25,400	8	3,18	12	2,12	20	1,27	22,2	23,3	24,1
1 1/16[1)]	1,0625	26,988	–	–	–	–	18	1,41	–	–	25,6
1 1/8	1,1250	28,575	7	3,63	12	2,12	18	1,41	22,0	26,5	27,2
1 3/16[1)]	1,1875	30,126	–	–	–	–	18	1,41	–	–	28,7
1 1/4	1,2500	31,750	7	3,63	12	2,12	18	1,41	28,1	29,6	30,3
1 5/16[1)]	1,3125	33,338	–	–	–	–	18	1,41	–	–	31,9
1 3/8	1,3750	34,925	6	4,23	12	2,12	18	1,41	30,7	32,8	33,5
1 7/16[1)]	1,4375	35,512	–	–	–	–	18	1,41	–	–	34,1
1 1/2	1,5000	38,100	6	4,23	12	2,12	18	1,41	33,9	36,0	36,7
1 9/16[1)]	1,5625	39,688	–	–	–	–	18	1,41	–	–	38,3
1 5/8	1,6250	41,275	–	–	–	–	18	1,41	–	–	39,9
1 11/16[1)]	1,6875	42,862	–	–	–	–	18	1,41	–	–	41,5
1 3/4	1,7500	44,450	5	5,08	–	–	–	–	39,4	–	–
2	2,0000	50,800	4 1/2	5,64	–	–	–	–	45,2	–	–
2 1/4	2,2500	57,150	4 1/2	5,64	–	–	–	–	51,5	–	–
2 1/2	2,5000	63,500	4	6,35	–	–	–	–	57,2	–	–
2 3/4	2,7500	69,850	4	6,35	–	–	–	–	63,5	–	–
3	3,0000	76,200	4	6,35	–	–	–	–	70,0	–	–

[1)] Bis Gewinde-Nenndurchmesser 1/4 Inch werden die Gewinde mit einer Nummerierung bezeichnet.

5

Metrisches ISO-Gewinde allgemeiner Anwendung – Toleranzen

DIN ISO 965-1: 2017-05

Kurzzeichen für Gewindetoleranzen bestehen aus einer Zahl und einem Buchstaben.

Die erste Stelle des Kurzzeichens gibt den Toleranzgrad an, die zweite Stelle die Toleranzfeldlage zur Nulllinie.

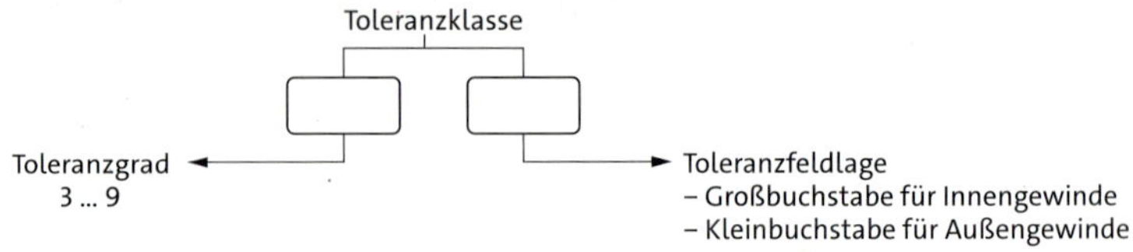

Festgelegte Toleranzfeldlagen

für Innengewinde	für Außengewinde
▪ Toleranzfeld **G** mit positivem Grundabmaß ▪ Toleranzfeld **H** mit Grundabmaß 0	▪ Toleranzfelder **e**, **f** und **g** mit negativem Grundabmaß ▪ Toleranzfeld **h** mit Grundabmaß 0
Bezeichnungsbeispiel: M12 – 6H Regelgewinde, Nenndurchmesser 12 mm Toleranzklasse für Flanken- und Kerndurchmesser	Bezeichnungsbeispiel: M12 – 6g Regelgewinde, Nenndurchmesser 12 mm Toleranzklasse für Flanken- und Außendurchmesser

Toleranzklassen	Gewindebezeichnung ohne Toleranzangaben
Toleranzgrad und Grundabmaß sind abhängig von ▪ den Toleranzklassen fein, mittel und grob, ▪ den Einschraubgruppen (Einschraublängen) **S** (kurz), **N** (normal) und **L** (lang) sowie ▪ dem Oberflächenzustand.	Fehlt in der Gewindebezeichnung die Toleranzangabe, gilt ▪ für Innengewinde die Toleranzklasse „mittel" und 6H, ▪ für Außengewinde die Toleranzklasse „mittel" und 6g. Fehlt in der Gewindebezeichnung die Angabe der Einschraubgruppe, gilt **N** für „normal".

Bezeichnungsbeispiel: M6 x 0,75 – 6H/6g – S – LH

Feingewinde, Nenndurchmesser 6 mm, Steigung 0,75 mm
Passungsangabe: Toleranzklasse des Innengewindes/Toleranzklasse des Außengewindes
Einschraubgruppe S: kurz
Linksgewinde LH (left hand)

Empfohlene Toleranzklassen für die Einschraubgruppe N (normal)

Toleranzklasse		Toleranzklassen für den Oberflächenzustand		
		blank oder phosphatiert	blank, phosphatiert oder für dünne galvanische Schutzschichten	für dicke galvanische Schutzschichten
fein	Innengewinde	**4H** oder **5H**		–
	Außengewinde	**4h**	**4g**	–
mittel	Innengewinde	**5H** für Regelgewinde bis M1,4 und Feingewinde mit Steigung 0,25 mm **6H** für Regelgewinde ab M1,6 und Feingewinde mit Steigung 0,35 mm bis 8 mm		**6G** für Regelgewinde ab M1,6 und Feingewinde mit Steigung 0,35 mm bis 8 mm
	Außengewinde	**6h**	**6h** für Regelgewinde und Feingewinde bis M1,4 **6g** für Regelgewinde und Feingewinde ab M1,6	**6f** bzw. **6e** für Regelgewinde ab M1,6 und Feingewinde mit Steigung 0,35 mm bis 8 mm
grob	Innengewinde	–	**7H** für Regelgewinde ab M3 und Feingewinde mit Steigung 0,5 mm bis 8 mm	**7G** für Regelgewinde ab M3 und Feingewinde mit Steigung 0,5 mm bis 8 mm
	Außengewinde	–	**8g** für Regelgewinde ab M3 und Feingewinde mit Steigung 0,5 mm bis 8 mm	**8e** für Regelgewinde ab M3 und Feingewinde mit Steigung 0,5 mm bis 8 mm

Für die allgemeine Anwendung wird die Toleranzklasse **mittel** empfohlen.

Toleranzen für Schrauben und Muttern – Produktklassen

DIN EN ISO 4759: 2001-04

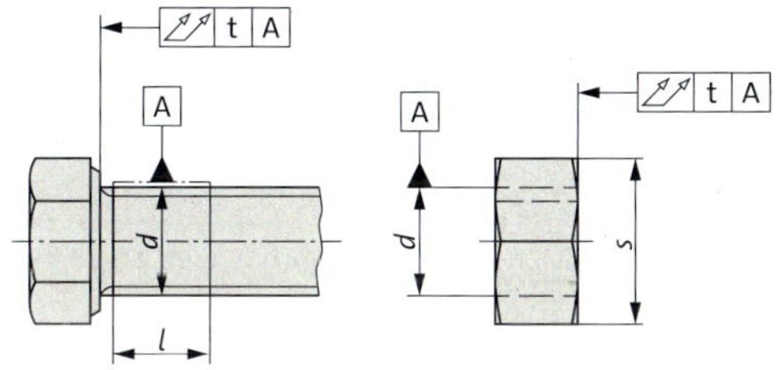

Toleranzelement	Klasse A	Klasse B	Klasse C
Auflageflächen, Schaft	eng	eng	weit
andere Elemente oder Merkmale	eng	weit	weit
Innengewinde	6H	6H	7H
Außengewinde	6g	6g	8g

Mechanische Eigenschaften von Schrauben

DIN EN ISO 898-1: 2013-05

Kennzeichnung von Schrauben für alle Festigkeitsklassen und Gewindenenndurchmesser $d \geq 5$ mm

Sechskantschrauben und Schrauben mit Außensechsrund

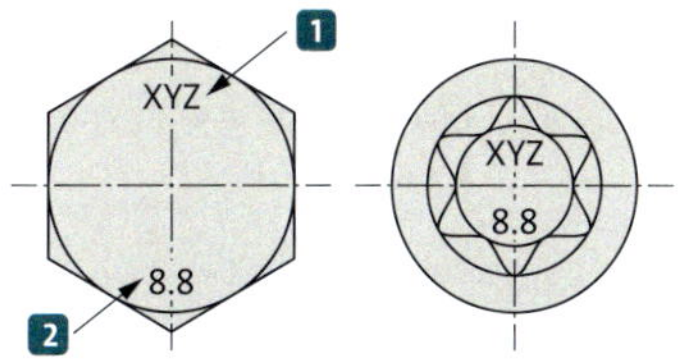

Zylinderschrauben mit Innensechskant und mit Innensechsrund

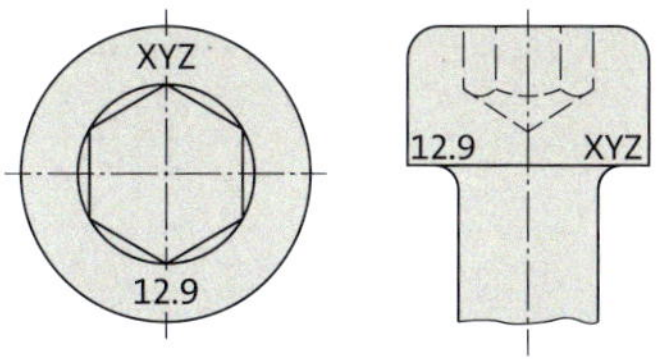

Flachrundschrauben mit Vierkantansatz

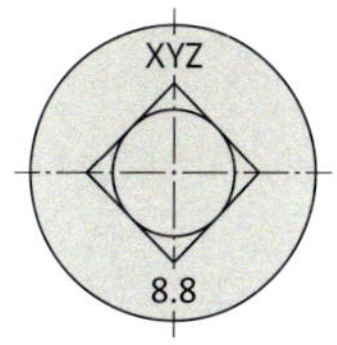

1 = Herstellerzeichen **2** = Festigkeitsklasse

Stiftschrauben

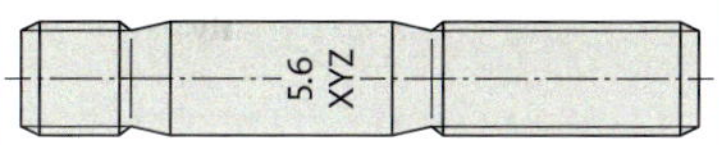

Kennzeichnung von Schrauben mit Linksgewinde

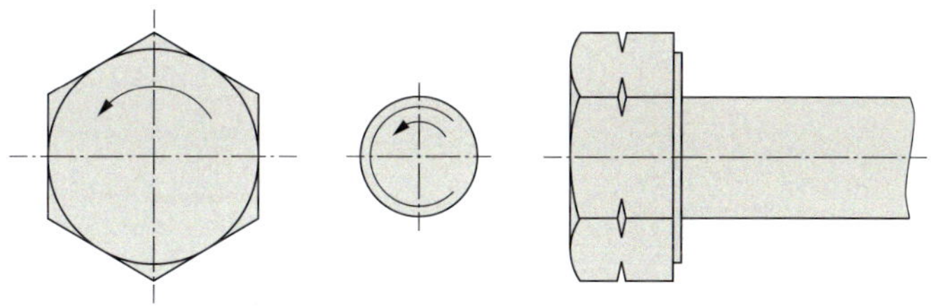

Festigkeitsklassen von Schrauben – Bedeutung

Festigkeitsklassen von Schrauben werden durch zwei Zahlen angegeben, die durch einen Punkt getrennt sind.

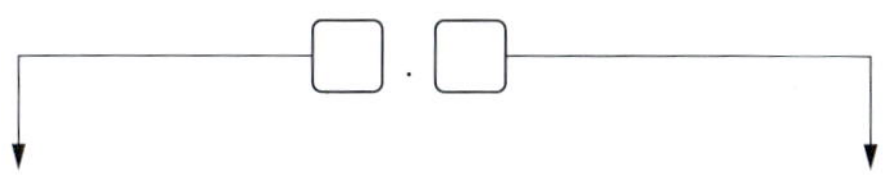

1. Zahl:
1/100 der Nennzugfestigkeit R_m in MPa
(1 MPa = 1 Million Pa = 1 N/mm²)

2. Zahl:
10fache des Verhältnisses zwischen Nennstreckgrenze und Nennzugfestigkeit R_m

Zahl rechts vom Punkt	.6	.8	.9
$\frac{R_{eL}}{R_m} =$	0,6	0,8	0,9

R_{eL} = Nennstreckgrenze

Bezeichnungsbeispiel: **6.8**
Nennzugfestigkeit $R_m = 6 \cdot 100 = 600$ MPa, Nennstreckgrenze $R_{eL} = 6 \cdot 8 \cdot 10 = 480$ MPa

Festigkeitsklassen von Schrauben aus Kohlenstoffstahl und legiertem Stahl

DIN EN ISO 898-1: 2013-05

Die Festigkeitsklassen gelten für Regelgewinde M1,6 ... M39 und für Feingewinde M8 x 1 ... M39 x 3.

Festigkeitsklasse / Eigenschaft	4.6	4.8	5.6	5.8	6.8	8.8	9.8 $d \leq 16$ mm	10.9	12.9
Zugfestigkeit R_m in MPa	400		500		600	800	900	1000	1200
Streckgrenze R_{eL} in MPa	240	320	300	400	480	640	720	900	1080
Bruchdehnung A in %	22	–	20	–	–	12	10	9	8

Festigkeitsklassen von Schrauben aus nichtrostenden Stählen

DIN EN ISO 3506-1: 2010-04

Werkstoffgruppe	Stahlgruppe	Festigkeitsklasse	Gewinde-Ø d	Zugfestigkeit R_m in MPa	Dehngrenze $R_{p\,02}$ in MPa	Bruchdehnung A in mm	Härte HRC min.	Härte HB min.	Härte HV min.	Zustand
Austenitisch	A1, A2, A3, A4, A5	50	≤ 39	500	210	0,6 d	–	–	–	weich
		70		700	450	0,4 d				kaltverfestigt
		80		800	600	0,3 d				stark kaltverfestigt
Martensitisch	C1	50		500	250	0,2 d	–	147	155	weich
		70		700	410		20	209	220	vergütet
	C3	80		800	640		21	228	240	vergütet
	C4	50		500	250		–	147	155	weich
		70		700	410		20	209	220	vergütet
Ferritisch	F1	45		450	250		–	128	135	vergütet
		60		600	410		–	171	180	kaltverfestigt

Bezeichnungsbeispiel:
A2 – 70
Austenitischer Stahl, Mindestzugfestigkeit 700 MPa

Kennzeichnung des Werkstoffs auf der Schraube:

1 = Herstellerzeichen
2 = Stahlgruppe
3 = Festigkeitsklasse

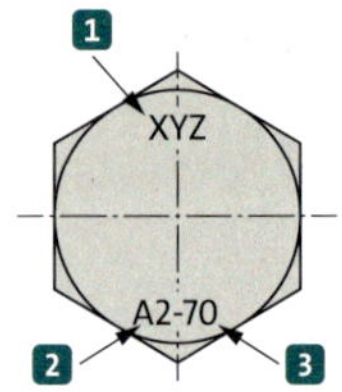

Mechanische Eigenschaften von Muttern aus Nichteisenmetallen

DIN EN 28839: 1991-12

Werkstoff Kennzeichen	Werkstoff Kurzzeichen	Gewindedurchmesser d	Zugfestigkeit R_m in MPa ≥	0,2 %-Dehngrenze $R_{p0,2}$ in MPa ≥	Bruchdehnung A in % ≥
CU 1	Cu-ETP	$d \leq$ M 39	240	160	14
CU 2	CuZn 37	$d \leq$ M 60 M 6 < $d \leq$ M 39	440 370	340 250	11 19
CU 3	Cu Zn 39 Pb 3	$d \leq$ M 60 M 6 < $d \leq$ M 39	440 370	340 250	11 19
CU 4	Cu Sn 6	$d \leq$ M 12 M 12 < $d \leq$ M 39	470 400	340 200	22 33
CU 5	Cu Ni 1 Si	$d \leq$ M 39	590	540	12
CU 6	Cu Zn 40 Mn 1 Pb	M 6 < $d \leq$ M 39	440	180	18
CU 7	Cu Al 10 Ni 5 Fe 4	M 12 < $d \leq$ M 39	640	270	15
AL 1	EN AW-Al Mg 3	$d \leq$ M 10 M 10 < $d \leq$ M 20	270 250	230 180	3 4
AL 2	EN AW-Al Mg 5	$d \leq$ M 14 M14 < $d \leq$ M36	310 280	205 200	6 6
AL 3	EN AW-Al Si Mg Mn	$d \leq$ M 60 M 6 < $d \leq$ M 39	320 310	250 260	7 10
AL 4	EN AW-Al Cu 4 Mg Si	$d \leq$ M 10 M 10 < $d \leq$ M 39	420 380	290 260	6 10
AL 5	EN AW-Al Zn 5 Mg 3 Cu	$d \leq$ M 39	460	380	7

Bezeichnungsbeispiel:
Sechskantschraube ISO 4014 – M8 x 40 – CU 2
Sechskantschraube, Gewinde M8, Länge l = 40 mm, aus CuZn 37

Mindesteinschraubtiefen, Durchgangslöcher, Bohrlochtiefe

Mindesteinschraubtiefe für Schrauben – Richtwerte

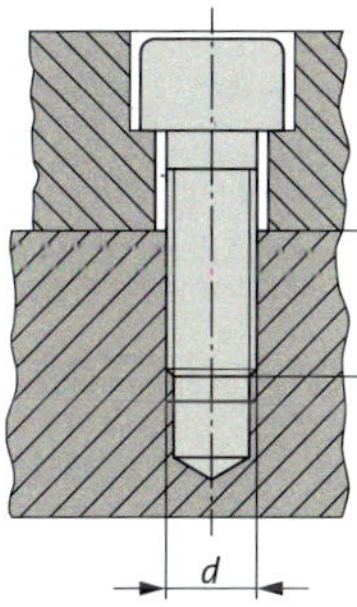

Werkstoff		Festigkeitsklasse der Schraube Mindesteinschraubtiefe l_e[2]			
		4.6	4.6 ... 6.8	8.8	10.9 / 12.9
Stahl	$R_m \leq 400$ MPa	0,8 *d*	1,2 *d*	–	–
	R_m = 400 ... 600 R_m MPa			1,2 *d*	–
	R_m > 600 ... 800 R_m MPa			1,2 *d*	1,2 *d*
	R_m > 800 R_m MPa			1,0 *d*	1,0 *d*
Gusseisen		1,3 *d*	1,5 *d*	1,5 *d*	–
Kupferlegierungen		1,3 *d*	1,3 *d*	–	–
Leichtmetalle[1]	Al-Gusslegierungen	1,6 *d*	2,2 *d*	–	–
	Rein-Aluminium	1,6 *d*	–	–	–
	Al-Legierung, ausgehärtet	0,8 *d*	1,2 *d*	1,6 *d*	–
	Al-Legierung, nicht ausgehärtet	1,2 *d*	1,6 *d*	–	–
Kunststoffe		2,5 *d*	–	–	–

[1] Bei dynamischer Belastung ist l_e um 20 % zu verlängern.
[2] Bei Feingewinde ist l_e um 25 % zu verlängern.

Durchgangslöcher für Schrauben
Bohrlochtiefe für Gewinde-Grundlochbohrungen

DIN EN ISO 20273: 1992-02

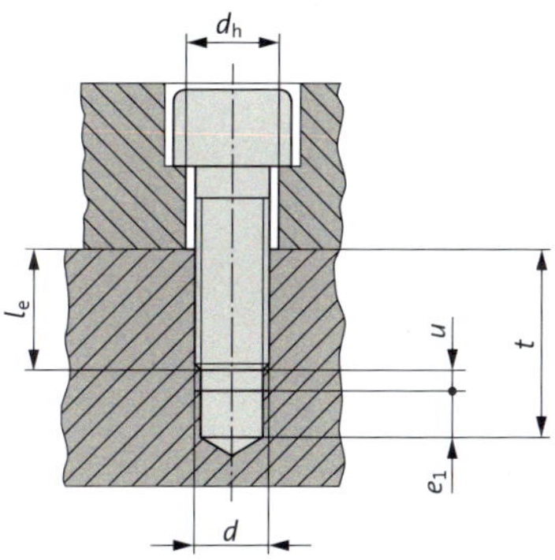

$t = l_e + u + e_1$

l_e = Einschraubtiefe
$u \approx 3\,P$
P = Gewindesteigung
e_1 nach DIN 76-1

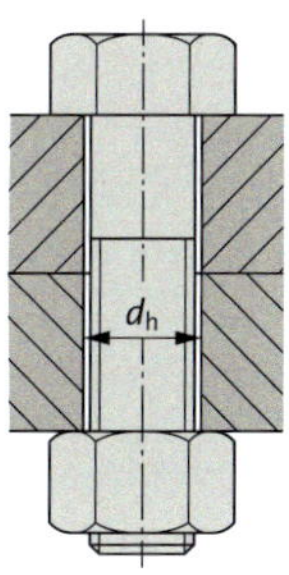

Gewinde *d*	Durchgangsloch Durchmesser d_h fein, H12	Durchgangsloch Durchmesser d_h mittel, H13	Durchgangsloch Durchmesser d_h grob, H14	Bohrlochtiefe *t* *u*	Bohrlochtiefe *t* e_1
M 1	1,1	1,2	1,3	0,75	1,5
M 1,6	1,7	1,8	2	1,0	2,1
M 2	2,2	2,4	2,6	1,2	2,3
M 2,5	2,7	2,9	3,1	1,4	2,6
M 3	3,2	3,4	3,6	1,5	2,8
M 4	4,3	4,5	4,8	2,1	3,8
M 5	5,3	5,5	5,8	2,4	4,2
M 6	6,4	6,6	7	3,0	5,1
M 8	8,4	9	10	3,75	6,2
M 10	10,5	11	12	4,5	7,3
M 12	13	13,5	14,5	5,25	8,3
M 16	17	17,5	18,5	6,0	9,3
M 18	19	20	21	7,5	11,2
M 20	21	22	24	7,5	11,2
M 24	25	26	28	9,0	13,1
M 30	31	33	35	10,5	15,2
M 36	37	39	42	12,0	16,8
M 42	43	45	48	13,5	18,4
M 48	50	52	56	15,0	20,8
M 56	58	62	66	16,5	22,4
M 64	66	70	74	18,0	24,0

5

Berechnungen für Schraubenverbindungen

Anziehmoment, Vorspannkraft, Handkraft

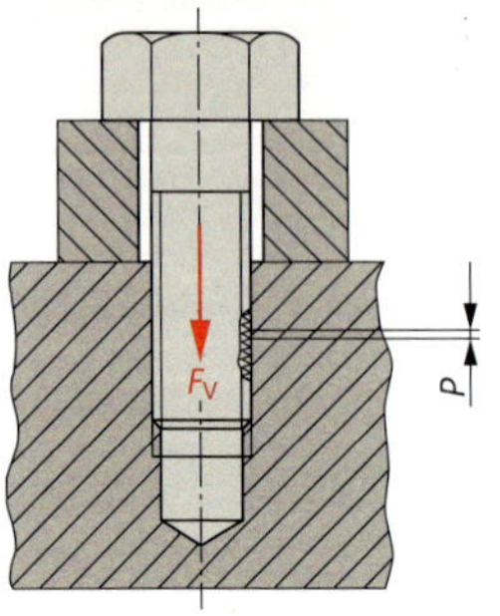

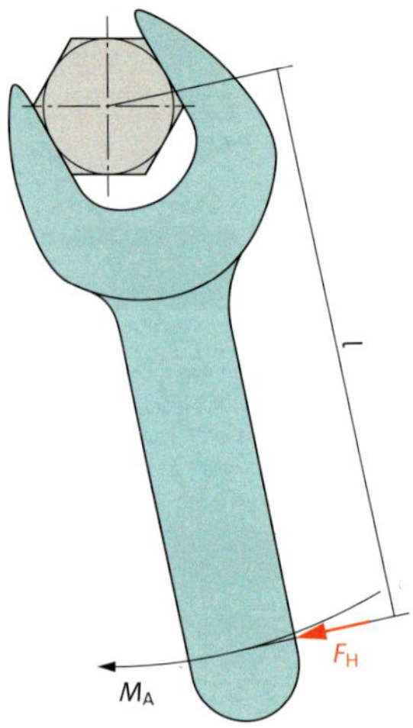

$$M_A = F_H \cdot l$$

$$F_V \cdot P = F_H \cdot l \cdot 2 \cdot \pi \cdot \eta$$

$$F_H = \frac{F_V \cdot P}{l \cdot 2 \cdot \pi \cdot \eta}$$

$$\eta = \frac{F_V \cdot P}{M_a \cdot 2 \cdot \pi}$$

F_V und M_A kann den folgenden Tabellen entnommen werden.

geg.: $F_V = 6000$ N
$l = 250$ mm
$P = 1{,}25$ mm
$\eta = 0{,}15$

ges.: F_H in N

$$F_H = \frac{F_V \cdot P}{l \cdot 2 \cdot \pi \cdot \eta}$$

$$F_H = \frac{6000\ \text{N} \cdot 1{,}25\ \text{mm}}{250\ \text{mm} \cdot 2 \cdot \pi \cdot 0{,}15}$$

$$F_H = 31{,}83\ \text{N}$$

Ermittlung des Schrauben-Nenndurchmessers *d* – vereinfachte Berechnung

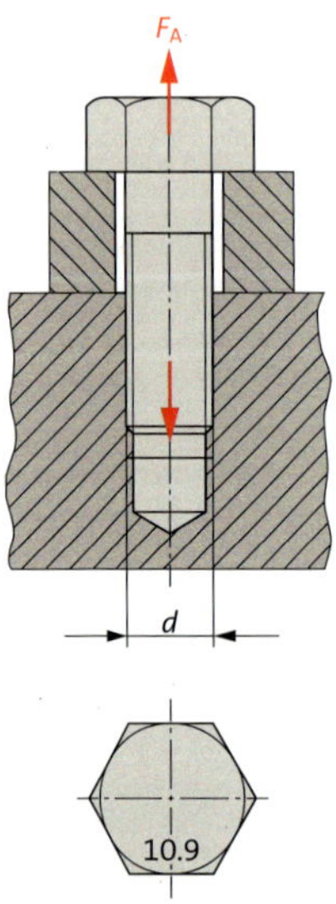

$$\sigma_{zul} = \frac{R_e}{v}$$

Richtwerte für Sicherheitsfaktor v:
- Stahl: 1,1 ... 2,1
- Guss: 2 ... 3

$$S = \frac{F_A}{\sigma_{zul}}$$

geg.: $F_A = 5000$ N,
Festigkeitsklasse der Schraube: 10.9,
$v = 2$

ges.: Nenndurchmesser d der Schraube

a) Streckgrenze der Schraube:
$R_e = 10\ \text{N/mm}^2 \cdot 9\ \text{N/mm}^2 \cdot 10$
$R_e = 900\ \text{N/mm}^2$

b) zulässige Spannung:

$$\sigma_{zul} = \frac{R_e}{v} = \frac{900\ \text{N/mm}^2}{2} = 450\ \text{N/mm}^2$$

c) Spannungsquerschnitt:

$$S = \frac{F_A}{\sigma_{zul}} = \frac{5000\ \text{N}}{450\ \text{N/mm}^2} = 11{,}1\ \text{mm}^2$$

d) Nach DIN 13-1 den nächtsgrößeren Spannungsquerschnitt ermitteln und zugehörigen Nenndurchmesser auswählen.
gewählt: d = M5

M_A: Anziehmoment	F_H: Handkraft	F_V: Vorspannkraft	l: Hebellänge
P: Steigung	η: Wirkungsgrad	F_A: Axialkraft an einer Schraube	R_e: Streckgrenze
σ_{zul}: zulässige Spannung	S: Spannungsquerschnitt	v: Sicherheitsfaktor	

Ausführungen von Schrauben, Beispiele

Sechskantschrauben

EN ISO 4014
EN ISO 4016
EN ISO 8765

Außensechskant

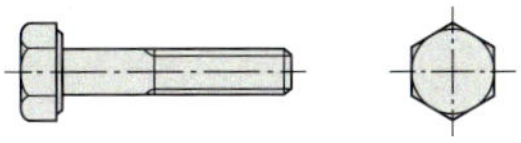

EN ISO 4017
EN ISO 4018
EN ISO 8676

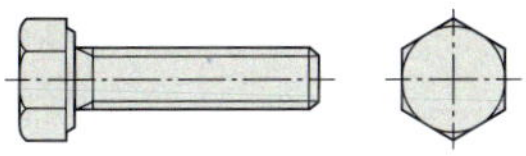

Passschraube DIN 609

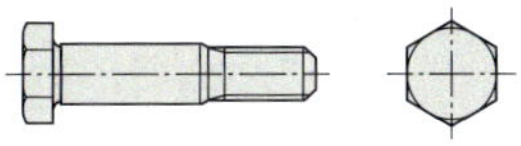

Zylinderschrauben

ISO 4762 — Innensechskant

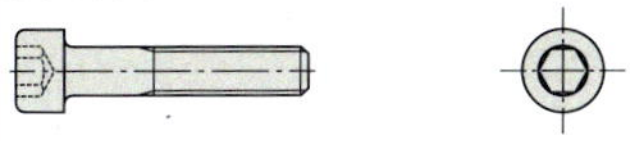

DIN 6912 — Innensechskant mit Schlüsselführung

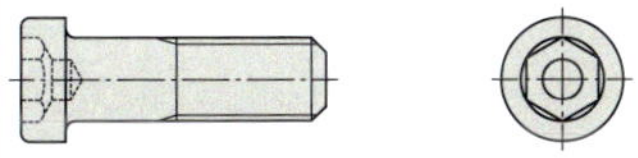

ISO 14579 — Innensechsrund

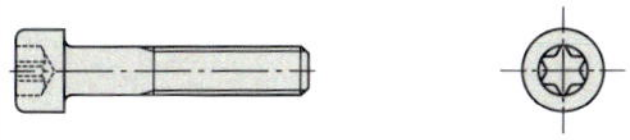

ISO 1207 — Schlitz

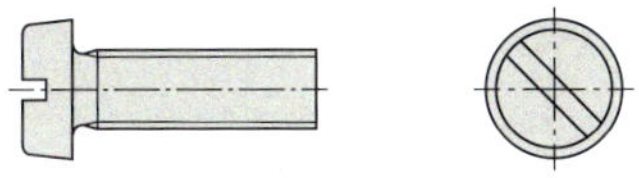

Senkschrauben

ISO 10642 — Innensechskant

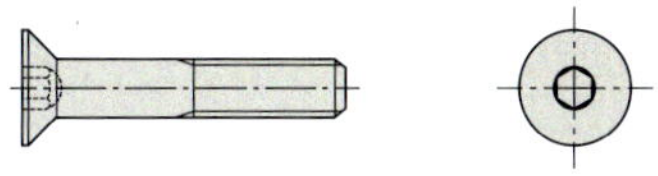

ISO 2009 — Schlitz

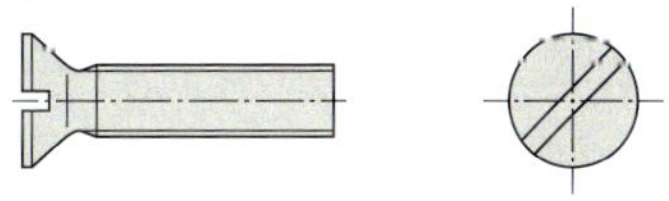

ISO 7046

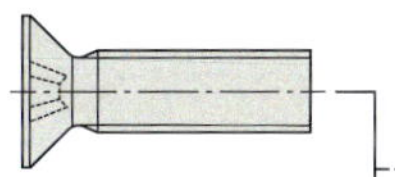

Kreuzschlitz
Form H — Form Z

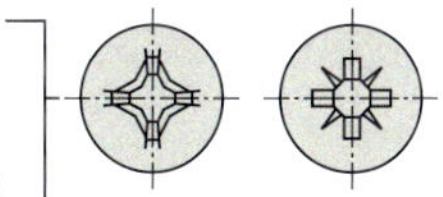

Linsensenkschraube
ISO 7047

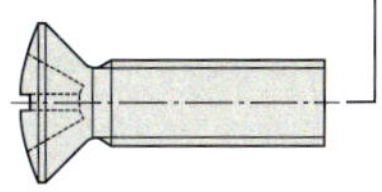

Gewindestifte

ISO 4766 — Schlitz

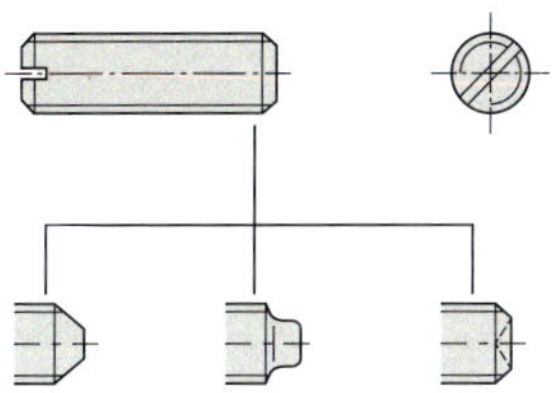

DIN EN 27434, 27435, 27436

ISO 4026 — Innensechskant

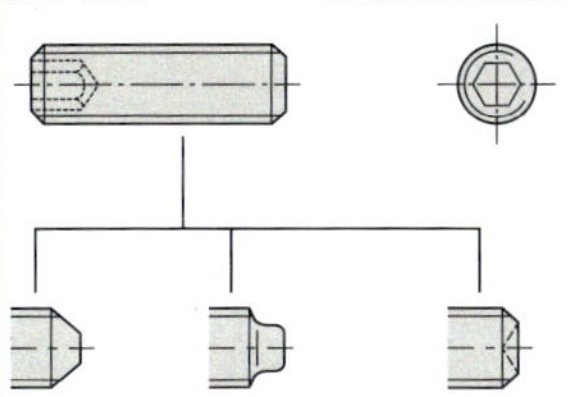

ISO 4027, 4028, 4029

Flachkopfschrauben

ISO 1580 — Schlitz

ISO 7045 — Kreuzschlitz Form H, Form Z

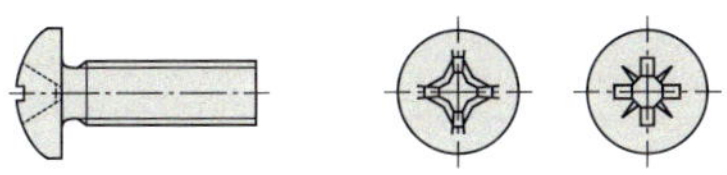

Stiftschraube

DIN 835, DIN 938, DIN 939

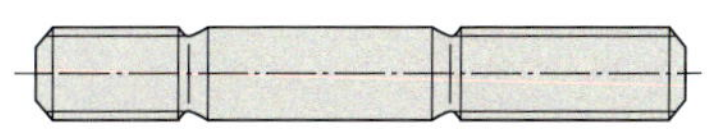

Vierkantschraube

DIN 478, DIN 479

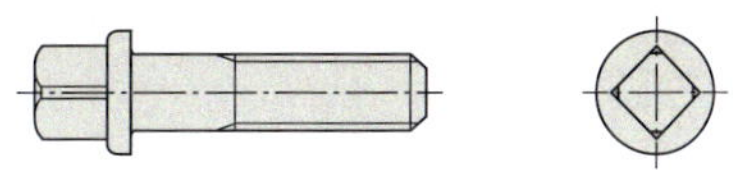

Blechschrauben

ISO 7050

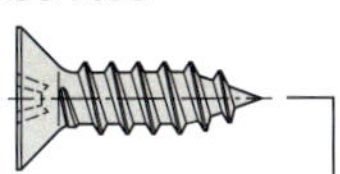

Kreuzschlitz
Form H — Form Z

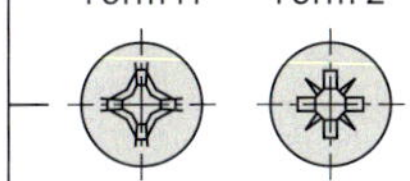

ISO 7051

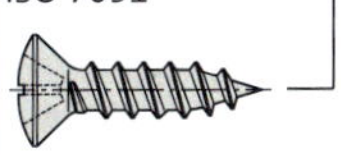

Rändelschraube

DIN 464

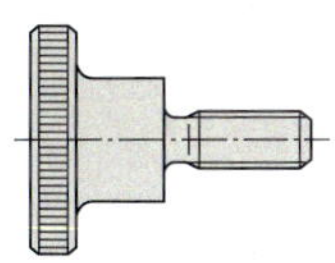

DIN 653

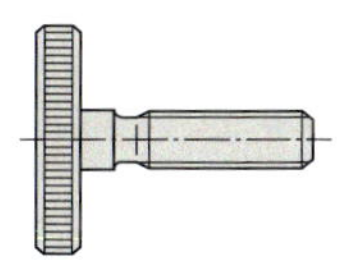

Gewindefurchende Schraube

DIN 7500

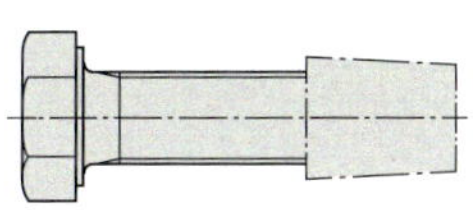

Augenschraube

DIN 444

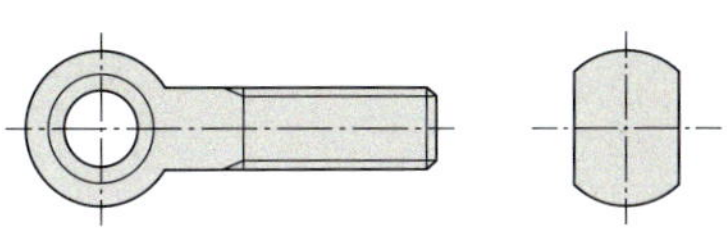

Schraube für T-Nuten

DIN 787

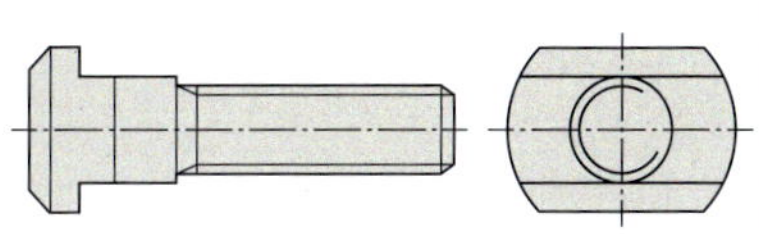

Sechskantschrauben mit Regelgewinde
Sechskantschrauben mit Feingewinde

DIN EN ISO 4014: 2011-06; DIN EN ISO 4017: 2015-05
DIN EN ISO 8765: 2011-06; DIN EN ISO 8676: 2011-07

DIN EN ISO 4014, mit Schaft
DIN EN ISO 8765, mit Schaft und Feingewinde

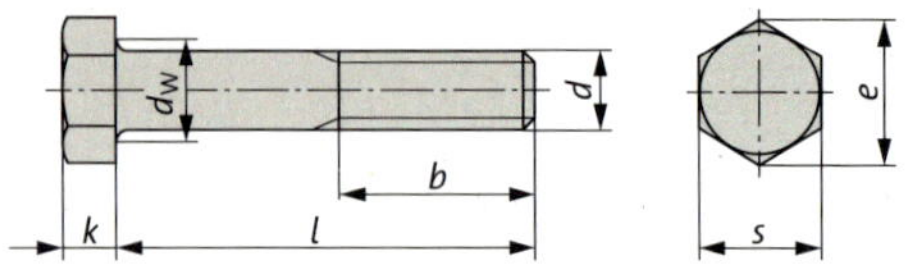

DIN EN ISO 4017, mit Gewinde bis Kopf
DIN EN ISO 8676, mit Gewinde bis Kopf und Feingewinde

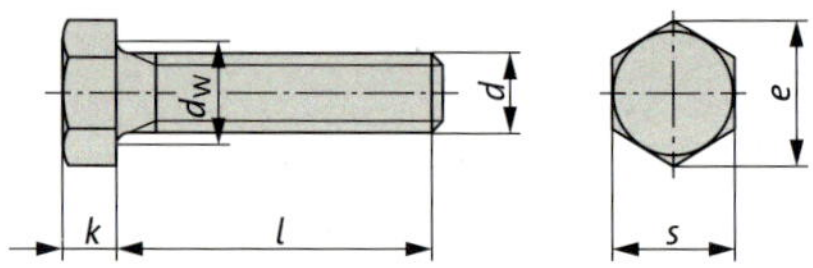

ISO		d	M3	M4	M5	M6	M8	M10	M12	M16	M20	M24	M30
	4014, 4017		M3	M4	M5	M6	M8	M10	M12	M16	M20	M24	M30
	8765, 8676		–	–	–	–	M8 x 1	M10 x 1	M12 x 1,5	M16 x 1,5	M20 x 1,5	M24 x 2	M30 x 2
alle		*s*	5,5	7	8	10	13	16	18	24	30	36	46
		e	6	7,6	8,8	11	14,3	17,7	20	26,7	33,5	39,9	50,8
		k	2	2,8	3,5	4	5,3	6,4	7,5	10	12,5	15	18,7
		d_w	4,5	5,8	6,8	8,8	11,6	14,6	16,6	22,4	28,1	33,6	42,7
4014, 8765		*b* für $l \leq 125$	12	14	16	18	22	26	30	38	46	54	66
		b für $l > 125 ... 200$	–	–	–	–	–	–	–	44	52	60	72
		b für $l > 200$	–	–	–	–	–	–	–	–	–	73	85
		l von bis	25 30	25 40	25 50	30 60	40 80	45 100	50 120	65 160	80 200	90 240	110 300
4017, 8676		*l* von bis	5 30	6 40	8 50	10 60	16 80	20 100	25 120	30 150	40 150	50 150	60 200

Werkstoff: Stahl, Festigkeitsklassen 5.8, 8.8, 9.8, 10.9;
nichtrostender Stahl A2-70, A4-70 für $d \leq 24$ mm, A2-50/A4-50 für $d > 24$

Längenstufung *l*: 5, 6, 8, 10, 16, 20, 25 ... 70, 80, 90 ... 160, 180, 200 ... 500 mm

Bezeichnungsbeispiel:
Sechskantschraube ISO 4017 – M8 x 60 – 9.8
Sechskantschraube mit Gewinde bis Schaft und Regelgewinde M8, *l* = 60 mm, Festigkeitsklasse 9.8

Sechskant-Passschrauben mit langem Gewindezapfen

DIN 609: 2016-12

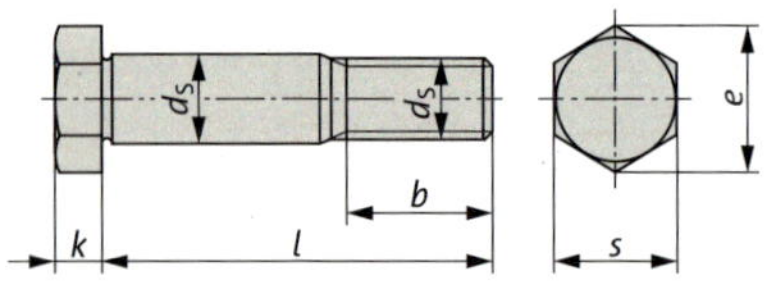

d	M8	M10	M12	M16	M20	M24	M30
	M8 x 1	M10 x 1	M12 x 1,5	M16 x 1,5	M20 x 1,5	M24 x 2	M30 x 2
s	13	16	18	24	30	36	46
e	14,4	17,8	20,9	26,2	33	40	50,9
k	5,3	6,4	7,5	10	12,5	15	19
d_s k6	9	11	13	17	21	25	32
b für $l \leq 50$	14,5	17,5	20,5	25	28,5	–	–
b für $l > 50 ... 150$	16,5	19,5	22,5	27	30,5	36,5	43
b für $l > 150$	21,5	24,5	27,5	32	35,5	41,5	48
l von bis	25 80	30 100	32 120	38 150	45 150	55 150	65 200

Werkstoff: Stahl, Festigkeitsklasse 8.8;
nichtrostender Stahl A2-70 bis *d* = M20, A2-50 für *d* > M20

Längenstufungen *l*: 25, 28, 30, 32, 38, 40, 42, 45, 48, 50, 55 ... 150, 160 ... 200 mm

Bezeichnungsbeispiel:
Passschraube DIN 609 – M10 x 45 – 8.8
Passschraube, *d* = 10 mm, *l* = 45 mm, Festigkeitsklasse 8.8

Zylinderschrauben mit Innensechskant

DIN EN ISO 4762: 2004-06

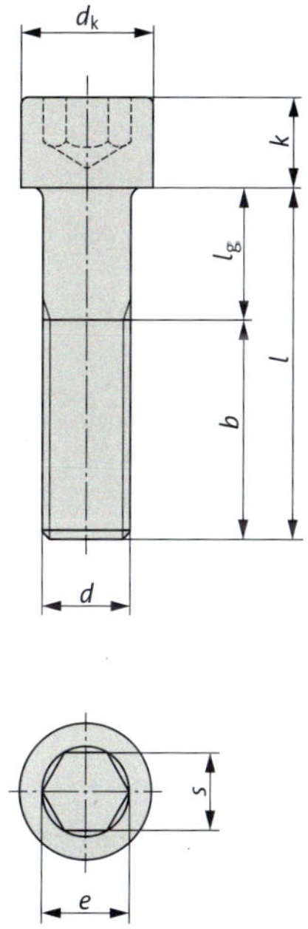

d	M4	M5	M6	M8	M10	M12	M16	M20	M24	M30
s	3	4	5	6	8	10	14	17	19	22
e	3,4	4,5	5,7	6,8	9,1	11,4	15,9	19,4	21,7	25,1
d_k	7	8,5	10	13	16	18	24	30	36	45
k	4	5	6	8	10	12	16	20	24	30
b	20	22	24	28	32	36	44	52	60	72
l 1) von	6	8	10	12	16	20	25	30	35	45
bis	25	25	30	35	40	50	60	70	80	100
l 2) von	30	30	35	40	45	55	65	80	90	110
bis	40	50	60	80	100	120	160	200	200	200

Längenstufung l: 8, 10, 12, 16, 20, 25 ... 70, 80, 90 ... 160, 180, 200 mm

Werkstoff: Stahl, Festigkeitsklassen 8.8, 10.9, 12.9;
nichtrostender Stahl A2, A5

Bezeichnungsbeispiel:
Zylinderschraube ISO 4762 – M6 x 30 – 8.8
Zylinderschraube mit Innensechskant, Gewinde d = M6, Länge l = 30 mm, Festigkeitsklasse 8.8

1) Ausführung mit Gewinde bis Kopf: $l_g \approx 3 \cdot P$
2) Ausführung mit Schaft: $l_g = l - b$

Zylinderschrauben mit Innensechskant mit niedrigem Kopf

DIN 7984: 2009-06

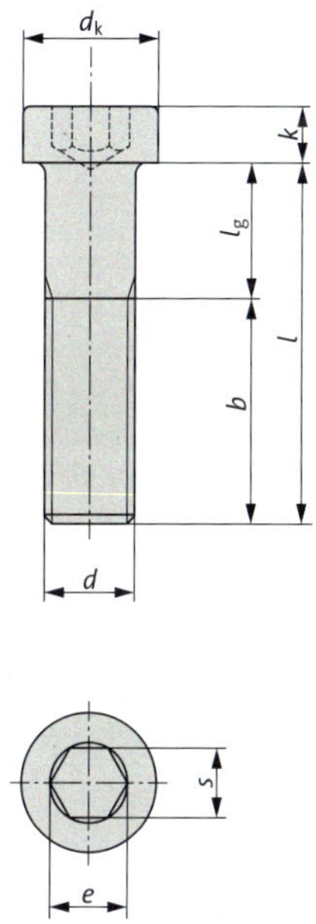

d	M4	M5	M6	M8	M10	M12	M16	M20	M24
s	2,5	3	4	5	7	8	12	14	17
e	2,8	3,4	4,5	5,7	8	9,1	13,7	16	19,44
d_k	7	8,5	10	13	16	18	24	30	36
k	2,8	3,5	4	5	6	7	9	11	13
b für $l \leq 125$	14	16	18	22	26	30	38	46	54
b für l > 125 ... 200	–	–	–	28	32	36	44	52	60
b für $l > 200$	–	–	–	–	–	–	57	65	73
l 1) von	6	8	10	12	16	20	30	30	40
bis	20	25	25	30	35	45	55	60	80
l 2) von	25	30	30	35	40	50	60	70	90
bis	–	–	40	80	100	80	80	100	100

Längenstufung l: 6, 8, 10, 12, 16, 20, 25 ... 60, 70, 80 ... 100 mm,
$l > 100$: Stufung in 10 mm Schritten, $l > 200$: Stufung in 20 mm Schritten

Werkstoff: Stahl, Festigkeitsklasse 8.8;
nichtrostender Stahl A2, A4

Hinweis:
Durch die Kopfgeometrie haben diese Schrauben eine geringere Belastbarkeit als für die Festigkeitsklasse 8.8 vorgesehen ist.
Deshalb wird der Festigkeitsklasse eine 0 (Null) vorangestellt: 08.8.

Bezeichnungsbeispiel:
Zylinderschraube ISO 7984 – M8 x 60 – 08.8
Zylinderschraube mit Innensechskant und niedrigem Kopf, Gewinde d = M8, Länge l = 60 mm, Festigkeitsklasse 08.8 (verringerte Belastbarkeit)

1) Ausführung mit Gewinde bis Kopf: $l_g \approx 3 \cdot P$
2) Ausführung mit Schaft: $l_g = l - b$

Zylinderschrauben mit Innensechsrund — DIN EN ISO 14579: 2011-06

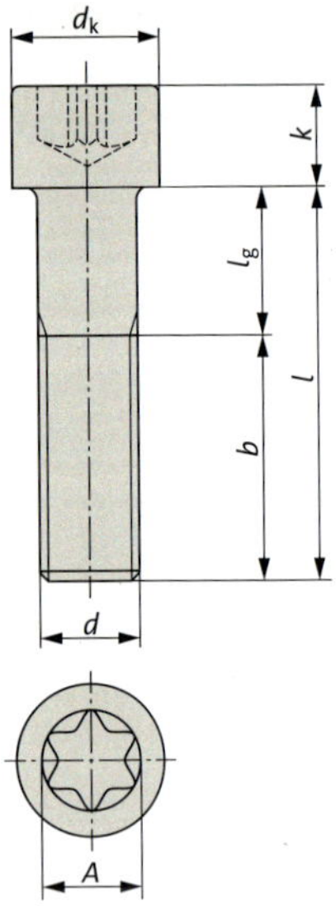

d	M4	M5	M6	M8	M10	M12	M16	M20
Innensechsrund Größen-Nr.	20	25	30	45	50	55	70	90
A	3,95	4,5	5,6	7,9	8,9	11,3	15,7	20,2
d_k	7	8,5	10	13	16	18	24	30
k	4	5	6	8	10	12	16	20
b	20	22	24	28	32	36	44	52
l[1] von	6	8	10	12	16	20	25	30
bis	40	50	60	80	100	120	160	200
l[2] von	30	30	35	40	45	55	65	80
bis	40	50	60	80	100	120	120	200

Längenstufung l: 6, 8, 10, 12, 16, 20, 25 ... 70, 80, 90 ... 160, 180, 200 mm

Werkstoff: Stahl, Festigkeitsklassen 8.8, 9.8, 10.9, 12.9;
nichtrostender Stahl A2, A3, A4, A5

Bezeichnungsbeispiel:
Zylinderschraube ISO 14579 – M 10 x 70 – 9.8
Zylinderschraube mit Innensechsrund, Gewinde d = M10, Länge l = 70 mm, Festigkeitsklasse 9.8

[1] Ausführung mit Gewinde bis Kopf: $l_g \approx 3 \cdot P$
[2] Ausführung mit Schaft: $l_g = l - b$

Schrauben mit Außensechsrund mit kleinem Flansch — DIN 34800: 2016-11

Form C mit Schaft

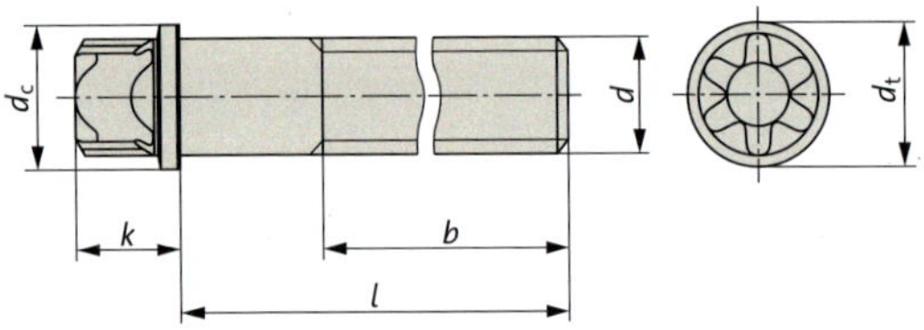

weitere Ausführung:
Form B mit Gewinde bis annähernd Kopf

d	M5	M6	M8	M10	M12	M16	M20
d_t	5,5	7,3	9,2	10,9	12,6	18,1	21,8
d_c	8,8	10,8	13,7	16,8	18,8	25	31
k	5,5	6,5	8,2	10	12	16	20
b	40	50	65	80	80	80	80
für $l \geq$	45	55	70	90	90	90	90
l von	10	12	16	20	25	35	40
bis	50	60	80	100	120	160	200

Längenstufung l: 10, 12, 16, 20, 25 ... 70, 80, 90 ... 160, 180, 200

Werkstoff: Stahl, Festigkeitsklassen 8.8, 10.9;
nichtrostender Stahl A2, A4

Bezeichnungsbeispiel:
Sechsrundschraube DIN 34800 – C M10 x 90 – 8.8
Sechsrundschraube Form C, Gewinde d = M10, Länge l = 90 mm

Zylinderschrauben mit Schlitz — DIN EN ISO 1207: 2011-10

Ausführung: Gewinde bis annähernd Kopf

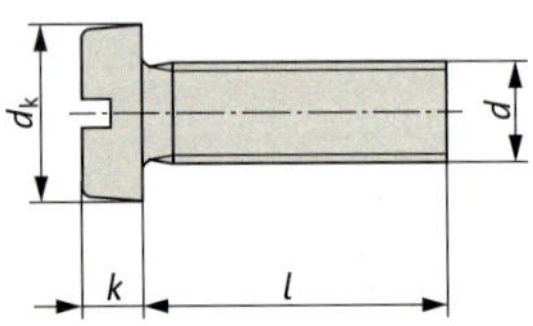

Ausführung mit Schaft

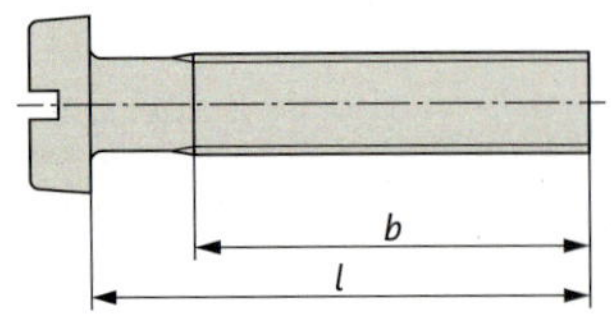

d	M2	M3	M4	M5	M6	M8	M10
d_k	3,8	5,5	7	8,5	10	13	16
k	1,4	2	2,6	3,3	3,9	5	6
b[1]	25	25	38	38	38	38	38
l von	3	4	5	6	8	10	12
bis	20	30	40	50	60	80	80

Längenstufung l: 2, 3, 4, 5, 6, 8, 10, 12, 16, 20, 25 ... 80 mm

Werkstoff: Stahl, Festigkeitsklassen 4.8 und 5.8;
nichtrostender Stahl A2

Bezeichnungsbeispiel:
Zylinderschraube ISO 1207 – M5 x 20 – 5.8
Zylinderschraube mit Gewinde d = M5, l = 20 mm (Gewinde bis Kopf), Festigkeitsklasse 5.8

[1] entfällt für Schrauben mit Gewinde bis annähernd Kopf:
M2 bis M3 mit $l \leq 30$ mm, M4 bis M10 mit $l \leq 40$ mm

5

Senkschrauben mit Schlitz
Linsensenkschrauben mit Schlitz

DIN EN ISO 2009: 2011-11
DIN EN ISO 2010: 2011-11

ISO 2009

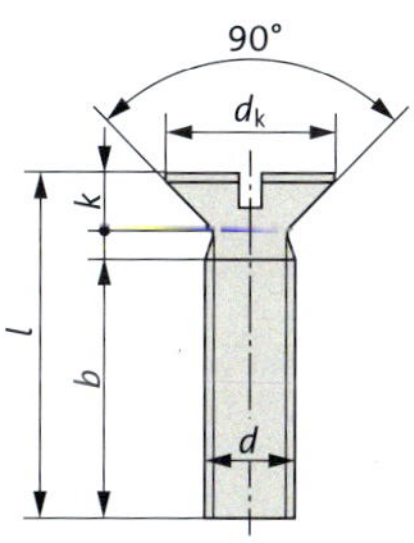

ISO 2010

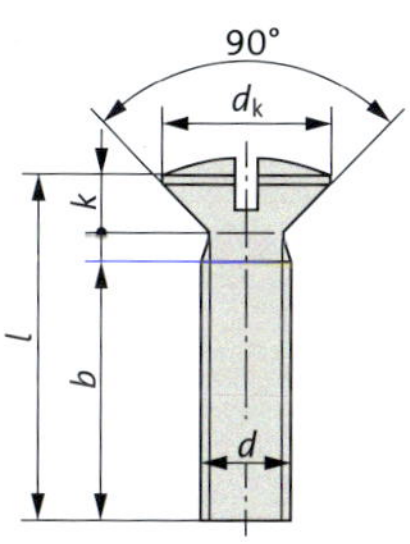

d	M1,6	M2	M3	M4	M5	M6	M8	M10
d_k	3	3,8	5,5	8,4	9,3	11,3	15,8	18,3
k	1	1,2	1,7	2,7	2,7	3,3	4,7	5
b[1)]	25	25	25	38	38	38	38	38
l von bis	2,5 16	3 20	5 30	6 40	8 50	8 60	10 80	12 80

Längenstufung *l*: 2,5, 3, 4, 5, 6, 8, 10, 12, 16, 20, 25 ... 50, 60, 70, 80 mm

Werkstoff: Stahl, Festigkeitsklassen 4.8, 5.8;
nichtrostender Stahl A2

Bezeichnungsbeispiel:
Senkschraube ISO 2009 – M5 x 45 – 5.8
Senkschraube mit Gewinde *d* = M5 bis Kopf, Länge *l* = 45 mm, Festigkeitsklasse 5.8

[1)] Gewinde bis Kopf: bis M3 und *l* ≤ 30 mm, M4 bis M10 und *l* ≤ 50 mm

Senkschrauben mit Kreuzschlitz
Linsensenkschrauben mit Kreuzschlitz

DIN EN ISO 7046-1: 2011-11
DIN EN ISO 7047: 2011-11

ISO 7046-1

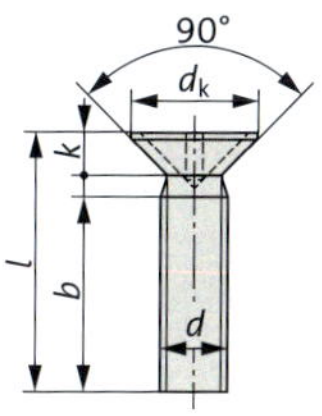

ISO 7047

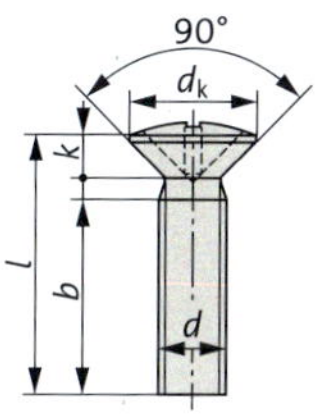

Kreuzschlitz

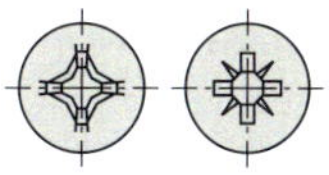

Form H   Form Z

d	M1,6	M2	M3	M4	M5	M6	M8	M10
Kreuzschlitzgröße	0		1	2		3	4	
d_k	3	3,8	5,5	8,4	9,3	11,3	15,8	18,3
k	1	1,2	1,7	2,7	2,7	3,3	4,7	5
b[1)]	25	25	25	38	38	38	38	38
l von bis	3 16	3 20	4 30	5 40	6 50	8 60	10 60	12 60

Längenstufung *l*: 3, 4, 5, 6, 8, 10, 12, 16, 20, 25 ... 50, 60 mm

Werkstoff: Stahl, Festigkeitsklasse 4.8;
nichtrostender Stahl A2 (nicht für ISO 7046-1)

Bezeichnungsbeispiel:
Senkschraube ISO 7046 – M5 x 45 – 5.8 – Z
Senkschraube mit Gewinde *d* = M5 bis Kopf, Länge *l* = 45 mm, Festigkeitsklasse 5.8, Kreuzschlitz Form Z

[1)] Gewinde bis Kopf: bis M3 und *l* ≤ 30 mm, M4 bis M10 und *l* ≤ 50 mm

Senkschrauben mit Kreuzschlitz

DIN EN ISO 10642: 2013-04

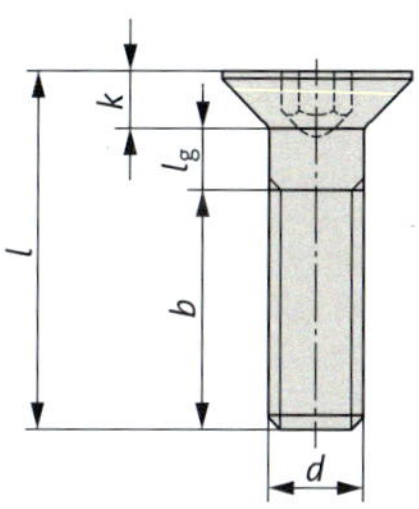

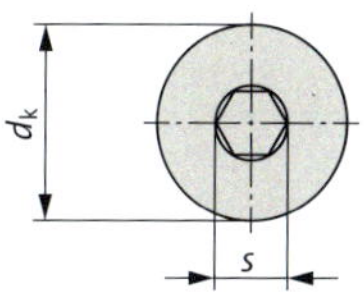

d	M3	M4	M5	M6	M8	M10	M12	M16	M20
s	2	2,5	3	4	5	6	8	10	12
d_k	5,5	7,5	9,4	11,3	15,2	19,2	23,1	29	36
k	1,9	2,5	3,1	3,7	5	6,2	7,4	8,8	10,2
b für *l*	18 ≥ 30	20 ≥ 30	22 ≥ 35	24 ≥ 40	28 ≥ 50	32 ≥ 50	36 ≥ 65	44 ≥ 80	52 100
l_g für *l*	1,5 ≤ 25	2,1 ≤ 25	2,4 ≤ 30	3 ≤ 35	3,8 ≤ 45	4,5 ≤ 50	5,3 ≤ 60	6 ≤ 70	7,5 ≤ 90
l von bis	8 30	8 40	8 50	8 60	10 80	12 100	20 100	30 100	35 100

Längenstufung *l*: 8, 10, 12, 16, 20, 25 ... 65, 70, 80, 90, 100 mm

Werkstoff: Stahl, Festigkeitsklassen 8.8, 10.9, 12.9

Bezeichnungsbeispiel:
Senkschraube ISO 10642 – M10 x 45 – 10.9
Senkschraube mit Innensechskant, Gewinde *d* = M10, Länge *l* = 45 mm, Festigkeitsklasse 10.9

5

Flachkopfschrauben mit Schlitz — DIN EN ISO 1580: 2011-12
Flachkopfschrauben mit Kreuzschlitz — DIN EN ISO 7045: 2011-12

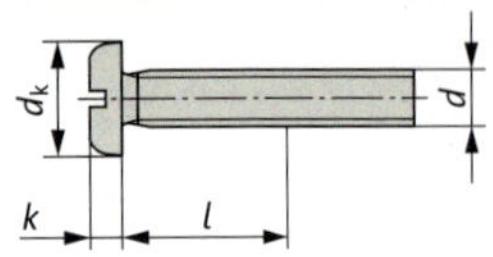

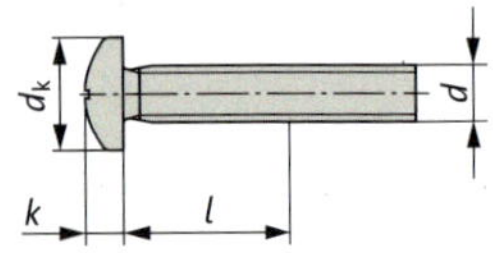

Kreuzschlitz

Form H

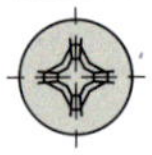

Form Z

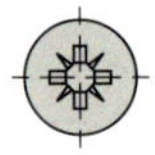

		Gewinde *d*	M 1,6	M 2	M 2,5	M 3	M 4	M 5	M 6	M 8	M 10
DIN ISO 1580	d_k		3,2	4	5	5,6	8	9,5	12	16	20
	k		1	1,3	1,5	1,8	2,4	3	3,6	4,8	6
	l	von	2	2,5	3	4	5	6	6	10	12
		bis	16	20	25	30	40	50	80	80	80
DIN ISO 1580	d_k		3,2	4	5	5,6	8	9,5	12	16	20
	k		1,3	1,6	2,1	2,4	3,1	3,7	4,6	6	7,5
	Kreuzschlitz-Größe		0	0	1	1	2	2	3	4	4
	l	von	3	3	3	4	5	6	8	10	12
		bis	16	20	25	30	40	45	60	60	60

Werkstoff: Stahl, Festigkeitsklassen 4.8 und 5.8; nichtrostender Stahl A2-50, A2-70

Bezeichnungsbeispiel: **Flachkopfschraube ISO 7045 – M8 x 20 – 4.8 – H**
Flachkopfschraube mit Kreuzschlitz, Gewinde *d* = M8, Länge *l* = 20 mm, Festigkeitsklasse 4.8 und Kreuzschlitz Form H

Linsenkopf-Blechschrauben mit Kreuzschlitz — DIN EN ISO 7049: 2011-11

Form C

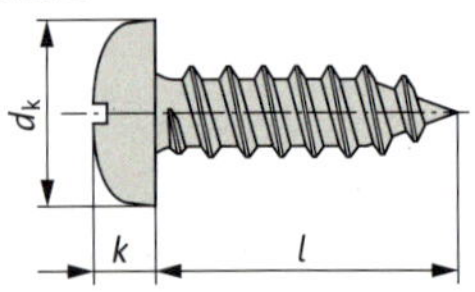

Kreuzschlitz

Form H

Form F

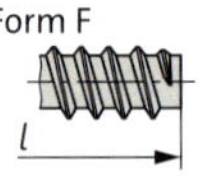

Form Z

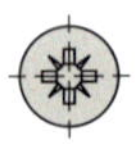

Form R

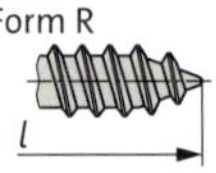

Gewinde		ST2,9	ST3,5	ST4,2	ST4,8	ST5,5	ST6,3	ST8	ST9,5
d_k		5,6	7,0	8,0	9,5	11,0	12,0	16,0	20,0
k		2,4	2,6	3,1	3,7	4,0	4,6	6,0	7,5
Kreuzschlitz-Größe		1	2	2	2	3	3	4	4
l	von	6,5	9,5	9,5	9,5	13	13	16	16
	bis	19	25	32	38	38	38	50	50

Längenstufungen: 6,5 – 9,5 – 13 – 16 – 19 – 22 – 25 – 32 – 38 – 45 – 50

Werkstoff: nichtrostender Stahl A2-20, A4-20, A5-20

Formen: Form C mit Spitze, Form F mit Zapfen, Form R mit gerundeter Spitze

Bezeichnungsbeispiel: **Blechschraube ISO 7049 – ST4,8 x 25 – C – H**
Blechschraube mit Gewinde ST4,8, *l* = 25 mm, Form C, Kreuzschlitz Form H

Senk-Blechschrauben mit Kreuzschlitz — DIN EN ISO 7050: 2011-11
Linsensenk-Blechschrauben mit Kreuzschlitz — DIN EN ISO 7051: 2011-11

Form C

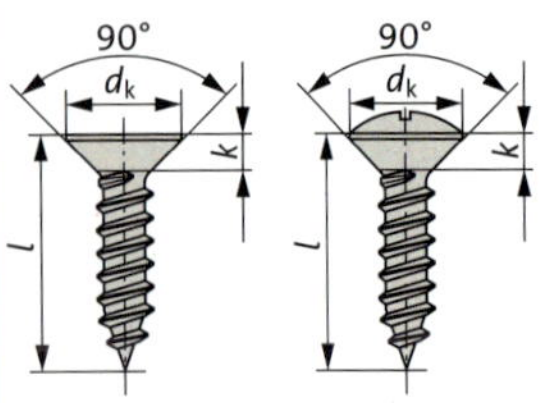

Formen F und R sowie Kreuzschlitze Formen H und Z wie DIN EN ISO 7049

Gewinde		ST2,9	ST3,5	ST4,2	ST4,8	ST5,5	ST6,3	ST8	ST9,5
d_k		5,5	7,3	8,4	9,3	10,3	11,3	15,8	18,3
k		1,7	2,4	2,6	2,8	3,0	3,2	4,7	5,3
Kreuzschlitz-Größe		1	2	2	2	3	3	4	4
l	von	6,5	9,5	9,5	9,5	13	13	16	16
	bis	19	25	32	32	38	38	50	50

Längenstufungen: 4 – 5 – 6,5 – 9,5 – 13 – 16 – 19 – 22 – 25 – 32 – 38 – 45 – 50

Werkstoff: nichtrostender Stahl A2-20, A4-20, A5-20

Formen: Form C mit Spitze, Form F mit Zapfen, Form R mit gerundeter Spitze

Bezeichnungsbeispiel: **Blechschraube ISO 7050 – ST3,5 x 16 – R – H**
Blechschraube mit Gewinde ST3,5, *l* = 16 mm, Form R, Kreuzschlitz Form H

Gewindefurchende Schrauben

Gewindefurchende Schrauben für metrisches ISO-Gewinde

DIN 7500-1: 2009-06; DIN 7500-2: 2016-04

Schraubenformen

Form DE
Maße nach DIN EN ISO 4017

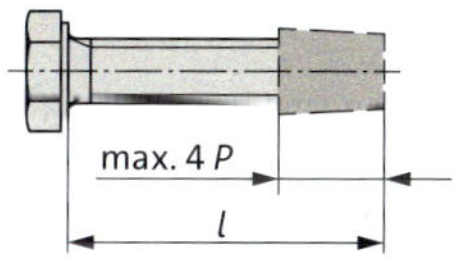

Form EE
Maße nach DIN EN ISO 4762

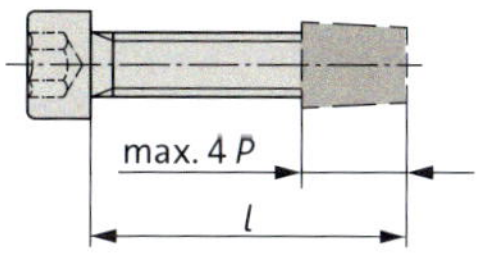

Form ME
Maße nach DIN EN ISO 7046-2

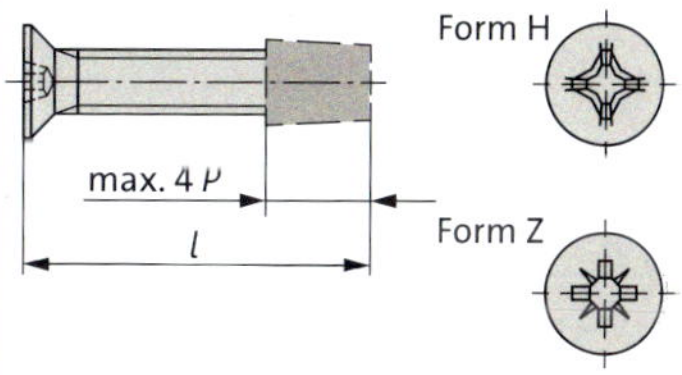

Gestaltung des Schraubenendes 4 *P* nach Wahl des Herstellers

Gewindegrößen, Längen

Gewinde *d*		M2	M2,5	M3	M3,5	M4	M5	M6	M8	M10
Steigung *P*		0,4	0,45	0,5	0,6	0,7	0,8	1,0	1,25	1,5
Furchbereich max.		1,6	1,8	2	2,4	2,8	3,2	4,0	5,0	6,0
l	von	3	4	4	5	6	8	8	10	12
	bis	16	20	25	25	30	40	50	60	80

Längenstufung: 3, 4, 5, 6, 8, 10, 12, 16, 20, 25, 30, 35, 40, 45, 50, 55, 60, 70, 80 mm

Werkstoff: Einsatzstahl nach DIN EN 10084, Vergütungsstahl nach DIN EN 10083

Bezeichnungsbeispiel: **Schraube DIN 7500 – ME – M5 x 25 – H**
Gewindefurchende Schraube der Form ME (Senkkopf), Gewinde *d* = M5, Länge *l* = 25 mm, Kreuzschlitz Form H

Richtwerte für Lochdurchmesser

<table>
<tr><td rowspan="2">Gewinde d</td><td colspan="2">M2,5</td><td colspan="2">M3</td><td colspan="2">M3,5</td><td colspan="2">M4</td><td colspan="2">M5</td><td colspan="2">M6</td><td colspan="2">M8</td><td colspan="2">M10</td></tr>
<tr><td colspan="16">Lochdurchmesser d_h in mm mit Toleranzfeld H11</td></tr>
<tr><td>Einschraublänge</td><td>St</td><td>Al</td><td>St</td><td>Al</td><td>St</td><td>Al</td><td>St</td><td>Al</td><td>St</td><td>Al</td><td>St</td><td>Al</td><td>St</td><td>Al</td><td>St</td><td>Al</td></tr>
<tr><td>2</td><td>2,25</td><td></td><td></td><td></td><td></td><td></td><td></td><td></td><td></td><td></td><td></td><td></td><td></td><td></td><td></td><td></td></tr>
<tr><td>2,5</td><td>2,25</td><td></td><td>2,75</td><td></td><td></td><td></td><td></td><td></td><td></td><td></td><td></td><td></td><td></td><td></td><td></td><td></td></tr>
<tr><td>3</td><td>2,30</td><td></td><td>2,75</td><td></td><td>3,20</td><td></td><td></td><td></td><td></td><td></td><td></td><td></td><td></td><td></td><td></td><td></td></tr>
<tr><td>3,5</td><td>2,30</td><td></td><td>2,75</td><td></td><td>3,20</td><td></td><td>3,65</td><td></td><td></td><td></td><td></td><td></td><td></td><td></td><td></td><td></td></tr>
<tr><td>4</td><td>2,30</td><td></td><td>2,75</td><td></td><td>3,20</td><td></td><td>3,65</td><td></td><td>4,6</td><td></td><td></td><td></td><td></td><td></td><td></td><td></td></tr>
<tr><td>5</td><td>2,30</td><td></td><td>2,75</td><td></td><td>3,20</td><td></td><td>3,70</td><td></td><td>4,6</td><td></td><td>5,5</td><td></td><td></td><td></td><td></td><td></td></tr>
<tr><td>6</td><td></td><td>2,30</td><td colspan="2">2,75</td><td>3,20</td><td></td><td>3,70</td><td></td><td>4,6</td><td></td><td>5,5</td><td></td><td></td><td></td><td></td><td></td></tr>
<tr><td>6,5</td><td></td><td>2,30</td><td></td><td>2,75</td><td>3,20</td><td></td><td>3,70</td><td></td><td>4,6</td><td></td><td>5,5</td><td></td><td>7,45</td><td></td><td></td><td></td></tr>
<tr><td>7</td><td></td><td>2,30</td><td></td><td>2,75</td><td>3,20</td><td></td><td>3,70</td><td></td><td>4,65</td><td></td><td>5,55</td><td></td><td>7,45</td><td></td><td></td><td></td></tr>
<tr><td>7,5</td><td></td><td>2,30</td><td></td><td>2,75</td><td></td><td>3,20</td><td>3,70</td><td></td><td>4,65</td><td></td><td>5,55</td><td></td><td>7,45</td><td></td><td></td><td></td></tr>
<tr><td>8</td><td></td><td></td><td></td><td>2,75</td><td></td><td>3,20</td><td colspan="2">3,70</td><td>4,65</td><td></td><td>5,55</td><td></td><td>7,45</td><td></td><td>9,35</td><td></td></tr>
<tr><td>9</td><td></td><td></td><td></td><td>2,75</td><td></td><td>3,20</td><td></td><td>3,70</td><td>4,65</td><td></td><td>5,55</td><td></td><td>7,45</td><td></td><td>9,35</td><td></td></tr>
<tr><td>10</td><td></td><td></td><td></td><td></td><td></td><td></td><td></td><td>3,70</td><td colspan="2">4,65</td><td>5,55</td><td></td><td>7,45</td><td></td><td>9,35</td><td></td></tr>
<tr><td>10,5</td><td></td><td></td><td></td><td></td><td></td><td></td><td></td><td></td><td></td><td>4,65</td><td>5,55</td><td></td><td>7,45</td><td></td><td>9,35</td><td></td></tr>
<tr><td>12</td><td></td><td></td><td></td><td></td><td></td><td></td><td></td><td></td><td></td><td>4,65</td><td colspan="2">5,60</td><td>7,45</td><td></td><td>9,35</td><td></td></tr>
<tr><td>> 12 bis ≤ 15</td><td></td><td></td><td></td><td></td><td></td><td></td><td></td><td></td><td></td><td></td><td></td><td>5,60</td><td>7,45</td><td></td><td>9,35</td><td></td></tr>
<tr><td>> 15 bis ≤ 16</td><td></td><td></td><td></td><td></td><td></td><td></td><td></td><td></td><td></td><td></td><td></td><td>5,60</td><td colspan="2">7,50</td><td>9,35</td><td></td></tr>
<tr><td>> 16 bis ≤ 18</td><td></td><td></td><td></td><td></td><td></td><td></td><td></td><td></td><td></td><td></td><td></td><td>5,60</td><td></td><td>7,50</td><td>9,35</td><td></td></tr>
<tr><td>> 18 bis ≤ 20</td><td></td><td></td><td></td><td></td><td></td><td></td><td></td><td></td><td></td><td></td><td></td><td></td><td></td><td>7,50</td><td colspan="2">9,35</td></tr>
</table>

St = DC01, DC03; DC04, DC05 nach DIN EN 10130
Al = EN AW-1050A (Al 99,5) nach DIN EN 485-2

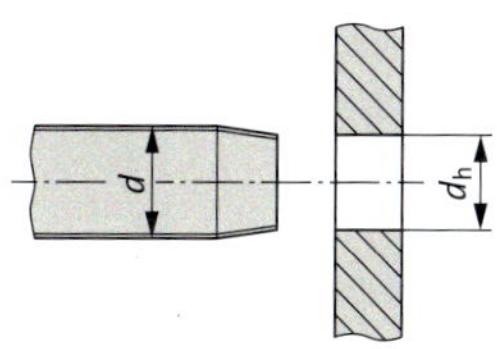

Stiftschrauben

DIN 835: 2010-07; DIN 938: 2012-12; DIN 939: 1995-02

Einschraubende — Mutterende

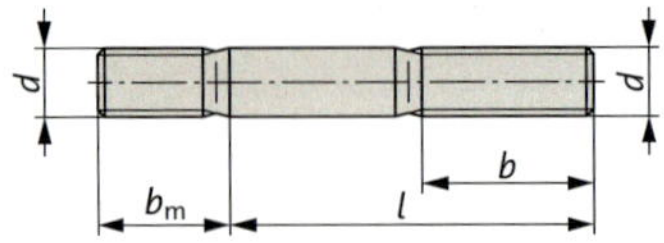

Verwendung		
zum Einschrauben in	Einschraubtiefe	nach Norm
Stahl	$b_m = 1\ d$	DIN 938
Gusseisen	$b_m = 1{,}25\ d$	DIN 939
Aluminiumlegierungen	$b_m = 2\ d$	DIN 835

Gewinde *d*		M6	M8	M10	M12	M16	M20	M24
		–	M8 x 1	M10 x 1,25	M12 x 1,25	M16 x 1,5	M20 x 1,5	M24 x 2
b	für $l \leq 125$	18	22	26	30	38	46	54
	für $l > 125$	24	28	32	36	44	52	60
l	von – bis	25–60	30–80	35–100	40–120	50–160	60–200	70–200

Längenstufung *l*: 25 ... 75: Stufung 5 mm, 80 ... 200: Stufung 10 mm

Werkstoff: Stahl, Festigkeitsklassen 5.6, 8.8, 10.9

Bezeichnungsbeispiel: **Stiftschraube DIN 938 – M8 x 70 – 10.9**
Stiftschraube für Stahl mit $d = 8$, Länge $l = 70$ mm und Festigkeitsklasse 10.9

Gewindestifte mit Innensechskant

DIN EN ISO 4026, 4027, 4028, 4029: 2004-05

ISO 4026
mit Kegelkuppe

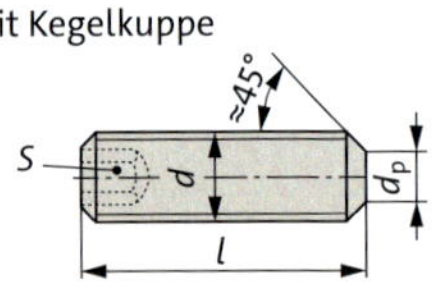

ISO 4027
mit Spitze

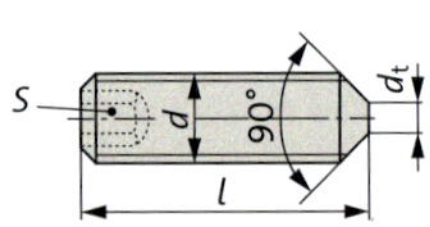

ISO 4028
mit Zapfen

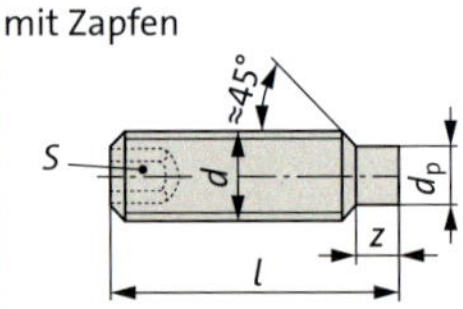

ISO 4029
mit Ringschneide

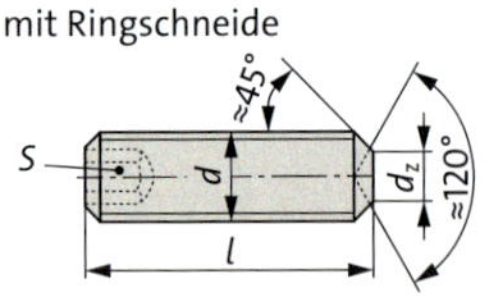

Gewinde *d*	M2	M2,5	M3	M4	M5	M6	M8	M10	M12	M16	M20
d_p	1	1,5	2	2,5	3,5	4	5,5	7	8,5	12	15
d_t	0,5	0,7	0,8	1	1,3	1,5	2	2,5	3	4	5
d_z	1	1,2	1,4	2	2,5	3	5	6	8	10	14
z	1,25	1,5	1,75	2,25	2,75	3,25	4,3	5,3	6,3	8,36	10,36
S	0,9	1,3	1,5	2	2,5	3	4	5	6	8	10
l von – bis	2–10	2,5–12	3–16	4–20	5–25	6–30	8–40	10–50	12–60	16–60	20–60

Längenstufung *l*: 2, 2,5, 3, 4, 5, 6, 8, 10, 12, 16; 20, 25...60 mm

Werkstoff: Stahl, Festigkeitsklassen 45 H, A 2-70

Bezeichnungsbeispiel: **Gewindestift ISO 4027 – M4 x 16 – 45 H**
Gewindestift mit Innensechskant und Spitze, Gewinde d = M4, Länge $l = 16$ mm und Festigkeitsklasse 45 H

Gewindestifte mit Schlitz

DIN EN ISO 4766: 2011-11; DIN EN 27434–27436: 1992-10

ISO 4766
mit Kegelkuppe

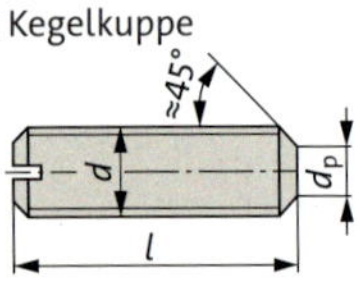

DIN EN 27434
mit Spitze

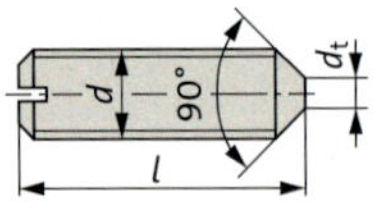

DIN EN 27435
mit Zapfen

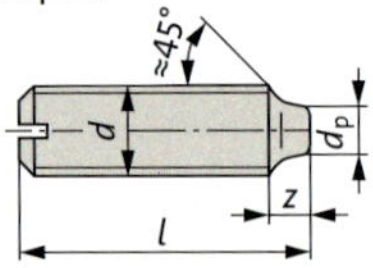

DIN EN 27436
mit Ringschneide

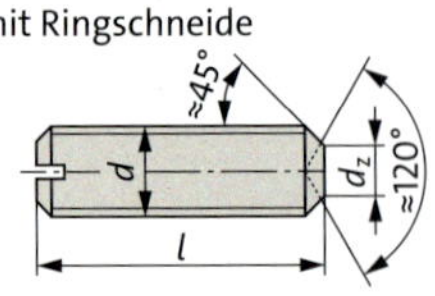

Gewinde *d*	M2	M2,5	M3	M4	M5	M6	M8	M10	M12
d_p	1	1,5	2	2,5	3,5	4	5,5	7	8,5
d_t	0,2	0,25	0,3	0,4	0,5	1,5	2	2,5	3
d_z	1	1,2	1,4	2	2,5	3	5	6	8
z	1	1,25	1,5	2	2,5	3	4	5	6
l von – bis	2–10	2,5–12	3–16	4–25	5–30	5–35	8–40	10–55	12–60

Längenstufung *l*: 2, 2,5, 3, 4, 5, 6, 8, 10, 12, 16; 20, 25 ... 60 mm

Werkstoff: Stahl, Festigkeitsklassen 14 H, 22 H, A 1-50

Vierkantschrauben

DIN 478, 479: 2016-08

DIN 478 – Vierkantschrauben mit Bund

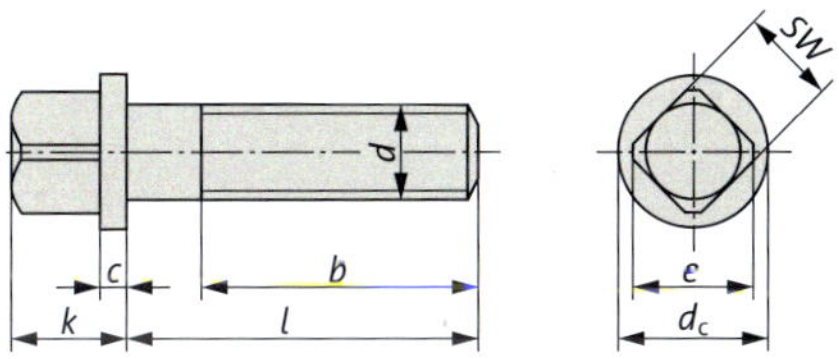

DIN 479 – Vierkantschrauben mit kurzem Zapfen

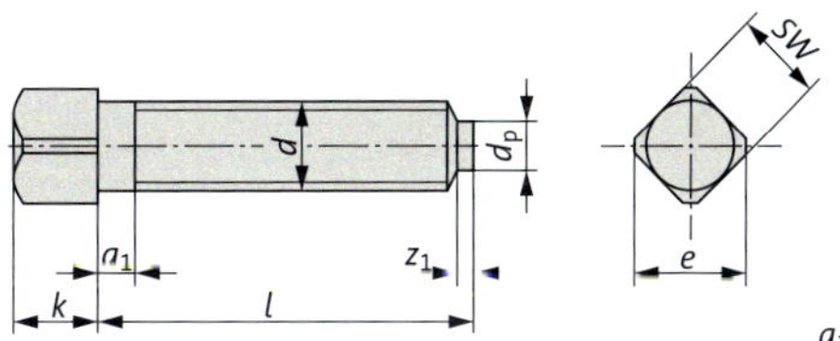

a_1 nach DIN 76-1

Gewinde d	M5	M6	M8	M10	M12	M16		M20		M24
SW	5	6	8	10	13	16	17	21	22	24
e	6,5	8	10	13	17	21	22	27	28	32
DIN 478										
c	2	2	2	3	3	4		5		6
b $l \le 125$	16	18	22	26	30	38		46		54
$l > 125$	–	–	–	32	36	44		52		60
k	7	8	10	13	15	20		25		28
d_c	9,5	10,5	13,5	16,5	19,5	25		31		36
l von – bis	10 – 30	10 – 40	16 – 45	20 – 60	25 – 90	30 – 140		35 – 180		35 – 180
DIN 479										
d_p	3,5	4	5,5	7	8,5	12		15		18
z_1	1,25	1,5	2	2,5	3	4		5		6
k	5	6	8	10	12	16		20		22
l von – bis	8 – 40	8 – 45	10 – 55	16 – 60	20 – 90	40 – 120		50 – 140		55 – 140

Längenstufung l: 8 – 10 – 16 – 20 – 25 – 30 – 35 – 40 – 45 – 50 – 55 – 60 – 70 – 80 – 90 – 100 – 110 – 120 – 140

Bezeichnungsbeispiel:
Vierkantschraube DIN 479 – M10 x 50 – 8.8
Vierkantschraube mit Zapfen, Gewinde d = M10, Länge l = 50 mm und Festigkeitsklasse 8.8

Hinweis:
In der Bezeichnung kann zusätzlich die Schlüsselweite SW nach der Länge l angegeben werden, z. B. Vierkantschraube DIN 479 – M10 x 50 – SW 10 – 8.8.

Flügelschrauben

DIN 316: 2016-12

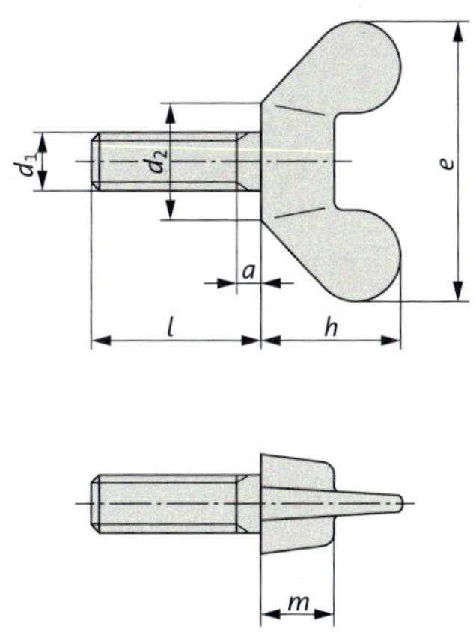

Gewinde d_1		M4	M5	M6	M8	M10	M12	M16	M20	M24
d_2		8	11	13	16	20	23	29	35	44
e	max.	20	26	33	39	51	65	73	90	110
h	max.	10,5	13	17	20	25	33,5	37,5	46,5	56,5
m	max.	4,6	6,5	8	10	12	14	17	21	25
a	max.	2,1	2,4	3	4	4,5	5,3	6	7,5	9
l	von	6	8	8	10	16	16	20	30	35
	bis	20	30	40	50	50	60	60	60	60

Längenstufung l: 6 – 8 – 10 – 12 – 16 – 20 – 25 – 30 – 35 – 40 – 50 – 60

Werkstoff: GT (Temperguss), St (Stahl), CuZn (Kupfer-Zink-Legierung), A (Austenitischer Stahl)

Bezeichnungsbeispiel:
Flügelschraube DIN 316 – M8 x 40 – GT
Flügelschraube mit Gewinde d_1 = M8, Länge l = 40 mm, aus Temperguss

Hinweis:
Flügelschrauben können aus zwei Teilen gefertigt sein, die aus GT und St bestehen.

5

Rändelschrauben hohe Form / Rändelschrauben niedrige Form

DIN 464: 2007-01
DIN 653: 2006-08

DIN 464

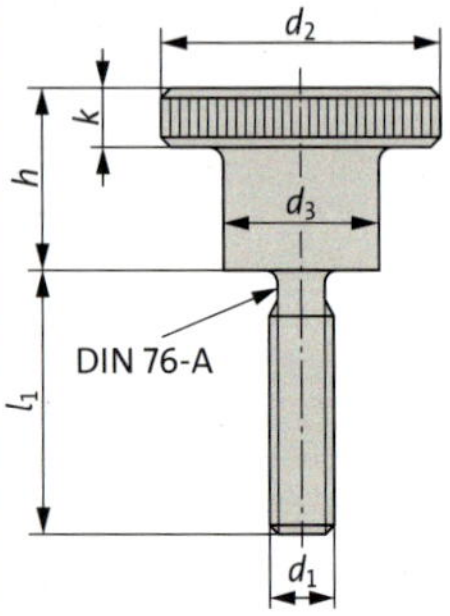

DIN 653

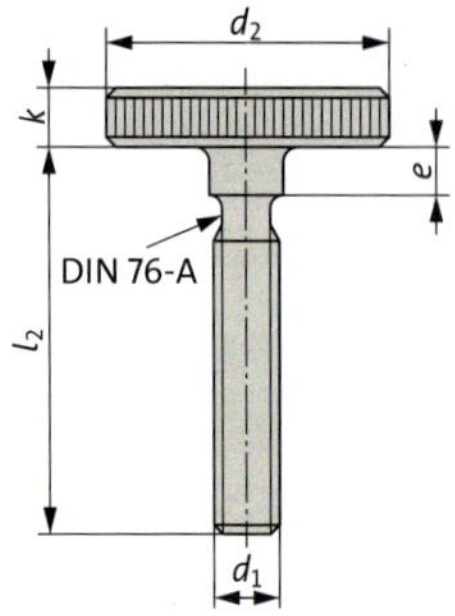

Gewinde d_1	M4	M5	M6	M8	M10
d_2	16	20	24	30	36
d_3	8	10	12	16	20
e (ab l)	3 (ab l = 20)		4 (20)	5 (25)	6 (30)
h	9,5	11,5	15	18	23
k	3,5	4	5	6	8
l_1	5 – 16	6 – 20	8 – 25	12 – 25	20 – 40
l_2	8 – 25	10 – 30	12 – 30	16 – 35	20 – 40

Längenstufung l:
5 – 6 – 8 – 10 – 12 – 16 – 20 – 25 – 30 – 35 – 40

Werkstoff: Automatenstahl

Bezeichnungsbeispiel:
Rändelschraube DIN 653 – M6 x 25 – 5.6 – St
Rändelschraube niedrige Form, Gewinde d_1 = M6, Länge l_2 = 25 mm, Werkstoff Stahl

Augenschrauben – Form B

DIN 444: 2017-04

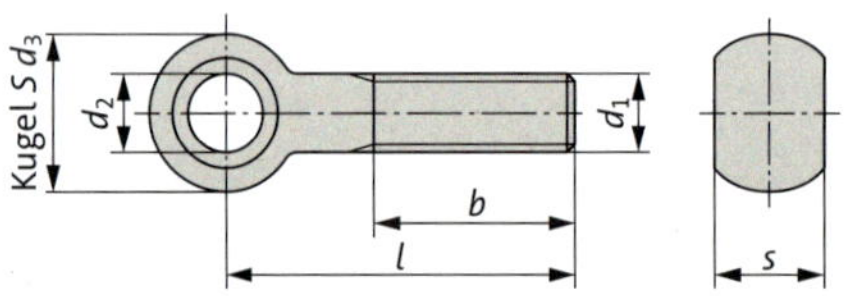

Gewinde d_1	M6	M8	M10	M12	M16	M20
d_2 H9	6	8	10	12	16	18
$S\,d_3$	14	18	20	25	32	40
s	7	9	12	14	17	22
b für $l \leq 125$	18	22	26	30	38	46
für $l > 125$ bis 200	–	28	32	36	44	52
für $l > 200$	–	–	–	49	57	65
l von	35	40	45	55	70	100
bis	90	140	150	260	260	260

Werkstoff: Stahl, Festigkeitsklassen 4.6, 5.6

Bezeichnungsbeispiel:
Augenschraube DIN 444 – B M8 x 80 – 5.6 – St
Augenschraube Form B, Gewinde d_1 = M8, Länge l = 80 mm, Festigkeitsklasse 5.6

Verschlussschrauben mit Bund und Innensechskant / Verschlussschrauben mit Bund und Außensechskant

DIN 908: 2012-04
DIN 910: 2012-04

DIN 908

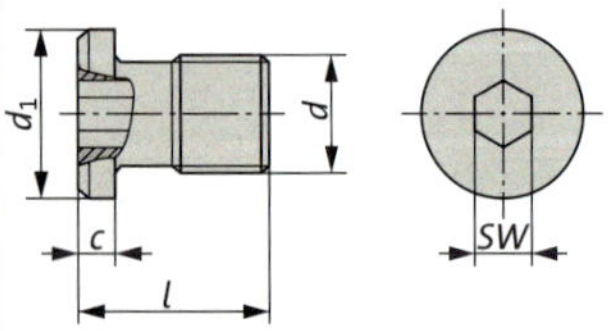

DIN 910

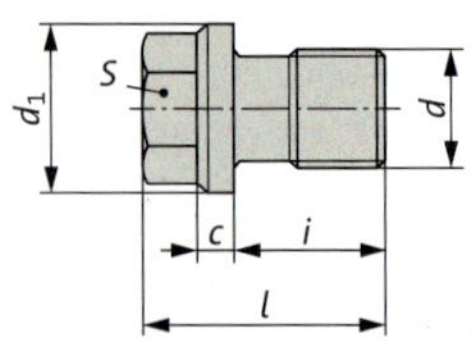

Gewinde d	M10 x 1	M12 x 1,5	M16 x 1,5	M20 x 1,5	M24 x 1,5	M30 x 1,5
DIN 908						
d_1	14	17	21	25	29	36
c	3	3	3	4	4	4
l	11	15	15	18	18	20
SW	5	6	8	10	12	17
DIN 910						
d_1	14	17	21	25	29	36
c	3	3	3	4	4	4
i	8	12	12	14	14	16
l	17	21	21	26	27	30
S	10	13	16	18	21	24

Werkstoff: Stahl A1 bis A5, Kupferlegierung Cu1 bis Cu7

Bezeichnungsbeispiel:
Verschlussschraube DIN 908 – M20 x 1,5 – St
Verschlussschraube mit Innensechskant, Gewinde d = M20 x 1,5 aus Stahl

Ausführungen von Muttern

Ausführungen von Muttern, Beispiele

Sechskantmuttern	Sechskant-Kronenmuttern	Sechskant-Hutmuttern	Nutmuttern
Regelgewinde: DIN EN ISO 4032 DIN EN ISO 4033 DIN EN ISO 4034 Feingewinde: DIN EN ISO 8673 DIN EN ISO 8674 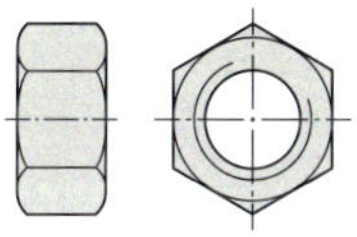	DIN 935-1 hohe Form 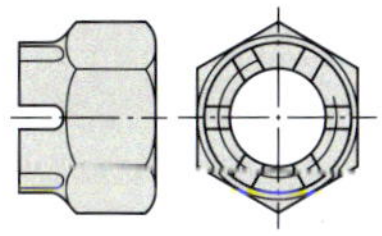	DIN 917 niedrige Form 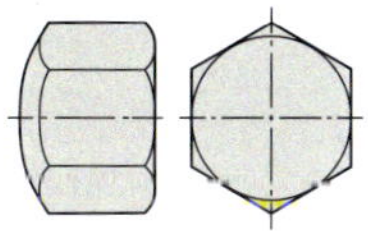	DIN 1804 mit Feingewinde 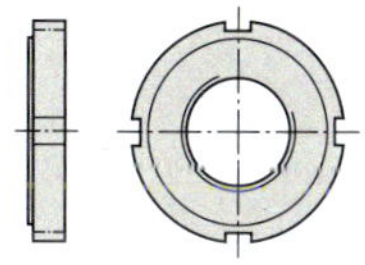
	DIN 935-3 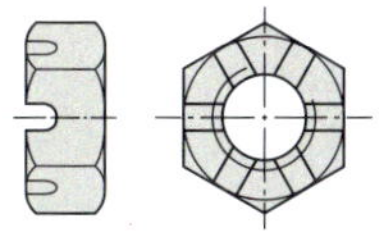	DIN 1587 hohe Form 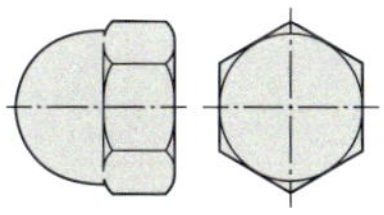	DIN 981 mit Feingewinde (Wälzlagerzubehör) 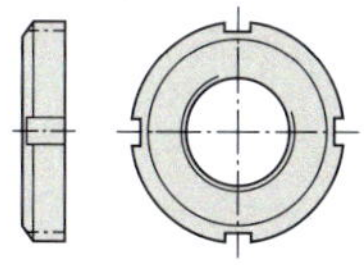
DIN EN ISO 4035 DIN EN ISO 8675 niedrige Form 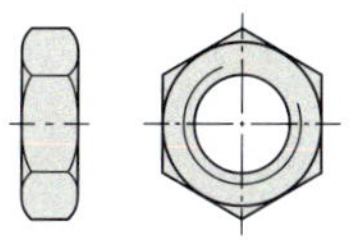	DIN 979 niedrige Form 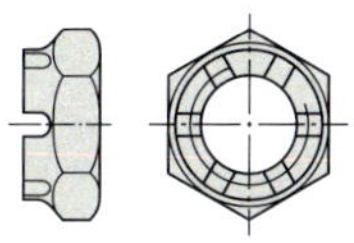	DIN 986 Nichtmetallisches Klemmteil 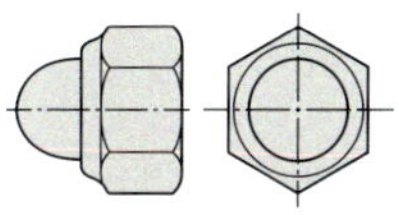	**Kreuzlochmutter** DIN 1816 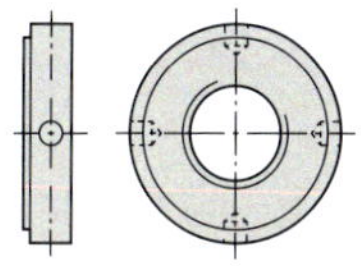
Metallisches Klemmteil Regelgewinde: DIN EN ISO 7042 Feingewinde: DIN EN ISO 10513 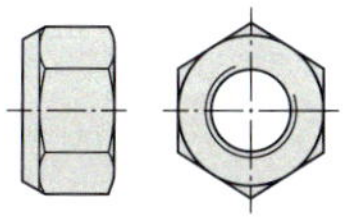	**Sechskantmuttern 1,5 *d* hoch** DIN 6331 mit Bund 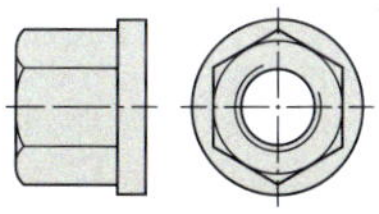	DIN 6330 mit kugeliger Auflagefläche 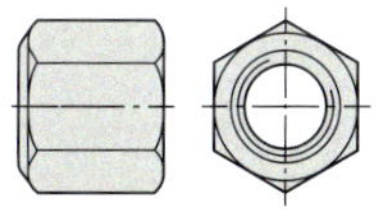	**Rändelmuttern** DIN 466 hohe Form 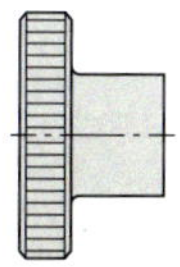 DIN 467 niedrige Form 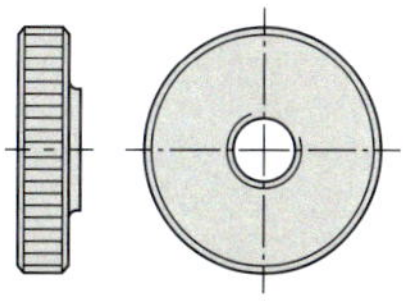
Nichtmetallisches Klemmteil Regelgewinde: DIN EN ISO 7040 DIN EN ISO 10511 Feingewinde: DIN EN ISO 10512 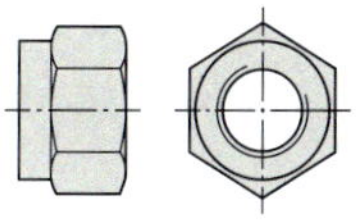	**Sechskantmuttern mit Flansch** DIN EN 1661 DIN EN 1663 Nichtmetallisches Klemmteil 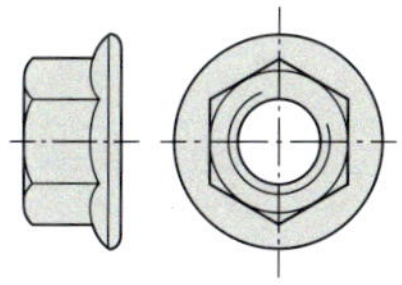	**Schweißmuttern** DIN 929 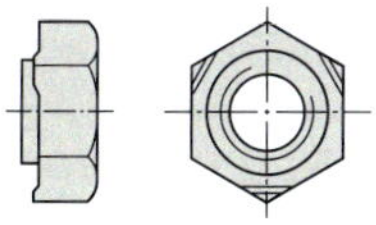	**Muttern für T-Nuten** DIN 508 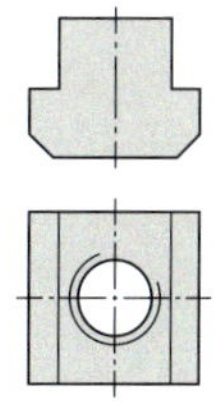 **Flügelmuttern** DIN 315 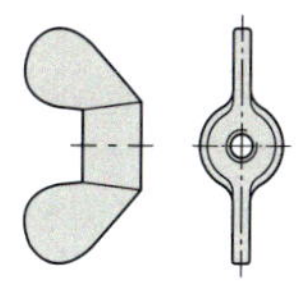

Mechanische Eigenschaften von Muttern

DIN EN ISO 898-2: 2012-08; DIN EN ISO 3506-2: 2010-04

Kennzeichnung von Muttern

Kohlenstoffstahl und legierter Stahl

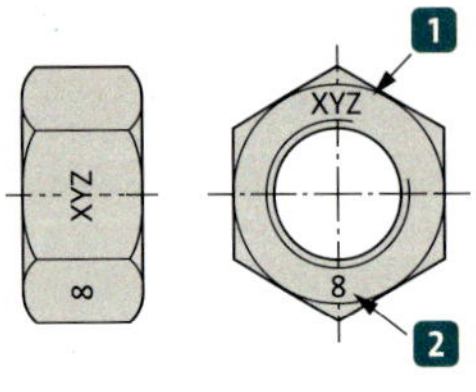

1 Herstellerzeichen
2 Festigkeitsklasse

Nichtrostender Stahl

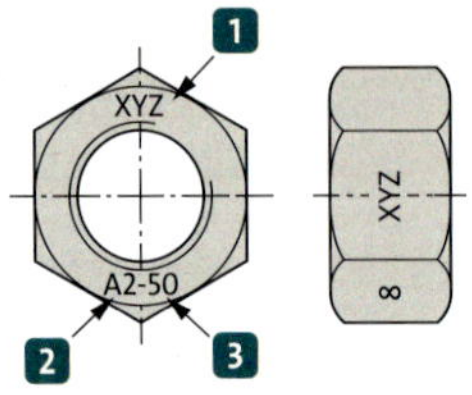

1 Herstellerzeichen
2 Stahlsorte
3 Festigkeitsklasse

Alternative Rillenkennzeichnung für die Stahlsorten A2 und A4

A2

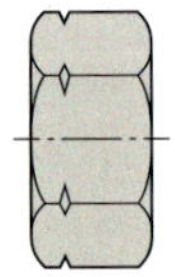

A4

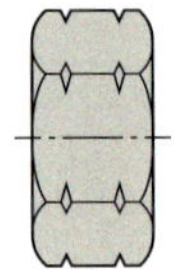

Kennzeichnung von Linksgewinde

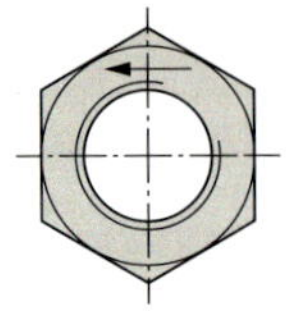

Alternative Kennzeichnung für Linksgewinde

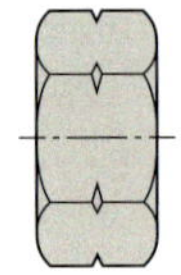

Festigkeitsklassen von Muttern aus Kohlenstoffstahl und legiertem Stahl

Festig-keits-klasse Mutter	Bereich der Nenndurchmesser *D* für Regelgewinde M5 bis M39 und Feingewinde M8 x1 bis M39 x 3			
	Normale Mutter (Typ 1) Höhe $m_{min.} \geq 0{,}8\,D$	Hohe Mutter (Typ 2) Höhe $m_{min.} > 0{,}9\,D$	Flache Mutter (Typ 0) Höhe $0{,}5\,D \leq m \leq 0{,}8\,D$	Höchste Festigkeitsklasse der zugehörigen Schraube
04	–	–	M5 ≤ *D* ≤ M39 M8 x 1 ≤ *D* ≤ M39 x 3	–
05	–	–	M5 ≤ *D* ≤ M39 M8 x 1 ≤ *D* ≤ M39 x 3	–
5	M5 ≤ *D* ≤ M39 M8 x 1 ≤ *D* ≤ M39 x 3	–	–	5.8
6	M5 ≤ *D* ≤ M39 M8 x 1 ≤ *D* ≤ M39 x 3	–	–	6.8
8	M5 ≤ *D* ≤ M39 M8 x 1 ≤ *D* ≤ M39 x 3	M5 ≤ *D* ≤ M39 M8 x 1 ≤ *D* ≤ M39 x 3	–	8.8
9	–	M5 ≤ *D* ≤ M39	–	9.8
10	M5 ≤ *D* ≤ M39 M8 x 1 ≤ *D* ≤ M16 x 1,5	M5 ≤ *D* ≤ M39 M8 x 1 ≤ *D* ≤ M16 x 1,5	–	10.9
12	M5 ≤ *D* ≤ M16	M5 ≤ *D* ≤ M39 M8 x 1 ≤ *D* ≤ M16 x 1,5	–	12.9

Die Festigkeitsklasse gibt 1/100 der Nennzugfestigkeit R_m in MPa an.
Beispiel Festigkeitsklasse 6: Nennzugfestigkeit $R_m = 6 \cdot 100 = 600$ MPa

Festigkeitsklassen und Stahlsorten von Muttern aus nichtrostenden Stählen

Stahlgruppe	Austenitisch			Martensitisch						Ferritisch	
Stahlsorte	A1 – A2 – A3 – A4 – A5			C1		C4			C3	F1	
Festigkeitsklassen für $m \geq 0{,}8\,D$	50	70	80	50	70	110	50	70	80	45	60
Festigkeitsklassen für $0{,}5\,D \leq m \leq 0{,}8\,D$	025	035	040	025	035	055	025	035	040	020	030

Werte für Gewindenenndurchmesser $D \leq 39$ mm

Die Festigkeitsklasse gibt 1/10 der Prüfspannung S_p in MPa an (1 MPa = 1 Million Pa = 1 N/mm²).
Prüfspannung ist gleich der Mindestzugfestigkeit einer Schraube, die bei Paarung mit der Mutter bis zur Mindeststreckgrenze der Schraube belastet werden kann.

Bezeichnungsbeispiel:
A2-80
Mutter mit $m \geq 0{,}8\,D$ aus austenitischem Stahl, Prüfspannung S_p mindestens 800 MPa

Sechskantmuttern mit Regelgewinde

DIN EN ISO 4032, 4033, 4035: 2013-04

Typ 1: DIN EN ISO 4032,
normale Mutter

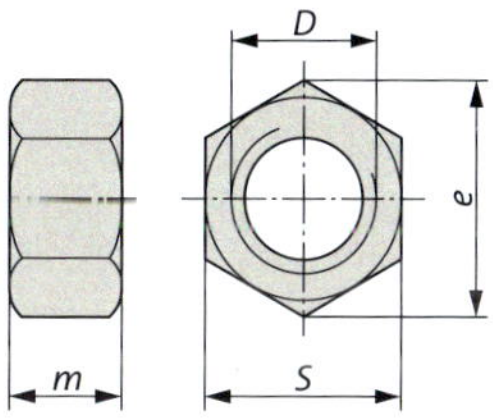

Typ 2: DIN EN ISO 4033,
hohe Mutter

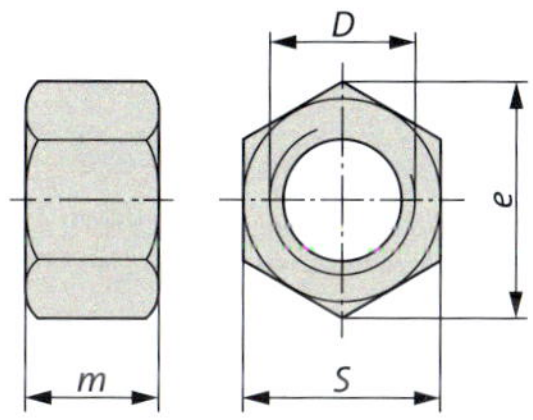

DIN EN ISO 4035,
niedrige Form

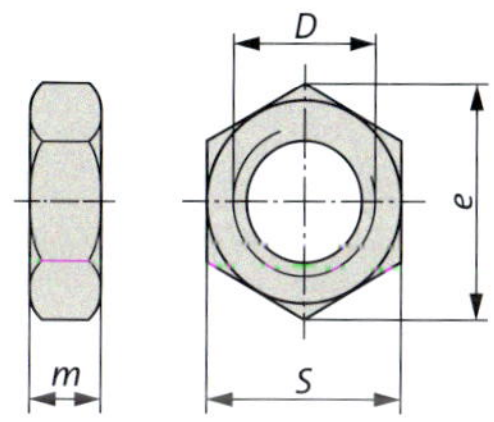

Norm	*D*	M2	M3	M4	M5	M6	M8	M10	M12	M16	M20	M24	M30	M36
alle	*S*	4	5,5	7	8	10	13	16	18	24	30	36	46	55
ISO 4032	*e*	4,3	6	7,6	8,8	11,1	14,3	17,8	20	26,8	33	39,6	50,9	60,8
	m	1,6	2,4	3,2	4,7	5,2	6,8	8,4	10,8	14,8	18	21,5	25,6	31
ISO 4033	*e*	–	–	–	8,8	11,1	14,4	17,8	20	26,8	33	39,6	50,9	60,8
	m	–	–	–	5,1	5,7	7,5	9,3	12	16,4	20,3	23,9	28,6	34,7
ISO 4035	*e*	4,3	6	7,7	8,8	11,1	14,4	17,8	20	26,8	33	39,6	50,9	60,8
	m	1,2	1,8	2,2	2,7	3,2	4	5	6	8	10	12	15	18

Werkstoffe/Festigkeitsklassen nach DIN EN ISO 898-2 und DIN EN ISO 3506-2

Bezeichnungsbeispiel:
Sechskantmutter ISO 4032 – M 8 – 10
Sechskantmutter Typ 1 mit Regelgewinde M8 und Festigkeitsklasse 10

Sechskantmuttern mit Feingewinde

DIN EN ISO 8673, 8674, 8675: 2012-04

Typ 1: ISO 8673 – normale Mutter, Typ 2: ISO 8674 – hohe Mutter, ISO 8675 – niedrige Form

Norm	*D*	M8 x 1	M10 x 1	M12 x 1,5	M16 x 1,5	M20 x 1,5	M24 x 2	M30 x 2	M36 x 3
Größen *S* und *e* wie Muttern nach ISO 4032									
ISO 8673	*m*	6,8	8,4	10,8	14,8	18	21,5	25,6	31
ISO 8674	*m*	7,5	9,3	12	16,4	20,3	23,9	28,6	34,7
ISO 8675	*m*	4	5	6	8	10	12	15	18

Werkstoffe/Festigkeitsklassen nach DIN EN ISO 898-2 und DIN EN ISO 3506-2

Sechskantmuttern mit Flansch

DIN EN 1661: 1998-02

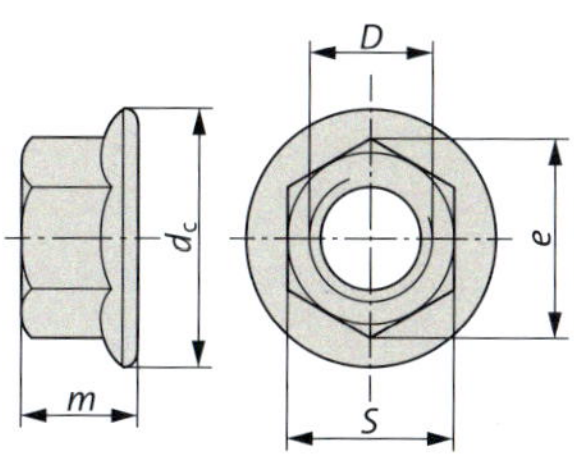

D	M5	M6	M8	M10	M12	M16	M20
d_c	11,8	14,2	17,9	21,8	26	34,5	42,8
S	8	10	13	16	18	24	30
e	8,79	11	14,4	17,8	20	26,8	33
m	5	6	8	10	12	16	20

Werkstoff: Stahl, nichtrostender Stahl A2-70
Festigkeitsklassen: 8, 10, 12

Bezeichnungsbeispiel:
Sechskantmutter EN 1661 – M8 – 8
Sechskantmutter mit Flansch, Regelgewinde M8 und Festigkeitsklasse 8

Sechskantmuttern mit Klemmteil (mit nichtmetallischem Einsatz), Typ 1

Regelgewinde DIN EN ISO 7040: 2013-04
Feingewinde DIN EN ISO 10512: 2013-05

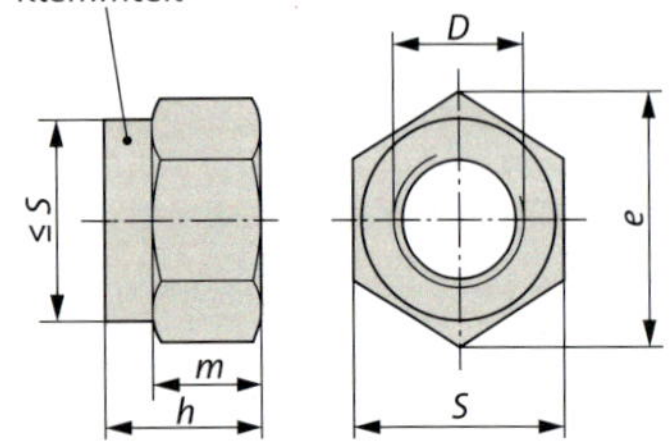

D	M3 –	M4 –	M5 –	M6 –	M8 M8 x 1	M10 M10 x 1
s	5,5	7	8	10	13	16
e	6,01	7,7	8,8	11,1	14,4	17,8
m	2,15	2,9	4,4	4,9	6,4	8
h	4,5	6	6,8	8	9,5	11,9
D	M12 M12 x 1,5	M16 M16 x 1,5	M20 M20 x 1,5	M24 M24 x 2	M30 M30 x 2	M36 M36 x 3
s	18	24	30	36	46	55
e	20	26,8	33	39,6	50,9	60,8
m	10,4	14,1	16,9	20,2	24,3	29,4
h	14,9	19,1	22,8	27,1	32,6	38,9

Werkstoff/Festigkeitsklasse nach DIN EN ISO 898-2 und 3506-2

Bezeichnungsbeispiel:
Sechskantmutter ISO 10512 – M 12 x 1,5 – 10
Sechskantmutter mit Klemmteil, Feingewinde M12 und Festigkeitsklasse 10

Hohe Sechskantmuttern mit Klemmteil (Ganzmetallmuttern), Typ 2

Regelgewinde DIN EN ISO 7042: 2013-04
Feingewinde DIN EN ISO 10513: 2013-05

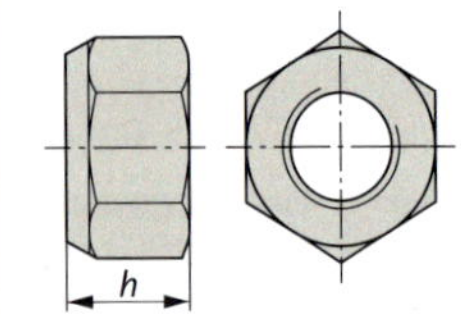

D	M5 –	M6 –	M8 M8 x 1	M10 M10 x 1,25	M12 M12 x 1,5	M16 M16 x 1,5	M20 M20 x 1,5	M24 M24 x 2
h	5	6	8	10	12	16	20	24

fehlende Maßangaben wie DIN EN ISO 7040 und 10512

Werkstoff/Festigkeitsklasse nach DIN EN ISO 898-2 und 3506-2

Sechskant-Kronenmuttern

DIN 935-1: 2013-08

Form bis M10

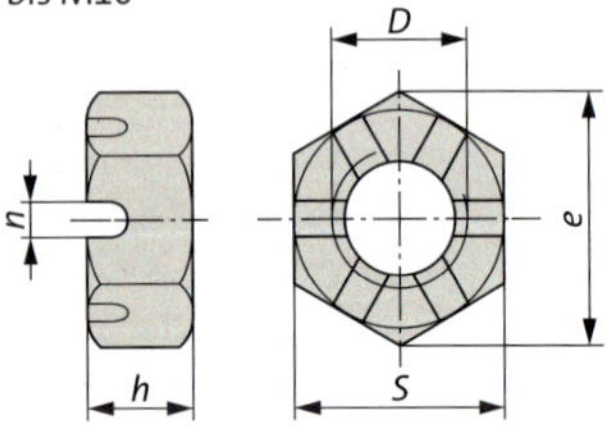

Form ab M12

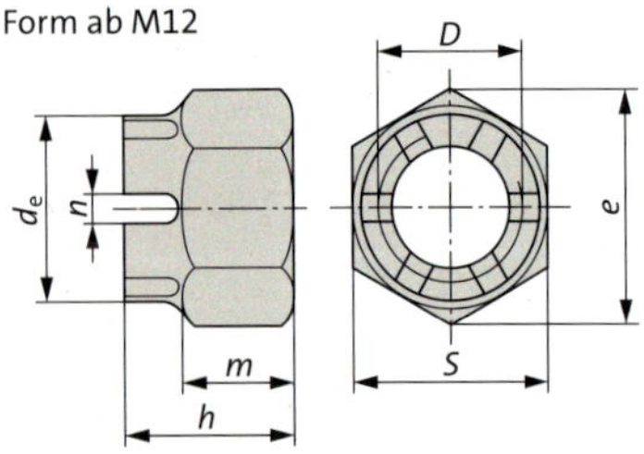

D	M4 –	M5 –	M6 –	M8 –	M10 M10 x 1
s	7	8	10	13	16
e	7,7	8,8	11,1	14,4	17,8
h	5	6	7,5	9,5	12
n	1,2	1,4	2	2,5	2,8
Splint ISO 1234	1 x 10	1.2 x 12	1,6 x 14	2 x 16	2,5 x 20
D	M12 M12 x 1,5	M16 M16 x 1,5	M20 M20 x 2	M24 M24 x 2	M30 M30 x 2
s	48	24	30	36	46
e	20	26,8	33	39,6	50,9
m	10	13	16	19	24
h	15	19	22	27	33
d_e	15,6	21,5	27,7	33,2	42,7
n	3,5	4,5	4,5	5,5	7
Splint ISO 1234	3,2 x 22	4 x 28	4 x 36	5 x 40	6,3 x 50

Werkstoff/Festigkeitsklassen nach DIN EN ISO 898-2 und 3506-2

Bezeichnungsbeispiel:
Kronenmutter DIN 935 – M 12 – 8
Kronenmutter mit Regelgewinde M12 und Festigkeitsklasse 8

Sechskantmuttern, Hutmuttern, Schweißmuttern

Sechskantmuttern 1,5 · *d* hoch — DIN 6330, 6331: 2003-04

DIN 6330
mit einseitiger
kugeliger Auflagefläche[1)]

DIN 6331
mit Bund

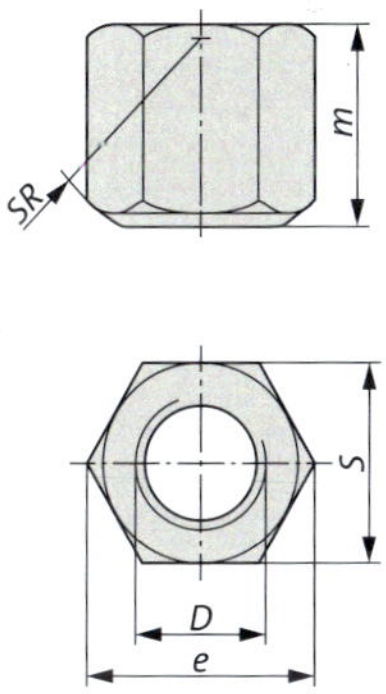

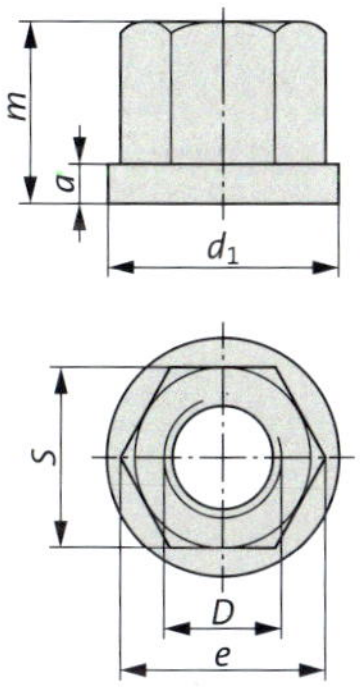

D	M6	M8	M10	M12	M16	M20	M24	M30
s	10	13	16	18	24	30	36	46
e	11,1	14,4	17,8	20	26,8	33,5	40	51,3
m	9	12	15	18	24	30	36	45
a	3	3,5	4	4	5	6	6	8
d_1	14	18	22	25	31	37	45	58
SR	9	11	15	17	22	27	32	41

Werkstoff: Stahl, Festigkeitsklassen 8 und 10

Bezeichnungsbeispiel:
Sechskantmutter DIN 6330 – M16 – 10
Sechskantmutter mit kugeliger Auflagefläche, Gewinde M16 und Festigkeitsklasse 10

[1)] zur Verwendung mit Kegelpfannen nach DIN 6319 – Form G

Sechskant-Hutmuttern, hohe Form — DIN 1587: 2014-07

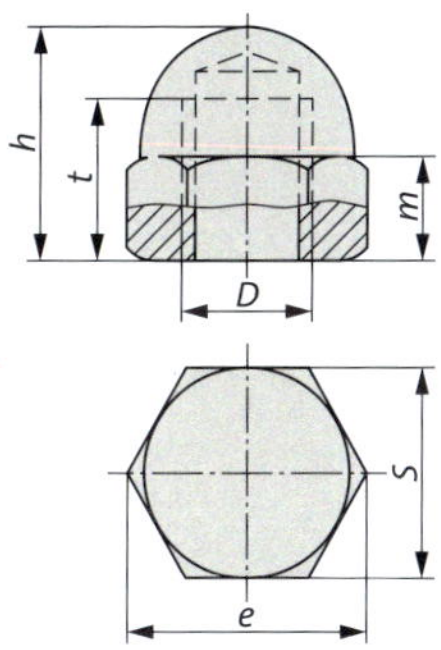

D	M4 –	M5 –	M6 –	M8 M8 x 1	M10 M10 x 1	M12 M12 x 1,5	M16 M16 x 1,5	M20 M20 x 2	M24 M24 x 2
s	7	8	10	13	16	18	24	30	36
e	7,7	8,8	11,1	14,4	17,8	20	26,8	33,5	40
m	3,2	4	5	6,5	8	10	13	16	19
t	5,3	7,2	7,8	10,7	13,3	16,3	20,6	25,6	30,5
h	8	10	12	15	18	22	28	34	42

Werkstoff: Stahl, Festigkeitsklasse 6; nichtrostender Stahl A1-50

Bezeichnungsbeispiel:
Hutmutter DIN 1587 – M10 – A1-50
Sechskant-Hutmutter mit Gewinde M10 aus nichtrostendem Stahl A1 mit der Festigkeitsklasse 50

Sechskant-Schweißmuttern — DIN 929: 2013-12

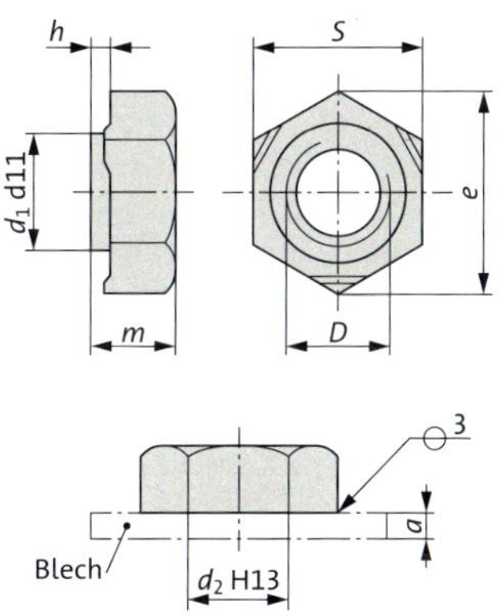

D	M4 –	M5 –	M6 –	M8 M8 x 1	M10 M10 x 1	M12 M12 x 1,5	M16 M16 x 1,5
s	9	10	11	14	17	19	24
e	9,8	11	12	15,4	18,7	21	26,5
m	3,5	4	5	6,5	8	10	13
h	0,65	0,7	0,75	0,9	1,15	1,4	1,8
d_1	6	7	8	10,5	12,5	14,8	18,8
$a_{max.}$	1,5	2	2,5	3	4	5	6
d_2	6	7	8	10,5	12,5	14,8	18,8

Werkstoff: Stahl mit einem Kohlenstoffanteil von maximal 0,25 %

Bezeichnungsbeispiel:
Schweißmutter DIN 929 – M12 – St
Sechskant-Schweißmutter mit Gewinde M12 aus Stahl

5

Nutmuttern
Kreuzlochmuttern

DIN 1804: 1971-03
DIN 1816: 1971-03

DIN 1804

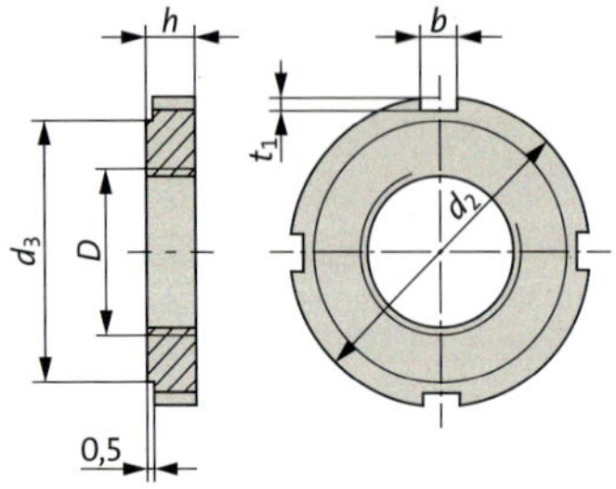

DIN 1816

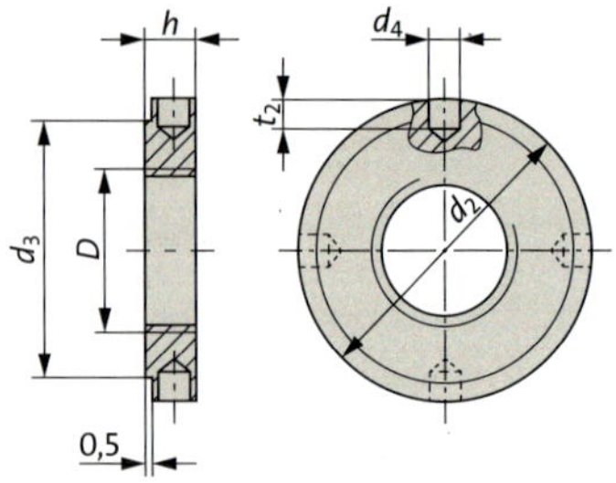

Sicherungsblech für Nutmutter nach DIN 462

D	M8 x 1	M10 x 1	M12 x 1,5	M16 x 1,5	M20 x 1,5	M24 x 1,5	M28 x 1,5	M30 x 1,5	M32 x 1,5
d_2	20	25	28	32	36	42	50	50	52
d_3	16	20	23	27	30	36	43	43	45
d_4	2,5	3	3	4	4	4	5	5	5
h	5	6	6	7	8	9	10	10	11
b	4	5	5	5	6	6	7	7	7
t_1/t_2	1,5	1,5 / 2	2	2	2,5	2,5	3	3	3
D	M35 x 1,5	M38 x 1,5	M40 x 1,5	M42 x 1,5	M45 x 1,5	M48 x 1,5	M50 x 1,5	M55 x 1,5	M60 x 1,5
d_2	55	58	62	62	68	75	75	80	90
d_3	48	50	54	54	60	67	67	70	80
d_4	5	5	6	6	6	6	6	6	6
h	11	11	12	12	12	13	13	13	13
b	7	8	8	8	8	8	8	10	10
t_1/t_2	3	3,5	3,5	3,5	3,5	3,5	3,5	4	4

Ab Größe M45 x 1,5 weisen die Nutmuttern/Kreuzlochmuttern 6 Nuten/Bohrungen auf.

Werkstoff: Stahl, Festigkeitsklasse 5; nichtrostender Stahl
Ausführung w: ungehärtet, brüniert; Ausführung h: gehärtet und Planfläche geschliffen

Bezeichnungsbeispiel:
Nutmutter DIN 1804 – M30 x 1,5 – h
Nutmutter mit Feingewinde M30 x 1,5, gehärtet

Rändelmuttern, hohe Form und niedrige Form

DIN 466, 467: 2006-08

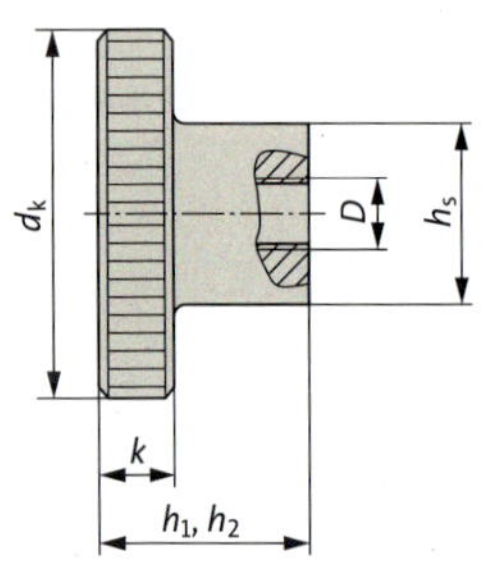

h_1: DIN 467, niedrige Form
h_2: DIN 466, hohe Form

D	M1	M1,6	M2	M2,5	M3	M4	M5	M6	M8	M10
d_k	5,5	7,5	9	11	12	16	20	24	30	36
d_s	2,8	3,8	4,5	5	6	8	10	12	16	20
k	1,5	2	2	2,5	2,5	3,5	4	5	6	8
h_1	2	2,5	2,5	3	3	4	5	6	8	10
h_2	3,5	5	5,3	6,5	7,5	9,5	11,5	15	18	23

Werkstoff: Stahl, nichtrostender Stahl A1 oder A2, Nichteisenmetall CU 3

Bezeichnungsbeispiel:
Rändelmutter DIN 466 – M8 – A2
Rändelmutter, hohe Form, Gewinde M8, aus nichtrostendem Stahl

Spannschlossmuttern, Flügelmuttern, Ringmuttern

Sechskant-Spannschlossmuttern DIN 1479: 2005-09

Ausführung bis M16
mit sich überschneidenden Gewinden

Ausführung ab M20 mit Aussparung
nicht angegebene Maße und Festlegungen wie Größen bis M16

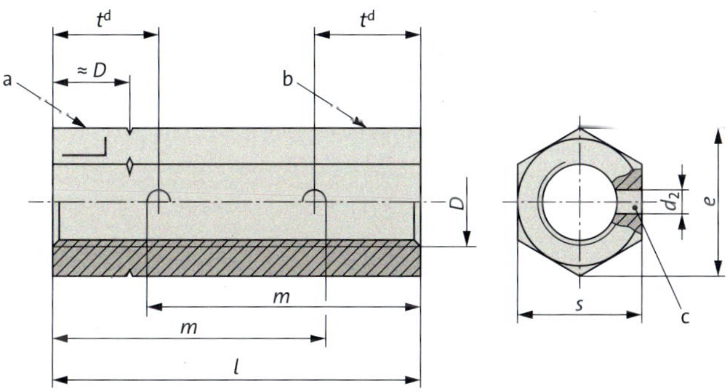

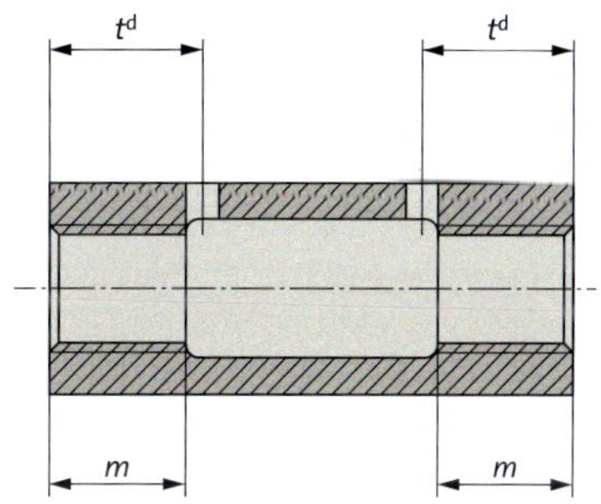

Gewinde *D*	M6	M8	M10	M12	M16	M20	M24	M30
d_2	4 ± 0,3							
l	30	35	45	55	75	95	115	125
m ≈	22,5	25	33	40	55	24	29	36
s	10	13	16	18	24	30	36	46
e	11	14,3	17,8	20	26,8	33	39,6	50,8
t ≈	9,5	12	14	17	22	26	31	38

a: Ende mit Linksgewinde, durch L oder durch eine Rille gekennzeichnet
b: Ende mit Rechtsgewinde
c: Bohrung zur Kontrolle der Lage des Anschlussteiles
d: Maß *t* ist zugleich die Mindesteinschraublänge des Anschlussteiles

Werkstoff:
Stahl, Festigkeitsklasse 5; nichtrostender Stahl A4-50

Bezeichnungsbeispiel:
Spannschlossmutter DIN 1479 – SP – M16 – 5
Spannschlossmutter (SP) mit Links- und Rechtsgewinde M16, Festigkeitsklasse 5

Flügelmuttern DIN 315: 2016-12

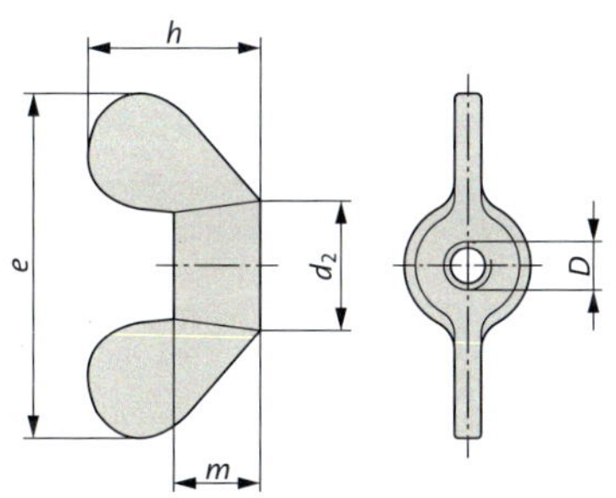

D	M4	M6	M8	M10	M12	M16
d_2	8	13	16	20	23	29
e	20	33	39	51	65	73
h	10,5	17	20	25	33,5	37,5
m	4,6	8	10	12	14	17

Werkstoff: St, GT, CuZn oder A wie in DIN 316

Bezeichnungsbeispiel:
Flügelmutter DIN 315 – M6 – St
Flügelmutter mit Gewinde M6, aus Stahl

Ringmuttern DIN 582: 2018-04

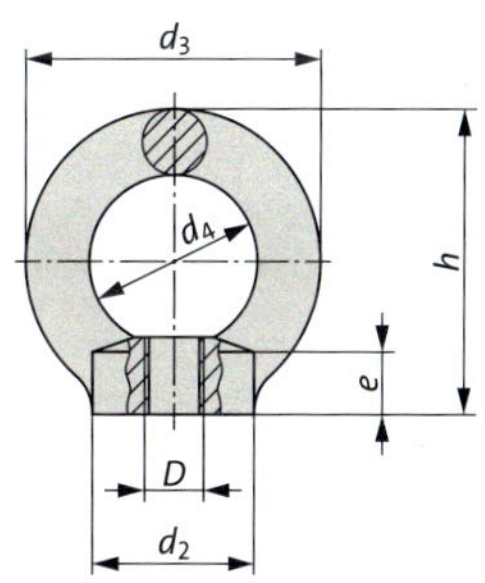

D	M10	M16	M20	M24	M30	M42
d_2	25	35	40	50	65	85
d_3	45	63	72	90	108	144
d_4	25	35	40	50	60	80
e	10	13	16	20	25	35
h	45	62	71	90	109	147

Werkstoff: Stahl C15E; nichtrostender Stahl A2, A3, A4, A5

Bezeichnungsbeispiel:
Ringmutter DIN 582 – M20 – C15E
Ringmutter mit Gewinde M20, aus Stahl C15E

Flache Scheiben mit Fase für Sechskantschrauben und -muttern — DIN EN ISO 7090: 2000-11

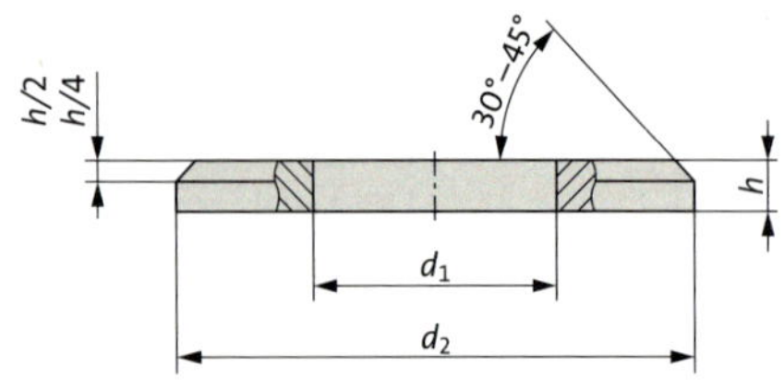

Scheiben mit Härteklasse 200 HV sind geeignet für:
- Sechskantschrauben mit Festigkeitsklassen ≤ 8.8,
- Sechskantmuttern mit Festigkeitsklassen ≤ 8,
- Sechskantschrauben und Muttern aus nichtrostendem Stahl.

Scheiben mit Härteklasse 300 HV sind geeignet für:
- Sechskantschrauben mit Festigkeitsklassen ≤ 10.9,
- Sechskantmuttern mit Festigkeitsklassen ≤ 10.

Nenngröße	5	6	8	10	12	16	20	24	30	36	42	48
für Gewinde	M5	M6	M8	M10	M12	M16	M20	M24	M30	M36	M42	M48
d_1	5,3	6,4	8,4	10,5	13,0	17,0	21,0	25,0	31,0	37,0	45,0	52,0
d_2	10,0	12,0	16,0	20,0	24,0	30,0	37,0	44,0	56,0	66,0	78,0	92,0
h	1,0	1,6	1,6	2,0	2,5	3,0	3,0	4,0	4,0	5,0	8,0	8,0

Angegeben sind jeweils die Nennmaße.

Werkstoff: Stahl, Härteklassen 200 HV und 300 HV (vergütet); nichtrostender Stahl A2, A4, F1, C1, C4 – Härteklasse 200 HV

Bezeichnungsbeispiel:
Scheibe ISO 7090 – 12 – 300 HV
Scheibe mit Nenngröße 12, aus Stahl, Härteklasse 300 HV

Flache Scheiben für Sechskantschrauben und -muttern — DIN EN ISO 7091: 2000-11

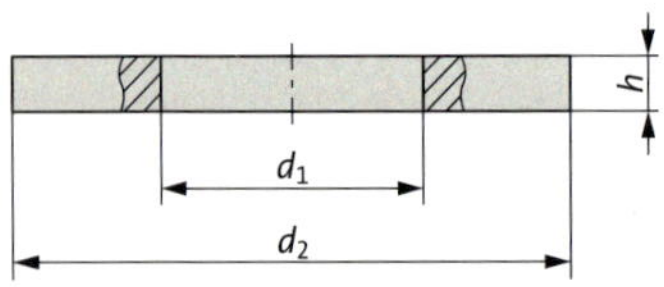

Scheiben mit Härteklasse 100 HV sind geeignet für:
- Sechskantschrauben mit Festigkeitsklassen ≤ 6.8,
- Sechskantmuttern mit Festigkeitsklassen ≤ 6.

Nenngröße	4	5	6	8	10	12	16	20	24	30	36	42	48
für Gewinde	M4	M5	M6	M8	M10	M12	M16	M20	M24	M30	M36	M42	M48
d_1	4,5	5,5	6,6	9,0	11,0	13,5	17,5	22,0	26,0	33,0	39,0	45,0	52,0
d_2	9,0	10,0	12,0	16,0	20,0	24,0	30,0	37,0	44,0	56,0	66,0	78,0	92,0
h	0,8	1,0	1,6	1,6	2,0	2,5	3,0	3,0	4,0	4,0	5,0	8,0	8,0

Angegeben sind jeweils die Nennmaße.

Werkstoff: Stahl, Härteklasse 100 HV

Flache Scheiben für Zylinderschrauben — DIN EN ISO 7092: 2000-11

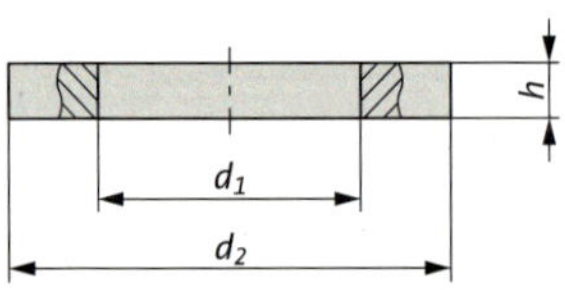

Scheiben mit Härteklasse 200 HV sind geeignet für Zylinderschrauben mit Festigkeitsklassen ≤ 8.8 oder aus nichtrostendem Stahl.

Scheiben mit Härteklasse 300 HV sind geeignet für Zylinderschrauben mit Festigkeitsklassen ≤ 10.9.

Nenngröße	1,6	2	3	4	5	6	8	10	12	16	20	24	30	36
für Gewinde	M1,6	M2	M3	M4	M5	M6	M8	M10	M12	M16	M20	M24	M30	M36
d_1	1,7	2,2	3,2	4,3	5,3	6,4	8,4	10,5	13,0	17,0	21,0	25,0	31,0	37,0
d_2	3,5	4,5	6,0	8,0	9,0	11,0	15,0	18,0	20,0	28,0	34,0	39,0	50	60
h	0,3	0,3	0,5	0,5	1,0	1,6	1,6	1,6	2,0	2,5	3,0	4,0	4,0	5,0

Angegeben sind jeweils die Nennmaße.

Werkstoff: Stahl, Härteklassen 200 HV und 300 HV (vergütet); nichtrostender Stahl A2, A4, F1, C1, C4 – Härteklasse 200 HV

Bezeichnungsbeispiel:
Scheibe ISO 7092 – 8 – 200 HV – A2
Scheibe mit Nenngröße 8, Härteklasse 200 HV, aus nichtrostendem Stahl der Sorte A2

Sicherung von Schraubverbindungen

Elemente zur Sicherung von Schraubverbindungen, Beispiele

Lockerungssicherung, mitverspannt und federnd

Federring

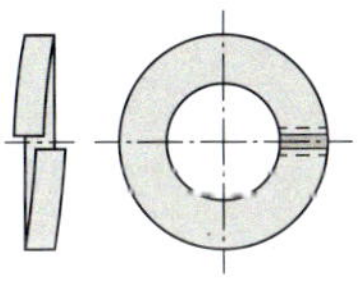

Federscheibe

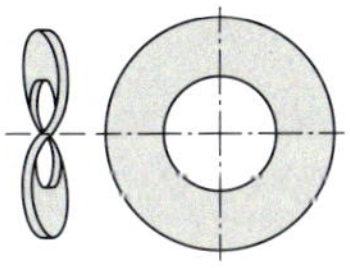

Spannscheibe DIN 6796

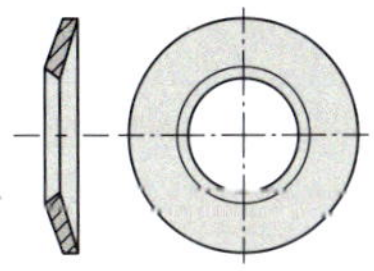

Eigenschaften[1]	1	2	3	4	5
Erhaltung der Vorspannung:					
Wirksamkeit gegen Verlieren:					
Verletzung der Oberfläche:					
Wiederverwend-barkeit:					
Montagekosten:					

Losdrehsicherung, sperrend

Zahnscheibe

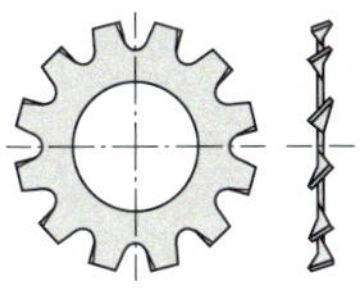

Sperrzahnmutter

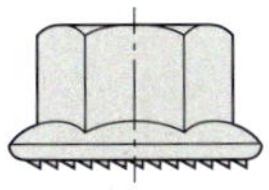

Sperrzahnschraube

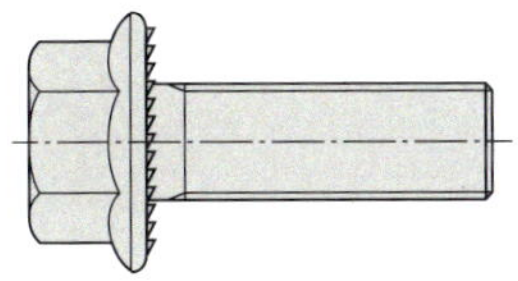

Eigenschaften[1]	1	2	3	4	5
Erhaltung der Vorspannung:					
Wirksamkeit gegen Verlieren:					
Verletzung der Oberfläche:					
Wiederverwend-barkeit:					
Montagekosten:					

Losdrehsicherung, klebend

Mikroverkapselte Beschichtung nach DIN 267-27
(mit zusätzlicher Dichtwirkung)

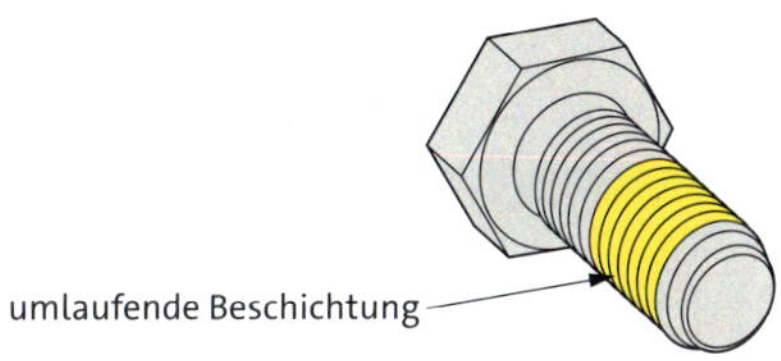

Eigenschaften[1]	1	2	3	4	5
Erhaltung der Vorspannung:					
Wirksamkeit gegen Verlieren:					
Verletzung der Oberfläche:					
Wiederverwend-barkeit:					
Montagekosten:					

Verliersicherung, klemmend

Sechskantmuttern mit Klemmteil

ISO 7040

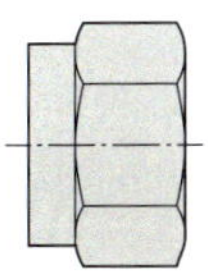

ISO 7042

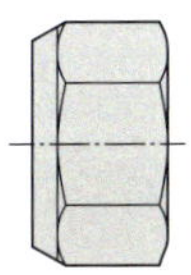

Klemmende Beschichtung nach DIN 267-28

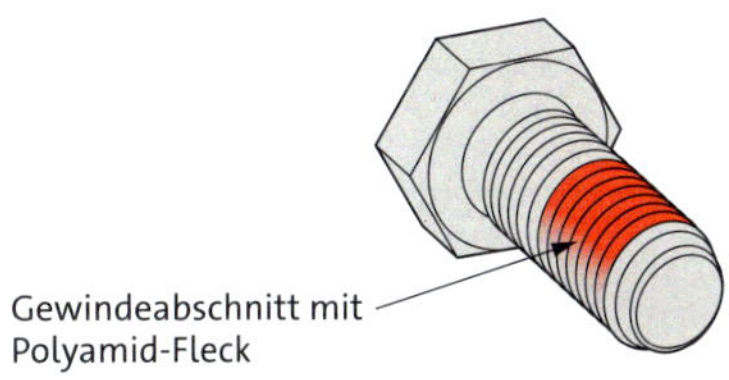

Eigenschaften[1]	1	2	3	4	5
Erhaltung der Vorspannung:					
Wirksamkeit gegen Verlieren:					
Verletzung der Oberfläche:					
Wiederverwend-barkeit:					
Montagekosten:					

Verliersicherung, formschlüssig

Sicherungsblech für Nutmuttern DIN 462

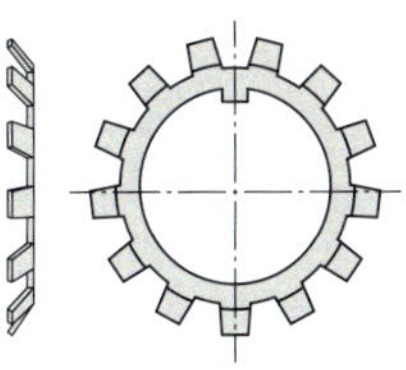

Sicherungsblech mit Lappen

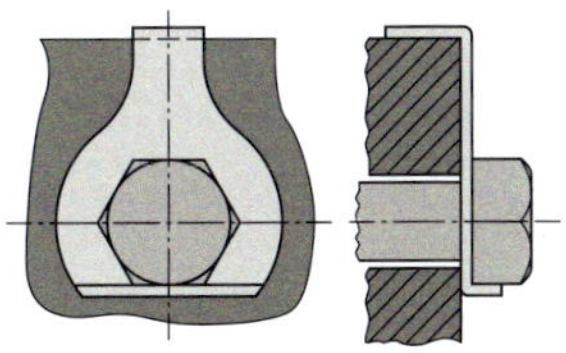

Kronenmutter DIN 935

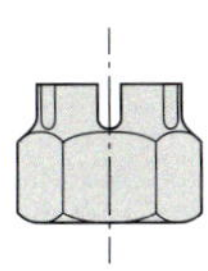

Eigenschaften[1]	1	2	3	4	5
Erhaltung der Vorspannung:					
Wirksamkeit gegen Verlieren:					
Verletzung der Oberfläche:					
Wiederverwendbar-keit:					
Montagekosten:					

Elemente ohne DIN-Nummer sind nicht genormt.

[1] Eigenschaften: 1 = sehr gut, 2 = gut, 3 = befriedigend, 4 = unbefriedigend, 5 = schlecht

Federringe, Feder- und Zahnscheiben, Spannscheiben

Federringe

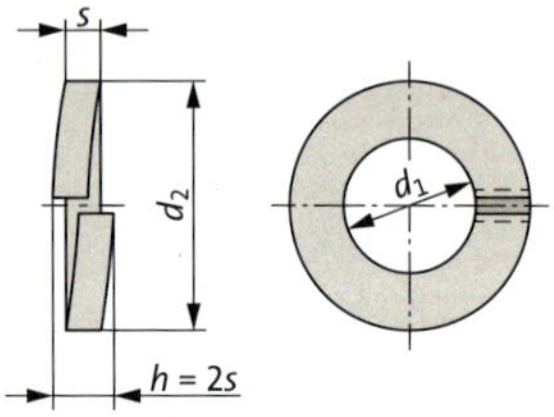

Größe[1]	4	5	6	8	10	12	14	16	18	20	24
d_1 min.	4,1	5,1	6,1	8,1	10,2	12,2	14,2	16,2	18,2	20,2	24,5
d_2 max.	7,6	9,2	11,8	17,8	18,1	21,2	24,2	27,4	29,4	33,6	40,0
s	0,8	1,0	1,3	1,6	1,8	2,1	2,4	2,8	2,8	3,2	4,0

Werkstoff: Federstahl (FSt)
Anwendung nur für Schrauben mit Festigkeitsklassen ≤ 8.8

[1] entspricht dem Gewindenenndurchmesser

Federscheiben, gewellt

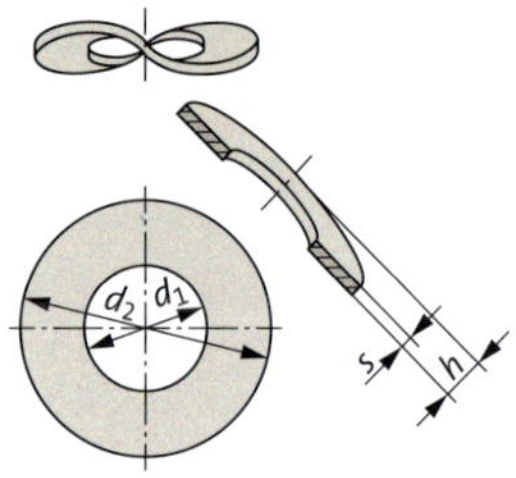

Größe[1]	4	5	6	8	10	12	14	16	18	20	24
d_1 H14	4,3	5,3	6,4	8,4	10,5	13,0	15,0	17,0	19,0	21,0	25,0
d_2	9,0	11,0	12,0	15,0	21,0	24,0	28,0	30,0	34,0	36,0	44,0
h max.	2,0	2,2	2,6	3,0	4,2	5,0	6,0	6,4	6,6	7,4	8,2
s	0,5	0,5	0,5	0,8	1,0	1,2	1,6	1,6	1,6	1,6	1,8

Werkstoff: Federstahl (FSt)
Anwendung nur für Schrauben mit Festigkeitsklassen < 5.8

[1] entspricht dem Gewindenenndurchmesser

Zahnscheiben, Fächerscheiben

Zahnscheibe

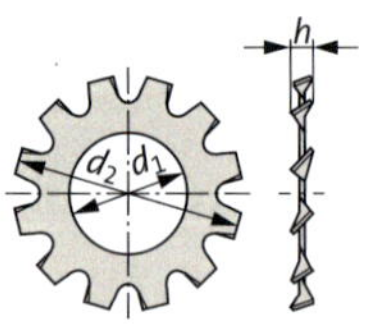

Fächerscheibe

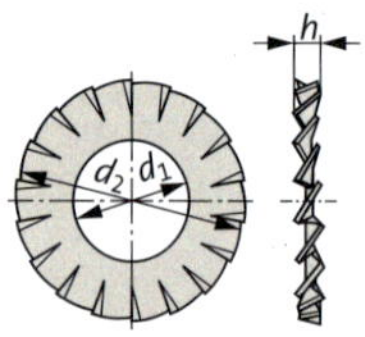

Größe[1]	4	5	6	8	10	12
d_1	4,3	5,3	6,4	8,4	10,5	13,0
d_2	8,0	9,0	11,0	15,0	18,0	20,5
h	1,0	1,0	1,2	1,6	1,8	2
Größe[1]	**14**	**16**	**18**	**20**	**24**	**30**
d_1	15,0	17,0	19,0	21,0	25,0	31,0
d_2	24,0	26,0	30,0	33,0	38,0	48,0
h	2	2,4	2,8	2,8	3,0	3,2

Werkstoff: Federstahl (FSt)

[1] entspricht dem Gewindenenndurchmesser

Spannscheiben für Schraubenverbindungen — DIN 6796: 2009-08

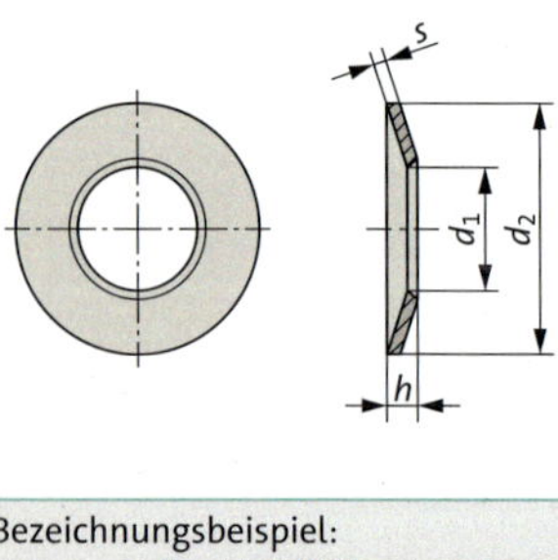

Größe[1]	4	5	6	8	10	12	14	16	18	20	24
d_1 H14	4,3	5,3	6,4	8,4	10,5	13,0	15,0	17,0	19,0	21,0	25,0
d_2 h14	9,0	11,0	14,0	18,0	23,0	29,0	35,0	39,0	42,0	45,0	56,0
h max.	1,3	1,55	2,0	2,6	3,2	3,95	4,65	5,25	5,8	6,4	7,75
h min.	1,12	1,35	1,7	2,24	2,8	3,43	4,04	4,58	5,08	5,6	6,77
s	1,0	1,2	1,5	2,0	2,5	3,0	3,5	4,0	4,5	5,0	6,0

Werkstoff: Federstahl (FSt)
Anwendung nur für Schrauben mit Festigkeitsklassen von 8.8 bis 10.9

Bezeichnungsbeispiel:
Spannscheibe DIN 6796 – 8 – FSt
Spannscheibe der Größe 8 aus Federstahl

[1] entspricht dem Gewindenenndurchmesser

5

Sicherungsscheiben (Haltescheiben) für Wellen — DIN 6799: 2017-06

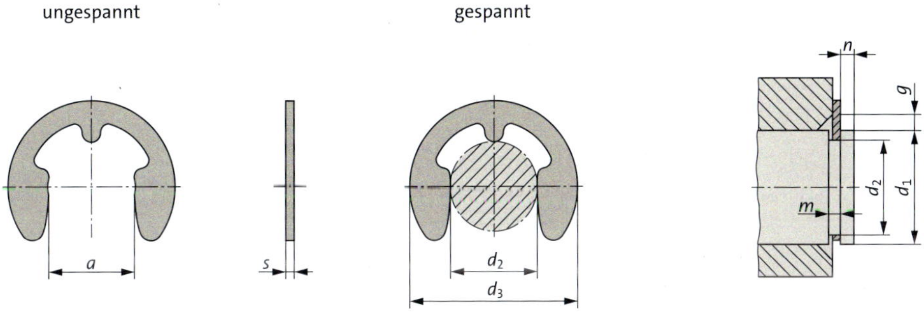

Nennmaß d_2	Wellen-Ø d_1	Sicherungsscheibe			Nut					Fase/Rundung g
		s	a	d_3	d_2/zul. Abw.		m/zul. Abw.		n min.	
3,2	von 4 bis 5	0,6	2,7	7,3	3,2	−0,075	0,64	+0,05	1,0	0,9
4	von 5 bis 7	0,7	3,34	9,3	4,0		0,74		1,2	1,0
6	von 7 bis 9	0,7	5,26	12,3	6,0		0,74		1,2	1,1
8	von 9 bis 12	1,0	6,52	16,3	8,0	−0,09	1,05	+0,08	1,8	1,5
10	von 11 bis 15	1,2	8,32	20,4	10,0		1,25		2,0	1,8
12	von 13 bis 18	1,3	10,45	23,4	12,0	−0,11	1,35		2,5	1,9
15	von 16 bis 24	1,5	12,61	29,4	15,0		1,55		3,0	2,2
19	von 20 bis 31	1,75	15,92	37,6	19,0	−0,13	1,80		3,5	2,5

Werkstoff: Federstahl (FSt)

Bezeichnungsbeispiel:
Sicherungsscheibe DIN 6799 – 8 – FSt
Sicherungsscheibe mit Nennmaß d_2 = 8 mm

Sicherungsbleche mit Innennase, für Nutmuttern nach DIN 1804 — DIN 462: 1973-09

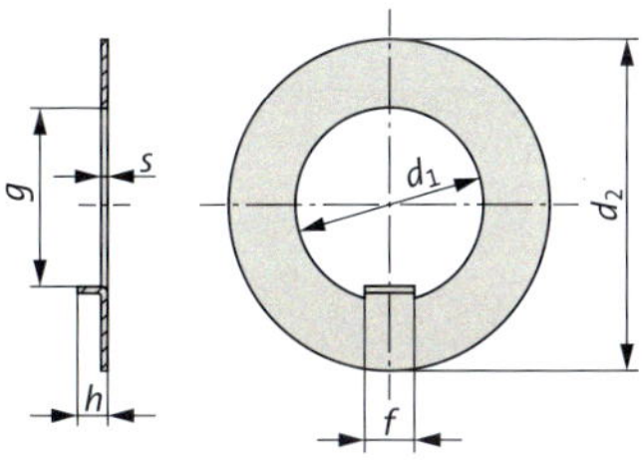

Nutmaße für Gewindebolzen

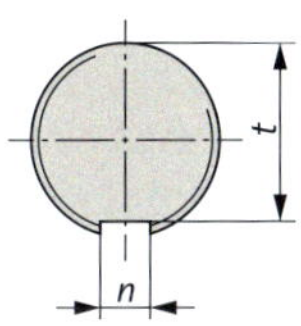

Sicherungsblech						Nut für Gewindebolzen	
d_1 H11	d_2	s	f c11	g	h	n H11	t max.
10	25	0,8	4	7,4	3	4	7,3
12	28		5	9,3		5	9,2
14	30			11,4			11,3
16	32	1,0		13,5	4		13,4
18	34		6	15,4		6	15,3
20	36			17,5			17,4
22	40			19,5			19,4
24	42			21,6			21,5
26	45		7	23,5	5	7	23,4
28	50			25,5			25,4
30		1,2		27,5			27,4
32	52			29,6			29,5
35	55			32,6			32,5
38	58		8	35,3		8	35,2
40	62			37,3			37,2

Werkstoff: Stahlblech

Bezeichnungsbeispiel:
Sicherungsblech DIN 462 – 20
Sicherungsblech mit Innennase, Nennmaß d_1 = 20 mm

5

Runddraht-Sprengringe für Wellen DIN 9925: 2016-11
Runddraht-Sprengringe für Bohrungen DIN 9926: 2016-11

Sprengring für Wellen, ungespannt

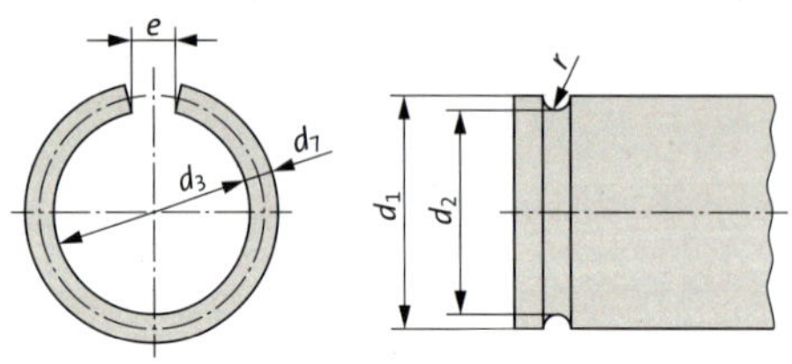

d_1	d_2	d_3	d_7	e ≈	r
4	3,5	3,2	0,5	1	0,3
5	4,5	4,2	0,5	1	0,3
6	5,4	5,1	0,6	1	0,4
7	6,4	6,0	0,6	2	0,4
8	7,2	6,8	0,8	2	0,5
10	9,2	8,8	0,8	2	0,5
12	11,0	10,4	1,0	3	0,6
14	13,0	12,4	1,0	3	0,6
16	14,4	13,8	1,6	3	0,9
18	16,4	15,8	1,6	3	0,9
20	18,0	17,2	2,0	3	1,1

Sprengring für Bohrungen, ungespannt

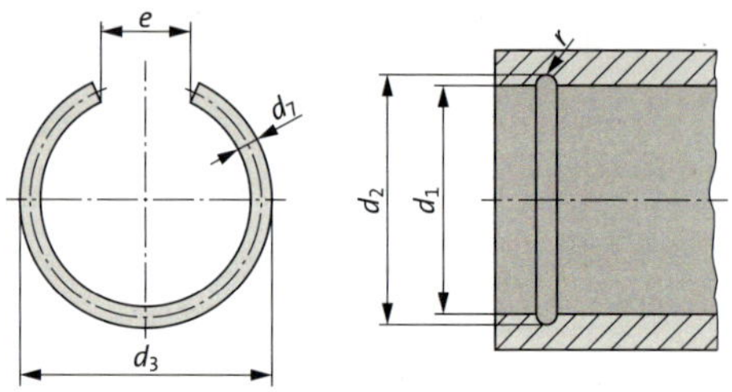

d_1	d_2	d_3	d_7	e ≈	r
7	7,6	8,0	0,6	4	0,4
8	8,6	9,0	0,6	4	0,4
10	10,8	11,2	0,8	4	0,5
12	13,0	13,6	1,0	6	0,6
14	15,0	15,6	1,0	6	0,6
16	17,6	18,2	1,6	8	0,9
18	19,6	20,2	1,6	8	0,9
20	22,0	22,8	2,0	10	1,1
24	26,0	26,8	2,0	10	1,1
28	30,0	30,8	2,0	10	1,1
30	32,0	32,8	2,0	10	1,1

Werkstoff: Federstahldraht

Bezeichnungsbeispiel:
Sprengring DIN 9925 – 10
Sprengring für Welle mit Nennmaß d_1 = 10 mm

Stellringe, Form A DIN 705: 2007-04

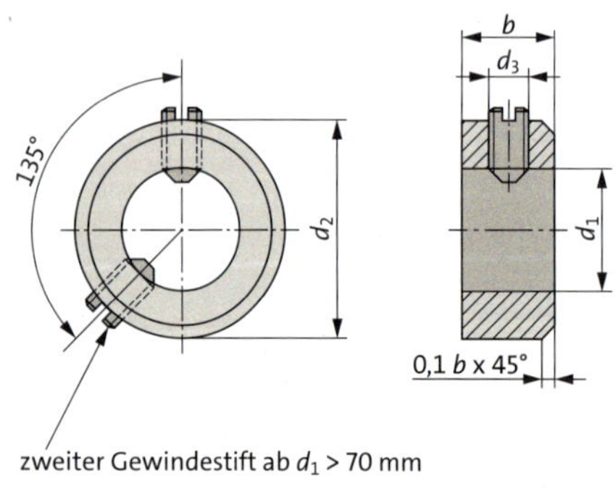

d_1 H8	d_2	d_3	b	Gewindestift
10	20	M5	10	M5 x 8
12	22	M6	12	M6 x 8
14	25	M6	12	M6 x 8
16	28	M6	12	M6 x 8
18	32	M6	14	M6 x 8
20	32	M6	14	M6 x 8
22	36	M6	14	M6 x 10
25	40	M8	16	M8 x 10
28	45	M8	16	M8 x 12
32	50	M8	16	M8 x 12
36	56	M8	16	M8 x 12
40	63	M8	18	M10 x 16
45	70	M10	18	M10 x 16
50	80	M10	18	M10 x 16
60	90	M10	20	M10 x 16
70	100	M10	20	M10 x 20
80	110	M12	22	M12 x 20
90	125	M12	22	M12 x 20

Werkstoff: Automatenstahl, nichtrostender Stahl, Nichteisenmetall

Bezeichnungsbeispiel:
Stellring DIN 705 – A 16 – St
Stellring Form A mit einem Gewindestift, d_1 = 16 mm, aus Automatenstahl

Zylinderstifte, gehärtet

DIN EN ISO 8734: 1998-03

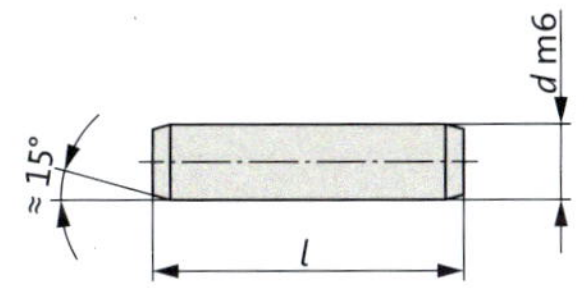

d m6	1	1,5	2	2,5	3	4	5	6	8	10	12	16	20
l von bis	3 10	4 16	5 20	6 24	8 30	10 40	12 50	14 60	18 80	22 100	26 100	40 100	50 100

Längenabstufungen *l*: 3, 4, 5, 6, 8, 10 ... 32, 35, 40, 45 ... 100 mm

Werkstoff: Stahl (St) Typ A durchgehärtet, 550 ... 650 HV 30,
Stahl (St) Typ B einsatzgehärtet, 600 ... 700 HV 1, nichtrostender Stahl der Sorte C1

Bezeichnungsbeispiel:
Zylinderstift ISO 8734 – 8 x 40 – C1
Zylinderstift mit *d* = 8 mm, Länge *l* = 40 mm, aus nichtrostendem Stahl der Sorte C1

Zylinderstifte, ungehärtet

DIN EN ISO 2338: 1998-02

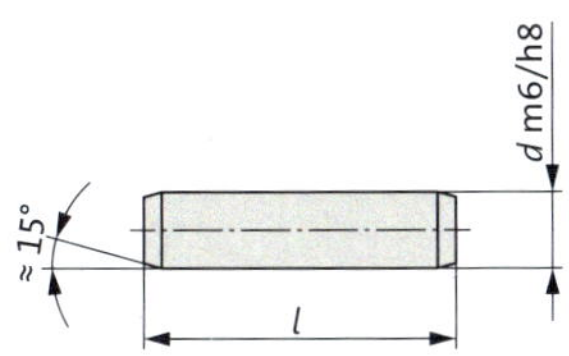

Die Toleranzklasse m6 oder h8 ist immer in der Bezeichnung anzugeben.

d m6/h8	0,6	0,8	1	1,2	1,5	2	2,5	3	4	5
l von bis	2 6	2 8	4 10	4 12	4 16	6 20	6 24	8 30	8 40	10 50
***d* m6/h8**	**6**	**8**	**10**	**12**	**16**	**20**	**25**	**30**	**40**	**50**
l von bis	12 60	14 80	18 95	22 140	26 180	35 200	50 200	60 200	80 200	95 200

Längenabstufungen *l*: 2, 3, 4, 5, 6, 8, 10 ... 32, 35, 40, 45 ... 100, 120, 160, 180, 200 mm

Werkstoff: Stahl (St) Härte 125 – 245 HV 30, austenitischer Stahl der Sorte A1

Bezeichnungsbeispiel:
Zylinderstift ISO 2338 – 6 m6 x 30 – St
Zylinderstift *d* = 6 mm mit Toleranzklasse m6, Länge *l* = 30 mm, aus Stahl

Kegelstifte, ungehärtet

DIN EN 22339: 1992-10

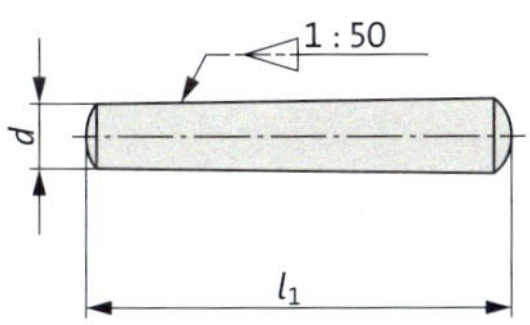

d h10	0,6	0,8	1	1,2	1,5	2	2,5	3	4	5
l von bis	4 8	5 12	6 16	6 20	8 24	10 35	10 35	12 45	14 55	18 60
***d* h10**	**6**	**8**	**10**	**12**	**16**	**20**	**25**	**30**	**40**	**50**
l von bis	22 90	22 120	26 160	32 180	40 200	45 200	50 200	55 200	60 200	65 200

Längenabstufungen *l*: 4, 5, 6, 8, 10 ... 32, 35, 40, 45 ... 100, 120, 160, 180, 200 mm

Werkstoff: Automatenstahl (St), Typ A: geschliffen, Typ B: gedreht

Bezeichnungsbeispiel:
Kegelstift ISO 2339 – A – 8 x 40 – St
Kegelstift Typ A, *d* = 8 mm, Länge *l* = 40 mm, aus Stahl

Kegelstifte mit Innengewinde, ungehärtet

DIN EN 28736: 1992-10

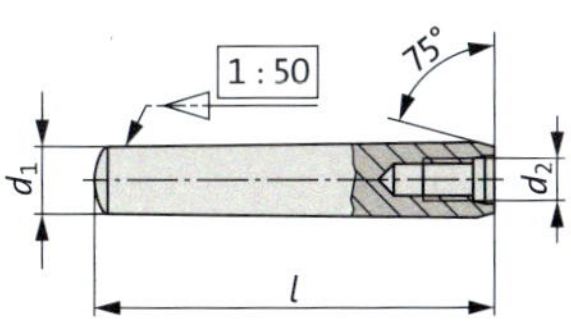

d_1 h10	6	8	10	12	16	20	25	30	40	50
d_2	M4	M5	M6	M8	M10	M12	M16	M20	M20	M24
l von bis	16 60	18 20	22 100	26 120	30 160	35 200	50 220	60 240	80 260	100 280

Längenabstufungen *l*: 16, 18 ... 32, 40 ... 100, 120 ... 280 mm

Werkstoff: Stahl (St), Härte 125 ... 245 HV, Typ A: geschliffen, Typ B: gedreht

Bezeichnungsbeispiel:
Kegelstift ISO 8736 – A – 12 x 80 – St
Kegelstift Typ A mit d_1 = 12 mm, Länge *l* = 80 mm, aus Stahl

5

Kerbstifte

DIN EN ISO 8740 bis 8745: alle 1998-03

Zylinderkerbstift DIN EN ISO 8740	Steckkerbstift DIN EN ISO 8741	Knebelkerbstift DIN EN ISO 8742 DIN EN ISO 8743	Kegelkerbstift DIN EN ISO 8744	Passkerbstift DIN EN ISO 8745
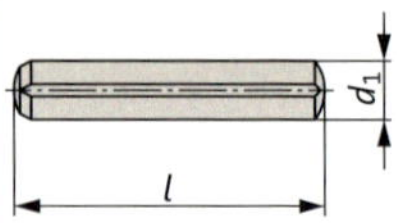	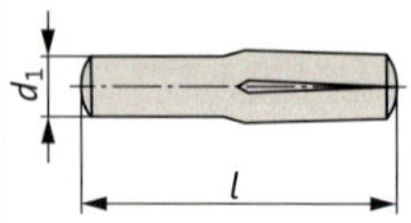	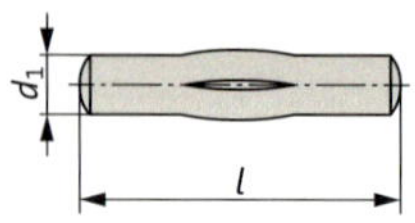	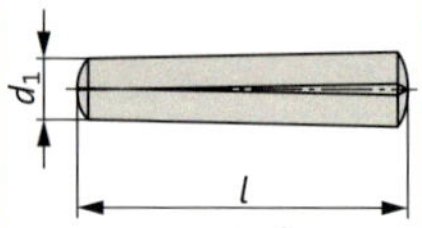	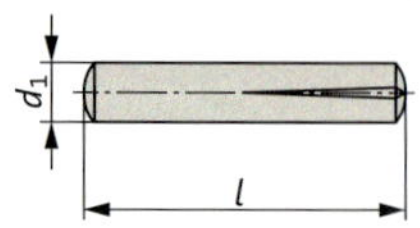

DIN EN ISO	d_1	1,5	2	2,5	3	4	5	6	8	10	12	16	20
8740	l von bis	8 20	8 30	10 30	10 40	10 60	14 60	14 80	14 100	14 100	18 100	22 100	26 100
8741	l von bis	8 20	8 30	8 30	8 40	10 60	10 60	12 80	14 100	18 160	26 200	26 200	26 200
8742 / 8743	l von bis	8 20	12 30	12 30	12 40	18 60	18 60	22 80	26 100	32 160	40 200	45 200	45 200
8744	l von bis	8 20	8 30	8 30	8 40	8 60	8 60	10 80	12 100	14 120	14 120	24 120	26 120
8745	l von bis	8 20	8 30	8 30	8 40	10 60	10 60	10 80	14 100	14 200	18 200	26 200	26 200

Längenabstufung l: 8, 10 ... 32, 35, 40 ... 100, 120 ... 200 mm

Werkstoff: Stahl (St), Härte 125 ... 245 HV

Bezeichnungsbeispiel:
Kerbstift ISO 8740 – 8 x 35 – St
Zylinderkerbstift mit d_1 = 8 mm und Länge l = 35 mm, aus Stahl

Spannstifte (-hülsen) – geschlitzt, schwere Ausführung
Spannstifte (-hülsen) – geschlitzt, leichte Ausführung

DIN EN ISO 8752: 2009-10
DIN EN ISO 13337: 2009-10

Ausführung für $d_1 \leq 10$ mm

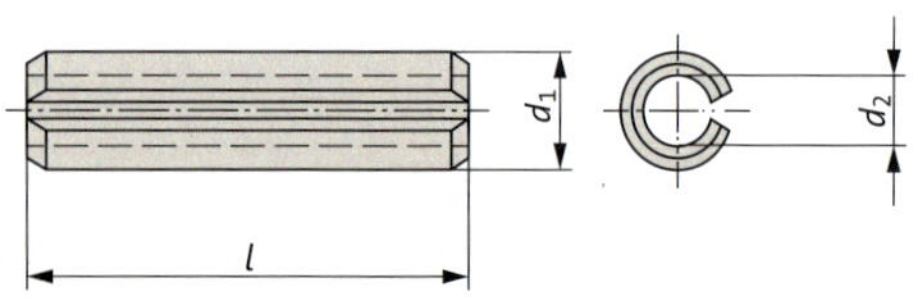

Ausführung für $d_1 > 10$ mm

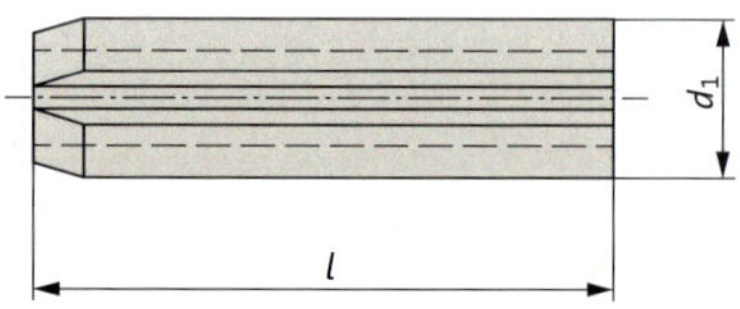

Aufnahmebohrung

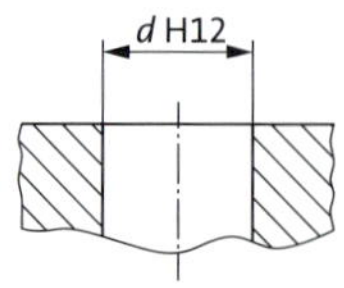

Bohrungsdurchmesser d entspricht dem Nennmaß d_1

Nennmaß d_1	2	2,5	3	4	5	6	8	10	12	14	16	18	20	25	30	40
d_1 vor dem Einbau max.	2,4	2,9	3,5	4,6	5,6	6,7	8,8	10,8	12,8	14,8	16,8	18,9	20,9	25,9	30,9	40,9
d_2 ISO 8752 ≈	1,5	1,8	2,1	2,8	3,4	4,0	5,5	6,5	7,5	8,5	10,5	11,5	12,5	15,9	18,9	25,9
d_2 ISO 13337 ≈	1,9	2,3	2,7	3,4	4,4	4,9	7,0	8,5	10,5	11,5	13,5	15,0	16,5	21,9	25,9	32,9
l von bis	4 30	4 30	4 40	4 50	5 80	10 100	10 120	10 160	10 180	10 200	10 200	10 200	10 200	14 200	14 200	20 200

Längenabstufungen l: 4, 5, 6, 8, 10 ... 32, 35, 40, 45 ... 100, 120, 140, 160, 180, 200 mm

Werkstoff: Stahl (St) gehärtet und angelassen, Härte 420 ... 520 HV 30;
Silicium-Mangan-Stahl, gehärtet und angelassen, Härte 420 ... 560 HV 30;
nichtrostender Stahl, Sorte A oder C

Bezeichnungsbeispiel:
Spannstift ISO 8752 – 10 x 45 – St
Spannstift schwere Ausführung, Nenndurchmesser d_1 = 10 mm, Länge l = 45 mm, aus Stahl

Bolzen ohne Kopf / Bolzen mit Kopf

DIN EN 22340: 1992-10
DIN EN 22341: 1992-10

DIN EN 22340

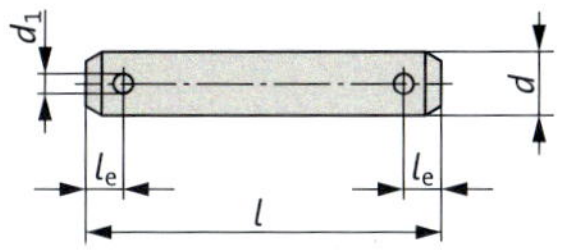

DIN EN 22341

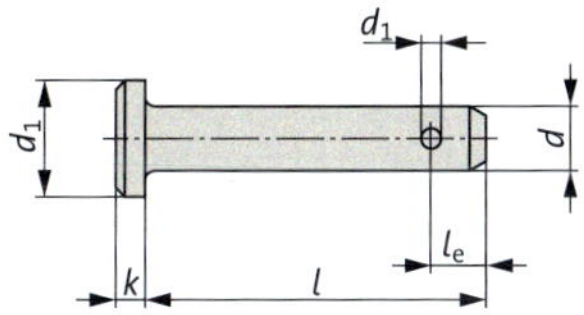

d h11	3	4	5	6	8	10	12	14	16	18	20
d_l	0,8	1,0	1,2	1,6	2,0	3,2	3,2	4,0	4,0	5,0	5,0
d_k	5	6	8	10	14	18	20	22	25	28	30
k js14	1	1	1,6	2	3	4	4	4	4,5	5	5
l_e	1,6	2,2	2,9	3,2	3,5	4,5	5,5	6	6	7	8
l von	6	8	10	12	16	20	24	28	32	35	40
bis	30	40	50	60	80	100	120	140	160	180	200

Längenabstufungen *l*: 6, 8, 10 ... 32, 35, 40 ... 100, 120, 140 ... 200 mm

Ausführungen: Form A ohne, Form B mit Splint- oder Stiftbohrung

Zubehör: Scheiben nach DIN EN 28738, Splinte nach DIN EN ISO 1234

Werkstoff: Automatenstahl (St), Härte 125 ... 245 HV

Bezeichnungsbeispiel:
Bolzen DIN EN 22341 – B – 12 x 80 x 3,2 – St
Bolzen mit Kopf, Form B (Splintbohrung), $d = 12$ mm, $l = 80$ mm, $d_l = 3,2$ mm, Stahl

Bolzen mit Kopf und Gewindezapfen

DIN 1445: 2011-02

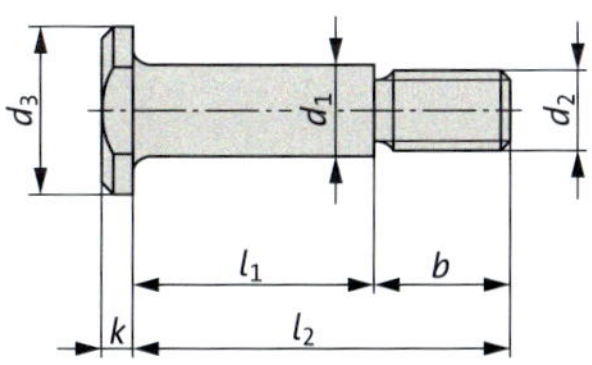

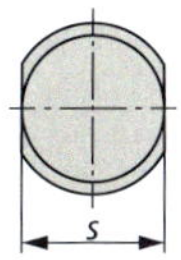

d_1 h11	8	10	12	14	16	18	20	22	24	27	30
b	11	14	17	20	20	20	25	25	29	29	36
d_2	M6	M8	M10	M12	M12	M12	M16	M16	M20	M20	M24
d3	14	18	20	22	25	28	30	33	36	40	44
k	3	4	4	4	4,5	5	5	5,5	6	6	8
s	11	13	17	19	22	24	27	30	32	36	36
l_2	16, 20, 25 ... 130 (Stufung 5 mm), 140, 150 ... 200 mm (Stufung 10 mm)										

Klemmlänge $l_1 = l_2 - b$

Werkstoff: 11 SMn Pb 30

Bezeichnungsbeispiel:
Bolzen DIN 1445 – 12 h11 x 80 x 97 – St
Bolzen mit $d_1 = 12$ mm, Toleranzklasse h11, Klemmlänge $l_1 = 80$, $l_2 = 97$, aus Stahl

Splinte

DIN EN ISO 1234: 1998-02

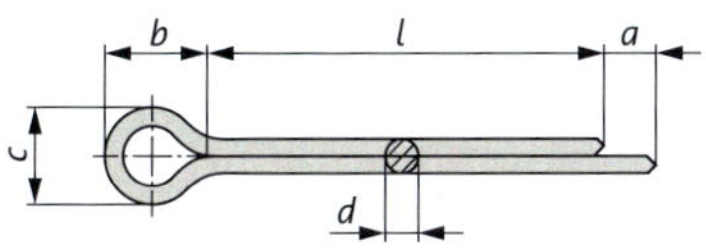

Nenngröße *d* entspricht dem Durchmesser der aufnehmenden Bohrung

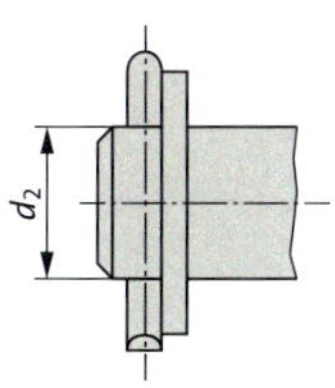

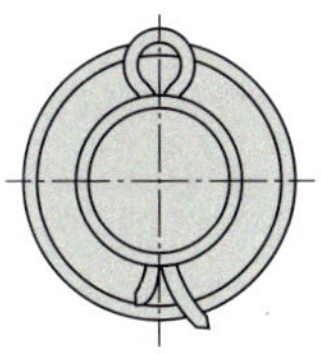

Nenngröße *d*	1	1,2	1,6	2	2,5	3,2	4	5	6,3	8
a	1,6	2,5	2,5	2,5	2,5	3,2	4	4	4	4
b	3	3	3,2	4	5	6,4	8	10	12,6	16
c	1,8	2	2,8	3,6	4,6	5,8	7,4	9,2	11,8	15
l von	6	8	8	10	12	18	20	20	28	36
bis	18	25	32	40	50	80	125	125	140	140
für Bolzen d_2 über	3	4	5	6	8	9	12	17	23	29
bis	4	5	6	8	9	12	17	23	29	44
für Schrauben d_2 über	3,5	4,5	5,5	7	9	11	14	20	27	39
bis	4,5	5,5	7	9	11	14	20	27	39	56

Längenabstufungen *l*: 4, 5, 6, 8 ... 22, 25, 28, 32, 36, 40, 45, 50, 56, 63, 71, 80, 90, 100, 112, 125, 140, 160, 180, 200 mm

Werkstoff: Stahl (St), Cu Zn, Cu, Al-Legierung, nichtrostender Stahl A

Bezeichnungsbeispiel:
Splint ISO 1234 – 2 x 28 – St
Splint mit Nenngröße $d = 2$ mm, $l = 28$ mm, aus Stahl

Niete

5

Halbrundniete – Nenndurchmesser 1 mm bis 8 mm

DIN 660: 2012-01

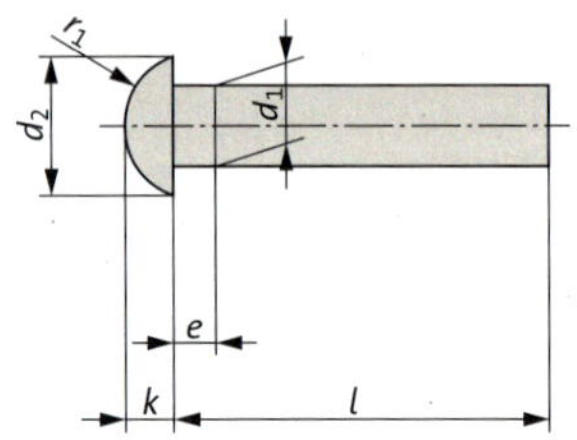

d_1	1	1,2	1,6	2	2,5	3	4	5	6	8
d_2	1,8	2,1	2,8	3,5	4,4	5,2	7,0	8,8	10,5	14
$r_1 \approx$	1,0	1,2	1,6	1,9	2,4	2,8	3,8	4,6	5,7	7,5
e	0,5	0,6	0,8	1,0	1,25	1,5	2,0	2,5	3,0	4,0
$k \approx$	0,6	0,7	1,0	1,2	1,5	1,8	2,4	3,0	3,6	4,8
l von	2	2	2	2	3	3	4	5	6	8
bis	6	8	12	20	25	30	40	40	40	40
Nietloch Ø d H12	1,05	1,25	1,65	2,1	2,6	3,1	4,2	5,2	6,3	8,4

Längenabstufungen l: 2, 3, 4, 5, 6, 8 ... 22, 25, 28, 30, 32, 35, 38, 40 mm

Werkstoff: C4C (St), CuZn, Cu, Al oder X3CrNiCu18-9-4

Benennungsbeispiel:
Halbrundniet DIN 660 – 3 x 22 – St
Halbrundniet, Nennmaß d_1 = 3 mm, Länge l = 22 mm, aus Stahl (St)

Senkniete – Nenndurchmesser 1 mm bis 8 mm

DIN 661: 2011-03

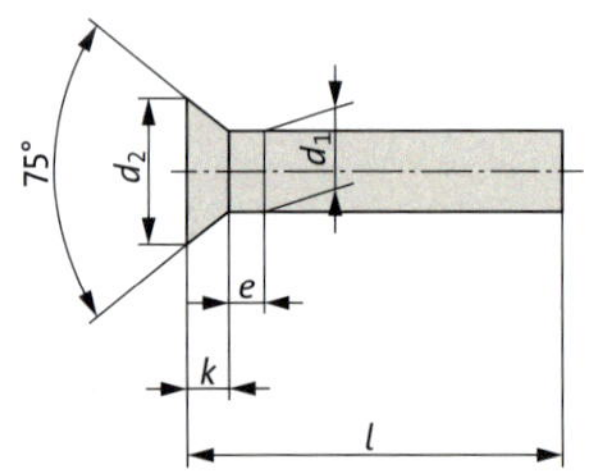

d_1	1	1,2	1,6	2	2,5	3	4	5	6	8
d_2	1,8	2,1	2,8	3,5	4,4	5,2	7,0	8,8	10,5	14
e	0,5	0,6	0,8	1,0	1,25	1,5	2,0	2,5	3,0	4,0
$k \approx$	0,5	0,6	0,8	1,0	1,2	1,4	2,0	2,5	3,0	4,0
l von	2	2	2	3	4	5	6	8	10	12
bis	5	6	8	10	12	16	20	25	30	40
Nietloch Ø d H12	1,05	1,25	1,65	2,1	2,6	3,1	4,2	5,2	6,3	8,4

Längenabstufungen l: 2, 3, 4, 5, 6, 8 ... 22, 25, 28, 30, 32, 35, 38, 40 mm

Werkstoff: C4C (St), CuZn, Cu, Al oder X3CrNiCu18-9-4

Benennungsbeispiel:
Senkniet DIN 661 – 4 x 20 – St
Senkniet, Nennmaß d_1 = 4 mm, Länge l = 20 mm, aus Stahl (St)

Rohniet-Schaftlänge

Schließkopf als Halbrundkopf

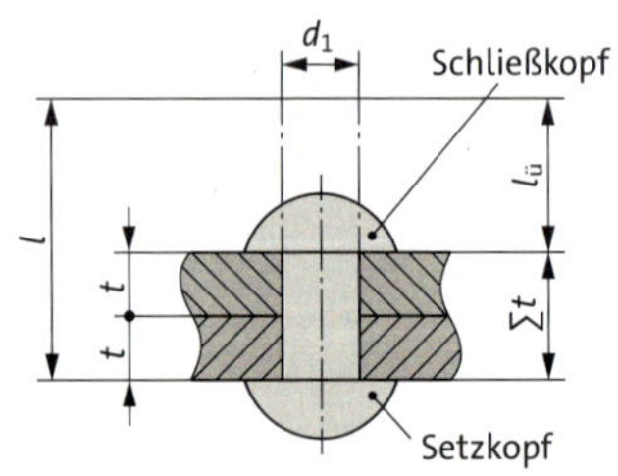

Schließkopf als Senkkopf

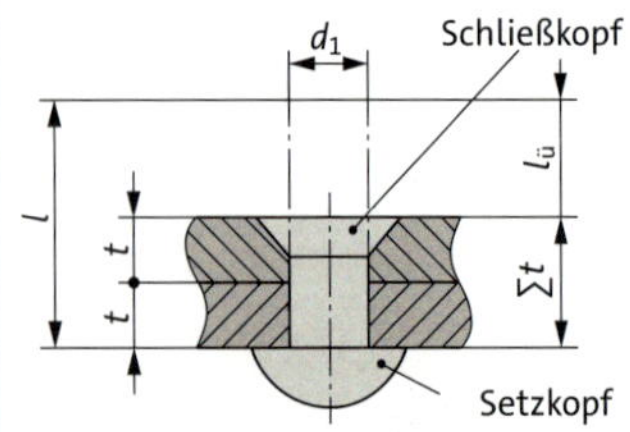

Die Rohniet-Schaftlänge ist abhängig von der Dicke t der zu verbindenden Werkstücke, vom Nietdurchmesser d_1 und der Form des Schließkopfes.

$l = \sum t + l_ü$

Halbrundkopf:

$l_ü \approx 1{,}4 \dots 1{,}6\, d$

Senkkopf:

$l_ü \approx 0{,}6 \dots 1\, d$

geg.: 2 Bleche, jeweils t = 6 mm,
Halbrundniet mit d_1 = 8 mm,
Schließkopf als Halbrundkopf

ges.: Rohniet-Schaftlänge l in mm

$l = \sum t + l_ü$

l = 6 mm + 6 mm + (1,4 · 8 mm)

l = 23,2 mm

gewählt:
Nächstgrößere Länge l nach DIN 660 = 25 mm

d_1: Nietdurchmesser l: Rohniet-Schaftlänge $l_ü$: Länge Überstand t: Werkstückdicke

Wälzlager – Darstellung

Wälzlager – Aufbau und Bezeichnungen

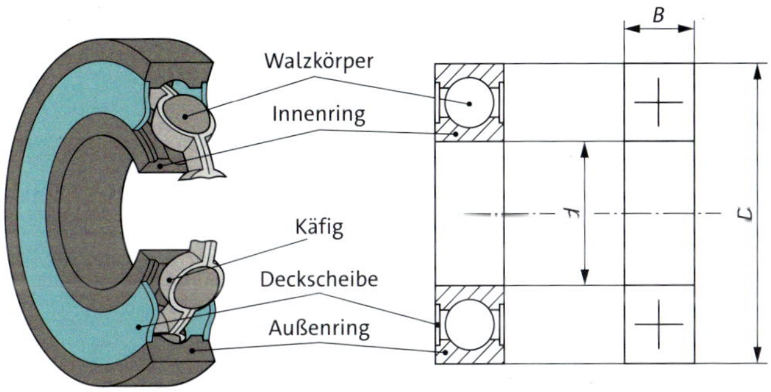

Wälzlager – Vereinfachte Darstellung

DIN ISO 8826-1: 1990-20; DIN ISO 8826-2: 1995-10

bildliche Darstellung	vereinfachte Darstellung allgemein	vereinfachte Darstellung detailliert	Darstellung rechtwinklig zur Wälzlagerachse	Erläuterung
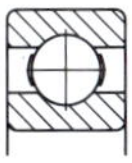	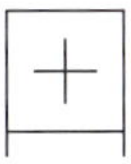	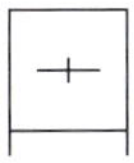	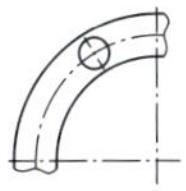	Darstellung für allgemeine Zwecke als Rechteck mit freistehendem Kreuz Die detaillierte vereinfachte Darstellung zeigt die Wälzlagerelemente.

Elemente der detaillierten vereinfachten Darstellung

Element	Erläuterung, Anwendung	Element	Erläuterung, Anwendung
lange gerade Volllinie	Achse des Wälzlagerelements ohne Einstellmöglichkeit	 Kreis	Kugel
lange, gebogene Volllinie 	Achse des Wälzlagerelements mit Einstellmöglichkeit	 breites Rechteck	Rolle
kurze gerade Volllinie	Lage und Reihenanzahl der Wälzlagerelemente	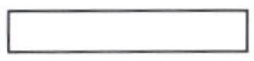 schmales Rechteck	Nadel

Detaillierte vereinfachte Darstellung

Bezeichnung	bildliche Darstellung	vereinfachte Darstellung	Bezeichnung	bildliche Darstellung	vereinfachte Darstellung
Radial-Rillenkugellager Zylinderrollenlager	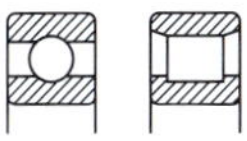	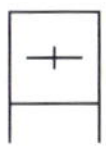	Radial-Rillenkugellager Zylinderrollenlager	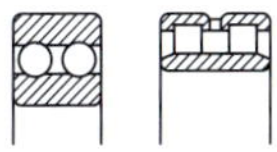	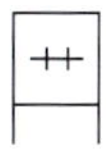
Radialpendelrollenlager	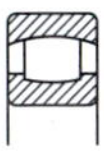	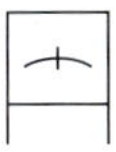	Pendelkugellager Pendelrollenlager		
Schrägkugellager Kegelrollenlager			Schrägkugellager	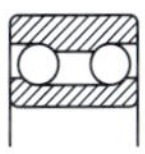	
Nadellager Nadelkranz	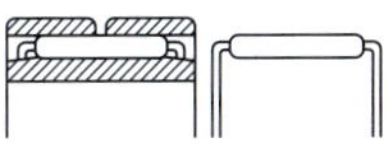	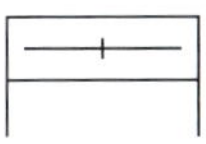	kombiniertes Nadellager mit Schrägkugellager	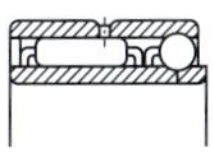	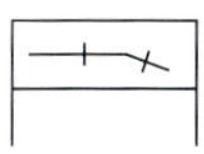
Axial-Rillenkugellager, einseitig wirkend	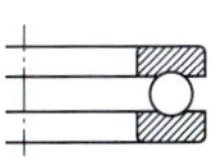	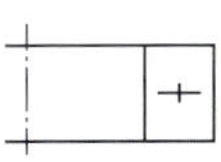	Axial-Rillenkugellager zweiseitig wirkend	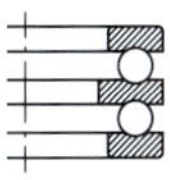	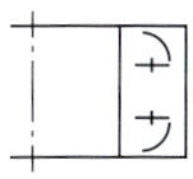

Bezeichnung von Wälzlagern

DIN 623-1: 1993-05

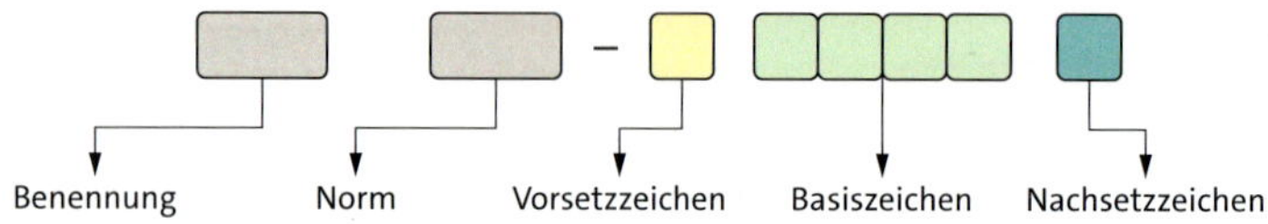

Benennung und Norm: siehe Wälzlager, Übersicht

Vorsetzzeichen		Nachsetzzeichen[1]	
K	Käfig mit Wälzkörpern	K	Lager mit kegliger Bohrung
L	freier Ring zerlegbarer Lager	Z	Lager mit Deckscheibe auf einer Seite
N	Innenring mit festem Bord	2Z	Lager mit Deckscheibe auf beiden Seiten
NU	Außenring mit festem Bord	E	verstärkte Ausführung
R	Ring mit Wälzkörpersatz	RS	Lager mit Dichtscheibe auf einer Seite
S	nichtrostender Stahl	J	Käfig aus Stahlblech
AR	Kugel bzw. Rollenkränze	P4	Lager mit hoher Genauigkeit (ISO Toleranzklasse 4)
OR	Außenring eines Radiallagers	C2	Lagerluft kleiner als normal
OW	Gehäusescheibe eines Axiallagers	C3	Lagerluft größer als normal
		N	Lager mit Sprengringnut im Außenring

Aufbau des Basiszeichens

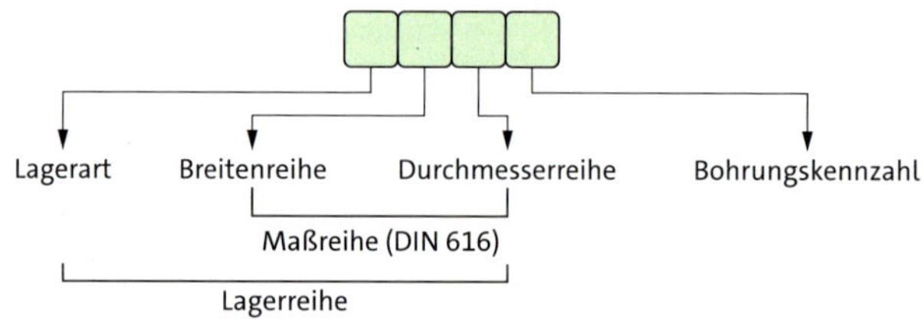

Lagerart			
0	Schrägkugellager, zweireihig	7	Schrägkugellager, einreihig
1	Pendelkugellager	8	Axial-Zylinderrollenlager
2	Pendelrollen-, Tonnenlager	Q	Vierpunktlager
3	Kegelrollenlager	NA	Nadellager
4	Rillenkugellager, zweireihig	T	Kegelrollenlager
5	Axial-Rillenkugellager	N	Zylinderrollenlager
6	Rillenkugellager, einreihig	NN	mehrreihiges Zylinderrollenlager

Bohrungskennzahl

Kennzahl	Bohrungs-Ø in mm
00	10
01	12
02	15
03	17
04	20

ab 20 mm Durchmesser: Kennzahl mit 5 multipliziert ergibt den Durchmesser der Lagerbohrung

Kennzahl 08 → Lagerbohrung-Ø = 40 mm

[1] Nachsetzzeichen können je nach Lagerart unterschiedliche Bedeutungen haben. Nicht alle Nachsetzzeichen sind genormt. Viele Details werden nach Herstellernormen benannt.

Maßreihen

DIN 616: 2000-06

Das Kurzzeichen der Maßreihe setzt sich aus der Kennziffer der Breitenreihe bzw. der Höhenreihe an erster und der Kennziffer, bzw. dem Kurzzeichen der Durchmesserreihe an zweiter Stelle zusammen.

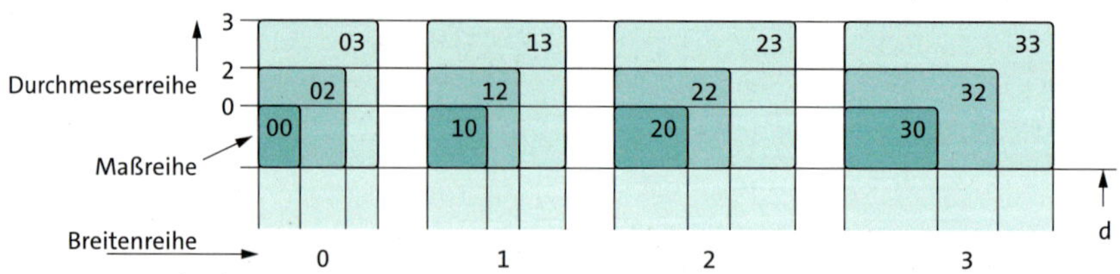

Bezeichnungsbeispiel:
Rillenkugellager DIN 625 – S 66206 – 2Z – P5
Rillenkugellager DIN 625 aus nichtrostendem Stahl, Lagerart 6 (Rillenkugellager), Maßreihe 62 (Breitenreihe 6, Durchmesserreihe 2), Bohrungskennzahl 06 (Bohrungs-Ø 30 mm), mit Deckscheibe auf beiden Seiten, ISO Toleranzklasse 5

Wälzlager – Bauarten, Eigenschaften

Wälzlager, Übersicht

Rillenkugellager DIN 625	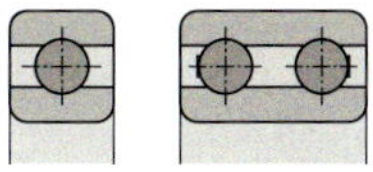	Zylinderrollenlager DIN 5412	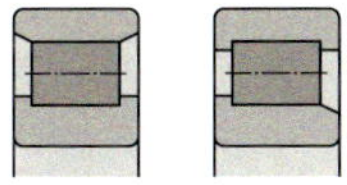	Tonnenlager DIN 635	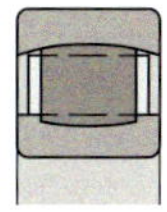
Pendelkugellager DIN 630	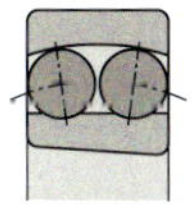	Kegelrollenlager DIN 720	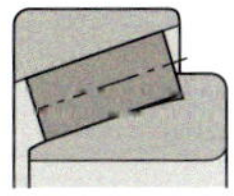	Axial-Rillenkugellager DIN 711	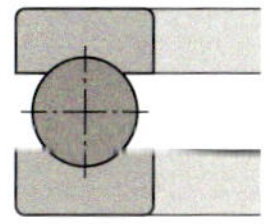
Schrägkugellager DIN 628	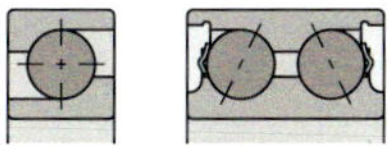	Nadellager DIN 617	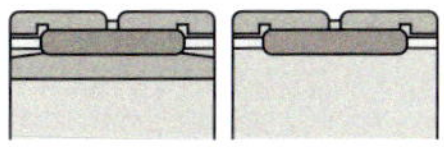	Axial-Zylinderrollenlager DIN 722	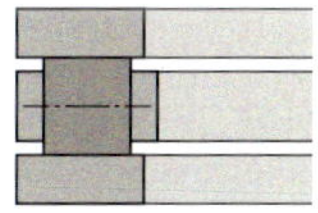
Pendelrollenlager DIN 635	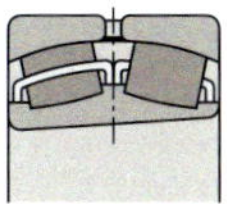	Schulterkugellager DIN 615	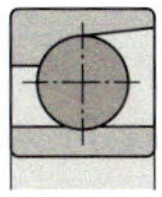	Axial-Pendelrollenlager DIN 728	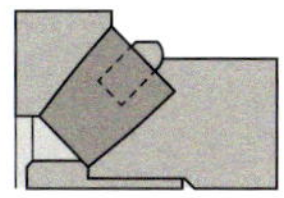

Eigenschaften von Wälzlagern

Lagerbauart	Radialbelastung	Axialbelastung	hohe Drehzahlen	geräuscharmer Lauf	Ausgleich v. Fluchtfehlern	Festlager	Loslager
Rillenkugellager	+	O	++	++	–	+	O
Pendelkugellager	+	–	+	–	++	O	O
Schrägkugellager, einreihig	+	+	++	+	– –	++	–
Schrägkugellager, zweireihig	+	+	O	O	– –	+	O
Pendelrollenlager	++	+	O	–	++	+	O
Zylinderrollenlager (N, NU)	++	–	++	O	–	– –	++
Zylinderrollenlager (NUP)	++	O	+	–	–	+	–
Kegelrollenlager	++	++	+	–	–	++	–
Nadellager	++	– –	+	O	– –	– –	++
Schulterkugellager	O	O	– –	+	–	O	– –
Tonnenlager	++	O	O	–	++	+	O
Axial-Rillenkugellager	– –	+	O	–	O	O	– –
Axial-Zylinderrollenlager	– –	++	–	– –	– –	–	–
Axial-Pendelrollenlager	– –	++	–	–	++	–	–

Eignung: ++ sehr gut + gut O geeignet – wenig – – ungeeignet

Einbau von Wälzlagern – Passungsauswahl

Axiallager

Belastungsart	Lager-Bauform	Wellenscheibe/Welle			Gehäusescheibe/Gehäuse		
		Lastfall	Passung	Toleranzfeld für Welle	Lastfall	Passung	Toleranzfeld für Gehäuse
Kombinierte Radial-/Axial-Last	Pendelrollenlager	Umfangslast	fester Sitz erforderlich	j6 (k6)	Punktlast	loser Sitz zulässig	H7
		Punktlast	loser Sitz zulässig	j6	Umfangslast	fester Sitz erforderlich	K7
Reine Axial-Last	Kugellager Zylinderrollenlager Pendelrollenlager	–	–	j6 h6 (j6) j6	–	–	E8 (H6) H7 (K7) E8 (G7)

geforderte Toleranz der Rechtwinkligkeit der Anlageflächen zu den Lagersitzen: IT5 oder besser

5

Einbau von Wälzlagern – Passungsauswahl

Radiallager					
Bewegungsverhältnisse		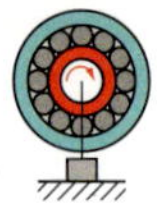	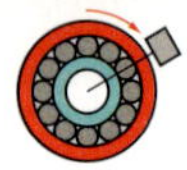	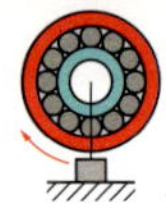	
		Innenring rotiert, Außenring steht still, Lastrichtung unveränderlich	Innenring steht still, Außenring rotiert, Lastrichtung rotiert mit dem Außenring	Innenring steht still, Außenring rotiert, Lastrichtung unveränderlich	Innenring rotiert, Außenring steht still, Lastrichtung rotiert mit dem Innenring
Lastverhältnisse/Passung		Innenring: Umfangslast, feste Passung notwendig Außenring: Punktlast, lose Passung zulässig		Innenring: Punktlast, lose Passung zulässig Außenring: Umfangslast, feste Passung notwendig	
Lagerart	Belastung				
Wellentoleranzen (Innenring)					
Kugellager	niedrig	h6, k6		j6, h6, g6, f6	
	mittel	j6, k6, m6			
	hoch	m6, n6			
Rollenlager	niedrig	k6, m6			
	mittel	k6, m6, n6, p6			
	hoch	n6, p6, r6			
Gehäusetoleranzen (Außenring)					
Kugellager	niedrig	J6, J7, H6, H7, H8		J7	
	mittel			K7, M7	
	hoch			N7, P7	
Rollenlager	niedrig			K7	
	mittel			M7, N7	
	hoch			N7, P7	

Einbau von Wälzlagern – Maße

DIN 5418: 1993-02

Rundungen und Schulterhöhen für Radiallager und Axiallager (ohne Kegelrollenlager)

Schulterhöhe h Durchmesserreihe nach DIN 616			Kantenabstand am Wälzlager	Hohlkehlradius
8, 9, 0	1, 2, 3	4	r_s	r_{as}; r_{bs}
0,2	–	–	0,05	0,05
0,26	–	–	0,08	0,08
0,3	0,6	–	0,1	0,1
0,7	0,9	–	0,2	0,2
1	1,2	–	0,3	0,3
1,6	2,1	–	0,6	0,6
2,3	2,8	–	1	1
4,4	5,5	6,5	2	2
6,2	7	8	3	2,5
7,3	8,5	10	4	3
9	10	12	5	4

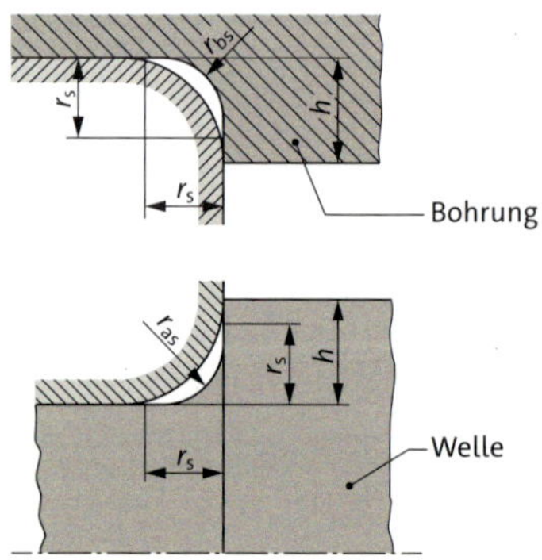

Ersatzweise kann ein Freistich Form F nach DIN 509 verwendet werden.

Einbau von Wälzlagern – Oberflächenrauheit von Passflächen

Wellen- oder Gehäusedurchmesser in mm		Toleranzklassen der Durchmesser für Wellen- oder Gehäusepassflächen			
		IT6		IT7	
über	bis	R_z in µm	R_a in µm	R_z in µm	R_a in µm
–	80	6,3	1,6	10	3,2
80	500	10	3,2	16	3,2
500	1250	16	3,2	25	6,3

Rillenkugellager

DIN 625-1: 2011-04

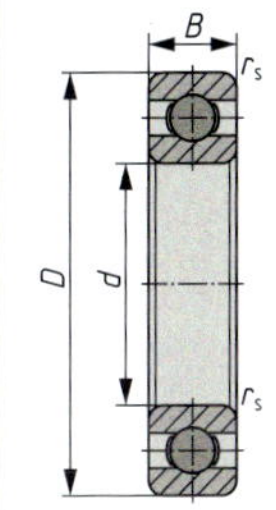

Einbaumaße

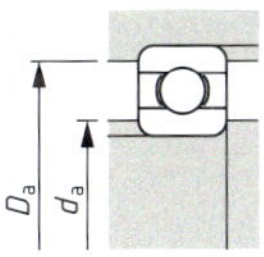

d	Lagerreihe 60						Lagerreihe 62						Lagerreihe 63					
	D	B	r_{smin}	d_{amin}	D_{amax}	Basis-zeichen	D	B	r_{smin}	d_{amin}	D_{amax}	Basis-zeichen	D	B	r_{smin}	d_{amin}	D_{amax}	Basis-zeichen
10	26	8	0,3	12	24	6000	30	9	0,6	14,2	25,8	6200	35	11	0,6	14,2	30,8	6300
12	28	8	0,3	14	26	6001	32	10	0,6	16,2	27,8	6201	37	12	1,0	17,6	31,4	6301
15	32	9	0,3	17	30	6002	35	11	0,6	19,2	30,8	6202	42	13	1,0	20,6	36,4	6302
17	35	10	0,3	19	33	6003	40	12	0,6	21,2	35,8	6203	47	14	1,0	22,6	41,4	6303
20	42	12	0,6	23,2	38,8	6004	47	14	1,0	25,6	41,4	6204	52	15	1,0	27	45	6304
25	47	12	0,6	28,2	43,8	6005	52	15	1,0	30,6	46,4	6205	62	17	1,0	32	55	6305
30	55	13	1,0	34,6	50,4	6006	62	16	1,0	35,6	56,4	6206	72	19	1,0	37	65	6306
35	62	14	1,0	39,6	57,4	6007	72	17	1,0	42	65	6207	80	21	1,5	44	71	6307
40	68	15	1,0	44,6	63,4	6008	80	18	1,0	47	73	6208	90	23	1,5	49	81	6308
45	75	16	1,0	50,8	69,2	6009	85	19	1,0	52	78	6209	100	25	1,5	54	91	6309
50	80	16	1,0	54,6	75,4	6010	90	20	1,0	57	83	6210	110	27	2,0	61	99	6310
55	90	18	1,0	61	84	6011	100	21	1,5	64	91	6211	120	29	2,0	66	109	6311
60	95	18	1,0	66	89	6012	110	22	1,5	69	101	6212	130	31	2,1	72	118	6312
65	100	18	1,0	71	94	6013	120	23	1,5	74	111	6213	140	33	2,1	77	128	6313
70	110	20	1,0	76	104	6014	125	24	1,5	79	116	6214	150	35	2,1	82	138	6314
75	115	20	1,0	81	109	6015	130	25	2,0	84	121	6215	160	37	2,1	87	148	6315
80	125	22	1,0	86	119	6016	140	26	2,0	91	129	6216	170	39	2,1	92	158	6316
90	140	24	1,5	97	133	6018	160	30	2,0	101	149	6218	190	43	3,0	104	176	6318
100	150	24	1,5	107	143	6020	180	34	2,1	112	168	6220	215	47	3,0	114	201	6320

Bezeichnungsbeispiel: **Rillenkugellager DIN 625 – 6209 – 2Z – C2**
Rillenkugellager einreihig nach DIN 625 – Lagerreihe 6021 – Lagerart 6 – Breitenreihe 0 (*B* = 16 mm) – Durchmesserreihe 2 (*D* = 75 mm) – Bohrungskennzahl 09 (*d* = 45 mm) – Lager mit Deckscheibe auf beiden Seiten – Lagerluft kleiner als normal

Schrägkugellager

DIN 628-1: 2008-01

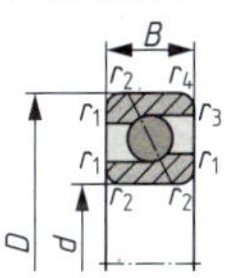

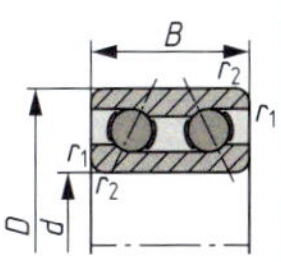

Einbaumaße

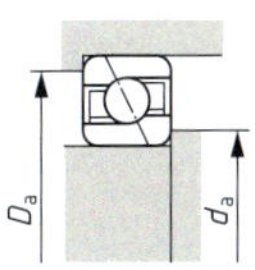

d	Lagerreihe 72							Lagerreihe 73							Lagerreihe 33 (zweireihig)					
	D	B	$r_{1,2}$	$r_{3,4}$	d_{amin}	D_{amax}	Basis-zeichen	D	B	$r_{1,2}$	$r_{3,4}$	d_{amin}	D_{amax}	Basis-zeichen	D	B	$r_{1,2}$	d_{amin}	D_{amax}	Basis-zeichen
10	30	9	0,6	0,3	14,2	25,8	7200	–	–	–	–	–	–	–	–	–	–	–	–	–
12	32	10	0,6	0,3	16,2	27,8	7201	37	12	1,0	0,6	17,6	31,4	7301	37	19	1,0	17,6	31,4	3301
15	35	11	0,6	0,3	19,2	30,8	7202	42	13	1,0	0,6	20,6	36	7302	42	19	1,0	20,6	36,4	3302
17	40	12	0,6	0,6	21,2	35,5	7203	47	14	1,0	0,6	22,6	41,4	7303	47	22,2	1,0	22,6	41,4	3303
20	47	14	1,0	0,6	25,6	41,4	7204	52	15	1,1	0,6	27	45	7304	52	22,2	1,0	27	45	3304
25	52	15	1,0	0,6	30,6	46,4	7205	62	17	1,1	0,6	32	55	7305	62	25,4	1,0	32	55	3305
30	62	16	1,0	0,6	35,6	56,4	7206	72	19	1,1	0,6	37	65	7306	72	30,2	1,0	37	65	3306
35	72	17	1,1	0,6	42	65	7207	80	21	1,5	1,0	44	71	7307	80	34,9	1,5	44	71	3307
40	80	18	1,1	0,6	47	73	7208	90	23	1,5	1,0	49	81	7308	90	36,5	1,5	49	81	3308
45	85	19	1,1	0,6	52	78	7209	100	25	1,5	1,0	54	91	7309	100	39,7	1,5	54	91	3309
50	90	20	1,1	0,6	57	83	7210	110	27	2,0	1,0	61	99	7310	110	44,4	2,0	61	99	3310
55	100	21	1,5	1,0	64	91	7211	120	29	2,0	1,0	66	109	7311	120	49,2	2,0	66	109	3311
60	110	22	1,5	1,0	69	101	7212	130	31	2,1	1,1	72	118	7312	130	54,0	2,1	72	118	3312
65	120	23	1,5	1,0	74	111	7213	140	33	2,1	1,1	79	128	7313	140	58,7	2,1	79	128	3313
70	125	24	1,5	1,0	79	116	7214	150	35	2,1	1,1	82	138	7314	150	63,5	2,1	82	138	3314
75	130	25	1,5	1,0	84	121	7215	160	37	2,1	1,1	87	148	7315	160	68,3	2,1	87	148	3315
80	140	26	2,0	1,0	91	130	7216	170	39	2,1	1,1	92	158	7316	170	68,3	2,1	92	158	3316
90	160	30	2,0	1,0	101	149	7218	190	43	3,0	1,1	104	176	7318	190	73	2,5	104	176	3318
100	180	34	2,1	1,1	112	168	7220	215	47	3,0	1,1	114	201	7320	215	82,6	2,5	114	201	3320

Bezeichnungsbeispiel: **Schrägkugellager DIN 628 – 7312 – Z – N**
Schrägkugellager einreihig nach DIN 628 – Lagerreihe 7031 – Lagerart 7 – Breitenreihe 0 (*B* = 31 mm) – Durchmesserreihe 3 (*D* = 130 mm) – Bohrungskennzahl 12 (*d* = 60 mm) – Lager mit Deckscheibe auf einer Seite – Lager mit Sprengringnut im Außenring

Bei den Rillen- und Schrägkugellagern entfällt die „0" bzw. die „1" der Breitenreihe in den meisten Fällen.

5

Kegelrollenlager

DIN 720: 2008-08

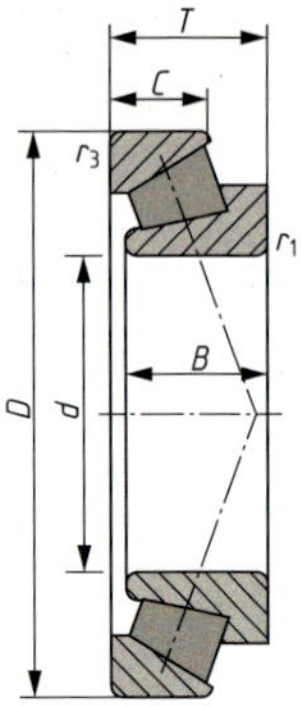

Einbaumaße

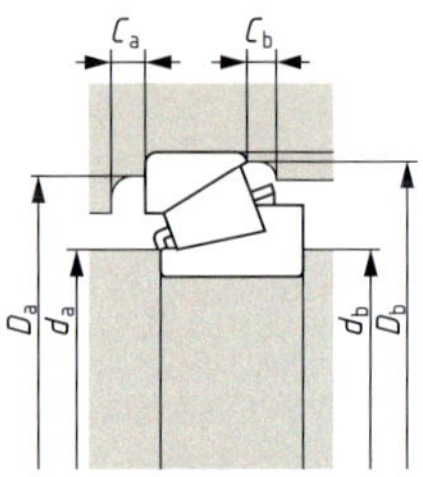

d	Lagerreihe 302													
	D	B	C	T	r_1	r_3	d_{amax}	d_{bmin}	D_{amin}	D_{amax}	D_{bmin}	C_{amin}	C_{bmin}	Basis-zeichen
17	40	12	11	13,25	1,0	1,0	23	23	34	34	37	2	2	30203
20	47	14	12	15,25	1,0	1,0	27	26	40	41	43	2	3	30204
25	52	15	13	16,25	1,0	1,0	31	31	44	46	48	2	3	30205
30	62	16	14	17,25	1,0	1,0	37	36	53	56	57	2	3	30206
35	72	17	15	18,15	1,5	1,5	44	42	62	65	67	3	3	30207
40	80	18	16	19,75	1,5	1,5	49	47	69	73	74	3	3,5	30208
45	85	19	16	20,75	1,5	1,5	54	52	74	78	80	3	4,5	30209
50	90	20	17	21,75	1,5	1,5	58	57	79	83	85	3	4,5	30210
55	100	21	18	22,75	2,0	1,5	64	64	88	91	94	4	4,5	30211
60	110	22	19	23,75	2,0	1,5	70	69	96	101	103	4	4,5	30212
65	120	23	20	24,75	2,0	1,5	77	74	106	111	113	4	4,5	30213
70	125	24	21	26,25	2,0	1,5	81	79	110	161	118	4	5	30214
75	130	25	22	27,25	2,0	1,5	86	84	115	121	124	4	5	30215
80	140	26	22	28,25	2,5	2,0	91	90	124	130	132	4	6	30216
85	150	28	24	30,5	2,5	2,0	97	95	132	140	141	5	6,5	30217
90	160	30	26	32,5	2,5	2,0	103	100	140	150	150	5	6,5	30218
100	180	34	29	37	3,0	2,5	116	112	157	168	168	5	8	30220
110	200	38	32	41	3,0	2,5	129	122	174	188	187	6	9	30222
120	215	40	34	43,5	3,0	2,5	140	132	187	203	201	6	9,5	30224
d	Lagerreihe 303													
	D	B	C	T	r_1	r_3	d_{amax}	d_{bmin}	D_{amin}	$D_{a\text{-}max}$	D_{bmin}	C_{amin}	C_{bmin}	Basis-zeichen
17	47	14	12	15,25	1,0	1,0	25	23	40	41	41	2	3	30303
20	52	15	13	16,25	1,5	1,5	28	27	44	45	47	2	3	30304
25	62	17	15	18,25	1,5	1,5	34	32	55	55	57	2	3	30305
30	72	19	16	20,75	1,5	1,5	40	37	62	65	66	3	4,5	30306
35	80	21	18	22,75	2,0	1,5	45	44	70	71	74	3	4,5	30307
40	90	23	20	25,25	2,0	1,5	52	49	77	81	82	3	5	30308
45	100	25	22	27,25	2,0	1,5	59	54	86	91	92	3	5	30309
50	110	27	23	29,25	2,5	2,0	65	60	95	100	102	4	6	30310
55	120	29	25	31,5	2,5	2,0	71	65	104	110	111	4	6,5	30311
60	130	31	26	33,5	3,0	2,5	77	72	112	118	120	5	7,5	30312
65	140	33	28	36	3,0	2,5	83	77	122	128	130	5	8	30313
70	150	35	30	38	3,0	2,5	89	82	130	138	140	5	8	30314
75	160	37	31	40	3,0	2,5	95	87	139	148	149	5	9	30315
80	170	39	33	42,5	3,0	2,5	102	92	148	158	159	6	9,5	30316
85	180	41	34	44,5	4,0	3,0	107	99	156	166	167	6	10,5	30317
90	190	45	36	46,5	4,0	3,0	113	104	165	176	176	6	10,5	30318
100	215	47	39	51,5	4,0	3,0	127	114	184	201	197	6	12,5	30320
110	240	50	42	54,5	4,0	3,0	141	124	206	226	220	8	12,5	30322
120	260	55	46	59,5	4,0	3,0	152	134	221	246	237	8	13,5	30324

Bezeichnungsbeispiel:
Kegelrollenlager DIN 720 – 30218 – E
Kegelrollenlager der Lagerreihe 303 – Lagerart 3 – Breitenreihe 0 (B = 30 mm) – Durchmesserreihe 2 (D = 160 mm) – Bohrungskennzahl 18 (Bohrungsdurchmesser d = 90 mm)

Axial-Rillenkugellager

DIN 711: 2010-05

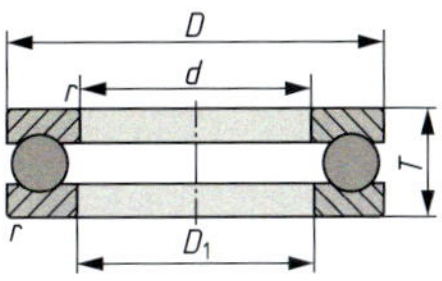

Einbaumaße

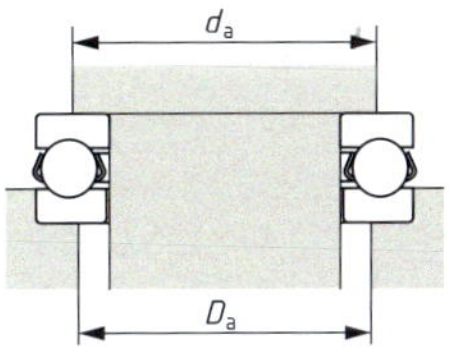

d	Lagerreihe 512							Lagerreihe 513						
	D	D_1	T	d_{amin}	D_{amax}	r	Basis-zeichen	D	D_1	T	d_{amin}	D_{amax}	r	Basis-zeichen
20	40	22	14	32	28	0,6	51204	–	–	–	–	–	–	51304
25	47	27	15	38	34	0,6	51205	52	27	18	41	36	1,0	51305
30	52	32	16	43	39	0,6	51206	60	32	21	48	42	1,0	51306
35	62	37	18	51	46	1,0	51207	68	37	24	55	48	1,0	51307
40	68	42	19	57	51	1,0	51208	78	42	26	63	55	1,0	51308
45	73	47	20	62	56	1,0	51209	85	47	28	69	61	1,0	51309
50	78	52	22	67	61	1,0	51210	95	52	31	77	68	1,1	51310
55	90	57	25	76	69	1,0	51211	105	57	35	85	75	1,1	51311
60	95	62	26	81	74	1,0	51212	110	62	35	90	80	1,1	51312
70	105	72	27	91	84	1,0	51214	125	72	40	103	92	1,1	51314
80	115	82	28	101	94	1,0	51216	140	82	44	116	104	1,5	51316
100	150	103	38	130	120	1,1	51220	170	103	55	142	128	1,5	51320

Bezeichnungsbeispiel: **Axial-Rillenkugellager DIN 711 – 51308**
Axial-Rillenkugellager der Lagerreihe 513 – Lagerart 5 – Breitenreihe 1 (T = 26 mm) – Durchmesserreihe 3 (D = 78 mm) – Bohrungskennzahl 8 (Bohrungsdurchmesser d = 40 mm)

Zylinderrollenlager

DIN 5412-1: 2005-08

Form N

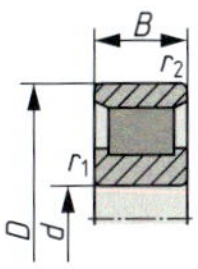

Form NJ

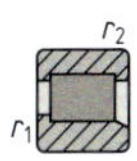

Form NUP

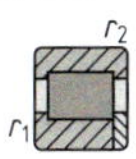

Form NU

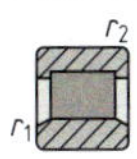

Einbaumaße

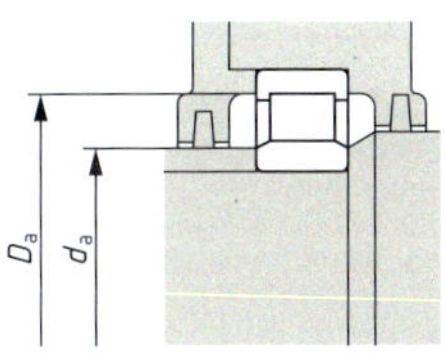

d	Lagerreihe 02							Lagerreihe 03						
	D	B	r_{1min}	r_{2min}	d_{amin}	D_{amin}	Basis-zeichen	D	B	r_{1min}	r_{2min}	d_{amin}	D_{amin}	Basis-zeichen
17	40	12	0,6	0,3	20,7	27	203	47	14	1,0	0,6	22,1	29	303
20	47	14	1,0	0,6	25	31	204	52	15	1,1	0,6	26,1	33	304
25	52	15	1,0	0,6	28,9	33	205	62	17	1,1	1,1	31	40	305
30	62	16	1,0	0,6	35,3	43	206	72	19	1,1	1,1	37	47	306
35	72	17	1,1	0,6	41,8	50	207	80	21	1,5	1,1	43	53	307
40	80	18	1,1	1,1	47	56	208	90	23	1,5	1,5	48	60	308
45	85	19	1,1	1,1	52	61	209	100	25	1,5	1,5	54	67	309
50	90	20	1,1	1,1	57	66	210	110	27	2,0	2,0	60	73	310
55	100	21	1,5	1,1	63	73	211	120	29	2,0	2,0	65	80	311
60	110	22	1,5	1,5	68	80	212	130	31	2,1	2,1	72	87	312
65	120	23	1,5	1,5	74	87	213	140	33	2,1	2,1	77	93	313
70	125	24	1,5	1,5	79	92	214	150	35	2,1	2,1	82	100	314
75	130	25	1,5	1,5	84	97	215	160	37	2,1	2,1	87	107	315
80	140	26	2,0	2,0	90	104	216	170	39	2,1	2,1	92	113	316
85	150	28	2,0	2,0	96	110	217	180	41	3,0	3,0	99	120	317
90	160	30	2,0	2,0	101	117	218	190	43	3,0	3,0	104	127	318
100	180	34	2,1	2,1	113	130	220	215	47	3,0	3,0	114	142	320
110	200	38	2,1	2,1	122	144	222	240	50	3,0	3,0	124	159	322
120	215	40	2,1	2,1	132	156	224	260	55	3,0	3,0	134	171	324

Bezeichnungsbeispiel: **Zylinderrollenlager DIN 5412 – NJ 312 – E**
Zylinderollenlager der Lagerreihe NJ3 – Bauform NJ – Breitenreihe 0 (B = 31 mm) – Durchmesserreihe 3 (D = 130 mm) – Bohrungskennzahl 12 (Bohrungsdurchmesser d = 60 mm) – verstärkte Ausführung

Bauform N:
zwei Borde am Innenring, bordloser Außenring

Bauform NU:
Außenring mit zwei Borden, Innenring bordlos; keine Aufnahme axialer Kräfte, Längenausgleich innerhalb des Lagers möglich → ideale Loslager

Bauform NJ: zwei Borde am Außenring, ein Bord am Innenring; Axialkräfte in einer Richtung

Bauform NUP:
zwei feste Borde am Außenring, ein fester Bord und Bordscheibe am Innenring; Axialkräfte in beiden Richtungen → ideale Festlager

Nadellager — DIN 617: 2008-10

NA mit Innenring | RNA ohne Innenring

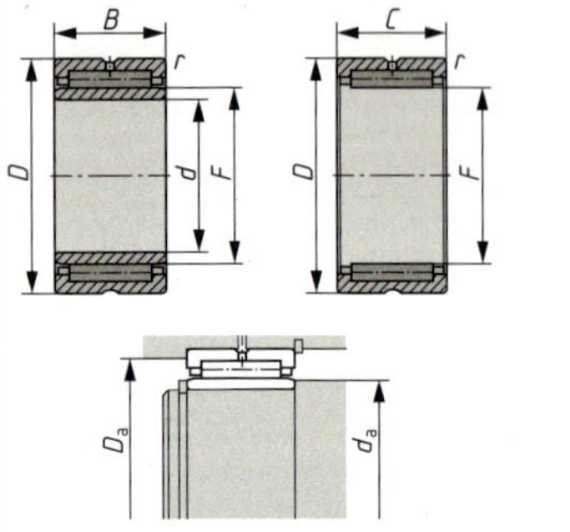

d	*D*	*r*	d_{amin}	D_{amax}	*F*	Lagerreihe NA49		Lagerreihe NA69	
						C / *B*	Basiszeichen	*C* / *B*	Basiszeichen
20	37	0,3	22	35	25	17	NA4904	30	NA6904
25	42	0,3	27	36	30	17	NA4905	30	NA6905
30	47	0,3	32	45	35	17	NA4906	30	NA6906
35	55	0,6	39	51	42	20	NA4907	36	NA6907
40	62	0,6	44	58	48	22	NA4908	40	NA6908
45	68	0,6	49	64	52	22	NA4909	40	NA6909
50	72	0,6	54	68	58	22	NA4910	40	NA6910
55	80	1,0	60	75	63	25	NA4911	45	NA6911
60	85	1,0	65	80	68	25	NA4912	45	NA6912
70	100	1,0	75	95	80	30	NA4914	54	NA6914

Bezeichnungsbeispiel: **Nadellager DIN 617 – NA 4910**
Nadellager der Lagerreihe NA49 – Lagerart NA – Breitenreihe 4 (*B* = 22 mm) – Durchmesserreihe 9 (*D* = 72 mm) – Bohrungskennzahl 10 (Bohrungsdurchmesser *d* = 50 mm)

Pendelrollenlager, zweireihig, zylindrische und kegelige Bohrung — DIN 635-2: 2009-01

zylindrisch | kegelig

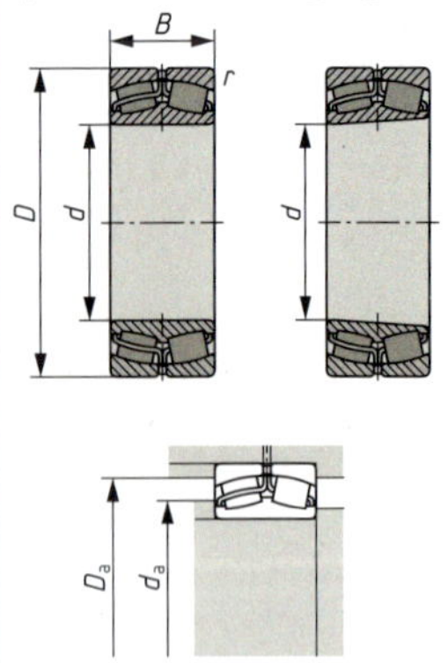

d	Lagerreihe 213						Lagerreihe 222					
	D	*B*	*r*	d_{amin}	D_{amax}	Basis-zeichen	*D*	*B*	*r*	d_{amin}	D_{amax}	Basis-zeichen
25	62	17	1,1	32	55	21305	52	18	1	30,6	46,4	22205
30	72	19	1,1	37	65	21306	62	90	1	35,6	54,6	22206
35	80	21	1,5	44	71	21307	72	23	1,1	42	65	22207
40	90	23	1,5	49	81	21308	80	23	1,1	47	73	22208
45	100	25	1,5	54	91	21309	85	23	1,1	52	78	22209
50	110	27	2	61	99	21310	90	23	1,1	57	83	22210
55	120	29	2	66	109	21311	100	25	1,5	64	91	22211
60	130	31	2,1	72	118	21312	110	28	1,5	69	101	22212
70	150	35	2,1	82	138	21314	125	31	1,5	79	116	22214
80	170	39	2,1	92	158	21316	140	33	2	91	129	22216
90	190	43	3	104	176	21318	160	40	2	101	149	22218

Bezeichnungsbeispiel: **Pendelrollenlager DIN 635 – 22207 – E – K**
Pendelrollenlager der Lagerreihe 222 – Lagerart 2 – Breitenreihe 2 (*B* = 21 mm) – Durchmesserreihe 2 (*D* = 72 mm) – Bohrungskennzahl 07 (Bohrungsdurchmesser *d* = 35 mm) – verstärkte Ausführung – mit kegeliger Bohrung Kegel 1:12

Pendelkugellager, zweireihig, zylindrische und kegelige Bohrung — DIN 630: 2011-02

zylindrisch | kegelig

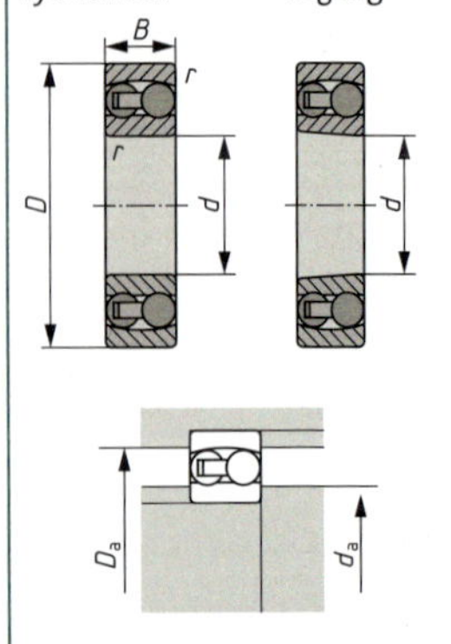

d	Lagerreihe 12						Lagerreihe 23					
	D	*B*	*r*	d_{amin}	D_{amax}	Basis-zeichen	*D*	*B*	*r*	d_{amin}	D_{amax}	Basis-zeichen
20	47	14	1	25,6	41,4	1204	52	21	1,1	27	45	2304
25	52	15	1	30,6	46,6	1205	62	24	1,1	32	55	2305
30	62	16	1	25,6	56,4	1206	72	27	1,1	37	65	2306
35	72	17	1,1	42	65	1207	80	31	1,5	44	71	2307
40	80	18	1,1	47	73	1208	90	33	1,5	49	81	2308
45	85	19	1,1	52	78	1209	100	36	1,5	54	91	2309
50	90	20	1,1	57	83	1210	110	40	2	61	99	2310
55	100	21	1,5	64	91	1211	120	43	2	66	109	2311
60	110	22	1,5	69	101	1212	130	46	2,1	72	118	2312
70	125	24	1,5	79	116	1214	150	51	2,1	82	138	2314
80	150	26	2	91	129	1216	170	58	2,1	92	158	2316

Bezeichnungsbeispiel: **Pendelkugellager DIN 630 – 1206**
Pendelkugellager der Lagerreihe 12 – Lagerart 1 – Breitenreihe 0 (*B* = 16 mm) – Durchmesserreihe 2 (*D* = 72 mm) – Bohrungskennzahl 07 (Bohrungsdurchmesser *d* = 35 mm)

Wälzlager – Nutmuttern, Sicherungsbleche, Spannhülsen

Nutmuttern für Wälzlager

DIN 981: 2009-06

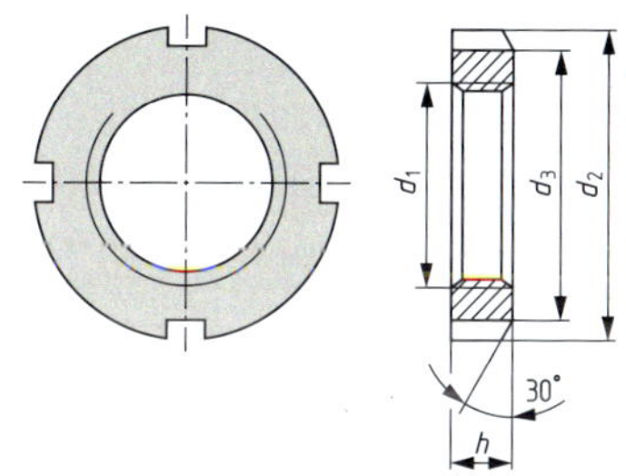

Kurzzeichen	d_1	d_2	d_3	h	Kurzzeichen	d_1	d_2	d_3	h
KM 0	M10 x 0,75	18	13,5	4	KM 11	M55 x 2	75	67	11
KM 1	M12 x 1	22	17	4	KM 12	M60 x 2	80	73	11
KM 2	M15 x 1	25	21	5	KM 13	M65 x 2	85	79	12
KM 3	M17 x 1	28	24	5	KM 14	M70 x 2	92	85	12
KM 4	M20 x 1	32	26	6	KM 15	M75 x 2	98	90	13
KM 5	M25 x 1,5	38	32	7	KM 16	M80 x 2	105	95	15
KM 6	M30 x 1,5	45	38	7	KM 17	M85 x 2	110	102	16
KM 7	M35 x 1,5	52	44	8	KM18	M90 x 2	120	108	16
KM 8	M40 x 1,5	58	50	9	KM19	M95 x 2	125	113	17
KM 9	M45 x 1,5	65	56	10	KM20	M100 x 2	130	120	18
KM 10	M50 x 1,5	70	61	11	KM21	M105 x 2	140	126	18

Werkstoff: Stahl, R_m min. 350 N/mm²

Bezeichnungsbeispiel: **Nutmutter DIN 981 – KM 8**
Nutmutter mit d_1 = M40 x 1,5

Sicherungsbleche für Nutmuttern

DIN 5406: 2011-04

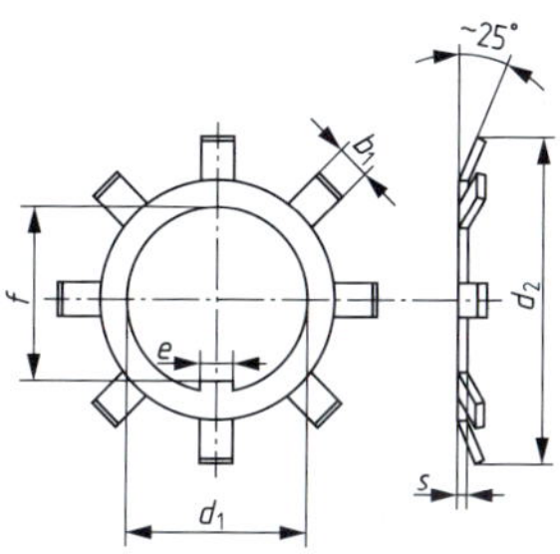

Kurzzeichen	d_1	d_2	e	f	b_1	s	Kurzzeichen	d_1	d_2	e	f	b_1	s
MB 0	10	21	3	8,5	3	1	MB 11	55	81	8	52,5	7	1,5
MB 1	12	25	3	10,5	3	1	MB 12	60	86	8	57,5	7	1,5
MB 2	15	28	4	13,5	4	1	MB 13	65	92	8	62,5	7	1,5
MB 3	17	32	4	15,5	4	1	MB 14	70	98	8	66,5	8	1,5
MB 4	20	36	4	18,5	4	1	MB 15	75	104	8	71,5	8	1,5
MB 5	25	42	5	23	5	1,2	MB 16	80	112	10	76,5	8	1,75
MB 6	30	49	5	27,5	5	1,2	MB 17	85	119	10	81,5	8	1,75
MB 7	35	57	5	32,5	5	1,2	MB 18	90	126	10	86,5	10	1,75
MB 8	40	62	6	37,5	6	1,2	MB 19	95	133	10	91,5	10	1,75
MB 9	45	69	6	42,5	6	1,2	MB 20	100	142	12	96,5	10	1,75
MB 10	50	74	6	47,5	6	1,2	MB 21	105	145	12	100,5	12	1,75

Werkstoff: Stahl, R_m min. 350 N/mm²
Zur Sicherung von Nutmuttern DIN 981. Auf dem Bolzengewinde ist eine Keilnut erforderlich.

Bezeichnungsbeispiel: **Sicherungsblech DIN 5406 – MB 8**
Sicherungsblech mit d_1 = 40 mm für Nutmutter KM8

Spannhülsen mit Nutmutter und Muttersicherung

DIN 5415: 2009-05

Spannhülsen dienen zur Befestigung von Wälzlagern mit kegeliger Bohrung in Anwendung mit Pendelkugellagern, Tonnenlagern und Pendelrollenlagern.
Spannhülsen bestehen aus der Hülse, der Nutmutter nach DIN 981 und der Muttersicherung nach DIN 5406.

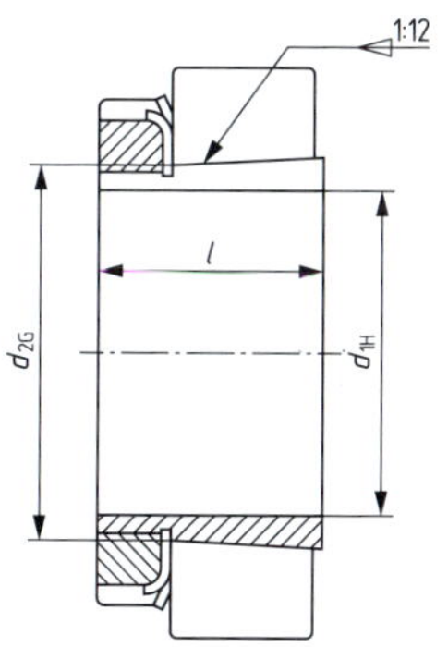

d_{1H}	d_{2G}	l	Kurzzeichen	d_{1H}	d_{2G}	l	Kurzzeichen
17	M20 x 1	28	H304	60	M65 x 2	50	H313
20	M25 x 1,5	29	H305	60	M70 x 2	52	H314
25	M30 x 1,5	31	H306	65	M75 x 2	55	H315
30	M35 x 1,5	35	H307	70	M80 x 2	59	H316
35	M40 x 1,5	36	H308	75	M85 x 2	63	H317
40	M45 x 1,5	39	H309	80	M90 x 2	65	H318
45	M50 x 1,5	42	H310	85	M95 x 2	68	H319
50	M55 x 2	45	H311	90	M100 x 2	71	H320
55	M60 x 2	47	H312	95	M105 x 2	74	H321

Werkstoff: Stahl, R_m min. 420 N/mm²

Bezeichnungsbeispiel: **Spannhülse DIN 5415 – H309**
Spannhülse mit d_1 = 40 mm, Gewinde M45 x 1,5, Länge l = 39 mm
komplett mit Sicherungsblech MB9 und Nutmutter KM9

Buchsen für Gleitlager aus Kupferlegierungen — DIN ISO 4379: 1995-10

Form C — Form F

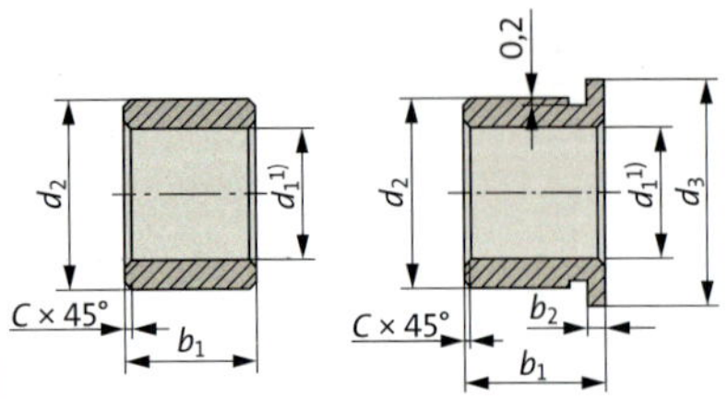

d_1	Form C			Form F Reihe 1			Form F Reihe 2			Form C und F Längen			
	d_2			d_2	d_3	b_2	d_2	d_3	b_2	b_1			C
10	12	14	16	12	14	1	16	20	3	6	10	–	0,3
12	12	14	16	14	16	1	18	22	3	10	15	20	0,5
15	17	19	21	17	19	1	21	27	3	10	15	20	0,5
18	20	22	24	20	22	1	24	30	3	12	20	30	0,5
20	23	24	26	23	26	1,5	26	32	3	15	20	30	0,5
25	28	30	32	28	31	1,5	32	38	4	20	30	40	0,5
30	34	36	38	34	38	2	38	44	4	20	30	40	0,5
35	39	41	45	39	43	2	45	50	5	30	40	50	0,8
40	44	48	40	44	48	2	50	58	5	30	40	60	0,8
45	50	53	55	50	55	2,5	55	63	5	30	40	60	0,8
50	55	58	60	55	60	2,5	60	68	5	40	50	50	0,8

1) ergibt nach dem Einpressen Toleranzklasse H8
empfohlene Toleranzklasse für den Einbau:
Aufnahmebohrung: H7, Welle: e7, g7
je nach Anwendungsfall

Bezeichnungsbeispiel: **Buchse ISO 4379 – C 25 x 32 x 30 – CuSn8** Form C – d_1 = 25mm – d_2 = 32 mm – b_1 = 30 mm – aus CuSn8

Buchsen für Gleitlager aus Sintermetal — DIN 1850-3: 1998-07

Form J Zylinderlager — Form V Bundlager

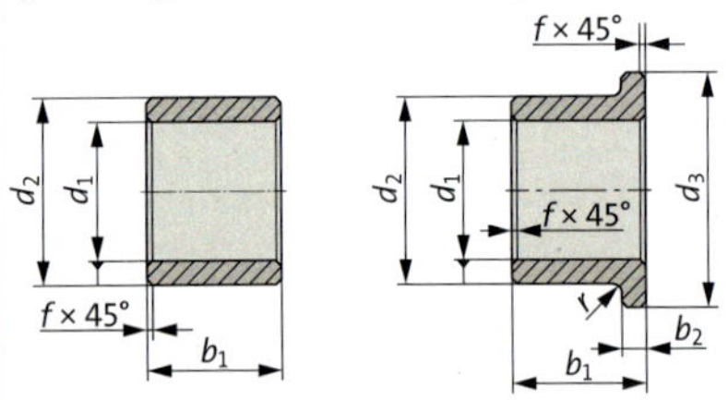

d_1	d_2	d_3	b_1			b_2	f	r
6	10	14	4	–	10	2	0,3	0,3
8	12	16	6	8	12	2	0,3	0,3
10	16	22	8	10	16	3	0,4	0,6
12	18	24	8	12	20	3	0,4	0,6
15	21	27	10	15	25	3	0,4	0,6
18	24	30	12	18	30	3	0,4	0,6
20	26	32	15	20	30	3	0,4	0,6
25	32	39	20	25	30	3,5	0,6	0,8
30	38	46	20	25	30	4	0,6	0,8
35	45	55	25	35	40	5	0,7	0,8
40	50	60	30	40	50	5	0,7	0,8

empfohlene Toleranzklasse für den Einbau:
Aufnahmebohrung: H7

Bezeichnungsbeispiel: **Buchse DIN 1850 – J18x24x18 – SintB50** Form J – d_1 = 18 mm – d_2 = 24 mm – b_1 = 18 mm – aus Sinterbronze B50

Buchsen für Gleitlager aus Duroplasten und Thermoplasten — DIN 1850-5, 6: 1998-07

Duroplaste Form P — Thermoplaste Form S — Form T

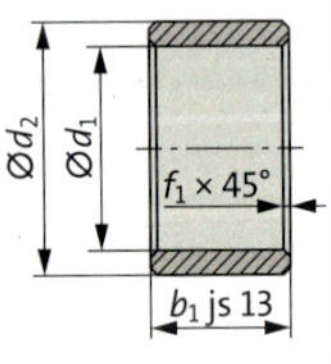

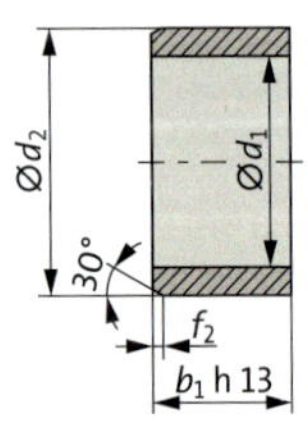

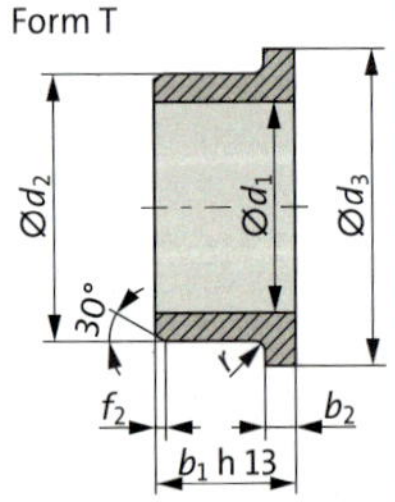

d_1	d_2	d_3	b_1			b_2	$f_{1,R}$	f_2
10	16	20	6	10	–	3	0,3	0,5
12	18	22	10	15	20	3	0,5	0,8
15	21	27	10	15	20	3	0,5	0,8
20	26	32	15	20	30	3	0,5	0,8
25	32	38	20	30	40	4	0,5	0,8
30	38	44	20	30	40	4	0,5	0,8
35	45	50	30	40	50	5	0,8	1,2
40	50	58	30	40	60	5	0,8	1,2
45	55	63	30	40	60	5	0,8	1,2
50	60	68	40	50	60	5	0,8	1,2

Form R

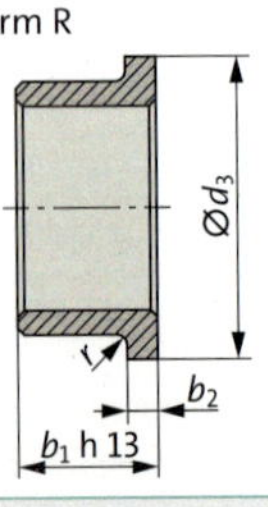

Abmaße für d_1, d_2, Formen S und T – Toleranzgruppe A

Toleranzfeld für d_1 nach dem Einpressen.
Herstellung: gespritzt: D12, spanend: C11

d_2	über / bis	8 / 14	14 / 18	18 / 25	25 / 33	33 / 40	40 / 55
Abmaße (+)		0,27 / 0,09	0,33 / 0,11	0,45 / 0,15	0,6 / 0,2	0,69 / 0,23	0,9 / 0,3

empfohlene Toleranzklassen für den Einbau:
Bohrung H7, Welle h7 (P+R) bzw. h9 (S+T)

Abmaße für d_1 und d_2, Formen P und R

d_1	über / bis	10 / 14	14 / 18	18 / 24	24 / 30	30 / 40	40 / 50
Abmaße		+0,17 / +0,14	+0,22 / +0,18	+0,27 / +0,22	+0,34 / +0,28	+0,42 / +0,35	+0,50 / +0,42
d_2	über / bis	10 / 16	16 / 20	20 / 24	24 / 30	30 / 38	38 / 50
Abmaße		+0,08 / +0,05	+0,11 / +0,07	+0,14 / +0,09	+0,17 / +0,11	+0,21 / +0,14	+0,26 / +0,18

Bezeichnungsbeispiel: **Buchse DIN 1850 – S S25 A30 PA6** Form S – d_1 = 25 mm – Toleranzgruppe A – b_1 = 30 mm – aus Polyamid 6

Gleitlager – Gerollte Buchsen

DIN ISO 3547-1: 2015-12

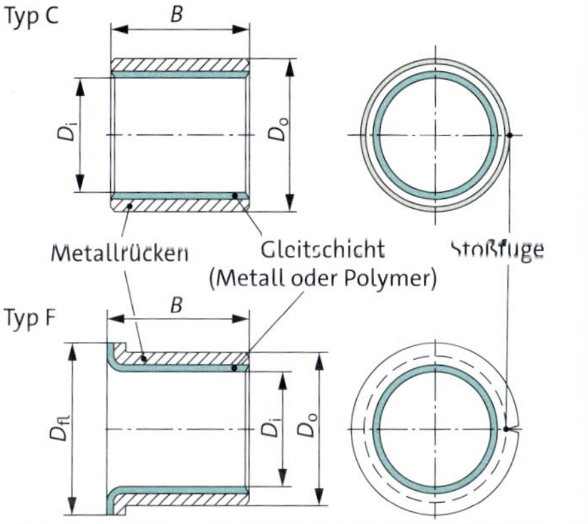

D_i	D_o	Form C	Form F	
		B	D_{fl}	B
6	8	5; 6; 7: 8; 10	12	4; 8
8	10	5; 6; 7; 8; 10; 12	15	5,5; 7,5; 9,5
10	12	6; 7; 8; 10; 12; 15; 20	18	7; 9; 12; 17
15	17	10; 12; 15; 20; 25	22	9; 12; 17
20	23	12; 15; 20; 25; 30	30	11,5; 16,5; 21,5
25	28	15; 20; 25; 30	35	11,5; 16,5; 21,5
30	34	15; 20; 25; 30; 40	42	16; 26
35	39	20; 25; 30; 40; 50	47	16; 26
40	44	20; 25; 30; 40; 50	53	16; 26
45	50	20; 25; 30; 40; 50	58	16; 26

Grenzabweichungen für Wanddicke s	s in mm	Reihe A	Reihe B	Reihe C	Reihe D	Reihe E
	1	0/–0,015	+0,005/–0,02	+0,25/+0,15	–0,02/–0,045	+0,11/+0,07
	1,5	0/–0,015	+0,005/–0,025	+0,25/+0,15	–0,025/–0,055	+0,11/+0,07
	2	0/–0,015	+0,005/–0,03	+0,25/+0,15	–0,03/–0,065	+0,11/+0,07

Bezeichnungsbeispiel: **Buchse DIN ISO 3547 – C30 A 34 x 20**
gerollte Buchse Typ C, D_i = 30 mm, Grenzabweichung für Wanddicke nach Reihe A, D_o = 34 mm, B = 20 mm

Eigenschaften von Gleitlagerwerkstoffen

Werkstoff / Eigenschaft	CuSn-Legierung	CuPb-Legierung	Sinterbronze	PTFE-Composite	POM-Composite	Polyamid	CFK
Selbstschmierung	–	+	+	++	+	+	++
Wartungsfreiheit	–	O	+	++	+	O	++
Korrosionsbeständigkeit	+	+	O	O	0	+	++
dynamische Belastbarkeit	O	O	–	+	++	O	++
hohe Gleitgeschwindigkeit	–	++	++	+	+	+	–
Temperaturbeständigkeit	+	O	–	++	O	O	+
geringe Reibung	–	O	+	++	++	+	++

Eignung: ++ sehr gut + gut O weniger gut – nicht gut

Passscheiben und Stützscheiben

DIN 988: 1990-03

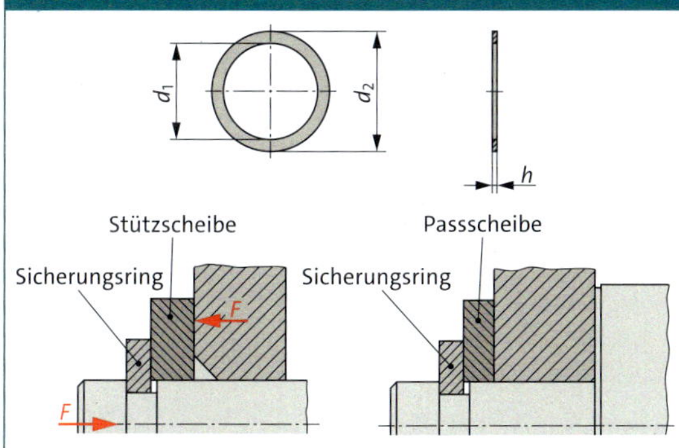

d_1 D12	d_2 d12	h Stütz-scheiben	d_1 D12	d_2 d12	h Stütz-scheiben	d_1 D12	d_2 d12	h Stütz-scheiben
6	12	1,2	28	40	2	63	80	3,5
7	13	1,2	30	42	2,5	65	85	3,5
8	14	1,2	32	45	2,5	70	90	3,5
10	16	1,2	35	45	3	75	95	3,5
12	18	1,2	37	47	3	80	100	3,5
14	20	1,5	40	50	3	85	105	3,5
16	22	1,5	45	55	3	90	110	3,5
18	25	1,5	48	60	3	95	115	3,5
20	28	2	50	62	3	100	120	3,5
22	30	2	55	68	3,5	105	130	3,5
25	35	2	60	75	3,5	110	140	3,5

Dicke Passscheiben – h:
0,1; 0,15; 0,2; 0,3; 0,5; 1; 1,1; 1,2; 1,3; 1,4; 1,5; 1,6; 1,7; 1,8; 1,9; 2

Passscheiben dienen zur genauen Lagefixierung von Maschinenteilen in axialer Richtung.
Stützscheiben verhindern ein Umstülpen der Sicherungsringe durch hohe Axialkräfte.

Werkstoff: Passscheiben DC01, Stützscheiben Federstahl

Bezeichnungsbeispiele: **Passscheibe DIN 988 – 40 x 50 x 0,5** d_1 = 40 mm, d_2 = 50 mm, h = 0,5 mm
Stützscheibe DIN 988 – S 40 x 50 d_1 = 40 mm, d_2 = 50 mm, h = 3 mm

5

Sicherungsringe (Halteringe)

für Wellen DIN 471: 2011-04

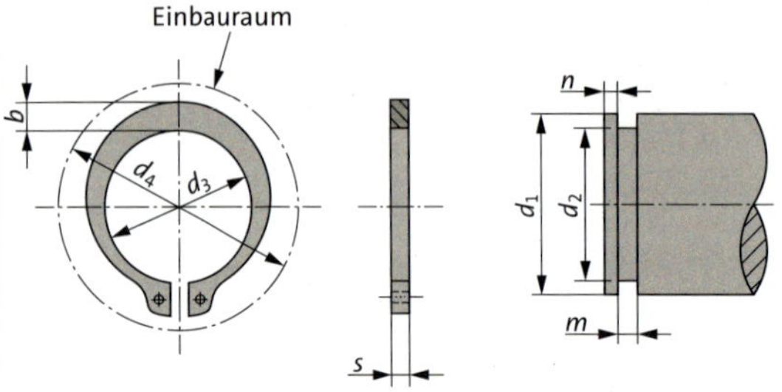

für Bohrungen DIN 472: 2017-06

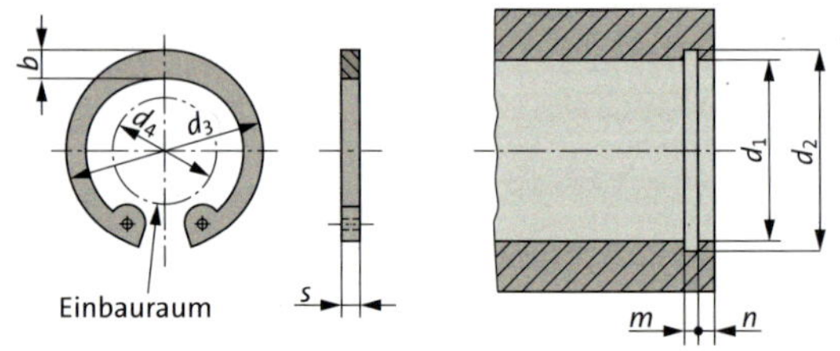

für Wellen (DIN 471)

Nennmaß d_1	Ring s	Ring d_3	Ring b ≈	Ring d_4	Nut d_2	Nut m H13	Nut n_{min}
10	1	9,3	1,8	17	9,6	1,1	0,6
12	1	11	1,8	19	11,5	1,1	0,8
15	1	13,8	2,2	22,6	14,3	1,1	1,1
18	1,2	16,5	2,4	26,8	17	1,3	1,5
20	1,2	18,5	2,6	28,4	19	1,3	1,5
22	1,2	20,5	2,8	30,8	21	1,3	1,5
25	1,5	23,2	3	34,2	23,9	1,3	1,7
28	1,5	25,9	3,2	37,9	26,6	1,6	2,1
30	1,5	27,9	3,5	40,5	28,6	1,6	2,1
35	1,5	32,2	3,9	46,8	33	1,6	3
40	1,75	36,5	4,4	52,6	37,5	1,85	3,8
45	1,75	41,5	4,7	59,1	42,5	1,85	3,8
50	2	45,8	5,1	64,5	47	2,15	4,5
60	2	55,8	5,8	75,6	57	2,15	4,5
70	2,5	65,5	6,6	87	67	2,65	4,5
80	2,5	75,4	7,4	98,1	76,5	2,65	5,3
90	3	84,5	8,2	108,5	86,5	3,15	5,3
100	3	94,5	9	120,1	96,5	3,15	5,3

Bezeichnungsbeispiel: **Sicherungsring DIN 471 – 35 x 1,5**
Nennmaß d_1 = 35 mm, Dicke s = 1,5 mm

für Bohrungen (DIN 472)

Nennmaß d_1	Ring s	Ring d_3	Ring b ≈	Ring d_4	Nut d_2	Nut m H13	Nut n_{min}
10	1	10,8	1,4	3,3	10,5	1,1	0,6
12	1	13	1,7	4,9	12,5	1,1	0,8
15	1	16,2	2	7,2	15,7	1,1	1,1
18	1	19,5	2,2	9,4	19	1,1	1,5
20	1	21,5	2,3	11,2	21	1,1	1,5
22	1,2	23,5	2,5	13,2	23	1,1	1,5
25	1,2	26,9	2,7	15,5	26,2	1,3	1,8
28	1,2	30,1	2,9	17,9	29,4	1,3	2,1
30	1,2	32,1	3	19,9	31,4	1,3	2,1
35	1,5	37,8	3,4	23,6	37	1,6	3
40	1,75	43,5	3,9	27,8	42,5	1,85	3,8
45	1,75	48,5	4,3	32	47,5	1,85	3,8
50	2	54,2	4,6	36,3	53	2,15	4,5
60	2	64,2	5,4	44,7	63	2,15	4,5
70	2,5	74,5	6,2	53,6	73	2,65	4,5
80	2,5	85,5	7	62,1	83,5	2,65	5,3
90	3	95,5	7,6	71,9	93,5	3,15	5,3
100	3	105,5	8,4	80,6	103,5	3,15	5,3

Bezeichnungsbeispiel: **Sicherungsring DIN 472 – 50 x 5**
Nennmaß d_1 = 50 mm, Dicke s = 2 mm

Toleranzklasse für Nutdurchmesser d_2

d_1 von – bis	3–10	12–22	24–100	d_1 von–bis	8–22	24–100	100–300
d_2	h10	h11	h12	d_2	H11	H12	H13

Flachschmiernippel

DIN 3404: 1988-01

Form A

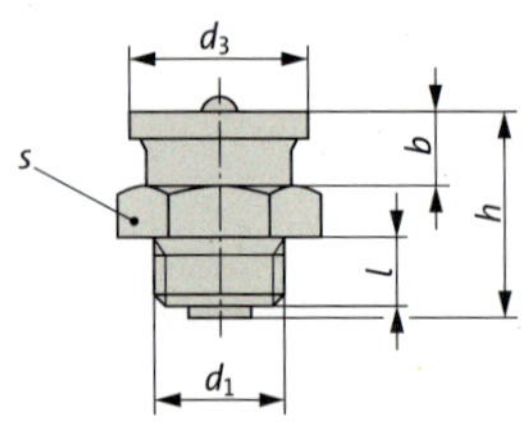

Gewinde d_1	M6 x 1	M6 x 1	M8 x 1	M8 x 1	M10 x 1	M16 x 1,5
b	4,8	6,5	6,5	6,5	8,5	8,5
d_3	10	16	10	16	16	22
h_{max}	13	17	13,7	16,7	17,6	23,1
l	4,9	5,3	4,9	5,3	5,5	7,5
s	11	17	11	18	17	22

Bezeichnungsbeispiel: **Flachschmiernippel DIN 3404 – A M8 x 1**
Flachschmiernippel Form A mit Gewinde M8 x 1

Kegelschmiernippel

DIN 71412: 1987-11

Schmiernippel mit metrischem kegeligem Außengewinde nach DIN 158

Form A

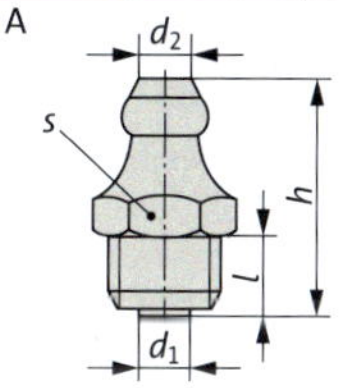

Gewinde d_1	M6 x 1	M6 x 1	M8 x 1	M10 x 1
h_{max}	16			
l	5,5			
s	7	9	11	14
d_2	6,5			

Form B

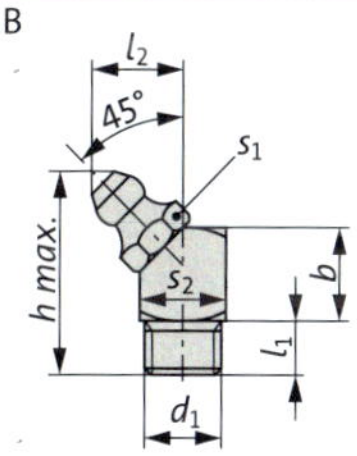

Form C

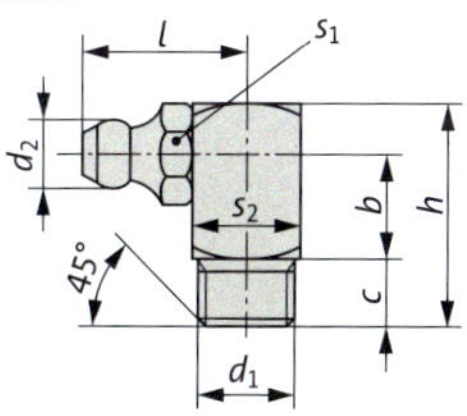

Gewinde d_1	M6 x 1	M8 x 1	M10 x 1
Form B			
h_{max}	21		
l_1	5,5		
l_2	10		
b	10		
s_1	7	9	11
$s_{2Vierkant}$	9	9	11
Form C			
h_{max}	18		
c	5,5		
d_2	6,5		
b	8,5		
s_1	9	9	11
$s_{2Vierkant}$	9	9	11
l	14,3	14,3	15,3

Bezeichnungsbeispiel: **Kegelschmiernippel DIN 71412 – A M8 x 1**
Kegelschmiernippel Form A mit metrischem kegeligem Gewinde M8 x 1

Staufferbüchsen

DIN 3411: 1972-10

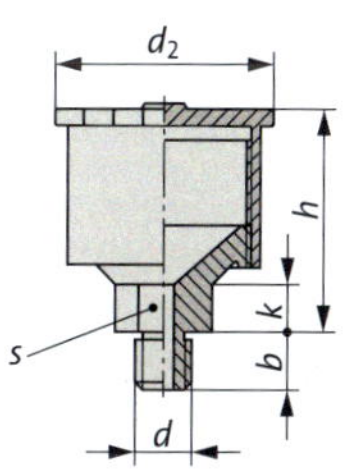

Größe	d		d_2	b	h	k	s
00	M6	–	14	6	26	6	7
0	M8 x 1	G ⅛	16	8	30	7	10
1	M10 x 1	G ⅛	24	9	35	7	12
2	M12 x 1,5	G ¼	28	11	38	10	17
3	M12 x 1,5	G ¼	38	11	42	10	17
4	M12 x 1,5	G ¼	45	11	45	10	17
5	M12 x 1,5	G ¼	58	11	52	10	17

Form A: Klappe und Unterteil gezogen (Größe 1–5)

Form B: Klappe und Unterteil gedreht (Größe 00–1)

Form D: Klappe gezogen, Unterteil gedreht (Größe 2–5)

Werkstoff: St oder CuZn

Bezeichnungsbeispiel: **Staufferbüchse DIN 3410 – A1M – St**
Staufferbüchse Form A, Größe 1, metrisches Gewinde, aus Stahl

Fettpressen

DIN 1283: 1990-11

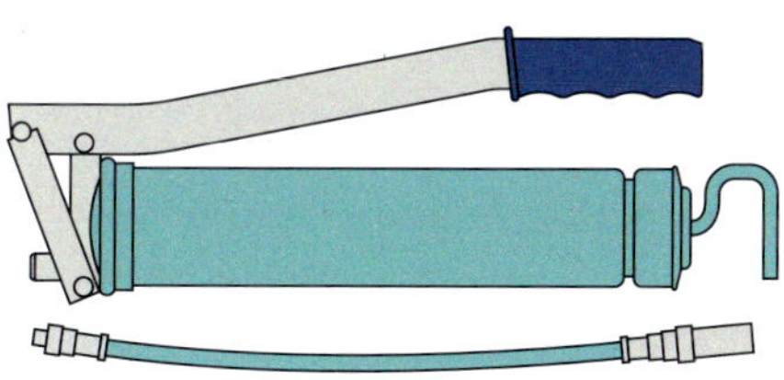

Das Gerät verarbeitet Fette bis NLGI 2.

Förderdruck	400 bar
Füllvolumen	500 cm^3
Fördervolumen/Hub max.	1,4 cm^3
Berstdruck System	850 bar
Anschlussgewinde	M10 x 1
Durchmesser Fett-Pumpkolben	8 mm
Füllmöglichkeiten	Fettkartuschen 400 g DIN 1284, Fettfüllgerät oder loses Fett

Ringfeder-Spannelemente

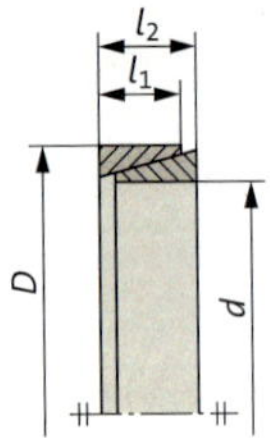

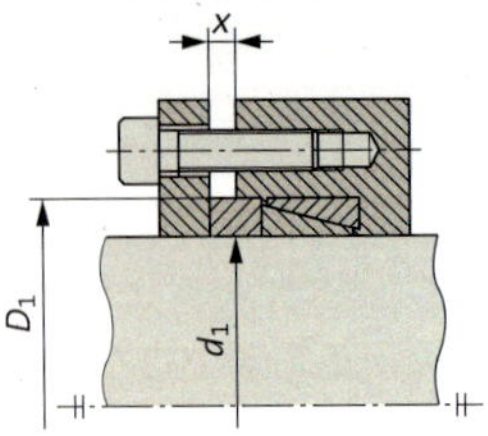

F_0 = Spannkraft zur Spielüberbrückung
F_A = erforderliche Spannkraft zur Erzeugung von $p = 100\ N/mm^2$
M = übertragbares Drehmoment bezogen auf $p = 100\ N/mm^2$
F_{ax} = übertragbare Axialkraft bezogen auf $p = 100\ N/mm^2$
x = Mindestabstand zum Druckflansch bei (n) Spannelement(en)

Nenngröße $d \times D$ mm	l_1 mm	l_2 mm	F_0 kN	F_A kN	M Nm	F_{ax} N	Anzahl Spannelemente				Distanzbuchse	
							1	2	3	4	d_1 mm	D_1 mm
							x in mm					
8 x 11	3,7	4,5	–	5	4,4	1100	2	2	3	3	8,1	10,9
10 x 13	3,7	4,5	6,95	6,3	7	1400	2	2	3	3	10,1	12,9
12 x 15	3,7	4,5	6,9	7,5	10	1670	2	2	3	3	12,1	14,9
16 x 20	5,3	6,3	10,1	14,4	26	3190	3	3	4	5	16,1	19,9
18 x 22	5,3	6,3	9,1	16,2	33	3600	3	3	4	5	18,1	21,9
20 x 25	5,3	6,3	12	18	40	4000	3	3	4	5	20,2	24,8
22 x 26	5,3	6,3	9	19,8	48	4400	3	3	4	5	22,2	25,8
25 x 30	5,3	6,3	9,9	22,5	62	5000	3	3	4	5	25,2	29,8
28 x 32	5,3	6,3	7,4	25,2	78	5600	3	3	4	5	28,2	31,8
30 x 35	5,3	6,3	8,5	27	90	6000	3	3	4	5	30,2	34,8
32 x 36	5,3	6,3	7,8	28,8	102	6400	3	3	4	5	32,2	35,8
35 x 40	6	7	10,1	35,6	138	7900	3	3	4	5	35,2	39,8
38 x 44	6	7	11	38,7	163	8600	3	3	4	5	38,2	43,8

Wellenenden

DIN 748-1: 1970-01; DIN 1448: 1970-01

zylindrisches Wellenende, DIN 748

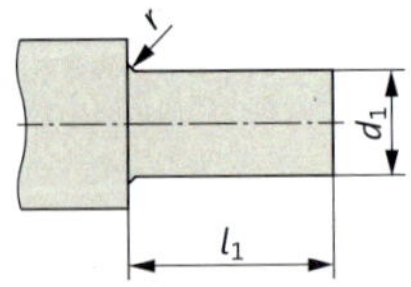

kegeliges Wellenende, DIN 1448

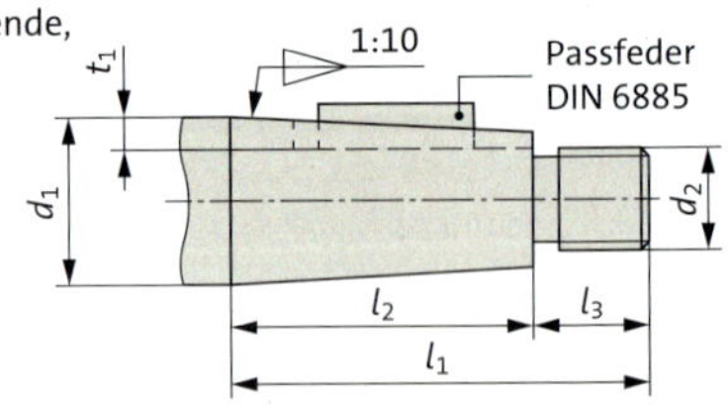

d_1 k6	l_1		l_2		l_3	r	t_1		Passfeder $b \times h$	Gewinde d_2
	lang	kurz	lang	kurz			lang	kurz		
10	23	15	15	–	8	0,6	–	–	–	M 6
12	30	18	18	–	12	0,6	1,7	–	2 x 2	M 8 x 1
14	30	18	18	–	12	0,6	2,3	–	3 x 3	M 8 x 1
16	40	28	28	16	12	0,6	2,5	2,2	3 x 3	M10 x 1,25
20	50	36	36	22	14	0,6	3,4	3,1	4 x 4	M12 x 1,25
22	50	36	36	22	14	0,6	3,4	3,1	4 x 4	M12 x 1,25
24	50	36	36	22	14	0,6	3,9	3,6	5 x 5	M12 x 1,25
25	60	42	42	24	18	1	4,1	3,6	5 x 5	M16 x 1,25
28	60	42	42	24	18	1	4,1	3,6	5 x 5	M16 x 1,25
30	80	58	58	36	22	1	4,5	3,9	5 x 5	M20 x 1,5
35	80	58	58	36	22	1	5	4,4	6 x 6	M20 x 1,5
38	80	58	58	36	22	1	5	4,4	6 x 6	M24 x 2
40	110	82	82	54	28	1	7,1	6,4	10 x 8	M24 x 2
42	110	82	82	54	28	1	7,1	6,4	10 x 8	M24 x 2
45	110	82	82	54	28	1	7,1	6,4	12 x 8	M30 x 2
48	110	82	82	54	28	1	7,1	6,4	12 x 8	M30 x 2
50	110	82	82	54	28	1,6	7,1	6,4	12 x 8	M36 x 3

Passfedern, Passfedernuten

DIN 6885-1: 1968-08

Form A

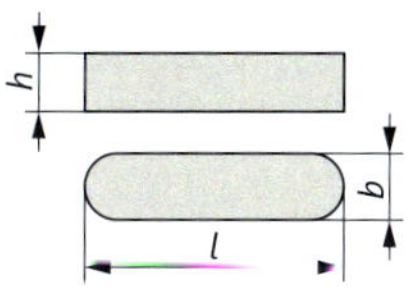

Form B

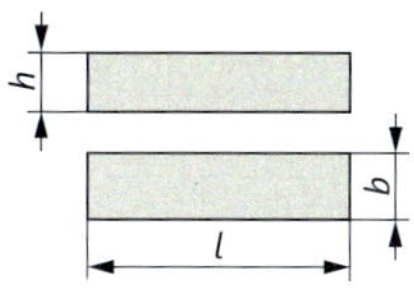

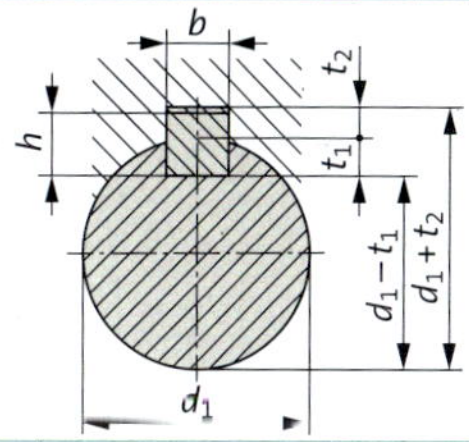

Form C
ab Größe 8 x 7 mit Senkung
für Halteschraube

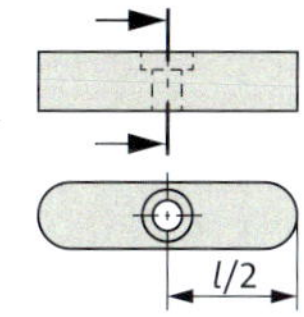

Form D
ab Größe 8 x 7 mit Senkung
für Halteschraube

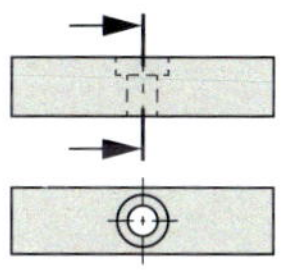

Senkung für Halteschraube
Gewindebohrung in der Welle

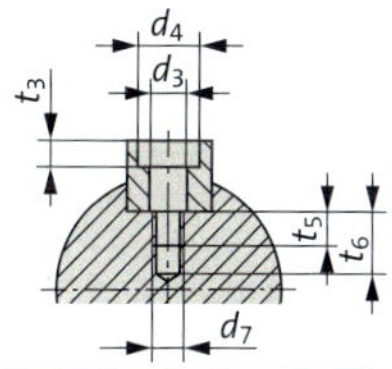

Form E
Größen 8 x 7 und 10 x 8
mit zwei Senkungen

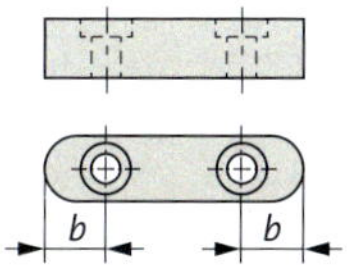

Form E
ab Größe 12 x 8 zusätzlich mit
Gewindebohrung für Abdrückschraube

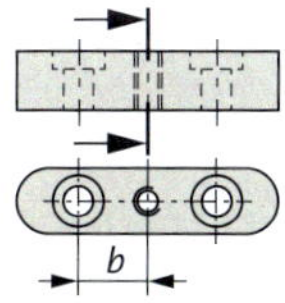

Gewindebohrung für Abdrückschraube

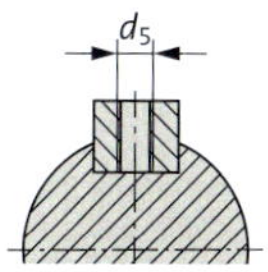

Wellendurchmesser d_1	über	8	10	12	17	22	30	38	44	50	58	65	75	85
	bis	10	12	17	22	30	38	44	50	58	65	75	85	95
Passfeder-Querschnitt	Breite b	3	4	5	6	8	10	12	14	16	18	20	22	25
	Höhe h	3	4	5	6	7	8	8	9	10	11	12	14	14
Wellennut Breite b	fester Sitz P9 / leichter Sitz N9	3	4	5	6	8	10	12	14	16	18	20	22	25
Wellennut Tiefe t_1	mit Rückenspiel	1,8	2,5	3	3,5	4	5	5	5,5	6	7	7,5	9	9
	zul. Abweichung	+0,1				+0,2								
Nabennut Breite b	fester Sitz P9 / leichter Sitz JS9	3	4	5	6	8	10	12	14	16	18	20	22	25
Nabennut Tiefe t_2	mit Rückenspiel	1,4	1,8	2,3	2,8	3,3	3,3	3,3	3,8	4,3	4,4	4,9	5,4	5,4
	zul. Abweichung	+0,1				+0,2								
Länge der Passfeder l	von	6	8	10	14	18	22	28	36	45	50	56	63	70
	bis	36	45	56	70	90	110	140	160	180	200	220	250	280
Bohrungen für Halte- und Abdrückschrauben: Bohrungen der Passfeder	d_3	–				3,4		4,5	5,5		6,6			9
	d_4	–				6		8	10		11			15
	d_5	–				M3		M4	M5		M6			M8
	t_3	–				2,4		3,2	4,1		4,8			6
Bohrungen der Welle	d_7	–				M3		M4	M5		M6			M8
	t_5	–				4	5	6	6		7	6	8	9
	t_6	–				7	8	10	10		12	11	13	15
Zylinderschraube DIN EN ISO 1207, DIN 7984, DIN 6912		–				M3 x 8	M3 x 10	M4 x 10	M5 x 10		M6 x 12		M6 x 16	M8 x 16

Längenabstufungen l: 6, 8 ... 28 (zul. Abw.: –0,2); 32, 36, 40, 45, 50, 56, 63, 70, 80 (zul. Abw.: –0,3);
90, 100, 110, 125, 140, 160, 180, 200, 220, 250, 280, 320, 360, 400 (zul. Abw.: –0,5)

Bezeichnungsbeispiel: **Passfeder DIN 6885 – A 8 x 7 x 36**
Passfeder Form A, b = 8 mm, h = 7 mm, l = 36 mm

5

Scheibenfedern, Scheibenfedernuten DIN 6888: 1956-08

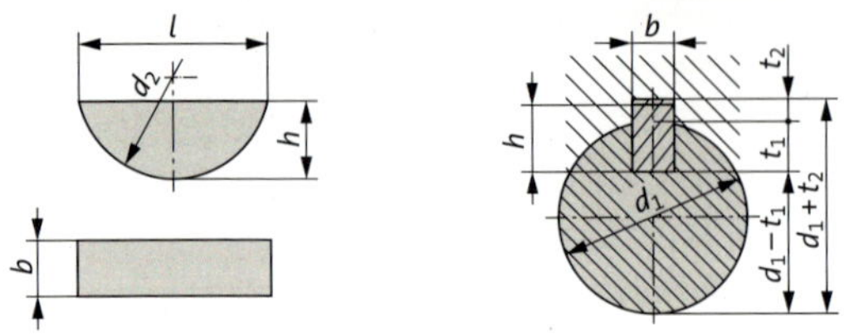

Toleranzklassen für Nutbreite *b*:
- Wellennut und Nabennut: fester Sitz P9,
- Wellennut: leichter Sitz N9,
- Nabennut: leichter Sitz J9,
- für geräumte Nuten: P8 statt P9, N8 statt N9, J8 statt J9

Reihe I: Wellen-Ø d_1	über	8		–	10		–	12		–	17		–	22		–	30		–
	bis	10			12			17			22			30			38		
Reihe II: Wellen-Ø d_1	über	12			17			22			30			38					
	bis	17			22			30			38			–					
Federbreite	*b* h9	3			4			5			6			8			10		
Federhöhe	*h* h12	3,7	5	6,5	5	6,5	7,5	6,5	7,5	9	7,5	9	11	9	11	13	11	13	16
Feder-Ø	d_2	10	13	16	13	16	19	16	19	22	19	22	28	22	28	32	28	32	45
Federlänge	$l \approx$	9,6	12,6	15,7	12,6	15,7	18,5	15,7	18,5	21,6	18,7	21,6	27,3	21,6	27,3	31,4	27,3	31,4	43,0
Wellennuttiefe	t_1	2,5	3,8	5,3	3,5	5	6	4,5	5,5	7	5,1	6,6	8,6	6,2	8,2	10,2	7,8	9,8	12,8
Abweichung		+0,1									+0,2								
Wellennuttiefe	t_2	1,4			1,7			2,2			2,6			3			3,4		
Abweichung		+0,1															+0,2		

Reihe I: Scheibenfeder überträgt das gesamte Drehmoment.
Reihe II: Scheibenfeder dient nur zur Festlegung der Bauteillage. Das Drehmoment überträgt ein anderes Bauteil.

Bezeichnungsbeispiel: **Scheibenfeder DIN 6888 – 4 x 6,5 – E 335**
Scheibenfeder mit b = 4 mm, h = 6,5 mm aus E 335

Einlegekeile, Treibkeile, Nasenkeile DIN 6886: 1967-12; DIN 6887: 1968-04

DIN 6886

Form A – Einlegekeil

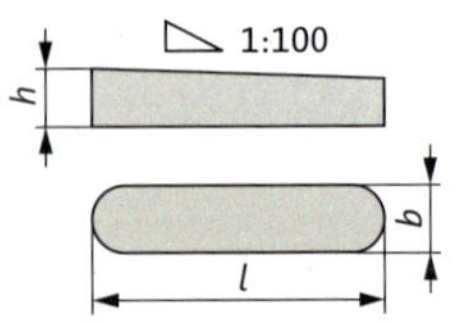

Form B – Treibkeil

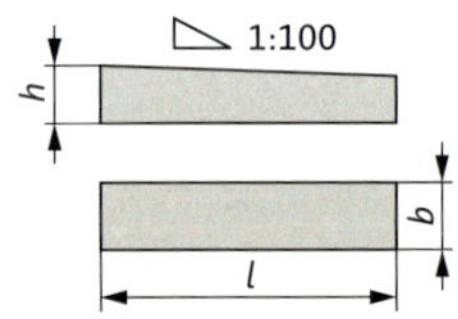

DIN 6887 – Nasenkeil

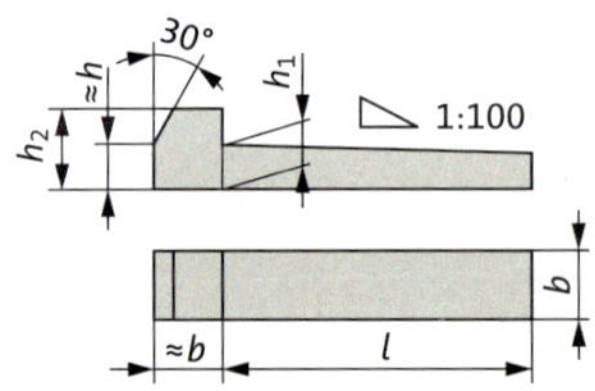

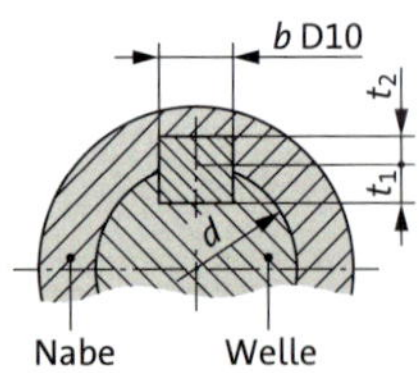

Wellen-Ø d_1	über	10	12	17	22	30	38	44	50	58	65	75	85	95	110	130
	bis	12	17	22	30	38	44	50	58	65	75	85	95	110	130	150
Keilquerschnitt	*b*	4	5	6	8	10	12	14	16	18	20	22	25	28	32	36
	h	4	5	6	7	8	8	9	10	11	12	14	14	16	18	20
Wellennuttiefe	t_1	2,5	3	3,5	4	5	5	5,5	6	7	7,5	9	9	10	11	12
Nabennuttiefe	t_2	1,2	1,7	2,2	2,4	2,4	2,4	2,9	3,4	3,4	3,9	4,4	4,4	5,4	6,4	7,1
Nasenkeilhöhe	h_1	4,1	5,1	6,1	7,2	8,2	8,2	9,2	10,2	11,2	12,2	14,2	14,2	16,2	18,3	20,4
Nasenhöhe	h_2	7	8	10	11	12	12	14	16	18	20	22	22	25	28	32
Länge *l*	von	10[1)]	12[1)]	16	20	25	32	40	45	50	56	63	70	80	90	100
	bis	45	56	70	90	110	140	160	180	200	220	250	280	320	360	400

[1)] für Nasenkeile = 14 mm

zulässige Abweichungen für t_1 und t_2: *d* bis 22 = 0,1; *d* über 22 bis 130 = 0,2; *d* über 130 = 0,3
Längenabstufungen *l*: 6, 8 ... 22; 25, 28, 32, 40, 45, 50, 56, 63; 70, 80 ... 110; 125; 140, 160 ... 220, 250, 320, 360, 400

Bezeichnungsbeispiel: **Keil DIN 6886 – A 10 x 8 x 50 – C45E**
Keil mit b = 10 mm, h = 8 mm und l = 50 mm aus C45E

Keilwellen-Verbindungen mit geraden Flanken und Innenzentrierung DIN ISO 14: 1986-12

Keilwellen-Profil

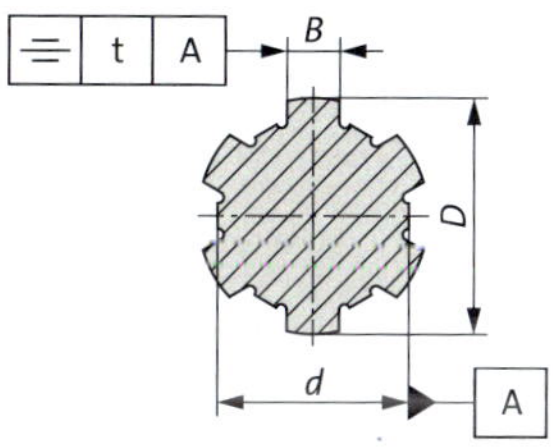

Keilnaben-Profil

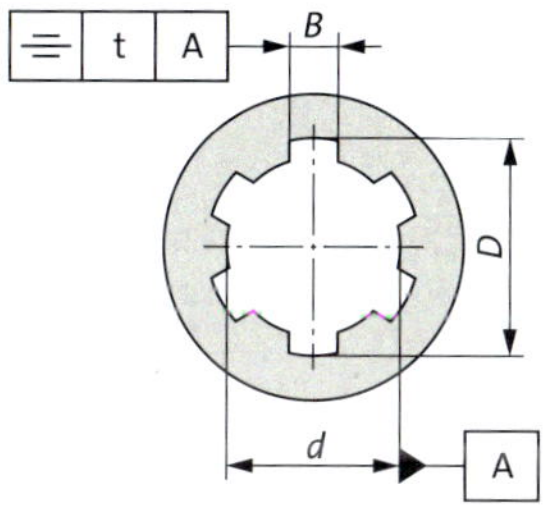

Innenzentrierung

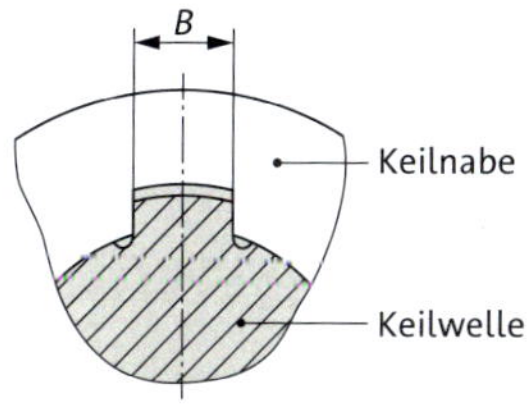

d	Leichte Reihe				Mittlere Reihe				*d*	Leichte Reihe				Mittlere Reihe			
	N 1)	*D*	*B*	*t*	*N* 1)	*D*	*B*	*t*		*N* 1)	*D*	*B*	*t*	*N* 1)	*D*	*B*	*t*
11	–	–	–	–	6	14	3	0,010	42	8	46	8	0,015	8	48	8	0,015
13	–	–	–	–	6	16	3,5	0,012	46	8	50	9	–	8	54	9	
16	–	–	–	–	6	20	4		52	8	58	10	–	8	60	10	
18	–	–	–	–	6	22	5		56	8	62	10	–	8	65	10	
21	–	–	–	–	6	25	5		62	8	68	12	0,018	8	72	12	0,018
23	6	26	6	0,012	6	28	6		72	10	78	12	–	10	82	12	
26	6	30	6		6	32	6		82	10	88	12	–	10	92	12	
28	6	32	7	0,015	6	34	7	0,015	92	10	98	14	–	10	102	14	
32	8	36	6	0,012	8	38	6	0,012	102	10	108	16	–	10	112	16	
36	8	40	7	0,015	8	42	7	0,015	112	10	120	18	–	10	125	18	

1) *N* = Anzahl der Keile

Toleranzklassen für Welle und Nabe

Nabe						Welle			Einbauart
nach dem Räumen nicht wärmebehandelt			nach dem Räumen wärmebehandelt						
B	*D*	*d*	*B*	*D*	*d*	*B*	*D*	*d*	
H9	H10	H7	H11	H10	H7	d10	a11	f7	Gleitsitz
						f9	a11	g7	Übergangssitz
						h10	a11	h7	Festsitz

Bezeichnungsbeispiele: **Welle DIN ISO 14 – 6 x 28 x 32** Keilwellen-Profil mit *N* = 6, *d* = 28 mm, *D* = 32 mm
Nabe DIN ISO 14 – 8 x 46 x 50 Keilnaben-Profil mit *N* = 8, *d* = 46 mm, *D* = 50 mm

Vereinfachte Darstellung von Keilwellen und Keilnaben DIN EN ISO 6413: 2018-12

Symbol für Keilwelle/Keilnabe:

Symbolhöhe = Schriftgröße;
Linienbreite = 1/10 Schriftgröße

Beispiel:

Keilwelle nach DIN ISO 14,
N = 6,
d = 26 f7,
D = 30
nutzbare Länge = 80

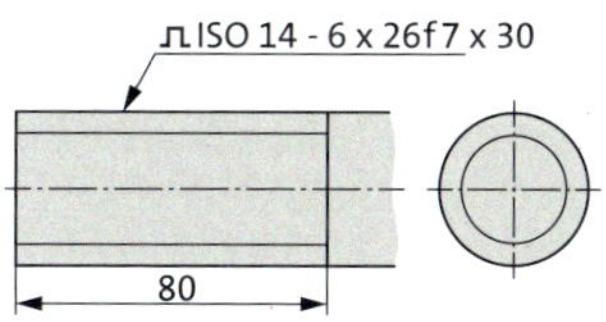

Keilnabe

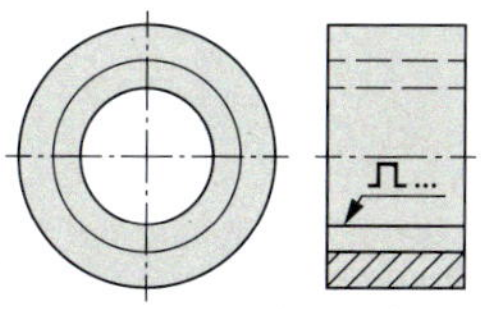

Morsekegel und metrische Kegel

DIN 228-1: 1987-05; DIN 228-2: 1987-03

Form A: Kegelschaft mit Anzugsgewinde

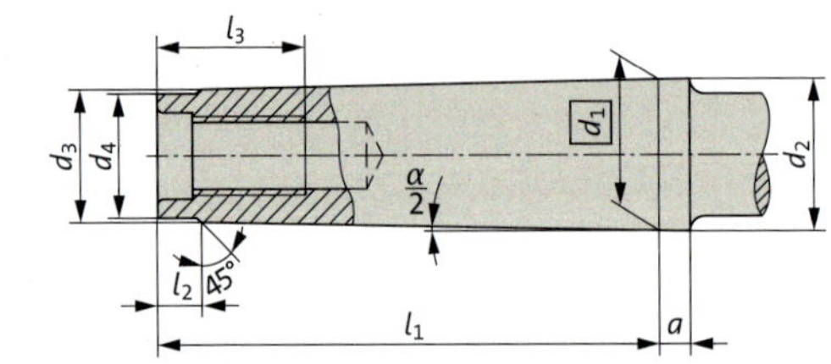

Form C: Kegelhülse für Kegelschäfte mit Anzugsgewinde

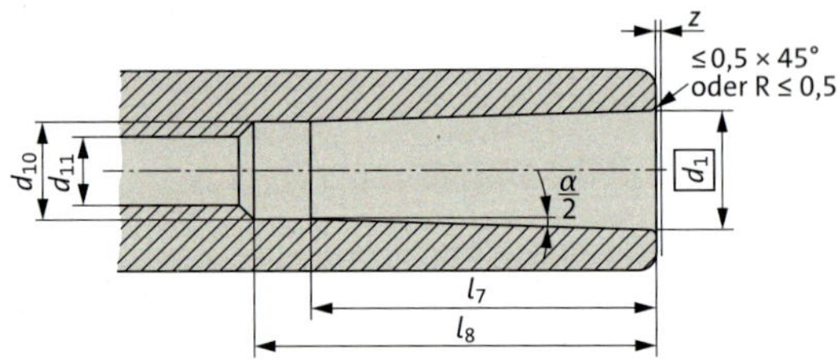

Form B: Kegelschaft mit Austreiblappen

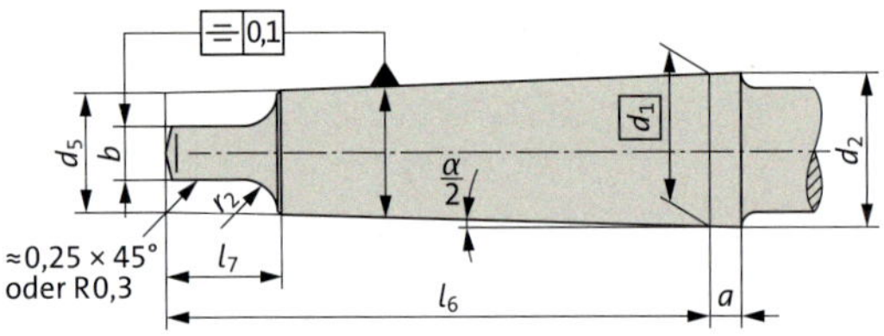

Form D: Kegelhülse für Kegelschäfte mit Austreiblappen

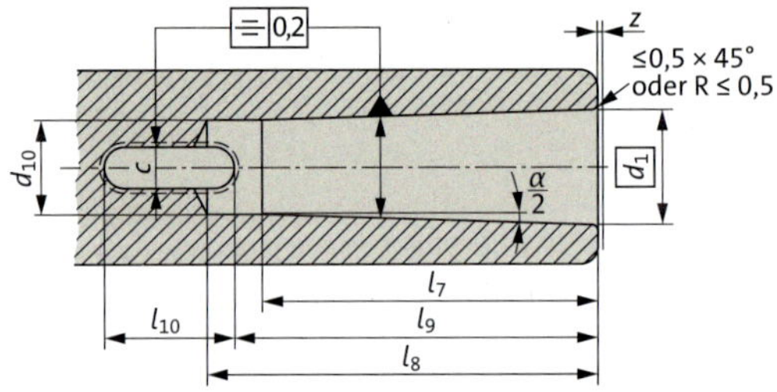

Bezeichnung/ Größe		Metrische Kegel ME		Morsekegel MK							Metrische Kegel ME		
		4	6	0	1	2	3	4	5	6	80	100	120
Kegelschaft DIN 228-1	a	2	3	3	3,5	5	5	6,5	6,5	8	8	10	12
	b	–	–	3,9	5,2	6,3	7,9	11,9	15,9	19	26	32	38
	d_1	4	6	9,045	12,065	17,780	23,825	31,267	44,399	63,348	80	100	120
	d_2	4,1	6,2	9,2	12,2	18	24,1	31,6	44,7	63,8	80,4	100,5	120,6
	d_3	2,9	4,4	6,4	9,4	14,6	19,8	25,9	37,6	53,9	70,2	88,4	106,6
	d_4	2,5	4	6	9	14	19	25	35,7	51	67	85	102
	d_5	–	–	6,1	9	14	19,1	25,2	36,5	52,4	69	87	105
	d_9	–	–	–	M6	M10	M12	M16	M20	M24	M30	M36	M36
	l_1	23	32	50	53,5	64	81	102,5	129,5	182	196	232	268
	l_2	2	3	4	5	5	7	9	10	16	24	30	36
	l_6	–	–	56,5	62	75	94	117,5	149,5	210	220	260	300
	l_7	–	–	10,5	13,5	16	20	24	29	40	48	58	68
Kegelhülse DIN 228-2	c A13	2,2	3,2	3,9	5,2	6,3	7,9	11,9	15,9	19	26	32	38
	d_1	4	6	9,045	12,065	17,780	23,825	31,267	44,399	63,348	80	100	120
	d_{10} H11	3	4,6	6,7	9,7	14,9	20,2	26,5	38,2	54,8	71,5	90	108,5
	d_{11}	–	–	–	7	11,5	14	18	23	27	33	39	39
	l_7	20	28	45	47	58	72	92	118	164	170	200	230
	l_8	25	34	52	56	67	84	107	135	188	202	240	276
	l_9	21	29	49	52	62	78	98	125	177	186	220	254
	l_{10}	8	12	15	19	22	27	32	38	47	52	60	70
	z	0,5	0,5	1	1	1	1	1	1	1	1,5	1,5	1,5
Einstell-∢ α/2		1°25'56"		1°29'27"	1°25'43"	1°25'50"	1°26'16"	1°29'15"	1°30'26"	1°29'36"	1°25'56"		
Verjüngung C		1:20		1:19,21	1:20,04	1:20,02	1:19,92	1:19,25	1:19,00	1:19,18	1:20		

Bezeichnungsbeispiele:

Kegelschaft DIN 228 – MK – A 4 IT 6 Morsekegelschaft (MK) der Form A, der Größe 4 und Toleranzgrad IT 6

Kegelhülse DIN 228 – ME – D 80 IT 6 Metrische Kegelhülse (ME) der Form D, der Größe 80 und Toleranzgrad IT 6

Steilkegelschäfte für Werkzeuge und Spannzeuge – Form A

DIN 2080-1: 2011-11

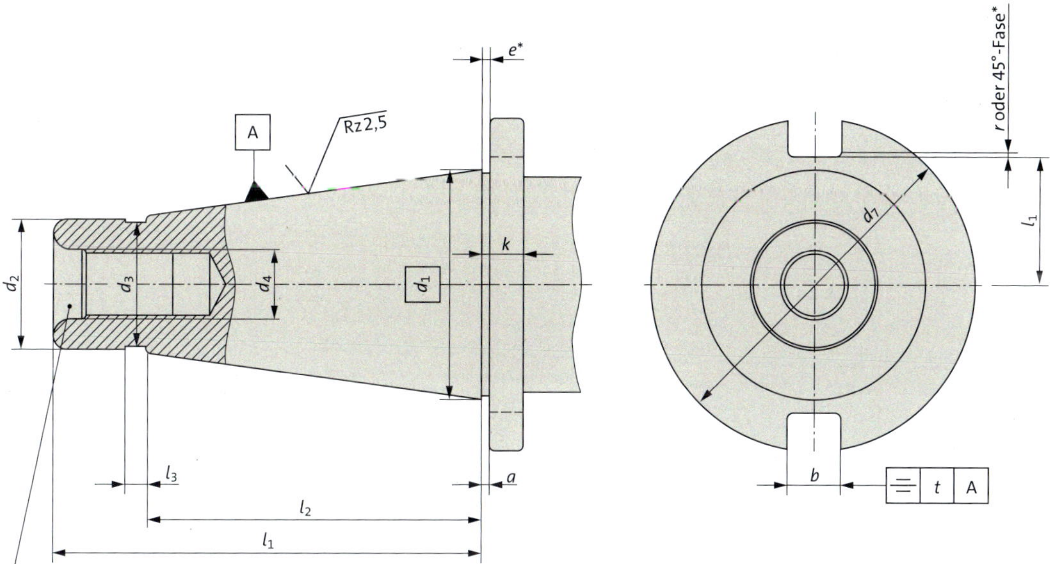

Zentrierung DIN 332 mit Gewinde; weitere Ausführung nach Wahl des Herstellers
* Ausführung nach Wahl des Herstellers

Steilkegel-Nr.	a ±0,2	b H12	d_1	d_2	d_3	d_4	d_7 0–0,4	k ±0,15	l_1	l_2	l_3	l_1 max.	t
30	1,6	16,1	31,75	17,4	16,5	M12	50	8	68,4	48,4	3	16,2	0,12
40	1,6	16,1	44,45	25,3	24	M16	63	10	93,4	65,4	5	22,5	0,12
45	3,2	19,3	57,15	32,4	30	M20	80	12	106,8	82,8	6	29	0,12
50	3,2	25,7	69,85	39,6	38	M24	97,5	12	126,8	101,8	8	35,3	0,2
55	3,2	25,7	88,9	50,4	48	M24	130	14	164,8	126,8	9	45	0,2
60	3,2	25,7	107,95	60,2	58	M30	156	16	206,8	161,8	10	60	0,2
65	4	32,4	133,35	75	72	M36	195	18	246	202	12	72	0,3
70	4	32,4	165,1	92	90	M36	230	20	296	252	14	86	0,3
75	5	40,5	203,2	114	110	M48	280	22	370	307	16	104	0,3
80	6	40,5	254	140	136	M48	350	28	469	394	18	132	0,3

Bezeichnungsbeispiel: **Steilkegelschaft DIN 2080 – A 50 IT 4**
Steilkegelschaft der Form A Nr. 50 mit Toleranzgrad IT 4

Werte für Kegel und Kegelwinkel

DIN 254: 2003-04; DIN EN ISO 1119: 2012-04

Kegelverhältnis C	Kegelwinkel α	Einstellwinkel α/2	Verwendungsbeispiel
1:0,289	120°	60°	Schutzsenkungen für Zentrierbohrungen
1:0,5	90°	45°	Ventilkegel, Senkschrauben, Bunde an Kolbenstangen
1:0,652	75°	37°30'	Senkniete
1:3,42857	16°35'40"	8°17'50"	Steilkegelschäfte
1:5	11°25'	5°42'30"	Reibkupplungen, leicht abnehmbare Bauteile
1:6	9°32'	4°46'	Dichtungskegel
1:10	5°44'	2°52'	Kupplungsbolzen, nachstellbare Lagerbuchsen
1:12	4°46'	2°23'	Wälzlager, Kegelbuchsen für Wälzlager
1:20	2°52'	1°26'	Schäfte und Hülsen für Werkzeuge und Werkzeugaufnahmen
1:30	1°54'34"	57'17"	Bohrungen für Aufsteckreibahlen und -senker
1:50	1°8'44"	34'22"	Kegelstifte, Reibahlen

Radial-Wellendichtringe DIN 3760: 1996-09

Form A

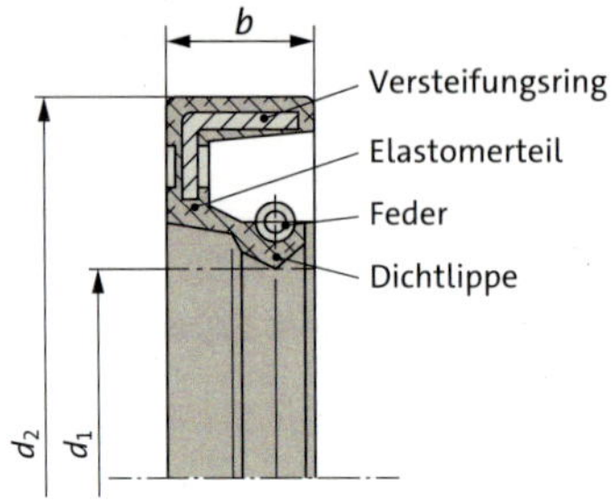

Form AS
mit Schutzlippe,
übrige Maße und Angaben
wie Form A

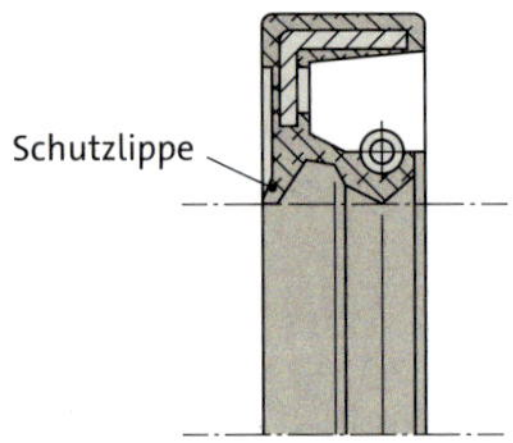

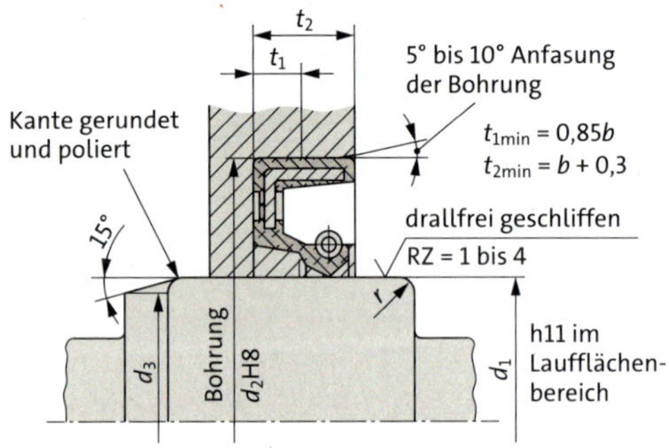

Standard-Abmessungen (Norm-Empfehlung)

d_1	d_2	b	d_1	d_2	b	d_1	d_2	b	d_1	d_2	b	d_1	d_2	b
6	16	7	20	30	7	32	45	7	48	62	8	85	110	12
	22			35			47		50	65			120	
8	22			40			52			68		90	110	
	24		22	35		35	47			72			120	
9	22			40			50		55	70		95	120	
	26			47			50	8		72			125	
10	22		25	35			52	7 | 8		80		100	120	
	26			40		38	55	7	60	75			125	
12	22			47			62			80		105	130	
	30		28	40		40	52	7 | 8		85		110	130	
14	24			47			55	7 | 8	65	85	10		140	
	30			52			62	7		90		115	140	
15	26		30	40		42	55	8	70	90		120	150	
	35			42			62			95		125	150	
16	30			47		45	60		75	95		130	160	
	35			52			62			100		135	170	
18	30						65		80	100		140	170	15
	35									110		145	175	

Ausführung der Wellen/Wellenschultern

d_1 h11	d_3	r	d_1 h11	d_3	r	d_1 h11	d_3	r
< 10	$d_1 - 1{,}5$	2	> 30 ... 40	$d_1 - 3{,}0$	3	> 70 ... 95	$d_1 - 4{,}5$	5
10 ... 20	$d_1 - 2{,}0$	2	> 40 ... 50	$d_1 - 3{,}5$	4	> 95 ... 130	$d_1 - 5{,}5$	6
> 20 ... 30	$d_1 - 2{,}5$	3	> 50 ... 70	$d_1 - 4{,}0$	4	> 130 ... 240	$d_1 - 7{,}0$	8

Werkstoffe

NBR – Acrylnitril-Butadien-Kautschuk
ACM – Acrylat-Kautschuk
VMQ – Silikon-Kautschuk
FKM – Fluor-Kautschuk

Bezeichnungsbeispiel: **RWDR DIN 3760 – A 18 x 30 x 7 – NBR**
Radial-Wellendichtring (RWDR) der Form A mit d_1 = 18 mm, d_2 = 30 mm und b = 7 mm aus Acrylnitril-Butadien-Kautschuk

O-Ringe

DIN ISO 3601-1: 2013-11

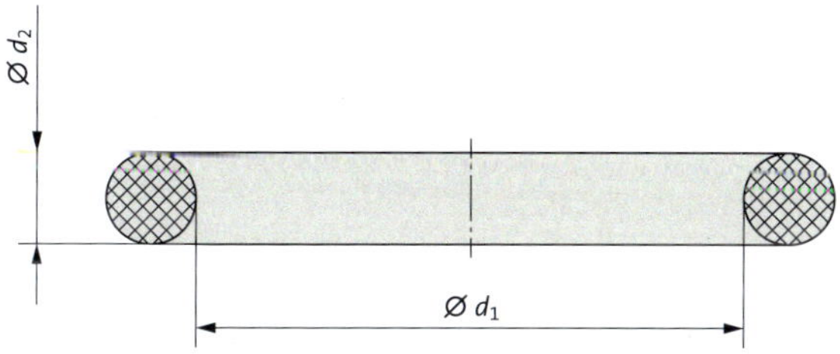

Schnurstärke d_2 = 1,78 mm		Schnurstärke d_2 = 2,62 mm		Schnurstärke d_2 = 3,53 mm		Schnurstärke d_2 = 5,33 mm		Schnurstärke d_2 = 6,99 mm	
Größen bezeichnung	Innen-Ø d_1	Größen bezeichnung	Innen-Ø d_1	Größen bezeichnung	Innen-Ø d_1	Größen bezeichnung	Innen-Ø d_1	Größen bezeichnung	Innen-Ø d_1
006	2,90	110	9,19	208	15,47	318	24,77	425	113,67
007	3,68	111	10,77	209	17,04	319	26,34	426	116,84
008	4,47	112	12,37	210	18,65	321	29,51	427	120,02
009	5,28	114	15,54	211	20,22	323	32,69	428	123,19
010	6,07	115	17,12	213	23,39	324	34,29	429	126,37
011	7,65	116	18,72	215	26,57	325	37,47	430	129,54
012	9,25	117	20,29	216	28,17	326	40,64	431	132,72
013	10,28	119	23,47	218	31,34	327	43,82	432	135,89
014	12,42	120	25,07	219	32,92	328	46,99	433	139,07
015	14,00	121	26,64	220	34,52	329	50,17	434	142,24
016	15,60	122	28,24	221	36,09	330	53,34	435	145,42
017	17,17	124	31,42	223	40,87	331	56,52	436	148,59
018	18,77	126	34,59	224	44,04	332	59,69	437	151,77
019	20,35	127	36,17	225	47,22	333	62,87	438	158,12
020	21,95	129	39,34	226	50,39	334	66,04	439	164,47
021	23,52	131	40,94	227	53,57	335	69,22	440	170,82
022	25,12	132	44,12	228	56,74	336	72,39	441	177,17
023	26,70	134	47,29	229	59,92	337	75,57	442	183,52
024	28,30	135	48,90	230	63,09	338	78,74	443	189,87
025	29,87	136	50,47	231	66,27	339	81,92	444	196,22
026	31,47	138	53,64	232	69,44	340	85,09	445	202,57

O-Ringe dieser Liste gelten für allgemeine industrielle Anwendungen. Sie werden in den Toleranzklassen **A** und **B** hergestellt.
Die Klasse A hat engere Toleranzen als die Klasse B.

O-Ringe werden mit einem Sortenmerkmal für Form- und Oberflächenabweichungen gekennzeichnet.
Merkmal **N**: allgemeine Anwendung, hohe Qualitätsansprüche; Merkmal **S**: höherer Qualitätsstandard als Merkmal N.

Bezeichnungsbeispiel: **O-Ring ISO 3601-1 – 211A – 20,22 x 3,53 – S**
O-Ring mit der Größenbezeichnung 211 und der Toleranzklasse A, einem Innen-Ø d_1 = 20,22 mm, der Schnurstärke d_2 = 3,53 mm und dem Sortenmerkmal S

Elastomere-Werkstoffe für O-Ringe

ACM – Polyacrylat-Kautschuk	**FKM** – Fluor-Kautschuk	**SBR** – Styrol-Butadien-Kautschuk
EPDM – Ethylen-Propylen-Dien-Kautschuk	**NBR** – Nitril-Butadien-Kautschuk	**VMQ** – Methyl-Vinyl-Silikon-Kautschuk

O-Ringe – Einbauräume für allgemeine Anwendungen

DIN ISO 3601-2: 2010-08

Einbauraum
Kolbenabdichtung

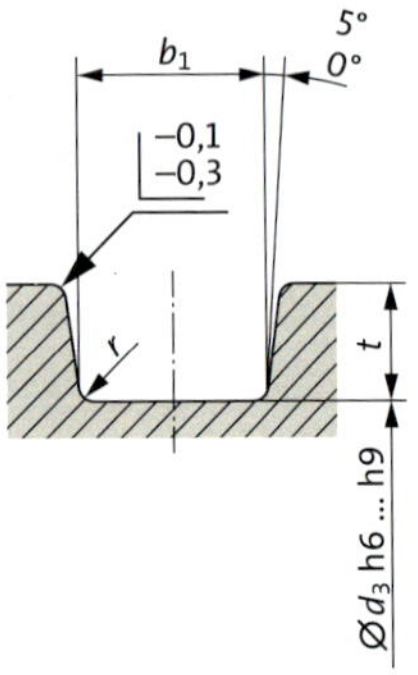

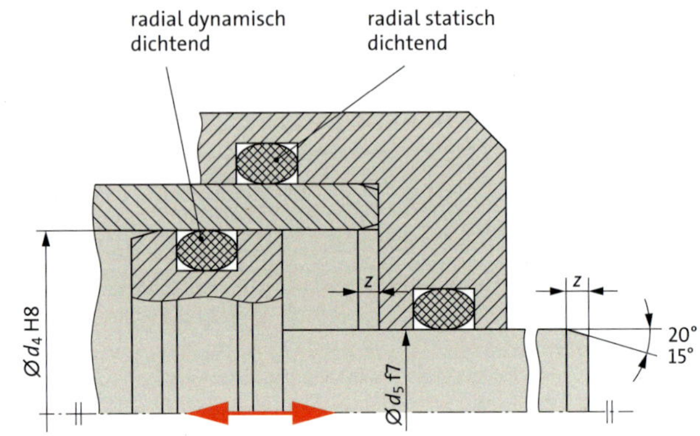

Einbauraum
Stangenabdichtung

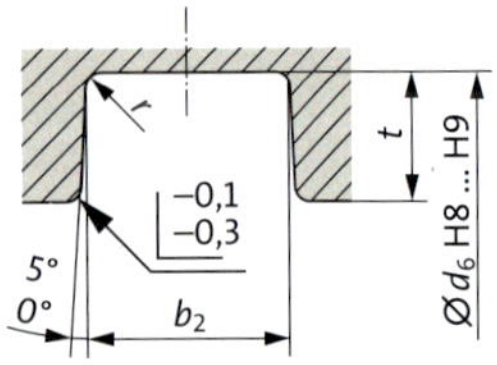

Flanschdichtung, axial dichtend
(für Innendruck p_e)

Bestimmung des Einbauraumdurchmessers d_7:

$d_7 = d_1 + 2 \cdot d_2$

d_1 nach DIN ISO 3601-1

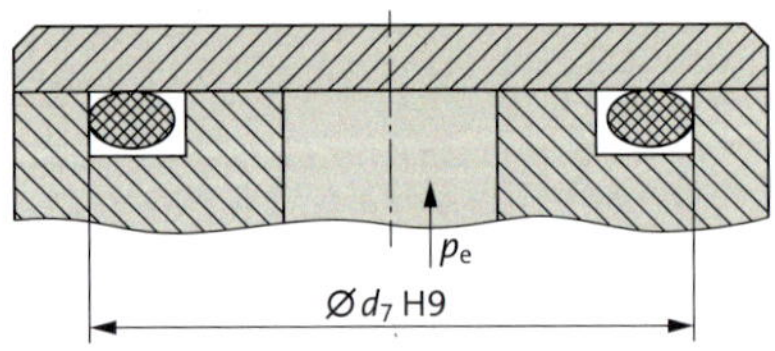

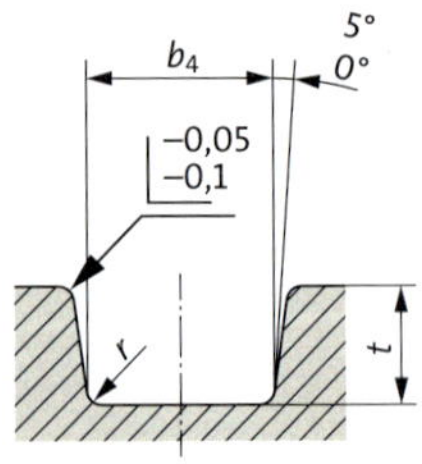

Schnur-Ø d_2	Einbau radial dichtend			Einbau axial dichtend			Radius r	Fase z
	Nuttiefe t		Nutbreite	Nuttiefe	Nutbreite b_4 +0,2			
	dynamisch	statisch	b_1 +0,25	t +0,1	Flüssigkeiten	Gase oder Vakuum		
1,78	1,4	1,3	2,8	1,3	3,2	2,9	0,2 … 0,4	0,9 … 1,1
2,62	2,1	2,0	3,8	2,0	4,0	3,6		1,1 … 1,5
3,53	2,8	2,7	5,0	2,7	5,3	4,8	0,4 … 0,8	1,4 … 1,8
5,33	4,6	4,0	7,2	4,2	7,6	7,0		2,1 … 2,7
6,99	6,0	5,8	9,5	5,7	9,0	8,5	0,8 … 1,2	2,8 … 3,6

Die angegebenen Maße gelten für hydraulische und pneumatische Anwendungen.

Empfohlene O-Ring Schnurdurchmesser für Kolben- und Stangenabdichtungen

Schnurdurchmesser d_2	Kolbenabdichtung Bohrungsdurchmesser d_4 H8	Stangenabdichtung Stangendurchmesser d_5 f7
1,78	4 bis 12	2 bis 8
2,62	> 12 bis 24	> 8 bis 18
3,53	> 24 bis 46	> 18 bis 38
5,33	> 46 bis 124	> 38 bis 112
6,99	> 124 bis 500	> 112 bis 400

Filzringe für Radiallagerabdichtung

DIN 5419: 2010-05

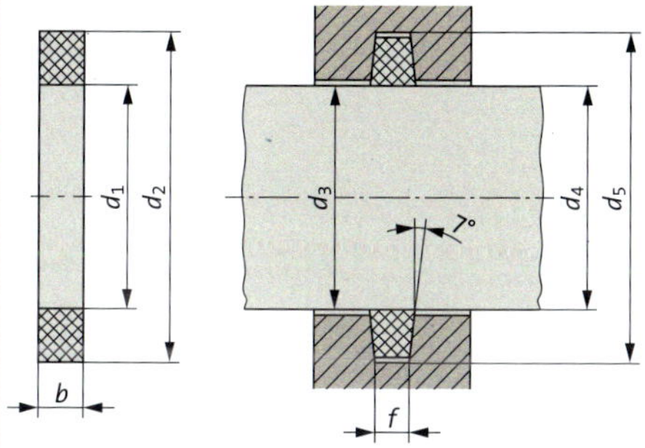

Wellen-Ø	Filzring			Nut		
d3 ≤ h11	d1	d2	b	d4 H12	d5 H12	f H13
20	20	30	4	21	31	3
25	25	37	5	26	38	4
30	30	42		31	43	
35	35	47		36	48	
40	40	52		41	53	
45	45	57		46	58	
50	50	66	6,5	51	67	5

Werkstoff: Wollfilz; Filzhärte M5 für $d_1 \leq 38$ mm, Filzhärte F2 für $d_1 \geq 40$ mm

Bezeichnungsbeispiel: **Filzring DIN 5419 – 25 – M5**
Filzring mit Innendurchmesser $d_1 = 25$ mm mit Filzhärte M5

Vereinfachte Darstellung von Dichtungen

DIN ISO 9222-1: 1990-12; DIN ISO 9222-2: 1991-03

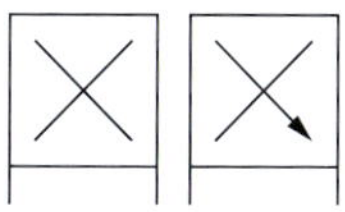

Die allgemeine vereinfachte Darstellung erfolgt durch ein Rechteck und ein freistehendes diagonales Kreuz. Die Dichtrichtung (Lage der Dichtlippe) kann durch einen Pfeil am Kreuz gekennzeichnet werden.

Alle Linien: breite Volllinie, ISO 128-01.2

Darstellung der Dichtmerkmale

Abdichtungsart		Staublippen	Dichtlippen	Labyrinth	
statisch	dynamisch			männlich	weiblich

Darstellungsbeispiele

Darstellung				Beschreibung
detailliert		vereinfacht		
		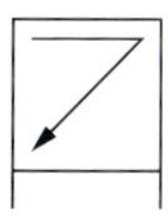	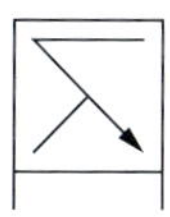	Radial-Wellendichtring links: ohne Staublippe, rechts: mit Staublippe
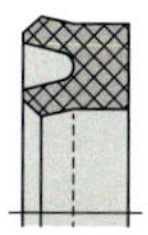		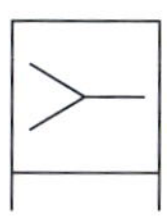		U-Dichtung (Nutringe)
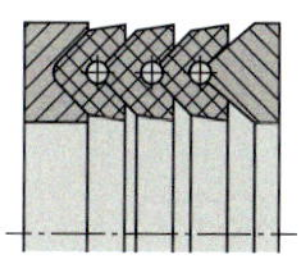		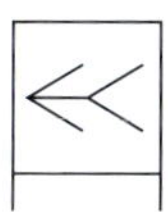		Packungssatz
		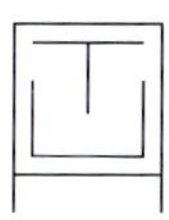		Labyrinth-Dichtung (unabhängig von der Anzahl der Labyrinthe)

Darstellung von Zahnrädern

DIN ISO 2203: 1976-06

Zahnrad	Stirnrad	Schneckenrad	Kegelrad
Beschreibung	Die Zahnfußfläche ist nur im Schnitt darzustellen. In besonderen Fällen kann diese als schmale Volllinie gezeichnet werden.	Es ist der Teilkreis des Rückenkegels darzustellen.	Der Mittelkehlkreis des Schneckenrades ist als Strich-Punkt-Linie darzustellen.
Darstellung	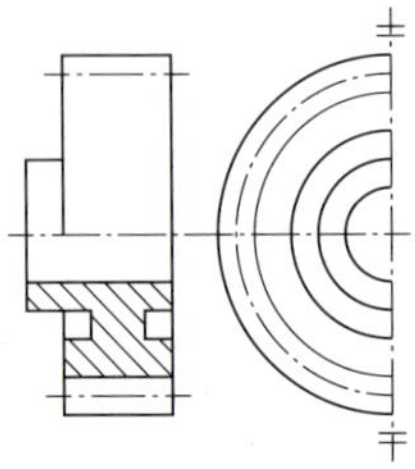	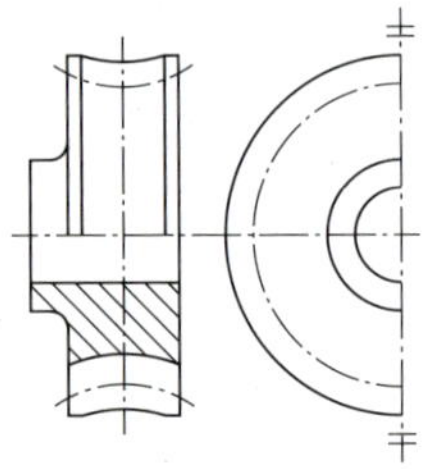	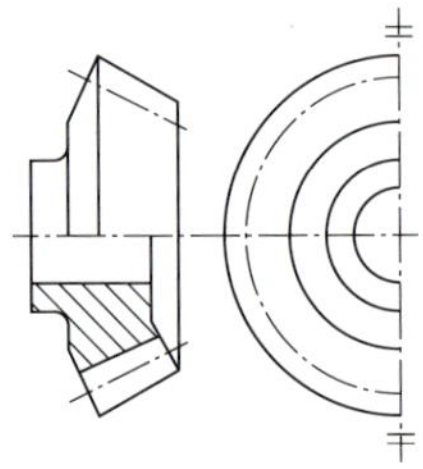

Zahnrad	Stirnrad			Schneckenrad
	Schrägverzahnung		Pfeilverzahnung	
	rechtssteigend	linkssteigend		
Darstellung	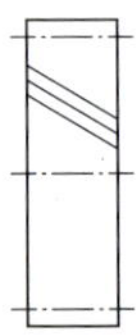	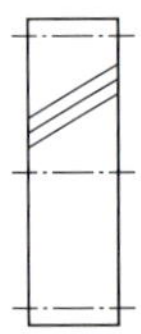	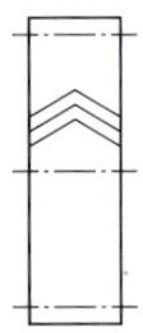	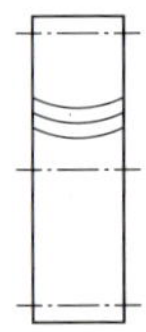

Darstellung von Zahnradpaaren

DIN ISO 2203: 1976-06

Zahnradpaarung	Stirnrad mit außenliegendem Gegenrad	Kegelrad mit Achswinkel von 90°	Stirnrad mit Zahnstange
Darstellung	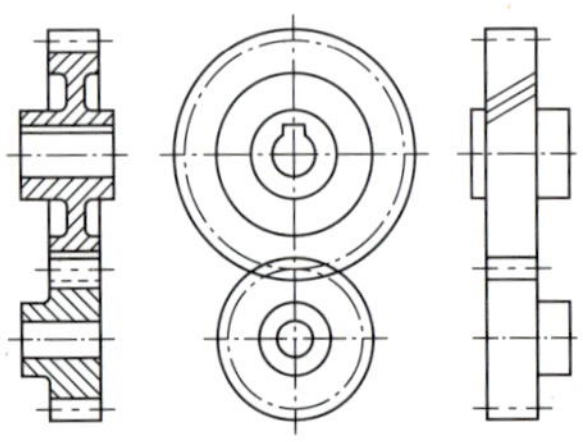	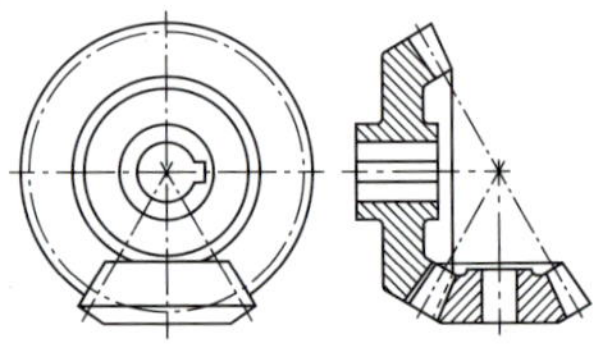	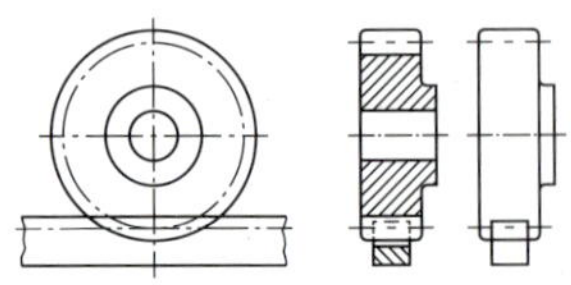
Zahnradpaarung	**Stirnrad mit innenliegendem Gegenrad**	**Schnecke mit Schneckenrad**	**Kettenräder**
Darstellung	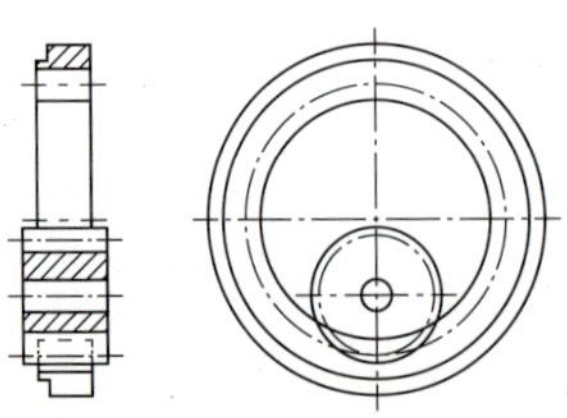	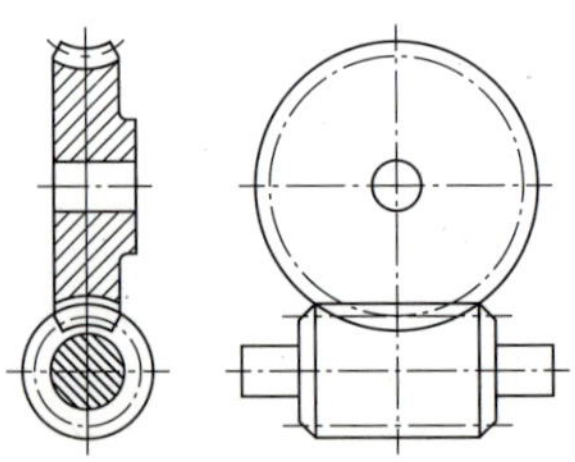	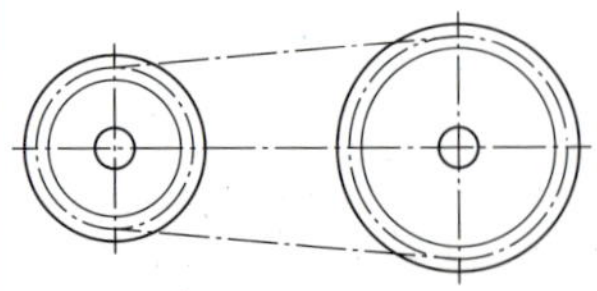

Vereinfachte Darstellung von Zahnrädern — DIN 37: 1961-12 (zurückgezogen)

Zahnrad	Stirnräder			
Beschreibung	auf der Welle: ▪ drehbar ▪ nicht verschiebbar	auf der Welle: ▪ drehbar ▪ verschiebbar	auf der Welle: ▪ verschiebbar ▪ nicht drehbar	auf der Welle: ▪ fest
Darstellung			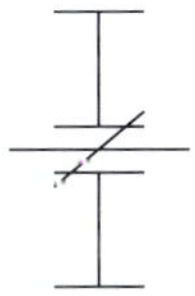	

Darstellung und Bemaßung von Stirnrädern mit Evolventenverzahnung — DIN 3966-1: 1978-08

mit Lagerbohrung

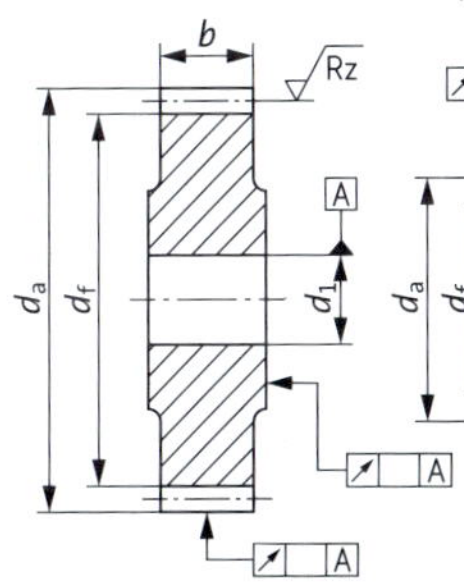

mit Lagerzapfen

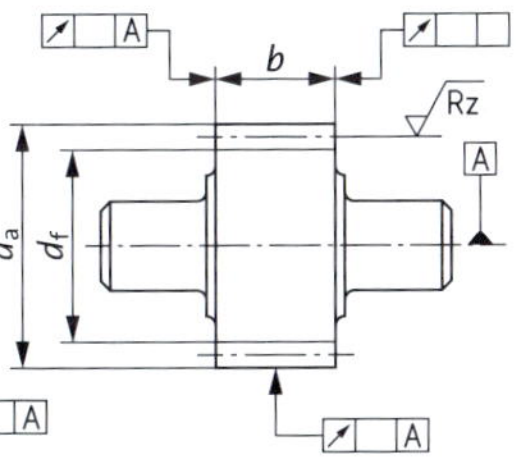

Maßangaben:
d_a: Kopfkreisdurchmesser
d_f: Fußkreisdurchmesser
b: Zahnbreite
d_1: Bohrungsdurchmesser

Geometrische Tolerierung: Angabe von Rund- und Planlauftoleranz

Oberflächen: Angabe der Oberflächenbeschaffenheit für die Zahnflanken

Darstellung und Bemaßung von Kegelrädern mit Geradverzahnung — DIN 3966-2: 1978-08

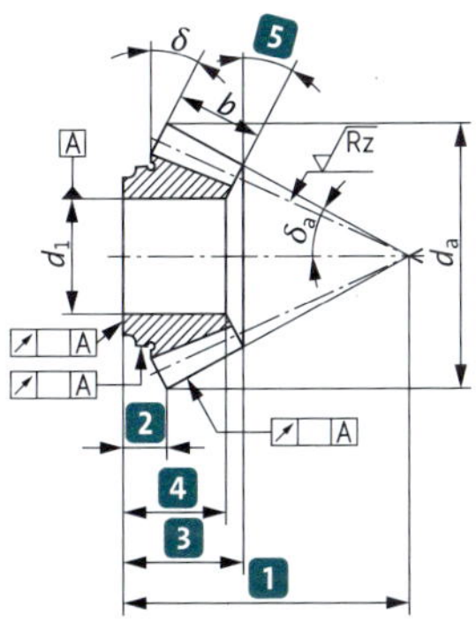

Maßangaben:
d_a: Kopfkreisdurchmesser mit Abmaßen
b: Zahnbreite
δ_a: Kopfkegelwinkel
δ: Komplementwinkel des Rückenkegelwinkels
5: Komplementwinkel des inneren Ergänzungswinkels (bei Bedarf)
d_1: Bohrungsdurchmesser

Abstände zur Bezugsstirnfläche:
1: Einbaumaß
2: Äußerer Kopfkreisabstand
3: Innerer Kopfkreisabstand
4: Hilfsebenenabstand

Geometrische Tolerierung: Angabe von Rund- und Planlauftoleranz

Oberflächen: Angabe der Oberflächenbeschaffenheit für die Zahnflanken

Darstellung und Bemaßung von Schnecken- und Schneckenradverzahnung — DIN 3966-3: 2018-01

Schnecke

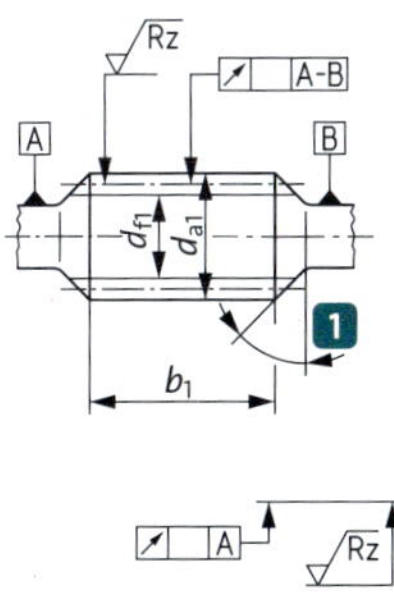

Schneckenrad

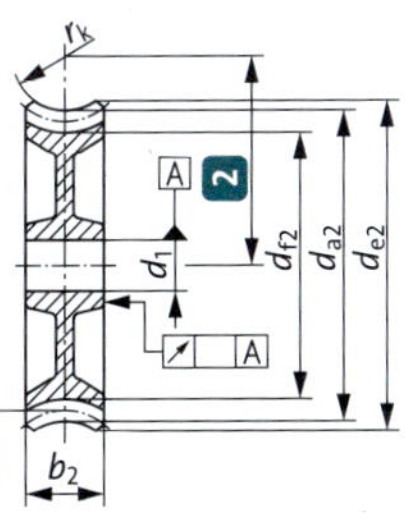

Maßangaben:
Schnecke:
d_{a1}: Kopfkreisdurchmesser
d_{f1}: Fußkreisdurchmesser (bei Bedarf)
b_1: Zahnbreite
1: Maße für den Übergang (Wahl des Herstellers)

Schneckenrad:
d_{e1}: Außendurchmesser
r_k: Kopfkehlhalbmesser
d_{f2}: Fußkreisdurchmesser (bei Bedarf)
d_{a2}: Kopfkreisdurchmesser
2: Kehlkreis-Mittenabstand
b_2: Zahnbreite

Geometrische Tolerierung: Angabe von Rund- und Planlauftoleranz

Oberflächen: Angabe der Oberflächenbeschaffenheit für die Zahnflanken

Stirnräder mit Geradverzahnung – Außenverzahnung

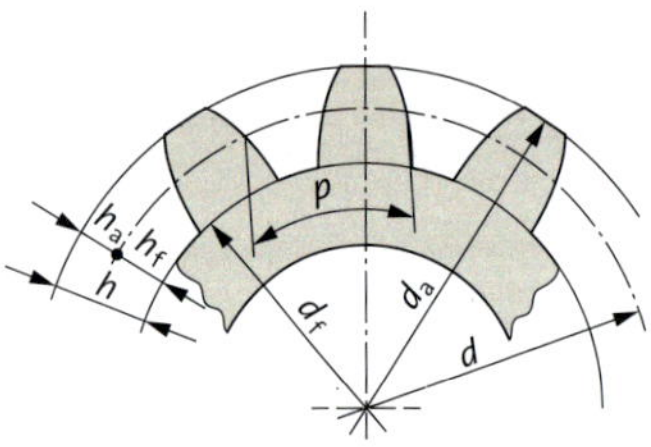

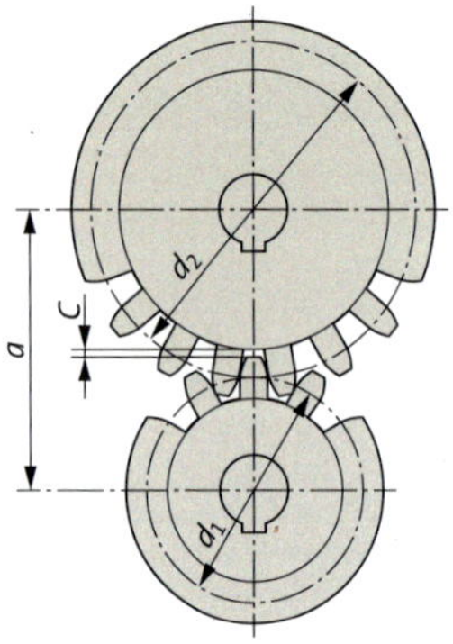

Modul

$$m = \frac{p}{\pi} = \frac{d}{z}$$

Teilung

$$p = m \cdot \pi$$

Zähnezahl

$$z = \frac{d}{m} = \frac{d_a + 2 \cdot m}{m}$$

Zahnhöhe

$$h = 2 \cdot m + c$$

Zahnkopfhöhe

$$h_a = m$$

Zahnfußhöhe

$$h_f = m + c$$

Teilkreisdurchmesser

$$d = m \cdot z$$

Fußkreisdurchmesser

$$d_f = d - 2 \cdot (m + c)$$

Kopfkreisdurchmesser

$$d_a = d + 2 \cdot m = m \cdot (z + 2)$$

Kopfspiel

$c = 0{,}1 \cdot m$ bis $0{,}3 \cdot m$
(Maschinenbau $c = 0{,}167 \cdot m$)

Achsabstand

$$a = \frac{d_1 + d_2}{2} = \frac{m \cdot (z_1 + z_2)}{2}$$

Für ein Stirnrad sind der Teilkreisdurchmesser, Kopfkreisdurchmesser, Fußkreisdurchmesser und die Zahnhöhe zu ermitteln.

geg.: $m = 3$ mm, $z = 30$ ges.: d, d_a, d_f, h

$d = m \cdot z = 3\text{ mm} \cdot 30 = 90\text{ mm}$

$d_a = m \cdot (z + 2)$
$d_a = 3\text{ mm} \cdot (30 + 2) = 96\text{ mm}$

$d_f = d - 2 \cdot (m + c)$
$c = 0{,}167 \cdot m = 0{,}167 \cdot 3\text{ mm}$
$c = 0{,}501\text{ mm}$

$d_f = 90\text{ mm} - 2 \cdot (3\text{ mm} + 0{,}501)$
$d_f = 82{,}998\text{ mm}$

$h = 2 \cdot m + c$
$h = 2 \cdot 3\text{ mm} + 0{,}501\text{ mm}$
$h = 6{,}501\text{ mm}$

Für zwei geradverzahnte Zahnräder ist der Achsabstand zu bestimmen.

geg.: $z_1 = 17$, $z_2 = 84$, $m = 6$ mm ges.: a

$$a = \frac{m \cdot (z_1 + z_2)}{2} = \frac{6\text{ mm} \cdot (17 + 84)}{2} = 303\text{ m}$$

Stirnräder mit Schrägverzahnung

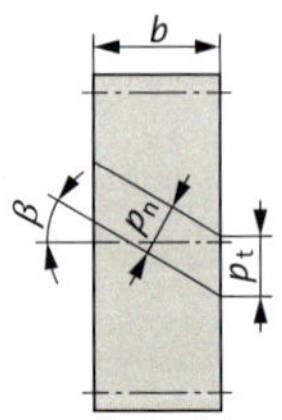

z_1 (linkssteigend)

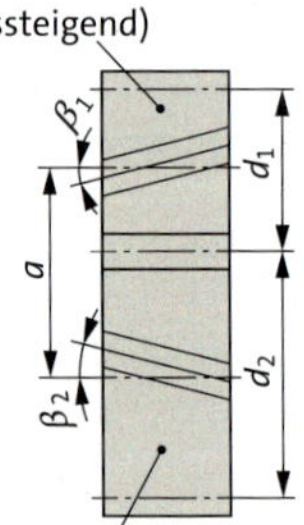

z_2 (rechtssteigend)

Stirnmodul

$$m_t = \frac{m_n}{\cos\beta} = \frac{p_t}{\pi}$$

Stirnteilung

$$p_t = \frac{p_n}{\cos\beta} = \frac{\pi \cdot m_n}{\cos\beta}$$

Teilkreisdurchmesser

$$d = m_t \cdot z = \frac{z \cdot m_n}{\cos\beta}$$

Steigungswinkel

$$\beta = 8° ... 25° \ (\beta_1 = \beta_2)$$

Normalmodul

$$m = \frac{p_n}{\pi} = m_t \cdot \cos\beta$$

Normalteilung

$$p_n = \pi \cdot m_n = p_t \cdot \cos\beta$$

Kopfkreisdurchmesser

$$d_a = d + 2 \cdot m_n$$

Ideelle Zähnezahl

$$z_i = \frac{z}{\cos^3\beta}$$

Achsabstand

$$a = \frac{d_1 + d_2}{2}$$

Zähnezahl

$$z = \frac{d}{m_t} = \frac{\pi \cdot d}{p_t}$$

Zahnhöhe, Zahnkopfhöhe und Kopfspiel entsprechen der von geradverzahnten Stirnrädern.

Für ein schrägverzahntes Stirnrad sind der Teilkreisdurchmesser, Kopfkreisdurchmesser, Fußkreisdurchmesser und die Zahnhöhe zu ermitteln.

geg.: $m_n = 1{,}5$ mm, $z = 30$, $\beta = 20{,}5°$ ges.: d, d_a, d_f

$$m_t = \frac{m_n}{\cos\beta} = \frac{1{,}5\text{ mm}}{\cos 20{,}5°} = 1{,}6\text{ mm}$$

$d = m_t \cdot z = 1{,}6\text{ mm} \cdot 30 = 48\text{ mm}$

$d_a = d + 2 \cdot m_n$
$d_a = 48\text{ mm} + 2 \cdot 1{,}5\text{ mm} = 51\text{ mm}$

a: Achsabstand in mm
b: Zahnbreite in mm
c: Kopfspiel in mm
d: Teilkreisdurchmesser in mm
d_a: Kopfkreisdurchmesser in mm
d_f: Fußkreisdurchmesser in mm
d_1; d_2: Teilkreisdurchmesser in mm
h: Zahnhöhe in mm
h_a: Zahnkopfhöhe in mm
h_f: Zahnfußhöhe in mm
m_n: Normalmodul in mm
m_t: Stirnmodul in mm
m: Modul in mm
p: Teilung in mm
p_n: Normalteilung in mm
p_t: Stirnteilung in mm
z: Zähnezahl
z_1, z_2: Zähnezahlen
β: Schrägungswinkel in°

Modulreihe für Stirnräder

DIN 780-1: 1977-05

Reihe I

0,05	0,06	0,08	0,1	0,12	0,16	0,2	0,25	0,3	0,4	0,5	0,6	0,7	0,8	0,9	1	1,25
1,5	2	2,5	3	4	5	6	8	10	12	16	20	25	32	40	50	60

Reihe II

0,055	0,07	0,09	0,11	0,14	0,18	0,22	0,28	0,35	0,45	0,55	0,65	0,75	0,85	0,95	1,125
1,75	2,25	2,75	3,5	4,5	5,5	7	9	11	14	18	22	28	36	45	55

Modulfräsersatz bis $m = 8$

Fräser	1	2	3	4	5	6	7	8
Zähnezahl	12 ... 13	14 ... 16	17 ... 20	21 ... 25	26 ... 34	35 ... 54	55 ... 134	> 134

Kegelräder mit Geradverzahnung

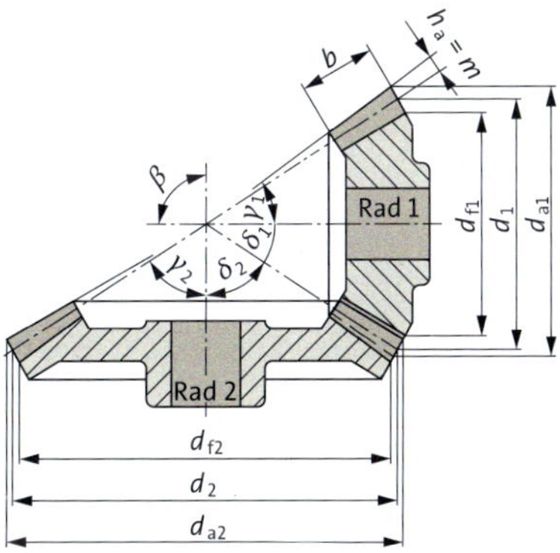

Regelfall: $\delta = 90°$

Rad 1 – treibendes Rad
Rad 2 – getriebenes Rad

Teilkreisdurchmesser

$$d = m \cdot z$$

Kopfkreisdurchmesser

$$d_a = d + 2 \cdot m \cdot \cos \delta$$

Fußkreisdurchmesser

$$d_f = d - 2 \cdot (m + c) \cos \delta$$

Kegelwinkel γ_1 – treibendes Rad

$$\tan \gamma_1 = \frac{z_1 + 2 \cdot \cos \delta_1}{z_2 - 2 \cdot \sin \delta_1}$$

Kegelwinkel γ_2 – getriebenes Rad

$$\tan \gamma_2 = \frac{z_2 + 2 \cdot \cos \delta_2}{z_1 - 2 \cdot \sin \delta_2}$$

Achswinkel

$$\delta = \delta_1 + \delta_2$$

Teilkreiswinkel δ_1 – treibendes Rad

$$\tan \delta_1 = \frac{d_1}{d_2} = \frac{z_1}{z_2} = \frac{1}{i}$$

Teilkreiswinkel δ_2 – getriebenes Rad

$$\tan \delta_2 = \frac{d_2}{d_1} = \frac{z_2}{z_1} = \frac{i}{1}$$

Ein Kegelradgetriebe mit einem Achswinkel von 90° verfügt über ein Übersetzungsverhältnis von 5.

Das treibende Rad hat eine Zähnezahl von 30. Es sind der Teilkreiswinkel des treibenden Rades und des getriebenen Rades, die Zähnezahl und der Kegelwinkel des getrieben Rades zu ermitteln.

geg.: $\delta = 90°$, $i = 5$, $z_1 = 30$ — ges.: $\delta_1, \delta_2, z_2, \gamma_2$

$\tan \delta_2 = i$
$\tan \delta_2 = 5$
$\delta_2 = 78{,}7°$

$\delta = \delta_1 + \delta_2$
$\delta_1 = \delta - \delta_2$
$\delta_1 = 90° - 78{,}7°$
$\delta_1 = 11{,}3°$

$$\tan \delta_2 = \frac{z_2}{z_1}$$

$z_2 = z_1 \cdot \tan \delta_2$
$z_2 = 30 \cdot \tan 78{,}7°$
$z_2 = 150$

$$\tan \gamma_2 = \frac{z_2 + 2 \cdot \cos \delta_2}{z_1 - 2 \cdot \sin \delta_2}$$

$$\tan \gamma_2 = \frac{150 + 2 \cdot \cos 78{,}7°}{30 - 2 \cdot \sin 78{,}7°}$$

$\tan \gamma_2 = 4{,}705$
$\gamma_2 = 78°$

Modul nach Modulreihe DIN 780; Modul und Teilung werden am größten Teilkreisdurchmesser gemessen.

d: Teilkreisdurchmesser in mm
d_a: Kopfkreisdurchmesser in mm
d_f: Fußkreisdurchmesser in mm
m: Modul in mm
c: Kopfspiel in mm
z, z_1, z_2: Zähnezahl
δ: Achswinkel in °
δ_1, δ_2: Teilkreiswinkel in °
γ_1, γ_2: Kegelwinkel in °
i: Übersetzungsverhältnis

5

Zylindrischer Schneckentrieb

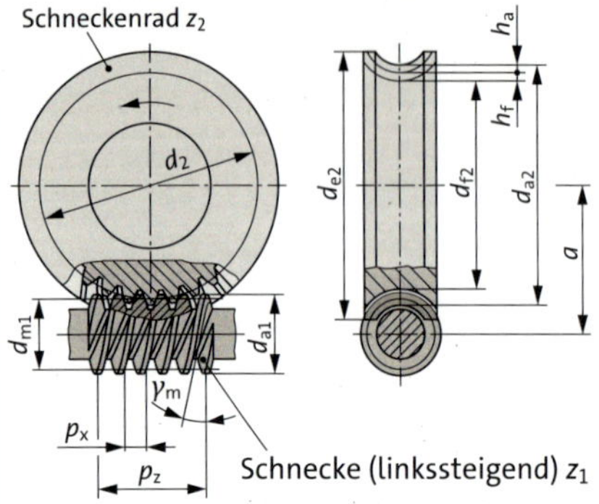

Die Zähnezahl der Schnecke z_1 wird in Abhängigkeit vom Übersetzungsverhältnis i gewählt.

Übersetzungsverhältnis i	Zähnezahl z_1
5 ... 10	4
10 ... 15	3
15 ... 30	2
über 30	1

Schneckentrieb

Axialteilung $p_x = m \cdot \pi$	Normalmodul $m_n = m \cdot \cos \gamma_m$	Kopfspiel $c = 0{,}2 \cdot m$
Normalteilung $p_n = p_x \cdot \cos \gamma_m$	Fußhöhe $h_f = m + c = 1{,}2 \cdot m$	Achsabstand $a = \frac{d_{m1} + d_2}{2}$
Zahnhöhe $h = 2 \cdot m + c$	Kopfhöhe $h_a = m$	

Schneckenrad

Teilkreisdurchmesser $d_2 = m \cdot z_2$	Kopfkreisdurchmesser $d_{a2} = d_2 + 2 \cdot m$	Fußkreisdurchmesser $d_{f2} = d_2 - 2 \cdot (m + c)$
Außendurchmesser $d_{e2} = d_{a2} + m$	Kopfradius $R_K = \frac{d_{m1}}{2} - m$	

Schnecke

Steigungshöhe $p_{z1} = p_x \cdot z_1$	Kopfkreisdurchmesser $d_{a1} = d_{m1} + 2 \cdot m$	Mittenkreisdurchmesser $d_{m1} = \frac{z_1 \cdot m}{\tan \gamma_m}$
Fußkreisdurchmesser $d_{f1} = d_{m1} - 2 \cdot (m + c)$		

Modul-Schneckenräder DIN 780-2

0,1	0,12	0,16	0,2	0,25	0,3	0,4	0,5	0,6	1	1,25	1,6	2	2,5	3,15	4	5	6,3	8	10	12,5	16	20

Kugelgewindetrieb

DIN 69051-1: 1989-05 (zurückgezogen); DIN 69051-2: 1989-05

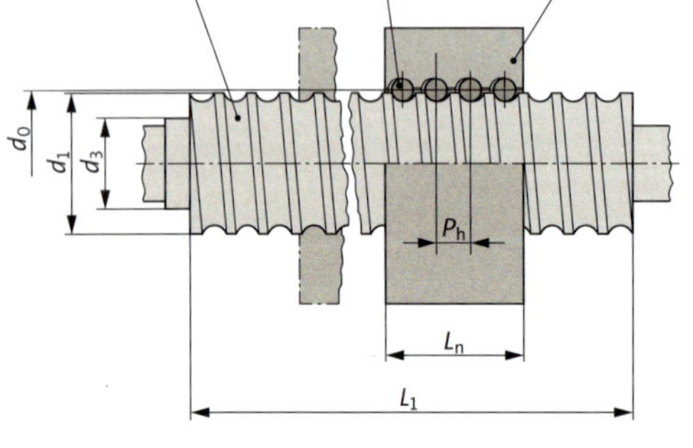

Steigung P_h	Nenndurchmesser d_0										
	8	10	12	16	20	25	32	40	50	63	80	100
5		■	■	■	■	■	■	■	■	■		
10			■	■	■	■	■	■	■	■	■	■
20				■	■	■	■	■	■	■	■	■
40							■	■	■	■	■	■

Bezeichnungsbeispiel:

Kugelgewindetrieb DIN69051 50 x 10 x 1200 – P 3 L

- Benennung
- DIN-Hauptnummer
- Nenndurchmesser d_0
- Steigung P_h
- Gewindelänge L_1
- Art P
- Toleranzklasse 3
- Gewinderichtung L – links, R – rechts

Art	Positionier-Kugelgewindetrieb	Transport-Kugelgewindetrieb
Kurzzeichen	P	T

z, z_1, z_2: Zähnezahl
p_{z1}: Steigungshöhe in mm
p_x: Axialteilung in m
γ_m: Steigungswinkel in °
a: Achsabstand in m
L_n: Länge der Mutter in mm
m_n: Normalmodul in mm
d_0: Nenndurchmesser in mm
d_1: Spindeldurchmesser in mm
d_2: Teilkreisdurchmesser in mm
d_3: Wellendurchmesser in mm
d_{a1}, d_{a2}: Kopfkreisdurchmesser in mm
L_1: Gewindelänge in mm
d_{m1}: Schnecken Mittenkreisdurchmesser in mm
d_{f1}, d_{f2}: Fußkreisdurchmesser in mm
d_{e2} Außendurchmesser in mm
c: Kopfspiel in mm
R_K: Kopfradius in mm
P_h: Steigung in mm

Keilriementriebe

Normalkeilriemen

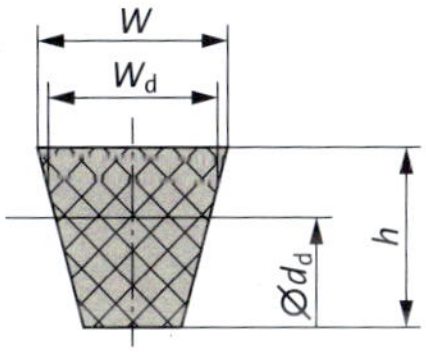

Keilriemenscheibe – einrillig

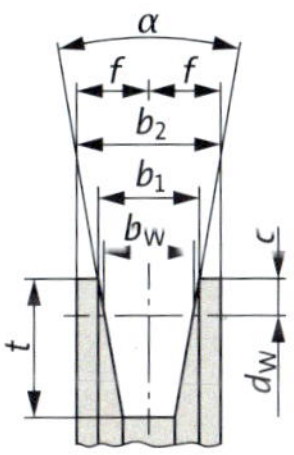

Keilriemenscheibe – mehrrillig

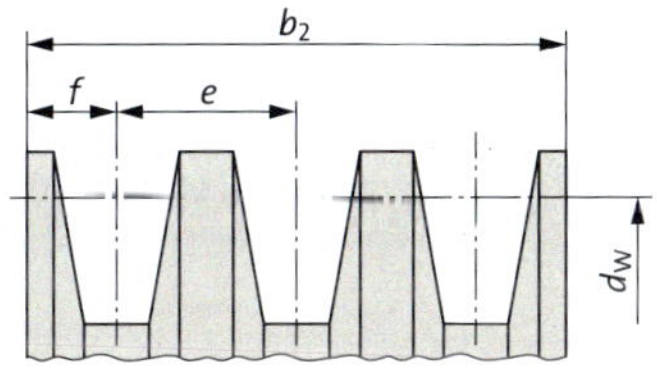

$b_2 = e\,(z - 1) + 2f$
z Rillenzahl

Schmalkeilriemen

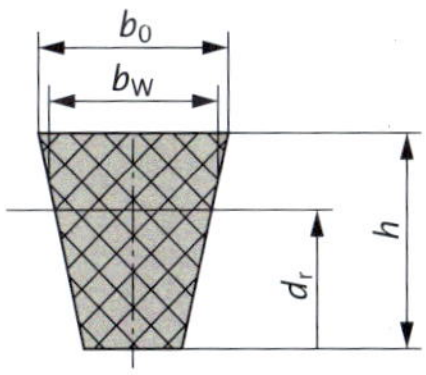

Schmalkeilriemenscheibe – einrillig

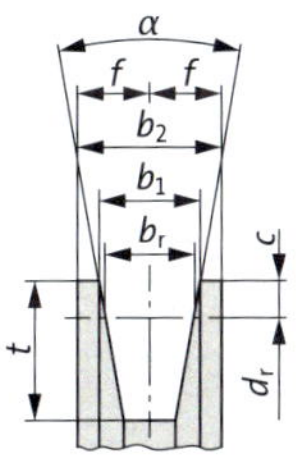

Schmalkeilriemenscheibe – mehrrillig

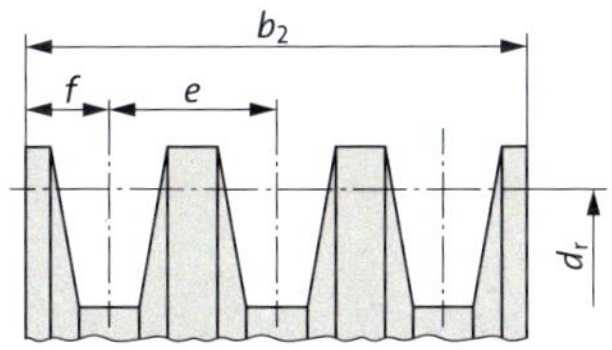

$b_2 = e\,(z - 1) + 2f$
z – Rillenzahl

Endlose Keilriemen (Normalkeilriemen) und Keilriemenscheiben

DIN 2215: 1998-08; DIN 2217-1: 1973-02

Keilriemenprofil nach DIN 2215							Keilriemenscheibe nach DIN 2217									
ISO Kurzzeichen	DIN-Kurzzeichen	obere Richtbreite	Richtbreite (Nennmaß)	Riemenhöhe	Richtlänge	Richtdurchmesser	Wirkbreite			Rillenabstand		Rillentiefe	Wirkdurchmesser d_w für α			
		w	w_d	h	L_d 1)	d_{dmin} 2)	b_w	$b_1 \approx$	c	e	f	t	32°	34°	36°	38°
Y	6	6	5,3	4	295 … 865	28	5,3	6,3	1,6	8	6	7	≤ 63	–	> 63	–
Z	10	10	8,5	6	312 … 2522	50	8,5	9,7	2	12	8	11	–	≤ 80	–	> 80
A	13	13	11	8	437 … 5030	75	11	12,7	2,8	15	10	13,8	–	≤ 118	–	> 118
B	17	17	14	11	610 … 7140	125	14	16,3	3,5	19	12,5	17,5	–	≤ 190	–	> 190
C	22	22	19	14	1148 … 8058	200	19	22	4,8	25,5	17	23,8	–	≤ 315	–	> 315
D	32	32	27	20	2075 … 11275	355	27	32	8,1	37	24	28	–	–	≤ 500	> 500
E	40	40	32	25	3080 … 12580	500	32	40	12	44,5	29	33	–	–	≤ 630	> 630

1) Richtlänge für Riemen
2) Richtdurchmesser der zugehörigen kleinsten zulässigen Scheibe

5

Endlose Keilriemen (Normalkeilriemen) und Keilriemenscheiben — DIN 2215: 1998-08; DIN 2217-1: 1973-02

Bezeichnungsbeispiel:
Keilriemen DIN 2215 – B 6000
Keilriemen mit Riemenprofil-Kurzzeichen B, Länge L_d = 6000

Scheibe DIN 2217 – 10 – 1T 100 x 2 x 20 PN
Keilriemenscheibe für das Profil 10, einteilig = 1T, Wirkdurchmesser d_w = 100, Rillenzahl z = 2, Nabenbohrung d_2 = 20, Passfedernut PN nach DIN 6885-1

Endlose Schmalkeilriemen und Schmalkeilriemenscheiben — DIN 7753-1: 1988-01; DIN 2211-1: 1984-03

Schmalkeilriemen nach DIN 7753										Keilriemenscheibe nach DIN 2211							
Riemenprofil		obere Riemenbreite	Wirkbreite	Riemenhöhe h		Richt-Ø[1] d_{min}		Richtlänge L_r		Richtbreite			Rillenabstand		Rillentiefe	Richtdurchmesser d_r für α	
ummantelt	flankenoffen gezahnt	$b_0 \approx$	b_w	S	X	S	X	S	X	b_r	$b_1 \approx$	c	e	f	t	34°	38°
SPZ	XPZ	9,7	8,5	8	8	63	5	630 … 3550	630 … 3550	8,5	9,7	2	12	8	11	≤ 80	> 80
SPA	XPA	12,7	11	10	9	90	63	800 … 4500	800 … 3550	11	12,7	2,8	15	10	13,8	≤ 118	> 118
SPB	XPB	16,3	14	13	13	140	100	1250 … 8000	1250 … 3550	14	16,3	3,5	19	12,5	17,5	≤ 190	> 190
SPC	XPC	22	19	18	18	224	160	2000 … 3550	2000 … 3550	19	22	4,8	25,5	17	23,8	≤ 315	> 315

Richtlänge L_r

630	710	800	900	1000	1120	1250	1400	1600	1800	2000	2240	2500	2800	3150
3550	4000	4500	5000	5600	6300	7100	8000	9000	10000	11200	12500			

Bezeichnungsbeispiel:
Schmalkeilriemen DIN 7753 – SPA1400
Schmalkeilriemen mit Riemenprofil-Kurzzeichen SPA, Richtlänge L_r = 1400

Scheibe DIN 2211 – SPA – 1T 120 x 3 x 30 PN
Schmalkeilriemenscheibe für das Profil SPA, einteilig = 1T, Richtdurchmesser d_r = 120, Rillenzahl z = 3, Nabenbohrung d_2 = 30, Passfedernut PN nach DIN 6885-1

[1] Richtdurchmesser der kleinsten zulässigen Scheibe

Synchronriemen mit metrischer Teilung — DIN 7721-1: 1989-06 (zurückgezogen)

Synchronriemen mit Einfachverzahnung (Kurzzeichen: entfällt)

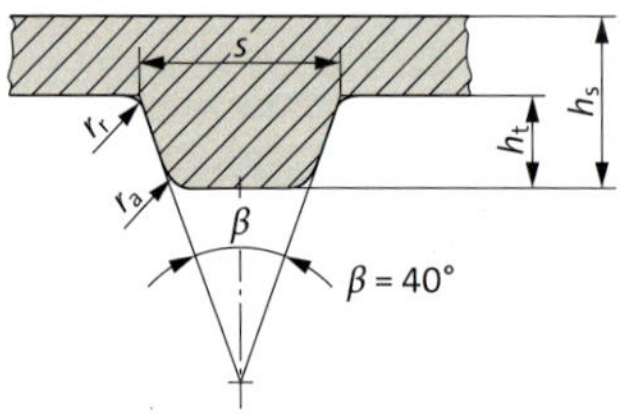

Synchronriemen mit Doppel-Verzahnung (Kurzzeichen: *D*)

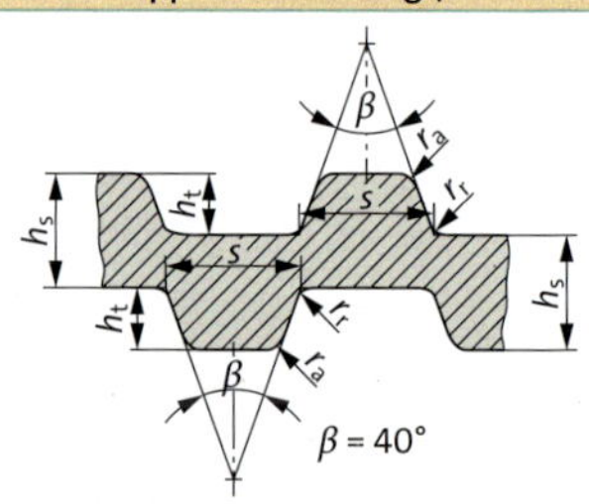

Zahnteilung		Synchronriemenbreite				Maße der Zähne				Nenndicke
Kurzzeichen	Teilung					s	h_t	r_r ±0,1	r_a min	h_s
T2,5	2,5	–	4	6	10	1,5	0,7	0,2	0,2	1,3
T5	5	6	10	16	25	2,65	1,2	0,4	0,4	2,2
T10	10	16	25	32	50	5,3	2,5	0,6	0,6	4,5
T20	20	32	50	75	100	10,15	5	0,8	0,8	8

Synchronriemen mit metrischer Teilung

DIN 7721-1: 1989-06 (zurückgezogen)

Wirklänge	Zähnezahl für		Wirklänge	Zähnezahl für		Wirklänge	Zähnezahl für	
	T2,5	T5		T5	T10		T10	T20
120	48	–	530	–	53	1110	101	–
150	–	30	560	112	56	1080	108	–
160	64	–	610	122	61	1150	115	–
200	80	40	630	126	63	1210	121	–
245	98	49	660	–	66	1250	125	–
270	–	54	700	140	70	1320	132	–
285	114	–	720	144	72	1390	139	–
305	–	61	780	156	78	1460	146	73
330	132	66	840	168	84	1560	156	–
390	–	78	880	–	88	1610	161	–
420	168	84	900	180	–	1780	178	89
455	–	91	920	184	92	1880	188	94

Bezeichnungsbeispiel:
Riemen DIN 7721 – 25 T5 x 630
Synchronriemen mit einfacher Verzahnung, Breite = 25, Zahnteilung (Kurzzeichen) T5, Wirklänge = 630

Zahnlückenprofil für Synchronscheiben mit metrischer Teilung

DIN 7721-2: 1989-06 (zurückgezogen)

ohne Bordscheiben

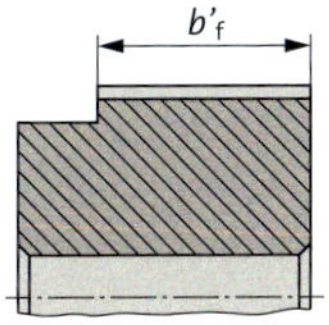

mit 2 Bordscheiben

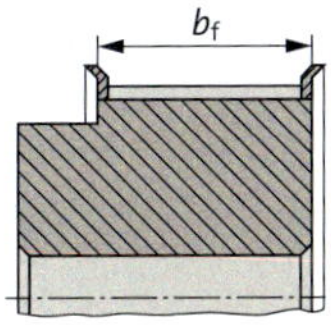

Wirkdurchmesser $d = d_0 + 2a$

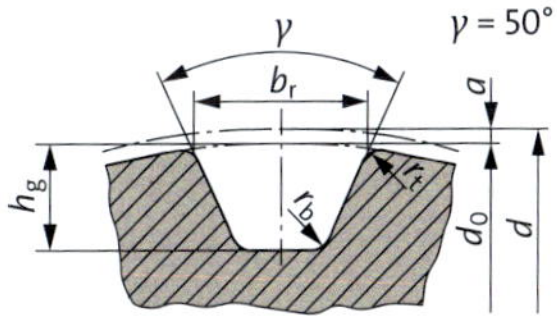

Zahnlücken	Außendurchmesser der Scheibe d_0				Zahnlücken	Außendurchmesser der Scheibe d_0			
	T2,5	T5	T10	T20		T2,5	T5	T10	T20
10	7,45	15,05	–	–	25	19,35	38,95	77,75	156,3
12	9	18,25	36,35	–	28	21,75	43,75	87,25	175,4
14	10,6	21,45	42,7	–	32	24,95	50,1	100	200,85
15	11,4	23,05	45,9	–	36	28,15	56,45	112,75	226,35
16	12,2	24,6	49,1	–	40	31,3	62,85	125,45	251,8
18	13,8	27,8	55,45	–	48	37,7	75,55	150,95	302,7
19	14,6	29,4	58,65	118,1	60	47,25	94,65	189,15	379,1

Zahnteilungskurzzeichen	Zahnlückenmaße							Scheibenbreite		Riemenbreite
	Form SE		Form N					ohne Bord	mit Bord	
	b_r	h_g	b_r	h_{gmin}	r_{bmax}	r_t	$2a$	b'_f min	b_f min	b
T2,5	1,75	0,75	1,83	1	0,2	0,3	0,6	8 10 14	5,5 7,5 11,5	4 6 10
T5	2,96	1,25	3,32	1,95	0,4	0,6	1	10 14 20	7,5 11,5 17,5	6 10 16
T10	6,02	2,6	6,57	3,4	0,6	0,8	2	21 30 37	18 27 34	16 25 32
T20	11,25	5,2	12,6	6	0,8	1,2	3	38 56 81	34 52 77	32 50 75

Bezeichnungsbeispiel:
Zahnlückenprofil DIN 7721 – 27 T10 x 32 N2
Zahnlückenprofil für Synchronscheibe Breite = 27, Zahnteilung T10, Zahnlücken = 32, Zahnlückenform N, Bordscheiben = 2

5

Getriebeübersetzungen

Zahnradgetriebe

einfache Übersetzung

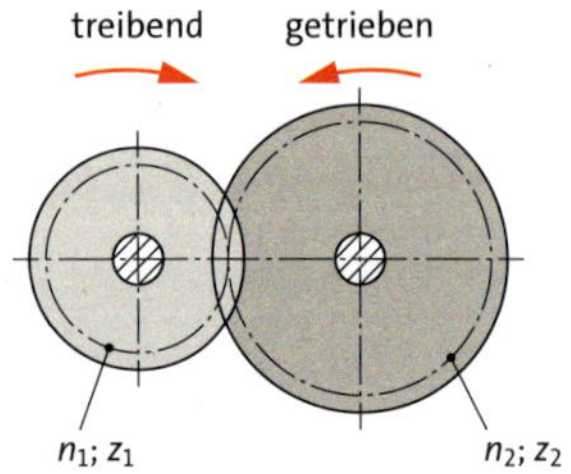

$n_1 \cdot z_1 = n_2 \cdot z_2$

$i = \frac{n_1}{n_2} = \frac{z_2}{z_1} = \frac{M_2}{M_1}$

geg.: $z_1 = 48$ (treibendes Rad)
$z_2 = 96$ (getriebenes Rad)
$n_1 = 600\ \text{min}^{-1}$

ges.: n_2; i

$n_2 = \frac{z_1 \cdot n_1}{z_2} = \frac{48 \cdot 600\ \text{min}^{-1}}{96}$

$n_2 = 300\ \text{min}^{-1}$

$i = \frac{z_2}{z_1} = \frac{96}{48} = 2 \rightarrow i = 2:1$

mehrfache Übersetzung

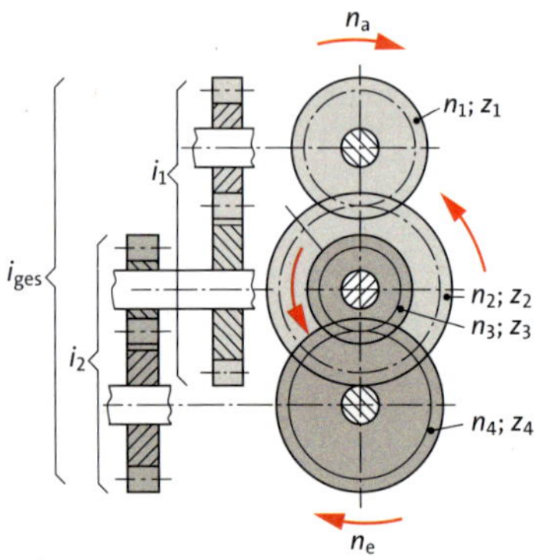

$n_1 \cdot z_1 \cdot z_3 = n_4 \cdot z_2 \cdot z_4$

$n_a \cdot z_1 \cdot z_3 \cdot \ldots = n_e \cdot z_2 \cdot z_4 \cdot \ldots$

$i_{ges} = \frac{n_a}{n_e} = \frac{z_2 \cdot z_4 \cdot \ldots}{z_1 \cdot z_3 \cdot \ldots}$

$i_{ges} = i_1 \cdot i_2 = \frac{n_1}{n_2} \cdot \frac{n_3}{n_4} = \frac{n_1}{n_4} = \frac{n_a}{n_e}$

$i_{ges} = i_1 \cdot i_2 = \frac{d_2 \cdot d_4}{d_1 \cdot d_3}$

geg.: $z_1 = 17$
$z_2 = 58$
$z_3 = 20$
$z_4 = 65$
$n_a = 970\ \text{min}^{-1}$

ges.: i_1; i_2; i_{ges}; n_e

$i_1 = \frac{z_2}{z_1} = \frac{58}{17} = 3{,}41$

$i_2 = \frac{z_4}{z_3} = \frac{65}{20} = 3{,}25$

$i_{ges} = i_1 \cdot i_2 = 3{,}41 \cdot 3{,}25 = 11{,}1$

$n_e = \frac{n_a}{i_{ges}} = \frac{970\ \text{min}^{-1}}{11{,}1}$

$n_e = 87{,}4\ \text{min}^{-1}$

Kegelradgetriebe

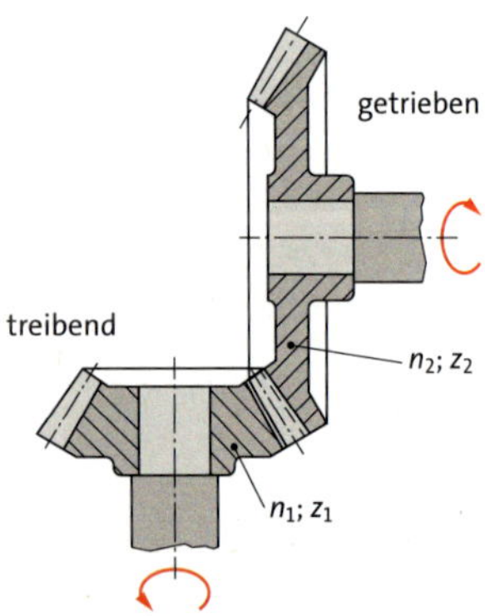

$z_1 \cdot n_1 = z_2 \cdot n_2$

$i = \frac{n_1}{n_2} = \frac{z_2}{z_1} = \frac{M_2}{M_1}$

geg.: $n_1 = 2400\ \text{min}^{-1}$
$z_1 = 42$
$z_2 = 72$

ges.: n_2; i

$n_2 = \frac{n_1 \cdot z_1}{z_2} = \frac{2400\ \text{min}^{-1} \cdot 42}{72}$

$n_2 = 1400\ \text{min}^{-1}$

$i = \frac{z_2}{z_1} = \frac{72}{42}$

$i = 1{,}71$

n_1; n_3 ...: Umdrehungsfrequenz der treibenden Räder in min^{-1}
n_2; n_4 ...: Umdrehungsfrequenz der getriebenen Räder in min^{-1}
n_a: Anfangsumdrehungsfrequenz in min^{-1}
n_e: Endumdrehungsfrequenz in min^{-1}
z_1; z_3 ...: Zähnezahl der treibenden Räder
z_2; z_4 ...: Zähnezahl der getriebenen Räder
d_1; d_3: Teilkreisdurchmesser der treibenden Räder in mm
d_2; d_4: Teilkreisdurchmesser der getriebenen Räder in mm
i_{ges}: Gesamtübersetzungsverhältnis
i_1; i_2: Teilübersetzungsverhältnisse
i: Übersetzungsverhältnis
M_1; M_2: Kraftmomente in Nm

Getriebeübersetzungen

Schneckengetriebe

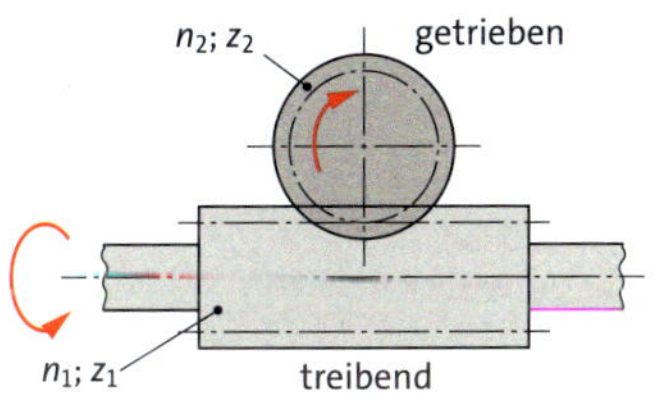

$z_1 \cdot n_1 = z_2 \cdot n_2$

$i = \frac{n_1}{n_1} = \frac{z_2}{z_1} = \frac{M_2}{M_1}$

geg.: $z_1 = 1$
$z_2 = 80$
$n_1 = 75\ \text{min}^{-1}$

ges.: n_1, i

$n_1 = \frac{z_2 \cdot n_2}{z_1} = \frac{80 \cdot 75\ \text{min}^{-1}}{1} = 6000\ \text{min}^{-1}$

$i = \frac{n_1}{n_2} = \frac{6000\ \text{min}^{-1}}{75\ \text{min}^{-1}} = 80 \rightarrow i = 80:1$

Zahnstangengetriebe

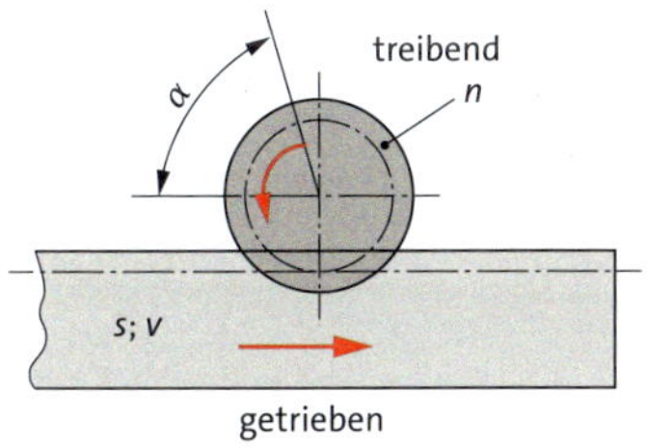

$s = d \cdot \pi$

$s = m \cdot z \cdot \pi$

$s = \frac{m \cdot z \cdot \pi \cdot \alpha}{360°}$

$v = m \cdot z \cdot \pi \cdot n$

geg.: $z = 48$
$m = 2{,}5\ \text{mm}$
$\alpha = 40°$
$n = 15\ \text{min}^{-1}$

ges.: d; s; v

$d = m \cdot z = 2{,}5\ \text{mm} \cdot 48\ \text{mm} = 120\ \text{mm}$

$s = d \cdot \pi = 120\ \text{mm} \cdot \pi = 376{,}8\ \text{mm}$

$s = \frac{d \cdot \pi \cdot \alpha}{360°} = \frac{120\ \text{mm} \cdot \pi \cdot 40°}{360°} = 41{,}87\ \text{mm}$

$v = m \cdot z \cdot \pi \cdot n = 2{,}5\ \text{mm} \cdot 48 \cdot \pi \cdot 15\ \text{min}^{-1}$

$v = 5652\ \frac{\text{mm}}{\text{min}} = 5{,}65\ \frac{\text{m}}{\text{min}}$

Riemengetriebe

einfache Übersetzung

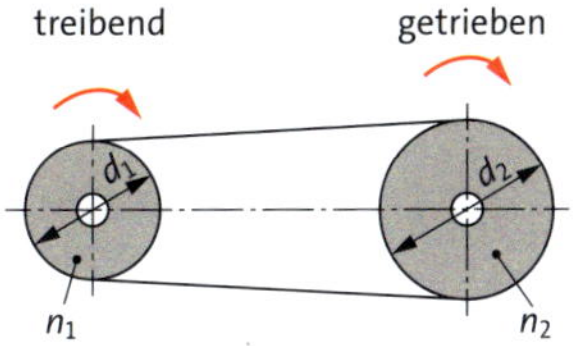

$d_1 \cdot n_1 = d_2 \cdot n_2$

$i = \frac{n_1}{n_2} = \frac{d_2}{d_1} = \frac{M_2}{M_1}$

geg.: $d_1 = 120\ \text{mm}$,
$d_2 = 360\ \text{mm}$
$n_1 = 900\ \text{min}^{-1}$

ges.: n_2, i

$n_2 = \frac{n_1 \cdot d_1}{d_2} = \frac{900\ \text{min}^{-1} \cdot 120\ \text{mm}}{360\ \text{mm}} = 300\ \text{min}^{-1}$

$i = \frac{n_1}{n_2} = \frac{300\ \text{min}^{-1}}{120\ \text{min}^{-1}} = 2{,}5 \rightarrow i = 2{,}5:1$

mehrfache Übersetzung

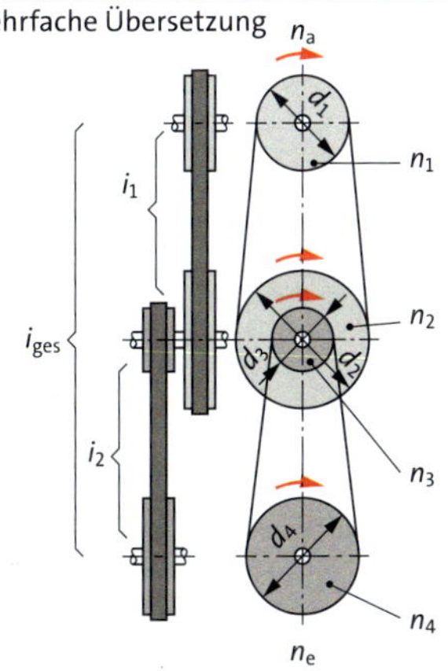

$n_1 \cdot d_1 \cdot d_3 \cdot ... = n_4 \cdot d_2 \cdot d_4 \cdot ...$

$n_a \cdot d_1 \cdot d_3 \cdot ... = n_e \cdot d_2 \cdot d_4 \cdot ...$

$i_{ges} = i_1 \cdot i_2 = \frac{n_1}{n_2} \cdot \frac{n_3}{n_4} = \frac{n_1}{n_4} = \frac{n_a}{n_e}$

$i_{ges} = \frac{n_a}{n_e} = \frac{d_a \cdot d_4 \cdot ...}{d_1 \cdot d_3 \cdot ...}$

geg.: $d_1 = 60\ \text{mm}$
$d_3 = 90\ \text{mm}$
$d_4 = 180\ \text{mm}$
$n_a = 2800\ \text{min}^{-1}$
$n_e = 140\ \text{min}^{-1}$

ges.: i_{ges}, d_2, i_1, i_2

$i_{ges} = \frac{n_a}{n_e} = \frac{2800\ \text{min}^{-1}}{140\ \text{min}^{-1}} = 20 \rightarrow i = 20:1$

$d_2 = \frac{i_{ges} \cdot d_1 \cdot d_3}{d_4} = \frac{20 \cdot 60\ \text{mm} \cdot 90\ \text{mm}}{180\ \text{mm}} = 600\ \text{mm}$

$i_1 = \frac{d_2}{d_1} = \frac{600\ \text{mm}}{60\ \text{mm}} = 10 \rightarrow i_1 = 10:1$

$i_2 = \frac{d_4}{d_3} = \frac{180}{90} = 2 \rightarrow i_2 = 2:1$

$i_{ges} = i_1 \cdot i_2 = 10 \cdot 2 = 20 \rightarrow i_{ges} = 20:1$

d_1, d_3 ...: Durchmesser der treibenden Scheiben in mm
d_2, d_4 ...: Durchmesser der getriebenen Scheiben in mm
d: Teilkreisdurchmesser in mm
n_1; n_3...: Umdrehungsfrequenz der treibenden Scheiben/Schnecke in min^{-1}
n_2; n_4...: Umdrehungsfrequenz der getrieben Scheiben/Schneckenrad in min^{-1}
n_a: Anfangsumdrehungsfrequenz in min^{-1}
n_e: Endumdrehungsfrequenz in min^{-1}
M_1; M_2: Kraftmomente in Nm
v: Verschiebegeschwindigkeit der Zahnstange in mm/min
s: Verschiebeweg der Zahnstange in mm
i_1, i_2: Teilübersetzungsverhältnisse
i_{ges}: Gesamtübersetzungsverhältnis
z_1: Gangzahl der Schnecke
z_2: Zähnezahl des Schneckenrades
m: Modul in mm
α: Verdrehwinkel in °
i: Übersetzungsverhältnis
z: Zähnezahl

5

Platten

DIN ISO 6753-1: 2006-09

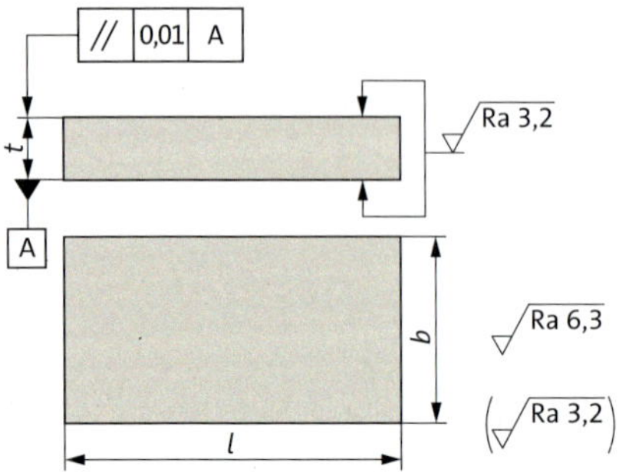

l	*b*	*t*	*l*	*b*	*t*	*l*	*b*	*t*
160	80	25 und 32	250	125	25, 32 und 40	400	200	32, 40 und 50
160	100		250	160		400	250	
160	125		250	200		400	315	
160	160		250	250		400	400	
200	100	25, 32 und 40	315	160	32, 40 und 50	500	250	
200	125		315	200		500	315	
200	160		315	250		500	400	
200	200		315	315		500	500	

Grenzabmaße: *l* und *b* = +0,4/+0,2; *t* = +0,5/+0,3

Werkstoff: Stahl oder Aluminium-Legierung

Bezeichnungsbeispiel: **Platte ISO 6753 – 200 x 160 x 32**
Platte mit *l* = 200 mm, *b* = 160 mm und *t* = 32 mm

Füße mit Gewindezapfen

DIN 6320: 2002-10

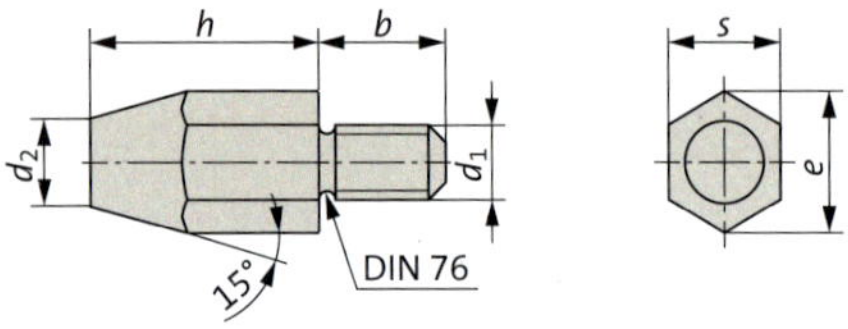

h	d_1	d_2	*b*	*s*	*e*
10	M 6	8	11	10	11,5
20	M 6	6	6	11	10
15	M 8	10	10	13	13
30	M 8	9	9	13	13
20	M10	13	16	17	19,6
40	M10	13	13	16	17
25	M12	15	15	20	19
50	M12	15	15	20	19

Werkstoff: Vergütungsstahl

Bezeichnungsbeispiel:
Fuß DIN 6320 – 15 x M8
Fuß mit Höhe *h* = 15 und Gewindezapfen d_1 = M8

Fuß DIN 6320 – 15 x M8 – h
wie oben, jedoch mit gehärter Auflagefläche d_2

Aufnahme- und Auflagebolzen

DIN 6321: 2002-10

Form A　Form B　Form C

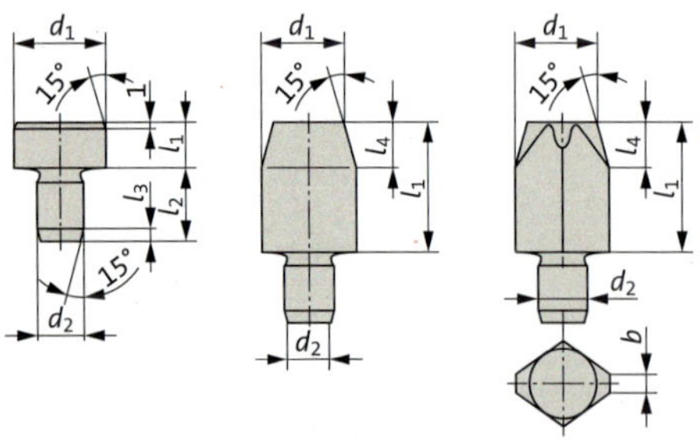

d_1	l_1			l_2	l_3	l_4	*b*	d_2
	Form A	Form B und C						
g6	h9	kurz	lang					n6/H7
6	5	7	12	6	1,2	4	1,0	4
8	–	10	16	9	1,6	6	1,6	6
10	6	10	18	9	1,6	6	2,5	6
12	–	10	18	9	1,6	6	2,5	6
16	8	13	22	12	2,0	8	3,5	8
20	–	15	25	18	2,5	9	5,0	12
25	10	15	25	18	2,5	9	5,0	12

Werkstoff: Werkzeugstahl

Bezeichnungsbeispiel:
Bolzen DIN 6321 – B 8 x 10
Bolzen der Form B mit d_1 = 8 und der Länge l_1 = 10

Schwenkscheiben

DIN 6371: 1999-11

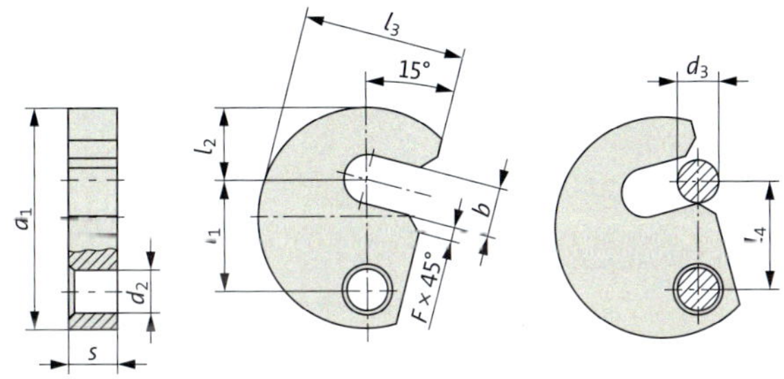

Fase $F \times 45°$ | d_3 bis 16 mm: F = 3 mm, d_3 20 mm: F = 4 mm

d_3	b	d_1	d_2	l_3	l_4	s −0,2	passende Schraube DIN 923
6	29	38	9	7,5	19	9,8	M6 x 10
8	32,5	43	9	9,5	21	9,8	M6 x 10
10	36,5	48	9	11,5	23	9,8	M6 x 10
12	45,0	61	11	13,5	29	11,8	M8 x 12
16	50,0	68	11	17,5	33	11,8	M8 x 12
20	55,0	74	11	21,5	36	11,8	M8 x 12

Werkstoff: Vergütungsstahl, brüniert

Bezeichnungsbeispiel: **Schwenkscheibe DIN 6371 – 10**
Schwenkscheibe mit der Größe d_3 = 10 mm

Flachkopfschraube mit Schlitz und Ansatz

DIN 923: 2012-06

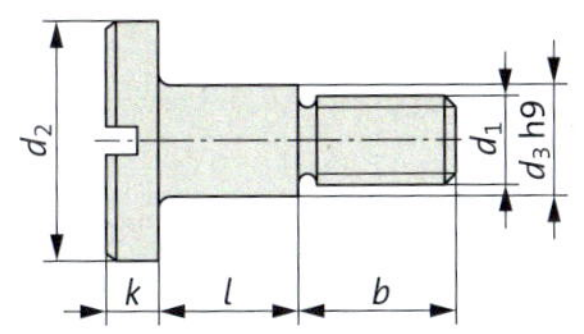

passend für Schwenkscheiben nach DIN 6371

Gewinde d_1	d_2	d_3 h9	l	b	k
M3	7	4	2, 3, 4, 5, 6, 8, 10	4,5	1,8
M4	8,5	5,5	2, 3, 4, 5, 6, 8, 10	6	2,4
M5	11	7	3, 4, 5, 6, 8, 10, 12	7	2,7
M6	13	8	4, 5, 6, 8, 10,12, 16	9	3,1
M8	16	10	6, 8, 10, 12, 16, 20	11	3,8

Werkstoff: Stahl, brüniert | Festigkeitsklasse: 4.8/5.8

Bezeichnungsbeispiel: **Flachkopfschraube DIN 923 – M6 x 10 – 5.8**
Flachkopfschraube d_1 = M6, Ansatzlänge l = 10, Festigkeitsklasse 5.8

Schnapper mit Druckfeder für Bohrvorrichtung

DIN 6310: 2002-06

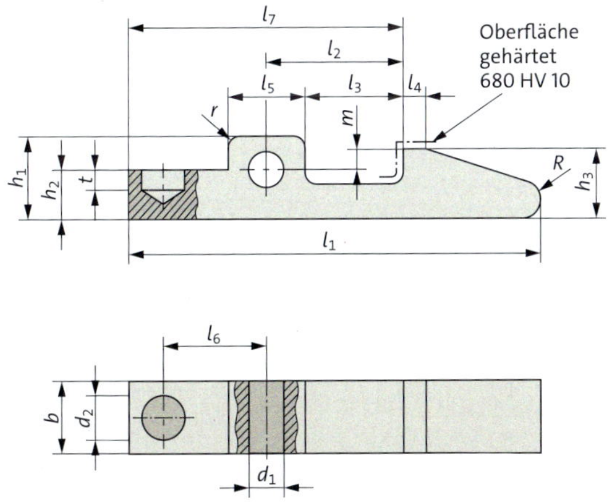

Druckfedermaße
Hersteller liefern Schnapper mit Druckfeder für die Aufnahmebohrung d_2:

Draht-Ø x mittlerer Windungs-Ø x Federlänge
0,63 x 4,8 x 14
0,8 x 5,8 x 17
1,0 x 7,3 x 21

l_1	b −0,2	d_1 E9	d_2	h_1	h_2	h_3	h_4	l_2 ±0,1	l_3	l_4	l_5	l_6	l_7	m	t	R
45	8	4	5	9,5	5,5	8	4	15	10	2	9	11	30	2,5	1,5	1,6
60	10	5	6,3	12	7	10	5	20	14	3	11	15	40	3	3	2,5
80	14	6	8	15	9	14	7	30	22	5	14	23	60	5	5	4

Werkstoff: Vergütungsstahl; Härte 650 +100 HV 10

Bezeichnungsbeispiel: **Schnapper DIN 6310 – 60**
Schnapper mit der Länge l_1 = 60 mm

Schrauben für T-Nuten

DIN 787: 2005-02

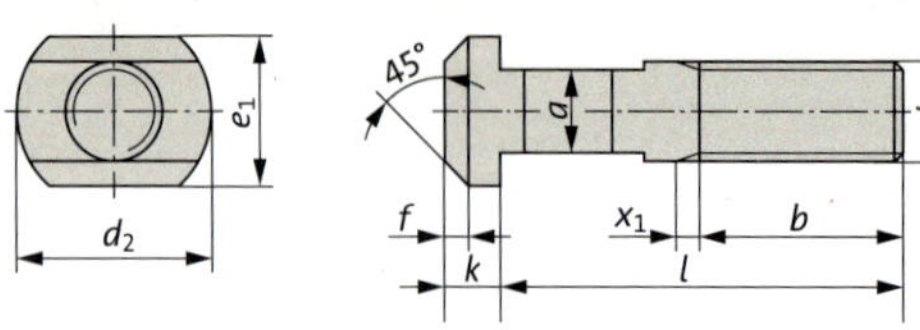

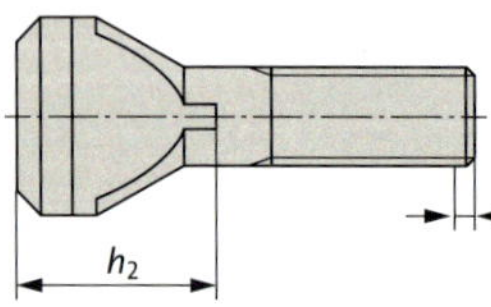

bis M 12 × 12
$a \leq d_1$

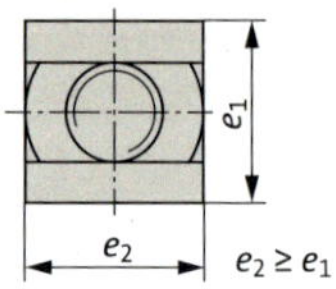

$e_2 \geq e_1$

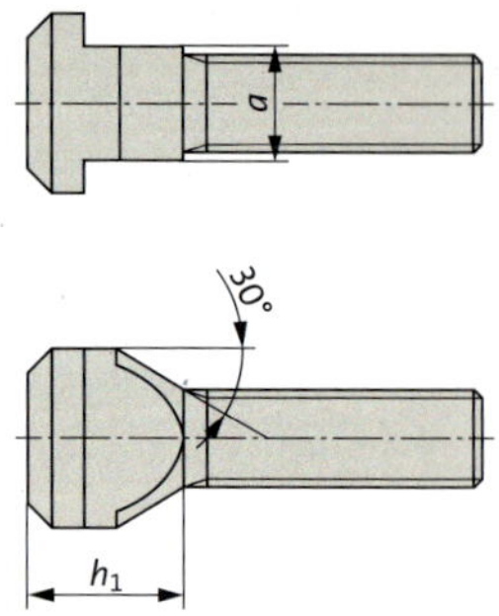

ab M 12 × 14
$a > d_1$

x_1 nach DIN 76

u (unvollständiges Gewinde): max $2 \cdot P$

d_1	a	d_2	e_1	f	h_1	h_2	k	l	b	d_1	a	d_2	e_1	f	h_1	h_2	k	l	b
M6	6	12	10	1,6	8	13	4	25	15	M12	14	28	22	2,5	20	–	8	50	35
								40	28									80	55
								63	40									125	75
M8	8	16	13	1,6	12	18	6	32	22	M16	18	36	28	2,5	24	24	10	63	45
								50	35									100	63
								80	50									160	100
M10	10	20	15	1,6	14	21	6	40	30	M30	36	70	54	6	50	–	22	125	80
								63	45									200	135
								100	60									315	200
M12	12	25	18	2,5	16	25	7	50	35	M36	42	82	65	6	60	–	26	160	100
								80	55									250	175
								125	75									400	250

Werkstoff: nach Wahl des Herstellers, z. B. Vergütungsstahl

Festigkeitsklassen: 8.8 und 12.9

Bezeichnungsbeispiel: **Schraube DIN 787 – M12 x 14 x 125 – 8.8**
Schraube für T-Nuten mit $d_1 = 12$, $a = 14$, $l = 125$ und Festigkeitsklasse 8.8

T-Nuten und Muttern für T-Nuten

DIN 508: 2002-06; DIN 650: 1989-10

DIN 650

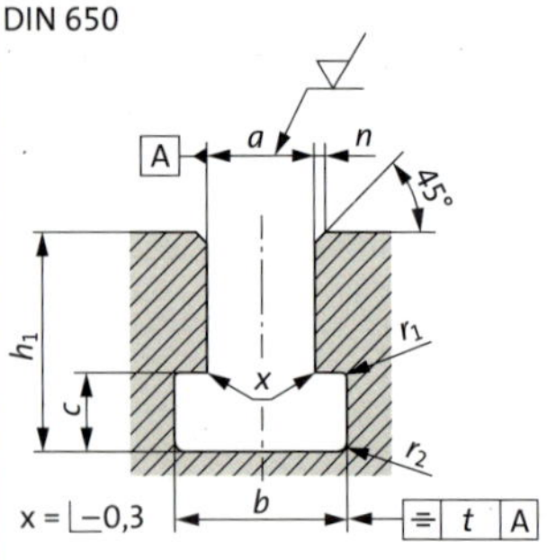

√ = Ra 1,6 für Toleranzklasse H8
= Ra 3,2 für Toleranzklasse H12

DIN 508
Werkstoff nach Wahl des Herstellers

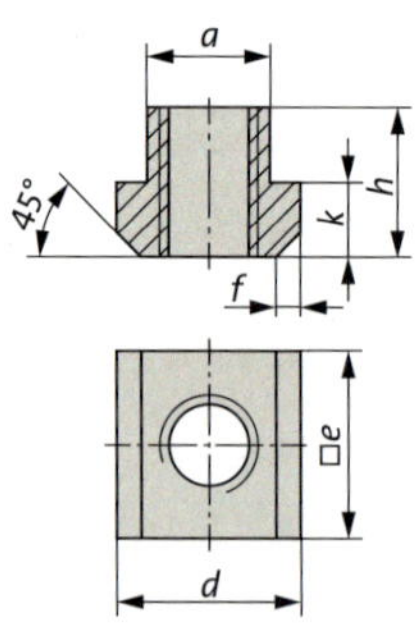

d		M6	M8	M10	M12	M16
a[1]		8	10	12	14	18
b		14,5	16	19	23	30
c		7	7	8	9	12
e		13	15	18	22	28
f		1,6	1,6	2,5	2,5	2,5
h		10	12	14	16	20
h_1	max.	18	21	25	28	36
	min.	15	17	20	23	30
k		6	6	7	8	10
n max.		1	1	1	1,6	1,6
r_1 max.		0,6	0,6	0,6	0,6	1
r_2 max.		1	1	1	1,6	1,6

[1] Toleranzklasse H8 für Richt- und Spann-Nuten; Toleranzklasse H12 für Spann-Nuten

Bezeichnungsbeispiel: **Mutter DIN 508 – M10 x 12**
Mutter für T-Nute mit d = M10 und Nutbreite $a = 12$

Gewindestifte mit Druckzapfen

DIN 6332: 2003-04

Form S
für Druckstücke nach DIN 6311

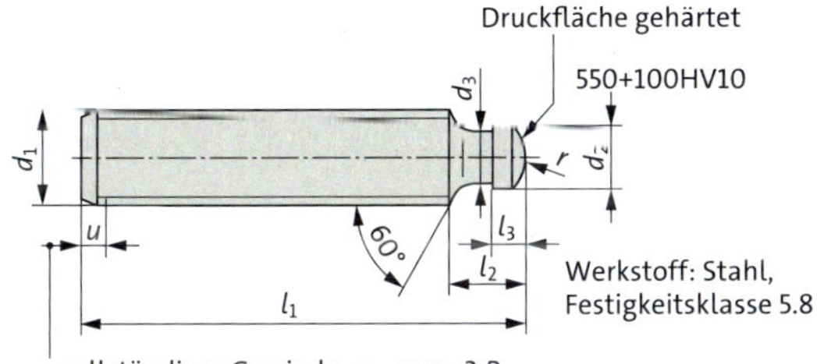

unvollständiges Gewinde: u = max. 2 P

d_1		M6	M8	M10	M12	M16	M20
d_2 h11		4,5	6	8	8	12	15,5
d_3 -0,1		4	5,4	7,2	7,2	11	14,4
l_1	von	30	40	60	60	80	100
	bis	50	60	80	80	100	125
	zusätzl.				100	125	150
l_2		6	7,5	9	10	12	14
l_3		2,5	3	4,5	4,5	5	5,5
r		3	5	6	6	9	13

Werkstoff: Stahl, Festigkeitsklasse 5.8

Bezeichnungsbeispiel: **Gewindestift DIN 6332 – S M8 x 80**
Gewindestift der Form S, Gewinde d_1 = M8, Länge l = 80
Bei der Ausführung mit Schlitz ist der Bezeichnung die Kennung **– Sz** anzufügen.

Druckstücke

DIN 6311: 2002-06

Form S
für Gewindestifte mit Druckzapfen nach DIN 6332

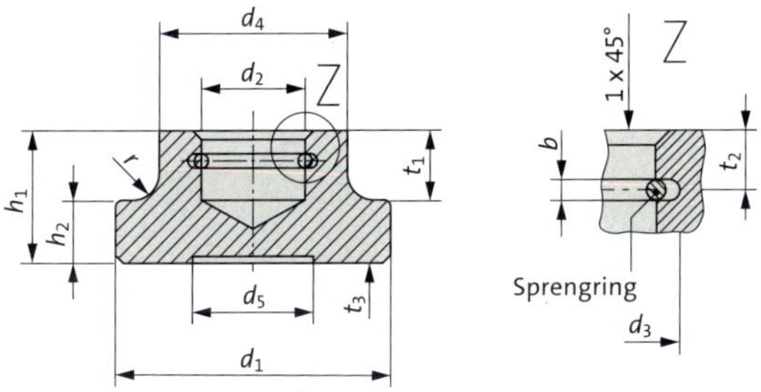

Druckstücke werden mit eingesetztem Sprengring nach DIN 7993 geliefert.

d_1	12	16	20	25	32	40
b	0,7	1	1	1	1,2	1,8
d_2 H12	4,6	6,1	8,1	8,1	12,1	15,6
d_3	5,6	7,7	9,7	9,7	14,2	19,8
d_4	10	12	15	18	22	28
d_5	5	7	8	10	14	18
h_1	7	9	11	13	15	16
h_2	2,5	4	5	6	7	9
t_1	4	5	6	7	7,5	8
t_2	1,8	2	2	3	3,5	3,5
t_3	0,5	0,5	0,5	0,5	0,7	1
r	1,5	2	2	2	3	3
Gewinde-stift DIN 6332	M6	M8	M10	M12	M16	M20

Werkstoff: Einsatzstahl, Härte 550 +100 HV 10

Bezeichnungsbeispiel: **Druckstück DIN 6311 – S 25**
Druckstück Form S mit Sprengring, Größe d_1 = 25

Druckstücke

DIN 6311: 2002-06

Form E
ohne Druckstück

Form F
mit Druckstück
nach DIN 6311

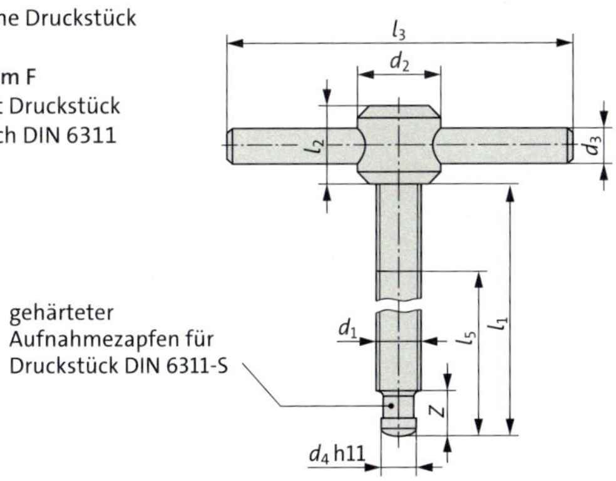

d_1	l_1	d_2	d_3	d_4	l_2	l_3	l_5	Z
M6	40	12	5	4,5	10	50	30	6
	50	12	5	4,5	10	50	40	6
M8	50	14	6	6	12	60	35	7,5
	60	14	6	6	12	60	45	7,5
M10	60	18	8	8	14	80	40	9
	70	18	8	8	14	80	50	9
M12	70	20	10	8	18	100	50	10
	80	20	10	8	18	100	60	10
M16	90	24	12	12	20	120	70	12
	110	24	12	12	20	120	90	12

Werkstoff: Stahl, Festigkeitsklasse 5.8

Bezeichnungsbeispiel: **Knebelschraube DIN 6304 – M8 – 60 – E**
Knebelschraube mit d_1 = M8, l_1 = 60, Form E

5

Spanneisen, einfache Form

DIN 6314: 2009-04

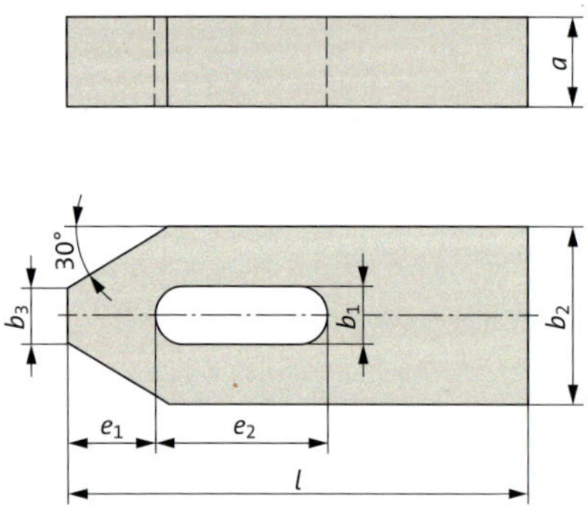

b_1 +1/0	l	a	b_2	b_3	e_1	e_2	für Schrauben
6,6	50	10	20	8	10	20	M6
9	60	12	25	10	13	22	M8
11	80	15	30	12	15	30	M10
14	100	20	40	14	21	40	M12, M14
	125					50	
18	125	25	50	18	26	45	M16, M18
	160					65	
22	160	30	60	22	30	60	M20, M22
	200					80	
26	200	30	70	26	35	80	M24
	250	40				105	

Werkstoff: Vergütungsstahl oder Al-Legierung

Bezeichnungsbeispiel: **Spanneisen DIN 6314 – 11 x 80 – St**
Spanneisen mit b_1 = 11, l = 80 aus Stahl

Spannunterlagen, verstellbar und kombinierbar

DIN 6326: 2002-10

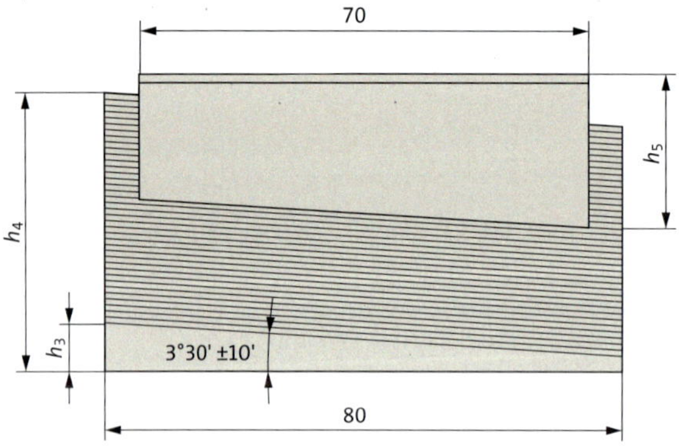

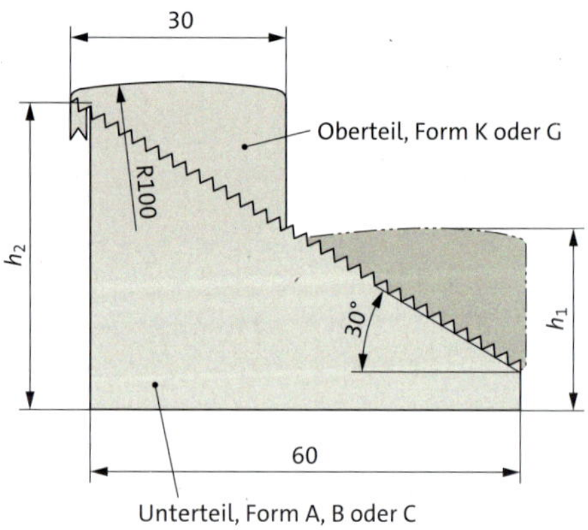

Das Zahnprofil ist ein Metrisches ISO-Gewinde nach DIN 13-1 mit Steigung P = 2,5 mm.

Spannunterlagen – Kurzzeichen, Spannhöhen

Kurzzeichen	Spannhöhe		bestehend aus	
	von h_1	bis h_2	Unterteil	Oberteil
AK	25	45	A	K
AG	45	65		G
AKG	25	65		K und G
BK	65	85	B	K
BG	85	105		G
BKG	65	105		K und G
CK	105	125	C	K
CG	125	145		G
CKG	105	145		K und G

Maße für Unter- und Oberteile

	Unterteil			Oberteil	
	A	B	C	K	G
h_3	7,4	47,4	87,4	–	–
h_4	42	82	122	–	–
h_5	–	–	–	24	44

Werkstoff:
nach Wahl des Herstellers, mindestens 600 N/mm² mm Zugfestigkeit

Bezeichnungsbeispiele:

Spannunterlage DIN 6326 – AKG
Spannunterlage bestehend aus Unterteil A und den Oberteilen K und G

Spannunterlage DIN 6326 – B
Spannunterlage bestehend aus Unterteil B ohne Oberteil

Hebel mit Spiralexzenter

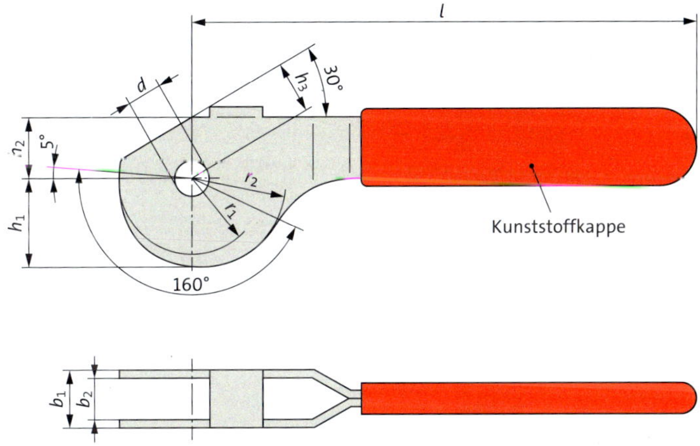

Der Hebel besitzt einen Spiralexzenter (logarithmische Spirale), mit dem selbsthemmend gespannt oder gesichert werden kann. Die Spannwirkung ist in jeder Winkelstellung gleich groß.

d H11	b_1	b_2	h_1	h_2	h_3	*l*	r_1 Grundkreis	r_2	Hub Spirale
8	13	9	19,54	14	12	114	17,2	21,07	3,87
10	17	12	24,54	17	15	138	21,6	26,45	4,85
12	20	14	31,81	21	18	157	28	34,29	6,29

Werkstoff: Stahl oder Edelstahl, Hebelkappe aus Kunststoff

Ausführung: Stahl, vergütet; Edelstahl, brüniert

Kugelscheiben, Kegelpfannen

DIN 6319: 2011-10

Kugelscheibe
Form C

Kegelpfanne
Form D: $d_4 = d_3$

Form G: $d_4 > d_3$ (Verwendung bei Langlöchern)

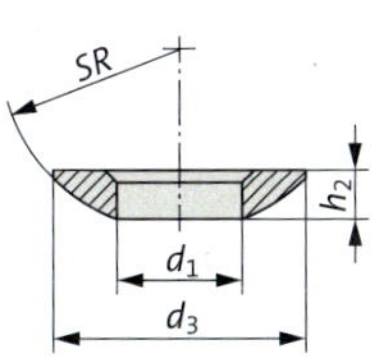

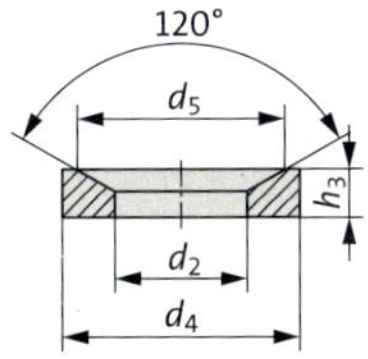

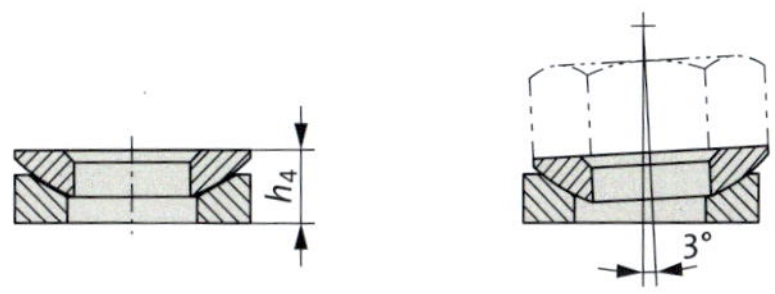

d_1 H13	d_2 H13	d_3	d_4 Form D	d_4 Form G	d_5	h_2	h_3 Form D	h_3 Form G	h_4 Form D	h_4 Form G	*SR*
6,4	7,1	12	12	17	11	2,3	2,8	4	4	5,2	9
8,4	9,6	17	17	24	14,5	3,2	3,5	5	5,6	6,8	12
10,5	12	21	21	30	18,5	4	4,2	5	6,3	7,1	15
13	14,2	24	24	36	20	4,6	5	6	8	9	17
17	19	30	30	44	26	5,3	6,2	7	9,3	10,1	22
21	23,2	36	36	50	31	6,3	7,5	8	11,6	12	27

Werkstoff: Einsatzstahl; Form G: Vergütungsstahl, vergütet auf HV 390 ±40

Bezeichnungsbeispiele: **Kugelscheibe DIN 6319 – C 13** Form C mit Nenndurchmesser $d_1 = 13$
Kegelpfanne DIN 6319 – G 14,2 Form G mit Nenndurchmesser $d_2 = 14,2$

5

Stützen, verstellbar

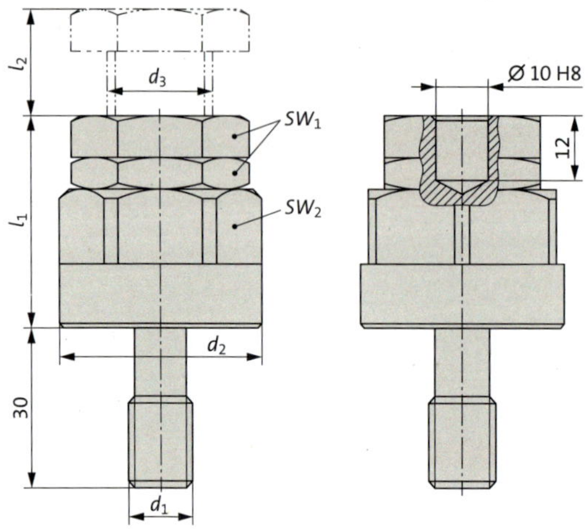

Größe	l_1	l_2	d_1	d_2	d_3	SW_1	SW_2
1	40	10	M12	40	M20 x 1,5	30	36
2	40	10	M16	40	M20 x 1,5	30	36
3	50	20	M12	40	M20 x 1,5	30	36
4	50	20	M16	40	M20 x 1,5	30	36
5	70	40	M12	40	M20 x 1,5	30	36
6	70	40	M16	40	M20 x 1,5	30	36
7	100	50	M12	50	M24 x 2	36	46
8	100	50	M16	50	M24 x 2	36	46
9	150	100	M12	50	M24 x 2	36	46
10	150	100	M16	50	M24 x 2	36	46

Die Auflagefläche kann durch Einsätze in der Bohrung Ø 10 H8 den Stützbedingungen angepasst werden.

Werkstoff:
Vergütungsstahl brüniert, Verstellspindel vergütet

Einsätze für Stützen

Kugeleinsatz

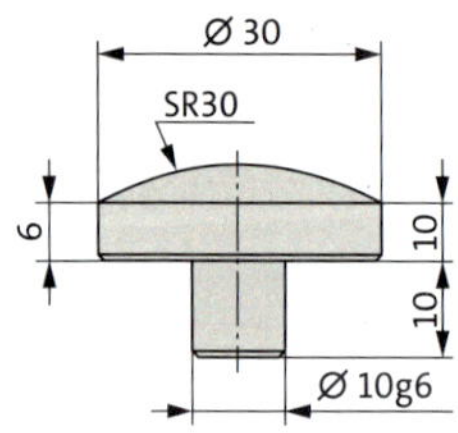

Kegeleinsatz

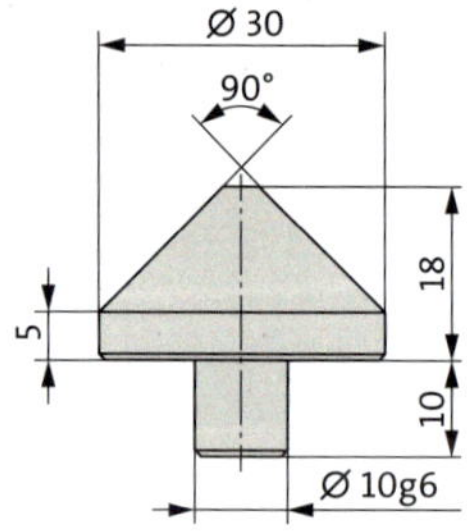

Prismeneinsatz

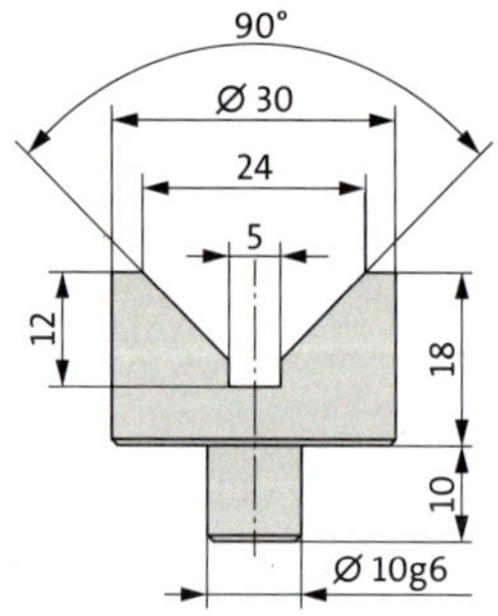

Werkstoff:
Vergütungsstahl; vergütet auf 1100–1200 N/mm², brüniert

Pendelauflagen

Form C
Kugel abgeflacht, plan

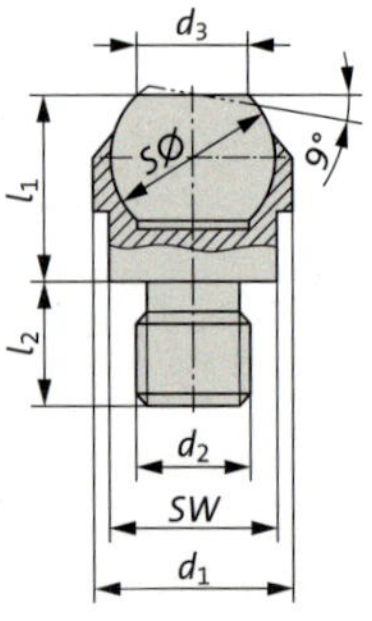

Form F
Kugel abgeflacht, mit Riffelung

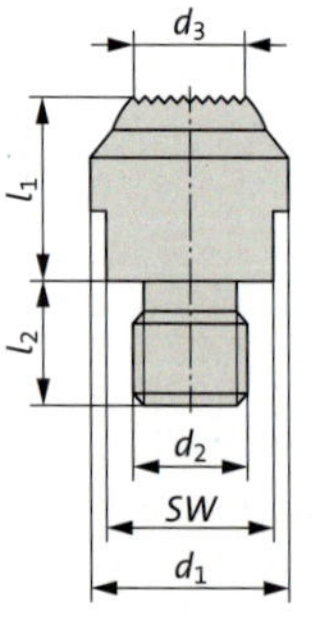

Formen C und F						
d_1	d_2	d_3	Kugel $S\varnothing$	l_1	l_2	SW
13	M8	7,2	10	13	8	11
20	M10	10,5	16	18	10	17
20	M12	10,5	16	18	12	17
30	M16	20	25	27	16	27
50	M20	34,5	40	35	20	41

Pendelauflagen dienen als Anschläge, Stützen, Auflagen und Druckstücke.

Werkstoff:
Gehäuse Vergütungsstahl, Kugel Wälzlagerstahl
Gehäuse vergütet und phosphatiert, Kugel gehärtet

Bohrbuchsen, Bundbohrbuchsen

Bohrbuchse
Form A
Bohrung an einem Ende gerundet

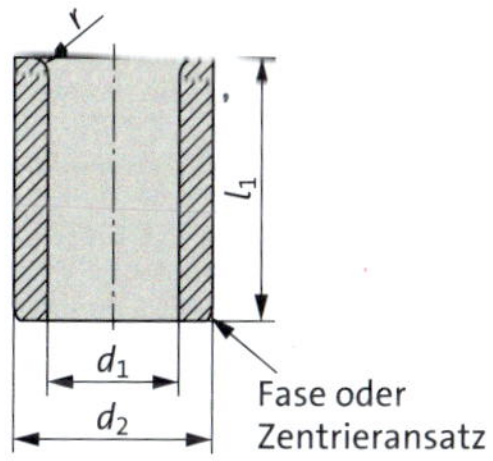

Form B
Bohrung an beiden Enden gerundet

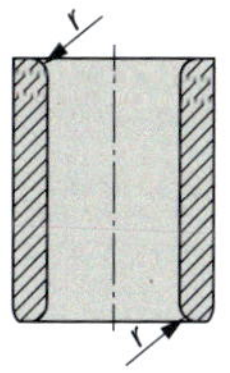

Bundbohrbuchse
Form A
Bohrung an einem Ende gerundet

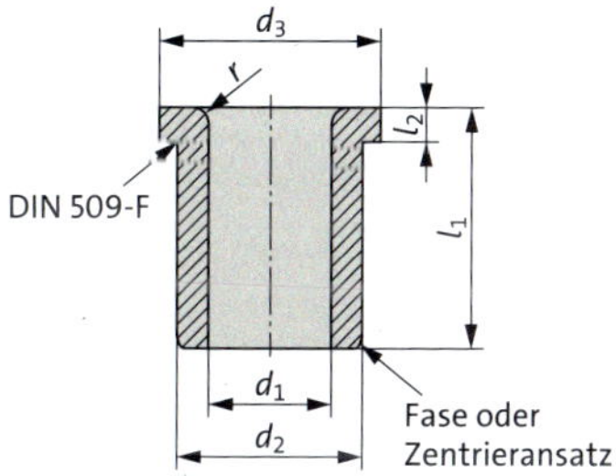

Form B
Bohrung an beiden Enden gerundet

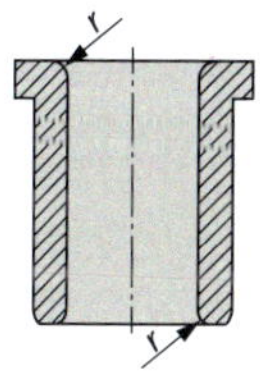

übrige Maße und Angaben der Form B wie Form A

d_1 F7		d_2 [1]	d_3	l_1			l_2	r
von – bis		n6		kurz	mittel	lang		
0,4 – 1,0	Abstufung 0,1 mm	3	6	6	9	–	2	1
1,1 – 1,8		4	7	6	9	–	2	1
1,9 – 2,6		5	8	6	9	–	2	1
2,7 – 3,3		6	9	8	12	16	2,5	1
3,4 – 4,0		7	10	8	12	16	2,5	1
4,1 – 5,0		8	11	8	12	16	2,5	1
5,1 – 6,0		10	13	10	16	20	3	1,5
6,1 – 8,0		12	15	10	16	20	3	1,5
8,1 – 10,0		15	18	12	20	25	3	2
10,1 – 12,0		18	22	12	20	25	4	2
12,1 – 15,0		22	26	16	28	36	4	2
15,5 – 18,0	Abstufung 0,5 mm	26	30	16	28	36	4	2
18,5 – 22,0		30	34	20	36	45	5	3
22,5 – 26,0		35	39	20	36	45	5	3
26,5 – 30,0		42	46	25	45	56	5	3
30,5 – 35,0		48	52	25	45	56	5	3
35,5 – 42,0		55	59	30	56	67	5	3,5
42,5 – 48,0		62	66	30	56	67	6	3,5
48,5 – 55,0		70	74	30	56	67	6	3,5
55,5 – 63,0		78	82	35	67	78	6	4
63,5 – 70,0		85	90	35	67	78	6	4
70,5 – 78,0		95	100	40	78	105	6	4
78,5 – 85,0		105	110	40	78	105	6	4
85,5 – 95,0		115	120	45	89	112	6	4
95,5 – 105,0		125	130	45	89	112	6	4

[1] für Bohrungen mit Toleranzklasse H6 oder H7

Werkstoff: Einsatzstahl

Ausführung: gehärtet, Härte 740 + 80 HV 10, geschliffen

Bohrbuchsen sind nicht mehr genormt. Die Maße entsprechen weitgehend den früheren Normen DIN 172 und DIN 179.

5

Steckbohrbuchsen Form K, Flachkopfschrauben

Form K
Schnellwechselbuchsen für rechtsschneidende Werkzeuge

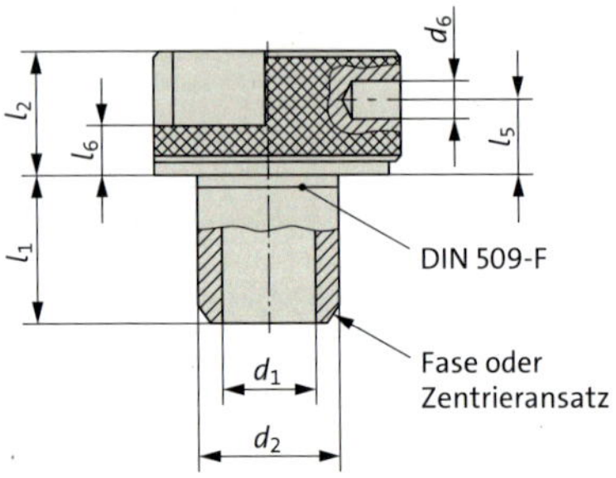

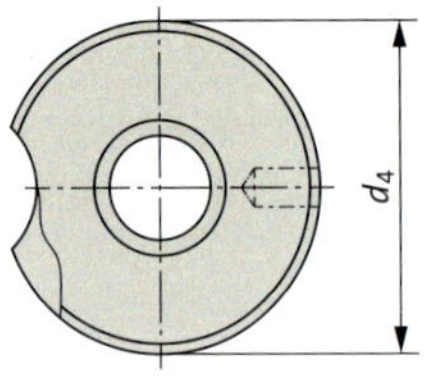

Einbaubeispiel und Einbaumaße
für Bundbohrbuchse mit Steckbohrbuchse, Drehsicherung mit Stift und Flachkopfschraube

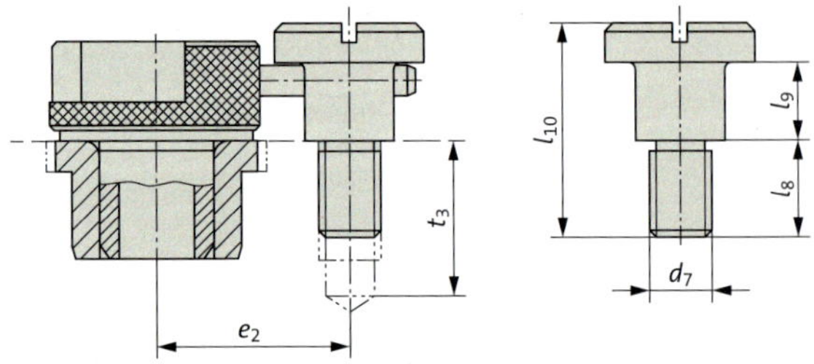

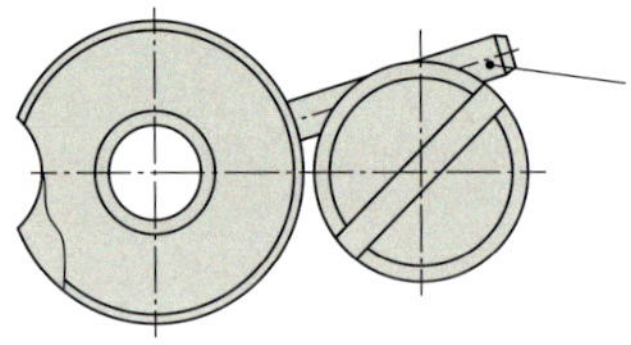

d_1 F7 von – bis	Stufung	d_2 m6	l_1 kurz	l_1 mittel	l_1 lang	d_4	l_2	l_5	l_6	e_2	t_3 min.	Zylinderstift Ø x l
2,4 – 4,0	0,1	8	10	16	–	15	8	4,25	3	15	14	2,5 x 16
4,1 – 6,0		10	12	20	25	18	8	4,25	3	17	14	2,5 x 16
6,1 – 8,0		12	12	20	25	22	10	6,0	4	20	16	3 x 20
8,1 – 10,0		15	16	28	36	26	10	6,0	4	22	16	3 x 20
10,1 – 12,0		18	16	28	36	30	10	6,0	4	24	16	3 x 20
12,1 – 15,0		22	20	36	45	34	12	7,0	5,5	28	19	5 x 24
15,5 – 18,0	0,5	26	20	36	45	39	12	7,0	5,5	31	19	5 x 24
18,5 – 22,0		30	25	45	56	46	12	7,0	5,5	35	19	5 x 24
22,5 – 26,0		35	25	45	56	52	12	7,0	5,5	37	19	6 x 28
26,5 – 30,0		42	30	56	67	59	12	7,0	5,5	41	19	6 x 28
30,5 – 35,0		48	30	56	67	66	16	9,0	7,0	47	27	6 x 36
35,5 – 42,0		55	30	56	67	74	16	9,0	7,0	51	27	6 x 36
42,5 – 48,0		62	35	67	78	82	16	8,0	7,0	55	27	8 x 36
48,5 – 55,0		70	35	67	78	90	16	8,0	7,0	59	27	8 x 36

Werkstoff: Einsatzstahl, Härte 780 + 80 HV 10

Steckbohrbuchsen können nur mit Bohrbuchsen und Bundbohrbuchsen verwendet werden.

Flachkopfschrauben

d_7	l_8	l_9 kurz	l_9 lang	l_{10} kurz	l_{10} lang	für Bohrbuchsen mit d_1 über	für Bohrbuchsen mit d_1 bis
M5	9,0	3,0	6,0	15	18	–	6,0
M6	10,0	4,0	8,0	18	22	6,1	12,0
M8	11,5	5,5	10,5	22	27	12,1	30,0
M10	18,5	7,0	13,0	32	38	30,1	85,0

Werkstoff: Stahl, Festigkeitsklasse 10.9

Steckbohrbuchsen und Flachkopfschrauben sind nicht mehr genormt.
Die Maße entsprechen weitgehend der früheren Norm DIN 173.

Ballengriffe

DIN 39: 2003-12; DIN 98: 2003-10

Form D
mit zylindrischem Zapfen

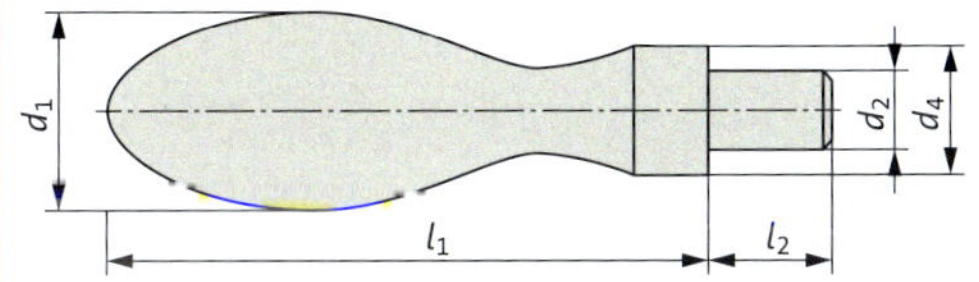

Form E
mit Gewindezapfen

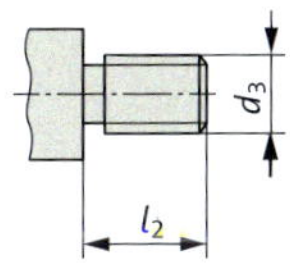

d_1	d_2 h8	d_3	d_4 h13	l_1	l_2
16	7	M6	10	50	11
20	8	M8	13	64	13
25	10	M10	16	80	14
32	13	M12	20	100	21
36	16	M16	22	112	26

Die Angaben gelten für DIN 39 – Feste Ballengriffe und DIN 98 – Drehbare Ballengriffe.

Werkstoff: Stahl, Kunststoff

Bezeichnungsbeispiel:
Ballengriff DIN 98 – E 20
Drehbarer Ballengriff Form E (Gewindezapfen), d_1 = 20 mm

Ballengriffe

DIN 39: 2003-12; DIN 98: 2003-10

Form K
Griff parallel zur Auflage; Bohrung d_1

Form M
Griff parallel zur Auflage; Gewinde d_2

Form L
Griff geneigt; Bohrung d_1

Form N
Griff geneigt; Gewinde d_2

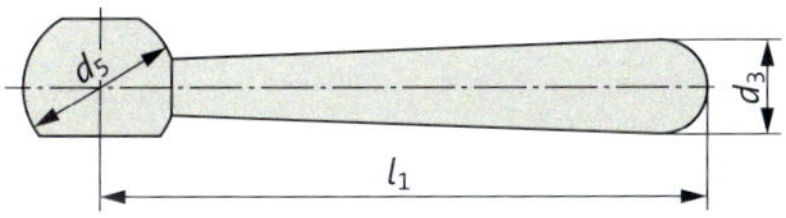

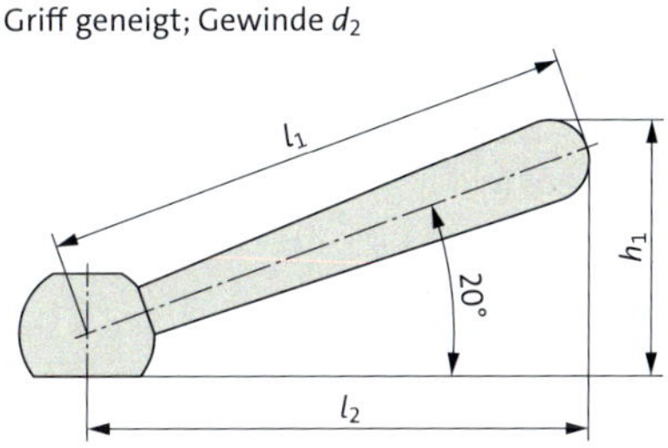

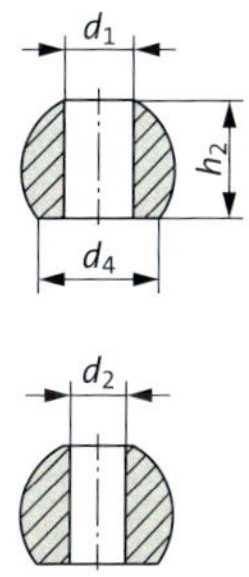

l_1	l_2 ≈	d_1 H7	d_2	S d_3	d_4 ≈	S d_5	h_1 ≈	h_2
50	48	6	M6	8	7,5	12	24	9,5
63	60	8	M8	10	11	16	30	12
80	76	10	M10	13	15	20	38	14,5
100	95	12	M12	16	19	25	47	18,5
125	119	16	M16	20	23,5	32	59	24
160	152	20	M20	25	29,5	40	76	30

Werkstoff: Stahl

Bezeichnungsbeispiel: **DIN 99 – N 100**
Kegelgriff Form N mit Gewinde, l_1 = 100

Kugelknöpfe

DIN 319: 2013-10

Form D
mit Gewinde

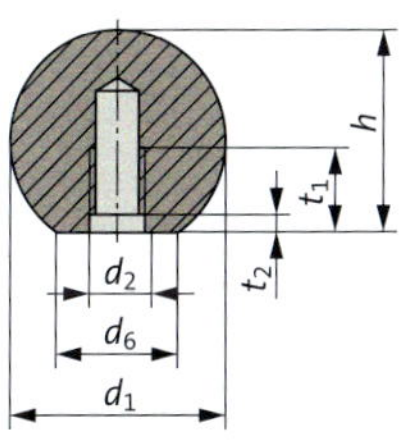

Form E
mit Gewindebuchse

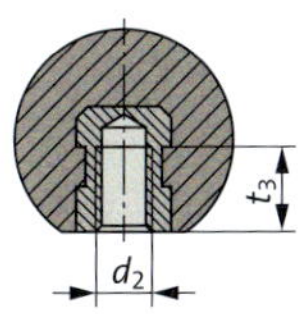

d_1	d_2	t_1 / t_3	t_2	d_6 ≈	h ≈
16	M4	6,0	1,2	8	15,0
20	M5	7,5	1,6	12	18,0
25	M6	9,0	2,0	15	22,5
32	M8	12,0	2,5	18	29,0
40	M10	15,0	3,0	22	37,0

Werkstoff: Kugel aus Kunststoff, Gewindebuchse Stahl oder Messing

Bezeichnungsbeispiel: **Kugelknopf DIN 319 – E 32**
Kugelknopf Form E (mit Gewindebuchse), d_1 = 32

5

Kreuzgriffe

DIN 6335: 2008-05

Werkstoff: Metall

Form A – Rohteil
Grundabmessungen

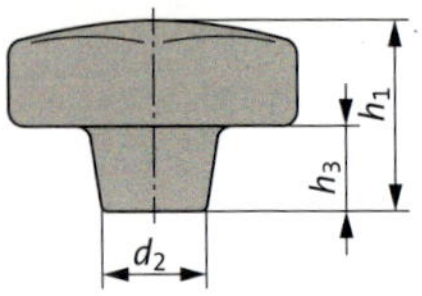

Form B
mit Bohrung

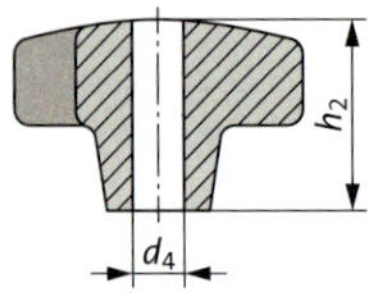

Form C
mit Grundloch

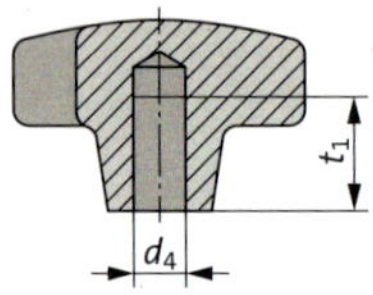

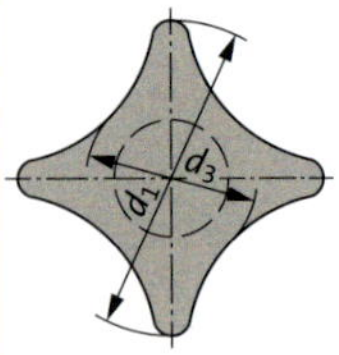

Form D
mit Gewinde

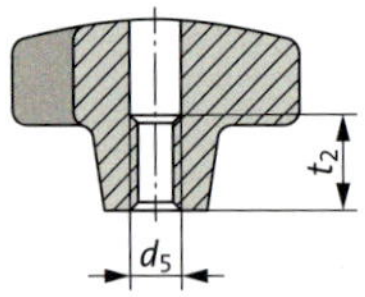

Form E
mit Gewinde-Grundlochbohrung

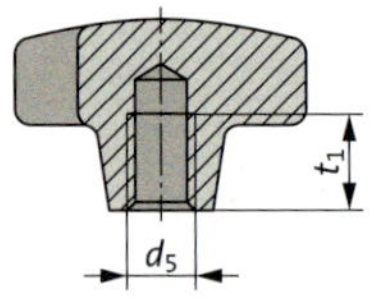

Werkstoff: Kunststoff

Rohteil
Grundabmessungen

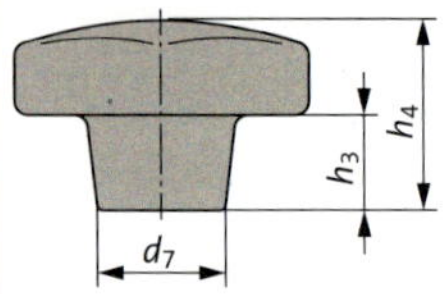

Form K
mit Gewindebuchse

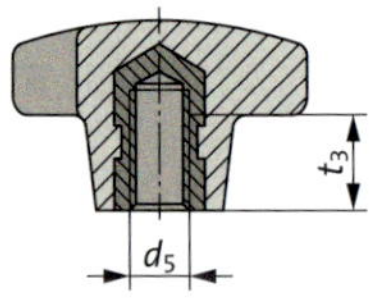

Form L
mit Gewindebolzen

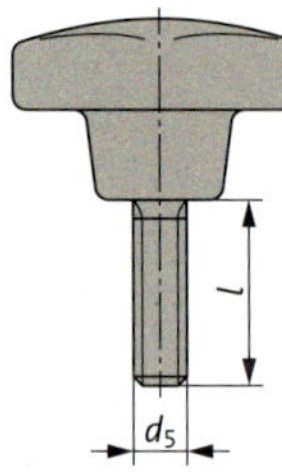

d_1	d_2	d_3	d_4 H7	d_5	d_6	h_1	h_2	h_3	t_1	t_2	d_5	d_7	h_3	h_4	t_3	l
32	12	18	6	M6	6,4	21	20	10	12	10	M6	14	10	20	12	20 ... 40
40	14	21	8	M8	8,4	26	25	14	15	13	M8	18	13	25	14	20 ... 50
50	18	25	10	M10	10,5	34	32	20	18	16	M10	22	20	32	18	25 ... 50
63	20	32	12	M12	13,0	42	40	25	22	20	M12	26	25	40	22	30 ... 60
80	25	40	16	M16	17,0	52	50	30	28	20	M16	35	30	50	30	30 ... 60

Werkstoff:
Formen A bis E aus Gusseisen oder Aluminium-Gusslegierung; Formen K und L aus Kunststoff, Gewindebolzen aus Stahl, Gewindebuchsen aus Stahl oder Messing

Bezeichnungsbeispiel: **Kreuzgriff DIN 6335 – E 63 GJL**
Kreuzgriff Form E, d_1 = 63 mm, Werkstoff Gusseisen

Sterngriffe

DIN 6336: 2008-05

Werkstoff: Metall

Form A – Rohteil
Grundabmessungen

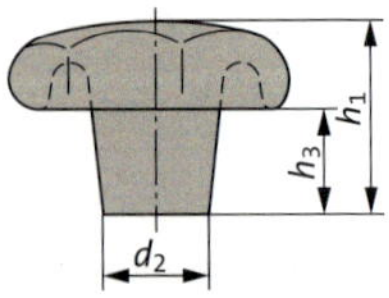

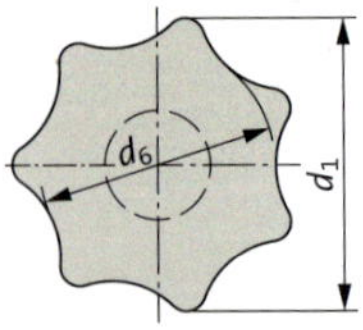

Form C
mit Grundloch

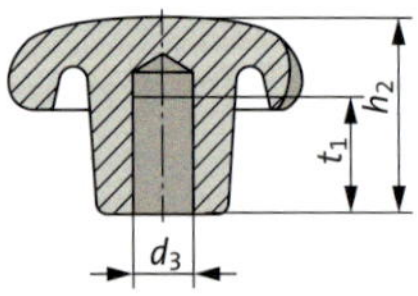

Form C
mit Grundloch

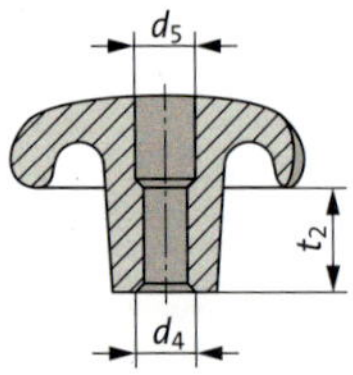

Formen B und E
wie DIN 6335

Werkstoff: Kunststoff

Form K
mit Gewindebuchse

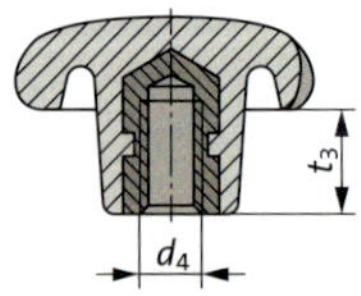

Form L
mit Gewindebolzen

Maße wie Form L nach DIN 6335

Metall und Kunststoff

d_1	d_6	d_3 H7	d_4	d_5	h_3
32	26	6	M6	6,4	10
40	34	8	M8	8,4	13
50	42	10	M10	10,5	17
63	52	12	M12	13,0	21
80	64	16	M16	17,0	25

weitere Abmessungen der Formen A bis E und K bis L wie Kreuzgriffe nach DIN 6335

Werkstoff:
Formen A bis E aus Gusseisen oder Aluminium-Gusslegierung;
Formen K und L aus Kunststoff, Gewindebolzen aus Stahl, Gewindebuchsen aus Stahl oder Messing

Bezeichnungsbeispiel:
Sterngriff DIN 6336 – K 50 PA
Sterngriff Form K, d_1 = 50 mm, Werkstoff Kunststoff Polyamid

Zylindrische Schraubendruckfedern

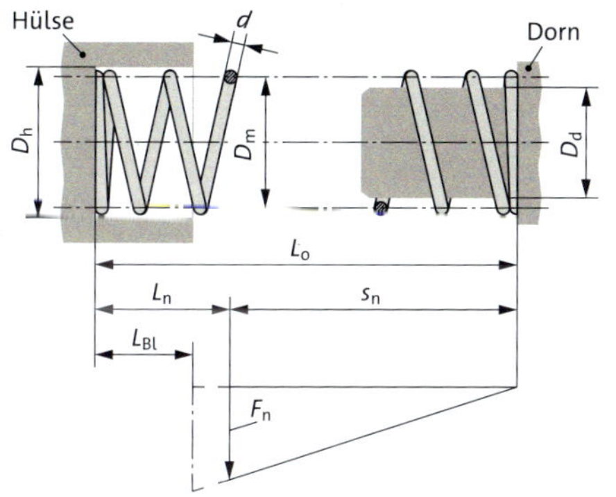

D_d : Dorndurchmesser in mm
D_h : Hülsendurchmesser in mm
D_m: mittlerer Windungsdurchmesser in mm
L_o : Länge der unbelasteten Feder in mm
L_{Bl} : Blocklänge der Feder in mm (alle Windungen liegen aneinander)
L_n : kleinste zulässige Prüflänge der Feder in mm
F_n : höchste zulässige Federkraft in N, zugeordnet der Länge L_n
R : Federrate in N/mm
d : Drahtdurchmesser in mm
s_n : größter zulässiger Federweg in mm, zugeordnet der Kraft F_n
i_1 : Anzahl der federnden Windungen
i_g : Gesamtzahl der Windungen

$i_g = i_1 + 2$

d	D_m	D_d	D_h	F_n	$i_1 = 3{,}5$			$i_1 = 5{,}5$			$i_1 = 8{,}5$			$i_1 = 12{,}5$		
		max.	min.	in N	L_o	s_n	R	L_o	s_n	R	L_o	s_n	R	L_o	s_n	R
0,5	6,3	5,3	7,5	6,6	13,5	9,2	0,73	20,0	14,0	0,46	30,0	21,3	0,3	44,0	31,8	0,21
	4,0	3,1	5,0	9,3	7,0	3,3	2,84	10,0	4,9	1,81	15,0	7,9	1,17	21,5	11,7	0,79
	2,5	1,7	3,4	10,4	4,4	0,9	11,6	6,1	1,4	7,43	8,7	2,2	4,8	12,0	3,0	3,27
1	12,5	10,8	14,4	22,0	24,0	14,6	1,49	36,5	23,1	0,95	55,5	36,1	0,61	80,5	53,1	0,41
	8,0	6,5	9,6	33,2	13,0	5,7	5,68	19,0	8,9	3,61	28,5	14,2	2,33	40,5	20,6	1,59
	5,0	3,6	6,5	43,8	8,5	1,9	23,2	12,0	3,0	14,8	17,0	4,4	9,57	24,0	6,6	6,51
1,6	20,0	17,5	22,6	84,9	48,0	35,6	2,38	73,5	55,9	1,52	110,0	84,5	0,99	165,0	129,0	0,67
	12,5	10,3	14,7	135,0	24,0	14,0	9,76	36,0	21,9	6,23	53,5	33,4	4,0	78,0	50,0	2,73
	8,0	5,9	10,1	212,0	14,5	5,5	37,3	21,5	8,9	23,7	31,5	13,6	15,4	45,0	20,2	10,4
2	25,0	22,0	28,0	128,0	58,0	43,0	2,98	88,5	67,1	1,9	135,0	104,0	1,23	195,0	151,0	0,83
	16,0	13,4	18,6	198,0	30,0	17,5	11,4	45,0	27,3	7,24	68,0	42,5	4,69	98,0	62,1	3,19
	10	7,5	12,5	318,0	18,0	6,8	46,6	26,5	10,9	29,7	38,5	16,5	19,2	55,0	24,4	13,0
2,5	32,0	28,3	36,0	182,0	71,5	52,2	3,48	110,0	82,1	2,22	170,0	129,0	1,43	245,0	187,0	0,97
	25,0	21,6	28,4	233,0	49,0	32,2	7,29	74,5	50,5	4,64	115,0	80,2	3,0	165,0	116,0	2,04
	20,0	16,8	23,2	292,0	36,0	20,5	14,2	54,0	32,1	9,05	81,5	50,0	5,86	120,0	75,7	3,98
	16,0	12,9	19,1	365,0	27,5	12,9	27,8	41,0	20,5	17,7	61,0	31,7	11,5	88,0	49,9	7,78
3,2	40,0	35,6	44,6	288,0	82,0	60,8	4,76	125,0	95,3	3,03	190,0	148,0	1,96	275,0	216,0	1,33
	32,0	27,6	36,5	361,0	58,5	38,7	9,3	88,5	61,1	5,92	135,0	96,2	3,82	190,0	136,0	2,61
	25,0	21,1	28,9	461,0	42,5	23,4	19,4	63,5	37,2	12,4	94,5	57,4	8,0	135,0	83,4	5,54
	20,0	16,1	23,9	577,0	33,5	15,0	38,2	49,5	23,6	24,2	74,0	36,9	15,7	105,0	53,4	10,7
4	50,0	44,0	56,0	427,0	99,0	71,6	5,95	150,0	111,0	3,79	230,0	175,0	2,45	335,0	257,0	1,65
	40,0	34,8	45,2	533,0	71,0	45,8	11,7	105,0	69,9	7,41	160,0	110,0	4,79	235,0	165,0	3,26
	32,0	27,0	37,0	666,0	53,5	29,5	22,8	79,5	46,2	14,4	120,0	72,8	9,35	170,0	104,0	6,36
	25,0	20,3	29,7	852,0	41,0	18,1	47,7	60,5	28,3	30,3	89,5	43,5	19,6	130,0	65,5	13,3
5	63,0	56,0	70,0	623,0	120,0	87,7	7,27	180,0	135,0	4,63	275,0	210,0	2,99	395,0	304,0	2,03
	50,0	43,0	57,0	785,0	85,0	54,1	14,5	130,0	86,8	9,25	195,0	133,0	5,98	280,0	194,0	4,07
	40,0	34,0	46,0	981,0	64,0	34,4	28,4	95,5	54,5	18,1	140,0	81,6	11,7	205,0	124,0	7,95
	32,0	26,0	38,0	1226,0	51,0	22,3	55,4	75,0	34,8	35,3	110,0	52,5	22,9	160,0	79,5	15,5
6,3	80,0	71,0	89,0	932,0	145,0	103,0	8,96	220,0	160,0	5,7	335,0	250,0	3,69	490,0	370,0	2,51
	63,0	55,0	71,5	1177,0	105,0	65,0	18,3	155,0	99,0	11,7	235,0	155,0	7,55	340,0	277,0	5,13
	50,0	42,0	58,0	1481,0	80,0	42,0	36,7	115,0	62,0	23,3	175,0	100,0	15,1	250,0	145,0	10,3
	40,0	32,6	47,5	1854,0	60,0	24,0	71,7	90,0	39,7	45,6	135,0	63,2	29,5	195,0	95,0	20,1

Werkstoff: Federstahldraht nach DIN EN 10270-1

Zylindrische Schraubendruckfedern sind nicht mehr genormt.
Die Maße entsprechen weitgehend den früheren Normen DIN 2098-1 und -2.

Tellerfedern

DIN 2093: 2013-12

Tellerfedern ohne Auflagefläche: Gruppe 1 und 2

Tellerfedern mit Auflagefläche: Gruppe 3

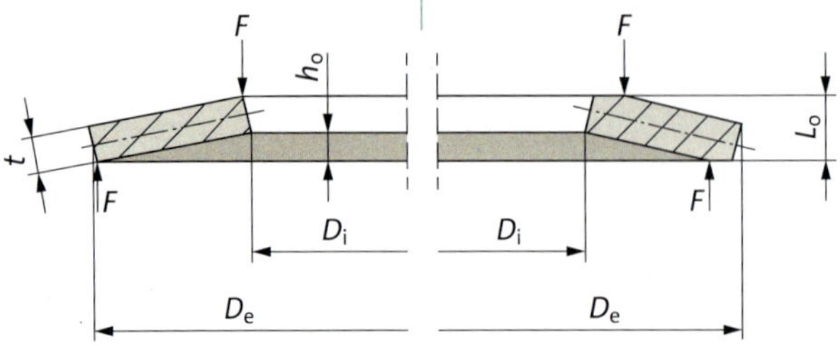

D_e: Außendurchmesser in mm
D_i : Innendurchmesser in mm
h_o : rechnerischer Federweg bis zur Planlage der Tellerfeder ($h_o \approx l_o - t$) in mm
l_o : Höhe einer unbelasteten Tellerfeder in mm
t : Dicke der Tellerfeder in mm
s : Federweg einer Tellerfeder in mm
F : Federkraft einer Tellerfeder in N
n : Anzahl der gleichsinnig geschichteten Tellerfedern
i : Anzahl der wechselsinnig geschichteten Tellerfedern
L_o : Länge von unbelasteten geschichteten Tellerfedern in mm

Zuordnung der Dicke t zu den Gruppen
Gruppe 1: t kleiner als 1,25
Gruppe 2: t von 1,25 bis 6,0
Gruppe 3: t über 6,0 bis 14

Gleichsinnige Anordnung
$F_{ges} = n \cdot F$
$s_{ges} = s$
$L_o = l_o + (n - 1) \cdot t$

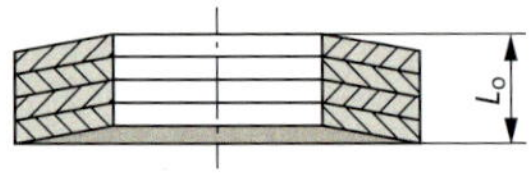

Wechselsinnige Anordnung
$F_{ges} = F$
$s_{ges} = i \cdot s$
$L_o = i \cdot l_o$

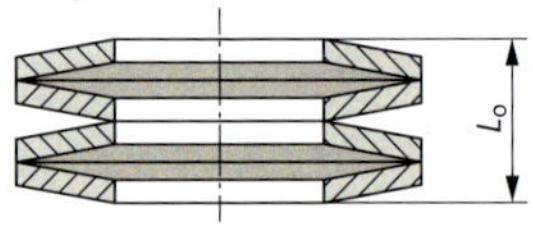

D_e	D_i	Reihe A – hohe Federkraft				Reihe B – mittlere Federkraft				Reihe C – niedrige Federkraft			
h12	H12	t	l_o	s 1)	F in N 2)	t	l_o	s 1)	F in N 2)	t	l_o	s 1)	F in N 2)
8	4,2	0,4	0,6	0,15	210	0,3	0,55	0,19	118	0,2	0,45	0,19	39
10	5,2	0,5	0,75	0,19	325	0,4	0,7	0,23	209	0,25	0,55	0,23	58
14	7,2	0,8	1,1	0,23	797	0,5	0,9	0,3	279	0,35	0,8	0,34	123
16	8,2	0,9	1,25	0,26	1013	0,6	1,05	0,34	410	0,4	0,9	0,38	154
18	9,2	1,0	1,4	0,3	1254	0,7	1,2	0,38	566	0,45	1,05	0,45	214
20	10,2	1,1	1,55	0,34	1521	0,8	1,35	0,41	748	0,5	1,15	0,49	254
25	12,2	1,5	2,05	0,41	2926	0,9	1,6	0,53	862	0,7	1,6	0,68	600
28	14,2	1,5	2,15	0,49	2841	1,0	1,8	0,6	1107	0,8	1,8	0,75	801
35,5	18,3	2,0	2,8	0,6	5187	1,25	2,25	0,75	1699	0,9	2,05	0,86	832
40	20,4	2,25	3,15	0,68	6500	1,5	2,65	0,86	2622	1,0	2,3	0,98	1017
45	22,4	2,5	3,5	0,75	7716	1,75	3,05	0,98	3646	1,25	2,85	1,2	1891
50	25,4	3,0	4,1	0,83	11976	2,0	3,4	1,05	4762	1,25	2,85	1,2	1550
56	28,5	3,0	4,3	0,98	11388	2,0	3,6	1,2	4438	1,5	3,45	1,46	2622
63	31,0	3,5	4,9	1,05	15025	2,5	4,25	1,31	7189	1,8	4,15	1,76	4238
71	36,0	4,0	5,6	1,2	20535	2,5	4,5	1,5	6725	2,0	4,6	1,95	5144
80	41,0	5,0	6,7	1,28	33559	3,0	5,3	1,73	10518	2,25	5,2	2,21	6613
90	46,0	5,0	7,0	1,5	31354	3,5	6,0	1,88	14161	2,5	5,7	2,4	7684
100	51,0	6,0	8,2	1,65	48022	3,5	6,3	2,1	13070	2,7	6,2	2,63	8609
112	57,0	6,0	8,5	1,87	43707	4,0	7,2	2,4	17752	3,0	6,9	2,93	10489
125	64,0	8,0 3)	10,6	1,95	85926	5,0	8,5	2,63	29908	3,5	8,0	3,38	15416
140	72,0	8,0 3)	11,2	2,4	85251	5,0	9,0	3,0	27920	3,8	8,7	3,68	17195

1) $s \approx 0{,}75 \cdot h_o$
2) Federkraft F einer Tellerfeder bei $s \approx 0{,}75 \cdot h_o$
3) 7,5 für Gruppe 3

Werkstoff: Stähle nach DIN EN 10083, DIN EN 10089 und DIN EN 10132-4;
C-Stähle nur für die Gruppe 1 zulässig.

Bezeichnungsbeispiel: **Tellerfeder DIN 2093 – B 25**
Tellerfeder der Reihe B mit Außendurchmesser D_e = 25 mm

Vereinfachte Darstellung von Federn

DIN ISO 2162-1: 1994-08

	Darstellung			Benennung
	Ansicht	Schnitt	vereinfacht	
Druckfedern	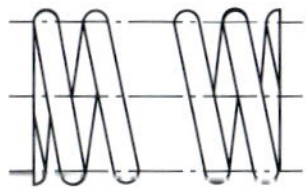	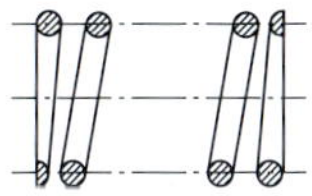	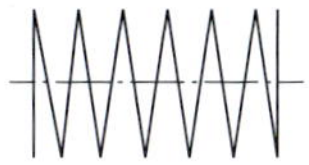	zylindrische Schraubendruckfeder aus Draht, Querschnitt rund
Druckfedern	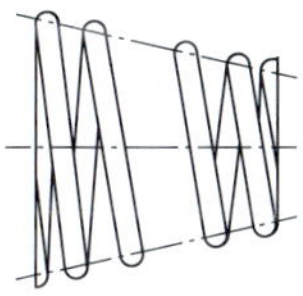	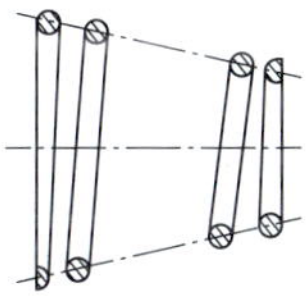	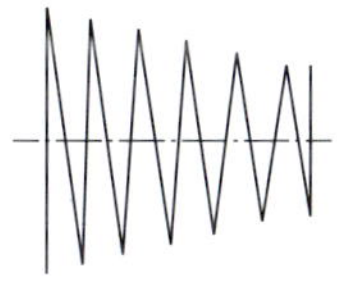	kegelige Schraubendruckfeder aus Draht, Querschnitt rund
Zugfedern	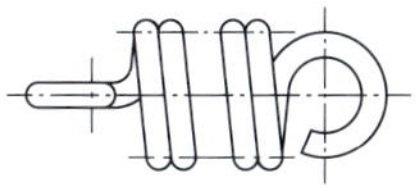	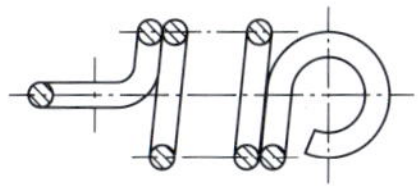		zylindrische Schraubenzugfeder aus Draht, Querschnitt rund
Drehfedern	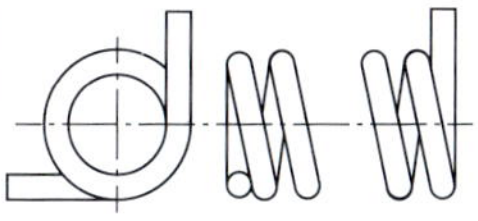	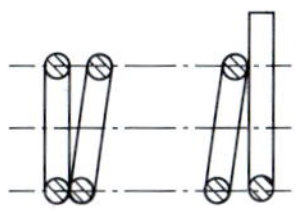		zylindrische Schraubendrehfeder aus Draht, Querschnitt rund
Tellerfedern		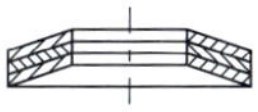		Tellerfederpaket, gleichsinnig geschichtet
Tellerfedern	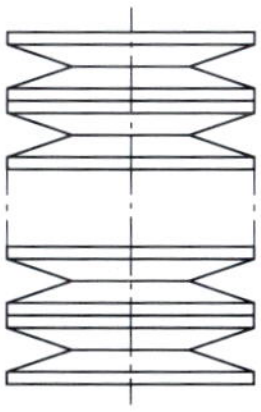	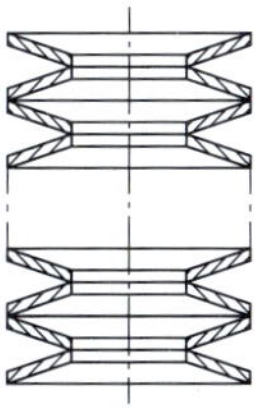	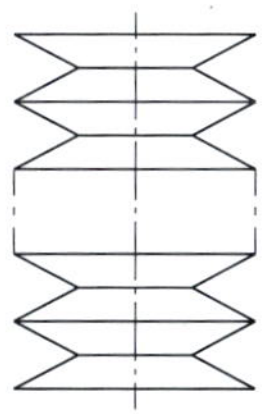	Tellerfederpaket, wechselsinnig geschichtet

Federkraft

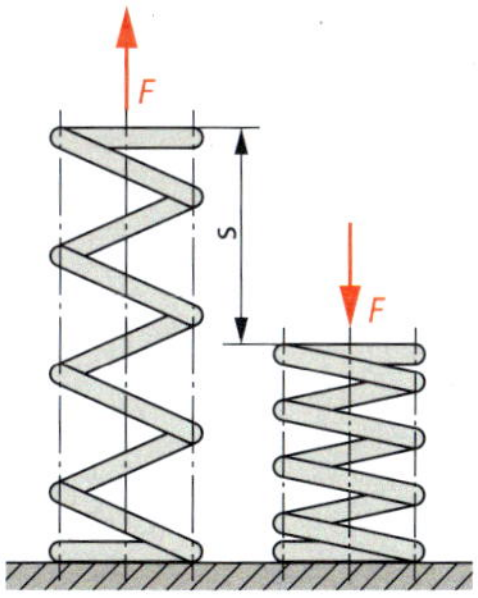

$F = R \cdot s$

$R = \frac{F}{s}$ $\quad s = \frac{F}{R}$

Die Federrate R beschreibt, um wie viel Newton sich die Kraft mit jedem Millimeter zusammengedrückter Feder erhöht.

geg.: $R = 14$ N/mm,
$s = 22$ mm

ges.: $F = ?$ N

$F = R \cdot s = 14\,\frac{\text{N}}{\text{mm}} \cdot 22\text{ mm} = 308\text{ N}$

F: Federkraft in N R: Federrate in N/mm s: Federweg in mm

Schlüsselweiten für Schrauben, Armaturen und Fittings

DIN 475-1: 2016-11

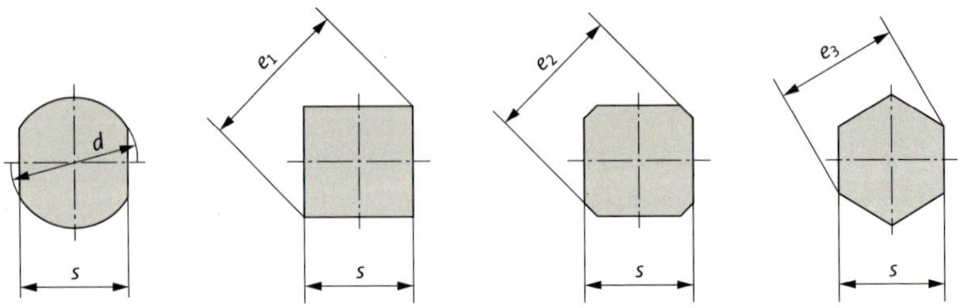

Schlüsselweite (SW)			Eckenmaß					Schlüsselweite (SW)			Eckenmaß				
s max.	*s* min. Reihe		*d*	e_1	$e_{2\,min.}$	$e_{3\,min.}$ Reihe		*s* max.	*s* min. Reihe		*d*	e_1	$e_{2\,min.}$	$e_{3\,min.}$ Reihe	
	1	2				1	2		1	2				1	2
2	1,9	–	2,5	–	–	–	–	26	25,67	25,16	31,0	36,8	34,5	29,01	28,43
3	2,9	–	3,5	4,2	4,1	3,28	–	27	26,67	26,16	32,0	38,2	36,0	30,14	29,56
4	3,88	–	4,5	5,7	5,3	4,38	–	28	27,67	27,16	33,0	39,6	37,5	31,27	30,69
5	4,82	–	6,0	7,1	6,5	5,45	–	30	29,67	29,16	35,0	42,4	40,0	33,53	32,95
6	5,82	–	7,0	8,5	8,0	6,58	–	32	31,61	31,0	38,0	45,3	42,0	35,72	35,03
7	6,78	–	8,0	9,9	9,0	7,66	–	34	33,38	33,0	40,0	48,0	46,0	37,72	37,29
8	7,78	7,64	9,0	11,3	10,0	8,79	8,63	36	35,38	35,0	42,0	50,9	48,0	39,98	39,55
9	8,78	8,64	10,0	12,7	12,0	9,92	9,76	41	40,38	40,0	48,0	58,0	54,0	45,63	45,20
10	9,78	9,64	12,0	14,1	13,0	11,05	10,89	46	45,38	45,0	52,0	65,1	60,0	51,28	50,85
11	10,73	10,57	13,0	15,6	14,0	12,12	11,94	50	49,38	49,0	58,0	70,7	65,0	55,8	55,37
12	11,73	11,57	14,0	17,0	16,0	13,25	13,07	55	54,26	53,8	65,0	77,8	72,0	61,31	60,79
13	12,73	12,57	15,0	18,4	17,0	14,38	14,2	60	59,26	58,8	70,0	84,8	80,0	66,96	66,44
(14)	13,73	13,57	16,0	19,8	18,0	15,51	15,33	65	64,26	63,1	75,0	91,9	85,0	72,61	71,3
15	14,73	14,57	17,0	21,2	20,0	16,64	16,46	70	69,26	68,1	82,0	99,0	92,0	78,26	76,95
16	15,73	15,57	18,0	22,6	21,0	17,77	17,59	75	74,26	73,1	88,0	106,0	98,0	83,91	82,60
(17)	16,73	16,57	19,0	24,0	22,0	18,9	18,72	80	79,26	78,1	92,0	113,0	105,0	89,56	88,25
18	17,73	17,57	21,0	25,4	23,5	20,03	19,85	85	84,31	82,8	98,0	120,0	112,0	95,07	93,56
(19)	18,67	18,48	22,0	26,9	25,0	21,10	20,88	90	89,13	87,8	105,0	127,0	118,0	100,7	99,21
(20)	19,67	19,16	23,0	28,3	26,0	22,23	21,65	95	94,13	92,8	110,0	134,0	125,0	106,3	104,8
21	20,67	20,16	24,0	29,7	27,0	23,36	22,78	100	99,13	97,8	115,0	141,0	132,0	112,0	110,5
22	21,67	21,16	25,0	31,1	28,0	24,49	23,91	105	104,13	102,8	122,0	148,0	138,0	117,6	116,1
23	22,67	22,16	26,0	32,5	30,5	25,62	25,04	110	109,13	107,8	128,0	156,0	145,0	123,3	121,8
24	23,67	23,16	28,0	33,9	32,0	26,75	26,17	115	114,13	112,8	132,0	163,0	152,0	128,9	127,4
25	24,67	24,16	29,0	35,5	33,5	27,88	27,30	120	119,13	117,8	140,0	170,0	160,0	134,6	133,1

Toleranzklassen für *s*

Reihe 1		Reihe 2	
s bis 4	h12	*s* bis 19	h14
s über 4 bis 32	h13	*s* über 19 bis 60	h15
s über 32	h14	*s* über 60 bis 180	h16

Schlüsselweiten in Klammern sind zu vermeiden, weil diese nicht in der DIN ISO 272 (Schlüsselweiten für Sechskantschrauben und -muttern) enthalten sind.

Bezeichnungsbeispiel: **DIN 475 – SW 16 – 1**
Schlüsselweite *s* = 16 mm der Reihe 1

5

Säulengestelle aus Gusseisen

DIN 9812: 1981-12

Form C und CG mit rechteckiger Arbeitsfläche

Form C: ohne Gewinde d_3
Form CG: mit Gewinde d_3

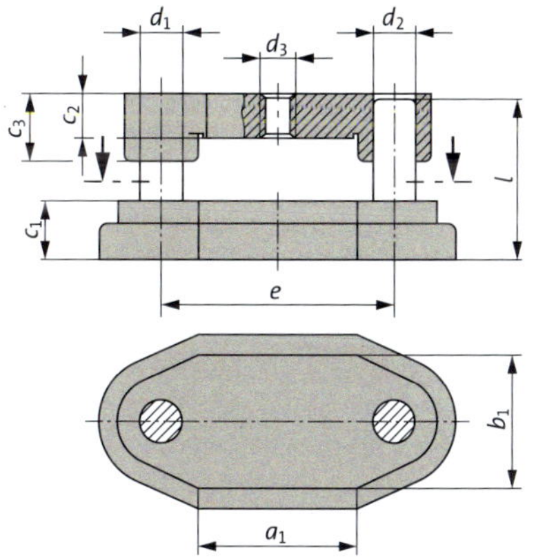

Arbeitsfläche $a_1 \times b_1$	c_1	c_2	c_3	d [1]	d_2	d_3	e	l
80 x 63	50	30	80	18	19	M20 x 1,5	125	160
100 x 63	50	30	80	18	19	M20 x 1,5	145	160
100 x 80	50	30	80	24	25	M20 x 1,5	155	160
160 x 80	50	30	80	24	25	M20 x 1,5	215	160
125 x 100	50	40	90	24	25	M24 x 1,5	180	170
250 x 100	56	40	90	30	32	M24 x 1,5	315	180
160 x 125	56	40	90	30	32	M24 x 1,5	225	180
315 x 125	56	40	90	30	32	M24 x 1,5	380	180
200 x 160	56	50	100	30	32	M30 x 2	265	200
315 x 160	63	50	100	38	40	M30 x 2	395	220
250 x 200	63	50	100	38	40	M30 x 2	330	220
315 x 250	63	50	100	38	40	M30 x 2	395	220

Form D und DG mit runder Arbeitsfläche

Form D: ohne Gewinde d_3
Form DG: mit Gewinde d_3

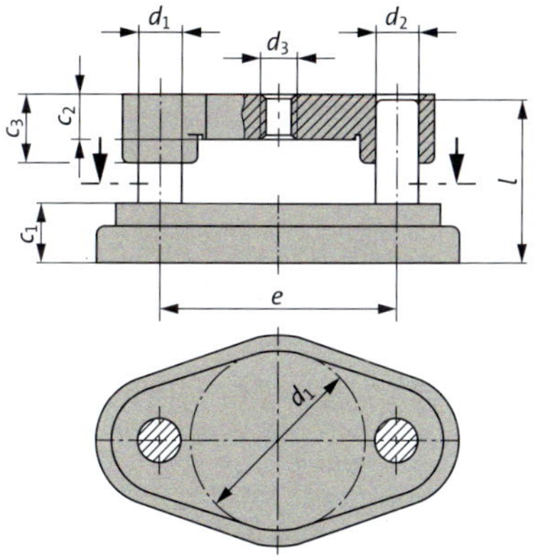

d_1	c_1	c_2	c_3	d [1]	d_2	d_3	e	l
50	40	25	65	15	16	M16 x 1,5	80	125
63	40	25	65	15	16	M16 x 1,5	95	140
80	40	25	65	18	19	M20 x 1,5	125	160
100	50	30	80	24	25	M20 x 1,5	155	160
125	50	30	80	24	25	M20 x 1,5	180	160
160	50	30	80	30	32	M24 x 1,5	225	180
180	56	40	90	30	32	M24 x 1,5	245	180
200	56	40	90	30	32	M24 x 1,5	265	190
250	56	50	100	38	40	M30 x 2	330	200
315	63	50	100	38	40	M30 x 2	395	220

Bezeichnungsbeispiel: **Säulengestell DIN 9812 – DG 250 – EN-GJL**
Form DG mit der Arbeitsfläche d_1 = 250 mm, aus Gusseisen

[1] nicht genormt; Herstellerangaben

Führungsbuchsen für Säulengestelle – Form AG

DIN 9831-1: 2013-01

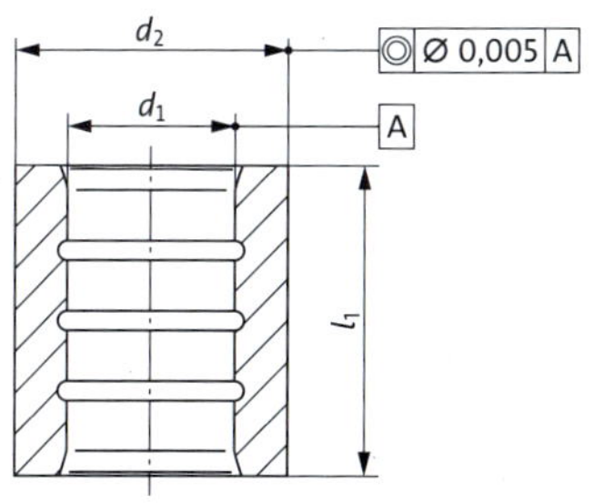

d_1 H6	d_2 j6	l_1 –0,5
12	22	23, 30, 37
15	28	23, 30, 37, 47, 60
16	28	23, 30, 37, 47, 60
19	32	23, 30, 37, 47, 60, 77
25	40	23, 30, 37, 47, 60, 77
30	48	30, 37, 47, 60, 77, 95
32	48	30, 37, 47, 60, 77, 95
40	58	30, 37, 47, 60, 77, 95, 120

Buchsen für Führungssäulen in Säulengestellen

Werkstoff:
nach Wahl des Herstellers, z. B.: Sint-A 50

Bezeichnungsbeispiel:
Führungsbuchse DIN 9831 – AG 25 x 47
Führungsbuchse der Form AG mit
d_1 = 25 mm und l_1 = 47 mm

Schneidstempel mit zylindrischem Kopf — DIN ISO 8020: 2003-07

Form A

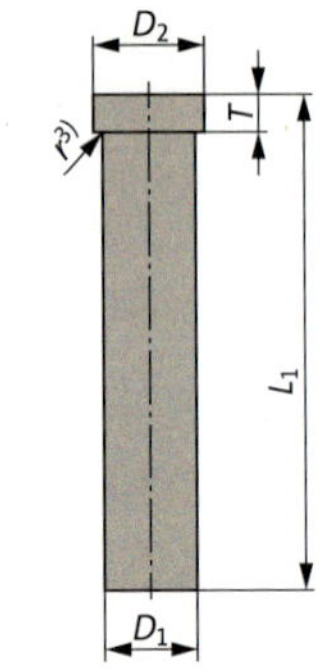

Form B
fehlende Maße wie Form A

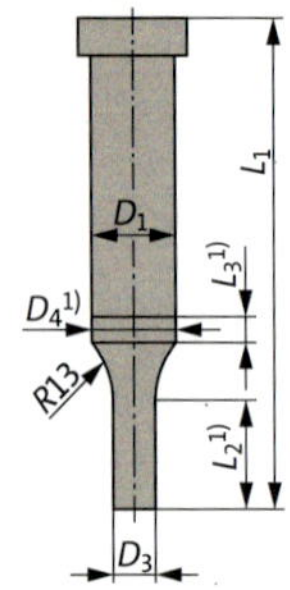

Formen BS, BR, BO
fehlende Maße wie Form A

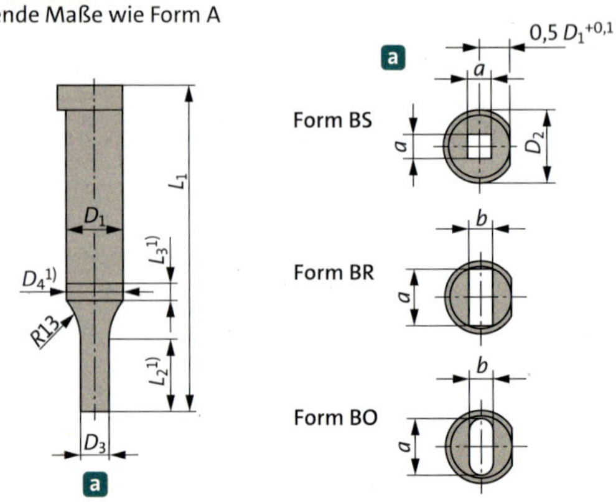

D_1 m6	D_2 ±0,01	D_3 ±0,01	T	Form BS a ±0,01	Formen BR und BO a und b ±0,01	L_1 +1
3	5	0,8 bis 2,9	3	–	–	56, 63, 71, 80, 90
4	6	1 bis 3,9	3			
5	8	1,5 bis 4,9	5	1 bis 3,5	1 bis 4,9	56, 63, 71, 80, 90, 100[2], 120[2]
6	9	1,6 bis 5,9	5	1,6 bis 4,2	1,6 bis 5,9	
8	11	2,5 bis 7,9	5	2 bis 5,6	2 bis 7,9	56, 63, 71, 80, 90, 100, 120
10	13	4 bis 9,9	5	3,5 bis 7	3,5 bis 9,9	
13	16	5 bis 12,9	5	4,5 bis 9,1	4,5 bis 12,9	71, 80, 90, 100, 120
16	19	8 bis 15,9	5	6 bis 11,2	6 bis 15,9	
20	23	12 bis 19,9	5	8 bis 14,1	8 bis 19,9	

1) L_2, L_3 und D_4 nach Wahl des Herstellers
2) nur Form A
3) r = 0,2 bis 0,4

Werkstoff: nach Wahl des Herstellers

Bezeichnungsbeispiel: **Schneidstempel ISO 8020 – BR 5 x 1,5 x 3 x 80**
Schneidstempel Form BR mit rechteckigem Schneidteil, D_1 = 5 mm, Maße der Schneide $a \times b$ = 1,5 x 3 mm, L_1 = 80 mm

Schneidbuchsen, Form A — DIN ISO 8977: 2003-10

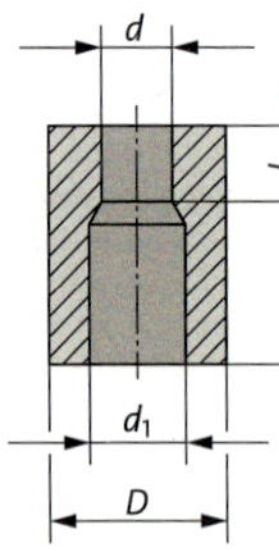

d + 0,02	Stufung	D n5	d_1 max.	l	L +0,5
1,0– 2,4	0,1	5	2,8	2	16, 20, 22, 25, 28, 30, 32, 35
1,6– 3,0		6	3,5	3	
2,0– 3,5		8	4,0	4	
2,5– 5,0		10	5,8	4– 8	
4,0– 7,0		13	8,0	5– 8	20, 22, 25, 28, 30, 32, 35
6,0– 9,0		16	9,5	5– 8	
8,0–11,0		20	12,0	8–20	
10,7–16,0		25	17,3	8–20	
15,0–20,0	0,5	32	20,7	8–20	

zur Verwendung mit Schneidstempeln nach DIN ISO 8020

Werkstoff: HSS (64 ± 2 HRC)

Bezeichnungsbeispiel: **Schneidbuchse ISO 8977 – A 3,0 x 10 x 25**
Schneidbuchse Form A mit Führungsbohrung d = 3 mm, Außendurchmesser D = 10 mm und der Länge L = 25 mm

Steuerungs- und Regelungstechnik 6

Steuerungs- und Regelungstechnik: Grundbegriffe

Unterscheidung Steuern – Regeln

DIN IEC 60050-351: 2014-09

Steuern	Regeln
Vorgang in einem System, bei dem eine oder mehrere Größen als Eingangsgrößen eine andere Größe als Ausgangsgröße beeinflussen. Es erfolgt keine Rückwirkung der sich ändernden Ausgangsgröße auf die Eingangsgröße. Kennzeichen für das Steuern ist der offene Wirkungsweg.	Vorgang, bei dem fortlaufend eine Größe, die Regelgröße, erfasst, mit einer anderen Größe, der Führungsgröße, verglichen und zur Angleichung an die Führungsgröße beeinflusst wird. Die Regelgröße beeinflusst sich fortlaufend selbst. Kennzeichen für das Regeln ist der geschlossene Wirkungsablauf.
Elemente und Größen der Steuerkette	**Elemente und Größen des Regelkreises**

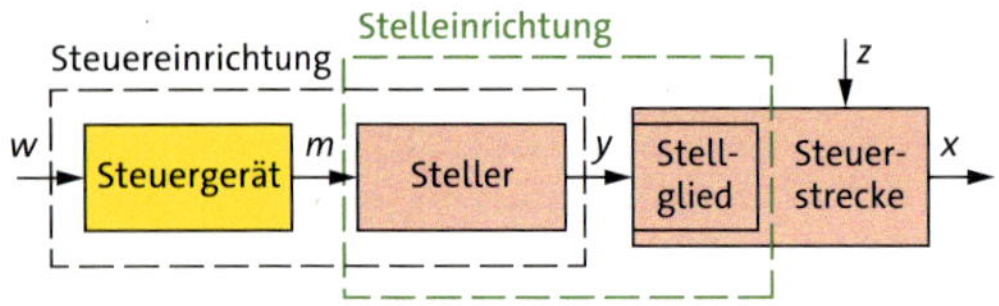

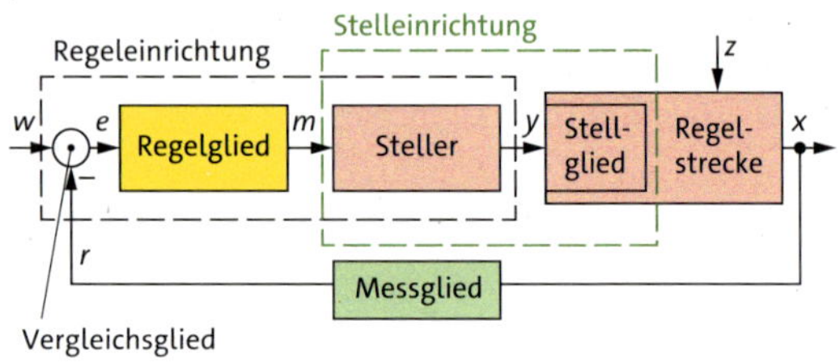

Grundbegriffe

DIN IEC 60050-351: 2014-09

Größen

Begriff	Formel-zeichen	Bedeutung
Regelgröße	x	Istwert, Ausgangsgröße der Regelstrecke, auf die eine oder mehrere Stellgrößen wirken
Rückführgröße	r	Größe, die die Regelgröße abbildet und die zum Vergleichsglied zurückgeführt wird
Führungsgröße	w	Sollwert, aus der Zielgröße abgeleitete äußere Eingangsgröße eines Vergleichsgliedes einer Regeleinrichtung, der die Regelgröße folgen soll
Stellgröße	y	Ausgangsgröße der Regeleinrichtung, die auch eine Eingangsgröße der Regelstrecke ist
Störgröße	z	unerwünschte, unabhängige und meistens unvorhersehbare Eingangsgröße, die von außen auf das System wirkt
Regeldifferenz	e	Differenz zwischen Führungsgröße und Rückführungsgröße, $e = w - r$
Regelausgangsgröße	m	Ausgangsgröße des Regelgliedes, die aus der Regeldifferenz gebildet wird und die die Eingangsgröße des Stellers ist

Elemente

Begriff	Bedeutung
Regelglied	führt die Regelgröße x so schnell und genau wie möglich der Führungsgröße w nach
Steuereinrichtung	verarbeitet die Eingangsgröße w und erstellt die Stellgröße y
Steuer-, Regelstrecke	Der beeinflusste Teil des Systems. Eingangsgröße ist die Stellgröße y, Ausgangsgröße ist die Regelgröße x.
Regler	Funktionseinheit aus Vergleichsglied und Regelglied
Vergleichsglied	Funktionseinheit mit zwei Eingängen und einem Ausgang, dessen Ausgangsgröße die Differenz der beiden Eingangsgrößen ist
Steller	Funktionseinheit, die aus der Reglerausgangsgröße die zur Betätigung des Stellgliedes erforderliche Stellgröße bildet
Stellglied	Funktionseinheit, die durch die Stellgröße beeinflusst wird und den Massenstrom oder Energiefluss beeinflusst
Messglied	Funktionseinheit, die aus der ihrem Eingang zugeführten Regelgröße an ihrem Ausgang die Rückführgröße bildet
Stelleinrichtung	Funktionseinheit bestehend aus Steller und Stellglied
Wirkungsweg	gerichteter Weg im Wirkungsplan, der zwei ausgewählte variable Größen verbindet
Wirkungsplan	symbolische Darstellung der Wirkungsabläufe in einem System durch Blöcke, Additions- und Verzweigungsstellen, die durch Wirkungslinien verbunden sind

Steuerungs- und Regelungstechnik: Grundbegriffe

6

Wirkungsplan – Signalflussplan

Elemente

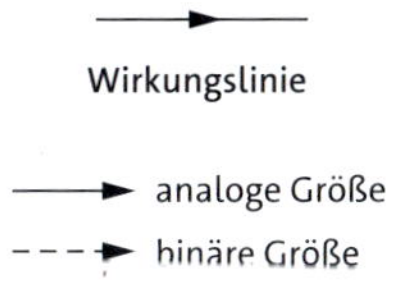 Wirkungslinie	Die Wirkungslinie zeigt den Verlauf eines Signals an. Es verläuft ausschließlich in Pfeilrichtung ohne Rückwirkung.	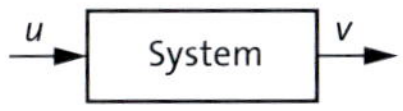 **Block** *u* Eingangsgröße *v* Ausgangsgröße	Ein beliebiges regelungstechnisches System wird als Rechteck dargestellt. Die Eingangsgröße *u* bewirkt im System eine Änderung der Ausgangsgröße *v*.
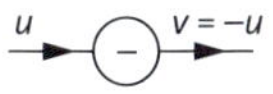 Negation	Die Umkehrung eines Signals wird durch einen Kreis mit einem Minuszeichen symbolisiert.	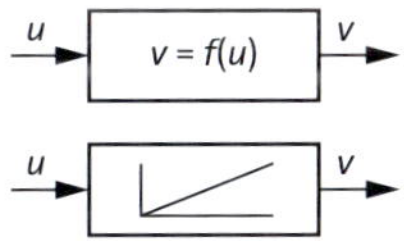	In einem Block kann der funktionale Zusammenhang zwischen *u* und *v* als Funktion oder Symbol dargestellt werden.
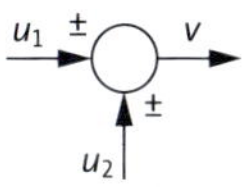 Addition	Ein Kreis symbolisiert die Zusammenführung zweier Signale. Die Art wird durch das Vorzeichen gekennzeichnet, ein positives Vorzeichen kann entfallen.	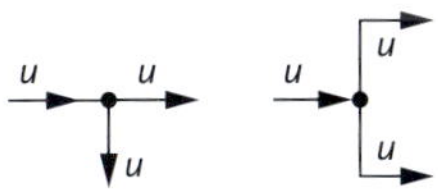 Verzweigung	Ein Punkt symbolisiert die Verzweigung eines Signals auf mehrere Wirkungswege. Es wird hierbei nicht verändert.

Grundstrukturen des Wirkungsplans

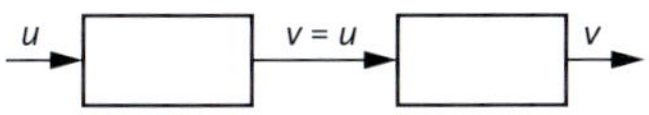 Reihenstruktur	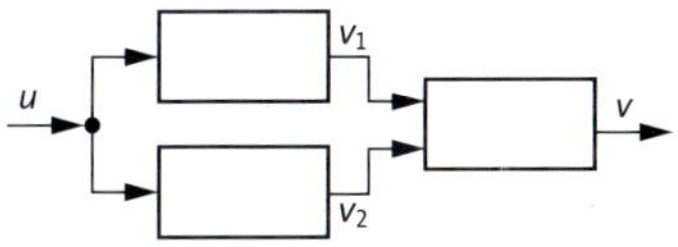 Parallelstruktur	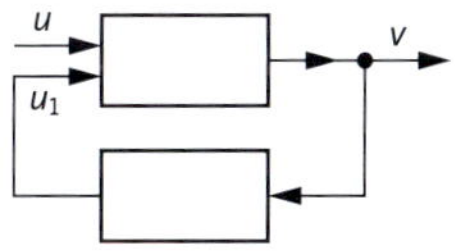 Kreisstruktur

Wirkungswege

System mit **offenem** Wirkungsweg (Steuerung) 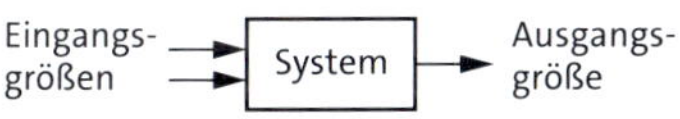	System mit **geschlossenem** Wirkungskreis (Regelung) 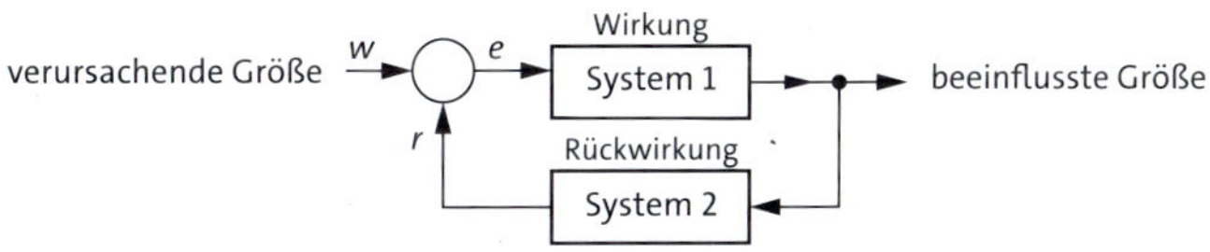

Signalarten

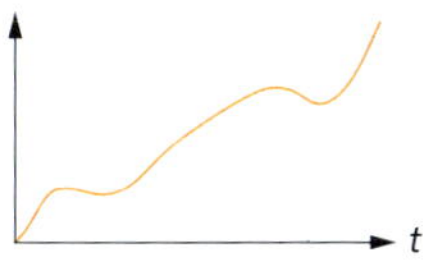	Analog	Bei einem analogen Signal ändern sich die Werte stetig (unterbrechungsfrei) und stufenlos. Innerhalb des Wertebereichs können sie jeden beliebigen Wert annehmen.
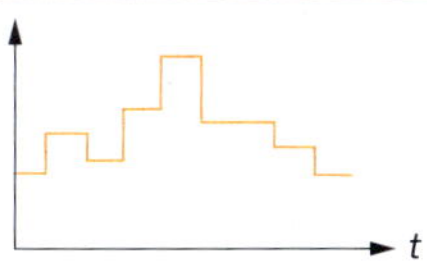	Digital	Ein digitales Signal ist dadurch gekennzeichnet, dass es nur eine begrenzte Anzahl von Werten annehmen kann, deren Abstände definiert sind. Es hat somit einen gestuften Verlauf, wobei die Größe der Einzelwerte zahlenmäßig erfasst werden kann. Die zeitliche Veränderung der Werte erfolgt periodisch.
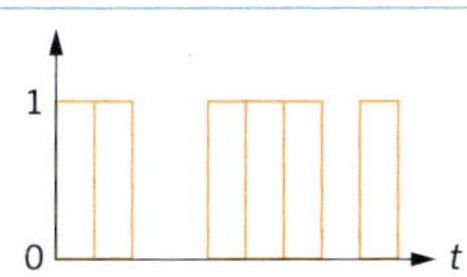	Binär	Binäre oder zweiwertige Signale sind eine besondere Form des digitalen Signals. Sie können nur zwei Zustände einnehmen: NULL und EINS. Diese Zustände werden häufig auch als HIGH und LOW bzw. EIN und AUS bezeichnet.

6

Verhalten von Regelstrecken

Zeitverhalten von Regelstrecken

Verhalten	Bedeutung	Übertragungsfunktion
Anstiegsantwort	zeitliches Verhalten des Ausgangssignals *v* bei einem proportionalen Anstieg des Eingangssignals *u*	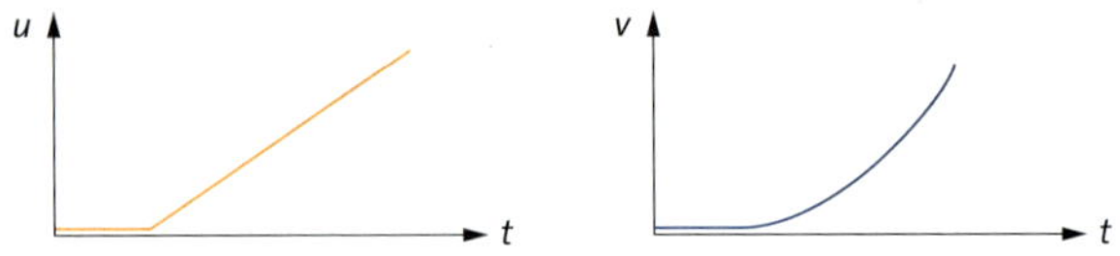
Impulsantwort	zeitliches Verhalten des Ausgangssignals *v* bei einem impulsartigen Anstieg des Eingangssignals *u*	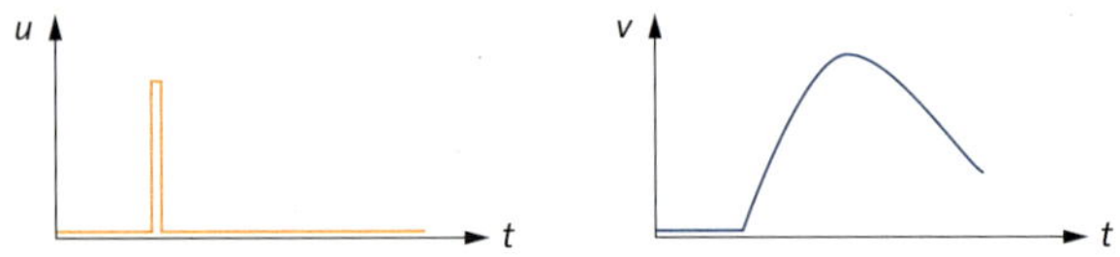
Sprungantwort	zeitliches Verhalten des Ausgangssignals *v* bei einem sprunghaften Anstieg des Eingangssignals *u*	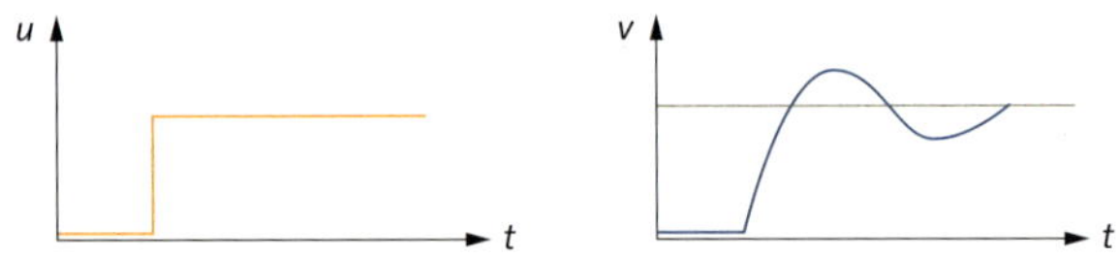

Regelstrecken ohne Ausgleich

Bei einer Regelstrecke ohne Ausgleich stellt sich bei Zuschalten der Stellgröße *y* kein neuer Beharrungszustand ein, die Regelgröße *x* steigt immer weiter an.

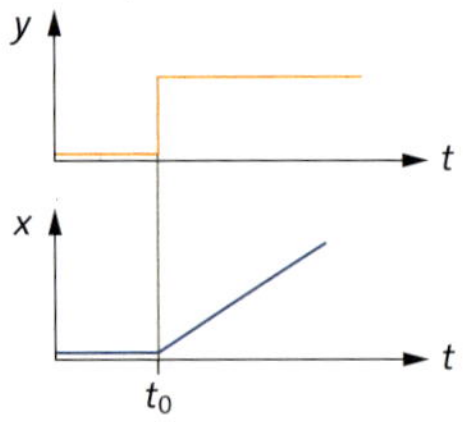

Bei einer Regelstrecke mit Ausgleich erreicht nach Zuschalten der Stellgröße *y* die Regelgröße *x* einen neuen Beharrungszustand (Endwert).

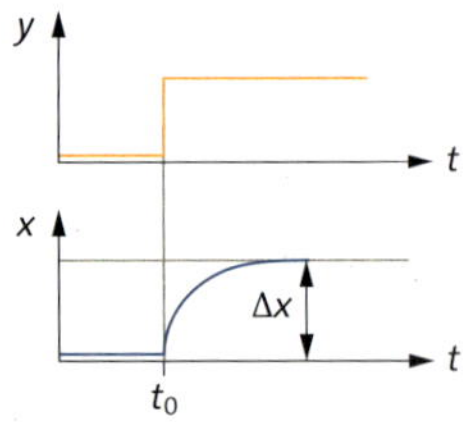

Regelstrecken mit Verzögerung

Regelstrecken mit Totzeit

Bei einer Regelstrecke mit Totzeit bewirkt eine Änderung der Stellgröße *y* erst nach einer Verzögerung von T_t eine Reaktion der Ausgangsgröße *x*.

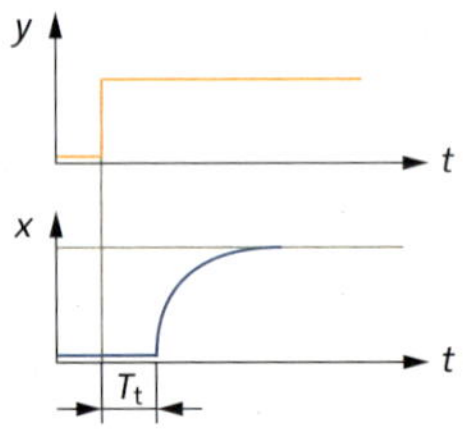

Regelstrecken mit Verzugszeit

Während einer Verzugszeit T_u reagiert die Strecke nur geringfügig auf die Änderung der Stellgröße. T_u ergibt sich als zeitliche Differenz zwischen dem Anfangspunkt t_0 und dem Schnittpunkt der Wendetangente mit der Zeitachse.

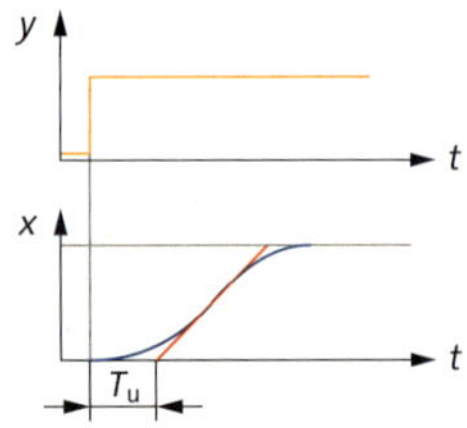

Sprungantwort oder Übergangsfunktion einer Regelstrecke

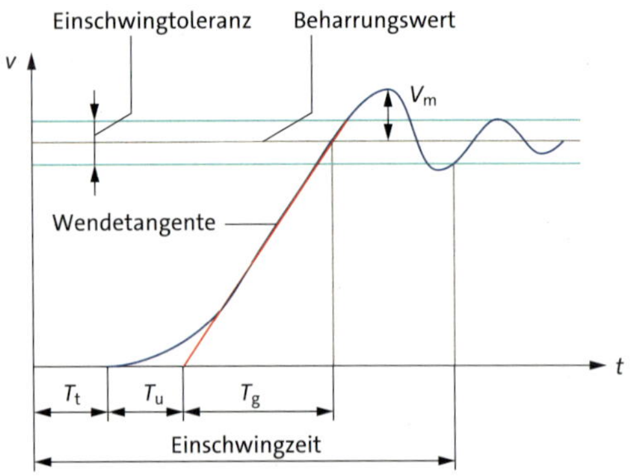

Sprungantwort oder Übergangsfunktion: zeigt den zeitlichen Verlauf der Ausgangsgröße *v* nach einer sprunghaften Änderung der Eingangsgröße *u*

Beharrungswert: Grenzwert von *v* für $t \rightarrow \infty$

Ausgleichszeit T_g: bestimmt durch die Schnittpunkte der Wendetangente mit der *t*-Achse und dem Beharrungswert

Einschwingtoleranz: Differenz der größten und kleinsten zulässigen Abweichung vom Beharrungswert

Einschwingzeit: Zeit bis zum letzten Überschreiten der Grenzen der Einschwingtoleranz

Überschwingweite V_m: maximale Abweichung vom Beharrungswert

Die Regelbarkeit ist vom Verhältnis T_u/T_g abhängig:
$T_g/T_u \rightarrow 10$ gut regelbar $T_g/T_u \leftarrow 3$ schwer regelbar

Kennzeichen einer optimal eingestellten Regelung:
bleibende Regelabweichung → 0; kurze Einschwingzeit; geringe Überschwingweite v_m

Regler

Ein Regler beeinflusst über ein Stellsignal eine Strecke so, dass auch bei Störeinflüssen die Regelgröße dem Wert der Führungsgröße entspricht. Er besteht aus einem Vergleichs- und einem Regelglied.
Aus der Differenz von Führungsgröße [Sollwert] *w* und Rückführgröße [Istwert] *r* wird die Regeldifferenz *e* und über den Steller die Stellgröße *y* erzeugt. Diese wirkt so auf die Regelstrecke, dass die Regelabweichung minimiert wird.

Stetige Regler (analog)

Bei stetigen Reglern kann die Stellgröße *y* jeden beliebigen Wert innerhalb des Wertebereichs annehmen.

Reglertyp	Übergangsfunktion, Sprungantwort	Sinnbild, Blockdarstellung

P-Regler (proportional)

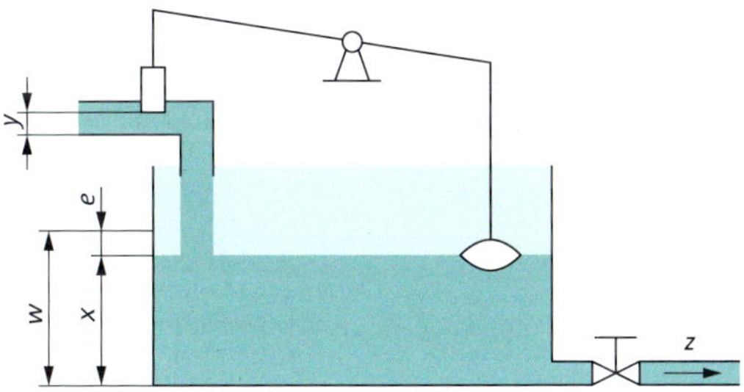

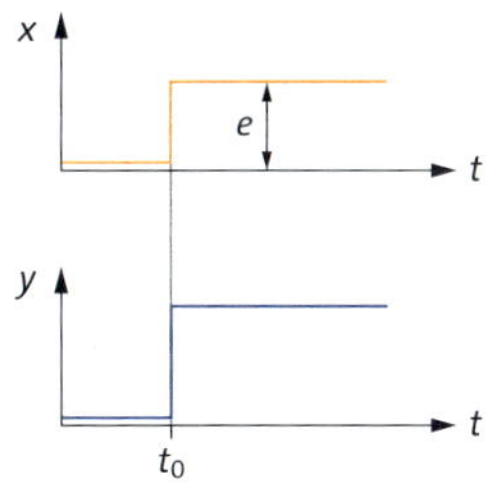

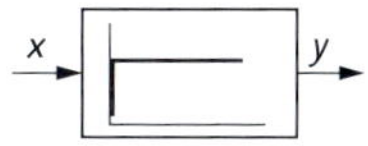

Die Stellgröße *y* ist proportional zur Regeldifferenz *e*. Der Regler reagiert unmittelbar und schnell auf eine Veränderung der Eingangsgröße. Kennzeichnend ist eine bleibende Abweichung zwischen Regelgröße und Stellgröße.
Diese kann nicht ausgeglichen werden solange eine Regeldifferenz vorliegt, der Regler arbeitet somit prinzipiell ungenau.

I-Regler (integral)

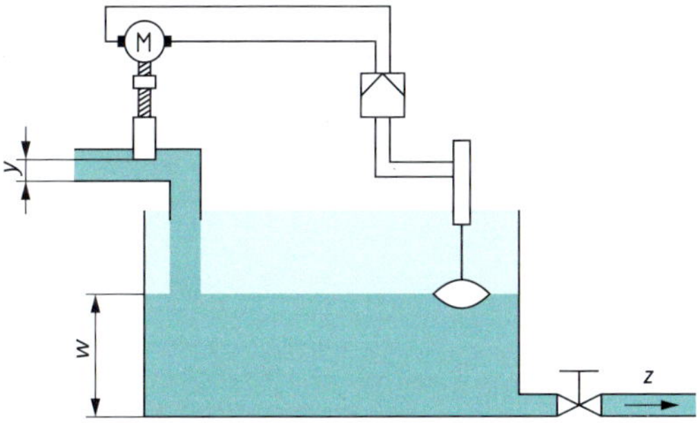

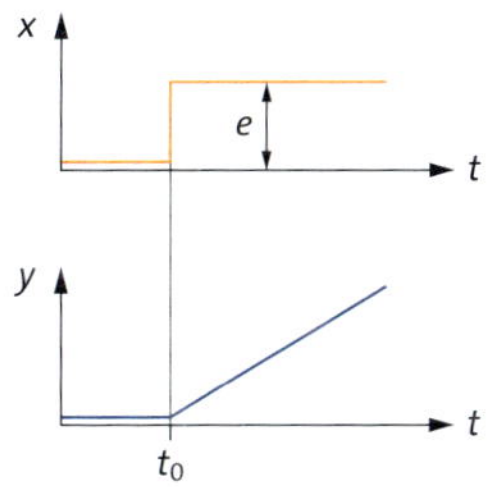

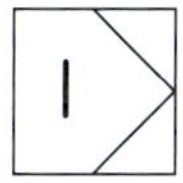

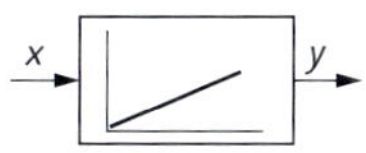

Die Regelgröße wird exakt auf die Führungsgröße eingestellt, dies dauert jedoch länger als beim P-Regler. Die Stellgeschwindigkeit ist proportional zur Regelabweichung. Beim Einregeln wird der Sollwert mindestens einmal über- bzw. unterschritten, es existiert eine Neigung zum Schwingen bei hohen Stellgeschwindigkeiten.

PI-Regler (proportional-integral)

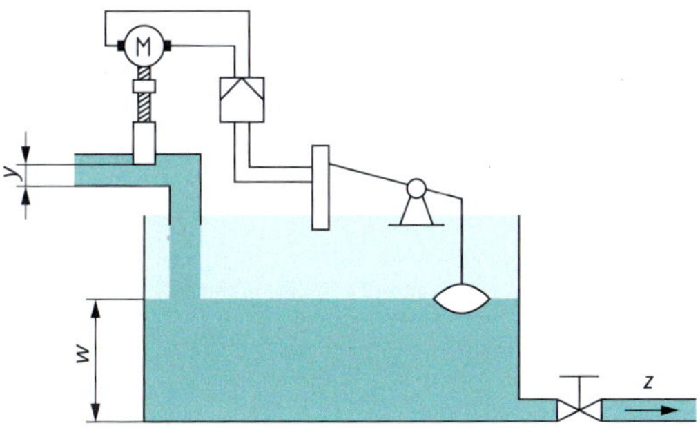

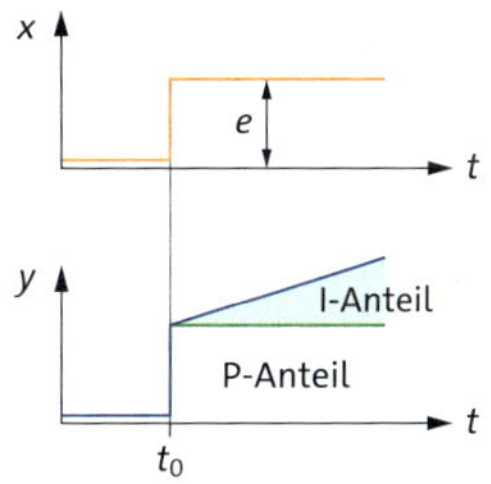

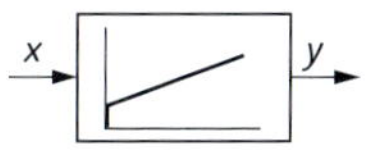

Parallelschaltung von P- und I-Regler. Die Stellgrößen von P-Anteil und I-Anteil addieren sich.
Er ist somit schneller als ein reiner I-Regler, und er hat keine bleibende Abweichung.

6

Regler

Reglertyp	Übergangsfunktion, Sprungantwort	Sinnbild, Blockdarstellung
D-Regler (differenzierend)		
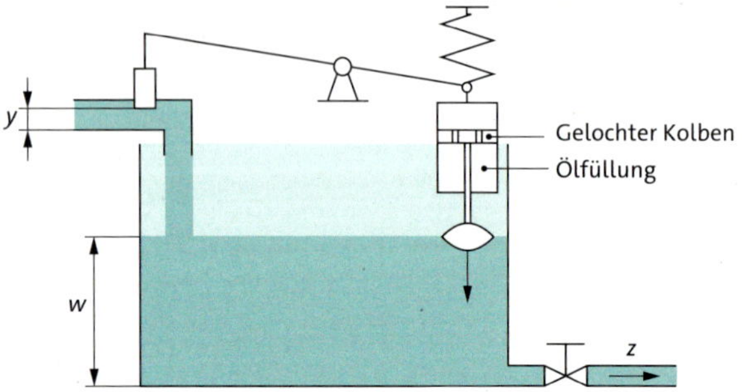	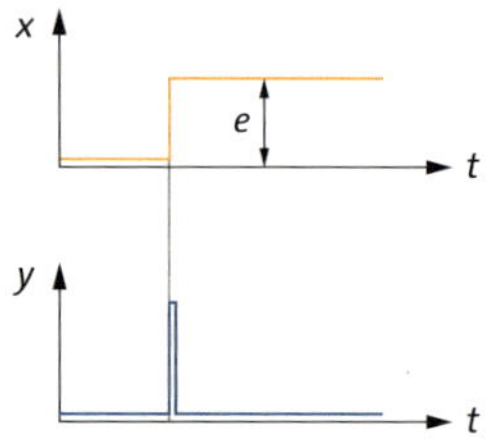	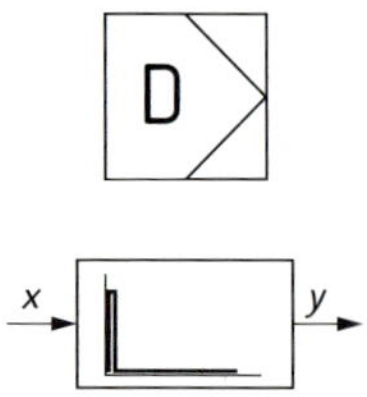

D-Regler reagieren proportional zur Änderungsgeschwindigkeit der Regelabweichung *e*, nicht aber auf deren Größe. Bleibt die Abweichung konstant (Änderungsgeschwindigkeit gleich 0), kann sie auch nicht ausgeglichen werden. Ein D-Regler ist somit alleine nicht einsetzbar. Er wird daher stets mit P- und PI-Reglern kombiniert.

Erläuterung des Beispiels: Eine schnelle Änderung von *w* führt dazu, dass aufgrund der Trägheit des Öls der gesamte Zylinder nach unten gezogen wird. Durch die Zugfeder kommt es zu einem Überdruck im unteren Zylinderteil. Das Öl fließt durch die Bohrungen auf die Oberseite des Kolbens, der Zylinder kehrt langsam in seine Ausgangslage zurück.

Reglertyp	Übergangsfunktion, Sprungantwort	Sinnbild, Blockdarstellung
PD-Regler		
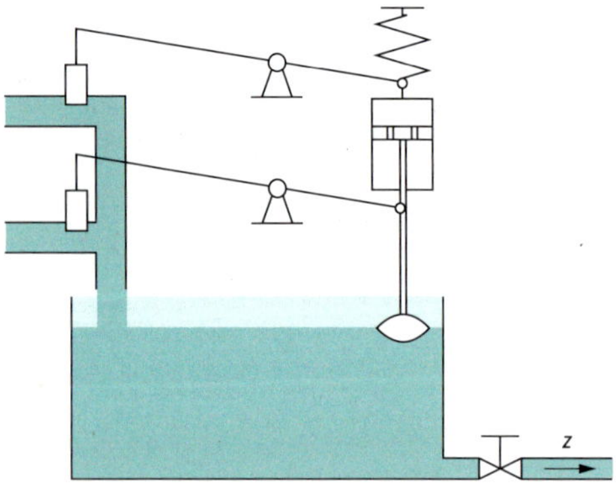	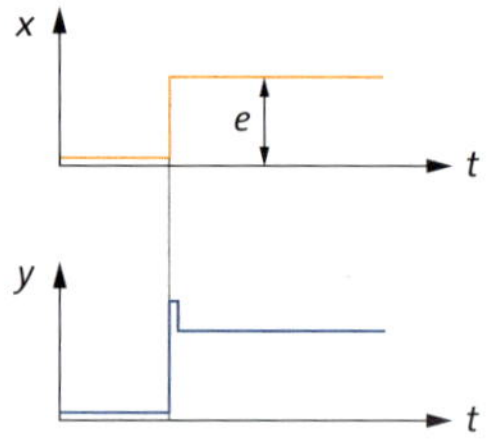	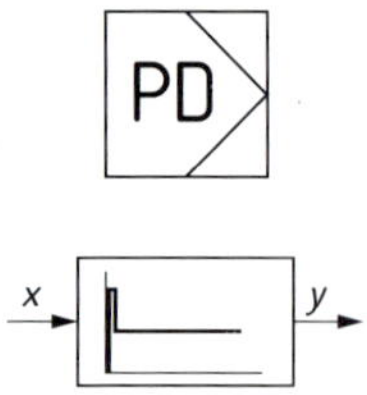

Parallelschaltung von P- und D-Regler. Der D-Anteil erhöht die Geschwindigkeit der Regelung, der P-Anteil bestimmt das langfristige Verhalten. Dies führt zu einer bleibenden Regeldifferenz und insgesamt zu einem ungenauen Verhalten.

Reglertyp	Übergangsfunktion, Sprungantwort	Sinnbild, Blockdarstellung
PID-Regler		
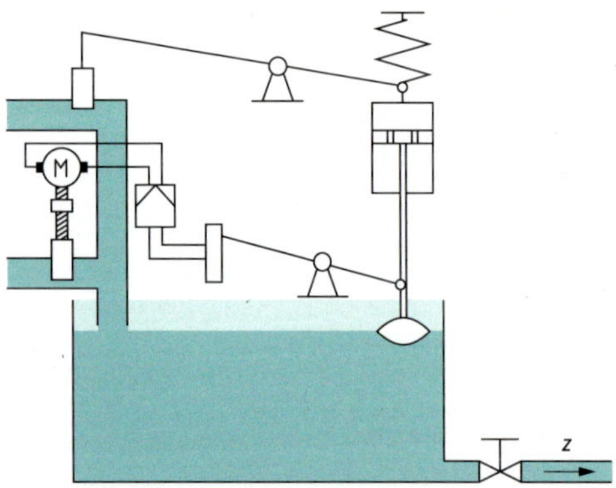	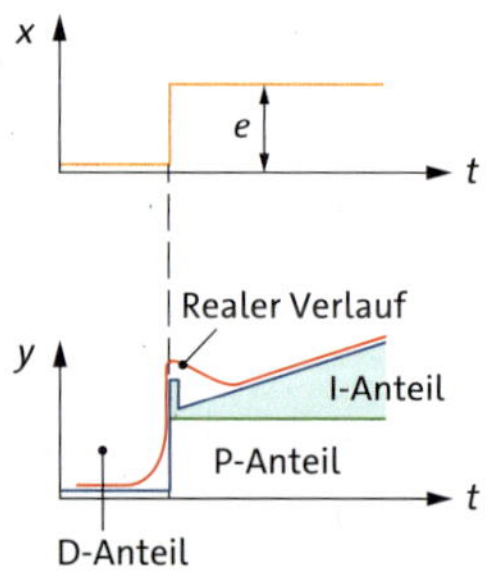	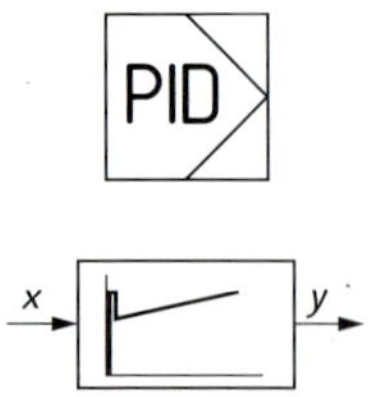

Parallelschaltung von P-, I- und D-Regelglied. Keine bleibende Abweichung durch I-Anteil, schnelle Reaktion durch D-Anteil, der P-Anteil bewirkt eine proportionale Anpassung.

Regler

Unstetige Regler (schaltend)

Bei unstetigen Reglern kann die Stellgröße y nur feste definierte Werte einnehmen, z. B. EIN oder AUS.

Zweipunktregler

Einfachster unstetiger Regler, der nur die Schaltzustände (Stellgröße) EIN und AUS annehmen kann.

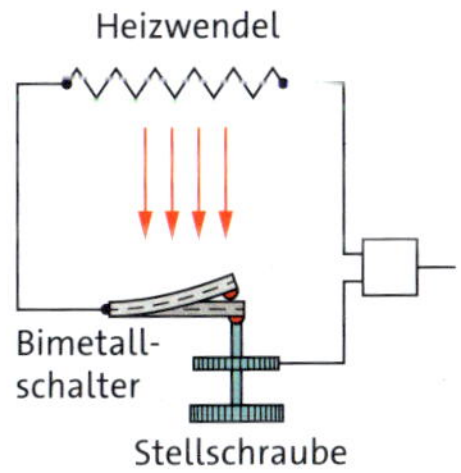

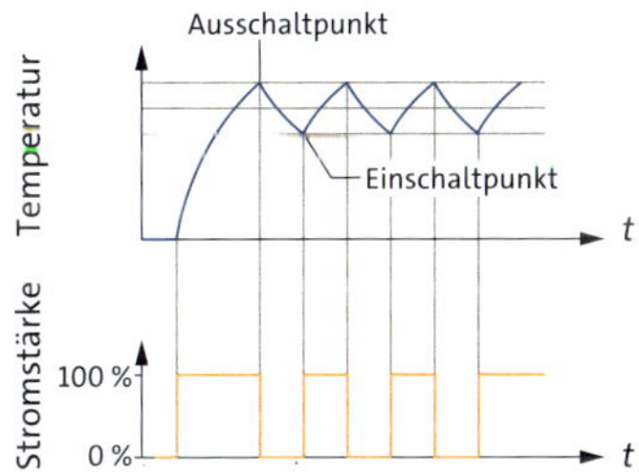

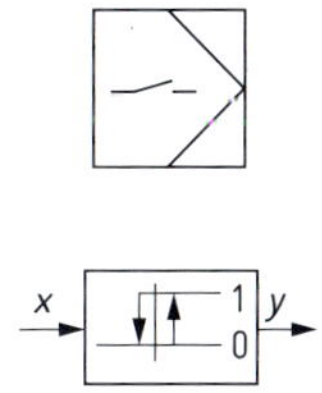

Dreipunktregler

Dreipunktregler können drei verschiedene Schaltzustände einnehmen. Sie stellen eine Zusammenschaltung zweier miteinander gekoppelter Zweipunktregler dar.

In Verbindung mit Stellantrieben können so die Zustände „Linkslauf“ (z. B. Öffnen), „Rechtslauf“ (z. B. Schließen) und „Aus“ eingenommen werden.

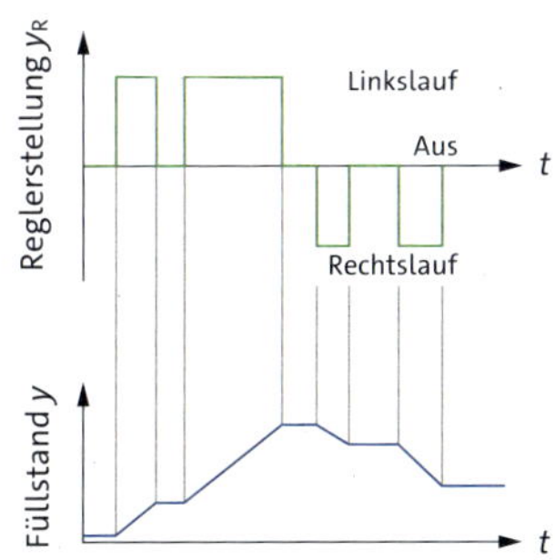

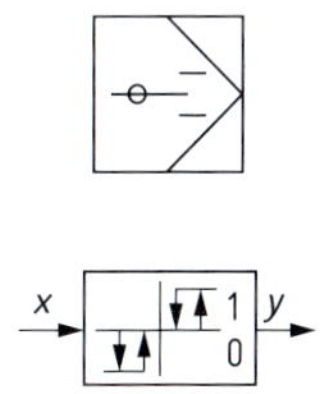

Aufgabenbezogene Symbole und Kennzeichen

DIN EN 62424: 2017-12

Darstellung von EMSR-Stellen

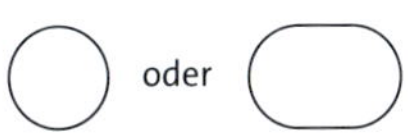

vor Ort

in zentraler Leitstelle

in örtlicher Leitstelle

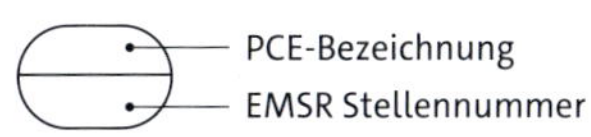

Bezeichnung von Mess- und Regelstellen (PCE-Bezeichnung)

PCE-Kategorie (1. Buchstabe)				PCE-Verarbeitungsfunktion (Folgebuchstaben)	
D	Dichte	M	Feuchte	A	Alarm, Meldung
E	Elektrische Spannung	P	Druck	D	Differenz
F	Durchfluss	Q	Menge, Anzahl	F	Verhältnis
G	Anstand, Länge, Stellung, Dehnung	R	Strahlung	H	oberer Grenzwert, an, offen
H	Handeingabe, Eingriff	S	Geschwindigkeit, Drehzahl	I	analoge Anzeige
K	Zeit	T	Temperatur	L	unterer Grenzwert, aus, geschlossen
L	Füllstand	W	Gewicht, Masse	R	Registrierung

Beispiel:

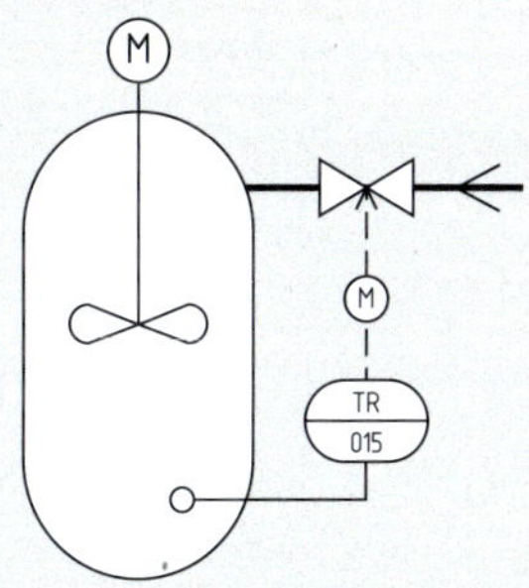

Temperaturregelung und Registrierung in zentraler Leitstelle, Messstelle 015

EMSR: **E**lektro-, **M**ess-, **S**teuer- und **R**egelungstechnik

PCE: **P**rocess **C**ontrol **E**ngineering

6

Lösungsbezogene Symbole und Kennzeichen					DIN EN 62424: 2017-12
Symbol	**Bedeutung**	**Symbol**	**Bedeutung**	**Symbol**	**Bedeutung**
Aufnehmer					
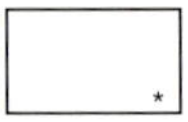	Grundsymbol Aufnehmer allgemein *: Platzhalter für PCE-Kategorie		Thermoelement	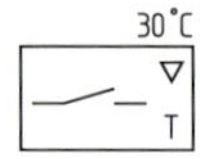	Temperaturschalter, schließt bei 30 °C
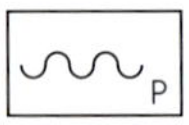	Membranaufnehmer für Druck	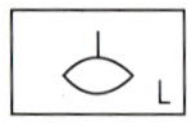	Aufnehmer für Stand mit Schwimmer	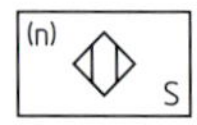	Drehzahl mit Impulsgeber
Signalkennzeichen					
	Elektrisches Signal		Pneumatisches Signal		Analoges Signal
	Digitales Signal		Binäres Signal		Impulsgeber
Anpasser					
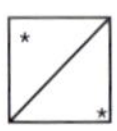	Grundsymbol Signal- oder Messumformer allgemein *: Platzhalter für Signalkategorie oder Signalkennzeichen				
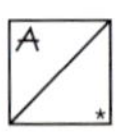	Messumformer mit pneumatischem Signal-aus- bzw. -eingang		Analog-Digital-Wandler		Verstärker
Ausgeber					
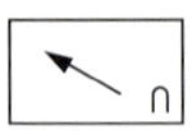	Analoger Anzeiger	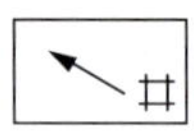	Digitaler Anzeiger	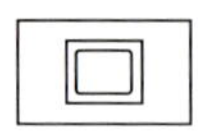	Bildschirm
Stellgeräte					
	Motor-Stellantrieb		Ventilstellglied		Stellgerät, allgemein
Regler		**Bediengeräte**			
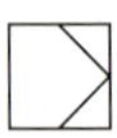	Regler, allgemein		Hand-Stellantrieb	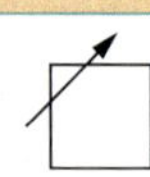	Signaleinsteller, allgemein
Leitungen					
	EMSR-Leitung, Linienbreite vorzugsweise 0,25 mm		Rohrleitung, Linienbreite > 1 mm		Wirkungslinie mit Richtung

Beispiel: **Füllstandsregelung**

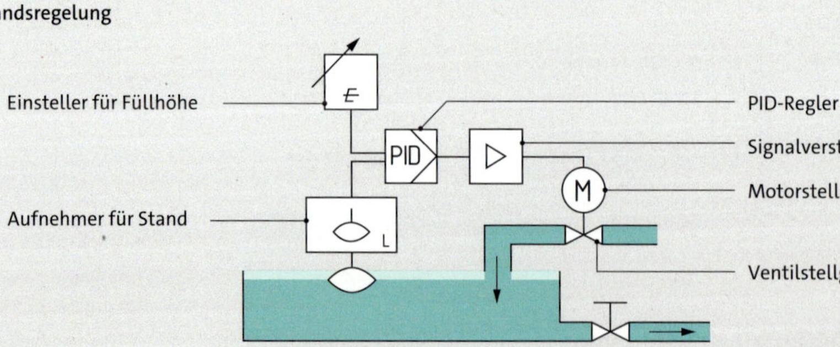

Elemente und Grundstrukturen
DIN EN 60848: 2014-12

Ein GRAFCET stellt in symbolischer Weise den Ablaufteil einer Steuerung dar. Die Darstellung mit Sinnbildern erfolgt systemunabhängig – elektrisch, pneumatisch, hydraulisch, mechanisch – und sagt nichts über die Realisierung aus.
Ziel ist die eindeutige Festlegung des Systemverhaltens in einzelnen Schritten.

Elemente eines GRAFCET

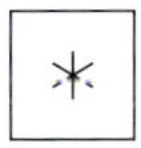

allgemeiner Schritt
* : alphanum. Bezeichnung des Schrittes, üblicherweise durch Schrittnummer

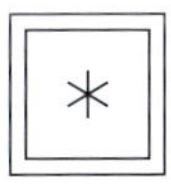

Anfangsschritt, Ausgangsposition der Steuerung

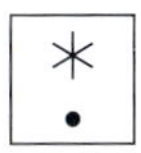

• : Schritt im aktiven Zustand dargestellt (gesetzt)

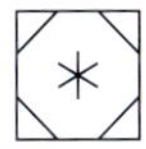

einschließender Schritt, enthält andere, eingeschlossene, Schritte

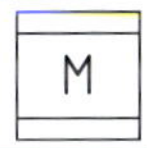

Makroschritt
Darstellung eines ausführlichen Teils eines Funktionsplans

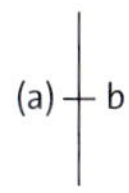

Transition (Übergang)
a Name der Transition in Klammern
b Übergangsbedingung als Text oder boolescher Ausdruck
Ergebnis: TRUE oder FALSE (0 oder 1)

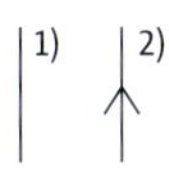

Wirkverbindung
1) Ablauf von oben nach unten
2) Ablauf von unten nach oben

Übergänge – Transitionen

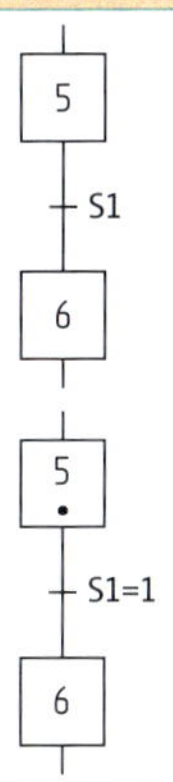

1. FREIGEBEN
Schritt 5 ist nicht gesetzt (nicht aktiv)
→ Übergang zu Schritt 6 ist nicht freigegeben (Übergangsbedingung S1 wird nicht geprüft)

2. AUSLÖSEN
Schritt 5 ist gesetzt (•)
→ Übergang ist freigegeben

UND
Transitionsbedingung ist erfüllt (S1 = 1)
→ Schritt 6 wird gesetzt
→ Schritt 5 wird zurückgesetzt

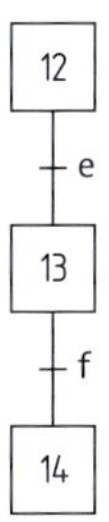

Ablaufkette – Sequenzieller Ablauf

aufeinanderfolgendes Setzen mehrerer Schritte

Voraussetzungen für das Setzen von

Schritt 13:
Schritt 12 aktiv UND Bedingung e erfüllt

Schritt 14:
Schritt 13 aktiv UND Bedingung f erfüllt

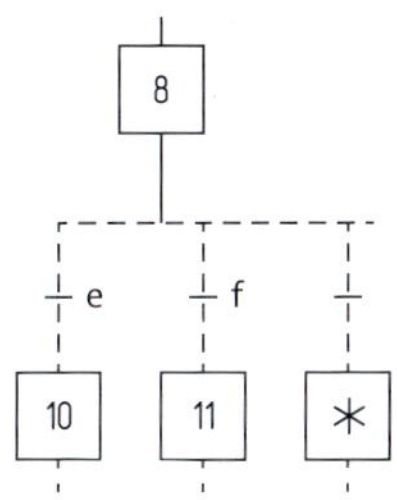

Alternative Verzweigung

Voraussetzung: Schritt 8 ist aktiv
Bedingung e ist erfüllt:
Aktivierung von Schritt 10
ODER
Bedingung f ist erfüllt:
Aktivierung von Schritt 11

Nur ein Zweig wird aktiviert, die Alternativen sind dann ausgeschlossen.

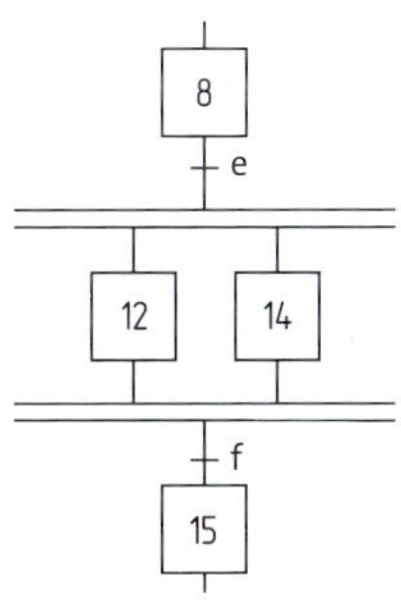

Parallel-Betrieb

Ist bei aktivem Schritt 8 die Transition e erfüllt, werden gleichzeitig und unabhängig voneinander die folgenden Schritte 12 und 14 ausgelöst. Sind diese Zweige durchlaufen und ist Transition f erfüllt, wird Schritt 15 gesetzt.

Angabe der Verknüpfung von Bedingungen

Verknüpfung	UND	ODER
GRAFCET	E1 • E2	E1 + E2
Boole'sche Darstellung	$E1 \wedge E2$	$E1 \vee E2$
Text	E1 UND E2	E1 ODER E2
Symbol	E1, E2 → &	E1, E2 → ≥1

Die Darstellungsformen sind frei wählbar.

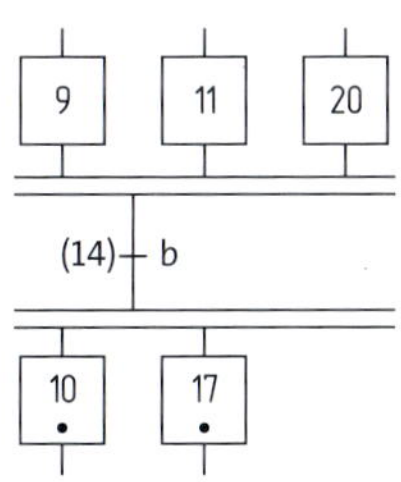

Übergang von mehreren Schritten zu mehreren Schritten

Die Transition (14) ist erst freigegeben, wenn alle vorhergehenden Schritte aktiv sind.

Mit Auslösen des Übergangs (b erfüllt) werden alle folgenden Schritte gesetzt und alle vorhergehenden rückgesetzt.

6

Symbole und Grundelemente

DIN EN 60848: 2014-12

Aktionen, kontinuierlich wirkend

Die Verknüpfung einer Aktion mit einem Schritt bedeutet, dass eine Ausgangsvariable den Wert TRUE hat, wenn der Schritt aktiv ist und die Zuweisungsbedingung erfüllt ist. Wenn eine der Bedingungen nicht erfüllt ist, hat die betreffende Ausgangsvariable den Wert FALSE.

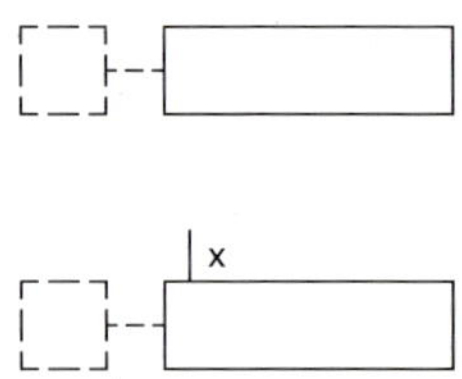

Kontinuierlich wirkende Aktion. Die Aktion wirkt nur solange, wie der auslösende Schritt aktiv ist.

Aktion mit Zuweisungsbedingung. Schritt muss aktiv und Zuweisungsbedingung erfüllt sein.

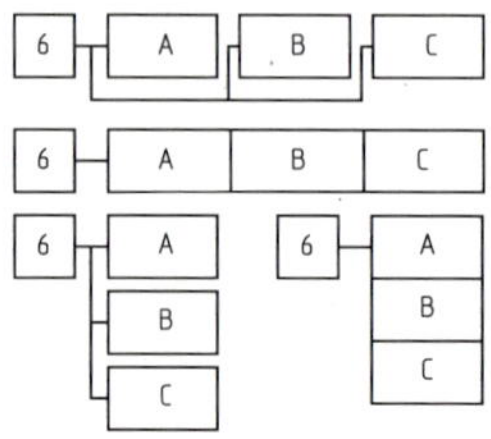

Auslösung mehrerer Aktionen durch einen Schritt. Alle vier Darstellungen sind gleichwertig.

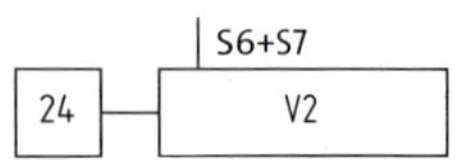

V2 öffnet, wenn Schritt 24 aktiv ist sowie S6 oder S7 geschaltet sind.

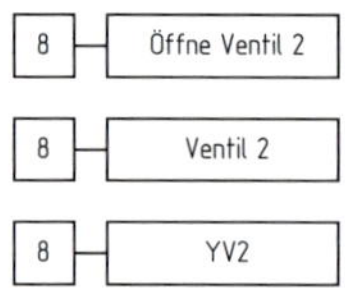

Die Beschreibung von Aktionen kann in ausführlicher oder symbolischer Darstellung erfolgen.

Zeitabhängige Aktionen

Ausschaltverzögerung
Aktion beginnt 3 s nach Abfall von B10.

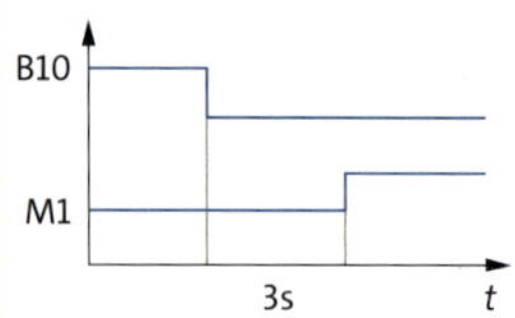

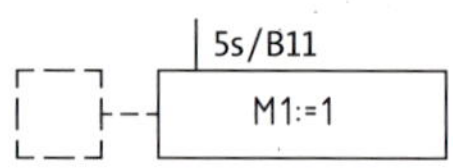

Einschaltverzögerung
Aktion beginnt 5 s nach dem Signal von B11.

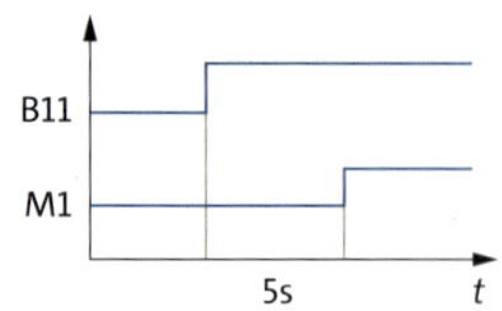

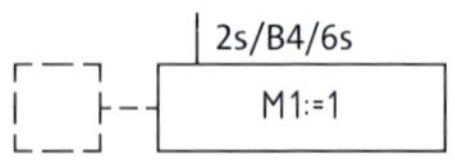

Aktion beginnt 2 s nach Signal von B4 für eine Dauer von 6 s.

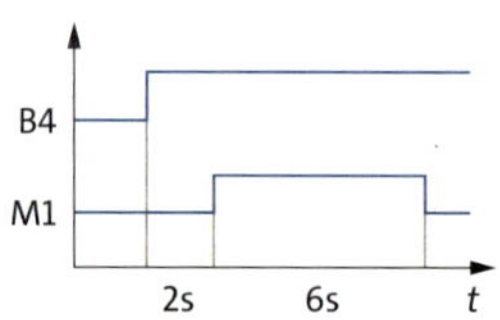

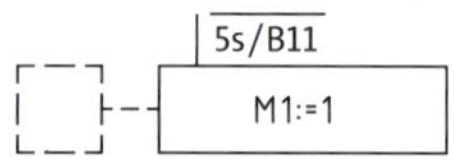

Aktion beginnt mit Signal von B11 für eine Dauer von 5 s.

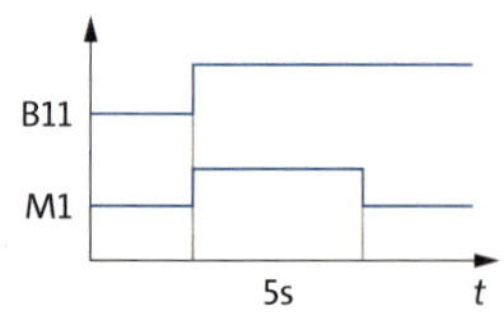

Aktionen, speichernd wirkend

↑: Aktion bei Aktivierung ⌐: Aktion bei Ereignis

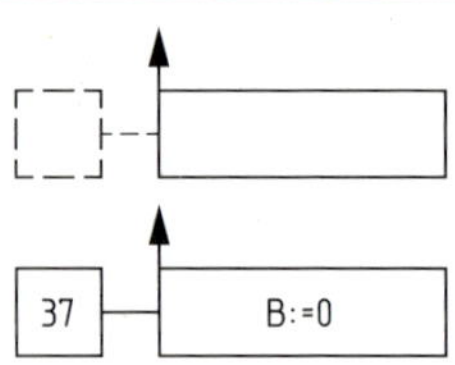

Aktion bei Aktivierung
Bei Aktivierung von Schritt 37 wird B der Wert 0 zugeordnet. Dieser Wert bleibt erhalten bis er an anderer Stelle geändert wird.

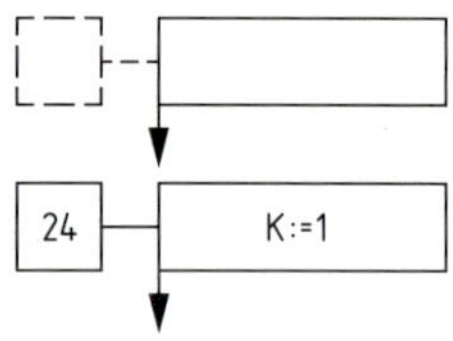

Aktion bei Deaktivierung
Bei Deaktivierung von Schritt 24 wird K der Wert 1 zugeordnet. Dieser Wert bleibt erhalten bis er an anderer Stelle geändert wird.

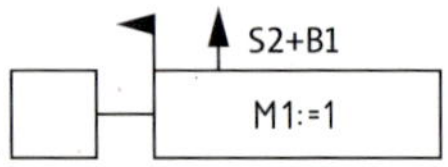

Aktion bei Aktivierung (Pfeil nach oben) und Ereignis (Pfeil zur Seite)
Bei Aktivierung des Schrittes und einem Signal von S2 oder B1 wird M1 auf 1 gesetzt. Dieser Wert bleibt erhalten.

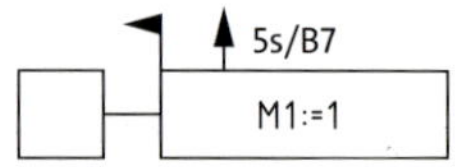

Aktion bei Aktivierung (Pfeil nach oben) und Ereignis (Pfeil zur Seite)
Bei Aktivierung des Schrittes und 5 s nach einem Signal von B7 wird M1 auf 1 gesetzt. Dieser Wert bleibt erhalten.

GRAFCET – Beispiele

Beispiele elektropneumatischer Ablaufsteuerungen

Im Elektroplan werden die Signale der Eingänge I0–I7 zu Transitionsbedingungen verknüpft.
Die mit den einzelnen Schritten verbundenen Aktionen bestehen im Schalten der Ausgänge Q0–Q7.

GRAFCET kontinuierliche Aktion

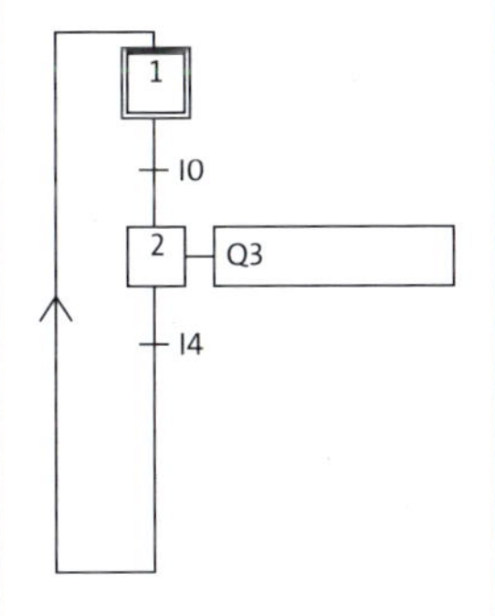

speichernd wirkende Aktion

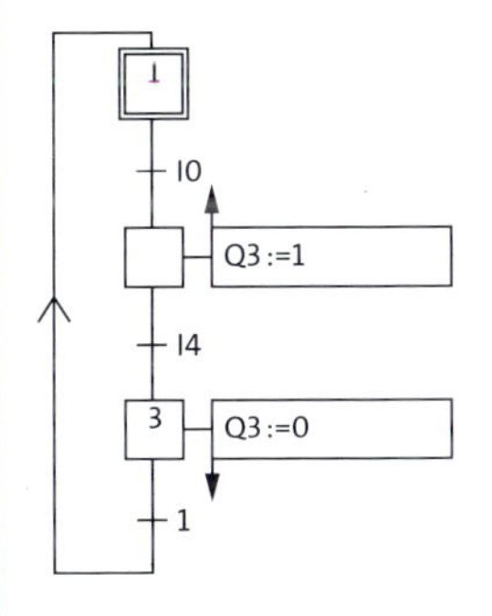

Elektroplan

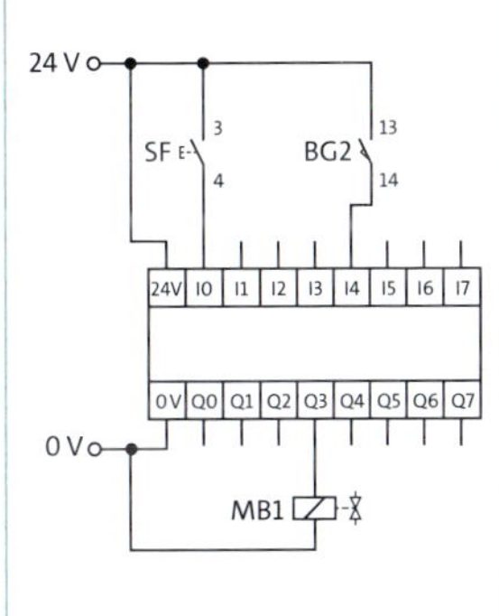

Elektropneumatischer Schaltplan *Federrückgestelltes Ventil*

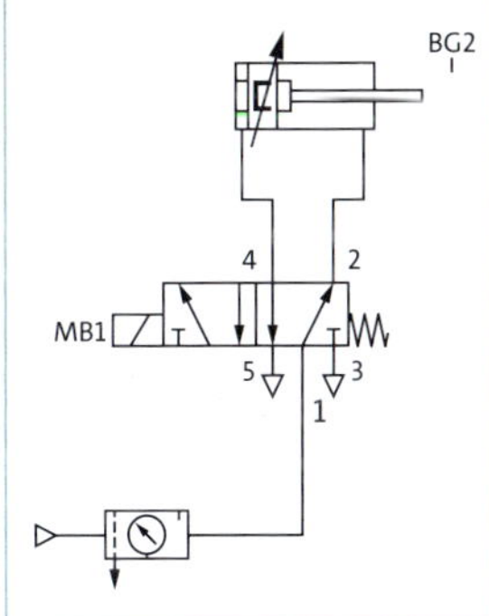

Nach Betätigen von S1 erhält Eingang I0 ein Signal → Transitionsbedingung erfüllt → Schritt 2 schaltet Ausgang Q3 → Zylinder A1 fährt aus. Endlage von A1 → B2 schaltet I4 → Transitionsbedingung erfüllt.
Schritt 2 ist nicht mehr aktiv. Bei einer kontinuierlichen Aktion wird Q3 jetzt automatisch auf 0 gesetzt.
Bei einer gespeichert wirkenden Aktion geschieht dies erst durch den Schritt 3.

GRAFCET kontinuierliche Aktion

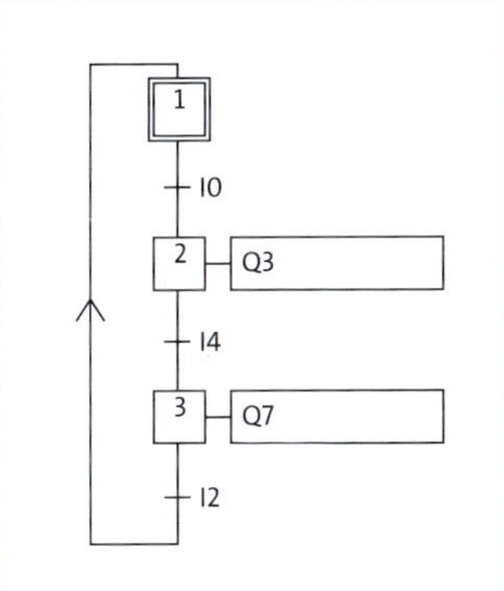

Elektroplan

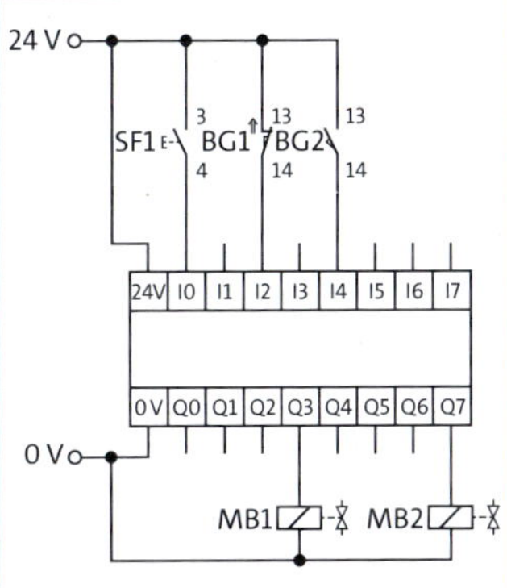

Elektropneumatischer Schaltplan *Impuls Ventil*

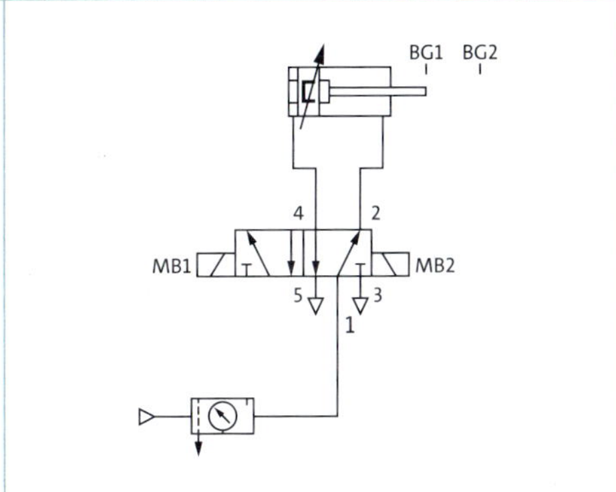

GRAFCET alternative Verzweigung

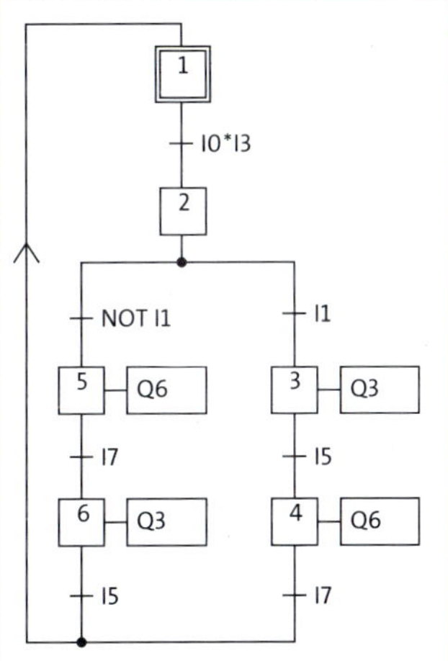

Elektroplan

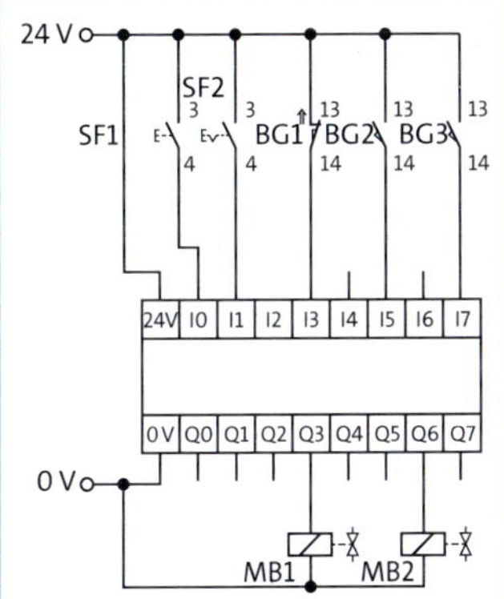

Elektropneumatischer Schaltplan

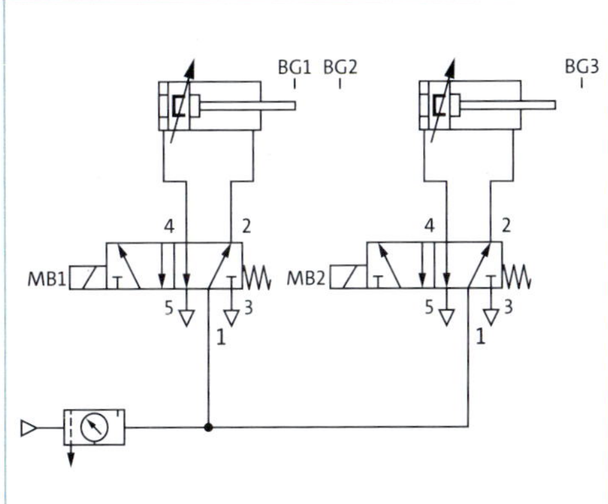

Nach Schritt 2 wird als Transitionsbedingung der Eingang I1 abgefragt.
Liegt ein Signal an, fährt zunächst Zylinder A1 aus, anschließend A2.
Liegt kein Signal an, fährt zunächst Zylinder A2 aus, anschließend A1.

GRAFCET – Beispiele

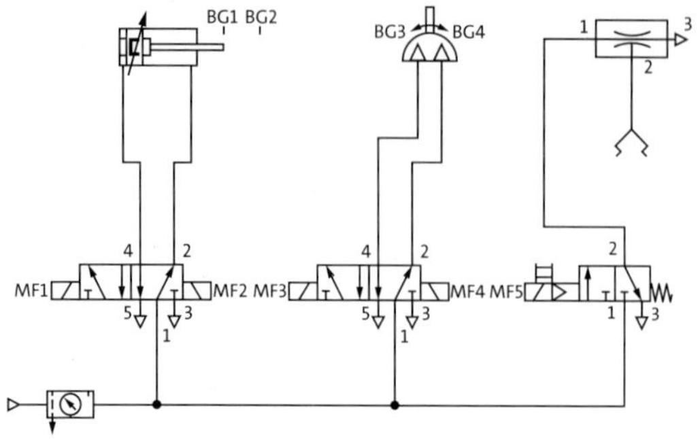

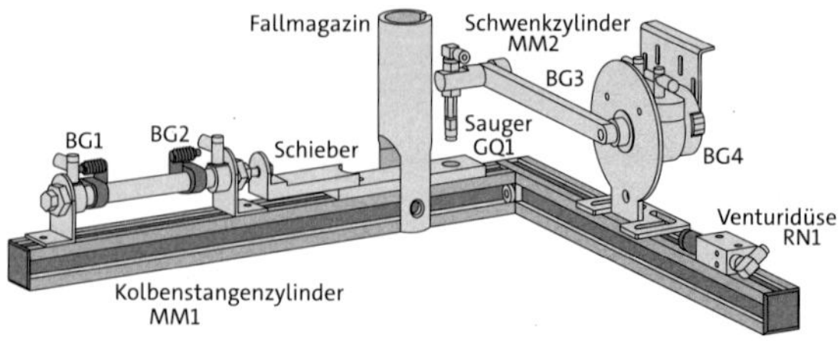

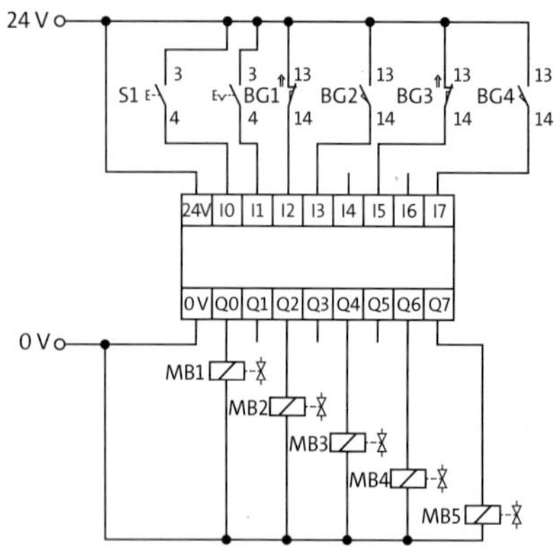

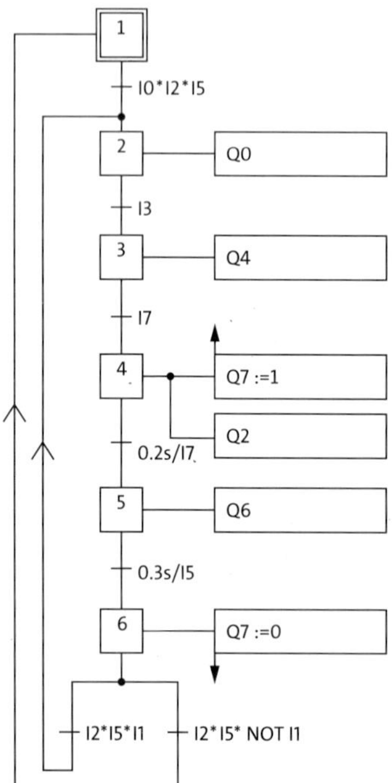

Fallmagazin:
Der Zylinder A1 schiebt die in einem Fallmagazin gestapelten Bauteile einzeln aus. Der Schwenkzylinder schwenkt in seine linke Position und setzt die Saugdüse auf das Bauteil. Dieses wird von der Saugdüse angesaugt, gleichzeitig fährt A1 wieder in seine hintere Endlage. Nach 0,2 Sekunden fährt der Schwenkzylinder in seine rechte Endlage. Dort verharrt er 0,3 Sekunden und setzt anschließend das Bauteil ab.

ANFANGSSCHRITT:
Anlage ist im Grundzustand, Zylinder A1 und A2 befinden sich in der hinteren Endlage, Signalaufnehmer BG1 und BG3 geben Schaltsignale an die Eingänge I2 und I5.

START:
Schließen von S1 bewirkt ein Signal an I0, damit ist die Startbedingung (I0 * I2 * I5) erfüllt → Transition zu Schritt 2

SCHRITT 2:
Ausgang Q0 erhält ein Signal → Ventilmagnet MB1 schaltet
→ Zylinder A1 fährt aus
Zylinder A1 in vorderer Endlage → BG2 schaltet → Signal an I3 → Bedingung erfüllt → Transition zu Schritt 3

SCHRITT 3:
Ausgang Q4 erhält ein Signal → Ventilmagnet MB3 schaltet
→ Schwenkzylinder A2 schwenkt nach rechts
Schwenkzylinder rechts => BG4 schaltet → Signal an I7 → Bedingung erfüllt → Transition zu Schritt 4

SCHRITT 4:
MB5 schaltet (gespeichert) → Vakuumsaugdüse wird aktiviert
UND MB2 schaltet → Zylinder A1 fährt zurück.
Die Transition zu Schritt 5 hat 0,2 s Anzugsverzögerung, sodass das Bauteil sicher erfasst wird → Transition zu Schritt 5

SCHRITT 5:
Signal an Q6 → MB4 → Schwenkzylinder schwenkt zurück
Schwenkzylinder links → BG3 → I5 → Transition zu Schritt 6 mit 0,3 s Verzögerung für sicheres Ablegen des Werkstücks

SCHRITT 6:
Abschalten von Q7 → Saugen beendet

alternative Verzweigung:
- wenn S2 geschlossen → I1 = 1 → Transition zu Schritt 2
- wenn S2 geöffnet → I0 = 0 → Transition zu Schritt 1

Im ersten Fall findet Dauerbetrieb, im zweiten Einzelbetrieb statt.

Funktionsdiagramme

Sinnbilder von Funktionsdiagrammen

Funktionsdiagramme dienen der grafischen Darstellung von Funktionsabläufen von Steuerungen in Maschinen und Anlagen.
Funktionsdiagramme sind nicht mehr genormt, sie wurden ersetzt durch DIN EN 60848 (GRAFCET).
Für die Beschreibung einfacher Abläufe finden sie aufgrund ihrer einfachen Handhabung und übersichtlichen Darstellung weiterhin Anwendung.

Signalglieder, handbetätigt

EIN

AUS

EIN/AUS

TIPPEN

AUTOMATIK EIN

Funktionslinie

Wegbegrenzung, allgemein

Wegbegrenzung über Signalglied

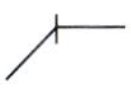

Wegbegrenzung durch mechanischen Festanschlag

Steuerglied

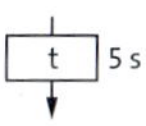

Zeitglied, Wert einstellbar, z. B. 5 Sekunden

Signalglieder, mechanisch betätigt

Grenztaster, in Endlage oder kurzzeitig auf Wegstrecke betätigt

Grenztaster, über längere Wegstrecke betätigt

Signalausgang

Querstrich kennzeichnet den Zustand, der Voraussetzung für die Einleitung weiterer Funktionen ist.

Nicht-Bedingung

Angabe des Signalgliedes mit Nicht-Bedingung erfolgt an der Signallinie

Pneum. o. hydraul. Signalglied

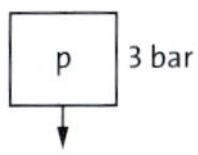

Druckschalter, Einstellwert ist anzugeben, z. B. 3 bar

Signalverknüpfungen

Verzweigungsstelle wird durch einen Punkt markiert

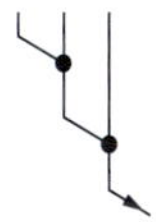

ODER-Bedingung

UND-Bedingung

Signallinie

beginnt am Signalausgang und endet an der Stelle, an der eine Änderung des Signals eingeleitet wird

Funktionsdiagramm – Beispiel

Pneumatik-Schaltplan

Bauteilbezeichnung nach ISO 1219-2

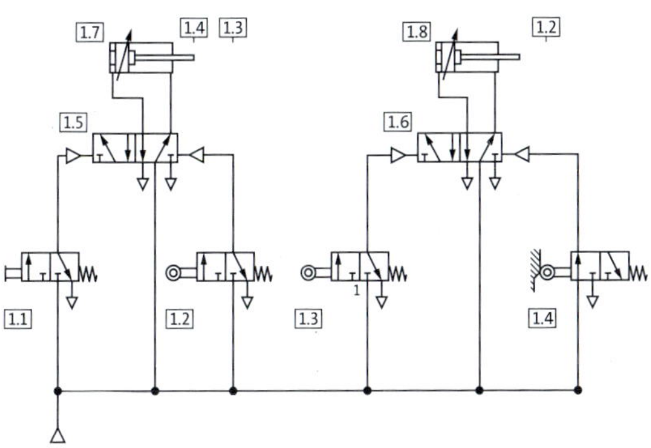

Zustandsdiagramm

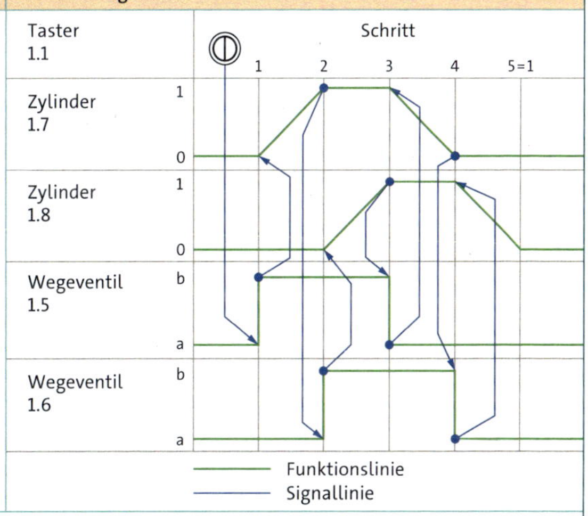

Ablauf:
Schritt 1: Taster 1.1 ein → Wegeventil 1.5 von Schaltstellung a nach b → Zylinder 1.7 ausfahren →
Schritt 2: Signal 1.3 → Wegeventil 1.6 von Schaltstellung a nach b → Zylinder 1.8 ausfahren →
Schritt 3: Signal 1.2 → Wegeventil 1.5 von Schaltstellung b nach a → Zylinder 1.7 einfahren →
Schritt 4: Signal 1.4 → Wegeventil 1.6 von Schaltstellung b nach a → Zylinder 1.8 einfahren
Schritt 5 = Schritt 1 (Ausgangsstellung)

Sinnbilder für Datenfluss- und Programmablaufpläne — DIN 60001: 1983-12

Symbol	Bedeutung	Symbol	Bedeutung	Symbol	Bedeutung
Verarbeitungen/Verarbeitungseinheiten					
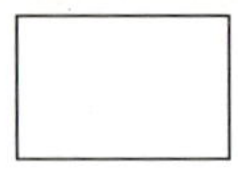	Verarbeitung, allgemein (einschl. Ein- und Ausgabe)	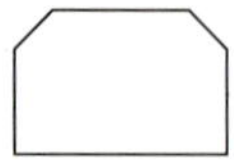	Schleifenbegrenzung Anfang	 	Sprung mit Rückkehr Sprung ohne Rückkehr
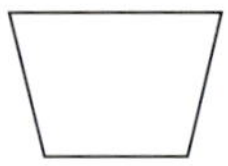	manuelle Verarbeitung, Verarbeitungsstelle		Ende	 	Unterbrechung einer anderen Verarbeitung Steuerung der Verarbeitungsfolge von außen
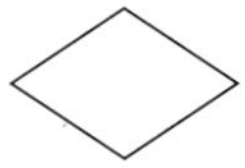	Verzweigung, Auswahleinheit		Synchronisierung paralleler Verarbeitungen		
Daten				**Verbindungen**	
	Daten, allgemein Datenträgereinheit, allgemein	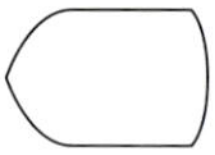	maschinell erzeugte optische oder akustische Daten, Ausgabeeinheit		Verbindung Verarbeitungsfolge, Zugriffsmöglichkeit
				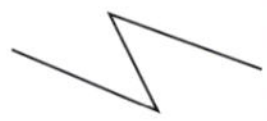	Verbindung zur Datenübertragung, Datenübertragungsweg
				Darstellungshilfen	
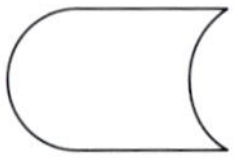	maschinell zu verarbeitende Daten, Datenträgereinheit		Daten auf Karte (z. B. Magnetkarte)	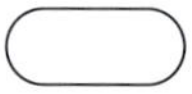	Grenzstelle (zur Umwelt)
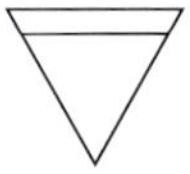	manuell zu verarbeitende Daten, manuelle Ablage (z. B. Ziehkartei, Archiv)	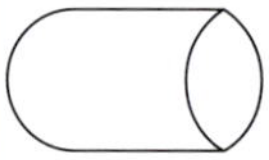	Daten auf Speicher mit auch direktem Zugriff, Datenträgereinheit	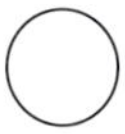	Verbindungsstelle
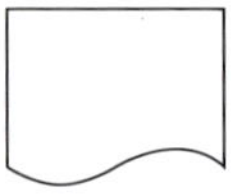	Daten auf Schriftstück (z. B. auf Belegen, Mikrofilm) Ein-/Ausgabeeinheit	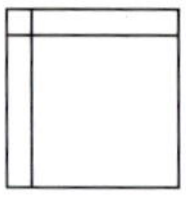	Daten im Zentralspeicher, Zentralspeicher		Verfeinerung
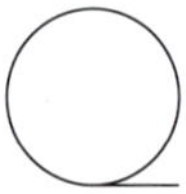	Daten auf Speicher mit nur sequenziellem Zugriff, Datenträgereinheit		manuelle optische oder akustische Eingabedaten, Eingabeeinheit	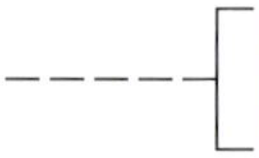	Bemerkung

Schaltalgebra

Grundlelemente

In der Schaltalgebra existieren die drei Verknüpfungen: UND, ODER und NICHT zwischen den Eingängen E bzw. E1 und E2 und dem Ausgang A. Die Eingangs- und Ausgangsgrößen sind binär: 0/1; ein/aus; ja/nein.

Fachbegriff	Deutsch	Englisch	Zeichen	Symbol	Schalttabelle
Negation	NICHT	NOT	$A = \overline{E}$	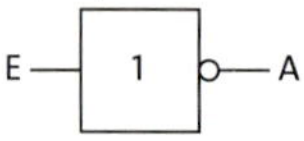	E: 0, 1 → A: 1, 0
Konjunktion	UND	AND	$A = E1 \wedge E2$	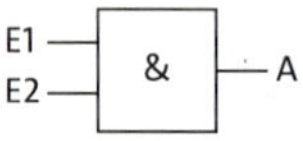	siehe unten
Disjunktion	ODER	OR	$A = E1 \vee E2$	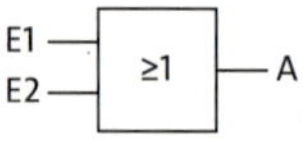	siehe unten

Schalttabelle Negation:

E	A
0	1
1	0

Schalttabelle Konjunktion:

E1	E2	A
0	0	0
0	1	0
1	0	0
1	1	1

Schalttabelle Disjunktion:

E1	E2	A
0	0	0
0	1	1
1	0	1
1	1	1

Funktionsdiagramme

Schaltalgebra

Bezeichnung der Funktion	Funktionsgleichung	Symbol	Schalttabelle			pneumatische Realisierung	elektrische Realisierung
			E1	E2	A		
Konjunktion UND AND	$A = E1 \wedge E2$ $A = E1 * E2$	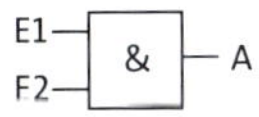	0 0 1 1	0 1 0 1	0 0 0 1	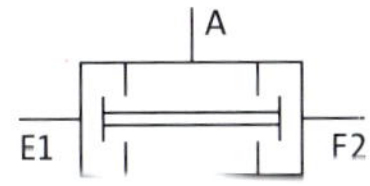	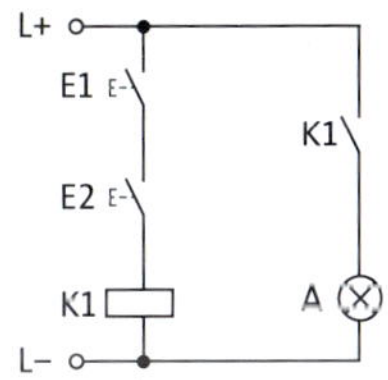
Disjunktion ODER OR	$A = E1 \vee E2$ $A = E1 + E2$	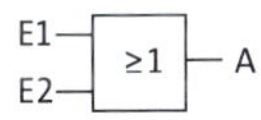	0 0 1 1	0 1 0 1	0 1 1 1	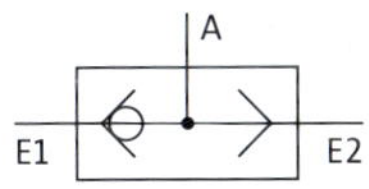	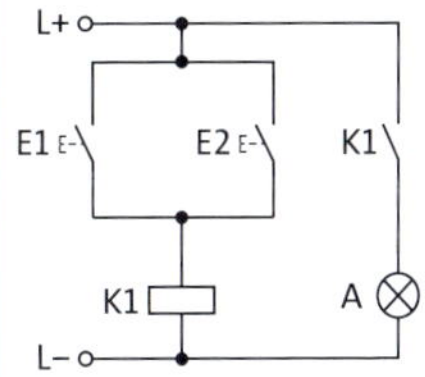
UND-NICHT NAND	$A = \overline{E1 \wedge E2}$ $A = \overline{E1 * E2}$	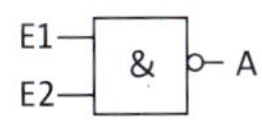	0 0 1 1	0 1 0 1	1 1 1 0	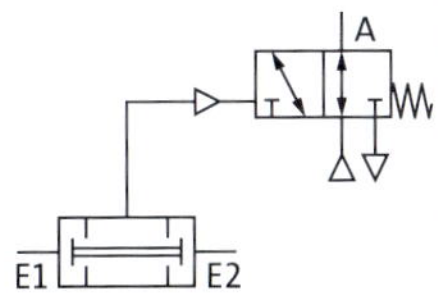	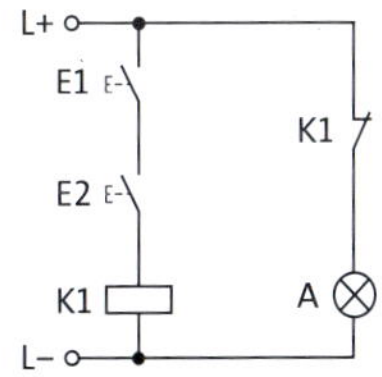
ODER-NICHT NOR	$A = \overline{E1 \vee E2}$ $A = \overline{E1 + E2}$	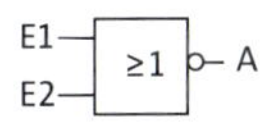	0 0 1 1	0 1 0 1	1 0 0 0	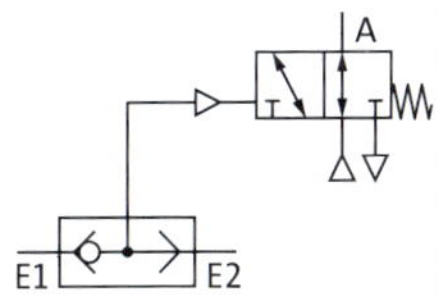	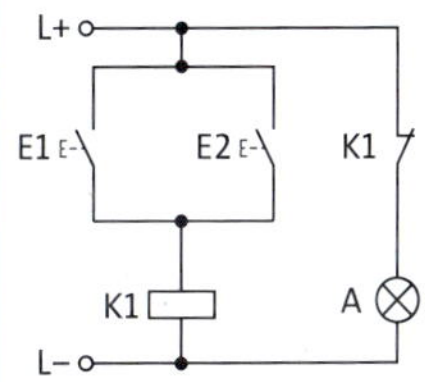
Antivalenz Exklusiv-ODER XOR	$A = (E1 \wedge \overline{E2})$ $\vee (\overline{E1} \wedge E2)$	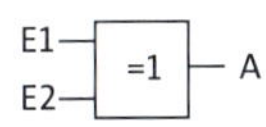	0 0 1 1	0 1 0 1	0 1 1 0	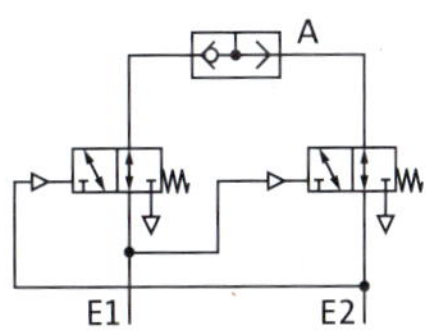	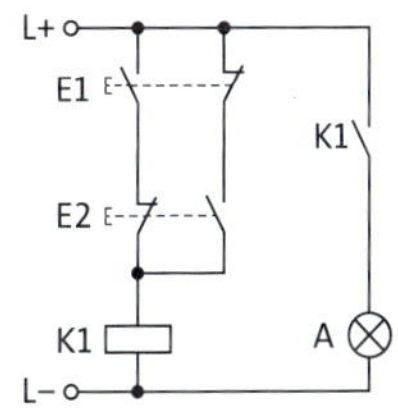
Äquivalenz Exklusiv-NOR XNOR	$A = (\overline{E1} \wedge \overline{E2})$ $\vee (E1 \wedge E2)$	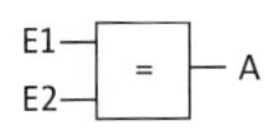	0 0 1 1	0 1 0 1	1 0 0 1	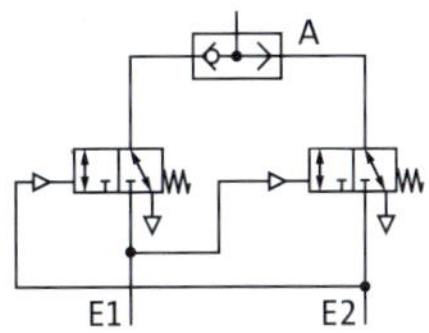	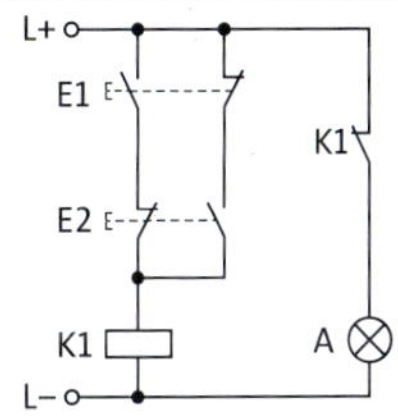
Speicher RS-Flipflop	S = Setzen R = Rücksetzen • = Zustand unverändert x = unbestimmt/ unzulässig	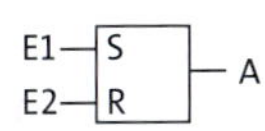	0 0 1 1	0 1 0 1	• 0 1 x	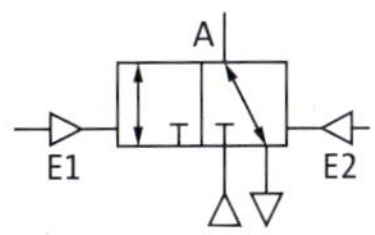	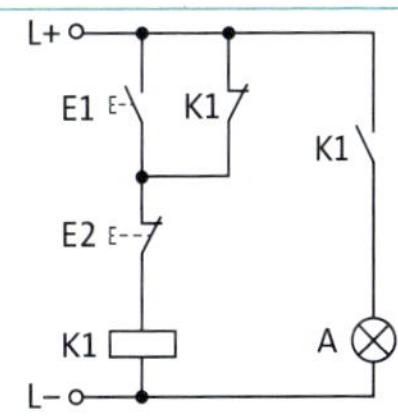

Regeln der Schaltalgebra

Kommutativgesetz (Vertauschungsgesetz)

$E1 \land E2 = E2 \land E1$

$E1 \lor E2 = E2 \lor E1$

Assoziativgesetz (Verbindungsgesetz)

$E1 \land E2 \land E3 = E1 \land (E2 \land E3)$

$E1 \land E2 \land E3 = (E1 \land E2) \land E3$

$E1 \land E2 \land E3 = (E1 \land E3) \land E2$

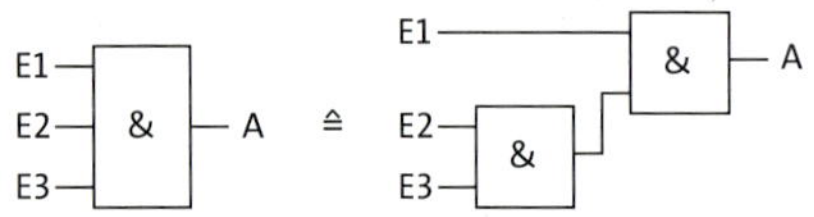

$E1 \lor E2 \lor E3 = E1 \lor (E2 \lor E3)$

$E1 \lor E2 \lor E3 = (E1 \lor E2) \lor E3$

$E1 \lor E2 \lor E3 = (E1 \lor E3) \lor E2$

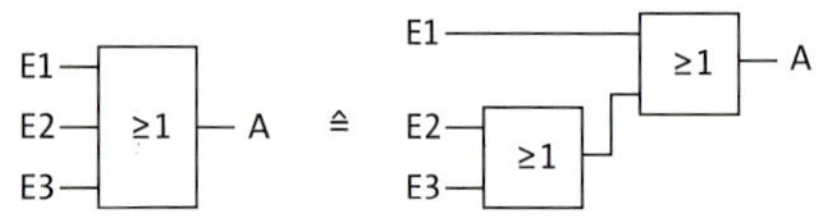

Distributivgesetz (Verteilungsgesetz)

$(E1 \land E2) \lor (E1 \land E3) = E1 \land (E2 \lor E3)$

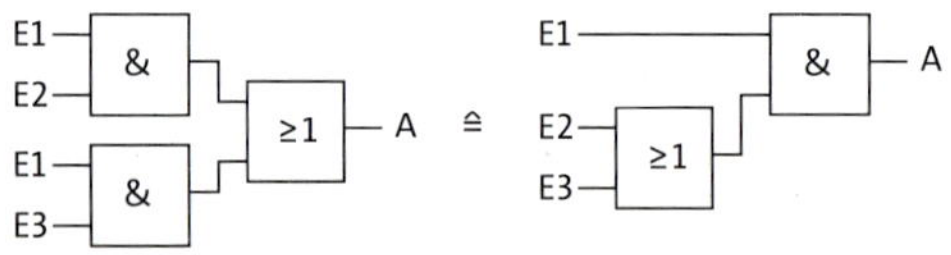

$(E1 \lor E2) \land (E1 \lor E3) = E1 \lor (E2 \land E3)$

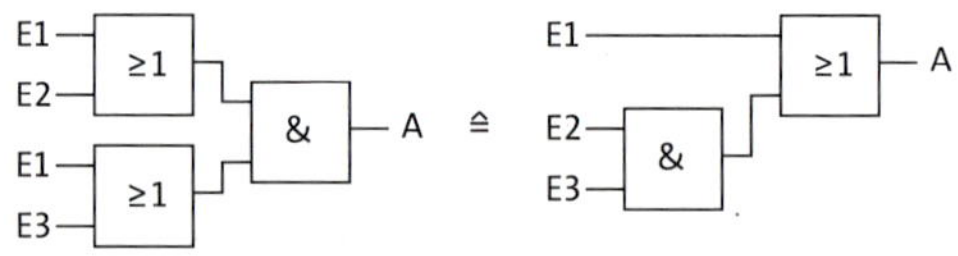

Absorptionsgesetz

$E1 \lor (E1 \land E2) = E1$

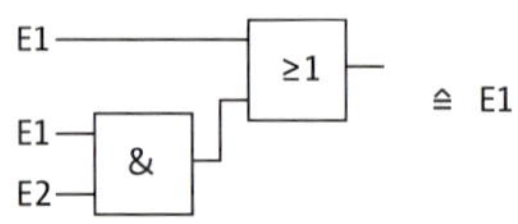

$E1 \lor (E1 \land E2) = E1$

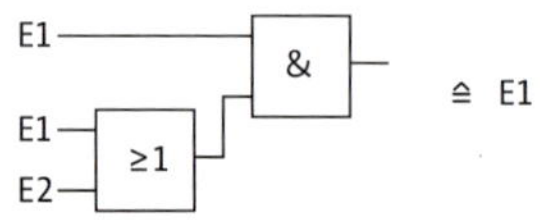

Gesetze von De Morgan

$\overline{(E1 \land E2)} = \overline{E1} \land \overline{E2}$

$\overline{(E1 \lor E2)} = \overline{E1} \lor \overline{E2}$

$\overline{(\overline{E1} \land \overline{E2})} = E1 \lor E2$

$\overline{(\overline{E1} \lor \overline{E2})} = E1 \land E2$

Programmablaufplan – Struktogramm

Programmablaufplan / Struktogramm nach Nassi-Shneidermann

DIN 60001: 1983-12
DIN 66261: 1985-11

Folgeblock

Programmablaufplan:

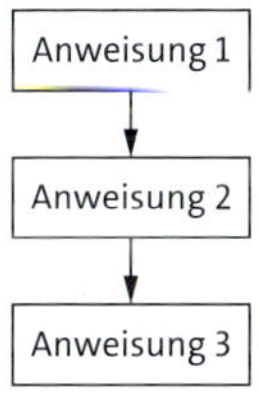

Struktogramm:

Aneinanderreihung mehrerer Anweisungen, die aufeinander folgend bearbeitet werden.

Bedingte Verarbeitung (Verzweigung)

Programmablaufplan:

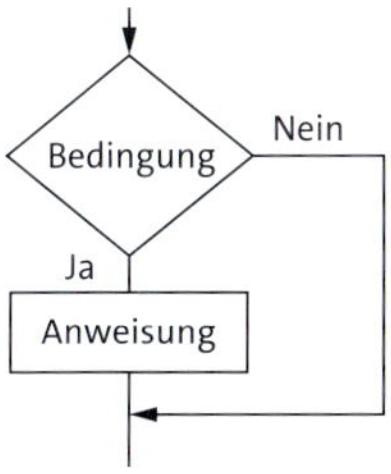

Struktogramm:

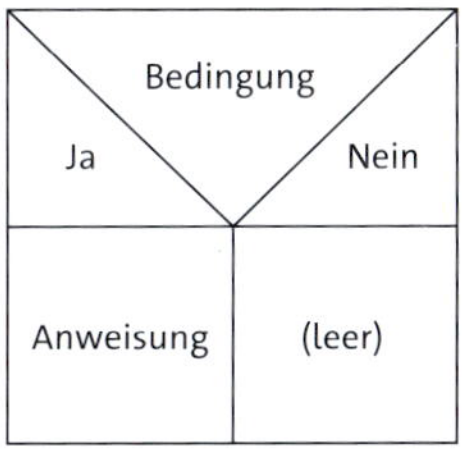

Die Anweisung wird nur ausgeführt, wenn die Bedingung erfüllt ist, sonst wird sie übergangen. (IF-THEN)

Einfache Alternative (Verzweigung)

Programmablaufplan:

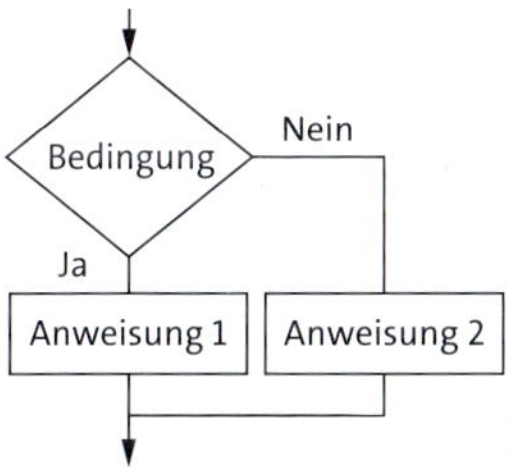

Struktogramm:

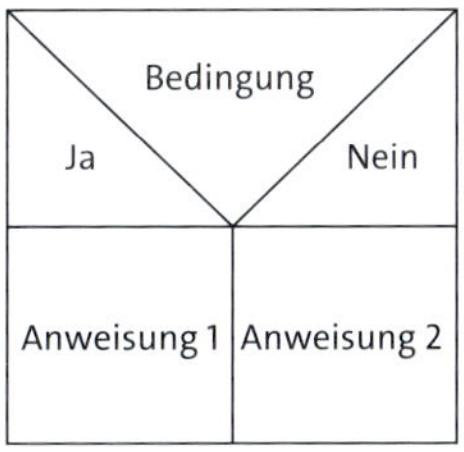

Ist die Bedingung erfüllt, wird die Anweisung 1 ausgeführt. Ist sie nicht erfüllt, die Anweisung 2. (IF-THEN-ELSE)

Mehrfachauswahl

Programmablaufplan:

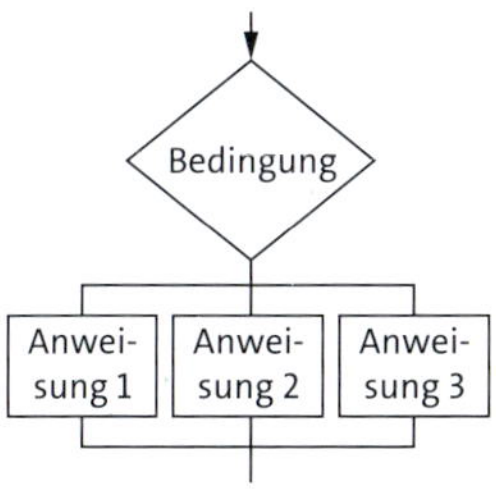

Struktogramm:

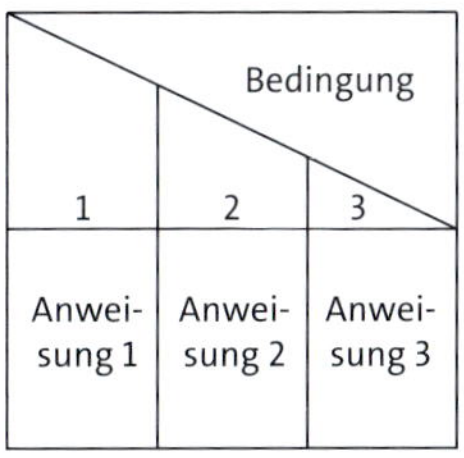

Abhängig vom Wert der (nicht-booleschen) Bedingungs-Variablen wird die entsprechende Anweisung ausgeführt.

Schleife, kopfgesteuert

Programmablaufplan:

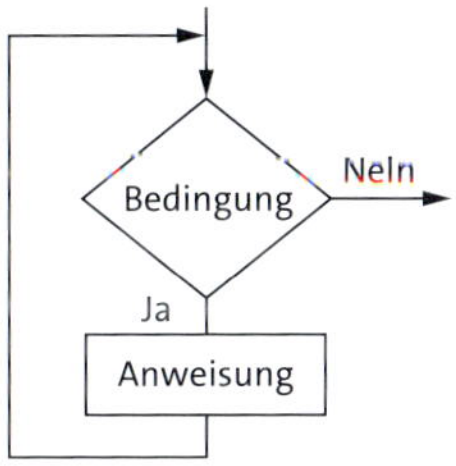

Struktogramm:

Abfrage vor Bearbeitung der Anweisung, bei Nichterfüllung keine Ausführung (WHILE-DO)

Schleife, fußgesteuert

Programmablaufplan:

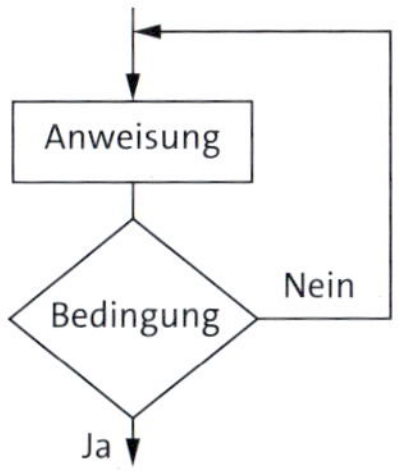

Struktogramm:

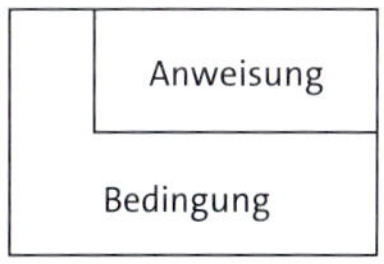

Abfrage nach Bearbeitung der Anweisung, bei Nichterfüllung erneute Abfrage. (REPEAT-UNTIL)

Wiederholung (zählergesteuerte Schleife)

Programmablaufplan:

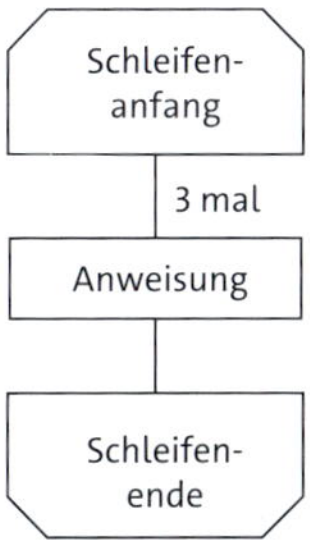

Struktogramm:

Durch die Festlegung einer Zählervariablen wird die Anzahl der Schleifendurchläufe bestimmt. (FOR-TO-NEXT)

6

Grafische Symbole — ISO 1219-1: 2012-06

Grundelemente

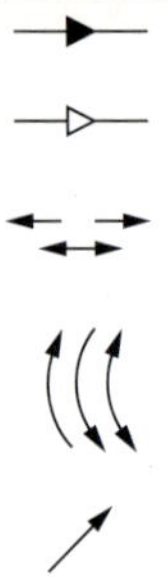

- Hydrostrom
- Druckluftstrom
- Anzeige einer Strömungsrichtung
- Anzeige einer Drehrichtung
- Anzeige einer Verstellbarkeit

Kompressoren, Pumpen, Motoren

Symbolaufbau

Grundsymbol ein Kreis bzw. Halbkreis (bei Schwenkantrieb)

1 Förderstromrichtung
2 Leitungsanschlüsse
3 mechanische Welle
4 Drehrichtung (im Uhrzeigersinn)
5 Verstellbarkeit

Bauarten

- Kompressor mit konstantem Verdrängungsvolumen; eine Stromrichtung
- Hydropumpe mit konstantem Fördervolumen; eine Stromrichtung
- verstellbare Hydropumpe mit wechselnder Förderstromrichtung; eine Drehrichtung
- konstanter Hydromotor eine Förderrichtung
- konstanter Hydromotor/-pumpe, eine Drehrichtung
- Pneumatikmotor mit wechselnder Volumenstromrichtung, zwei Drehrichtungen
- hydraulischer Schwenkantrieb, zwei Volumenstromrichtungen
- pneumatischer Schwenkantrieb, einfach wirkend
- Vakuumpumpe

Energieübertragung/Aufbereitung

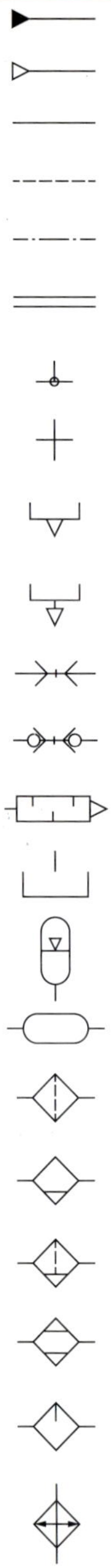

- Hydraulikdruckquelle
- Pneumatikdruckquelle
- Arbeitsleitung
- Steuerleitung, Leckstromleitung
- mehrere Bauteile einer Einheit
- mechanische Verbindung, Welle, Hebel
- Leitungsverbindung
- Leitungskreuzung ohne Verbindung
- Auslassöffnung ohne Anschlussmöglichkeit
- Auslassöffnung mit Anschlussmöglichkeit
- Schnellkupplung, gekuppelt
- Schnellkupplung mit zwei Rückschlagventilen
- Geräuschdämpfer
- Behälter, Rohrende über Flüssigkeitsspiegel
- Speicher mit Gasvorspannung
- Luftbehälter
- Filter oder Sieb
- Flüssigkeitsabscheider, manueller Ablass
- Filter mit Abscheider, manueller Ablass
- Lufttrockner
- Öler
- Kühler

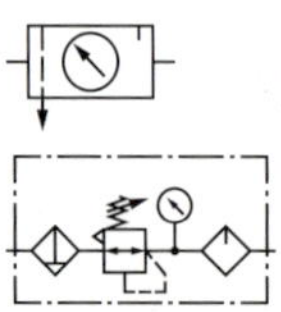

Aufbereitungseinheit
- vereinfachte Darstellung
- ausführliche Darstellung mit Filter, Druckventil, Manometer, Öler

Zylinder

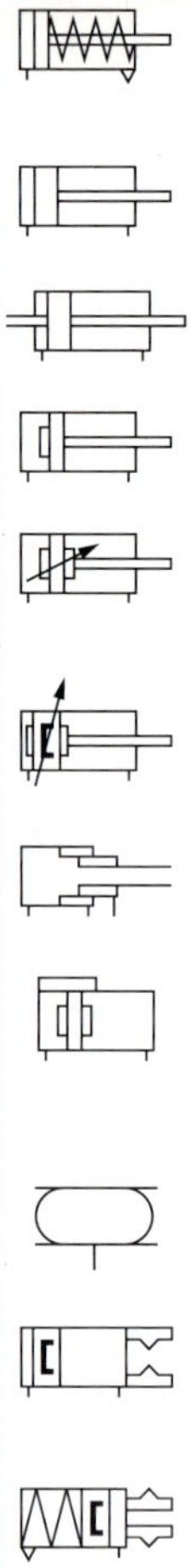

- einfach wirkender Pneumatikzylinder, Rückhub durch Feder
- doppelt wirkender Zylinder, einseitige Kolbenstange
- Zylinder mit zweiseitiger Kolbenstange
- Zylinder mit einseitiger Endlagendämpfung
- Zylinder mit beidseitiger, einstellbarer Endlagendämpfung
- Zylinder mit beidseitiger, einstellbarer Endlagendämpfung und Magnet
- doppelt wirkender Teleskopzylinder
- doppelt wirkender, kolbenstangenloser Dichtbandzylinder mit beidseitiger Endlagendämpfung
- Balgzylinder
- doppelt wirkender Greifer, mit Permanentmagnet am Kolben, innen greifend
- einfach wirkender Greifer, mit Permanentmagnet am Kolben, außen greifend

Sperrventile

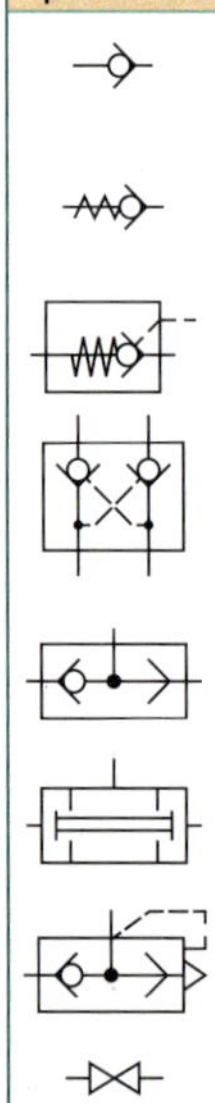

- Rückschlagventil, eine Durchflussrichtung
- Rückschlagventil, federbelastet,
- entsperrbares Rückschlagventil mit Feder
- Doppelrückschlagventil, entsperrbar
- Wechselventil (Oder-Ventil)
- Zweidruckventil (Und-Funktion)
- Schnellentlüftungsventil
- Absperrventil

Grafische Symbole

ISO 1219-1: 2012-06

Betätigungseinrichtungen

Betätigung durch Muskelkraft

- Druckknopf
- Drehknopf
- Hebel
- Pedal
- abnehmbarer Griff und Raste
- Druck- und Zugknopf mit Raste

Mechanische Betätigung

- Stößel mit einstellbarer Hubbegrenzung
- Rollenhebel
- Rollenhebel, Betätigung in einer Richtung
- Feder

Elektrische Betätigung

- Elektromagnet mit einer Wicklung
- Schrittmotor

Druckbetätigung

- direkte Druckbetätigung, hydraulisch
- direkte Druckbetätigung, pneumatisch
- Luftfeder

Kombinierte Betätigung

- Elektromagnet, pneumatisch vorgesteuert
- Elektromagnet, hydraulisch vorgesteuert, mit externer Steuerölversorgung
- Elektromagnet und Handhilfsbetätigung mit Raste
- Elektromagnet, pneumatisch vorgesteuert, mit Handhilfsbetätigung

Wegeventile

Symbolaufbau, Bezeichnung

Grundsymbol = ein Kästchen für jede Schaltstellung

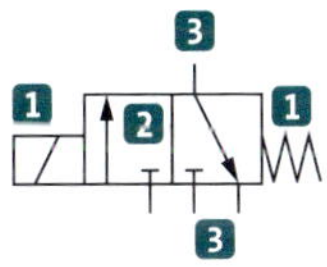

1 Art der Betätigung
2 Strömungswege für jede Schaltstellung
3 Anschlüsse an das Kästchen für Ruhestellung

Bezeichnung: **3 / 2-Wegeventil**

3 Anschlüsse ← 3

2 Schaltstellungen ← 2

Durchflusswege

- 1 Durchflussweg
- 2 gesperrte Anschlüsse
- 2 Durchflusswege
- 2 Durchflusswege und 1 gesperrter Anschluss
- 2 Durchflusswege, verbunden
- 1 Durchflussweg und 2 gesperrte Anschlüsse

Bauarten

2/-Wegeventil

- 2/2-Wegeventil, Sperr-Ruhestellung
- 2/2-Wegeventil, Durchfluss-Ruhestellung

3/-Wegeventil

- 3/2-Wegeventil, Sperr-Ruhestellung
- 3/2-Wegeventil, Durchfluss-Ruhestellung
- 3/2-Wegesitzventil, Sperr-Ruhestellung

Wegeventile

4/-Wegeventil

- 4/2-Wegeventil
- 4/3-Wegeventil, mit Sperrmittelstellung
- 4/3-Wegeventil, mit Schwimmmittelstellung
- 4/3-Wegeventil, mit Umlaufmittelstellung

5/-Wegeventil

- 5/2-Wegeventil
- 5/3-Wegeventil, mit Sperrmittelstellung

Druckventile

Symbolaufbau

Grundsymbol = ein Kästchen

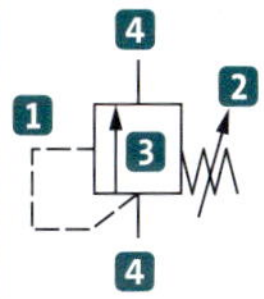

1 Seite mit Steuerdruck
2 Gegenseite mit Gegenkraft
3 Volumenstromrichtung
4 Anschlüsse

Bauarten

- Druckbegrenzungsventil, einstellbare Federbelastung
- Folgeventil, federbelastet, mit externem Leckölanschluss
- Folgeventil, federbelastet, mit externem Steuerdruckanschluss, pneumatisch
- Druckreduzierventil, einstellbare Federbelastung
- vorgesteuertes Druckreduzierventil, mit externem Steuerölablauf
- 3-Wege-Druckreduzierventil, pneumatisch
- gesteuertes Druckreduzierventil, Durchfluss in eine Richtung

Grafische Symbole

ISO 1219-1: 2012-06

Stromventile

Drosselventil

Drosselventil, einstellbar

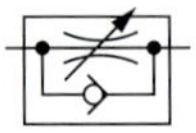
Drosselrückschlagventil, einstellbar

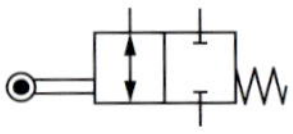
verstellbares Drosselventil, Betätigung mittels Rollenstößel, Federrückstellung

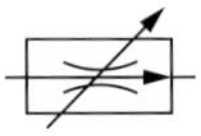
2-Wege-Stromregelventil, einstellbar

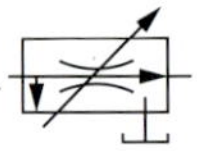
3-Wege-Stromregelventil, einstellbar und mit Entlastung zum Behälter

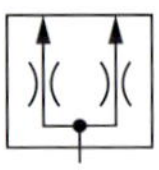
Volumenstromteiler, teilt zwei Volumenströme im festen Verhältnis

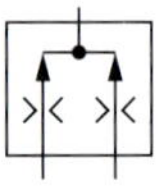
Volumenstromsummierer, hält zwei Volumenströme zueinander konstant

Mess- und Anzeigegeräte

optische Anzeige

digitale Anzeige

Überdruckmessgerät (Manometer)

Thermometer

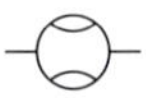
Volumenstrommessgerät

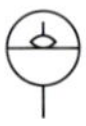
Flüssigkeits-Niveauanzeige (Schauglas)

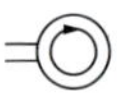
Drehzahlmessgerät

Druckschalter, Drucksensoren

elektromechanischer Druckschalter, einstellbar

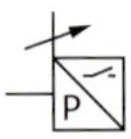

elektronischer Druckschalter, einstellbar, Ausgangssignal schaltend

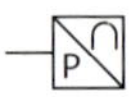

Drucksensor, Ausgangssignal analog

Stetigventile

Symbolaufbau

Beispiel: vorgesteuertes 4/3-Wegeventil mit Federzentrierung und beidseitiger Betätigung durch Elektromagnet

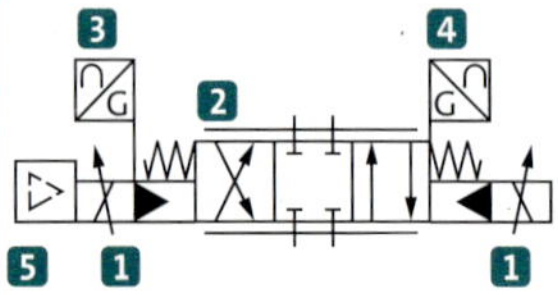

1 stufenlos verstellbare elektromagnetische Betätigung
2 unendliche Zahl von Zwischenstellungen
3 Lageregelung der Vorsteuerstufe
4 Lageregelung der Hauptsteuerstufe
5 integrierte Elektronik

Bauarten

Proportional-Wegeventile, Servo-Wegeventile

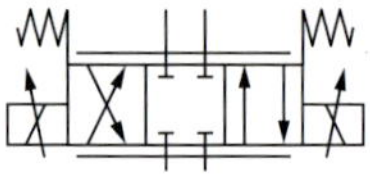
Proportional-Wegeventil, direkt betätigt

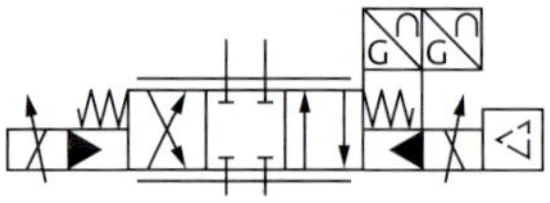

vorgesteuertes Proportional-Wegeventil, mit Lageregelung der Haupt- und Vorsteuerstufe, mit integrierter Elektronik

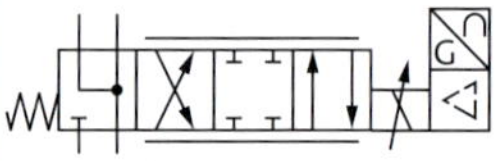

Servoventil mit Vorzugsstellung bei Stromausfall, elektrischer Rückführung und integrierter Elektronik

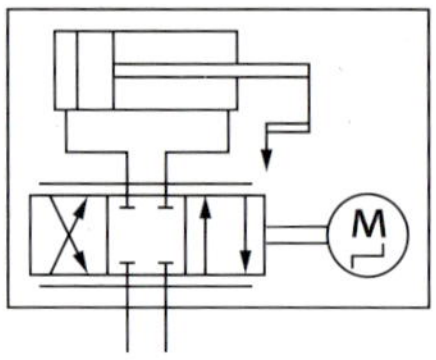

elektrohydraulischer Linearantrieb, aus Zylinder und Servoventil mit Schrittmotor, mechanische Rückführung der Zylinderposition, direkt betätigtes Proportional-Druckbegrenzungsventil

Proportional-Druckventile

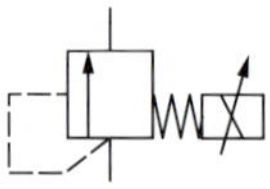
direkt betätigtes Proportional-Druckbegrenzungsventil

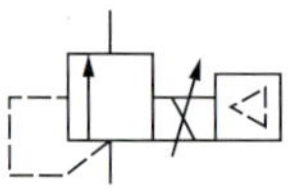
direkt betätigtes Proportional-Druckbegrenzungsventil mit integrierter Elektronik

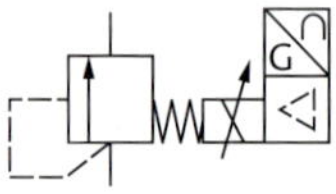

Proportional-Druckbegrenzungsventil mit Lageregelung des Magneten und integrierter Elektronik

Proportional-Stromventile

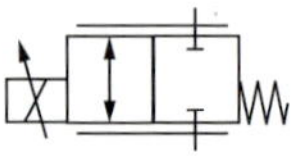
Proportional-Stromventil, direkt gesteuert

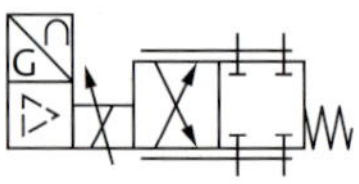

Proportional-Stromventil, mit Lageregelung des Magneten und integrierter Elektronik

Schaltpläne

DIN ISO 1219-2: 2019-01

Aufbau

- Darstellung aller Bauteile und Leitungen, ohne Berücksichtigung der tatsächlichen räumlichen Anordnung
- Gliederung in einzelne Schaltkreise mit zusammenhängender Steuerungsfunktion
  Beispiel: Schaltkreis 1 mit allen Bauteilen zum Steuern des Zylinders 1.8 (Pressen)
- Anordnung der Bauteile entsprechend des Energie- und Signalflusses von unten nach oben
- Darstellung gleichartiger Bauteile auf gleicher Höhe
  Beispiel: Signalglieder 1.1, 1.2, 1.3, 2.1 und 2.2
- Anordnung mehrerer Schaltkreise in der Reihenfolge des Steuerungsablaufes von links nach rechts
- Darstellung von Linien für Leitungen senkrecht und waagerecht, möglichst ohne sich zu kreuzen
- Umrahmen von zwei oder mehr Bauteilen in einer Einheit durch Strichpunktlinien
  Beispiel: Wartungseinheit 0.1
- Kennzeichnung der Einbaustellen von Signalgliedern, die durch Antriebe betätigt werden, mit einem Markierungsstrich und dem Kennzeichnungsschlüssel
  Beispiel: Signalglieder 1.3, 2.1 und 2.2
- Kennzeichnung der Betätigungsrichtung einseitig betätigter Rollenhebelventile durch einen Pfeil
  Beispiel: Signalglied 2.1

Bezeichnungsschlüssel für Bauteile und Schlauchleitungen

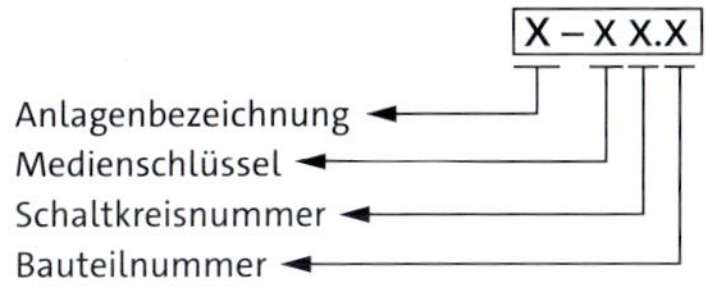

- Die Anlagenbezeichnung besteht aus Zahlen oder Buchstaben, gefolgt von einem Bindestrich.
- Der Medienschlüssel besteht aus Buchstaben:
  H für Hydraulik, **P** für Pneumatik, **K** für Kühlschmiermittel,
  C für Kühlung, **L** für Schmierung, **G** für Gastechnik.
- Schaltkreise erhalten eine fortlaufende Schaltkreisnummer; Bauteile der Energieversorgung vorzugsweise die Ziffer 0.
- Jedes Bauteil in einem Schaltkreis wird fortlaufend von links nach rechts und von unten nach oben nummeriert, beginnend mit der Ziffer 1.
- Anlagenbezeichnung bzw. Medienschlüssel können entfallen, wenn nur eine Anlage vorhanden ist bzw. nur ein Medium verwendet wird.

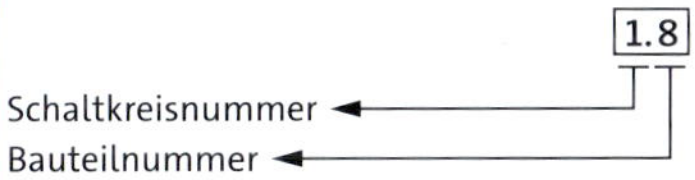

Bauteile können auch nach DIN EN 81346-2 gekennzeichnet werden.

Beispiel: Pneumatischer Schaltplan

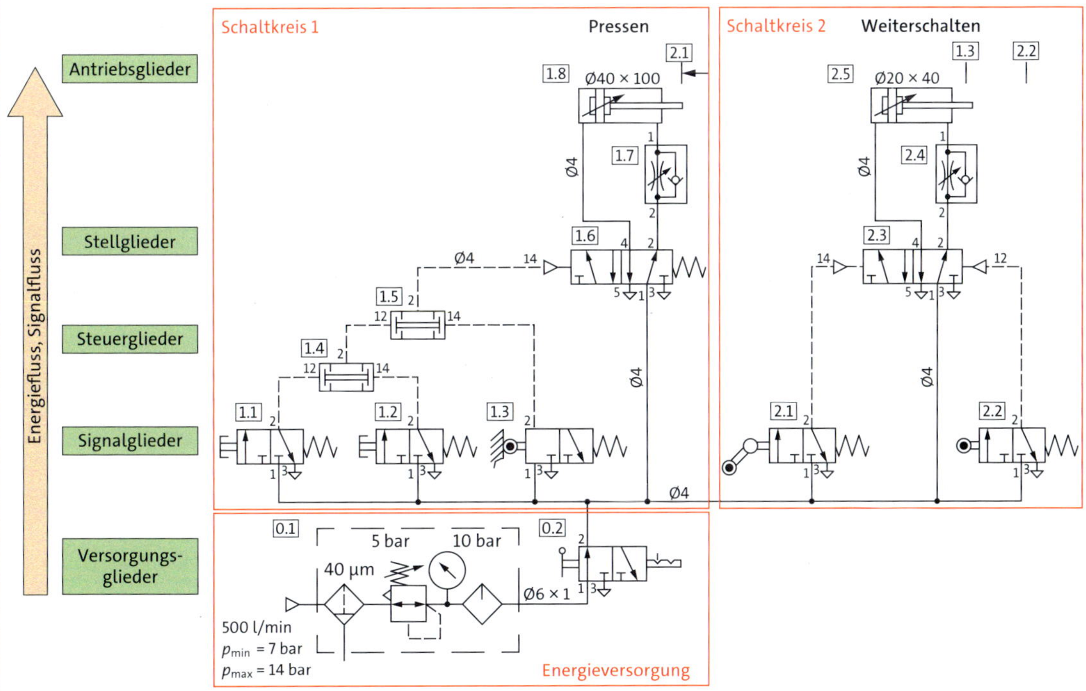

Schaltpläne

DIN ISO 1219-2: 2019-01

Bauteildarstellung

- mit Symbolen nach ISO 1219-1
- unbetätigt im drucklosen Zustand (Ruhestellung)
- abweichend von der Ruhestellung, zum Beispiel:
  - mechanisch betätigte Wegeventile in betätigter Stellung,
  - Zylinder mit ausgefahrener Kolbenstange in Ausgangsstellung.

Anschlussbezeichnungen

Art des Anschlusses	Zahlen	Buchstaben
Druckanschluss	1	P
Ausgangsanschlüsse	2, 4	A, B
Auslassanschlüsse	3, 5	T
Leckölanschluss	–	L
Steueranschlüsse[1)]	10, 12, 14	X, Y, Z

- Angabe der Anschlussbezeichnung oberhalb oder links neben den Bauteil-Anschlüssen
- Zahlen vorzugweise für Pneumatik nach ISO 9461 und Buchstaben für Hydraulik nach ISO 11727

Technische Informationen

- Angabe der technischen Daten von Bauteilen am jeweiligen Symbol:
  - für die Druckluftversorgung der Bemessungsvolumenstrom, z. B. 500 l/min und der Versorgungsdruckbereich, z. B. p_{min} = 7 bar, p_{max} = 14 bar,
  - für Druckflüssigkeitsbehälter maximale und minimale Füllmenge in Litern sowie die Art der Druckflüssigkeit, z. B. min 230 L, max 250 L, HLP 46,
  - bei Druckventilen der Einstelldruck, z. B. 115 bar,
  - für Druckluftfiltern die Nennfiltrationsrate, z. B. 40 µm,
  - für Hydraulikfiltern das Filtrationsverhältnis, z. B. β_{10} = 75,
  - bei Überdruckmessgeräten der Druckbereich, z. B. 150 bar,
  - bei Rohren Außendurchmesser und Wanddicke in Millimeter, z. B. Ø 20 x 2,
  - bei Schläuchen und Schlauchleitungen der Innendurchmesser (Nenngröße), z. B. Ø 4,
  - bei Druckluftzylindern Zylinderdurchmesser und der Hub in Millimeter, z. B. Ø 40 x 100,
  - bei Hydraulikzylindern Zylinder- und Kolbenstangendurchmesser und Hub in Millimeter, Ø 90/70 x 400,
  - für Konstantpumpen Nennvolumenstrom, z. B. 50 L/min,
  - bei Antriebsmaschinen Bemessungsleistung und Drehzahl, z. B. 10 kW, 1500 1/min,
  - oberhalb eines Schaltkreises die Funktion, z. B. Pressen.

Beispiel: Hydraulischer Schaltplan

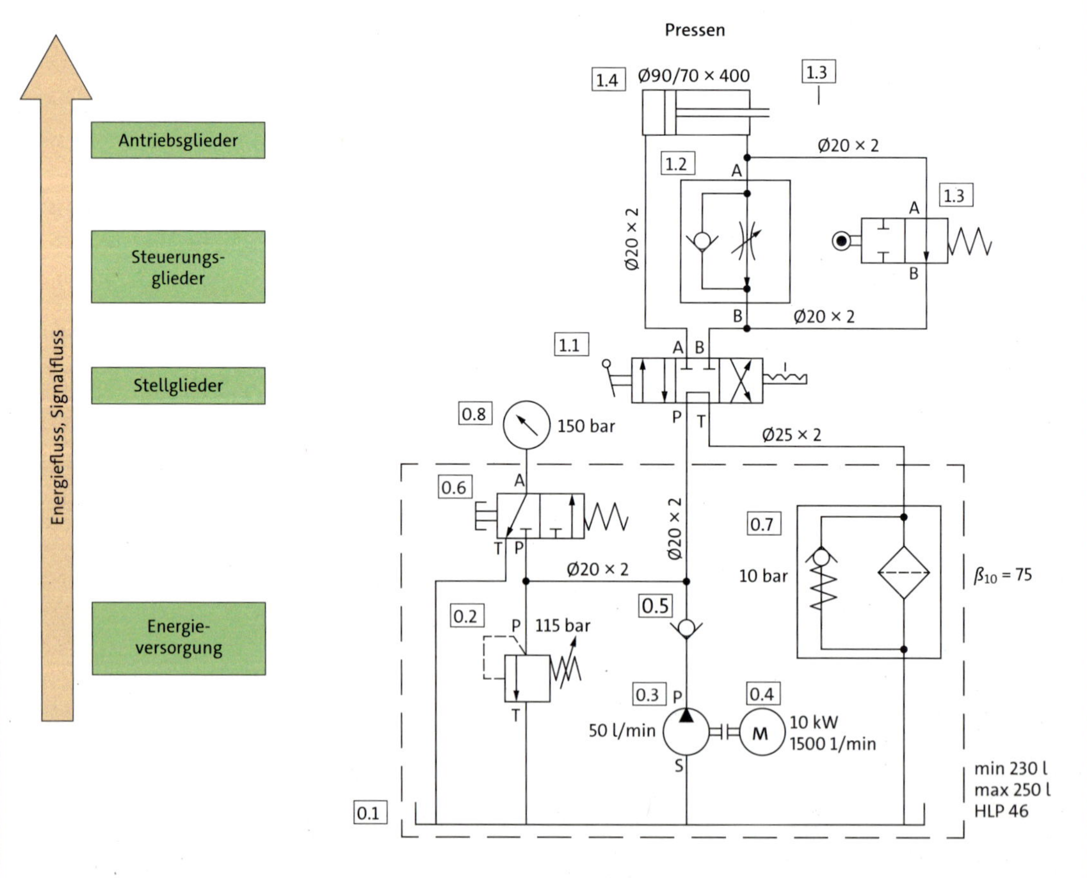

Signalverarbeitung in Proportionalventilen

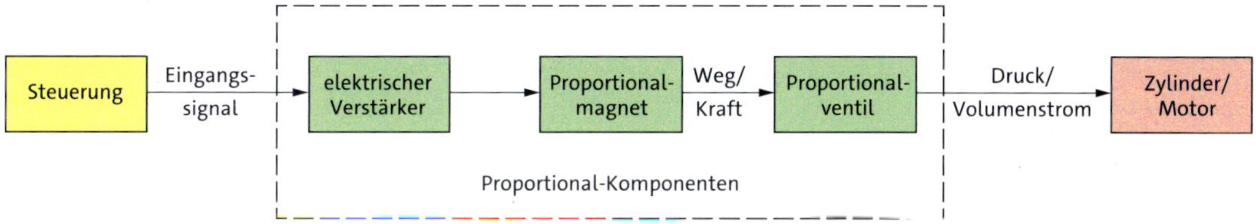

Herkömmliche Ventile können nur diskrete Stellungen einnehmen (Ein – Aus – Mittelstellung ...).
Die Verarbeitung der Eingangssignale erfolgt binär. Ab einer bestimmten Signalgröße (z. B. Schaltspannung U) schaltet das Ventil, darunter nicht. Proportionalventile erzeugen dagegen eine von der Größe des Eingangssignals abhängige Ausgangsgröße (Stetigventile). Dies ermöglicht es z. B. Kräfte, Drehzahlen und Geschwindigkeiten von Arbeitselementen schnell und genau einzustellen.

Vergleich konventionelle Steuerung – Proportionalsteuerung

konventionelle Vorschubsteuerung

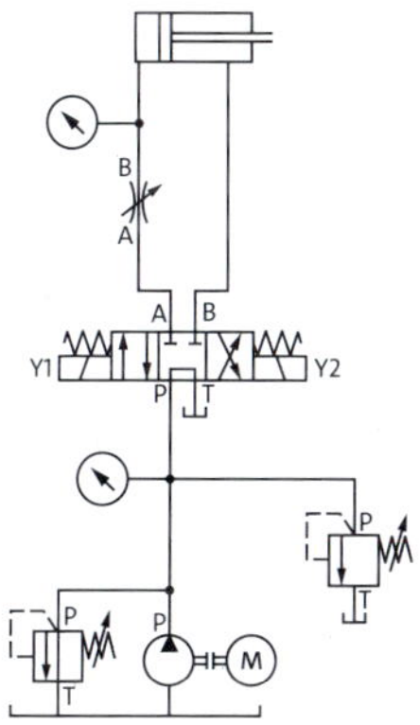

Die Vorschubgeschwindigkeit des Zylinders wird über die Einstellung des Volumenstroms an der Drossel manuell angepasst.

Die Anpassung des Druckes erfolgt über eine manuelle Einstellung des Druckbegrenzungsventils. Eine Automatisierung dieser Einstellungen ist nicht möglich.

Ein Ausbau der Steuerung zu einer Regelung ist nicht möglich.

proportionale Vorschubsteuerung

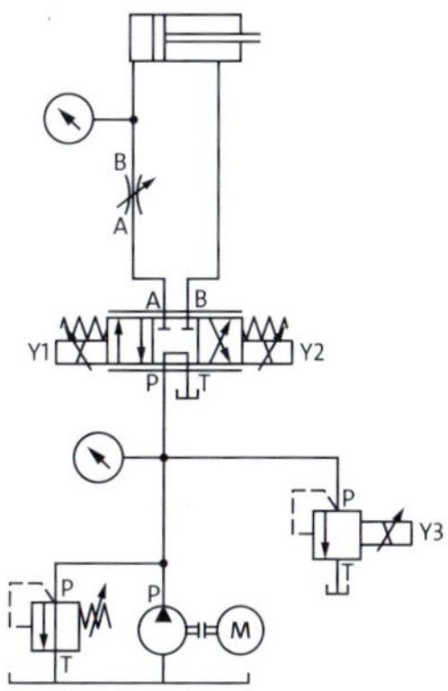

Die Vorschubgeschwindigkeit des Zylinders wird elektrisch über die Einstellung des Proportional-Wegeventils gesteuert. Das Drosselventil entfällt.
Mit dem Proportional-Druckbegrenzungsventil kann der Druck über ein elektrisches Steuersignal eingestellt werden.

Eine Änderung von Druck und Geschwindigkeit kann, wenn gewünscht, kontinuierlich und stufenlos erfolgen.

Die Steuerung kann zu einer Regelung ausgebaut werden.

Vorteile der Proportionalsteuerung:
- stufenlose Veränderung der Systemgrößen im laufenden Betrieb,
- automatisierte Änderung ohne manuellen Eingriff,
- kontinuierliche Anpassung der Systemgrößen an die Prozesserfordernisse (z. B. langsames Anfahren und Abbremsen, variable Drücke).

Aufbau eines Proportional-Wegeventils

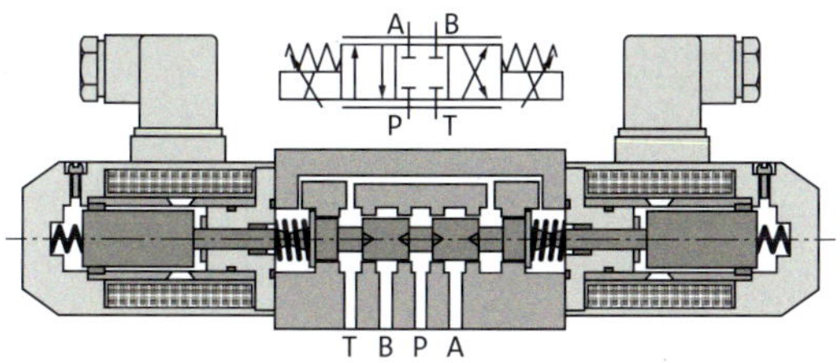

- Liegt keine Spannung an, sind die Steuerkolben zentriert, alle Anschlüsse sind geschlossen.
- Fließt ein Strom durch die rechte Spule, so bewegt sich der Steuerkolben nach links. Die Anschlüsse P und B sowie A und T werden miteinander verbunden. Spulenstrom und Kolbenbewegung sind zueinander proportional, somit auch der Volumenstrom durch die Anschlüsse.
- Fließt ein Strom durch die linke Spule, erfolgt eine symmetrische Bewegung.
- Im Falle eines Spannungsausfalls bewegt sich der Steuerkolben in die Mitte, alle Anschlüsse werden gesperrt.

Unterschiede Proportionalventile – Servoventile

Proportionalventil

- positive Überdeckung der Steuerkanten
- Totzone beim Öffnen
- nichtlineare Kennlinie
- robust
- preisgünstig

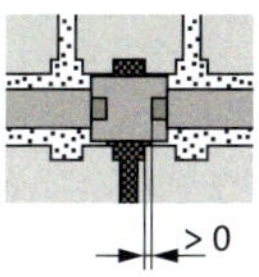

Überdeckung der Steuerkanten und Totzone

Servoventil

- keine Totzone
- lineare Kennlinie
- geeignet für Regelungen
- hohe Anforderungen an Qualität der Druckflüssigkeit
- komplexer Aufbau
- hoher Preis

Pneumatikzylinder

DIN ISO 6432: 1987-10, DIN ISO 15552: 2005-12

Abmessungen und Kräfte (Auszug)

Kolbendurchmesser (mm)		12	16	20	25	32	40	50	63	80	100	125
Kolbenstangendurchmesser (mm)		6	8	8	10	12	16	20	20	25	25	32
Pneumatikanschlüsse		M5	M5	G1/8	G1/8	G1/8	G1/8	G1/4	G3/8	G3/8	G1/2	G1/2
einfach wirkender Zylinder	Druckkraft in N bei $p_e = 6$ bar[1) 2)]	61	111	169	275	451	704	1108	1795	2886	4572	7198
	Federrückstellkraft in N[2)]	7	10	20	25	32	50	70	75	130	140	165
doppelt wirkender Zylinder	Kraft in N Vorlauf $p_e = 6$ bar[1)]	68	121	189	295	483	754	1178	1870	3016	4712	7363
	Kraft in N Rücklauf $p_e = 6$ bar[1)]	51	104	158	247	415	633	990	1682	2721	4418	6881

1) bei einem theoretischen Wirkungsgrad von $\eta = 1$
2) die exakte Kraft ist hubabhängig

Kolbenkräfte

Ausfahren

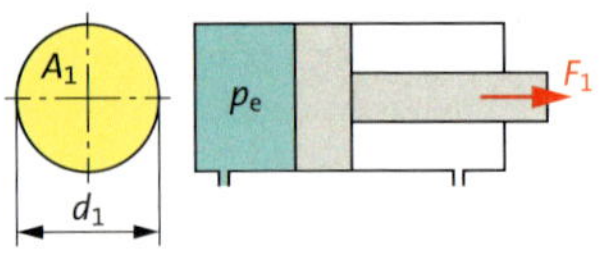

Einfahren

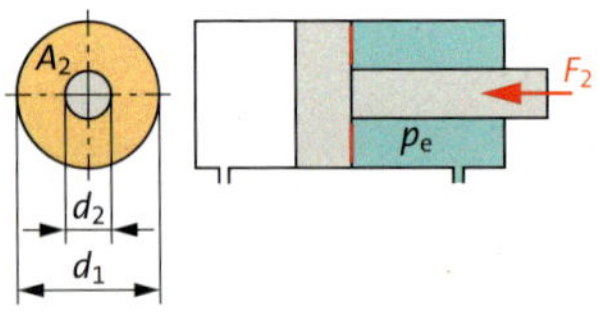

$$F = p_e \cdot A \cdot \eta$$

$$F_1 = p_e \cdot A_1 \cdot \eta$$

$$p_e = \frac{F_1}{A_1 \cdot \eta}$$

$$A_1 = \frac{d_1^2 \cdot \pi}{4}$$

$$F_2 = p_e \cdot A_2 \cdot \eta$$

$$p_e = \frac{F_2}{A_2} \cdot \eta$$

$$A_2 = \frac{(d_1^2 - d_2^2) \cdot \pi}{4}$$

geg.: $d_1 = 32$ mm; $d_2 = 12$ mm; $p_e = 6$ bar; $\eta = 88$ %

ges.: F_1; F_2

$$A_1 = \frac{32\ \text{mm}^2 \cdot \pi}{4} = 804{,}25\ \text{mm}^2 \approx 8{,}04\ \text{cm}^2$$

$$F_1 = 60\ \frac{\text{N}}{\text{cm}^2} \cdot 8{,}04\ \text{cm}^2 \cdot 0{,}88 = 424{,}67\ \text{N}$$

$$F_2 = 60\ \frac{\text{N}}{\text{cm}^2} \cdot 6{,}91\ \text{cm}^2 \cdot 0{,}88 = 364{,}85\ \text{N}$$

$$1\ \text{bar} = 10\ \frac{\text{N}}{\text{cm}^2}$$

Kolbengeschwindigkeiten

Ausfahren

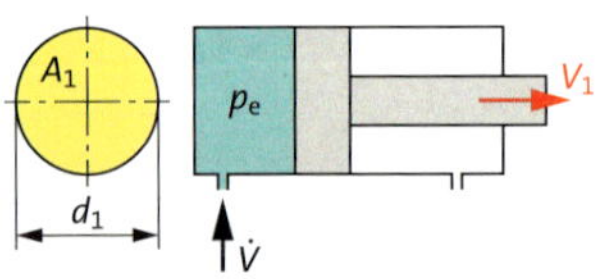

Einfahren

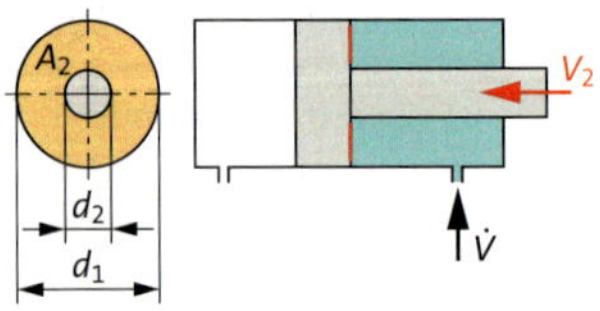

$$v_1 = \frac{\dot{V}}{A_1}$$

$$v_2 = \frac{\dot{V}}{A_2}$$

geg.: $\dot{V} = 6$ l/min; $d_1 = 32$ mm, $d_2 = 12$ mm

ges.: v_1; v_2

$$A_1 = \frac{32\ \text{mm}^2 \cdot \pi}{4} = 804{,}25\ \text{mm}^2 \approx 8{,}04\ \text{cm}^2$$

$$A_2 = \frac{(32\ \text{mm}^2 - 12\ \text{mm}^2) \cdot \pi}{4} = 691{,}15\ \text{mm}^2 \approx 6{,}91\ \text{cm}^2$$

$$v_1 = \frac{6000\ \text{cm}^3/\text{min}}{8{,}04\ \text{cm}^2} = 746{,}27\ \frac{\text{cm}}{\text{min}} = 7{,}46\ \frac{\text{m}}{\text{min}}$$

$$v_2 = \frac{6000\ \text{cm}^3/\text{min}}{6{,}91\ \text{cm}^2} = 868{,}31\ \frac{\text{cm}}{\text{min}} = 8{,}68\ \frac{\text{m}}{\text{min}}$$

Druckübersetzung

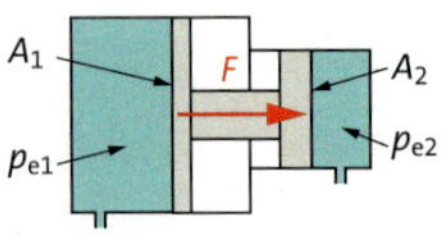

$$p_{e1} \cdot A_1 \cdot \eta = F = p_{e2} \cdot A_2$$

$$i = \frac{p_{e1}}{p_{e2}} \cdot \eta = \frac{A_2}{A_1}$$

geg.: $p_{e1} = 6$ bar, $A_1 = 150\ \text{cm}^2$, $A_2 = 50\ \text{cm}^2$, $\eta = 0{,}85$

ges.: p_{e2}

$$p_{e2} = p_{e1} \frac{A_1}{A_2} \cdot \eta = 6\ \text{bar} \cdot \frac{150\ \text{cm}^2}{50\ \text{cm}^2} \cdot 0{,}85 = 15{,}3\ \text{bar}$$

F, F_1, F_2: Kolbenkräfte
p_e: Überdruck (Betriebsdruck)
A, A_1, A_2: wirksame Kolbenflächen
d_1: Kolbendurchmesser
d_2: Kolbenstangendurchmesser
η: Wirkungsgrad
v_1, v_2: Kolbengeschwindigkeiten
$\dot{V}$: Volumenstrom
i: Übersetzungsverhältnis

Luftverbrauch

einfach wirkender Zylinder	$\dot{V} = A \cdot s \cdot n \cdot \frac{p_e + p_{amb}}{p_{amb}}$	geg.: einfach wirkender Zylinder mit $d = 32$ mm; $s = 75$ mm; $n = 60$ 1/min; $p_e = 8$ bar ges.: $\dot{V}$ $A = \frac{d^2 \cdot \pi}{4} = \frac{3{,}2\ \text{cm}^2 \cdot \pi}{4} = 8{,}04\ \text{cm}^2$ $\dot{V} = 8{,}04\ \text{cm}^2 \cdot 7{,}5\ \text{cm} \cdot 60\ \frac{1}{\text{min}} \cdot \frac{8\ \text{bar} + 1\ \text{bar}}{1\ \text{bar}}$ $= 35562\ \frac{\text{cm}^3}{\text{min}} = 35{,}56\ \frac{\text{l}}{\text{min}}$
doppelt wirkender Zylinder	$\dot{V} \approx 2 \cdot A \cdot s \cdot n \cdot \frac{p_e + p_{amb}}{p_{amb}}$	

Luftverbrauch nach Diagramm

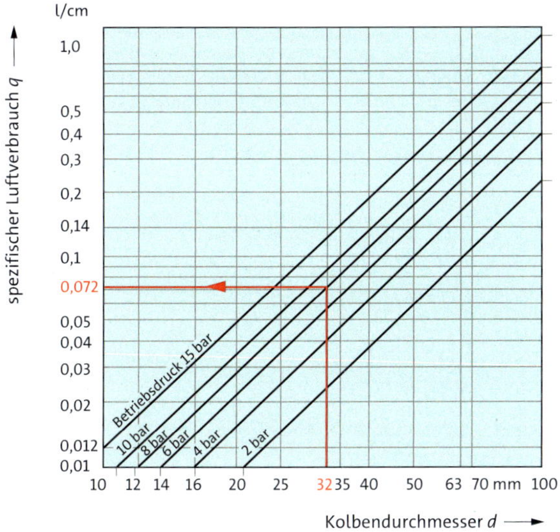

einfach wirkender Zylinder
$\dot{V} = q \cdot s \cdot n$

doppelt wirkender Zylinder
$\dot{V} \approx 2 \cdot q \cdot s \cdot n$

geg.: einfach wirkender Zylinder mit $d = 32$ mm; $s = 75$ mm; $n = 60$ 1/min; pe = 6 bar

ges.: $\dot{V}$

nach Diagramm $q = 0{,}072\ \frac{\text{l}}{\text{cm}}$

$\dot{V} = q \cdot s \cdot n = 0{,}072\ \frac{\text{l}}{\text{cm}} \cdot 7{,}5\ \text{cm} \cdot 60\ \frac{1}{\text{min}} = 32{,}4\ \frac{\text{l}}{\text{min}}$

Der gesamte Luftverbrauch kann durch die Füllung von Toträumen bis zu 25 % über den aus dem Diagramm ermittelten Werten für den Arbeitsluftverbrauch liegen.

Toträume stellen beispielsweise nicht nutzbare Räume in den Endlagen der Kolben und die Leitungen zwischen Ventil und Zylinder dar.

Pumpenleistung

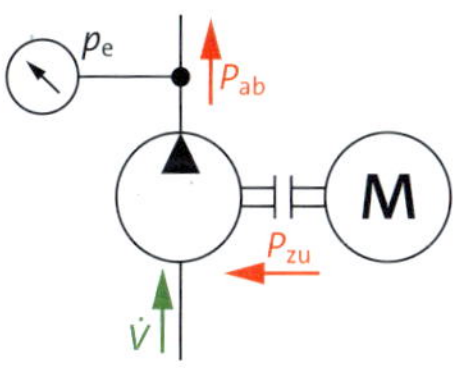

$P_{zu} = M \cdot 2 \cdot \pi \cdot n$

$P_{ab} = \dot{V} \cdot p_e$

als Zahlenwertgleichungen

$P_{zu} = \frac{M \cdot n}{9550}$

$P_{ab} = \frac{\dot{V} \cdot p_e}{600}$

$\eta = \frac{P_{ab}}{P_{zu}}$

P in kw
M in Nm
n in 1/min
$\dot{V}$ in l/min
P_e in bar

geg.: $\dot{V} = 80$ l/min, $p_e = 20$ bar, $\eta = 0{,}90$

ges.: p_{ab}, p_{zu}

$1\ \text{bar} = 10\ \frac{\text{N}}{\text{cm}^2}$

$P_{ab} = \frac{80\ \text{l} \cdot 200\ \text{N}}{\text{min}} \cdot \text{cm}^2 = \frac{16000\ \text{Ndm}^3}{\text{min} \cdot \text{cm}^2} = \frac{16000000\ \text{Ncm}^3}{60\ \text{s} \cdot \text{cm}^2}$

$P_{ab} = \frac{266666\ \text{Ncm}}{s} = \frac{2666{,}66\ \text{Nm}}{s} = 2666\ \text{W} = 2{,}67\ \text{kW}$

$P_{zu} = \frac{P_{ab}}{\eta} = \frac{2{,}67\ \text{kW}}{0{,}9} = 2{,}96\ \text{kW}$

$\dot{V}$: Volumenstrom
A: wirksame Kolbenfläche
s: Kolbenhub
n: Hubzahl
d: Kolbendurchmesser
p_e: Überdruck (Betriebsdruck)
p_{amp}: atmosphärischer Druck
q: spezifischer Luftverbrauch
P_{zu}, P_{ab}: Leistung
n: Drehzahl
M: Drehmoment
η: Wirkungsgrad

6

Funktionen von Druckflüssigkeiten

Hauptfunktionen	Nebenfunktionen	
■ Leistungsübertragung ■ Signalübertragung	■ Reibungsverminderung ■ Verschleißminderung	■ Wärme-, Schmutzabfuhr ■ Korrosionsschutz

Allgemeine Anforderungen an Druckflüssigkeiten

- gute Schmierfähigkeit
- gutes Benetzungsvermögen
- den Einsatzbedingungen entsprechende Viskosität
- geringe Temperaturabhängigkeit (hoher Viskositätsindex)
- hohe Alterungsbeständigkeit
- hohe Temperaturbeständigkeit
- schwer entflammbar
- chemisch nicht aggressiv
- wenig umweltbelastend und toxisch
- geringe Schaumneigung

Hydrauliköle

DIN 51524: 2017-06

HL – DIN 51524-1	HLP – DIN 51524-2	HVLP – DIN 51524-3
mit Wirkstoffen zum Erhöhen des Korrosionsschutzes und der Alterungsbeständigkeit	wie HL, zusätzlich Verschleißminderung und Erhöhung der Belastbarkeit im Mischreibungsgebiet – breiteste Anwendung in der Praxis	wie HLP, jedoch mit erhöhter Alterungsbeständigkeit sowie einem verbesserten Viskositäts-Temperatur-Verhalten
für Hydraulikanlagen ≦ 200 bar	auch verwendbar in Hydraulikanlagen ≧ 200 bar	

Eigenschaften		HL 10 HLP 10	HL 22 HLP 22	HL 32 HLP 32	HL 46 HLP 46	HL 68 HLP 68	HL 100 HLP 100
kinematische Viskosität in mm²/s	–20 °C	600					
	0 °C	90	300	420	780	1400	2560
	40 °C	10	22	32	46	68	100
	100 °C	2,4	4,1	5,0	6,1	7,8	9,9
Pourpoint[1)] ≦		–30 °C	–21 °C	–18 °C	–15 °C	–12 °C	–12 °C
Flammpunkt ≧		125 °C	165 °C	175 °C	185 °C	195 °C	205 °C

Hydrauliköl DIN 51 524 – HLP 46: Hydrauliköl Typ HLP, kinematische Viskosität von 46 mm²/s bei 40 °C

Viskositäts-Temperaturverhalten

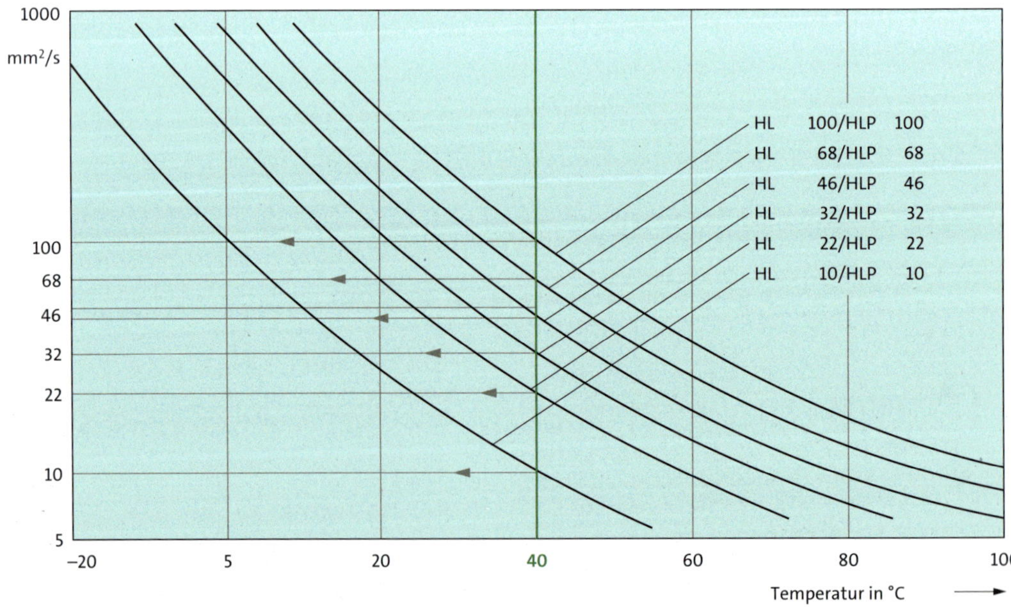

[1)] (engl. – Fließpunkt), die Temperatur, bei der das Hydrauliköl unter Schwerkrafteinfluss gerade noch fließt

Druckflüssigkeiten-Hydrauliköle

Schwer entflammbare Hydraulikflüssigkeiten

Einsatz dort, wo Mineralöle aufgrund hoher Brandrisiken nicht nutzbar sind,
insbesondere im Steinkohlebergbau, in der Stahlindustrie und in der Luftfahrt.

Bezeichnung	ISO-Viskositätsklassen	Eignung für Temperaturen in °C	Eigenschaften	Verwendung
HFAE DIN 24320	(nicht festgelegt)	+5 ... +55	Öl-in-Wasser-Emulsion, üblicher Ölanteil 2 bis 3 %, kleine Viskosität, geringe Schmierfähigkeit	Grubenausbau, Druckwasser-Anlagen
HFAS DIN 24320	(nicht festgelegt)	+5 ... +55	Lösungen von Flüssigkeitskonzentraten in Wasser, Eigenschaften wie HFAE	Grubenausbau, Druckwasser-Anlagen
HFC	15, 22, 32 46, 68, 100	−20 ... +60	wässrige Monomer- und/oder Polymerlösungen, Verschleißschutz besser als bei HFA	Bergbau, Druckgussmaschinen, Schweißautomaten, Stahlindustrie, Gießerei
HFD	15, 22, 32 46, 68, 100	−20 ... +150	wasserfreie synthetische Flüssigkeiten, gut alterungsbeständig, schmierfähig, großer Temperaturbereich	bei hohen Betriebstemperaturen, Dampfturbinen, Flugzeugtriebwerke

Biologisch schnell abbaubare Hydraulikflüssigkeiten — ISO 15380: 2016-12

Für den Einsatz in biologisch kritischer Umgebung (Wasserschutzgebieten, Wald, etc.).
Aus Mineralöl oder auf Basis nachwachsender Rohstoffe. Umweltfreundliche Hydraulikflüssigkeiten sind Schadstoffe der Schadstoffklasse I, die Kennzeichnung ist HE (Hydraulic Environmental).

Kurzbezeichnung		Eigenschaften/Verwendung
HETG	Pflanzenöle	geringe Alterungsbeständigkeit, geringe thermische Belastbarkeit, technisch kaum einsetzbar
HEPG	Polyglykol-Öle	teilweise unverträglich mit Dichtungs-, Beschichtungs- und Schlauchwerkstoffen, nicht oder nur eingeschränkt öllöslich, sehr geringer Marktanteil
HEES	ungesättigte synthetische Ester	mittlere Alterungsbeständigkeit, eingeschränkt thermisch belastbar
	gesättigte synthetische Ester	hohe Alterungsbeständigkeit, hohe thermische Belastbarkeit, gutes Tieftemperaturverhalten, guter Verschleißschutz, gute Verträglichkeit mit Dichtungs-, Beschichtungs- und Schlauchwerkstoffen
HEPR	Polyalphaolefine etc.	teilweise eingeschränkte biologische Abbaubarkeit

Regeln für Sicherheit und Gesundheitsschutz beim Umgang mit Hydraulikflüssigkeiten nach DGUV

- Druckflüssigkeiten müssen so ausgewählt sein, dass sie den Beanspruchungen standhalten und mit den verwendeten Werkstoffen verträglich sind.
- Druckflüssigkeiten müssen den Angaben des Herstellers des hydraulischen Systems entsprechen.
- Druckflüssigkeiten müssen so beschaffen sein, dass beim Umgang mit ihnen Gesundheitsgefahren vermieden werden.
- Druckflüssigkeiten müssen unter Berücksichtigung der Umgebungseinflüsse des Hydrauliksystems und möglicher Auswirkungen auf die Umwelt ausgewählt sein.
- Beim Umgang mit Druckflüssigkeiten, die gesundheitsgefährliche Stoffe enthalten können, ist Hautkontakt und Einatmen von Sprühnebel zu vermeiden.
- Ist Hautkontakt nicht auszuschließen, sind geeignete persönliche Schutzausrüstungen zu benutzen.
- Druckflüssigkeiten sind so zu lagern, zu transportieren und abzufüllen, dass eine Verunreinigung von Boden und Gewässern vermieden wird.
- Vor einer Entsorgung ist zu prüfen, ob die Druckflüssigkeit nach einer Aufbereitung wiederverwendet werden kann.
- Zu entsorgende Druckflüssigkeiten dürfen nur an behördlich zugelassene Entsorgungsunternehmen abgegeben werden.

Hydraulikschläuche mit Drahtgeflechteinlage — DIN EN 853: 2016-09

Ausführung Typ 1SN
mit einer Drahtgeflechteinlage

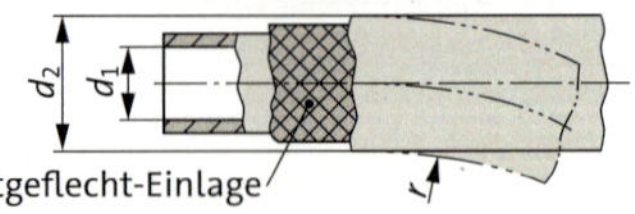

Nenndurchmesser DN in mm	Innendurchmesser d_2 in mm	Außendurchmesser d_2 in mm	Mindest-Biegeradius r in mm	Max. Betriebsdruck in bar	Prüfdruck in bar	Berstdruck in bar
6	6,4	13,4	100	225	450	900
8	7,9	15,0	115	215	430	850
10	9,5	17,2	130	180	360	720
12	12,7	20,5	180	160	320	640
16	15,9	23,5	200	130	260	520
25	25,4	35,4	240	88	175	350
32	31,8	43,5	420	63	150	250
40	38,1	50,5	500	50	100	200
50	50,8	63,6	630	40	80	160

Ausführung Typ 2SN
mit zwei Drahtgeflechteinlagen

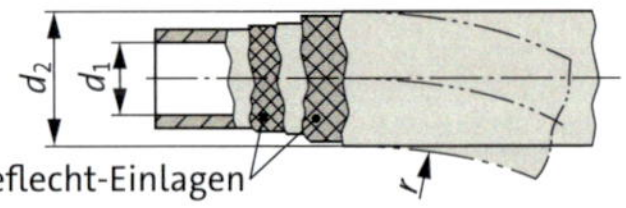

Nenndurchmesser DN in mm	Innendurchmesser d_2 in mm	Außendurchmesser d_2 in mm	Mindest-Biegeradius r in mm	Max. Betriebsdruck in bar	Prüfdruck in bar	Berstdruck in bar
6	6,4	15,0	100	400	800	1600
8	7,9	16,6	115	350	700	1400
10	9,5	19,0	130	330	660	1320
12	12,7	22,2	180	275	550	1110
16	15,9	25,4	200	250	500	1000
25	25,4	38,1	240	165	325	650
32	31,8	48,3	420	125	250	500
40	38,1	54,6	500	90	180	360
50	50,8	67,3	630	80	160	320

Hydraulikschläuche mit Textileinlage — DIN EN 854: 2016-09

Ausführung Typ 2TE mit 2 Textilgeflechten

Nenndurchmesser DN in mm	Innendurchmesser d_2 in mm	Außendurchmesser d_2 in mm	Mindest-Biegeradius r in mm	Max. Betriebsdruck in bar	Prüfdruck in bar	Berstdruck in bar
6	6,4	13,4	40	75	150	300
8	7,9	15,0	50	68	136	272
10	9,5	16,8	60	63	126	252
12	12,7	19,5	70	58	116	232
16	15,9	23,7	90	50	100	200
25	25,4	34,6	150	40	80	160

Ausführung Typ 3TE mit 3 Textilgeflechten

Nenndurchmesser DN in mm	Innendurchmesser d_2 in mm	Außendurchmesser d_2 in mm	Mindest-Biegeradius r in mm	Max. Betriebsdruck in bar	Prüfdruck in bar	Berstdruck in bar
6	6,4	14,5	45	145	290	580
8	7,9	16,9	55	130	260	520
10	9,5	18,2	70	110	220	440
12	12,7	21,5	85	93	186	372
16	15,9	25,6	105	80	160	320
25	25,4	35,4	150	55	110	220

Schaltzeichen der Elektrotechnik

DIN EN 60617: 1997-08

Kontakte

	Schließer unbetätigt		Schließer betätigt		Wechsler (mit Unterbrechung beim Schaltvorgang)	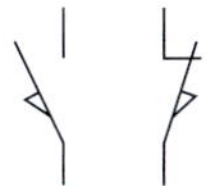	Endschalter, Schließer und Öffner
	Öffner unbetätigt		Öffner betätigt		Zweiwegschließer mit AUS-Mittelstellung		Pilz-Notdrucktaster

Betätigungsarten

	Handbetätigung allgemein nicht rastend		Druckbetätigung rastend		Zugbetätigung
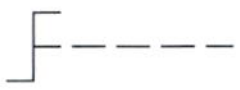	Drehbetätigung	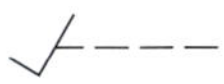	Pedalbetätigung (Fuß-)		Rollenbetätigung
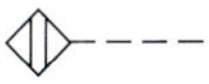	Betätigung durch Annäherung	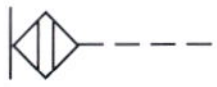	Betätigung durch Berührung	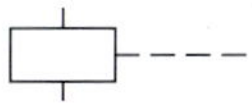	Betätigung durch elektromagnetischen Antrieb

Stellverhalten

	Raste		Sperre		anzugverzögerter Schließer		abfallverzögerter Schließer

Elektromechanische Antriebe, Relais

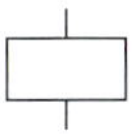	Elektromechanischer Antrieb (EA) allgemein	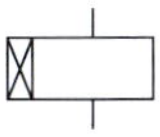	EA mit Ansprechverzögerung	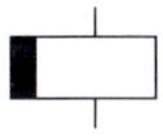	EA mit Rückfallverzögerung	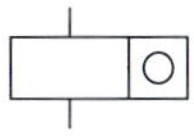	Impulszähler, elektrisch betätigt
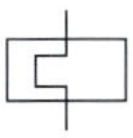	Thermorelais (Bimetall)	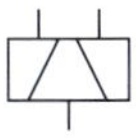	EA mit zwei getrennten gleichsinnigen Wicklungen	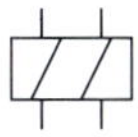	EA mit zwei getrennten gleichsinnigen Wicklungen	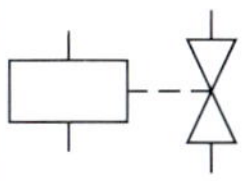	elektromagnetisch betätigtes Ventil

Sensoren

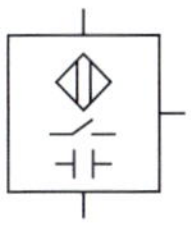	kapazitiver Sensor, reagiert auf alle Stoffe	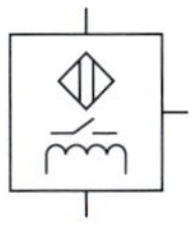	induktiver Sensor, reagiert auf Stoffe mit hoher elektr. Leitfähigkeit (z. B. Metalle)	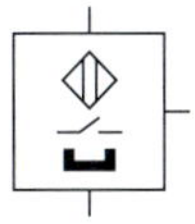	magnetischer Sensor, reagiert auf Magneten (z. B. Reed-Kontakt)

Signaleinrichtungen

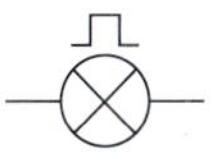	Lampe, Leuchtmelder blinkend	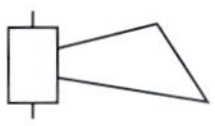	Horn, Hupe		Summer		Klingel

Kennzeichnung von Bauelementen

DIN EN 81346: 2010-05

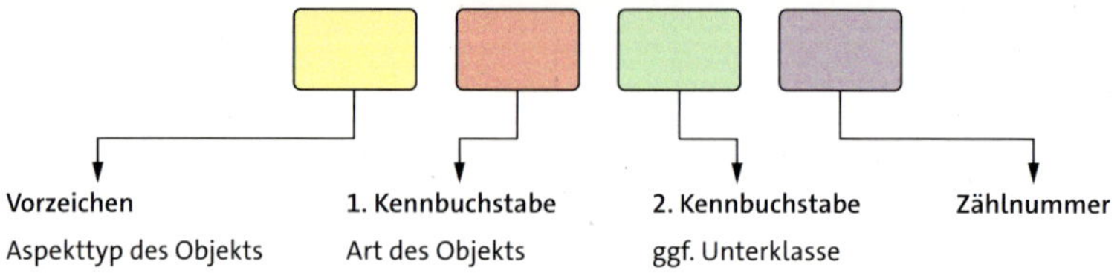

Vorzeichen

=	kennzeichnet die Funktion des Objekts	–	kennzeichnet die Art des Objekts (Produkt)	+	kennzeichnet den (Einbau-) Ort des Objekts

Im Folgenden werden ausschließlich produktbezogene (–) Kennzeichnungen verwendet.

1. Kennbuchstabe – Art des Objekts			2. Kennbuchstabe (nur wenn erforderlich)		
	Zweck/Aufgabe	Betriebsmittel (Auswahl)		Eingangsgröße	Beispiel
B	Messen und Umwandeln von Werten und Größen	Sensor, Fotozelle, Näherungsschalter	G	Abstand	Näherungssensor
			P	Druck	Drucksensor
F	Schutz vor unerwünschten Zuständen	Sicherungsventil, Sicherung	B	Fehlerstrom	Fehlerstrom-Schutzschalter
			C	Überstrom	Sicherung
G	Initiieren eines Energie- oder Materialflusses	Lüfter, Pumpe, Generator, Batterie	A	mechanisch	Generator
			C	chemisch	Batterie
K	Verarbeiten von Signalen, Schließen, Schalten	Steuerventil, Schaltrelais, Regler	F	elektrisch	Relais, Transistor
			H	fluidtechnisch	Ventil
M	Bereitstellen mechanischer Energie	Zylinder, Elektromotor, Turbine	B	magnetisch	Elektromagnet, Spule
			M	fluidtechnisch	Pneumatikmotor, Fluidzylinder
P	Darstellen von Informationen	Manometer, Thermometer, Signallampe, LED	F	visuell	Meldelampe, LED
			J	akustisch	Hupe, Lautsprecher
Q	Schalten eines Energie- oder Materialflusses	Absperrventil, Leistungsschütz	A	elektrisch	Leistungsschalter
			M	fluidtechnisch	Wegeventil
R	Begrenzung eines Energie- oder Materialflusses	Rückschlagventil, Diode, Widerstand	M	Fluid sperren	Rückschlagventil
			N	Fluid begrenzen	Drosselventil
S	Umwandeln manueller Betätigung in Signal	Druckknopfventil, Tastschalter	F	elektrisch	Taster
			J	fluidtechnisch	handbetätigtes Ventil

Beispiel:

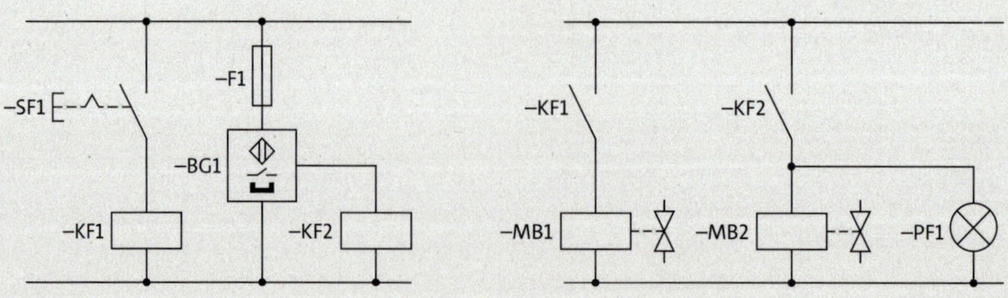

Elektromagnetische Schalter

Begriff	Erklärung
Relais	Elektromagnetischer Schalter; zum Schalten von Signalen (= kleine Stromstärke) gedacht. Der Maximalstrom ist üblicherweise auf dem Relais angegeben.
Schütz	Elektromagnetischer Schalter; zum Schalten von Lasten (= große Stromstärke) gedacht. Der Maximalstrom ist üblicherweise auf dem Schütz angegeben.

Aufbau und Funktion eines Relais

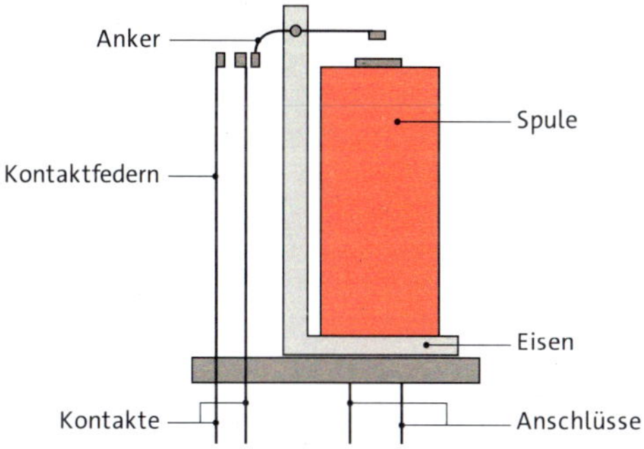

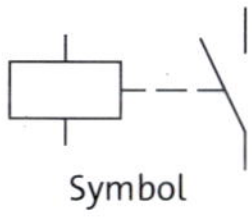

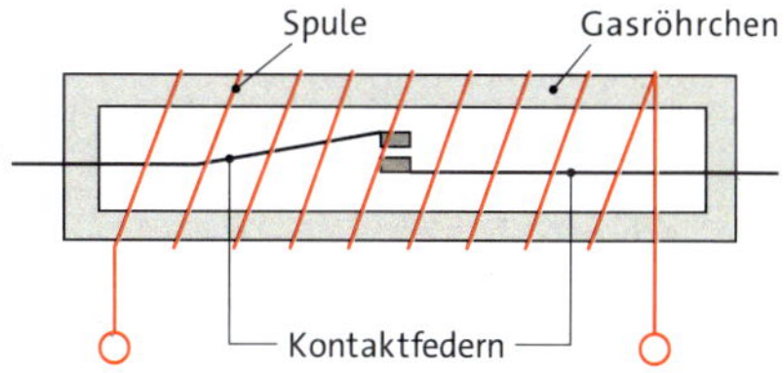

Fließt ein Strom durch die Spule des Steuerstromkreises, wird der Anker durch das sich aufbauende magnetische Feld angezogen. Dieser schließt dann die Schaltkontakte.
Je nach Ausführung existieren mehrere Kontakte, als Öffner und/oder Schließer ausgeführt.

Bei einem Reedrelais sind die Kontaktzungen in ein Glasröhrchen (Vakuum oder Schutzgasfüllung) eingeschmolzen.
Das Röhrchen ist mit einer Spule umwickelt.
Bei Stromfluss durch die Spule werden die Kontaktfedern magnetisiert, ziehen sich an und schließen den Kontakt.

Relais und Schütz im Stromlaufplan

DIN EN 61082: 2015-10

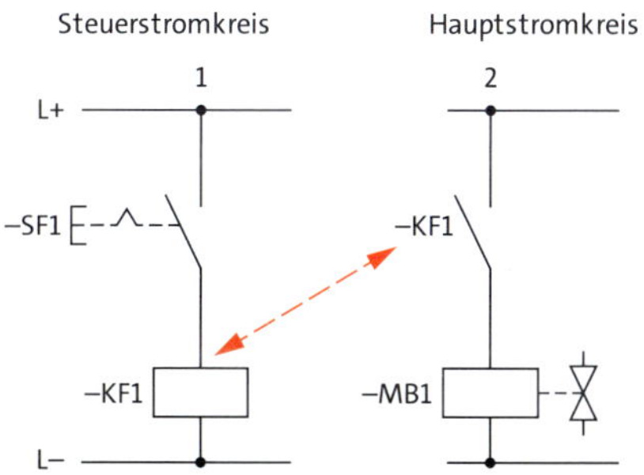

- Die Stromversorgungsleitungen (L+ und L–) bilden die obere und untere Begrenzung des Stromlaufplans.
- Zwischen ihnen verlaufen die Strompfade senkrecht.
- Die Strompfade werden von links nach rechts nummeriert.
- Die Anordnung der Elemente in den Strompfaden ist unabhängig von ihrer tatsächlichen Anordnung.
- Der Steuerstromkreis enthält die Elemente für Signaleingabe und Signalverarbeitung.
- Der Hauptstromkreis enthält die für die Betätigung der Arbeitsglieder notwendigen Stellglieder.

Anschlussbezeichnungen an Relais

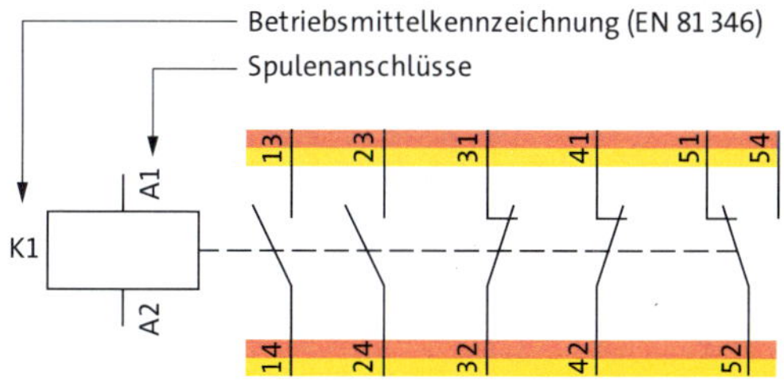

1. Ziffer: Ordnungsziffer
fortlaufende Durchnummerierung der Kontakte

2. Ziffer: Funktionsziffer
Kennzeichnung der Kontaktart

1–2 Öffnerkontakte
3–4 Schließerkontakte

Sensoren

Sensoren sind Elemente, die physikalische Größen erfassen und sie in elektrische Signale umwandeln. Diese Signale können als Eingangsgrößen in Steuerungen und Regelungen verarbeitet werden.

Arten von Sensoren

Symbol	Typ	Prinzip	Eignung
	kapazitiv	reagiert auf die Änderung des elektrischen Feldes eines Kondensators; kapazitive Sensoren reagieren auf die Annäherung eines metallischen oder nicht metallischen Stoffes	gut geeignet zur Erfassung aller Materialien, daher aber nur in Umgebung ohne Schmutz oder Feuchtigkeit einsetzbar;die geringe Empfindlichkeit bedingt bei größeren Schaltabständen große Sensordurchmesser
	induktiv	reagiert auf die Änderung des elektromagnetischen Feldes eines Schwingkreises; induktive Sensoren reagieren nur auf Stoffe mit hoher elektrischer Leitfähigkeit	gut geeignet zur Erfassung von Metallen und elektrisch leitenden Materialien, nicht geeignet bei z. B. Verschmutzung durch Metallspäne; höhere Empfindlichkeit bei gleicher Größe als kapazitive Sensoren
	optisch	reagiert auf die Änderung des auf einen Empfänger (z. B. Fotodiode) auftreffenden Lichts; Lichtquelle und Empfänger im gleichen Gehäuse (Reflexion) oder in getrennten Gehäusen (Unterbrechung)	keine Störung durch elektrische und magnetische Felder, sie reagieren aber empfindlich auf z. B. Rauch und Verschmutzungen der Optik; große Reichweite; sie können auch ohne eigene Lichtquelle arbeiten (Bewegungsmelder)
	magnetisch	als Reed-Schalter oder Reedrelais (siehe elektromagnetische Schalter)	durch gekapselte Bauweise auch zum Schalten in verschmutzten, feuchten Bereichen geeignet; Einsatz häufig zur Endlagenerkennung in Pneumatik- oder Hydraulikzylindern
	Annäherung mechanisch Berührung	Handbetätigung oder Hebelsystem	keine Störung durch elektrische und magnetische Felder und Umweltfaktoren; arbeitet ohne Hilfsenergie; robust; Einsatz nicht in allen Bereichen zulässig

Bezeichnung von Sensoren

vergl. DIN EN 60947-5-2: 2018-12

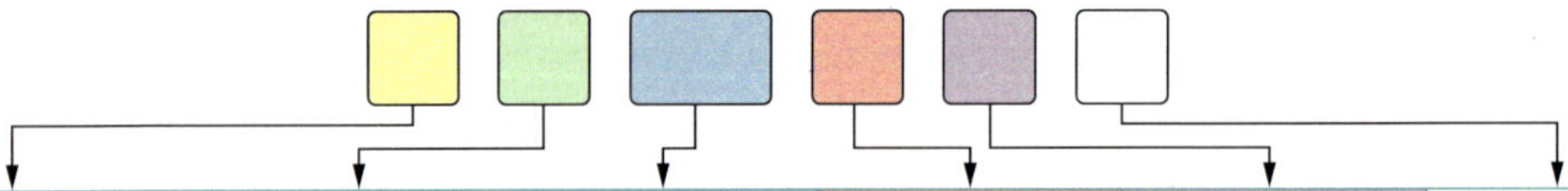

Erfassungsart		Mech. Einbau		Bauform/Größe (Durchmesser bzw. Kantenlänge)		Schaltelement Funktion		Ausgang		Anschlussart	
I	induktiv	1	bündig einbaubar	A	zylindrische Gewindehülse	A	Schließer	P	PNP-Ausgang 3 oder 4 Anschlüsse DC	1	integr. Leitung
C	kapazitiv					B	Öffner	N	NPN Ausgang 3 oder 4 Anschlüsse DC	2	Steckanschluss
U	Ultraschall	2	nicht bündig einbaubar	B	glatte zylindrische Hülse	C	Wechsler	D	2 Anschlüsse DC	3	Schraubanschluss
M	magnetisch					S	andere	F	2 Anschlüsse AC		
D	fotoelektrisch – diffus reflektiert			C	rechteckig mit quadratischem Querschnitt	P	programmierbar	U	2 Anschlüsse AC oder DC	9	andere
R	fotoelektrisch – reflektiert	3	nicht festgelegt	D	rechteckig mit rechteckigem Querschnitt			S	andere		
T	fotoelektrisch – direkt										

Bezeichnungsbeispiel: U3A30AD2 Ultraschallnäherungsschalter, zylindrische Gewindehülse Ø 30 mm, Schließer, 2 Anschlüsse DC, Steckanschluss

Schaltgliedertabelle

Zur Verbesserung der Lesbarkeit und der Übersichtlichkeit erhält jedes Relais im Stromlaufplan eine Schaltgliedertabelle.

In ihr wird eingetragen, in welchem Strompfad sich die Öffner bzw. Schließer des Relais finden.

Relais K1:
Schließerkontakt im Strompfad 1 und Strompfad 3

Relais K2:
Schließerkontakt im Strompfad 5,
Öffnerkontakt im Strompfad 2

Spaltenüberschriften symbolisch (Strompfad 1) oder Kurzform (2)

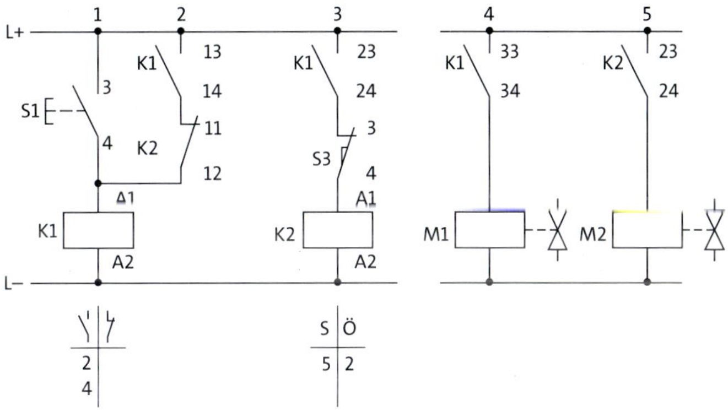

Anschlussarten von Schaltelementen (Beispiele)

Zweidraht-Sensor

magnetischer Näherungsschalter mit Schließerkontakt, links Darstellung als Blocksymbol

Reihenschaltung von Schaltelement und Relais

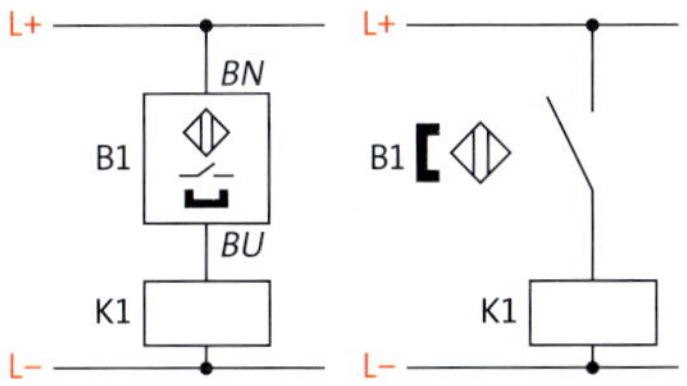

Dreidraht-Sensor

separate Anschlüsse für Spannungsversorgung und Schaltsignal

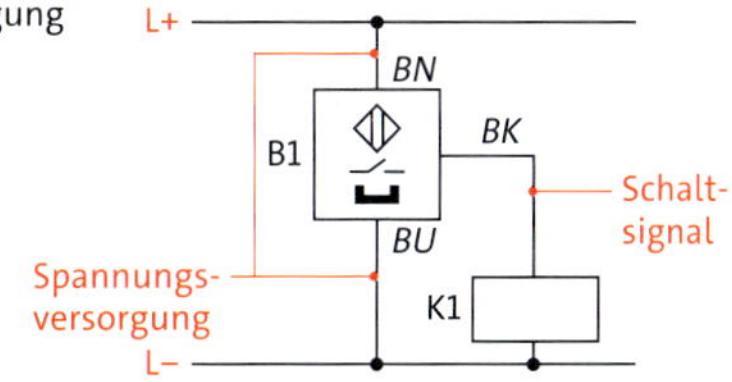

Benennung der Anschlussdrähte: BK schwarz, BN braun, BU blau

Schaltabstände von Sensoren

DIN EN 60947-5-2: 2018-12

Schaltabstand s
Entfernung von der aktiven Fläche eines Sensors zu einem sich nähernden Objekt, bei dem ein Signalwechsel bewirkt wird

Nennschaltabstand s_n
theoretisch ermittelter Schaltabstand ohne Berücksichtigung von Fertigungstoleranzen und äußeren Einflüssen (Temperatur etc.)

Realschaltabstand s_r
berücksichtigt zulässige Fertigungstoleranzen (± 10 % von s_n)

Nutzschaltabstand s_u
der Schaltabstand, der unter festgelegten Temperatur- und Spannungsbedingungen gemessen wird ($0{,}81\ s_n \leq s_u \leq 1{,}21\ s_n$)

Arbeitsschaltabstand s_a
jeder Abstand, der einen sicheren Betrieb des Sensors gewährleistet ($0{,}8\ s_n \leq s_a$)

Schalthysterese H
die Differenz zwischen dem Einschaltpunkt bei Annäherung eines Objektes und dem Ausschaltpunkt bei Entfernung des Objekts vom Sensor; sie beträgt maximal 20 % vom Realschaltabstand s_r

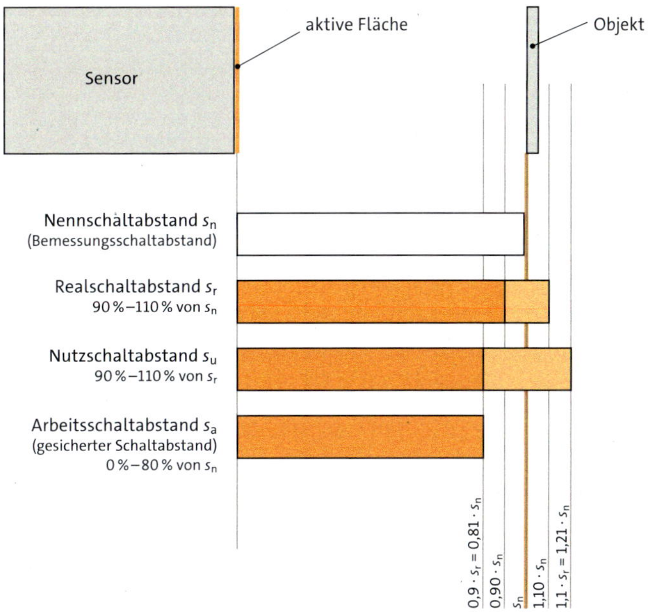

Elektropneumatische Steuerung – Beispiel Fallmagazin

Mechanischer Aufbau und Ablauf

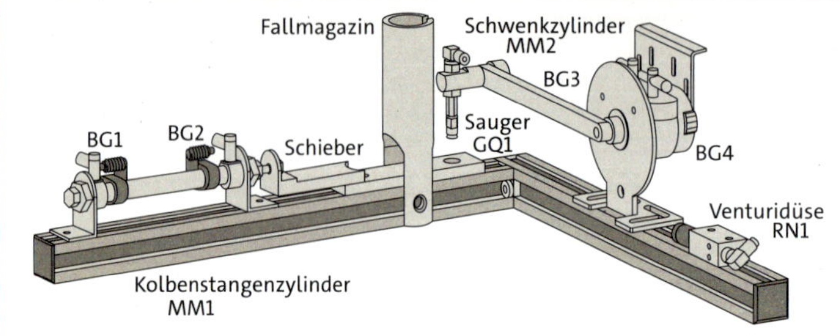

Der Zylinder MM1 schiebt die in einem Fallmagazin gestapelten Bauteile einzeln aus.

Der Schwenkzylinder MM2 schwenkt in seine linke Position und setzt den Sauger GQ1 auf das Bauteil, gleichzeitig fährt MM1 wieder in seine hintere Endlage.

Das Bauteil wird angesaugt und MM2 schwenkt in seine rechte Endlage. Dort setzt er das Bauteil ab.

Kennzeichnung der Bauelemente nach DIN EN 81346, produktbezogene Kennzeichnung mit 2 Buchstaben

Komponenten im Pneumatikplan

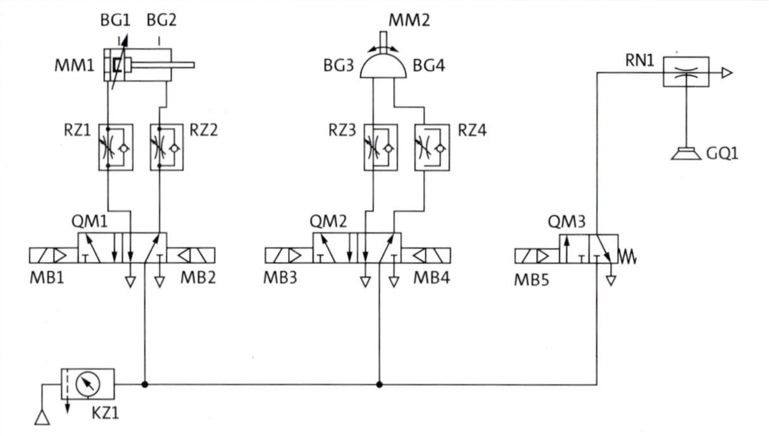

KZ	Wartungseinheit
MB	Ventilspule/Magnetspule
QM	Wegeventil
RZ	Drosselrückschlagventile
GQ	Vakuumsauger
MM	Zylinder
BG	Endschalter
RN	Vakuumerzeuger (Venturidüse)

Komponenten im Stromlaufplan

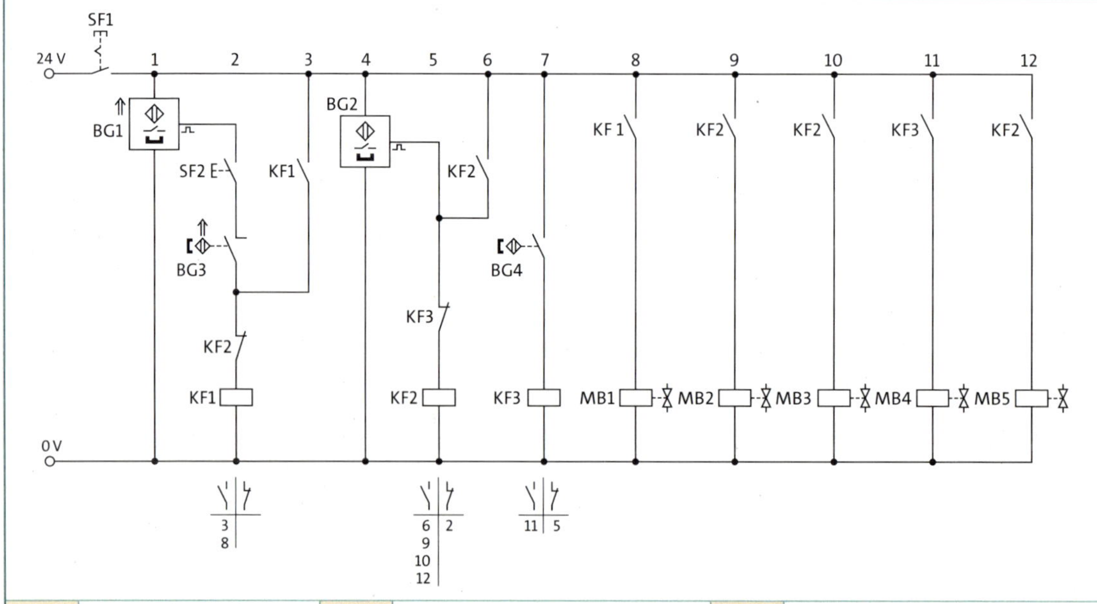

SF1	Hauptschalter	SF2	Starttaster	MB1-5	Ventilspulen
KF1-3	Relais	BG1+2	magnetische Schalter als Schließer, Dreidraht	BG3+4	magnetische Schalter als Schließer, Zweidraht

Aufbau einer speicherprogrammierbaren Steuerung SPS

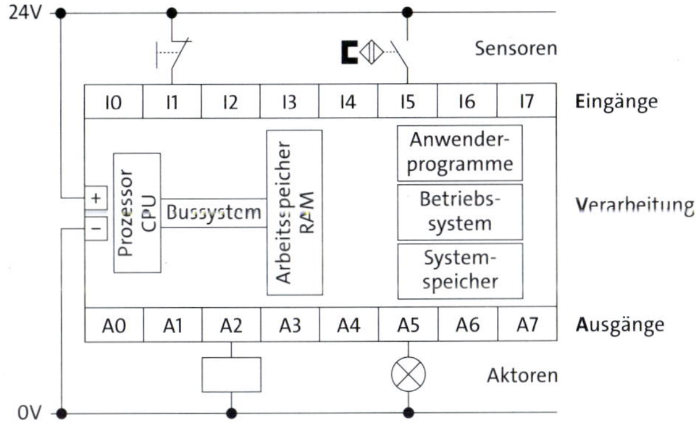

Sensoren: Schalter, Lichtschranke, Füllstandanzeige, usw.
Aktoren/Stellglieder: Relais, Magnetventil, Motoransteuerung, usw.

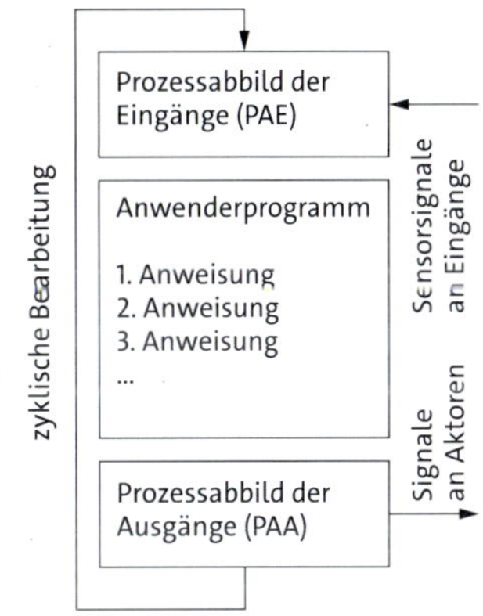

Elemente im Systemspeicher	
Prozessabbild der Eingänge und Ausgänge	speichert die Zustände der Eingänge und Ausgänge
Adressregister	zur Aufnahme der Basisadresse bei der registerindirekten Adressierung
Merker	Speicherplätze für Zwischenergebnisse zur weiteren Verwendung innerhalb des Programms
Zeiten und Zähler	Speicherplätze für verschiedene vorgegebene Zeit- und Zählfunktionen

SPS-Programmiersprachen

DIN EN 61131-3: 2014-06

Textsprachen		Grafische Sprachen	
Anweisungsliste (AWL)	Instruction List (IL)	Kontaktplan (KOP)	Ladder Diagram (LD)
Strukturierter Text (ST)	Structured Text (ST)	Funktionsbausteinsprache (FBS)	Function Block Diagram (FBD)
Ablaufsprache (AS)		Sequential Function Chart (SFC)	

In allen Sprachen können Funktionen und Funktionsblöcke verwendet werden, die in einer der anderen Sprachen geschrieben wurden. Konkret ist die Verwendbarkeit der einzelnen Sprachen von der Implementierung in die Programmierumgebung der jeweiligen SPS durch die Hersteller abhängig.

Gemeinsame Elemente der SPS-Sprachen

Begrenzungszeichen (Auswahl)

//	einzeilige Kommentare	.	Ganzzahl/Bruch-Trennzeichen, Trennzeichen für hierarchische Adressen und Variablen
(* *)	Kommentar-Anfang/-Ende	;	Trennzeichen für Typdeklarationen, Trennzeichen für Anweisungen (ST)
+	führendes Vorzeichen von Dezimalzahlen, Additionsoperator (ST)	()	Anweisungsliste-Modifizierer/Operator (ST), Begrenzungszeichen für FBS-Eingangsliste (ST)
–	führendes Vorzeichen bei Dezimalzahlen, Jahr-Monat-Tag-Trennzeichen, Subtraktion, Negationsoperator (ST) horizontale Linie (FBS, KOP)	,	Aufzählungslisten-, Anfangswert- und Feldindex-Trennzeichen, Trennzeichen für deklarierte Variablen
#	Zeitliteral- und Basiszahl-Trennzeichen	:=	Initialisierungsoperator, Zuweisungsoperator (ST)
e oder E	Real-Exponent Begrenzungszeichen	:	Variablen/Typ- und Schrittnamen-Trennzeichen, Netzwerkmarken-Trennzeichen (KOP, FBS) Anweisungsmarken-Trennzeichen (ST)
$	Anfang von Sonderzeichen in Folgen	%	Direkt-Darstellungs-Präfix

Vergleiche

GT	>	größer	NE	<>	ungleich
GE	>=	größer gleich	LE	<=	kleiner gleich
EQ	=	gleich	LT	<	kleiner

SPS-Programmiersprachen — DIN EN 61131-3: 2014-06

Gemeinsame Elemente der SPS-Sprachen

Elementare Datentypen

Schlüsselwort	Bezeichnung	Bits	Schlüsselwort	Bezeichnung	Bits
BOOL	boolesche (boolean)	1	TIME	Zeitdauer (duration)	64
SINT	kurze ganze Zahl (short integer)	8	DATE	Datum (date)	--
INT	ganze Zahl (integer)	16	STRING	Zeichenfolge variabler Länge (string)	8
DINT	doppelte ganze Zahl (double integer)	32	BYTE	Bitfolge Länge 8 bit (byte)	8
LINT	lange ganze Zahl (long integer)	64	WORD	Bitfolge Länge 16 bit (word)	16
REAL	reelle Zahl (real number)	32	DWORD	Bitfolge Länge 32 bit (double word)	32
LREAL	lange reelle Zahl (long real)	64	LWORD	Bitfolge Länge 64 bit (long word)	64

Standardfunktionen

Name	Bedeutung	Name	Symbol	Bedeutung
ABS	Absolutwert	ADD	+	Addition
SQRT	Quadratwurzel	MUL	*	Multiplikation
LOG	Logarithmus	SUB	–	Subtraktion
EXP	Exponent	DIV	/	Division
SIN	Sinus	AND	&	Boolesches UND
S	setzt Booleschen Operator auf „1“	OR	>=	Boolesches ODER
R	setzt Booleschen Operator auf „0“	XOR		Boolesches Exklusiv-ODER
		NOT		Verneinung

Einzelelementvariablen

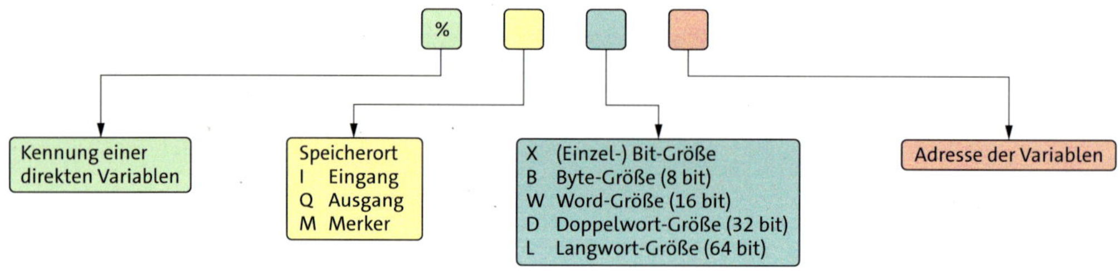

Beispiel: %IX8.4 → binärer Eingang (1 bit) mit der Adresse 8.4

Strukturierter Text ST

- ISO-Pascal-ähnliche, höhere Programmiersprache
- sehr kompakte Formulierung
- übersichtlicher Aufbau durch Anweisungsblöcke
- umfangreiche, komplexe Aufgaben realisierbar
- arbeitet mit Anweisungen, Ausdrücken und Operatoren für die Auswertung von Ausdrücken
- Ausdrücke sind zusammengesetzt aus Operatoren und Operanden
- Alle Anweisungen sind mit dem Zeichen „ ; “ abzuschließen.

Aufbau einer Anweisung

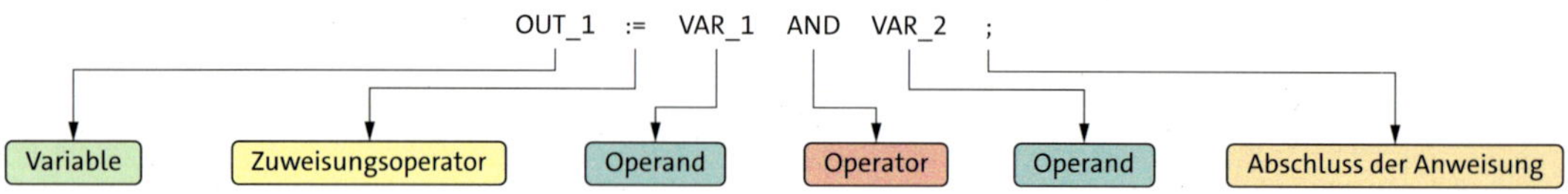

Anweisungen

Anweisung	Bedeutung	Anweisung	Bedeutung
:=	Zuweisung	FOR	Wiederholungsanweisung
EXIT	Verlassen einer Wiederholungsanweisung	WHILE	Wiederholungsanweisung
IF	bedingte Anweisung	REPEAT	Wiederholungsanweisung
CASE	Auswahlanweisung (Fallunterscheidung)	RETURN	Rücksprung

SPS-Programmiersprachen

DIN EN 61131-3: 2014-06

Anweisungsliste AWL

- universell einsetzbare Maschinensprache, vergleichbar Assembler
- wenig Möglichkeiten zur strukturierten Programmierung
- in den jeweiligen Implementierungen zum Teil unterschiedliche Operatoren und Sprachumfänge
- auf älteren Steuerungen noch relativ häufig anzutreffen
- im Vergleich zu Programmen in höheren Sprachen sehr unübersichtlich

Formale Syntax:

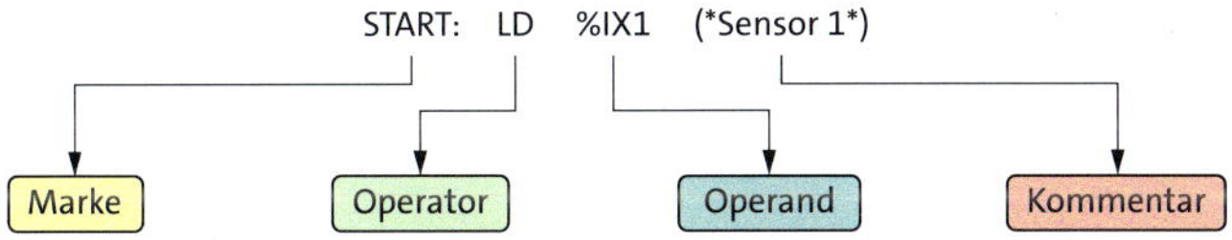

Die AWL besteht aus einer Folge von Anweisungen. Jede beginnt in einer neuen Zeile und enthält einen Operator, ggf. mit Modifikatoren und, falls erforderlich, einen oder mehrere Operanden.
Vor der Anweisung kann eine Marke (abgetrennt mit Doppelunkt) stehen, dahinter ein Kommentar folgen.

Operatoren und Operanden

Operator	Modifikator	Bedeutung	Operator	Modifikator	Bedeutung
LD	N	Setzen eines Operanden	GT	(	Vergleich, >
ST	N	Speicherung auf Operanden Adresse	GE	(	Vergleich, >=
S		setzt Booleschen Operator auf „1“	EQ	(	Vergleich, =
R		setzt Booleschen Operator auf „0“	NE	(	Vergleich, <>
AND	N,(	Boolesches UND	LE	(	Vergleich, <=
&	N,(	Boolesches UND	LT	(	Vergleich, <
OR	N,(	Boolesches ODER	JMP	C,N	Sprung zur Marke
XOR	N,(	Boolesches Exklusiv-ODER	CAL	C,N	Aufruf Funktionsbaustein
ADD	(	Addition	RET	C,N	Rücksprung
SUB	(	Subtraktion	)		Bearbeitung zurückgestellter Operationen
MUL	(	Multiplikation			
DIV	(	Division			

Modifikatoren:
N = Boolesche Negation des Operanden
C = wird nur dann ausgeführt, wenn das ausgewertete Ergebnis eine boolesche „1“ ist;
(= Auswertung des Operators wird zurückgestellt, bis „)“ erscheint

Funktionsbausteinsprache FBS (auch: Funktionsplan FUP)

- Symbolik digitaler Schaltungen
- gut strukturierte und übersichtliche Programmierung boolescher Verknüpfungen
- grafisch anschauliche Programmierung

Beispiel:

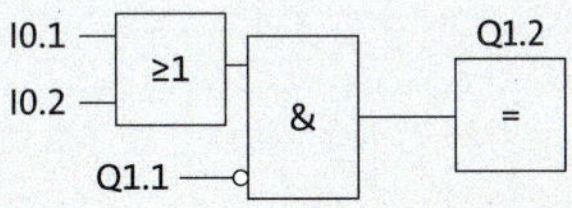

Symbole

Symbol	Beschreibung	Symbol	Beschreibung
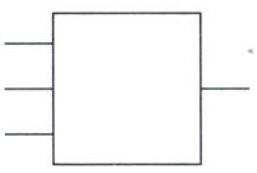	quadratische oder rechteckige Elemente; Eingangsparameter links, Ausgangsparameter rechts	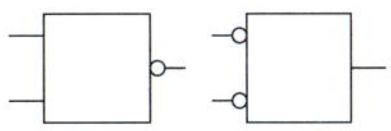	Negation gekennzeichnet durch Kreis am Ausgang (links) bzw. den Eingängen (rechts)
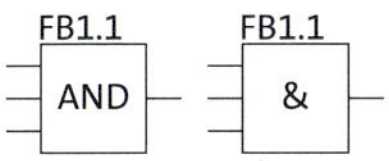 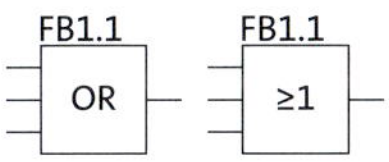	Bezeichnung des Bausteins über dem Element, Funktion als Name (links) oder Symbol (rechts) innerhalb des Bausteins; Oben: UND-Funktion Unten: ODER-Funktion	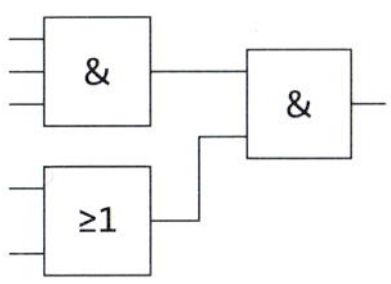	Verbindung von Elementen durch horizontale und vertikale Signalflusslinien

SPS-Programmiersprachen

DIN EN 61131-3: 2014-06

Kontaktplan KOP

- Funktionen werden durch elektrotechnische Symbole dargestellt.
- An den Seiten befinden sich zwei Stromschienen, zwischen denen die Relaislogik liegt (90° Drehung gegenüber Strompfaden der Elektropneumatik).
- Programmiersprache beschränkt sich im Wesentlichen auf boolesche Signale
- komplexere Strukturen schwierig zu realisieren → nicht mehr häufig verwendet, wird durch FUP ersetzt

Beispiel:

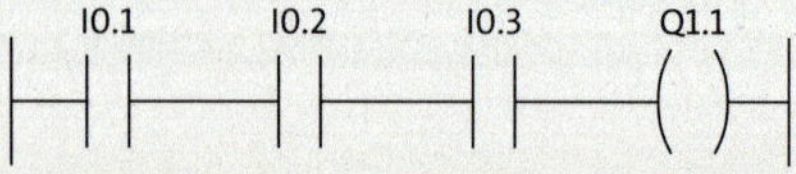

Symbole

Linien und Blöcke		Kontakte		Spulen	
Symbol	**Beschreibung**	**Symbol**	**Beschreibung**	**Symbol**	**Beschreibung**
	Verbindungslinien		Schließer Abfrage auf logisch „1“	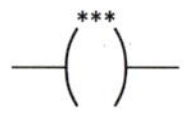	Spule, Zuweisung, Ausgabe
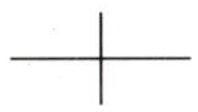	Linienverbindung mit Kreuzung				negative Spule, negierte Zuweisung, Ausgabe
	Kreuzung ohne Verbindung		Öffner Abfrage auf logisch „0“	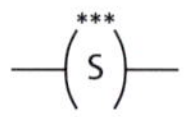	speichernde Spule setzen, Speichern einer Verknüpfung
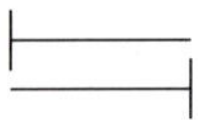	linke Stromschiene rechte Stromschiene	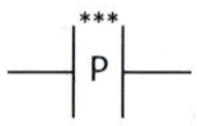	Kontakt zur Erkennung von positivem Übergang, 0→1	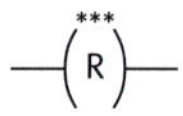	speichernde Spule rücksetzen
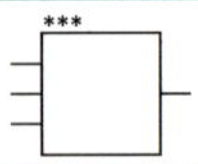	Blöcke mit Verbindungslinien	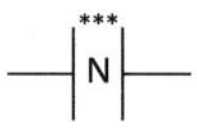	Kontakt zur Erkennung von negativem Übergang, 1→0	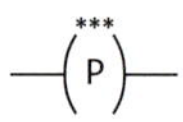	Spule zur Erkennung von positivem Übergang, 0→1
***: Elementbezeichnung				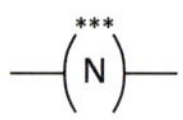	Spule zur Erkennung von negativem Übergang, 1→0

Gegenüberstellung grundlegender Operationen in den SPS-Programmiersprachen (Auswahl)

Operation	Funktionsplan (FUP)	Kontaktplan (KOP)	strukturierter Text (ST)	Anweisungsliste (AWL)
=	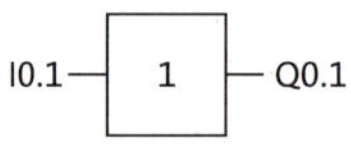	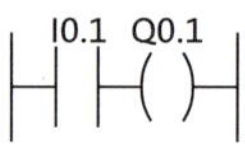	Q0.1:=I0.1;	LD I0.1 = Q0.1
NICHT	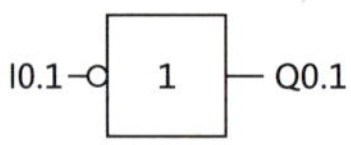	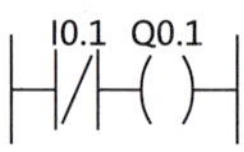	Q0.1:= NOT I0.1;	LDN I0.1 = Q0.1
UND	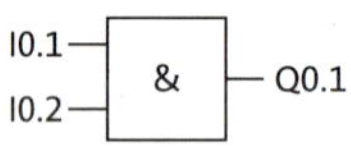	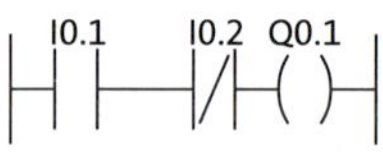	Q0.1:= I0.1 AND I0.2;	LD I0.1 AND I0.2 = Q0.1
ODER	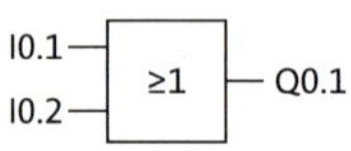	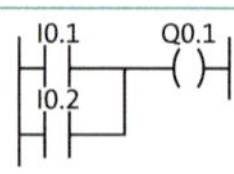	Q0.1:= I0.1 OR I0.2;	LD I0.1 OR I0.2 = Q0.1
Exclusiv-ODER XOR	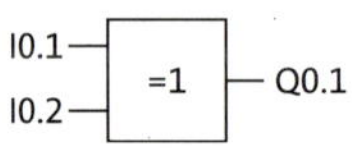	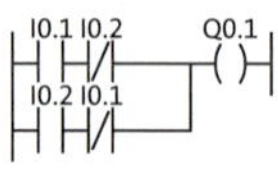	Q0.1:= I0.1 XOR I0.2;	LD I0.1 ANDN I0.2 OR (→ ANDN I0.1 AND I0.2) = Q0.1
UND vor ODER mit Merker	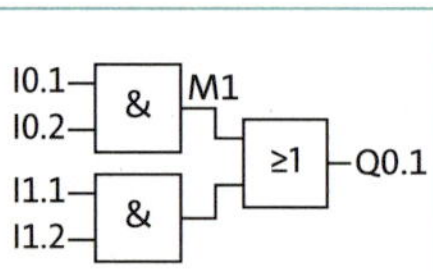	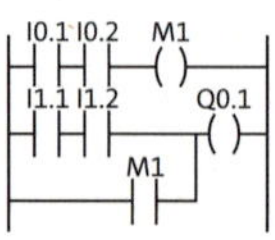	M1:=I0.1 AND I0.2; Q0.1:= I1.1 AND I1.2 OR M1;	LD I0.1 ANDN I0.2 = M1 → LD I1.1 AND I1.2 OR M1 = Q0.1

SPS-Anwendungsbeispiel

Kennzeichnung der Bauelemente nach DIN EN 81346

Technologieschema

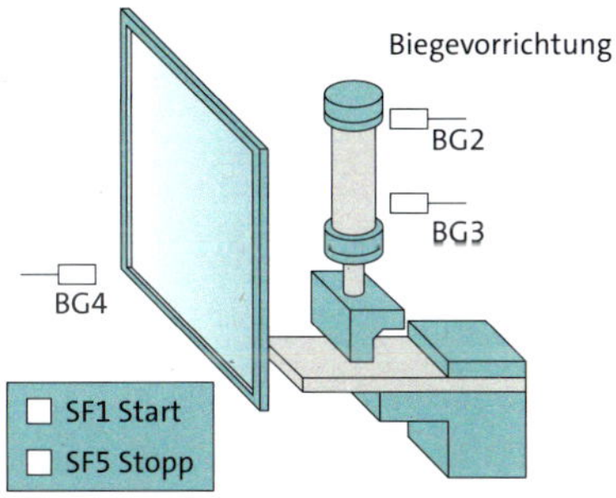

Beschreibung

In einer pneumatischen Biegevorrichtung soll der Biegevorgang starten, wenn der Starttaster SF1 betätigt wird und der Zylinder sich in seiner oberen Endlage befindet (BG2).

Gleichzeitig muss die Schutzscheibe geschlossen sein (BG4). Nach Beendigung des Biegevorgangs, Zylinder in unterer Endlage (BG3), soll er wieder einfahren.

Unabhängig von der Stellung muss der Biegezylinder sofort einfahren, wenn der Stopptaster (SF5) betätigt wird. Ebenso soll der Zylinder beim Öffnen der Schutzscheibe oder bei Ausfall der elektrischen Spannung einfahren.

Zuordnungsliste

Bauteil	Bezeichnung	Adresse	Bemerkung
Taster (Schließer)	SF1	I0.1	Startsignal
Näherungssensor	BG2	I0.2	Zylinder eingefahren
	BG3	I0.3	Zylinder ausgefahren
	BG4	I0.4	Schutzabdeckung geschlossen
Taster (Schließer)	SF5	I0.5	Stoppsignal
		M10.1	Speicher
Magnetventil	MB1	Q0.1	Zylinderansteuerung

Pneumatischer Schaltplan

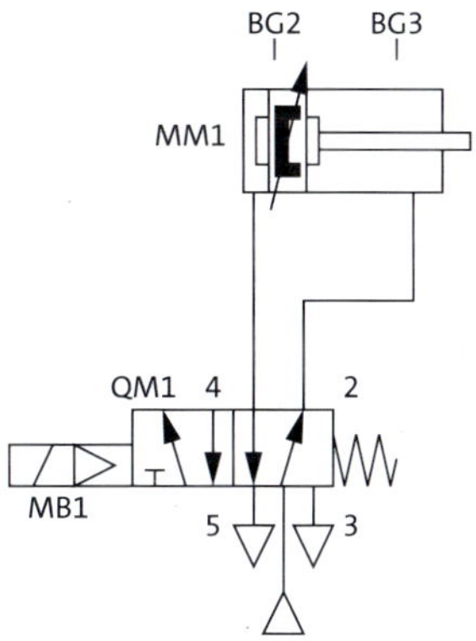

Anweisungsliste (AWL)

```
LD    I0.1
AND   I0.2
AND   I0.4
S     M10.1

LD    I0.3
ORN   I0.4
OR    I0.5
R     M10.1

=     Q0.1
```

Strukturierter Text (ST)

```
IF (I0.1=1 AND I0.2=1 AND I0.4=1) THEN M10.1:=1;
END_IF;
IF (I0.3=1 OR NOT I0.4=1 OR I0.5=1) THEN M10.1:=0;
END_IF;
Q0.1:=M10.1
```

Funktionsplan (FUP)

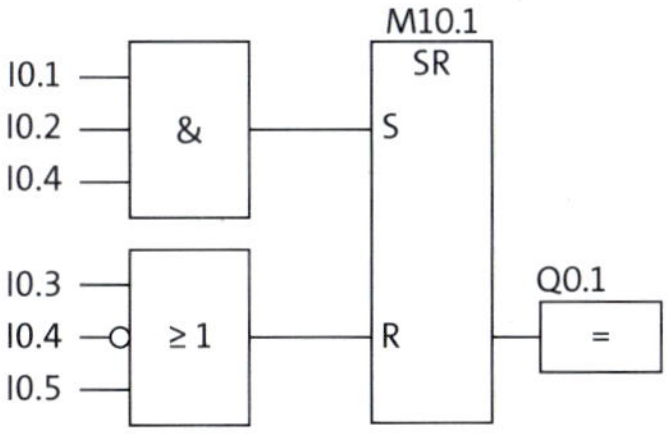

Kontaktplan (KOP)

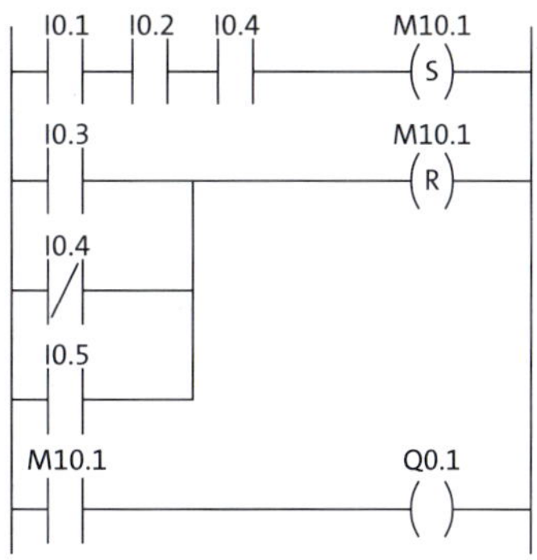

6

Handhabungstechnik

VDI 2860: 1990-5 (zurückgezogen)

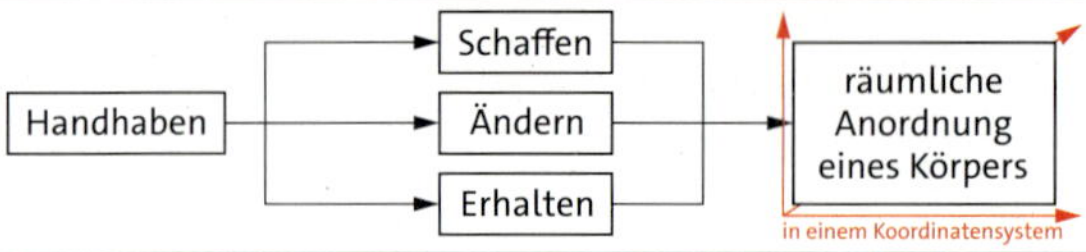

ggf. mit Bedingungen zu:
- Zeit
- Menge
- Bewegungsbahn
- ...

Handhaben als Teilfunktion des Materialflusses

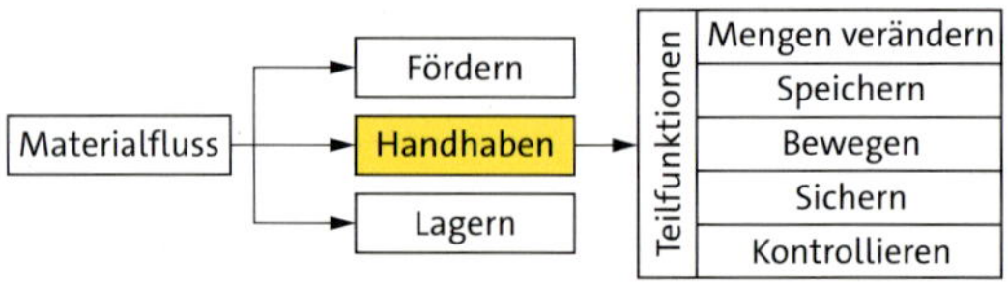

Aufgliederung des Handhabens in weitere Teilfunktionen

Teilfunktionen des Handhabens – Symbole und Bedeutung (Auswahl)

Symbol	Funktion	Erläuterung	Symbol	Funktion	Erläuterung
Mengen verändern					
	Teilen	Bilden von Teilmengen aus einer Menge	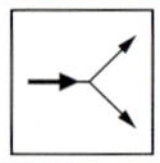	Verzweigen	Auflösen eines Mengenstroms in Teilmengenströme
	Vereinigen	Bilden von Mengen aus Teilmengen	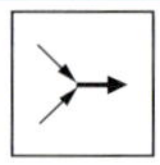	Zusammen-führen	Auflösen eines Mengenstroms in Teilmengenströme
	Sortieren	Zuordnen und Teilen einer Menge nach bestimmten Merkmalsklassen			
Speichern					
	Geordnetes Speichern	Aufbewahren von Körpern mit definierter Position und Orientierung		Ungeordnetes Speichern	Aufbewahren von Körpern ohne definierte Position und Orientierung
Bewegen					
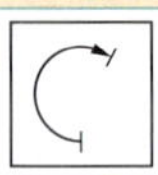	Drehen	Bewegen eines Körpers um eine körpereigene Achse, Position unverändert	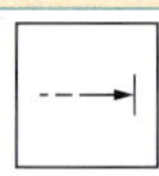	Positionieren	Bewegen aus einer unbestimmten in eine vorgegebene Position
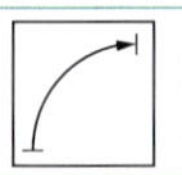	Schwenken	Bewegen eines Körpers um eine körperferne Achse, Änderung von Position und Orientierung	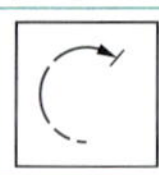	Orientieren	Bewegen aus einer unbestimmten in eine vorgegebene Orientierung
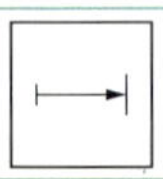	Verschieben	Bewegen in eine andere vorgegebene Position entlang einer Geraden ohne Drehung	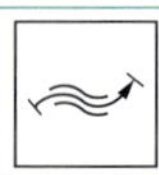	Führen	Bewegen entlang einer an jedem Punkt definierten Bahn
Sichern					
	Halten	Sichern eines Körpers in einer bestimmten Orientierung und Position	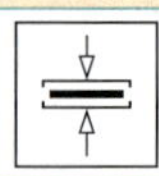	Spannen	Halten unter Beteiligung von Kraftschluss
	Lösen	Umkehrung des Haltens	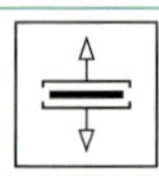	Entspannen	Umkehrung des Spannens
Kontrollieren					
	Prüfen (vergl. DIN 1319)	Feststellen, ob Körper die vorgegebenen Bedingungen erfüllen		Anwesenheit prüfen	Feststellen, ob Körper in einem vorgegebenen Bereich vorhanden sind
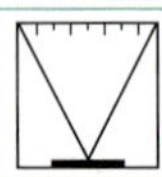	Messen (vergl. DIN 1319)	Feststellen eines Wertes als Vielfaches einer Bezugsgröße		Identität prüfen	Unterscheidung unterschiedlicher Körper
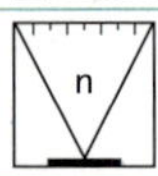	Zählen	Feststellen einer Anzahl von Körpern			

Industrieroboter — DIN EN ISO 8373: 2010-11 (zurückgezogen)

Automatisch gesteuerter, frei programmierbarer Mehrzweck-Manipulator, der in drei oder mehr Achsen programmierbar ist und zur Verwendung in der Automatisierungstechnik entweder an einem festen Ort oder beweglich angeordnet sein kann.

Freiheitsgrade, Koordinatensysteme — VDI 2861-1: 1988-6 (zurückgezogen)

Freiheitsgrade f: voneinander unabhängige Bewegungsmöglichkeiten eines Körpers im Raum; Anzahl der Freiheitsgrade f bestimmt bei Handhabungsgeräten ihre Kinematik[1], $f_{max} = 6$

in der Ebene: 2 translatorische Freiheitsgrade (Verschiebung entlang zweier Achsen)
1 rotatorischer Freiheitsgrad (Drehung um die dritte Achse)

im Raum: 3 translatorische Freiheitsgrade (Verschiebung entlang der Achsen)
3 rotatorische Freiheitsgrade (Drehungen A, B, C)

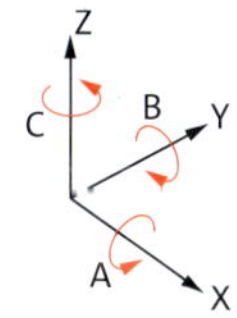

Änderung der Lage eines Körpers von A nach B:

Position:
3 Verschiebungen (x´, y´, z´)

Orientierung:
3 Drehungen (A, B, C)

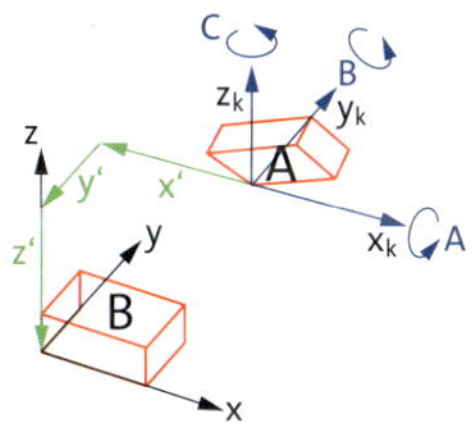

x_k, y_k, z_k: körpereigenes Koordinatensystem
x, y, z: Bezugs-Koordinatensystem

Symbole zur Darstellung des kinematischen Aufbaus

Hauptachsen:
Hauptachsen legen den Arbeitsraum des Roboters fest und bestimmen hauptsächlich die Position des Werkzeugs oder Greifers.

Nebenachsen:
Nebenachsen legen hauptsächlich die Orientierung des Werkzeugs oder Greifers fest, erlauben kleine Positionsänderungen.

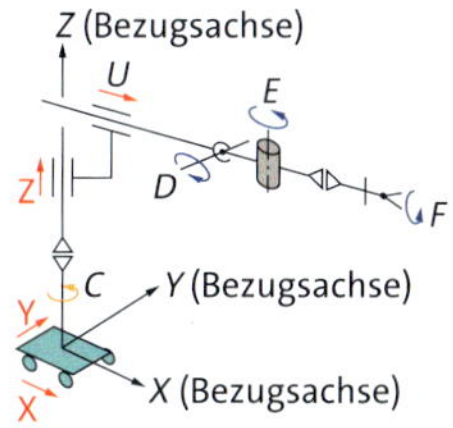

X, Y, Z Haupt-Linearachsen (-Translationsachsen) parallel zu den Achsen des Bezugsssystems

U, V, W Neben-Linearachsen (-Translationsachsen) parallel zu den Haupt-Linearachsen oder beliebigen Achsen

A, B, C Haupt-Drehachsen (-Rotationsachsen), um die Haupt-Linearachsen drehend

D, E, P Neben-Drehachsen (-Rotationsachsen), um die Haupt-Linearachsen oder andere Achsen drehend

Achsen	Beispiele: Symbol	Beispiele: Symbol mit Angabe der Bewegungsmöglichkeit
Translationsachse		
Translation fluchtend (Teleskop)	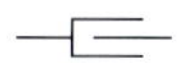	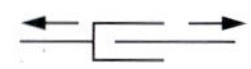
Translation nicht fluchtend	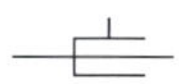	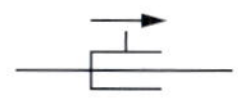
Verfahrachse	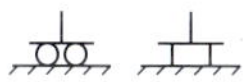	
Rotationsachse		
Rotation fluchtend	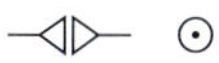	
Rotation nicht fluchtend	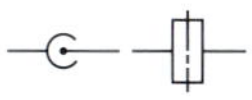	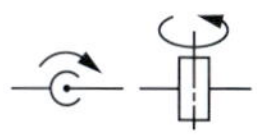
Werkzeuge		Spritzpistole, Schweißzange
Greifer		Zangengreifer
Kennzeichnung von Systemgrenzen		kurzer Trennstrich; echte Schnittstelle, z. B. auswechselbare Werkzeuge
Trennung zwischen Haupt- und Nebenachsen		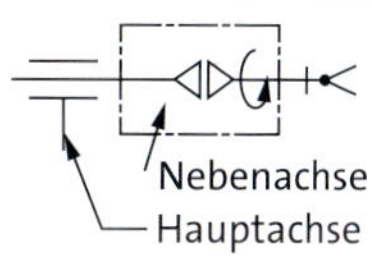

Position:
Die Position ist der Ort, den ein bestimmter Punkt eines Körpers bezogen auf die Achsen des Koordinatensystems einnimmt.

Orientierung:
Die Orientierung wird beschrieben durch die Winkel zwischen den Achsen des körpereigenen Koordinatensystems und des Bezugssystems.

[1] Kinematik: Lehre von der Bewegung von Punkten und Körpern im Raum

Grundtypen von Industrierobotern – serielle Kinematik — DIN EN ISO 8373: 2010-11 (zurückgezogen)

Bezeichnung	Kinematik der Hauptachsen T: Translationsachse R: Rotationsachse	Arbeitsraum	Anwendungsbereiche, Anwendungsbeispiele
Kartesischer Roboter – Portalroboter			
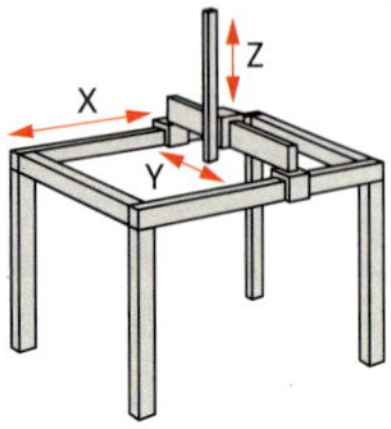	TTT 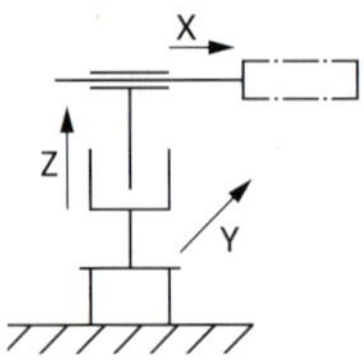	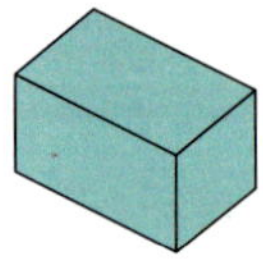	Transport von Werkstücken, Palettieren; automatisierte Schneidanlagen (Laser, Wasserstrahl)
Zylindrischer Roboter			
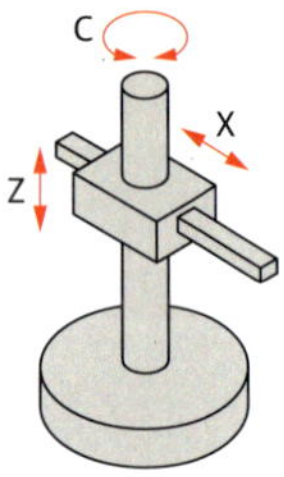	RTT 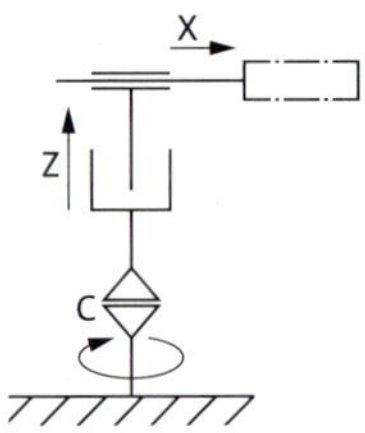	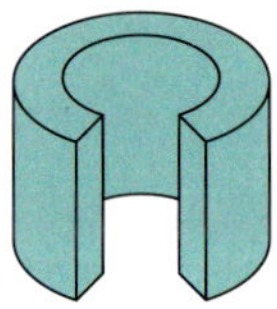	Werkstück- und Werkzeughandhabung Be- und Entladen
Polarroboter			
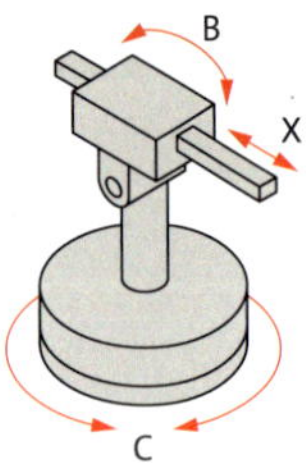	RRT 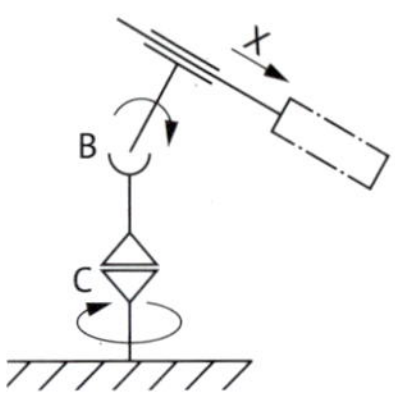	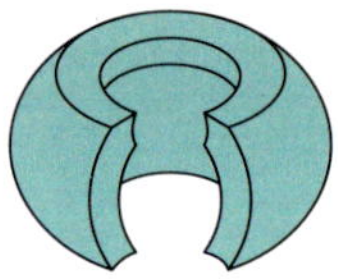	Be- und Entladen Punkt- und Bahnschweißen Montagearbeiten
Knickarmroboter – SCARA[1)]			
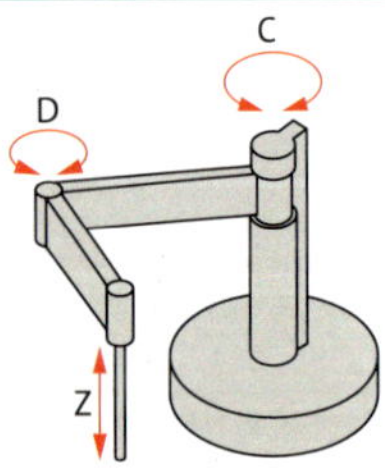	RRT 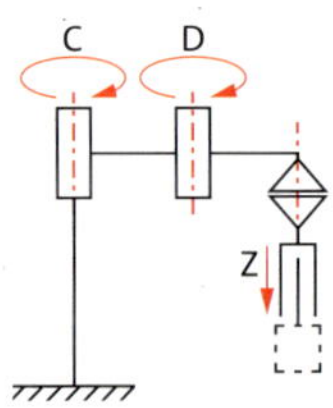	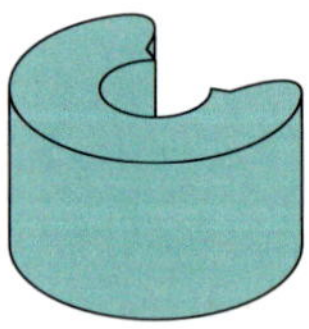	Werkstückhandhabung Punktschweißen senkrecht Montagearbeiten Be- und Entladen
Gelenkroboter			
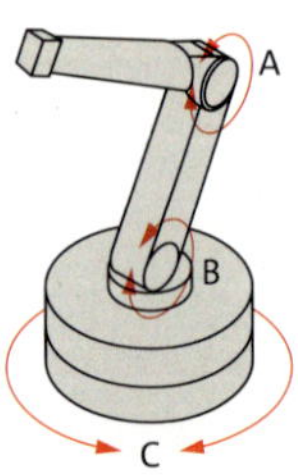	RRR 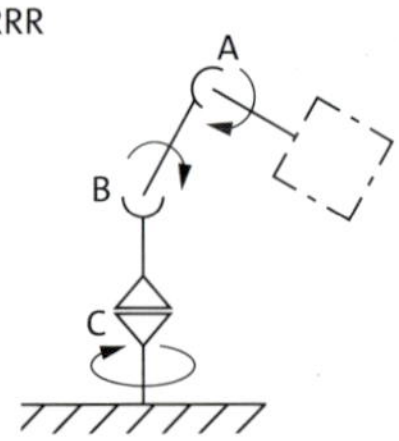		Handhabungs- und Montagearbeiten komplexe Schweiß- oder Klebearbeiten Lackierarbeiten

[1)] SCARA – Abkürzung für engl. Selective Compliance Assembly Robot Arm

Grundtypen von Industrierobotern – Parallelkinematik

Parallelkinematische Roboter – Delta Roboter

Parallelkinematik-Roboter basieren im Gegensatz zu seriellen Robotern auf einer Kinematik, bei der der Greifer von drei bis sechs parallel angeordneten Linearachsen oder Gelenkarmen geführt wird, die in einer festen Basis gelagert sind.

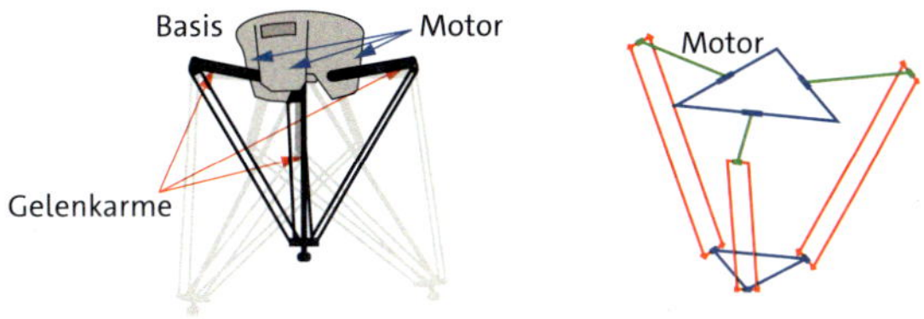

Gegenüberstellung serielle Roboter – parallele Roboter

Serielle Kinematik	Parallele Kinematik
Aneinanderreihung von Achsen	mehrere Achsen direkt auf den Werkzeugträger
jede Achse muss die folgenden Antriebe und Achsen mitbewegen	alle Antriebe (insbesondere Motoren und Getriebe) sind ortsfest
hohe bewegte Eigenmassen	geringe bewegte Eigenmassen
geringe Dynamik	sehr hohe Dynamik
ungünstige Energiebilanz	günstige Energiebilanz
großer Arbeitsraum	relativ begrenzter Arbeitsraum

Parallelkinematische Roboter eignen sich insbesondere für einfachere Bewegungsabläufe mit hoher Wiederholgenauigkeit und hoher Geschwindigkeit in einem begrenzten Arbeitsraum, z. B. schnelle Pick-and-Place-Anwendungen für Handhabungs-, Montage- und Verpackungsaufgaben.

Betriebs- und Programmierarten von Industrierobotern

On-Line-Programmierung
- Erstellung des Programms durch den Programmierer direkt am Roboter (Arbeitsunterbrechung) durch Erfassen der Verfahrwege und Bahnpunkte

Off-Line-Programmierung
- Erstellung des Programms an einem PC-Arbeitsplatz (keine Arbeitsunterbrechung des Roboters) mithilfe von Simulationsmodellen oder Zeichnungen

Grafische Programmierung
- Generieren von Roboter, Werkzeug und Arbeitsumgebung als dreidimensionales Simulationsmodell am PC
- Festlegen, Parametrieren und Simulieren der Bewegungen
- Simulationssoftware generiert ein Steuerprogramm

Textuelle Programmierung
- Erstellen des Programms an einem EDV-Arbeitsplatz in Textform unter Verwendung zum Teil steuerungsspezifischer Sprachen aber auch höherer Programmiersprachen

Playback-Programmierung
- Führen des Roboterarms manuell entlang der vorgesehenen Bahn
- Erfassung und Speicherung der aktuellen Position in festen Zeitabständen während der Bewegung durch den Roboter
- geeignet für die schnelle Erfassung komplexer Geometrien, aber nur bei relativ leichten Roboterarmen und Werkzeugen

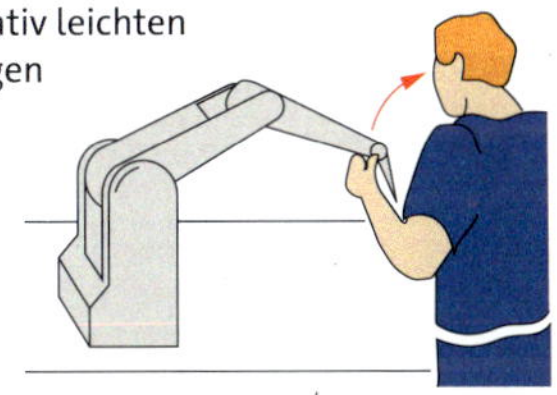

Teach-in-Programmierung
- Anfahren und Speichern aller relevanten Positionen und Orientierungen durch Programmierer mittels Handprogrammiergerät
- gespeicherte Positionen ergeben die Geometriedaten des Programms
- Ergänzung des Programms um Bewegungsparameter wie Geschwindigkeit und Beschleunigung

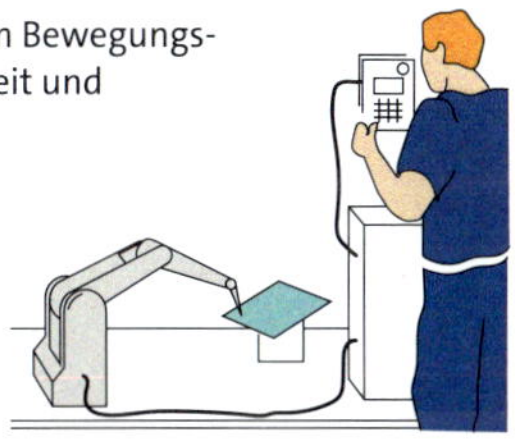

Greifer für Handhabungsgeräte und Industrieroboter — VDI 2740: 1995-04

Hauptaufgabe von Greifern ist das Herstellen, Aufrechterhalten und Lösen der Verbindung zwischen Greifobjekt (Werkstück) und Handhabungsgerät (Roboter).

Grundtypen von Greifern

mechanisch	pneumatisch	magnetisch	adhäsiv
ein oder mehrere bewegliche Greiforgane, die das Greifobjekt kraftschlüssig (Reibung) oder formschlüssig erfassen	▪ mechanische Greifer mit pneumatischer Energieübertragung ▪ Sauggreifer	▪ elektromagnetische Greifer ▪ dauermagnetische Greifer mit speziellem Lösemechanismus	Herstellen der Verbindung durch Oberflächenverhakung, z. B. Klettband; zum Lösen ist ggf. ein Abstreifer notwendig

6

Greifer für Handhabungsgeräte und Industrieroboter — VDI 2740: 1995-04

Grundaufbau eines Greifers

Trägersystem	Verbindung zwischen Greifer und Roboterarm
Antriebssystem	Energie umwandeln
Übertragungssystem	dynamische Kraftübertragung, Getriebe
Greiforgane	auswechselbar zur Anpassung an die Aufgabe
Greifbacke	Übertragung der Greifkraft auf das Greifobjekt
TCP (Tool-Center-Point)	Ursprung des Werkzeug-Koordinaten-Systems

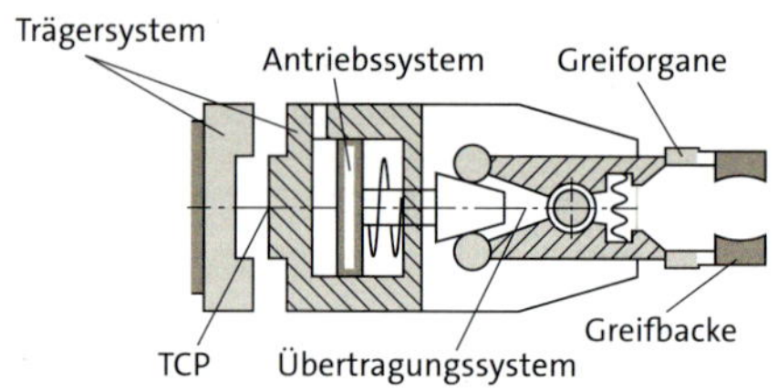

Mechanische Greifer — ISO 14539: 2000-11

Fingergreifer

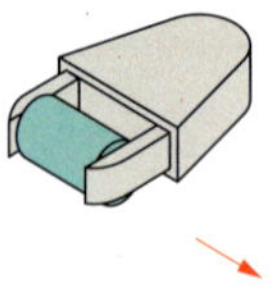	Linearer Greifer 1 Beweglichkeitsgrad
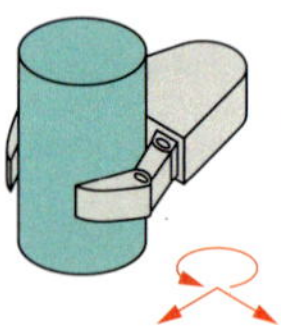	Flächiger Greifer 3 Beweglichkeitsgrade
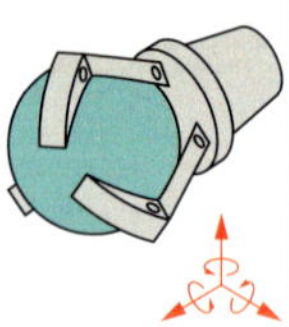	Räumlicher Greifer 6 Beweglichkeitsgrade

Zangengreifer

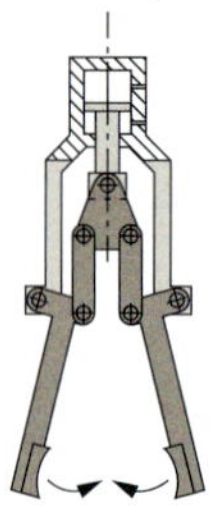	Winkelgreifer Die Greiforgane drehen sich um eine gestellfeste Achse.
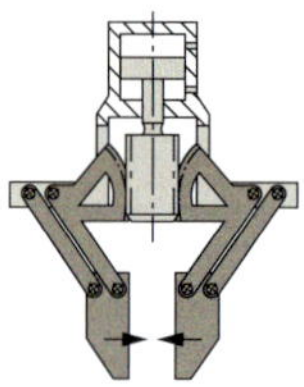	Parallelgreifer Die Greiforgane werden gegenüber dem Grundkörper parallel zueinander verschoben.

Klemmgreifer

	Federbelasteter Greifer Die Klemmkraft wird durch eine Feder erzeugt, Öffnung durch Druckluft.
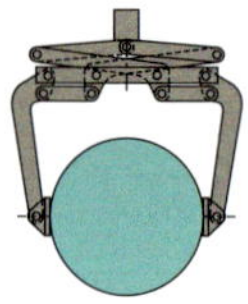	Gewichtsbelasteter Greifer Die Klemmkraft wird durch das Gewicht des Greifobjekts erzeugt, Öffnung durch Entlastung.

Sicherheitsmaßnahmen bei Industrierobotern — DIN EN ISO 10218: 2012-01

Arbeitende Industrieroboter stellen durch die spezifische Art ihrer Bewegungen eine erhebliche Gefahrenquelle dar:

- hohe Geschwindigkeiten
- starke Beschleunigungen
- unvorhersehbare Bewegungsabläufe
- große bewegte Massen

- Bewegungsraum des Roboters (= Gefahrenbereich) muss von den Arbeitsbereichen von Personen getrennt sein.
- Schutzeinrichtungen müssen vor und während der Roboterbewegung grundsätzlich wirksam sein.
- Bei Störung der Schutzeinrichtung muss die Roboterbewegung zwangsläufig gestoppt werden.

Schutzeinrichtungen

Trennende Schutzeinrichtungen	Nicht trennende Schutzeinrichtungen
▪ Sicherheitsabsperrungen ▪ Sperrzäune ▪ Abdeckungen ▪ Schutzgitter, -scheiben ▪ Schutztüren	*Berührend* ▪ Schaltmatte *Berührungslos* ▪ Lichtschranken ▪ Lichtvorhänge ▪ Laserscanner

Zustimmungsschalter werden verwendet, wenn der Zugang zum Roboter notwendig ist, während dieser aktiv ist. Ein Zustimmungsschalter ist ein manuell bedienbares Steuergerät, das bei Dauerbetätigung den Betrieb zulässt, bei Nichtbetätigung wird der Betrieb gestoppt.

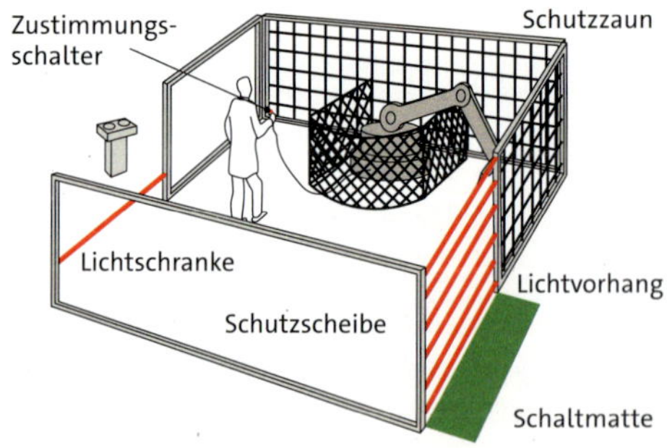

Instandhaltung 7

Grundmaßnahmen der Instandhaltung — DIN 31051: 2012-09

Instandhaltung
Alle Maßnahmen zur Erhaltung oder Wiederherstellung eines funktionsfähigen Zustands einer Einheit

Grundmaßnahmen

Wartung
- Maßnahmen zur Verzögerung des Abbaus des vorhandenen Abnutzungsvorrats

  - Reinigen
  - Schmieren
  - Ergänzen
  - Auswechseln
  - Nachstellen

Inspektion
- Maßnahmen zur Feststellung und Beurteilung des Ist-Zustandes
- Maßnahmen zur Bestimmung von Ursachen der Abnutzung
- Ableitung der notwendigen Konsequenzen für eine künftige Nutzung

  - Messen
  - Prüfen
  - Beurteilen

Instandsetzung
- Maßnahmen zur Wiederherstellung der Funktion
- Maßnahmen zur Wiederherstellung von Abnutzungsvorräten

  - Austauschen
  - Reparieren

Verbesserung
- Maßnahmen zur Steigerung der Zuverlässigkeit
- Maßnahmen zur Steigerung der Instandhaltbarkeit
- Maßnahmen zur Steigerung der Sicherheit
- alle Maßnahmen ohne Änderung der ursprünglichen Funktion

  - Material
  - Konstruktion

Begriffe der Instandhaltung — DIN EN 13306: 2010-12

Instandhaltung Gesamtübersicht

Instandhaltung

Präventive Instandhaltung

- **Zustandsorientierte Instandhaltung**
  - **Geplant**
    - auf Anforderung oder kontinuierlich
- **Vorausbestimmte Instandhaltung**
  - **Geplant**
    - durchgeführt nach einem festgelegten Zeitplan oder einer festgelegten Zahl von Nutzungseinheiten

Korrektive Instandhaltung

- **Aufgeschoben**
  - nicht unmittelbar nach der Fehlererkennung ausgeführt
  - entsprechend vorgegebener Instandhaltungsregeln zurückgestellt
- **Unmittelbar**
  - ohne Aufschub nach der Fehlererkennung ausgeführt, um unangenehme Folgen zu vermeiden

Begriffe der Instandhaltung

Begriffe der Instandhaltung	DIN EN 13306: 2010-12
Grundbegriffe	
Instandhaltung	alle Maßnahmen zu Erhaltung oder Wiederherstellung eines funktionsfähigen Zustands einer Einheit
Instandhaltungsmanagement	alle Tätigkeiten betreffend der ▪ Ziele ▪ Strategien ▪ Verantwortlichkeiten ▪ Planung und Steuerung ▪ Durchführung ▪ Verbesserung ▪ Wirtschaftlichkeit
Instandhaltungsziele	▪ Sicherung der Verfügbarkeit ▪ Sicherung der geforderten Funktion ▪ günstigste Kosten ▪ Beachtung der Sicherheits- und aller anderen vorgeschriebenen Anforderungen
Instandhaltungsstrategie	Vorgehensweise zur Erreichung der Instandhaltungsziele z. B. Fremdvergabe der Instandhaltung, Zuteilung von Hilfsmitteln usw.
Begriffe zu Einheiten	
(Betrachtungs-) Einheit	Teil, Bauelement, Gerät, Teilsystem, Funktionseinheit, Betriebsmittel oder System, das/die für sich allein beschrieben und betrachtet werden kann
Instandhaltungsobjekt	instandhaltungswürdige Einheit
instandsetzbare Einheit	Einheit, die unter technischen, wirtschaftlichen und ökologischen Bedingungen nach einem Ausfall wieder in einen funktionsfähigen Zustand versetzt werden kann
Verbrauchsmaterial	▪ zum Verbrauch bestimmte Einheit oder Material ▪ wird regelmäßig ausgetauscht ▪ kann nicht nur einer bestimmten Einheit zugeordnet werden
Ersatzteil	▪ Einheit zum Ersatz einer entsprechenden Einheit ▪ zur Erhaltung der ursprünglich geforderten Funktion
Eigenschaften von Einheiten	
Verfügbarkeit	Fähigkeit einer Einheit, eine geforderte Funktion unter gegebenen Bedingungen zu erfüllen
Zuverlässigkeit	Fähigkeit einer Einheit, eine geforderte Funktion unter gegebenen Bedingungen für eine gegebene Zeitspanne zu erfüllen
Haltbarkeit	Fähigkeit einer Einheit, eine geforderte Funktion unter gegebenen Anwendungs- und Instandhaltungsbedingungen zu erfüllen, bis ein Grenzzustand erreicht ist
Brauchbarkeitsdauer	Zeitspanne, beginnend zu einem gegebenen Zeitpunkt und endend mit dem Zeitpunkt, an dem der Grenzzustand erreicht ist
Redundanz	Vorhandensein von mehr als einer Einheit zur Erfüllung der geforderten Funktion
Lebenszyklus	Anzahl von Phasen, die eine Einheit durchläuft, beginnend mit der Konzeption und endend mit der Entsorgung
durchschnittliche Ausfallrate	Anzahl der Ausfälle einer Einheit in einer gegebenen Zeitspanne dividiert durch die Zeitspanne
Ausfälle und Ereignisse	
Ausfall	Beendigung der Funktionserfüllung (bezeichnet ein Ereignis, im Unterschied zu „Fehler“, der einen Zustand bezeichnet)
Ausfallursache	Umstände, die während der Planung, des Konstruktionsentwurfs, der Herstellung, der Inbetriebnahme, der Nutzung oder der Instandhaltung zum Ausfall führen
Abnutzung	Abnutzung ist eine physikalische Erscheinung, die zu Verlust oder Verformung oder Zustandsänderung des Werkstoffs führt
abnutzungsbedingter Ausfall	Ausfall, dessen Auftrittswahrscheinlichkeit mit der Betriebszeit oder mit der Anzahl der Betriebseinsätze der Einheit und den damit verbundenen Beanspruchungen zunimmt
alterungsbedingter Ausfall	Ausfall, dessen Auftrittswahrscheinlichkeit mit dem Verlauf der Zeit zunimmt
Abbau	schädliche Änderung des physikalischen Zustands aufgrund des Zeitfaktors, der Nutzung oder externer Ursachen

Begriffe der Instandhaltung	DIN EN 13306: 2010-12
Fehler und andere Zustände	
Fehler	Zustand einer Einheit, in dem sie unfähig ist, eine geforderte Funktion zu erfüllen; ausgenommen: während der präventiven Instandhaltung, infolge des Fehlens externer Hilfsmittel
funktionsfähiger Zustand	Zustand einer Einheit, in dem sie eine geforderte Funktion erfüllen kann Voraussetzung: erforderliche externe Hilfsmittel sind bereitgestellt
Störung/Unterbrechung	Zustand einer Einheit, in dem sie eine geforderte Funktion nicht erfüllen kann
Stillstand	Zustand einer funktionsfähigen Einheit während der nicht geforderten Anwendungszeit
Instandhaltungsarten	
präventive Instandhaltung	Instandhaltung, ausgeführt in festgelegten Abständen oder nach vorgeschriebenen Kriterien zur Verminderung der Ausfallwahrscheinlichkeit oder der Wahrscheinlichkeit einer eingeschränkten Funktionserfüllung einer Einheit
vorausbestimmte Instandhaltung	präventive Instandhaltung: ■ durchgeführt in festgelegten Zeitabständen oder nach einer festgelegten Zahl von Nutzungseinheiten ■ ohne vorherige Zustandsermittlung ■ Die Festlegung von Zeitabständen oder Zahl der Nutzungseinheiten kann aufgrund des Wissens um die Ausfallmechanismen der Einheit erfolgen
zustandsorientierte Instandhaltung	Präventive Instandhaltung, die eine Kombination aus Zustandsüberwachung und/oder Konformitätsprüfung und/oder Prüfverfahren, Analysen und die daraus resultierenden Instandhaltungsmaßnahmen beinhaltet
korrektive Instandhaltung	Instandhaltung, ausgeführt nach der Fehlererkennung, um eine Einheit in einen Zustand zu bringen, in dem sie eine geforderte Funktion erfüllen kann
Instandhaltungstätigkeiten	
Konformitätsprüfung Inspektion	Prüfung auf Übereinstimmung der maßgeblichen Merkmale einer Einheit durch Messung, Beobachtung oder Prüfung
Instandsetzung	physische Maßnahme, die ausgeführt wird, um die Funktion einer fehlerhaften Einheit wiederherzustellen Instandsetzung umfasst auch Fehlerortung und Funktionsprüfung
Revision	umfassende Anzahl von präventiven Instandhaltungsmaßnahmen zur Erhaltung des geforderten Grads der Funktion einer Einheit
Verbesserung	Kombination aller technischen und administrativen Maßnahmen sowie Maßnahmen des Managements zur ■ Steigerung der Zuverlässigkeit, ■ Steigerung der Instandhaltbarkeit, ■ Steigerung der Sicherheit einer Einheit, ohne ihre ursprüngliche Funktion zu ändern
Zeitbezogene Begriffe	
funktionsfähige Zeit	Zeitspanne, in der sich eine Einheit in einem funktionsfähigen Zustand befindet
Betriebszeit	Zeitspanne, in der eine Einheit im Betriebszustand ist
Stillstandszeit	Zeitspanne, in der sich eine Einheit im Stillstand befindet
Instandhaltungszeit	Zeitspanne, in der Instandhaltung an einer Einheit ausgeführt wird, einschließlich technischer und logistischer Verzögerungen Instandhaltung kann durchgeführt werden, während die Einheit eine geforderte Funktion erfüllt
Betriebszeit bis zum Ausfall	aufsummierte Spanne der Betriebszeit einer Einheit ■ von der ersten Inbetriebnahme der Einheit bis zum Ausfall ■ oder vom Zeitpunkt der Wiederherstellung bis zum nächsten Ausfall
Wirtschaftliche und technische Faktoren	
Lebenszykluskosten	alle Kosten, die während des Lebenszyklus der Einheit auftreten

Instandhaltungsstrategien

Begriffe der Instandhaltung			DIN 13306: 2010-12
Art	**Korrektive Instandhaltung**	**Präventive Instandhaltung**	
Benennung	**Ereignisorientierte Instandhaltung**	**Zustandsorientierte Instandhaltung**	**Vorausbestimmte Instandhaltung**
Beschreibung	▪ Instandhaltung nach Auftreten einer Störung	▪ Instandhaltung in Abhängigkeit vom Zustand, der durch Inspektion festgestellt wird	▪ Instandhaltung nach festen Zeitabständen
Vorteile	▪ geringerer Planungsaufwand als bei den vorbeugenden Instandhaltungsstrategien ▪ volle Ausnutzung der Lebensdauer, da ein Austausch erst nach Bauteilversagen erfolgt	▪ weitgehend planbar ▪ weitgehende Ausnutzung der Lebensdauer ▪ Erkenntnisse über den Verschleißzustand tragen zur Betriebssicherheit bei ▪ gegenüber der ereignisorientierten Instandhaltung besteht eine wesentlich höhere Verfügbarkeit	▪ gut planbar, Instandhaltungsarbeiten lassen sich z. B. gut in Zeiten geringer Auslastung durchführen ▪ minimierte Ausfallwahrscheinlichkeit und reduzierte Ausfallkosten ▪ der Ersatzteilbedarf ist vorhersehbar, Ersatzteile können rechtzeitig beschafft werden ▪ hohe Sicherheit ▪ Fehler die durch Zeitdruck entstehen, werden reduziert
Nachteile	▪ ungeplante Ausfälle ▪ Instandsetzung oft unter hohem Zeitdruck ▪ hohe Ersatzteil-Lagerhaltungskosten ▪ eine kurzfristige Verfügbarkeit von Instandhaltungspersonal muss sichergestellt werden ▪ erschwerte Koordination des Personaleinsatzes für die Instandsetzung	▪ Inspektionen können höhere Kosten verursachen, als der vorbeugende Austausch ▪ durch Demontagearbeiten bei Inspektionen können Fehler entstehen	▪ keine volle Ausnutzung der Lebensdauer ▪ hoher Ersatzteilbedarf ▪ das Ausfallverhalten der Bauteile kann nicht ermittelt werden
Einsatzgebiete	▪ bei Anlagen, die wenig genutzt und die nur geringe Anforderungen an die Verfügbarkeit stellen ▪ wo Stillstände keine Lieferschwierigkeiten verursachen	▪ wenn eine bessere Planbarkeit/höhere Sicherheit als bei der ereignisorientierten Instandhaltung gefordert ist, jedoch die Kosten geringer sein sollen als bei der intervallabhängigen Instandhaltungsstrategie	▪ wenn Bauteile auf keinen Fall versagen dürfen ▪ wenn durch einen Ausfall schwerwiegende Gefährdungen für Personen und Einrichtungen entstehen könnten ▪ wenn gesetzliche Forderungen vorliegen

Arten der Instandhaltung	
Instandhaltung während des Betriebs	Instandhaltung während des Betriebs, ohne die Funktion zu beeinflussen.
Instandhaltung vor Ort	Instandhaltung, durchgeführt an dem Ort, an dem sich die Einheit befindet.
Bedienerinstandhaltung	Instandhaltungsmaßnahmen, die von einem Bediener ausgeführt werden.
Ausgliederung der Instandhaltung	Fremdvergabe der gesamten oder eines Teils der Instandhaltungstätigkeiten einer Organisation für einen festgelegten Zeitraum.

Grundmaßnahmen der Instandhaltung — DIN 31051: 2012-09

Verschleißkurve

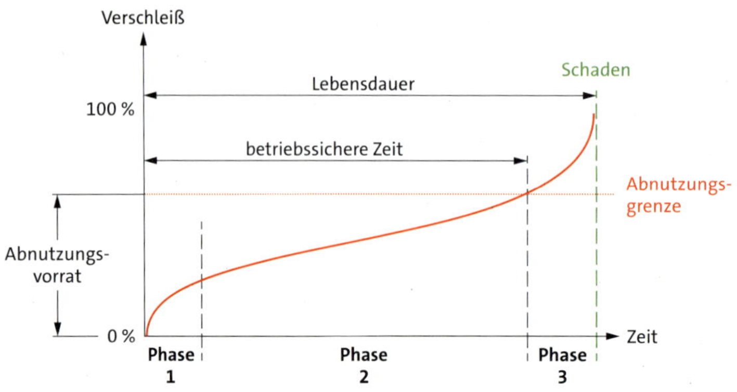

Phase 1: „Einlaufphase“
- Abtrag der Oberflächenrauheit bewegter Teile,
- relativ rascher Anstieg des Verschleißes.

Phase 2: „betriebssichere Phase“
- Ausfall unwahrscheinlich,
- gleichmäßiger Abtrag,
- sehr langsamer Anstieg des Verschleißes.

Phase 3: „Ausfallphase“
- Ausfall oder Schaden jederzeit möglich,
- stark zunehmender Verschleiß,
- Erreichen der Abnutzungsgrenze.

Abnutzungskurve

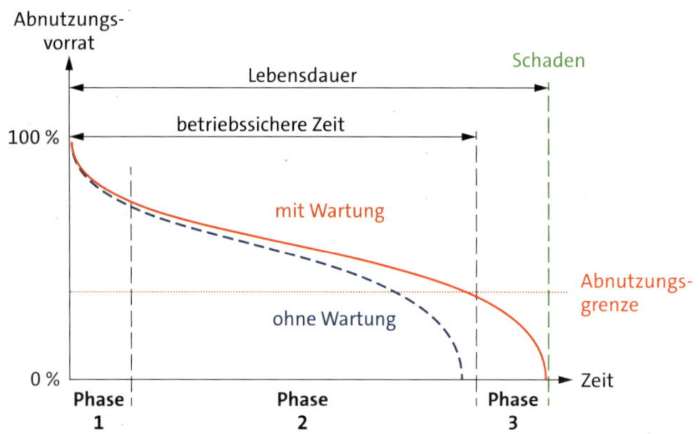

- Wartung verzögert den Abbau des Abnutzungsvorrates,
- Abnutzungsgrenze wird erst später erreicht,
- ohne Wartung verkürzt sich die betriebssichere Zeit.

Abnutzungskurve mit Instandsetzung

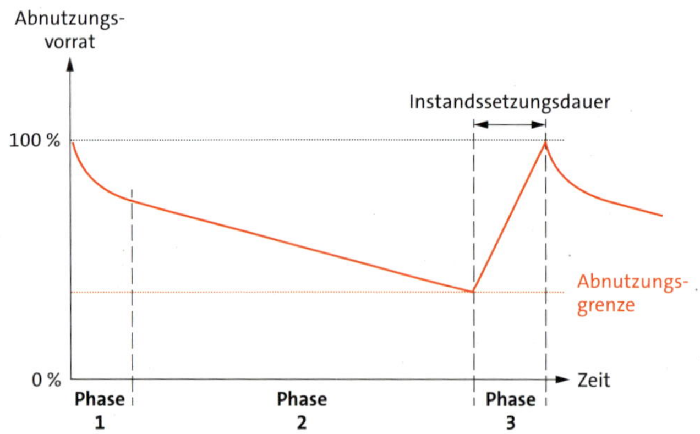

- Instandsetzung bei Erreichung der Abnutzungsgrenze,
- Wiederherstellung des Abnutzungsvorrats.

Schmierstoffe

Bezeichnung von Schmierölen — DIN 51502: 1990-08

Bezeichnung durch Symbole, Kennbuchstaben und Kennzahlen

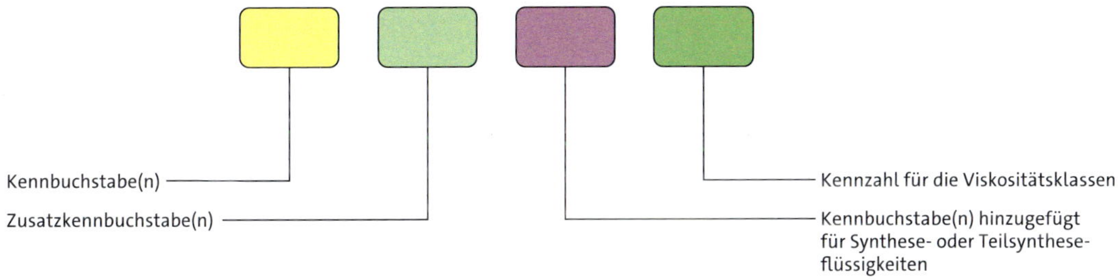

Kennbuchstaben und Symbole

Symbol und Stoffgruppe	Kennbuchstabe(n)	Stoffart und Anwendung
Mineralöle	AN	Schmieröl AN (Normalschmieröle) für Durch- und Umlaufschmierungen
	ATF	Öle ATF für Automatik-Getriebe
	B	Schmieröl B (z. B. bitumenhaltig) für Hand-, Tauch- und Durchlaufschmierungen
	C	Schmieröle C (Umlaufschmieröle), für Gleitlager, Wälzlager, Getriebe
	CG	Schmieröle CG (Gleitbahnöle), für Gleit- und Führungsbahnen
	D	Schmieröle D (Druckluftöle)
	F	Öle F (Luftfilteröle)
	FS	Öle FS (Formen-Trennöle)
	H	Hydrauliköle H
	HV	Hydrauliköle HV
	HD	Öle HD (Motorschmieröle)
	HYP	Öle HYP (Schmieröle für Kfz-Getriebe)
	J	Öle J (Isolieröle elektrisch)
	K	Kältemaschinenöle K
	L	Öle L (Härte- und Vergüteöle)
	Q	Wärmeträgeröle Q
	R	Öle R (Korrosionsschutzöle)
	S	Öle S (Kühlschmierstoffe)
	TD	Schmier- und Regleröle TD
	V	Schmieröle V (Luftverdichteröle)
	W	Öle W (Walzöle)
schwer entflammbare Hydraulikflüssigkeiten	HFA	Öl-in-Wasser-Emulsionen
	HFB	Wasser-in-Öl-Emulsionen
	HFC	wässrige Polymerlösungen
	HFD	wasserfreie Flüssigkeiten

Hinzugefügte Kennbuchstaben und Symbole

Symbol und Stoffgruppe	Kennbuchstabe(n)	Stoffart und Anwendung
Synthese- oder Teilsyntheseflüssigkeiten	E	Ester, organisch, für Lagerstellen mit stark wechselnden Temperaturen
	FK	Perfluor-Flüssigkeiten
	PG	Polyglykolöle, Lagerstellen mit häufigen Mischreibungszuständen
	SI	Silikonöle, Lagerstellen mit besonders hohen oder tiefen Temperaturen, stark wasserabstoßend

Bezeichnung von Schmierölen

DIN 51502: 1990-08

Zusatzkennbuchstaben für Schmierstoffe, ausgenommen sind Motorenschmieröle, Schmieröle für Kfz-Getriebe und schwer entflammbare Hydraulikflüssigkeiten

Zusatz-Kennbuchstabe	Schmierstoffe
D	Schmierstoffe mit detergierenden Zusätzen, z. B. Hydrauliköl HLPD
E	Schmieröle, die in Mischung mit Wasser zum Einsatz kommen, z. B. wassermischbare Kühlschmierstoffe, z. B. Kühlschmierstoff SE
F	Schmierstoffe mit Festschmierstoffzusatz (wie Graphit, Molybdändisulfit), z. B. Schmieröl CLPF
L	Schmieröle mit Wirkstoffen zum Erhöhen des Korrosionsschutzes und/oder der Alterungsbeständigkeit, z. B. Schmieröl DIN 51517 – CL 100
M	wassermischbare Kühlschmierstoffe mit Mineralölanteilen, z. B. Kühlschmierstoff SEM
S	wassermischbare Kühlschmierstoffe auf synthetischer Basis, z. B. Kühlschmierstoff SES
P	Schmierstoffe mit Wirkstoffen zum Herabsetzen der Reibung und des Verschleißes im Mischreibungsgebiet und/oder zur Erhöhung der Belastbarkeit, z. B. Schmieröl DIN 51517 – CLP 100
V	Schmierstoffe, die mit Lösemitteln verdünnt sind, z. B. Schmieröl DIN 51513 – BB-V (bedingt unter Umständen eine Kennzeichnung nach der Gefahrstoffverordnung – GefStoffV)

Kennzahlen der Viskositätsklassen

Kennzahl für die ISO-Viskositätsklasse DIN 51519	Kinematische Viskosität mm²/s			Dynamische Viskosität mPa/s	Kennzahl für die ISO-Viskositätsklasse DIN 51519	Kinematische Viskosität mm²/s			Dynamische Viskosität mPa/s
	20 °C	40 °C	50 °C	40 °C		20 °C	40 °C	50 °C	40 °C
2	≈ 3,3	2,2	≈ 1,3	≈ 2,0	68	–	68	≈ 40	≈ 61
3	≈ 5	3,2	≈ 2,7	≈ 2,9	100	–	100	≈ 60	≈ 90
5	≈ 8	4,6	≈ 3,7	≈ 4,1	150	–	150	≈ 90	≈ 135
7	≈ 13	6,8	≈ 5,2	≈ 6,2	220	–	220	≈ 130	≈ 200
10	≈ 21	10	≈ 7,0	≈ 9,1	320	–	320	≈ 180	≈ 290
15	≈ 34	15	≈ 11	≈ 13,5	460	–	460	≈ 250	≈ 415
22	–	22	≈ 15	≈ 18	680	–	680	≈ 360	≈ 620
32	–	32	≈ 20	≈ 29	1000	–	1000	≈ 510	≈ 900
46	–	46	≈ 30	≈ 42	1500	–	1500	≈ 740	≈ 1350

Die kinematische Viskosität ν wird aus der Durchlaufzeit eines Schmieröls durch eine Kapillare ermittelt.
Die dynamische Viskosität η wird bestimmt, indem zwei mit Schmieröl benetzte Platten gegeneinander bewegt werden.
Das Produkt aus kinematischer Viskosität und Dichte ergibt die dynamische Viskosität: $\eta = \nu \cdot \rho$

Bezeichnungsbeispiele

CGLP 220	**Symbol:** Mineralöl, Kennbuchstaben CG: Gleitbahnöl, Zusatzkennbuchstabe L: mit Wirkstoffen zur Erhöhung des Korrosionsschutzes und der Alterungsbeständigkeit, Zusatzkennbuchstabe P: mit Wirkstoffen zum Herabsetzen der Reibung und des Verschleißes, Kennzahl 220: ISO-Viskositätsklasse ISO VG 220
HFC 46	**Symbol:** schwer entflammbare Hydraulikflüssigkeit, Kennbuchstaben HFC: wässrige Polymerlösung, Kennzahl 46: ISO Viskositätsklasse ISO VG 46
CLP PG 220	**Symbol:** Synthese- oder Teilsyntheseflüssigkeit, Kennbuchstabe C: Schmieröl, Zusatzkennbuchstabe L: mit Wirkstoffen zur Erhöhung des Korrosionsschutzes und der Alterungsbeständigkeit, Zusatzkennbuchstabe P: mit Wirkstoffen zum Herabsetzen der Reibung und des Verschleißes, hinzugefügte Kennbuchstaben PG: Polyglykolöl, Kennzahl 220: ISO-Viskositätsklasse ISO VG 220

Motorschmieröle und Schmieröle für Kfz-Getriebe

DIN 51502: 1990-08

API[1)]-Klassifikationen für Motorschmieröle

Zusatz-Kennbuchstaben	Beschreibung
S (Service Station)-Klassen	
SE	entspricht 1972 – US-Garantiebedingungen für Benzinmotoren-Schmierung
SF	▪ entspricht 1980 – US-Garantiebedingungen für Benzinmotoren-Schmierung ▪ Zusätze gegen Hoch- und Tieftemperaturablagerungen, Verschleiß, Korrosion ▪ gegenüber SE verbesserte Oxidationsstabilität und besseres Verschleißschutzverhalten
SG	entspricht den verschärften Anforderungen der Automobilindustrie im Hinblick auf Oxidationsbeständigkeit und Verschlammung (1988)
C (Commercial)-Klassen	
CC	▪ entspricht Diesel-Saugmotoren-Anforderungen ab 1961 ▪ Zusätze gegen Hoch- und Tieftemperaturablagerungen, Korrosion
CD	▪ entspricht Anforderungen aufgeladener Dieselmotoren, auch mit höher schwefelhaltigen Kraftstoffen ▪ Zusätze gegen Hochtemperaturablagerungen, Verschleiß, Korrosion
CE	entspricht den Anforderungen auf verbesserte Motorensauberkeit (Kolbensauberkeit) und reduzierten Ölverbrauch im Hochleistungsdieselmotor

API[1)]-Klassifikationen für Schmieröle für Kraftfahrzeuggetriebe

API-Klassifikation	Betriebsbedingungen für das Getriebeöl	Getriebetyp	Öltyp bzw. entsprechende Spezifikation
GL-4	mittel bis schwer	Hypoid-Getriebe mit geringem Versatz, Handschaltgetriebe u. a.	MIL-L-2105
GL-5	schwer	Hypoid-Getriebe u. a.	MIL-L-2105 B und C
GL-6	schwerst	Hypoid-Getriebe mit höchstem Versatz, Höchstbeanspruchung	ESW-M2C 105 A (FORD)

[1)] API: American Petroleum Institute

SAE[1)]-Viskositätsklassen für Motorenschmieröle nach DIN 51511

SAE-Viskositäts-klasse	Maximale scheinbare Viskosität DIN 51 377		Maximale Grenz-pumptemperatur	Kinematische Viskosität bei 100 °C in mm^2/s	
	in mPa x s	bei °C	in °C	min.	max.
0 W	3250	−30	−35	3,8	–
5 W	3500	−25	−30	3,8	–
10 W	3500	−20	−25	4,1	–
15 W	3500	−15	−20	5,6	–
20 W	4500	−10	−15	5,6	–
25 W	6000	−5	−10	9,3	–
20	–	–	–	5,6	< 9,3
30	–	–	–	9,3	< 12,5
40	–	–	–	12,5	< 16,3
50	–	–	–	16,3	< 21,9

[1)] SAE: Society of Automotive Engineers

7

Bezeichnung von Schmierfetten — DIN 51502: 1990-08

Bezeichnung durch Symbole, Kennbuchstaben und Kennzahlen

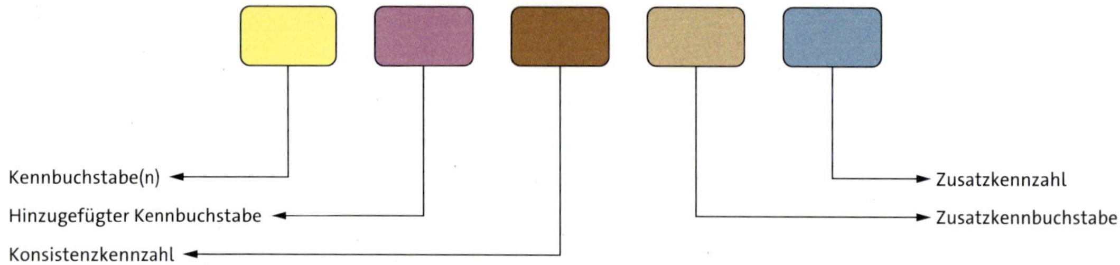

Kennbuchstaben und Symbol

Stoffgruppe und Symbol	Kennbuchstabe(n)	Stoffart und Anwendung
Schmierfette auf Mineralölbasis	K	Schmierfette für Wälzlager, Gleitlager und Gleitflächen
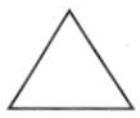	G	Schmierfette für geschlossene Getriebe
	OG	Schmierfette für offene Getriebe, Verzahnungen
	M	Schmierfette für Gleitlager und Dichtungen (geringere Anforderungen als an Schmierfette K)

Hinzugefügte Kennbuchstaben und Symbol

Stoffgruppe und Symbol	Kennbuchstabe(n)	Stoffart und Anwendung
Schmierfette auf Syntheseölbasis	E	Ester, organisch, für Lagerstellen mit stark wechselnden Temperaturen
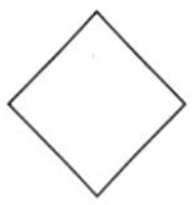	FK	Perfluor-Flüssigkeiten
	PG	Polyglykolöle, Lagerstellen mit häufigen Mischreibungszuständen
	SI	Silikonöle, Lagerstellen mit besonders hohen oder tiefen Temperaturen, stark wasserabstoßend

Konsistenzkennzahlen für Schmierfette

NLGI-Klasse	Walkpenetration[1]	NLGI-Klasse	Walkpenetration[1]	NLGI-Klasse	Walkpenetration[1]
000	445 ... 475	1	310 ... 340	4	175 ... 205
00	400 ... 430	2	265 ... 295	5	130 ... 160
0	355 ... 385	3	220 ... 250	6	85 ... 115

[1] Einheit 0,1 mm

NLGI: National Lubricating Grease Institute

Walkpenetration: Nach DIN ISO 2137 wird die Eindringtiefe, die ein genormter Konus in das gewalkte (durchgeknetete) Schmierfett eindringt, in 1/10 mm gemessen.

Zusatzkennzahlen für Schmierfette

Zusatzkennzahl	Untere Gebrauchs-temperatur	Zusatzkennzahl	Untere Gebrauchs-temperatur	Zusatzkennzahl	Untere Gebrauchs-temperatur
−10	−10 °C	−30	−30 °C	50	−50 °C
−20	−20 °C	−40	−40 °C	60	−60 °C

Mathematisch-technische Grundlagen 8

Größen, Einheiten, Formelzeichen

SI-Basisgrößen; SI-Basiseinheiten — DIN 1301-1: 2010-10

SI-Basisgröße	SI-Basiseinheit		Formelzeichen	Weitere gebräuchliche Einheiten (Auswahl)	
	Name	Zeichen		Teile	Vielfache
Länge	Meter	m	*l*	nm; µm; mm; cm; dm	km
Masse	Kilogramm	kg	*m*	µg; mg; g	t; Mt
Zeit	Sekunde	s	*t*	ns; µs; ms	ks
Elektrische Stromstärke	Ampere	A	*I*	µA; mA	kA; MA
Thermodynamische Temperatur	Kelvin	K	*T*	mK	
Stoffmenge	mol	Mol	*n*	mmol	kmol
Lichtstärke	Candela	cd	*I*	mcd	kcd

SI-Vorsätze von dezimalen Vielfachen und Teilen — DIN EN ISO 80000-1: 2013-08

Faktor	Vorsatz für dezimale Vielfache		Faktor	Vorsatz für dezimale Teile	
	Name	Zeichen		Name	Zeichen
10^{24}	Yotta	Y	$10^0 = 1$	Basiseinheit	
10^{21}	Zetta	Z	10^{-1}	Dezi	d
10^{18}	Exa	E	10^{-2}	Zenti	c
10^{15}	Peta	P	10^{-3}	Milli	m
10^{12}	Tera	T	10^{-6}	Mikro	µ
10^{9}	Giga	G	10^{-9}	Nano	n
10^{6}	Mega	M	10^{-12}	Piko	p
10^{3}	Kilo	k	10^{-15}	Femto	f
10^{2}	Hekto	h	10^{-18}	Atto	a
10^{1}	Deka	da	10^{-21}	Zepto	z
$10^0 = 1$	Basiseinheit		10^{-24}	Yocto	y

SI-Vorsätze für dezimale Vielfache sollen ausschließlich für Potenzen von 10, nicht für binäre Vielfache verwendet werden. Hierfür gibt es eigenständige Vorsätze.

Größen, Formelzeichen und Einheiten — DIN EN ISO 80000-1 ... 5, 9 ... 11: 2013-08; DIN EN ISO 80000-8: 2008-01

Das Zeichen = wird benutzt für die Aussage „ist genau gleich".
Das Zeichen := wird benutzt für die Aussage „ist definitionsgemäß gleich".
Das Zeichen ≈ wird benutzt für die Aussage „ist ungefähr gleich".

Physikalische Größe	Formelzeichen	Einheitenname	Einheitenzeichen	Bemerkungen Umrechnungsfaktoren
Länge, Fläche, Volumen, Winkel				
Länge	*l*, *L*	Meter	m	inch (in) 1 in := 25,4 mm
Breite	*b*, *B*		m	foot (ft) 1 ft := 12 in = 0,3048 m
Höhe, Tiefe	*h*, *H*		m	yard (yd) 1 yd := 3 ft = 36 in = 0,9144 m
Radius	*r*, *R*		m	mile (mi) 1 mi := 1760 yd = 5280 ft = 1609,344 m
Durchmesser	*d*, *D*		m	Seemeile (sm) 1 sm := 1852 m
Durchbiegung	*f*		m	Ångström (Å) 1 Å := 10^{-10} m = 1/10000000000 m
Weglänge	*s*		m	Lichtjahr (ly) 1 ly ≈ 9,460730 · 0^{15} m
Wellenlänge	λ		m	
kartesische Koordinaten	*x*; *y*; *z*		m	
Fläche, Flächeninhalt	*A*; *S*	Quadratmeter	m^2	Ar (a) 1 a := 100 m^2
Querschnitt, Querschnittsfläche	*S*; *q*		m^2	Hektar (ha) 1 ha = 100 a = 10000 m^2
Morgen		Morgen		1 Morgen = 0,25 ha = 2500 m^2 (regional unterschiedlich)
Volumen, Rauminhalt	*V*	Kubikmeter	m^3	
		Liter	l, L	Liter (l, L) 1 l := 10^{-3} m^3 = 1 dm^3 = 1 L

Größen, Formelzeichen und Einheiten				DIN EN ISO 80000-1 ... 5, 9 ... 11: 2013-08; DIN EN ISO 80000-8: 2008-01
Physikalische Größe	**Formelzeichen**	**Einheitenname**	**Einheitenzeichen**	**Bemerkungen Umrechnungsfaktoren**
Ebener Winkel, Drehwinkel	$\alpha; \beta; \gamma$	Radiant Grad Bogenminute Bogensekunde	rad ° ′ ″	1 rad: := 1 m/m = 1 = 180°/π = 57,2957795... 1°: := (π/180) rad 1′ := (1/60)° = 60″ 1″ := (1/60)′ = (1/3600)°
Raumwinkel	Ω	Steradiant	sr	1 sr := 1 m²/m² = 1
Mechanik				
Masse	m	Kilogramm	kg	1 kg := 1000 g Tonne (t) 1 t := 1000 kg
Längenbezogene Masse	m', ρ_l	Kilogramm pro Meter	kg/m	1 kg/m = 1 g/mm
Flächenbezogene Masse	m'', ρ_A	Kilogramm pro Quadratmeter	kg/m²	1 kg/m² = 0,1 g/cm²
Dichte	ρ	Kilogramm pro Kubikmeter	kg/m³	1000 kg/m³ = 1 t/m³ = 1 kg/dm³ = 1 kg/l = 1 g/cm³ = 1 g/ml
Kraft	F	Newton	N	1 N $:= \frac{1\,\text{kg} \cdot 1\,\text{m}}{1\,\text{s}^2} = 1\,\text{kg} \cdot \text{m/s}^2$ 1 MN = 1 000 000 N = 1000 kN
Gewichtskraft	F_G, G	Newton	N	
Kraftmoment, Drehmoment Biegemoment Torsionsmoment	M M_b T	Newton mal Meter	N · m	1 N · m = 1 kg · m²/s²
Druck	p	Pascal Bar	Pa bar	1 Pa := 1 N/m² 1 bar := 10⁵ Pa = 100 000 Pa = 100 000 N/m² = 10 N/cm²
Mechanische Normalspannung Scher-/Schubspannung	σ τ	Newton pro Quadratmeter	N/m² N/m²	
Massenträgheitsmoment	J, I	Kilogramm mal Quadratmeter	kg · m²	andere Namen: Massenmoment 2. Grades, Trägheitsmoment
Flächenträgheitsmoment axial/polar	I_a/I_p	Meter hoch vier	m⁴	andere Namen: Flächenmoment 2. Grades, Flächenmoment
Widerstandsmoment axial/polar	W/W_p	Meter hoch drei	m³	
Arbeit mechanische Energie kinetische Energie potenzielle Energie	A, W E, W T, E_k V, E_p	Joule	J	1 J := 1 W · s = 1 N · m 1 kWh = 3 600 000 Ws
Leistung	P	Watt	W	1 W := 1 Nm/s = 1 J/s
Dynamische Reibungszahl Statische Reibungszahl	μ, f μ_s, f_s		1 1	anderer Name: Reibungszahl der Bewegung anderer Name: Reibungszahl der Ruhe
Zeit				
Zeit, Dauer	t	Sekunde Minute Stunde Tag	s min h d	 1 min := 60 s 1 h := 60 min = 3600 s 1 d := 24 h = 86 400 s
Frequenz	f, ν	Hertz	Hz	1 Hz := 1/s = 1 s⁻¹
Drehzahl, Umdrehungsfrequenz	n	1 pro Sekunde 1 pro Minute	1/s 1/min	1/s = 1 s⁻¹ = 60/min = 60 min⁻¹ 1/min = 1 min⁻¹ = 1/60 s⁻¹

8

Größen, Formelzeichen und Einheiten DIN EN ISO 80000-1 ... 5, 9 ... 11: 2013-08; DIN EN ISO 80000-8: 2008-01

Physikalische Größe	Formelzeichen	Einheitenname	Einheitenzeichen	Bemerkungen Umrechnungsfaktoren
Winkelgeschwindigkeit	ω	Radiant pro Sekunde	rad/s	
Geschwindigkeit Ausbreitungsgeschwindigkeit einer Welle Lichtgeschwindigkeit im Vakuum	v c c_0	Meter pro Sekunde	m/s	c_0 := 299792458 m/s
Beschleunigung Fallbeschleunigung	a g	Meter pro Sekunde zum Quadrat	m/s^2	Normfallbeschleunigung g_n := 9,806 65 m/s^2
Thermodynamik				
Thermodynamische Temperatur	T, Θ	Kelvin	K	0 K = –273,15 °C
Celsius-Temperatur	t, ϑ	Grad Celsius	°C	1 °C := 1 K t = $T - T_0$; T_0 = 273,15 K
Temperaturdifferenz	$\Delta t, \Delta\vartheta$	Kelvin	K	
Längenausdehnungskoeffizient Volumenausdehnungskoeffizient	α_l α_V, γ	Kelvin hoch minus 1	K^{-1}	K^{-1} = 1/K = 1 m/(m · K) K^{-1} = 1/K = 1 $m^3/(m^3 \cdot K)$
Wärme, Wärmemenge	Q	Joule	J	1 J := 1 W · s = 1 N · m
Spezifischer Brennwert Spezifischer Heizwert	H_o H_u	Joule pro Kilogramm	J/kg	= massenbezogener Brennwert = massenbezogener Heizwert
Wärmeleitfähigkeit	λ	Watt pro Meter und Kelvin	W/(m · K)	
Elektromagnetismus				
Elektrische Stromstärke	I	Ampere	A	
Elektrische Spannung	U	Volt	V	1 V := 1 W/1 A = 1 J/C
Elektrischer Widerstand	R	Ohm	Ω	1 Ω := 1 V/1 A
Elektrischer Leitwert	G	Siemens	S	1 S := 1/Ω = 1 V/1 A = 1/R
Spezifischer elektr. Widerstand	ρ	Ohm mal Meter	ρ · m	1 ρ · m := 1 ρ · m^2/m
Elektrische Leitfähigkeit	λ	Siemens pro Meter	S/m	1 λ = 1/ρ = 1 · ρ^{-1}
Frequenz	f	Hertz	Hz	1 Hz := 1/s = 1 s^{-1} 1000 Hz = 1 kHz
Elektrische Arbeit	W	Joule	J	1 J := 1 W · s = 1 N · m
Elektrische Leistung, Wirkleistung Scheinleistung	P P_s	Watt	W	1 W := 1 N · m/s = 1 V · 1 A = 1 J/s 1000 W = 1 kW
Elektrische Feldstärke	E	Volt pro Meter	V/m	1 V/mm = 1 kV/m
Elektrische Ladung	Q	Coulomb	C	1 C := 1 A · 1 s 1 Ah = 3,5 kC
Elektrische Kapazität	C	Farad	F	1 F := 1 c/1 V
Induktivität	L	Henry	H	1 H = 1 V · 1 s/1 A
Phasenverschiebungswinkel	φ	Rad	rad	1 rad: := 1 m/m = 1 = 180°/π = 57,2957795...
Wirkungsgrad	η	Eins	1	
Windungszahl	N	Eins	1	

Größen und Einheiten

Mathematische Zeichen

DIN EN ISO 80000-2: 2013-08

Zeichen Ausdruck	Bedeutung, Sprechweise	Zeichen Ausdruck	Bedeutung, Sprechweise	Zeichen Ausdruck	Bedeutung, Sprechweise
$\approx$	ungefähr gleich	a^x	a hoch x	sin x	Sinus von x
$\triangleq$	entspricht	a^2	a hoch 2; a quadrat	cos x	Kosinus von x
…	und so weiter bis	$\sqrt{a}$	(Quadrat)-Wurzel aus a	tan x	Tangens von x
=	gleich	$\sqrt[n]{a}$	n-te Wurzel aus a	cot x	Kotangens von x
:=	definitionsgemäß gleich	$\overline{AB}$	Strecke von A nach B	Δx	Delta x
$\neq$	ungleich	$\overrightarrow{AB}$	Vektor von A nach B		(Differenz zweier Werte)
~	proportional	$\overset{\frown}{AB}$	Bogen von A nach B	%	Prozent; vom Hundert
<	kleiner als	$\sphericalangle$	Winkel	‰	Promille; vom Tausend
$\ll$	viel kleiner als	$\triangle$	Dreieck	([{< >}])	runde, eckige, geschweifte
$\leq$	kleiner oder gleich	$\cong$	kongruent zu		spitze Klammern; auf/zu
>	größer als	$\perp$	senkrecht zu	π	Pi; Kreiszahl = 3,141592…
$\gg$	viel größer als	$\parallel$	parallel zu	a_1; a_2	a eins; a zwei
$\geq$	größer oder gleich	n!	n Fakultät	a'; a"	a Strich; a zwei Strich
+	plus	log	Logarithmus (allgemein)	$\wedge$	und
−	minus	lg	dekadischer Logarithmus	$\vee$	oder
±	plus minus	ln	natürlicher Logarithmus	$\neg$	nicht
· x	mal; multipliziert mit	e	Basis des natürlichen	$\rightarrow$	aus … folgt …; wenn … wahr ist,
−/	durch; geteilt durch		Logarithmus (Eulersche Zahl		dann ist … wahr
$\sum$	Summe		= 2,718281828…)	$\Leftrightarrow$	wenn … wahr ist, dann ist
∞	unendlich	lb	binärer Logarithmus		… wahr und umgekehrt

Indizes für Formelzeichen

DIN 1304-1: 1994-01

Index	Bedeutung	Index	Bedeutung	Index	Bedeutung	Index	Bedeutung
0	null; Leerlauf; leerer	b	Biegung	mag	magnetisch	rsl	resultierend
	Raum	c	cutting	max	maximal	sin	sinusförmig
1	eins; primär; Eingang;	calc	kalkuliert	mec	mechanisch	tan	tangential
	Anfangszustand	crit	kritisch	med	medial; mittel	tor	Torsion
2	zwei; sekundär	d	Druck	min	minimal; mindest	v	Verlust
3	drei; tertiär	exi	Ausgang	n	Normzustand	var	variabel
A	Anlauf	ext	extern; außen	N	normal	W	Wirk-
a	außen	G	Gewicht	pot	potenziell	zul	zulässig
abs	absolut	ges	gesamt	q	quer	Zus	Zusatz
amb	ambient; umgebend	ing	ingressus; Eingang	R	Reibung	Δ	Differenz
ax	axial	kin	kinetisch	rad	radial	σ	Streuung
b	Basis	liq	liquidus; flüssig	rel	relativ	Σ	Summe

Griechische Buchstaben

DIN EN ISO 80000-1: 2013-08

Name	Buchstabe		Beispiel für Anwendungen	Name	Buchstabe		Beispiel für Anwendungen
Alpha	Α	α	Freiwinkel	Ny	Ν	ν	Sicherheitszahl
Beta	Β	β	Keilwinkel	Xi	Ξ	ξ	Schallausschlag
Gamma	Γ	γ	Spanwinkel	Omikron	Ο	ο	Landau-Symbol
Delta	Δ	δ	Differenz	Pi	Π	π	Kreiszahl (3,141592654…)
Epsilon	Ε	ε	Dehnung; Permittivität	Rho	Ρ	ρ | ϱ	Dichte
Zeta	Ζ	ζ	Widerstandsbeiwert	Sigma	Σ	σ	Summe
Eta	Η	η	Wirkungsgrad	Tau	Τ	τ	Scherspannung
Theta	Θ	θ	(Celsius-)Temperatur	Ypsilon	Υ	υ	Hyperladung
Iota	Ι	ι		Phi	Φ	φ	Magnetischer Fluss
Kappa	Κ	κ	Einstellwinkel	Chi	Χ	χ	Kompressibilität
Lambda	Λ	λ	Wärmeleitfähigkeit	Psi	Ψ	ψ	Energieflussdichte
My	Μ	μ	Reibungszahl	Omega	Ω	ω	Elektrischer Widerstand

Elementare Rechenarten

Grundrechenarten

Rechenart		Regeln	Anwendung
Addition	Summand ↓ $a + b = c$ ← Summe ↑ Summand	Nur gleich benannte Größen können addiert werden, indem die Vorzahlen addiert und die Benennungen beibehalten werden. Die Reihenfolge der Summanden ist beliebig.	$3 + 15 + 7 = 25$ $2{,}5\text{ mm} + 4{,}5\text{ mm} = 7\text{ mm}$ $x + 23x + 8x = 32x$ $a + b = b + a$
Subtraktion	Minuend ↓ $a - b = c$ ← Differenz ↑ Subtrahend	Nur gleich benannte Größen können subtrahiert werden, indem die Vorzahlen addiert und die Benennungen beibehalten werden. Minuend und Subtrahend dürfen nicht vertauscht werden.	$25 - 15 - 7 = 3$ $4{,}5\text{ mm} - 2{,}5\text{ mm} = 2\text{ mm}$ $x - 23x - 8x = -30x$ $8x - 5x - 2y = 3x - 2y$ $a - b = b \neq a$
Multiplikation	Faktor ↓ $a \cdot b = c$ ← Produkt ↑ Faktor	Gleich und ungleich benannte Größen können miteinander multipliziert werden. Die Reihenfolge der Faktoren ist beliebig. Das Produkt zweier Größen mit gleichen Vorzeichen ist positiv, mit ungleichen Vorzeichen negativ.	$1\text{ W} \cdot 1\text{ s} = 1\text{ Ws}$ $3 \cdot 2{,}5\text{ kg} = 7{,}5\text{ kg}$ $2\text{ N} \cdot 4\text{ m} = 8\text{ Nm}$ $(+1) \cdot (+1) = +1$ $(-1) \cdot (-1) = +1$ $(+1) \cdot (-1) = -1$ $(-1) \cdot (+1) = -1$
Division	Dividend (Zähler) ↓ $a : b = c$ ← Quotient ↑ Divisor (Nenner)	Gleich und ungleich benannte Größen können dividiert werden. Dividend und Divisor dürfen nicht vertauscht werden. Die Zahl Null ist als Divisor nicht zulässig. Der Quotient zweier Größen mit gleichen Vorzeichen ist positiv, mit ungleichen Vorzeichen negativ.	$45\text{ m} : 3\text{ s} = 15\text{ m/s}$ $a : b \neq b : a$ $(+1) : (+1) = +1$ $(-1) : (-1) = +1$ $(+1) : (-1) = -1$ $(-1) : (+1) = -1$

Bruchrechnen

Rechenart	Regeln	Anwendung
Kürzen	Ein Bruch kann gekürzt werden, wenn in Zähler und Nenner gleiche Faktoren vorhanden sind. Der Wert des Bruches ändert sich dadurch nicht.	$\frac{10}{45} = \frac{2 \cdot 5}{9 \cdot 5} = \frac{2}{9} = \frac{10}{45}$
	Stehen in Zähler oder Nenner Summen oder Differenzen, kann nur gekürzt werden, wenn ein gemeinsamer Faktor ausgeklammert werden kann.	$\frac{3a + 3b}{3c + 3d} = \frac{3 \cdot (a + b)}{3 \cdot (c + d)} = \frac{a + b}{c + d}$
Erweitern	Zähler und Nenner werden mit gleichen Faktoren multipliziert. Der Wert des Bruches ändert sich dadurch nicht.	$\frac{2}{9} = \frac{2 \cdot 9}{9 \cdot 6} = \frac{12}{54}$
Addieren und Subtrahieren gleichnamiger Brüche	Die Zähler werden addiert/subtrahiert und durch den gemeinsamen Nenner dividiert.	$\frac{2}{7} + \frac{3}{7} + \frac{1}{7} = \frac{2 + 3 + 1}{7} = \frac{6}{7}$ $\frac{5}{a + b} - \frac{3}{a + b} = \frac{5 - 3}{a + b} = \frac{2}{a + b}$
Addieren und Subtrahieren ungleichnamiger Brüche	Es wird der Hauptnenner (HN) der ungleichnamigen Brüche gesucht. Danach werden die Brüche durch Erweitern gleichnamig gemacht und anschließend wie gleichnamige Brüche addiert bzw. subtrahiert.	$\frac{1}{2} + \frac{1}{3} + \frac{1}{4} + \frac{1}{6} = ?$
Hauptnenner suchen	Der Hauptnenner ist der kleinste Nenner, der alle übrigen Nenner enthält (= kleinstes gemeinsames Vielfaches – kgV). Die Nenner werden in kleinstmögliche Faktoren zerlegt. Die zahlenmäßig größten Gruppen der vorkommenden Faktoren ergeben den Hauptnenner.	$2 = 2 \cdot 1$ $3 = 3 \cdot 1$ $4 = 2 \cdot 2$ $6 = 3 \cdot 2$ $HN = 3 \cdot 2 \cdot 2 = 12$
Gleichnamig machen	Alle Nenner werden so erweitert, dass gleichnamige Brüche mit dem Hauptnenner als Nenner entstehen. Wenn möglich, ist das Ergebnis noch zu kürzen.	$\frac{1 \cdot 6}{2 \cdot 6} + \frac{1 \cdot 4}{3 \cdot 4} + \frac{1 \cdot 3}{4 \cdot 3} + \frac{1 \cdot 2}{6 \cdot 2} =$ $\frac{6}{12} + \frac{4}{12} + \frac{3}{12} + \frac{2}{12} = \frac{15}{12} = 1\frac{3}{12} = 1\frac{1}{4}$

Elementare Rechenarten

Bruchrechnen

Rechenart	Regeln	Anwendung
Multiplikation ■ Bruch mal Bruch	Brüche werden multipliziert, indem man die Zähler miteinander multipliziert und die Nenner miteinander multipliziert.	$\frac{2}{5} \cdot \frac{3}{4} = \frac{2 \cdot 3}{5 \cdot 4} = \frac{6}{20} = \frac{3}{10}$
■ Ganze Zahl mal Bruch	Ganze Zahlen werden als Scheinbruch mit dem Nenner 1 geschrieben und wie ein gewöhnlicher Bruch behandelt.	$3 \cdot \frac{5}{9} = \frac{3 \cdot 5}{1 \cdot 9} = \frac{15}{9} = \frac{5}{3} = 1\frac{2}{3}$
Division ■ Bruch durch Bruch	Brüche werden dividiert, indem man den ersten Bruch mit dem Kehrwert des zweiten Bruchs multipliziert.	$\frac{2}{5} : \frac{3}{4} = \frac{2}{5} \cdot \frac{4}{3} = \frac{2 \cdot 4}{5 \cdot 3} = \frac{8}{15}$
■ Bruch durch ganze Zahl	Ganze Zahlen werden als Scheinbruch mit dem Nenner 1 geschrieben und wie ein gewöhnlicher Bruch behandelt.	$\frac{5}{6} : 2 = \frac{5}{6} : \frac{2}{1} = \frac{5 \cdot 1}{6 \cdot 2} = \frac{5}{12}$
■ Ganze Zahl durch Bruch	Ganze Zahlen werden als Scheinbruch mit dem Nenner 1 geschrieben und wie ein gewöhnlicher Bruch behandelt.	$3 : \frac{7}{8} = \frac{3}{1} : \frac{7}{8} = \frac{3 \cdot 8}{1 \cdot 7} = \frac{24}{7} = 3\frac{3}{7}$
Umwandlung ■ Bruch in Dezimalzahl	Ein Bruch wird in eine Dezimalzahl umgewandelt, indem man den Zähler durch den Nenner dividiert.	$\frac{3}{4} = 3 : 4 = 0{,}75$
■ Dezimalzahl in Bruch	Die Dezimalzahl wird als Scheinbruch mit dem Nenner 1 geschrieben und dann mit einem Vielfachen von 10 erweitert.	$0{,}625 = \frac{0{,}625}{1} = \frac{0{,}625 \cdot 1000}{1 \cdot 1000} = \frac{625}{1000}$

Klammerrechnen

Rechenart	Regeln	Anwendung
Addition	Wenn vor einer Klammer ein Plus-Zeichen steht, so bleiben beim Auflösen der Klammer die Vorzeichen des Klammerausdrucks unverändert.	$13 + (5 + 2) = 13 + 5 + 2$ $13 + (5 - 2) = 13 + 5 - 2$ $a + (b - c) = a + b - c$
Subtraktion	Wenn vor einer Klammer ein Minus-Zeichen steht, so werden beim Auflösen der Klammer die Vorzeichen des Klammerausdrucks geändert (‚+‘ → ‚–‘; ‚–‘ → ‚+‘).	$13 - (5 + 2) = 13 - 5 - 2$ $13 - (5 - 2) = 13 - 5 + 2$ $a - (b - c) = a - b + c$
Multiplikation	Summen/Differenzen innerhalb einer Klammer werden mit einem Faktor multipliziert, indem jedes Glied der Klammer mit dem Faktor multipliziert wird. Summen/Differenzen innerhalb einer Klammer werden mit Summen/Differenzen innerhalb einer Klammer multipliziert, indem jedes Glied der ersten Klammer mit jedem Glied der zweiten Klammer multipliziert wird.	$2 \cdot (13 + 6) = 2 \cdot 13 + 2 \cdot 6$ $2 \cdot (13 - 6) = 2 \cdot 13 - 2 \cdot 6$ $a \cdot (b + c) = a \cdot b + a \cdot c$ $(7 + 3) \cdot (5 + 4) = 7 \cdot 5 + 7 \cdot 4 + 3 \cdot 5 + 3 \cdot 4$
Division	Summen/Differenzen innerhalb einer Klammer werden durch einen Divisor dividiert, indem jedes Glied der Klammer durch den Divisor dividiert wird. Summen/Differenzen innerhalb einer Klammer werden durch Summen/Differenzen innerhalb einer Klammer dividiert, indem jedes Glied der ersten Klammer durch den zweiten Klammerausdruck dividiert wird.	$(25 - 10) : 5 = \frac{25}{5} - \frac{10}{5}$ $(a + b) : c = \frac{a}{c} + \frac{b}{c}$ $(45 + 8) : (7 - 3) = \frac{45}{7 - 3} + \frac{8}{7 - 3}$ $(a + b) : (c - d) = \frac{a}{c - d} + \frac{b}{c - d}$
Ausklammern	Ein gemeinsamer Faktor/Divisor innerhalb von Summen/Differenzen kann ausgeklammert werden.	$5 \cdot 9 - 5 \cdot 7 = 5 \cdot (9 - 7)$ $\frac{a - b}{c} - \frac{d - e}{c} = \frac{1}{c} \cdot (a - b - d + e)$

Potenzrechnen

Rechenart	Regeln	Anwendung
$a \cdot a \cdot a \cdot a = a^4$ ↑ Produkt ↑ Potenz Exponent ↓ $a^4 = x$ ↑ Basis ↑ Potenzwert	Ein Produkt aus gleichen Faktoren kann verkürzt als Potenz geschrieben werden. Eine Potenz besteht aus einer Basis (Grundzahl) und einem Exponenten(Hochzahl). Der Exponent gibt an, wie oft die Basis als Faktor gesetzt werden soll. Das Ergebnis einer Potenz ist der Potenzwert. Vorzeichenregeln: ■ Bei einer positiven Basis ist der Potenzwert immer positiv. ■ Bei einer negativen Basis und einem geradzahligen Exponenten ist der Potenzwert positiv. ■ Bei einer negativen Basis und einem ungeradzahligen Exponenten ist der Potenzwert negativ.	$2 \cdot 2 \cdot 2 \cdot 2 = 2^4 = 16$ $a \cdot a + b \cdot b \cdot b = a^2 + b^3$ $(+4)^2 = (+4) \cdot (+4) = +16$ $(+a)^n = +a^n$ $(-4)^2 = (-4) \cdot (-4) = +16$ $(-a)^{2n} = +a^{2n}$ $(-4)^3 = (-4) \cdot (-4) \cdot (-4) = -64$ $(-a)^{2n-1} = -a^{2n-1}$ 2n: geradzahlig $2n^{-1}$: ungeradzahlig
Potenzen mit dem Exponenten Null	Jede Basis ($a \neq 0$) mit dem Exponenten Null hat den Potenzwert 1.	$123^0 = 1$ $x^0 = 1$ $(x+y)^0 = 1$
Potenzen mit negativem Exponenten	Eine Potenz mit negativem Exponenten ist gleich dem Kehrwert der gleichen Potenz mit positivem Exponenten.	$4^{-2} = \frac{1}{4^2} = \frac{1}{16}$
Addition; Subtraktion	Es lassen sich nur Potenzen mit gleicher Basis und gleichem Exponenten addieren/subtrahieren.	$4a^2 + 5a^2 - 3a^2 = 6a^2$
Multiplikation; Division	Potenzen mit gleicher Basis werden multipliziert/dividiert, indem man die Basis mit der Summe/Differenz der Exponenten potenziert.	$2^3 \cdot 2^2 = (2 \cdot 2 \cdot 2) \cdot (2 \cdot 2) = 2^{3+2} = 2^5$ $2^3 : 2^2 = (2 \cdot 2 \cdot 2) : (2 \cdot 2) = 2^{3-2} = 2^1$ $a^x \cdot a^y = a^{x+y}$ $a^x : a^y = a^{x-y}$
Potenzieren von Summen; Differenzen	Eine Summe/Differenz wird potenziert, indem man die Summe/Differenz in ein Produkt umwandelt und nach den Regeln der Klammerrechnung ausrechnet.	$(a + b)^2 = (a + b) \cdot (a + b) =$ $a^2 + ab + ba + b^2 = a^2 + 2ab + b^2$
Potenzieren von Potenzen	Potenzen werden potenziert, indem man die Basis mit dem Produkt der Exponenten potenziert.	$(2^2)^3 = (2 \cdot 2) \cdot (2 \cdot 2) \cdot (2 \cdot 2) = 2^{2 \cdot 3} = 2^6$ $(a^x)^y = a^{x \cdot y}$
Zehnerpotenzen	Sehr große/kleine Zahlen können als Vielfache von Zehnerpotenzen dargestellt werden. Zahlen > 1: Exponent positiv Zahlen < 1: Exponent negativ	$230\,000 = 2{,}3 \cdot 100\,000 = 2{,}3 \cdot 10^5$ $0{,}000023 = 2{,}3 \cdot \frac{1}{100\,000} = 2{,}3 \cdot \frac{1}{10^5}$ $= 2{,}3 \cdot 10^{-5}$

Wurzelrechnen (Radizieren)

Rechenart	Regeln	Anwendung
Wurzelexponent Wurzelzeichen Wurzelwert $\sqrt[n]{a} = b$ ↑ Radikand	Beim Wurzelrechnen wird eine Zahl (der Radikand) in eine Anzahl n (Wurzelexponent) gleicher Faktoren zerlegt. Das Produkt dieser Faktoren ist gleich dem Radikanden. Der Wert eines dieser Faktoren ist gleich dem Wurzelwert. Die Wurzel mit n = 2 wird als Quadratwurzel oder als Wurzel bezeichnet. Der Wurzelexponent wird üblicherweise nicht geschrieben. Der Wurzelwert kann positiv oder negativ sein, wenn der Wurzelexponent geradzahlig und der Radikand positiv ist. Der Wurzelwert hat das gleiche Vorzeichen wie der Radikand, wenn der Wurzelexponent ungeradzahlig ist.	$\sqrt[2]{25} = \sqrt[2]{5 \cdot 5} = 5$ $\sqrt[5]{32} = \sqrt[5]{2 \cdot 2 \cdot 2 \cdot 2 \cdot 2} = 2$ $\sqrt[2]{9} = \sqrt{9} = 3$ $\sqrt[2]{a} = \sqrt{a}$ $\sqrt[2]{16} = \pm 4$ $\sqrt[2n]{a} = \pm b$ $\sqrt[3]{64} = +4$ $\sqrt[2n-1]{+a} = +b$ $\sqrt[3]{-64} = -4$ $\sqrt[2n-1]{-a} = -b$

Wurzelrechnen

Rechenart	Regeln	Anwendung
Addition; Subtraktion	Wurzeln können nur addiert/subtrahiert werden, wenn sie gleiche Radikanden und gleiche Wurzelexponenten haben.	$3 \cdot \sqrt[3]{27} + 5 \cdot \sqrt[3]{27} = 8 \cdot \sqrt[3]{27} = 8 \cdot 3 = 24$
Multiplikation; Division	Wurzeln mit gleichen Wurzelexponenten werden multipliziert/dividiert, indem man aus Produkt/Quotienten der Radikanden die Wurzel zieht.	$\sqrt{16} \cdot \sqrt{25} = \sqrt{16 \cdot 25} = \sqrt{400} = 20$ $\sqrt{81} : \sqrt{9} = \sqrt{\frac{81}{9}} = \sqrt{9} = 3$
Potenzieren	Wurzeln werden potenziert, indem man den Radikanden potenziert und hieraus die Wurzel zieht.	$(\sqrt{9})^3 = \sqrt{9^3} = \sqrt{729} = 27$
Radizieren	Wurzeln werden radiziert, indem man die Wurzelexponenten multipliziert und mit diesem Wurzelexponenten radiziert.	$\sqrt[4]{\sqrt{256}} = \sqrt[8]{256} = 2$

Gleichungen

Rechenart	Regeln	Anwendung
	Eine Gleichung ist eine Aussage über die Gleichheit zweier Terme (sinnvoller mathematischer Ausdruck). Als Symbol für die Gleichheit dient das Gleichheitszeichen (‚=‘). Die Gleichung wird durch einen Seitentausch nicht verändert.	linke Seite = rechte Seite $5 + 8 = 13$ rechte Seite = linke Seite $13 = 5 + 8$
Seitenveränderungen	Veränderungen auf der einen Seite der Gleichung müssen auf der anderen Seite der Gleichung ebenfalls ausgeführt werden.	
▪ durch Addition/Subtraktion	Eine Gleichung bleibt gleich, wenn auf beiden Seiten der gleiche Summand/Subtrahend addiert/subtrahiert wird.	$13 + 8 = 21$ $13 + 8 + 5 = 21 + 5$ $13 + 8 - 5 = 21 - 5$
▪ durch Multiplikation/Division	Eine Gleichung bleibt gleich, wenn auf beiden Seiten mit dem gleichen Faktor/Divisor multipliziert/dividiert wird.	$13 \cdot 8 = 104$ $13 \cdot 8 \cdot 2 = 104 \cdot 2$ $\frac{13 \cdot 8}{4} = \frac{104}{4}$
▪ durch Bildung des Kehrwerts	Eine Gleichung bleibt gleich, wenn auf beiden Seiten der Kehrwert gebildet wird.	$13 + 8 = 21$ $\frac{1}{13 + 8} = \frac{1}{21}$
▪ durch Potenzieren/Radizieren	Eine Gleichung bleibt gleich, wenn auf beiden Seiten mit dem gleichen Exponenten/Wurzelexponenten potenziert/radiziert wird.	$8 - 5 = 3$ $(8 - 5)^2 = 3^2$ $\sqrt{8 - 5} = \sqrt{3}$
Seitenwechsel	Wird ein positives/negatives Glied einer Gleichung auf die andere Seite der Gleichung gebracht, so wird es negativ/positiv.	$x + 9 = 15$ $x = 15 - 9$ $x - 9 = 15$ $x = 15 + 9$
	Wird ein Faktor/Divisor einer Gleichung auf die andere Seite der Gleichung gebracht, so wird daraus ein Divisor/Faktor.	$x \cdot 90 = 45$ $x = \frac{45}{90}$ $\frac{x}{90} = 45$ $x = 45 \cdot 90$
Verhältnisgleichung Außenglieder a : b = d : f Innenglieder	Zwei Verhältnisse mit gleichem Wert können als (Verhältnis-)Gleichung (Proportion) geschrieben und behandelt werden.	$a : b = c$ $d : e = f$ $a : b = d : f$
	Bei einer Verhältnisgleichung ist das Produkt der Außenglieder gleich dem Produkt der Innenglieder.	$a : b = d : f$ $a \cdot f = b \cdot d$

8

Umstellen von Gleichungen

Zur Berechnung einer Größe müssen Gleichungen häufig so umgestellt werden, dass die gesuchte Größe:
- allein auf der linken Seite der Gleichung steht,
- ein positives Vorzeichen hat.

Umstellen von Gleichungen mit				
■ Summen – Seiten vertauschen	$V = V_1 + V_2$	$V_1 + V_2 = V$	$100\ \mathrm{mm}^3 = V_1 + 25\ \mathrm{mm}^3$	$V_1 + 25\ \mathrm{mm}^3 = 100\ \mathrm{mm}^3$
– gesuchte Größe isolieren	$V_1 = V - V_2$		$V_1 = 100\ \mathrm{mm}^3 - 25\ \mathrm{mm}^3 = 75\ \mathrm{mm}^3$	
■ Faktoren – Seiten vertauschen	$U = d \cdot \pi$	$d \cdot \pi = U$	$78{,}54\ \mathrm{mm} = d \cdot \pi$	$d \cdot \pi = 78{,}54\ \mathrm{mm}$
– gesuchte Größe isolieren	$d = \frac{U}{\pi}$		$d = \frac{78{,}54\ \mathrm{mm}}{\pi} = 25\ \mathrm{mm}$	
■ Brüchen – Seiten vertauschen	$A = \frac{l_B \cdot d}{4}$	$\frac{l_B \cdot d}{4} = A$	$122{,}72\ \mathrm{mm}^2 = \frac{l_B \cdot 25\ \mathrm{mm}}{4}$	$\frac{l_B \cdot 25\ \mathrm{mm}}{4} = 122{,}72\ \mathrm{mm}^2$
– gesuchte Größe isolieren	$l_B = \frac{A \cdot 4}{d}$		$l_B = \frac{122{,}72\ \mathrm{mm}^2 \cdot 4}{25\ \mathrm{mm}} = 19{,}64\ \mathrm{mm}$	
■ Brüchen – Seiten vertauschen	$i = \frac{d_2}{d_1}$	$\frac{d_2}{d_1} = i$	$3 = \frac{240\ \mathrm{mm}}{d_1}$	$\frac{240\ \mathrm{mm}}{d_1} = 3$
– Kehrwert bilden	$\frac{d_1}{d_2} = \frac{1}{i}$		$\frac{d_1}{240\ \mathrm{mm}} = \frac{1}{3}$	
– gesuchte Größe isolieren	$d_1 = \frac{1 \cdot d_2}{i}$		$d_1 = \frac{1 \cdot 240\ \mathrm{mm}}{3} = 80\ \mathrm{mm}$	
■ Klammern – Seiten vertauschen	$a = \frac{m \cdot (z_1 + z_2)}{2}$	$\frac{m \cdot (z_1 + z_2)}{2} = a$	$60\ \mathrm{mm} = \frac{2{,}5\ \mathrm{mm} \cdot (18 + z_2)}{2}$	$\frac{2{,}5\ \mathrm{mm} \cdot (18 + z_2)}{2} = 60\ \mathrm{mm}$
– Klammer isolieren	$(z_1 + z_2) = \frac{a \cdot 2}{m}$		$(18 + z_2) = \frac{60\ \mathrm{mm} \cdot 2}{2{,}5\ \mathrm{mm}}$	
– gesuchte Größe isolieren	$z_2 = \frac{a \cdot 2}{m} - z_1$		$z_2 = \frac{60\ \mathrm{mm} \cdot 2}{2{,}5\ \mathrm{mm}} - 18 = 30$	
■ Potenzen – Seiten vertauschen	$V = \frac{d^3 \cdot \pi}{6}$	$\frac{d^3 \cdot \pi}{6} = V$	$4{,}19\ \mathrm{cm}^3 = \frac{d^3 \cdot \pi}{6}$	$\frac{d^3 \cdot \pi}{6} = 4{,}19\ \mathrm{cm}^3$
– gesuchte Größe isolieren	$d^3 = \frac{V \cdot 6}{\pi}$		$d^3 = \frac{4{,}19\ \mathrm{cm}^3 \cdot 6}{\pi}$	
– beidseitig Wurzel ziehen	$\sqrt[3]{d^3} = d = \sqrt[3]{\frac{V \cdot 6}{\pi}}$		$\sqrt[3]{d^3} = d = \sqrt[3]{\frac{4{,}19\ \mathrm{cm}^3 \cdot 6}{\pi}} = 2\ \mathrm{cm}$	
■ Wurzeln – Seiten vertauschen	$v_t = \sqrt{2 \cdot g \cdot s}$	$\sqrt{2 \cdot g \cdot s} = v_t$	$7{,}67\ \frac{\mathrm{m}}{\mathrm{s}} = \sqrt{2 \cdot 9{,}81\ \frac{\mathrm{m}}{\mathrm{s}^2} \cdot s}$	$\sqrt{2 \cdot 9{,}81\ \frac{\mathrm{m}}{\mathrm{s}^2} \cdot s} = 7{,}67\ \frac{\mathrm{m}}{\mathrm{s}}$
– beidseitig quadrieren	$(\sqrt{2 \cdot g \cdot s}^2) = v_t^2$		$\left(\sqrt{2 \cdot 9{,}81\ \frac{\mathrm{m}}{\mathrm{s}^2} \cdot s}\right)^2 = (7{,}67\ \frac{\mathrm{m}}{\mathrm{s}})^2$	
– gesuchte Größe isolieren	$2 \cdot g \cdot s = v_t^2$		$2 \cdot 9{,}81\ \frac{\mathrm{m}}{\mathrm{s}^2} \cdot s = 58{,}86\ \frac{\mathrm{m}^2}{\mathrm{s}^2}$	
	$s = \frac{v_t^2}{2 \cdot g}$		$s = \frac{58{,}86\ \frac{\mathrm{m}^2}{\mathrm{s}^2}}{2 \cdot 9{,}81\ \frac{\mathrm{m}}{\mathrm{s}^2}} = 3\ \mathrm{m}$	

Dreisatz, Prozent- und Zinsrechnen

8

Dreisatz

Einfacher (direkter) Dreisatz

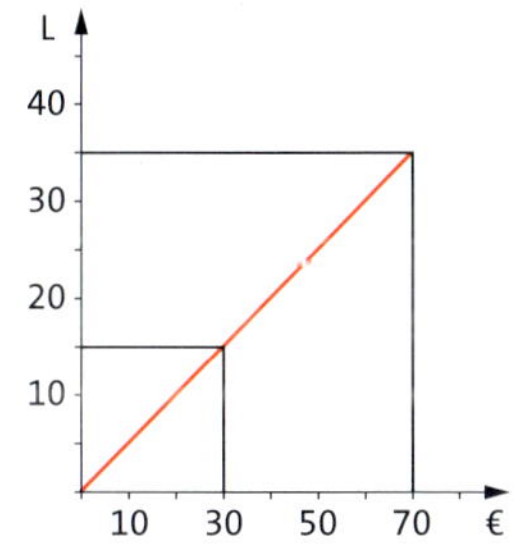

1. Satz (Aussagesatz): 15 L Wandfarbe kosten	30,00 €
2. Satz (Mittelsatz): 1 L Wandfarbe kostet	$\frac{30{,}00\ €}{15}$
3. Satz (Schlusssatz): 35 L Wandfarbe kosten	$\frac{30{,}00\ € \cdot 35}{15} = 70{,}00\ €$

Je mehr von der Menge ‚A', desto mehr von der Menge ‚B'.

Je weniger von der Menge ‚A', desto weniger von der Menge ‚B'.

Umgekehrter (indirekter) Dreisatz

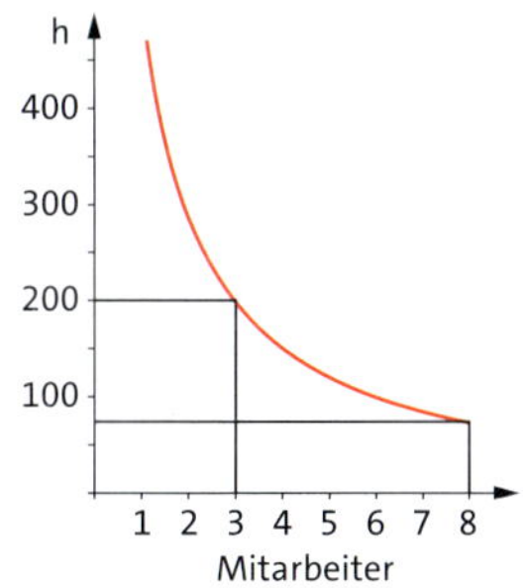

1. Satz (Aussagesatz): 8 Mitarbeiter benötigen	75 h
2. Satz (Mittelsatz): 1 Mitarbeiter benötigt	75 h · 8
3. Satz (Schlusssatz): 3 Mitarbeiter benötigen	$\frac{75\ h \cdot 8}{3} = 200\ h$

Je mehr von der Menge ‚A', desto weniger von der Menge ‚B'.

Je weniger von der Menge ‚A', desto mehr von der Menge ‚B'.

Prozent- und Zinsrechnen

Prozentrechnung

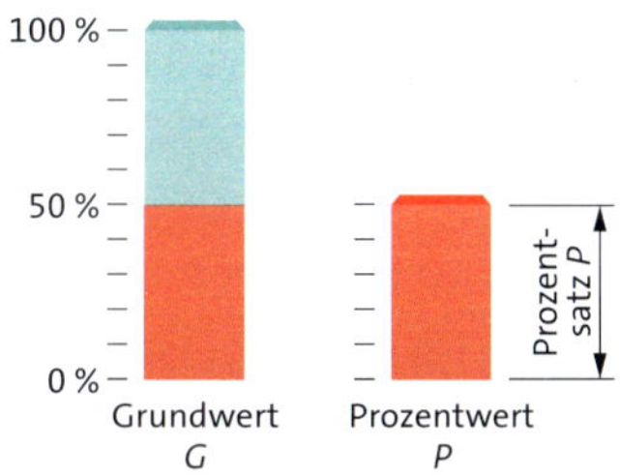

$$\frac{P}{100\ \%} = \frac{P}{G} \qquad P = \frac{G \cdot p}{100\ \%} \qquad G = \frac{P \cdot 100\ \%}{p}$$

G = 189,99 € (Ladenpreis); p = 3 % (Rabatt)
P = ? € (Kaufpreisminderung)

$$P = \frac{G \cdot p}{100\ \%} = \frac{189{,}99\ € \cdot 3\ \%}{100\ \%} = 5{,}70\ €$$

Per cent (lat.): von Hundert

Prozent: Hundertstel

$1\ \% = \frac{1}{100} = 0{,}01 = 1 \cdot 10^{-2}$

Zinsrechnung

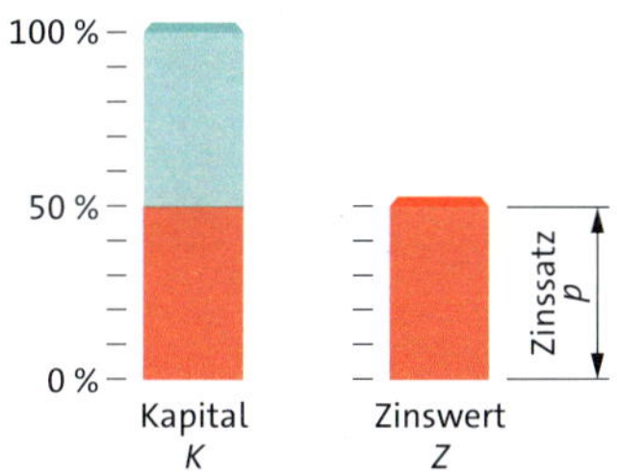

Zinsen nach Jahren:	Zinsen nach Monaten:	Zinsen nach Tagen:
$Z = K_0 \cdot \frac{p \cdot i}{100\ \%}$	$Z = K_0 \cdot \frac{p \cdot i_M}{100\ \% \cdot 12}$	$Z = K_0 \cdot \frac{p \cdot i_T}{100\ \% \cdot 360}$

$$K_E = K_0 + Z$$

$K_0 = 120\ €$; $p = 1{,}4\ \%$; $i = 1$; $Z = ?\ €$

$$Z = K_0 \cdot \frac{p \cdot 1}{100\ \%} = 120\ € \cdot \frac{1{,}4\ \% \cdot 1}{100\ \%} = 1{,}68\ €$$

1 Zinsmonat = 30 Tage

1 Zinsjahr = 12 Zinsmonate = 360 Tage

$1\ \% = \frac{1}{100} = 0{,}01 = 1 \cdot 10^{-2}$

p: Prozentsatz; Zinssatz pro Jahr
Z: Zinswert, Zinsen
i_M: Laufzeit in Monaten
P: Prozentwert
K_0: Anfangskapital
i_T: Laufzeit in Tagen
G: Grundwert
K_E: Endkapital
i: Laufzeit in Jahren

8

Winkelarten

Bezeichnung	Spitzer Winkel	Rechter Winkel	Stumpfer Winkel	Gestreckter Winkel
Darstellung	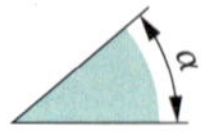	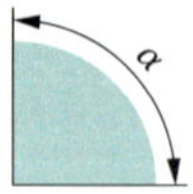	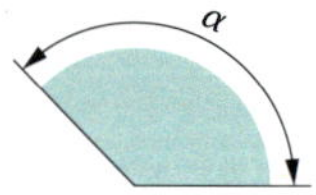	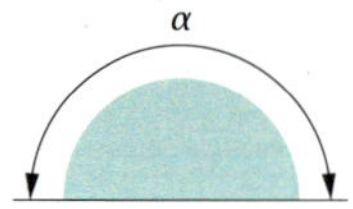
Erklärung	$0° < \alpha < 90°$	$\alpha = 90°$	$90° < \alpha < 180°$	$\alpha = 180°$
Bezeichnung	Überstumpfer Winkel	Vollwinkel	Nebenwinkel	Scheitelwinkel
Darstellung	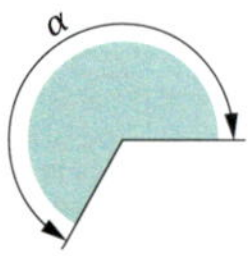	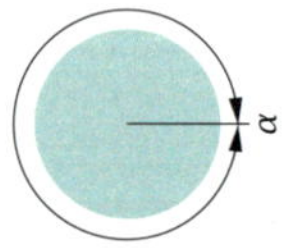	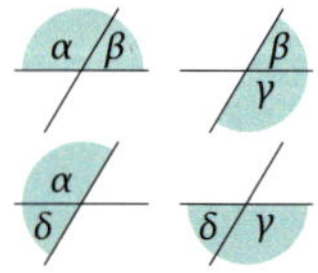	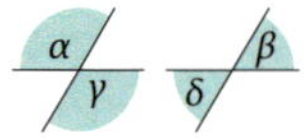
Erklärung	$180° < \alpha < 360°$	$\alpha = 360°$	$\alpha + \beta = 180°$ $\beta + \gamma = 180°$ $\gamma + \delta = 180°$ $\delta + \alpha = 180°$	$\alpha = \gamma$ $\beta = \delta$
Bezeichnung	Stufenwinkel	Wechselwinkel	Dreieckwinkel	
Darstellung	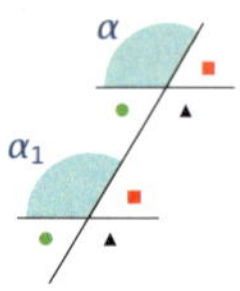	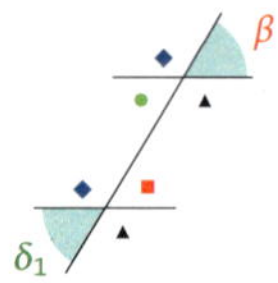	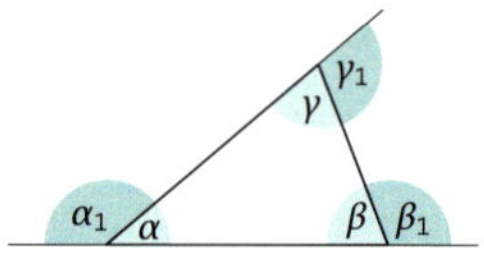	
Erklärung	$\alpha = \alpha_1$	$\beta = \delta_1$	Innenwinkel: $\alpha + \beta + \gamma = 180°$ Außenwinkel: $\alpha_1 = \beta + \gamma$ $\gamma1 = \alpha + \beta$ $\beta_1 = \alpha + \gamma$ $\alpha_1 + \beta_1 + \gamma_1 = 360°$	

Strahlensätze

Bezeichnung	1. Strahlensatz	2. Strahlensatz
Darstellung	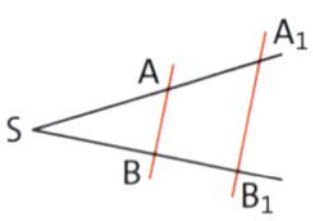 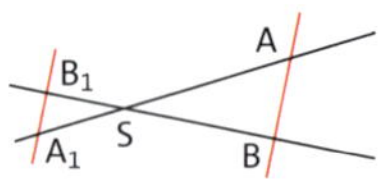	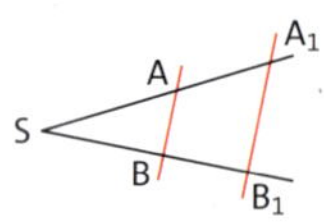 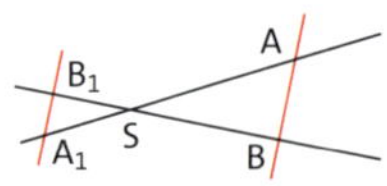
Erklärung	Werden zwei von einem Punkt ausgehende Strahlen von Parallelen geschnitten, so sind die Abschnitte auf dem einen Strahl verhältnisgleich mit den zugehörigen Abschnitten auf dem anderen Strahl. $\overline{SA} : \overline{SA_1} = \overline{SB} : \overline{SB_1}$	Werden zwei von einem Punkt ausgehende Strahlen von Parallelen geschnitten, so sind die Abschnitte auf den Parallelen verhältnisgleich mit den zugehörigen Abschnitten auf den Strahlen. $\overline{AB} : \overline{A_1B_1} = \overline{SA} : \overline{SA_1} = \overline{SB} : \overline{SB_1}$

Binomische Formeln

$(a+b)^2 = a^2 + 2ab + b^2$	$(a-b)^2 = a^2 - 2ab + b^2$	$(a+b) \cdot (a-b) = a^2 - b^2$
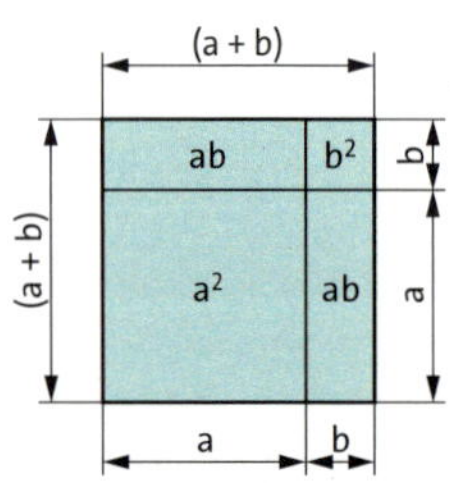	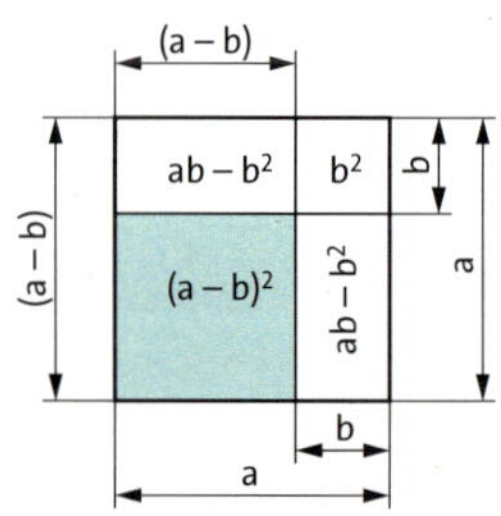	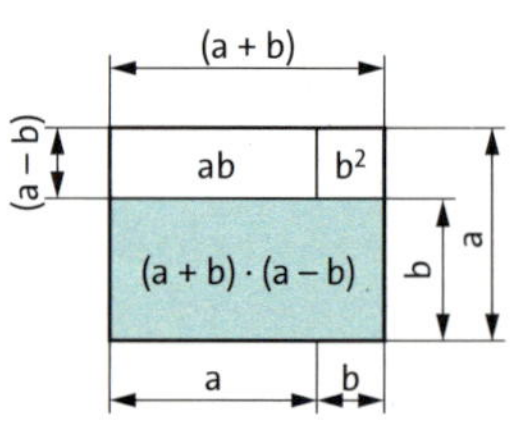

Dreieckberechnungen

8

Bezeichnungen an rechtwinkligen Dreiecken

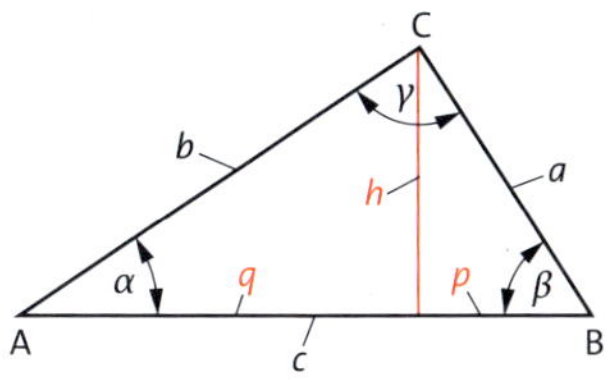

A, B, C	Eckpunkte
α, β	spitze Winkel ($\alpha + \beta = 90°$)
γ	rechter Winkel ($\gamma = 90°$)
a, b	Katheten (bilden den rechten Winkel)
c	Hypotenuse (längste Seite; gegenüber von γ)
h	Höhe auf der Seite c durch den Punkt C
p, q	Hypotenusenabschnitte

Berechnungen an rechtwinkligen Dreiecken

Lehrsatz des Pythagoras

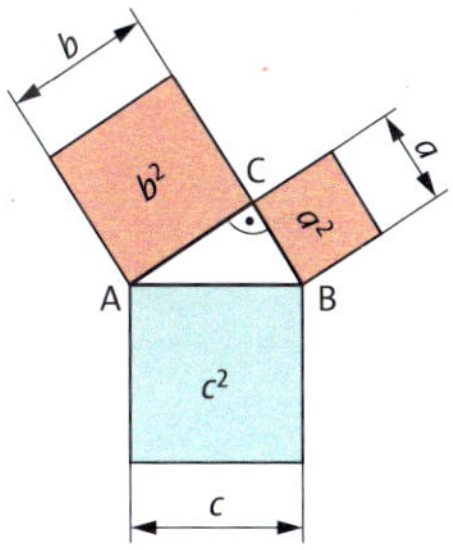

In rechtwinkligen Dreiecken ist die Summe der beiden Quadrate, die über den Katheten gebildet werden können, flächengleich mit dem über der Hypotenuse gebildeten Quadrat.

$a^2 + b^2 = c^2$ $\quad a = \sqrt{c^2 - b^2}$

$b = \sqrt{c^2 - a^2}$

$c = \sqrt{a^2 + b^2}$

geg.: $b = 150$ mm; $c = 250$ mm
ges.: $a = ?$ mm

$a = \sqrt{c^2 - b^2}$

$a = \sqrt{(250\text{ mm})^2 - (150\text{ mm})^2}$

$a = \sqrt{(40\,000\text{ mm})^2}$

$a = 200$ mm

Lehrsatz des Euklid (Kathetensatz)

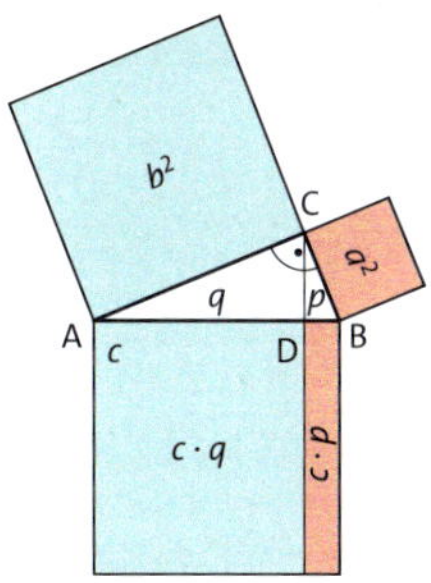

In rechtwinkligen Dreiecken ist das über einer Kathete gebildete Quadrat flächengleich mit dem Rechteck, das aus der Hypotenuse und dem jeweils anliegenden Hypotenusenabschnitt gebildet werden kann.

$a^2 = c \cdot p$ $\quad a = \sqrt{c \cdot p}$ $\quad c = \frac{a^2}{p}$ $\quad p = \frac{a^2}{c}$

$b^2 = c \cdot q$ $\quad b = \sqrt{c \cdot q}$ $\quad c = \frac{b^2}{q}$ $\quad q = \frac{b^2}{c}$

geg.: Rechteck: $c = 16$ mm; $p = 4$ mm
ges.: Quadrat: $a = ?$ mm

$a = \sqrt{c \cdot p}$

$a = \sqrt{16\text{ mm} \cdot 4\text{ mm}}$

$a = \sqrt{64\text{ mm}^2}$

$a = 8$ mm

Höhensatz

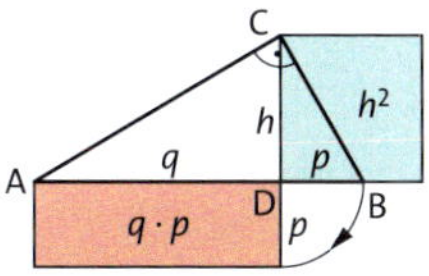

In rechtwinkligen Dreiecken ist das über der Höhe gebildete Quadrat flächengleich mit dem Rechteck, das aus den Hypotenusenabschnitten p und q gebildet werden kann.

$h^2 = p \cdot q$ $\quad h = \sqrt{p \cdot q}$ $\quad p = \frac{h^2}{q}$ $\quad q = \frac{h^2}{p}$

geg.: $p = 12$ cm; $q = 15$ cm
ges.: $h = ?$ mm

$h = \sqrt{p \cdot q} = \sqrt{12\text{ cm} \cdot 15\text{ cm}}$

$h = \sqrt{180\text{ mm}^2}$

$h = 13{,}42$ cm $= 134{,}2$ mm

Thalessatz

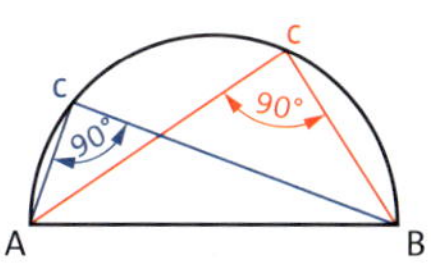

Liegt der Punkt C eines Dreiecks auf einem Halbkreis mit dem Durchmesser AB (Thaleskreis), dann ist der Winkel bei C immer ein rechter Winkel.

a: Kathete
a^2: Kathetenquadrat
b: Kathete
b^2: Kathetenquadrat
c: Hypotenuse
c^2: Hypotenusenquadrat
h: Höhe
h^2: Höhenquadrat
p: Hypotenusenabschnitt
q: Hypotenusenabschnitt

8

Winkelfunktionen in rechtwinkligen Dreiecken

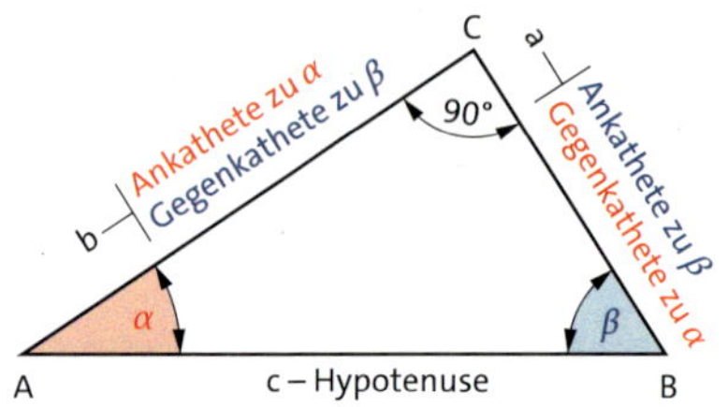

Sinus = $\frac{\text{Gegenkathete}}{\text{Hypotenuse}}$	$\sin\alpha = \frac{a}{b}$	$\sin\beta = \frac{b}{c}$
Kosinus = $\frac{\text{Ankathete}}{\text{Hypotenuse}}$	$\cos\alpha = \frac{b}{c}$	$\cos\beta = \frac{a}{c}$
Tangens = $\frac{\text{Gegenkathete}}{\text{Ankathete}}$	$\tan\alpha = \frac{a}{b}$	$\tan\beta = \frac{b}{a}$
Kotangens = $\frac{\text{Ankathete}}{\text{Gegenkathete}}$	$\cot\alpha = \frac{b}{a}$	$\cot\beta = \frac{a}{b}$

Verlauf der Winkelfunktionen am Einheitskreis

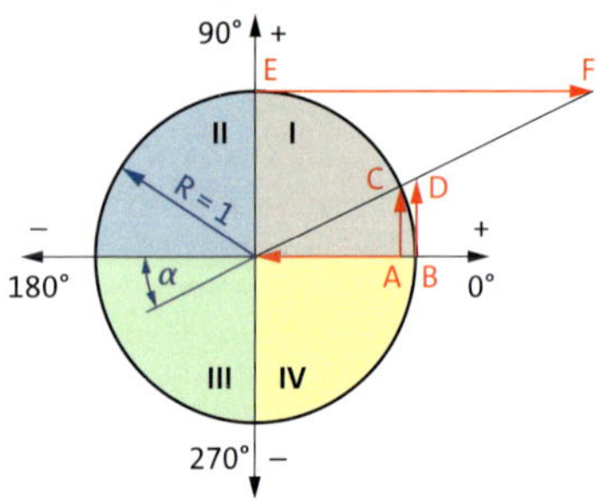

Funktion	Quadrant			
	I	II	III	IV
$\sin\alpha = \overline{AC}$	steigend $0 \to +1$	fallend $+1 \to 0$	fallend $0 \to -1$	steigend $-1 \to 0$
$\cos\alpha = \overline{AM}$	fallend $+1 \to 0$	fallend $0 \to -1$	steigend $-1 \to 0$	steigend $0 \to +1$
$\tan\alpha = \overline{BD}$	steigend $0 \to +\infty$	steigend $-\infty \to 0$	steigend $0 \to +\infty$	steigend $-\infty \to 0$
$\cot\alpha = \overline{EF}$	fallend $-\infty \to 0$	fallend $0 \to -\infty$	fallend $+\infty \to 0$	fallend $0 \to -\infty$

Beziehungen zwischen Winkelfunktionen für gleiche Winkel

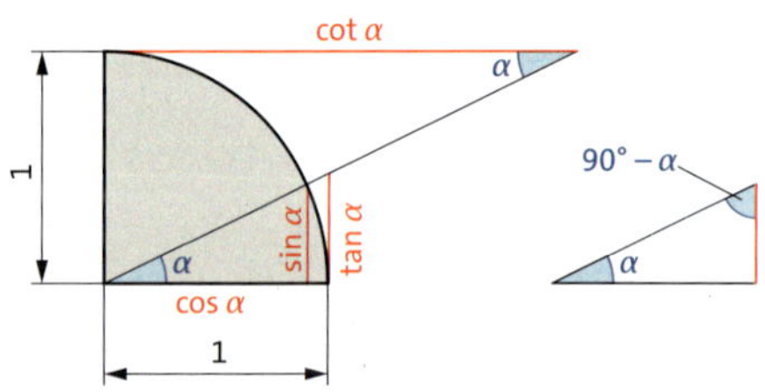

$\sin(90° - \alpha) = \cos\alpha$ $\quad \sin^2\alpha + \cos^2\alpha = 1$ $\quad \tan\alpha = \frac{\sin\alpha}{\cos\alpha}$

$\cos(90° - \alpha) = \sin\alpha$ $\quad \tan\alpha + \cot\alpha = 1$ $\quad \cot\alpha = \frac{\sin\alpha}{\cos\alpha}$

$\tan(90° - \alpha) = \cot\alpha$ $\quad \tan\alpha = \frac{1}{\cot\alpha}$ $\quad 1 + \tan^2\alpha = \frac{1}{\cos^2\alpha}$

$\cot(90° - \alpha) = \tan\alpha$ $\quad \cot\alpha = \frac{1}{\tan\alpha}$ $\quad 1 + \cot^2\alpha = \frac{1}{\sin^2\alpha}$

Winkelfunktionen an schiefwinkligen Dreiecken

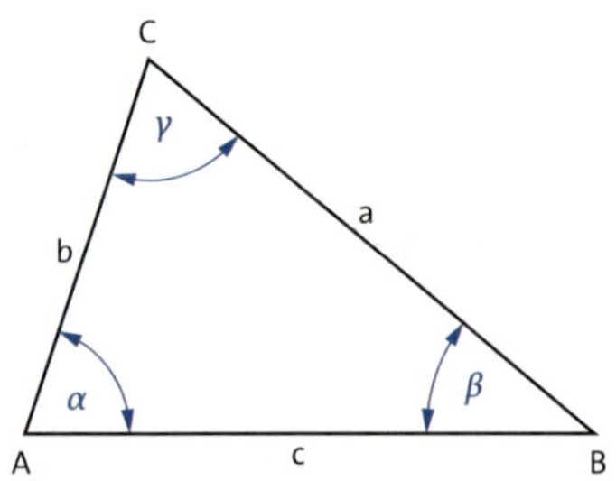

Sinussatz	Kosinussatz	Tangenssatz
$\frac{a}{b} = \frac{\sin\alpha}{\sin\beta}$	$a^2 = b^2 + c^2 - 2bc \cdot \cos\alpha$	$\frac{a+b}{a-b} = \frac{\tan\frac{\alpha+\beta}{2}}{\tan\frac{\alpha-\beta}{2}}$
$\frac{b}{c} = \frac{\sin\beta}{\sin\gamma}$	$b^2 = a^2 + c^2 - 2ac \cdot \cos\beta$	$\frac{b+c}{b-c} = \frac{\tan\frac{\beta+\gamma}{2}}{\tan\frac{\beta-\gamma}{2}}$
$\frac{a}{c} = \frac{\sin\alpha}{\sin\gamma}$	$c^2 = a^2 + b^2 - 2ab \cdot \cos\gamma$	$\frac{c+a}{c-a} = \frac{\tan\frac{\gamma+\alpha}{2}}{\tan\frac{\gamma-\alpha}{2}}$

$A = \frac{1}{2}ab \cdot \sin\gamma = \frac{1}{2}bc \cdot \sin\alpha = \frac{1}{2}ac \cdot \sin\beta$

$= 2\,r^2 \cdot \sin\alpha \cdot \sin\beta \cdot \sin\gamma$

r: Umkreisradius

Teilung von Längen

Randabstände = Teilung

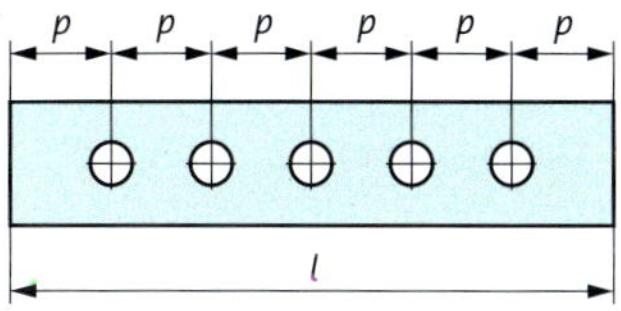

$$p = \frac{l}{n+1}$$

$$l = p \cdot (n+1)$$

$$n = \frac{l}{p} - 1$$

geg.: $l = 2{,}5$ m; $n = 19$ Bohrungen
ges.: $p = ?$ mm

$$p = \frac{l}{n+1} = \frac{2500 \text{ mm}}{19+1}$$

$p = 125$ mm

Randabstände ≠ Teilung

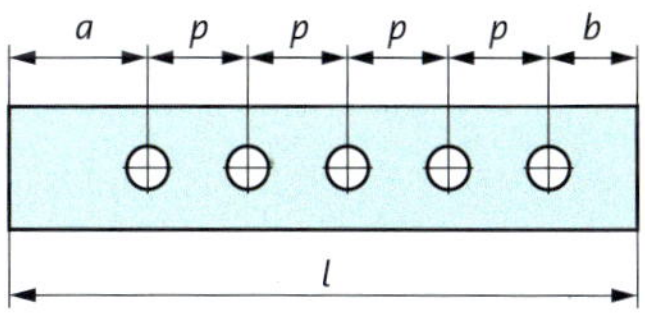

$$p = \frac{l-(a+b)}{n-1} \qquad n = \frac{l-(a+b)}{p} + 1$$

$$l = p \cdot (n-1) + a + b$$

$$a = \frac{l}{p \cdot (n-1)} - b \qquad b = \frac{l}{p \cdot (n-1)} - a$$

geg.: $l = 1550$ mm; $a = 75$ mm; $b = 50$ mm
$n = 20$ Bohrungen

ges.: $p = ?$ mm

$$p = \frac{l-(a+b)}{n-1}$$

$$p = \frac{1500 \text{ mm} - (50 \text{ mm} + 75 \text{ mm})}{19} = 75 \text{ mm}$$

Trennung von Teilstücken

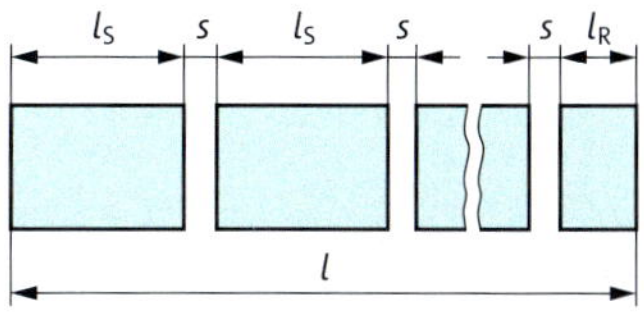

$$n = \frac{l}{l_s + s} \qquad l = n \cdot (l_s + s)$$

$$l_R = l - n\,(l_s + s) \qquad l_s = \frac{l}{n} - s$$

$$s = \frac{l}{n} - l_s$$

geg.: $l = 4600$ mm; $l_s = 300$ mm; $s = 2$ mm
ges.: $n = ?$ Teile; $l_R = ?$ mm

$$n = \frac{l}{l_s + s} = \frac{4600 \text{ mm}}{300 \text{ mm} + 2 \text{ mm}} \mathrel{\hat=} 15 \text{ Teile}$$

$$l_R = l - n\,(l_s + s)$$

$$l_R = 4600 \text{ mm} - 15 \cdot (300 \text{ mm} + 2 \text{ mm}) = 70 \text{ mm}$$

Gestreckte Längen

Kreisring

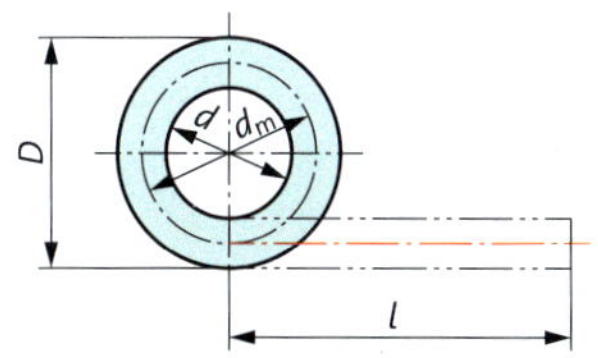

$$l = d_m \cdot \pi \qquad d_m = \frac{l}{\pi}$$

$$d_m = \frac{D+d}{2}$$

geg.: $d_m = 24$ mm
ges.: $l = ?$ mm

$l = d_m \cdot \pi$

$l = 24 \text{ mm} \cdot \pi$

$l = 75{,}4$ mm

Kreisringausschnitt

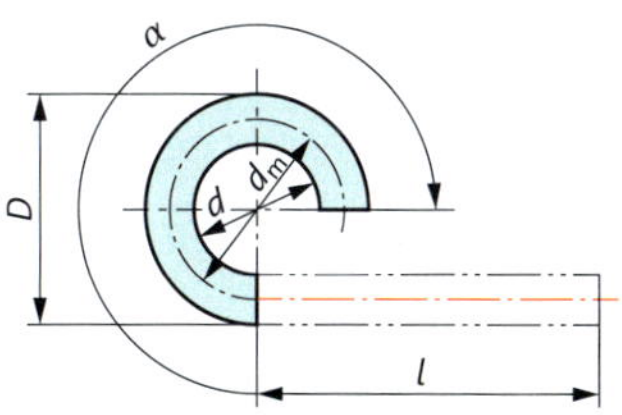

$$l = \frac{d_m \cdot \pi \cdot \alpha}{360°} \qquad d_m = \frac{l \cdot 360°}{\pi \cdot a}$$

$$d_m = \frac{D+d}{2} \qquad \alpha = \frac{l \cdot 360°}{d_m \cdot \pi}$$

geg.: $d_m = 60$ mm; $\alpha = 225°$
ges.: $l = ?$ mm

$$l = \frac{d_m \cdot \pi \cdot \alpha}{360°} = \frac{60 \text{ mm} \cdot \pi \cdot 225°}{360°}$$

$l = 117{,}81$ mm

l: Gesamtlänge; gestreckte Länge
p: Teilung
d_m: mittlerer Durchmesser
D: Außendurchmesser
l_s: Teillänge
a; b: Randabstände
α: Biegewinkel
d: Innendurchmesser
l_R: Restlänge
n: Anzahl der Teilungspunkte, Bohrungen, Sägestücke, Anreißlinien …

8

Geradlinig begrenzte Flächen

Quadrat

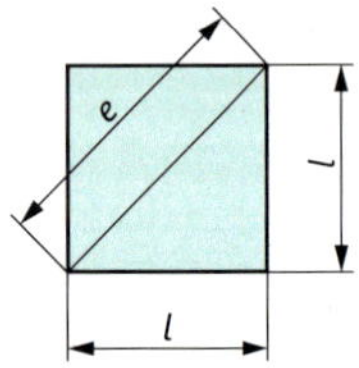

$A = l \cdot l$
$A = l^2$
$U = 4 \cdot l$

$l = \sqrt{A}$
$l = \frac{U}{4}$
$e = l \cdot \sqrt{2}$

geg.: $l = 50$ mm
ges.: $A = ?$ cm²; $U = ?$ mm

$A = l^2 = (50\ \text{mm})^2 = 2500\ \text{mm}^2$

$A = 25\ \text{cm}^2$

$U = 4 \cdot l = 4 \cdot 50\ \text{mm}$

$U = 200\ \text{mm}$

Rhombus

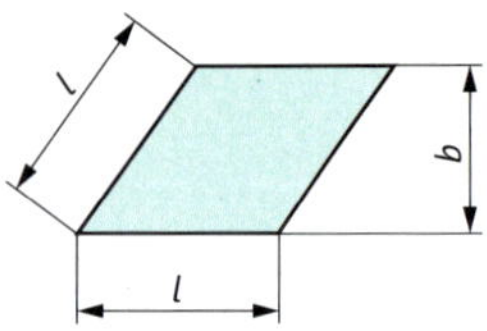

$A = l \cdot b$
$U = 4 \cdot l$

$l = \frac{A}{b}$
$l = \frac{U}{4}$
$b = \frac{A}{l}$

geg.: $l = 18$ cm; $A = 252$ cm²
ges.: $b = ?$ mm

$b = \frac{A}{l} = \frac{252\ \text{cm}^2}{18\ \text{cm}} = 14\ \text{cm}$

$b = 140\ \text{mm}$

Rechteck

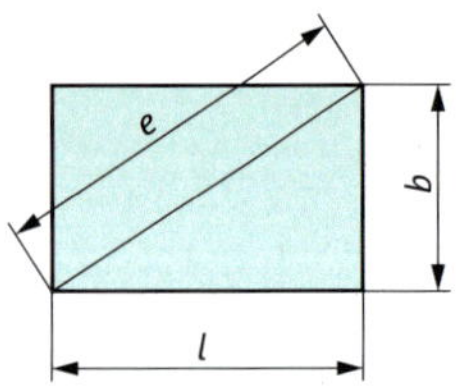

$A = l \cdot b$
$U = 2 \cdot (l + b)$

$l = \frac{A}{b}$ $\qquad b = \frac{A}{l}$
$l = \frac{U}{2} - b$ $\qquad b = \frac{U}{2} - l$
$e = \sqrt{l^2 + b^2}$

geg.: $A = 48$ dm²; $l = 60$ cm
ges.: $b = ?$ mm

$b = \frac{A}{l} = \frac{4800\ \text{cm}^2}{60\ \text{cm}} = 80\ \text{cm}$

$b = 800\ \text{mm}$

Parallelogramm (Rhomboid)

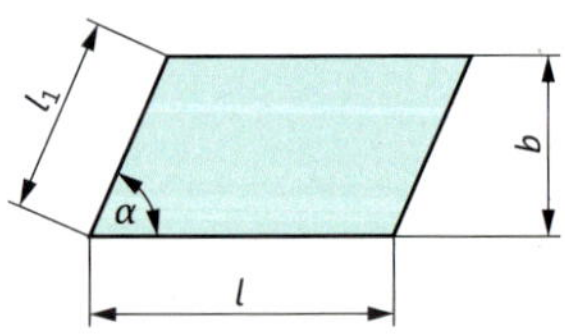

$A = l \cdot b$

$A = l \cdot l_1 \cdot \sin \alpha$
$U = 2 \cdot (l + l_1)$

$l = \frac{A}{b}$ $\qquad b = \frac{A}{l}$
$l = \frac{U}{2} - l_1$ $\qquad l_1 = \frac{U}{2} - l$

geg.: $A = 157{,}5$ cm²; $l = 210$ mm
ges.: $b = ?$ mm

$b = \frac{A}{l} = \frac{157{,}5\ \text{cm}^2}{21\ \text{cm}} = 7{,}5\ \text{cm}$

$b = 75\ \text{mm}$

Trapez

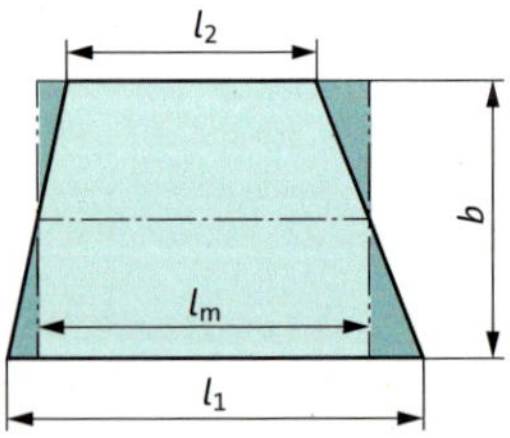

$A = \frac{l_1 + l_2}{2} \cdot b$
$A = l_m \cdot b$

$l_m = \frac{l_1 + l_2}{2}$

$b = \frac{2 \cdot A}{l_1 + l_2}$
$l_1 = \frac{2 \cdot A}{b} - l_2$
$l_2 = \frac{2 \cdot A}{b} - l_1$

geg.: $A = 1050$ cm²; $b = 150$ mm; $l_2 = 30$ cm
ges.: $l_1 = ?$ dm

$l_1 = \frac{2 \cdot A}{b} - l_2 = \frac{2 \cdot 10{,}5\ \text{dm}^2}{1{,}5\ \text{dm}} - 3\ \text{dm}$

$l_1 = 11\ \text{dm}$

A: Fläche; U: Umfang; e: Eckenmaß; l: Länge; b: Breite
$l_1; l_2$: Seitenlängen; l_m: mittlere Seitenlänge; $\alpha; \beta$: Winkel

Geradlinig begrenzte Flächen

Dreieckarten

nach der Größe der Dreieckseiten			nach der Größe der Dreieckwinkel		
ungleichseitige Dreiecke: $a \neq b \neq c$	gleichschenklige Dreiecke: $a = b \neq c$	gleichseitige Dreiecke: $a = b = c$	spitzwinklige Dreiecke: $\alpha < 90°$ $\beta < 90°$ $\gamma < 90°$	rechtwinklige Dreiecke: 1 Winkel = 90°	stumpfwinklige Dreiecke: 1 Winkel > 90°

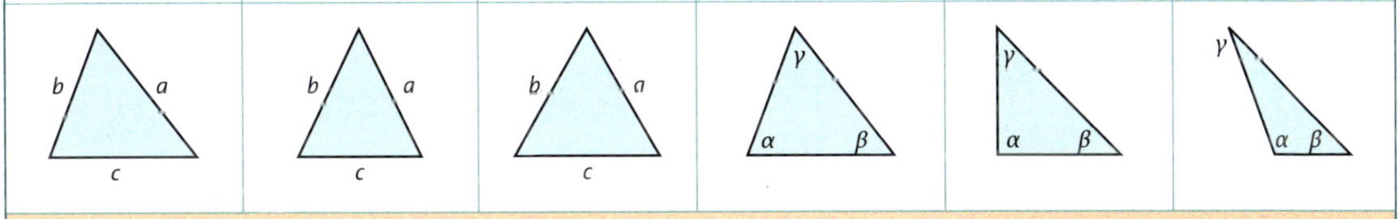

Dreieck

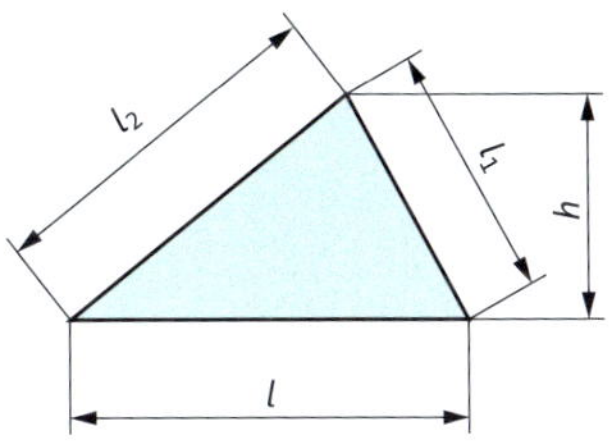

$$A = \frac{l \cdot h}{2}$$

$$U = l + l_1 + l_2$$

$$l = \frac{l \cdot A}{2}$$

$$h = \frac{2 \cdot A}{l}$$

geg. $l = 75$ mm; $h = 4$ cm
ges.: $A = ?$ cm²

$$A = \frac{l \cdot h}{2} = \frac{7{,}5\text{ cm} \cdot 4\text{ cm}}{2}$$

$A = 15$ cm²

Gleichseitiges Dreieck

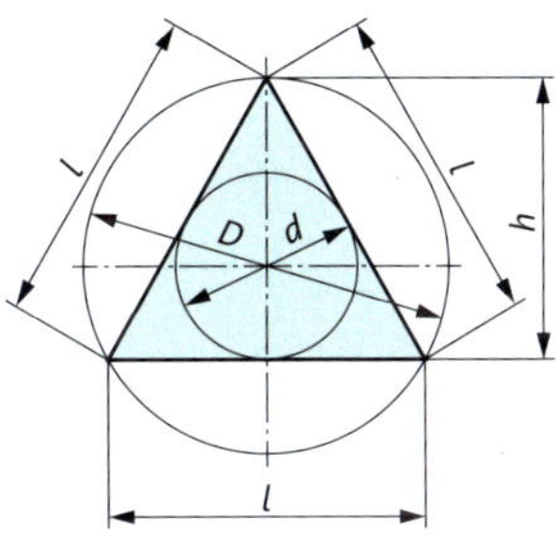

$$A = \frac{l \cdot h}{2}$$

$$A = \frac{l^2}{4} \cdot \sqrt{3}$$

$$h = \frac{l}{2} \cdot \sqrt{3}$$

$$D = \frac{2 \cdot l}{3} \cdot \sqrt{3}$$

$$d = \frac{l}{3} \cdot \sqrt{3}$$

$$D = 2 \cdot d$$

$$d = \frac{D}{2}$$

geg.: $l = 40$ mm
ges.: $A = ?$ cm²; $h = ?$ mm

$$A = \frac{l^2}{4} \cdot \sqrt{3} = \frac{(4\text{ cm})^2}{4} \cdot \sqrt{3}$$

$A = 6{,}9$ cm²

$$h = \frac{l}{2} \cdot \sqrt{3} = \frac{40\text{ mm}}{2} \cdot \sqrt{3}$$

$h = 34{,}6$ mm

Regelmäßiges Vieleck

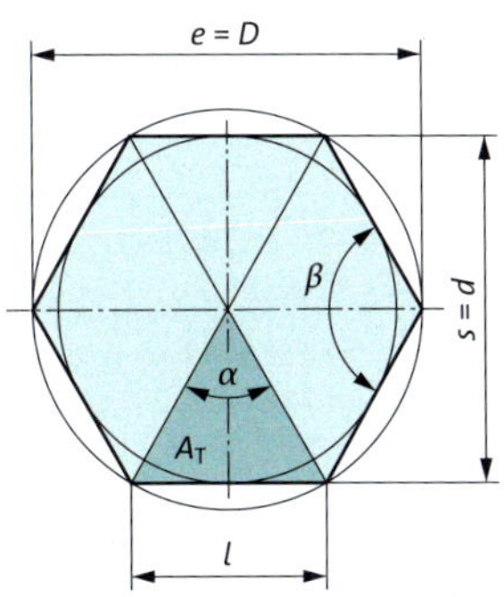

$$A = A_T \cdot n$$

$$A = \frac{l \cdot d \cdot n}{4}$$

$$\alpha = \frac{360°}{n}$$

$$\beta = 180° - \alpha$$

$$D = \sqrt{s^2 + l^2}$$

$$D = \sqrt{e^2 + l^2}$$

$$l = e \cdot \sin \frac{180°}{n}$$

Eckenzahl n	Schlüsselweite $s = d$	Eckenmaß $e = D$	Seitenlänge l	Fläche A
3	–	–	$0{,}866 \cdot e$	$0{,}325 \cdot e^2 = 1{,}299 \cdot s^2$
4	$0{,}707 \cdot e$	$1{,}414 \cdot s$	$0{,}707 \cdot e$	$0{,}500 \cdot e^2 = 1{,}000 \cdot s^2$
5	–	–	$0{,}588 \cdot e$	$0{,}595 \cdot e^2 = 0{,}908 \cdot s^2$
6	$0{,}866 \cdot e$	$1{,}155 \cdot s$	$0{,}500 \cdot e$	$0{,}649 \cdot e^2 = 0{,}866 \cdot s^2$
8	$0{,}924 \cdot e$	$1{,}082 \cdot s$	$0{,}383 \cdot e$	$0{,}707 \cdot e^2 = 0{,}828 \cdot s^2$
10	$0{,}951 \cdot e$	$1{,}052 \cdot s$	$0{,}309 \cdot e$	$0{,}735 \cdot e^2 = 0{,}812 \cdot s^2$
12	$0{,}966 \cdot e$	$1{,}035 \cdot s$	$0{,}259 \cdot e$	$0{,}750 \cdot e^2 = 0{,}804 \cdot s^2$

A: Fläche
n: Eckenzahl
D: Umkreis-Durchmesser
A_T: Teilfläche
s: Schlüsselweite
l; l_1; l_2: Dreieckseiten
e: Eckenmaß
d: Inkreis-Durchmesser
h: Höhe
α: Mittelpunktwinkel
U: Umfang
β: Eckenwinkel

Kreisförmig begrenzte Flächen

Kreis

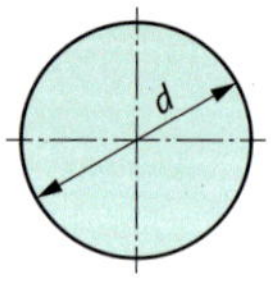

$A = \frac{d^2 \cdot \pi}{4}$ $d = \sqrt{\frac{4 \cdot A}{\pi}}$

$U = d \cdot \pi$ $d = \frac{U}{\pi}$

geg.: $d = 75$ cm
ges.: $A = ?$ dm²

$A = \frac{d^2 \cdot \pi}{4} = \frac{(7{,}5\ \text{dm})^2 \cdot \pi}{4}$

$A = 44{,}18\ \text{dm}^2$

Kreisausschnitt

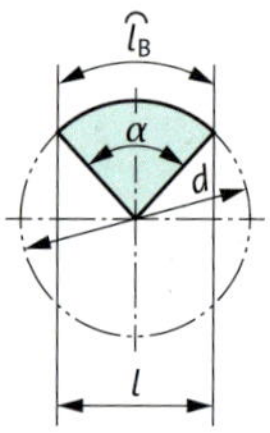

$A = \frac{d^2 \cdot \pi \cdot \alpha}{4 \cdot 360°}$ $A = \frac{l_B \cdot d}{4}$

$l_B = \frac{d \cdot \pi \cdot \alpha}{360°}$ $l = d \cdot \sin \frac{\alpha}{2}$

geg.: $d = 0{,}4$ m; $\alpha = 75°$
ges.: $A = ?$ cm²

$A = \frac{d^2 \cdot \pi \cdot \alpha}{4 \cdot 360°} = \frac{(40\ \text{cm})^2 \cdot \pi \cdot 75°}{4 \cdot 360°}$

$A = 261{,}8\ \text{cm}^2$

Kreisabschnitt

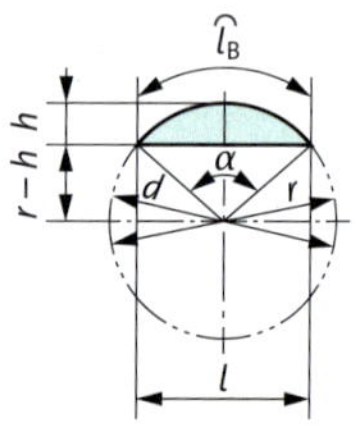

$A = \frac{d^2 \cdot \pi \cdot \alpha}{4 \cdot 360°} = \frac{l\,(r-h)}{2}$ $l_B = \frac{d \cdot \pi \cdot \alpha}{360°}$ $l = d \cdot \sin \frac{\alpha}{2}$

$A = \frac{l_b \cdot r - l\,(r-h)}{2}$ $h = \frac{l}{2} \cdot \tan \frac{\alpha}{4}$ $r = \frac{h}{2} + \frac{l^2}{8 \cdot h}$

geg.: $d = 120$ mm; $\alpha = 150°$
ges.: $l = ?$ mm; $h = ?$ mm

$l = d \cdot \sin \frac{\alpha}{2} = 120\ \text{mm} \cdot \sin 75° = 115{,}9\ \text{mm}$

$h = \frac{l}{2} \cdot \tan \frac{\alpha}{4} = 57{,}95\ \text{mm} \cdot \tan 37{,}5° = 44{,}47\ \text{mm}$

Kreisring

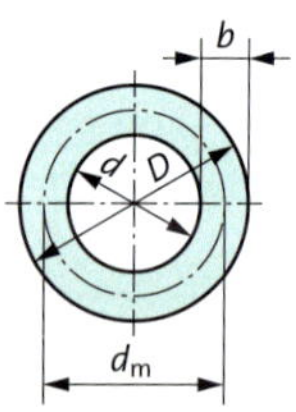

$A = (D^2 - d^2) \cdot \frac{\pi}{4}$ $d_m = \frac{D-d}{2}$ $D = \sqrt{\frac{4 \cdot A}{\pi} + d^2}$

$A = d_m \cdot \pi \cdot b$ $d = \sqrt{D^2 - \frac{4 \cdot A}{\pi}}$

geg.: $D = 80$ cm; $d = 62$ cm
ges.: $A = ?$ cm²

$A = (D^2 - d^2) \cdot \frac{\pi}{4}$

$A = ((80\ \text{cm})^2 - (62\ \text{cm})^2) \cdot \frac{\pi}{4}$

$A = 2007{,}5\ \text{cm}^2$

Kreisringausschnitt

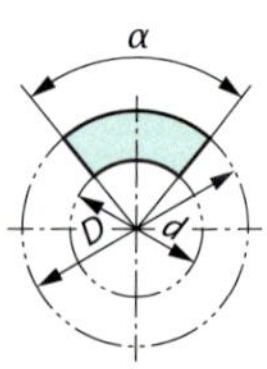

$A = (D^2 - d^2) \cdot \frac{\pi \cdot \alpha}{4 \cdot 360°}$

$A = d_m \cdot \pi \cdot b \cdot \frac{\alpha}{360°}$

geg.: $D = 66$ mm; $d = 58$ mm; $\alpha = 120°$
ges.: $A = ?$ mm²

$A = (D^2 - d^2) \cdot \frac{\pi \cdot \alpha}{4 \cdot 360°}$

$A = ((66\ \text{mm})^2 - (58\ \text{mm})^2) \cdot \frac{\pi \cdot 120°}{4 \cdot 360°}$

$A = 259{,}7\ \text{mm}^2$

Ellipse

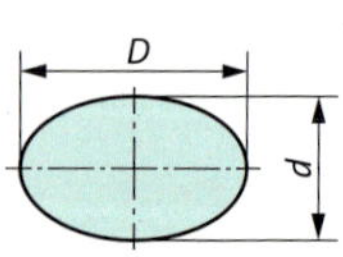

$A = \frac{D \cdot d \cdot \pi}{4}$ $D = \frac{4 \cdot A}{d \cdot \pi}$

$U \approx \frac{D + d}{2} \cdot \pi$ $d = \frac{4 \cdot A}{D \cdot \pi}$

geg.: $A = 7{,}85$ cm²; $D = 5$ cm
ges.: $d = ?$ cm

$d = \frac{4 \cdot A}{D \cdot \pi} = \frac{4 \cdot 7{,}85\ \text{cm}^2}{5\ \text{cm} \cdot \pi}$

$d = 2$ cm

A: Fläche; d: (Innen-)Durchmesser; d_m: mittlerer Durchmesser; l: Sehnenlänge; l_B: Bogenlänge
U: Umfang; D: (Außen-)Durchmesser; r: Radius; b: Breite; α: Zentriwinkel; h: Bogenhöhe

Linienschwerpunkte

Gerade

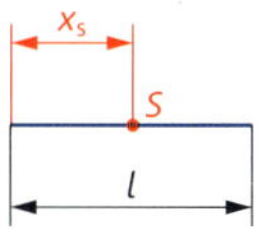

$x_s = \frac{l}{2}$

Viertelkreisbogen

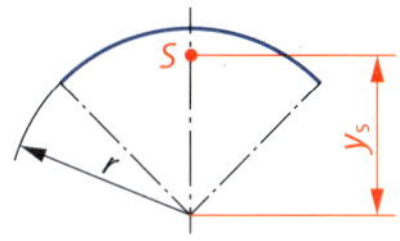

$y_s = \frac{2 \cdot \sqrt{2} \cdot r}{\pi}$

$y_s = 0{,}9003 \cdot r$

Kreisbogen (allgemein)

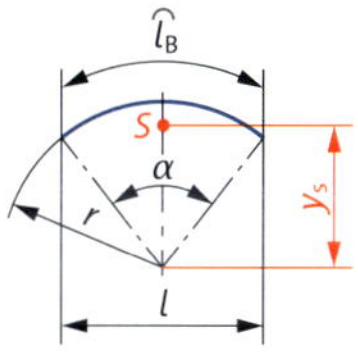

$y_s = \frac{r \cdot l}{l_b}$

$y_s = \frac{l \cdot 180°}{\alpha \cdot \pi}$

Viertelkreisbogen

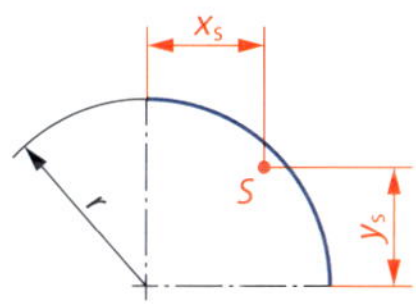

$x_s = y_s = \frac{2 \cdot r}{\pi}$

$x_s = y_s = 0{,}6366 \cdot r$

Halbkreisbogen

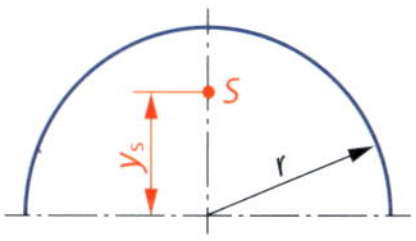

$y_s = \frac{2 \cdot r}{\pi}$

$y_s = 0{,}6366 \cdot r$

Rechter Winkel

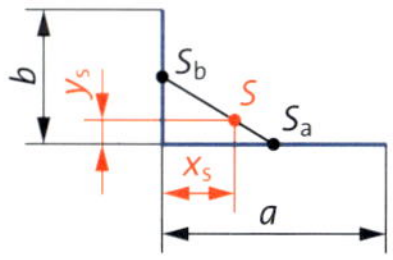

für $a \neq b$: $x_s = \frac{a^2}{2 \cdot (a + b)}$

$y_s = \frac{b^2}{2 \cdot (a + b)}$

für $a = b$: $x_s = y_s = \frac{a}{4}$

Flächenschwerpunkte

Rechteck

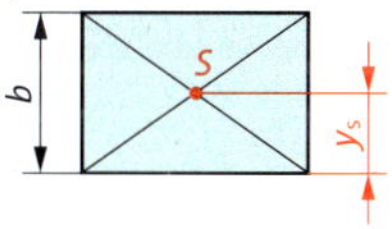

$y_s = \frac{b}{2}$

Kreisausschnitt (allgemein)

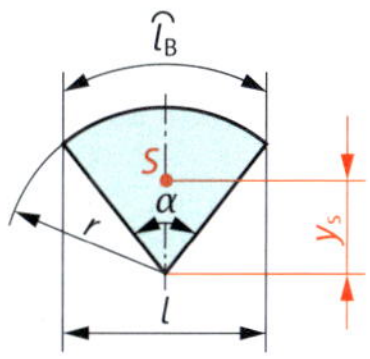

$y_s = \frac{2 \cdot r \cdot \sin \alpha \cdot 180°}{3 \cdot l_B}$

$y_s = \frac{2 \cdot r \cdot l}{3 \cdot l_B}$

für $\alpha = 180°$: $y_s = \frac{4 \cdot r}{3 \cdot \pi}$

Dreieck

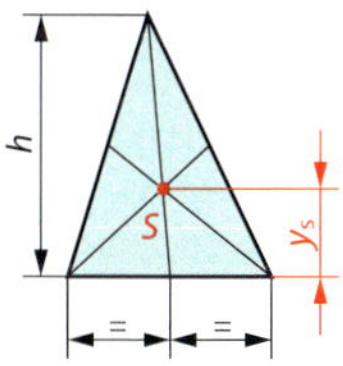

$y_s = \frac{h}{3}$

Kreisringausschnitt

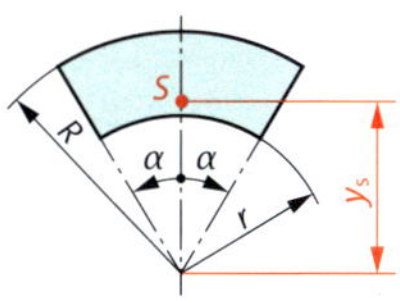

$y_s = \frac{2 \cdot (R^3 - r^3) \cdot \sin \alpha}{3 \cdot (R^2 - r^2) \cdot \alpha}$

Winkel α im Bogenmaß

Trapez

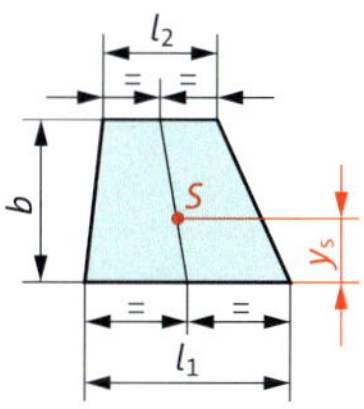

$y_s = \frac{b \cdot (l_1 + 2 \cdot l_2)}{3 \cdot (l_1 + l_2)}$

Kreisabschnitt

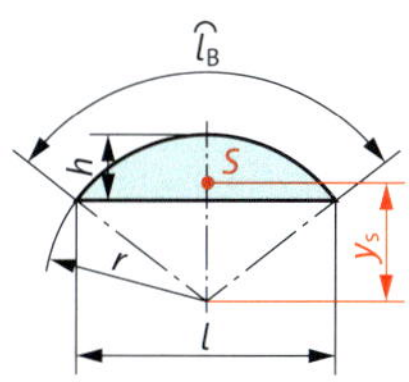

$y_s = \frac{l^3}{l_2 \cdot A}$

$A = \frac{l_B \cdot r - l\,(r - h)}{2}$

S: Schwerpunkt; x_s: Abstand von S auf der X-Achse; y_s: Abstand von S auf der Y-Achse; l; l_1; l_2: Längen
l_B: Bogenlänge; b: Breite; h: Höhe; R; r: Radius; α: Zentriwinkel; A: Fläche

Geometrische Grundkörper

Würfel

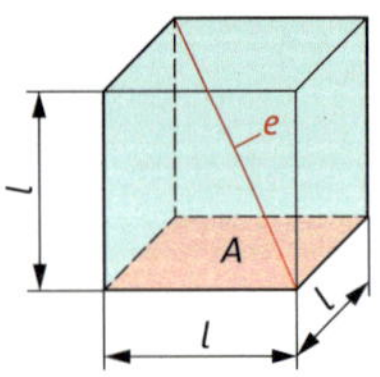

$V = A \cdot l$
$V = l^3$

$A = \frac{V}{l}$ $l = \frac{V}{A}$ $l = \sqrt[3]{V}$

$A_O = 6 \cdot l^2$ $e = l \cdot \sqrt{3}$

geg.: $l = 30$ cm
ges.: $V = ?$ dm³; $e = ?$ cm

$V = l^3 = (3\ \text{dm})^3$ $e = l \cdot \sqrt{3} = 30\ \text{cm} \cdot \sqrt{3}$

$V = 27\ \text{dm}^3$ $e = 52$ cm

Prisma

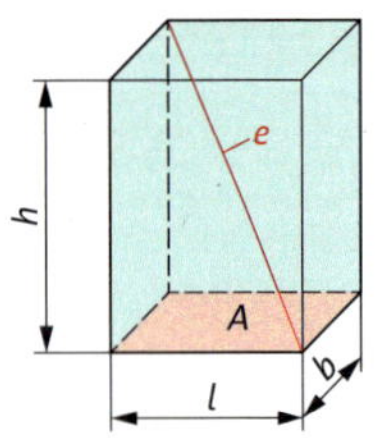

$V = A \cdot h$
$V = l \cdot b \cdot h$

$e = \sqrt{l^2 + b^2 + h^2}$

$l = \frac{V}{b \cdot h}$ $b = \frac{V}{l \cdot h}$ $h = \frac{V}{l \cdot b}$

$A_M = 2 \cdot (l \cdot h + b \cdot h)$
$A_O = 2 \cdot (l \cdot b + l \cdot h + b \cdot h)$

geg.: $l = 120$ mm; $b = 60$ mm; $h = 250$ mm
ges.: $V = ?$ dm³; $e = ?$ cm

$V = l \cdot b \cdot h = 1{,}2\ \text{dm} \cdot 0{,}6\ \text{dm} \cdot 2{,}5\ \text{dm}$
$V = 1{,}8\ \text{dm}^3$

$e = \sqrt{l^2 + b^2 + h^2} = \sqrt{(12\ \text{cm})^2 + (6\ \text{cm})^2 + (25\ \text{cm})^2}$
$e = 28{,}4$ cm

Zylinder

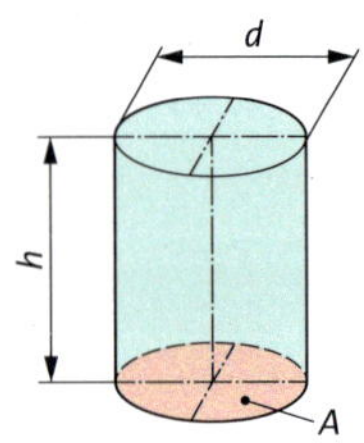

$V = A \cdot h$
$V = \frac{d^2 \cdot \pi}{4} \cdot h$

$h = \frac{V}{A}$ $h = \frac{4 \cdot V}{d^2 \cdot \pi}$ $d = \sqrt{\frac{4 \cdot V}{\pi \cdot h}}$

$A_M = d \cdot \pi \cdot h$
$A_O = d \cdot \pi \cdot h + 2 \cdot \frac{d^2 \cdot \pi}{4}$

geg.: $V = 15\,708$ mm³; $h = 5$ mm
ges.: $d = ?$ mm

$d = \sqrt{\frac{4 \cdot V}{\pi \cdot h}} = \sqrt{\frac{4 \cdot 15\,708\ \text{mm}^3}{\pi \cdot 5\ \text{mm}}}$

$d = 63{,}25$ mm

Hohlzylinder

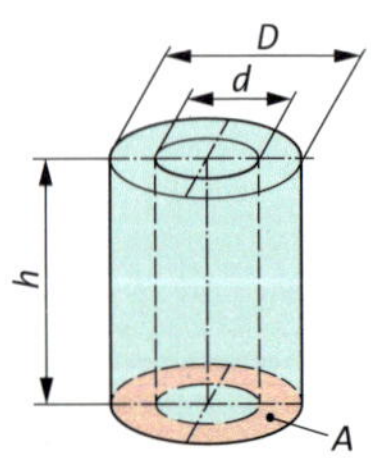

$V = A \cdot h$
$V = \left(\frac{D^2 \cdot \pi}{4} - \frac{d^2 \cdot \pi}{4}\right) \cdot h$
$V = (D^2 - d^2) \cdot \frac{\pi \cdot h}{4}$

$A_M = D \cdot \pi \cdot h$

$A_O = D \cdot \pi \cdot h + d \cdot \pi \cdot h + 2 \cdot (D^2 - d^2) \cdot \frac{\pi}{4}$

geg.: $D = 20$ cm; $d = 12$ cm; $h = 30$ cm
ges.: $V = ?$ cm³

$V = (D^2 - d^2) \cdot \frac{\pi \cdot h}{4}$

$V = ((20\ \text{cm})^2 - (12\ \text{cm})^2) \cdot \frac{\pi \cdot 30\ \text{cm}}{4}$

$V = 6031{,}9\ \text{cm}^3$

Pyramide

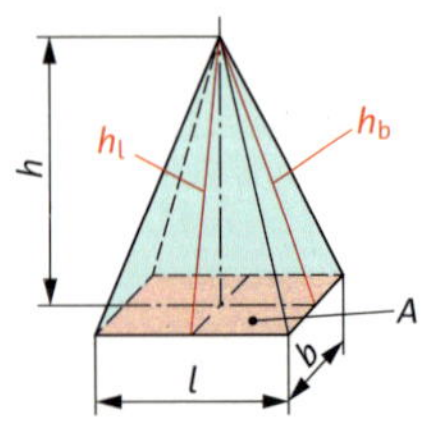

$V = \frac{A \cdot h}{3}$
$V = \frac{l \cdot b \cdot h}{3}$

$l_1 = \sqrt{h_b^2 + \frac{b^2}{4}} = \sqrt{h_l^2 + \frac{l^2}{4}}$

$h_l = \sqrt{h^2 + \frac{b^2}{4}}$

$h_b = \sqrt{h^2 + \frac{l^2}{4}}$

$A_M = 2 \cdot \frac{l \cdot h_l}{2} + 2 \cdot \frac{b \cdot h_b}{2}$
$A_M = l \cdot h_l + b \cdot h_b$

$A_O = l \cdot h_l + b \cdot h_b + l \cdot b$

Für Quadratpyramiden gilt: $l = b$ und $h_l = h_b$

geg.: $l = b = 30$ cm; $h = 50$ cm
ges.: $V = ?$ dm³

$V = \frac{l \cdot b \cdot h}{3} = \frac{3\ \text{dm} \cdot 3\ \text{dm} \cdot 5\ \text{dm}}{3}$

$V = 15\ \text{dm}^3$

V: Volumen	A: Grundfläche	A_M: Mantelfläche	A_O: Oberfläche	d: (Innen-)Durchmesser	h: Höhe
h_l, h_b: Mantelhöhen	b: Breite	l: Seitenlänge	l_1: Kantenlänge	D: (Außen-)Durchmesser	e: Raumdiagonale

Geometrische Grundkörper

Pyramidenstumpf

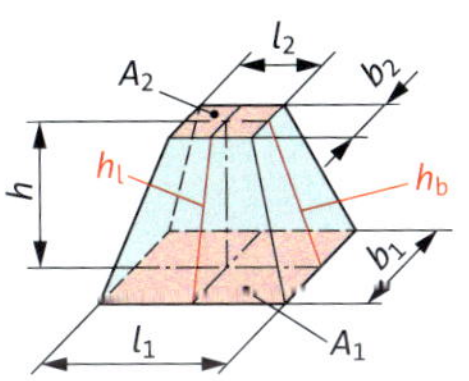

$V = \frac{h}{3} \cdot (A_1 + A_2 + \sqrt{A_1 \cdot A_2})$

$h_l = \sqrt{h^2 + \left(\frac{l_1 - l_2}{2}\right)^2}$

$V \approx \frac{A_1 + A_2}{2} \cdot h$

$h_b = \sqrt{h^2 + \left(\frac{b_1 - b_2}{2}\right)^2}$

$A_M = (l_1 + l_2) \cdot h_l + (b_1 + b_2) \cdot h_b$

$A_O = A_M + l_1 \cdot b_1 + l_2 \cdot b_2$

geg.: $l_1 = b_1 = 6$ cm; $l_2 = b_2 = 4$ cm; $h = 8$ cm
ges.: $V = ?$ cm³

$V = \frac{h}{3} \cdot (A_1 + A_2 + \sqrt{A_1 \cdot A_2})$

$V = \frac{8\ \text{cm}}{3} \cdot (36\ \text{cm}^2 + 16\ \text{cm}^2 + \sqrt{36\ \text{cm}^2 \cdot 16\ \text{cm}^2})$

$V = 202{,}7\ \text{cm}^3$

Kegel

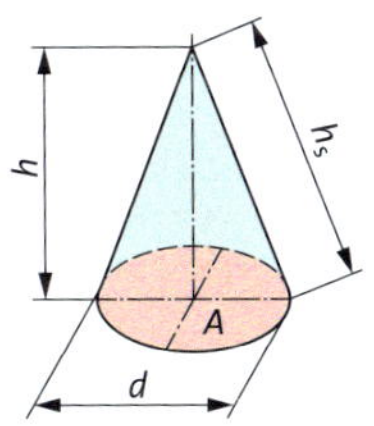

$V = \frac{A \cdot h}{3}$

$h = \frac{12 \cdot V}{d^2 \cdot \pi}$

$V = \frac{d^2 \cdot \pi \cdot h}{4 \cdot 3}$

$d = \sqrt{\frac{12 \cdot V}{\pi \cdot h}}$

$A_M = \frac{d \cdot \pi}{2} \cdot h_s$

$h_s = \sqrt{h^2 + \frac{d^2}{4}}$

$A_O = \frac{d \cdot \pi}{2} \cdot h_s + \frac{d^2 \cdot \pi}{4}$

geg.: $V = 150$ cm³; $h = 70$ cm
ges.: $d = ?$ mm

$d = \sqrt{\frac{12 \cdot V}{\pi \cdot h}} = \sqrt{\frac{12 \cdot 150\,000\ \text{mm}^3}{\pi \cdot 700\ \text{mm}}}$

$d = 28{,}6\ \text{mm}$

Kegelstumpf

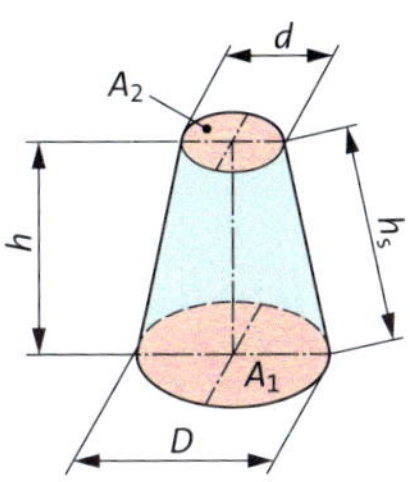

$V = \frac{h \cdot \pi}{12} \cdot (D^2 + d^2 + D \cdot d)$

$h_s = \sqrt{\frac{(D^2 - d^2)}{4} + h^2}$

$V \approx \frac{A_1 + A_2}{2} \cdot h$

$A_M = \frac{(D + d)}{2} \cdot \pi \cdot h_s$

$A_O = \frac{(D + d)}{2} \cdot \pi \cdot h_s + \frac{(D^2 + d^2)}{4} \cdot \pi$

geg.: $D = 90$ mm; $d = 50$ mm; $h = 60$ mm
ges.: $V = ?$ cm³

$V = \frac{h \cdot \pi}{12} \cdot (D^2 + d^2 + D \cdot d)$

$V = \frac{6\ \text{cm} \cdot \pi}{12} \cdot ((9\ \text{cm})^2 + (5\ \text{cm})^2 + 9\ \text{cm} \cdot 5\ \text{cm})$

$V = 237{,}19\ \text{cm}^3$

Kugel

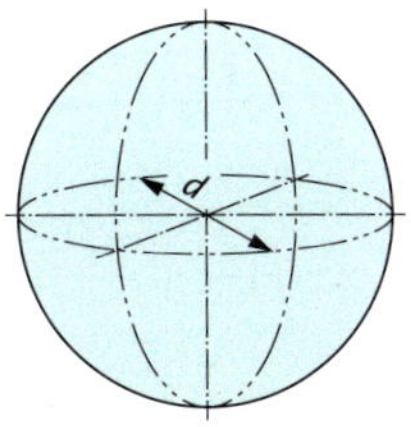

$V = \frac{d^3 \cdot \pi}{6}$

$d = \sqrt[3]{\frac{6 \cdot V}{\pi}}$

$A_O = d^2 \cdot \pi$

$d = \sqrt{\frac{A_O}{\pi}}$

geg.: $d = 24$ cm
ges.: $V = ?$ cm³

$V = \frac{d^3 \cdot \pi}{6} = \frac{(24\ \text{cm})^3 \cdot \pi}{6}$

$V = 7238{,}2\ \text{cm}^3$

Kugelabschnitt

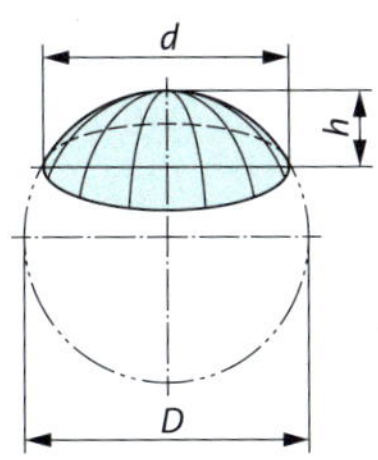

$V = h^2 \cdot \pi \cdot \left(\frac{D}{2} - \frac{h}{3}\right)$

$A_M = D \cdot \pi \cdot h$

$V = h \cdot \pi \cdot \left(\frac{d^2}{8} + \frac{h^2}{6}\right)$

$A_M = \frac{\pi}{4} \cdot (d^2 + 4 \cdot h^2)$

$d = 2 \cdot \sqrt{h \cdot (D - h)}$

$A_O = D \cdot \pi \cdot h + \frac{d^2 \cdot \pi}{4}$

$h = \frac{D}{2} - \sqrt{\frac{D^2}{4} - \frac{d^2}{4}}$

geg.: $D = 24$ cm; $h = 2$ cm
ges.: $V = ?$ cm³; $d = ?$ cm

$V = h^2 \cdot \pi \cdot \left(\frac{D}{2} - \frac{h}{3}\right) = (2\ \text{cm})^2 \cdot \pi \cdot \left(\frac{24\ \text{cm}}{2} - \frac{2\ \text{cm}}{2}\right)$

$V = 142{,}42\ \text{cm}^3$

$d = 2 \cdot \sqrt{h \cdot (D - h)} = 2 \cdot \sqrt{2\ \text{cm} \cdot (24\ \text{cm} - 2\ \text{cm})}$

$d = 13{,}27\ \text{cm}$

V: Volumen
h: Höhe
A_1; A_2: Grund-, Deckfläche
h_l; h_b: Mantelhöhen
d; D: Durchmesser
h_s: Seitenhöhe
l_1; l_2: untere; obere Länge
b_1; b_2: untere; obere Breite
A_M: Mantelfläche
A_O: Oberfläche

8

Einfache und zusammengesetzte Körper

Massenberechnung mit Volumen und Dichte

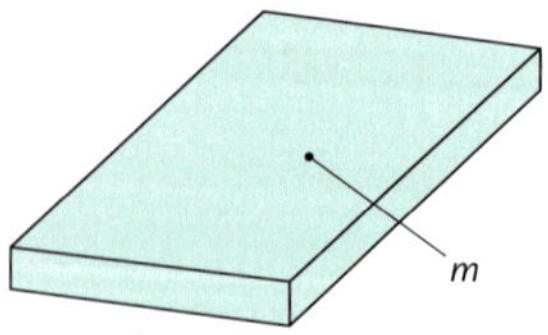

$m = V \cdot \varrho$

$V = \frac{m}{\varrho}$ $\varrho = \frac{m}{V}$

Maßeinheiten für die Berechnung

V in	m³	dm³	cm³
ϱ in	t/m³	kg/dm³	g/cm³
m in	t	kg	g

geg.: $d = 4$ cm; $h = 8$ cm; $\varrho = 7{,}85$ g/cm³
ges.: $m = ?$ kg

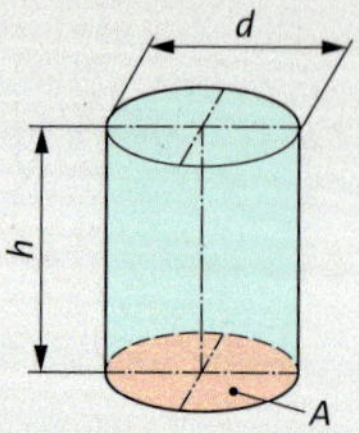

$m = V \cdot \varrho = A \cdot h \cdot \varrho$

$m = \frac{d^2 \cdot \pi}{4} \cdot h \cdot \varrho$

$m = \frac{(4\text{ cm})^2 \cdot \pi}{4} \cdot 8\text{ cm} \cdot 7{,}85\,\frac{\text{g}}{\text{cm}^3}$

$m = 789{,}2\text{ g} = 0{,}79\text{ kg}$

Massenberechnung zusammengesetzter Körper

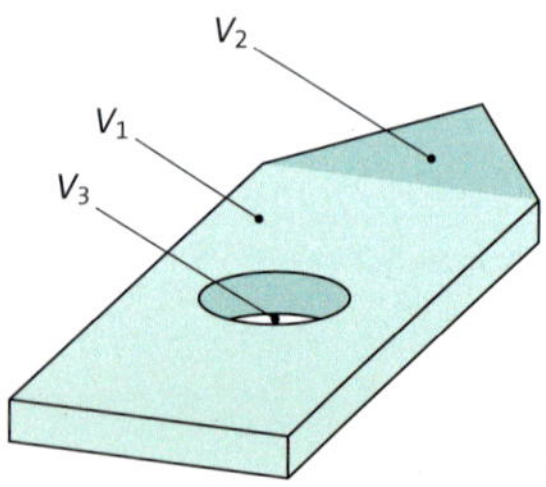

$m = V \cdot \varrho$

$m = (V_1 + V_2 - V_3 \ldots) \cdot \varrho$

$V = \frac{m}{\varrho}$ $\varrho = \frac{m}{V}$

geg.: $a = 30$ mm; $d = 10$ mm; $t = 3$ mm; $\varrho = 8{,}96$ g/cm³
ges.: $m = ?$ g

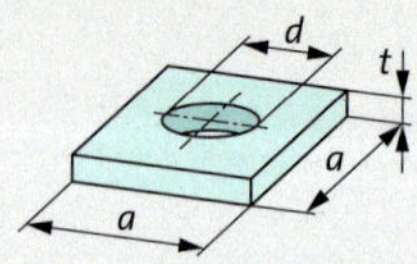

$m = (V_1 - V_2) \cdot \varrho$

$m = (A_1 - A_2) \cdot t \cdot \varrho$

$m = \left(a^2 - \frac{d^2 \cdot \pi}{4}\right) \cdot t \cdot \varrho$

$m = \left(9\text{ cm}^2 - \frac{1\text{ cm}^2 \cdot \pi}{4}\right) \cdot 0{,}3\text{ cm} \cdot 8{,}96\,\frac{\text{g}}{\text{cm}^3}$

$m = 22{,}1$ g

Massenberechnung nach Tabellenwerten (längenbezogene Masse)

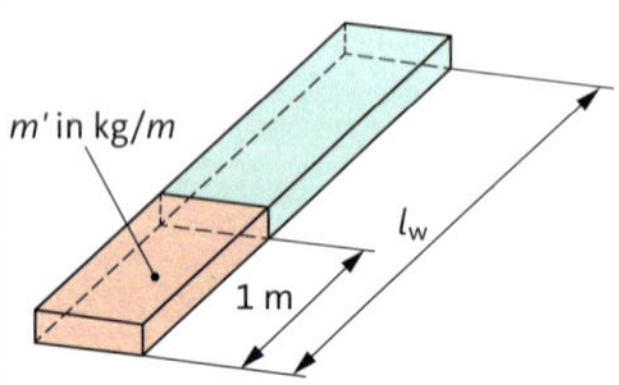

$m = m' \cdot l_w$

$l_w = \frac{m}{m'}$ $m' = \frac{m}{l_w}$

Werte für längenbezogene Masse m' siehe Profiltabellen für Stahl, Aluminium, Kupfer und Rohre aus Kunststoff

geg.: Rundstab Ø18; S235JR; $l_w = 3000$ mm
ges.: $m = ?$ kg

nach Tabelle → $m' = 2{,}00\,\frac{\text{kg}}{\text{m}}$

$m = m' \cdot l_w$

$m = 2\,\frac{\text{kg}}{\text{m}} \cdot 3\text{ m}$

$m = 6$ kg

Massenberechnung nach Tabellenwerten (flächenbezogene Masse)

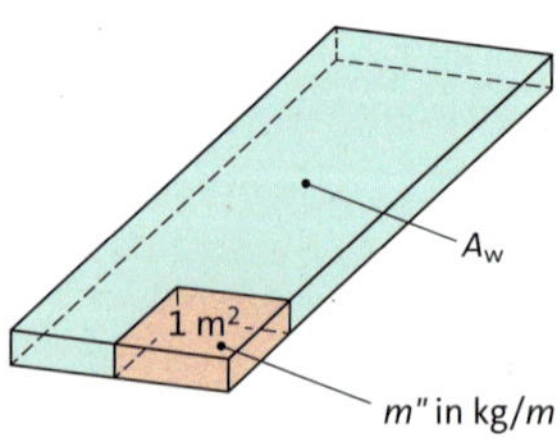

$A_w = \frac{m}{m''}$ $m'' = \frac{m}{A_w}$

$m = m'' \cdot A_w$

Werte für flächenbezogene Masse m'' siehe Tabellen für Stahlbleche

geg.: kaltgewalztes Stahlblech 2,5 x 1800 x 500; $m'' = 19{,}63$ kg/m²
ges.: $m = ?$ kg

$m = m'' \cdot A_w$

$m = 19{,}63\,\frac{\text{kg}}{\text{m}^2} \cdot 1{,}8\text{ m} \cdot 0{,}5\text{ mm}$

$m = 17{,}667$ kg

m: Masse
V: Volumen
m': Längenbezogene Masse
V_1; V_2; ...: Teilvolumen
m'': Flächenbezogene Masse
A_w: Werkstückfläche
l_w: Werkstücklänge
ϱ: Dichte

Bewegungen

Konstante Bewegungen

Geradlinige Bewegung

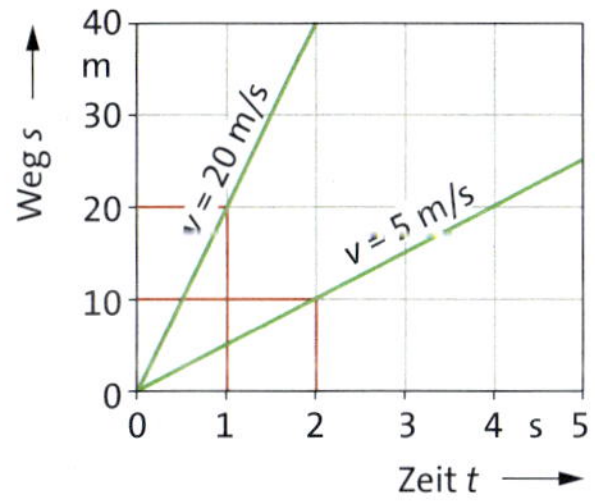

$v = \frac{s}{t}$ $\quad s = v \cdot t$ $\quad t = \frac{s}{v}$

geg.: $v = 60$ km/h; $t = 30$ min
ges.: $s = ?$ m; $s = ?$ km

$$s = v \cdot t = 60\,\frac{\text{km}}{\text{h}} \cdot 30\text{ min}$$

$$s = \frac{60\,000\text{ m}}{60\text{ min}} \cdot 30\text{ min}$$

$$s = 30\,000\text{ m} = 30\text{ km}$$

Kreisförmige Bewegung

Umfangsgeschwindigkeit, Schnittgeschwindigkeit

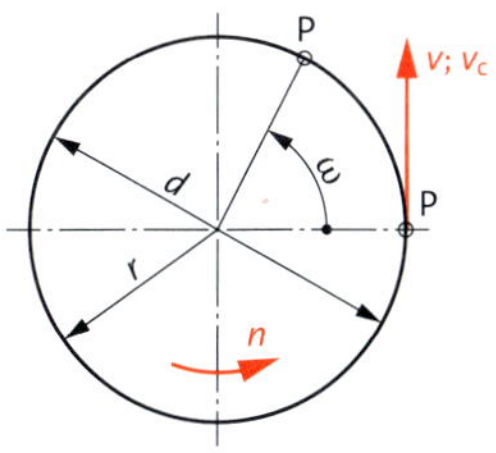

$v = d \cdot \pi \cdot n$ $\quad n = \frac{v}{d \cdot \pi}$ $\quad d = \frac{v}{\pi \cdot n}$

$v = r \cdot \omega$

$v_c = d \cdot \pi \cdot n$ $\quad n = \frac{v_c}{d \cdot \pi}$ $\quad d = \frac{v_c}{\pi \cdot n}$

$v_c = r \cdot \omega$

$\omega = 2 \cdot \pi \cdot n$ $\quad n = \frac{\omega}{2 \cdot \pi}$

geg.: $d = 200$ mm; $n = 710\,\frac{1}{\text{min}}$
ges.: $v_c = ?$ m/min

$$v_c = d \cdot \pi \cdot n = 0{,}2\text{ m} \cdot \pi \cdot 710\,\frac{1}{\text{min}}$$

$$v_c = 446{,}1\,\frac{\text{m}}{\text{min}}$$

Beschleunigte und verzögerte Bewegungen

geradlinig beschleunigte/verzögerte Bewegung

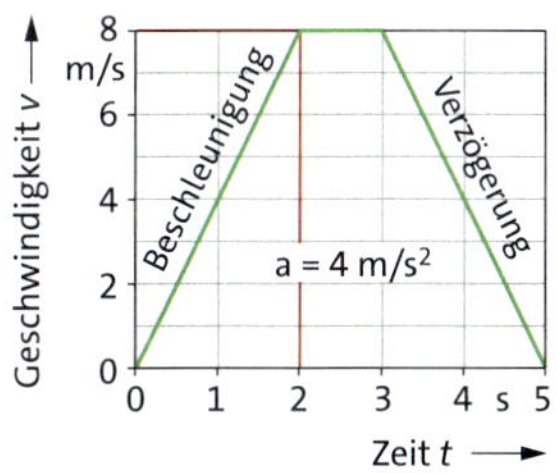

für $v_a = 0$	für $v_a > 0$
$a = \frac{v_e}{t}$	$a = \frac{v_e - v_a}{t}$
$v_e = a \cdot t$	$v_e = a \cdot t + v_a$
$v_e = \frac{2 \cdot s}{t}$	$v_e = \frac{2 \cdot s}{t} - v_a$
$v_e = \sqrt{2 \cdot a \cdot s}$	$v_e = \sqrt{2 \cdot a \cdot s + v_a^2}$
$s = \frac{v_e \cdot t}{2}$	$s = \frac{(v_a + v_e) \cdot t}{2}$
$s = \frac{a \cdot t^2}{2}$	$s = v_a \cdot t + \frac{a \cdot t^2}{2}$
$s = \frac{v_e^2}{2 \cdot a}$	$s = \frac{v_e^2 - v_a^2}{2 \cdot a}$
$t = \frac{v_e}{a}$	$t = \frac{v_e - v_a}{a}$
$t = \frac{2 \cdot s}{v_e}$	$t = \frac{2 \cdot s}{v_a - v_e}$
$t = \sqrt{\frac{2 \cdot s}{a}}$	$t = \frac{\sqrt{2 \cdot a \cdot s + v_a^2} - v_a}{a}$

Für den freien Fall gilt: $a = g = 9{,}81\text{ m/s}^2$

freier Fall

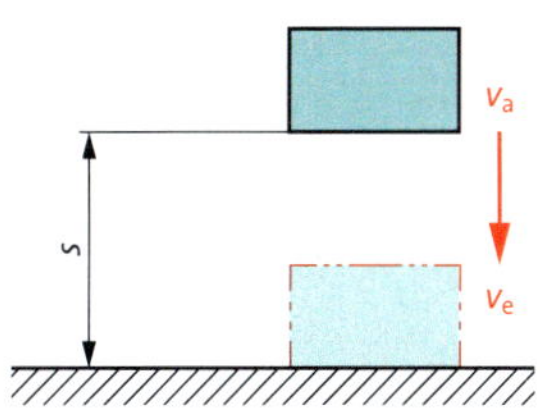

Ein Fahrzeug beschleunigt aus dem Stand mit $a = 6\text{ m/s}^2$. Welche Geschwindigkeit in km/h wird nach 5 Sekunden erreicht?

geg.: $a = 6\text{ m/s}^2$; $t = 5$ s
ges.: $v_e = ?$ km/h

$$v_e = a \cdot t$$

$$v_e = 6\,\frac{\text{m}}{\text{s}^2} \cdot 5\text{ s} = 30\,\frac{\text{m}}{\text{s}}$$

$$v_e = 30\,\frac{\text{m}}{\text{s}} \cdot \frac{3600\text{ s}}{\text{h}} = 108\,000\,\frac{\text{m}}{\text{h}}$$

$$v_e = 108\,\frac{\text{km}}{\text{h}}$$

Welche Geschwindigkeit erreicht ein Gegenstand, der im freien Fall 5 Meter zurücklegt?

geg.: $s = 5$ m; $g = 9{,}81\text{ m/s}^2$
ges.: $v_e = ?$ m/s

$$v_e = \sqrt{2 \cdot g \cdot s} = \sqrt{2 \cdot 9{,}81\,\frac{\text{m}}{\text{s}^2} \cdot 5\text{ m}}$$

$$v_e = \sqrt{98{,}1\,\frac{\text{m}^2}{\text{s}^2}}$$

$$v_e = 9{,}9\,\frac{\text{m}}{\text{s}}$$

v: Geschwindigkeit
s: Weg
n: Umdrehungsfrequenz
v_c: Schnittgeschwindigkeit
t: Zeit
ω: Winkelgeschwindigkeit
v_a: Anfangsgeschwindigkeit
d: Durchmesser
a: Beschleunigung/Verzögerung
v_s: Endgeschwindigkeit
r: Radius
g: Fallbeschleunigung

8

Kräfte

Kraft

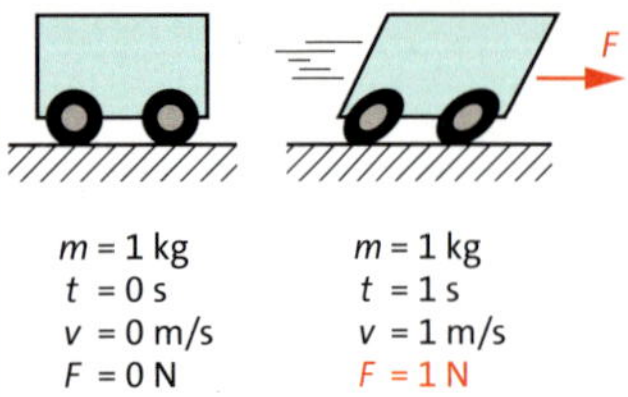

$F = m \cdot a \qquad m = \frac{F}{a} \qquad a = \frac{F}{m}$

$1\,\text{N} = 1\,\text{kg} \cdot \frac{1\,\frac{\text{m}}{\text{s}}}{\text{s}} = 1\,\frac{\text{kg} \cdot \text{m}}{\text{s}^2} = 1\,\text{kg} \cdot \text{m} \cdot \text{s}^{-2}$

1 Newton: Kraft, die einer Masse von 1 kg eine Beschleunigung von 1 m/s² erteilt

geg.: $m = 1\,\text{kg}$; $a = 10\,\text{m/s}^2$
ges.: $F = ?\,\text{N}$

$F = m \cdot a$

$F = 1\,\text{kg} \cdot 10\,\frac{\text{m}}{\text{s}^2} = 10\,\frac{\text{kg} \cdot \text{m}}{\text{s}^2}$

$F = 10\,\text{N}$

Gewichtskraft

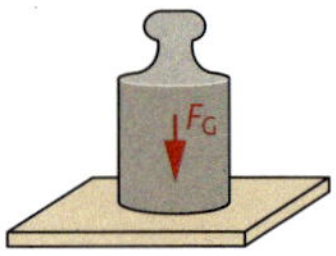

$F_G = m \cdot g \qquad m = \frac{F}{g} \qquad g = \frac{F}{m}$

geg.: $m = 10\,\text{kg}$; $g = 9{,}81\,\text{m/s}^2$
ges.: $F_G = ?\,\text{N}$

$F_G = m \cdot g$

$F_G = 10\,\text{kg} \cdot 9{,}81\,\frac{\text{m}}{\text{s}^2} = 10\,\frac{\text{kg} \cdot \text{m}}{\text{s}^2}$

$F_G = 98{,}1\,\text{N}$

Darstellung von Kräften

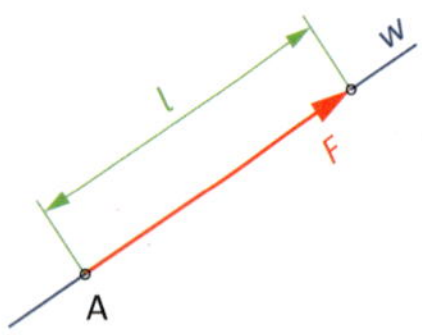

$F = l \cdot M_K \qquad l = \frac{F}{M_K} \qquad M_K = \frac{F}{l}$

Bestimmungsgrößen einer Kraft:

- Größe (Pfeillänge *l*)
- Lage (Kraftangriffspunkt A und Wirkungslinie w)
- Richtung (Pfeilspitze)

geg.: $F = 350\,\text{N}$; $M_K = 50\,\text{N}/1\,\text{cm}$
ges.: $l = ?\,\text{mm}$

$l = \frac{F}{M_K} = \frac{350\,\text{N} \cdot 1\,\text{cm}}{50\,\text{N}} = \frac{350\,\text{N} \cdot 10\,\text{mm}}{50\,\text{N}}$

$l = 70\,\text{mm}$

Kräfteparallelogramm

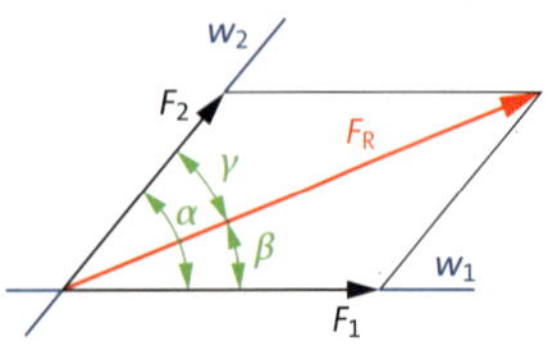

$F_R = \sqrt{F_1^2 + F_2^2 + 2 \cdot F_1 \cdot F_2 \cdot \cos\alpha}$

$\sin\beta = \frac{F_2}{F_R} \cdot \sin\alpha \qquad \sin\gamma = \frac{F_1}{F_R} \cdot \sin\alpha$

geg.: $F_1 = 500\,\text{N}$; $F_2 = 200\,\text{N}$; $\alpha = 60°$
ges.: $F_R = ?\,\text{N}$; $\beta = ?°$

$F_R = \sqrt{F_1^2 + F_2^2 + 2 \cdot F_1 \cdot F_2 \cdot \cos\alpha}$

$F_R = \sqrt{(500\,\text{N})^2 + (200\,\text{N})^2 + 2 \cdot 500\,\text{N} \cdot 200\,\text{N} \cdot \cos 60°}$

$F_R = 624{,}5\,\text{N}$

$\sin\beta = \frac{F_2}{F_R} \cdot \sin\alpha = \frac{200\,\text{N}}{624{,}5\,\text{N}} \cdot \sin 60° = 16{,}1°$

Krafteck (Kräftepolygon)

Teilkräfte in beliebiger Reihenfolge nach Größe und Richtung aneinanderreihen

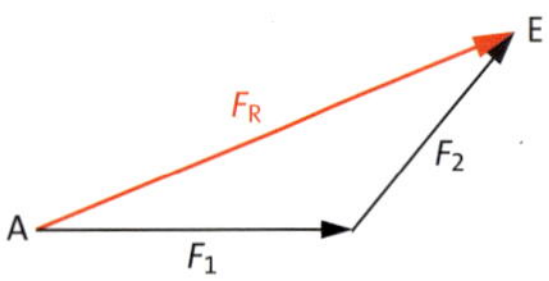

F_R: Verbindung von Anfangspunkt *A* von F_1 nach Endpunkt *E* von F_2

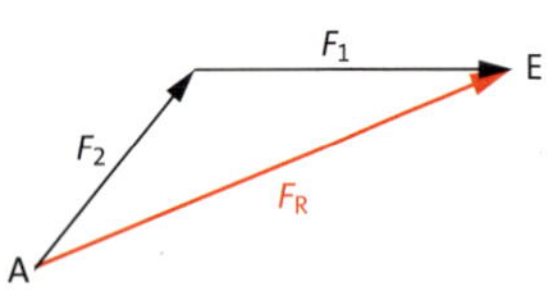

F_R: Verbindung von Anfangspunkt *A* von F_2 nach Endpunkt *E* von F_1

F: Kraft
m: Masse
M_K: Kräftemaßstab
E: Endpunkt des Kraftecks
F_1; F_2; …: Teilkräfte
a: Beschleunigung
w_1; w_2; … Wirkungslinien
F_R: Resultierende (Ersatzkraft)
g: Fallbeschleunigung
α; β; γ: Richtungswinkel
F_G: Gewichtskraft
l: Pfeillänge
A: Kraftangriffspunkt

Wirkungen von Kräften

Kraftwandler

Drehmoment (Kraftmoment) einer Kraft

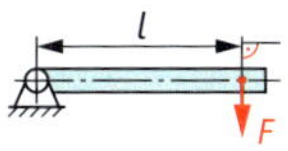

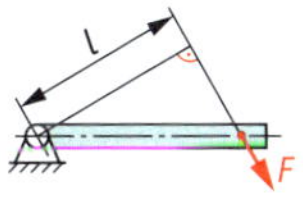

$M = F \cdot l$

$F = \frac{M}{l}$ $\quad l = \frac{M}{F}$

wirksame Hebellänge l:
Länge des Lots vom Drehpunkt auf die Wirkungslinie der Kraft

geg.: $F = 1{,}4$ kN; $l = 5$ dm
ges.: $M = ?$ Nm

$M = F \cdot l$

$M = 1400\ \text{N} \cdot 0{,}5\ \text{m}$

$M = 700\ \text{Nm}$

Hebelgesetz

einseitiger Hebel

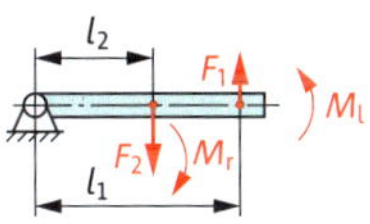

zweiseitiger Hebel

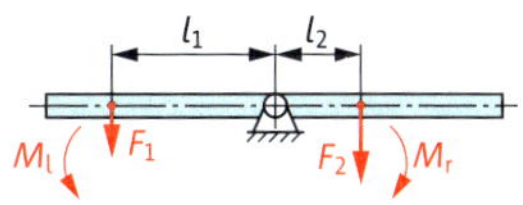

Winkelhebel

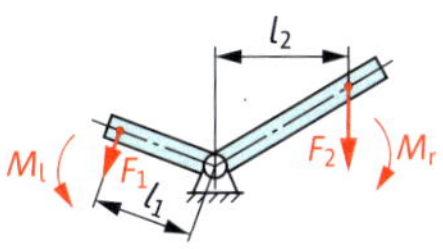

$\Sigma M_l = \Sigma M_r$

$F_1 \cdot l_1 + F_2 \cdot l_2$

$F_1 = \frac{F_2 \cdot l_2}{l_1}$ $\quad l_1 = \frac{F_2 \cdot l_2}{F_1}$

$F_2 = \frac{F_1 \cdot l_1}{l_2}$ $\quad l_2 = \frac{F_1 \cdot l_1}{F_2}$

geg.: $F_1 = 0{,}2$ kN; $l_1 = 6$ dm; $l_2 = 800$ mm
ges.: $F_2 = ?$ N

$F_2 = \frac{F_1 \cdot l_1}{l_2} = \frac{200\ \text{N} \cdot 6\ \text{dm}}{8\ \text{dm}} = 150\ \text{N}$

geg.: $F_2 = 10$ N; $l_1 = 60$ cm; $l_2 = 45$ cm
ges.: $F_1 = ?$ N

$F_1 = \frac{F_2 \cdot l_2}{l_1} = \frac{10\ \text{N} \cdot 45\ \text{cm}}{60\ \text{cm}} = 7{,}5\ \text{N}$

geg.: $F_1 = 900$ N; $F_2 = 270$ N; $l_1 = 300$ mm
ges.: $l_2 = ?$ mm

$l_2 = \frac{F_1 \cdot l_1}{F_2} = \frac{900\ \text{N} \cdot 300\ \text{mm}}{270\ \text{mm}} = 1000\ \text{mm}$

Zweiseitiger Hebel

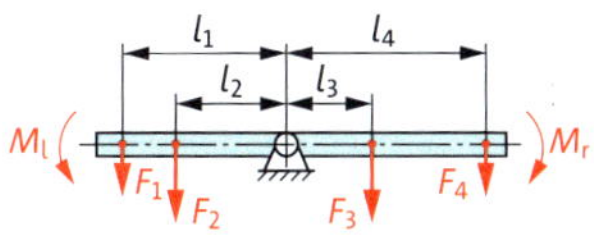

$\Sigma M_l = \Sigma M_r$

$F_1 \cdot l_1 + F_2 \cdot l_2 = F_3 \cdot l_3 + F_4 \cdot l_4$

$F_1 = \frac{F_3 \cdot l_3 + F_4 \cdot l_4 - F_2 \cdot l_2}{l_1}$

$l_1 = \frac{F_3 \cdot l_3 + F_4 \cdot l_4 - F_2 \cdot l_2}{F_1}$

geg.: $F_1 = 15$ N; $F_2 = 12$ N; $F_3 = 20$ N; $F_4 = 10$ N
$l_1 = 2$ dm; $l_2 = 6$ dm; $l_3 = 3$ dm
ges.: $l_4 = ?$ dm

$l_4 = \frac{F_1 \cdot l_1 + F_2 \cdot l_2 - F_3 \cdot l_3}{F_4}$

$l_4 = \frac{15\ \text{N} \cdot 2\ \text{dm} + 12\ \text{N} \cdot 6\ \text{dm} - 20\ \text{N} \cdot 3\ \text{dm}}{10\ \text{N}}$

$l_4 = 4{,}2\ \text{dm}$

Lagerkräfte

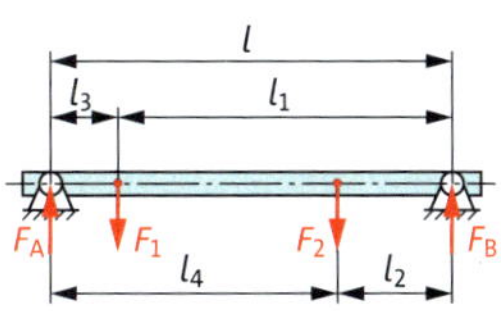

$\Sigma M_l = \Sigma M_r$

Lagerkraft in A
Drehpunkt in B

$F_A = \frac{F_1 \cdot l_1 + F_2 \cdot l_2}{l}$

Lagerkraft in B
Drehpunkt in A

$F_B = \frac{F_1 \cdot l_3 + F_2 \cdot l_4}{l}$

$F_A + F_B = F_1 + F_2 + \ldots$

geg.: $F_1 = 2{,}5$ kN; $l = 1{,}5$ m; $l_1 = 900$mm
ges.: $F_A = ?$ kN; $F_B = ?$ kN

Drehpunkt in B

$F_A = \frac{F_1 \cdot l_1}{l} = \frac{2{,}5\ \text{kN} \cdot 0{,}9\ \text{m}}{1{,}5\ \text{m}} = 1{,}5\ \text{kN}$

$F_A + F_B = F_1$

$F_B = F_1 - F_A = 2{,}5\ \text{kN} - 1{,}5\ \text{kN} = 1\ \text{kN}$

M: Drehmoment
M_l; M_r: links-/rechtsdrehendes Drehmoment
F; F_1; F_2 ...: Kräfte
l; l_1; l_2 ...: wirksame Hebellängen
F_A; F_B: Lagerkräfte
ΣM: Summe der Drehmomente

8

Kraftwandler

Drehmomente an Zahnradgetrieben

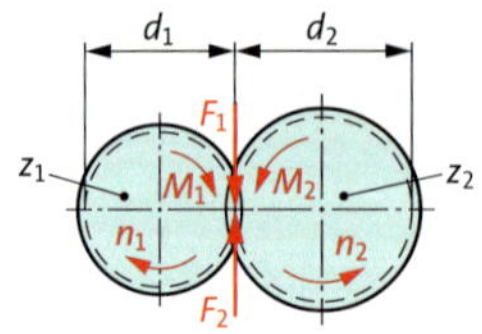

$$M_1 = \frac{F_1 \cdot d_1}{2} \qquad M_2 = \frac{F_2 \cdot d_2}{2}$$

$$i = \frac{M_2}{M_1} = \frac{d_2}{d_1} = \frac{z_2}{z_1} = \frac{n_1}{n_2}$$

geg.: $z_1 = 18$; $z_2 = 108$; $M_1 = 20$ Nm
ges.: $M_2 = ?$ Nm

$$i = \frac{z_2}{z_1} = \frac{108}{18} = 6$$

$$i = \frac{M_2}{M_1}$$

$$M_2 = i \cdot M_1 = 6 \cdot 20 \text{ Nm}$$

$$M_2 = 120 \text{ Nm}$$

Räderwinde

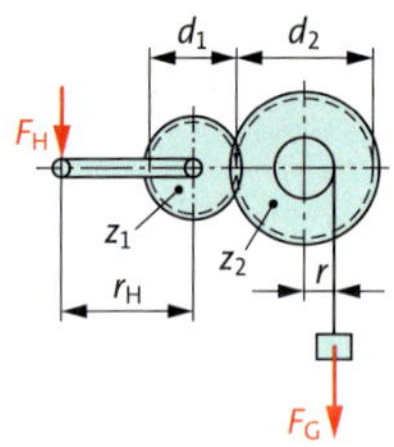

$$F_H \cdot r_H \cdot i = F_G \cdot r \qquad i = \frac{z_2}{z_1} = \frac{d_2}{d_1}$$

$$F_H = \frac{F_G \cdot r}{r_H \cdot i} \qquad F_G = \frac{F_H \cdot r_H \cdot i}{r}$$

geg.: $z_1 = 30$; $z_2 = 60$; $r = 200$ mm
$r_H = 500$ mm; $F_G = 500$ N
ges.: $F_H = ?$ N

$$F_H = \frac{F_G \cdot r}{r_H \cdot i} = \frac{500 \text{ N} \cdot 200 \text{ mm}}{500 \text{ mm} \cdot \frac{60}{30}} = 100 \text{ N}$$

$$F_H = 100 \text{ N}$$

Seilwinde

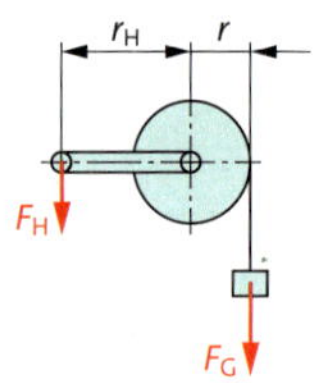

$$F_H \cdot r_H = F_G \cdot r$$

$$F_H = \frac{F_G \cdot r}{r_H} \qquad r_H = \frac{F_G \cdot r}{F_H}$$

$$F_G = \frac{F_H \cdot r_H}{r} \qquad r = \frac{F_H \cdot r_H}{F_G}$$

geg.: $F_G = 400$ N; $F_H = 160$ N; $r = 300$ mm
ges.: $r_H = ?$ mm

$$r_H = \frac{F_G \cdot r}{F_H} = \frac{400 \text{ N} \cdot 300 \text{ mm}}{160 \text{ N}}$$

$$r_H = 750 \text{ mm}$$

Feste Rolle

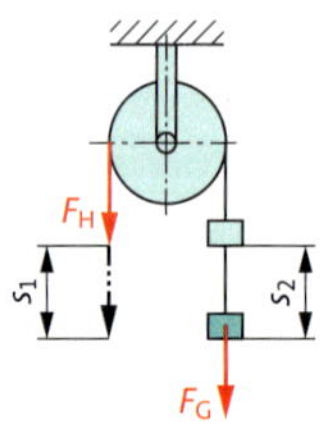

$$F_H \cdot s_1 = F_G \cdot s_2$$

$$F_H = F_G$$

$$s_1 = s_2$$

geg.: $F_G = 1200$ N; $s_2 = 1{,}5$ m
ges.: $F_H = ?$ N; $s_1 = ?$ m

$$F_H = F_G = 1200 \text{ N}$$

$$s_1 = s_2 = 1{,}5 \text{ m}$$

Lose Rolle

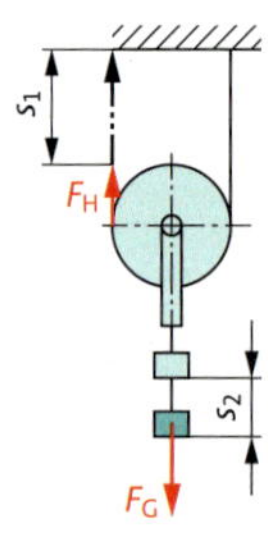

$$F_H \cdot s_1 = F_G \cdot s_2$$

$$F_H = \frac{F_G}{2}$$

$$s_1 = 2 \cdot s_2$$

$$s_2 = \frac{s_1}{2} \qquad F_G = 2 \cdot F_H$$

geg.: $F_G = 1200$ N; $s_2 = 1{,}5$ m
ges.: $F_H = ?$ N; $s_1 = ?$ m

$$F_H = \frac{F_G}{2} = \frac{1200 \text{ N}}{2} = 600 \text{ N}$$

$$s_1 = 2 \cdot s_2 = 2 \cdot 1{,}5 \text{ m} = 3 \text{ m}$$

M_1; M_2: Drehmomente	d_1; d_2: Teilkreisdurchmesser	z_1; z_2: Zähnezahlen	n_1; n_2: Umdrehungsfrequenzen
F_1; F_2: Zahnkräfte	F_H: Handkraft	F_G: Gewichtskraft	r_H: Hebellänge
r: Trommelradius	i: Übersetzungsverhältnis	s_1: Kraftweg	s_2: Lastweg

Kraftwandler

Flaschenzug

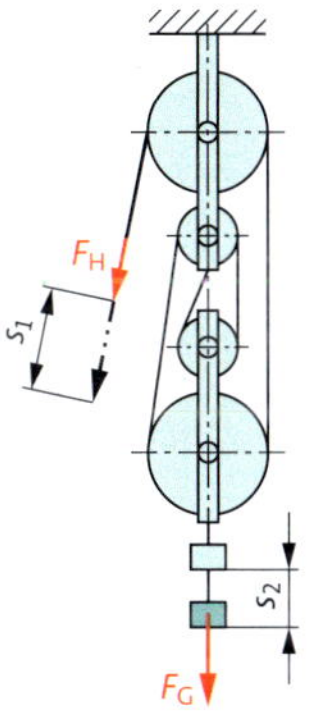

$F_H \cdot s_1 = F_G \cdot s_2$

$\frac{s_1}{s_2} = \frac{F_G}{F_H} = n$

$F_H = \frac{F_G}{n}$ $\qquad s_1 = n \cdot s_2$

$F_G = F_H \cdot n$ $\qquad s_2 = \frac{s_1}{n}$

geg.: $F_G = 1200$ N; $s_2 = 0{,}8$ m; $n = 4$
ges.: $F_H = ?$ N; $s_1 = ?$ m

$F_H = \frac{F_G}{n} = \frac{1200\ \text{N}}{4} = 300$ N

$s_1 = n \cdot s_2 = 4 \cdot 0{,}8\ \text{m} = 3{,}2$ m

Schiefe Ebene

Wirkungslinie von F parallel zur schiefen Ebene

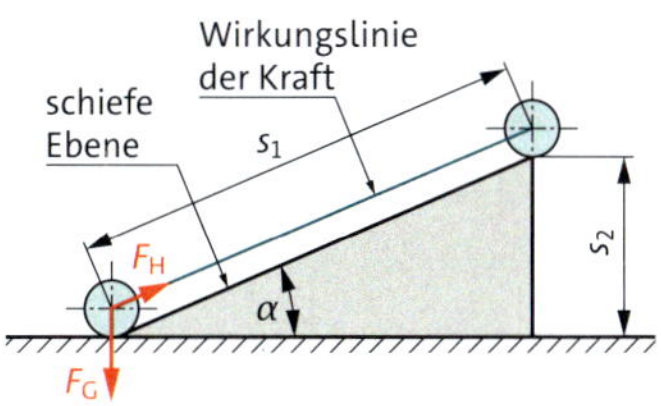

$F_H \cdot s_1 = F_G \cdot s_2$

$F_H = F_G \cdot \sin \alpha$

$F_H = \frac{F_G \cdot s_2}{s_1}$ $\qquad s_1 = \frac{F_G \cdot s_2}{F_H}$

$F_G = \frac{F_H \cdot s_1}{s_2}$ $\qquad s_2 = \frac{F_H \cdot s_1}{F_G}$

geg.: $F_G = 1500$ N; $s_1 = 17{,}5$ m; $s_2 = 3{,}5$ m
ges.: $F_H = ?$ N

$F_H = \frac{F_G \cdot s_2}{s_1} = \frac{1500\ \text{N} \cdot 3{,}5\ \text{m}}{17{,}5\ \text{m}}$

$F_H = 300$ N

Wirkungslinie von F parallel zur Basis

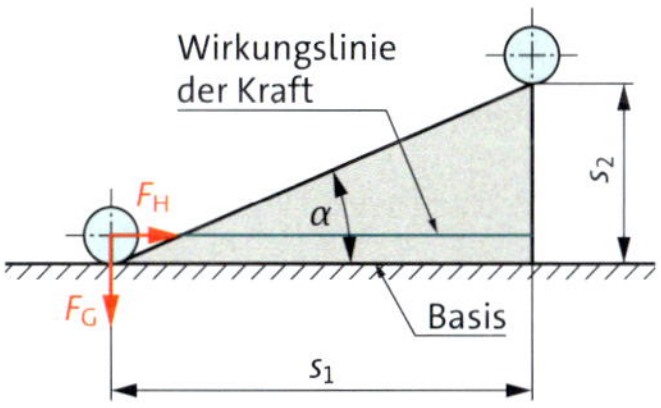

$F_H \cdot s_1 = F_G \cdot s_2$

$F_H = F_G \cdot \tan \alpha$

$F_H = \frac{F_G \cdot s_2}{s_1}$ $\qquad s_1 = \frac{F_G \cdot s_2}{F_H}$

$F_G = \frac{F_H \cdot s_1}{s_2}$ $\qquad s_2 = \frac{F_H \cdot s_1}{F_G}$

geg.: $F_G = 1500$ N; $s_1 = 17{,}15$ m; $s_2 = 3{,}5$ m
ges.: $F_H = ?$ N

$F_H = \frac{F_G \cdot s_2}{s_1} = \frac{1500\ \text{N} \cdot 3{,}5\ \text{m}}{17{,}15\ \text{m}}$

$F_H = 306{,}1$ N

Stellkeil

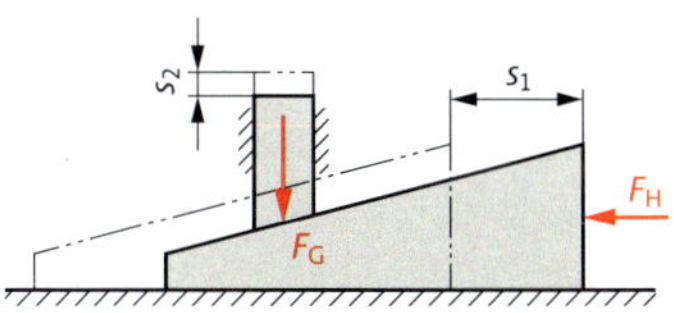

$F_H \cdot s_1 = F_G \cdot s_2$

$F_H = \frac{F_G \cdot s_2}{s_1}$ $\qquad s_1 = \frac{F_G \cdot s_2}{F_H}$

$F_G = \frac{F_H \cdot s_1}{s_2}$ $\qquad s_2 = \frac{F_H \cdot s_1}{F_G}$

geg.: $F_G = 2$ kN; $F_H = 240$ N; $s_2 = 30$ mm
ges.: $s_1 = ?$ mm

$s_1 = \frac{F_G \cdot s_2}{s_1} = \frac{2000\ \text{N} \cdot 30\ \text{mm}}{240\ \text{N}}$

$s_1 = 250$ mm

Schraube

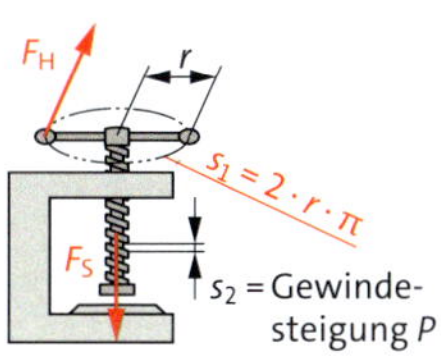

$F_H \cdot s_1 = F_S \cdot s_2$

$F_H \cdot 2 \cdot r \cdot \pi = F_S \cdot P$

$F_H = \frac{F_S \cdot P}{2 \cdot r \cdot \pi}$ $\qquad F_S = \frac{F_H \cdot 2 \cdot r \cdot \pi}{P}$

geg.: $F_H = 0{,}5$ kN; $P = 2$ mm; $r = 150$ mm
ges.: $F_S = ?$ kN

$F_S = \frac{F_H \cdot 2 \cdot r \cdot \pi}{P} = \frac{0{,}5\ \text{kN} \cdot 2 \cdot 150\ \text{mm} \cdot \pi}{2\ \text{mm}}$

$F_S = 235{,}6$ kN

F_H: Handkraft; F_G: Gewichtskraft; s_1: Kraftweg; s_2: Lastweg; n: Anzahl der Rollen
F_S: Schraubenkraft; α: Steigungswinkel; r: wirksame Hebellänge; P: Gewindesteigung

8

Mechanische Arbeit

Arbeit, Energie

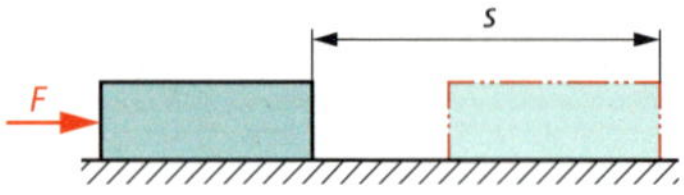

$W = F \cdot s$

$E = F \cdot s$

$F = \frac{W}{s}$ $\quad s = \frac{W}{F}$

$1\,\text{N} \cdot 1\,\text{m} = 1\,\text{Nm} = \frac{1\,\text{kg} \cdot \text{m} \cdot \text{m}}{\text{s}^2} = 1\,\text{J} = 1\,\text{Ws}$

geg.: $F = 75\,\text{N}$; $s = 2{,}8\,\text{m}$
ges.: $W = ?\,\text{Nm} = ?\,\text{J} = ?\,\text{Ws}$

$W = F \cdot s = 75\,\text{N} \cdot 2{,}8\,\text{m}$

$W = 210\,\text{Nm} = 210\,\text{J} = 210\,\text{Ws}$

Hubarbeit

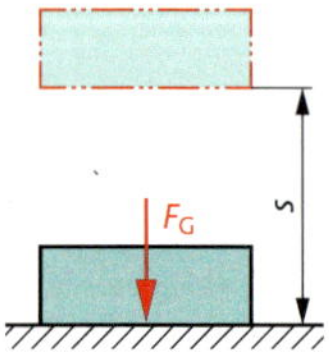

$W = F_G \cdot s$

$F_G = \frac{W}{s}$ $\quad s = \frac{W}{F_G}$

geg.: $W = 20\,000\,\text{Nm}$; $s = 4000\,\text{mm}$
ges.: $F_G = ?\,\text{kN}$

$F_G = \frac{W}{s} = \frac{20\,\text{kNm}}{4\,\text{m}} = 5\,\text{kN}$

Reibungsarbeit

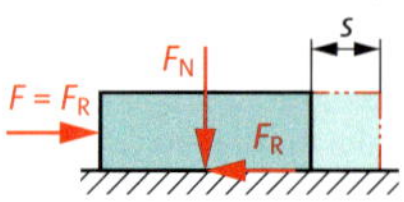

$W = F_R \cdot s$

$F_R = \mu \cdot F_N$

$W = \mu \cdot F_N \cdot s$

geg.: $F_N = 1{,}5\,\text{kN}$; $\mu = 0{,}15$; $s = 2{,}5\,\text{m}$
ges.: $F_R = ?\,\text{N}$; $W = ?\,\text{Nm}$

$F_R = \mu \cdot F_N = 0{,}15 \cdot 1500\,\text{N} = 225\,\text{N}$

$W = F_R \cdot s = 225\,\text{N} \cdot 2{,}5\,\text{m} = 562{,}5\,\text{Nm}$

Potenzielle Energie

Lageenergie

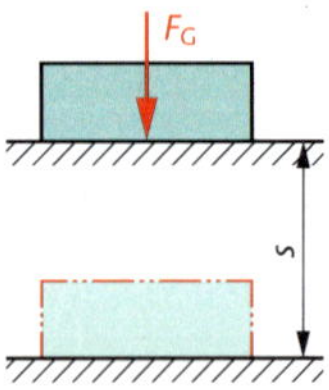

Federenergie

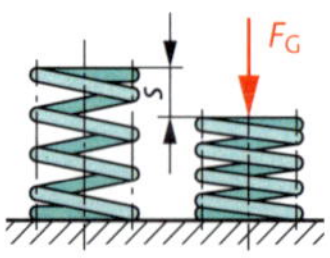

$W_P = E_P = F_G \cdot s$ $\quad F_G = \frac{W_P}{s}$ $\quad s = \frac{W_P}{F_G}$

$W_P = E_P = \frac{R \cdot s^2}{2}$ $\quad R = \frac{F}{s}$

geg.: $R = 60\,\text{N/mm}$; $s = 5\,\text{mm}$;
ges.: $E_P = ?\,\text{Nm}$

$E_P = W_P = \frac{R \cdot s^2}{2} = \frac{60\,\text{N} \cdot (5\,\text{mm})^2}{\text{mm} \cdot 2}$

$E_P = 750\,\text{Nmm} = 0{,}75\,\text{Nm}$

Kinetische Energie

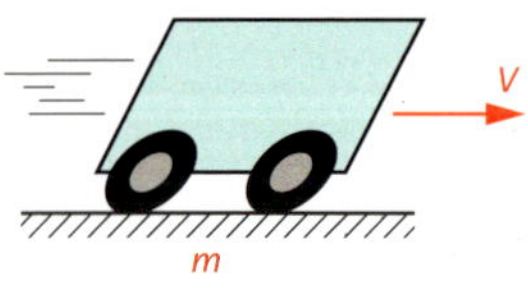

$W_k = E_k = \frac{m \cdot v^2}{2}$

geg.: $m = 600\,\text{kg}$; $v = 2\,\text{m/s}$
ges.: $E_k = ?\,\text{Nm}$

$E_k = W_k = \frac{m \cdot v^2}{2} = \frac{600\,\text{kg} \cdot (2\,\frac{\text{m}}{\text{s}})^2}{2}$

$E_k = 600\,\text{kg} \cdot \frac{4 \cdot \text{m} \cdot \text{m}}{2 \cdot s^2} = 1200\,\text{Nm}$

Wirkungsgrad

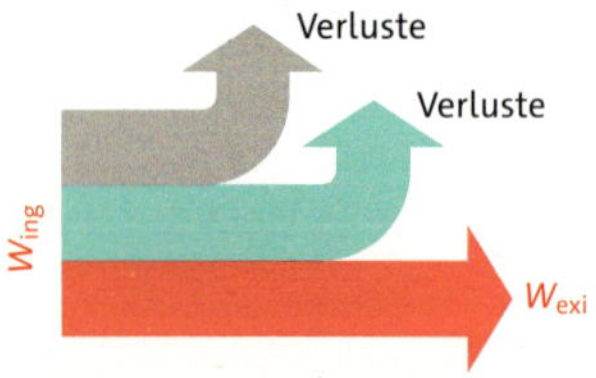

$\eta = \frac{W_{exi}}{W_{ing}}$ $\quad W_{exi} = \eta \cdot W_{ing}$ $\quad W_{ing} = \frac{W_{exi}}{\eta}$

$\eta = \eta_1 \cdot \eta_2 \cdot \eta_3 \ldots$

geg.: $W_{ing} = 1500\,\text{Nm}$; $\eta = 0{,}75$
ges.: $W_{exi} = ?\,\text{Nm}$

$W_{exi} = \eta \cdot W_{ing} = 0{,}75 \cdot 1500\,\text{Nm}$

$W_{exi} = 1125\,\text{Nm}$

W: Arbeit; F: Kraft; F_G: Gewichtskraft; F_N: Normalkraft; F_R: Reibungskraft; s; h: Weg
m: Masse; E: Energie; R: Federrate; η: Wirkungsgrad; μ: Reibungszahl; v: Geschwindigkeit
E_p; W_p: potenzielle Energie; E_k; W_k: kinetische Energie; W_{ing}: zugeführte Arbeit; W_{exi}: abgegebene Arbeit

Mechanische Leistung

Leistung

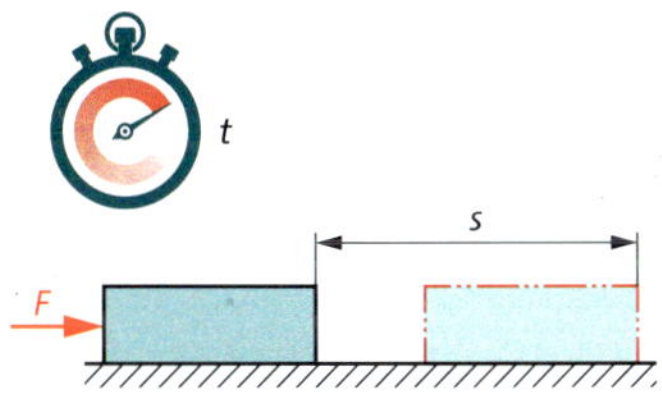

$$P = \frac{F \cdot s}{t} \qquad F = \frac{P \cdot t}{s} \qquad s = \frac{P \cdot t}{F}$$

$$P = \frac{W}{t} \qquad t = \frac{F \cdot s}{P}$$

$$P = F \cdot v$$

$$\frac{1\,\text{N} \cdot 1\,\text{m}}{1\,\text{s}} = \frac{1\,\text{Nm}}{1\,\text{s}} = \frac{1\,\text{J}}{\text{s}} = 1\,\text{W}$$

geg.: $F = 75$ N; $s = 2{,}8$ m; $t = 5$ s
ges.: $P = ?$ kW

$$P = \frac{F \cdot s}{t} = \frac{75\,\text{N} \cdot 2{,}8\,\text{m}}{5\,\text{s}} = 42\,\frac{\text{Nm}}{\text{s}}$$

$P = 42$ W $= 0{,}042$ kW

Hubleistung

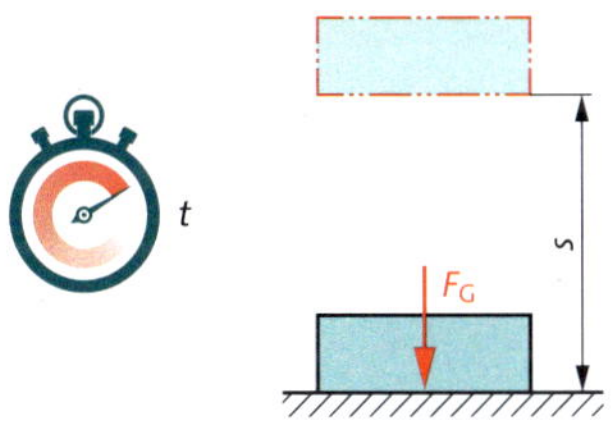

$$P = \frac{F_G \cdot s}{t} \qquad F_G = \frac{P \cdot t}{s} \qquad s = \frac{P \cdot t}{F_G}$$

$$P = \frac{m \cdot g \cdot s}{t} \qquad t = \frac{F_G \cdot s}{P}$$

$$P = F_G \cdot v$$

geg.: $m = 120$ kg; $s = 15$ m; $t = 20$ s
ges.: $P = ?$ kW

$$P = \frac{m \cdot g \cdot s}{t} = \frac{120\,\text{kg} \cdot 9{,}81\,\text{m} \cdot 15\,\text{m}}{\text{s}^2 \cdot 20\,\text{s}}$$

$P = 882{,}9$ W $= 0{,}8829$ kW

Zugleistung

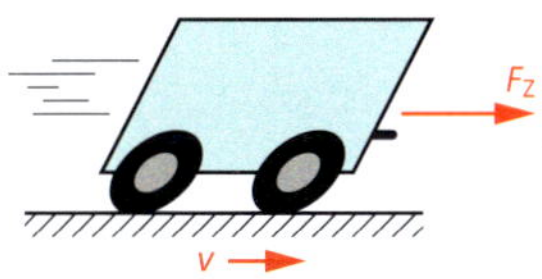

$$P = F_Z \cdot v \qquad F_Z = \frac{P}{v} \qquad v = \frac{P}{F_Z}$$

$$P = \frac{F_Z \cdot s}{t} \qquad F_Z = \frac{P \cdot t}{s} \qquad s = \frac{P \cdot t}{F_Z}$$

$$t = \frac{F_Z \cdot s}{P}$$

geg.: $F_Z = 15$ kN; $v = 60$ km/h
ges.: $P = ?$ kW

$$P = F_Z \cdot v = 15\,\text{kN} \cdot 60\,\frac{\text{km}}{\text{h}}$$

$$P = \frac{15\,\text{kN} \cdot 60\,000\,\text{m}}{3600\,\text{s}} = 250\,\text{kW}$$

Leistung (kreisförmige Bewegung)

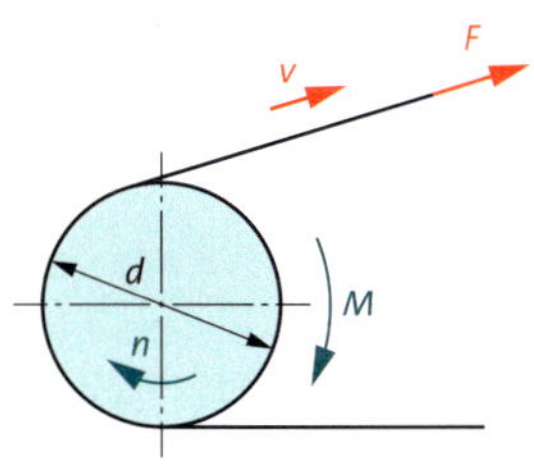

$$P = F \cdot v \qquad F = \frac{P}{d \cdot \pi \cdot n}$$

$$P = F \cdot d \cdot \pi \cdot n \qquad n = \frac{P}{F \cdot d \cdot \pi}$$

$$P = M \cdot 2 \cdot \pi \cdot n \qquad M = \frac{P}{\omega}$$

$$P = M \cdot \omega$$

geg.: $F = 1{,}5$ kN; $d = 180$ mm; $n = 1400$/min
ges.: $P = ?$ kW

$$P = F \cdot d \cdot \pi \cdot n = 1{,}5\,\text{kN} \cdot 0{,}18\,\text{m} \cdot \frac{1400}{60\,\text{s}}$$

$P = 6{,}3$ kW

Wirkungsgrad

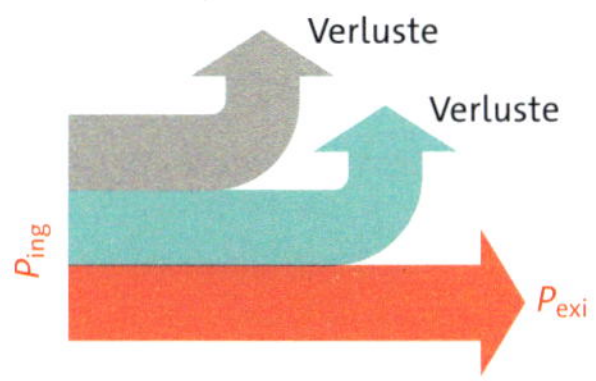

$$\eta = \frac{P_{exi}}{P_{ing}} \qquad P_{exi} = \eta \cdot P_{ing} \qquad P_{ing} = \frac{P_{exi}}{\eta}$$

$$\eta = \eta_1 \cdot \eta_2 \cdot \eta_3 \ldots$$

geg.: $P_{ing} = 1500$ W; $\eta = 0{,}75$
ges.: $P_{exi} = ?$ W

$P_{exi} = \eta \cdot P_{ing} = 0{,}75 \cdot 1500$ W

$P_{exi} = 1125$ W

P: Leistung	F: Kraft	F_G: Gewichtskraft	F_Z: Zugkraft	s: Weg
t: Zeit	v: Geschwindigkeit	g: Fallbeschleunigung	m: Masse	d: Durchmesser
n: Umdrehungsfrequenz	M: Drehmoment	ω: Winkelgeschwindigkeit	η: Wirkungsgrad	
P_{ing}: zugeführte Leistung	P_{exi}: abgegebene Leistung			

Reibungsarten

Haftreibung, Gleitreibung

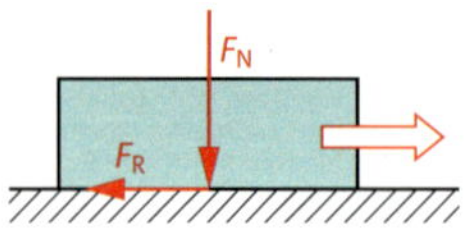

Haftreibung:

$v = 0$

$F \leq F_R$

$F_R = \mu_0 \cdot F_N$

Gleitreibung:

$v > 0$

$F > F_R$

$F_R = \mu \cdot F_N$

geg.: $F_N = 1{,}5$ kN; $\mu = 0{,}15$
ges.: $F_R = ?$ N

$F_R = \mu \cdot F_N = 0{,}15 \cdot 1500$ N

$F_R = 225$ N

Reibungsmoment

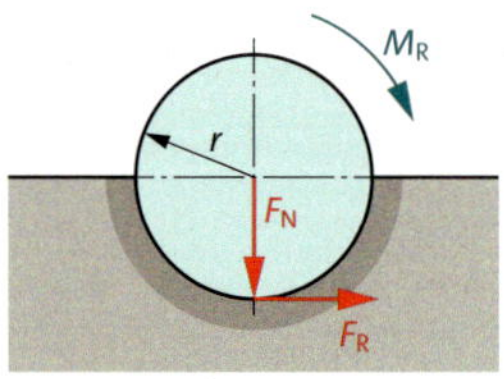

$M_R = \mu \cdot F_N \cdot r$

$M_R = F_R \cdot r$

geg.: $F_N = 5$ kN; $\mu = 0{,}06$; $r = 120$ mm
ges.: $M_R = ?$ Nm

$M_R = \mu \cdot F_N \cdot r$

$M_R = 0{,}06 \cdot 5000\ \text{N} \cdot 0{,}12\ \text{m} = 36$ Nm

Rollreibung

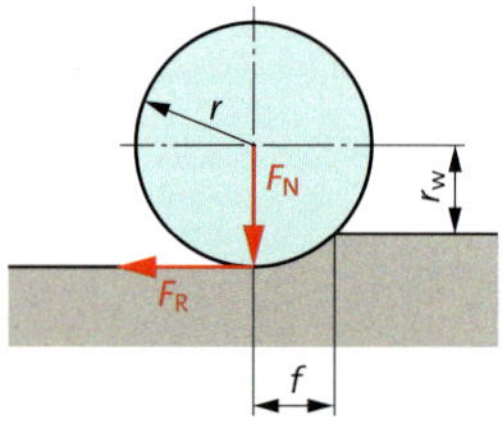

$F_R = \frac{f \cdot F_N}{r_w}$ ⇨ $F_R = \frac{f \cdot F_N}{r}$ [1]

[1] Es wird angenommen, dass der Unterschied zwischen r und r_w vernachlässigbar klein ist:

$r \approx r_w$

geg.: $F_N = 4000$ N; $f = 0{,}5$ mm; $r = 160$ m
ges.: $F_R = ?$ N

$F_R = \frac{f \cdot F_N}{r} = \frac{0{,}5\ \text{mm} \cdot 4000\ \text{N}}{160\ \text{mm}}$

$F_R = 12{,}5$ N

Reibungszahlen[1]

Für Haft- und Gleitreibung

Werkstoffpaarung	Haftreibungszahl μ_0		Gleitreibungszahl μ	
	trocken	geschmiert	trocken	geschmiert
Stahl-Stahl	0,15 ... 0,30	0,10 ... 0,12	0,10 ... 0,12	0,04 ... 0,07
Stahl-Gusseisen	0,18 ... 0,20	0,10 ... 0,20	0,15 ... 0,20	0,05 ... 0,10
Stahl-Cu-Sn-Legierung	0,18 ... 0,20	0,10 ... 0,20	0,15 ... 0,20	0,05 ... 0,10
Gusseisen-Gusseisen	0,20 ... 0,30	0,10 ... 0,15	0,15 ... 0,25	0,02 ... 0,10
Stahl-Polyamid	0,30 ... 0,40	0,10 ... 0,20	0,30 ... 0,45	0,05 ... 0,12
Stahl-Leder	0,30 ... 0,50	0,16	0,30	0,15
Gusseisen-Cu-Sn-Legierung	0,28	0,21	0,20	0,08
Autoreifen-Beton	0,80	0,50	0,50	0,30
Autoreifen-Eis	–	0,10	–	0,05
Stahl-Holz	0,60 ... 0,70	0,10	0,40 ... 0,50	0,10
Holz-Holz	0,40 ... 0,60	0,16	0,20 ... 0,40	0,10

Für Rollreibung

Werkstoffpaarung	Rollreibungszahl f in mm
Stahl-Stahl	0,5
Stahl gehärtet-Stahl gehärtet	0,005 ... 0,01
Kunststoff-Beton	5
Gummi-Asphalt	4,2

[1] Die Reibungszahl hängt neben der Werkstoffpaarung auch von Oberfläche, Schmierung, Verschleiß usw. ab. Es gibt keine „korrekten", sondern immer nur ungefähre Werte. Am genauesten sind Ergebnisse, die versuchsmäßig unter praxisnahen Bedingungen erzielt werden.

F: Kraft
μ: Gleitreibungszahl
F_N: Normalkraft
μ_0: Haftreibungszahl
F_R: Reibungskraft
f: Rollreibungszahl
v: Geschwindigkeit
M_R: Reibungsmoment
r: Radius
r_w: Wirkradius

Druckarten

Druck

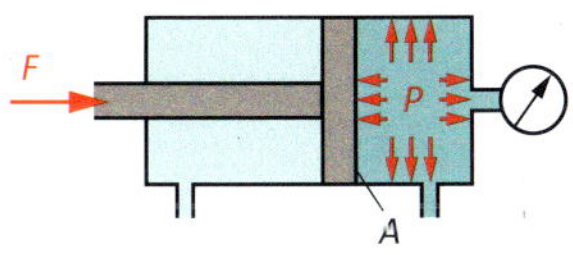

$p = \frac{F}{A}$ $\quad F = p \cdot A \quad A = \frac{F}{p}$

$1\ \text{Pa} = 1\ \frac{\text{N}}{\text{m}^2} = 10^{-5}\ \text{bar} = 0{,}00001\ \text{bar}$

$1\ \text{bar} = 10\ \frac{\text{N}}{\text{cm}^2}$

$1\ \text{mbar} = 100\ \text{Pa} = 1\ \text{hPa}$

geg.: $F = 2{,}4\ \text{MN}$; $A = 7500\ \text{cm}^2$
ges.: $p_e = ?\ \text{bar}$

$p_e = \frac{F}{A} = \frac{2\,400\,000\ \text{N}}{7500\ \text{cm}^2} = 320\ \frac{\text{N}}{\text{cm}^2}$

$p_e = 32\ \text{bar}$

Absoluter Druck, Luftdruck, Überdruck

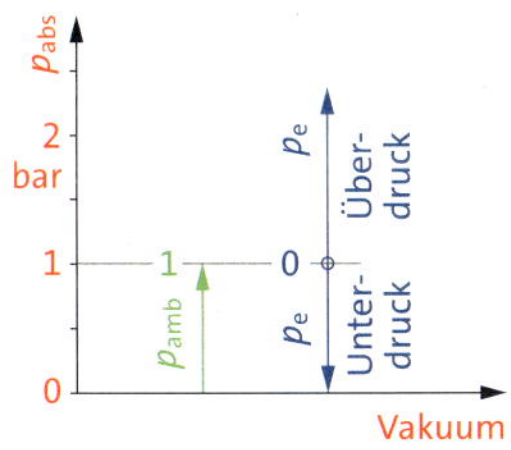

$p_{abs} = p_{amb} + p_e$

$p_e = p_{abs} - p_{amb}$

$p_{abs} > p_{amb} \rightarrow$ Überdruck
$p_{abs} < p_{amb} \rightarrow$ Unterdruck
(= negativer Überdruck)
$p_{amb} = 1{,}013\ \text{bar} \approx 1\ \text{bar}$

geg.: $p_e = 2{,}6\ \text{bar}$; $p_{amb} = 1\ \text{bar}$
ges.: $p_{abs} = ?\ \text{bar}$

$p_{abs} = p_{amb} + p_e$

$p_{abs} = 1\ \text{bar} + 2{,}6\ \text{bar} = 3{,}6\ \text{bar}$

Schweredruck, Auftriebskraft

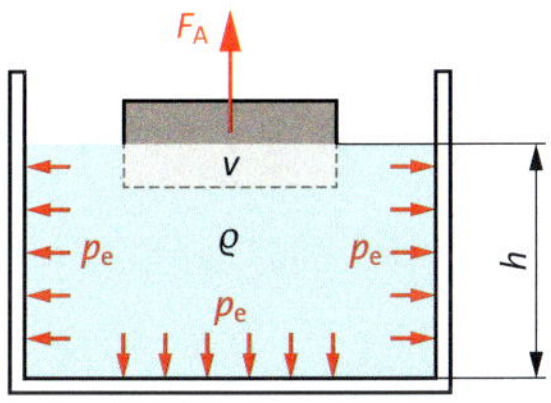

$p_e = h \cdot \varrho \cdot g \qquad F_A = V \cdot \varrho \cdot g$

$h = \frac{p_e}{\varrho \cdot g} \qquad V = \frac{F_A}{\varrho \cdot g}$

$\varrho = \frac{p_e}{h \cdot g} \qquad \varrho = \frac{F_A}{V \cdot g}$

geg.: $h = 10\ \text{m}$; $\varrho = 1\ \text{kg/dm}^3$;
$g = 9{,}81\ \text{m/s}^2$
ges.: $p_e = ?\ \text{bar}$

$p_e = h \cdot \varrho \cdot g$

$p_e = 10\ \text{m} \cdot 1000\ \frac{\text{kg}}{\text{m}^3} \cdot 9{,}81\ \frac{\text{m}}{\text{s}^2}$

$p_e = 98\,100\ \frac{\text{N}}{\text{m}^2} = 98\,100\ \text{Pa} = 0{,}981\ \text{bar}$

Hydraulische Kraftübersetzung, Allgemeine Gasgleichung

Hydraulische Kraftübersetzung

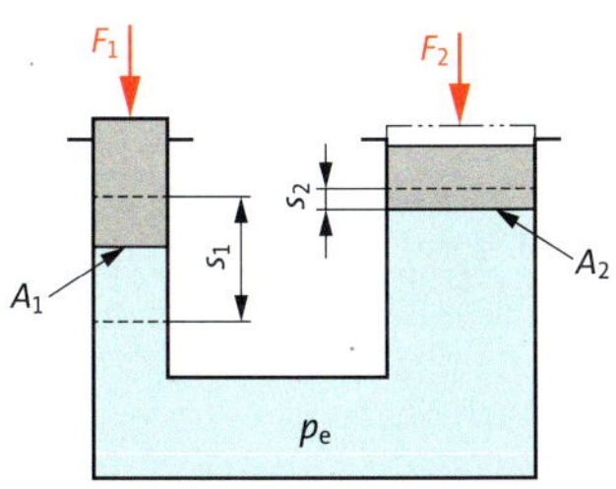

$F_1 \cdot s_1 = F_2 \cdot s_2$

$A_1 \cdot s_1 = A_2 \cdot s_2$

$i = \frac{F_1}{F_2} = \frac{A_1}{A_2} = \frac{s_2}{s_1}$

geg.: $F_1 = 800\ \text{N}$; $A_1 = 10\ \text{cm}^2$; $A_2 = 150\ \text{cm}^2$
$s_2 = 50\ \text{mm}$
ges.: $F_2 = ?\ \text{N}$; $s_1 = ?\ \text{mm}$; $i = ?$

$F_2 = \frac{F_1 \cdot A_2}{A_1} = \frac{800\ \text{N} \cdot 150\ \text{cm}^2}{10\ \text{cm}^2} = 12\,000\ \text{N}$

$s_1 = \frac{A_2 \cdot s_2}{A_1} = \frac{150\ \text{cm}^2 \cdot 50\ \text{mm}}{10\ \text{cm}^2} = 750\ \text{mm}$

$i = \frac{F_1}{F_2} = \frac{800\ \text{N}}{12\,000\ \text{N}} = \frac{A_1}{A_2} = \frac{10\ \text{cm}^2}{150\ \text{cm}^2} = \frac{1}{15}$

Allgemeine Gasgleichung

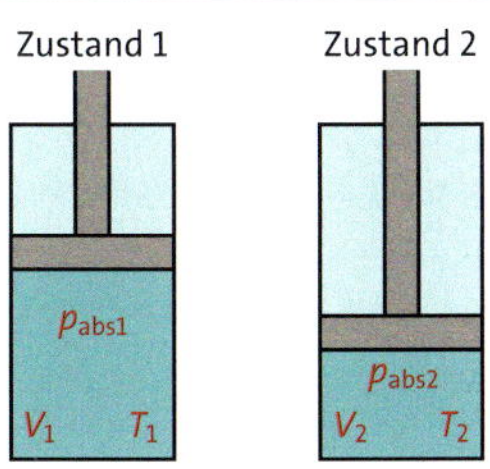

$\frac{p_{abs1} \cdot V_1}{T_1} = \frac{p_{abs2} \cdot V_2}{T_2}$

$T = \text{const.} \qquad p_{abs1} \cdot V_1 = p_{abs2} \cdot V_2$

$V = \text{const.} \qquad \frac{p_{abs1}}{T_1} = \frac{p_{abs2}}{T_2}$

$p = \text{const.} \qquad \frac{V_1}{T_1} = \frac{V_2}{T_2}$

geg.: $p_{abs1} = 151\ \text{bar}$; $T_1 = 293\ \text{K}$; $T_2 = 313\ \text{K}$
ges.: $p_{abs2} = ?\ \text{bar}$

$p_{abs2} = \frac{p_{abs1} \cdot T_2}{T_1} = \frac{151\ \text{bar} \cdot 313\ \text{K}}{293\ \text{K}}$

$p_{abs2} = 161{,}3\ \text{bar}$

F; F_1; F_2: Kolbenkräfte — A; A_1; A_2: Kolbenflächen — p: Druck — p_e: Über-; Schweredruck — p_{abs}: absoluter Druck
p_{amb}: Luftdruck — F_A: Auftriebskraft — ϱ: Dichte — V: Eintauchvolumen — V_1; V_2: Gasvolumen
g: Fallbeschleunigung — s_1; s_2: Kolbenwege — T_1; T_2: Kelvin-Temperatur — i: hydr. Übersetzungsverhältnis

8

Temperaturänderungen

Temperatur

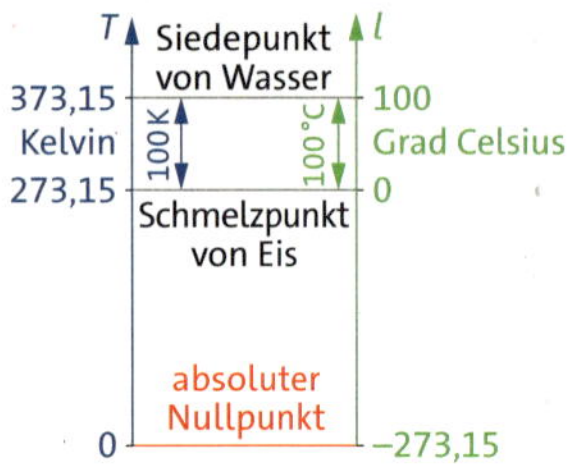

$T = t + 273{,}15$

$t = T - 273{,}15$

$0\ \text{K} = -273{,}15\ °\text{C}$

$0\ °\text{C} = 273{,}15\ \text{K}$

$100\ °\text{C} = 373{,}15\ \text{K}$

geg.: $t = 120\ °\text{C}$
ges.: $T = ?\ \text{K}$

$T = t + 273{,}15 = (120 + 273{,}15)\ \text{K}$

$T = 393{,}15\ \text{K}$

Längenänderung

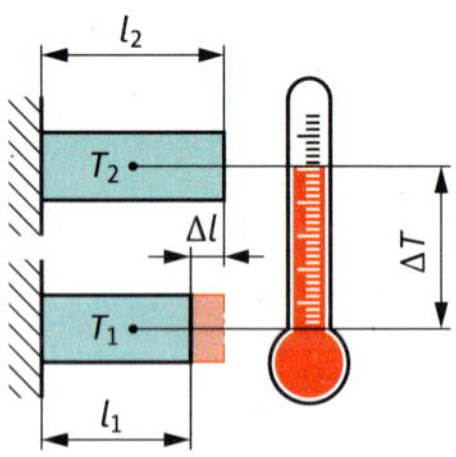

$\Delta l = l_1 \cdot \alpha \cdot \Delta T$

$l_2 = l_1 + \Delta l$

$l_2 = l_1 + l_1 \cdot \alpha \cdot \Delta T$

$l_2 = l_1 \cdot (1 + \alpha \cdot \Delta T)$

α → Stoffwerte

geg.: $l_1 = 2{,}5\ \text{m}$; $\alpha = 0{,}000011\ \frac{1}{\text{K}}$ (Stahl); $\Delta T = 50\ \text{K}$
ges.: $\Delta l = ?\ \text{mm}$

$\Delta l = l_1 \cdot \alpha \cdot \Delta T$

$\Delta l = 2500\ \text{mm} \cdot 0{,}00001\ \frac{1}{\text{K}} \cdot 50\ \text{K}$

$\Delta l = 1{,}375\ \text{mm}$

Volumenänderung

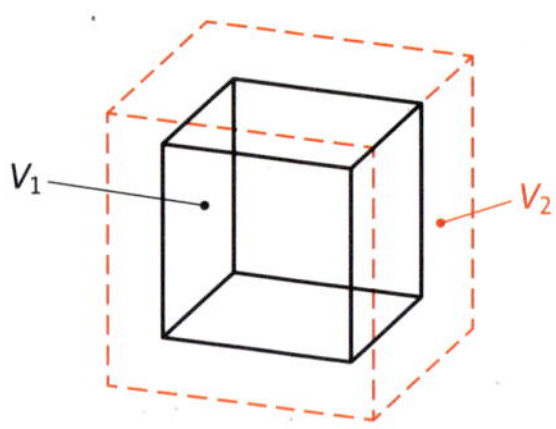

$\Delta V = V_1 \cdot \gamma \cdot \Delta T$

$V_2 = V_1 + \Delta V$

$V_2 = V_1 + V_1 \cdot \gamma \cdot \Delta T$

$V_2 = V_1 \cdot (1 + \gamma \cdot \Delta T)$

$\gamma = 3 \cdot \alpha$

geg.: $V_1 = 27\ \text{cm}^3$; $\gamma = 0{,}000033\ \frac{1}{\text{K}}$ (Stahl); $\Delta T = 90\ \text{K}$
ges.: $V_2 = ?\ \text{mm}^3$

$\Delta V = V_1 \cdot \gamma \cdot \Delta T$

$\Delta V = 27\,000\ \text{mm}^3 \cdot 0{,}000033\ \frac{1}{\text{K}} \cdot 90\ \text{K}$

$\Delta V = 80{,}19\ \text{mm}^3$

$V_2 = V_1 + \Delta V = 27\,000\ \text{mm}^3 + 80{,}19\ \text{mm}^3$

$V_2 = 27\,080{,}19\ \text{mm}^3$

Volumenänderung von Flüssigkeiten

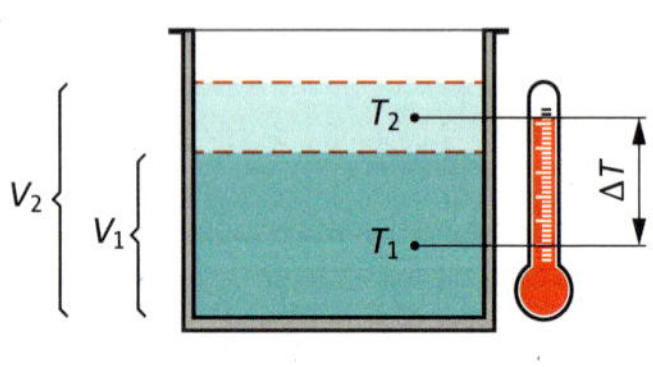

$\Delta V = V_1 \cdot \gamma \cdot \Delta T$

$V_2 = V_1 + \Delta V$

$V_2 = V_1 + V_1 \cdot \gamma \cdot \Delta T$

$V_2 = V_1 \cdot (1 + \gamma \cdot \Delta T)$

Ausdehnung der Flüssigkeit immer zur offenen Seite des Gefäßes! Überlaufgefahr!

geg.: $V_1 = 60\ \text{L}$; $\gamma = 0{,}001\ \frac{1}{\text{K}}$ (Benzin); $\Delta T = 30\ \text{K}$
ges.: $V_2 = ?\ \text{L}$

$\Delta V = V_1 \cdot \gamma \cdot \Delta T$

$\Delta V = 60\ \text{L} \cdot 0{,}001\ \frac{1}{\text{K}} \cdot 30\ \text{K}$

$\Delta V = 1{,}8\ \text{L}$

$V_2 = V_1 + \Delta V = 60\ \text{L} + 1{,}8\ \text{L}$

$V_2 = 61{,}8\ \text{L}$

Schwindung

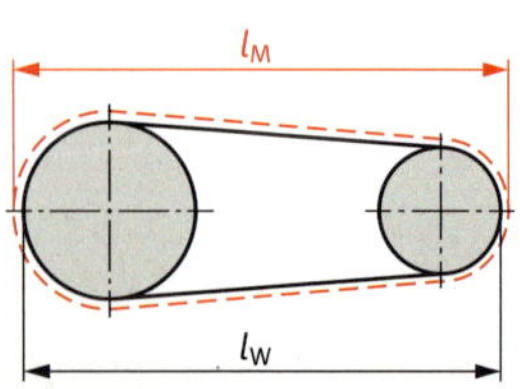

$l_M = \dfrac{l_W \cdot 100\ \%}{100\ \% - S}$

S → DIN EN 12890

geg.: $l_W = 350\ \text{mm}$; $S = 1{,}2\ \%$ (GJS)
ges.: $l_M = ?\ \text{mm}$

$l_M = \dfrac{350\ \text{mm} \cdot 100\ \%}{100\ \% - 1{,}2\ \%}$

$l_M = 354{,}25\ \text{mm}$

T: Kelvin-Temperatur; t: Celsius-Temperatur; l_1: Anfangslänge; l_2: Endlänge; l_W: Werkstücklänge; l_M: Modelllänge; V_1: Anfangsvolumen; V_2: Endvolumen; Δl: Längenänderung; ΔV: Volumenänderung; ΔT: Temperaturdifferenz; S: Schwindmaß; Q: Wärmemenge; α: Längenausdehnungskoeffizient; γ: Volumenausdehnungskoeffizient

Wärmemengen

Wärmemenge

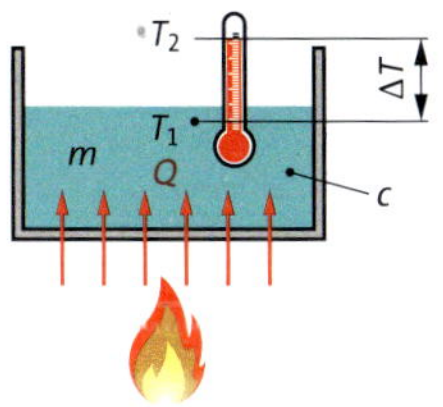

$Q = c \cdot m \cdot \Delta T$

$m = \frac{Q}{c \cdot \Delta T}$ $\qquad \Delta T = \frac{Q}{c \cdot m}$

$1\ \text{J} = 1\ \text{W} \cdot \text{s} = 1\ \text{N} \cdot \text{m}$

$1\ \text{kW} \cdot \text{h} = 3\,600\,000\ \text{W} \cdot \text{s} = 3600\ \text{kJ} = 3{,}6\ \text{MJ}$

geg.: $m = 2{,}5\ \text{kg}$; $c = 0{,}49\ \text{kJ/(kg} \cdot \text{K)}$ (Stahl); $\Delta T = 900\ \text{K}$
ges.: $Q = ?\ \text{kJ}$

$Q = c \cdot m \cdot \Delta T$

$Q = 0{,}49\ \frac{\text{kJ}}{\text{kg} \cdot \text{K}} \cdot 2{,}5\ \text{kg} \cdot 900\ \text{K}$

$Q = 1102{,}5\ \text{kJ}$

Schmelz- und Verdampfungswärmemenge

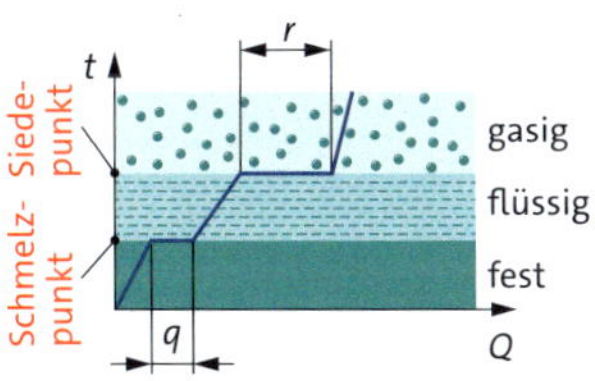

Schmelzen

$Q = m \cdot q$

$m = \frac{Q}{q}$

Verdampfen

$Q = m \cdot r$

$m = \frac{Q}{r}$

q; r → Stoffwerte

geg.: $m = 0{,}8\ \text{kg}$; $q = 24{,}3\ \text{kJ/kg}$ (Blei)
ges.: $Q = ?\ \text{kJ}$

$Q = m \cdot q = 0{,}8\ \text{kg} \cdot 24{,}3\ \frac{\text{kJ}}{\text{kg}}$

$Q = 19{,}44\ \text{kJ}$

Verbrennungswärmemenge

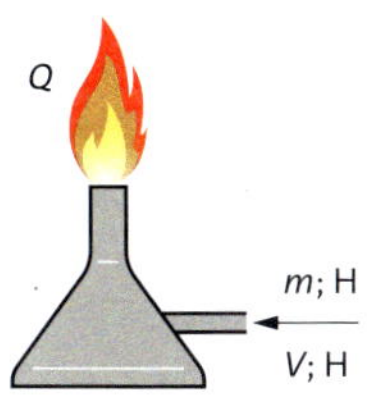

Brennstoff fest; flüssig

$Q = m \cdot H$

Brennstoff gasförmig

$Q = V \cdot H$

geg.: $V = 11\ \text{kg}$; $H = 50\ \text{MJ/kg}$ (Flüssiggas)
ges.: $Q = ?\ \text{MJ}$

$Q = m \cdot H = 11\ \text{kg} \cdot 50\ \frac{\text{MJ}}{\text{kg}}$

$Q = 550\ \text{MJ}$

Wärmemengenmischung

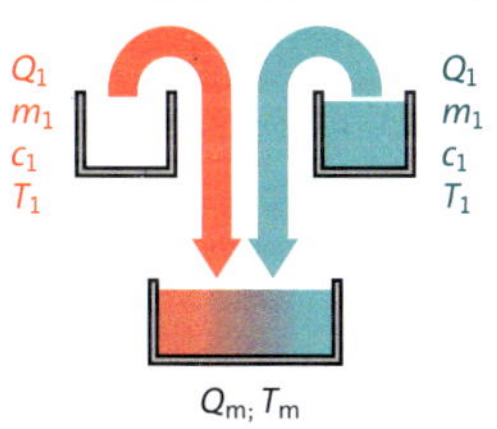

$Q_1 + Q_2 = Q_M$

$(m_1 \cdot c_1 \cdot T_1) + (m_2 \cdot c_2 \cdot T_2) = (m_1 \cdot c_1 + m_2 \cdot c_2) \cdot T_M$

$c_1 \neq c_2$: $\quad T_M = \frac{m_1 \cdot c_1 \cdot T_1 + m_2 \cdot c_2 \cdot T_2}{m_1 \cdot c_1 + m_2 \cdot c_2}$

$c_1 = c_2$: $\quad T_M = \frac{m_1 \cdot T_1 + m_2 \cdot T_2}{m_1 + m_2}$

geg.: $m_1 = 5\ \text{L}$ (Wasser); $T_1 = 18\ °\text{C}$; $m_2 = 10\ \text{L}$ (Wasser); $T_2 = 40\ °\text{C}$
ges.: $T_M = ?\ °\text{C}$

$T_M = \frac{m_1 \cdot T_1 + m_2 \cdot T_2}{m_1 + m_2} = \frac{5\ \text{L} \cdot 18\ °\text{C} + 10\ \text{L} \cdot 40\ °\text{C}}{5\ \text{L} + 10\ \text{L}}$

$T_M = 32{,}7\ °\text{C}$

Wärmestrom

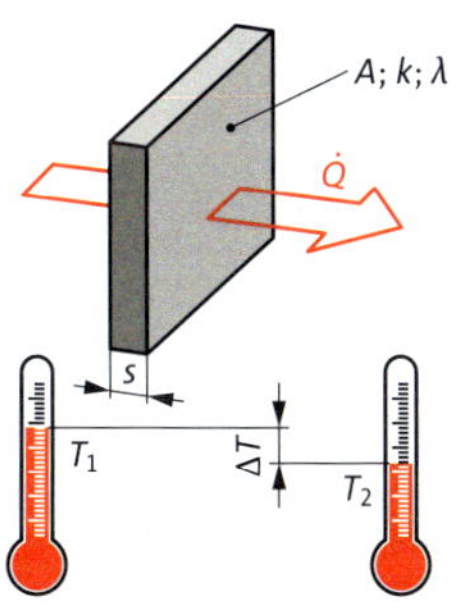

bei Wärmedurchgang

$\dot{Q} = A \cdot k \cdot \Delta T$

bei Wärmeleitung

$\dot{Q} = \frac{A \cdot \lambda \cdot \Delta T}{s}$

k; λ → Stoffwerte

geg.: $A = 25\ \text{m}^2$; $k = 1{,}1\ \text{W/(m}^2 \cdot \text{K)}$; $\Delta T = 25\ \text{K}$
ges.: $\dot{Q} = ?\ \text{W}$

$\dot{Q} = A \cdot k \cdot \Delta T = 25\ \text{m}^2 \cdot 1{,}1\ \frac{\text{W}}{\text{m}^2 \cdot \text{K}} \cdot 25\ \text{K}$

$\dot{Q} = 687{,}5\ \text{W}$

Q: Wärmemenge
c; c_1; c_2: spezif. Wärmekapazität
q: spezif. Schmelzwärme
r: spezif. Verdampfungswärme
m; m_1; m_2: Masse
T; T_1; T_2: Temperatur
H: spezif. Heizwert
λ: Wärmeleitfähigkeit
V: Volumen
ΔT: Temperaturdifferenz
A: Bauteilfläche
k: Wärmedurchgangszahl
$\dot{Q}$: Wärmestrom
T_M: Mischungstemperatur
s: Bauteildicke

Feste Stoffe

Stoff[1)]	Dichte ϱ kg/dm³	Schmelz-temperatur t °C	Siede-temperatur t °C	Spezif. Schmelzwärme q kJ/kg	Spezif. Wärmekapazität c J/(kg · K)	Wärmeleitfähigkeit λ W/(m · K)	Längenausdehnungskoeffizient α 1/K	Spezif. elektr. Widerstand ϱ_{20} Ω · mm²/m
Aluminium; Al	2,7	660,32	2519	396,6	904	235	0,0000231	0,026
AlCu-Legierung	2,8 ... 2,9	530 ... 650	–	–	960	186	0,000023	–
Aluminiumoxid	4,4	2050	2700	–	765	12 ... 24	0,0000065	–
Antimon; Sb	6,697	630,6	1587	161,8	207	24	0,000011	0,4
Asbest	2,1 ... 2,2	≈ 1300	–	–	810	–	–	–
Beryllium; Be	1,69	1287	2470	882,2	1820	190	0,0000113	0,04
Beton	1,8 ... 2,2	–	–	–	880	1	0,0001	–
Bismut; Bi	9,78	271,3	1564	52,2	122	8	0,0000134	1,30
Blei; Pb	11,34	327,46	1749	23	127	35	0,0000289	0,21
Cadmium; Cd	8,65	321,07	767	56	230	97	0,0000308	0,07
Chrom; Cr	7,14	1907	2671	325	448	94	0,000049	0,13
Cobalt; Co	8,9	1495	2927	274,9	421	100	0,000013	0,06
CuAl-Legierung	7,4 ... 7,7	≈ 1040	≈ 2300	–	440	61	0,0000195	–
CuSn-Legierung	7,4 ... 8,9	≈ 900	≈ 2400	–	380	46	0,0000175	–
CuZn-Legierung	8,4 ... 8,7	≈ 900	≈ 2300	–	390	105	0,0000185	–
Eisen; Fe	7,874	1538	2861	247	449	80	0,0000118	0,097
Eisenoxid	5,1	1570	–	–	670	0,58	–	–
Fette	0,92 ... 0,94	30 ... 180	≈ 300	–	–	0,21	–	–
Gips	2,3	1200	–	–	1090	0,45	–	–
Glas (Fenster~)	2,4 ... 2,7	≈ 700	–	–	850	0,81	0,0000076	–
Gold; Au	19,3	1064,18	2856	63,5	129,1	320	0,0000142	0,022
Gusseisen	7,25	1150 ... 1250	≈ 2500	210	540	50	0,0000105	–
Hartmetall; P20	11,9	> 2000	≈ 4000	–	800	81	0,000060	–
Holz (Eiche)	0,86	–	–	–	–	–	–	–
Iod; I	4,94	113,7	184,3	61	429	0,449	–	0,1
Iridium; Ir	22,65	2466	4428	135,3	131	150	0,000064	0,047
Kohlenstoff								
– Diamant	3,50	3550	4027	8741	–	2300	0,0000012	–
– Graphit	2,26	3675	sublimiert	–	710	140	0,0000071	–
Koks	1,6 ... 1,9	–	–	–	830	0,18	–	–
Konstantan	8,89	1260	≈ 2600	–	490	23	0,0000152	0,49
Kork	0,1 ... 0,3	–	–	–	170 ... 210	0,04 ... 0,06	–	–
Korund	4,0	2050	2700	–	764	12 ... 23	0,0000065	–
Kupfer; Cu	8,92	1084,62	2927	206	384,4	400	0,0000165	0,017
Magnesium; Mg	1,738	650	1090	358	1020	160	0,0000082	0,044
MgAl-Legierung	1,8	≈ 630	≈ 1500	–	1017	65	0,000024	–
Mangan; Mn	7,47	1246	2061	240,3	479	7,8	0,0000217	1,6
Molybdän; Mo	10,28	2623	4639	375	251	139	0,0000048	0,05
Natrium; Na	0,927	97,72	883	113	1230	140	0,000071	0,047
Nickel; Ni	8,908	1455	2913	293	445	91	0,0000134	0,07
Niob; Nb	8,57	2477	4744	289,5	265	54	0,0000073	0,15
Phosphor, weiß; P	1,823	44,2	280,5	21	20,7	0,236	–	0,1
Polystyrol	1,05	–	–	–	1300	0,13 ... 0,17	0,000070	–
Polyvinylchlorid	1,35	–	–	–	1500	0,16 ... 0,17	0,000240	–
Quarz	2,1 ... 2,5	1480	2230	–	800	9,9	0,000005	–
Schaumgummi	0,06 ... 0,25	–	–	–	–	0,04...0,06	–	–
Schwefel; S	2,07	115,21	444,7	53	705	0,205	–	–
Selen, schwarz; Se	4,819	221	685	68,4	321,2	0,52	–	–

1) Werte für chemische Elemente nach www.periodictable.com

Stoffwerte

8

Feste Stoffe

Stoff[1)]	Dichte ϱ kg/dm³	Schmelztemperatur t °C	Siedetemperatur t °C	Spezif. Schmelzwärme q kJ/kg	Spezif. Wärmekapazität c J/(kg · K)	Wärmeleitfähigkeit λ W/(m · K)	Längenausdehnungskoeffizient α 1/K	Spezif. Widerstand ϱ_{20} Ω · mm²/m
Silber; Ag	10,49	961,78	2162	104,8	235	430	0,0000189	0,016
Silicium; Si	2,33	1414	2900	1787,4	710	150	0,0000026	0,001
Stahl, unlegiert	7,85	≈ 1500	≈ 2500	205	490	48 ... 58	0,0000119	0,16
Stahl, niedrigleg.	7,85	≈ 1510	≈ 2500	192	460	25	0,0000111	0,7
Stahl, hochleg.	7,9	≈ 1450	≈ 2500	213	510	21	0,000016	0,9
Tantal; Ta	16,65	3017	5458	199	140	57	0,0000063	0,13
Titan; Ti	4,507	1668	3287	390,6	520	22	0,0000086	0,4
Vanadium; V	6,11	1910	3407	447,6	489	31	0,0000084	0,2
Wolfram; W	19,25	3422	5555	190,4	132	170	0,0000045	0,05
Zink; Zn	7,14	419,53	907	112,4	388	120	0,0000302	0,059
Zinn; Sn	7,31	231,93	59	59	217	67	0,000022	0,11

Flüssige Stoffe

Stoff[1)]	Dichte ϱ kg/dm³	Schmelz- (Gefrier-) temperatur t °C	Siedetemperatur t °C	Zündtemperatur t °C	Spezif. Verdampfungswärme r kJ/kg	Spezif. Wärmekapazität c J/(kg · K)	Wärmeleitfähigkeit λ W/(m · K)	Volumenausdehnungskoeffizient γ 1/K
Alkohol (Ethanol)	0,79	−114	78	425	845	2340	0,13	0,0011
Äthyläther	0,71	−116	35	170	377	2280	0,13	0,0016
Benzin	0,73...0,75	−30 ... −50	25 ... 210	220	419	2020	0,13	0,0011
Dieselkraftstoff	0,80 ... 0,85	−30	≈ 1500	220	628	2050	0,15	0,00095
Glycerin	1,26	18	290	400	580	2390	0,29	0,00049
Heizöl	0,80...0,85	−10	≈ 170	220	628	2070	0,14	0,00095
Maschinenöl	0,91	−20	380 ... 400	400	550	2090	0,14	0,00093
Petroleum	0,76 ... 0,86	−70	150...300	550	314	2150	0,13	0,001
Quecksilber	13,534	−38,83	356,73	–	285	139,5	8,3	0,00018
Spiritus; 95 %	0,82	−114	78	520	854	4180	0,17	0,0011

Gasförmige Stoffe

Stoff[1)]	Dichte ϱ kg/dm³	Relative Dichte ϱ/ϱ_{Luft} 1	Schmelztemperatur t °C	Siedetemperatur t °C	Wärmeleitfähigkeit λ W/(m · K)	Löslichkeit in H_2O g/L	Spezifische Wärmekapazität	
							p = const. c_p J/(kg · K)	V = const. c_V J/(kg · K)
Acetylen	1,17	0,905	−84	−82	0,021	1,03	1,64	1,33
Ammoniak	0,771	0,596	−78	−33	0,024	541	2,06	1,56
Butan	2,708	2,094	−135	−0,5	0,016	0,09	–	–
Erdgas (H)	0,72	0,557	–	−161	–	–	–	–
Frigen	5,51	0,371	−140	−30	–	–	–	–
Kohlenstoffdioxid	1,98	1,531	−57	−78	0,016	1,73	0,82	0,63
Kohlenstoffmonoxid	1,25	0,967	−205	−190	0,025	0,029	1,05	0,75
Luft	1,293	1	−220	−191	0,026	0,019	1,005	0,716
Methan	0,72	0,557	−183	−162	0,033	0,024	2,19	1,68
Propan	2,011	1,555	−190	−43	0,69	0,075	–	–
Sauerstoff	1,429	1,105	−218,8	−182,9	0,026	0,044	917	650
Stickstoff	1,251	0,968	−210	−195,8	0,026	0,019	1038	740
Wasserstoff	0,0899	0,070	−259,2	−252,8	0,183	0,002	14230	10100

[1)] Werte für chemische Elemente nach www.periodictable.com

Größen und Einheiten

Physikalische Größe	Formelzeichen	Einheiten- Name	Zeichen	Bemerkungen
Elektrische Stromstärke	I	Ampere	A	
Elektrische Spannung	U	Volt	V	1 V := 1 W/1 A
Elektrischer Widerstand	R	Ohm	Ω	1 Ω := 1 V/1 A
Elektrischer Leitwert	G	Siemens	S	1 S := 1/Ω = 1 A/1 V = 1/R
Spezifischer elektrischer Widerstand	ϱ	Ohm mal Meter	$\varrho \cdot$ m	$1\ \varrho \cdot m := 1\ \varrho \cdot m^2/m$
Elektrische Leitfähigkeit	λ	Siemens pro Meter	S/m	$1\ \lambda = 1/\varrho = 1 \cdot \varrho^{-1}$
Frequenz	f	Hertz	Hz	$1\ Hz := 1/s = 1\ s^{-1}$ 1000 Hz = 1 kHz
Elektrische Arbeit	W	Joule	J	$1\ J := 1\ W \cdot s = 1\ N \cdot m$ $1\ kW \cdot h = 3\,600\,000\ W \cdot s$
Elektrische Leistung	P	Watt	W	$1\ W := 1\ N \cdot m/s = 1\ V \cdot 1\ A = 1\ J/s$ 1000 W = 1 kW

Stromarten

Gleichstrom — (DC: Direct Current)

Gleichstrom
- fließt nur in eine Richtung
- mit konstanter Stromstärke
- und mit konstanter Spannung.

I = konstant $\quad$ U = konstant

I: Stromstärke in A
U: Spannung in V
t: Zeit in s

Wechselstrom ~ (AC: Alternating Current)

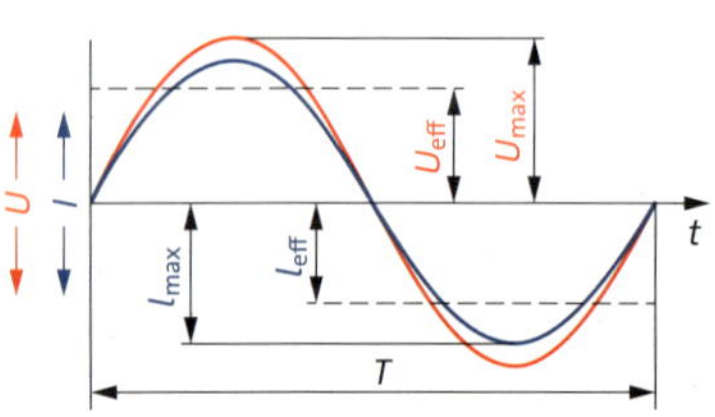

Wechselstrom
- fließt abwechselnd in zwei Richtungen
- mit sich ändernder Stromstärke
- und sich ändernder Spannung.

$f = \frac{1}{T}$ $\quad$ $T = \frac{1}{f}$

$I_{eff} = \frac{I_{max}}{\sqrt{2}}$ $\quad$ $U_{eff} = \frac{U_{max}}{\sqrt{2}}$

f: Frequenz in Hz
T: Periodendauer in s
t: Zeit in s
I_{eff}: Effektivwert der Stromstärke in A
I_{max}: Maximalwert der Stromstärke in A
U_{eff}: Effektivwert der Spannung in V
U_{max}: Maximalwert der Spannung in V

Dreiphasenwechselstrom (Drehstrom) 3~

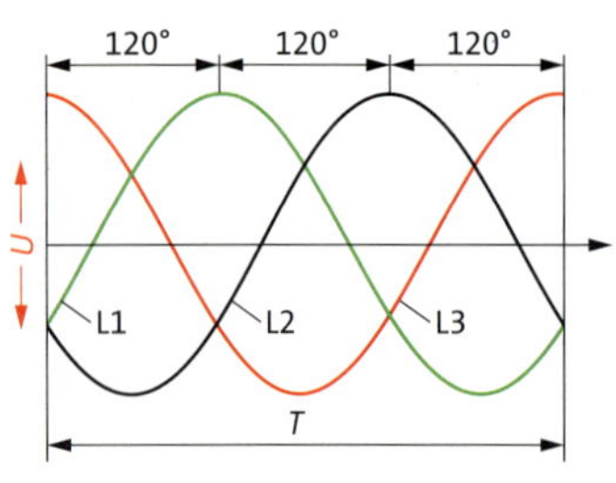

Dreiphasenwechselstrom entsteht aus
- drei einzelnen Wechselströmen,
- die zueinander um 120° verschoben sind.

$U_{eff} = \frac{U_{max}}{\sqrt{2}}$

U_{eff} zwischen Phase und Nullleiter: 230 V
U_{eff} zwischen zwei Phasenleitern: 400 V

U: Spannung in V
U_{eff}: Effektivwert der Spannung in V
U_{max}: Maximalwert der Spannung in V
T: Periodendauer in s

L1: Phase 1
L2: Phase 2
L3: Phase 3

8

Grundlagen

Ohmsches Gesetz

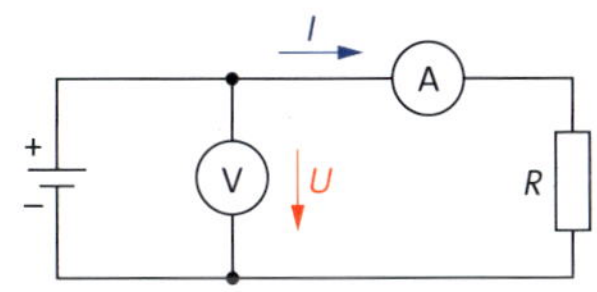

$I = \frac{U}{R}$ $U = R \cdot I$ $R = \frac{U}{I}$

$G = \frac{1}{R}$ $R = \frac{1}{G}$ $1\,\Omega = \frac{1\,V}{1\,A}$

geg.: $U = 230\,V$; $R = 40\,\Omega$
ges.: $I = ?\,A$

$I = \frac{U}{R} = \frac{230\,V}{40\,\Omega}$

$I = 5{,}75\,A$

Widerstand von elektrischen Leitern

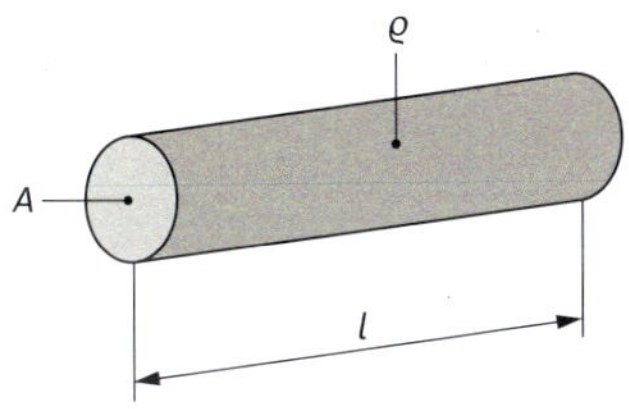

$R = \frac{\varrho \cdot l}{A}$ $A = \frac{\varrho \cdot l}{R}$ $l = \frac{R \cdot A}{\varrho}$

$\varrho = \frac{1}{\gamma}$ $\gamma = \frac{1}{\varrho}$

$\varrho \rightarrow$ Stoffwerte

geg.: $\varrho = 0{,}017\,\Omega \cdot mm^2/m$; $l = 1{,}5\,m$;
$A = 5\,mm^2$
ges.: $R = ?\,m\Omega$

$R = \frac{\varrho \cdot l}{A} = \frac{0{,}017\,\Omega \cdot mm^2 \cdot 1{,}5\,m}{m \cdot 5\,mm^2}$

$R = 0{,}005\,\Omega = 5\,m\Omega$

Reihenschaltung von Widerständen

Schaltung

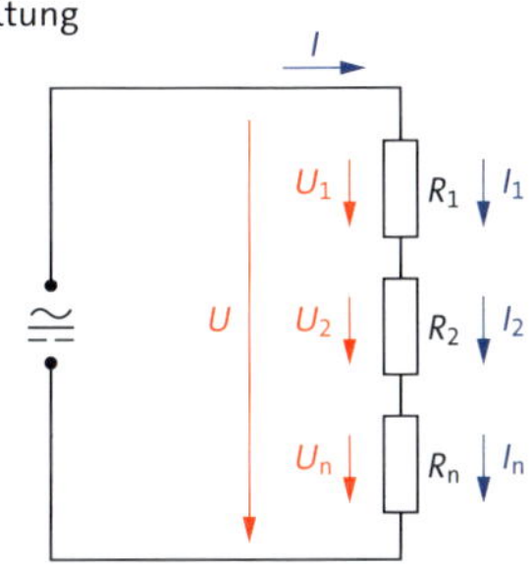

$U = U_1 + U_2 + ... + U_n$

$I = I_1 = I_2 = ... = I_n$

Durch alle Widerstände fließt der Strom mit der gleichen Stromstärke I.

$R = R_1 + R_2 + ... + R_n$ $\frac{U_1}{U_2} = \frac{R_1}{R_2}$

geg.: $R_1 = 20\,\Omega$; $R_2 = 10\,\Omega$; $U = 6\,V$
ges.: $R = ?\,\Omega$; $I = ?\,A$; U_1, $U_2 = ?\,V$

$R = R_1 + R_2 = 20\,\Omega + 10\,\Omega = 30\,\Omega$

$I = \frac{U}{R} = \frac{6\,V}{30\,\Omega} = 0{,}2\,A$

$U_1 = R_1 \cdot I = 20\,\Omega \cdot 0{,}2\,A = 4\,V$

$U_2 = R_2 \cdot I = 10\,\Omega \cdot 0{,}2\,A = 2\,V$

$U_2 = \frac{U_1 \cdot R_2}{R_1} = \frac{4\,V \cdot 10\,A}{20\,A} = 2\,V$

Beispiel:
Messen der Stromstärke

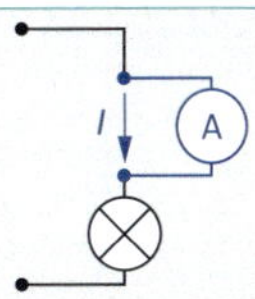

Die Stromstärke I wird im Verlauf der Leitung gemessen.

Parallelschaltung von Widerständen

Schaltung

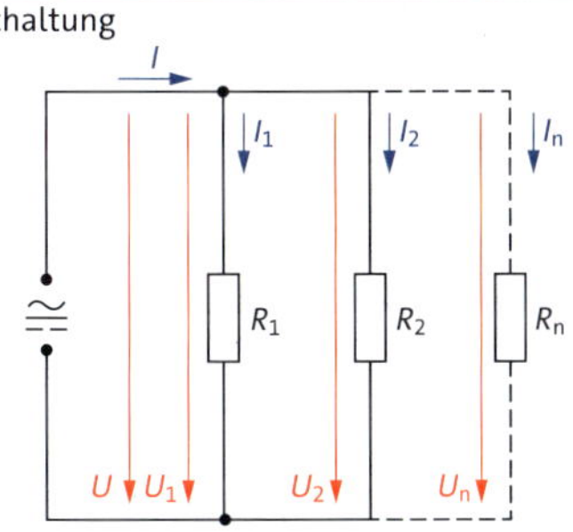

$U = U_1 = U_2 = ... = U_n$

Alle Widerstände liegen an der gleichen Spannung U.

$I = I_1 + I_2 + ... + I_n$

$\frac{1}{R} = \frac{1}{R_1} + \frac{1}{R_2} + ... + \frac{1}{R_n}$ $\frac{I_1}{I_2} = \frac{R_2}{R_1}$

geg.: $R_1 = 20\,\Omega$; $R_2 = 10\,\Omega$; $U = 6\,V$
ges.: $R = ?\,\Omega$; I, I_1, $I_2 = ?\,A$

$\frac{1}{R} = \frac{1}{R_1} = \frac{1}{R_2} = \frac{1}{20\,\Omega} + \frac{1}{10\,\Omega} = \frac{1+2}{20\,\Omega}$

$\frac{1}{R} = \frac{3}{20\,\Omega}$ $R = \frac{20\,\Omega}{3} = 6{,}67\,\Omega$

$I = \frac{U}{R} = \frac{6\,V}{6{,}67\,\Omega} = 0{,}9\,A$

$I_1 = \frac{U_1}{R_1} = \frac{6\,V}{20\,\Omega} = 0{,}3\,A$

$I_2 = \frac{U_2}{R_2} = \frac{6\,V}{10\,\Omega} = 0{,}6\,A$

Beispiel:
Messen der Spannung

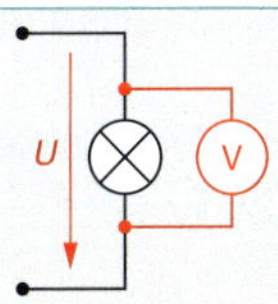

Die Spannung U wird zwischen Eingang und Ausgang eines Verbrauchers gemessen.

I: (Gesamt-)Stromstärke	U: (Gesamt-)Spannung	R: (Gesamt-)Widerstand	G: Leitwert
I_1; I_2: Teilstromstärke	U_1; U_2: Teilspannung	R_1; R_2: Einzelwiderstand	γ: elektr. Leitfähigkeit
ϱ: spezif. elektr. Widerstand	l: Leiterlänge	A: Leiterquerschnitt	

8

Grundlagen

Elektrische Arbeit

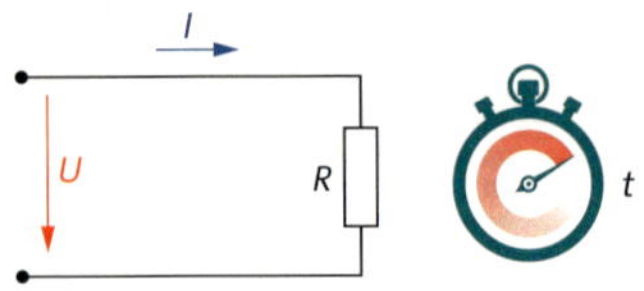

$W = P \cdot t$ $\quad P = \frac{W}{t}$ $\quad t = \frac{W}{P}$

$W = U \cdot I \cdot t$ $\quad U = \frac{W}{I \cdot t}$ $\quad I = \frac{W}{U \cdot t}$

geg.: $U = 230\ \text{V}$; $R = 40\ \Omega$
ges.: $I = ?\ \text{A}$

$I = \frac{U}{R} = \frac{230\ \text{V}}{40\ \Omega} = 5{,}75\ \text{A}$

Elektrische Leistung (ohmsche Belastung)

Gleichstrom oder Wechselstrom

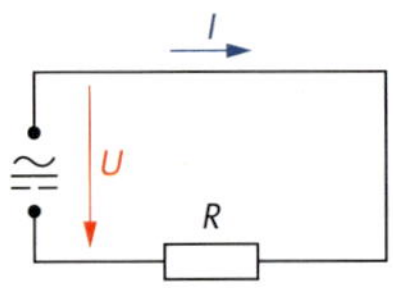

$P = U \cdot I$ $\quad P = I^2 \cdot R$ $\quad P = \frac{U^2}{R}$

Öffentliches Netz ~ → $U = 230\ \text{V}$

geg.: $U = 12\ \text{V}$; $I = 4\ \text{A}$
ges.: $P = ?\ \text{W}$

$P = U \cdot I = 12\ \text{V} \cdot 4\ \text{A}$

$P = 48\ \text{W}$

Drehstrom

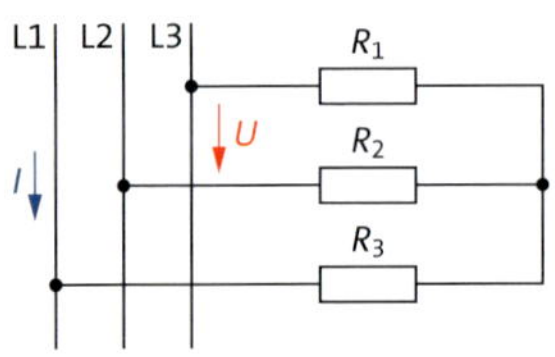

$P = \sqrt{3} \cdot U \cdot I$

Öffentliches Netz 3~ → $U = 400\ \text{V}$

geg.: $U = 400\ \text{V}$; $P = 15\ \text{kW}$
ges.: $I = ?\ \text{A}$

$I = \frac{P}{\sqrt{3} \cdot U} = \frac{15\,000\ \text{W}}{\sqrt{3} \cdot 400\ \text{V}}$

$I = 21{,}7\ \text{A}$

Elektrische Leistung (induktive Belastung)

Wechselstrom

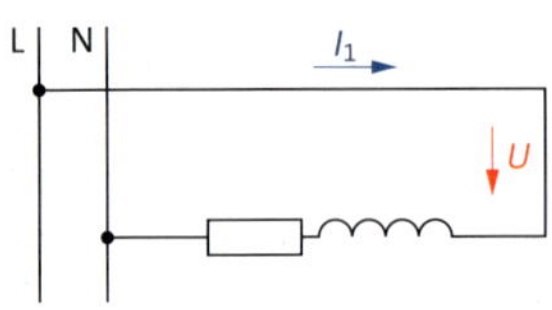

$P = U \cdot I \cdot \cos\varphi$

geg.: $U = 230\ \text{V}$; $I = 16\ \text{A}$; $\cos\varphi = 0{,}85$
ges.: $P = ?\ \text{kW}$

$P = U \cdot I \cdot \cos\varphi$

$P = 230\ \text{V} \cdot 16\ \text{A} \cdot 0{,}85$

$P = 3128\ \text{W} = 3{,}128\ \text{kW}$

Drehstrom

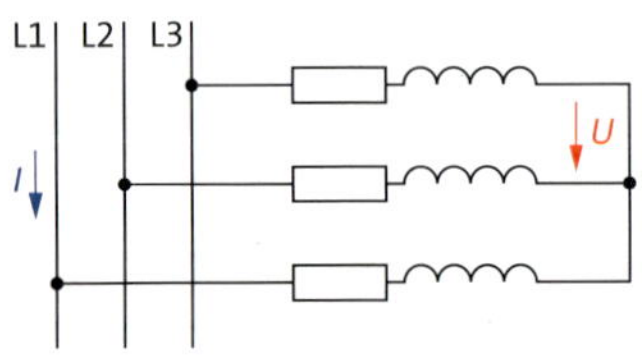

$P = \sqrt{3} \cdot U \cdot I \cdot \cos\varphi$

geg.: $U = 400\ \text{V}$; $I = 16\ \text{A}$; $\cos\varphi = 0{,}85$
ges.: $P = ?\ \text{kW}$

$P = \sqrt{3} \cdot U \cdot I \cdot \cos\varphi$

$P = \sqrt{3} \cdot 230\ \text{V} \cdot 16\ \text{A} \cdot 0{,}85$

$P = 5418\ \text{W} = 5{,}418\ \text{kW}$

Transformator

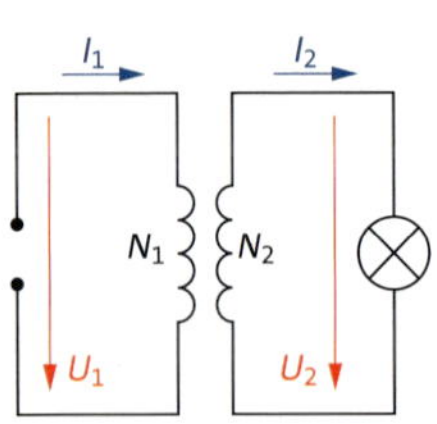

$\frac{U_1}{U_2} = \frac{N_1}{N_2}$ $\quad \frac{I_1}{I_2} = \frac{N_2}{N_1}$

$ü = \frac{U_1}{U_2} = \frac{N_1}{N_2}$ $\quad ü = \frac{I_2}{I_2}$

geg.: $U_1 = 230\ \text{V}$; $N_1 = 3450$; $N_2 = 120$
$I_1 = 0{,}3\ \text{A}$
ges.: $U_2 = \text{V}$; $I_2 = ?\ \text{A}$

$U_2 = \frac{U_1 \cdot N_2}{N_1} = \frac{230\ \text{V} \cdot 120}{3450} = 8\ \text{V}$

$I_2 = \frac{I_1 \cdot N_1}{N_2} = \frac{0{,}3\ \text{A} \cdot 3450}{120} = 8{,}625\ \text{A}$

W: elektrische Arbeit
t: Zeit; Einschaltdauer
$ü$: Übersetzungsverhältnis
U, U_1, U_2: Spannung
N_1, N_2: Windungszahlen
I, I_1, I_2: Stromstärke
$\cos\varphi$: Leistungsfaktor
P: elektrische Leistung
$\sqrt{3}$: Verkettungsfaktor

Schaltzeichen

DIN EN 60617-2 ... 11: 1997-08

Zeichen	Bedeutung	Zeichen	Bedeutung	Zeichen	Bedeutung	Zeichen	Bedeutung
Konturen und Umhüllungen							
Form 1 Form 2 Form 3	Objekt, z. B. Betriebsmittel, Gerät, Funktion, Funktionseinheit	Form 1 Form 2	Hülle (Kolben oder Kessel), Gehäuse		Begrenzung einer Gruppe zusammengehöriger Objekte		Schirm, Abschirmung
Arten von Strömen und Spannungen							
	Gleichstrom	110 V	Gleichstrom, 110 V		Wechselstrom, niedrige Frequenz		Wechselstrom, ▪ mittlere ▪ hohe Frequenz
50 Hz	Wechselstrom, 50 Hz		gleichgerichteter Strom mit Wechselstromanteil	+	positive Polarität	–	negative Polarität
Einstellbarkeit, Veränderbarkeit und automatische Steuerung							
	Einstellbarkeit; allgemein	5	stufenweise Einstellbarkeit, z. B.: 5 Stufen		Veränderbarkeit; allgemein		Regelung oder automatische Steuerung
Richtung von Kraft und Bewegung							
	einfachgerichtete Kraft oder Bewegung; geradlinig		bidirektionale Kraft oder Bewegung; geradlinig		einfachgerichtete Bewegung oder Drehung; kreisförmig		bidirektionale Bewegung oder Drehung; kreisförmig
Erde und Masseanschlüsse, Potenzialausgleich							
	Erde; allgemein		Schutzerde, Schutzleiteranschluss		Masse, Gehäuse		Äquipotenzial
Leiter, Anschlüsse, Verbinder							
	Leiter; allgemein		Leiter; beweglich		Leiter; geschirmt	oder 3	Leiterzahl (3 Verbindungen)
Form 1 Form 2	Abzweig von Leitern	Form 1 Form 2	Doppelabzweig von Leitern		Steckverbindung, Buchse und Stecker		Leitung oder Kabel; nicht angeschlossen
Kennzeichen für besondere Leiter							
	Neutralleiter (N), Mittelleiter (M)		Schutzleiter (PE)		Neutralleiter mit Schutzfunktion (PEN)		3 Leiter, 1 Neutralleiter, 1 Schutzleiter
Schaltungsarten							
	Reihenschaltung		Parallelschaltung		Sternschaltung		Dreieckschaltung
Allgemeine Schaltzeichen							
	ideale Stromquelle		ideale Spannungsquelle		Primärzelle, Primärelement, Akkumulator		Dauermagnet
	Widerstand; allgemein	R	rein ohmscher Widerstand	Z	Scheinwiderstand		Widerstand mit Anzapfungen
	Widerstand; veränderbar		Widerstand mit beweglichem Kontakt		Widerstand mit bewegl. Kontakt; einstellbar		Heizelement

8

Schaltzeichen

DIN EN 60617-2 ... 11: 1997-08

Allgemeine Schaltzeichen							
	Kondensator; allgemein		Kondensator; veränderbar		Kondensator mit Voreinstellung		Kondensator; gepolt
	Induktivität, Spule, Drossel, Wicklung		Induktivität mit Magnetkern		Induktivität mit Anzapfungen		Sicherung; allgemein
	bewegbarer Kontakt		analog		digital		Umsetzer, Umrichter, Umformer
Arten von Wirkungen oder Abhängigkeiten							
	thermische Wirkung		elektro-magnetische Wirkung		Magnetfeld-Wirkung		Verzögerung
Maschinenarten							
*	Maschine; allgemein Stern muss ersetzt werden durch: C: Umformer GS: Synchrongenerator GM: als Generator oder Motor nutzbare Maschine		G: Generator M: Motor MS: Synchron-motor	M	Linearmotor; allgemein	M	Schrittmotor; allgemein
M	Gleichstrom-Reihenschluss-motor	M	Gleichstrom-Nebenschluss-motor	M 1~	Wechselstrom-Reihenschluss-motor; einphasig	M 3~	Drehstrom-Reihenschluss-motor
M 3~	Drehstrom-Asynchronmotor mit Käfigläufer	M 3~	Drehstrom-Asynchronmotor mit Schleifring-läufer	GS 3~	Drehstrom-Synchron-generator	3~ C	Drehstrom-Umformer mit Nebenschluss-erregung
Transformatoren und Drosseln							
Form 1	Transformator mit zwei Wicklungen	Form 2	Transformator mit zwei Wicklungen	Form 1	Drossel	Form 2	Drossel
Form 1	Spannungs-wandler	Form 2	Spannungs-wandler	Form 1	Stromwandler	Form 2	Stromwandler
Halbleiterbauelemente							
	Halbleiterdiode; allgemein		Leuchtdiode (LED); allgemein		Photodiode		Photowiderstand
	Solarzelle		PNP-Transistor		NPN-Transistor mit zwei Basisanschlüssen		Thyristor

Schaltzeichen

DIN EN 60617-2 ... 11: 1997-08

Kontakte mit zwei oder drei Schaltstellungen							
	Schließer; allgemein, auch Schalter		Öffner		Wechsler ohne Unterbrechung		Wechsler mit Unterbrechung
Durch äußere Kräfte betätigte Steller							
	Handantrieb; allgemein		Betätigung durch Ziehen		Betätigung durch Drehen		Betätigung durch Drücken
	Betätigung durch Annähern		Betätigung durch Berühren		Betätigung durch Kippen		Betätigung durch Rolle
	Betätigung durch Notschalter		Betätigung durch Hebel		Betätigung durch Schlüssel		Betätigung durch Nocken
	Kraftantrieb, allgemein Betätigung durch gespeicherte mechanische Energie; Art der Energie darf in das Quadrat eingetragen werden				Betätigung durch pneumat./hydraul. Kraft in Pfeilrichtung		Betätigung durch elektromagnetischen Effekt
	Betätigung durch thermisches Gerät		Betätigung durch elektromagnetisches Gerät	M	Betätigung durch Motor		Betätigung durch elektrische Uhr
Mechanische Stellteile							
	Raste; kein selbsttätiger Rückgang		Raste; kein selbsttätiger Rückgang; nicht eingerastet		Raste; kein selbsttätiger Rückgang; eingerastet		selbsttätiger Rückgang
	Sperre in einer Richtung		Sperre in zwei Richtungen		Sperre; nicht verklinkt		Sperre; verklinkt
Elektroinstallationen							
	Schalter; allgemein		Schalter mit Kontrollleuchte		Serienschalter; einpolig		Wechselschalter; einpolig
	Lampe; allgemein		Scheinwerfer		Punktleuchte		Flutlichtleuchte
	Steckdose; allgemein	3	Mehrfachsteckdose dreifach		Schutzkontaktsteckdose		Steckdose; abschaltbar
Mess-, Melde- und Signaleinrichtungen							
*	Messgerät, anzeigend; allgemein Stern muss ersetzt werden durch: Einheitenzeichen, grafisches Kennzeichen oder chemisches Zeichen			*	Messgerät, aufzeichnend; allgemein Stern muss ersetzt werden durch: Einheitenzeichen, grafisches Kennzeichen oder chemisches Zeichen		
V	Spannungsmessgerät; anzeigend	A	Stromstärkemessgerät; anzeigend	Hz	Frequenzmessgerät; anzeigend	$\cos\varphi$	Leistungsfaktormessgerät; anzeigend
NaCl	Konzentrationsmessgerät	n	Umdrehungsfrequenzmessgerät; anzeigend	Wh	Wattstundenzähler	Ah	Amperestundenzähler

8

Begriffe zur Kennzeichnung von Leitern, Spannungen, Stromstärken — DIN VDE 0100-410: 2018-10

Kurzzeichen	Begriff; Bedeutung	Kurzzeichen	Begriff; Bedeutung
L1, L2, L3	**Außenleiter:** Leiter, die die Stromquelle mit elektrischen Betriebsmitteln verbinden	I_a	**Abschaltstromstärke:** Stromstärke, bei der Überstromschutzmittel auslösen sollen
N	**Neutralleiter:** Leiter, der mit dem Mittelpunkt oder dem Sternpunkt verbunden ist	I_b	**Betriebsstromstärke:** Stromstärke innerhalb eines Stromkreises
PE	**Schutzleiter:** Leiter, der die Körper von Betriebsmitteln, leitfähige Teile und Erde verbindet	I_n	**Bemessungsstromstärke:** maximal zulässige Stromstärke von Verbrauchsmitteln oder Fehlerstrom-Schutzeinrichtungen
PEN	**PEN-Leiter:** Leiter, der die Funktionen von Neutralleiter und Schutzleiter kombiniert	I_F	**Fehlerstromstärke:** Stromstärke, die im Fehlerfall über eine (Isolations-)Fehlerstelle fließt
U_0	**Nennspannung:** Effektivwert einer Wechselspannung (z. B. zwischen Außen- und Neutralleiter/Erder)	I_K	**Kurzschlussstromstärke:** Stromstärke, die bei direkter Verbindung zweier Außenleiter oder zwischen Außen- und Neutralleiter entsteht
U_B	**Berührungsspannung:** Spannung zwischen leitfähigen Teilen bei gleichzeitiger Berührung durch Mensch oder Tier	$I_{\Delta n}$	**Bemessungsfehlerstromstärke:** Stromstärke, bei der eine Fehlerstrom-Schutzeinrichtung die Abschaltung eines Stromkreises auslöst
U_L	**höchstzulässige Berührungsspannung:** Menschen: 50 V AC 120 V DC Nutztiere: 25 V AC 60 V DC		**Betriebsmittel:** Gegenstände, die dem Gebrauch elektrischer Energie dienen, z. B. Leitungen, Kabel, Schalter, Motoren, Relais, Widerstand ...
U_F	**Fehlerspannung:** Spannung, die im Fehlerfall zwischen den Körpern von Betriebsmitteln untereinander oder zwischen diesen und der Erde auftritt		**Kabel:** elektrische Energieleiter, geeignet für höhere mechanische Beanspruchungen bei Erdverlegung
			Leitungen: elektrische Energieleiter, nur geeignet zur Verlegung in Gebäuden
	Spannungsbereich Niederspannung Schutzkleinspannung: ≤ 25 V AC ≤ 50 V DC Kleinspannung: ≤ 50 V AC ≤ 120 V DC Niederspannung: ≤ 1000 V AC ≤ 1500 V DC	VDE	‚Verband Deutscher Elektrotechniker e. V.', gleichzeitig Prüf- und Zertifizierungsstelle für Normen im Bereich der Elektrotechnik
	Spannungsbereich Hochspannung Mittelspannung: bis 30 000 V AC/DC Hochspannung: bis 110 000 V AC/DC Höchstspannung: bis 1 150 000 V AC/DC		

Kennzeichnung von Anschlüssen und Leitern — DIN EN 60445: 2018-02

Art des Leiters		Kurzzeichen	Farbe deutsch	Farbe englisch	Bildzeichen
Wechselstromnetz	Außenleiter 1	L1	br: braun[1]	bn: brown[1]	
	Außenleiter 2	L2	sw: schwarz[1]	bk: black[1]	
	Außenleiter 3	L3	gr: grau[1]	gy: grey[1]	
	Neutralleiter	N	bl: blau	bu: blue	
Schutzleiter		PE	ge: gelb / gn: grün	ye: yellow / gn: green	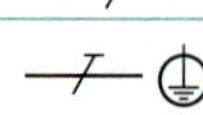
PEN-Leiter (Schutzleiter mit Neutralleiterfunktion; PE + N)		PEN	ge: gelb[2] / gn: grün[2]	ye: yellow[2] / gn: green[2]	
Erder		E	sw: schwarz[1]	bk: black[1]	
Gleichstromanschlüsse	positiv	L+	keine Empfehlung		
	negativ	L–			

[1] Empfehlungen (Farben sind nicht verbindlich festgelegt. Grün-gelb darf nicht verwendet werden.)
[2] PEN-Leiter haben durchgehend eine grün-gelbe Kennzeichnung. Um sie von PE-Leitern zu unterscheiden, sind sie an den Leitungsenden zusätzlich hellblau markiert, z. B. mit Klebeband oder einem Leitungsclip.

Installations- und Geräteanschlussleitungen

Installationsleitungen (Auswahl) für feste Verlegung

Bezeichnung	Kurzzeichen	Aderzahl	Nennspannung U_0/U	Verwendung
PVC-Aderleitung 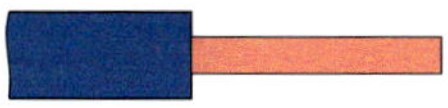	H05V-U H05V-K	1 (eindrähtig) 1 (feindrähtig)	300/500 V 300/500 V	innere Verdrahtung von Geräten; geschützte Verlegung in/an Leuchten; in Rohren auf/unter Putz für Signalanlagen
	H07V-U H07V-K	1 (eindrähtig) 1 (feindrähtig)	450/750 V 450/750 V	in geschlossenen Installationskanälen und für innere Verdrahtung von Geräten und Schaltanlagen; in Rohren auf/unter Putz
temperaturbeständige Silikon-Aderleitung, halogenfrei 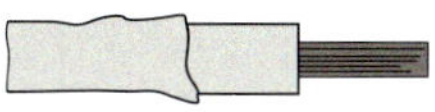	H05SJ-K	1 (feindrähtig)	300/500 V	als hochtemperaturbeständige Leitung (≤ 180 °C) in Hütten-, Stahl- und Walzwerken, Gießereien, Flugzeug- und Schiffsbau und in Zement-, Glas- und Keramikfabriken
Stegleitung 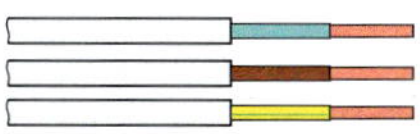	NYIF-O NYIF-J	2 ... 3 3 ... 5	230/400 V 230/400 V	auf/unter Putz in trockenen Räumen; ohne Putzabdeckung in Hohlräumen aus Beton, Stein und nicht brennbaren Baustoffen nicht zulässig: auf/unter Drahtgeweben; unter Gipskartonplatten; auf brennbaren Baustoffen
PVC-Mantelleitung 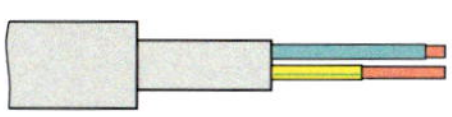	NYM-J	1 ... 7	300/500 V	auf/über/im/unter Putz in trockenen/feuchten/nassen Räumen; in Mauerwerk und Beton (kein Schüttel-, Rüttel- und Stampfbeton); im Freien bei Schutz vor direkter Sonneneinstrahlung
halogenfreie Mantelleitung 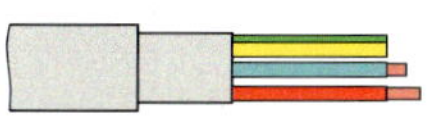	NHXMH-J	1 ... 7	300/500 V	wie NYM, jedoch mit verbessertem Verhalten im Brandfall; vorwiegend in Gebäuden mit hoher Personen- und/oder Sachwertkonzentration

Geräteanschlussleitungen (Auswahl) für flexible Verlegung

Bezeichnung	Kurzzeichen	Aderzahl	Nennspannung U_0/U	Verwendung
PUR-Spiralleitung 	H05BQ-F	2 ... 7	300/500 V	Werkzeuganschlussleitung in trockenen/feuchten/nassen Räumen; im Freien für höhere mechanische Belastung bei guter Reiß- und Schnittfestigkeit
leichte PVC-Schlauchleitung 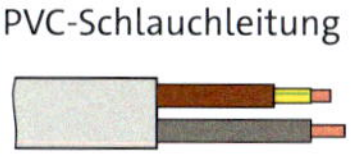	H03VV-F	2 ... 7	300/500 V	Anschlussleitung für leichte Handgeräte bei geringen mechanischen Beanspruchungen; für den Anschluss leichter Elektrogeräte wie Küchen-/Büromaschinen und Rundfunkgeräten
mittlere PVC-Schlauchleitung 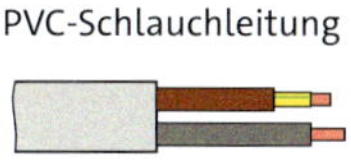	H05VV-F	2 ... 7	300/500 V	Anschlussleitung für leichte Elektrogeräte wie Küchen-/Büromaschinen und Rundfunkgeräte bei mittlerer mechanischer Beanspruchung (nicht zulässig für Koch-, Heiz-, Wärmegeräte)
leichte Gummischlauchleitung 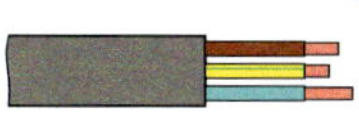	H05RR-F	2 ... 5	300/500 V	Anschlussleitung von Elektrogeräten in Haushalt/Büro in trockenen/feuchten Räumen bei mittlerer mechanischer Beanspruchung (nicht für ständigen Einsatz im Freien)
schwere Gummischlauchleitung 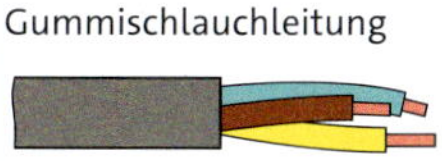	H07RN-F	2 ... 5	450/750 V	Anschlussleitung für Elektrowerkzeuge/-herde und Heiz-/Wärmegeräte in trockenen/feuchten Räumen bei mittlerer mechanischer Beanspruchung

Schutz elektrischer Betriebsmittel

Schutzklassen elektrischer Betriebsmittel — DIN VDE 0100-410: 2018-10

Schutzklassen beschreiben Maßnahmen gegen berührungsgefährliche Spannungen an im Normalbetrieb nicht unter Spannung stehenden Teilen von elektrischen Betriebsmitteln.

Schutzklasse	I	II	III
Geräteart	Geräte mit Schutzleiteranschluss	Geräte mit Schutzisolierung	Geräte mit Schutzkleinspannung
Symbol			
Beispiel	Geräte mit Metallgehäuse, z. B. Motorgehäuse	Geräte mit Schutzisolierung, z. B. Handbohrmaschine	Geräte mit $U \leq 50$ V AC, Geräte mit $U \leq 120$ V DC, z. B. Handleuchten

Schutzarten durch Gehäuse (IP-Code) — DIN EN 60529: 2014-09

Beschreibung des Schutzgrads von Gehäusen elektrischer Betriebsmittel gegen Fremdkörper, Berührung und Wasser.

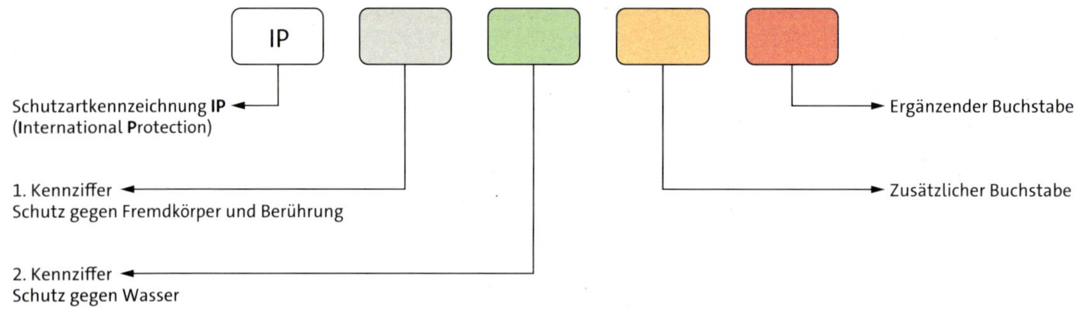

1.[1] Kennziffer	Schutz gegen Fremdkörper	Schutz gegen Berührung
0	kein Schutz	kein Schutz
1	Schutz gegen feste Fremdkörper ≥ 50 mm	Schutz gegen Zugang mit dem Handrücken
2	Schutz gegen feste Fremdkörper ≥ 12,5 mm	Schutz gegen Zugang mit einem Finger
3	Schutz gegen feste Fremdkörper ≥ 2,5 mm	Schutz gegen Zugang mit einem Werkzeug
4	Schutz gegen feste Fremdkörper ≥ 1 mm	Schutz gegen Zugang mit einem Draht
5	geschützt gegen Staub in schädigender Menge	vollständiger Schutz gegen Berührung
6	staubdicht	vollständiger Schutz gegen Berührung

[1] Wird eine der beiden Kennziffern nicht angegeben, so muss diese durch den Buchstaben ‚X' ersetzt werden (z. B. ‚IPX2' oder ‚IP4X').

Bezeichnungsbeispiel: **IP34DH**
Elektrisches Betriebsmittel mit Schutz
- gegen feste Fremdkörper (≥ 2,5 mm) und gegen Zugang mit einem Werkzeug,
- gegen allseitiges Spritzwasser,
- gegen Berührung mit einem Draht,
- Hochspannungsbetriebsmittel.

2.[1] Kennziffer	Schutz gegen Wasser
0	kein Schutz
1	Schutz gegen Tropfwasser
2	Schutz gegen fallendes Tropfwasser bei Gehäuseneigung bis 15°
3	Schutz gegen fallendes Sprühwasser bis 60° gegen die Senkrechte
4	Schutz gegen allseitiges Spritzwasser
5	Schutz gegen Strahlwasser (Düse) aus beliebigem Winkel
6	Schutz gegen starkes Strahlwasser
7	Schutz gegen zeitweiliges Untertauchen
8	Schutz gegen dauerndes Untertauchen
9	Schutz gegen Wasser bei Hochdruck-/Dampfstrahlreinigung

Zusätzlicher Buchstabe:[2]	Schutz gegen Berührung mit
A	dem Handrücken
B	dem Finger $d = 12$ mm $l = 80$ mm
C	einem Werkzeug $d = 2{,}5$ mm $l = 100$ mm
D	einem Draht $d = 1$ mm $l = 100$ mm

[2] Nur anzugeben, wenn der Schutz größer als bei der 1. Kennziffer sein soll.

Ergänzender Buchstabe	
H	Hochspannungsbetriebsmittel
M	geprüft gegen Wassereintritt bei laufender Maschine
S	geprüft gegen Wassereintritt bei stillstehender Maschine
W	geeignet für definierte Wetterbedingung

Schutz gegen elektrischen Schlag — DIN VDE 0100-410: 2018-10

Grundregel des Schutzes gegen elektrischen Schlag

- Für den Menschen gefährliche, unter elektrischer Spannung stehende Teile dürfen nicht berührbar sein.

  Beispiel: Direktes Berühren durch Körperkontakt mit spannungsführenden Anlageteilen (z. B. Leitungen) darf nicht möglich sein.

- Sollte es jedoch aufgrund eines Fehlers zu einem für Menschen lebensgefährlichen elektrischen Schlag kommen können, muss eine geeignete Schutzmaßnahme dieses verhindern.

  Beispiel: Indirektes Berühren durch Körperkontakt mit leitfähigen Anlageteilen (z. B. Gehäuse), die fehlerhaft Spannung führen, darf nicht möglich sein.

Schutzmaßnahmen für den Schutz gegen elektrischen Schlag

Schutzmaßnahmen gegen elektrischen Schlag bestehen aus:

- einer geeigneten Kombination zweier, voneinander unabhängiger Schutzvorkehrungen: einer Basisschutzvorkehrung und einer Fehlerschutzvorkehrung

  oder
- einer verstärkten Schutzvorkehrung, die den Basisschutz und den Fehlerschutz auslöst.

Bezeichnung	Basisschutzvorkehrung	Fehlerschutzvorkehrung	Zusätzlicher Schutz[1)]
Zweck	Verhinderung der direkten Berührung unter Spannung stehender Teile bei fehlerfreier Anlage	Verhinderung gefährlicher Berührungsspannungen an leitfähigen Teilen bei Versagen des Basisschutzes	zusätzliche Schutzmaßnahme bei Versagen von Basischutz und/oder Fehlerschutz
Maßnahmen	Schutz durch Isolierung; Schutz durch Gehäuse, Abdeckungen und Umhüllungen; Schutz durch Abstand und Hindernisse	Schutz durch automatische Abschaltung der Stromversorgung innerhalb festgelegter Zeiten durch Überstrom- oder Fehlerstrom-Schutzeinrichtungen; Schutzkleinspannung	Schutzpotenzialausgleich über die Haupterdungsschiene; Fehlerstrom-Schutzeinrichtung

[1)] Der zusätzliche Schutz darf nicht als alleinige Schutzmaßnahme angewendet werden, sondern immer nur als Zusatzschutz beim Versagen einer Basis- oder Fehlerschutzvorkehrung.

Not-Halt-Einrichtungen — DIN EN ISO 13850: 2016-05

Not-Halt-Einrichtungen sollen aufkommende oder bestehende Gefahren oder Schäden für Menschen, Maschinen oder Arbeitsgut, die sich aus dem Verhalten von Personen oder aus einem unerwarteten Gefahr bringenden Ereignis ergeben, durch eine einmalige Handlung einer Person abwenden oder verhindern.

Anforderungen

- Die Not-Halt-Einrichtung muss jederzeit verfügbar und funktionsfähig sein.
- Der auslösenden Person dürfen bei der Betätigung keine Überlegungen abverlangt werden.
- Einmalige Betätigung muss zu unverzögertem, nicht verhinderbarem Stillsetzen der Anlage führen.
- Schaltgerät muss sich nach Betätigung verriegeln oder verrasten.
- Sicherheitsrelevante Stromkreise, deren Abschaltung eine zusätzliche Gefährdung bedeuten würde (z. B. Licht), dürfen nicht betroffen sein.
- Die Rückstellung der Not-Halt-Einrichtung darf keinen Wiederanlauf der Anlage verursachen.
- Betätigungselemente sind Taster, Zug- und Druckschalter. Sie werden durch die Farbe Rot vor gelbem Hintergrund gekennzeichnet.
- Betätigungselemente sind an Gefahrenstellen (eventuell auch an entfernteren Stellen: z. B. Ausgang) ohne Hindernisse und leicht zugänglich anzuordnen.

Stopp-Kategorien

Nr.	Bedeutung
0	Unverzögertes Trennen der Energiezufuhr zu den Antriebselementen; nur möglich, wenn durch das Abschalten der Energie keine Gefährdungen entstehen können.
1	Gesteuerte Stillsetzung: die Anlage wird in einen sicheren Zustand versetzt, anschließend wird die Energiezufuhr zu den Antriebselementen getrennt. Das ist notwendig, wenn z. B. für aktives Abbremsen, Klemmungen, Kühlungen, Absaugungen ... Energie benötigt wird.
2	Die Anlage wird in einen sicheren Zustand versetzt, die Energiezufuhr jedoch nicht getrennt. Die Kategorie ist nur zugelassen, wenn keine technische Möglichkeit besteht, um die Energie gefahrlos zu trennen (z. B. Kran mit Lasthebemagnet).

DIN ...

DIN ISO ...

Sonstige

VDI ...

S

S

Abbildungen

S. 493: Adobe.com/Brilliant Eye